U0936040

广西树木志

SYLVA GUANGXIGENSIS

（第三卷）

广西壮族自治区林业科学研究院　编著

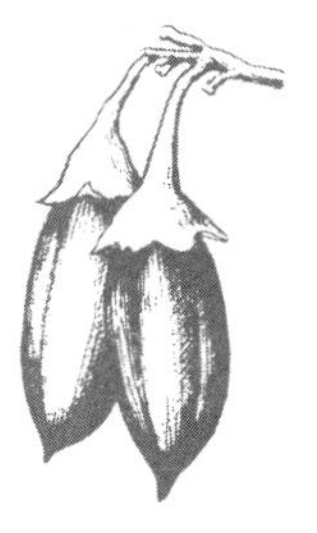
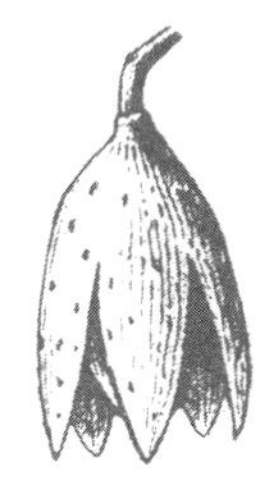
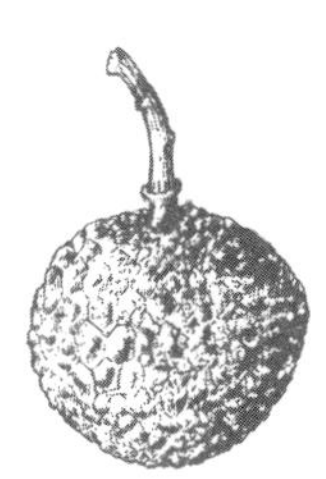

中国林业出版社

图书在版编目(CIP)数据

广西树木志. 第3卷/广西壮族自治区林业科学研究院编著. —北京：中国林业出版社，2014. 12
ISBN 978-7-5038-7811-4

Ⅰ. ①广… Ⅱ. ①广… Ⅲ. ①树木－植物志－广西 Ⅳ. ①S717. 267

中国版本图书馆 CIP 数据核字(2014)第 311089 号

中国林业出版社·生态保护出版中心
责任编辑：李敏

出版 中国林业出版社(100009 北京西城区德胜门内大街刘海胡同 7 号)
http：//lycb. forestry. gov. cn 电话：(010)83143575
印刷 北京中科印刷有限公司
版次 2015 年 3 月第 1 版
印次 2015 年 3 月第 1 次
开本 889mm×1194mm 1/16
印数 1～2000 册
印张 40. 25
字数 1191 千字
定价 330. 00 元

谨以此书纪念

广西树木分类学先驱：

梁盛业　教授

李士諹　教授

黎向东　教授

王宏志　教授

《广西树木志》（第三卷）编辑委员会

菝 葜 科　温远光　梁　萍
龙舌兰科　钟业聪　刘　建
棕 榈 科　梁瑞龙　刘　建
露兜树科　和太平　韦　维
禾 本 科　黄大勇　徐振国

第三卷整编人员

梁瑞龙　黄开勇　黄应钦　黄大勇　林建勇　李　娟　郝海坤　徐振国
戴　俊　刘　建　蓝　肖　李立杰　陈海林　韦　维　梁　萍

绘(描)图

黄应钦

《广西树木志》各卷中科的分布

第一卷

桫椤科
苏铁科
银杏科
南洋杉科
松科
杉科
柏科
罗汉松科
三尖杉科
红豆杉科
买麻藤科
木兰科
八角科
五味子科
番荔枝科
樟科
莲叶桐科
肉豆蔻科
五桠果科
牛栓藤科
马桑科
蔷薇科
毒鼠子科
蜡梅科
苏木科
含羞草科
蝶形花科
山梅花科
绣球科
虎耳草科
鼠刺科
安息香科
山矾科
山茱萸科
鞘柄木科
八角枫科
蓝果树科
五加科
忍冬科
金缕梅科
悬铃木科
旌节花科
黄杨科
交让木科

第二卷

杨柳科
杨梅科
桦木科
壳斗科
马尾树科
胡桃科
木麻黄科
榆科
桑科
荨麻科
杜仲科
红木科
大风子科
瑞香科
紫茉莉科
山龙眼科
海桐花科
山柑科
柽柳科
堇菜科
远志科
番木瓜科
椴树科
杜英科
梧桐科
木棉科
锦葵科
粘木科
金虎尾科
亚麻科
古柯科
大戟科
小盘木科
山茶科
水东哥科
猕猴桃科
五列木科
金莲木科
龙脑香科
钩枝藤科
山柳科
杜鹃花科
乌饭树科
金丝桃科
藤黄科
桃金娘科
红树科
海桑科
石榴科
使君子科
野牡丹科
冬青科
茶茱萸科
卫矛科
翅子藤科

第三卷

铁青树科
山柚子科
桑寄生科
檀香科
胡颓子科
鼠李科
葡萄科
紫金牛科
柿科
山榄科
肉实树科
芸香科
苦木科
橄榄科
阳桃科
楝科
无患子科
伯乐树科
清风藤科
漆树科
槭树科
七叶树科
省沽油科
灰莉科
钩吻科
醉鱼草科
马钱科
木犀科
夹竹桃科
杠柳科
萝藦科
茜草科
紫葳科
厚壳树科
马鞭草科
毛茛科
大血藤科
木通科
防己科
南天竹科
小檗科
马兜铃科
胡椒科
金粟兰科
千屈菜科
草海桐科
菊科
茄科
旋花科
玄参科
爵床科
苦槛蓝科
唇形科
菝葜科
龙舌兰科
棕榈科
露兜树科
禾本科

前　言

2003 年6 月，中共中央、国务院在《关于加快林业发展的决定》(中发[2003]9 号)中指出：加强生态建设，维护生态安全，是21 世纪人类面临的共同主题，也是我国经济社会可持续发展的重要基础。全面建设小康社会，加快推进社会主义现代化，必须走生产发展、生活富裕、生态良好的文明发展道路，实现经济发展与人口、资源、环境的协调，实现人与自然的和谐相处。森林是陆地生态系统的主体，林业是一项重要的公益事业和基础产业，承担着生态建设和林产品供给的重要任务，做好林业工作意义十分重大。

构成森林主体的林木种质资源是开展林业工作的根本，它不但是生物多样性和生态系统多样性的基础，也是林业生产力发展和林业可持续发展的战略性资源，是国家乃至全人类的宝贵财富。随着国民经济发展和人民生活水平的不断提高，对各种木材产品、果品、花卉、药材和工业原材料的要求越来越趋于优质、高效和多样化。根据国家发展和改革委员会、中华人民共和国财政部、国家林业局联合发布的《全国林木种苗发展规划(2011～2020 年)》，到2015 年，完成25 个省(自治区、直辖市)主要造林树种种质资源调查；到2020 年，完成全国林木种质资源调查工作，大力开展优良种质资源的保护和利用；全面摸清林木种质资源的种类、数量、分布和濒危状况；依次制订各类林业珍稀濒危物种和有重要生态价值、经济价值、科研价值的物种保护利用名录，为国家有计划地开展林木种质资源的收集、保存、利用工作打好基础。因此，调查、评价现有林木种质资源，保存和储备多样化的可供选择开发利用的林木种质资源，显得尤为重要。

广西地处我国南部，位于东经104°26′～112°04′和北纬20°54′～26°24′之间，南临北部湾，与海南省隔海相望，东连广东，东北接湖南，西北靠贵州，西邻云南，西南与越南毗邻，是我国西南内陆连接沿海地区的枢纽，在我国全方位开放以及在大西南联合开放开发中占有战略地位和具有主导作用。广西陆地区域面积23.67 万km^2，占全国国土总面积的2.5%，居全国第9 位，其中林业用地面积1506.70 万hm^2，占全区国土面积的63.5%，居全国第5 位，森林面积逾1430.00 万hm^2，森林覆盖率达到60.5%，居全国第4 位。广西地跨北热带、南亚热带和中亚热带3 个生物气候带，北回归线横贯中部，气候条件优越，物种资源丰富，目前境内已发现和命名的野生维管束植物共计297科1820属8563种(含亚种、变种及变型)，包括蕨类植物56科155属833种，裸子植物8科19属62种，被子植物233科1646属7668种，其中国家重点保护野生植物88种(国家一级重点保护野生植物25种，国家二级重点保护野生植物63种)，广西重点保护野生植物84种。植物种类数量仅次于云南省和四川省，居全国第3位。丰富的生物物种资源构成了丰富的遗传多样性，显示了广西作为全国生物多样性最丰富地区之一的重要地位。

《广西树木志》是广西壮族自治区林业科学研究院主持承担的广西壮族自治区林业科学与研究项目“广西树木物种资源的研究”(项目编号：林科字[1996]第44号)的重要内容和核心成果。自广西壮族自治区林业厅于1996年立项实施以来，课题组在广西广大林业科技工作者多年努力工作所取得的科研成果的基础上，认真组织了广西壮族自治区林业科学研究院、广西大学林学院、广西壮族自治区林业勘测设计院、广西生态工程职业技术学院、南宁树木园、广西壮族自治区国有高峰林场等单位的学者、专家参与鉴定标本、编写书稿和提供相关资料。植物分类学研究的不断深入致使种系变动较多，故书稿历经数次核校后才最终定稿。

在本专著中，裸子植物按郑万钧系统(中国植物志·第七卷)排列，被子植物按哈钦松系统(1926、1934)排列。《广西树木志(第三卷)》共编入木本植物58科331属1159种(含69变种及变型)，配图627幅。对分布于广西区内的木本植物的形态特征、地理分布、环境条件的适应性能、生长特性和利用价值等进行了扼要阐述，力求文字简练、图文并茂。树种的中文名只选用最通用名称，并尊重《中国植物志》各卷以及《中国树木志》各卷的用名，尽量与其保持一致，地方名称除极通用的外，并未一一列举。因限于人力和经费，所配图幅采用了部分仿绘图，凡仿绘图均标明“仿图”字样，仿图出处均存于底图上。仿绘图主要源于《中国植物志》《中国树木志》《中国高等植物图鉴》和《广西珍稀濒危树种》等资料，在此谨向原著(图)作者及单位深切致谢。

本专著的正式出版发行，可为农林业科研、生产和教学活动提供基本资料和参考依据。同时，对于全面了解和掌握广西林木种质资源现状，帮助制订种质资源与利用规划，实现林木种质资源的科学、有效保护与合理开发，促进林业可持续发展具有深远的意义。

本专著从立项、调查、组织编写、核校直至出版始终得到了广西壮族自治区林业厅和广西壮族自治区林业科学研究院历任领导的亲切关怀和大力支持，并承蒙世界银行资助的“广西综合林业发展和保护”项目提供编校和出版经费，在此一并深表谢忱。

由于水平有限，遗漏、欠妥和错误之处在所难免，敬请学者、专家和广大读者批评指正。

编著者

2014年10月8日

《广西树木志(第三卷)》目录

被子植物 ANGIOSPERMAE

双子叶植物 Dicotyledoneae

单子叶植物 Monocotyledoneae

100 铁青树科 Olacaceae

乔木或灌木，稀攀援状灌木或木质藤本。单叶，互生，通常全缘；无托叶。花两性，稀单性，花小，通常集生成腋生总状、穗状或聚伞花序，稀单生；两性花的花萼细小而浅，截平或4～6齿裂；花瓣4～6枚，离生，或愈合成管状或钟状；雄蕊与花瓣同数，或为花瓣数的2～3倍；子房1～5室，每室胚珠1～3枚。核果，被扩大的花萼所包围。

23～27属180～250种，广布于热带、亚热带地区。中国5属10种；广西4属5种。

分属检索表

1. 乔木或灌木，有时攀援状，但无卷须；叶脉羽状；花不排成二歧聚伞花序；子房2～4～(5)室，中轴胎座或基部2～3室、上部1室的特立中央胎座。
  2. 雄蕊8～10枚全发育；子房上位，上部1室，下部2室；浆果状核果，不为萼筒所包围 ………………………… 1. 蒜头果属 Malania
  2. 发育雄蕊3(～5)枚，退化雄蕊5～6枚，或雄蕊4～6枚，全发育；子房下部3室，上部1室，特立中央胎座；果实成熟时萼筒增大并承托或包围果实。
    3. 发育雄蕊3～4(5)枚，退化雄蕊5～6枚；果实成熟时下部为增大成杯状或壶状的萼筒所包围 ………………………… 2. 铁青树属 Olax
    3. 雄蕊4～6枚，全发育；果实成熟时几全部为增大成壶状的萼筒所包围 ………… 3. 青皮木属 Schoepfia
1. 木质藤本，有腋生卷须；叶基生三出脉或近五出脉；二歧聚伞花序；子房1室，顶生胎座 ………………………… 4. 赤苍藤属 Erythropalum

1. 蒜头果属 Malania Chun et S. K. Lee

常绿乔木。叶互生，羽状脉。花两性；伞形花序状单生或数朵集生成复伞形或短总状花序状；萼4齿裂；花瓣4～5枚；雄蕊为花瓣的2倍；子房上部1室，下部2室。浆果状核果，种子1枚。

单种属，产于广西和云南。

蒜头果 马兰后、山桐果、唛厚 图959：1～2

Malania oleifera Chun et S. K. Lee

常绿乔木，高15～20m。树干通直，树皮灰褐色。裸芽被灰棕色绒毛；叶、树皮和果皮揉烂均有杏仁气味。单叶互生，薄革质或厚纸质，长椭圆形或长圆状披针形，长7～15cm，宽2.5～4.0cm，全缘，先端尖至渐尖，基部圆形或楔形；侧脉每边3～5条在上面稍明显，背面明显，网脉不明显；嫩叶带红色，成熟叶暗绿色，背面粉绿色，常背卷；叶柄长约1.5cm。花两性，10～15朵排成伞形花序或再排成总状花序，腋生，总花梗和花梗均纤细。浆果状核果，扁球

图959 1～2. 蒜头果 Malania oleifera Chun et S. K. Lee
1. 花枝；2. 果枝。**3～4. 赤苍藤 Erythropalum scandens** Bl.
3. 果枝；4. 茎的一段，示卷须着生。(仿《广西植物志》)

形，直径3.0～4.5cm，与独头蒜相似，故有“蒜头果”之名，果皮肉质，顶部具尖头，基部稍狭，亦似油桐果，故产区群众也就称为“山桐子”。种子1枚，胚乳含油极丰富，子叶2～4枚。花期2～3月；果期9月。

易危种，国家Ⅱ级保护野生植物。产于广西西部的巴马、凤山以西，隆安、大新一线以北。生于海拔1200m以下石灰岩山地下部，酸性土也有自然生长。分布于云南东南部。幼苗耐阴，大树喜光，常居林冠上层；喜肥沃湿润土壤，自然生长地多为山坡下部。播种繁殖，种子富含油脂，果熟后约一周即自行脱落、腐烂，野生动物亦喜食，及时采收。随采随播。人工育苗，易受根结线虫危害。种子含油率约48.7%，为不干性油，能制备麝香酮，具有芳香开窍、通经活络、消肿止痛作用，小剂量对中枢神经有兴奋作用，大剂量则有抑制作用。临床上用于冠心病心绞痛、血管性头痛、坐骨神经痛、白癜风等。蒜头果油也可食用，民间多用于食用烹调，但蒜头果油容易冷凝，多用于火锅，炒菜则宜热食。木材淡黄红色，材质中等，纹理直，结构细，密度中，不耐腐，供一般家具等用。

2. 铁青树属 Olax L.

乔木或灌木，稀攀援状。单叶互生。腋生短穗状或短总状花序，单生或数枝集生或排成圆锥花序；萼筒小，上端平截或略成波状或有不明显齿裂，结果时增大；花瓣3～6枚，其中2～5枚合生，1～3片分离，或完全合生成管状花冠；发育雄蕊3枚，稀4～5枚，与花瓣(或花冠裂片)对生，但常偏于一侧；子房上位，基部3室，上部1室，胚珠3枚；柱头3裂。核果，部分或大部埋于增大的萼筒内；发育种子1枚。

约40种，分布于非洲、亚洲、大洋洲热带地区。中国3种；广西1种。

疏花铁青树 图960

Olax austrosinensis Y. R. Ling

攀援状灌木，高0.5～3.5m。小枝深褐色，光滑。叶革质或近革质，椭圆状卵形、长椭圆形或长卵形，长8～18cm，宽4～7cm，两面无毛，顶端钝尖，基部圆形或宽楔形；侧脉10～15对，两面凸起，网脉疏散、明显；叶柄长1.0～1.3cm。圆锥花序状腋生；花序长3.5～5.0cm，花在花序上排列疏散；花瓣5枚，白色，芳香、长条形。核果长椭圆状倒卵形，长2.8～3.8cm，直径1.3～2.0cm，熟时红色并为增大成杯状的萼筒所包围。花期3～5月；果期4～9月。

图960 疏花铁青树 Olax austrosinensis Y. R. Ling
1. 花枝；2. 果。(仿《广西植物志》)

产于横县、上思。生于丘陵山地沟谷林中和灌木丛中。分布于海南。果熟时味甜可食。

3. 青皮木属 Schoepfia Schreb.

小乔木或灌木。单叶互生。聚伞花序排成穗状或总状，稀单生；花萼筒与子房贴生，顶端截平或有极小的裂齿，结实时增大；花冠4～6裂；雄蕊与花冠裂片同数，着生于花冠管上并与花冠裂片对生；子房半埋在肉质的花盘中，下部3室，顶端1室，特立中央胎座，柱头3浅裂。核果，有时坚果状，成熟时全部被增大成壶状的花萼所包围。种子1枚。

约30种，分布于热带、亚热带地区。中国4种；广西2种。

分种检索表

1. 叶卵形或长卵形；花2~9朵排成穗状花序式的螺旋状聚伞花序；花冠钟状；柱头常伸出花冠管外………………………………………………………………………………………… 1. 青皮木 S. jasminodora
1. 叶长椭圆形、椭圆形或卵状披针形；花2~4朵集生成短穗状或近似头状聚伞花序，有时单生；花冠管状；柱头与花冠管等长，通常不伸出花冠管外 ……………………………………………… 2. 华南青皮木 S. chinensis

1. 青皮木

Schoepfia jasminodora Sieb. et Zucc.

落叶小乔木，高14m。树皮灰褐色；具短枝。叶纸质，卵形或长卵形，长3.5~7.0cm，宽2.0~4.5cm，先端近尾尖或渐尖，基部圆形或宽楔形。花序梗长1.0~2.5cm，结果时可延长至4~5cm；花2~9朵排成穗状花序式的螺旋状聚伞花序，花冠钟状，白色或淡黄色，芳香、外卷，花冠内面在雄蕊的下部各有一束丝状毛；柱头常伸出花冠管外。果椭圆形至长圆形，长1.0~1.2cm，直径5~8mm，熟时紫红色。花叶同放。花期3~5月；果期4~6月。

产于全州、贺州、金秀、富川、蒙山、东兰、罗城、天峨、凌云、乐业、武鸣、防城、上思。生于山谷、沟边、山坡林中。分布于陕西、甘肃、河南南部以南各地；日本也有分布。播种繁殖，种子千粒重112g。木材心材与边材区别不明显，木材浅黄褐色，纹理直，结构细，重量中等，气干密度0.65g/cm^3，干燥稍翘裂，不耐腐，供室内装饰、木地板、家具等用材。树形美观、果实紫红色，为优良观赏树种。

2. 华南青皮木　羊脆骨　图961

Schoepfia chinensis Gardner et Champ.

落叶小乔木，高8m。树皮暗灰褐色；分枝多，疏散。叶纸质或坚纸质，长椭圆形、椭圆形或卵状针形，长5~9cm，宽2.0~4.5cm；叶脉红色，顶端渐尖、锐尖或钝尖；叶脉红色，侧脉3~5对，两面均明显，网脉不明显；叶柄红色，长3~6mm。花无花梗，2~4朵排成短穗状或近似头状花序式的聚伞花序，花序长2.0~3.5cm，总花梗长0.5~1.0cm；花冠管状，花冠黄白色或淡红色、芳香，先端4~5裂，裂片略内或直立，花冠内面在雄蕊的下部各有一束丝状毛；柱头与花冠管等长。果椭圆形或长圆形，长0.7~1.2cm，直径0.4~0.7cm，熟时红色和紫红色，果梗红色。花叶同时开放。花期2~4月；果

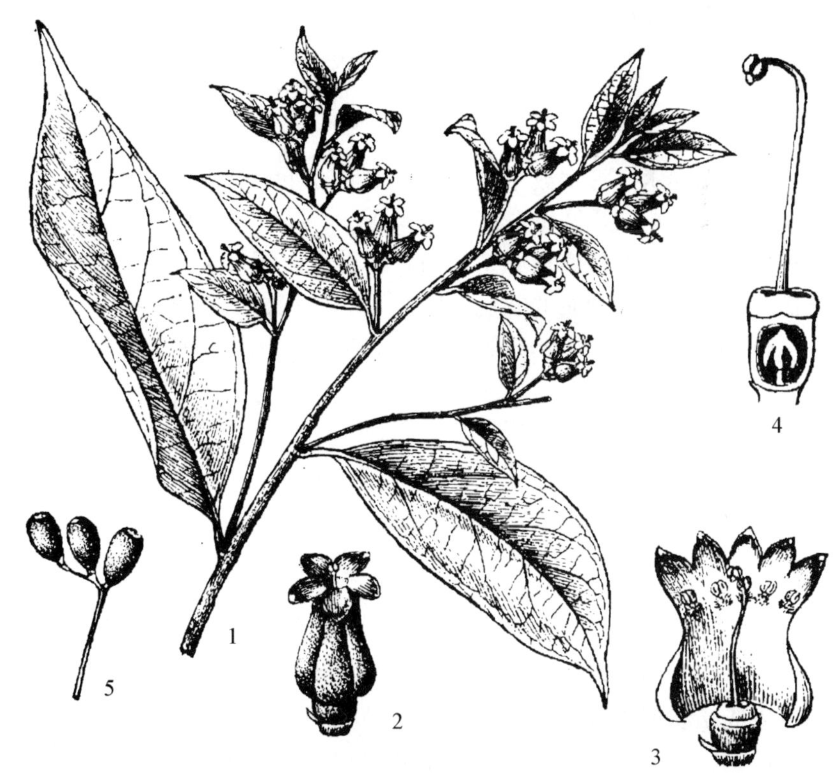

图961　华南青皮木 Schoepfia chinensis Gardner et Champ.　1. 花枝；2. 花；3. 花冠展开，示雄蕊与雌蕊；4. 子房纵切，示特立中央胎座；5. 果序。(仿《中国植物志》)

期4～6月。

产于临桂、全州、永福、龙胜、金秀、罗城、隆林、贵港、平南、桂平、陆川、南宁、横县、上思。生于低海拔山谷溪边林中。分布于陕西、四川、贵州、云南、湖北、浙江、江苏、安徽、湖南、江西、福建和台湾；日本也有分布。木材心材与边材区别不明显，木材浅红色，密度中，纹理直，结构细，材质脆，干燥稍翘裂，不耐腐，供一般家具、室内装饰等用材。树冠葱绿，宜作庭院观赏栽培。

4. 赤苍藤属 Erythropalum Bl.

木质藤本。具腋生卷须。叶互生，基生三出脉或近五出脉。二歧聚伞花序；花冠宽钟形，具5深裂；雄蕊5枚，花丝极短；子房半下位，1室，顶生胎座；花柱极短，圆锥形，柱头3浅裂。核果，顶端有宿存花萼裂片，萼筒3～5瓣裂。

仅1种，分布于亚洲东南部及南部。中国产于南方各地，广西亦产。

赤苍藤 腥藤、菜藤 图959：3～4

Erythropalum scandens Bl.

常绿藤本，长5～10m。具腋生卷须；枝纤细，绿色，有不明显的条纹。叶纸质至厚纸质或近革质，卵形、长卵形或三角状卵圆形，长8～20cm，宽4～15cm，先端钝尖，基部微心形、圆形或宽楔形，上面绿色，背面粉绿色；基脉3条，稀5条，侧脉2～4对，在背面凸起，网脉疏散，稍明显；叶柄长3～10cm。腋生二歧聚伞花序，花序长6～18cm；花冠白色。核果卵状椭圆形或椭圆状，长1.5～2.5cm，直径0.8～1.2cm，全为增大成壶状的花萼筒所包围，成熟时淡红褐色，常不规则开裂为3～5裂瓣。种子蓝紫色。花期4～5月；果期5～7月。

产于广西各地。生于石灰岩山坡脚较湿润处林中或土山土谷及山坡林下。分布于云南、贵州、西藏、广东、海南；印度、缅甸、越南、马来西亚、菲律宾等也有分布。播种繁殖。嫩叶可作蔬菜，味鲜美，凭祥、龙州一带农贸市场常有售；全株药用，利尿。

101 山柚子科 Opiliaceae

常绿小乔木、灌木或木质藤本。单叶互生，全缘，叶柄短，无托叶。花小，辐射对称，两性或杂性；穗状、总状或圆锥花序；萼极小，4～5裂或微齿裂，花瓣4～5枚，离生或合生；雄蕊与花瓣同数且对生，花丝离生或基部与花瓣合生；子房1室，上位或半下位，倒生胚珠1枚。核果或核果状；种子具丰富油质的胚乳，胚小，圆柱状，子叶线形。

10属33种，多分布于亚洲和非洲热带。中国5属5种；广西2属2种。

分属检索表

1. 藤状灌木；花被片下部2/3联合成坛状，穗状花序 ………… **1. 山柑藤属 Cansjera**
1. 小乔木；花被片离生，总状花序 ………… **2. 尾球木属 Urobotrya**

1. 山柑藤属 Cansjera Juss.

直立或攀援状灌木。有时具刺。叶互生，具短柄。花两性，排成稠密的腋生穗状花序；花萼下部合生成坛状或上部4～5裂；花冠壶状，4～5裂；雄蕊4～5枚，花丝无毛；子房上位，1室，花柱圆柱状，柱头头状4浅裂。核果椭圆状，中果皮肉质，内果皮薄；种子1枚。

3种，分布于亚洲南部及东南部和澳大利亚热带地区。中国仅1种，广西亦产。

山柑藤 山柑、捞绞藤(龙州) 图962:1~2

Cansjera rheedei J. F. Gmel.

常绿攀援状灌木,高2~6m。枝条广展,有时具刺,小枝、花序均被淡黄色短绒毛。叶薄革质,卵圆形或长圆状披针形,长4~10cm,宽2.5~5.0cm,顶端长渐尖,基部阔楔形或圆钝全缘;侧脉4~6对,两面微凸起;叶柄2~4mm。穗状花序密集,1~3个聚生叶腋,长1.0~2.5cm;苞片细小,花被管坛状,黄色,长约3mm,外面被短柔毛,裂片4枚;雄蕊约与花被管等长;子房圆筒状。核果长椭圆状或椭圆状,长1.2~1.8cm,无毛,顶端小凸尖,熟时橙红色,内果皮脆壳质。花期10月至翌年1月;果期1~4月。

产于来宾、柳州、柳城、南宁、邕宁、崇左、龙州、宁明、扶绥、上思、东兴。生于低海拔林和灌木林中。分布于云南、广东、海南。茎入药,用于小儿惊风。

图962 1~2. 山柑藤 Cansjera rheedei J. F. Gmel. 1. 果枝;2. 果序。**3~4. 尾球木 Urobotrya latisquama** (Gagnep.) Hiepko 3. 叶枝;4. 果序。(仿《广西植物志》)

2. 尾球木属 Urobotrya Stapf

灌木或小乔木。叶互生,薄革质,无毛或仅中脉有毛,全缘;叶柄短。花两性,排成总状花序,常3朵花着生于1个苞片内,花序轴纤细;苞片阔,绿色,边缘透明,具缘毛,密集呈覆瓦状,于花开前脱落,花序基部数枚较小的苞片宿存;花被片4枚,离生,镊合状排列;雄蕊与花被片同数对生,长于花被片;花盘环状,肉质;子房圆锥状至圆筒状,花柱缺,柱头不分裂或4浅裂。核果椭圆状,中果皮肉质,薄;胚小,具子叶33枚。

7种,分布于非洲热带地区和亚洲东南部。中国1种,广西亦产。

尾球木 鳞尾木、山芥蓝、甜菜(龙州) 图962:3~4

Urobotrya latisquama (Gagnep.) Hiepko

灌木或小乔木,高约4m。枝条浅绿色,无毛,具明显的纵条纹。叶无毛,阔披针形至狭披针形,长7~18cm,宽3~6cm,顶端渐尖或急尖,基部楔形;侧脉7~10对,两面稍凸起,全缘;叶柄长1~3mm。总状花序通常单个生于叶腋,亦生于已落叶的枝和主干,花序轴长7~11cm,无毛;苞片阔卵形至圆形,顶端骤渐尖,长和宽均为6~7mm,每个苞片内通常着生3朵花,无小苞片;花梗长3~5mm,花被片4枚,黄绿色;雄蕊与花被片对生,花丝长4~5mm,花药椭圆状,长约1mm;花盘凸起呈环状。核果椭圆状,熟时红色,长1.3~2.5cm,直径0.7~1.5cm;果梗长5~6mm。花期4~5月;果期7~8月。

产于隆林、田阳、那坡、平果、隆安、龙州、扶绥。生于石灰岩山地灌丛中。分布于云南南部;越南、老挝、泰国、缅甸南部也有。播种繁殖,采收的果实经过7~8d堆沤后,漂洗、脱皮去除果肉后，用清洁河沙进行层积催芽15~20d，待种子露白时即可上袋育苗。龙州群众喜以其嫩叶、花及花序可作蔬菜，味鲜美，称“甜菜”、“鸡肉菜”。

102 桑寄生科 Loranthaceae

半寄生或寄生灌木，稀草本，用吸根侵入寄生组织吸取养分，寄生于木本植物的茎或枝上，稀寄生于根部为陆生小乔木或灌木。叶对生，稀互生或轮生，全缘或退化呈鳞片状；无托叶。花两性或单性，雌雄同株或异株，辐射对称或两侧对称，排成各式花序，稀单生或簇生，具苞片或小苞片；具花托；花被片3~8枚，镊合状排列，合生成冠管或离生；雄蕊与花被片同数，对生，花丝短或无；子房下位，1室，稀3~4室。浆果，稀核果，外果皮革质或肉质，中果皮具黏胶质。种子1枚，稀2~3枚，贴生于内果皮，无种皮，胚乳丰富。

60~68属700~950种，主产于热带和亚热带。中国8属51种；广西9属31种1变种。寄生于木本植物上，对寄主有不同程度危害，影响其生长及开花、结实甚至整株死亡。部分种类或供药用。

分属检索表

1. 茎和枝无明显的节和节间；叶具羽状脉，稀直出脉；花两性，稀单性，具副萼，花被花瓣状，离生或合生成冠管。
  2. 花具1苞片2小苞片，花被管6裂 ……………… **1. 鞘花属 Macrosolen**
  2. 花基部具1苞片。
    3. 苞片小，非总苞状。
      4. 花被离生，花柱柱状。
        5. 穗状花序，花序轴在花着生处常稍陷入；花两性或单性，5~6数，花药圆形 ……………… **2. 桑寄生属 Loranthus**
        5. 总状或穗状花序；花两性，4~5数，花药长圆形或线形 ……………… **3. 离瓣寄生属 Helixanthera**
      4. 花被管状，裂片外折，花柱线状。
        6. 花5数，辐射对称或稍两侧对称 ……………… **4. 五蕊寄生属 Dendrophthoe**
        6. 花4数，两侧对称。
          7. 花托和果基部或下半部窄；果棒状、陀螺状或梨状 ……………… **5. 梨果寄生属 Scurrula**
          7. 花托和果基部下窄；果近球形或长圆状 ……………… **6. 钝果寄生属 Taxillus**
    3. 苞片大，总苞状；花5数，辐射对称 ……………… **7. 大苞寄生属 Tolypanthus**
1. 茎和枝具明显的节和节间；叶具直出脉或退化为鳞片状；花单性，无副萼，花被萼状。
  8. 枝扁平，相邻节间排列在同一平面上；花基部被毛，花药2室，聚药雄蕊，纵裂 … **8. 栗寄生属 Korthalsella**
  8. 枝圆或扁平，相邻节间互相垂直；花基部无毛，花药多室，孔裂 ……………… **9. 槲寄生属 Viscum**

1. 鞘花属 Macrosolen (Bl.) Rchb.

寄生灌木。叶对生，侧羽脉。总状或伞形花序，腋生；花两性，稀单性，6数；每花具苞片1枚，小苞片2枚；花托卵形至椭圆状；副萼环状或杯状；花被花瓣状，冠管膨胀，喉部具6棱，花时顶部6裂，裂片反折；雄蕊6枚，花丝短；子房初3室，后变为1室，花柱线状，柱头头状，子房比苞片长。浆果球形或椭圆状，顶端具宿存副萼或花柱基。

约40种，分布于亚洲南部和东南部。中国5种，产于西南至东南各地；广西3种。

分种检索表

1. 叶先端渐尖或急尖，无基出脉。
    2. 中脉下面凸起；总状花序，具花4~8朵；花冠长1.0~1.5cm；果近球形，橙色 ………………………………………………………………………… **1. 鞘花 M. cochinchinensis**
    2. 中脉两面凸起；伞形花序，常具花2朵；花冠长3.0~3.5cm；果长椭圆形，红色，具喙状花柱基………………………………………………………………………… **2. 双花鞘花 M. bibracteolatus**
1. 叶先端钝圆，具基出脉；伞形花序，具花2朵，花冠长2.5~3.5cm；果圆球形，紫黑色 ………………………………………………………………………… **3. 三色鞘花 M. tricolor**

1. 鞘花 杉寄生、枫木鞘花、八角鞘花寄生 图963：1~6

Macrosolen cochinchinensis (Lour.) Tiegh.

灌木，高0.5~1.3m。小枝灰色，具皮孔，全株无毛。叶革质，阔椭圆形至披针形，长5~10cm，宽2.5~6.0cm，先端凸尖或渐尖，基部楔形，中脉在上面扁平，在下面凸起，侧脉4~5对；叶柄长0.5~1.0cm。总状花序腋生，具花4~8朵；总花梗长1.5~2.0cm，花梗长4~6mm；苞片阔卵形，长1~2mm，小苞片三角形，长1.0~1.5mm，花托长2.0~2.5mm；副萼长约0.5mm；花冠橙色，长1.0~1.5cm，冠管膨胀，具6棱，裂片6枚，披针形，长约4mm，反折；花丝长约2mm，花药长1mm；花柱线状，柱头头状。果近球形，长约8mm，直径7mm，橙色，果皮平滑。花期2~6月；果期5~8月。

产于广西各地。寄生于壳斗科、山茶科、桑科植物或枫香、油桐、杉木等树木上。分布于西藏、云南、四川、贵州、福建、海南；尼泊尔、印度、孟加拉国也有分布。全株药用，以寄生于杉木上的为佳品，称“杉寄生”，清热、止咳。

图963 1~6. 鞘花 Macrosolen cochinchinensis (Lour.) Tiegh.
1. 花枝；2. 花蕾；3. 花；4. 苞片；5. 花基部合生的小苞片；6. 果。**7~8. 双花鞘花 Macrosolen bibracteolatus** (Hance) Danser 7. 花枝；8. 果。（仿《广西植物志》）

2. 双花鞘花 杉木鞘花寄生、八角寄生 图963：7~8

Macrosolen bibracteolatus (Hance) Danser

灌木，高0.3~1.0m。全株无毛。叶革质，卵形、卵状长圆

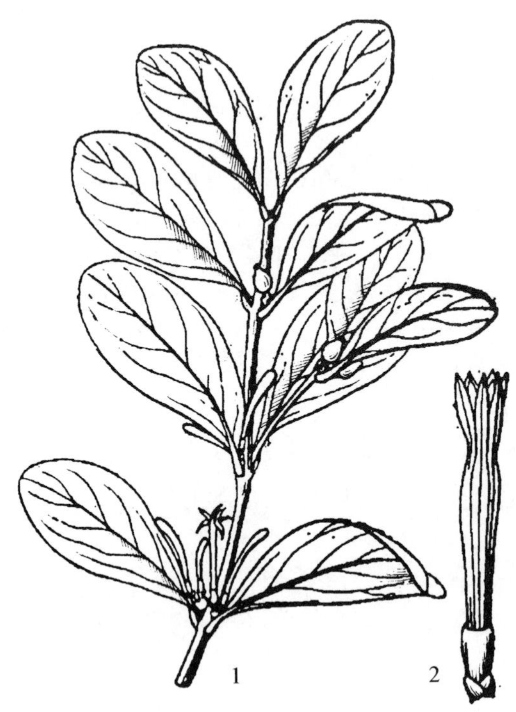

图 964 三色鞘花 Macrosolen tricolor（Lecomte）Danser 1. 花果枝；2. 花。（仿《中国高等植物图鉴》）

形或披针形，长8～12cm，宽2～5cm，先端渐尖或长渐尖，基部楔形；中脉两面均凸起；叶柄短，长2～5mm。伞形花序腋生，具花2朵，总花梗长约4mm；花梗长约4mm；花冠红色，长3.0～3.5cm。果长椭圆状，长约9mm，直径约7mm，红色，果皮平滑，宿存花柱基喙状，长约1.5mm。花期11～12月；果期12月至翌年4月。

产于广西各地。生于常绿阔叶林中，寄生于樟属、山茶属、五月茶属等植物上。分布于云南、贵州、广东、海南；越南、缅甸也有分布。茎叶入药，有祛风湿的作用。

3. 三色鞘花 寄生茶、三花鞘花 图 964

Macrosolen tricolor（Lecomte）Danser

灌木，高约0.5m。全株无毛；小枝灰色，具皮孔。叶革质，倒卵形至狭倒卵形，长3.5～5.5cm，宽1.3～2.0cm，先端圆钝，基部楔形，稍下延，具基出脉3～5条；叶柄长2～3mm。伞形花序，1～2个腋生，稀于小枝已落叶腋部，总花梗长约1mm，具花2朵；花冠长2.5～3.5cm，冠管红色，稍弯，喉部具6棱，裂片6枚，披针形，长6～9mm，反折。果圆球形，紫黑色，长约7mm，平滑。花果期8月至翌年3月。

产于防城、北海。生于海滨平原或低海拔灌木林中，寄生于香叶树、橘、银柴、龙眼、红花榄李等树木上。分布于广东、海南；越南、老挝也有分布。

2. 桑寄生属 Loranthus Jacq.

半寄生灌木。嫩枝、叶均无毛。叶对生或近对生，侧羽状脉。穗状花序，腋生或顶生，花序轴在花着生处常稍陷入；花两性或单性异株，5～6数，辐射对称，每花具1枚苞片；花托卵球形；花冠长不及1cm，花蕾时棒状或倒卵球形，副萼环状。浆果卵球形或近球形，顶端具宿存副萼，外果皮平滑。种子1枚，胚乳丰富。

约10种，分布于欧洲和亚洲温带和亚热带。中国6种；广西2种。

分种检索表

1. 花序顶生；花两性，花瓣长3～4mm；果卵球形 ………………………… **1. 南桑寄生 L. guizhouensis**
1. 花序腋生；花单性异株，雄花花被片长4～6mm，雌花花被片长2.5～3.0mm；果椭圆形或卵形 ……………………………………………… **2. 椆树桑寄生 L. delavayi**

1. 南桑寄生 贵州桑寄生 图 965

Loranthus guizhouensis H. S. Kiu

落叶灌木，高0.5～1.0m。全株无毛；茎常呈二歧分枝，小枝暗黑色，被蜡被。叶对生，纸质或薄革质，卵形或椭圆形，长3.5～5.0cm，宽2.0～2.5cm，先端圆钝或急尖，基部楔形，稍下延；侧脉3～5对，两面均明显；叶柄长2～3mm。穗状花序，顶生，长2.5～4.0cm，具花8～16朵，花两性，对生或近对生，淡青色；花瓣6枚，披针形，长3～4mm，开展。果卵球形，长4～5mm，直径2.5～3.0mm，淡青色，果皮平滑。花期5月；果期7～8月。

产于凌云、乐业。生于山地常绿阔叶林中，常寄生于栓皮栎等栎属植物上。分布于云南、贵

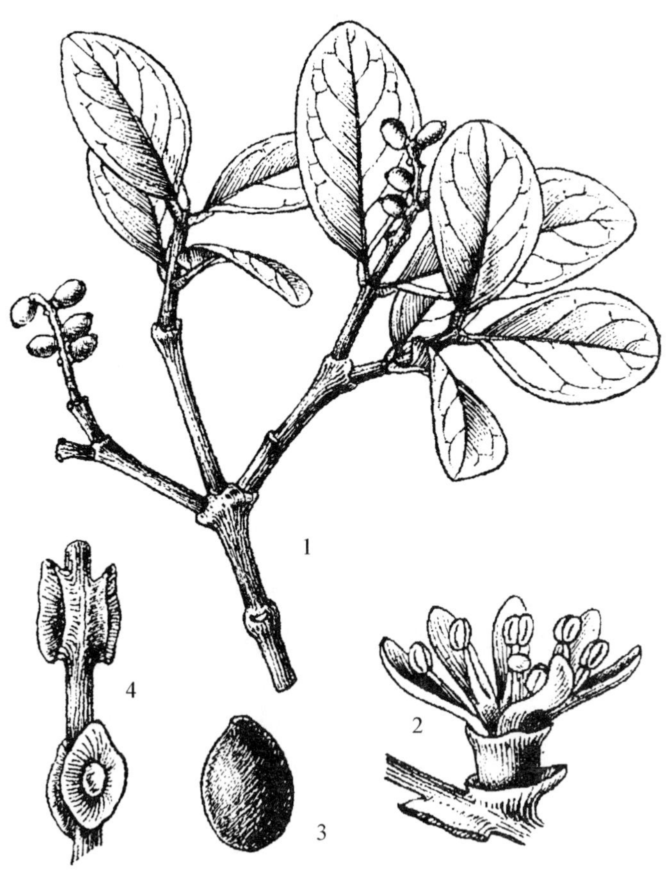

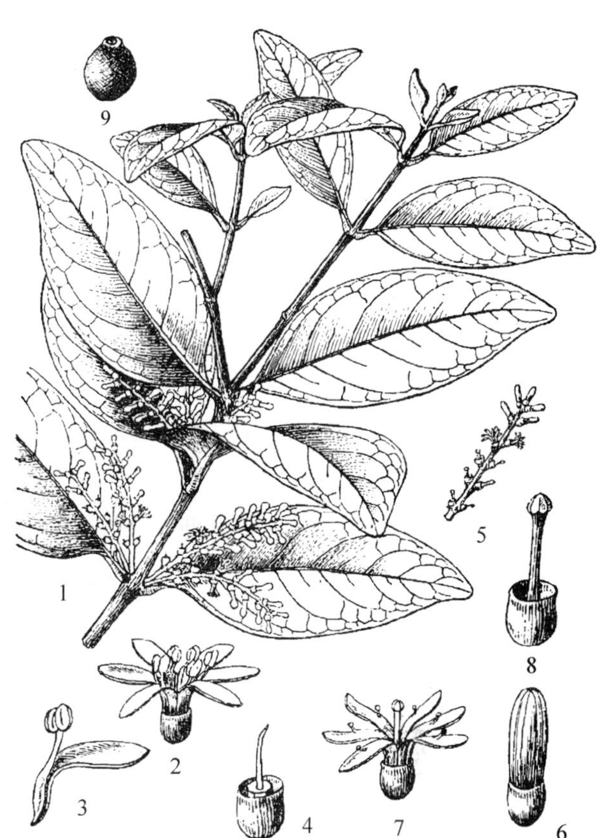

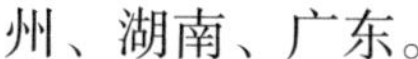

图 965 南桑寄生 Loranthus guizhouensis H. S. Kiu
1. 果枝；2. 两性花；3. 果；4. 果序轴。（仿《中国植物志》）

图 966 椆树桑寄生 Loranthus delavayi Tiegh.
1. 具雌花序的小枝；2. 雄花；3. 示雄花的花瓣和雄蕊；4. 示雄花的不育雌花的花柱；5. 雌花序；6. 雌花蕾；7. 雌花；8. 示雌花的花柱和柱头；9. 果。（仿《中国植物志》）

州、湖南、广东。

2. 椆树桑寄生 栎寄生、杂木寄生 图 966

Loranthus delavayi Tiegh.

灌木，高 0.5 ~ 1.0m。全株无毛。叶对生或近对生，纸质或革质，卵形至长椭圆形，长 6 ~ 10cm，宽 3.0 ~ 3.5cm，顶端钝圆或钝尖，基部宽楔形，稍下延；侧脉 5 ~ 6 对，明显；叶柄长 0.5 ~ 1.0cm。雌雄异株；穗状花序腋生，长 1 ~ 4cm，具花 8 ~ 16 朵，对生或近对生，黄绿色；雄花花瓣匙状披针形，长 4 ~ 6mm，上半部反折；雌花花瓣披针形，长 2.5 ~ 3.0mm，淡黄色。果椭圆状或卵球形，长约 5mm，直径 4mm，淡黄色，果皮平滑。花期 1 ~ 3 月；果期 5 ~ 7 月。

产于九万山。生于海拔 500m 以上山地常绿阔叶林中上，寄生于壳斗科树种上，稀于梨树上。分布于西藏、云南、四川、甘肃、陕西、湖北、湖南、贵州、广东、江西、福建、浙江、台湾；缅甸、越南也有分布。

3. 离瓣寄生属 Helixanthera Lour.

半寄生灌木。叶对生或互生，稀近轮生，侧脉羽状。总状或穗状花序，腋生，稀顶生；花两性，4 ~ 6 数，辐射对称，每花具 1 枚苞片；花托卵形至坛状；副萼环状；花被片离生；花丝短，2 ~ 4 室；子房 1 室，花柱柱状，4 ~ 6 棱，常在中部具缢痕，柱头头状或钝。浆果，顶端具宿存副萼，外果皮革质，中果皮具黏胶质；种子 1 枚。

约 50 种，分布于非洲和亚洲的热带、亚热带地区。中国 7 种；广西 3 种。

分种检索表

1. 幼枝、叶均无毛；花5数，总状花序具花40～60朵；果椭圆状…………………………… **1. 离瓣寄生 H. parasitica**
1. 幼枝、叶和花被短星状毛；花4数，总状花序具花2～5朵。
   2. 叶先端短钝尖或短渐尖；总花梗长8～15mm，被片长7～9mm；果球形 ……… **2. 油茶离瓣寄生 H. sampsonii**
   2. 叶先端短钝圆；总花梗长约1mm，花被片长3.0～3.5mm；果卵球形 ……… **3. 广西离瓣寄生 H. guangxiensis**

1. 离瓣寄生 五瓣寄生、油桐寄生 图967：1～7

Helixanthera parasitica Lour.

灌木，高1.0～1.5m。枝、叶均无毛，小枝披散状，平滑。叶对生，纸质或薄革质，卵形至卵状披针形，长5～12cm，宽3.0～4.5cm，先端急尖至渐尖，基部宽楔形至近圆形；侧脉两面明显；叶柄长0.5～1.5mm。总状花序，具花40～60朵；苞片卵圆形，1.0～1.5mm；花红色、淡红色或淡黄色，被暗褐色或灰色乳头状毛；花被片5枚，长5～8mm，上半部披针形，反折。果椭圆状，红色，长约6mm，直径约4mm，被乳头状毛。花期1～4月；果期5～8月。

产于广西各地。生于沿海平原或山地常绿阔叶林中，寄生于荷木、油桐、楝和壳斗科、樟科、桑科等树种上。分布于西藏、云南、贵州、广东、福建；印度及东南亚各地也有分布。茎、叶入药，有祛风湿、消肿、补气血、祛痰、止痢等功效。叶可代茶用。

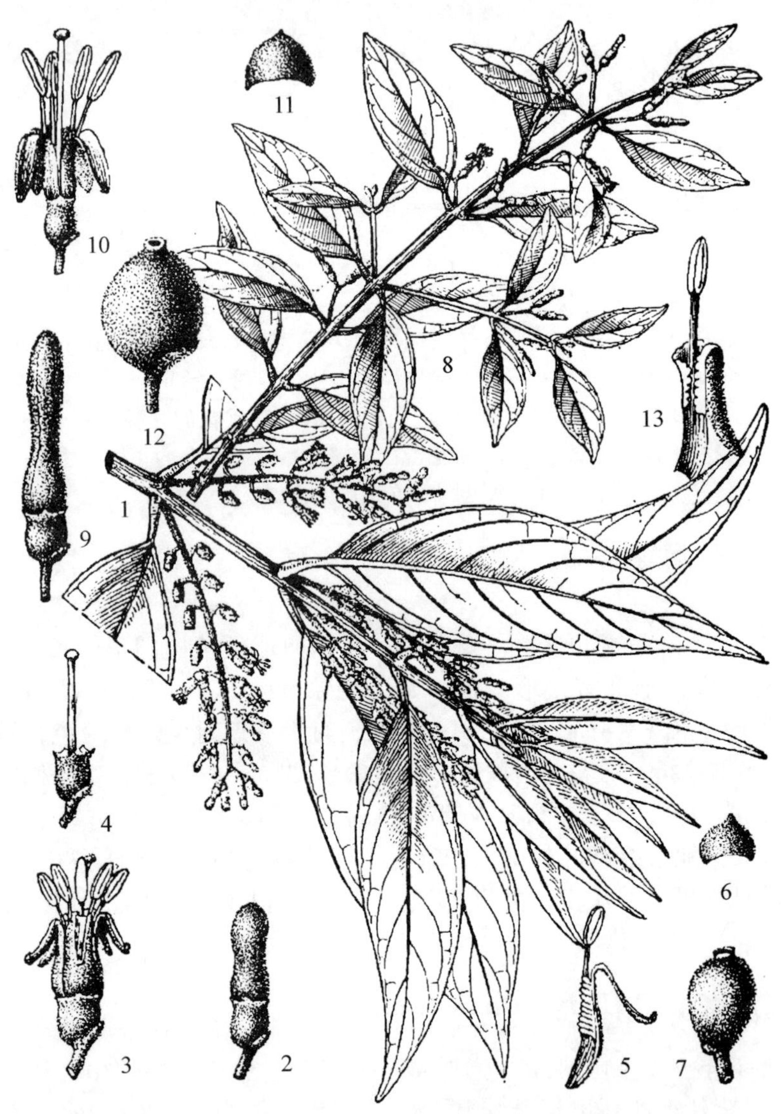

图967 1～7. 离瓣寄生 **Helixanthera parasitica** Lour. 1. 花枝；2. 花蕾；3. 开放的花；4. 除去花被的花；5. 花瓣及雄蕊；6. 苞片；7. 果。**8～13. 油茶离瓣寄生 Helixanthera sampsonii** (Hance) Danser 8. 花枝；9. 花蕾；10. 花；11. 苞片；12. 果；13. 花瓣及雄蕊。(仿《中国植物志》)

2. 油茶离瓣寄生 图967：8～13

Helixanthera sampsonii (Hance) Danser

灌木，高约0.7m。幼枝、叶密被锈色短星状毛，不久后全脱落；小枝灰色，具密生皮孔。叶纸质或薄革质，常对生，黄绿色，卵形、椭圆形或卵状披针形，长2～5cm，宽1.0～2.5cm，先端短钝尖或短渐尖，基部楔形或楔形，稍下延；侧脉在上面明显；叶柄长2～6mm。总状花序，1～2个腋生，稀3个顶生，具花2～5朵，花序梗长8～15mm；苞片卵形，长约1mm，被短毛；花被裂片4枚，披针形，长7～9mm，红色，被短星状毛。果球形，红色或橙色，长约6mm，直径4mm，基部圆钝，顶部骤狭，果皮平滑。花期4~6月；果期8~10月。

产于龙胜、临桂、贺州、昭平、融安、三江、罗城、东兰、百色、北流、容县、上思。生于山地阔叶林中或林缘，寄生于山茶科、樟科、柿科、大戟科、天料木科等树种上。分布于云南、广东、福建；越南也有分布。枝叶药用，有祛风湿、补肝肾、强筋骨、降血压、安胎下乳等功效。

3. 广西离瓣寄生 油茶寄生

Helixanthera guangxiensis H. S. Kiu

灌木，高约0.7m。幼枝和叶密被黄色短状星毛，不久后全脱落；小枝灰色，具皮孔。叶薄革质，互生或近对生，卵圆形或倒卵形，长2~3cm，宽1~2cm，先端短钝圆，基部宽楔形，稍下延；侧脉2对，上面稍明显；叶柄长2~4mm。总状花序，1~3个腋生，具花2~4朵，花密集，花序和花被黄色短星状毛，总花梗长约1mm，花梗长约3mm；花淡黄色，花托椭圆状，长1.5mm；花被片4枚，匙形，长3.0~3.5mm，上半部反折。果卵球形，淡黄色或橙色，长7mm，直径3~4mm，平滑。花期8~11月；果期11~12月。

产于广西东南部。生于山地阔叶林中，常寄生于油茶等树种上。分布于广东、海南。

4. 五蕊寄生属 Dendrophthoe Mart.

寄生性灌木。叶互生或近对生，侧脉羽状，具叶柄。总状或穗状花序，腋生；花两性，5数，辐射对称或稍两侧对称，每朵花具苞片1枚；副萼环状；冠管肿胀，顶部椭圆状，开花时顶部分裂，裂片5枚，反折；雄蕊着生于裂片的基部，花丝短，花药4室；子房1室，基生胎座，花柱线状，约与花冠等长，具5棱，柱头头状。浆果常卵球形；种子1枚。

约30种，分布于非洲、亚洲和大洋洲的热带地区。中国1种，广西亦产。

五蕊寄生 乌榄寄生 图968

Dendrophthoe pentandra（L.）Miq.

灌木，高达2m。芽被灰色星状毛，枝、叶无毛，小枝灰色，具散生皮孔。叶革质，互生或短肢上近对生，披针形至圆形，常为椭圆形，长5~13cm，宽2.5~8.5cm，先端急尖或钝圆，基部楔形或钝，稍下延；侧脉2~4对，两面均明显；叶柄长0.5~2.0cm。总状花序，1~3个腋生或簇生于小枝已落叶腋部，具花3~10朵，初密被灰色或白色星状毛，后渐疏，总梗长0.7~2.0cm；花梗长约2mm；花初呈青白色，后变红黄色，花托卵球形或坛状，长2.0~2.5mm；花冠长1.5~2.0cm，下部稍肿胀，5深

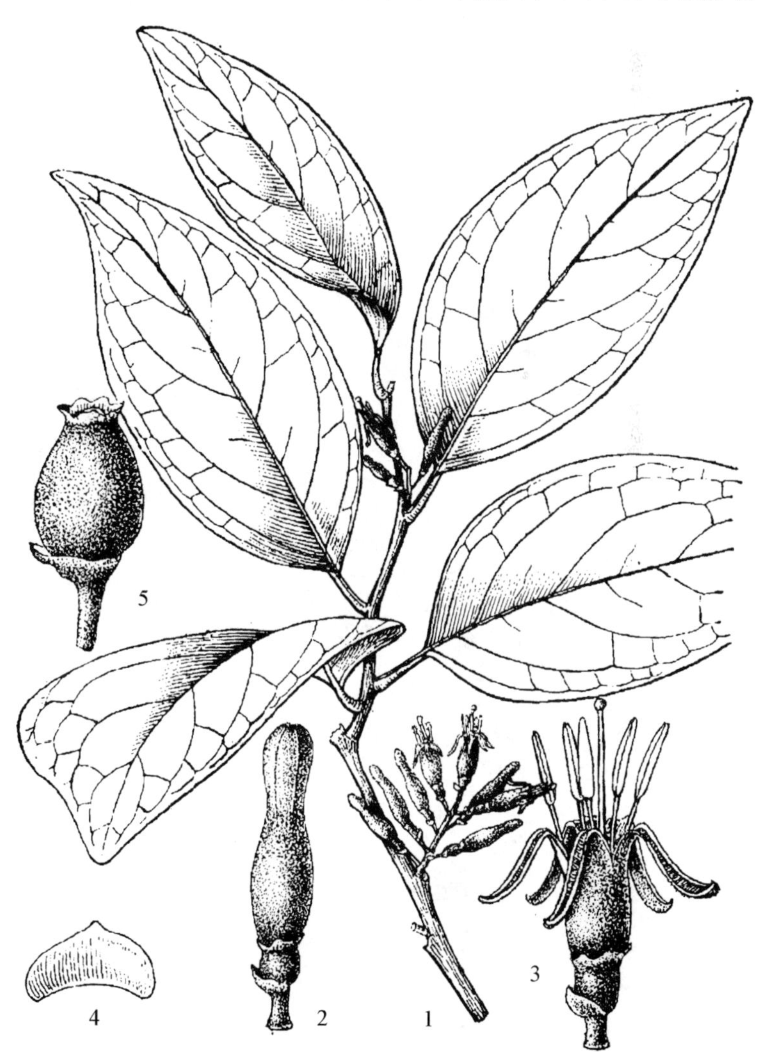

图968 五蕊寄生 Dendrophthoe pentandra（L.）Miq. 1. 花枝；2. 花蕾；3. 花；4. 苞片腹面；5. 果。（仿《中国植物志》）

裂，裂片披针形，长约1.2cm，反折。果卵球形，长8~10mm，直径5~6mm，顶部较狭，红色，果皮被疏毛或平滑。花果期12月至翌年6月。

产于天峨、田阳、龙州。寄生于乌榄、橄榄、木油桐、杧果、黄皮、木棉、榕树等树种上。分布于云南、广东；孟加拉国、马来西亚、泰国、柬埔寨、老挝、越南也有。枝、叶药用，治腰酸背痛、风湿关节炎、产后四肢麻痹。

5. 梨果寄生属 Scurrula L.

寄生灌木。嫩枝、叶被毛。叶对生或近对生，侧脉羽状。总状或伞形花序，腋生；花两性，4数，每花具1枚苞片；花托梨形或陀螺状，基部渐狭；副萼环状，全缘或4齿裂；花冠在成长的花蕾时管状，稍弯，开花时顶部分裂，下面一裂缺较深，花被管4裂，外折；花丝短，花药4室；子房1室，花柱线形，约与花冠等长。浆果陀螺状、棒状或梨状，下半部骤狭呈柄状或近基部渐狭，副萼宿存，外果皮革质，中果皮具黏胶质；种子1枚。

约50种，分布于亚洲东南和南部。中国10种；广西3种1变种。

分种检索表

1. 嫩叶和花被星状毛，成长叶两面无毛 ………………………………………… **1. 红花寄生 S. parasitica**

1. 嫩叶被星状毛，成长叶下面被绒毛。
   2. 总花梗长5~8mm，具花5~7朵，密集；花托梨形，花被长约2.5cm，裂片披针形；果近基部渐窄 ………………………………………… **2. 梨果寄生 S. atropurpurea**
   2. 总花梗长1.0~2.5cm，具花7~14朵；花托陀螺状，花被长1.0~1.3cm，裂片近匙形；果下半部渐窄成柄状 ………………………………………… **3. 卵叶梨果寄生 S. chingii**

1. 红花寄生 柠檬寄生、柏寄生、桑寄生 图969

Scurrula parasitica L.

灌木，高达1m。幼枝、叶密被锈色星状毛，后毛全脱落，枝和叶变无毛。叶对生或近对生，厚纸质，卵形或长卵形，长5~8cm，宽2~4cm，先端钝，基部宽楔形；侧脉5~6对，两面均明显；叶柄长5~6mm。总状花序，1~3个腋生，各部分均被褐色绒毛，总梗长2~3mm，具花3~5朵，花红色，密集；花梗长2~3mm；苞片长约1mm；花托陀螺状，长2.0~2.5mm，花被长2.0~2.5cm，裂片披针形，长5~8mm反折。果梨形，长约1cm，直径约3mm，顶端圆，下半部渐窄成长柄

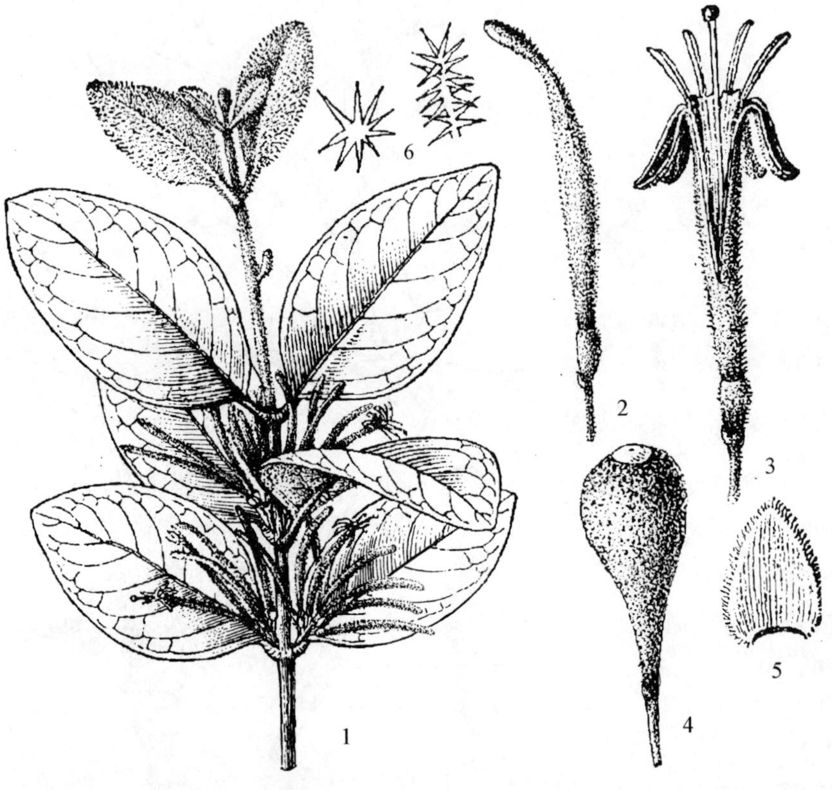

图969 红花寄生 Scurrula parasitica L. 1. 花枝；2. 花蕾；3. 花；4. 果；5. 苞片(腹面)；6. 嫩叶上的毛。(仿《中国植物志》)

状，红黄色，果皮平滑。花果期10月至翌年1月。

产于广西各地。生于沿海平原或山地阔叶林中，寄生于山茶科、大戟科、芸香科、蔷薇科、夹竹桃科等树种上，为板栗重要病害。分布于云南、四川、贵州、广东、湖南、江西、福建、台湾；东南亚也有分布。全株入药，为强壮剂和安胎药，可治腰膝神经痛、高血压、血管硬化性四肢麻木。

1a. 小红花寄生

Scurrula parasitica var. **graciliflora** (Roxb. ex Schult.) H. S. Kiu

与原变种的区别为：花冠长仅1.0~1.2cm，黄绿色。

产于平乐、恭城、临桂、柳城、巴马、田阳、那坡、百色、隆林、宁明、上思。生于海拔850m以上山谷或山地阔叶林中，寄生于桃、梨、杏、石榴、茶、锥栗或松属等树种上。分布于云南、四川、贵州；尼泊尔、印度、孟加拉国、缅甸也有分布。

2. 梨果寄生

Scurrula atropurpurea (Bl.) Danser

灌木，高0.7~1.0m。幼枝叶、花序和花均密被灰黄色星状毛和叠生星状毛；小枝灰色，无毛。叶对生，薄革质或纸质，卵形或长圆形，长5~10cm，宽3~6cm，先端急尖，基部宽楔形或圆钝，上面无毛，下面被绒毛；侧脉4~5对，略明显；叶柄长7~10mm，被毛。总状花序具花5~7朵，1~3个腋生，总梗长5~8mm，花红色，花梗长1.5~2.0mm；苞片长约1mm；花托梨形，长约2.5mm；花被长2.2~2.5cm，裂片披针形，长6~8mm，反折。果梨形，长约8mm，直径3.5mm，近基部渐狭，被疏星状毛。花期6~9月；果期11~12月。

产于隆林。生于海拔1200m以上山地阔叶林中，常寄生于楸树、油桐、桑或壳斗科等树种上。分布于云南、贵州；泰国、越南、马来西亚、印度尼西亚、菲律宾也有分布。

3. 卵叶梨果寄生 卵叶寄生

Scurrula chingii (W. C. Cheng) H. S. Kiu

灌木，高约1m。嫩枝叶、花序和花密被锈色叠生星状毛和星状毛。叶对生或近对生，革质，卵形或长卵形，长6~9cm，宽4~7cm，先端钝，基部宽楔形或稍圆，上面无毛，下面被星状毛或无毛；侧脉4~5对，在上面明显；叶柄长6~12mm，被毛。总状花序，2~3个腋生，具花7~14朵，总梗长1.0~2.5cm，花红褐色或黄褐色，花梗长1~2mm；苞片长约1mm；花托陀螺状，长约3mm；花冠花蕾时管状，花被长1.0~1.3cm，开花时顶部4裂，裂片近匙形，长3~5mm。果梨形，黄色，长9~10mm，直径约3mm；下半部渐窄成柄状；果皮被星状毛。花期9月至翌年4月。

产于靖西、那坡、博白、龙州、武鸣、上思。生于阔叶林中，寄生于油茶、木油桐、木波罗、板栗、白饭树、茶等树种上，为板栗重要病害。分布于云南；越南也有分布。全株入药，有祛风湿、消炎等功能，用于风湿痛、痢疾。

6. 钝果寄生属 Taxillus Tiegh.

寄生灌木。嫩枝、叶被绒毛，稀无毛。叶对生或互生；侧脉羽状。总状或伞形花序，腋生；花两性，4~5数，稍两侧对称，每花具苞片1枚；花托椭圆状或卵球形；副萼环状，全缘或4齿裂；花冠在成长的花蕾时管状，稍弯，开花时顶部分裂，裂片4~5枚，反折；花药4室；花柱线状，4棱，柱头头状。浆果近球形或长圆形，副萼宿存；种子1枚。

约25种，分布于亚洲东南部和南部。中国18种；广西9种。

分种检索表

1. 全株无毛；叶卵形至披针形；伞形花序，花被长2~3cm；果长圆形 …………………… **1. 柳树寄生 T. delavayi**
1. 幼枝、叶被绒毛。
  2. 成长叶两面无毛；伞形花序具花2~5朵。

3. 幼叶被锈色或褐色星状毛。

4. 叶互生或簇生，近匙形或线形；花托被绒毛；果近球形，长4~5mm，直径3~5mm，紫红色 ………… ……………………………………………………………………………… **2. 松柏钝果寄生 T. caloreas**

4. 叶对生或近对生，卵形、倒卵形或卵状长圆形；果长圆形或近球形，长7~10mm，浅黄或橙色。

5. 叶厚纸质；花序常具花2朵；花被长约2.5mm，裂片匙形 …………………… **3. 广寄生 T. chinensis**

5. 叶革质；花序具花3~5朵；花被长2.7~3.0mm，裂片披针形 ………… **4. 木兰寄生 T. limprichtii**

3. 幼叶被栗褐色树枝状毛；果长圆形。

6. 花被长2.2~2.8cm，裂片披针形；果具小瘤体，两端钝圆 …………… **5. 显脉寄生 T. liquidambaricola**

6. 花被长3.5~4.0cm，裂片匙形；果具颗粒状体，顶端平截 ……………… **6. 栗毛钝果寄生 T. balansae**

2. 成长叶下面被绒毛。

7. 叶被褐色或红褐色星状毛；总状花序具花3~5朵，密集；花被裂片披针形 … **7. 桑寄生 T. sutchuenensis**

7. 叶被树枝状和星状毛；花被裂片匙形。

8. 叶被毛灰黄至褐色毛；总状花序，具花2~5朵，花被长1.2~1.8cm …… **8. 毛叶钝果寄生 T. nigrans**

8. 叶被毛锈色；伞形花序，常具花2朵，花被长2.0~2.2cm …………………… **9. 锈毛钝果寄生 T. levinei**

1. 柳树寄生 柳叶钝果寄生、柳寄生 图970

Taxillus delavayi (Tiegh.) Danser

灌木，高约1m。全株无毛。叶互生，有时近对生或簇生于短肢上，革质，卵形至披针形，长3~5cm，宽1.5~2.0cm，先端钝或近圆，基部楔形，稍下延；侧脉3~4对，叶柄长2~4mm。伞形花序，1~2个腋生，具花2~4朵，总梗长1~2mm或几无，花梗长4~6mm；苞片卵圆形，长约2mm；花红色，花托长约2.5mm；花冠花蕾时管状，花被长2~3cm，裂片4枚，裂片披针形，长6~9mm，反折。果长圆形，长8~10mm，直径约4mm，顶端钝，基部钝圆，黄色或橙色。花期2~7月；果期5~9月。

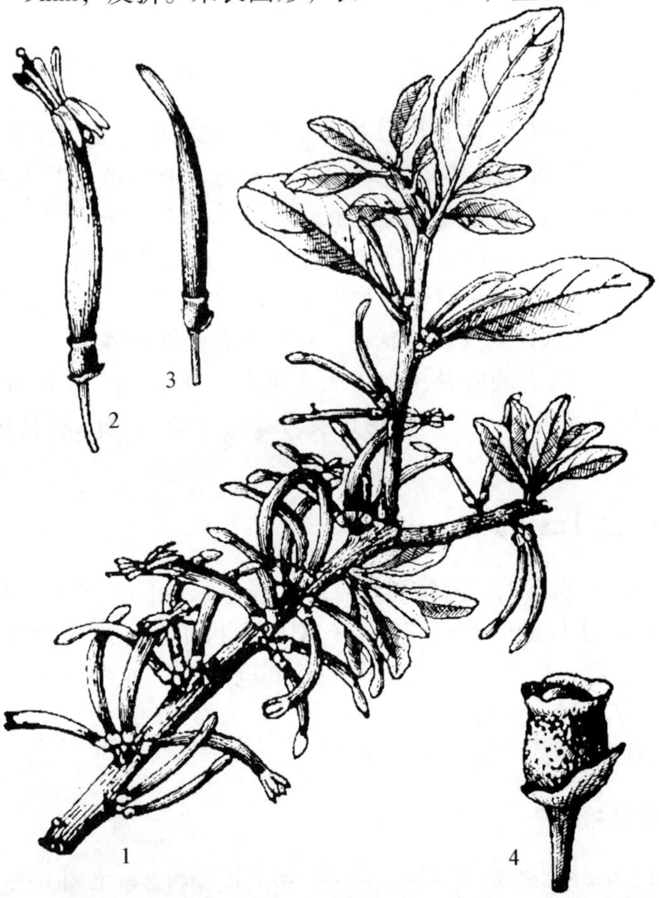

产于凌云。生于海拔1500m以上山地阔叶林中，寄生于花楸、山楂、樱桃、梨、桃、马桑或柳属、桦属、栎属、槭属、杜鹃属等树种上。分布于西藏、云南、四川、贵州；缅甸、越南也有分布。枝叶入药，补肝肾，祛风湿，止血、安胎，主治头晕目眩、腰膝疼痛、风湿麻木、崩漏、胎动不安。

图970 柳树寄生 Taxillus delavayi (Tiegh.) Danser 1. 花枝；2~3. 花；4. 果。(仿《中国高等植物图鉴》)

2. 松柏钝果寄生 松寄生 图971

Taxillus caloreas (Diels) Danser

灌木，高0.5~1.0m。嫩枝、叶密被褐色星状毛，后毛全脱落，小枝黑褐色，具瘤体。叶互生或簇生于短枝上，革质，近匙形或线形，长2~3cm，宽3~7mm，顶端钝圆，基部楔形；叶柄长1.0~2.5mm。伞形花序，1~2个腋生，具花2~3朵，总梗长1~3mm或几无，花梗长1~2mm；苞片长约1mm；花红色，花托长约1.5mm，被褐色绒毛；花冠花蕾时管状，花被长2.0~2.7cm，无毛，下半部稍膨胀，顶部椭圆状，裂片4枚，裂片披针形，长 7 ~ 8mm，反折。果近球形，长4 ~5mm，直径3 ~5mm，紫红色，果皮具颗粒状体。花期7 ~ 8 月；果期翌年4 ~5 月。

产于金秀。生于海拔 900m 以上林中，寄生于松属、油杉属等树种上。分布于西藏、云南、四川、贵州、湖北、广东、福建、台湾；不丹也有分布。全株药用，治风湿性关节炎、胃痛。

3. 广寄生　梧州寄生茶、桑寄生、松寄生　图 972

Taxillus chinensis (DC.) Danser

灌木，高约 1m。嫩枝、叶密被锈色星状毛，稍后绒毛呈粉状脱落，枝、叶变无毛。叶对生或近对生，厚纸质，卵形或长卵形，长 3 ~6cm，宽 2 ~4cm，先端圆钝，基部楔形或宽楔形；侧脉 3 ~4 对，略明显；叶柄长 8 ~10mm。伞形花序，1 ~2 个腋生，具花 1 ~4 朵，通常 2 朵，花序和花被星状毛，总梗长 2 ~ 4mm；花梗长 6 ~7mm；苞片鳞片状，长约 0. 5mm；花褐色，花托椭圆状或卵球形，长 2mm；花冠花蕾时管状，花被长 2. 5 ~2. 7cm，下半部膨胀，顶部卵球形，裂片 4 枚，匙形。果椭圆状或近球形，长 8 ~10mm，直径 5 ~6mm，幼果被小瘤点，熟时平滑；浅黄色。花果期 4 月至翌年 1 月。

产于梧州、玉林、贵港、南宁、崇左、钦州等地。生于海拔 400m 以下平原或低山阔叶林中，寄生于各种果树、油桐、橡胶、榕树、木棉或马尾松等树种上。分布于广东、福建、海南；东南亚也有分布。全株入药，治风湿痹痛、腰膝酸软、胎动、胎漏、高血压等，但寄生于夹竹桃等有毒植物上的不能药用。

4. 木兰寄生　粤桑寄生、广东寄生、枫树寄生　图 973

Taxillus limprichtii (Grüning) H. S. Kiu

灌木，高 1. 0 ~ 1. 3m。嫩芽密被褐色星状毛，小枝灰褐色，无毛。叶革质，对生或近对生，卵状长圆形或倒卵形，

图 971　**松柏钝果寄生 Taxillus caloreas** (Diels) Danser　1. 花枝；2. 花蕾；3. 花；4. 果。(仿《中国植物志》)

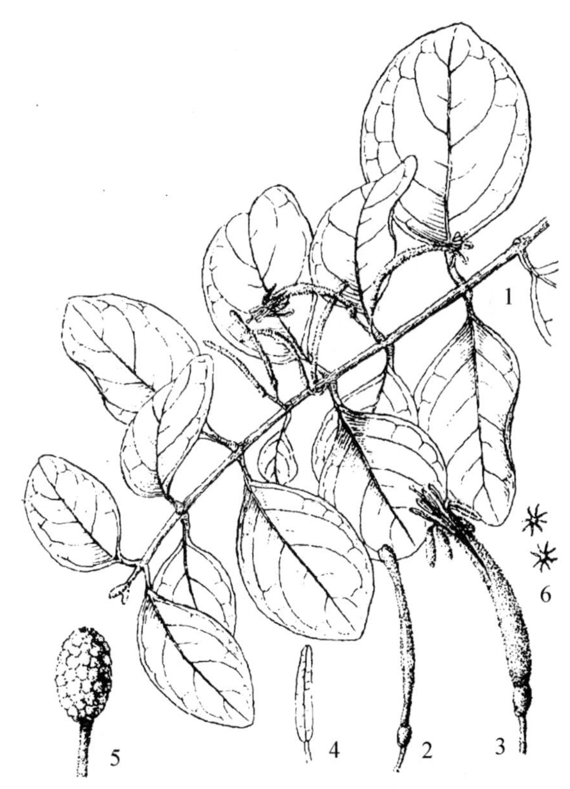

图 972　**广寄生 Taxillus chinensis** (DC.) Danser　1. 花枝；2. 花蕾；3. 花；4. 雄蕊；5. 果；6. 星状毛。(仿《中国植物志》)

图 973　木兰寄生 **Taxillus limprichtii** (Grüning) H. S. Kiu
1. 花枝；2. 花蕾；3. 花；4. 果；5. 星状毛。(仿《中国植物志》)

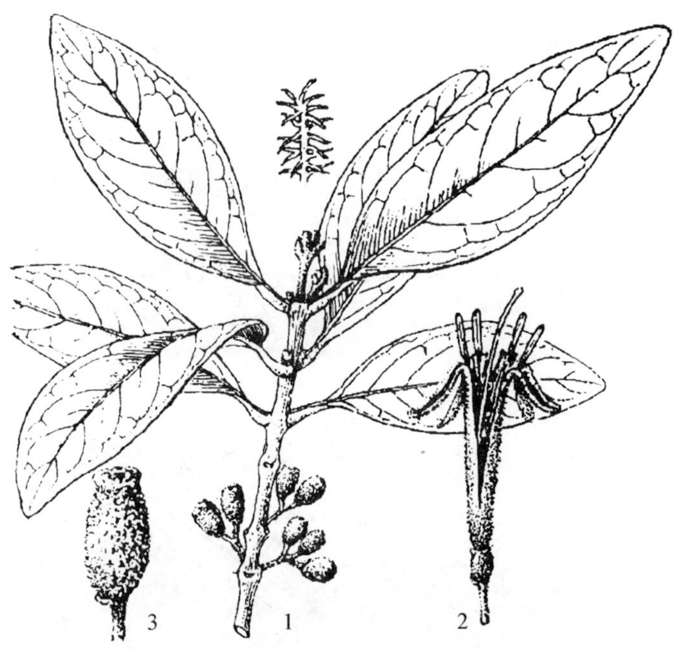

图 974　显脉寄生 **Taxillus liquidambaricola** (Hayata) Hosok.　1. 果枝；2. 花；3. 果。(仿《中国植物志》)

长 4 ~ 12cm，宽 2.5 ~ 6.0cm，先端钝或近圆，基部楔形，两面无毛；侧脉 4 ~ 5 对；叶柄长 5 ~ 12mm。伞形花序，1 ~ 3 个腋生，具花 3 ~ 5 朵，花序和花均被黄褐色星状毛，后渐稀疏；总梗长 3 ~ 5mm，花梗长 3mm；苞片卵形，长约 1mm；花红色或橙色，花托长卵形，长 1.5 ~ 2.5mm；副萼环状，全缘或具 4 小齿；花冠花蕾时管状，花被长 2.7 ~ 3.0cm，裂片 4 枚，披针形，长约 9mm。果长圆形，两端钝圆，具小瘤体，被疏毛，长约 7mm，直径 3 ~ 4mm，浅黄色或淡橙色，果皮不平坦，无毛。花期 10 月至翌年 3 月；果期 6 ~ 7 月。

产于临桂、龙胜、兴安、恭城、贺州。生于山地阔叶林中，寄生于油桐、樟树、香叶树及木兰科、金缕梅科、壳斗科、松科等树种上。分布于云南、贵州、广东、四川、湖南、福建、台湾；不丹也有分布。枝叶药用，补肝、肾，祛风湿，安胎，主治腰酸痛、风湿痹痛等。

5. 显脉寄生　显脉木兰寄生、大叶桑寄生　图 974

Taxillus liquidambaricola (Hayata) Hosok.

灌木，高 1.0 ~ 1.3m。嫩枝、叶密被栗褐色树枝状毛和星状毛。叶长圆形至卵状长圆形，长 5 ~ 8cm，宽 3 ~ 4cm，顶端圆钝，基部楔形或阔楔形，稍下延至柄；侧脉 5 ~ 7 对，在叶面上明显。伞形花序具花 2 ~ 4 朵，各部均密被栗褐色叠生星状毛和星状毛，总梗长 4 ~ 6mm，花梗长 4.0 ~ 4.5mm；花冠长 2.2 ~ 2.8cm，裂片披针形，长 6 ~ 8mm。果椭圆状，长 6 ~ 8mm，果皮具小瘤体。花期 8 ~ 10 月；果期 10 ~ 12 月。

产于广西南部。生于海拔 500 ~ 700m 阔叶林中，寄生于枫香、八角、桂花、油桐、柿、夹竹桃等树种上。分布于云南、广东、海南、福建、台湾；越南、泰国也有分布。

6. 栗毛钝果寄生　栗毛寄生、火炭木寄生　图 975

Taxillus balansae (Lecomte) Danser

灌木，高 1 ~ 2m。嫩枝、叶、花序和花均密被栗褐色树枝状毛，枝叶的毛渐脱落。叶对生或近对生，革质，椭圆形或卵圆形，长 2.5 ~ 6.0cm，宽 1.5 ~ 3.5cm，先端钝圆，基部宽楔形至圆；侧脉 3 ~ 4 对，略明显；叶柄长 5 ~ 7mm。伞形花序，腋生，具花 1 ~ 3 朵，总梗 3 ~ 5mm；花梗长 6 ~ 8mm；苞片长 1.0 ~ 1.5mm；花红褐色，花托长 2.5 ~ 3.0mm；花冠花蕾时管状，花被长 3.5 ~

4.0cm，裂片4枚，匙形，长约8mm，反折。果椭圆形，长9~10mm，直径4~5mm，顶端截平，果皮具颗粒状体，被疏毛。花期3~12月；果期4~12月。

产于广西西南部及南部。生于海拔400~1200m阔叶林中，寄生于枫香、石栗、木荷、马尾树或木兰科、壳斗科等树种上。分布于云南；越南也有分布。枝叶药用，用于跌打损伤。

7. 桑寄生 四川寄生、四川钝果寄生

Taxillus sutchuenensis (Lecomte) Danser

灌木，高达1m。嫩枝叶、花序被褐色和红褐色星状毛，小枝黑色，无毛，具散生皮孔。叶近对生或互生，革质，卵形、长卵形或椭圆形，长5~8cm，宽3.0~4.5cm，先端钝圆，基部近圆形，下面被绒毛；侧脉4~5对，在上面明显；叶柄长6~12mm。总状花序，1~3个生于小枝已落叶腋部或叶腋，具花3~5朵，密集呈伞形，花序和花均密被褐色星状毛，总梗长1~3mm；花梗长2~3mm；苞片卵状三角形，长约1mm；花红色，花托长2~3mm；花冠花蕾时管状，花被长2.2~2.8cm，裂片4枚，披针形，长6~9mm，反折，开花后毛渐疏。果椭圆状，长6~7mm，直径3~4mm，两端钝圆，黄绿色，具颗粒状体，被疏毛。花期6~8月。

产于广西北部及中部。生于海拔500m以上山地阔叶林中，寄生于桑、梨、李、梅、油茶、厚皮香、漆树、核桃及壳斗科树种上。分布于秦岭以南，至浙江、福建、广东、云南；不丹也有分布。全株入药，治风湿痹痛、腰痛、胎动、胎漏等。

8. 毛叶钝果寄生 毛叶寄生、樟寄生、柿寄生 图976：1~5

Taxillus nigrans (Hance) Danser

灌木，高达1.5m。嫩枝、叶、花序和花密被灰黄色至褐色的叠生星状毛和星状毛；小枝灰褐色或暗黑色，无毛。叶对生或互生，革质，长椭圆形或长卵

图975 栗毛钝果寄生 Taxillus balansae (Lecomte) Danser 1. 花枝；2. 果。(仿《中国植物志》)

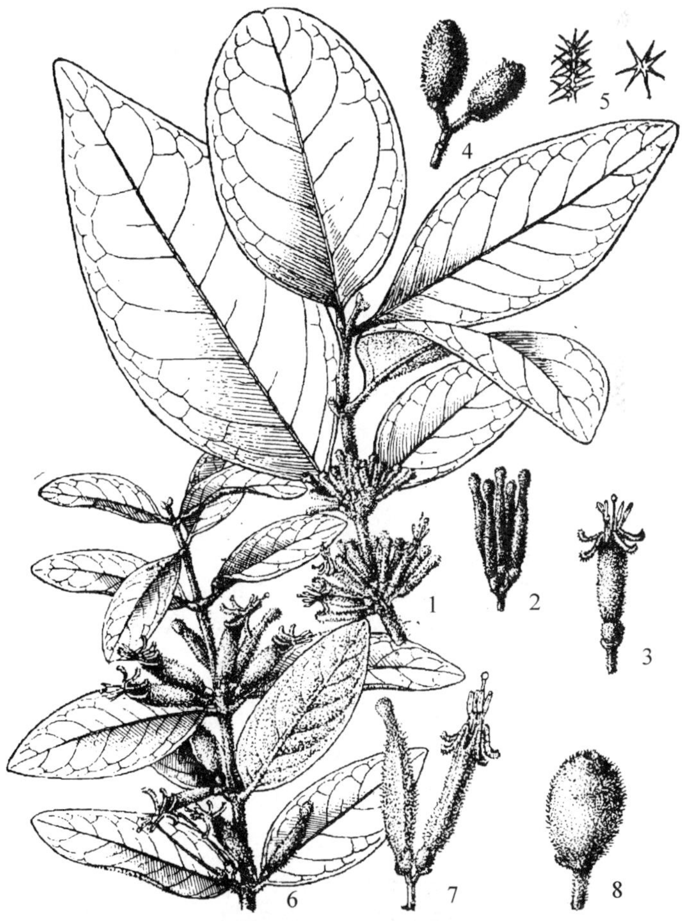

图976 1~5. 毛叶钝果寄生 Taxillus nigrans (Hance) Danser 1. 花枝；2 花序，示具5朵花；3. 花；4. 果序；5. 叠生星状毛和星状毛。**6~8. 锈毛钝果寄生 Taxillus levinei** (Merr.) H. S. Kiu 6. 花枝；7. 花序；8. 果。(仿《中国植物志》)

形，长6.0~8.5cm，宽3~4cm，先端圆钝或急尖，基部楔形至圆形，上面无毛，下面被绒毛；侧脉4~5对，在叶面上稍凸起；叶柄长5~8mm，被绒毛。总状花序，1~5个簇生叶腋，具花2~5朵，密集排列呈伞形，总梗长和花序轴共长2~4mm；花梗长1.0~1.5mm；苞片长约1mm；花红黄色，花托长约2mm；花冠花蕾时管状，花被长1.2~1.8cm，裂片4枚，匙形，长4~6mm。果椭圆形，长约7mm，直径约4mm，两端圆钝，淡黄色，果皮粗糙，具疏生星状毛。花期8~11月；果期翌年4~5月。

产于桂林、临桂、全州、龙胜、资源、灌阳、融水、三江、南丹。生于海拔1300m以下阔林中，寄生于樟树、桑、油茶或栎属、柳属等树种上。分布于云南、四川、甘肃、陕西、贵州、湖北、湖南、江西、福建、台湾。全株药用，祛风除湿、消肿清热、止咳、祛痰、止痢、安胎下乳等。

9. 锈毛钝果寄生 锈毛寄生、连江寄生 图976：6~8

Taxillus levinei（Merr.）H. S. Kiu

灌木，高0.5~2.0m。嫩枝、叶、花序和花密被锈色树枝状和星状毛，小枝无毛。叶互生或近对生，革质，卵形，长4~8cm，宽2.0~3.5cm，顶端钝圆，基部近圆形，上面无毛，下面被绒毛；侧脉4~6对，在上面明显；叶柄长6~12mm，被绒毛。伞形花序，1~2个腋生，常具花2朵，总梗长2.5~5.0mm；花梗长1~2mm；苞片长0.5~1.0mm；花红色，花托长约2mm；副萼环状，稍内卷；花冠花蕾时管状，花被长2.0~2.2mm，冠管膨胀，顶部卵球形，裂片4枚，匙形，长5~7mm。果卵球形，长约6mm，直径约4mm，两端圆钝，黄色，具颗粒状体，被星状毛。花期9~12月；果期翌年4~5月。

产于广西各地。生于海拔1200m以下阔叶林中，寄生于樟树、油茶或壳斗科树种上。分布于云南、广东、湖南、湖北、江西、安徽、浙江、福建。全株药用，有祛风除湿功效。

7. 大苞寄生属 Tolypanthus（Bl.）Reichb.

寄生性灌木。叶互生或对生。密簇聚伞花序，腋生，具花3~6朵，花梗短或几无；每花具1枚苞片，离生或彼此连合，呈总苞状；花两性，5数，辐射对称，花托卵球形；副萼杯状，花蕾管状，直立，上部膨胀，顶部卵球形，开花时花冠5裂，外折；花药4室；子房1室，花柱线状。浆果椭圆形，外果皮革质，被疏毛，中果皮具黏胶质；种子1枚。

约5种，分布于亚洲南部和东部。中国2种；广西2种全产。

分种检索表

1. 花序总花梗长7~11mm，花梗长约1mm；苞片长卵形，长12~22mm，宽7~11mm，基部圆钝或浅心形 ……… …… **1. 大苞寄生 T. maclurei**
1. 花序总花梗长4~6mm，花梗长1.5~2.0mm；苞片披针形，长18~27mm，宽3~6mm，基部楔形 ……… …… **2. 黔桂大苞寄生 T. esquirolii**

1. 大苞寄生 柿寄生、大苞桑寄生 图977

Tolypanthus maclurei（Merr.）Danser

灌木，高达1m。幼枝、叶密被黄褐色或锈色星状毛，后全脱落。叶薄革质，长圆形或长卵形，长2.5~7.0cm，宽1~3cm，先端急尖或钝，基部楔形或圆钝；叶柄长2~7mm。密簇聚伞花序，1~3个生于小枝已落叶腋部或腋生，花序具花3~5朵，总梗长7~11mm，花梗长约1mm；苞片长卵形，淡红色，长12~22mm，宽7~11mm，顶端渐尖，基部圆钝或浅心形；花红色或橙色，花托卵球形，长约2mm；副萼长约1mm，具5浅齿；花冠长2.0~2.8cm，具疏生星状毛，萼管上部膨胀，具5纵棱，裂片狭长圆形，长6~8mm，反折。果椭圆状，长8~10mm，直径约6mm，黄色，具星状毛，宿存副萼长约1mm。花期4~7月；果期8~10月。

产于广西各地。生于海拔900m以下阔叶林中，寄生于油茶、檵木、柿、紫薇或杜鹃属、杜英属、冬青属等树种上。分布于贵州、湖南、江西、广东、福建。

2. 黔桂大苞寄生

Tolypanthus esquirolii (H. Lév.) Lauener

灌木，高达2m。幼枝、叶密被黄褐色或淡黄色星状毛，后全脱落。叶纸质，互生或近对生，或2~3枚簇生于短枝上，长卵形或近长圆形，长4~6cm，宽1.5~2.5cm，先端急尖或短渐尖，基部楔形或宽楔形；叶柄长5~10mm。密簇聚伞花序腋生，具花3~4朵，总梗长4~6mm，花梗长1.5~2.0mm；苞片披针形，红色，长18~27mm，宽3~6mm，基部楔形；冠管上部膨胀，具5纵棱，裂片狭长圆形，裂片长7~9mm，反折。果椭圆状，长5~6mm，直径4.0~4.5mm，黄色，具疏星状毛，宿存副萼长约2mm。花期4~6月；果期5~8月。

产于天峨、环江、乐业。生于海拔1100~1200m阔叶林中，寄生于枇杷、油桐或山茶属树种上。分布于贵州。

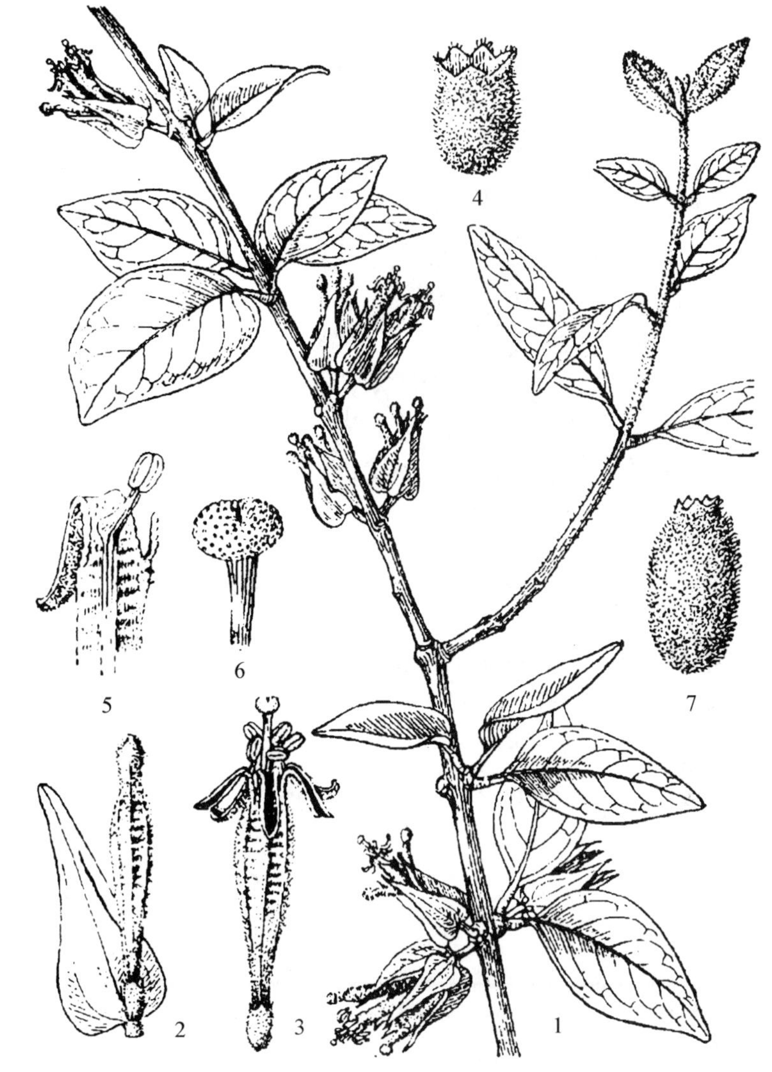

图977 大苞寄生 Tolypanthus maclurei (Merr.) Danser 1. 花枝；2. 花蕾及苞片；3. 花；4. 花托和副萼；5. 示雄蕊着生位置；6. 柱头；7. 果。(仿《中国植物志》)

8. 栗寄生属 Korthalsella Tiegh.

常绿半寄生小灌木。叉状分枝，节明显，相邻节间排在同一平面上。叶退化为鳞片状，对生。聚伞花序，腋生，初具花1朵，后熟性花陆续出现时，密集呈团伞花序；花小，单性同株，花梗几无，无苞片，无副萼，花被萼状，宿存，花被片3枚；花药2室，合生成聚药雄蕊；子房1室，柱头头状。浆果小，中果皮具黏胶质。种子1枚，扁平。

约25种；分布于非洲、亚洲南部及东南部。中国1种，广西也产。

栗寄生 图978

Korthalsella japonica (Thunb.) Engl.

小灌木，高约15cm。全株绿色；小枝扁平，常对生，节间窄倒卵形或披针形，长7~17mm，宽3~6mm。叶鳞状，对生合生呈环状。花径约1mm，黄绿色，簇生叶腋。果椭圆状或梨形，长约2mm，淡黄色。花果期几全年。

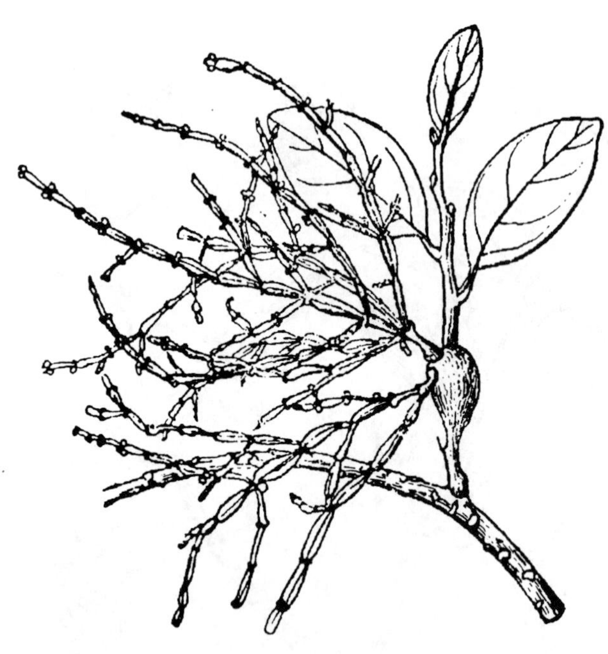

图978 栗寄生 Korthalsella japonica（Thunb.）Engl. 花枝。（仿《中国高等植物图鉴》）

产于广西各地。寄生于栎属、柯属或山茶科、樟科、桃金娘科、山矾科、木犀科等树种上。分布于西藏、云南、贵州、四川、湖北、广东、福建、浙江、台湾；印度、缅甸、泰国、越南、日本、澳大利亚也有分布。枝叶药用，祛风湿，补肝肾，行气活血，止痛，主治风湿痹痛、肢体麻木、腰膝酸痛、头晕目眩、跌打损伤。

9. 槲寄生属 Viscum L.

常绿半寄生灌木；枝对生或二歧状分枝，茎、枝圆柱或扁平，节明显，相邻节间互相垂直。叶稍肉质，对生，具基出脉或叶退化为鳞片状。花小，单性同株或异株；聚伞花序通常具花3~7朵，常具2枚苞片组成的舟形总苞；无副萼；花被萼片状，3~4裂，花后脱落；雄蕊无花丝，花药多室，孔裂；花柱短或无。浆果，常具宿存花柱。种子1枚，胚乳肉质。

约70种，广布世界各热带、亚热带地区。中国12种；广西7种。

分种检索表

1. 成长植株具叶片。
  2. 雌雄异株，花序顶生或生于叉状分枝；雌花序穗状，具花3~5朵；叶长椭圆形或椭圆状披针形；果球形，淡黄或橙红色 …… **1. 槲寄生 V. coloratum**
  2. 雌雄同株，聚伞花序，腋生，具花3~7朵，中央1~3朵为雌花，两侧为雄花。
    3. 叶先端急尖或渐尖；花序具花3~7朵；果皮平滑。
      4. 叶长卵形至披针形，基出脉5条；果长圆形，顶端截平，基部渐窄至钝圆 …… **2. 五脉槲寄生 V. monoicum**
      4. 叶披针形或镰形，基出脉5~7条；果倒卵形，下部骤窄成2~4mm的柄 …… **3. 柄果槲寄生 V. multinerve**
    3. 叶先端钝或钝圆；基出脉3~5条；花序具花3朵；果近球形，果皮具小瘤体，基部骤窄成长约1mm的柄 …… **4. 瘤果槲寄生 V. ovalifolium**
1. 成长植株仅具鳞片叶。
  5. 枝条节间明显扁平。
    6. 节间宽2.0~3.5mm，干后边缘薄，纵肋3条；果球形，直径3~4mm，白色或浅黄色 …… **5. 扁枝槲寄生 V. articulatum**
    6. 节间宽4~6mm，干后边缘肥厚，纵肋5~7条；果长圆形，长5~7mm，直径3~5mm，橙红色或黄色 …… **6. 枫香槲寄生 V. liquidambaricola**
  5. 枝条节间稍扁平，宽2.0~2.5mm，干后具纵肋2~3条；果长圆形或卵形，长4~5mm，黄色或橙色 …… **7. 柿寄生 V. diospyrosicola**

1. 槲寄生 寄生子、北寄生 图979

Viscum coloratum（Kom.）Nakai

灌木，高达0.8m。茎、枝圆柱状，黄绿色，二歧或三歧，稀多歧状分枝，节稍肿大，小枝的节间长 5～10cm，粗 3～5mm。叶对生，稀 3 枚轮生，厚革质或革质，长椭圆形至椭圆状披针形，长 3～7cm，宽 0.7～1.5cm，先端圆形或钝圆，基部渐狭；基出脉 3～5 条；近无柄。雌雄异株，花黄绿色，无梗；花序顶生或腋生于茎叉状分枝处；雄花序聚伞状，总苞舟形，长 5～7mm，通常具花 3 朵，中央的花具 2 枚苞片或无；雌花序穗状，总花梗长 2～3mm 或几无，具花 3～5 朵，顶生的花具 2 枚苞片或无。果球形，直径 6～8mm，淡黄色或橙红色，果皮平滑。花期 4～5 月；果期 9～11 月。

产于全州、南宁、靖西、平果。生于海拔 500～1400m 阔叶林中，寄生于榆科、杨柳科、蔷薇科、胡桃科等树种上。分布于中国各地；俄罗斯、朝鲜、日本也有分布。全株入药，治风湿痹痛、腰膝酸软、动脉硬化、胎动、胎漏。

图 979　槲寄生 Viscum coloratum（Kom.）Nakai 果枝。（仿《中国高等植物图鉴》）

2. 五脉槲寄生

Viscum monoicum Roxb. ex DC.

灌木，高约 0.4m。茎圆柱状，枝交叉对生或二歧状分枝，节间长 3.5～6.0cm，粗 2～3mm。叶对生，薄革质，长卵形至披针形，长 6～8cm，宽 1.5～3.5cm，先端急尖或渐尖，基部楔形或渐狭；基出脉 5 条。雌雄同株，聚伞花序，1～3 个腋生，具花3～7 朵，中央 1～3 朵为雌花，侧生的为雄花。果长圆形，黄绿色，果皮平滑，具宿存花柱，顶端截平，基部渐窄至钝圆，长 5～8mm，直径2～4mm。花果期 8 月至翌年 3 月。

产于百色、靖西、凭祥。生于海拔700～1300m 山地阔叶林中，寄生于榕树、石榴、桂花或吴茱萸属树种上。分布于云南、贵州；印度、孟加拉国、斯里兰卡、缅甸、泰国、越南也有分布。全株药用，用于风湿痹痛。

3. 柄果槲寄生　寄生茶、刀叶槲寄生　图980：1～3

Viscum multinerve（Hayata）Hayata

灌木，高 0.5～0.7m。茎圆柱状，枝交叉对生或二歧状分枝，小枝披散或悬垂，节间长 4～6cm，粗约 1mm。叶对生，薄革质，披针形或镰形，长 4.5～7.0cm，宽 1～2cm，先端渐尖或急尖，下部渐狭；直出脉 5～7 条；叶柄短。雌雄同株，聚伞花序，1～3 个

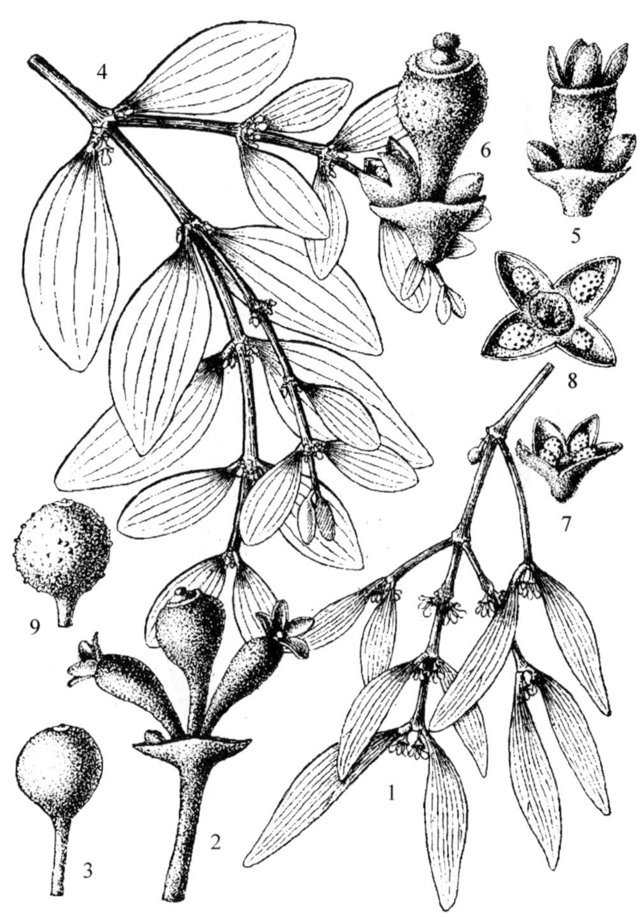

图 980　1～3. 柄果槲寄生 Viscum multinerve（Hayata）Hayata　1. 花及果枝；2. 聚伞花序，具雌花、幼果及后熟的雄花；3. 果。**4～9. 瘤果槲寄生 Viscum ovalifolium** DC.　4. 花枝；5～6. 聚伞花序；7～8. 雄花；9. 幼果。（仿《中国植物志》）

腋生或顶生，总梗长2～5mm；总苞舟形，长约2mm，具花3～5朵，花排列成一行，中央1～3为雌花，侧生的为雄花。果倒卵形，下半部骤窄成长2～4mm的柄，黄绿色，长7～8mm，直径约4mm，果皮平滑。花果期4～11月。

产于广西各地。生于海拔1200m以下阔叶林中，寄生于壳斗科或樟树等树种上。分布于云南、贵州、广东、江西、福建、台湾；泰国、越南也有分布。全株入药，有祛风湿、强筋骨、补血、止痛的作用。

4. 瘤果槲寄生 柚寄生、檀香叶寄生 图980：4～9

Viscum ovalifolium DC.

灌木，高约0.5m。茎、枝圆柱状；枝交叉对生或二歧状分枝，节间长1.5～3.0cm，粗3～4mm，节稍肿大。叶对生，革质，卵形、倒卵形或长椭圆形，长3.0～8.5cm，宽1.5～3.5cm，先端钝或钝圆，基部骤狭或渐狭；基出脉3～5条；叶柄长2～4mm。聚伞花序，一个或多个簇生于叶腋，总梗1.0～1.5mm；总苞舟形；具花3朵，中央1朵为雌花，侧生2朵为雄花，或雄花不发育，仅具1朵雌花。果近球形，直径4～6mm，基部骤窄呈长约1mm的短柄，具小瘤体，熟时变平滑，淡黄色。花果期几全年。

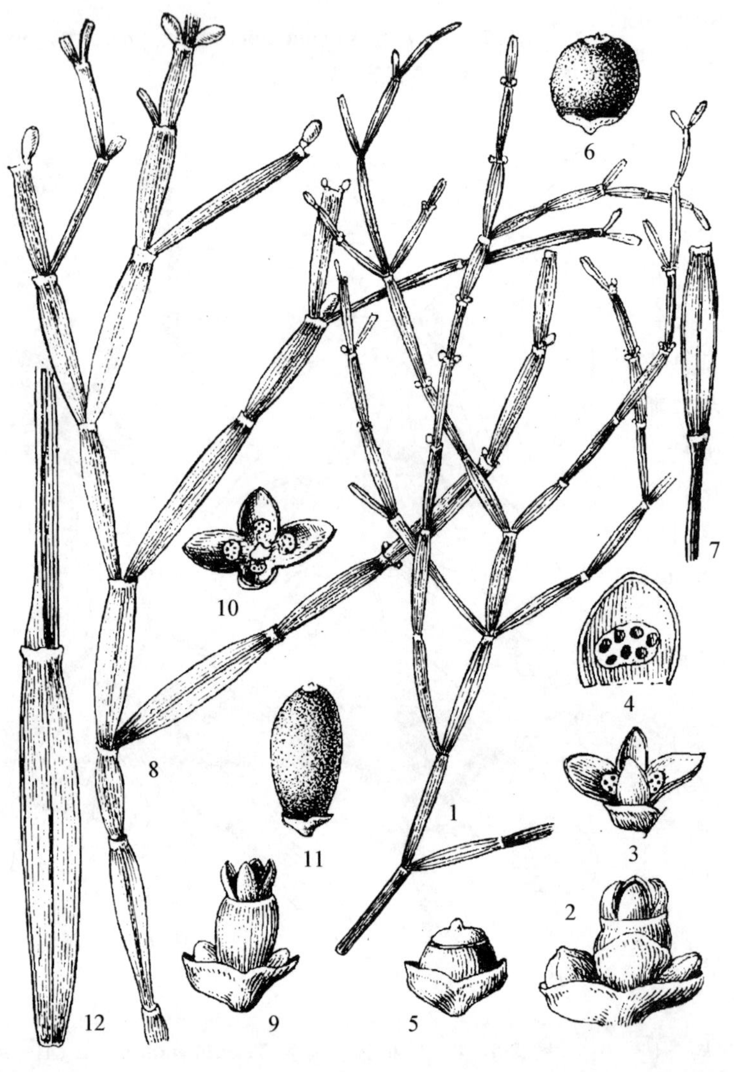

图981　1～7. 扁枝槲寄生 Viscum articulatum Burm. f.　1. 果枝；2. 聚伞花序；3. 雄蕊；4. 花药着生位置；5. 幼果；6. 果；7. 小枝一段。**8～12. 枫香槲寄生 Viscum liquidambaricola** Hayata　8. 果枝；9. 聚伞花序；10. 雄蕊；11. 果；12. 小枝一段。（仿《中国植物志》）

产于罗城、苍梧、南宁、邕宁、武鸣、扶绥、宁明、龙州、崇左、天等、博白、北流、上思。生于沿海平原或山地阔叶林中，寄生于柚、黄皮、柿、无患子、柞木、板栗等树种上。分布于云南、广东；东南亚等地也有分布。全株药用，草药名“柚寄生”，清热解毒、止痛祛风、化痰止咳，治痢疾、咳嗽、疳积。

5. 扁枝槲寄生 麻栎寄生、枫寄生 图981：1～7

Viscum articulatum Burm. f.

亚灌木，高0.3～0.5m。直立或披散，茎基部近圆柱状，小枝扁平；二歧或三歧状分枝，节间长1.5～3.0cm，宽2.0～3.5mm，干后边缘薄，具纵肋3条。叶退化呈鳞片状。聚伞花序，1～3个腋生，总梗几无，总苞舟形，长约1.5mm，具花1～3朵，中央1朵为雌花，侧生为雄花，或仅具1雌或雄花。果球形，直径3～4mm，白色或浅黄色，果皮平滑。花果期几全年。

产于南宁。寄生于龙眼、荔枝、柑橘、枫香、苦楝、栎类等树种上。分布于云南、广东；亚洲东南和南部各国、大洋洲热带地区也有分布。全株药用，治风湿关节炎、腰肌劳损。

6. 枫香槲寄生 无叶枫寄生、螃蟹脚 图981：8～12

Viscum liquidambaricola Hayata

小灌木，高0.5～0.7m。茎基部近圆柱状，枝和小枝均扁平；枝交叉对生或二歧状分枝，节间长2～5cm，宽4～6mm，干后边缘肥厚，纵肋5～7条，明显，节部稍扭曲。叶退化为鳞片状。雌雄同株；聚伞花序，1～3个腋生，几无梗；每花基部具2枚合生成盘状小苞片，长约1.5～2.0mm，具花1～3朵，中央1朵为雌花，侧生为雄花，常仅具1朵雄或雌花。果长圆状，长5～7mm，直径3～5mm，黄色至橙红色，果皮平滑。花果期4～12月。

产于广西各地。生于海拔1100m以下阔叶林中，寄生于枫香、油桐、柿树或壳斗科等树种上。分布于西藏、云南、四川、甘肃、陕南、湖北、贵州、广东、湖南、江西、福建、浙江、台湾；尼泊尔、印度、泰国、越南、马来西亚、印度尼西亚也有分布。全株入药，舒筋活血，治风湿性关节疼痛、腰肌劳损、尿路感染、牛皮癣等。

7. 柿寄生 棱枝槲寄生、青冈栎寄生

Viscum diospyrosicola Hayata

亚灌木，高0.3～0.5m。直立或披散，二歧或三歧状分枝，茎基部或中部以下的节间近圆柱状，小枝的节间稍扁平，长1.5～2.5cm，宽2.0～2.5mm，干后具明显纵肋2～3条。幼苗期具叶2～3对，叶薄革质，长1～2cm，宽3.5～6.0mm；成长植株叶退化为鳞片状。聚伞花序，1～3个腋生，几无梗；总苞舟形，长1.0～1.5mm，具花1～3朵，3朵花时中央1朵为雌花，侧生为雄花，常仅1雌或雄花。果长圆状或卵形，长4～5mm，直径3～4mm，黄色或橙色，果皮平滑。花果期4～12月。

产于广西各地。生于海拔1000m以下阔叶林中，寄生于柿、樟树、梨、油桐或壳斗科等树种上。分布于西藏、甘肃、云南、四川、湖北、贵州、广东、湖南、江西、福建、浙江、陕西、台湾。全株药用，祛风、强壮、舒筋、清热止咳，治肺病、吐血。

103 檀香科 Santalaceae

乔木、灌木或草本，有时寄生于其他植物的根或茎枝上。单叶，互生或对生，全缘，有时退化呈鳞片状；无托叶。花小，两性、单性或杂性；集成各式花序单生；单被花，花被管萼状或花瓣状，常肉质，裂片3～4枚，稀5～8枚；雄蕊与花被裂片同数对生，花药2室；子房下位或半下位，1室，特立中央胎座，具1～4枚悬垂胚珠。坚果或核果，具肉质外果皮和脆骨质或硬骨质内果皮；种子1枚，无种皮，胚乳肉质。

约36属500种，分布于热带、亚热带及温带。中国7属33种，引入1属2种；广西5属11种，引入1属1种，本志记载5属6种。

分属检索表

1. 叶对生；花两性，三歧聚伞式圆锥花序……………… **1. 檀香属 Santalum**
1. 叶互生；花单性或杂性，稀两性；不为三歧聚伞式圆锥花序。
  2. 叶脉基生3～5出；种子具纵向深槽 ……………… **2. 寄生藤属 Dendrotrophe**
  2. 叶具羽状脉；种子无深槽。
    3. 枝节常有刺；短穗状花序，花药室叉开……………… **3. 硬核属 Scleropyrum**
    3. 枝节无刺；花序不为短穗状；花药室平行纵裂。
      4. 小枝圆柱状；花5～6数；果径2～3cm ……………… **4. 檀梨属 Pyrularia**
      4. 枝常呈三棱形；花3～4数；果径0.8～1.0cm ……………… **5. 沙针属 Osyris**

1. 檀香属 Santalum L.

半寄生小乔木。叶对生，全缘，羽状脉。花两性，三歧聚伞式圆锥花序；苞片小，早落；花被管钟状或漏斗状，裂片4(~5)枚，其内侧和雄蕊基部有一撮疏毛；雄蕊4(5)枚；花盘5裂，裂片离生呈鳞片状，肉质，间于雄蕊之间；子房半下位，柱头短，明显或不明显2~4裂。核果近球形或卵球形，顶端有花被脱落后的环痕。

约20种，分布于印度东部、中南半岛、大洋洲和太平洋岛屿。中国引入2种；广西引入1种。

图982 檀香 Santalum album L. 1. 花枝；2. 花；3. 示雌蕊和花盘裂片；4. 雌蕊；5. 果。(仿《中国植物志》)

檀香 图982

Santalum album L.

常绿半寄生小乔木，高达10m。叶椭圆状卵形，膜质，长4~8cm，宽2~4cm，先端尖，基部楔形或宽楔形，稍下延，背面被白粉，中脉在背面凸起，侧脉约10对，网脉不明显；叶柄长1.0~1.5cm。三歧聚伞式圆锥花序腋生或顶生，长2.5~4.0cm，总梗长2~5cm，花梗长2~4mm；花被管钟状，长约2mm，花裂片4枚，卵状三角形，初时内面黄绿色，后呈深棕红色；雄蕊4枚，长约2.5mm，外伸。果近球形或椭圆状球形，长1.0~1.2cm，肉质多汁，熟时深紫红色至黑色，顶端稍平坦，宿存花柱基稍凸起。花期5~6月；果期7~9月。

原产于太平洋岛屿，现以印度栽培最多，南宁、凭祥、东兴有栽培；广东、海南、云南、台湾有引种。热带、南亚热带树种，最适宜生长的气温在年平均气温21℃以上，最冷月平均气温13℃以上，极端低温在0℃以上，短期低温及霜冻能安全越冬，广西北回归线以南海拔500m以下山地、丘陵地等均适宜栽植。喜光树种，对光照强度反应敏感，但苗期需适当荫蔽。较耐干旱，不耐涝，要求选择排水良好的缓坡地。播种繁殖，种子具深度休眠特性，沙藏6~12个月或播种时种子用赤霉素浸种24h，可有效地打破种子休眠期。半寄生树种，育苗、造林都应配置寄主植物。木材心材与边材区别明显，心材黄褐色，边材白色，木材纹理直，结构甚细，气干密度0.96g/cm^3，表面手感油腻，具强烈檀香油气味，干燥稍难，不变形，不开裂，耐腐性强，加工容易，刨面光滑；贵重药材和名贵香料，并为高级雕刻、工艺品、珠宝盒等用材。

2. 寄生藤属 Dendrotrophe Miq.

半寄生攀援或缠绕藤本。叶互生，具3~9(~11)条基出脉。单性稀两性，腋生；雄花簇生或集成聚伞花序或伞形花序；花被5~6裂，雄蕊5~6枚，药室叉开；雌花较大，单生或数朵簇生，常无梗，子房下位，花柱甚短或无。核果具宿存花被裂片，外果皮肉质，内果皮坚硬；种子有纵向的深槽。

约10种，分布于亚洲中南部、东南部至大洋洲南部。中国6种；广西2种。

分种检索表

1. 花两性，单生或2~5朵簇生；柱头3裂 ······ **1. 黄杨叶寄生藤 D. buxifolia**
1. 花单性，雄花成短穗状或头状花序；雌花单生，花柱锥尖形 ······ **2. 寄生藤 D. varians**

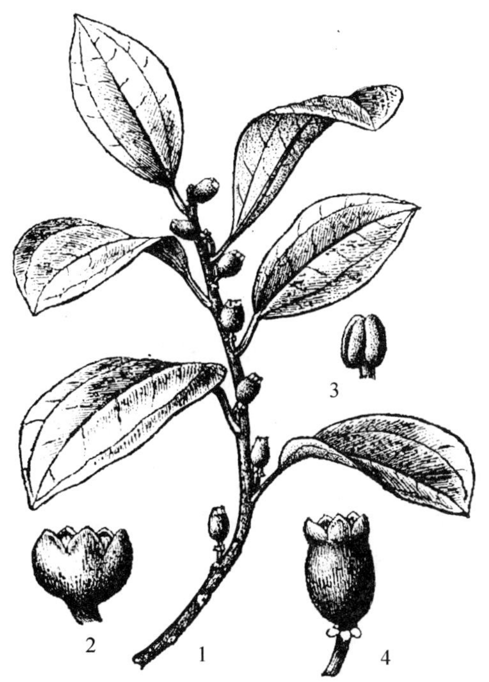

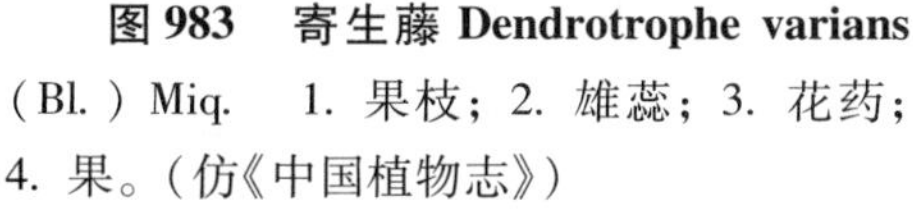

图 983　寄生藤 Dendrotrophe varians（Bl.）Miq.　1. 果枝；2. 雄蕊；3. 花药；4. 果。（仿《中国植物志》）

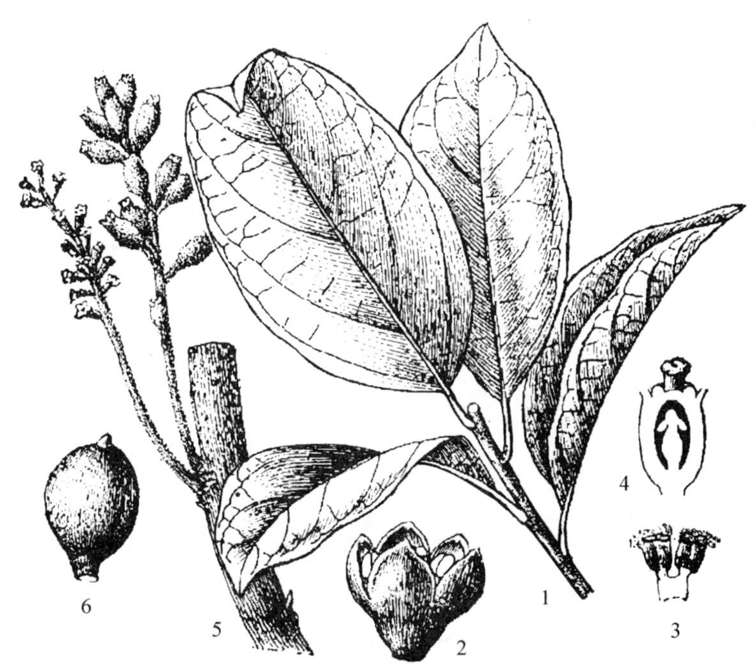

图 984　硬核 Scleropyrum pentandrum（Dennst.）Mabb.　1. 小枝一段；2. 雄蕊；3. 雄蕊，示花药开裂；4. 雌蕊纵切面；5. 嫩芽；6. 果。（仿《中国植物志》）

1. 黄杨叶寄生藤

Dendrotrophe buxifolia（Bl.）Miq.

木质藤本，长约 3m。小枝细长，幼时黄绿色，老时褐色，扭旋。叶椭圆形、倒卵形或匙形，长 2.5～4.5cm，宽 1.5～2.5cm，顶端钝或稍锐尖，基部狭楔形，下延成短柄，具 3 条基出脉；叶柄长 3～7mm。花黄绿色，两性，单生或 2～5 朵簇生；总梗长 2～4mm，顶端苞片 4～5 枚；花被 5 裂；雄蕊 5 枚；柱头 3 裂。核果近球形，直径约 3mm，深红色至亮黑色，近顶端缢缩，略具脐状凸起。花期 12 月至翌年 2 月；果期 3～5 月。

产于上思。生于海拔 500m 以下海边或灌丛中。分布于云南；泰国、越南也有分布。

2. 寄生藤　青藤公、左扭香、鸡骨香藤　图 983

Dendrotrophe varians（Bl.）Miq.

缠绕藤本，长 2～8m。小枝三棱形，常扭曲。叶厚，软革质，倒卵形至阔椭圆形，长 3～7cm，宽 2.0～4.5cm，顶端圆钝或短尖，基部下延成叶柄，具 3 条基出脉，侧脉大致沿边缘内侧分出；叶柄长 0.5～1.0cm，扁平。花常单性异株；雄花球形，长约 2mm，常 5～6 朵组成短穗状或头状花序；雌花单生，花柱锥尖形。核果卵形或卵圆形，长 1.0～1.2cm，顶端有内拱形宿存花被，黄色至红褐色。花期 1～3 月；果期 6～8 月。

产于德保、那坡、靖西、苍梧、邕宁、武鸣、贵港、陆川、博白、北流、合浦、上思、钦州、宁明。生于山地灌丛中，寄生于其他植物的根上。分布于福建、广东、海南、云南；越南至印度也有分布。全株药用，消肿止痛，散血接骨，外敷治跌打刀伤。

3. 硬核属 Scleropyrum Arn.

小乔木或灌木。枝节常具木质粗刺。单叶，互生，羽状脉。花单性异株或杂性同株，悬垂的柔荑式短穗状花序；花被裂片 5 枚，内侧有一撮疏长毛；雄蕊 5 枚，花丝短，药室叉开；花盘环状，波状浅 4 裂；子房下位，花柱粗短，宽盾形，3～5 裂。核果浆果状，具柄。

图 985 檀梨 **Pyrularia edulis** (Wall.) A. DC. 果枝。(仿《中国植物志》)

6 种，分布于亚洲东南部。中国 1 种，广西亦产。

硬核 葫芦果 图 984

Scleropyrum pentandrum (Dennst.) Mabb.

常绿乔木，高 10m。枝粗壮，灰绿带黄色，光滑，枝刺长达 8cm。叶革质，长圆形或椭圆形，长 9 ~ 17cm，宽 5 ~ 7cm，嫩时亮红色，先端圆钝急尖，基部近圆形，侧脉 3 ~ 4 对；叶柄粗，长 6 ~ 10mm，基部有节，节明显或肿大。花序 1 ~ 3 枝腋生，总梗长 3 ~ 9cm，被黄色绒毛；花浅绿色，近无梗；花被裂片卵圆形。核果长 3.0 ~ 3.5cm，直径约 2.5cm，无毛，橙黄色或橙红色，有光泽，顶端的宿存花被呈乳凸状；果梗长 1.0 ~ 1.5cm。花期 4 ~ 5 月；果期 8 ~ 9 月。

产于龙州。生于海拔 800m 以上山谷疏林中。分布于云南、广东、海南；斯里兰卡、印度、缅甸、老挝、柬埔寨、越南也有分布。种子含油量为 67.45%，可作工业原料；果可食。

4. 檀梨属 Pyrularia Michx.

落叶小乔木或灌木，多分枝。叶互生，羽状脉。花杂性，顶生总状花序、穗状花序或聚伞式花序；两性花常为可育花，有时成对或单生；花被陀螺形，裂片 5 ~ 6 枚，内侧中部被一撮疏长毛；雄蕊着生于花被裂片基部，5 枚；花盘 4 ~ 5 裂；子房下位，花柱较长，柱头扁头状，稍分裂；胚珠 2 ~ 3 枚。核果直径 2 ~ 3cm，花被裂片宿存；种子近球形。

2 种，分布于北美和亚洲中南部。中国 1 种，广西亦产。

檀梨 图 985

Pyrularia edulis (Wall.) A. DC.

小乔木或灌木，高 3 ~ 10m。小枝粗壮，圆柱状；芽被灰白色绢毛。叶卵状长圆形，稀倒卵状长圆形，长 6 ~ 14cm，宽 3 ~ 6cm，先端渐尖或短尖，基部宽楔形或近圆形，上面无毛，背面脉上被疏毛；侧脉 4 ~ 6 对；叶柄长 6 ~ 8mm。雄花成总状或聚伞式总状花序，花梗长约 6mm，花被裂片被长柔毛；花盘裂片鳞片状；雌花或两性花单生。核果梨形，长 3.8 ~ 5.0cm，直径 2 ~ 3cm，基部下延成棍棒状，骤狭与粗壮果梗相接，顶端近截形，有脐状凸起；果柄长约 1.2cm。花期 4 ~ 6 月；果期 8 ~ 10 月。

产于全州、龙胜、金秀、融水、隆林、平南。生于海拔 1200m 以上阳坡疏林或灌丛中。分布于西藏、云南、四川、湖北、广东、福建；印度、尼泊尔也有分布。种子含油约 60%，供制皂、药用或加工后食用；茎皮入药，治跌打。成熟果实外种皮甜，可食用。

5. 沙针属 Osyris L.

灌木或小乔木。枝呈三棱形。叶互生，羽状脉。花小，杂性，腋生，雄花成聚伞花序，两性花或雌花常单生；花被裂片 3 ~ 4 裂，内侧有一撮疏长毛；雄蕊 3 ~ 4 枚，生于花被裂片基部；花盘分裂；子房下位，1 室，柱头 3 ~ 4 裂。核果，花被裂片宿存。

6 ~ 7 种，产于欧洲、非洲南部及亚洲南部和东南部。中国 1 种；广西亦产。

沙针 土檀香 图 986

Osyris lanceolata Hochst. et Steud.

常绿灌木或小乔木，高 2 ~ 5m。小枝绿色，嫩时具 3 棱。叶薄革质，灰绿色，椭圆状披针形或椭圆状倒卵形，长2.5～6.0cm，宽0.6～2.0cm，先端有小尖头，基部窄楔形；叶柄长约2mm或近无柄。花小，黄绿色；雄花径2mm，花序具花2～4朵，呈小聚伞花序，总梗长4～8mm，花梗长约1mm；雌花单生或3～4朵聚生，近无梗。核果近球形，顶端有圆形花盘残痕，直径8～10mm，熟时橙黄至红色，干后皱缩，带黑色，顶端近平截。花期4～6月；果期10月。

产于靖西、平果、邕宁、武鸣、隆安、宁明、扶绥、龙州、大新、凭祥。生于土山及石灰岩地区山坡、路边、溪边灌丛中。分布于西藏、四川、云南；斯里兰卡、缅甸、越南也有分布。根部含有类似檀香的芳香油，药用消肿止痛驳骨，驱风并治跌打刀伤；心材作檀香代用品。

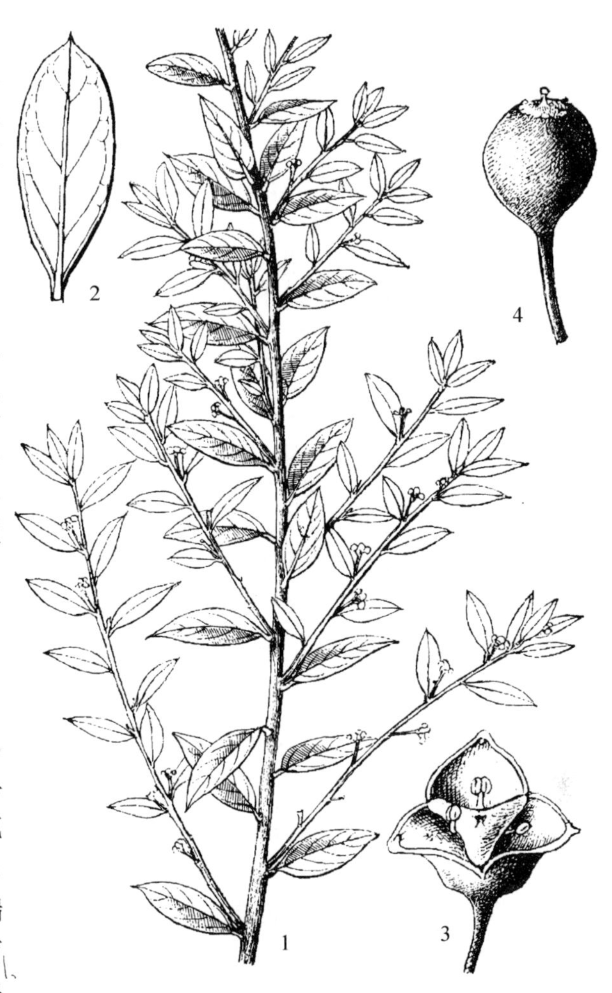

图986　沙针 Osyris lanceolata Hochst. et Steud.

1. 花枝；2. 叶；3. 两性花；4. 果。（仿《中国植物志》）

104　胡颓子科 Elaeagnaceae

灌木，稀乔木。树体被盾状鳞片或星状毛。单叶互生，稀对生或轮生，全缘，羽状脉，具柄，无托叶。花两性或单性，稀杂性，单生或2～8朵簇生或组成叶腋生的聚伞状总状花序；白色或黄褐色，具香气；花萼筒状，顶端4(～2)裂；无花瓣；雄蕊4～8枚，着生于萼筒喉部或裂片基部，与裂片同数或为其倍数；子房上位，1室，1胚珠，花柱1枚。瘦果或坚果，为肉质萼筒所包围，核果状，红色或黄色；种子无胚乳或少，子叶肉质。

3属90余种，分布于北半球温带、亚热带。中国2属74种；广西1属19种。

胡颓子属 Elaeagnus L.

灌木或小乔木。常具刺，稀无刺；全体被银白色或褐色鳞片或星状绒毛。单叶互生，具短柄。花两性，稀杂性，生于叶腋；萼筒管状或钟状，顶端4裂；雄蕊4枚与裂片互生。坚果为膨大肉质萼管包被，呈核果状；果核椭圆形具8肋。

约90种，分布于欧洲、亚洲和北美洲。中国约67种；广西19种。

分种检索表

1. 常绿灌木。
  2. 萼筒明显四角形、坛形或杯形，在裂片下面常急骤收缩，稀略收缩，若略收缩则萼筒长不超过4mm。
    3. 花序比叶柄长；花具梗，长超过2mm；花萼裂片与萼筒等长或更长；雄蕊花丝比花药短。
      4. 叶阔椭圆形或卵形；攀援状灌木。
        5. 叶阔椭圆形，长5～9cm，侧脉在两面均显著隆起 ………………………… **1. 角花胡颓子 E. gonyanthes**
        5. 叶卵形，长3～6cm，侧脉在叶背面不隆起 ………………………… **2. 膝柱胡颓子 E. geniculata**
      4. 叶窄椭圆形或披针形；直立小灌木 ………………………………………… **3. 小胡颓子 E. schlechtendalii**
    3. 花序比叶柄短；花无梗或仅具长1mm的短梗；花萼裂片与萼筒短；雄蕊花丝与花药等长或稍长 …………

……………………………………………………………………………………………… **4. 密花胡颓子 E. conferta**

2. 萼筒圆筒形、钟形或漏斗形，花萼裂片基部不收缩或筒收缩，若筒收缩则萼筒长超过4mm。
   6. 花柱无毛。
      7. 直立灌木。
         8. 花白色或淡白色，萼筒圆筒形或漏斗状圆筒形。
            9. 枝具顶生或腋生刺，刺长可达4cm；叶革质，两端钝或基部圆形，侧脉7～9对，上面显著隆起，背面不明显 …………………………………………………………… **5. 胡颓子 E. pungens**
            9. 枝具腋生刺，刺长不超过2cm，略弯曲；叶革质至厚革质，先端渐尖或急尖，基部纯或阔楔形，侧脉5～7对，上面不明显，背面显著隆起 ………………………………… **6. 宜昌胡颓子 E. henryi**
         8. 花褐色或锈色，萼筒钟形或圆筒状钟形。
            10. 枝无刺或有时具短刺；老枝鳞片脱落后灰黑色或深灰褐色，不具细纵条纹；花梗长2～3mm，萼筒长约5mm，裂片宽三角形，长2.0～3.5mm，顶端急尖或钝 ……… **7. 巴东胡颓子 E. difficilis**
            10. 枝无刺；老枝鳞片脱落后深褐色，具细纵条纹；花梗长7～10mm，萼筒长10～11mm，裂片三角形，长5～7mm，顶端渐尖 ……………………………………………………… **8. 鸡柏紫藤 E. loureiroi**
      7. 蔓生或攀援灌木或木质藤本。
         11. 萼筒宽钟形、钟形或圆筒状钟形。
            12. 花色较浅，白色或淡黄褐色，外面密被银白色鳞片和散生少数褐色鳞片。
               13. 花银白色或淡黄白色；萼筒长不超过7mm，花萼裂片卵状三角形，内面密被星状柔毛或绒毛和散生褐色鳞片 ………………………………………………………… **9. 钟花胡颓子 E. griffithii**
               13. 花淡黄白色；萼筒长8～9mm，花萼裂片宽三角形，内面密被褐色鳞片，仅于基部具白色星状绒毛。
                  14. 叶椭圆形至阔椭圆形，背面淡绿色或褐色 ………………… **10. 平南胡颓子 E. pingnanensis**
                  14. 叶倒卵形，背面灰带绿色 ……………………………………… **11. 弄化胡颓子 E. obovatifolia**
            12. 花色较深，褐色或锈色，外面密被褐色鳞片。
               15. 枝无刺或有时具短刺；老枝鳞片脱落后灰黑色或深灰褐色，不具细纵条纹；花梗长2～3mm，萼筒长约5mm，裂片宽三角形，长2.0～2.5mm，先端急尖或钝 ……………………………………………………………………………………… **7. 巴东胡颓子 E. difficilis**
               15. 枝无刺；老枝鳞片脱落后呈深黑色，具细纵条纹；花梗长7～10mm，萼筒长10～11mm，裂片长三角形，长5～7mm，先端渐尖 ……………………………………… **8. 鸡柏紫藤 E. loureiroi**
         11. 萼筒圆筒形、圆筒状漏斗形或漏斗形。
            16. 萼筒圆筒形或圆筒状漏斗形，长超过7mm，裂片长4～7mm。
               17. 花褐色，萼筒裂片内面疏生星状短柔毛；叶椭圆形或长圆形，侧脉在两面明显隆起 …………………………………………………………………………… **12. 攀援胡颓子 E. sarmentosa**
               17. 花银白色，萼筒裂片内面密被银白色鳞片和星状柔毛；叶长倒卵形至倒披针形，侧脉在叶面不明显隆起 ……………………………………… **13. 樟叶胡颓子 E. cinnamomifolia**
            16. 萼筒漏斗形，长4.5～5.5mm，裂片长2.5～3.0mm；叶卵形或卵状椭圆形 ……………………………………………………………………………… **14. 蔓胡颓子 E. glabra**
   6. 花柱多少被星状柔毛。
      18. 萼筒圆筒状钟形或圆筒状漏斗形，长4.0～4.5mm；叶侧脉在背面明显隆起。
         19. 花褐锈色，萼筒圆筒状钟形；叶背面褐锈色 ……………… **15. 罗香胡颓子 E. luoxiangensis**
         19. 花淡白色，萼筒圆筒状漏斗形；叶背面灰白色。
            20. 叶倒披针状椭圆形，先端骤渐尖，基部楔形，侧脉在叶背凹陷，背面隆起 ……………………………………………………………………………… **16. 柳州胡颓子 E. liuzhouensis**
            20. 叶宽椭圆形、披针形、狭卵形、卵状长圆形或近圆形，先端钝、渐尖和近圆形，基部近圆形，侧脉在叶两面几不明显 ……………………………… **17. 异叶胡颓子 E. heterophylla**
      18. 萼筒圆筒形，长5mm以上；叶侧脉在背面不甚明显，叶背银白色 ……………………………………………………………………………… **18. 披针叶胡颓子 E. lanceolata**

1. 落叶灌木；花单生；果夏季成熟 ……………………………………… **19. 银果牛奶子 E. magna**

1. 角花胡颓子 吊中子藤 图987

Elaeagnus gonyanthes Benth.

常绿攀援灌木，高4m。通常无刺；幼枝密被棕红色或灰褐色鳞片，老枝灰褐色或黑色，具光泽。叶革质，阔椭圆形，长5~9cm，宽1.2~5.0cm，先端钝或钝尖，基部圆或近圆形，上面幼时被锈色鳞片，背面密被棕红色或灰色鳞片，侧脉6~10对，近边缘分叉而互相连接，两面均显著凸起，网状脉在上面明显，下面不清晰；叶柄褐色或锈色，长4~8mm。花白色，被银白色和散生褐色鳞片，单生或数朵簇生；花梗长3~6mm；萼筒四角形或短钟形，长4~6mm，裂片长3.5~4.5mm；花柱直立，无毛。果宽椭圆或倒卵状宽椭圆形，长15~22mm，幼时被黄褐色鳞片，成熟时黄红色；果梗长12~25mm。花期10~11月；果期翌年2~3月。

产于龙胜、临桂、兴安、贺州、金秀、岑溪、田阳、靖西、武鸣、上林、容县、陆川、博白、北流、宁明、龙州、防城。分布于湖南、广东、海南、云南；中南半岛也有分布。果可食；果、根、叶药用，止咳，止泻。

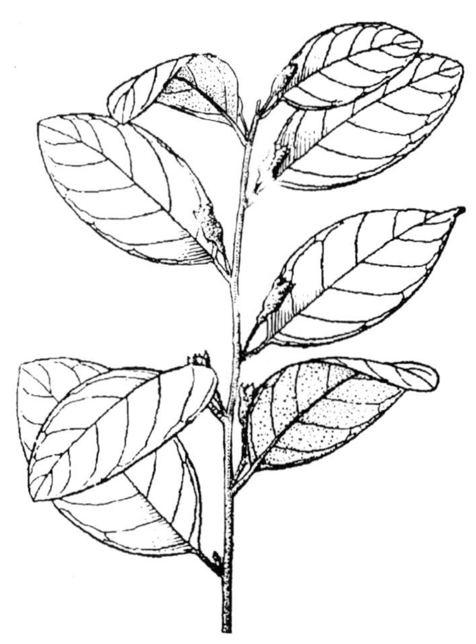

图987 角花胡颓子 Elaeagnus gonyanthes Benth. 花枝。(仿《中国高等植物图鉴》)

2. 膝柱胡颓子

Elaeagnus geniculata D. Fang

常绿攀援灌木。无刺；幼枝密被红棕色鳞片，老枝深棕色。叶纸质或厚纸质，卵形，长3~6cmm，宽1.4~3.0cm，先端急尖，基部钝，全缘，上面初时密被鳞片，成长后脱落，有凹点，暗绿色，下面淡绿色，密被鳞片，中脉上面近平坦或稍凹，下面微隆起，侧脉5~8对，两面几乎不明显；叶柄长3~4mm，深棕色。花灰带棕色，外面密被灰白色和散生淡棕色鳞片，单生于叶腋或2~3朵在花枝的近顶端排成短总状；花枝腋生，长0.5~7.5cm，深棕色至红棕色；花梗长3~5mm；萼筒四角状钟形，长约3mm，裂片4枚，内面密被淡棕色鳞片或混生疏白毛；雄蕊4枚；花柱中部稍粗而膝曲，无毛，柱头长约1mm，偏斜。

广西特有种，产于龙州。

3. 小胡颓子 图988

Elaeagnus schlechtendalii Servett.

常绿直立小灌木，高约1m。无刺；枝向上弯曲，锐角开展，幼枝密被褐色鳞片，老枝鳞片脱落，黑色。叶纸质或薄革质，窄椭圆形或披针形，长3.0~5.5cm，宽0.8~1.4cm，两端钝形或钝尖，全缘，上面幼时散生淡白色鳞片，成熟后脱落，下面银白色，密被鳞片，侧脉3~5对，与中脉开展约成45°角，两面均不甚明显；叶柄长约4mm，被黄褐色鳞片。花银白色，外面被白色鳞片，下垂，常1~4朵簇生叶腋短小枝上或枝顶端成伞形总状花序，花枝深褐色，长约3mm；每花下面具一弯线状披针形苞片，早落；

图988 小胡颓子 Elaeagnus schlechtendalii Servett. 花枝。(仿《中国植物志》)

图989 **1~3. 密花胡颓子 Elaeagnus conferta** Roxb. 1. 花枝；2. 花；3. 花纵切面。**4~6. 胡颓子 Elaeagnus pungens** Thunb. 4. 花枝；5. 花；6. 花纵切面，示花柱无毛。(仿《广西植物志》)

花梗灰白色，长2~3mm；萼筒杯状钟形，微具4肋，长3~4mm。果实长椭圆形，长约1.2cm，直径约4mm，被锈色鳞片，果肉较薄；果梗纤细，长4mm，下弯。花期11~12月；果期翌年2~3月。

产于昭平。印度也有。

4. 密花胡颓子 南胡颓子 图989：1~3

Elaeagnus conferta Roxb.

常绿攀援灌木。无刺；小枝密被银白色或灰黄色鳞片。叶纸质，椭圆形或宽椭圆形，长6~16cm，宽3~6cm，先端钝尖或骤渐尖，尖头三角形，基部圆或楔形，全缘，叶面幼时具银色鳞片，成熟后脱落，下面密被银白色和散生淡褐色鳞片，侧脉5~7对，弧形向上弯曲，两面均明显，细脉不甚明显；叶柄淡黄绿色，长8~10mm。花银白色，外面密被鳞片或鳞毛，多花腋生成伞形总状花序，花枝极短，长1~3mm，花序较叶柄短；花梗长约1mm或无梗；萼筒短，坛状钟形，长3~4mm，在裂片下面急收缩，子房上先膨大后明显骤收缩，裂片卵形，开展，长2.5~3.0mm；雄蕊的花丝与花药等长或稍长，花药长约1mm。果实大，长椭圆形或矩圆形，长2~4cm，熟时红色；果梗粗短。花期10~11月；果期翌年2~3月。

产于靖西、那坡、宁明、龙州、天等、上思、防城。生于山地密林中。分布于云南；中南半岛、印度、尼泊尔也有分布。果可鲜食，还可以深开发加工成果汁、果脯、果酒、罐头、蜜饯等多种形式食品，是目前已知该属植物果实中最大的一种，单果平均重16~18g，可食率73%~91%，果实鲜食酸甜可口，水分充足，营养丰富。

5. 胡颓子 卢都子、羊奶子 图989：4~6

Elaeagnus pungens Thunb.

常绿直立灌木，高3~4m。具刺，刺顶生或腋生，刺长可达4cm；枝密被锈色鳞片，老枝鳞片脱落，黑色，具光泽。叶革质，椭圆形或阔椭圆形，长5~10cm，宽1.8~5.0cm，先端钝形，基部圆形，边缘微反卷或皱波状，背面银白色，被少数褐色鳞片，侧脉7~9对，上面显著凸起，下面不甚明显，上面网脉明显，下面不清晰；叶柄长5~8mm。花白色或淡白色，下垂，密被鳞片，1~3朵腋生锈色短小枝上；花梗长3~5mm；萼筒筒形或漏斗状圆筒形，长5~7mm，裂片长3mm；花柱直立，无毛。果长圆形，长1.2~1.4cm，幼时被褐色鳞片，熟时红色，果核内面具白色丝状绵毛；果梗长4~6mm。花期9~12月；果期翌年4~6月。

产于广西各地。生于海拔1000m以下阳坡林下和路旁。分布于中国长江流域以南各地；日本也有分布。喜光，耐半阴，耐旱，适应绝大多数土壤，在酸性、中性、碱性土壤甚至紧实板结土壤均可生长，更喜湿润、排水良好的砂质壤土。扦插、嫁接或压条繁殖。秋花春实，枝条交错，叶背银色，花芳香，红果下垂，春节后光溜溜的果实像灯笼，甚是可爱，为优良园林造景植物，宜配花丛或林缘，美化、绿化环境，还可作为绿篱种植。果食用和酿酒；果、根及叶入药，有收敛止泻、镇咳解毒之功效。

6. 宜昌胡颓子 鄂西胡颓子、三月羊奶(全州) 图990：1~3

Elaeagnus henryi Warb. ex Diels

常绿直立或蔓状灌木，高3~5m。具腋生刺，刺长8~20mm，略弯曲；幼枝被淡褐色鳞片，老枝鳞片脱落。叶革质或厚革质，宽椭圆形或倒卵状椭圆形，长6~15cm，宽3~6cm，先端渐尖或骤尖，基部宽楔形或钝形，上面幼时被褐色鳞片，成熟后脱落，深绿色，下面银白色、密被白色或散生少数褐色鳞片，侧脉5~7对，上面网脉不明显，背面显著隆起；叶柄长8~15mm。花淡白色，单生或2~5朵簇生成总状花序，花梗长2~5mm；萼筒管状漏斗形，长6~8mm，裂片三角形，长1.2~3.0mm。果长圆形，多汁，长约1.8cm，被银色和褐色鳞片，淡黄白色或黄褐色，熟时红色；果梗长5~8mm。花期10~11月；果期翌年4月。

图990 1~3. 宜昌胡颓子 Elaeagnus henryi Warb. ex Diels 1. 花枝；2. 花纵切面；3. 花。**4~6. 巴东胡颓子 Elaeagnus difficilis** Servett. 4. 花枝；5. 花；6. 花一部分纵切面。(仿《中国植物志》)

产于临桂、龙胜、金秀。分布于湖北、浙江、陕西、湖南、贵州、四川、云南、广东、福建。果可食、酿酒，也可药用；叶止痛、止咳，治风湿腰痛、跌打。

7. 巴东胡颓子 铜色胡颓子 图990：4~6

Elaeagnus difficilis Servett.

常绿直立或蔓状攀援灌木，高2~3m。无刺或有时具短刺；幼枝被锈褐色鳞片，老枝鳞片脱落，灰黑色或深灰褐色。叶纸质，椭圆形或椭圆状披针形，长7.0~13.5cm，宽3~6cm，先端渐尖，基部楔形或圆形，边缘全缘，稀微波状，幼时上面散生锈色鳞片，成熟后脱落，绿色，下面淡褐绿或灰褐色，密被锈色和淡黄色鳞片，侧脉6~9对，两面明显；叶柄粗壮，长8~12mm。花深褐色，密被鳞片，伞形总状花序，花梗长2~3mm；萼筒钟形或管状钟形，长5mm，裂片宽三角形，长2.0~3.5mm，顶端急尖或钝。果长椭圆形，长14~17mm，直径约8mm，被锈色鳞片，熟时橘红色；果梗长2~3mm。花期11月至翌年3月；果期翌年4~5月。

产于临桂、灌阳、罗城、融水、德保、凌云。生于海拔600m以上杂木林中。分布于浙江、江西、湖北、湖南、四川、云南、贵州、广东、福建。果可食；根入药，治神经衰弱。

图 991 鸡柏紫藤 **Elaeagnus loureiroi** Champ.
1. 花枝；2. 花纵切面。(仿《广西植物志》)

图 992 钟花胡颓子 **Elaeagnus griffithii** Servett.
1. 花枝；2. 花。(仿《广西植物志》)

8. 鸡柏紫藤 紫藤胡颓子、灯吊子 图 991

Elaeagnus loureiroi Champ.

常绿攀援灌木，高 2～3m。无刺；幼枝密被锈色鳞片，老枝鳞片脱落，老枝深黑色，具细纵条纹，最后树皮状剥落。叶薄革质或纸质，椭圆形、卵状椭圆形至披针形，长 5～10cm，宽 2.0～4.5cm，先端渐尖或骤渐尖，基部圆或楔形，边缘微波状，叶面幼时具褐色鳞片，下面密被棕红色或褐黄色鳞片，侧脉 5～7 对，两面均略明显；叶柄褐色，长 8～15mm。花大，锈色或褐黄色，单生或数朵簇生；花梗锈色，长 7～10mm，萼筒钟形，长 10～11mm，长三角形，裂片长 5～7mm；花柱细长，常弯曲，无毛。果椭圆形，黄绿色，长 15～22mm，被褐色鳞片；果梗长 7～11mm，下弯。花期 10～12 月；果期翌年 4～5 月。

产于凤山、靖西、容县、横县、博白、龙州。生于海拔 500m 以上山区。分布于江西、广东、云南。果可食或酿酒。

9. 钟花胡颓子 那坡胡颓子、少花胡颓子 图 992

Elaeagnus griffithii Servett.

蔓状或攀援灌木，高 2～4m。小枝 90°角开展，当年生枝纤细伸长、甚扁，密被锈色鳞片，1～3 年生枝被褐绿色鳞片。叶膜质或薄纸质，椭圆形至阔椭圆形，长 8.0～12.5cm，宽 3～6cm，顶端渐尖或钝尖，基部圆形或近圆形，上面幼时被褐色鳞片，成熟后鳞片脱落，绿色或淡绿色，下面幼时密被锈色鳞片，成熟后灰绿色，具锈色鳞核的灰绿色鳞片，有光泽，侧脉 6～8 对，上面略明显，下面显著凸起；叶柄长 9～14mm。花淡白色，下垂，外面被银白色和少数褐色鳞片，单生或 2～3 朵生于叶腋极短小枝上，花枝锈色，长 2～3mm，每花基部有 1 小苞片，锈色，线形，早落；花梗纤细，长 3 ~5mm；萼筒宽钟形，长约 7mm，裂片卵状三角形，长 5 ~6mm，内面密生星状柔毛。果实椭圆形，长约 15mm，被锈色鳞片，果梗纤细，长 12 ~13mm。花期 11 月至翌年 2 月；果期 4 ~5 月。

产于那坡。生于海拔 1000m 以上密林中。分布于云南；孟加拉国也有分布。

10. 平南胡颓子

Elaeagnus pingnanensis C. Y. Chang

常绿木质藤本。叶厚革质，椭圆形至阔椭圆形，长 6 ~9cm，宽 3 ~5cm，先端渐尖，基部圆形或宽楔形，干后叶面褐绿色，有光泽，叶背面淡绿色或褐色；叶柄粗壮，红褐色，腹面具宽沟槽。花淡黄褐色，通常 3 ~7 朵花簇生于叶腋；花梗粗壮，长 4 ~7mm；萼筒长 8 ~9mm，花萼裂片宽三角形，裂片内面具褐色鳞片，基部有星状绒毛；雄蕊花丝与花药等长。花期 10 月。

广西特有种。产于平南。生于海拔约 500m 溪畔。

11. 弄化胡颓子

Elaeagnus obovatifolia D. Fang

常绿灌木，高约 2m。无刺。小枝密被淡绿棕色鳞片，老枝棕带绿色。叶革质，狭倒卵形或倒卵形，长 6.0 ~12.7cm，宽 3.5 ~7.3cm，先端骤短渐尖，基部宽楔形或钝，近全缘或微波状，稍背卷，上面初时密被鳞片，成长后脱落，有凹点，绿棕色，有光泽，下面灰绿色，密被鳞片，中脉上面微凹或近平坦，侧脉 5 ~6 对，上面明显，下面连同中脉稍隆起；叶柄淡棕色，长 8 ~15mm。花淡黄白色，外面密被灰带绿色和散生淡棕色鳞片，常 4 ~6 朵聚生于叶腋；花枝长约 1 ~2mm；花梗长 4 ~7mm，淡棕绿色；萼筒宽钟形，长约 7mm，稍有 4 肋，裂片 4 枚，宽卵状三角形至三角形，长约 5mm，基部宽约 4mm，先端急尖，内面密被银白色至淡棕色鳞片，基部混生疏白毛。

广西特有种，产于那坡。

12. 攀援胡颓子 图 993

Elaeagnus sarmentosa Rehder

常绿攀援灌木，高达 10m。无刺，幼枝被褐锈色鳞片，老枝灰黄绿色或鳞片脱落后黑色；芽绿色。叶纸质或近革质，叶椭圆或长圆形，长 8 ~16cm，宽 2.2 ~6.0cm，先端渐尖或钝尖，基部阔钝形或圆形，密被银白色和褐色细鳞片，有光泽，侧脉 7 ~9 对，两面明显凸起；叶柄锈色，长 10 ~16mm。花褐色或褐绿色，外面被褐色鳞片，单生或 2 ~3 朵簇生于叶腋纤细的锈色短小枝上；花梗长 3 ~6mm；萼筒圆筒形，长 8 ~9mm，裂片长 4.5 ~5.0mm，内面疏生星状短柔毛。果长椭圆形，长约 2.5cm，直径约 10mm，被锈色鳞片；果核窄椭圆形，两端窄狭，具明显的 8 条肋，内面具褐色丝状长绵毛。花期 10 ~11 月；果期翌年 3 月。

产于龙胜、那坡。生于海拔 1100 ~1500m 山地。分布于云南。

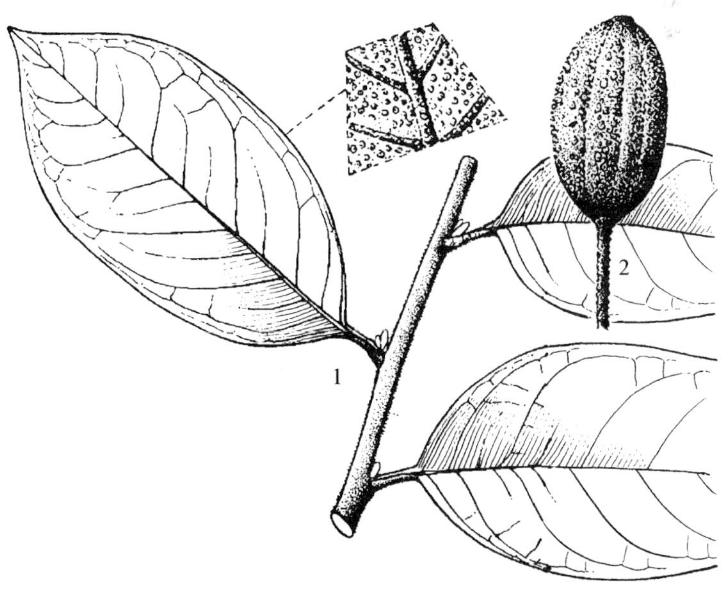

图 993 攀援胡颓子 **Elaeagnus sarmentosa** Rehder 1. 小枝；2. 果。(仿《中国植物志》)

13. 樟叶胡颓子 图 994

Elaeagnus cinnamomifolia W. K. Hu et H. F. Chow

常绿攀援灌木。无刺；幼枝黄褐色，有棱角，被粗糠状鳞片，老

图 994 樟叶胡颓子 Elaeagnus cinnamomifolia W. K. Hu et H. F. Chow 1. 花枝；2. 花纵切面；3. 花柱；4. 示叶背鳞片和叶脉。(仿《中国植物志》)

图 995 蔓胡颓子 Elaeagnus glabra Thunb. 花枝。(仿《广西植物志》)

枝圆柱形；髓大，淡褐色。叶羊皮纸质，叶长倒卵形或倒披针形，长 6～15cm，宽 3.5～6.0cm，先端渐尖，基部楔形至宽楔形，全缘略反卷，上面绿色，幼时散生淡黄褐色鳞片，下面银白色，密被白色和散生少数淡黄褐色鳞片，侧脉 5～6 对，上面不明显凸起，下面显著，网状脉在上面显著，下面不清晰；叶柄淡黄绿色，长 8～16mm。花银白色，质厚，密被银白色和散生少数黄褐色鳞片，近直立或下垂，单生或 2～3 朵簇生成总状花序；花梗长约 7mm；萼筒筒状漏斗形，长 8～9mm，裂片长三角形，长 5.5～6.0mm，内面具白色鳞片和星状毛。花期 11 月至翌年 1 月。

广西特有种。产于金秀、容县。生于海拔 400～600m 山地沟边。

14. 蔓胡颓子 抱君子、桂香柳、羊奶奶 图 995

Elaeagnus glabra Thunb.

常绿蔓生或攀援灌木，长达 5m。常无刺；幼枝密被锈色鳞片，老枝鳞片脱落，灰棕色。叶革质或薄革质，卵形或卵状椭圆形，长 4～12cm，宽 2.5～5.0cm，先端渐尖或长渐尖，基部圆形，灰绿或铜绿色，被褐色鳞片，侧脉 6～8 对，与中脉开展成 50°～60°角，上面明显或微凹下，下面凸起；叶柄棕褐色，长 5～8mm。花淡白色，下垂，密被银白色和散生少数褐色鳞片，3～7 朵簇生成伞形总状花序；花梗长 2～4mm；萼筒漏斗形，长 4.5～5.5mm，裂片宽长 2.5～3.0mm，内面被白色星状绒毛。果长圆形，长 1.4～1.9cm，密被锈色鳞片；果梗长 3～6mm。花期 9～11 月；果期翌年 4～5 月。

产于广西各地。生于海拔 1000m 以下林中。分布于河南及长江流域以南各地，西南至四川、贵州，东南达广东、台湾；日本也有分布。果、根及叶入药，有止泻、平喘止咳之功效。

15. 罗香胡颓子 图 996

Elaeagnus luoxiangensis C. Y. Chang

常绿直立或蔓状灌木。无刺；小枝紫红色，稍具纵棱。叶羊皮纸质或薄革质，椭圆形至卵状椭圆形，长 5～8cm，宽 2.8～4.0cm，先端钝形或急尖，基部近圆或圆形，边缘全缘或微反卷，上面幼时具鳞片，成熟后脱落，干燥后褐色，下面褐锈色，密被褐锈色鳞片，侧脉8~10对，在叶面不甚明显，在背面明显隆起；叶柄锈色，长7~9mm。花褐锈色，外面密被锈色鳞片，3~5朵簇生于叶腋短小枝上，花枝深红色或黑褐色；花梗长3~4mm；萼筒圆筒状钟形，长4.0~4.5mm；花柱密被白色星状毛，柱头稍弯，高于雄蕊。花期12月至翌年2月。

广西特有种，产于金秀。

图996 罗香胡颓子 Elaeagnus luoxiangensis C. Y. Chang
1. 花枝；2. 花；3. 叶背面一部分。(仿《中国植物志》)

16. 柳州胡颓子 图997

Elaeagnus liuzhouensis C. Y. Chang

常绿灌木，无刺；小枝开展成80°~90°角，幼枝密被锈色鳞片，老枝鳞片脱落，灰黑色。叶纸质，倒披针状椭圆形，长5.5~7.5cm，宽2.0~2.8cm，先端骤渐尖，基部楔形，边缘波状，反卷，上面幼时密被星状细柔毛，成熟后脱落，干燥后黑褐色或褐绿色，下面灰白色，密被灰白色鳞片和鳞毛，混生少数淡褐色鳞片，侧脉7~9对，上面微凹，下面凸起；叶柄褐色，长6~8mm。花淡黄白色，被银白色和黄色鳞片，单生或1~3朵簇生；花梗长约4mm；萼筒圆筒状漏斗形，长4.0~4.5mm，裂片卵状三角形；雄蕊的花丝基部三角形，比花药短，花药细小，矩圆形，长约1.1mm；花柱疏生白色星状毛。花期12月翌年1月。

广西特有种，产于柳州。

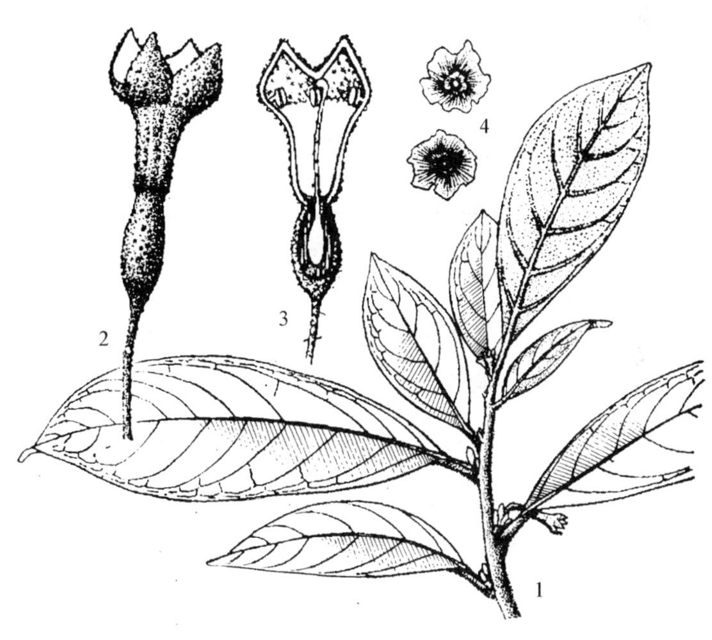

图997 柳州胡颓子 Elaeagnus liuzhouensis C. Y. Chang
1. 花枝；2. 花；3. 花纵切面；4. 花下面鳞片。(仿《中国植物志》)

17. 异叶胡颓子

Elaeagnus heterophylla D. Fang et D. R. Liang

常绿灌木，多分枝，无刺。幼枝密被锈色鳞片，老枝暗棕色，近90°角开展。叶纸质，多形，宽椭圆形、披针形、狭卵形、卵状椭圆形或近圆形，长1.2~6.5cm，宽0.6~2.4cm，先端钝、渐尖或近圆形，基部圆钝，全缘，两面密被星状微毛和近散生的锈色鳞片，成长后上面毛被脱落，绿棕色，下面淡棕绿色，中脉上面稍凹，下面稍隆起，侧脉4~9对，两面几乎不明显；叶柄深棕色至锈色，长3~5mm。花灰棕色，外面密被锈色和银白色鳞片及散生银白色星状毛，单生或2~5朵聚生于叶腋；花枝锈色，长2~4mm；花梗长1~2mm；萼筒筒状漏斗形，长4.5~5.0mm，裂片4枚，长约3mm；花柱直，被星状毛。

广西特有种，产于金秀。

图998 披针叶胡颓子 Elaeagnus lanceolata Warb. 1. 花枝；2. 叶背面；3. 花纵切面；4. 花。(仿《中国植物志》)

18. 披针叶胡颓子 图998

Elaeagnus lanceolata Warb.

常绿直立或蔓状灌木，高达4m。稀有短刺；幼枝淡褐色或淡黄色，密被银白色和淡黄褐色鳞片，老枝灰色或灰黑色，圆柱形；芽锈色。叶革质，披针形、椭圆状披针形至长椭圆形，长5～14cm，宽1.5～3.6cm，先端渐尖，基部圆形，边缘全缘，微反卷，上面幼时被褐色鳞片，成熟后脱落，具光泽，干燥后褐色，下面密被银白色鳞片，散生少数褐色鳞片，侧脉8～12对，上面显著，下面不甚明显；叶柄长5～7mm。花淡黄白色，下垂，密被银白色和散生少数褐色鳞片和鳞毛，3～5朵簇生叶腋短小枝上成伞形总状花序；花梗锈色；萼筒圆筒形，长5～7mm，裂片宽三角形，长2.5～3.0mm；花柱被极少数星状柔毛。果椭圆形，长12～15mm，被褐色和银白色鳞片，熟时红黄色；果梗长3～6mm。花期8～10月；果期翌年4～5月。

产于融水。生于海拔600m以上山地林中或林缘。分布于陕西、甘肃、湖北、四川、贵州、云南。果入药，止痢疾。

19. 银果牛奶子 银果胡颓子

Elaeagnus magna Rehder

落叶直立散生灌木，高1～3m。具刺；小枝淡黄白色，密被银白色鳞片。叶膜质或纸质，倒卵状长圆形或倒卵状披针形，长4～10cm，宽1.5～3.7cm，先端钝尖或钝形，基部宽楔形，全缘，上面散生银色鳞片，下面灰白色和散生少数淡黄色鳞片，侧脉7～10对，不甚明显；叶柄被淡白色鳞片，长4～8mm。花银白色，密被鳞片，单生叶腋，花梗极端或几无，长1～2mm；萼筒圆筒形，长8～10mm，裂片长3～4mm，内面无毛；花柱直立，无毛或被星状柔毛。果矩圆形或长椭圆形，长1.2～1.6cm，密被银白色和散生少数褐色鳞片，熟时粉红色；果梗粗，直立，银白色，长4～6mm。花期4～5月；果期6月。

产于全州。生于海拔1200m以下坡地、路旁、林缘、河边。分布于江西、湖北、湖南、广东、四川、贵州。果食用或酿酒。

105 鼠李科 Rhamnaceae

乔木或灌木，有时为藤本，稀草本。常有枝刺或托叶刺，小枝无顶芽，故枝条常呈"之"字形曲折。单叶，互生或近对生，羽状脉或3～5基出脉，托叶早落。花小，两性或单性，稀杂性，聚伞花序、圆锥花序或簇生；花萼4～5裂，花瓣4～5枚或无，较萼短；雄蕊4～5枚，与花瓣对生；花盘发达，全缘或分裂；子房上位或下位，无柄，2～4室，每室1枚胚珠。核果、浆果状核果、蒴果或翅状坚果。

50属900余种，广泛分布于温带至热带地区。中国13属137种；广西11属54种5变种。

分属检索表

1. 子房上位或半下位；宿存花萼不完全包围果实；无卷须。
  2. 叶具羽状脉。
    3. 坚果球形，顶端具翅，翅长圆形，革质 …………………………………………………… **1. 翼核果属 Ventilago**
    3. 核果或浆果状核果，无翅，具单个1~3室的核或2~4个分核。
      4. 核果，圆柱形或卵状圆柱形；内果皮坚硬，骨质或木质，1~3室，无分核。
        5. 藤状灌木；小枝平滑；叶全缘，侧脉斜直而平行；通常为顶生聚伞总状或聚伞圆锥花序；花盘10裂，齿轮状，果时增大成盘状或皿状，包围果实基部 ………………………… **2. 勾儿茶属 Berchemia**
        5. 灌木或小乔木；小枝稍粗糙；叶缘具小锯齿或近全缘，侧脉弧曲上升；腋生聚伞花序，生于具叶状苞叶的花枝上；花盘圆形，果时不增大 ……………………………………………… **3. 苞叶木属 Chaydaia**
      4. 浆果状核果，倒卵球形或球形；1室，具2~4个分核。
        6. 花无梗，稀具短梗，通常排成穗状花序或穗状圆锥花序，顶生或腋生 ……… **4. 雀梅藤属 Sageretia**
        6. 有明显的梗，排成腋生聚伞花序。
          7. 常绿藤状灌木；茎常具1对下弯的钩状皮刺；核果具不开裂的分核；种子无沟 ……………………………………………………………………………………………… **5. 对刺藤属 Scutia**
          7. 多为落叶灌木，稀乔木；枝端常具枝刺；核果的分核沿内裂缝开裂，稀不开裂；种子常有沟，稀无沟 …………………………………………………………………………………… **6. 鼠李属 Rhamnus**
  2. 叶具基出脉3~5条。
    8. 花序轴分枝呈“之”字形曲折，在果期膨大成果质 ……………………………………… **7. 枳椇属 Hovenia**
    8. 花序轴在果期不膨大成果质。
      9. 乔木或灌木；有托叶刺。
        10. 核果周围具水平并开展的杯状或铜钱状的翅，干后革质 ……………………… **8. 马甲子属 Paliurus**
        10. 果为无翅的肉质核果 …………………………………………………………………… **9. 枣属 Ziziphus**
      9. 藤状灌木；无托叶刺；果为蒴果状核果 ……………………………………………… **10. 蛇藤属 Colubrina**
1. 子房下位，3室；果实具纵向连接假壁的3翅，被宿存的花萼完全包围；攀援灌木，有卷须 ……………………………………………………………………………………………………… **11. 咀签属 Gouania**

1. 翼核果属 Ventilago Gaertn.

藤状灌木，稀小乔木。叶互生，革质稀纸质，全缘或具齿，基部常不对称，网脉明显。花小，两性，数朵簇生或为具短总花梗的聚伞花序，或排成顶生或腋生的聚伞总状或聚伞圆锥花序，5基数，花萼5裂，萼片三角形，花瓣5枚，顶端凹缺；花盘厚，肉质，五边形，子房球形，2室，每室1枚胚珠。核果球形，不开裂，基部具宿存萼筒包围核果的近一半，顶端具矩圆形的翅。l室1枚种子，无胚乳。

40种，分布于亚洲东南部至大洋洲。中国6种；广西4种。

分种检索表

1. 子房无毛或疏被短柔毛；果无毛。
  2. 花数朵簇生叶腋，或排成腋生具短总花梗的聚伞花序；叶卵形或卵状长圆形，侧脉4~6对 ……………………………………………………………………………………………… **1. 翼核果 V. leiocarpa**
  2. 花组成顶生或兼腋生聚伞圆锥花序或聚伞总状花序；叶椭圆形或卵状披针形，侧脉7~12对 ……………………………………………………………………………… **2. 海南翼核果 V. inaequilateralis**
1. 子房和果密被密短柔毛。
  3. 叶长圆形或卵状椭圆形，叶背面无毛或初时密被柔毛，后脱落，先端急尖或短渐尖 ……………………………………………………………………………………………… **3. 毛果翼核果 V. denticulata**
  3. 叶窄长圆形，下背面仅脉腋被簇毛，顶端长渐尖 …………………………… **4. 矩叶翼核果 V. oblongifolia**

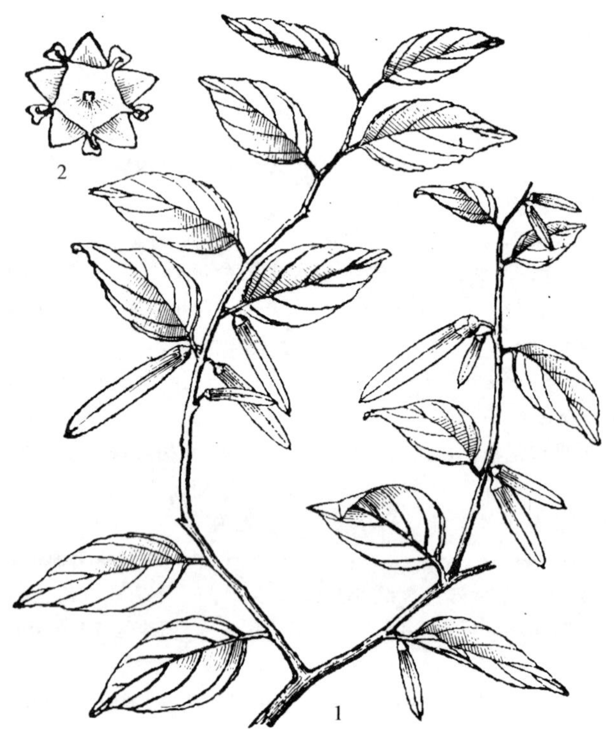

图 999　翼核果 Ventilago leiocarpa Benth.　1. 果枝；2. 花。(仿《中国高等植物图鉴》)

图 1000　海南翼核果 Ventilago inaequilateralis Merr. et Chun　1. 花枝；2. 果枝。(仿《中国植物志》)

1. 翼核果　血风藤　图 999

Ventilago leiocarpa Benth.

藤状灌木。幼枝被短柔毛，小枝褐色，有条纹，无毛。叶薄革质，卵形或卵状长圆形，长 4 ~ 8cm，宽 1.5 ~ 3.2cm，顶端急尖或短渐尖，基部圆形或近圆形，边缘近全缘，仅有不明显的疏细锯齿，两面无毛或有疏短柔毛，侧脉 4 ~ 6 对，上面下陷，下面凸起，具明显的网脉；叶柄长 3 ~ 5mm，上面被疏短柔毛。花小，两性，5 基数，数朵簇生于叶腋，有时排成腋生聚伞总状，无毛或有疏短柔毛，花梗长 1 ~ 2mm。核果长 3 ~ 5cm，直径 4 ~ 5mm，无毛，翅宽 7 ~ 9mm，顶端钝圆，有小尖头，基部 1/4 ~ 1/3 为宿存的萼筒包围，1 室，具 1 枚种子。花期 3 ~ 5 月；果期 4 ~ 7 月。

产于三江、金秀、凤山、梧州、苍梧、那坡、凌云、田林、南宁、武鸣、上思、扶绥、宁明、龙州。生于山坡路旁或疏林下。分布于台湾、福建、广东、湖南、云南；印度、缅甸、越南也有分布。根入药，有补气血、舒筋活络的功效，对气血亏损、月经不调、风湿疼痛、四肢麻木、跌打损伤有一定疗效。

2. 海南翼核果　图 1000

Ventilago inaequilateralis Merr. et Chun

藤状灌木。幼枝无毛或被短细柔毛，小枝灰褐色。叶革质，卵状披针形或椭圆形，长 6 ~ 17cm，宽 2 ~ 5cm，顶端钝或近圆形，基部楔形或近圆形，对称或稍不对称，边缘全缘或具不明显的细锯齿，两面无毛或幼时下面沿脉被疏柔毛，侧脉 7 ~ 12 对，网脉明显，两面略凸起；叶柄短，长 1 ~ 5mm，无毛或近无毛；托叶 2 枚，狭披针形，早落。花单生或簇生或排成聚伞总状或聚伞圆锥花序，花序纤细，长 3 ~ 7cm，5 基数，花梗长 1 ~ 2mm，被短柔毛，花黄色。核果长 3.5 ~ 4.5cm，翅宽 7 ~ 9mm，顶端钝或近圆形，无毛，核直径 4 ~ 5mm；种子无胚乳，子叶肥厚。花期 2 ~ 5 月；果期 3 ~ 6 月。

产于忻城、天峨、田阳、隆林、龙州。生于低海拔的山谷林中或石山上。分布于云南、贵州、海南。

3. 毛果翼核果 副萼翼核果 图1001：1~4

Ventilago denticulata Willd.

藤状灌木。当年生枝无毛或被疏短柔毛后脱落，老枝褐色，有棱。叶革质，长圆形或卵状椭圆形，长5~13cm，宽3~6cm，顶端短渐尖或渐尖，基部宽楔形或近圆形，上部边缘有不规则疏锯齿，下部全缘，两面无毛或初时密被柔毛，后脱落，侧脉5~8对，上面稍明显，下面凸起具明显网脉；叶柄长5~8mm，无毛或上面被疏短柔毛。花多数，由聚伞花序组成顶生或兼有腋生的聚伞圆锥花序，长10~30cm，花序轴、花萼、花梗被黄褐色短柔毛，花两性，5基数，花梗短。核果黄绿色，长4.5~6.0cm，直径5~6mm，被短细毛，翅矩圆形，宽1.0~1.4cm，两面有条纹，顶端钝圆，多少被短细柔毛，1室具1种子。花期10~12月；果期12月至翌年4月。

产于那坡、田林、龙州。生于石灰岩山顶疏林中。分布于贵州、云南；印度、尼泊尔、越南、泰国也有分布。典型石灰岩树种，耐干旱。

图1001 1~4. 毛果翼核果 Ventilago denticulata Willd. 1. 花枝；2. 果；3. 花纵切面；4. 花。**5~6. 矩叶翼核果 Ventilago oblongifolia** Bl. 5. 叶；6. 果。（仿《中国植物志》）

4. 矩叶翼核果 图1001：5~6

Ventilago oblongifolia Bl.

藤状灌木。当年生枝被短柔毛，后脱落。叶纸质或近革质，窄长圆形，长6~12cm，宽2~4cm，顶端长渐尖，基部近圆形或宽楔形，略偏斜，边缘具钝锯齿，两面无毛，仅下面脉腋具簇毛，侧脉4~6对，上面稍下陷，下面凸起，网脉明显；叶柄长2~3mm。顶生聚伞总状或聚伞圆锥花序，长可达20cm，总花梗极短，花序轴、花、花梗密被短柔毛；萼片卵状三角形；花瓣倒卵圆形；子房被毛，2室，每室具1枚胚珠，花柱2半裂。核果长5.5~7.0cm，翅宽1.0~1.2cm，密被短微毛，基部围以宿存的萼筒；果梗长2~3mm，被微毛。果期12月。

产于宁明。生于山地疏林中，常攀援于树上。分布于云南；印度尼西亚和菲律宾也有分布。

2. 勾儿茶属 Berchemia Neck.

落叶直立或攀援灌木，稀小乔木。幼枝通常无毛，老枝平滑，无托叶刺。叶互生，全缘，侧脉弧形；托叶基部常合生。花两性，5数，花序顶生或兼腋生，稀1~3朵花腋生；萼片三角形，内面中肋顶端增厚；花瓣匙形或兜状，两侧内卷，短于萼片或近等长，基部具爪；花盘厚，10裂，齿轮状；子房中部以下藏于花盘内，2室，胚珠2枚，花柱短粗不裂。核果近圆柱形，稀倒卵形，紫红色或紫黑色，基部有宿存的萼筒，花盘常增大；种子2枚。

约32种，分布于亚洲东部至南部。中国19种；广西6种1变种。

分种检索表

1. 花序通常不分枝，聚伞状总状花序。
  2. 花序轴、小枝和叶柄均被短柔毛或至少叶被短柔毛。
    3. 叶较小，长5~20mm，宽4~12mm，侧脉4~5对；叶柄长不超过2mm；花数朵或10余朵顶生聚伞总状花序 ………………………………………………………… **1. 铁包金 B. lineata**

3. 叶较大，长可达5.5cm，侧脉7～9对；叶柄长3～6mm；花枝多，在枝顶或上部叶腋排成聚伞总状花序 ………………………………………… 2. 多叶勾儿茶 **B. polyphylla**

2. 花序轴、小枝、叶柄均无毛 ………………………………………… 3. 牯岭勾儿茶 **B. kulingensis**

1. 花序为分枝，聚伞圆锥花序。

4. 花序轴通常被密短柔毛或微柔毛；核果倒卵状球形或圆柱形。

5. 花序轴被短柔毛；核果倒卵状椭圆形或倒卵状球形；叶卵状长圆形或卵状椭圆形，顶端渐尖或长渐尖 ………………………………………… 4. 越南勾儿茶 **B. annamensis**

5. 花序轴被微柔毛或无毛；核果圆柱状椭圆形；叶椭圆形至长椭圆形，顶端急尖 ………………………………………… 5. 多花勾儿茶 **B. floribunda**

4. 花序轴无毛；核果长圆状椭圆形 ………………………………………… 6. 扁果勾儿茶 **B. compressicarpa**

1. 铁包金 老鼠耳、米拉藤 图1002

Berchemia lineata（L.）DC.

藤状或矮灌木，高达2m。小枝黄绿色，被密短柔毛。叶纸质，矩圆形或椭圆形，长0.5～2.0cm，宽0.4～1.2cm，顶端圆形或钝，具小尖头，基部圆形，两面无毛，侧脉4～5对；叶柄短，长不超过2mm，被短柔毛；托叶披针形，稍长于叶柄，宿存。花白色，长4～5mm，无毛，花梗长2.5～4.0mm，通常数个至十余个密集成顶生聚伞总状花序，有时1～5朵簇生于花序下部叶腋，近无总花梗。核果圆柱形，顶端钝，长5～6mm，直径约3mm，成熟时黑色或紫黑色，基部有宿存花盘和萼筒；果梗长4.5～5.0mm，被短柔毛。花期7～10月；果期11月。

产于广西各地。生于低海拔山野、路旁、开旷的灌丛中。分布于广东、福建、台湾；印度、越南和日本也有分布。根、叶药用，有止咳、祛痰、止痛等功效，治跌打损伤、蛇伤和疮疥。

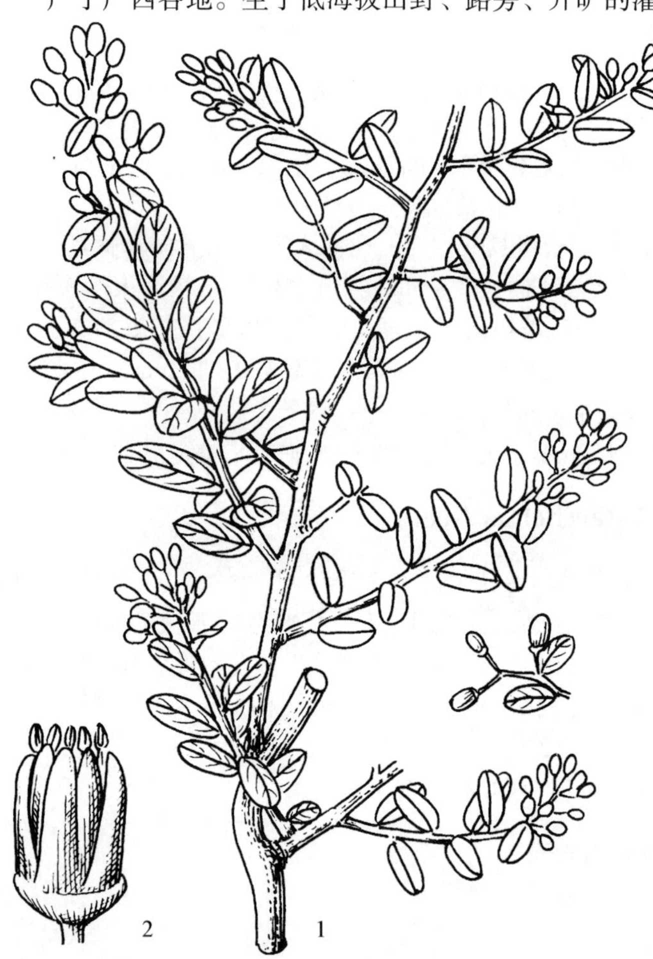

图1002 铁包金 Berchemia lineata（L.）DC.
1. 果枝；2. 花。（仿《中国高等植物图鉴》）

2. 多叶勾儿茶 小通花 图1003

Berchemia polyphylla Wall. ex M. A. Lawsen

藤状灌木，高3～4m。小枝黄褐色，被短柔毛。叶纸质，卵状椭圆形、卵状矩圆形或椭圆形，长1.5～4.5cm，宽0.8～2.0cm，顶端圆形或钝，常有小尖头，基部圆形，两面无毛，侧脉7～9对，叶脉在上面明显凸起，下面稍凸起；叶柄长3～6mm，被短柔毛；托叶小，披针状钻形，基部合生，宿存。花浅绿色或白色，无毛，2～10朵簇生排成顶生具短总梗聚伞总状，长达7cm，花序轴被疏或密短柔毛，花梗长2～5mm；花芽锥状，顶端锐尖。核果圆柱形，长7～9mm，直径3.0～3.5mm，顶端尖，成熟时红色，后变黑色，基部有宿存花盘和萼筒；果梗长3～6mm。花期5～9月；果期7～11月。

产于广西各地。生于山地疏林或灌丛中。分布于陕西、甘肃、四川、贵州、

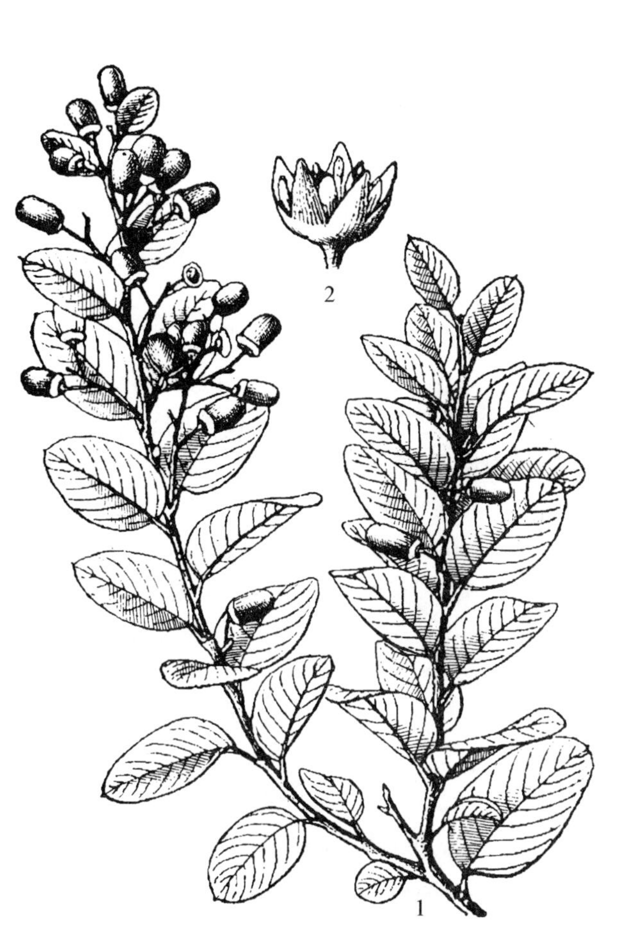

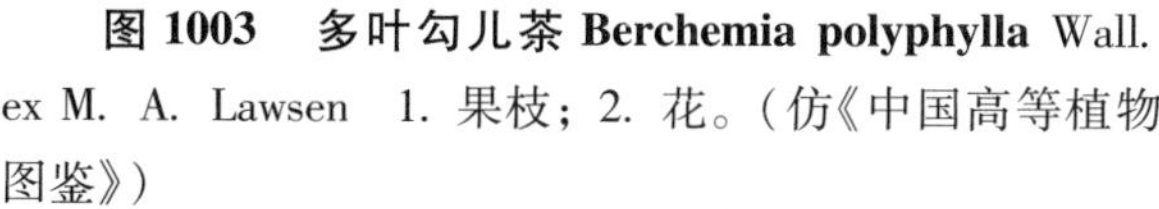
图 1003　多叶勾儿茶 Berchemia polyphylla Wall. ex M. A. Lawsen　1. 果枝；2. 花。（仿《中国高等植物图鉴》）

图 1004　牯岭勾儿茶 Berchemia kulingensis C. K. Schneid.　1. 花枝；2. 花；3. 花盘及子房。（仿《中国植物志》）

云南；印度、缅甸也也有分布。全株入药，治肝炎、淋巴结核。

2a. 光枝勾儿茶　光枝多叶勾儿茶

Berchemia polyphylla var. **leioclada** (Hand. -Mazz.) Hand. -Mazz.

与原种的区别：主要在于小枝、花序轴、果梗等均无毛，叶柄仅上面有疏短柔毛。

产于广西各地。生于山坡、沟边灌木丛或林缘。分布于陕西、四川、云南、贵州、广东、福建、湖南、湖北；越南也有分布。根和叶入药，有调经活血之功效；嫩叶可代茶。

3. 牯岭勾儿茶　大叶铁包金、勾儿茶、小叶勾儿茶　图 1004

Berchemia kulingensis C. K. Schneid.

藤状或攀援灌木，高达 3m。小枝平展，无毛，黄色，后变淡褐色。叶纸质，卵状椭圆形或卵状矩圆形，长 2.0 ~ 6.5cm，宽 1.5 ~ 3.5cm，顶端锐圆或锐尖，具小尖头，基部圆形或微心形，两面无毛，上面绿色，侧脉 7 ~ 9 对，两面稍凸起；叶柄长 6 ~ 10mm，无毛；托叶披针形，长约 3mm，基部合生。花绿色，无毛，2 ~ 3 朵簇生成排近无梗或具短梗的疏散聚伞总状花序，花序长 3 ~ 5cm。核果长圆柱形，长 7 ~ 9mm，直径 3.5 ~ 4.0mm，红色，成熟时黑紫色，基部可见盘状花盘宿存；果梗长 2 ~ 4mm，无毛。花期 6 ~ 7 月；果期翌年 4 ~ 6 月。

产于百色。生于山谷灌丛、林缘或林中。分布于安徽、江苏、浙江、江西、福建、湖南、湖

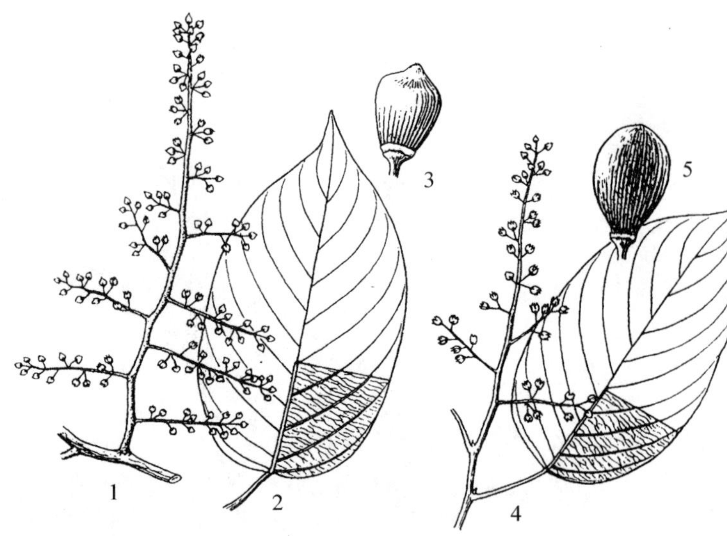

图1005 1～3. 越南勾儿茶 **Berchemia annamensis** Pit. 1. 花序；2. 叶；3. 果。4～5. 扁果勾儿茶 **Berchemia compressicarpa** D. Fang et C. Z. Gao 4. 花枝；5. 果。（仿《广西植物志》）

图1006 多花勾儿茶 **Berchemia floribunda**（Wall.）Brongn. 1. 花枝；2. 花；3. 花瓣；4. 子房。（仿《中国高等植物图鉴》）

北、四川、贵州。根入药，治风湿痛。

4. 越南勾儿茶 图1005：1～3

Berchemia annamensis Pit.

攀援灌木。幼枝浅灰色或灰褐色，无毛。叶纸质，卵圆长圆形或卵状椭圆形，长6.5～10.0cm，宽3.5～6.0cm，顶端渐尖或具长达5mm的尖头，基部圆或心形，两面无毛，或下面沿脉被疏柔毛，后脱落，侧脉8～12对，叶脉两面稍凸起；叶柄长1.0～1.5cm，上面成沟，无毛。花芽球形，顶端急渐尖；花黄绿色，无毛，数个簇生排成具短总梗的顶生宽伞圆锥花序，花序长5～10cm，被短柔毛；花梗长1～2mm，无毛。核果倒卵形或倒卵状球形，长5～7mm，顶端具小尖头，基部花盘宿存，果梗长2～3mm，无毛。花期7～8月；果翌年4～5月成熟。

产于龙胜、融水、环江、那坡。分布于广东；越南也有分布。

5. 多花勾儿茶 图1006

Berchemia floribunda（Wall.）Brongn.

藤本或直立灌木。幼枝黄绿色，光滑无毛。叶纸质，上部叶较小，椭圆形至长椭圆形，长4～9cm，宽2～5cm，顶端急尖，下部叶较大，椭圆形至矩圆形，长可达11cm，宽6.5cm，顶端钝或圆形，基部圆形，两面无毛或仅沿脉基部被疏短柔毛，侧脉9～12对，两面稍凸起；叶柄长1～2cm，无毛；托叶狭披针形，宿存。花多数，数朵簇生排成顶生宽聚伞圆锥花序，花序可长达15cm，侧枝长在5cm以下，无毛或被疏微毛；花梗长1～2mm。核果圆柱状椭圆形，长0.7～1.0cm，直径约5mm，有时顶端稍宽，基部有盘状宿存花盘；果梗长2～3mm，无毛。花期7～10月；果期翌年4～7月。

产于广西各地。生于山坡灌丛、沟谷或林中。分布于山西、陕西、甘肃、河南、安徽、江苏、浙江、江西、福建、广东、湖南、湖北、四川、贵州、云南、西藏；印度、尼泊尔、越南、日本也有分布。根入药，有祛风除湿、散瘀消肿、止痛之功效；嫩叶可代替茶。

6. 扁果勾儿茶 图 1005：4~5

Berchemia compressicarpa D. Fang et C. Z. Gao

落叶藤状灌木，高 6~7m。全株无毛。叶厚纸质，长圆形、卵状长圆形或卵状椭圆形，长 5.5~10.0cm，宽 3~5cm，先端急尖或短渐尖，具小尖头，基部圆形或微心形，侧脉 8~10 对，网络在叶面明显。花单生或 2~4 朵簇生，组成无总花梗或具短总花梗的顶生聚伞圆锥花序，长6~11cm，下部的分枝长达 5.5cm，花序轴无毛；花黄绿色，直径 3.0~3.5cm。核果长圆状椭圆形，绿色，干后变黑色，长 1.2~1.3cm，宽约 8mm，基部为宿存萼筒和明显增大成盘状的花盘所包围；果梗长 2~3mm。

广西特有种，仅产于那坡。生于海拔 1200m 石灰岩山脚林缘。

3. 苞叶木属 Chaydaia Pitard

常绿灌木、小乔木或藤状灌木。叶互生，革质，近全缘，羽状脉。聚伞花序，腋生，花枝具叶状苞片；花两性，5 数；萼片卵状三角形，内面中肋凸起，中部以下具小喙状凸起；花瓣倒卵圆形，具短爪；花盘稍厚，圆形；子房球形，2 室，柱头 2 浅裂。核果，萼筒宿存。

2 种，分布于越南和中国。中国 1 种，广西亦产。

苞叶木 红脉麦果

Chaydaia rubrinervis (H. Lév.) C. Y. Wu

常绿灌木或小乔木，稀藤状灌木，高达 8m。幼枝被细柔毛，后脱落。叶长圆形或卵状长圆形，长 6~13cm，宽 2~5cm，先端渐尖至长渐尖，基部圆形，全缘或有不明显微细齿，两面无毛或下面沿脉被微柔毛，侧脉 5~7 对；叶柄长 0.4~1.0cm。聚伞花序具花数朵至 10 余朵，花枝长 6~16cm，疏被柔毛；花梗长 2~4mm，疏被柔毛。果卵状圆柱形，长 0.8~1.0cm，紫红或橘红色；果梗长 4~5mm。花期 7~9 月；果期 8~11 月。

产于广西西南部、西北部及中部的金秀。生于山谷、山坡阳处或石山上。分布于广东、海南、贵州、云南；越南也有分布。

4. 雀梅藤属 Sageretia Brongn.

有刺或无刺攀援灌木，稀小乔木。单叶对生或近对生，羽状脉，缘有细齿；托叶小，早落。花小，无柄或近无柄，萼裂、花瓣、雄蕊各 5 基数；子房埋在花盘内，2~3 室；穗状花序或排成圆锥花序。核果。

约 35 种，分布于亚洲南部和东部，美洲和非洲也有分布。中国 19 种；广西 10 种。

分种检索表

1. 花无梗或近无梗，组成穗状花序或穗状圆锥花序。
  2. 花序轴无毛，稀被疏毛。
    3. 叶背面脉腋具髯毛 …… **1. 亮叶雀梅藤 S. lucida**
    3. 叶背面脉腋无毛。
      4. 叶纸质或近革质，先端渐尖或锐尖，边缘不背卷；穗状圆锥花序顶生或兼腋生；果实翌年成熟 …… **2. 纤细雀梅藤 S. gracilis**
      4. 叶革质或厚革质，先端钝或圆形，微凹，边缘干时常背卷；花组成腋生或顶生的疏散穗状圆锥花序；果实当年成熟 …… **3. 茶叶雀梅藤 S. camelliifolia**
  2. 花序轴被绒毛或密被短柔毛。
    5. 叶背面被绒毛，不脱落或以后多少脱落。
      6. 叶长圆状椭圆形或卵状披针形，叶面网脉凹陷形成明显的皱褶 …… **4. 皱叶雀梅藤 S. rugosa**
      6. 叶卵状披针形或卵状椭圆形，叶面网脉不凹陷形成皱褶 …… **5. 疏花雀梅藤 S. laxiflora**

5. 叶背面无毛或仅沿脉被柔毛或脉腋具髯毛。
    7. 叶长 1 ~ 4.5cm，侧脉 3 ~ 5 对，上面不明显，不下陷 ………………………………… **6. 雀梅藤 S. thea**
    7. 叶长 4 ~ 20cm，侧脉 5 ~ 12 对，上面明显，下陷。
        8. 枝常具钩状下弯刺；叶下面脉腋具髯毛 ………………………………… **7. 钩刺雀梅藤 S. hamosa**
        8. 枝具直刺；叶下面无毛 ……………………………………………………… **8. 刺藤子 S. melliana**

1. 花有明显的梗，组成总状花序或圆锥花序。
    9. 花序轴无毛；叶长椭圆形或卵状椭圆形，先端尾状渐尖，侧脉 5 ~ 7 对 ……………… **9. 梗花雀梅藤 S. henryi**
    9. 花序轴被短柔毛；叶倒卵形或长圆形，先端骤急尖或钝，侧脉 3 ~ 4 对 ……… **10. 南丹雀梅藤 S. pedicellata**

1. 亮叶雀梅藤 红雀梅藤 图 1007：1 ~ 2

Sageretia lucida Merr.

藤状灌木。小枝无毛。叶薄革质，互生或近对生，卵状矩圆形或卵状椭圆形，长 6 ~ 12cm，宽 2.5 ~ 4.0cm，或在花枝上的叶较小，长 3.5 ~ 5.0cm，宽 1.8 ~ 2.5cm，顶端钝，渐尖或短渐尖，基部圆形，常不对称，边缘具圆齿状浅锯齿，上面无毛，有光泽，下面仅脉腋有髯毛，侧脉每边 5 ~ 7 条，上面平，下面凸起；叶柄长 8 ~ 12mm，无毛。花无梗或近无梗，绿色，无毛，排成腋生的短穗状花序；花序轴无毛，长 2 ~ 3cm，常具褐色、卵状三角形小苞片；萼片三角状卵形，长 1.3 ~ 1.5mm；花瓣兜状，短于萼片；雄蕊与花瓣等长。核果较大，长 10 ~ 12mm，直径 5 ~ 7mm，椭圆状卵形，顶端钝或小凸尖，熟时红色。花期 4 ~ 7 月；果期 9 ~ 12 月。

产于靖西、凌云、隆林、平果、上思。生于海拔 800m 以下山谷疏林中。分布于福建、广东。

图 1007 1 ~ 2. 亮叶雀梅藤 Sageretia lucida Merr. 1. 花枝；2. 叶背面。**3 ~ 4. 钩刺雀梅藤 Sageretia hamosa** (Wall.) Brongn. 3. 果枝；4. 枝的一部分。(仿《中国植物志》)

2. 纤细雀梅藤 图 1008

Sageretia gracilis J. R. Drumm. et Sprague

有刺直立或藤状灌木。叶纸质或近革质，互生或近对生，卵形、卵状椭圆形或披针形，长 4 ~ 11cm，宽 1.5 ~ 4.0cm，顶端渐尖或锐尖，常有小尖头，基部圆或近楔形，边缘有细锯齿，上面稍有光泽，下面浅绿色，两面无毛或幼叶初时披疏绒毛，后脱落，侧脉 5 ~ 7 对，上面稍下陷，下面凸起；叶柄长 5 ~ 14mm，无毛或被疏短柔毛；托叶钻状，长 1 ~ 2mm。花无梗，黄绿色，无毛，1 ~ 5 朵簇生，疏散排列或上部密集成长达 20cm 以上，顶生或兼腋生的穗状圆锥花序，花序轴无毛或被疏短柔毛。核果倒卵状球形，长 6 ~ 7mm，熟时红色；种子斜倒心形，长 5 ~ 6mm。花期 7 ~ 10 月；果期翌年 2 ~ 5 月。

产于那坡、鹿寨。生于海拔 1000m 以上的灌丛或林中。分布云南、西藏。

3. 茶叶雀梅藤 图 1009

Sageretia camelliifolia Y. L. Chen et P. K. Chou

直立灌木，高达 4m。无刺；小枝灰褐色，无毛。叶革质或厚革质，矩圆形或卵状椭圆形，长 5 ~ 7cm，宽 2.5 ~ 3.0cm，顶端钝或圆，微凹，基部近圆形，边缘常背卷，具细锯齿，两面无毛，上面深绿色有光泽，下面黄绿色，侧

图 1008　纤细雀梅藤 Sageretia gracilis J. R. Drumm. et Sprague　果枝。（仿《广西植物志》）

图 1009　茶叶雀梅藤 Sageretia camelliifolia Y. L. Chen et P. K. Chou　1. 果枝；2. 种子。（仿《中国植物志》）

脉 6 ~ 8 对，中脉和侧脉在上面下陷，下面凸起，网脉明显；叶柄长 5 ~ 7mm，无毛；托叶钻状，早落。花无梗，黄色，无毛，1 ~ 4 朵簇生排成腋生或顶生的疏散穗状花序，或下部有分枝的穗状圆锥花序；花序轴无毛。核果倒卵状球形，长 5 ~ 6mm，直径 4mm，具 3 分核；种子褐色，扁平。花期 8 月；果期 10 ~ 11 月。

广西特有种，产于龙州、大新。生于石灰岩山顶疏林或灌丛中。

4. 皱叶雀梅藤　皱雀梅藤　图 1010

Sageretia rugosa Hance

藤状或直立灌木，高达 4m。幼枝和小枝被锈色绒毛或密短柔毛，侧枝有时缩短成钩状。叶纸质或厚纸质，互生或近对生，长圆状椭圆形或卵状披针形，长 3 ~ 8cm，宽 2 ~ 5cm，顶端锐尖或短渐尖，基部近圆形，边缘具细锯齿，幼叶上面常被白色绒毛，后渐脱落，下面被锈色或灰白色不脱落的绒毛，稀渐脱落，侧脉 6 ~ 8 对，网脉明显，侧脉和网脉上面明显下陷形成皱褶，下面凸起；叶柄长 3 ~ 8mm。花无梗，有芳香，具 2 个披针形小苞片，通常排成顶生或腋生穗状或穗状圆锥花序；花序轴被密短柔毛或绒毛。核果圆球形，熟时红色或紫红色，具 2 分核；种子 2 枚，扁平，两端凹入，稍不对称。花期 7 ~ 12 月；果期翌年 3 ~ 4 月。

产于桂林、临桂、全州、钟山、富川、天峨、南丹、百色、那坡、田林、凌云、龙州、大新。生于山坡疏林或石山灌丛中。耐干旱，在石山石缝中也能生长。分布于广东、湖南、湖北、贵州、云南、四川。根入药，治风湿痹痛。

图 1010 皱叶雀梅藤 Sageretia rugosa Hance 1. 花枝；2. 叶。（仿《广西植物志》）

5. 疏花雀梅藤 图 1011：1 ~ 3

Sageretia laxiflora Hand. -Mazz.

藤状或直立灌木，高达 10m。小枝被白色或黄色绒毛，或短柔毛，老枝变无毛，有明显的纵条纹，常具粗刺。叶革质，近对生或互生，卵状披针形或卵状椭圆形，长 5 ~ 8cm，宽 2 ~ 3cm，顶端钝、短渐尖或渐尖，基部近心形，边缘具细锯齿或近全缘，上面绿色，有光泽，无毛或被蛛丝状绵毛，下面被锈色绒毛，后部分或全部脱落，侧脉 5 ~ 8 对，上面下陷，下面明显凸起；叶柄长 6 ~ 10mm；托叶小，钻形，早落。花无梗，无毛，1 至数朵簇生排成疏散圆锥状穗状花序，被黄白色或锈色短柔毛，长 8 ~ 15cm。核果倒卵状球形，熟时红色；种子 3 枚或 2 枚扁平。花期 9 ~ 12 月；果期翌年 3 ~ 4 月。

产于天峨、东兰、百色、那坡、乐业。生于海拔 700m 以下灌丛或草坡。分布于云南、贵州、江西。

6. 雀梅藤

Sageretia thea（Osbeck）M. C. Johnst.

落叶藤状或直立灌木。小枝具刺，互生或近对生，褐色，被短柔毛。叶纸质，近对生或互生，椭圆形、矩圆形或卵状椭圆形，长 1.0 ~ 4.5cm，宽 0.7 ~ 2.5cm，顶端锐尖、钝或圆形，基部圆形或近心形，边缘具细锯齿，两面无毛，或下面沿脉被柔毛，侧脉 3 ~ 5 对，上面不明显，下面明显凸起；叶柄长 2 ~ 7mm，被短柔毛。花无梗，黄色，有芳香，2 至数个簇生排成顶生或腋生疏散穗状或圆锥状穗花序，花序轴长 2 ~ 5cm，被绒毛或密短柔毛。核果近圆球形，直径约 5mm，成熟时黑色或紫黑色，具 1 ~ 3 个分核，味酸；种子扁平，两端微凹。花期 7 ~ 11 月；果期翌年 3 ~ 5 月。

产于广西各地。生于丘陵坡地灌丛中。分布于安徽、江苏、浙江、江西、福建、台湾、广东、湖南、湖北、四川、云南；印度、越南、朝鲜、日本也有分布。喜光，适应性较强，对土壤要求不严，酸性、中性、钙质土均能生长。根系发达，穿插力强，较耐干旱。极耐修剪。播种繁殖。叶细，亮绿色，白花，紫果，小枝纤细，曲干苍劲，姿态古雅，优良盆栽植物，中国通派盆景传统树种。嫩叶代茶，也入药，有拔毒生肌之功效，治疮疡肿毒；根可治咳嗽，降气化痰；果味酸可食。

6a. 毛叶雀梅藤

Sageretia thea var. **tomentosa**（C. K. Schneid.）Y. L. Chen et P. K. Chou

与原种的区别：叶通常卵形、矩圆形或卵状椭圆形，下面被绒毛，后逐渐脱落。

产于兴安、南宁、邕宁、武鸣、贵港、玉林、北海、防城、宁明、龙州。分布于安徽、浙江、江西、福建、台湾、广东、湖南、湖北、四川、云南；朝鲜、日本也有分布。根用于感冒、肝炎；叶外用治跌打损伤。

7. 钩刺雀梅藤 钩雀梅藤 图 1007：3 ~ 4

Sageretia hamosa（Wall.）Brongn.

常绿藤状灌木。小枝常具钩状下弯的粗刺，无毛或仅基部被短柔毛。叶革质，互生或近对生，短圆形或长椭圆形，长 9 ~ 20cm，宽 4 ~ 6cm，顶端尾状渐尖或短渐尖，基部圆形或近圆形，边缘具细锯齿，上面无毛，有光泽，下面仅脉腋具髯毛或幼时被疏柔毛，后脱落，侧脉 7 ~ 12 对，上面下陷，下面凸起；叶柄长 8 ~ 15mm，无毛。花无梗、无毛，2 ~ 3 朵簇生，疏散排列成顶生或腋生穗状或穗状圆锥花序；花序轴长可达 15cm，被棕色或灰白色绒毛或密短柔毛。核果近球形，近无梗，长 7 ~ 10mm，直径 5 ~ 7mm，熟时深红色或紫黑色，常被白粉，2 分核；种子 2 枚，扁平，棕色，两端凹入，长约 6mm。花期 7 ~ 8 月；果期 8 ~ 10 月。

产于桂林、兴安、金秀、南丹、百色、隆林、凌云、乐业、隆林、南宁、扶绥、岑溪、容县、龙州。分布于浙江、江西、福建、湖南、湖北、广东、贵州、云南、四川和西藏；斯里兰卡、印度、尼泊尔、越南、菲律宾也有分布。叶光亮，耐修剪，优良盆景观赏植物；根药用，治风湿痹痛、跌打损伤。

图 1011 1 ~ 3. 疏花雀梅藤 Sageretia laxiflora Hand. -Mazz. 1. 花枝；2. 果；3. 种子。**4. 刺藤子 Sageretia melliana** Hand. -Mazz. 花枝。（仿《中国植物志》）

8. 刺藤子 图 1011：4

Sageretia melliana Hand. -Mazz.

常绿藤状灌木。具枝刺；小枝圆柱状，褐色，被黄色短柔毛。叶革质，近对生，卵状椭圆形或矩圆形，长 5 ~ 10cm，宽 2.0 ~ 3.5cm，顶端渐尖，基部近圆形，稍不对称，边缘具细锯齿，上面绿色，有光泽，两面无毛，侧脉 5 ~ 7 对，上升，在边缘弧曲，上面明显下凹，下面凸起；叶柄长 4 ~ 8mm，上面有深沟，被短柔毛或无毛。花无梗、白色、无毛，单生或数朵簇生排成顶生或腋生穗状或圆锥状穗状花序，花序轴被黄色或黄白色贴生密短柔毛或绒毛，长 4 ~ 17cm。核果浅红色。花期 9 ~ 11 月；果期翌年 4 ~ 5 月。

产于南丹、天峨、凌云。分布于安徽、浙江、福建、广东、湖南、湖北、贵州、云南。叶光亮，耐修剪，优良盆景观赏植物。

9. 梗花雀梅藤 红雀梅藤、红藤 图 1012

Sageretia henryi J. R. Drumm. et Sprague

藤状灌木，高达 2.5m。无刺或具刺；小枝红褐色，老枝灰黑色，无毛。叶互生或近对生，纸质，长椭圆形或卵状椭圆形，长 5 ~ 12cm，宽 2.5 ~ 5.0cm，顶端尾状渐尖，基部圆形或宽楔形，边缘具细锯齿，两面无毛，侧脉 5 ~ 7 对；叶柄长 5 ~ 13mm，无毛或被微柔毛；托叶钻形，长 1.0 ~ 1.5mm。花具 1 ~ 3mm 长的梗，白色或黄白色，无毛，单生或数朵簇生排成疏散的总状或稀圆锥花序，腋生或顶生；花序轴无毛，长 3 ~ 17cm。核果椭圆形或倒卵状球形，长 5 ~ 6mm，直径 4 ~

图 1012 **梗花雀梅藤 Sageretia henryi** J. R. Drumm. et Sprague 花枝。(仿《广西植物志》)

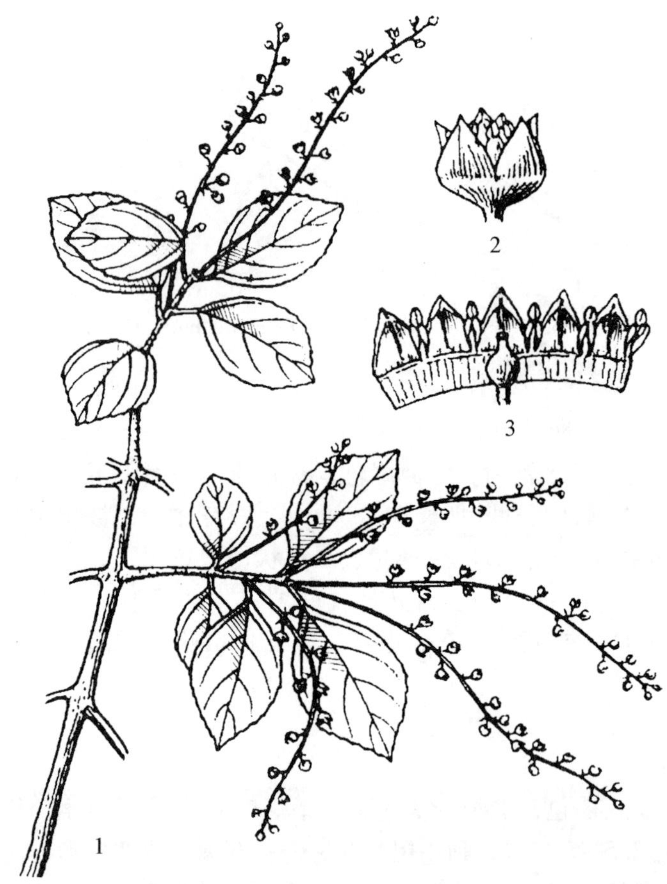

图 1013 **南丹雀梅藤 Sageretia pedicellata** C. Z. Gao
1. 花枝；2. 花；3. 花的解剖。(仿《广西植物志》)

5mm，成熟时紫红色，具 2～3 个分核；果梗长 1～4mm；种子 2 颗，扁平，两端凹入。花期 7～11 月；果期翌年 3～6 月。

产于兴安、岑溪、容县、南丹、金秀、靖西、凌云、隆林、上思。生于山坡疏林或石灰岩灌丛中。分布于湖南、湖北、四川、贵州、云南、陕西、甘肃和浙江。耐修剪，优良盆景观赏植物；冠浓密，枝具刺，可作绿篱栽培；果入药，降火、清胃热。

10. 南丹雀梅藤 图 1013

Sageretia pedicellata C. Z. Gao

藤状灌木。具枝刺；小枝银灰色，1 年生枝近对生，密被浅棕色短柔毛。叶厚革质，互生或近对生，倒卵形或长圆形，长 0.8～2.0cm，宽 7～12mm，先端骤急尖或钝，基部宽楔形或圆形，边缘基部以上具细锯齿，侧脉 3～4 对；叶柄被浅棕色短柔毛。花小，黄白色，单生或 2 朵，稀 3 朵簇生，总状花序生于小枝顶端或上部叶腋，花序被灰色短柔毛。花期 9 月。

广西特有种，仅产南丹。

5. 对刺藤属 Scutia Comm. ex Brongn.

常绿藤状或直立灌木。茎常具 1 对钩状皮刺或无刺。叶对生或近对生。花簇生或成聚伞花序，腋生；两性，5 数，具短花梗；萼筒短钟状，稀半球形；花瓣兜状或扁平，顶端微凹，具短爪；雄蕊与花瓣等长；花盘薄；子房上位，2～4 室。浆果状核果，倒卵状球形或近球形，萼筒宿存，分核 2～4 枚，不裂。种子无沟。

5 种，分布亚洲南部、非洲东部和南美洲热带地区。中国 1 种；广西 1 种。

对刺藤 双刺藤、钩刺藤

Scutia myrtina (Burm. f.) Kurz

藤状或直立灌木，长达 10m。小枝无毛，常具下弯钩刺。叶革质，椭圆形，长 3.5～6.0cm，宽 1.8～3.0cm，先端短渐尖或锐尖，基部宽楔形，具不明显疏细齿，两面无毛，侧脉 6～8 对，上面叶脉凸起，下面平；叶柄长3～5mm。花黄绿色；花梗长1～2mm；萼片长三角形，长约2mm；花瓣长约1mm；子房不藏于花盘内，2室。果倒卵状球形，长约5mm，具2分核；果梗长3～4mm。种子扁平，褐色，倒心形。花期3～4月；果期7～9月。

产于龙州。生于低海拔旷地。分布于云南；越南、斯里兰卡也有分布。

6. 鼠李属 Rhamnus L.

灌木或乔木。枝端常具刺。叶互生或近对生，羽状脉，有齿或全缘；具托叶。花细小，绿色或黄白色，两性或单性，腋生成簇或成伞形、总状花序；花萼4～5裂；花瓣4～5枚，稀无；子房上位，2～4室。浆果状核果，基部为宿存萼筒所包围，具2～4枚种子。

约150种，分布于温带至热带地区。中国57种；广西有18种1变种。

分种检索表

1. 顶芽裸露，无鳞片，被锈色或棕褐色绒毛；花两性，5基数；种子无沟。
  2. 叶纸质，被毛，或至少下面多少被毛，侧脉每边可多至12～13条。
    3. 叶倒卵状椭圆形、椭圆形或倒卵形，下面被柔毛或沿脉被长柔毛；叶柄长4～10mm，被密柔毛 ………… **1. 长叶冻绿 R. crenata**
    3. 叶长椭圆形或矩圆状椭圆形，下面被灰白色或浅黄色密绒毛；叶柄长1.2～3.5cm，被疏短柔毛 ………… **2. 毛叶鼠李 R. henryi**
  2. 叶近革质，两面无毛，最多下面沿脉或脉腋被疏毛，侧脉每边6～7条，最多不超过10条。
    4. 叶矩圆形或矩圆状椭圆形，长3～5cm，宽1.0～1.8cm；叶柄粗壮，长5～12mm ………… **3. 杜鹃叶鼠李 R. rhododendriphylla**
    4. 叶椭圆形或长椭圆状披针形，长6～13cm，宽2～4cm；叶柄细长，长1.2～2.2cm ………… **4. 长柄鼠李 R. longipes**
1. 顶芽具数枚鳞片；花单性，异株，4～5基数；种子背面或背侧有沟。
  5. 茎有长枝短枝之分，短枝端常具刺；叶对生、近对生、互生或在短枝上簇生；花4基数。
    6. 枝、叶对生或近对生；种子背侧具沟。
      7. 叶倒卵形至倒卵状椭圆形，下面仅脉腋有簇毛，侧脉3～5对 ………… **5. 薄叶鼠李 R. leptophylla**
      7. 叶椭圆形、矩圆形或倒卵椭圆形，下面沿脉腋有金黄色柔毛，侧脉5～6对 ………… **6. 冻绿 R. utilis**
    6. 枝、叶互生兼有对生；种子背面具沟。
      8. 叶革质或薄革质，匙形、菱状椭圆形或倒卵状椭圆形，短小，长1.0～2.5cm，宽0.5～1.2cm，叶背脉腋具簇毛或沿脉疏被短毛；种子背面具上下宽，中部窄的纵沟 ………… **7. 小冻绿树 R. rosthornii**
      8. 叶纸质或厚纸质，较宽大，长超过3cm，宽2cm以上；种子背面具长或短的纵沟。
        9. 幼枝、叶、叶柄和花梗均无毛。
          10. 芽大，鳞片有睫毛；叶柄长2～4mm；叶网脉较明显 ………… **8. 山鼠李 R. wilsonii**
          10. 芽小，鳞片无毛；叶柄长4～10mm；叶网脉不明显 ………… **9. 钩齿鼠李 R. lamprophylla**
        9. 幼枝或叶柄两面、叶柄和花梗多少被毛。
          11. 幼枝无毛；叶长圆形或卵状长圆形，背面仅脉腋有疏毛；种子背面具与种子近等长的纵沟 ………… **10. 武鸣鼠李 R. wumingensis**
          11. 幼枝被短柔毛；叶椭圆形或长圆状椭圆形、卵状椭圆形；种子背面具长约为种子2/3或更短纵沟。
            12. 叶椭圆形或长圆状椭圆形，长3.0～6.5cm，宽1.5～4.5cm，下面有疣状凸起 ………… **11. 山绿柴 R. brachypoda**
            12. 叶椭圆形或卵状椭圆形，长3.0～6.5cm，宽1.5～2.5cm，下面无疣状凸起 ………… **12. 黄鼠李 R. fulvotincta**
  5. 茎无长枝、短枝之分，无刺；叶大小异形，互生；花5基数。
    13. 花单生或2～3朵簇生于叶腋；叶侧脉和网脉在叶面明显凹陷呈皱缩状，侧脉5～6对 ………… **13. 陷脉鼠李 R. bodinieri**

13. 花多数，聚伞总状或聚伞圆锥花序；侧脉两面凸起。
14. 叶背面或沿脉腋和叶柄均被毛；花有花瓣。
15. 小枝具多数瘤状皮孔；叶革质，背面密被绒毛 …………………………… **14. 广西鼠李 R. kwangsiensis**
15. 小枝具不明显的瘤状皮孔；叶纸质，背面或沿脉被短柔毛 ……………… **15. 贵州鼠李 R. esquirolii**
14. 叶背面和叶柄均无毛，或仅脉腋被簇毛；花有或无花瓣。
16. 叶宽椭圆形或宽椭圆状长圆形；幼枝、花序轴均被短柔毛；花序长达 12cm ………………………………………………………………………………… **16. 尼泊尔鼠李 R. napalensis**
16. 叶长圆状椭圆形或椭圆形；幼枝和花序均无毛；花序短于 5cm。
17. 叶纸质或厚纸质，干时背面变淡紫色 ……………………………………… **17. 紫背鼠李 R. subapetala**
17. 叶革质，干时背面不变紫色 ……………………………………………… **18. 革叶鼠李 R. coriophylla**

1. 长叶冻绿 苦李根、红点秤(南宁) 图 1014：1

Rhamnus crenata Sieb. et Zucc.

落叶灌木，稀小乔木，高达 7m。幼枝带红色，小枝被疏柔毛。叶纸质，倒卵状椭圆形、椭圆形或倒卵形，长 4～14cm，宽 2～5cm，顶端渐尖、尾状长渐尖或骤缩成短尖，基部楔形或钝，边缘具圆齿状细锯齿，上面无毛，下面被柔毛或沿脉多少被长柔毛，侧脉每边 7～12 条；叶柄长 4～10mm，被密柔毛。花数朵或 10 余朵密集排成腋生聚伞花序，总花梗和花梗被柔毛，总花梗长 4～10mm，花梗长 2～4mm；花瓣近圆形，顶端 2 裂。核果球形或倒卵球形，黑色或紫黑色，长 5～6mm，直径 6～7mm，果梗长 3～6mm，具 3 分核，各有种子 1 枚；种子无沟。花期 5～8 月；果期 8～10 月。

图 1014 1. 长叶冻绿 Rhamnus crenata Sieb. et Zucc. 果枝。**2. 长柄鼠李 Rhamnus longipes** Merr. et Chun 果枝。(仿《中国植物志》)

产于广西各地。生于山坡向阳处或灌丛中。分布于河南、安徽、江苏、浙江、江西、福建、广东、海南、湖南、湖北、四川、贵州、云南；朝鲜、日本、越南、柬埔寨也有分布。根有毒，治疥癣、湿疹。

2. 毛叶鼠李 图 1015

Rhamnus henryi C. K. Schneid.

小乔木，高 3～10m。裸芽被锈色或棕褐色绒毛，小枝被疏柔毛。叶纸质，长椭圆形或矩圆状椭圆形，长 7～19cm，宽 2.5～8.0cm，顶端渐尖，基部楔形，近全缘或有不明显的疏浅齿，上面无毛或仅中脉被疏毛，下面被灰白色或浅黄色密绒毛，侧脉 9～13 对；叶柄长 1.2～3.5cm，被疏短柔毛。花数朵排成腋生聚伞花序或聚伞总状花序，总梗长 2～12mm；花梗长 3～6mm，被毛。核果倒卵球形，长约 5mm，直径约 6mm，顶端下凹，熟时紫黑色，果梗长约 1cm，被疏短柔毛；种子 3 枚，倒卵形，长约 5mm，光滑。花期 5～8 月；果期 7～10 月。

产于百色、田林、凌云、乐业。生

于海拔1200m以上林内或灌丛中。分布于云南、四川、西藏。

3. 杜鹃叶鼠李 图1016

Rhamnus rhododendriphylla Y. L. Chen et P. K. Chou

无刺灌木，高达4m。小枝互生，紫褐色，老枝黑褐色，具不规则裂纹；裸芽被黄褐色绒毛。叶近革质，互生，矩圆形或矩圆状椭圆形，长3~5cm，宽1.0~1.8cm，顶端钝短尖或短渐尖，基部宽楔形或近圆形，边缘常反卷，具浅锯齿，侧脉5~6对，中脉及侧脉在上面多少下凹，下面凸起，网脉明显，两面无毛，或下面脉腋被疏髯毛；叶柄较粗壮，长5~12mm；托叶线状披针形，长及叶柄之半，早落。花两性，常3~5朵，稀8朵生于花梗上，排成腋生聚伞花序；总花梗长2~5mm；花黄绿色，钟状；花梗长3~4mm，基部具线状披针形苞片。核果近球形，基部有浅盘状宿存萼筒；果梗长4~5mm，被微毛。花期6月。

产于象州。生于石灰岩山顶。分布广东。

4. 长柄鼠李 图1014：2

Rhamnus longipes Merr. et Chun

直立灌木或小乔木，高达8m。幼枝或小枝紫褐色，无毛或被疏毛。叶近革质，椭圆形或长圆状披针形，长6~13cm，宽2~4cm，顶端渐尖，基部楔形或近圆形，边缘具疏细钝齿，两面无毛，稀下面沿脉被疏硬毛，有光泽，干时黄绿色，中脉粗壮，上面下陷，下面凸起，侧脉7~10对；叶柄长1.2~2.2cm，被毛，后脱毛；托叶线状披针形，长4~5mm，早落。花两性，2至数朵聚于长1.5~4.0cm的总梗上，聚伞花序腋生，无毛或被柔毛；花梗长3~4mm，被微柔毛。核果球形或倒卵状球形，熟时红紫色或黑色，长6~8mm，直径约8mm，果梗长6~8mm，被疏柔毛；种子2枚，稀3枚，长约4mm，背面无沟。花期6~8月。

产于兴安、蒙山、金秀、融水、德保、靖西、那坡、凌云、武鸣、马山、上林、容县。生于海拔500m以上山地。分布广东、海南、云南；越南也有分布。

图1015 毛叶鼠李 Rhamnus henryi C. K. Schneid. 花枝。（仿《中国植物志》）

图1016 杜鹃叶鼠李 Rhamnus rhododendriphylla Y. L. Chen et P. K. Chou 果枝。（仿《广西植物志》）

图 1017　薄叶鼠李 **Rhamnus leptophylla** C. K. Schneid.　果枝。(仿《中国高等植物图鉴》)

5. 薄叶鼠李　细叶鼠李　图 1017

Rhamnus leptophylla C. K. Schneid.

灌木或稀小乔木，高达 5m。小枝对生或近对生，褐色或黄褐色，平滑无毛，有光泽。叶纸质，对生或近对生，或在短枝上簇生，倒卵形至倒卵状椭圆形，长 3 ~ 8cm，宽 2 ~ 5cm，顶端短凸尖或锐尖，基部楔形，边缘具圆齿或钝锯齿，上面深绿色，无毛或沿中脉被疏毛，下面浅绿色，仅脉腋有簇毛；侧脉 3 ~ 5 对，网脉不明显，上面下陷，下面凸起；叶柄长 0.8 ~ 2.0cm，无毛或被疏短毛。花单性，雌雄异株，4 基数，花梗长 4 ~ 5mm，无毛；雄花 10 ~ 20 朵簇生于短枝端，雌花数朵至十余朵生短枝端或长枝下部叶腋。核果球形，直径 4 ~ 6mm，具 2 ~ 3 个分核，熟时黑色；种子背侧具长为种子 2/3 ~ 3/4 的纵沟。花期 3 ~ 5 月；果期 5 ~ 10 月。

产于桂林、全州、兴安、龙胜、恭城、临桂、贺州、昭平、富川、金秀、三江、罗城、南丹、隆林、乐业。生于海拔 1000m 以上山坡、山谷林中。分布于陕西、河南、山东、安徽、浙江、江西、福建、广东、湖南、湖北、四川、云南、贵州。全株药用，通便、清热、止咳，治气胀、水肿、肺热咳嗽、疮毒。

6. 冻绿

Rhamnus utilis Decne.

灌木或小乔木，高达 4m。幼枝无毛，小枝褐色或紫红色，对生或近对生，顶端常具针刺；腋芽小，长 2 ~ 3mm，有数个鳞片。叶纸质，对生或近对生，或在短枝上簇生，椭圆形、矩圆形或倒卵状椭圆形，长 4 ~ 15cm，宽 2.0 ~ 6.5cm，顶端凸尖或锐尖，基部楔形或稀圆形，边缘具细锯齿，上面无毛或仅中脉具疏柔毛，下面干后黄色，沿脉或脉腋有金黄色柔毛，侧脉 5 ~ 6 对，两面凸起，网脉明显；叶柄长 0.5 ~ 1.5cm；托叶披针形，宿存。花 4 基数，单性，雌雄异株，雄花数朵或更多簇生于叶腋或小枝下部，雌花 2 ~ 6 朵簇生叶腋或小枝下部。核果圆球形或近球形，熟时黑色，具 2 分核；种子背侧基部有短沟。花期 4 ~ 6 月；果期 6 ~ 8 月。

产于广西北部及西北部。生于灌木丛或疏林中。分布于中国西北、华中、华南及西南地区；日本也有分布。

6a. 毛冻绿

Rhamnus utilis var. **hypochrysa** (C. K. Schneid.) Rehder

与原种的区别：当年生枝、叶柄和花梗均被白色短柔毛，叶较小，叶下面有金黄色柔毛。

产于融安。分布于中国西北、华北、华中及西南地区。

7. 小冻绿树　紫背药　图 1018

Rhamnus rosthornii E. Pritz.

灌木，高达 3m。小枝互生和近对生，顶端具钝刺，幼枝绿色，被短柔毛。叶革质或薄革质，互生或在短枝上簇生，匙形、菱状椭圆形或倒卵状椭圆形，长 1.0 ~ 2.5cm，宽 0.5 ~ 1.2cm，顶端截形或圆形，基部楔形，边缘具锯齿，上面暗绿色，无毛或沿中脉被短柔毛，下面淡绿色，仅脉腋有簇毛，稀沿脉被疏柔毛，侧脉 2 ~ 4 对；叶柄长 2 ~ 4mm；托叶线状披针形，宿存。花单性，雌雄异株，4 基数，1 朵至数朵簇生于短枝顶端或当年生枝下部叶腋。核果球形，直径 3 ~ 4mm，长 4 ~ 5mm，熟时黑色，具 2 分核；种子倒卵圆形，红褐色，有光泽，背面有长为种子 4/5 或近全长下部宽中部狭的纵沟。花期 4 ~ 5 月；果期 6 ~ 9 月。

产于来宾、南丹、天峨、凌云。生于山坡阳处石山灌木丛中。分布于湖北、四川、贵州、云南、甘肃和陕西。

8. 山鼠李 庐山鼠李 图 1019：1 ~ 3

Rhamnus wilsonii C. K. Schneid.

灌木，高达 3m。芽大，卵形，有数枚具缘毛的鳞片；小枝互生或兼近对生，银灰色或灰褐色。叶纸质或薄纸质，互生或稀兼近对生，在当年生枝基部或短枝顶端簇生，椭圆形或宽椭圆形，长 5 ~ 15cm，宽 2 ~ 6cm，顶端渐尖或长渐尖，基部楔形，边缘具钩状圆锯齿，两面无毛，侧脉 5 ~ 7 对，网脉较明显；叶柄长 2 ~ 4mm，无毛。花 4 基数，数朵至 20 余朵簇生于当年生枝基部或 1 至数朵腋生。核果倒球形，熟时紫黑色或黑色，果梗长 6 ~ 15mm。花期 4 ~ 5 月；果期 6 ~ 10 月。

产于临桂，生于海拔 1000m 的山坡。分布于安徽、浙江、福建、江西、湖南、广东和贵州。

9. 钩齿鼠李 图 1019：4 ~ 5

Rhamnus lamprophylla C. K. Schneid.

灌木或小乔木，高达 6m。小枝互生，稀近对生，灰褐色或黄褐色，枝端刺状；全株无毛；芽小，鳞片无毛。叶纸质或薄纸质，互生或在短枝上簇生，长椭圆形或椭圆形，长 5 ~ 12cm，宽 2. 0 ~ 5. 5cm，顶端尾状渐尖或渐尖，基部楔形，边缘有钩状内弯的圆锯齿，侧脉 4 ~ 6 对，两面凸起，网脉不明显；叶柄长 4 ~ 10mm；托叶早落。花 4 基数，单性，异株，雄花 2 至数朵腋生或在短枝端和当年生枝下部簇生，雌花数朵至十数朵簇生。核果倒卵球形，长 6 ~ 7mm，直径约 5mm，熟时黑色，分核 2 ~ 3 枚；种子矩圆状倒卵形，暗褐色。花期 4 ~

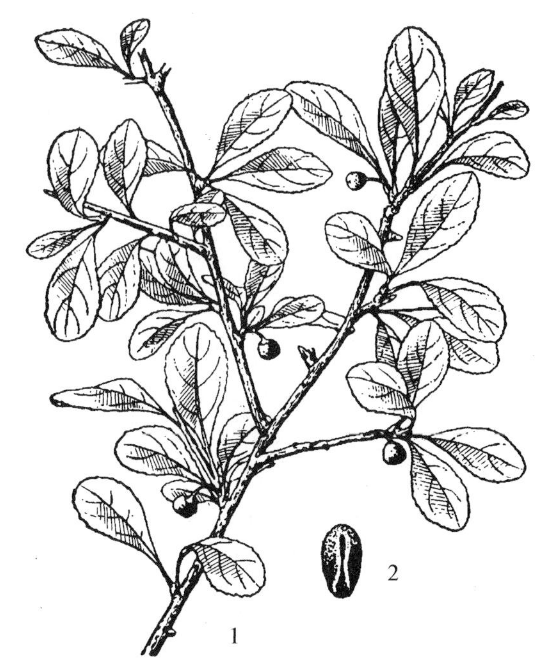

图 1018 小冻绿树 **Rhamnus rosthornii** E. Pritz. 1. 果枝；2. 种子。（仿《中国高等植物图鉴》）

图 1019 **1 ~ 3.** 山鼠李 **Rhamnus wilsonii** C. K. Schneid. 1. 果枝；2. 种子；3. 叶缘（放大）。**4 ~ 5.** 钩齿鼠李 **Rhamnus lamprophylla** C. K. Schneid. 4. 果枝；5. 种子。（仿《中国植物志》）

图1020　武鸣鼠李 Rhamnus wumingensis Y. L. Chen et P. K. Chou　1. 果枝；2. 种子。(仿《中国植物志》)

图1021　山绿柴 Rhamnus brachypoda C. Y. Wu ex Y. L. Chen et P. K. Chou　1. 果枝；2. 种子。(仿《中国植物志》)

5月；果期6~9月。

产于广西西部、西北部及东北部。生于山地灌丛或林中。分布于江西、湖南、湖北、四川、云南、贵州、福建。

10. 武鸣鼠李　图1020

Rhamnus wumingensis Y. L. Chen et P. K. Chou

灌木，高3~4m。小枝互生平展，枝端具针刺，无毛。叶纸质，互生或2~4在短枝上簇生，长圆形或卵状长圆形，长3~6cm，宽2~3cm，顶端短渐尖或钝短尖，基部近圆形或宽楔形，边缘具圆齿状细锯齿，上面灰绿色，无毛，下面浅绿色，近无毛或仅脉腋有疏髯毛，侧脉4~6对，弧状弯曲，主脉和侧脉上面下陷，下面凸起，上面具明显被皱褶的网脉；叶柄长6~25mm，被疏短毛；托叶早落。核果1~3个生于小枝下部叶腋或短枝顶部，倒卵状球形，直径5~6mm，红褐色，基部有杯状宿存萼筒；果梗6~12mm，无毛；2~3分核；种子矩圆状倒卵圆形，黄褐色，长约5mm，背面具与种子近等长的纵沟。果期6~8月。

广西特有种，产于桂林、武鸣、龙州。生于山坡灌丛中或石灰岩石山向阳处。

11. 山绿柴　图1021

Rhamnus brachypoda C. Y. Wu ex Y. L. Chen et P. K. Chou

多刺灌木，高达1.5m。小枝互生，红褐色或灰褐色，被黑褐色或褐色短柔毛，枝端具针刺。叶纸质或厚纸质，互生或在短枝上簇生，椭圆形或长圆状椭圆形，长3.0~6.5cm，宽1.5~4.5cm，顶端渐尖或短凸尖，基部宽楔形或近圆形，边缘有钩状内弯的锯齿，上面绿色或黄绿色，被疏微毛或沿脉被疏微毛，下面无毛，常有疣状凸起，侧脉3～5对；叶柄长4～9mm，被疏短毛；托叶条状披针形，早落。花单性，雌雄异株，黄绿色，基数4，1～3朵生于小枝下部叶腋或短枝顶端。核果倒卵状球形，果径6～7mm，熟时黑色，具3稀2分核；种子矩圆状倒卵形，长约6mm，褐色，背面有长达种子1/2的纵沟。花期5～6月；果期7～11月。

产于兴安、贺州、昭平、南丹、天峨、罗城、都安、金秀、鹿寨、融水、德保、那坡、武鸣、马山、上林、容县。生于海拔500m以上灌丛或石山疏林中。分布于江西、浙江、福建、广东、湖南。

12. 黄鼠李 图1022

Rhamnus fulvotincta F. P. Metcalf

图1022 黄鼠李 Rhamnus fulvotincta F. P. Metcalf
1. 果枝；2. 种子。(仿《中国植物志》)

灌木，高1～2m。当年生枝被微毛或近无毛，小枝通常互生，稀对生或近对生，枝端具钝刺；腋芽小。叶纸质或厚纸质，互生稀近对生，椭圆形或卵状椭圆形，长3.0～6.5cm，宽1.5～2.5cm，顶端渐尖，基部楔形，边缘有细锯齿，上面绿色，无毛，下面沿脉或脉腋疏短柔毛，侧脉3～5对，上面多少下陷，下面稍凸起，网脉不明显；叶柄长3～6mm；托叶钻形，有微毛或近无毛，早落。核果单生或2～4朵簇生小枝基部叶腋，倒卵状球形，直径约5mm，黑色，具2枚分核，基部有宿存萼筒；果梗长6～8mm；种子矩圆状倒卵圆形，褐色，背面基部有长为种子1/4～1/3的短沟。果期6～10月。

产于桂林、临桂、全州、永福、贺州、柳州、鹿寨、柳城、融安、南丹、罗城、环江、凌云。生于石灰岩灌丛或山谷疏林中。分布于广东、贵州。

13. 陷脉鼠李

Rhamnus bodinieri H. Lév.

常绿灌木，高达3m。无刺，小枝被短柔毛。叶革质，大小异形，在同侧交替互生，小叶近圆形或椭圆形，长0.8～2.0cm；大叶椭圆形或矩圆形，长2.5～10.0cm，宽1.2～2.5cm，顶端锐尖，中脉常伸长成小尖头，基部楔形或近圆形，边缘具钩状疏锐齿，上面深绿色，沿中脉被疏柔毛，下面浅绿色，无毛或脉腋被簇毛；侧脉每边5～6条，具明显的网脉，上面明显下陷，下面凸起，呈皱缩状；叶柄长3～9mm；托叶针状，早落。花单性异株，单生或2～3朵簇生于叶脉，5基数。核果球形或倒卵球形，长约5mm，直径约4mm，基部有宿存的萼筒，紫红色，成熟时黑色，具3个分核，各有1枚种子。花期5～7月；果期7～10月。

产于凌云、南丹。生于海拔1000m以上山林中或灌丛中。分布于贵州、云南。

14. 广西鼠李 图1023

Rhamnus kwangsiensis Y. L. Chen et P. K. Chou

直立或藤状灌木。小枝深褐色，具多数瘤状皮孔，被细短柔毛。叶厚革质，大小异形，互生，小叶卵状椭圆形或矩圆状椭圆形，长1～5cm；大叶披针状矩圆形或矩圆形，长6～14cm，宽2.5～6.0cm，顶端渐尖或尾状渐尖，基部圆形或近圆形，边缘具钩状疏细锯齿，上面深绿色，无毛，下面浅绿色，被灰绿色柔毛状密绒毛，侧脉每边8～10条，两面凸起，具不明显网脉；叶柄粗壮，长8～14mm，密被绒毛；托叶线状针形，早落。花单性，雌雄异株，数朵排成2～4cm的聚伞总状花

图 1023　广西鼠李 Rhamnus kwangsiensis Y. L. Chen et P. K. Chou　1. 花枝；2. 雄花；3. 种子；4. 叶背面。(仿《中国植物志》)

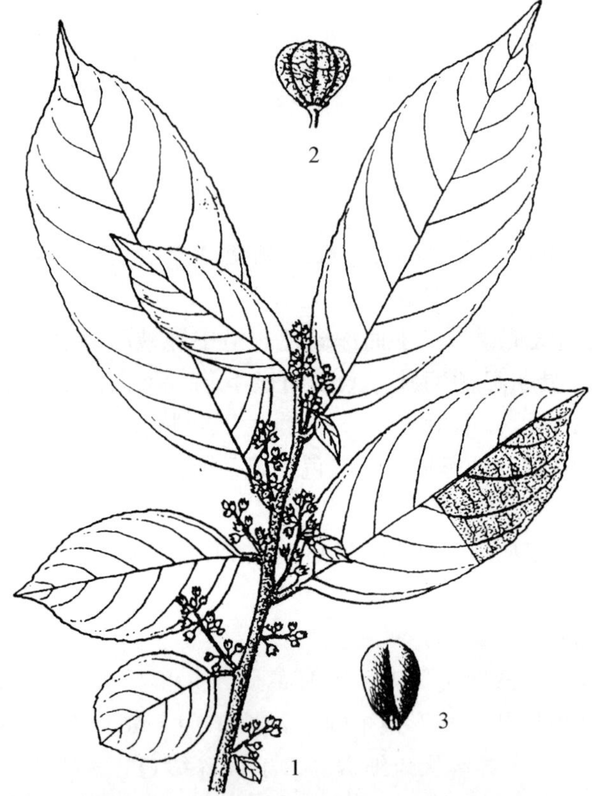

图 1024　贵州鼠李 Rhamnus esquirolii H. Lév.　1. 花枝；2. 果；3. 种子。(仿《广西植物志》)

序，花序轴、花梗和花萼被细短柔毛，5 基数。核果近球形，直径约 4mm，红色，成熟时黑色；果梗长约 2mm，被微毛；种子 2 ~ 3 枚倒卵状球形，长约 5mm，背面有长为种子 4/5 的纵沟。花期 7 ~ 10 月；果期 8 ~ 11 月。

广西特有种，产于桂林、阳朔、永福。生于石灰岩山坡和石缝中。

15. 贵州鼠李　图 1024

Rhamnus esquirolii H. Lév.

灌木，稀小乔木，高 3 ~ 5m。无刺；小枝褐色，具不明显瘤状皮孔，被短柔毛。叶纸质，大小异形，在同侧交替互生，小叶矩圆形或披针椭圆形，长 1.5 ~ 4.0cm，宽 0.5 ~ 2.5cm；大叶长椭圆形，倒披针状椭圆形或狭矩圆形，长 5 ~ 19cm，宽 1.7 ~ 6.0cm，顶端渐尖至长渐尖，基部圆形或楔形，边缘平或多少背卷，具细锯齿或不明显的细齿，上面深绿色，无毛，下面浅绿色，被灰色短柔毛或至少沿叶脉被短柔毛；侧脉 6 ~ 8 对，在近边缘联结成环状，上面下陷，下面凸起；叶柄长 3 ~ 11mm，被密或短柔毛；托叶钻形，宿存。花单性，雌雄异株，通常数朵排成 1 ~ 3cm 腋生聚伞总状花序，常有钻状小苞片；花序轴、花梗和花均被短柔毛，花 5 基数。核果倒卵状球形，直径 4 ~ 5mm，基部有宿存萼筒，具 3 分核，紫红色，熟时黑色；种子 2 ~ 3 枚，倒卵状矩圆形。花期 5 ~ 7 月；果期 8 ~ 11 月。

产于临桂、天峨、南丹、环江、罗城、隆林、乐业、凌云。分布于湖北、四川、云南、贵州。

16. 尼泊尔鼠李　纤序鼠李　图 1025

Rhamnus napalensis (Wall.) M. A. Lawson

直立灌木或藤状灌木。无刺；幼枝被短柔毛，后脱落，小枝具多数明显的皮孔。叶厚纸质至近革质，大小异形，交替互生，小叶近圆形或卵圆形，长 2 ~ 5cm，宽 1.5 ~ 2.5cm；大叶宽椭圆形或宽椭圆状长圆形，长 6 ~ 17cm，宽 3.0 ~ 8.5cm，顶端圆形、短渐尖或渐尖，基部圆形，边缘具圆齿或钝锯齿，上面深绿色，无毛，下面仅脉腋被簇毛，侧脉 5 ~ 9 对，除中脉在上面下陷外，其余两面均凸起；叶柄长 1.3 ~ 2.0cm，无毛。腋生聚伞总状花序或下部有短分枝的聚伞圆锥花序，长可达 12cm，花序轴被短柔毛；花单性，雌雄异株，5 基数。核果倒卵形，长约6mm，直径5～6mm，具3 分核；种子3 枚。花期5～9 月；果期9～11 月。

产于广西各地。生于1800m 以下山坡或石山灌丛。分布于浙江、福建、广东、海南、湖南、湖北、云南、西藏；印度、尼泊尔、孟加拉国、缅甸也有分布。

17. 紫背鼠李 图1026：1～3

Rhamnus subapetala Merr.

藤状灌木。枝无刺；全株无毛或花序被微毛；小枝褐色，具多数瘤状皮孔。叶纸质或厚纸质，大小异形，在同侧交替互生，小叶长2～6cm；大叶长圆状椭圆形或椭圆形，长7.5～15.0cm，宽2.0～6.5cm，顶端尾状渐尖或渐尖，尖头可达1～2cm，直或弯曲，基部楔形或圆形，叶面无毛，叶背无毛或仅脉腋有簇毛，干后变黄紫色或淡紫色，侧脉5～8 对；叶柄长8～15mm，无毛；托叶披针形，长1.0～1.5mm，早落。花单性，雌雄异株，单生或2～3 朵簇生排成腋生疏散聚伞总状或聚伞圆锥花序；花梗长约1mm，被微柔毛；花小，5 基数。核果倒卵状球形，长约5mm，基部有宿存萼筒，具2～3 个分核，熟时红色或紫红色，果梗长约2mm；种子2～3 枚，长4.4mm，背面有长为种子2/3 上下等宽的纵沟。花期6～7 月；果期8～11 月。

产于南丹、凤山、靖西、凌云、乐业。分布于云南；越南也有分布。

18. 革叶鼠李 硬叶鼠李 图1026：4

Rhamnus coriophylla Hand. -Mazz.

灌木，高约3m。幼枝无毛，小枝紫褐色，具多数瘤状皮孔。叶革质，大小异形，通常在同侧交替互生，椭圆形或长圆状椭圆形，长3～10cm，宽1.5～4.5cm，顶端短渐尖或渐尖，微凹，基部近圆形或宽楔形，边缘具不明显细锯齿，上面深绿色，无毛，下面浅绿色，仅脉腋有髯毛；侧脉5～8 对，在近边弧状联结成弧状，除中脉下陷外，其余两面凸起；叶柄长3～7mm，无毛。聚伞总状花序腋生，长1～3cm，无

图1025 尼泊尔鼠李 **Rhamnus napalensis** (Wall.) M. A. Lawson 1. 花枝；2. 雄花；3. 果。(仿《中国植物志》)

图1026 1～3. 紫背鼠李 Rhamnus subapetala Merr. 1. 果枝；2. 种子；3. 雌花。**4. 革叶鼠李 Rhamnus coriophylla** Hand. -Mazz. 花枝。(仿《中国植物志》)

毛或有疏微毛；花小，单性，雌雄异株，5基数。核果倒卵状球形，直径4～5mm，基部有宿存萼筒，具3分核，成熟时紫红色；果梗长约2mm；种子3枚。花期6～8月；果期8～12月。

产于南丹、天峨、凤山、宜州、凌云、德保、靖西、那坡、龙州、大新。生于石灰岩灌丛或疏林中。分布于广东和云南。

7. 枳椇属 Hovenia Thunb.

落叶乔木。单叶互生，基生三出脉，具长柄。花小，两性，聚伞圆锥花序；花萼5裂，花瓣5枚，具爪；雄蕊5枚；子房3室，花柱3裂。浆果状核果，有种子3枚；果序分枝肥厚肉质并扭曲。

3种2变种，分布于中国、朝鲜、日本和印度。中国均产；广西1种1变种。

分种检索表

1. 花萼与果实均无毛；叶面无毛，背面沿脉或脉腋被短柔毛 …………………………………………… **1. 枳椇 H. acerba**
1. 花萼与果实密被锈色绒毛；叶无毛或仅背面沿脉被疏柔毛……… **2a. 光叶毛果枳椇 H. trichocarpa** var. **robusta**

1. 枳椇 拐枣、南枳椇 图1027

Hovenia acerba Lindl.

乔木，高达25m。胸径1m；小枝被棕褐色短柔毛或无毛。叶互生，厚纸质至纸质，宽卵形、椭圆状卵形或心形，长8～17cm，宽6～12cm，顶端渐尖或宽楔形，基部截形或心形，边缘钝细锯齿，上面无毛，下面脉上或脉腋被柔毛或无毛；叶柄长2～5cm，无毛。二歧聚伞圆锥花序顶生或腋生，被棕色短柔毛；萼片具网状脉或纵条纹，无毛；花瓣椭圆状匙形，具短爪。浆果状核果近球形，直径5.0～6.5mm，无毛，黄褐色或棕褐色；果序轴明显膨大；种子暗褐色或黑紫色，直径3.2～4.5mm。花期5～7月；果期8～10月。

产于广西各地。生于疏林中、林缘、旷地，庭院也常有栽植。分布于中国黄河以南各地；印度、尼泊尔、不丹和缅甸也有。喜光，耐寒，对土壤要求不苛，在土层深厚、湿润而排水良好地生长快，能成大材。深根性，萌蘖力强。播种繁殖，种皮结构致密，播种前可采用低温层积处理75d、切除部分种皮或机械擦伤种子表皮方法处理，可打破休眠，促进发芽。果序轴肥厚，含糖分高，可生食、酿酒、制糖，民间常用以浸酒，治风湿。种子入药，利尿。树形美观，栽培供观赏。木材心材与边材区别明显，心材红褐色，材色艳丽，边材黄白色，纹理直，结构中等，重量中等，气干密度0.625g/cm^3，干缩率小，干燥快，不开裂，稍变形，易加工，耐腐性、抗虫性中等，优良建筑、高级家具和细木工用材。

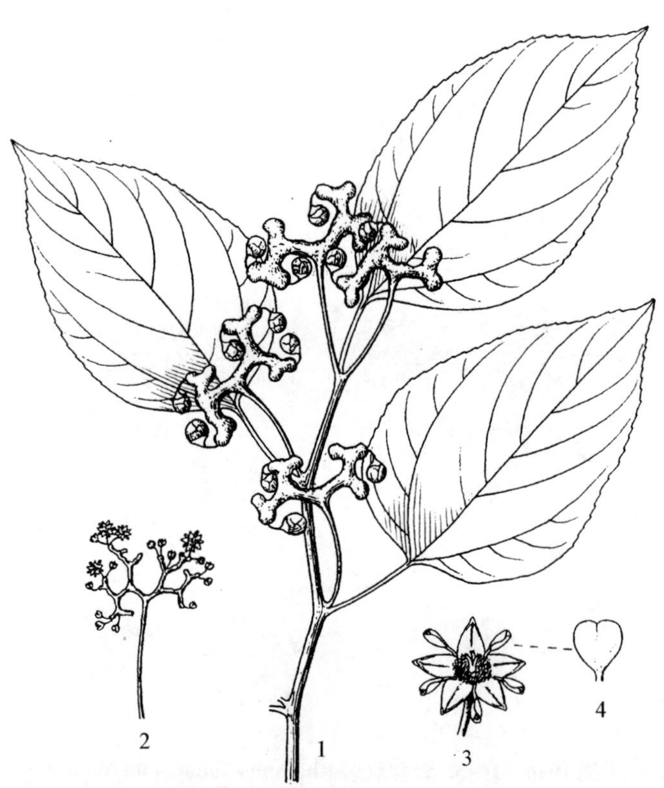

图1027 枳椇 Hovenia acerba Lindl. 1. 果枝；2. 花序；3. 花；4. 花瓣。(仿《广西植物志》)

2a. 光叶毛果枳椇

Hovenia trichocarpa var. **robusta** (Nakai et Y. Kimura) Y. L. Chen et P. K. Chou

落叶乔木，高达18m。叶长圆状卵形

或长圆形，先端渐尖或长渐尖，两面无毛或背面沿脉被疏柔毛。二歧聚伞花序顶生或腋生，密被锈色或黄褐色短绒毛；花萼、花盘密被锈色柔毛，花柱自基部3深裂。核果较大，直径约8cm，与果序轴同被锈色或棕色绒毛。花期6月。

产于临桂、融水。生于海拔600～1100m山坡密林中。分布于安徽、浙江、江西、福建、广东、湖南、贵州；日本也有分布。

8. 马甲子属 Paliurus Tourn. ex Mill.

落叶乔木或灌木。托叶常变成刺状。单叶互生，二列状排列，基生三出脉。花两性，形小，5数，成腋生或顶生聚伞花序；子房2～3室，与花托合生。核果杯状或草帽状，周围具木栓质或革质的翅，基部有宿存萼筒，2～3室，每室具种子1枚。

5种，分布于欧洲南部和亚洲东部及南部。中国4种，引入1种；广西3种。

分种检索表

1. 花序无毛；果径2.0～3.8cm，草帽状，周围具革质薄翅 ………………………… **1. 铜钱树 P. hemsleyanus**
1. 花序被毛；果径1.0～1.7cm，周围有木栓质3浅裂厚翅。
  2. 叶下面无毛或沿脉被柔毛，顶端钝或圆形；果被绒毛 ………………………… **2. 马甲子 P. ramosissimus**
  2. 叶下面沿脉被长硬毛，顶端凸尖、短渐尖或渐尖；果无毛 ………………………… **3. 硬毛马甲子 P. hirsutus**

1. 铜钱树 乌不宿、钱串树 图1028：1～2

Paliurus hemsleyanus Rehder

乔木，稀灌木，高达13m。小枝黑褐色或紫褐色，全体无毛或仅叶柄上面被稀疏短柔毛。叶互生，纸质或厚纸质，宽椭圆形、卵状椭圆形或近圆形，长4～12cm，宽3～9cm，顶端长渐尖或渐尖，基部偏斜，宽楔形或近圆形，边缘具锯齿，基生三出脉；叶柄长0.6～2.0cm；无托叶刺，但幼树叶柄基部有2个斜向直立的针刺。聚伞花序或聚伞圆锥花序，顶生或兼有腋生；萼片三角形或宽卵形，长约2mm；花瓣匙形，长约1.8mm。核果草帽状，周围具革质薄翅，红褐色或紫红色，直径2.0～3.8cm；果梗长1.2～1.5cm。花期4～6月；果期9～10月。

产于临桂、兴安、桂林、灵川、恭城、平乐、柳州、融安、罗城、南丹、天峨、环江、乐业、上林。生于海拔1500m以下山地林中，庭园中也偶有栽培。分布于甘肃、陕西、河南、安徽、江苏、浙江、江西、湖南、湖北、四川、云南、贵州、广东。喜光亦稍耐半阴；萌蘖力强；根系发达，穿插力强，能在石缝间伸长，极耐干旱瘠薄，在石山上多生于林间石缝和峭壁

图1028 1～2. 铜钱树 Paliurus hemsleyanus Rehder
1. 果枝；2. 幼枝。**3～4. 马甲子 Paliurus ramosissimus** (Lour.) Poir. 3. 果枝；4. 花。**5～6. 硬毛马甲子 Paliurus hirsutus** Hemsl. 5. 叶；6. 果。(仿《中国植物志》)

裂缝中。播种繁殖，核果成熟呈褐色后即可采收，种子千粒重 144.5g，袋装干藏。内果皮木栓化，外果皮角质化，种皮又有蜡质，播种时种子需经沙藏层积处理、物理方法击碎果壳、温水浸种等方法处理，促进发芽。枣树嫁接砧木，嫁接枣树具有根系发达，造林成活率高，幼苗生长迅速、健壮、抗病虫害，挂果早，产量高等特点，栽培品性表现与其他方式培育的枣苗相比优势十分明显，具有很好的推广价值。果形奇特犹如铜钱得名，园林中可零星种植，观赏奇异铜钱之果。植于庭中，寓意招钱财，称之为"摇钱树"。心材与边材区别不明显，木材红褐色或黄褐色，纹理斜，结构细，气干密度 0.85g/cm^3，干燥容易，稍耐腐，加工容易，刨面光滑，供车辆、造船、房屋建筑等用材。

2. 马甲子 铁篱笆 图 1028：3～4

Paliurus ramosissimus (Lour.) Poir.

灌木，高达 6m。小枝褐色或深褐色。叶互生，纸质，宽卵形、卵状椭圆形或近圆形，长 3.0～5.5cm，宽 2.2～5.0cm，顶端钝或圆形，基部宽楔形，稍偏斜，边缘具细锯齿，上面沿脉被棕褐色短柔毛，幼叶下面密生棕褐色细柔毛，后渐脱落变无毛或仅沿脉被短柔毛，基生三出脉；叶柄长 5～9mm，基部两侧有 2 个紫红色斜向直立的针刺，长 0.4～1.7cm。腋生花序被黄色绒毛；萼片宽卵形，长约 2mm；花瓣匙形，长 1.5～1.6mm。核果杯状，被黄褐色或棕褐色柔毛，周围有 3 浅裂木质窄翅，直径 1.0～1.7cm，果梗被棕褐色绒毛；种子紫红色或红褐色，扁圆形。花期 5～8 月；果期 9～10 月。

产于广西各地，北部较为常见，栽培用于围园绿篱。分布于江苏、浙江、安徽、江西、湖南、湖北、福建、台湾、广东、云南、贵州、四川；朝鲜、日本、越南也有分布。耐干旱、耐瘠薄、适应性强，能耐 -15℃低温。播种繁殖。果实为核果，果肉内层坚硬，不易吸水，严重影响种子的发芽，播种前需进行预处理。处理方法，将果实装于编织袋内，置于流水中浸泡 3～4d，待果内充分吸水后，捞起连果实一起播种；或用碾米机将核果破碎，取出种子，用种子播种。1 年生苗可出圃栽植。木质坚硬针刺密布，树冠窄，不扩张，优良围园绿篱植物。木材坚硬，可作农具柄、手杖。全株药用，解毒、消肿、止痛。

3. 硬毛马甲子 金秀马甲子、长梗铜钱树、钩交刺 图 1028：5～6

Paliurus hirsutus Hemsl.

小乔木或灌木，高达 5m。小枝紫褐色或紫黑色，被柔毛。叶互生，纸质或厚纸质，宽卵形或近圆形，长 4.5～10.5cm，宽 4～7cm，偏斜，顶端凸尖、短渐尖或渐尖，基部近圆形，偏斜，边缘具细锯齿或近全缘，上面沿脉被密柔毛，下面沿脉被长硬毛，基生三出脉；叶柄长 0.5～1.2cm，被毛，通常有一个长 3～4mm 下弯的钩状刺。腋生聚伞花序或聚伞圆锥花序，花序、萼片被密短柔毛；萼片宽卵形或三角形，长 1.5～1.6mm；花瓣匙形或扇形，长 1.5mm。核果杯状，红色或紫红色，周围具木栓质窄翅，直径 1.0～1.3cm，无毛，果梗长 6～10mm，果及宿存萼筒被短柔毛。花期 6～8 月；果期 8～10 月。

产于桂林、临桂、昭平、金秀、鹿寨、梧州、上林。散生于海拔 1000m 以下的山坡和平地。分布于安徽、江苏、福建、广东、湖南、湖北。

9. 枣属 Ziziphus Mill.

乔木、灌木或藤状灌木。枝常具皮刺。叶互生，具短柄，基生三出脉，稀五出脉；托叶常变成针刺。花小，两性，常排成腋生具总花梗的聚伞花序；5 数，子房上位，下半部或大部藏于花盘中，花柱 2 裂，稀 3～4 浅裂或半裂，稀深裂。核果圆球形，具核 1 枚，1～3 室。

约 100 种，分布于热带、亚热带及温带。中国 12 种；广西 7 种 1 变种。

分种检索表

1. 腋生聚伞花序或花单生；果无毛，内果皮厚，硬骨质，不易砸破。
   2. 叶下面无毛或仅基部脉腋被毛；枝具2枚刺，长刺可达3cm；核果大，直径1.5~2.0cm …… **1. 枣 Z. jujuba**
   2. 叶下面被毛或沿脉被柔毛；枝无刺或具长不超过6mm的短刺；核果小，直径不超过1.2cm。
      3. 小枝无毛；叶柄、花梗和花萼被疏柔毛或稀无毛；叶下面沿脉被疏柔毛；花单生或2~4个排成腋生聚伞花序；叶纸质，长5~11cm，宽3~5cm ……………………………………………… **2. 毛脉枣 Z. pubinervis**
      3. 小枝、叶柄、花梗和花萼均被密柔毛；叶下面被密绒毛或丝状毛或短柔毛，后脱落；花多数，排成腋生二歧或聚伞花序。
         4. 叶卵状矩圆形或卵形、卵状披针形，稀矩圆形，顶端渐尖或锐尖；叶柄具棕色或黄褐色柔毛。
            5. 藤本或直立灌木；叶下面被锈色或黄褐色丝状毛；核果径5~6mm，黑色有光泽 …………………………………………………………………………………………………… **3. 小果枣 Z. oenopolia**
            5. 乔木；叶下面初被柔毛，后渐脱落；核果径0.8~1.1cm ……………………… **4. 印度枣 Z. incurva**
         4. 叶矩圆形或椭圆形，顶端圆形，稀锐尖；叶柄被灰黄色密绒毛 ………………… **5. 滇刺枣 Z. mauritiana**
1. 腋生聚伞总状花序或顶生聚伞圆锥花序；核果被毛，内果皮薄，质脆，易砸破。
   6. 灌木或小乔木；叶宽卵形或宽椭圆形，叶柄和叶下面被锈色或黄褐色密绒毛；核果倒卵球形 …… **6. 皱枣 Z. rugosa**
   6. 藤状灌木；叶卵状椭圆形或卵状矩圆形，下面仅脉腋被簇毛；核果扁椭圆形 ……… **7. 毛果枣 Z. attopensis**

1. 枣 图1029

Ziziphus jujuba Mill.

落叶乔木或灌木，高达10m。小枝呈“之”字形曲折，具针刺，刺成对时，长刺向上，长刺可达3cm，短刺下弯，长4~6mm。叶互生，纸质，卵形、卵状椭圆形或卵状矩圆形，长3~7cm，宽1.5~4.0cm，先端钝或圆形，具小尖头，基部偏斜，边缘有钝齿，上面深绿色，无毛，下面浅绿色，无毛或仅沿脉多少被疏微毛，基生三出脉；叶柄长1~6mm，或在长枝上的可达1cm；托叶小，常为针刺状。聚伞花序腋生，花小，两性，黄绿色，芳香，5基数。核果圆形或椭圆形，熟时深红色，后变红紫色，无毛，直径1.5~2.0cm，中果皮肉质，厚，味甜。花期5~6月；果期8~9月。

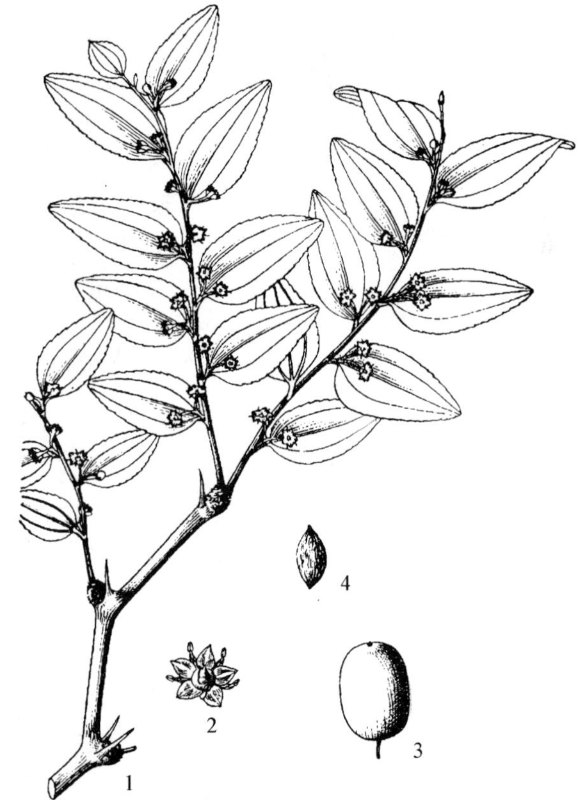

图1029 枣 Ziziphus jujuba Mill. 1. 花枝；2. 花；3. 果；4. 果核。(仿《中国植物志》)

产于广西各地，野生或人工栽培，以灌阳、全州、临桂、平南、田阳、靖西、那坡、龙州、宁明较为常见。原产中国，中国各地广泛栽培，亚洲、欧洲和美洲常有栽培。适应性强，耐干旱，微酸性至微碱性钙质土均能适应，除极寒地区外，均可栽培。喜光，光照不足易产生无效枝，幼果期连续阴雨天气会引起枣果萎蔫，造成大量落果。生长较快，结实也早。播种繁殖、分株繁殖、扦插繁殖或嫁接繁殖，主要采用分株繁殖和嫁接繁殖。中国枣树栽培历史悠久，各地选育了许多优良枣树地方品种，广西主要有灌阳长枣、灌阳短枣、茶园头枣、平南枣、丹枣、平南珠枣等优良品种，广西主栽品种为灌阳长枣和茶园头枣。灌阳长枣，主产灌阳，具有肉厚、皮薄、核小、味鲜，树势强旺，适应性广，花量多，坐果率高，果实较大，平均单果重 14.3g，丰产稳产，20 ~ 30 年大树株产鲜果可达 150 ~ 200kg。茶园头枣主产于全州，果大，形似秤砣，又叫秤砣枣，丰产。枣果富含维素和糖分，供生食、蜜饯，也作药用；花期长，含蜜多，是优良蜜源植物。木材心材与边材区别明显，心材红褐色，边材浅黄色，木材纹理直至斜，结构细，气干密度 0.75g/cm^3，坚硬，耐腐性强，刨面光滑，为工具柄、机器垫木、雕刻等良材。

1a. 无刺枣

Ziziphus jujuba var. **inermis** (Bunge) Rehder

与原种区别主要是：长枝无皮刺，幼枝无托叶刺。花期 5 ~ 7 月；果期 8 ~ 10 月。

产于临桂、全州、龙胜、恭城、隆林、罗城、武鸣，多为栽培。分布于中国各地。

2. 毛脉枣 毛脉野枣

Ziziphus pubinervis Rehder

乔木或灌木。小枝纤细，无毛，无刺。叶纸质，矩圆状披针形或卵状椭圆形，长 5 ~ 11cm，宽 3 ~ 5cm，顶端尾状渐尖或长渐尖，基部近圆形或宽楔形，偏斜，边缘具细锯齿，上面绿色，无毛，下面浅绿色，沿脉或脉下部被短柔毛，基生三出脉，具明显网脉，叶脉上面下陷，下面凸起；叶柄长 4 ~ 6mm，被疏短柔毛或无毛。花绿色，单生或 2 ~ 4 朵排成具短总花梗或近无总花梗的腋生聚伞花序，花梗长 3 ~ 4mm，被疏短柔毛。核果近卵球形，单生叶腋，长 1.0 ~ 1.5cm，直径 0.9 ~ 1.2cm，顶端有小尖头。果期 8 ~ 9 月。

产于靖西、龙州。生于山坡林中或灌丛中。分布于贵州。

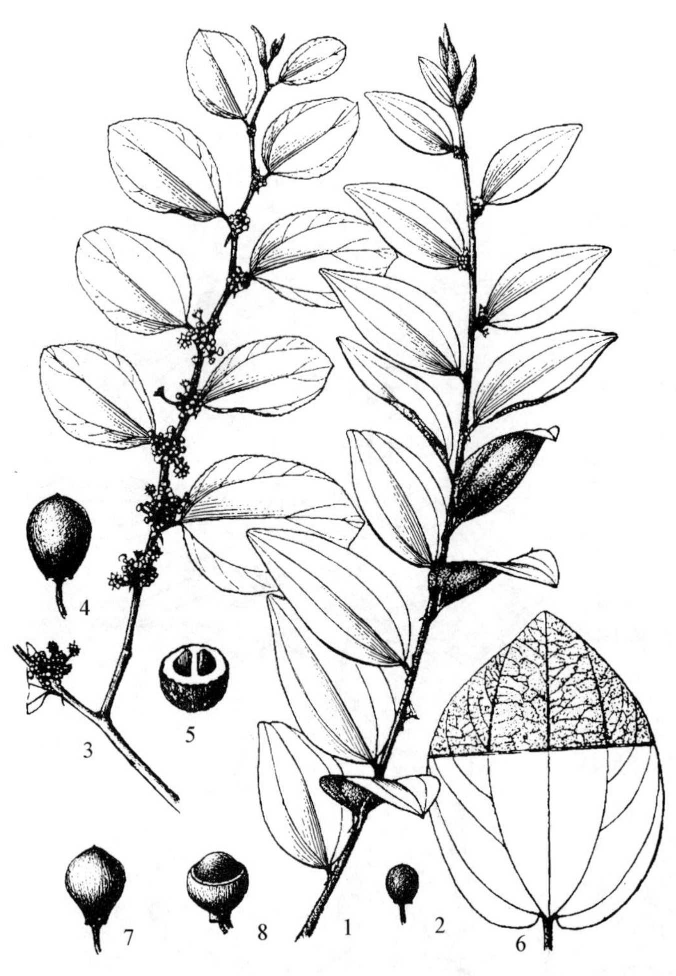

图 1030 1 ~ 2. 小果枣 Ziziphus oenopolia (L.) Mill. 1. 花枝；2. 果。**3 ~ 5. 滇刺枣 Ziziphus mauritiana** Lam. 3. 花枝；4. 果；5. 果实横切面。**6 ~ 8. 皱枣 Ziziphus rugosa** Lam. 6. 叶；7. 果；8. 果实横切面。（仿《中国植物志》）

3. 小果枣 锈毛叶野枣 图 1030：1 ~ 2

Ziziphus oenopolia (L.) Mill.

直立或藤状灌木。小枝被锈色或黄褐色丝状柔毛，具皮刺。叶纸质，卵状矩圆形或卵状披针形，长 3 ~ 8cm，宽 2 ~ 4cm，顶端锐尖或渐尖，基部稍不对称，近圆形，近全缘或具不明显的圆锯齿，上面沿脉有疏柔毛，或后脱落，下面或沿脉被锈色或黄褐色丝状柔毛，基生三或四出脉，叶脉在上面明显下陷，下面凸起；叶柄长 5 ~ 7mm，被黄褐色密柔毛；托叶刺 1 枚，或有时 2 枚，长 3 ~ 4mm，有毛。花绿色，两性，5 基数，数朵至 10 余朵密集成腋生聚伞花序，具极短的总花梗，花梗长 2 ~ 3mm，被柔毛。核果较小，球形或倒卵状球形，黑色，有光泽，直径 5 ~ 6mm，顶端有小尖头。花期 8 ~ 9 月；果期 10 月。

产于那坡、百色、南宁、龙州、宁明。生于山坡疏林或石山灌丛中。分布于云南；印度、缅甸、马来西亚、印度尼西亚、澳大利亚及中南半岛也有分布。

4. 印度枣 滇枣

Ziziphus incurva Roxb.

乔木，高达15m。幼枝被棕色短柔毛，小枝具皮刺。叶纸质，卵状矩圆形或卵形，稀矩圆形，长5～14cm，宽3～5cm，顶端渐尖或短渐尖，具钝尖头，基部圆形或浅心形，略不对称，边缘具圆齿状锯齿，上面深绿色，无毛或仅中脉有疏柔毛，下面浅绿色，初时沿脉被柔毛或疏毛，后脱落，基生三出脉，稀五出脉，网脉在下面明显；叶柄长5～11mm，被棕色短柔毛；托叶刺1～2枚，直立，早落。花绿色，两性，5基数，数朵至10余朵密集成腋生二歧式聚伞花序，总花梗长7～16mm，被棕色细柔毛。果近球形或球状椭圆形，长1.0～1.2cm，直径0.8～1.1cm，无毛，熟时红色；种子黑褐色，平滑，有光泽。花期4～5月；果期6～10月。

产于阳朔、永福、金秀、南丹、罗城、德保、隆林、靖西、凌云、那坡、乐业、龙州。生于低海拔到中海拔河边灌丛中或山坡密林中，能适应酸性土及钙质土。分布于云南、贵州、西藏；印度、尼泊尔、不丹也有分布。果较小，近球形，可作枣树嫁接砧木。叶入药，外用治跌打损伤。木材心材与边材区别明显，心材深红褐色，边材浅红褐色，纹理直至斜，结构细，重量重，气干密度0.82g/cm^3，干燥容易，耐腐性强，刨面光滑，供雕刻、木地板、高级工艺品等用材。

5. 滇刺枣 图1030：3～5

Ziziphus mauritiana Lam.

常绿乔木或灌木，高达15m。幼枝被黄灰色密绒毛，小枝被短柔毛，老枝紫红色，有2枚托叶刺，1枚斜上，1枚钩状下弯。叶纸质至厚纸质，矩圆形或椭圆形，长2.5～6.0cm，宽1.5～4.5cm，顶端圆形，基部近圆形，稍偏斜，边缘具细锯齿，上面深绿色，无毛，下面被黄色或灰白色绒毛，基生三出脉，下面网脉明显；叶柄长5～13mm，被灰黄色密绒毛。花绿黄色，5数，数朵或10余朵密集成近无总花梗或具短总花梗的腋生二歧聚伞花序，花梗长2～4mm，被灰黄色绒毛。核果矩圆形或球形，长1.0～1.2cm，直径约1cm，橙色或红色，成熟时黑色，基部有宿存萼筒；果梗长5～6mm；中果皮薄，木栓质，内果皮厚，硬革质；种子宽而扁，长6～7mm，宽5～6mm，红褐色，有光泽。花期8～11月；果期9～12月。

产于柳州、来宾、百色、南宁、防城、北海、合浦、钦州。生于村边、平地，栽培或野生。分布于广东、云南、四川、福建、台湾；斯里兰卡、印度、越南、缅甸、澳大利亚和非洲也有分布。喜光忌阴，喜温忌湿，要求阳光充足，年均温度大于20℃，基本无霜。对土壤适应性广，只要温度、光照及水分条件适宜，不论山坡或平地，多种土壤均可种植。嫁接繁殖，选择优良品种作接穗。播种时，种子用水浸泡48h充分吸透水后，置于阳光下晾晒1～2h即可播种。果实营养丰富，素有“热带小苹果”之美称，鲜果生食风味独特、清脆爽口，早结丰产、栽培容易，可在广西南部推广种植。树皮入药，外用治烧、烫伤。

6. 皱枣 图1030：6～8

Ziziphus rugosa Lam.

常绿灌木或小乔木，高达9m。小枝细长，有短而下弯的锐刺，幼时密被锈色或黄褐色短绒毛。叶纸质或近革质，阔卵形或宽椭圆形，长8～14cm，宽4.5～9.0cm，顶端圆形，基部近心形或圆形，偏斜，边缘有细齿，上面初时被疏长毛，后变无毛，下面密被近锈色或黄褐色绒毛，基生脉3～5条，中脉每边有侧脉2～5条，叶脉在上面下陷，下面凸起，具明显的网脉；叶柄短粗，长5～9mm，被黄褐色密绒毛。聚伞花序组成顶生或腋生的圆锥花序或总状花序，长10～20cm，多花，两性，花绿色，被密柔毛，5基数，密被锈色短绒毛。果倒卵形或近球形，长9～12mm，直径8～10mm，被细绒毛；果梗长7～10mm；内果皮薄，脆壳质；种子球形，红褐色，长宽6～7mm。花期2～4月；果期5～7月。

产于百色、田阳。生于向阳处灌丛。分布于云南、海南；印度、老挝、越南也有分布。

图 1031 毛果枣 **Ziziphus attopensis** Pierre 1. 叶枝；2. 果枝；3. 果。（仿《中国植物志》）

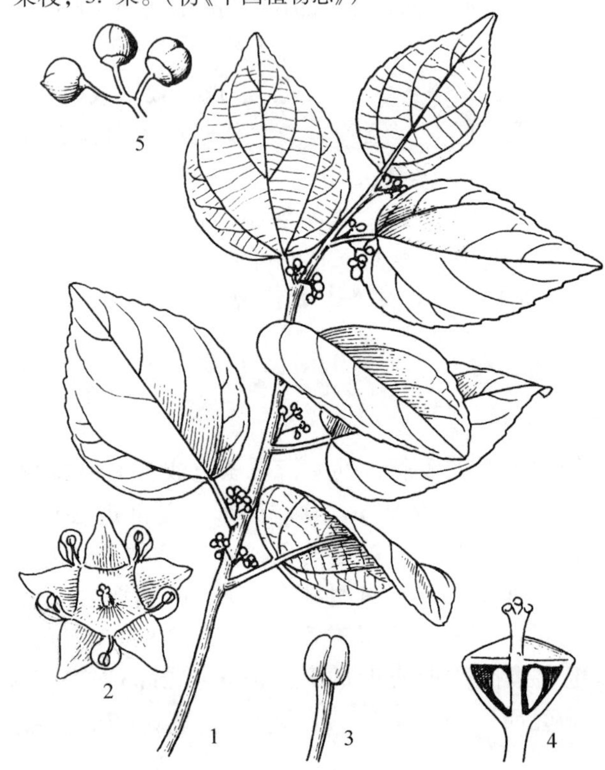

图 1032 蛇藤 **Colubrina asiatica**（L.）Brongn. 1. 花枝；2. 花药；3. 雄蕊；4. 子房纵切面；5. 果序。（仿《中国高等植物图鉴》）

7. 毛果枣 图 1031

Ziziphus attopensis Pierre

藤状灌木。老枝红褐色，刺长约 1mm，弯曲。叶纸质或近革质，卵状矩圆形或卵状椭圆形，长 7～13cm，宽 3.5～7.0cm，顶端长渐尖或渐尖，基部近圆形稀心形，略不对称，边缘具细圆锯齿或不明显的细齿；无毛，下面仅脉腋有疏髯毛，基出 3(5) 脉，具明显的网脉，叶脉上面下陷，下面明显凸起；叶柄长 5～9mm，无毛或有疏短柔毛；托叶刺 1 枚，下弯，长 3～5mm。花多数，黄色，在枝顶端排成聚伞总状花序或大聚伞圆锥花序，花序长达 25cm，分枝长 2～11cm，被黄褐色密柔毛。核果扁椭圆形，长约 2cm，宽 1.3～1.8cm，被橘黄色或黄褐色密短柔毛；果序轴粗壮，长达 30cm，亦被黄褐色密短柔毛。花期 2～5 月；果期 4～6 月。

产于扶绥、龙州、那坡、田阳。生于山谷密林中。分布于云南；老挝也有分布。

10. 蛇藤属 Colubrina Rich. ex Brongn.

乔木、灌木或藤状灌木。无刺。叶互生，托叶小，早落。腋生聚伞花序；花两性，花瓣 5 基数，花瓣基部具爪；花萼 5 裂，萼筒半球形；雄蕊 5 枚，背着药，花盘厚，肉质，圆形，与萼筒合生；子房藏于花盘内，3 室，每室 1 枚胚珠，花柱 3 浅裂或 3 半裂，柱头反折。蒴果状核果，近球形，萼筒与果愈合包围果实基部至中部，3 室，每室具种子 1 枚，熟时沿室背开裂。

约 23 种，分布热带和亚热带沿海地区。中国 2 种；广西 1 种。

蛇藤 亚洲滨枣 图 1032

Colubrina asiatica（L.）Brongn.

藤状灌木。幼枝无毛。叶卵形或宽卵形，长 3.5～8.0cm，宽 2～5cm，先端渐尖，微凹，基部圆或近心形，具粗钝齿，侧脉 2～3 对，基生三出脉，两面无毛或近无毛；叶柄长 1.0～1.6cm。花序无毛或疏被柔毛；花黄色，花梗长 2～3mm；萼片卵状三角形，内面中肋中部以上凸起；花瓣倒卵状圆形；花柱 3 浅裂。果径 7～9mm。花期 6～9 月；

果期9～12月。

产于防城、东兴、北海。生于海边沙地及灌木丛中。分布于广东、海南、台湾；澳大利亚及东南亚、非洲也有分布。

11. 咀签属 Gouania Jacq.

攀援灌木。常具卷须，无刺。叶互生，具叶柄，全缘或有锯齿，羽状脉或基生三出脉。花杂性，顶生或腋生聚伞总状或聚伞状圆锥花序，常在花序轴下部有卷须；花萼5裂，萼筒短，与子房合生，花瓣5枚，匙形；雄蕊5枚，花盘厚，五边形，包围着子房；子房下位，3室，每室具1枚胚珠。蒴果近球形，两端凹陷，顶端有宿存的花萼，有3个具圆形翅的分核，分核不开裂；种子3枚，红褐色。

20种，分布热带美洲、非洲、亚洲至大洋洲。中国2种；广西2种全产。

分种检索表

1. 叶背面无毛或沿脉疏被柔毛 ………… **1. 咀签 G. leptostachya**
1. 叶背面密被绒毛或丝状柔毛 ………… **2. 毛咀签 G. javanica**

1. 咀签 图1033

Gouania leptostachya DC.

攀援灌木。当年生枝无毛或被疏短柔毛。叶纸质，互生，卵形或卵状矩圆形，长5～9cm，宽2.5～5.0cm，顶端渐尖或短渐尖，基部心形，边缘具圆齿状锯齿，上面深绿色，下面浅绿色，无毛或沿叶脉有疏毛，侧脉5～6对，基生侧脉外侧有3～5条次生侧脉，网脉不明显；叶柄长1.0～2.5cm，被疏或密短柔毛；托叶披针形，脱落。花杂性同株，5基数，数朵簇生于线形苞片的腋内，近无总花梗，排成聚伞总状或聚伞状圆锥花序，长可达30cm，被疏或密短柔毛，花梗短，长约1mm，无毛或具疏毛。蒴果近球形，略扁，长9～10mm，直径10～12mm，具3翅，熟时裂为3个具近圆形翅的分核；总果梗长约4mm，果梗长1～3mm，无毛或有疏毛；种子倒卵形，长约1mm，宽约3mm，淡褐色，有光泽。花期8～9月；果期10～12月。

产于那坡、平果、宁明。生于疏林中。分布于云南；印度、越南、马来西亚也有分布。

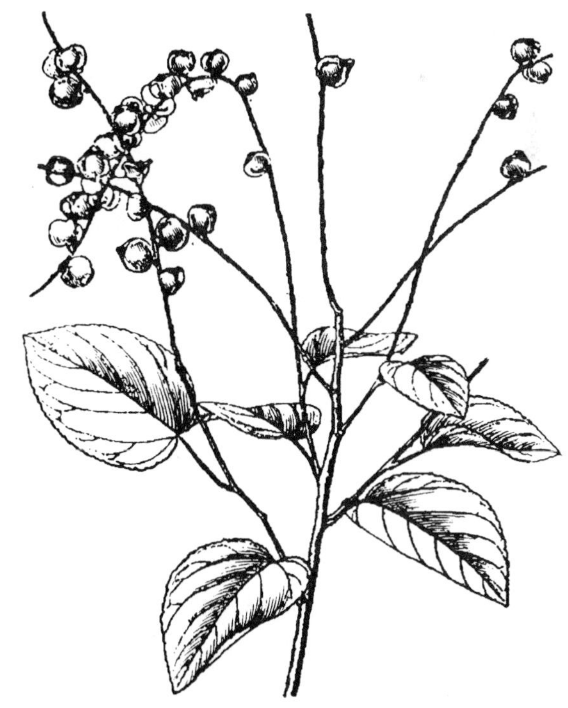

图1033 咀签 **Gouania leptostachya** DC. 果枝。(仿《中国高等植物图鉴》)

2. 毛咀签 图1034

Gouania javanica Miq.

常绿攀援灌木。具卷须；全株密被棕色短柔毛。叶互生，纸质，卵形至卵圆形或宽卵形，长4～11cm，宽2～6cm，先端短渐尖或渐尖，基部圆形或心形，全缘或有时具钝细锯齿，上面或沿脉被丝状柔毛，下面被锈色绒毛或灰色丝状柔毛；基生三出脉，主脉两侧各有侧脉6条稀7条；叶柄长0.8～1.7cm，被密或疏柔毛。花杂性同株，5基数，花梗长约1mm，花单生或数个簇生，形成具极短总花梗的聚伞花序，组成腋生聚伞总状或顶生聚伞圆锥花序，花序长8～20cm，基部常有卷须。蒴果扁球形，长8～9mm，直径9～10mm，具3枚宽、半圆形的翅；种子3枚，倒卵形，红褐

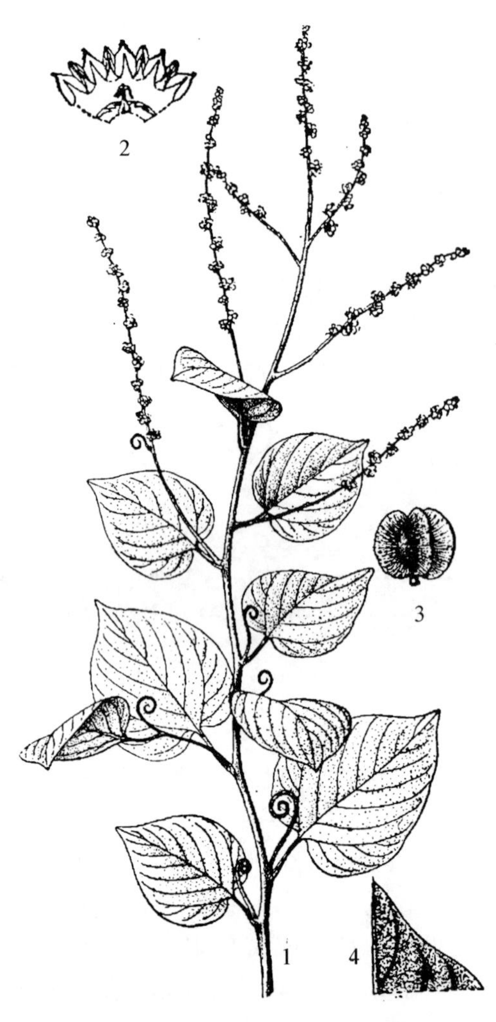

图 1034 毛咀签 Gouania javanica Miq. 1. 花枝；2. 花瓣纵切面；3. 果；4. 叶背面。(仿《中国植物志》)

色，有光泽，长约 3mm，宽约 2.5mm，背面凸起。花期 10～11 月；果期 11～12 月。

产于广西西南部及西北部。生于中低海拔溪边疏林或林缘，常攀援于树上，石山向阳的地方经常可成片生长。分布于广东、福建、云南、贵州；越南、菲律宾、印度尼西亚也有分布。茎、叶清热解毒，收敛止血，治烧烫伤、湿疹、痈疮溃烂等。

106 葡萄科 Vitaceae

攀援木质藤本，稀草质藤本或直立灌木。藤本的具与叶对生的卷须，灌木无卷须。叶互生，单叶或掌状复叶；通常落叶。花小，两性或单性，有时为杂性，同株或异株，排成伞房状多歧聚伞花序、复二歧聚伞花序或圆锥状多歧聚伞花序，顶生、腋生或与叶对生，4～5 基数；萼呈蝶形或浅杯状，萼片细小，4～5 枚，分离或基部联合；花瓣与萼片同数，分离或凋谢时呈帽状黏合脱落；花盘杯状或分裂，有时花盘不明显；雄蕊与花瓣同数、对生；子房上位，通常 2 室或多室，每室胚珠 2 枚或 1 枚。果为浆果，有种子 1 至数枚。

约 14 属 900 种，分布于热带至温带。中国 8 属 146 种；广西 8 属 58 种 6 变种，本志记载 8 属 49 种 6 变种。

分属检索表

1. 直立灌木或小乔木；无卷须；花瓣、雄蕊与花盘合生 ………………………… **1. 火筒树属 Leea**
1. 攀援藤本；有卷须；花瓣、雄蕊与花盘分离。
  2. 圆锥花序；花瓣在顶部互相黏合，后呈帽状脱落；单叶，稀三出复叶 ………………… **2. 葡萄属 Vitis**
  2. 聚伞花序；花瓣离生。
    3. 花序与叶对生或顶生。
      4. 花 4 基数；单叶，不分裂，稀掌状 5 裂 ………………………… **3. 白粉藤属 Cissus**
      4. 花 5 基数；单叶或复叶。
        5. 卷须 4～7 总状分枝，顶端膨大成吸盘；花序顶生或假顶生，花梗顶端增粗，多少有瘤状凸起；掌状复叶，稀单叶 ………………………… **4. 地锦属 Parthenocissus**
        5. 卷须多为 2(～3) 叉状分枝或不分枝，顶端不膨大成吸盘；花序与叶对生，花梗不增粗，无瘤状凸起；单叶、掌状复叶或羽状复叶。
          6. 花为复二歧聚伞花序 ………………………… **5. 俞藤属 Yua**
          6. 花序为伞房状多歧聚伞花序 ………………………… **6. 蛇葡萄属 Ampelopsis**
    3. 花序腋生。
      7. 花两性，柱头小，不分裂；三出复叶或鸟趾状复叶 ………………………… **7. 乌蔹莓属 Cayratia**
      7. 花单性，异株，柱头明显，4 裂；掌状复叶或鸟趾状复叶，稀单叶 ………… **8. 崖爬藤属 Tetrastigma**

1. 火筒树属 Leea D. Royen ex L.

直立灌木或小乔木。无卷须。叶通常大，为2~4回奇数羽状复叶，稀单叶或3小叶，互生。复聚伞花序与叶对生或近顶生；花杂性，5基数，萼片5枚，基部合生；花瓣基部联合，并与雄蕊管贴合；雄蕊下部合生成筒；花盘包围子房；子房3~6室，每室1枚胚珠。果为浆果，扁球形，有种子4~6枚。

30余种，分布旧大陆热带，主产于印度和马来西亚。中国10种；广西2种。

分种检索表

1. 花序疏散；苞片狭长，椭圆状披针形；小叶边缘有较浅的不整齐锯齿……………………………… **1. 火筒树 L. indica**
1. 花序团聚；苞片较大，卵圆形；小叶边缘有较深的不整齐锯齿 ………………………… **2. 光叶火筒树 L. glabra**

1. 火筒树 图1035：1~6

Leea indica (Burm. f.) Merr.

直立灌木，高约3m。小枝圆柱形，无卷须。叶为二至三回羽叶复叶，叶轴长14~30cm，无毛，小叶椭圆形、长椭圆形或长椭圆披针形，长6~32cm，宽2.5~8.0cm，顶端渐尖或尾尖，基部圆形，边缘有不整齐或微不整齐锯齿，齿急尖，上面绿色，下面浅绿色，两面无毛；侧脉6~11对，网脉下面明显但不凸出；叶柄长13~23cm，中央小叶柄长2~5cm，侧生小叶柄较短，长0.2~0.5cm，无毛；托叶阔倒卵圆形，顶端圆形，无毛，与叶柄合生。聚伞花序，直径10~20cm，疏散，花序与叶对生，小总苞片椭圆披针形，顶端渐尖，几无毛。果扁球形，长0.8~1.0mm；种子4~6枚。花期4~7月；果期8~12月。

产于广西南部、西南部及西北部。生于山谷林中、林边或石山谷地。分布于广东、海南、贵州、云南；印度及中南半岛至澳大利亚也有分布。根可治风湿痹痛，叶外用治疮疡肿毒。

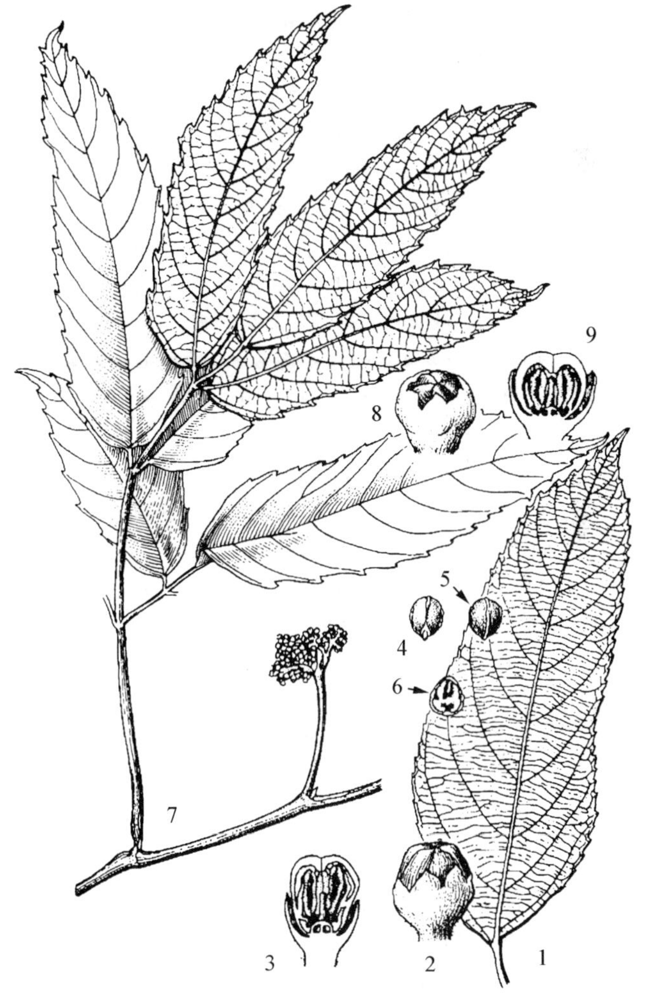

图1035 1~6. 火筒树 Leea indica (Burm. f.) Merr.
1. 叶；2. 花蕾；3. 花蕾纵切面；4. 种子腹面观；5. 种子背面观；6. 种子横切面。**7~9. 光叶火筒树 Leea glabra** C. L. Li 7. 花枝；8. 花蕾；9. 花蕾纵切面。（仿《中国植物志》）

2. 光叶火筒树 图1035：7~9

Leea glabra C. L. Li

直立灌木。小枝圆柱形，有纵棱纹，无毛。二回羽状复叶，小叶卵状长椭圆形或长椭圆披针形，长5~17cm，宽2.0~6.5cm，顶端渐尖或尾状渐尖，基部近圆形或阔楔形，边缘有极不整齐深锯齿，上面绿色，下面浅绿色，两面均无毛；侧脉5~14对，网脉下面明显但不凸出，叶柄长7~21cm，中央小叶柄长1.5~2.3cm，侧生小叶柄长1.5~4.0cm，无毛；托叶宽阔，倒卵圆形，长 3.0 ~ 3.5cm，宽 2.0 ~ 2.5cm，顶端圆形，无毛。花序团聚，与叶对生，基部分枝或不分枝，总花梗极短，被锈色短柔毛，苞片卵圆形，长 3.5 ~ 5.0mm，宽 3 ~ 4mm。花期 5 月。

产于宁明。生于海拔 500m 以下山坡或路旁。分布于云南。

2. 葡萄属 Vitis L.

木质藤本。髓褐色；卷须与叶对生，分枝或不分枝。单叶，稀掌状或羽状复叶，互生；托叶早落。复聚伞圆锥花序圆锥状，单性或杂性，5 基数；花萼小，盘状；花瓣凋谢时呈帽状黏合脱落；子房 2 室，每室有 2 枚胚珠。肉质浆果，种子 2 ~ 4 枚。

约 60 种，分布在温带或亚热带。中国 37 种；广西 14 种。

分种检索表

1. 叶为单叶。
  2. 小枝有皮刺，老茎上皮刺变成瘤状凸起 ………… **1. 刺葡萄 V. davidii**
  2. 小枝无皮刺，老茎上也无瘤状凸起。
    3. 叶背面绿色或淡绿色，稀紫红色或淡紫红色，无毛或被柔毛。
      4. 叶背面完全无毛或仅脉腋有簇毛，若幼时被柔毛者老后脱落。
        5. 叶卵圆形、阔卵形或三角状卵形，基部显著心形或深心形。
          6. 叶基部缺凹成钝角，稀下部叶两侧不靠近，但决不重叠。
            7. 花序轴嫩时被稀疏蛛丝状柔毛，后脱落无毛 ………… **2. 小果葡萄 V. balansana**
            7. 花序轴被短柔毛 ………… **3. 罗城葡萄 V. luochengensis**
          6. 叶基部缺凹部两侧靠近或部分重叠 ………… **4. 东南葡萄 V. chunganensis**
        5. 叶卵形、卵圆形、长椭圆形或卵状披针形，基部微心形或近截形。
          8. 叶卵形或卵圆形，无白粉，网脉不明显隆起 ………… **5. 葛藟葡萄 V. flexuosa**
          8. 叶长椭圆形或卵状披针形，背面常被白粉，网脉明显隆起 ………… **6. 闽赣葡萄 V. chungii**
      4. 叶背面多少被柔毛，或至少在脉腋上被短柔毛或蛛丝状柔毛。
        9. 叶显著 3 ~ 5 裂或混生有不明显分裂叶 ………… **7. 葡萄 V. vinifera**
        9. 叶不分裂，稀不明显 3 ~ 5 浅裂。
          10. 叶基部显著心形 ………… **8. 华东葡萄 V. pseudoreticulata**
          10. 叶基部浅心形或近截形，稀圆形 ………… **9. 狭叶葡萄 V. tsoi**
    3. 叶背面密被白色、锈色蛛丝状或毡状柔毛。
      11. 叶 3 ~ 5 裂，或兼有不裂叶 ………… **10. 蘡薁 V. bryoniifolia**
      11. 叶不分裂或不明显 3 ~ 5 浅裂。
        12. 叶基浅心形或近截形，有时下部混生有显著心形叶。
          13. 小枝和花序轴多少被短柔毛 ………… **11. 美丽葡萄 V. bellula**
          13. 小枝和花序轴多少被蛛丝状柔毛，但不被直毛 ………… **12. 毛葡萄 V. heyneana**
        12. 叶基部深心形，基部凹成圆形或锐角，两侧靠近或靠合 ………… **13. 绵毛葡萄 V. retordii**
1. 叶为 3 ~ 5 出复叶 ………… **14. 鸡足葡萄 V. lanceolatifoliosa**

1. 刺葡萄 山葡萄 图 1036

Vitis davidii (Rom. Caill.) Foëx

木质藤本。小枝圆柱形，纵棱纹幼时不明显，被皮刺，老枝皮刺呈瘤状凸起，无毛；卷须二叉分枝，每隔 2 节间断与叶对生。叶卵圆形或卵椭圆形，长 5 ~ 12cm，宽 4 ~ 16cm，顶端急尖或短尾尖，基部心形，边缘有锯齿，上面绿色，无毛，下面浅绿色，无毛，基生五出脉，中脉有侧脉 4 ~ 5 对，网脉明显，无毛常疏生小皮刺；托叶近草质，绿褐色，卵披针形，长 2 ~ 3mm，宽 1 ~ 2mm，无毛，早落。花杂性异株；圆锥花序基部分枝发达，长 7 ~ 24cm，与叶对生，花序梗长 1.5 ~ 2.5cm，无毛。果实球形，成熟时紫红色，直径 1.2 ~ 2.5cm；种子倒卵椭圆形，顶端圆钝，基部有短喙。

花期4～6月；果期7～10月。

产于龙胜、那坡、乐业。生于海拔600m以上山坡、沟谷林中或灌丛。分布于陕西、甘肃、江苏、安徽、江西、湖北、湖南、广东、四川、贵州、云南。喜春秋温暖，夏季湿热，冬季不甚寒，昼夜温差较大，雨量充沛且较为集中，秋旱明显气候，生于低洼、湿润的石灰岩山弄、山脚和山坡地带。压条繁殖，压条可于10～11月将当年生成熟的基部枝条离主干60～80cm处扣伤压入土壤中，深20～25cm，待生根后与主干分离，到第2年落叶后到萌芽前移苗种植，这样的苗规格大，生长快，少部分壮苗当年可挂果。刺葡萄植株抗性强，产量高，平均鲜果产量为45t/hm²，高产可达60t/hm²。果实中总糖含量为15.53%，总酸含量为0.33%，糖酸比高，单宁含量低，果汁抗氧化性强，耐贮藏，非常适合果汁加工。果实果粒小，果皮厚，种子多，种子占果实鲜重的4%～6%，鲜食率稍低，但果皮可提取天然色素，种子可提取刺葡萄籽油和原花青素，籽粕可用于制作膳食纤维。根供药用，可治筋骨伤痛。

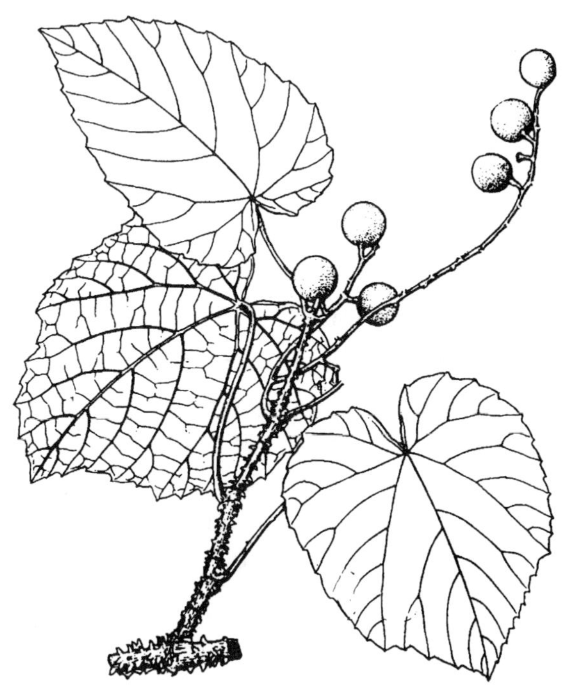

图1036　刺葡萄 Vitis davidii (Rom. Caill.) Foëx　果枝。(仿《中国植物志》)

2. 小果葡萄　小果野葡萄　图1037：1～2

Vitis balansana Planch.

木质藤本。小枝圆柱形，有纵棱纹，幼时疏被浅褐色蛛丝状毛，后脱落；卷须二叉分枝，每隔2节间断与叶对生。叶心状卵圆形或阔卵形，长4～14cm，宽3.5～9.5cm，顶端急尖或短尾尖，基部心形，基缺顶端呈钝角，边缘具细齿，上面初时疏被蛛丝状绒毛，后脱落；基出脉5条，网脉明显，两面凸起；叶柄长2～5cm，初被蛛丝状绒毛，后变无毛。圆锥花序与叶对生，长4～13cm，被蛛丝状绒毛或脱落变无毛；花梗长1.0～1.5mm，无毛。果实球形，熟时紫黑色，直径0.5～0.8cm；种子倒卵长圆形。花期5月；果期8月。

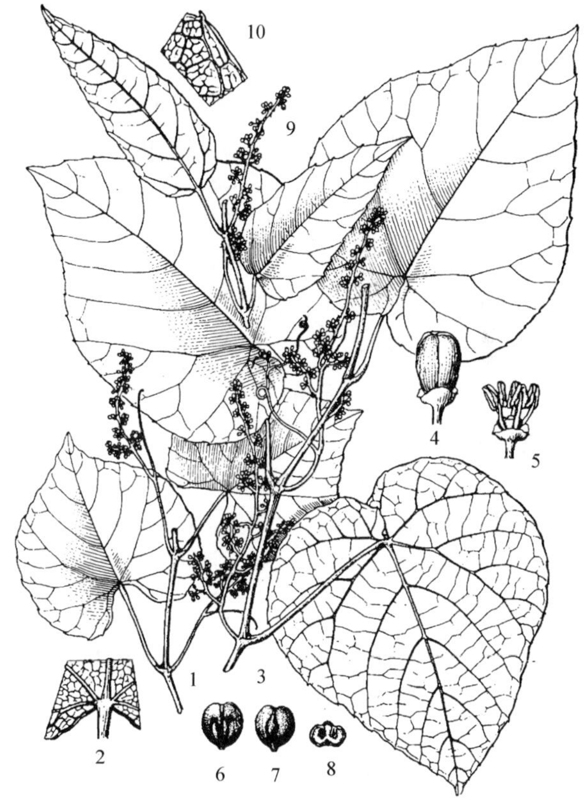

图1037　1～2. 小果葡萄 Vitis balansana Planch.　1. 花枝；2. 示叶背放大。**3～8. 东南葡萄 Vitis chunganensis** Hu　3. 花枝；4. 花蕾；5. 示雄花去花瓣；6. 种子腹面观；7. 种子背面观；8. 种子横切面。**9～10. 闽赣葡萄 Vitis chungii** F. P. Metcalf　9. 花枝；10. 示叶背放大。(仿《中国植物志》)

产于隆林、苍梧、贵港、玉林、南宁、武鸣、马山、龙州、上思、防城、北海。生于沟谷疏林或灌丛中。分布于广东、海南；越南也有分布。喜春秋温暖，夏季湿热，冬季不甚寒，昼夜温差较大，雨量充沛且较为集中，秋旱明显气候，生于低洼、湿润的石灰岩山弄、山脚和山坡地带。压条、嫁接或扦插繁殖。果穗较松散，果粒小，味较酸，可鲜食。茎、叶用于风湿痹痛。

2a. 龙州葡萄

Vitis balansana var. **ficifolioides**（W. T. Wang）C. L. Li

本变种与原种的区别在于叶片 3 中裂，裂缺凹成圆形。

广西特有种，仅产于龙州。

3. 罗城葡萄

Vitis luochengensis W. T. Wang

木质藤本。小枝圆柱形，有细纵棱纹，无毛；卷须二叉分枝，每隔 2 节间断与叶对生。叶卵状长圆形或三角状长卵形，长 12 ~ 18cm，宽 4 ~ 12cm，顶端渐尖，基部心形，基缺顶端凹成狭缝后分开成钝尖，两面光滑无毛；基出脉 5 条，中脉有侧脉 5 ~ 6 对，网脉显著凸起；叶柄长 2. 5 ~ 5. 0cm，无毛。圆锥花序分枝发达，花序轴被短柔毛。果球形，果梗长 4 ~ 7mm，几无毛，但果序轴和分枝被短柔毛，未熟果径约 5mm。果期 7 月。

广西特有种，仅产于罗城。生于石灰岩山上。

4. 东南葡萄　图 1037：3 ~ 8

Vitis chunganensis Hu

木质藤本。小枝圆柱形，老时有显著纵棱纹，无毛；卷须二叉分枝，每隔 2 节间断与叶对生。叶卵形或卵状长椭圆形，长 6. 5 ~ 22. 5cm，宽 4. 5 ~ 13. 5cm，顶端急尖、渐尖或尾状渐尖，基部心形，基缺两耳靠近或靠叠，边缘细齿，上面无毛，下面被白色粉霜，稀粉霜不明显而呈绿色，无毛；基出脉 5 ~ 7 条，中脉有侧脉 5 ~ 7 对，网脉不明显；叶柄长 2 ~ 6. 5cm，无毛。花杂性异株，圆锥花序疏散，长 5 ~ 9cm，与叶对生，下部分枝达。果球形，熟时紫黑色，直径 0. 8 ~ 1. 2cm；种子倒卵形，顶端微凹，基部有短喙。花期 4 ~ 6 月；果期 6 ~ 8 月。

产于兴安、龙胜。生于海拔 1000m 以上山坡灌丛、沟谷林中。分布于广东、湖南、福建、江西、浙江、安徽。

5. 葛藟葡萄　蔓山葡萄、光叶葡萄　图 1038：1 ~ 2

Vitis flexuosa Thunb.

木质藤本。嫩枝疏被蛛丝状绒毛，后脱落，小枝圆柱形，有纵棱纹。叶卵形或卵圆形，长 2. 5 ~ 12. 0cm，宽 2. 3 ~ 10. 0cm，顶端急尖或渐尖，基部浅心形或近截形，心形者基缺顶端凹成钝角，每侧边缘有各不整齐的锯齿 5 ~ 12 个，仅下面初时疏被蛛丝状绒毛，后脱落；基出脉 5 条，中脉有侧脉 4 ~ 5 对，网脉不明显；叶柄长 1. 5 ~ 7. 0cm，被稀疏蛛丝状绒毛或几无毛。圆锥花序疏散，与叶对生，基部分枝发达或细长而短，长

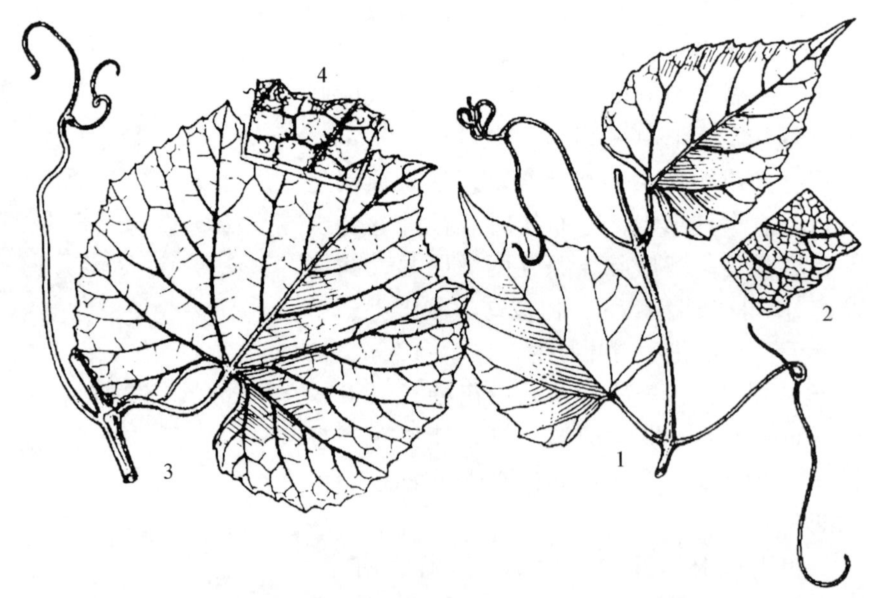

图 1038　1 ~ 2. 葛藟葡萄 Vitis flexuosa Thunb.　1. 叶枝；2. 示叶背放大。**3 ~ 4. 华东葡萄 Vitis pseudoreticulata** W. T. Wang　3. 叶枝；4. 示叶背放大。（仿《中国植物志》）

4～12cm，花序梗长2～5cm，被蛛丝状绒毛或几无毛。果球形，直径0.8～1.0cm；种子倒卵椭圆形。花期6月；果期9月。

产于广西各地。生于海拔700～1100m的沟谷、田边、草地、灌丛或林中。分布于广东、湖南、湖北、福建、江西、浙江、江苏、安徽、河南、山东、甘肃、陕西；日本也有分布。喜春秋温暖，夏季湿热，冬季不甚寒，昼夜温差较大，雨量充沛且较为集中，秋旱明显气候，生于低洼、湿润的石灰岩山弄、山脚和山坡地带，耐旱性较强。压条、嫁接或扦插繁殖。果穗较松散，果粒较小，百粒重约80g，果肉多汁，味偏酸，可鲜食或酿酒，广西石山区栽培主要种之一；根、茎供药用，治关节痛。

6. 闽赣葡萄 图1037：9～10

Vitis chungii F. P. Metcalf

木质藤本。小枝有纵棱纹，无毛；卷须二叉分枝，每隔2节间断与叶对生。叶长椭圆形或卵状披针形，长4～15cm，宽2～8cm，顶端渐尖或尾尖，基部截形、圆形或近圆形，每侧边缘有7～8个疏离锯齿，齿尖锐，两面无毛，下面常被白色粉霜；基出脉3条，网脉两面凸出，无毛；叶柄长1.0～3.5cm，无毛。花杂性异株，圆锥花序基部分枝不发达，呈圆柱形，长3.5～10.0cm，与叶对生，花序梗长1.5～2.5cm，初时被短柔毛，以后脱落无毛；花梗长1.0～2.5mm，无毛。果球形，熟时紫红色，直径0.8～1.0cm；种子倒卵椭圆形。花期4～6月；果期6～8月。

产于苍梧。生于沟谷林中或溪边。分布于广东、江西、福建。

7. 葡萄 图1039

Vitis vinifera L.

木质藤本。小枝圆柱形，有纵棱纹，无毛或被稀疏柔毛；卷须二叉分枝，每隔2节间断与叶对生。叶卵圆形，显著3～5裂或混生有不明显分裂叶，长7～18cm，宽6～16cm，中裂片顶端急尖，裂片常靠合，基部常缢缩，裂缺狭窄，间或宽阔，基部深心形，基缺凹成圆形，两侧常靠合，边缘有众多粗大不整齐锯齿，齿端急尖，两面无毛或被疏柔毛；基生脉5条，中脉有侧脉4～5对，网脉不明显凸出；叶柄长4～9cm，几无毛。圆锥花序密集或疏散，多花，与叶对生，基部分枝发达，长10～20cm，花序梗长2～4cm。果实球形或椭圆形，直径1.5～2.0cm；种子倒卵椭圆形，顶短近圆形，基部有短喙。花期4～5月；果期8～9月。

图1039 葡萄 Vitis vinifera L. 果枝。
（仿《中国高等植物图鉴》）

广西各地有栽培，原产亚洲西南部，现世界各地栽培，中国各地亦广泛栽培。各地选育出了许多优良栽培品种，如巨峰。压条繁殖。为著名水果，生食或酿酒；根和藤药用，止吐、安胎。

8. 华东葡萄 图1038：3～4

Vitis pseudoreticulata W. T. Wang

木质藤本。小枝有显著纵棱纹，嫩枝疏被蛛丝状绒毛，后脱落近无毛；卷须二叉分枝，每隔2节间断与叶对生。叶卵圆形或肾状卵圆形，长6～13cm，宽5～11cm，顶端急尖或短渐尖，基部显著心形，基缺凹成圆形或钝角，每侧边缘16～25个锯齿，齿端尖锐，微不整齐，两面初时被稀疏蛛丝状绒毛，后脱落；基生脉5条，中脉有侧脉3～5对，下面沿侧脉被白色短柔毛，网脉在下面明显；叶柄长3～6cm，被蛛丝状绒毛，后脱落。圆锥花序疏散，与叶对生，杂性异株，疏被蛛丝状绒毛，

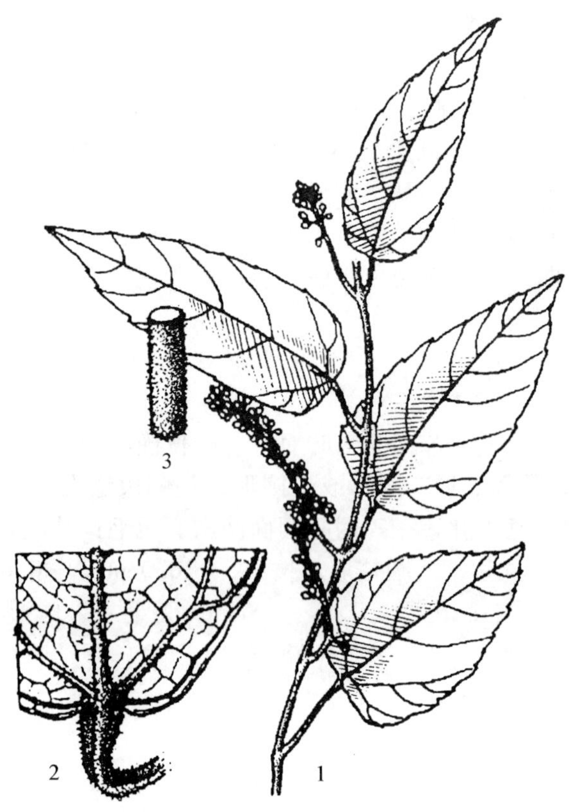

图 1040 狭叶葡萄 Vitis tsoi Merr. 1. 花枝；2. 示叶背放大；3. 示茎部放大。(仿《中国植物志》)

后脱落，长 5 ~ 11cm；花梗长 1.0 ~ 1.5mm。果球形，熟时紫黑色，直径0.8 ~ 1.0cm；种子倒卵圆形，顶端微凹，基部有短喙。花期 4 ~ 6 月；果期 6 ~ 10 月。

产于桂林、兴安、贺州。生于河边、荒地或灌丛中。分布于广东、湖南、湖北、福建、江西、浙江、江苏、安徽、河南。

9. 狭叶葡萄 图 1040

Vitis tsoi Merr.

木质藤本。小枝密被短柔毛，有纵棱纹，密被短柔毛；卷须不分枝，每隔 2 节间断与叶对生。叶卵披针形或三角状长卵形，长 3.5 ~ 9.0cm，宽 1.5 ~ 4.0cm，顶端渐尖，基部截形或浅心形，稀圆形，边缘每侧有 10 ~ 15 个尖锐锯齿，下面密被或两面脉上均疏生短柔毛；基生脉 5 条，外侧一对脉通常在一直线上，中脉有侧脉 5 ~ 6 对；叶柄长 1 ~ 2cm，密被短柔毛。花杂性，异株，圆锥花序狭窄，长 2 ~ 6cm，与叶对生，下部分枝不发达。果圆球形，熟时紫黑色，直径 5 ~ 8mm；种子倒卵椭圆形，顶端圆形，基部有短喙。花期4 ~ 5 月；果期 6 ~ 9 月。

产于广西东部。生于海拔 700m 以下林中或灌丛中。分布于广东、福建。

10. 蘡薁 野葡萄、蘡薁葡萄

Vitis bryoniifolia Bunge

木质藤本。嫩枝密被蛛丝状绒毛或柔毛，后脱落变稀疏，小枝圆柱形，有纵棱纹；卷须二叉分枝，每隔 2 节间断与叶对生。叶长圆卵形，长 2.5 ~ 8.0cm，宽 2 ~ 5cm，叶片 3 ~ 5 深裂或浅裂，也有不裂的，中裂片顶端急尖至渐尖，基部常缢缩凹成圆形，边缘每侧有 9 ~ 16 个缺刻粗齿或成羽状分裂，基部心形或深心形，基缺凹成圆形，下面密被蛛丝状绒毛和柔毛，后脱落变稀疏；基生脉 5 条，中脉有侧脉 4 ~ 6 对，下面有时绒毛脱落后柔毛明显可见；叶柄长 0.5 ~ 4.5cm，初时密被蛛丝状绒毛和柔毛；托叶卵状长圆形或长圆披针形，长 3.5 ~ 8.0mm。花杂性异株，圆锥花序与叶对生，基部分枝发达，有时退化为卷须。果球形，熟时紫红色，直径 5 ~ 8mm；种子倒卵形，顶端微凹，基部有短喙。花期 4 ~ 8 月；果期 6 ~ 10 月。

产于临桂、昭平、梧州、南宁、上思。分布于广东、福建、湖南、湖北、江西、浙江、江苏、山东、山西、陕西、河北、四川、云南。果实富含糖分，可酿酒；全株药用，祛风湿，消肿毒。

11. 美丽葡萄

Vitis bellula (Rehder) W. T. Wang

木质藤本。小枝圆柱形，纤细，疏被白色蛛丝状绒毛；卷须不分枝或混生有二叉分枝。叶卵状三角形，长 3 ~ 7cm，宽 2 ~ 4cm，顶端急尖或渐尖，基部浅心形、近截形或近圆形，边缘有细锐锯齿，上面几无毛，下面密被灰白色或褐色蛛丝状绒毛；基生脉 3 条，网脉在上面不凸出，下面凸出并为绒毛所覆盖；叶柄长 1 ~ 3cm，被稀疏蛛丝状绒毛。圆锥花序狭窄，圆柱形，花序轴被稀疏短柔毛。果球形，直径 0.6 ~ 1.0cm，熟时紫黑色。花期 5 月；果期 6 ~ 8 月。

产于临桂、龙胜、资源、东兰。生于山坡林缘、崖石或灌丛中。分布于广东、湖南。

12. 毛葡萄 野葡萄、紫黑山葡萄、绒毛葡萄、五角叶葡萄 图1041

Vitis heyneana Roem. et Schult.

木质藤本。小枝圆柱形，有纵棱纹，全体(除果外)被灰色或褐色蛛丝状绒毛；卷须二叉分枝，密被绒毛，每隔2节间断与叶对生。叶卵圆形、长卵椭圆形或卵状五角形，长4～12cm，宽3～8cm，顶端急尖或渐尖，基部心形或微心形，基部顶端凹成钝角，每侧边缘在9～19个尖锐锯齿，上面绿色，初时疏被蛛丝状绒毛，以后脱落无毛，下面密被灰色或褐色绒毛；基生脉3～5条，中脉有侧脉4～6对；叶柄长2.5～6.0cm。花杂性异株；圆锥花序疏散，与叶对生，长4～14cm；花序梗长1～2cm，被灰色或褐色蛛丝状绒毛；花梗长1～3mm，无毛。果圆球形，熟时紫黑色，直径1.0～1.3cm；种子倒卵形。花期4～6月；果期6～10月。

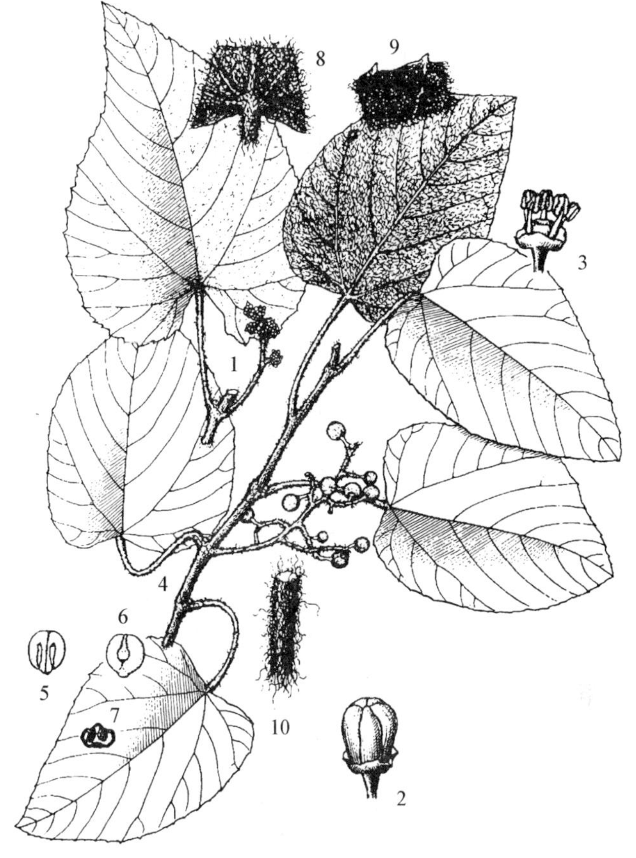

图1041 毛葡萄 Vitis heyneana Roem. et Schult.
1. 花枝；2. 花蕾；3. 示去花瓣雄花；4. 果枝；5. 种子腹面观；6. 种子背面观；7. 种子横切面；8. 示叶基部背面放大；9. 示叶缘背面放大；10. 示茎部放大。(仿《中国植物志》)

产于广西北部、西北部。生于海拔500m以下的山坡、沟谷灌丛、林缘或林中，尤多见于石灰岩灌丛和疏林中。分布于广东、湖南、湖北、四川、贵州、云南、西藏、陕西、山西、甘肃、山东、河南、安徽、江西、浙江、福建。喜春秋温暖，夏季湿热，冬季不甚寒，昼夜温差较大，雨量充沛且较为集中，秋旱明显气候，生于低洼、湿润的石灰岩山弄、山脚和山坡地带。压条、嫁接或扦插繁殖。果穗较小，但较紧凑，果粒较小，紫黑色，百粒重95g，果肉多汁，味偏酸，果可鲜食或酿酒，是都安、罗城、永福山野葡萄酒的主要原料，现已有规模种植；根、叶可入药，清热利湿，消肿解毒，治痢疾和烫伤。

13. 绵毛葡萄 假葡萄

Vitis retordii Rom. Caill. ex Planch.

木质藤本。小枝圆柱形，有纵棱纹，密被褐色长绒，后脱落变稀疏；卷须二叉分枝，每隔2节间断与叶对生。叶卵圆形或卵椭圆形，长6～15cm，宽4～11cm，基部心形，基缺凹成锐角，稀两侧靠合，边缘有多个尖锐锯齿，上面密生短柔毛，下面被褐色绵毛状长绒毛所覆盖；基生脉5条，中脉有侧脉4～5对，在上面凸出，网脉在上面凸出；叶柄长1.5～9.0cm，密被蛛丝状褐色绒毛。花杂性异株，圆锥花序疏散，基部分枝发达，常被褐色绒毛；花序梗长1.2～2.5cm，常被褐色绒毛；花梗长1.0～1.5mm，无毛。果球形，直径约0.8cm；种子倒卵椭圆形，顶端圆形，基部具短喙。花期5月；果期6～7月。

产于兴安、资源、金秀、象州、河池、都安、南丹、凌云、乐业、田林、苍梧、武鸣、龙州。生于灌丛或疏林中。分布于广东、海南、贵州。

14. 鸡足葡萄

Vitis lanceolatifoliosa C. L. Li

木质藤本。小枝圆柱形，有纵棱纹，密被锈色蛛丝状绒毛。卷须二叉分枝，每隔2节间断与叶对生。叶为 3 ~ 5 出复叶，中央小叶带状披针形，长 3.5 ~ 9.0cm，宽 1.5 ~ 2.5cm，顶端渐尖，基部楔形，边缘每侧有 5 ~ 6 个波状细牙齿，侧生小叶卵披针形，长 3 ~ 8cm，宽 1.2 ~ 3.0cm，顶端渐尖，基部不对称，斜楔形或斜圆形，外侧有 6 ~ 11 个细齿，不分裂或基部 2 裂，上面深绿色，初时疏被蛛丝状绒毛，以后脱落，仅中脉被极短的柔毛，下面密被褐色珠丝状绒毛；侧脉 3 ~ 5 对，网脉不明显；叶柄长 3 ~ 5cm；托叶近膜质，长 1.8 ~ 2.5mm，宽 1.0 ~ 1.3mm。圆锥花序疏散，与叶对生，分枝发达，花序梗长 4 ~ 8cm，密被锈色蛛丝状绒毛；花梗长 1.0 ~ 1.3mm，几无毛。果实球形，直径 0.8 ~ 1.0cm；种子倒卵圆形。花期 5 月；果期 8 ~ 9 月。

产于桂林、全州。生于石灰岩石山灌木丛中。分布于江西、湖南、广东。

3. 白粉藤属 Cissus L.

木质或草质藤本。卷须与叶对生。单叶或掌状复叶，互生。聚伞花序，与叶对生，两性或杂性，同株，4 数；花盘发达，边缘呈波状或微 4 裂；子房 2 室，每室有 2 枚胚珠。浆果，种子 1 ~ 2 枚。

约 350 种，分布于泛热带。中国 15 种；广西 7 种，本志记载 4 种。

分种检索表

1. 单叶。
  2. 叶片两面无毛，基部截形或近截形；卷须不分枝；果球形或近球形。
    3. 小枝四棱形，无翅；叶长椭圆形或三角状长椭圆形 ………………………… **1. 四棱白粉藤 C. subtetragona**
    3. 小枝具六棱状翅；叶卵状三角形 …………………………………………… **2. 翅茎白粉藤 C. hexangularis**
  2. 叶片下面伏生丁字毛，基部心形；卷须二叉分枝；果倒卵球形 ……………………… **3. 苦郎藤 C. assamica**
1. 掌状 5 小叶；卷须不分枝；小叶倒卵披针形或倒卵椭圆形；果椭圆形 ………………… **4. 五叶白粉藤 C. elongata**

图 1042　1 ~ 3. 四棱白粉藤 Cissus subtetragona Planch.　1. 叶；2. 种子腹面观；3. 种子背面观。**4 ~ 9. 五叶白粉藤 Cissus elongata** Roxb.　4. 花枝；5. 花蕾；6. 示去花瓣花；7. 种子腹面观；8. 种子背面观；9. 种子横切面。(仿《中国植物志》)

1. 四棱白粉藤　图 1042：1 ~ 3

Cissus subtetragona Planch.

木质藤本。小枝近圆柱形，上部近方形，无毛；卷须不分枝，相隔 2 节间断与叶对生。叶长椭圆形或三角状长椭圆形，长 6 ~ 19cm，宽 2 ~ 7cm，顶端渐尖或短尾尖，基部近截形，每边有 5 ~ 11 个细牙齿，两面无毛；基出脉 3 条，中脉有侧脉 4 ~ 6 对，网脉不明显；叶柄长 0.8 ~ 3.5cm，无毛。花序顶生或与叶对生，聚伞花序，无毛或微被乳凸伏毛。果球形，直径 0.8 ~ 1.2cm；种子 1 枚，近圆形，顶端圆形，表面平滑。花期 9 ~ 10 月；果期 10 ~ 12 月。

产于那坡、东兴、龙州。生于林中或灌丛中。分布于广东、海南、云南；越南也有分布。

2. 翅茎白粉藤　六方藤

Cissus hexangularis Thorel ex Planch.

木质藤本。小枝具六翅棱，翅棱间有纵棱纹，常皱褶，节部干时收缩，易脆断，全体无毛；卷须不分枝，相隔 2 节间断与叶对生。叶卵状三角形，长 6 ~ 10cm，宽 4 ~ 8cm，顶端骤尾尖，基部截形或近截形，边缘有 5 ~ 8 个细牙齿，有时牙齿不明显，两面无毛；基出脉 3 条，中脉有侧脉 3～4 对，网脉两面不明显；叶柄长 1.5～5.0cm，无毛。聚伞花序，顶生或与叶对生；花序梗长 2.0～4.5cm，无毛；花梗长 0.3～1.0cm。果近球形，径 0.8～1.0cm；种子 1 枚，稀 2 枚，倒卵圆形，顶端圆形，基部有短喙。花期 9～11 月；果期 12 月至翌年 2 月。

产于桂林、临桂、贺州、南宁、博白、龙州。生于 400m 以下溪边林中。分布于广东、福建；越南也有分布。全株药用，舒筋活络，是瑶药“虎牛钻风”中的六方钻，具有祛风除湿、活血通络之功效，用于风湿痹痛、腰肌劳损、跌打损伤。

3. 苦郎藤 风叶藤、红背绿绸（平乐） 图 1043

Cissus assamica（M. A. Lawson）Craib

木质藤本。小枝圆柱形，有纵棱纹，伏生稀疏“丁”字毛或近无毛；卷须二叉分枝，相隔 2 节间断与叶对生。叶阔心形或心状卵圆形，长 5～7cm，宽 4～14cm，顶端短尾尖或急尖，基部心形，基缺呈圆形或张开成钝角，边缘每侧有 20～44 个尖锐锯齿，上面绿色，无毛，下面浅绿色，脉上伏生“丁”字毛或脱落几无毛；基出脉 5 条，中脉有侧脉 4～6 对，网脉在下面较明显；叶柄长 2～9cm，伏生稀疏“丁”字毛或近无毛。花序与叶对生，二级分枝集生成伞形；花序梗长 2.0～2.5cm，被稀疏“丁”字毛或近无毛。果倒卵球形，熟时紫黑色，高 0.7～1.0cm，直径 6～7mm；种子 1 枚，椭圆形，顶端圆形，基部尖锐。花期 5～6 月；果期 7～10 月。

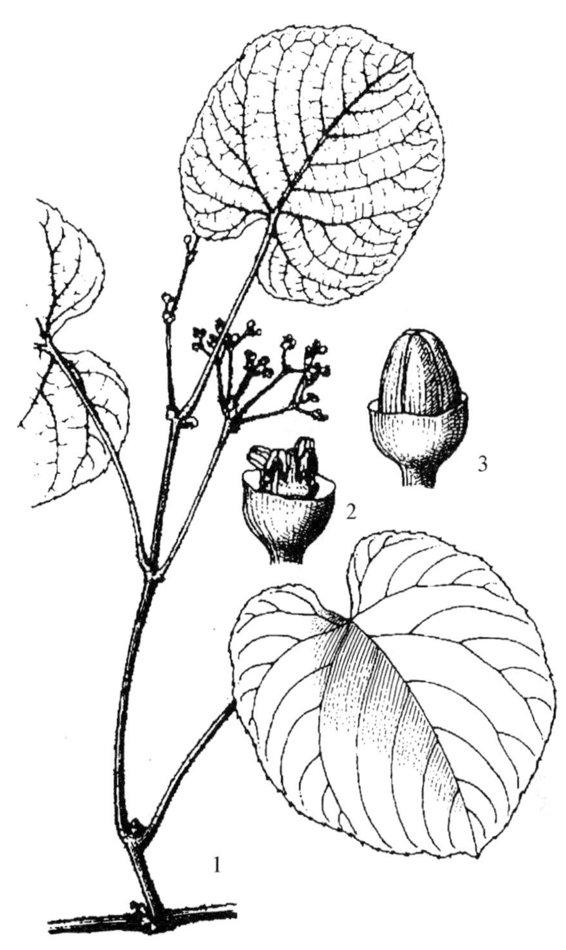

图 1043 苦郎藤 Cissus assamica（M. A. Lawson）Craib 1. 花枝；2 示去花瓣花；3. 花蕾。（仿《中国植物志》）

产于广西各地。生于海拔 500～1200m 林中或灌丛。分布于江西、福建、湖南、广东、四川、贵州、云南、西藏；越南、柬埔寨也有分布。全株入药，通经络，祛风湿，拔脓消肿。

4. 五叶白粉藤 图 1042：4～9

Cissus elongata Roxb.

木质藤本。小枝显著有纵棱纹，无毛；卷须不分枝，相隔 2 节间断与叶对生。叶为掌状 5 小叶，小叶倒卵披针形或倒卵椭圆形，长 5～15cm，宽 2～5cm，顶端骤尾尖，基部楔形，上半部每侧有 7～9 个细牙齿，下半部几全缘，两面无毛；侧脉 5～9 对，网脉不明显；叶柄长 6～10cm，小叶无柄或有短柄，无毛。聚伞花序，假顶生或与叶对生；花序梗长 1.5～2.0cm，无毛；花梗长 2～4mm，无毛。果椭圆形，熟时紫黑色，高 1.5～2.0cm，直径 1.0～1.5cm；种子 1 枚，长椭圆形，顶端近圆形或微凹，基部有短喙，表面平滑。花期 6～7 月；果期 8～11 月。

产于龙州。生于溪边林中。分布于海南、云南；越南、印度也有分布。

4. 地锦属 Parthenocissus Planch.

木质藤本。卷须总状多分枝，顶端膨大呈吸盘状。单叶、3 小叶或掌状 5 小叶，互生。花两性，组成圆锥状或伞房状疏散多歧聚伞花序；5 基数；花萼盘状，不明显 5 浅裂；花盘不明显；子房 2 室，每室有 2 枚胚珠。浆果球形；有种子 1～4 枚。

约13种，分布亚洲和北美洲。中国9种；广西5种。

分种检索表

1. 复叶，或长枝上为单叶，但叶片明显较小。
  2. 小叶3片。
    3. 主枝或短枝上着生3小叶复叶，侧面较小的长枝上常散生着较小的单叶；卷须5~8分枝，嫩时顶端膨大成圆柱状；叶缘有钝锯齿 …… **1. 异叶地锦 P. dalzielii**
    3. 以3小叶复叶为主，在细小长枝上生着小型3裂的单叶；卷须6~11分枝，顶端嫩时膨大成拳头状；叶缘有钝锯齿 …… **2. 长柄地锦 P. feddei**
  2. 小叶5片。
    4. 茎干扁圆或有明显6~7棱，但不为四方形；叶片表面显著呈泡状隆起，小叶倒卵长椭圆形或倒卵披针形，下面被短柔毛 …… **3. 绿叶地锦 P. laetevirens**
    4. 茎干4棱，明显呈四方形；叶片表面不呈泡状隆起，小叶倒卵形、倒卵长圆形或宽倒卵披针形，两面无毛或嫩时被稀疏短柔毛 …… **4. 花叶地锦 P. henryana**
1. 单叶，或在植株基部短枝上着生3小叶复叶 …… **5. 栓翅地锦 P. suberosa**

1. 异叶地锦 异叶爬山虎、爬墙虎 图1044

Parthenocissus dalzielii Gagnep.

木质藤本。全体无毛，卷须5~8分枝，相隔2节间断与叶对生，卷须顶端膨大呈圆柱形，后遇附着物扩大呈吸盘状。叶二型，着生短枝上常为3小叶，较小的单叶常着生在长枝上，叶为单叶者叶片卵圆形，长3~7cm，宽2~5cmm，顶端急尖或渐尖，基部心形或微心形，边缘有4~5个细牙齿；3小叶者，中央小叶长椭圆形，长6~21cm，宽3~8cm，最宽处在近中部，顶端渐尖，基部楔形，边缘在中部以上有3~8个细牙齿，侧生小叶卵椭圆形，长5.5~19.0cm，宽3.0~7.5cm，最宽处在下部，顶端渐尖，基部极不对称，近圆形，外侧边缘有5~8个细牙齿，内侧边缘锯齿状；单叶有基出脉3~5条，中央脉有侧脉2~3对，3小叶者小叶有侧脉5~6对，网脉两面微凸，无毛；叶柄长5~20cm。聚伞花序，长3~12cm；花序梗长0~3cm，无毛。果球形，直径0.8~1.0cm，熟时紫黑色；种子1~4枚。花期5~7月；果期7~11月。

图1044 异叶地锦 Parthenocissus dalzielii Gagnep. 1. 幼枝上部；2. 花枝。(仿《广西植物志》)

产于广西各地。生于海拔1300m以下林中、灌丛或石壁上。分布于较广，河南、湖北、湖南、江西、浙江、福建、台湾、广东、四川、贵州。扦插繁殖。叶亮丽，适应性强，优良城市垂直绿化植物。叶药用，清热解毒，收敛生肌。

2. 长柄地锦 长柄爬山虎 图1045

Parthenocissus feddei (H. Lév.) C. L. Li

木质藤本。小枝圆柱形，几无毛。

卷须总状6~11分枝，相隔2节间断与叶对生，卷须顶端嫩时微膨大呈拳头形，后遇附着物扩大成吸盘。叶为3小叶，稀在细小长枝上有小型单叶3裂者，中央小叶倒卵椭圆形，侧生小叶卵椭圆形，长6~17cm，宽3~7cm，顶端渐尖或骤尾尖，基部圆钝，侧生小叶基部倾斜不对称，中央小叶上半部边缘有6~9个粗钝锯齿，侧生小叶外侧有11~15个钝锯齿，内侧上半部有5~7个钝锯齿，两面均无毛；侧脉6~7对；叶柄长7.5~15.0cm，小叶柄长0.5~2.5cm，无毛。聚伞花序，花序梗长2~3cm。果实近球形，直径0.8~1.0cm，有种子1~2枚；种子倒卵圆形。花期6~7月；果期8~10月。

产于广西各地。生于海拔650~1100m的山谷岩石上。分布于湖北、湖南、广东、贵州。

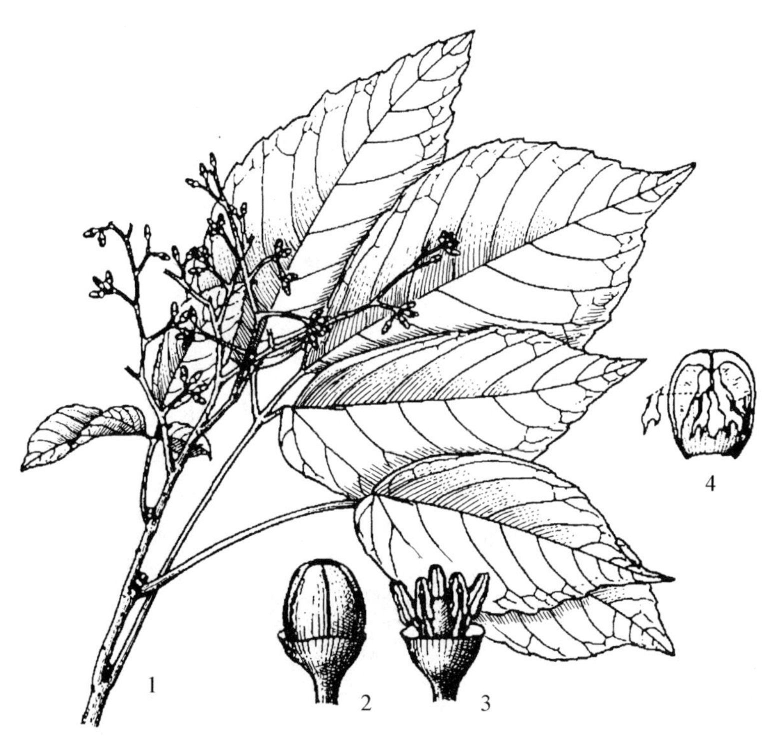

图1045 长柄地锦 Parthenocissus feddei（H. Lév.）C. L. Li

1. 花枝；2. 花蕾；3. 示去花瓣花；4. 示花蕾上部纵切面(去雌雄蕊后示花瓣内面上部贴合处舌状附属物)。(仿《中国植物志》)

3. 绿叶地锦 绿叶爬山虎

Parthenocissus laetevirens Rehder

木质藤本。小枝圆柱形或有显著纵棱，嫩时被短柔毛，后变无毛；卷须5~10分枝，相隔2节间断与叶对生，卷须顶端嫩时膨大成块状，后附着它物成吸盘。掌状叶5小叶，小叶倒卵长椭圆形或倒卵披针形，长2~12cm，宽1~5cm，最宽处在近中部或中部以上，顶端急尖或渐尖，基部楔形，边缘上部有5~12个锯齿，上面显著呈泡状隆起，下面脉上被短柔毛；侧脉4~9对，网脉上面不明显，下面微凸起；叶柄长2~6cm，被短柔毛，小叶有短柄或几无柄。聚伞花序呈圆锥状，长6~15cm，中轴明显，假顶生，花序中常有退化小叶。果球形，直径6~8mm；种子1~4枚，倒卵形。花期7~8月；果期9~11月。

产于全州、天等、金秀。攀援树上或岩石上。分布于河南、安徽、江西、江苏、浙江、湖北、湖南、福建、广东。

4. 花叶地锦 花叶爬山虎、川鄂爬山虎 图1046：1

Parthenocissus henryana（Hemsl.）Graebn. ex Diels et Gilg

木质藤本。小枝显著四棱形，无毛；卷须总状4~7分枝，相隔2节间断与叶对生，卷须顶端初呈块状，后附着它物成吸盘。掌状5小叶，小叶倒卵形、倒卵长圆形或宽倒卵披针形，长3~10cm，宽1.5~5.0cm，最宽处在上部，顶端急尖、渐尖或圆钝，基部楔形，边缘上半部有2~6个锯齿，两面无毛或嫩时微被稀疏短柔毛；侧脉3~6对，网脉上面不明显，下面微凸出；叶柄长2.5~8.0cm，小叶柄长0.3~1.5cm，无毛。聚伞花序，花序内常有退化的单叶；花序梗长1.5~9.0cm，无毛；花梗长0.5~1.5mm，无毛。果球形，直径0.8~1.0cm；种子1~3枚，种子倒卵形。花期5~7月；果期8~10月。

产于南丹。生于沟谷岩石上或山坡林中。分布于陕西、甘肃、河南、湖北、四川、贵州、云南。

图 1046 1. 花叶地锦 **Parthenocissus henryana** (Hemsl.) Graebn. ex Diels et Gilg 叶枝。2~3. 栓翅地锦 **Parthenocissus suberosa** Hand. -Mazz. 2. 果枝；3. 老枝条。(仿《中国植物志》)

5. 栓翅地锦 栓翅爬山虎 图 1046：2~3

Parthenocissus suberosa Hand. -Mazz.

木质藤本。小枝被锈色柔毛，老枝上常有木栓翅；卷须 5~9 分枝，相隔 2 节间断与叶对生，顶端嫩时膨大成圆柱状，遇附着物扩大成吸盘。单叶，3 浅裂，通常着生在短枝上，或着生于长枝上的叶小而不裂，正常叶片倒卵圆形，长 6~20cm，宽 5~16cm，裂片三角形，顶端急尖，基部心形，边缘锯齿粗大，上面被短柔毛，下面密被锈色柔毛；基出脉 5~7 条，中脉有侧脉 4~6 对，网脉不明显或微凸出；叶柄长 2~9cm，密被锈色柔毛。花序着生于极度缩短的短枝上，长 1.5~5.0cm；总花梗长0.7~2.5cm，被锈色短柔毛；花梗长 0.5~1.5mm，几无毛。果球形，直径 0.8~1.0cm；种子 1~2 枚，倒卵圆形。花期 7~8 月；果期9~11 月。

产于全州、南丹、天峨、罗城、都安。生于海拔 500~1000m 的山坡石壁上。分布于江西、湖南、贵州。攀附力极强，秋叶红色，优良垂直绿化植物。

5. 俞藤属 Yua C. L. Li

木质藤本。茎皮有皮孔，髓白色；卷须二叉分枝。掌状 5 小叶，互生。复二歧聚伞花序与叶对生，最后一级分枝顶端近于集生成伞形；花两性；花瓣通常 5 枚；雄蕊通常 5 枚，花盘发育不明显；雌蕊 1 枚，花柱明显，柱头扩大不明显；子房 2 室。浆果，圆球形，味酸甜。

2 种，分布于中国亚热带地区及印度和尼泊尔。中国 2 种 1 变种，广西也产。

分种检索表

1. 叶草质，顶端渐尖或短尾尖，边缘有细锐锯齿，网脉明显，但不隆起；果径 1.0~1.3cm ………………………………………… **1. 俞藤 Y. thomsonii**

1. 叶纸质或亚革质，顶端急尖或圆钝，边缘锯齿圆钝或不明显，网脉两面明显；果径 1.5~2.5cm ………………………………………… **2. 大果俞藤 Y. austro-orientalis**

1. 俞藤 粉叶爬山虎 图 1047：1~6

Yua thomsonii (M. A. Lawson) C. L. Li

木质藤本。小枝圆柱形，褐色，嫩枝略有棱纹，无毛；卷须二叉分枝，相隔 2 节间断与叶对生。叶为掌状 5 小叶，草质，小叶披针形或卵披针形，长 2.5~7.0cm，宽 1.5~3.0cm，顶端渐尖或短尾尖，基部楔形，边缘上半部每侧有 4~7 个细锐锯齿，下面常被白粉，无毛或脉上被稀疏短柔毛；侧脉 4~6 对，网脉不明显凸出；小叶柄长 2~10cm，有时侧生小叶近无柄；叶柄长 2.5~6.0cm，无毛。复二歧聚伞花序，与叶对生，无毛。果熟时紫黑色，直径 1.0~1.3cm，紫黑色，味淡甜；种子梨形，长 5～6mm，宽约 4mm。花期 5～6 月；果期 7～9 月。

产于资源、兴安、融水、南丹、平果、凌云、靖西、那坡、龙州、大新。生于山坡林中，攀援树上或石上。分布于安徽、江苏、浙江、江西、湖北、贵州、湖南、福建和四川；印度和尼泊尔也有分布。全株入药，治跌打和关节炎。

1a. 华西俞藤 绿芽俞藤

Yua thomsonii var. **glaucescens** (Diels et Gilg) C. L. Li

本变种与原种的区别在于早春芽绿色，叶背面中脉和侧脉均为绿色；小枝、叶柄和叶背面中脉、侧脉和网脉上均被柔毛。花期 5～7 月；果期 7～9 月。

产于融水、平果。生于海拔 600m 以上山坡或林中。分布于四川、云南。

2. 大果俞藤 东南爬山虎 图 1047：7～10

Yua austro-orientalis (F. P. Metcalf) C. L. Li

木质藤本。小枝褐色或灰褐色，多皮孔，全株无毛；卷须二叉分枝，与叶对生。叶为掌状 5 小叶，叶片较厚，纸质或亚革质，小叶倒卵披针形或倒卵椭圆形，长 5～9cm，宽 2～4cm，顶端急尖或圆钝，基部楔形，边缘上部有 2～5 个锯齿，稀齿不明显，下面常有白粉；侧脉 6～9 对，干时网脉两面凸起；叶柄长 3～6cm，小叶柄长 0.2～1.2cm，侧生小叶柄短，中央小叶柄长，无毛。花序为复二歧聚伞花序，被白粉，无毛，与叶对生，花序梗长 1.5～2.0cm，花梗长 3～6mm。果熟时紫红色，直径 1.5～2.5cm，紫红色，味酸甜；种子梨形，背腹侧扁，长 6～8mm，宽约 5mm。花期 5～7 月；果期 10～12 月。

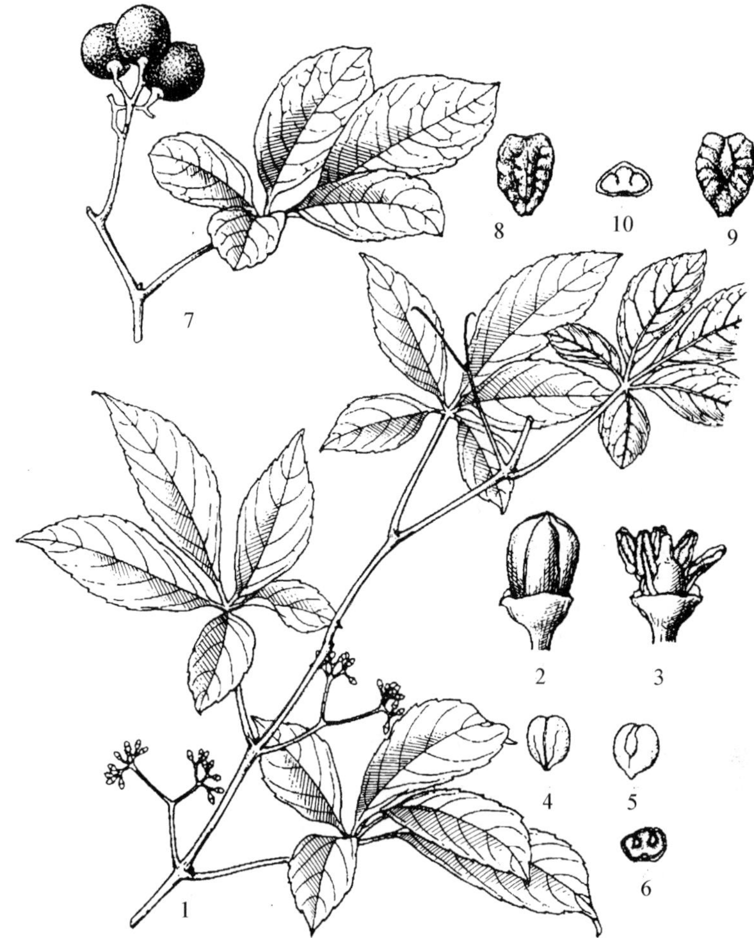

图 1047 1～6. 俞藤 Yua thomsonii (M. A. Lawson) C. L. Li
1. 花枝；2. 花蕾；3. 示去花瓣花；4. 种子腹面观；5. 种子背面观；6. 种子横切面。**7～10. 大果俞藤 Yua austro-orientalis** (F. P. Metcalf) C. L. Li 7. 果枝；8. 种子腹面观；9. 种子背面观；10. 种子横切面。(仿《中国植物志》)

产于融水、容县。生于山坡沟谷林中或林缘灌丛，攀援树上或散铺岩边或山坡野地。分布于江西、福建、广东。果可食，但果内含黏液，多食喉有痒痛感。

6. 蛇葡萄属 Ampelopsis Michx.

木质藤本。卷须 2～3 分枝。单叶、羽状复叶或掌状复叶，互生。聚伞花序与叶对生；两性或杂性同株，5 基数；花萼盘状，不明显 5 裂；子房 2 室，每室有 2 枚胚珠。浆果球形；有种子 1～4 枚，种子倒卵圆形。

约 30 种，分布于亚洲和美洲亚热带和温带地区。中国 17 种；广西 8 种 3 变种。

分种检索表

1. 单叶，不裂或不同程度3~5裂，但不成全裂。
   2. 叶下面浅绿色，叶片心形或卵形；小枝、叶柄和叶片下面多少被毛 ………………… **1. 蛇葡萄 A. glandulosa**
   2. 叶下面苍白色，叶片卵圆形或卵椭圆形；小枝、叶柄和叶片完全无毛或仅下面脉腋有簇毛 …………………………………………………………………………………………… **2. 蓝果蛇葡萄 A. bodinieri**
1. 复叶。
   3. 掌状复叶，小叶3~5片。
      4. 小叶3枚，小枝、叶柄和叶下面被疏柔毛 ………………………………………… **3. 三裂蛇葡萄 A. delavayana**
      4. 小叶3~5枚，小枝、叶柄和叶背无毛 ………………………………………………… **4. 白蔹 A. japonica**
   3. 羽状复叶。
      5. 小枝、叶柄和花序均无毛。
         6. 小叶边缘有明显的粗锯齿 ……………………………………………… **5. 显齿蛇葡萄 A. grossedentata**
         6. 小叶边缘全缘或细锯齿 ………………………………………………… **6. 羽叶蛇葡萄 A. chaffanjonii**
      5. 小枝、叶柄和花序轴被长柔毛或短柔毛。
         7. 小枝、叶柄和花序轴均被毛柔毛；小枝圆柱形 ……………………… **7. 广东蛇葡萄 A. cantoniensis**
         7. 小枝、叶柄、花轴、花梗和叶背面均被锈色毛；小枝明显4~7棱 ………… **8. 毛枝蛇葡萄 A. rubifolia**

1. 蛇葡萄

Ampelopsis glandulosa (Wall.) Momiy.

木质藤本。小枝有纵棱纹，被疏柔毛；卷须2~3叉分枝，相隔2节间断与叶对生。叶为单叶，心形或卵形，3~5中裂，常有不分裂的，长3.5~14.0cm，宽3~11cm，顶端急尖，基部心形或卵形，基缺近呈钝角，稀圆形，边缘有急尖锯齿，上面无毛，下面浅绿绿色，被疏柔毛；基出脉5条，脉上有疏柔毛，中央脉有侧脉4~5对，网脉不明显凸出；叶柄长1~7cm，被疏柔毛。花序被短柔毛，花序梗长1.0~2.5cm，被疏柔毛；花梗长1~3mm，疏生短柔毛。果近球形，直径5~8mm；有种子2~4枚，种子长椭圆形。花期4~6月；果期7~10月。

产于全区各地。多生于河边等湿润地。分布于广东、湖南、湖北、福建、江西、浙江、安徽、江苏、四川；日本也有分布。果实小，球形，球径约0.6cm，有酸味，固形物约12.25%，可鲜食或药用。

1a. 光叶蛇葡萄

Ampelopsis glandulosa var. **hancei** (Planch.) Momiy.

本变种之特点在于小枝、叶柄和叶片无毛或被极稀疏的短柔毛。花期4~6月；果期8~10月。

产于三江、南丹、天峨、罗城、武鸣、钦州、宁明、龙州。生于低海拔山坡灌丛。分布于广东、湖南、福建、台湾、浙江；越南也有分布。根药用，可接骨；茎和叶可用于清热解毒。

1b. 异叶蛇葡萄

Ampelopsis glandulosa var. **heterophylla** (Thunb.) Momiy.

本变种之特点在于小枝、叶柄和花序梗疏生柔毛；叶通常3~5浅裂至中部，心形或卵形，背面脉上具稀疏柔毛，叶面无毛；花梗和花萼疏生短柔毛，花瓣近无毛。花期4~6月；果期7~10月。

产于全州。分布于安徽、福建、广东、贵州、湖北、湖南。

1c. 牯岭蛇葡萄

Ampelopsis glandulosa var. **kulingensis** (Rehder) Momiy.

本变种的特点是叶片显著呈五角形，植株被短柔毛或几无毛。花期5~7月；果期8~9月。

产于临桂、全州、龙胜、乐业。生长于海拔800~1200m沟谷林下或山坡灌丛中。分布于广东、贵州、四川、湖北、湖南、江西、福建、浙江、安徽、江苏。

2. 蓝果蛇葡萄

Ampelopsis bodinieri（H. Lév. et Vaniot）Rehder

木质藤本。小枝无毛，有纵棱纹；卷须二叉分枝，相隔2节间断与叶对生。叶片卵圆形或卵椭圆形，不分裂或上部微3浅裂，长7.0～12.5cm，宽5～12cm，顶端急尖或渐尖，基部心形或微心形，边缘每侧有9～19个急尖锯齿，上面绿色，下面苍白色，两面无毛，或仅下面脉腋有簇毛；基出脉5条，中脉有侧脉4～6对，网脉两面均不明显凸出；叶柄长2～6cm，无毛。复二歧聚伞花序，疏散，花序梗长2.5～6.0cm，无毛；花梗长2.5～3.0mm，无毛。果实近圆球形，直径6～8mm；有种子3～4枚，种子倒卵圆形。花期4～6月；果期7～8月。

产于广西北部。生于山谷林中或灌丛阴处。分布于广东、海南、贵州、云南、四川、湖南、湖北、河南、陕西、福建。

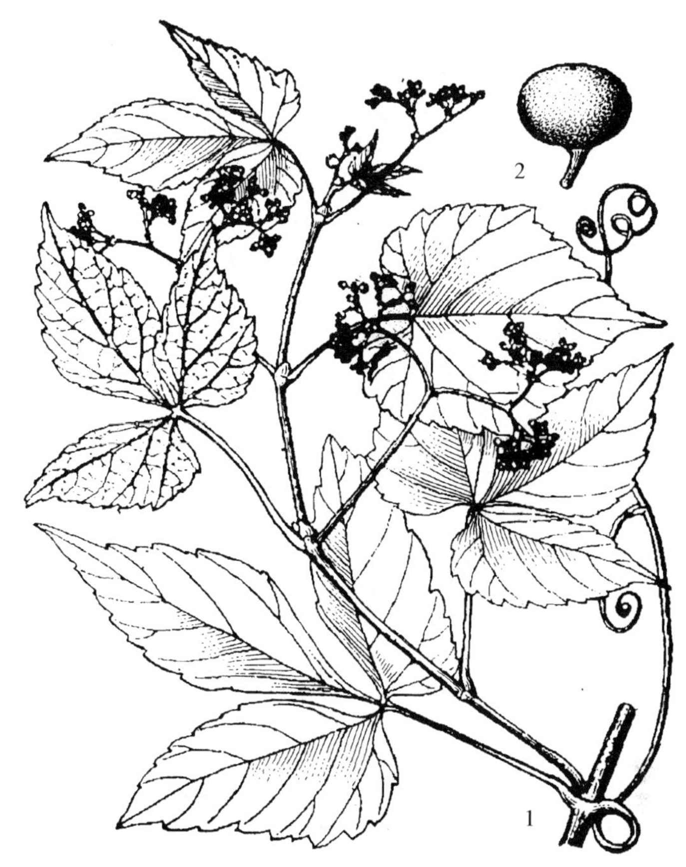

图1048 三裂蛇葡萄 **Ampelopsis delavayana** Planch. ex Franch. 1. 花枝；2. 果实。

3. 三裂蛇葡萄 绿葡萄、红狗肠（永福） 图1048

Ampelopsis delavayana Planch. ex Franch.

木质藤本。小枝疏生短柔毛，后脱落；卷须2～3叉分枝，相隔2节间断与叶对生。叶为3小叶复叶，中央小叶椭圆披针形或披针形，长5～13cm，宽2～4cm，顶端渐尖，基部近圆形，侧生小叶较小，卵椭圆形或卵披针形，长4.5～11.5cm，宽2～4cm，基部不对称，近截形，边缘有粗锯齿，齿端通常尖细，上面绿色，嫩时被稀疏柔毛，以后脱落几无毛，下面浅绿色，被稀疏柔毛；侧脉5～7对，网脉两面均不明显；叶柄长3～10cm，中央小叶有柄或无柄，侧生小叶无柄，被稀疏柔毛。多歧聚伞花序与叶对生，花序梗长2～4cm，被短柔毛。果近球形，直径8mm；种子2～3枚，种子倒卵圆形，顶端近圆形。花期6～8月；果期9～11月。

产于桂林、龙胜、永福、阳朔、临桂、贺州、柳州、融安、天峨、罗城、凌云、隆林、乐业。生于海拔800m以下山坡林中或灌丛中。分布于福建、广东、海南、四川、贵州、云南。根祛风除湿，消肿止痛，用于风湿痹痛，外用跌打损伤、疮疖等。

4. 白蔹 母鸡带仔、九牛力、九莲灯 图1049

Ampelopsis japonica（Thunb.）Makino

木质藤本。全体无毛，或仅有时在叶脉上有稀疏短柔毛；卷须不分枝或于顶端有短的分叉，相隔3节以上间断与叶对生。叶为3～5小叶的掌状复叶，小叶片羽状深裂或小叶边缘有深锯齿而不分裂，羽状分裂者裂片宽0.5～3.5cm，顶端渐尖或急尖，掌状5小叶者中央小叶有1～3个关节，关节间有翅，侧生小叶有1个关节或无关节；叶柄长1～4cm。聚伞花序通常集生花序梗顶端，与叶对生；花序梗长1.5～5.0cm，常呈卷须状卷曲；花梗极短或几无梗。果球形，直径0.8～1.0cm，成熟后带白色；种子1～3枚，种子倒卵形。花期5～6月；果期7～9月。

产于桂林、临桂、全州。生于低山、丘陵山坡、灌丛或草地。分布于中国大部地区；日本也有

图 1049 白蔹 **Ampelopsis japonica** (Thunb.) Makino 1. 花枝；2. 花蕾；3. 示去花瓣花；4. 种子腹面观；5. 种子背面观；6. 种子横切面。(仿《中国植物志》)

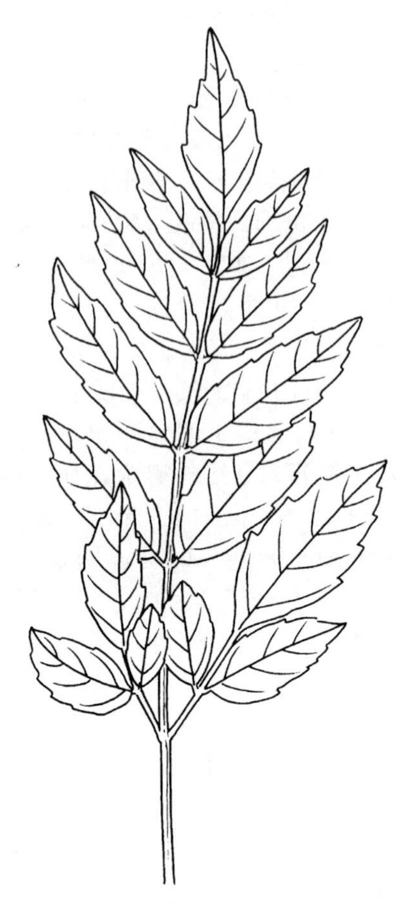

图 1050 显齿蛇葡萄 **Ampelopsis grossedentata** (Hand. -Mazz.) W. T. Wang 叶。(仿《中国高等植物图鉴》)

分布。全株供药用，有清热解毒，消肿止痛、止血生肌的功效，治烫火伤、冻疮溃疡、粉刺。

5. 显齿蛇葡萄 藤茶、红五爪金龙(岑溪) 图 1050

Ampelopsis grossedentata (Hand. -Mazz.) W. T. Wang

木质藤本。小枝有显著纵棱纹，无毛；卷须二叉分枝，相隔 2 节间断与叶对生。一至二回羽状复叶，二回羽状复叶的基部一对为 3 小叶，小叶卵圆形、卵椭圆形或长椭圆形，长 2 ~ 5cm，宽 1.0 ~ 2.5cm，顶端急尖或渐尖，基部阔楔形或近圆形，边缘有 2 ~ 5 个锯齿，两面无毛；侧脉 3 ~ 5 对，网脉微凸出；叶柄长 1 ~ 2cm，无毛。聚伞花序，与叶对生，无毛；花序梗长 1.5 ~ 3.5cm，花梗长 1.5 ~ 2.0cm。果球形，直径 0.6 ~ 1.0cm；种子倒卵圆形。花期 5 ~ 8 月；果期 8 ~ 12 月。

产于广西各地。生于海拔 400 ~ 900m 林中或灌丛中。分布于江西、福建、湖北、湖南、广东、贵州、云南。全株药用，味甘、淡，性凉，清热解毒、祛风湿、强筋骨的功效。民间常用幼嫩茎叶经过类似茶叶加工的方法制成保健茶。

6. 羽叶蛇葡萄

Ampelopsis chaffanjonii (H. Lév.) Rehder

木质藤本。小枝无毛；卷须二叉分枝，相隔 2 节间断与叶对生。一回羽状复叶，有小叶 2 ~ 3 对，小叶长椭圆形或卵椭圆形，长 7 ~ 15cm，宽 3 ~ 7cm，顶端急尖或渐尖，基部圆形或阔楔形，全缘或有 5 ~ 7 个尖细锯齿，下面有时浅绿色或带粉绿色，两面无毛；侧脉 5 ~ 7 对，网脉两面微凸出；叶柄长 2.0～4.5cm，顶生小叶柄长 2.5～4.5cm，侧生小叶柄 0～1.8cm，无毛。聚伞花序，顶生或与叶对生；花序梗长 3～5cm，无毛；花梗长 1.5～2.0mm，无毛。果球形，直径 0.8～1.0cm；种子 2～3 枚，种子倒卵形。花期 5～7 月；果期 7～9 月。

产于临桂、昭平、融水。生于海拔 500m 以上疏林或沟谷灌丛。分布于安徽、江西、湖北、湖南、四川、贵州、云南。

7. 广东蛇葡萄 粤蛇葡萄 图 1051

Ampelopsis cantoniensis（Hook. et Arn.）K. Koch

图 1051 广东蛇葡萄 Ampelopsis cantoniensis（Hook. et Arn.）K. Koch 花枝。（仿《广西植物志》）

攀援灌木。小枝圆柱形，有纵棱纹，嫩枝多少被短柔毛；卷须二叉分枝，相隔 2 节间断与叶对生。一回羽状复叶，小叶 3～5 枚，或为近二回羽状复叶，最下面 1 对羽片各有小叶 3 片，小叶具短柄或近无柄，近革质，卵形、卵椭圆形或长椭圆形，大小差异大，长 3～11cm，宽 1.5～6.0cm，顶端急尖、渐尖或骤尾尖，基部多为阔楔形，边缘有不明显的钝齿，上面深绿色，在扩大镜下常可见有浅色小圆点，下面浅黄褐绿色，常在脉基部疏生短柔毛，以后脱落几无毛；基出脉 3 条或有时为羽状脉，侧脉 4～7 对，下面最后一级网脉显著但不凸出；叶柄长 2～8cm，顶生小叶柄长 1～3cm，侧生小叶柄长 0～2.5cm，嫩时被稀疏短柔毛，以后脱落几无毛。聚伞花序与叶对生或顶生，多花，花序梗长 2～4cm，嫩时或多或少被稀疏短柔毛，花轴被短柔毛；花梗长 1～3mm，几无毛。浆果倒卵状球形，直径 5～6mm，熟时深紫色或紫黑色；有种子 2～4 枚，种子倒卵圆形。花期 4～7 月；果期 5～8 月。

产于广西各地。分布于安徽、浙江、湖北、湖南、广东、福建、海南、贵州、西藏、台湾、云南；印度、印度尼西亚及中南半岛也有分布。果可酿酒，枝叶可作饮料；根入药，消肿，止痛，用于治疗肝炎。

8. 毛枝蛇葡萄

Ampelopsis rubifolia（Wall.）Planch.

木质藤本。小枝显著 5～7 棱形，密被锈色卷曲柔毛；卷须二叉分枝相隔 2 节间断与叶对生。一至二回羽状复叶，二回羽状复叶的基部一对为 3 小叶，小叶卵椭圆形或卵圆形，长 3.5～14.0cm，宽 2.0～6.5cm，基部微心形或圆形，顶端急尖、渐尖或短尾尖，边缘每侧有 5～15 个有锯齿，上面初时被短柔毛，后脱落，下面暗褐色，密被锈色柔毛，后渐脱落变稀疏；侧脉 5～7 对，网脉上面不明显，下面凸出；叶柄长 1～8cm，密被锈色卷曲柔毛，小叶柄 0～1.5cm。聚伞花序，顶生或与叶对生；花序梗长 2～6cm，密被锈色卷曲柔毛；花梗长 1.0～1.5mm。果球形，直径 0.8～1.5cm；

有种子 1 ~ 4 枚，种子倒卵圆形。花期 6 ~ 7 月；果期 9 ~ 10 月。

产于全州、兴安、融水、环江、德保。分布于江西、湖南、四川、贵州、云南。

7. 乌蔹莓属 Cayratia Juss.

木质或草质藤本。卷须与叶对生。叶为 3 小叶或鸟足状 5 小叶，互生。聚伞花序，腋生；两性或杂性同株，4 基数；花萼盘状；花盘全缘或 4 浅裂；子房 2 室，每室有 2 枚胚珠。浆果，种子 1 ~ 4 枚。

约 60 种，分布于亚洲、大洋洲和非洲。中国 17 种；广西 5 种，本志记载 2 种。

分种检索表

1. 叶为 3 小叶，中央小叶菱状椭圆形；果近球形 ………………………………………… **1. 膝曲乌蔹莓 C. geniculata**
1. 鸟足状 5 ~ 9 小叶，中央小叶倒卵椭圆形；果倒肾形 ………………………………… **2. 鸟足乌蔹莓 C. pedata**

1. 膝曲乌蔹莓　大乌蔹莓

Cayratia geniculata (Bl.) Gagnep.

木质藤本。小枝圆柱形，略压扁，被短柔毛；卷须二叉分枝，相隔 2 节间断与叶对生。3 小叶，中央小叶菱状椭圆形，长 10 ~ 18cm，宽 5 ~ 9cm，顶端渐尖或尾尖，基部楔形，侧生小叶阔卵形，长 9 ~ 17cm，宽 4 ~ 9cm，顶端尾尖或渐尖，斜圆形，基部不对称，边缘有疏离锯齿，下面密被短柔毛或脱落变几无毛；侧脉 7 ~ 9 对，网脉不明显；叶柄长 9 ~ 18cm，被短柔毛，小叶几无柄或有短柄。聚伞花序腋生，花序梗长 3 ~ 14cm，花梗长 1 ~ 3mm，均被短柔毛。果近球形，直径 0.8 ~ 1.0cm；种子 2 ~ 4 枚；种子半球形。花期 1 ~ 5 月；果期 5 ~ 11 月。

产于隆安、东兴、龙州。分布于广东、海南、云南、西藏；越南、菲律宾也有分布。

2. 鸟足乌蔹莓　龙州乌蔹莓

Cayratia pedata (Lam.) Gagnep.

木质藤本。小枝疏被柔毛；卷须二叉分枝，相隔 2 节间断与叶对生。鸟足状 5 ~ 9 小叶，中央小叶倒卵椭圆形，侧生小叶卵椭圆形，长 5 ~ 22cm，宽 2.5 ~ 9.0cm，顶端尾状渐尖，基部近截形、圆形或微心形，边缘有不规则锯齿，两面被疏柔毛；侧脉 6 ~ 11 对，网脉不明显凸出；叶柄长 5.5 ~ 16.0cm，中央小叶柄长 1.5 ~ 5.0cm，侧脉小叶柄长 2 ~ 4cm，侧生小叶总柄长 1.0 ~ 3.5cm，被稀疏柔毛。聚伞花序腋生，花序梗长 15 ~ 16cm，花梗长 2 ~ 3mm，均密被短柔毛。果倒肾形，直径 1.2 ~ 1.5cm；种子 2 ~ 3 枚，种子半球形。花期 6 月；果期 9 ~ 11 月。

产于龙州。生于 800m 以上灌丛或岩石缝中。分布于云南；越南、泰国也有分布。

8. 崖爬藤属 Tetrastigma Planch.

木质或草质攀援藤本。卷须不分枝或二叉分枝。叶通常掌状 3 ~ 5 小叶或鸟足状 5 ~ 7 小叶，少有单叶，互生。聚伞花序或伞形、复伞形花序，4 数，通常单性；子房 2 室，每室有 2 枚胚珠。浆果球形、椭圆形或倒卵形；有种子 1 ~ 4 枚。

约 100 种，分布亚洲至大洋洲。中国 44 种；广西 18 种 1 变种，本志记载 12 种 1 变种。

分种检索表

1. 单叶 ………………………………………………………………………… **1. 长梗崖爬藤 T. longipedunculatum**
1. 掌状复叶或鸟足状复叶。
    2. 掌状 3 ~ 5 枚小叶。
        3. 掌状 3 枚小叶，偶有 5 枚小叶。
            4. 叶片下面全部或至少脉上被短柔毛，小枝、叶柄、花梗密被锈色短柔毛 ………………………………

………………………………………………………………………………… **2. 金秀崖爬藤 T. jinxiuense**

4. 叶片背面无毛。

5. 叶纸质，网脉不明显凸起。

6. 植株粗壮，小枝较粗壮；果椭圆形。

7. 混生有鸟足状5小叶，小叶披针形、椭圆披针形或卵披针形，顶端尾状渐尖 ……………………………………………………………………………………………… **3. 尾叶崖爬藤 T. caudatum**

7. 混生有掌状5小叶，小叶椭圆形或卵状长椭圆形，顶端短尾尖或急尖 ……………………………………………………………………………………………… **4. 红枝崖爬藤 T. erubescens**

6. 植株细弱，小枝纤细；果球形；小叶长椭圆形、卵椭圆形或倒卵椭圆形 ……………………………………………………………………………………………… **5. 海南崖爬藤 T. papillatum**

5. 叶革质或厚纸质，叶两面或至少下面网脉凸起。

8. 卷须二叉分枝；小叶卵圆形、卵椭圆形或长椭圆形，顶端急尖或短尾尖 ……………………………………………………………………… **6a. 柔毛网脉崖爬藤 T. retinervium var. pubescens**

8. 卷须不分枝；小叶椭圆卵形或倒卵椭圆形，顶端骤尾尖 ………… **7. 广西崖爬藤 T. kwangsiense**

3. 掌状5小叶。

9. 木质大藤本，茎显著压扁；中央小叶柄比侧生小叶柄长2～3倍以上。

10. 花序着生在老茎上；小叶长椭圆形、椭圆披针形或倒卵长椭圆形；果近球形或椭圆形 ……………………………………………………………………………………………… **8. 茎花崖爬藤 T. cauliflorum**

10. 花序着生在当年枝上；小叶长圆披针形、披针形或卵披针形；果球形 …… **9. 扁担藤 T. planicaule**

9. 茎不压扁，小枝有纵棱纹；中央小叶柄与侧生小叶柄近等长………………… **4. 红枝崖爬藤 T. erubescens**

2. 叶鸟足状5～7枚小叶。

11. 叶鸟足状5小叶。

12. 叶片下面和全体各部无毛；小枝有瘤状凸起，卷须不分枝；小叶倒卵椭圆形或倒卵披针形 ……………………………………………………………………………………… **10. 角花崖爬藤 T. ceratopetalum**

12. 叶片、小枝被毛，或至少叶下面脉上被短柔毛。

13. 小枝、叶下面，尤其脉上被短柔毛；小叶椭圆形或长椭披针形；果球形，直径1.0～1.2cm ……………………………………………………………………………………………… **11. 毛脉崖爬藤 T. pubinerve**

13. 小枝、叶柄密被卷曲锈色糙毛；小叶倒披针形或倒卵披针形；果球形，直径约1cm ……………………………………………………………………………………………… **12. 越南崖爬藤 T. tonkinense**

11. 叶鸟足状7小叶；茎多瘤状凸起；小叶倒卵长椭圆形或披针形，两面无毛；果球形，熟时紫色 ……………………………………………………………………………………………… **13. 七小叶崖爬藤 T. delavayi**

1. 长梗崖爬藤

Tetrastigma longipedunculatum C. L. Li

纤细木质藤本。小枝与叶均无毛；卷须不分枝。单叶，卵状长椭圆形，长7.5～13.0cm，宽3.5～5.5cm，顶端渐尖，基部阔楔形，两面无毛；侧脉7～8对，网脉两面凸出；叶柄长2.0～4.5cm，无毛。复二歧聚伞花序，花序梗细长8.0～13.5cm，无毛；花梗长4～10mm，无毛。花期5月。

广西特有种，产于大新。生于海拔400～670m山谷密林中。

2. 金秀崖爬藤 图1052：1～4

Tetrastigma jinxiuense C. L. Li

木质藤本。小枝密被锈色柔毛。3小叶复叶，中央小叶倒卵长椭圆形，长12.5～26.0cm，宽6.5～12.0cm，顶端渐尖，基部阔楔形，边缘上半部有7～9个疏齿，下半部全缘，侧生小叶卵椭圆形，长0.5～21.0cm，宽5～11cm，顶端短尾尖，基部不对称，近圆形或阔楔形，边缘上也有5～9个疏锯齿，基部或下半部全缘，下面脉上疏被短柔毛；中央小叶柄长2～3cm，侧生小叶柄长1～2cm，叶柄长6～9cm，密被锈色短柔毛。花序腋生，下部有1～2节，节上有苞片，二级分枝4，集生成伞形，无三级分枝或2～3歧状多分枝，小花数朵呈伞状着生在分枝末端；花序梗长3～10cm，花梗长1～3mm，花序梗及花梗均密被锈色短柔毛。花期5月。

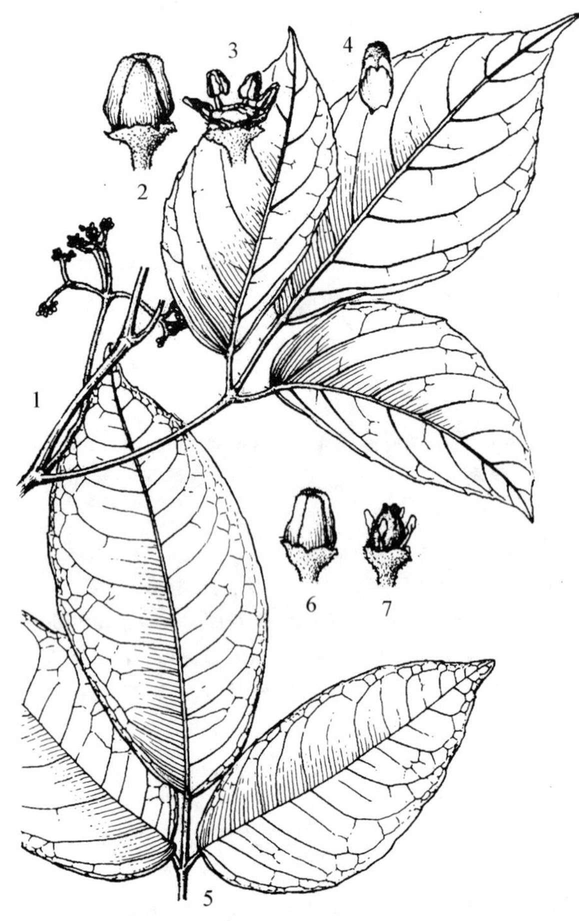

图 1052 1～4. 金秀崖爬藤 **Tetrastigma jinxiuense** C. L. Li 1. 花枝；2. 花蕾；3. 示去花瓣和雄蕊雄花；4. 花瓣。5～7. 柔毛网脉崖爬藤 **Tetrastigma retinervium** var. **pubescens** C. L. Li 5. 叶；6. 花蕾；7. 示去花瓣雄花。（仿《中国植物志》）

广西特有种，产于金秀、横县。生于海拔约 400m 山谷林中。

3. 尾叶崖爬藤 扁钻

Tetrastigma caudatum Merr. et Chun

木质藤本。小枝有纵棱纹，除花序疏生短柔毛外，全体无毛；卷须不分枝，相隔 2 节间断与叶对生。3 小叶，稀下部为鸟足状 5 小叶，偶有掌状 5 小叶，纸质，小叶披针形、椭圆披针形或卵披针形，长 6～14cm，宽 2～5cm，顶端尾状渐尖，中央小叶基部楔形或阔楔形，侧小叶基部不对称，近圆形，边缘每侧有 4～6 个牙齿，通常齿粗而深；侧脉 4～6 对，网脉在两面均不明显凸出；叶柄长 2.5～7.0cm，中央小叶柄长 1.5～4.0cm，侧生小叶柄长 0.5～1.5cm。花序腋生，长 2.5～3.0cm，比叶柄短，下部有节，节上有苞片，二级分枝 4～6，集生成伞形，三级以后分枝成二歧状；花序梗长 1.0～3.5cm，花梗长 2～4mm，均有短柔毛。果椭圆形，长 1.0～1.2cm，宽 6～8mm；种子 1 枚，种子长椭圆形。花期 5～7 月；果期 9 月至翌年 4 月。

产于金秀、融水、苍梧、武鸣、平南、浦北、上思、龙州。生于海拔 700m 以下林中、灌丛中。分布于广东、海南、福建；越南也有分布。

4. 红枝崖爬藤 图 1053

Tetrastigma erubescens Planch.

木质藤本。小枝无毛，有纵棱纹；卷须不分枝。掌状复叶 3 小叶或 5 片小叶，纸质，无毛，中央小叶长椭圆形或长椭圆披针形，长 8～16cm，宽 5.0～5.5cm，顶端短尾尖，基部宽楔形，边缘两侧有 7～8 个疏齿，齿细小，侧小叶椭圆形或卵状长椭圆形，顶端短尾尖或急尖，基部圆形，稍不对称，边缘外侧有 5～7 个细齿；侧脉 4～7 对，网脉在上面不明显，下面凸出；叶柄长 0.5～1.0cm，中央小叶柄长 1～3cm。花序腋生被短柔毛，下部有 2～3 节，节上有苞片，二级分枝 4，集生成伞形，花呈伞状着生在分枝末端；花序梗长 2.0～3.5cm，被短柔毛；花梗长 2～3mm，被淡红褐色短柔毛。果实长椭圆形，红色，长 1.3～1.5cm，宽 6～7mm；种子 2 枚，种子椭圆形。花期 4～5 月；果期至翌年 4～5 月。

产于靖西、那坡、上林、龙州。生于海拔 400～800m 山谷林中或山坡岩石缝中。分布于广东、海南、云南；越南、柬埔寨也有分布。

5. 海南崖爬藤

Tetrastigma papillatum (Hance) C. Y. Wu

木质藤本。小枝纤细，无毛，叶也无毛；卷须不分枝，相隔 2 节间断与叶对生。3 小叶复叶，小叶长椭圆形、卵椭圆形或倒卵椭圆形，长 6～13cm，宽 3～6cm，顶端短尾尖或渐尖，基部阔楔形，侧生小叶基部不对称，有时近圆形，边缘每侧有 5～11 个细齿；侧脉 6～7 对，网脉两面不明显；叶柄长 3.5～7.0cm，中央小叶柄长 1.0～2.5cm，侧生小叶柄 0.5～1.5cm。花序腋生，比叶柄短，近等长或略长于叶柄，下部有节，节上有苞片，节上有苞片，二级分枝4，集生成伞状，三级以后分枝成二歧状；花序梗长1.0~2.5cm，被短柔毛；花梗长1.5~4.0mm，被短柔毛。果球形，直径约8mm；种子2枚，种子卵圆形。花期3月；果期8月。

产于兴安、那坡、凌云、田林、隆林、宁明、龙州。生于海拔400~700m山谷林中。分布于海南、贵州。

6a. 柔毛网脉崖爬藤 图1052：5~7

Tetrastigma retinervium var. **pubescens** C. L. Li

木质藤本。小枝和叶均无毛；卷须二叉分枝，相隔2节间断与叶对生。叶为3小叶，小叶卵圆形、卵椭圆形或长椭圆形，长7~15cm，宽4~7cm，顶端急尖或短尾尖，基部圆形或近圆形，有时中央小叶阔楔形，侧小叶基部不对称，边缘两侧有4~9个牙齿，两面无毛；侧脉5~8对，网脉两面明显凸出；叶柄长4~9cm，中央小叶柄长1.5~3.0cm，侧生小叶柄长1.0~1.5cm。复二歧聚伞花序腋生，或二级分枝4，集生成伞形，几无毛；花序梗长3.0~5.5cm，下部几无毛，上部疏被短柔毛；花梗长1~2mm，被短柔毛，稀几无毛。果椭圆形，高6~7mm，直径5~6mm；种子1枚，种子椭圆形。花期4~5月；果期8~9月。

图1053 红枝崖爬藤 Tetrastigma erubescens Planch.
1~2. 花枝；3. 雌花。（仿《广西植物志》）

产于天峨、凤山、东兰、百色、凌云、那坡、靖西、德保、宁明、龙州、天等。生于海拔约400m石山林下或灌丛中。分布于云南；越南也有分布。

7. 广西崖爬藤 图1054

Tetrastigma kwangsiense C. L. Li

木质藤本。茎略侧扁，小枝无毛，圆柱形，有纵棱纹；卷须不分枝，相隔2节间断与叶对生。3小叶，中央小叶椭圆卵形或倒卵椭圆形，长5.5~12.0cm，宽3.5~7.0cm，顶端骤尾尖，基部近圆形，边缘每侧有4~6个细齿或几全缘，侧生小叶卵椭圆形或阔卵圆形，长6.0~9.5cm，宽3.0~5.5cm，顶端急尖，基部偏斜，边缘外侧有3~5细齿或几全缘，两面无毛；侧脉5~6对，网脉明显，下面凸出；叶柄长4~7cm，中央小叶柄长1.5~3.0cm，侧生小叶柄长0.5~1.5cm，无毛。复二歧聚伞花序，腋生，假顶生或与叶对生，被短柔毛。果椭圆形，直径1.0~1.2cm；种子1~2枚，种子椭圆形。花期5~6月；果期8月。

广西特有种，产于河池、环江、都安、那坡、龙州。生于海拔约400m林中阴处。

8. 茎花崖爬藤

Tetrastigma cauliflorum Merr.

木质大藤本。茎扁压，灰褐色；小枝无毛；卷须不分枝，相隔2节间断与叶对生。掌状5小叶，小叶长椭圆形、椭圆披针形或倒卵长椭圆形，长8~18cm，宽3.5~9.0cm，顶端短尾尖，基部

图 1054　广西崖爬藤 Tetrastigma kwangsiense C. L. Li　花枝。(仿《中国植物志》)

图 1055　扁担藤 Tetrastigma planicaule (Hook. f.) Gagnep.　1. 花枝；2. 茎的一段。(仿《中国高等植物图鉴》)

阔楔形或近圆形，边缘每边有 5 ~ 9 个粗大锯齿，伸展，两面无毛；侧脉 6 ~ 8 对，网脉上面不明显，下面凸出；叶柄长 10 ~ 15cm，小叶柄长 1 ~ 4cm，中央小叶柄比侧生小叶柄长 2 ~ 3 倍，无毛。花序着生于老茎膨大的节上，节上有苞片，二级分枝 4，集生成伞形，三级分枝 4，集生成伞形或二歧状多分枝，花数朵呈小伞形集生于末级分枝顶端；花序梗长 2.5 ~ 8.0cm，无毛或被短柔毛；花梗长 2 ~ 8mm，被短柔毛。果实椭圆形或近球形，熟时暗红色；种子 1 ~ 2 枚，椭圆形。花期 4 月；果期 6 ~ 12 月。

产于都安、那坡、隆安、龙州、大新、扶绥。生于海拔 700m 以下山谷林中或石灰岩山谷，茎蔓生于地面或攀附大树上升。分布于广东、海南、云南；越南、老挝也有分布。

9. 扁担藤　铁带藤　图 1055

Tetrastigma planicaule (Hook. f.) Gagnep.

木质大藤本。茎深褐色，阔而扁，可宽达 20cm，常有肿大的节；卷须不分枝，相隔 2 节间断与叶对生。掌状复叶，小叶 5 枚，长圆披针形、披针形或卵披针形，长 8 ~ 16cm，宽 3 ~ 6cm，顶端渐尖或急尖，基部楔形，边缘每侧有 5 ~ 9 个锯齿，锯齿不明显或细小；侧脉 5 ~ 6 对，侧脉每边 6 ~ 8 条，网脉凸出；叶柄长 3 ~ 11cm，小叶柄长 0.5 ~ 3.0cm，中央小叶柄比侧生小叶柄长 2 ~ 4 倍，叶片两面无毛。伞形花序腋生，通常由 4 个多歧的聚伞花序组成，长 15 ~ 17cm，比叶柄长 1.0 ~ 1.5 倍，下部有节，节上有褐色苞片，二级和三级分枝 4，集生成伞形；花序梗长 3 ~ 4cm，无毛；花梗长 3 ~ 10mm，无毛或疏被短柔毛。果序疏散，浆果近球形，肉质，直径约 2cm；种子 1 ~ 2 枚，长椭圆形。花期 4 ~ 6 月；果期 6 ~ 10 月。

产于广西各地。生长于海拔 800m 以下山谷林中或溪边。分布于广东、福建、云南、贵州、西藏；斯里兰卡、印度、老挝和越南也有分布。根、藤入药，祛风去湿、舒筋活络、壮筋骨，治风湿、腰腿痛、半身不遂。

10. 角花崖爬藤

Tetrastigma ceratopetalum C. Y. Wu

木质藤本。小枝圆柱形，有瘤状凸起，全体无毛；卷须不分枝，相隔 2 节间断与叶对生。鸟足状 5 小叶，小叶倒卵椭圆形或倒卵披针形，长 5～12cm，宽 2.5～5.0cm，顶端短尾尖或急尖，基部楔形，侧小叶基部不对称，边缘每侧有 4～9 个尖锐锯齿；侧脉 5～8 对，网脉在上面凸出，下面不明显；叶柄长 3.0～7.5cm，中央小叶柄长 0.5～1.5cm，侧生小叶总柄长 0.5～1.8cm，侧生小叶有短柄或近无柄，无毛。花序着生于侧枝顶端、腋生或假顶生，腋生者下部有节，节上有苞片，呈复二歧聚伞状花序；花序梗长 1～6cm，无毛；花梗长 2～4mm，无毛。果倒卵球形，直径 1～2cm，熟时紫黑色；种子 2～3 枚，三角状倒卵形。花期 4～5 月；果期 9～12 月。

产于凌云、乐业。生于海拔 800～1200m 岩石灌丛。分布于贵州、云南。

11. 毛脉崖爬藤

Tetrastigma pubinerve Merr. et Chun

木质藤本。嫩枝、叶背、花序略被微柔毛，枝圆柱状，有条纹；卷须长而粗壮，不分枝，相隔 2 节间断与叶对生。鸟足状复叶 5 小叶，中央小叶椭圆形或长椭圆披针形，长 12～25cm，宽 4～7cm，顶端急尖或渐尖，基部阔楔形，边缘有 6～8 个疏离的钝锯齿，下面沿中脉和侧脉被稀疏短柔毛或渐无毛；侧生小叶卵披针形或卵状长椭圆形，长 6～20cm，宽 2.5～7.0cm；叶柄长 4.0～10.5cm，中央小叶柄长 1.0～2.5cm，侧生小叶总柄长 1.0～2.5cm，侧生小叶柄长 0.5～2.0cm。雄花序为复伞形花序，花序腋生，下部有节，节上有苞片，二级分枝 4，集生成伞形，三级分枝呈二歧状，花数朵在分枝末端集生成伞形；花序梗长 1.3～2.0cm，被短柔毛。浆果肉质，近球形，直径 1.0～1.2cm；种子 2～3 枚，种子倒卵圆形。花期 5～6 月；果期 8～10 月。

产于河池、那坡、隆安、宾阳、龙州。分布于广东、海南；越南、柬埔寨也有分布。

12. 越南崖爬藤 图 1056

Tetrastigma tonkinense Gagnep.

木质藤本。小枝密被卷曲锈色糙毛。叶为鸟足状 5 小叶，稀 3 小叶，小叶倒披针形或倒卵披针形，长 9～13cm，宽 3.0～4.5cm，顶端渐尖，基部楔形或阔楔形，外侧小叶基部不对称，近圆形，边缘有 21～31 个尖锐锯齿，下面密被或近脉上被卷曲锈色糙毛；侧脉 9～11 对，网脉不明显凸出；叶柄长 10～11cm，中央小叶柄长 1.5～1.8cm，侧生小叶几无柄或极短柄，密被卷曲糙毛。花序腋生，远短于叶柄，下部有节，节上有苞片，二级分枝 4，集生成伞形，三级以后分枝成二歧状；花序梗长约 1.2cm，被短柔毛；花梗长约 1.2cm，被短柔毛。果球形，直径约 1cm；种子 3 枚，椭圆形。花期 4 月；果期 5 月。

产于隆安、宾阳。生于海拔 400m 以下疏林中。分布于越南北部。

图 1056 越南崖爬藤 Tetrastigma tonkinense Gagnep. 叶。（仿《中国植物志》）

13. 七小叶崖爬藤

Tetrastigma delavayi Gagnep.

木质藤本。茎多瘤状凸起，小枝圆柱形，皮孔明显，有纵棱纹，无毛；卷须二叉分枝，相隔 2 节间断与叶对生。叶为鸟足状 7～8 小叶，中央小叶倒卵长椭圆形或披针形，长 8～15cm，宽 2～7cm，侧生小叶长 2.5～15.0cm，每侧边缘有 5～15 个锯齿，两面无毛；侧脉 5～9 对，网脉不明显；叶柄长 3～10cm，中央小叶柄长 0.8～2.0cm，侧生小叶近无柄，侧生小叶总柄与中央小叶柄近等长，无毛。花序长 4～13cm，腋生，在侧枝上通常与叶对生或假顶生，二级分枝 4，成伞状集生，三级以后分枝成二歧状；花序梗长 5～

8cm，被短柔毛。果球形，直径0.8～1.0cm，熟时紫色；种子3～4枚，倒卵三角形。花期6～7月；果期10月至翌年3月。

产于百色、那坡、田林。生于海拔900m以下山谷林中。分布于云南、贵州；缅甸和越南也有分布。

107 紫金牛科 Myrsinaceae

乔木或灌木，罕藤本。单叶，互生，罕对生，边缘波状或锯齿状，通常有腺点，无托叶。花两性或单性，辐射对称，排成圆锥花序或伞形花序，腋生或顶生；常有腺点；萼4～5裂，通常宿存；花冠通常合生，偶有离瓣，4～5裂；雄蕊4～5枚，与花冠裂片对生，分离或合生，着生于花冠筒上；子房上位或下位，1室，胚珠多数生于特立中央胎座上；花柱和柱头单生。核果或浆果，罕为蒴果。

约42属，超过2200种，分布于热带及亚热带地区。中国5属120种；广西5属62种3变种，本志记载54种3变种。

分属检索表

1. 子房半下位或下位；花萼基部或花梗上具1对小苞片；种子多数，有棱角 ························ **1. 杜茎山属 Maesa**
1. 子房上位；花萼基部或花梗上无小苞片；种子1枚，通常为球形，或为新月状圆柱形。
  2. 果蒴果状，新月状圆柱形；花药具横隔；生长于江河出海口或海岸污泥的红树林中 ··· **2. 蜡烛果属 Aegiceras**
  2. 果核果状，通常球形；花药无隔；生长在山间乔木、灌丛中。
    3. 伞房、伞形、聚伞花序，或圆锥花序，总花梗长；花两性 ································ **3 紫金牛属 Ardisia**
    3. 总状、伞形或花簇生，常无总花梗；花杂性。
      4. 总状花序；通常为攀援灌木，稀藤本 ·· **4. 酸藤子属 Embelia**
      4. 伞形花序或花簇生，着生于具覆瓦状排列的苞片的小短枝顶端；通常为灌木或小乔木 ····················· ·· **5. 铁仔属 Myrsine**

1. 杜茎山属 Maesa Forssk.

灌木，稀小乔木。叶常具腺纹或腺点。总状或圆锥花序，具1对小苞片，生于花萼基部或花梗；花两性或杂性；花萼5裂，萼片镊合状排列，具腺纹或腺点，稀无，宿存；花冠5裂，常具腺纹；雄蕊5枚，与花冠裂片对生，花丝分离；子房半下位或下位，花柱圆柱形，胚珠多数，特立中央胎座。浆果，稍肉质，稀硬壳质，花柱及花萼宿存。种子多数，具棱角。

约200种，分布于热带及亚热带地区。中国29种；广西9种。

分种检索表

1. 花冠裂片与花冠管等长或略长。
  2. 圆锥花序，通常顶生，有时同时腋生，长5cm以上(仅短序杜茎山例外)，多分枝，分枝长达4～5cm。
    3. 叶长为宽的3倍，披针形或广披针形，或略宽，椭圆状卵形。
      4. 叶全缘，披针形或广披针形。
        5. 叶膜质或略厚；花梗长4～5mm，与轴几垂直 ·························· **1. 米珍果 M. acuminatissima**
        5. 叶坚纸质或近革质；花梗长1.0～1.5mm，与轴呈锐角 ······················· **2. 称杆树 M. ramentacea**
      4. 叶具波状齿至细锯齿，椭圆状卵形。
        6. 圆锥花序长3～7cm ·· **3. 小叶杜茎山 M. parvifolia**
        6. 圆锥花序长5～8mm ·· **4. 短序杜茎山 M. brevipaniculata**
    3. 叶长为宽的1/2，广卵圆形或椭圆状卵形··· **5. 腺叶杜茎山 M. membranacea**
  2. 总状花序，腋生，长6cm以下，无分枝或仅基部具1～2个短分枝，分枝长不超过1.5cm。

7. 叶面无毛；小枝被柔毛或疏长硬毛，有时近无毛…………………………………………… **6. 金珠柳 M. montana**

7. 叶面或多或少被毛；小枝密被长硬毛或短柔毛，稀无毛。

8. 叶两面被糙伏毛；果被长硬毛 ………………………………………………………… **7. 毛穗杜茎山 M. insignis**

8. 叶幼时两面被长硬毛，以后除脉外叶面近无毛，背面被长硬毛；果无毛………… **8. 鲫鱼胆 M. perlaria**

1. 花冠裂片较花冠管短，仅为花冠管的1/3或更短；植株无毛，髓部空心；叶片长为宽的2~3倍，叶面脉平整，不深凹 ………………………………………………………………………………………… **9. 杜茎山 M. japonica**

1. 米珍果 尖叶杜茎山 图1057：1

Maesa acuminatissima Merr.

灌木，高达4m。小枝纤细，无毛。叶片膜质或略厚，披针形或广披针形，顶端渐尖或尾状渐尖，常镰状，基部钝或近圆形，长9~17cm，宽2~5cm，全缘，两面无毛，无腺点，侧脉4~6对；叶柄长约1cm。圆锥花序顶生或腋生，长5~8cm，下部分枝长达4cm；苞片钻形，长不足1mm；花梗长4~5mm，与轴几垂直；小苞片披针形，紧贴花萼或略远；花长约2mm，花萼钟形，萼片卵形；花冠白色，钟状，长约2mm。果球形或卵球形，直径约3mm，绿白色，无腺点，无毛，宿存花萼几包果或果顶端微露。花期1~2月；果期11~12月。

产于上思。生于海拔600m以下密林中。分布于广东、云南；越南也有分布。

2. 称杆树 图1057：2

Maesa ramentacea（Roxb.）A. DC.

大灌木至小乔木，高1.5~5.0m。分枝多且长，外倾或攀援，小枝具条纹，皮孔小而显著，无毛。叶片坚纸质或近革质，卵形、卵状披针形或椭圆状披针形，顶端长渐尖至急尖，基部圆形或广楔形，长8~16cm，宽2.5~5.5cm，全缘或具极不明显的疏离浅波状齿，两面无毛，叶面中脉及侧脉微隆起，背面中、侧脉隆起，侧脉5~8对；叶柄长约1cm。圆锥花序腋生或近顶生，长4~10cm，分枝多，无毛；苞片卵形，花梗长1.0~1.5mm，小苞片广卵形或三角状卵形；花长约1.5mm，花萼钟形，基部连合达全长的1/2；花冠白色，长约1.5mm。果球形，直径2.0~2.5mm，黄白色，具纵行肋纹，宿存萼片几全包顶端。花期1~3月；果期8~10月。

产于上思、巴马、百色、那坡、平果、乐业、凌云、天峨、都安。分布于云南；印度、马来半岛、印度尼西亚至菲律宾也有分布。

图1057 1. 米珍果 Maesa acuminatissima Merr. 果枝。**2. 称杆树 Maesa ramentacea**（Roxb.）A. DC. 果枝。（仿《中国植物志》）

3. 小叶杜茎山 图1058：3

Maesa parvifolia A. DC.

灌木或攀援灌木。分枝多，披散，高0.5~3.0m，小枝纤细，有时成“之”字形，被微柔毛或几无毛。叶膜质或近坚纸质，椭圆形至披针形，先端渐尖，基部楔形或钝，长2.5~6.0cm，宽1.0~1.8cm，边缘有波状齿或锯齿，齿尖有腺点或胼胝体，叶面无毛或疏被微柔毛，中、侧脉隆起，背面被柔毛，侧脉8对，尾端达齿尖；叶柄长3~6mm，常被柔毛。圆锥花序腋生，仅1次分枝，长3~7cm，略被毛；萼片广卵形；花冠白色，钟形，裂片与花冠管等长或略短。花期2~4月。

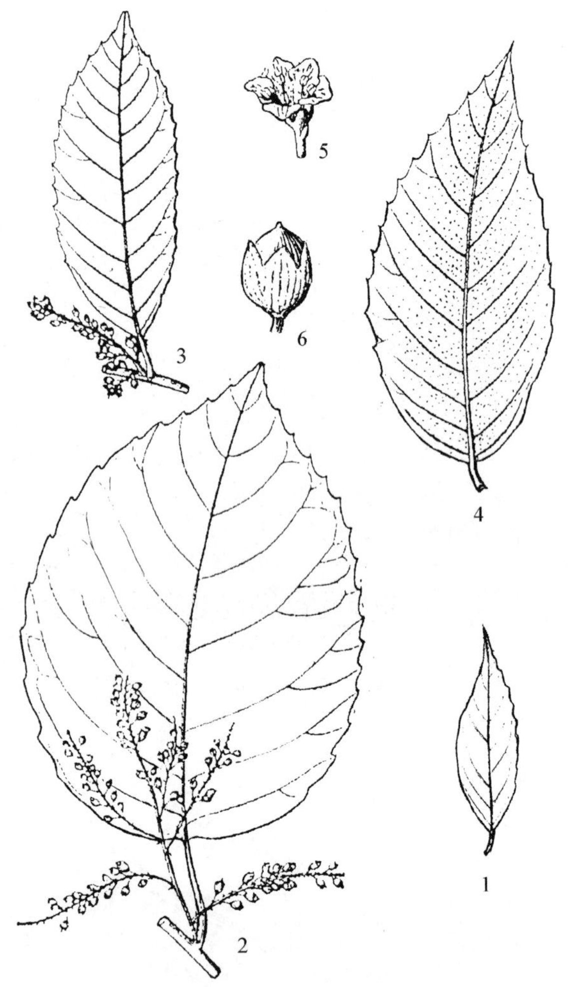

图 1058 1. 小叶杜茎山 Maesa parvifolia A. DC. 叶。**2. 腺叶杜茎山 Maesa membranacea** A. DC. 果枝。**3. 金珠柳 Maesa montana** A. DC. 果枝。**4～6. 鲫鱼胆 Maesa perlaria** (Lour.) Merr. 4. 叶；5. 花；6. 果。(仿《中国植物志》)

图 1059 短序杜茎山 Maesa brevipaniculata (C. Y. Wu et C. Chen) Pipoly et C. Chen 1. 花枝；2. 花；3. 花冠展开；4. 雄蕊及花萼。(仿《中国植物志》)

产于广西南部。分布于云南、广东、海南；越南也有分布。叶可制茶。

4. 短序杜茎山 图 1059

Maesa brevipaniculata (C. Y. Wu et C. Chen) Pipoly et C. Chen

灌木，高 0.5～3.0m。小枝具棱，髓实心。叶披针形或卵状披针形，长 7～13cm，宽 1.5～4.5cm，先端镰形或尾状渐尖，基部钝或近圆形，边缘波状至具微锯齿，被微柔毛或无毛，侧脉 8 对；叶柄具槽，长 3～8mm，疏被柔毛。花序圆锥状，被微柔毛，腋生，极短，长 5～8mm，仅基部具 1～2 个分枝；花少，白色，芳香；花梗长约 1.5mm，被毛；花冠钟状，长约为花萼裂片长的 3 倍，与花冠管近等长，裂片宽卵形。花期 4～6 月；果期 10～12 月。

产于金秀、融安、凌云、乐业。生于海拔 1000～1500m 杂木林下。分布于贵州、云南。

5. 腺叶杜茎山 顶花杜茎山、中越杜茎山 图 1058：2

Maesa membranacea A. DC.

大灌木，高 2～5m。多分枝，小枝无毛，圆柱形，髓部空心。叶膜质或近坚纸质，广卵圆形或椭圆状卵形，顶端突然渐尖或急尖，基部广楔形或钝，长 10～24cm，宽 5.0～11.5cm，边缘有波状齿，齿尖有腺点，两面无毛，中脉上平下凸，侧脉 6～9 对，弯曲上升，尾端直达齿尖，脉间有脉状腺条纹；叶柄长 2～3cm。圆锥花序腋生或顶生，长(2～)7cm，无毛；花白色，钟状，裂片与花冠管几等长。果球形，直径约 3mm，具细的脉状腺条纹，宿存花萼包至果的上部或近顶端。花期 12 月至翌年 1 月；果期 11～12 月。

《中国植物志》记载广西有顶花杜茎山(Maesa balansae)，但两者很相近，难以区别，本志作归并处理。产于巴马、隆安、大新、龙州、凭祥、宁明。生于海拔 1100m 以下石山密林中或沟边，为常见种，不生于干燥荒坡。分布于海南、云南；越南也有分布。

6. 金珠柳 山杜茎山 图 1058：3

Maesa montana A. DC.

灌木或小乔木，高 2 ~ 3m，稀 10m。小枝圆柱状，疏被硬毛或柔毛，有时无毛。叶坚纸质，椭圆状或长圆状披针形或卵形，顶端急尖或渐尖，基部楔形或钝，长 7 ~ 14cm，宽 3 ~ 7cm，边缘有粗锯齿或疏波状齿，齿端有腺点；叶面无毛，中脉微凹，侧脉不明显，背面无毛或有时被疏硬毛，尤以脉上常见，中脉隆起，侧脉 8 ~ 12 对，伸到齿尖，常见脉状腺条纹；叶柄长 1.0 ~ 1.5cm。总状花序，常于基部分枝，腋生，长 2 ~ 7cm；花冠白色，钟形，有脉状腺条纹，裂片与花冠管等长或略长，卵形，顶端钝或圆形。果球形，直径约 3mm，熟时白色，有脉状腺条纹，宿存花萼包到果中部，包果萼。花期 2 ~ 4 月；果期 10 ~ 12 月。

产于上思、龙州、田林、昭平。分布于中国西南至台湾；印度、缅甸、泰国也有分布。

7. 毛穗杜茎山

Maesa insignis Chun

灌木，高 1.2 ~ 3.0m。小枝纤细，密被长硬毛，髓部空心。叶坚纸质或纸质，椭圆形至椭圆状卵形，先端渐尖或近尾尖，基部圆形至钝，长 12 ~ 16cm，宽 4 ~ 6cm，边缘有锐锯齿或三角状锯齿，两面被糙伏毛，叶面中脉微凹，侧脉微隆起，背面中、侧脉被密长硬毛，明显隆起，侧脉约 10 对；叶柄长约 5mm，密被长硬毛。总状花序腋生，长约 6cm，总梗、苞片、花萼和小苞片均被长硬毛；花梗长约 5mm；花长约 2mm；花冠白色，钟形，裂片为花冠管长的 1/2 或略短，广卵形或近圆形，具脉状腺条纹，无毛。果近球形，直径约 5mm，白色，略肉质，被长硬毛，宿存花萼包至果的顶端。花期 1 ~ 2 月；果期 11 月。

产于百色。生于海拔 600 ~ 1000m 山坡疏林下或灌丛中。分布于广东、贵州。

8. 鲫鱼胆 牛屎木 图 1058：4 ~ 6

Maesa perlaria (Lour.) Merr.

小灌木，高 1 ~ 3m。小枝被长硬毛或短柔毛，有时无毛。叶纸质至近坚纸质，椭圆状卵形至椭圆形，先端凸尖或渐尖，基部楔形，长 7 ~ 11cm，宽 3 ~ 5cm，边缘中下部以上具粗锯齿，下部全缘，幼时两面密被长硬毛，以后叶面除脉外近无毛，背面被长硬毛，中脉隆起，侧脉 7 ~ 9 对，侧脉直达齿尖；叶柄长 7 ~ 10cm，被长硬毛或短柔毛。总状花序腋生，长 2 ~ 4cm，基部具 2 ~ 3 分枝，被长硬毛或短柔毛；花梗长约 2mm，花长约 2mm；花白色，钟形，无毛，有脉状腺条纹；裂片与花冠等长。果球形，直径约 3mm，无毛，有脉状腺条纹；宿存萼片包至果的 2/3 处。花期 3 ~ 4 月；果期 12 月至翌年 5 月。

产于柳江、玉林、博白、宁明。生于林缘和灌丛中。分布于中国西南至东南各地；中南半岛也有分布。全株供药用，对跌打刀伤有消肿的功效。

图 1060 杜茎山 Maesa japonica (Thunb.) Moritzi et Zoll. 1. 花枝；2. 果枝；3. 叶；4. 花冠展开；5. 花。（仿《中国高等植物图鉴》）

9. 杜茎山 野胡椒 图 1060

Maesa japonica (Thunb.) Moritzi et Zoll.

灌木，直立，有时外倾或攀援，高 1 ~

3m。小枝无毛，具细条纹，疏生皮孔，髓部空心。叶薄革质，椭圆形至披针状椭圆形，顶端渐尖、急尖或钝，基部楔形、钝或圆形，长 5 ~ 15cm，宽 2 ~ 5cm，全缘或中部以上具疏锯齿，两面无毛，叶面中脉、侧脉及细脉微隆起，背面中脉明显，隆起，侧脉 5 ~ 8 对，不甚明显，尾端直达齿尖；叶柄长 5 ~ 13mm，无毛。总状花序或圆锥花序，单一或 2 ~ 3 个腋生，长 1 ~ 3cm，仅近基部具少数分枝，无毛；花梗长 2 ~ 3mm；花冠白色，长钟形，管长 3.5 ~ 4.0mm，具明显的脉状腺条纹，裂片长为管的 1/3 或更短。果球形，直径 4 ~ 5mm，肉质，具脉状腺条纹，宿存萼包果顶端。花期 1 ~ 3 月；果期 10 月或 5 月。

产于广西大部。生于海拔 2000m 以下山坡或石灰岩山地杂木林下阳处，或路旁灌木丛中。分布于中国西南至台湾；日本及越南也有分布。播种或扦插繁殖。四季常青，叶形中等、光亮，萌发性强，耐修剪，适应性强，优良阴生地被植物。果可食，微甜；全株供药用，有祛风寒、消肿之功，用于治腰痛、头痛、心烦燥渴、眼目晕眩等症；茎、叶外敷治跌打损伤，止血。

2. 蜡烛果属 Aegiceras Gaertn.

灌木或小乔木。叶革质，互生或于枝顶近对生，倒卵形，全缘。花两性，5 数；腋生或顶生伞形花序；花萼基部极少联合，呈覆瓦状排列，宿存；花冠钟状，基部联合成管，裂片呈覆瓦状排列；花丝基部合生成管，着生花冠基部；子房上位。蒴果，圆柱形，呈新月状弯曲，宿存萼片紧包果基部。

2 种，分布于东半球热带海岸泥滩地带。中国 1 种，广西也有分布。

蜡烛果 黑榄、桐花树 图 1061

Aegiceras corniculatum (L.) Blanco

灌木或小乔木，高 1.5 ~ 4.0m。小枝无毛，褐黑色。单叶互生，于枝顶近对生，革质，倒卵形、椭圆形或广倒卵形，顶端钝圆或微凹，基部宽楔形，长 3 ~ 10cm，宽 2.0 ~ 4.5cm，全缘，边缘反卷，两面密布小窝点，叶面无毛，中脉平整，侧脉微隆起，背面密被微柔毛，中脉隆起，侧脉微隆起，侧脉 7 ~ 11 对；叶柄长 5 ~ 10mm。伞形花序顶生，无柄，有花 10 余朵；花梗长 1cm；花萼仅基部合生，紧包花冠基部；花冠白色，钟状，下部合生成管状，管长 3 ~ 4mm。蒴果圆柱状，呈新月形，顶端渐尖，长 6 ~ 8cm，直径约 5mm；宿存花萼紧包果基部。花期 12 月至翌年 2 月；果期 10 ~ 12 月。

图 1061 蜡烛果 Aegiceras corniculatum (L.) Blanco 花果枝。(仿《中国高等植物图鉴》)

红树林树种。产于防城、北海、合浦、钦州。生于河口地带的淤泥滩涂上，如果河口与海面近于平坦，可以沿着河口分布到海水倒流到达的河滩两岸，成为河口海湾的大面积连片的红树林的建群种或纯林，也是广西分布最广、面积最大的红树林之一。分布于广东、海南、福建及南海诸岛；印度、中南半岛至菲律宾、澳大利亚也有分布。为优良海防林树种和蜜源树种。

3. 紫金牛属 **Ardisia** Sw.

小乔木、灌木或亚灌木。叶互生，稀对生或近轮生，常具不透明腺点。聚伞、伞房、伞形或圆锥花序，稀总状花序；花两性，5(4)数；花萼基部连合或分离，常具腺点；花瓣基部稍连合，常具腺点；雄蕊着生花冠喉部；子房上位。浆果状核果，常红色，被腺点。

400～500种，分布于热带、亚热带地区。中国65种，分布于长江流域以南各地；广西37种2变种，广布于全区各地，本志记载29种2变种。

分种检索表

1. 灌木，通常高不及1m；具匍匐生根的根茎、匍匐状茎或块茎。
  2. 叶缘锯齿状或具栉状锯齿。
    3. 叶缘具栉状锯齿，叶大，长16～50cm ………… **1. 走马胎 A. gigantifolia**
    3. 叶缘具粗细不等的细锯齿，叶稍小，长15～22cm ………… **2. 紫脉紫金牛 A. purpureovillosa**
  2. 叶全缘，叶缘圆锯齿状或波状。
    4. 叶和小枝的腺体均被微毛或长硬毛。
      5. 叶先端近渐尖至急尖，边缘光滑。
        6. 叶缘齿状；小枝具长柔毛或长硬毛 ………… **3. 雪下红 A. villosa**
        6. 叶全缘；小枝具淡红色腺状凸起，具微柔毛 ………… **4. 九管血 A. brevicaulis**
      5. 叶先端圆形至急尖，边缘具腺点和长硬毛 ………… **5. 虎舌红 A. mamillata**
    4. 叶和小枝疣状凸起、鳞状或光滑无毛。
      7. 叶片长2～6cm。
        8. 叶全缘；小枝被锈色鳞片和微柔毛 ………… **6. 灰色紫金牛 A. fordii**
        8. 叶缘细齿状；小枝密被淡红色微柔毛。
          9. 叶坚纸质，基部楔形；花序着生于侧枝顶端，花瓣粉红色 ………… **7. 细罗伞 A. affinis**
          9. 叶厚坚纸质或近革质，基部钝至圆形；花序侧生，花瓣白色，稀粉红色 ………… **8. 少年红 A. alyxiifolia**
      7. 叶片长6.5～20.0cm。
        10. 叶先端长而细，渐尖或尾状渐尖；小枝具淡红色的腺状凸起；叶柄长3～6mm ………… **9. 尾叶紫金牛 A. caudata**
        10. 叶先端急尖至尖锐；小枝具锈色腺状凸起；叶柄长8～20mm。
          11. 叶膜质；花瓣长4～5mm，顶端急尖；植株具匍匐状生根的根茎 ………… **10. 百两金 A. crispa**
          11. 叶纸质至近革质；花瓣长7～8mm，顶端尖锐；植株具块茎 … **11. 肉茎紫金牛 A. carnosicaulis**
1. 灌木或小乔木，常高于1m；无蔓延状根茎或匍匐状茎。
  12. 花序腋生或着生于侧生特殊花枝顶端。
    13. 小枝和花序轴均被鳞片。
      14. 果球形；叶压干后呈褐色 ………… **12. 越南紫金牛 A. waitakii**
      14. 果扁球形，具5钝棱；叶压干后呈灰蓝色 ………… **13. 罗伞树 A. quinquegona**
    13. 小枝和花序轴光滑或被细而密的红色乳头状凸起的腺体。
      15. 复总状花序、总状花序或圆锥状花序，腋生。
        16. 灌木或乔木，高6m以上；叶坚纸质，椭圆状披针形或倒披针形 ………… **14. 酸苔菜 A. solanacea**
        16. 灌木，高约1m；叶膜质，狭披针形或披针形 ………… **15. 狭叶紫金牛 A. filiformis**
      15. 复伞形花序或圆锥状聚伞花序，着生于侧生特殊花枝顶端 ………… **16. 凹脉紫金牛 A. brunnescens**
  12. 花序顶生或近顶生。
    17. 叶缘细齿状、锯齿状或齿状，或近全缘则具比较大的节结。
      18. 小枝、叶表面和花序轴光滑或具锈色鳞片 ………… **17. 大罗伞树 A. hanceana**
      18. 小枝和花序轴具稀疏的被微毛的乳头状腺点或被硬毛。
        19. 单伞形花序。

20. 叶面、小枝和花序轴均密被淡红色微柔毛；萼片纸质，边缘被长柔毛，具腺体 ………………………………………………………………………… **18. 山血丹 A. lindleyana**

20. 叶面光滑，小枝和花序轴均被淡红色的乳头状腺体；萼片膜质，边缘光滑 ………………………………………………………………………… **19. 硃砂根 A. crenata**

19. 圆锥状伞形花序、伞形花序或聚伞花序。

21. 复伞房花序或伞形花序；叶先端尖锐或近渐尖 ………………………… **20. 纽子果 A. polysticta**

21. 圆锥状复伞房花序；叶先端渐尖或近尾状渐尖。

22. 叶膜质；圆锥状复伞房花序 ………………………………………… **21. 散花紫金牛 A. conspersa**

22. 叶近革质至革质；圆锥状伞形花序。

23. 花被膜质，透明，萼片无腺点 …………………………………… **22. 白花紫金牛 A. merrillii**

23. 花被纸质，密被黑色斑点，萼片密被腺点。

24. 植株无块根；叶狭长圆状倒披针形或倒披针形，长 11～13cm，叶背被卷曲的疏柔毛或柔毛；花梗被微柔毛 ………………………………… **23. 伞形紫金牛 A. corymbifera**

24. 植株具块根；叶狭椭圆形或倒卵状披针形，长 5～8cm，叶背面及花梗均无毛………………………………………………………………… **24. 块根紫金牛 A. pseudocrispa**

17. 叶缘波状，近全缘或全缘，无膨大的节结。

25. 伞形花序，着生于侧枝顶端。

26. 叶线形至线状披针形；小枝直径 1.5～2.5mm ………………………… **25. 剑叶紫金牛 A. ensifolia**

26. 叶椭圆形、倒披针形或倒卵形；小枝直径 3.5～5.0mm ……………… **26. 榄色紫金牛 A. olivacea**

25. 圆锥花序，着生于主枝顶端或近顶端。

27. 小枝、花序和叶均无毛；侧脉不超过 15 对。

28. 叶倒披针形或倒卵形，先端广急尖、钝或圆形，叶背被疏鳞片；花长 4～5mm ………………………………………………………………………… **27. 铜盆花 A. obtusa**

28. 叶椭圆形至或倒披针形，先端渐尖，叶两面无毛；花长 2.0～2.5mm ………………………………………………………………………… **28. 小花紫金牛 A. graciliflora**

27. 小枝、花序和叶背均被鳞片或微柔毛；叶侧脉极多，20 对以上 …… **29. 南方紫金牛 A. thyrsiflora**

1. 走马胎 走马风 图 1062

Ardisia gigantifolia Stapf

灌木或亚灌木，高约 1m。具粗厚的匍匐生根的根茎，直立茎粗壮，直径约 1cm，常无分枝，幼嫩部分被微毛，后变无毛。叶常簇生茎顶，叶膜质，椭圆形至倒卵状披针形，顶端急尖或近渐尖，基部楔形，下延叶柄成狭翅，长 16～50cm，宽 9～17cm，边缘有密啮蚀状细齿，齿具小尖头，两面无毛或仅背面脉上被细柔毛，具疏腺点，边缘较多；侧脉 15～20 对，不成边缘脉；叶柄长 2～4cm，具波状狭翅。由多个亚伞形花序组成的大型金字塔状或总状圆锥花序，长 20～35cm，宽约 10cm 或更宽，无毛或被细微柔毛，每个亚伞形花序有花 9～15 朵。果球形，直径约 6mm，红色，无毛，具纵肋。花期 2～6 月；果期 11 月至翌年 6 月。

产于阳朔、永福、象州、金秀、融水、蒙山、凌云、乐业、隆林、马山、平南、防城、上思、扶绥。生于荫蔽潮湿林下。分布于云南、广东、江西、福建；越南也有分布。全株药用，有“两脚行不开，不离走马胎”之说，用于祛风补血、活血散瘀、消肿止痛，外敷治痈疖溃烂。

2. 紫脉紫金牛 图 1063

Ardisia purpureovillosa C. Y. Wu et C. Chen ex C. M. Hu

灌木，高 0.5～1m。除侧生特殊花枝外，无分枝，密被紫红色长柔毛。叶轮生，叶坚纸质，披针形或椭圆形，顶端渐尖，基部楔形，下延或微下延，长 15～22cm，宽 3.8～5.0cm，边缘具不整齐的细锯齿，两面被疏细微柔毛，以背面较多，或两面几无毛，叶面中脉、侧脉微凹，背面隆起，紫红色，侧脉约 18 对，与中脉几成直角，尾部成不明显的边缘脉；细脉网状，网眼具碎发状腺点；叶柄长 1.0～1.5cm 或由于叶基部下延而几无柄。复伞形花序，着生于侧生特殊花枝顶端，花枝长

图 1062 走马胎 Ardisia gigantifolia Stapf
1. 叶；2. 果枝；3. 果。(仿《中国高等植物图鉴》)

图 1063 紫脉紫金牛 Ardisia purpureovillosa C. Y. Wu et C. Chen ex C. M. Hu 1. 花枝；2. 花；3. 花冠一部分展开。(仿《中国植物志》)

6～10cm，近顶端具 2～3 片披针形小叶，小叶长不超过 10cm。果球形，直径约 6mm，被锈色微柔毛，具腺点。花期 4～5 月；果期 9 月。

产于凌云、乐业、那坡、德保、龙州。生于海拔 600m 以上石灰岩山坡密林下。分布于云南；越南也有分布。根药用，用于跌打。

3. 雪下红 矮脚三郎、卷毛紫金牛 图 1064

Ardisia villosa Roxb.

直立灌木，高 50～100cm。具匍匐根茎，幼时全株被褐色或锈色长柔毛或长硬毛，毛常卷曲，后渐变无毛。叶坚纸质，椭圆状披针形至卵形，先端急尖或渐尖，基部楔形，略下延，长 7～15cm，宽 2.5～5.0cm，近全缘或边缘腺点缩成波状细锯齿或圆齿，常不明显，叶面除中脉外无毛，背面密被长硬毛或长柔毛，有腺点，侧脉 15 对，连成边缘脉；叶柄长 5～10mm，被长柔毛。单或复聚伞花序或伞形花序，被锈色长柔毛；花枝长 2～15cm，长者近顶端常有 1～2 片叶或退化叶；花梗长 5～10mm。果球形，直径 5～7mm，深红色或带黑色，有腺点。花期 5～7 月；果期 2～5 月。

图 1064 雪下红 Ardisia villosa Roxb. 果枝。(仿《中国植物志》)

图 1065 1～2. 九管血 **Ardisia brevicaulis** Diels 1. 植株部分；2. 果。**3～4. 散花紫金牛 Ardisia conspersa** E. Walker 3. 花序；4. 花。**5～6. 伞形紫金牛 Ardisia corymbifera** Mez 5. 花枝；6. 花。（仿《中国植物志》）

产于那坡、武鸣、马山、上林、容县、陆川、博白、合浦、防城、上思、钦州、灵山、宁明、龙州。生于林下阴湿环境中。分布于云南、广东；越南也有分布。全株药用，有消肿、止血散瘀的功效，也用于治风湿骨痛、跌打损伤、止血、红白痢、疮疥等。

4. 九管血 小罗伞、血党 图 1065：5～6

Ardisia brevicaulis Diels

矮小灌木，直立高 10～15cm。有匍匐根茎，茎幼嫩时被微柔毛，具淡红色腺状凸起，除侧生特殊花枝外无分枝。叶坚纸质，狭卵形或卵状披针形，顶端急尖且钝，或渐尖，基部楔形或近圆形，长 7～14cm，宽 2.5～4.8cm，全缘，具不明显边缘腺点，上面无毛，背面有细柔毛，尤中脉较多，有腺点，侧脉 7～13 对，与中脉几成直角，有边缘脉；叶柄长 1.0～1.5cm，被柔毛。伞形花序，着生于侧生特殊花枝顶端，花枝长 2～5cm，除花序基部有 1～2 片叶外，其余无叶或全部无叶；花梗长 1.0～1.5cm，花长 4～5mm。果球形，直径约 6cm，鲜红色，具腺点，宿萼与果梗常为紫红色。花期 6～7 月；果期 10～12 月。

产于阳朔、临桂、全州、兴安、龙胜、恭城、贺州、昭平、金秀、融水、平南。生于海拔 400～1200m 密林下或灌丛中。分布于中国西南至台湾，湖北至广东。全株入药，祛风解毒，治风湿筋骨痛、痨伤咳嗽、喉蛾、蛇咬伤和无名肿毒。根有当归的功效，因根横切面有血红色液汁渗出，故有“血党”之称。

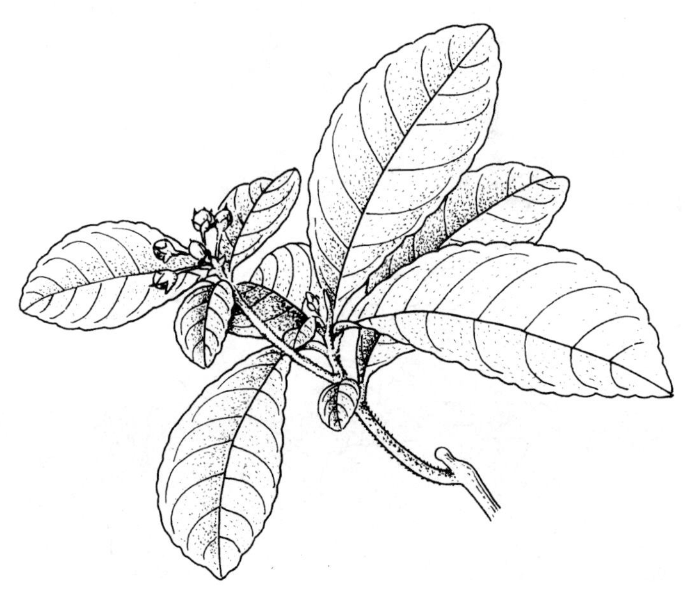

图 1066 虎舌红 **Ardisia mamillata** Hance 果枝。（仿《中国植物志》）

5. 虎舌红 红毛毡、老虎脷、毛地红 图 1066

Ardisia mamillata Hance

矮小灌木，具匍匐木质根茎，地上直立茎高 15cm。茎幼时密被锈色卷曲长柔毛，以后渐变无毛。叶互生或簇生于茎枝顶，倒卵形至长圆状倒披针形，先端急尖或钝，基部楔形或狭圆形，长 7～14cm，宽 3～4cm，边缘具有不明显疏齿，边缘腺藏于毛中，两面绿色或暗紫红色，被锈色或紫红色糙伏毛，毛基隆起如小瘤，有腺点；侧脉6~8对，不明显；叶柄长5~15mm或无，被毛。伞形花序，单一，有花1~2个，稀3个；花枝长3~9cm，有花约10朵，近顶端常有叶1~2片，稀达4片。果球形，直径约6mm，鲜红色，多少具腺点，被柔毛或无。花期6~7月；果期11月至翌年1~6月。

产于广西各地。生于海拔500~1500m林下阴湿环境中。分布于四川、贵州、云南、湖南、广东、福建；越南也有分布。播种或扦插繁殖。株形紧凑，叶面有紫红色茸毛，观赏叶片从不同角度观察呈现光泽多彩，花小淡雅，果呈球形，黄豆大小，红色，果实红红火火，全年轮番挂果，象征喜庆吉祥，高档盆栽观赏植物。常用草药，有清热利湿、活血止血、去腐生肌等功效，用于风湿跌打、外伤出血、小儿疳积、产后虚弱、月经不调、肺结核咳血、肝炎、胆囊炎等症，叶外敷可拔刺、去疮毒等。

6. 灰色紫金牛 细罗伞

Ardisia fordii Hemsl.

小灌木，高30~60cm。具匍匐状根茎；幼时茎密被锈色鳞片及微柔毛，通常除具侧生特殊花枝外，无分枝。叶坚纸质，椭圆状披针形或倒披针形，顶端渐尖或钝，基部楔形或近圆形，长2.4~5.5cm，宽1.0~1.6cm，全缘，两面无毛，背面被锈色鳞片，中脉于叶面下凹，背面明显隆起，侧脉极多，连成边缘脉；叶柄长约3mm。伞形花序，花枝长6~9cm，全部具叶或中部以上具叶；花梗长约7mm。果球形，直径约5mm，深红色，具鳞片和腺点。花期6~8月；果期10~12月。

产于金秀、河池、凤山、百色、藤县、平南、扶绥。生于海拔800m以下密林中或阴湿处。分布于广东。

7. 细罗伞 罗伞树、小狮子头、波叶紫金牛 图1067：1

Ardisia affinis Hemsl.

小灌木，高约35cm。有时具匍匐茎；茎幼嫩部分密被锈色柔毛，后渐疏，无分枝。叶坚纸质，椭圆状卵形至长圆状倒披针形，顶端钝或急尖，基楔形，长1.5~3.5cm，宽1.0~1.5cm，有波状齿或近圆齿，齿间有腺点或不明显，叶面仅微凹的中脉具腺状微柔毛，背面被腺状微柔毛，中脉隆起；侧脉4~5对，不成边缘脉；叶柄长2~5mm。伞形花序，着生于侧生特殊花枝顶端，下弯，花枝长2~4cm，近顶端常有2~3片退化叶，花梗被锈色柔毛；花瓣淡粉红色，仅基部连合，卵形，顶端急尖，长约4mm。果球形，直径约7mm，红色，无腺点。花期5~7月；果期10月至翌年1月。

产于桂林、临桂、龙胜、贺州、融水、南丹、罗城、宜州。生于海拔600m以下石灰岩林下阴湿环境中。分布于江西、湖南、广东。根供药用，散瘀活血，用于跌打损伤、双喉蛾、单喉蛾。

图1067 1. 细罗伞 **Ardisia affinis** Hemsl. 果枝。2. 少年红 **Ardisia alyxiifolia** Tsiang ex C. Chen 果枝。（仿《中国植物志》）

8. 少年红 念珠藤叶紫金牛 图1067：2

Ardisia alyxiifolia Tsiang ex C. Chen

灌木，高约0.5m。具匍匐茎，地上直主茎纤细，幼时密被锈色柔毛，后脱落无毛。叶厚坚纸质至革质，卵形、披针形至长圆状披针形，先端渐尖，基部钝至圆形，长3.8~6.0cm，宽1.5~

图 1068　尾叶紫金牛 Ardisia caudata Hemsl.
1. 花枝；2. 花。（仿《中国植物志》）

图 1069　百两金 Ardisia crispa（Thunb.）A. DC.
1. 花枝；2. 果；3. 根。（仿《中国高等植物图鉴》）

2.3cm，边缘有波状圆齿，齿间有腺点，叶被疏柔毛或小鳞片，以背面中脉为多，侧脉不明显，连成不明显的边缘脉；叶柄长 5 ~ 8mm，有沟。亚伞形或亚伞房花序，稀复伞形花序，侧生，被柔毛；总梗长 1 ~ 3cm，顶端下弯；花梗长6 ~ 10mm，通常带红色；花瓣白色，稀粉红色，卵形或卵状披针形，顶端渐尖，长约 4mm。果球形，径约 5mm，红色，有腺点。花期 6 ~ 7 月；果期 10 ~ 12 月。

产于兴安、龙胜、恭城、贺州、象州、金秀、融水。生于林下阴湿处。分布于江西、湖南、贵州、广东、海南、福建。全株药用，平喘止咳、消淤止痛，主治哮喘咳嗽、跌打损伤。

9. 尾叶紫金牛　图 1068

Ardisia caudata Hemsl.

灌木，高 0.5 ~ 1.0m。枝条纤细，具淡红色的腺状凸起，被柔毛，以后脱落变无毛。叶膜质，椭圆状披针形或长椭圆形，顶端长而细渐尖或尾状渐尖，基部楔形、钝或近圆形，长 6 ~ 13cm，宽 2 ~ 3cm，边缘具皱波状浅圆齿或圆齿，有边缘腺点，两面无毛，背面有疏鳞片，无腺点；侧脉 8 对，不成边缘脉；叶柄长 3 ~ 6mm。伞形或复亚伞形花序，被柔毛；花枝长 5 ~ 20cm，近顶端具 3 ~ 4 片叶。果球形，直径约 6mm，红色，有腺点。花期 5 ~ 7 月；果期 11 ~ 12 月或翌年 5 ~ 6 月。

产于隆林。分布于四川、贵州、云南和广东。

10. 百两金　高脚凉伞　图 1069

Ardisia crispa（Thunb.）A. DC.

灌木，高 60 ~ 100cm。具匍匐状根的根茎，无分枝，花枝多，幼嫩时具细微毛和疏鳞片。叶膜质，椭圆状披针形或狭长椭圆状披针形，先端急尖至尖锐，基部楔形，长 7 ~ 12cm，宽 1.5 ~ 3.0cm，全缘或略波状，边缘有腺点，两面无毛，背面多少有鳞片，无或多少有腺点，侧脉 8 对，边缘脉不明显；叶柄长约 8mm。亚伞形花序，花枝长 5 ~ 10cm；萼片长椭状卵形或披针形，无毛；花瓣白色或粉红色，卵形，长 4 ~ 5mm，顶端急尖。果球形，直径约 5mm，鲜红色，有脉点。花期 5 ~ 6 月；果期 10 ~ 12 月；有时花果同存。

产于龙胜、全州、兴安、资源、灌阳、荔

浦、昭平、金秀、象州、融水、凤山、凌云、乐业、那坡、平南、上林、武鸣。生于山谷、山坡林下阴湿处。分布于中国长江以南各地；日本、印度尼西亚也有分布。根、叶药用，有清热利咽、舒筋活血的功效，治咽喉痛、扁桃体炎、肾炎水肿、跌打损伤、风湿等症。

11. 肉茎紫金牛

Ardisia carnosicaulis C. Chen et D. Fang

灌木，高约1m或略矮。茎皮具薄栓皮，里面肉质，无毛，具皮孔，髓部空心；地下部分具肉质块根。叶纸质至近革质，略厚带肉质，长椭圆形、倒卵形或倒披针形，顶端渐尖，钝，基部楔形，长9.0~14.5cm，宽3~5cm，边缘具浅圆波状齿，具边缘腺点，两面无毛，叶面中脉下凹，侧脉微凹，16~18对，背面中、侧脉均隆起，细脉微隆起，有时具疏、微凹的腺点，具边缘脉；叶柄长8~20mm。单一的伞房花序，着生于侧生特殊花枝顶端，花枝长4.5~16.0cm，有花约10朵，有时具20余朵；花梗顶端略粗，长7~20mm，基部具苞片，苞片卵形至长圆形；花瓣粉红色、淡黄色或黄色，卵形，顶端尖锐，长7~8mm。花期6~10月。

产于龙州、那坡、大新、宁明、田东。生于海拔约300m石灰岩山坡。根可供药用。

12. 越南紫金牛

Ardisia waitakii C. M. Hu

小乔木或大灌木，高1~3m。幼枝、花轴、花梗及花萼均被锈色鳞片。叶坚纸质或略厚，长圆形至长圆状披针形，顶端渐尖或急尖，基部微下延，长9~18cm，宽2.5~5.0cm，全缘或具微波状齿，两面无毛，背面被细鳞片，中脉于叶面下凹，背面隆起，侧脉多数，连成近边缘的边缘脉，与细脉均两面隆起，细脉网状，网眼中常具两面隆起的腺点；叶柄长7~12mm，具狭翅。伞形花序或伞房花序，单生或具分枝，腋生或侧生，长2~6cm；总梗长1~5cm，花梗长6~10mm，花长4~5mm，花萼仅基部连合，长约2mm；花瓣淡紫至近白色，卵形，有或无腺点。果球形，直径约6mm，红色或黑色，具纵肋。花期4~5月；果期8~10月。

产于上思、防城、龙州。分布于广东、海南；越南也有分布。

13. 罗伞树 海南罗伞树 图1070：1~2

Ardisia quinquegona Bl.

大灌木或小乔木，高2~6m。小枝无毛，有纵纹，嫩时被锈色鳞片。叶坚纸质，长圆状披针形、椭圆状披针形至倒披针形，顶端渐尖，基部楔形，叶长8~16cm，宽2~4cm，全缘，两面无毛，呈灰蓝黑色，背面多少有鳞片，侧脉在边缘连成边缘脉，无腺点；叶柄长5~10mm。聚伞花序或亚伞形花序，腋生，稀着生于侧生特殊花枝顶端，长3~5cm，多少被鳞片；花梗长5~8mm。果扁球形，直径约6mm，紫色，有5纵棱，稀棱不明显。花期5~6月；果期12月或翌年2~4月。

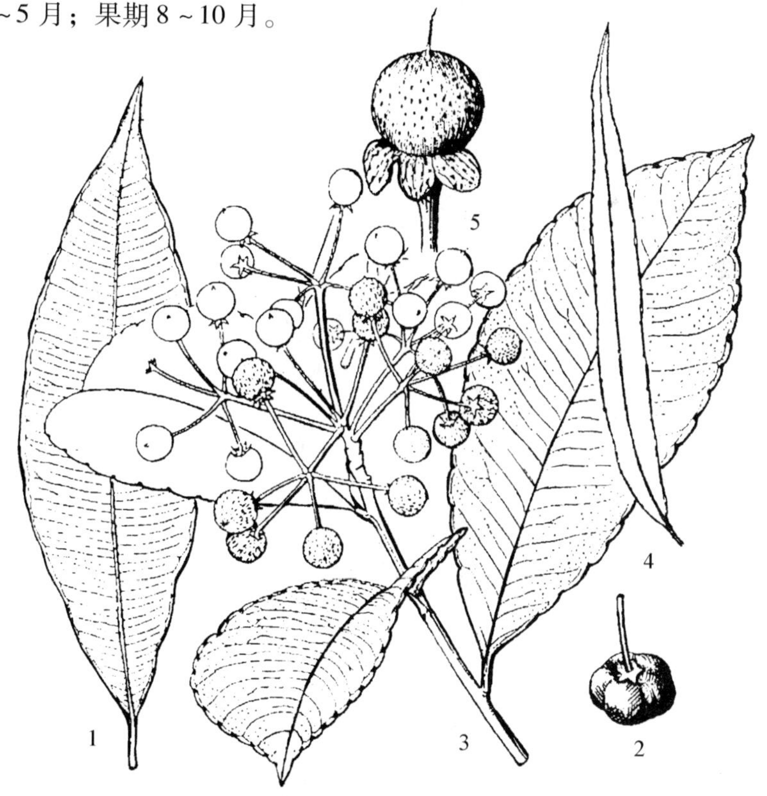

图1070　1~2. 罗伞树 Ardisia quinquegona Bl.　1. 叶；2. 果。**3. 纽子果 Ardisia polysticta** Miq.　果枝。**4~5. 剑叶紫金牛 Ardisia ensifolia** E. Walker　4. 叶；5. 果。（仿《中国植物志》）

产于广西南部至西南部。生于

海拔 1000m 以下的山坡或山谷，为广西南亚热带常绿阔叶林灌木层常见种或优势种。分布于云南、广东、海南、福建和台湾；马来半岛、中南半岛也有分布。全株入药，有消肿、清热解毒的功效，用于跌打损伤。

13a. 柳叶紫金牛

Ardisia quinquegona var. **salicifolia** C. M. Hu et J. E. Vidal

与原变种的主要区别：小灌木，高约 1m；叶略厚且小，狭披针形，先端长渐尖，叶长 6 ~ 8cm，宽约 1. 2cm。果球形，直径约 4mm，红色。

产于龙胜。生于海拔 700 ~ 1600m 山地。分布于云南。

14. 酸苔菜

Ardisia solanacea (Poir.) Roxb.

灌木或小乔木，高 6m 以上。小枝圆柱状，无毛，具大叶痕和皱纹。叶坚纸质，椭圆状披针形或倒披针形，顶端急尖，钝或近圆形，基急尖或狭窄下延，长 12 ~ 20cm，宽 4 ~ 7cm，两面无毛，具疏腺点，侧脉约 20 对，明显，微隆起；细脉网状，不甚明显；叶柄长 1 ~ 2cm。复总状花序或总状花序腋生，粗壮，总梗长 5 ~ 14cm；花梗长 1 ~ 3cm，均无毛。果扁球形，直径约 8mm，紫红色或带黑色，密布腺点。花期 2 ~ 3 月；果期 8 ~ 11 月，有时花果同在。

产于广西隆林。分布于云南；斯里兰卡至新加坡也有分布。嫩叶、茎尖经烫软、漂洗处理，可作蔬菜。

图 1071　1 ~ 2. 凹脉紫金牛 Ardisia brunnescens E. Walker 1. 果枝；2. 花。**3 ~ 4. 白花紫金牛 Ardisia merrillii** E. Walker 3. 果枝；4. 果。(仿《广西植物志》)

15. 狭叶紫金牛　线状紫金牛

Ardisia filiformis E. Walker

灌木，高约 1m。无分枝或少分枝，枝无毛。叶膜质，狭披针形或披针形，先端狭渐尖，略镰形，基部广楔形，长 12 ~ 20cm，宽 1.0 ~ 2. 5cm，全缘或浅波状齿，齿尖有小腺点，两面无毛，背面有少量鳞片，中脉具腺点，腺点两面隆起；侧脉 10 ~ 15 对，成明显边缘脉；叶柄长约 3mm。圆锥花序腋生，无毛，长 4 ~ 7cm，稀达 12. 5cm 或更长，无毛；花梗长 8 ~ 15mm，极细；花长 3 ~ 4mm，花瓣粉红色到淡红色，长圆状卵形。果球形，直径约 6mm，蓝黑色或红色，有腺点。花期 4 ~ 5 月；果期 12 月。

产于邕宁、上思、钦州、龙州、宁明。生于海拔 1000m 以下林下阴湿环境中。全株供药用，可镇咳平喘。

16. 凹脉紫金牛　石狮子　图 1071：1 ~ 2

Ardisia brunnescens E. Walker

灌木，高 0. 5 ~ 1. 0m。小枝略肉质，有皱纹。叶坚纸质，椭圆形或椭圆状卵形，顶端急尖或广渐尖，基部楔形，长 8 ~ 14cm，宽 3.5 ~ 6.0cm，全缘，两面无毛，叶面脉常下凹，背面中、侧脉明显，隆起，侧脉 10 ~ 15 对，常连成断续的边缘脉或一圈波状脉；叶柄长 7 ~ 12cm。复伞形花序或圆锥状聚伞花序，着生于侧生特殊花枝顶端，花枝长 5 ~ 9cm，无毛，近顶端有 1 ~ 2 片多少退化的叶；花梗长约 1cm，微弯。果球形，直径约 6cm，深红色，具不明显腺点。花期 4 ~ 5 月；果期 10 月至翌年 1 月。

产于那坡、梧州、龙州、大新、防城、上思。生于谷地疏林、灌丛中或石灰岩山坡下部。分布于广东。根药用，妇女产后炖猪肉吃，可增强体质。

17. 大罗伞树 图 1072

Ardisia hanceana Mez

灌木，高 0.8 ~ 1.5m，稀达 6m。茎粗，无毛，无分枝。叶坚纸质或略厚，椭圆状或长圆状披针形，先端长急尖或渐尖，基部楔形，长 10 ~ 17cm，宽 1.5 ~ 3.5cm，近全缘或边缘具反卷的疏凸尖齿，齿尖有腺点，两面无毛，背面近边缘通常具隆起的疏腺点，其余腺点极疏或无，被锈色细鳞片；侧脉 12 ~ 18 对，成边缘脉，边缘通常明显反卷；叶柄长约 1cm 或更长。复伞房花序无毛，着生于顶端下弯的侧生特殊花枝尾端，花枝长 8 ~ 24cm，于 1/4 以上部位具少数叶；花序轴长 1.0 ~ 2.5cm；花梗长 1.1 ~ 1.7cm；花瓣白色或带紫色，长 6 ~ 7mm。果球形，深红色，腺点不明显，直径约 9mm。花期 5 ~ 6 月；果期 11 ~ 12 月。

产于广西全区各地。生于山坡、谷地林下阴湿处及溪边。分布于浙江、安徽、江西、福建、湖南、广东、海南。株形紧凑，花紫红色，开花时节，花满枝头，果实红色、大，优良的观赏植物。

18. 山血丹 防城紫金牛 图 1073

Ardisia lindleyana D. Dietr.

灌木，高约 0.5m。茎被极微柔毛，后脱落无毛，无分枝。叶片坚纸质或近革质，狭披针形或长圆状披针形，先端急尖，基部楔形下延，长 7 ~ 11cm，宽 1 ~ 2cm，具微波状齿或全缘、边缘反卷，无腺点，中脉两面隆

图 1072 大罗伞树 Ardisia hanceana Mez 果枝。（仿《广西植物志》）

图 1073 山血丹 Ardisia lindleyana D. Dietr. 1. 花枝；2. 果。（仿《中国高等植物图鉴》）

起叶，叶面密被淡红色微柔毛，背有细鳞片；侧脉8对，于背面微隆起，有边缘脉和边缘腺点；叶柄长5mm或较短，具狭翅。亚伞形花序，花枝长5～11cm，具少数退化叶或叶状苞片；花长约5mm；萼被微柔毛，无腺点。果球形，直径约6mm，深红色，微肉质，具疏腺点。花期5～7月；果期10～12月，也有花果同在的现象。

产于临桂、阳朔、荔浦、金秀、苍梧、平南、玉林、北流。生于海拔1100m以下石灰岩山谷或常绿阔叶林下。分布于浙江、江西、福建、湖南、广东。

图1074 朱砂根 Ardisia crenata Sims 果枝。（仿《中国高等植物图鉴》）

19. 朱砂根 朱砂根、富贵籽 图1074

Ardisia crenata Sims

灌木，高1～2m。茎粗壮，无毛，除侧生特殊花枝外，无分枝。叶革质或坚纸质，椭圆形、椭圆状披针形至倒披针形，顶端急尖或渐尖，基部楔形，长7～15cm，宽2～4cm，边缘具皱波状或波状齿，具明显的边缘腺点，两面无毛，叶面光滑，有时背面具极小的鳞片，侧脉12～18对，构成不规则的边缘脉；叶柄长约1cm。伞形花序或聚伞花序，着生于侧生特殊花枝顶端；花枝近顶端常具2～3片叶或更多，或无叶，长4～16cm；花梗长7～10mm，几无毛；花长4～6mm，花萼仅基部连合，萼片长圆状卵形，膜质，长约1.5mm或略短，具腺点；花瓣白色。果球形，直径6～8mm，鲜红色，具腺点。花期5～6月；果期10～12月。

产于广西各地。分布于西藏东南部至台湾，湖北至海南；印度、缅甸、马来半岛、印度尼西亚、日本均有分布。耐阴性强。播种或扦插繁殖。株形紧凑，初夏白花繁密，入秋红果满枝，果实球形，似豌豆大小，色泽鲜红、晶亮，果实宿存期较长，观果期可达半年，果实全都集中在植株的下半部分，植株上端枝叶的形状像极了一把伞，笼罩着下面鲜红的果实，宛如青翠叶丛中藏着红彤彤的珍珠，十分高雅，象征着成功和丰收的喜悦，代表着吉祥富贵，商品名称“富贵籽”，优良盆栽及林荫下地栽观赏植物。民间常用中草药，根、叶可祛风除湿，散瘀止痛，通经活络，用于跌打风湿、消化不良、咽喉炎及月经不调等症。

20. 纽子果 大罗伞、绿叶紫金牛 图1070：3

Ardisia polysticta Miq.

灌木，高1～3m。茎粗壮，无分枝，无毛。叶坚纸质或厚，椭圆状至长圆状披针形，顶端尖锐或近渐尖，基部楔形，长9～17cm，宽3～5cm，边缘具皱波状或细圆齿，齿间有边缘腺点，两面无毛，背面有密腺点，尤以叶缘为多，背面中脉明显，隆起，侧脉15～20对，连结成边缘脉；叶柄长1.0～1.5cm。复伞房花序或伞形花序，着生于侧生特殊花枝顶端，花枝长约30cm，无毛；花萼仅基部连合，萼片长圆状卵形至几圆形，顶端钝或圆形，长2.5～3.5mm，具密腺点，外面无毛，里面具微柔毛；花瓣初时白色后变粉红色，长6～8mm，具腺点，两面无毛。果球形，直径约8mm，红色，有密腺点。花期6～7月；果期10～12月至翌年元月。

产于那坡、隆林、龙州、宁明、上思。分布于云南、贵州、海南、台湾；印度及中南半岛也有分布。

21. 散花紫金牛 图1065：3～4

Ardisia conspersa E. Walker

灌木，高约2m。无分枝。叶膜质，倒披针形至长圆状披针形，顶端渐尖或近尾状渐尖，基部楔形或较狭，长7~11cm，宽2~3cm，全缘或有不明显圆齿，齿间有腺点，上面无毛，背面有柔毛或卷毛，有腺点；侧脉15对，不明显，不成边脉；叶柄长5~8mm，被柔毛。圆锥状复伞房花序，长30~50cm，被微柔毛，着生于侧生特殊花枝顶端；花瓣粉红色，长圆状卵形或卵形，长约6mm，外面无毛，里面中部以下被柔毛，无腺点或腺点极不明显。果球形，直径约6mm，红色，无毛，有腺点。花期5~6月；果期10~12月。

产于凭祥、龙州、合浦。生于海拔800~1400m山地。分布于云南；越南也有分布。

22. 白花紫金牛 图1071：3~4

Ardisia merrillii E. Walker

灌木，高约2m。除具侧生特殊花枝外，无分枝，植株无毛。叶坚纸质或革质，椭圆状披针形，顶端急尖或渐尖，基部楔形，长7~10cm，宽2~4cm，边缘具浅圆齿，齿间具边缘腺点，两面无毛，背面具极多细鳞片，中脉于背面隆起，侧脉和细脉两面隆起，侧脉11~15对，粗壮，细脉网状。二回伞房花序，着生于侧生特殊花枝顶端，花枝长11~30cm，每伞房花序有花约8朵；花梗长6~13mm，被极细微柔毛，花长约6mm，花萼仅基部连合，萼片长圆状卵形，长2.5~3.0mm，无腺点，具不甚明显的脉；花瓣白色。果球形，红色，直径约6mm，疏生腺点。花期5~6月；果期11月。

产于龙州。生于密林下。分布于海南；越南也有分布。

23. 伞形紫金牛 紫背绿、西南紫金牛 图1065：5~6

Ardisia corymbifera Mez

灌木，高1~3m。除幼嫩部分被微柔毛外余无毛。叶坚纸质，狭长圆状倒披针形至倒披针形，顶端渐尖或近尾状渐尖，基部广楔形，长11~13cm，宽2~3cm，全缘或具细波状齿，齿间有腺点，上面无毛，背面被卷柔毛或多少被疏柔毛，具密腺点；中脉隆起，侧脉15对，不联结边脉；叶柄长5~8mm，具柔毛。复伞花序着生于侧生特殊花枝顶端，长20~40cm；总梗长1~2cm，花梗长1.0~1.5cm，被微柔毛；花瓣近白色或粉红色至红色，具密腺点。果球形，直径约8mm，鲜红色，有腺点。花期4~5月；果期11~12月，也有花果同在的现象。

产于融水、东兰、靖西、那坡、凌云、乐业、上思、宁明、龙州、大新。生于海拔700~1500m山地潮湿处。分布于云南；越南也有分布。根药用，可消肿止痛、活血散瘀、祛风除湿。

24. 块根紫金牛

Ardisia pseudocrispa Pit.

与伞形紫金牛十分相近，但本种植株下部具块根；小枝无毛或有时被微柔毛；叶片较短小，椭圆形或倒卵状披针形，长5~8cm，宽1.5~2.5cm，两面无毛。花梗长约1cm，无毛，花长约6mm，白色或略带粉红色。

产于靖西、德保、大新、宁明、龙州、扶绥。生于海拔700m以下石灰岩山顶或山坡。分布于越南。干燥块根是广西民间瑶族常用药，用于治疗咽喉肿痛、胃脘痛、月经不调、贫血骨折、跌打损伤、风湿痹痛等。

25. 剑叶紫金牛 开喉箭 图1070：4~5

Ardisia ensifolia E. Walker

小灌木，高约30cm。根茎伸长，木质；直立茎老时灰褐色具纵纹，有明显的叶痕，除侧生特殊花枝外不分枝。叶坚纸质或革质，线形至线状披针形，顶端狭渐尖，基部楔形，长7~12cm，宽约1cm，全缘，边缘反卷及具边缘腺点，两面无毛，中脉于背面明显隆起，侧脉极不明显，连成不明显的边缘脉；叶柄长3~8mm。亚伞形花序，着生于顶端弯曲的侧生特殊花枝顶端，花枝长2~7cm，无叶，被细微柔毛。果球形，直径约6mm，红色，具腺点。花期5~7月；果期11月至翌年1月。

产于恭城、宜州、都安、凤山、巴马、凌云、乐业、田林、那坡。生于海拔约 700m 密林下，阴湿处或石缝间。分布于云南。

26. 榄色紫金牛

Ardisia olivacea E. Walker

灌木，高约 1m。茎较粗壮，幼时具棱，无毛，除侧生特殊花枝外，无分枝。叶膜质或略厚，椭圆形、倒披针形或倒卵形，顶端急尖至渐尖，基部楔形，长 13 ~ 24cm，宽 4 ~ 7cm，全缘，具不甚明显的边缘腺点，两面无毛，叶面中脉微凹，背面隆起，具不明显腺点，腺点微微隆起，侧脉 10 ~ 12 对，不连成边缘脉，有时尾端直达边缘腺点；叶柄长 1 ~ 2cm，有沟。亚伞形花序，单一，有花 8 ~ 10 朵，着生于侧生特殊花枝顶端，花枝长 5. 0 ~ 9. 5cm，无叶，被鳞片或极细的微柔毛，常数枝生于 1 轮。果球形，直径约 6mm，红色，无腺点。花期未详，果期 11 月。

广西特有种，产于那坡。生于山坡密林下。

27. 铜盆花

Ardisia obtusa Mez

灌木，高 1 ~ 6m。小枝无毛，常有棱。叶坚纸质或略厚，倒披针形或倒卵形，顶端广急尖、钝或圆形，基部楔形，长 6. 0 ~ 17. 5cm，宽 2 ~ 5cm，全缘，无边缘腺点，两面无毛，背面具极细疏鳞片，无腺点，中脉于背面明显，隆起，侧脉 8 ~ 15 对，常不明显，不连成边缘脉或边缘脉不明显；叶柄长 7 ~ 10mm。由复伞房花序或亚伞形花序组成的圆锥花序，顶生，长约 6. 5cm，花序中常有退化的叶或叶状苞片，无毛；花梗长 5 ~ 10mm，花萼长约 1. 5mm；花长 4 ~ 5mm，淡紫色或粉红色，胚珠 15 枚，3 轮。果球形，直径 4 ~ 8mm，黑色，无腺点，具不明显的纵肋。花期 2 ~ 4 月；果期 4 ~ 7 月。

产于东兴。生于低地山谷、山坡灌木丛中或疏林下。分布于广东、海南。

27a. 厚叶铜盆花

Ardisia obtusa subsp. **pachyphylla** (Dunn) Pipoly et C. Chen

与原种的主要区别：叶椭圆形至倒披针形；叶柄长 5 ~ 10mm，边缘具沟；花白色至粉红色，长 2. 0 ~ 2. 5mm；花梗长 2 ~ 5mm，纤细；花萼长 0. 8 ~ 1. 0mm；花冠具密而小的斑点；胚珠多数。花期 5 ~ 7 月。

产于广西南部。生于海拔 400 ~ 700m 阔叶林下或溪边。越南也有分布。

图 1075 小花紫金牛 **Ardisia graciliflora** Pit. 花枝。（仿《广西植物志》）

28. 小花紫金牛 图 1075

Ardisia graciliflora Pit.

灌木，高约 3m。小枝无毛，多分枝。叶坚纸质，椭圆形至倒披针形，先端渐尖，基部楔形，长 5 ~ 9cm，宽 1. 4 ~ 2. 3cm，两面无毛，全缘或略有浅锯齿，齿上具极不明显的边缘腺点，叶面中脉下凹，侧脉不明显，背面中脉隆起，侧脉 8 ~ 11 对，略明显，边缘脉不明显；叶梗长 5 ~ 10cm。总状或亚伞形花序组成的圆锥花序顶生，长约 8cm，宽约 11cm，多分枝或多花，无毛；花瓣白至粉红色，长 2. 0 ~ 2. 5mm，具密小腺点。果未详，花期 5 ~ 6 月。

产于龙州。生于海拔 400～700m 湿潮林中。越南也有分布。

29. 南方紫金牛 图 1076

Ardisia thyrsiflora D. Don

灌木或小乔木，高 1.5～5.0m。嫩枝、花序、花梗和叶柄均被锈色微柔毛。叶坚纸质，狭长圆状披针形至倒披针形，先端渐尖，基部楔形下延，长 12～20cm，宽 2～6cm，全缘，两面无毛，背面幼时被细小鳞片，以后渐疏，侧脉与中脉几成直角，多于 20 对，于背面不明显，末端弯曲上升，不连成边缘脉；叶顶长约 1cm。复伞形花序组成圆锥花序，侧生或顶生，长 10～20cm，有锈色柔毛和鳞片；萼片卵形至椭圆状卵形；花瓣粉红色或紫红色，长约 4mm。果球形，直径约 4mm，紫红色，具小腺点，有时具纵肋。花期 3～5 月；果期 10～12 月。

产于巴马、都安、东兰、西林、田林、田阳、隆林、百色、龙州。分布于广东、贵州、云南、福建、西藏；印度、尼泊尔、缅甸、越南也有分布。嫩叶可作茶。

图 1076 南方紫金牛 Ardisia thyrsiflora D. Don 1. 花枝；2. 果。（仿《中国高等植物图鉴》）

4. 酸藤子属 Embelia Burm. f.

攀援灌木或藤本，稀小乔木。单叶互生，或近轮生。总状、伞形、聚伞或圆锥花序，基部具苞片；花常单性，雌雄同株或异株；4～5 数；花萼基部连合；花瓣分离或基部连合，内面和边缘常具乳头状凸起；雄蕊着生于花瓣基部，花药背部常被腺点，稀瘤状；子房上位，花柱长，胚珠 4 枚。浆果状核果。种子 1 枚；胚乳嚼烂状。

约 140 种，主要分布于热带、亚热带地区。中国 14 种；广西 7 种 1 变种。

分种检索表

1. 圆锥花序，长 5～15cm，顶生 ………………………………………… **1. 白花酸藤果 E. ribes**
1. 总状、亚伞形或聚伞花序，腋生或侧生。
  2. 总状花序，基部无苞片，总梗长于 1cm；叶具齿，稀全缘。
    3. 叶光滑，边缘规则，锯齿状或细锯齿状 ………………………… **2. 密齿酸藤子 E. vestita**
    3. 叶灰暗，边缘不规则，全缘或上半部具不明显的疏锯齿 ……………… **3. 瘤皮孔酸藤子 E. scandens**
  2. 总状、亚伞形或聚伞花序，基部有或多少有苞片，总梗长不超过 1cm；叶全缘。
    4. 花 5 数，花序基部多少具苞片，总梗不超过 1cm。
      5. 叶全缘 ………………………………………… **4. 当归藤 E. parviflora**
      5. 叶缘齿状。
        6. 小枝密被长硬毛或弯曲糙伏毛；叶先端急尖或短尖，基部微心形或截形，边缘具圆齿，齿尖具刺尖，中脉被长伏毛，其余被疏鳞片 ……………… **5. 龙骨酸藤子 E. polypodioides**
        6. 小枝密被疏细微柔毛；叶先端渐尖，基部圆形或钝，边缘具小锯齿，叶两面无毛 ………………………………………… **6. 毛果酸藤子 E. henryi**
    4. 花 4 数，花序基部具明显苞片；叶全缘 ………………………… **7. 酸藤子 E. laeta**

1. 白花酸藤果

Embelia ribes Burm. f.

攀援灌木或藤本，长3~6m，有时达9m以上。枝条无毛，老枝有明显皮孔。叶坚纸质，倒卵状椭圆形或长圆状椭圆形，顶端钝渐尖，基部楔形或圆形，长5~8cm，宽约3.5cm，全缘，两面无毛，背面有时被薄粉，腺点不明显，中脉隆起，侧脉不明显；叶柄长5~10mm，两侧具狭翅。圆锥花序，顶生，长5~15cm，稀达30cm，被疏乳头状凸起或密被微柔毛；花梗长1.5mm以上。果球形或卵形，直径约4mm，红色或深紫色，无毛，干时具皱纹或隆起腺点。花期1~7月；果期5~12月。

产于广西各地。分布于贵州、云南、广东、福建；印度以东至印度尼西亚也有分布。根药用，治急性肠胃炎、赤白痢、腹泻、刀枪伤、外伤出血等；果可食，味甜；嫩尖可生食或作蔬菜，味酸。

1a. 厚叶白花酸藤果

Embelia ribes var. **pachyphylla** Chun ex C. Y. Wu et C. Chen

本变种与前者的主要区别：小枝密被柔毛，极少无毛；叶光滑，厚，革质或几肉质，稀坚纸质，常具皱纹，中脉下陷，背面被白粉，中脉隆起，侧脉不明显；果较小，直径约2mm。

产于广西各地。生于海拔700m以上的山地。分布于云南、广东、海南。

2. 密齿酸藤子 平叶酸藤子、大叶酸藤子

Embelia vestita Roxb.

攀援灌木或小乔木，高5m以上。小枝无毛或嫩枝被极细微柔毛，具皮孔。叶坚纸质，卵形至卵状长圆形，稀椭圆状披针形，顶端急尖、渐尖或钝，基部楔形或圆形，长5~11cm，宽2.0~3.5cm，边缘具细锯齿，稀成重锯齿，两面光滑无毛，叶面中脉下凹，侧脉多数，明显，背面中、侧脉及细脉均隆起，具两面隆起的腺点，尤以近边缘为多；叶柄长4~8mm。总状花序，腋生，长2~6cm，被细绒毛；花梗长2~5mm，与轴几成直角；小苞片钻形，长约1.5mm；花5数，长约2mm；花瓣白色或粉红色，长约2mm。果球形或略扁，直径约5mm，红色，具腺点。花期10~11月；果期10月至翌年2月。

产于广西各地。生于石灰岩山坡林下。分布于云南；尼泊尔、缅甸、印度也有分布。果可生食，味酸甜，与红糖或酸果拌食，有驱蛔虫的功效，产地常作野果出售。

3. 瘤皮孔酸藤子 图1077

Embelia scandens (Lour.) Mez

攀援灌木，长2~5m。小枝无毛，密布瘤状皮孔。叶色灰暗，坚纸质至革质，长椭圆形或椭圆形，顶端钝，稀急尖，基部圆形或楔形，长5~9cm，宽2.5~4.0cm；全缘或上半部具不明显的疏锯齿，两面无毛，叶面中脉下凹，

图1077 瘤皮孔酸藤子 Embelia scandens (Lour.) Mez 果枝。(仿《中国植物志》)

背面中、侧脉隆起，边缘及顶端具密腺点，侧脉 7 ~ 9 对；叶柄长 5 ~ 8mm，两侧微微具狭翅。总状花序，腋生，长 1 ~ 4cm，多少被微柔毛或腺状微柔毛；花梗长 1 ~ 2mm；小苞片钻形，长 1.5 ~ 2.0mm；花 5 数，稀 4 数，长约 2mm；花瓣白色或淡绿色，分离，长 2 ~ 3mm。果球形，直径约 5mm，红色，花柱宿存，宿存萼反卷。花期 11 月至翌年 1 月；果期3 ~ 5 月。

产于凤山、东兰、都安、百色、德保、靖西、邕宁、上思。生于海拔 900m 以下山坡林中或疏灌丛。分布于云南、广东、海南；越南、老挝、泰国、柬埔寨也有分布。

4. 当归藤

Embelia parviflora Wall. ex A. DC.

攀援灌木或藤本，长 3m 以上。小枝分两侧展开，披散，密被锈色长柔毛。叶呈 2 列排列于枝条上，酷似复叶，叶坚纸质，卵形，顶端钝或圆形，基部广钝或近圆形，叶小型，长 1 ~ 2cm，宽 0.6 ~ 1.0cm，全缘；叶柄长约 1mm，被长柔毛。亚伞形花序或聚伞花序，腋生，通常下弯藏于叶下，长 5 ~ 10mm，被锈色长柔毛，基部苞片不明显或无，有花 2 ~ 4 朵或略多；花 5 数，长 2.5mm；花瓣白色或粉红色，近顶端具腺点。果球形，直径 5mm 或略小，暗红色，无毛，宿存萼反卷。花期 12 月至翌年 5 月；果期 5 ~ 7 月。

产于广西各地。生于海拔 1800m 以下山间沟谷，常见于土壤疏松肥沃处，为常见攀援灌木或藤本，依树攀援向上生长。开花时，花序垂于叶下，满树白色或粉红色；夏季，果熟时，果红色，满树挂果，十分壮观。分布于西藏、贵州、云南、广东、浙江、福建；印度、缅甸至印度尼西亚也有分布。根与老藤供药用，主治月经不调、白带、萎黄病、不孕症等，与当归有同等疗效，故名“当归藤”，广西民间有“谁人懂得筛箕强，不愁不生养”之说，亦用于腰腿酸痛、接骨、散瘀活血。

5. 龙骨酸藤子 图 1078：1 ~ 2

Embelia polypodioides Mez

攀援灌木或藤本，长约 3m。小枝被密锈色长硬毛或弯曲糙伏毛。叶 2 列，坚纸质，长圆形或披针形，顶端急尖或短尖，基部微心形或截形，长 2.0 ~ 3.5cm，宽 0.8 ~ 1.2cm，边缘具圆齿，齿具刺尖，两面除中脉外被疏鳞片，叶脉均隆起，中脉被锈色长硬毛，边缘及顶端具两面隆起的腺点，侧脉约 12 对；叶柄长 1 ~ 2mm，被锈色长硬毛。亚伞房花序，腋生，几无柄，有花 1 ~ 3 朵，通常下垂于叶下，基部多少具苞片，苞片边缘及外面被锈色长硬毛，里面无毛；花梗长 2 ~ 3mm；花 5 数，长 3 ~ 4mm；花瓣红色，分离，稀基部连合，长2.0 ~ 3.5mm。果球形，直径约 4mm，红色，具腺点，宿存萼紧贴果。花期 12 月至翌年 2 月；果期 1 ~ 3 月。

产于德保、那坡。生于海拔 1000m 以上山间密林中。分布于云南；越南也有分布。

6. 毛果酸藤子 图 1078：3

Embelia henryi E. H. Walker

攀援小灌木，长约 4m。小枝几 2 列，密被皮孔和疏细微柔毛，幼时被微柔毛。叶革质或坚纸质，披针形或卵形，顶端长渐尖，基部圆形或钝，或微下延，长 2 ~ 3cm，宽 0.8 ~ 1.0cm，边缘具小锯齿，齿尖锐，两

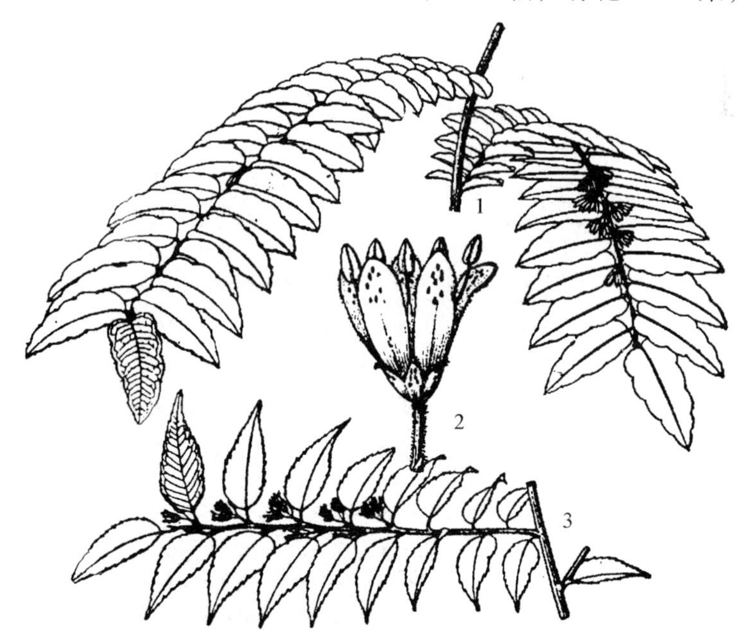

图 1078 1 ~ 2. 龙骨酸藤子 Embelia polypodioides Mez 1. 花枝；2. 花。**3. 毛果酸藤子 Embelia henryi** E. H. Walker 花枝。（仿《中国植物志》）

面无毛，背面具腺点，以叶缘为多，叶面中脉下凹，背面中脉隆起，侧脉微隆起；叶柄长3~4mm，被锈色微柔毛。亚伞房花序或几为总状花序，腋生，有花5~7朵，总梗长4~6mm，基部具少数苞片或无，花梗长3~4mm，被疏微柔毛；小苞片卵形或披针形，长约0.5mm；花5数，长约2.8mm；花瓣绿白色，分离，长约2mm。果球形，直径约4mm，暗红色，具腺点。花期11月至翌年2月；果期9~12月。

产于凌云、乐业、那坡、德保。生于海拔800~1700m山间密林或疏林中。分布于云南；越南也有分布。

7. 酸藤子 图1079

Embelia laeta（L.）Mez

攀援灌木或藤本，稀小灌木，长1~3m。幼枝无毛，老枝具皮孔。叶纸质，倒卵形或长圆状倒卵形，顶端圆形、钝或微凹，基部楔形，长3~4cm，宽1.0~1.5cm，全缘，两面无毛，无腺点，叶面中脉微凹，背面常被薄白粉，中脉隆起，侧脉不明显；叶柄长5~8mm。总状花序，腋生或侧生，生于前年无叶枝上，长3~8mm，被细微柔毛，有花3~8朵，基部具1~2轮苞片；花梗长约1.5mm；花4数，长约2mm；花瓣白色或带黄色，分离，长约2mm。果球形，直径约5mm，腺点不明显。花期12月至翌年3月；果期4~6月。

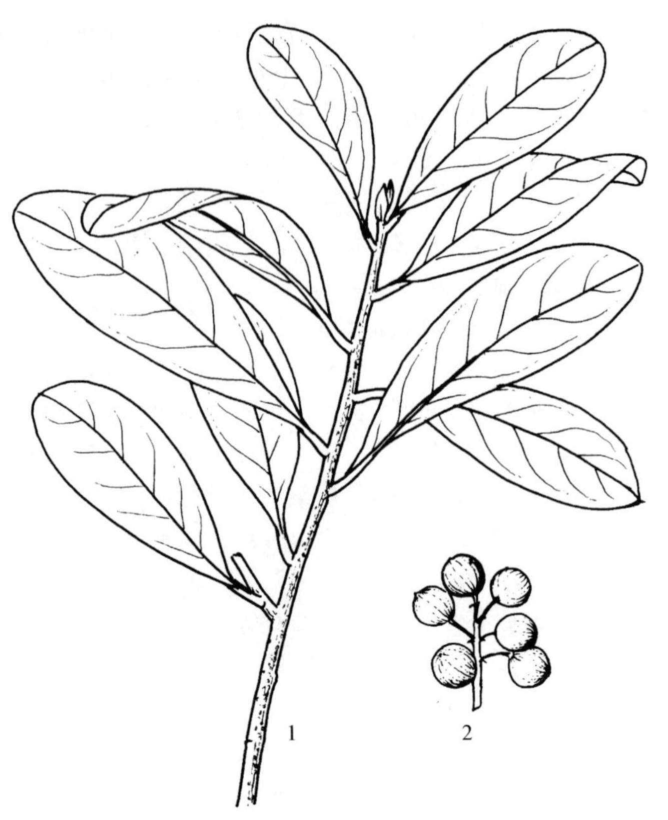

图1079 酸藤子 Embelia laeta（L.）Mez 1. 枝叶；2. 果序。（仿《中国高等植物图鉴》）

产于广西各地，为广西南部灌丛中常见藤本植物。生于海拔1500m以下开阔草丛中、灌木丛中或林中。分布于云南、广东、江西、福建、台湾；越南、老挝、泰国、柬埔寨也有分布。民间常用中草药，根、叶可散瘀止痛、收敛止泻，治跌打肿痛、肠炎腹泻、咽喉炎、胃酸少、痛经闭经等症；叶煎水亦作外科洗药；嫩尖和叶可生食，味酸；果可食，有强壮补血的功效。

5. 铁仔属 Myrsine L.

灌木或小乔木。叶通常具锯齿，稀全缘。伞形花序或花簇生、腋生，着生于具鳞片的小枝上或具苞片的短枝；花4~5(6)数，两性或杂性；花萼近分离或连合1/2，具缘毛及腺点，宿存；花瓣分离，稀连合达全长的1/2，具缘毛及腺点；雄蕊着生于花瓣中部以下，与花瓣对生；子房卵形或近椭圆形。浆果核果状，球形或近卵形，内果皮坚脆，有种子1枚。

约300种，广泛分布泛热带地区。中国11种，分布于长江流域以南各地；广西8种。

分种检索表

1. 叶较小，长1~2cm，宽0.7~1.0cm，叶柄短或几无柄 …………………… **1. 铁仔 M. africana**
1. 叶较大，长于3cm，宽于2.5cm，叶柄长0.6~2.5cm。
  2. 小枝粗，直径2.6~7.0mm。
    3. 小枝不皱缩，具粒状腺体凸起；叶先端圆形或广钝，叶柄直径6~8mm …………… **2. 打铁树 M. linearis**
    3. 小枝皱缩，无毛或被淡红色微柔毛；叶先端急尖，叶柄直径0.9~2.5mm。

4. 顶芽无毛；叶柄直径2.0~2.5mm，叶倒卵形或倒披针形，侧脉明显 …… **3. 广西密花树 M. kwangsiensis**

4. 顶芽被淡红色微柔毛；叶柄直径0.9~2.0mm，叶狭线状披针形或椭圆形，侧脉不明显…………………… **4. 密花树 M. seguinii**

2. 小枝细，直径1.5~2.5mm。

5. 叶近全缘至齿状细锯齿。

6. 花4数；叶边缘中部以上具刺状细锯齿，背面无小窝孔；小枝于叶柄下延处具棱角 …………………… **5. 针齿铁仔 M. semiserrata**

6. 花5数；叶全缘，有时中部以上具1~2对疏粗齿，背面密布小窝孔；叶柄不下延，小枝圆柱形无棱角 …………………… **6. 光叶铁仔 M. stolonifera**

5. 叶全缘。

7. 叶椭圆形至披针形，先端急尖具尖头，基部广楔形或钝，边缘扁平；花萼纸质，唇瓣卵形 …………………… **7. 平叶密花树 M. faberi**

7. 叶广椭圆形，先端宽急尖具小尖头，基部钝，边缘反卷；花萼革质，唇瓣线状椭圆形 …………………… **8. 广西铁仔 M. elliptica**

1. 铁仔 图1080

Myrsine africana L.

灌木，高0.5~1.0m。叶柄下延处小枝上有棱角，幼嫩时被锈色微柔毛。叶革质至坚纸质，椭圆状倒卵形至倒卵形，长1~2cm，宽0.7~1.0cm，先端广钝至近圆形，具短刺尖，基部楔形，边缘中部以上有锯齿，齿端有短刺尖，两面无毛，背面常有小腺点，侧脉很多，不明显，亦不成边缘脉；叶柄短或几无，下延到小枝上。花簇生或近伞形花序，腋生，基部有苞片；花梗长0.5~1.5mm；花4数；花冠基部合生管，管长与全长的1/2或更长。果球形，直径约5mm，红色变紫黑色。花期2~3月，有时5~6月；果期10~11月，有时2月或6月。

产于隆林、南丹。生于海拔1000~1600m。分布于中国西北、西南至华东大部。枝、叶药用，治风火牙痛、咽喉痛、脱肛、子宫脱垂、肠炎、痢疾等；叶捣碎治刀伤。

2. 打铁树 钝叶密花树 图1081

Myrsine linearis（Lour.）Poir.

乔木或灌木，高1~8m。多分枝，幼时密被鳞片，以后脱落，无毛，具粒状腺体凸起。叶常集生枝顶，坚纸质，侧卵形或倒披针形，顶端圆或广钝，长3~7cm，宽1.2~2.5cm，全缘，两面无毛；中脉平整，侧脉不明显，背面中脉隆起，侧脉8~10对，密面腺点，腺点微隆起。花簇生或伞形花序，有花4~6朵或更多，生于具覆瓦状排列苞片的小短枝顶，小短枝生于叶腋或老枝叶痕上；苞片边缘有乳头状凸起；花瓣白色或淡绿色。浆果状核果球形，直径3~4mm，紫黑色，有皱纹和腺点。花期12月至翌年1月；果期7~9月或11月。

产于邕宁、马山、上林、武鸣、陆川、合浦、上思、防城。分布于贵州、广东、海南；越南也有分布。

3. 广西密花树

Myrsine kwangsiensis（E. Walker）Pipoly et C. Chen

图1080 铁仔 **Myrsine africana** L. 果枝。（仿《中国高等植物图鉴》）

小乔木，高 5 ~ 6m。小枝圆柱状，直径 5 ~ 7mm，无毛，有纵纹。叶革质，倒卵形或倒披针形，顶端广急尖或钝尖，基部楔形，长 16 ~ 21cm，宽 6 ~ 8cm，全缘，边缘反卷，两面无毛，叶面中、侧脉平整但明显显露，背面中脉隆起，侧脉微隆起，并在边缘处连成边缘脉。花序伞形或簇生，着生于具覆瓦状排列的苞片的小短枝，小短枝生于叶腋或老枝叶痕上；苞片广卵形，花萼基部连合达 1/3 ~ 1/2，花瓣基部合生达 1/3。浆果状核果球形，直径 4 ~ 5mm，紫色或紫红色，有纵肋和腺点。花期 5 月；果期 10 ~ 11 月。

产于广西西北部、西部及西南部。生于石灰岩山地，为当地石灰岩常绿落叶阔叶林主要建群种。分布于贵州、云南、西藏。木材为散孔材，心材与边材区别不明显，木材淡红色，纹理直，结构粗，气干密度 0.929g/cm^3，干燥翘裂，抗虫、耐腐性中等，供室内装饰、木地板等用材。

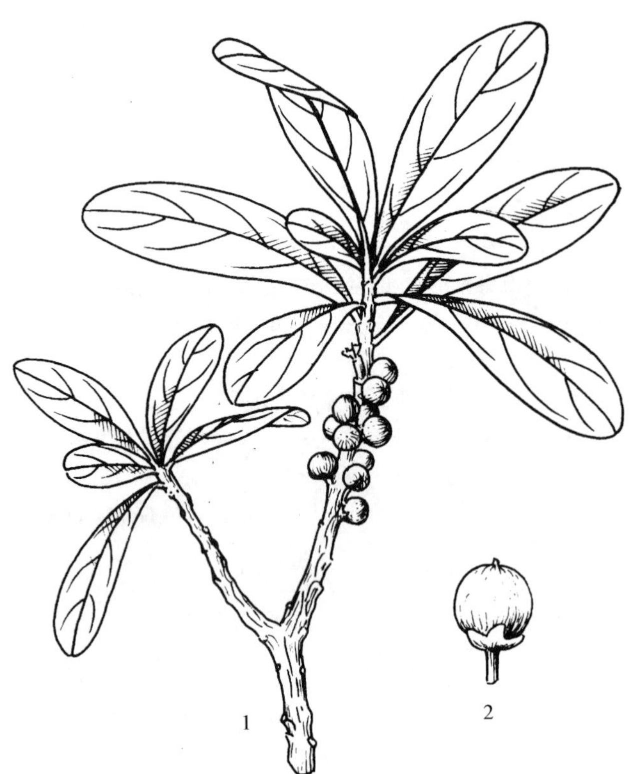

图 1081　打铁树 Myrsine linearis (Lour.) Poir.　1. 果枝；2. 果。(仿《中国高等植物图鉴》)

4. 密花树　图 1082

Myrsine seguinii H. Lév.

小乔木或大灌木，高 2 ~ 7m，最高可达 12m。小枝无毛，具皱纹，有时有皮孔。叶革质，狭线状披针形或椭圆形，顶端急尖或钝，基部楔形，多少下延，长 7 ~ 17cm，宽 1.3 ~ 6.0cm，全缘，两面无毛，上面中脉下凹，侧脉不明显，背面中脉隆起，侧脉很多，不明显；叶柄长约 1cm。花序伞形或簇生，生于具覆瓦状排列的苞片的小短枝上，小短枝生于叶腋或老枝脱叶痕上，花萼基部合生，萼裂片卵形；花瓣白色或淡绿色，稀紫红色。浆果状核果球形，直径约 4mm，灰绿色或紫黑色，有纵向腺条纹。花期 4 ~ 5 月；果期 10 ~ 12 月。

产于广西各地。生于石山或土山的杂木林下或灌木丛中。分布于中国西南各地至台湾。喜光，亦较耐阴。播种繁殖，种子千粒重 52g，即采即播或沙藏至翌年春播，春播种子发芽率约 80%。木材密度很大，灰淡红色，纹理直或斜，结构粗，干燥时开裂并变形，抗虫性、耐腐性中等，气干密度 0.814g/cm^3，作一般用材。叶形、冠形、树形及秆形似罗汉松，被喻为“阔叶树中的罗

图 1082　密花树 Myrsine seguinii H. Lév.　1. 花枝；2. 花；3. 果。(仿《中国高等植物图鉴》)

汉松”，具较高观赏价值，既可以培育成绿化用的小乔木，又能培养成灌木盆景、树桩；既适宜公园观赏，又可用于室内装饰。

5. 针齿铁仔 齿叶铁仔 图1083

Myrsine semiserrata Wall.

灌木或小乔木，高3～7m。小枝无毛，常具棱角(由叶柄下延形成)。叶片坚纸质至近革质，椭圆形至披针形，先端长急尖或长渐尖，基部楔形，长5～9cm，宽2.0～3.5cm，边缘中部以上有刺状细锯齿，两面无毛，叶面中脉下凹，背面隆起，侧脉连成边脉，有疏腺点；叶柄长约5mm。花序伞形或簇生，有花3～7朵，每花基部有1苞片；花梗长约2mm；花4数，长约2mm；花萼管长达全长的1/3；花冠白色至淡黄色，基部合生成管。果球形，直径5～7mm，红色变紫黑色，有密腺点。花期2～4月；果期10～12月。

产于金秀、那坡、德保、凌云、乐业、田林、隆林、平南。生于海拔500～1400m疏林下或阳坡灌丛中或石灰岩山灌丛中。分布于湖北、湖南、广东、西藏、四川、贵州、云南；印度、缅甸也有分布。

图1083 针齿铁仔 **Myrsine semiserrata** Wall. 果枝。(仿《中国植物志》)

6. 光叶铁仔 图1084

Myrsine stolonifera (Koidz.) E. Walker

灌木，高达2m。多分枝，小枝无毛。叶坚纸质至近革质，椭圆状披针形，先端渐尖或长渐尖，基部相楔形，长6～8cm，宽1.5～2.5cm，全缘或中部以上有1～2对齿，两面无毛，中脉下凹，侧脉和细脉不明显，边缘有腺点，背面密布小窝点；叶柄长5～8mm。伞形花序或花簇生，腋生或生于裸枝叶痕上，有花3～4朵，花梗长2～3mm；花5数，长约2mm，花萼分离或仅基部连合，萼片狭椭圆形或狭长圆形，长约1mm；花瓣基部合生成短管。果球形，直径约5mm，红色变蓝色，无毛。花期4～6月；果期12月至翌年12月。

产于龙胜、金秀、融水、凌云、乐业、田林、那坡、平南。分布于浙江、安徽、江西、四川、贵州、云南、广东、海南、福建、台湾；日本也有分布。

图1084 光叶铁仔 **Myrsine stolonifera** (Koidz.) E. Walker 果枝。(仿《中国高等植物图鉴》)

7. 平叶密花树 尖叶密花树 图1085

Myrsine faberi (Mez) Pipoly et C. Chen

乔木，高6m或更高。小枝无毛，暗黑色

图 1085　平叶密花树 Myrsine faberi (Mez) Pipoly et C. Chen　1. 花枝；2. 果。(仿《中国高等植物图鉴》)

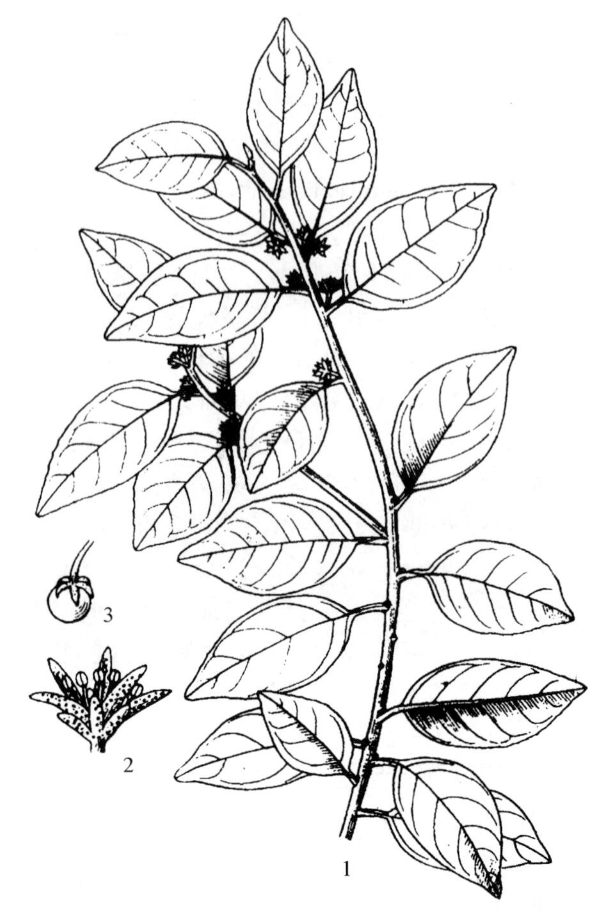

图 1086　广西铁仔 Myrsine elliptica E. Walker　1. 花枝；2. 花；3. 果。(仿《广西植物志》)

或灰黑色。叶坚纸质或近革质，椭圆形至披针形，顶端急尖具尖头，基部广楔形或钝，长 7 ~ 11cm，宽 1.5 ~ 3.0cm，全缘，两面无毛，叶面中脉下凹，背面中脉隆起，侧脉不明显，近边缘连成边缘脉，细脉不明显，边缘有腺点；叶柄长约 1cm。花簇生，着生于成覆瓦状排列的苞片的小短枝上，小短枝腋生或生于落叶的枝条上；苞片无毛，花萼基部合生，纸质，长 1mm；花瓣淡绿色，基部合生达全长的 1/3。浆果状核果球形或卵形，直径约 5mm，黑色，有编织袋纹。花期 4 ~ 5 月；果期 10 ~ 12 月。

产于那坡、德保、乐业。分布于四川、云南、贵州、海南。

8. 广西铁仔　图 1086

Myrsine elliptica E. Walker

灌木，高约 1m 或更高。多分枝，幼嫩时被柔毛，后变无毛。叶厚坚纸质或近革质，广椭圆形，顶端宽急尖或具尖头，基部广楔形或钝，长 3 ~ 5cm，宽 1.5 ~ 3.0cm，全缘，两面无毛，上面中脉微凹，侧脉不明显，不成边脉，具小窝孔，无腺点；叶柄长 6 ~ 8mm，不下延。伞形花序或花簇生，腋生，每花基有 1 枚苞片；花梗长 4 ~ 5mm；花 5 数，花萼革质，长 1.5 ~ 2.0mm；花瓣白色，长约 3mm。果球形，直径约 5mm，红色，无腺点。花期 6 月；果期 11 月。

产于金秀、武鸣、上林。生于石灰岩山灌丛中或阔叶林密林下。

108 柿科 Ebenaceae

乔木或灌木；常绿或落叶。少数种类有枝刺；树皮表面常黑色或带黑色，或为灰褐色、灰色、灰白色。单叶，互生，全缘，无托叶，叶脉羽状。花通常雌雄异株，或为杂性，雌花常单生叶腋，雄花常成聚伞花序，或簇生、或单生；雌花常具退化雄蕊，或无雄蕊，雄花中雌蕊退化或缺；萼在结果时增大、宿存。浆果肉质，宿存萼4~5裂。

3属500余种，主要分布于热带地区；中国产1属约60种；广西1属18种。

柿属 Diospyros L.

常绿或落叶乔木或灌木。叶互生，偶有微小的透明斑点。花雌雄异株，稀杂性；雄花较雌花为小，组成聚伞花序，常生于当年生枝上，腋生；雌花单生叶腋；萼通常4~5裂，绿色，并在果后增大；花冠壶形、钟形或管状，常4~5浅裂或深裂；雄蕊4枚至多数，通常16枚；子房2~16室，每室有胚珠1~2枚。浆果肉质，基部常有增大的宿存萼；种子大，两侧压扁。

约485种，主产世界热带地区。中国约60种；广西18种。

分种检索表

1. 具枝刺。
  2. 叶长圆状披针形，基部楔形；果柄长3~6cm ………… **1. 乌柿 D. cathayensis**
  2. 叶长圆形或狭倒卵状长圆形，基部圆或浅心形；果柄长5~10mm ………… **2. 光叶柿 D. diversilimba**
1. 枝无刺。
  3. 叶小，长7cm以下，宽在3cm以内。
    4. 叶两面无毛，仅初时上面中脉上有短柔毛，无泡状凸起，叶长2~4cm，宽9~15mm；果成熟时黑色 ………… **3. 小果柿 D. vaccinioides**
    4. 叶两面疏被伏卧长柔毛，两面均有泡状凸起，叶长2.2~6.8cm，宽1.1~2.4cm；果成熟时橙红色 ………… **4. 石山柿 D. saxatilis**
  3. 叶较大，长7cm以上，宽3cm以上。
    5. 小枝无毛，极少稍被毛。
      6. 果无柄，扁球形，直径2.0~3.5cm，熟时棕褐色；叶椭圆形或长椭圆形，长14~18cm，宽4~5cm ………… **5. 山榄叶柿 D. siderophylla**
      6. 果有柄。
        7. 果柄长1cm以内。
          8. 叶长5~10cm；果球形，直径约1.8cm，宿存花萼近方形，直径约8cmm ………… **6. 罗浮柿 D. morrisiana**
          8. 叶长在10cm以上。
            9. 果球形或扁球形，直径1.5~3.0cm，宿存花萼4浅裂，裂片三角形，长5~8mm ………… **7. 山柿 D. japonica**
            9. 果近球形或扁球形，直径5~6cm，宿存花萼小碟状，圆形 ………… **8. 圆萼柿 D. metcalfii**
        7. 果柄长1cm以上。
          10. 叶侧脉5~6对；果球形，直径约2.5cm，果柄长1.0~2.2cm ………… **9. 岭南柿 D. tutcheri**
          10. 叶侧脉7~11对。
            11. 果柄长1.8~2.5cm，果卵形，长2.5~3.0cm，直径2.0~2.5cm，宿存花萼裂片卵形，长1.0~1.5cm，宽约1.2cm ………… **10. 保亭柿 D. potingensis**
            11. 果柄长3.3~4.7cm，果球形，直径约3cm，宿存花萼裂片卵状披针形，长约2.5cm，一对大一对小 ………… **11. 龙胜柿 D. longshengensis**
    5. 小枝或嫩枝明显被毛。

12. 果径2cm以下。
13. 嫩枝、叶柄、花序被黄棕色绒毛；果球形，果柄长约6mm ……………… **12. 湘桂柿 D. xiangguiensis**
13. 嫩枝、叶柄、花序被锈色平伏粗毛；果卵形或长圆形，近无柄 ………………… **13. 乌材 D. eriantha**
12. 果径2cm以上。
14. 果无毛；叶卵状椭圆形、倒卵形或近圆形，侧脉5～7对 ………………………………… **14. 柿 D. kaki**
14. 果有毛，或后变无毛。
15. 叶两面有黄色柔毛，叶面后变无毛 ……………………………………………… **15. 油柿 D. oleifera**
15. 叶背面或上面脉上被柔毛或微柔毛。
16. 叶背被暗黄色长柔毛。
17. 果柄长1.0～1.7cm，果初时被暗黄或棕色柔毛，后变无毛，宿存花萼裂片背面被柔毛；叶长10.0～16.5cm，宽3.5～5.5cm ……………………………………… **16. 信宜柿 D. sunyiensis**
17. 果柄长1.8～4.0cm，果初时被伏柔毛，渐脱落，宿存花萼裂片背面被伏柔毛；叶长7～17cm，宽3.0～3.5cm ……………………………………………… **17. 苗山柿 D. miaoshanica**
16. 叶面无毛，叶面沿中脉和侧脉被污黄色微柔毛……………………… **18. 网脉柿 D. reticulinervis**

1. 乌柿 图1087

Diospyros cathayensis Steward

常绿或半常绿小乔木，高约10m，干短而粗，胸径30～80cm。树冠开展，多枝，有刺。叶薄革质，长圆状披针形，长4～9cm，宽1.8～3.6cm，两端钝，上面光亮，深绿色，下面淡绿色，嫩时有小柔毛，中脉在上面稍凸起，在下面凸起，侧脉4～5对；叶柄短，长2～4mm。雄花聚伞花序，极少单生，花小；雌花单生，腋生，白色，芳香。果球形，直径1.5～3.0cm，嫩时绿色，熟时黄色，变无毛；宿存萼4深裂，裂片卵形，长1.2～1.8cm，先端急尖；果柄纤细，长3～6cm；种子褐色，长椭圆形，长约2cm，侧扁。花期4～5月；果期8～10月。

产于桂林。生于海拔约200m石灰岩阔叶林中。分布于四川、湖北、云南、贵州、湖南、安徽。根和果入药，治心气痛。

2. 光叶柿 图1088

Diospyros diversilimba Merr. et Chun

灌木或乔木，高15m，胸径35cm。有枝刺；腋芽小，长约1.5mm，被灰白色短柔毛。叶纸质，长圆形或狭倒卵状长圆形，长3～9cm，宽1.5～3.3cm，先端钝、渐尖或有凹缺，基部圆或浅心形，中脉在上面凹陷，下面凸起，侧脉纤细，略明晰，4～6对；叶柄纤细，长4～5mm。雌花生在当年生枝下部，腋生，单生，芳香，浅黄色。果球形，直径约1.5cm，嫩时绿色，熟时黑色，光滑无毛；宿存萼增厚，直径约1cm，4裂，裂片长圆形，向后反曲；果柄纤细，长5～10mm；种子扁，近长圆形，长约1cm，黑褐色。花期4～5月；果期8～12月。

产于合浦。生于海拔约200m疏林或灌木丛中。分布于广东、海南。

图1087 乌柿 Diospyros cathayensis Steward 果枝。(仿《中国植物志》)

图 1088　光叶柿 Diospyros diversilimba Merr. et Chun　花枝。(仿《中国植物志》)

图 1089　小果柿 Diospyros vaccinioides Lindl.　果枝。(仿《中国植物志》)

3. 小果柿　图 1089

Diospyros vaccinioides Lindl.

多枝常绿矮灌木。嫩枝、嫩叶和冬芽有锈色柔毛。叶革质或薄革质，卵形，长 2～4cm，宽 9～15mm，先端急尖，有短针尖，基部钝或近圆形，叶两面无毛，仅初时有短柔毛，上面光亮，绿色，下面浅绿色，中脉在两面凸起，侧脉和小脉极不明显；叶柄长约 1mm。花雌雄异株，细小，腋生，单生，近无梗。果小，球形，直径约 1cm，嫩时绿色，熟时黑色，除顶端外，平滑无毛，种子 1～3 枚；宿存萼 4 深裂，裂片披针形，长约 5mm；种子黑褐色，椭圆形，长约 8mm。花期 5 月；果期冬月。

产于防城、东兴。生于海拔约 100m 的河边疏林中。分布于广东、海南。

4. 石山柿　图 1090

Diospyros saxatilis S. K. Lee

落叶灌木或小乔木，高 1～5m。1 年生枝被黄褐色长柔毛，以后变无毛。叶互生，纸质，椭圆形，长 2.2～6.8cm，宽 1.1～2.4cm，先端短尖至渐尖，基部阔楔形，间有近圆形，嫩叶两面被伏卧长柔毛，成长叶毛渐疏或变无毛，叶两面均有泡状凸起，侧脉 4～5 对，在叶背面较在叶面稍为明显；叶柄长约 2mm。雄花聚伞花序，有花 1～3 朵，花序梗长 1～2mm；雌花单生，腋生。果圆球形，直径约 1cm，绿色，渐变为黄绿色，熟时橙红色，初时密被伏卧长柔毛，以后毛被渐脱落至无毛；宿存花萼裂片狭三角形，长约 7mm，先端渐尖，基部宽约 2mm，变无毛；果柄极短。花期 4～5 月；果期 7～11 月。

产于柳州、罗城、环江、都安、隆林、靖西、上林、大新、龙州。生于海拔 900m 以下石灰岩

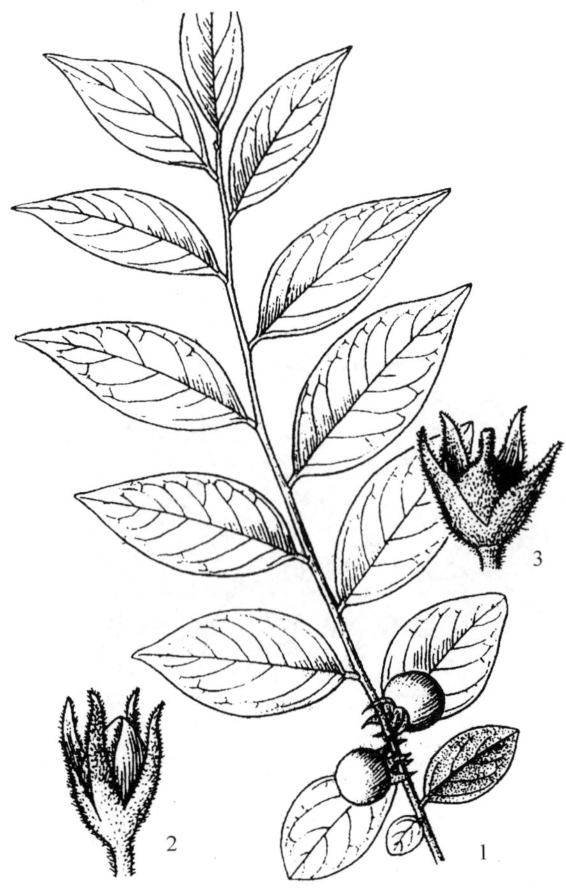

图 1090 石山柿 Diospyros saxatilis S. K. Lee
1. 果枝；2. 雄花；3. 幼果。（仿《广西植物志》）

图 1091 山榄叶柿 Diospyros siderophylla H. L. Li
1. 果枝；2 雄花（放大）。（仿《中国植物志》）

山上。喜光树种，适应性强，在石山中部至顶部的石缝或石壁上仍能生长正常。

5. 山榄叶柿 米亚辣（龙州） 图 1091

Diospyros siderophylla H. L. Li

常绿乔木，高达 15m，胸径 19cm。除幼嫩部分和果外各处无毛，树皮黑褐色，枝绿褐色，嫩枝褐色。叶近革质，椭圆形或长椭圆形，长 14～18cm，宽 4～5cm，先端短渐尖，基部急尖，中脉上面凹陷，下面明显凸起，侧脉 10～13 对，纤细，向上弯生，末端作拱形连接；叶柄粗短，长 5～10mm。雄花 2 朵至数朵簇生叶腋，无梗；雌花单生叶腋。果扁球形，无梗，直径 2.0～3.5cm，嫩时绿色，熟时棕褐色，密被棕褐色短硬伏毛，8 室；宿萼革质，近方形，4 裂，裂片卵状三角形，外面密生褐色短硬伏毛，内面密呈棕色绢毛；种子扁，深褐色，长圆形，长约 8mm。花期 6 月；果期 10～11 月。

产于德保、靖西、那坡、田阳、隆安、龙州、大新。生于海拔 400～500m 石灰岩石山疏林或密林中，通常是林中第二层乔木。枝、叶及树皮有毒，可作生物农药。树液初时带黄色，但很快变黑色，有毒，对人的皮肤有腐蚀作用，轻者脱皮，重者起水泡。木材散孔材，密度大，淡黄褐色，纹理斜，结构细，干燥易开裂，变形严重，抗虫性、耐腐性中等，一般家具用材。

6. 罗浮柿 图 1092

Diospyros morrisiana Hance

乔木或小乔木，高可达 20m，胸径可达 30cm。树皮呈片状剥落，表面黑色，除芽、花序和嫩梢外各部分无毛。叶薄革质，长椭圆形，长 5～10cm，宽 2.5～4.0cm，先端短尖、渐尖或钝，基部楔形，叶缘微背卷，中脉上面平，下面凸起，侧脉 4～6 对；叶柄长约 1cm。雄花序聚伞状，短小，腋生，下弯，有锈色绒毛；雌花单生叶腋。果球形，直径约 1.8cm，熟时黄色，4 室，每室 1 枚种子；宿存萼近方形，直径约 8mm，外面近秃净，内面被棕色绢毛，4 浅裂；果柄短，长约 2mm；种子近长圆形，栗色，侧扁，长约 1.2cm。花期 5～6 月；果期 11 月。

产于广西各地，为广西境内海拔 1000m 以下酸性土阔叶林中常见种。分布于中国东部、中南和西南各地；越南北部也有分布。未成熟果实可制柿漆；茎皮、叶、果入药，有解毒消炎的功效；

鲜叶 50～100g 水煎服，治食物中毒；绿果煞成膏，晒干，研粉外敷治水火烫伤；树皮 15～25g 水煎服，治腹泻、红白痢。木材气干密度 0.637g/cm³，硬重，淡黄白色，纹理直，结构中，干燥不开裂，稍变形，抗虫性弱，不耐腐，可作一般家具用材。

7. 山柿　粉叶柿、浙江柿、短柄粉叶柿　图 1093

Diospyros japonica Siebold et Zucc.

灌叶乔木，高 17m，胸径 50cm。树皮灰黑色或灰褐色，枝深褐色或黑褐色。叶革质，椭圆形或卵形，长 7.5～17.5cm，宽 3.5～7.5cm，先端急尖，基部圆形、阔楔形或钝，上面深褐色，无毛，下面粉绿色，无毛或疏生伏柔毛，中脉上面凹下，下面明显凸起，侧脉 7～9 对，上面不明显，下面稍凸起；叶柄长 1.5～2.5cm。花雌雄异株；雄花集成聚伞花序，通常有花 3 朵；雌花单生或 2～3 朵丛生，腋生。果球形或扁球形，直径 1.5～3.0cm，嫩时绿色，后变黄色，成熟时红色；宿存花萼 4 浅裂，裂片三角形，长 5～8mm；果柄极短，长 2～3mm。花期 6～7 月；果期 10～11 月。

产于全州、兴安、龙胜、灵川、临桂、永福、金秀、田林。生于海拔 700～1400m 山坡。分布于浙江、江苏、安徽、湖南、广东、台湾；日本也有分布。木材可作建筑、家具用材；果实熟时清甜可食。

8. 圆萼柿　图 1094

Diospyros metcalfii Chun et T. C. Chen

乔木，高 15m，树冠展开。树皮灰黑色。叶膜质，椭圆形或倒卵形，长 10～13cm，宽 4～6cm，先端急尖，基部楔形至阔楔形，上面有光泽，深绿色，下面淡绿色，初时两面疏生粗伏毛，后渐变无毛，中脉在上面凹下，在下面明显凸起，侧脉和小脉多数，纤细，在两面稍明显；叶柄长约 1.0～1.5cm，无毛。果单生，近球形或扁球形，直径 5～6cm，长 3.5～4.0cm，绿色，仅顶端尖头附近有短伏柔毛，10 室，每室有 1 枚种子；宿存萼革质，小碟状，直径 3.0～3.5cm，不分裂，边缘波状，外面无毛，里面密被暗黄色粗伏毛；果柄粗壮而短，长 5～8mm，直径

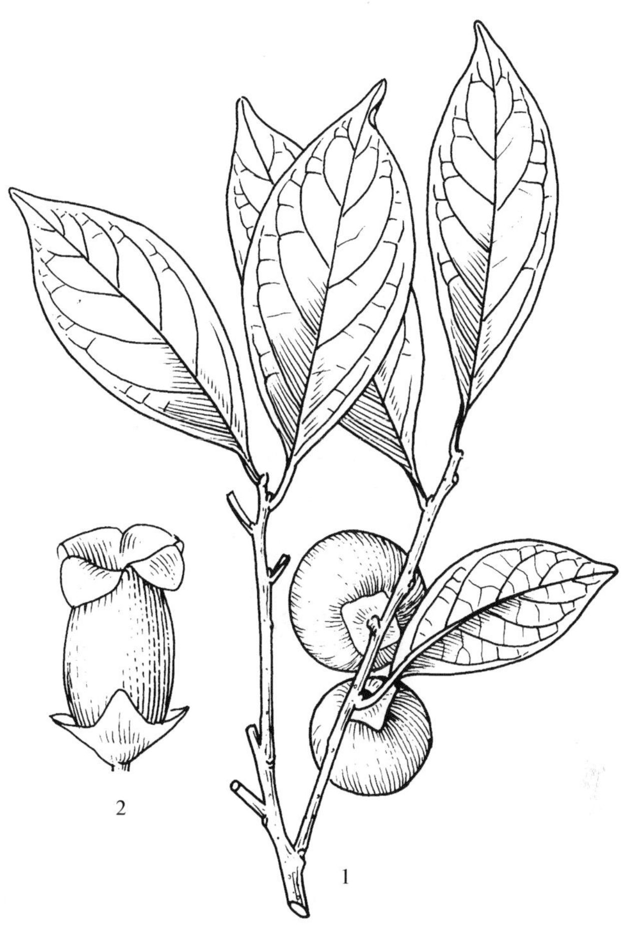

图 1092　罗浮柿 **Diospyros morrisiana** Hance　1. 果枝；2. 花。（仿《中国植物志》）

图 1093　山柿 **Diospyros japonica** Siebold et Zucc.　1. 果枝；2. 花。（仿《中国植物志》）

图 1094 圆萼柿 **Diospyros metcalfii** Chun et T. C. Chen 果枝。(仿《中国植物志》)

图 1095 1. 岭南柿 **Diospyros tutcheri** Dunn 果枝。2. 保亭柿 **Diospyros potingensis** Merr. et Chun 果枝。3. 信宜柿 **Diospyros sunyiensis** Chun et T. C. Chen 果枝。(仿《中国植物志》)

约4mm；种子黑色，长圆形，长约2cm，侧扁。果期8月。

9. 岭南柿 图1095：1

Diospyros tutcheri Dunn

小乔木，高约6m。树皮粗糙，枝灰褐色或黑褐色，无毛。叶薄革质，椭圆形，长5~12cm，宽2.4~4.5cm，先端渐尖，基部钝或近圆形，中脉在上面凹陷，在下面明显凸起，侧脉5~6对，纤细，上面微凸起，下面明显凸起；叶柄略纤细，长5~10mm。雄花3朵组成聚伞花序，生当年生枝下部，有长柔毛，总花梗长约5mm；雌花单生当年生枝条下部叶腋。果球形，直径约2.5cm，初时密被粗伏毛，后变无毛；宿存萼4深裂，变无毛；果柄长1.0~2.2cm，有短柔毛。花期4~5月；果期8~10月。

产于苍梧、容县、上思、上林。生于海拔400~1000m山地。分布于广东、湖南。

10. 保亭柿 图1095：2

Diospyros potingensis Merr. et Chun

乔木，高5~7m。树皮黑色，嫩枝无毛或很疏的硬毛。叶硬纸质，长圆形或长圆状披针形，长7~14cm，宽2.2~5.0cm，先端短渐尖，钝头，基部常近圆形，无毛或在下面中脉上散生伏毛；中脉在上面下陷，在下面明显凸起，侧脉7~11条，纤细，在下面较明显凸起，小脉很纤细，结成细网状，略凸起，在两面可见；叶柄稍纤细，长5~8mm。果腋生，或生在叶痕腋内，单生，卵形，长2.5~3.0cm，直径2.0~2.5cm，密被短硬伏毛，熟时变无毛，8室，种子1至数枚；宿萼4深裂，裂片厚纸质，卵形，长1.0~1.5cm，宽约1.2cm，略被硬伏毛；果柄长1.8~2.5cm，略被柔毛；种子近长圆形，长约1.5cm。果期7~8月。

产于龙州、防城。生于海拔600m以下丘陵地。分布于海南；越南也有分布。

11. 龙胜柿 图 1096

Diospyros longshengensis S. K. Lee

灌木，高约 3m。树皮灰黑色，枝灰褐色或黑灰褐色，无毛，稀稍被微柔毛。叶薄革质，长圆形或长椭圆形，长 8～14cm，宽 2.5～4.4cm，先端尾状渐尖，基部阔楔形或近圆形，叶两面光滑无毛，有时背面中脉生微柔毛；侧脉 7～10 对，两面都稍凸起，网脉纤细，结成细网状；叶柄长6～8mm，密被浅黄褐色柔毛。花未见。果球形，单生，直径约 3cm，未熟时黄绿色至黄色，密被浅黄褐色粗伏毛，宿存 4 深裂，裂片卵状披针形，长约 2.5cm，一对大一对小，大的宽约 1.3cm，小的宽不足 1cm，先端急尖，外面散生长伏毛，基部密被短伏毛，内面无毛；果柄细长，长 3.3～4.7cm，先端密被小柔毛。果期 7～8 月。

广西特有种，产于龙胜。生于海拔 600～800m 山谷密林中。

图 1096　龙胜柿 Diospyros longshengensis S. K. Lee　果枝。（仿《中国植物志》）

12. 湘桂柿 图 1097

Diospyros xiangguiensis S. K. Lee

灌木或小乔木，高 3～8m。嫩枝、叶柄、花序、花和果柄等被黄棕色绒毛。叶厚革质，椭圆形或卵状椭圆形，长 5～10cm，宽 1.7～4.0cm，先端短渐尖，基部宽楔形，嫩时两面密被贴伏黄棕色柔毛，老叶上面无毛，下面多少被黄褐色柔毛，中脉上面凹陷，下面明显凸起，侧脉 4～6 对；叶柄长约 5mm。雄花 3～5 朵集成短小的聚伞花序，生嫩枝下端，总梗长约 3mm；雌花单生嫩枝下部，花梗长 5～6mm。果近球形，直径约 1.8cm，初时密枝被伏毛，后渐脱落，顶端有密被紧贴的黄棕色柔毛的小尖头；宿存萼 4 裂，外面被伏毛，裂片宽卵形，先端钝；果柄长约 6mm；种子 4 枚，三棱形，长约 1cm，宽约 5mm。花期 6 月；果期 11 月。

产于桂林、灵川、罗城。生于低海拔石灰岩石山疏林下或溪畔、潭边。分布于湖南。

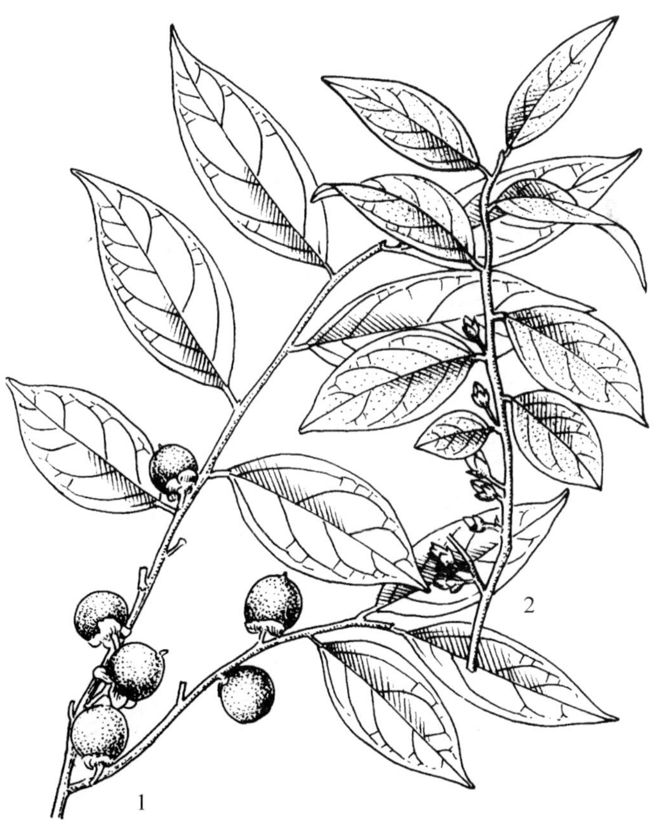

图 1097　湘桂柿 Diospyros xiangguiensis S. K. Lee　1. 果枝；2. 雌花枝。（仿《中国植物志》）

13. 乌材 米汉（壮语） 图 1098

Diospyros eriantha Champ. ex Benth.

常绿乔木或灌木，高可达 16m，胸径

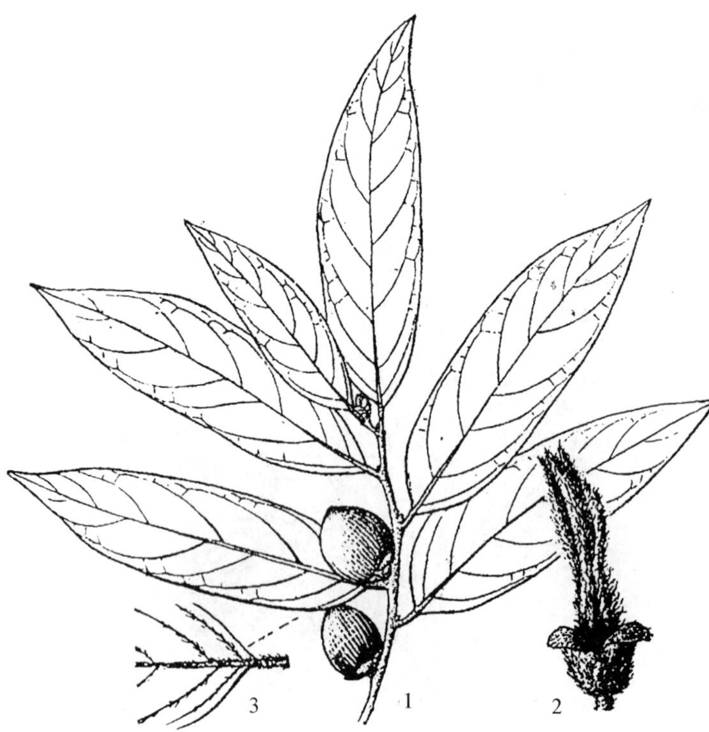

图 1098　乌材 Diospyros eriantha Champ. ex Benth.　1. 果枝；2. 花放大；3. 叶背面基部。（仿《中国植物志》）

图 1099　1. 柿 Diospyros kaki Thunb.　果枝。**2. 油柿 Diospyros oleifera** W. C. Cheng　果枝。（仿《中国植物志》）

可达 50cm。幼枝、条芽、叶下面脉上、幼叶叶柄和花序等均锈色粗伏毛。叶纸质，长圆状披针形，长 5～12cm，宽 1.8～4.0cm，先端短渐尖，基部楔形或钝，或近圆形；中脉在上面微凸起，在下面明显凸起，侧脉 4～6 对，小脉很纤细，两面均不明显；叶柄粗短，长 5～6mm。雄花 1～3 朵簇生，几无梗；雌花单生，花梗极短或无。果卵形或长圆形，长 1.2～1.8cm，直径约 8mm，先端有小尖头，熟时黑紫色，除顶端外近无毛，有种子 1～4 枚，则每颗呈近三棱形，背面呈拱形；宿萼 4 裂，裂片平而略开展，卵形，疏被粗伏毛。花期 7～8 月；果期 10 月至翌年 1～2 月。

产于忻城、金秀、邕宁、苍梧、上思、防城、龙州、凭祥。生于海拔 500m 以下疏林或灌丛。分布于广东、海南、福建、台湾；越南、老挝、马来西亚、印度尼西亚也有分布。嫩果可提取柿漆。木材致密而坚硬，气干密度 0.780g/cm^3，淡褐红色，纹理斜，结构细，抗虫，耐腐，干燥易翘裂，可作建筑、车辕、农具和家具等用材。

14. 柿　图 1099：1

Diospyros kaki Thunb.

落叶大乔木，高 10～14m，胸径可达 65cm。树皮深灰至灰黑色；嫩枝初时有棱，有棕色柔毛或绒毛或无毛。叶纸质，卵状椭圆形至倒卵形或近圆形，长 5～18cm，宽 2.8～9.0cm，先端渐尖或钝，基部楔形、钝、圆或近截形，新叶疏生柔毛，后变无毛，或老叶下面有柔毛；中脉在上面凹下有微柔毛，在下面凸起，侧脉 5～7 对，下部的脉较长，上部的较短，小脉纤细，结成小网状；叶柄长 8～20mm。雌雄异株，雄花常 3 朵排成聚伞花序，总花梗长约 5mm，有微小苞片；雌花单生叶腋。果形多变，球形、扁球形、球形而略呈方形、卵形等，直径 3.5～8.5cm，嫩时绿色，后变黄色、橙黄色或橙红色；有种子数枚，栽培品种常无种子或有少数种子；

宿萼宽 3～4cm，4 裂，方形或近圆形，革质或干时近木质，外面有伏柔毛，后变无毛，里面密被棕色绢毛；果柄粗壮，长 6～12mm。花期 5～6 月；果期 9～10 月。

产于广西各地。中国自辽宁西部，长城一线经甘肃南部，折入四川、云南一线以南以东均有分布或栽培，直至台湾。柿原产中国，已有 2000 多年栽培历史，世界多地有引种。高度栽培种，各地选育了许多栽培品种，广西主要有水柿、牛心柿、小柿、火柿、冻柿、方柿等。喜温暖气候，年平均气温 9℃为柿树生存的临界温度，年平均气温 13～19℃的地区是柿树经济栽培适宜区。对土壤要求不严，不论山地、丘陵、平地或沙滩地均可栽培，但以土层深厚、肥沃、排水良好而能保持相当湿度、pH 值 6～7 的土壤上生长最好。较耐旱，土壤相对含水量达饱和持水量的 50%～70% 时，可满足柿树生长需要。喜光树种，光照不足会影响树体生长发育和果实品质。播种或嫁接繁殖，嫁接繁殖为主。柿树果可生食或制成柿饼，柿饼可润脾补胃，润肺止血；宿存花萼药用，下气止呃，治呃逆和夜尿症。木材为散孔材，心材与边材区别不明显，木材灰黑色，密度大，纹理直，结构中，气干密度 0.820g/cm^3，干燥易翘裂，略耐腐，可制作一般家具、箱盒、装饰等。

15. 油柿 图 1099：2

Diospyros oleifera W. C. Cheng

落叶乔木，高达 14m，胸径达 40cm。树干通直，树皮常薄片状剥落，露出白色的内皮；嫩枝、叶的两面、叶柄、雄花序、雄花花萼和花冠裂片的上部、雌花花萼和花冠裂片两面、果柄等处有灰色、灰黄色或灰褐色柔毛。叶纸质，长圆状倒卵形或倒卵形，稀椭圆形，长 6.5～17.0cm，宽 3.5～10.0cm，先端短渐尖，基部近圆形，侧脉 7～9 对；叶柄长 6～10mm。花雌雄异株或杂性，雄花聚伞花序生当年生枝下部，每花序有花 3～5 朵或更多，或中央 1 朵为雌花，且能发育成果；雌花单生叶腋。果卵形、卵状长圆形、球形或扁球形，略呈 4 棱，熟时略黄色，直径 5～8cm，有易脱落的软毛；种子 3～8 枚不等；宿萼厚革质，褐色，4 深裂，外面密生灰黄色或灰褐色长柔毛，裂片两侧向背后反曲；果柄长 8～10mm。花期 4～5 月；果期 8～10 月。

产于桂林、恭城、阳朔、荔浦、平乐、临桂、容县、平南、龙州。栽培或野生。分布于浙江、安徽、江西、福建、湖南、广东。果食用。常用作柿树嫁接砧木。

16. 信宜柿 图 1095：3

Diospyros sunyiensis Chun et T. C. Chen

灌木或小乔木，高 4～6m。嫩枝、叶柄、果柄均被暗黄绒毛，后变无毛。叶近革质或厚纸质，长圆形或椭圆形，长 10.0～16.5cm，宽 3.5～5.5cm，先端骤渐尖或渐尖，尖头钝，基部圆形或浅心形，上面仅中脉上有微柔毛，下面有暗黄色长柔毛，脉上毛较密，侧脉 7～9 条对；叶柄长 5～10mm。花未见。果单生，球形，直径约 3cm，初时被暗黄色或棕色柔毛，后变无毛，8 室，每室 1 枚种子，种子近长圆形，长 1.3～1.6cm，宽约 7mm，略侧扁，带黑色；宿存萼增大，4 深裂，外面被柔毛，卵形或卵状披针形，内面无毛；果柄长 1.0～1.7cm，有暗黄色柔毛，顶端略膨大。果期 8 月。

产于靖西。生于低山混交林中。分布于广东。

17. 苗山柿 图 1100

Diospyros miaoshanica S. K. Lee

灌木或小乔木，高约 7m。嫩枝具灰黄色绒毛，2 年生枝无毛。叶革质，长圆形或长椭

图 1100 苗山柿 Diospyros miaoshanica S. K. Lee 果枝。(仿《中国植物志》)

圆形，长 7～17cm，宽 3.0～3.5cm，先端渐尖，基部宽楔形至近圆形，除初时中脉上面密被微柔毛、下面中脉和侧脉上疏生长伏毛外，余均无毛，中脉在上面凹下，下面明显凸起，侧脉 7～8 对，上面稍凸起，下面较明显凸起，小脉结成稍疏的网，两面均明显；叶柄纤细，长 8～12mm，初时有绒毛，以后渐脱落。花未见。果生于当年生枝的基部或下部；果球形，直径 2.8～3.5cm，熟时橙黄色，初时密被伏柔毛，成熟时渐脱落；种子三棱形；宿萼 4 裂，两面都有稍明显的纵脉和网脉，外面有伏柔毛，里面毛较稀；果柄长 1.8～4.0cm，初时有灰黄色绒毛，后变无毛。果期 10 月。

产于融水、环江、隆林。生于海拔 600～1400m 山地疏林中。分布于湖南。

18. 网脉柿

Diospyros reticulinervis C. Y. Wu

小乔木，高 6m。幼枝、冬芽、叶上面中脉和侧脉上、叶柄、宿存萼和果柄均被污黄色微柔毛。幼枝褐色，有细条纹，疏被微柔毛。叶革质，椭圆形至长圆形，长 9.0～13.5cm，宽 3.5～4.5cm，先端渐尖，基部浑圆，中脉上面凹陷，下面凸起，侧脉 7～9 对，在两面上都凸起，网脉亦在两面上凸起；叶柄长约 8mm。雄花伞形花序，着生于幼枝基部，有花 3 朵；雌花单生幼枝基部。果褐色，直径约 2.5cm，基部密被平伏黄绒毛，余处近无毛；宿存萼片狭三角形，长 8mm，反曲；果柄长约 1.2cm，着生于幼枝基部，先端增大而稍弯，近顶部有 1 苞片痕。果期 11 月。

产于环江、隆林。分布于云南。

109. 山榄科 Sapotaceae

乔木或灌木，有乳汁，幼嫩部常具锈色毛。单叶互生，少数近对生，有时聚生于枝顶，革质，全缘，无托叶或托叶早落。花两性，辐射对称，单生、簇生于叶腋内或着生于茎及老枝的节上，萼 4～8 裂，花冠管短，裂片 1～2 轮排列，与萼片同数或多 1 倍，常有全缘或撕裂成裂片状的附属体，雄蕊着生于花冠管上或在花冠裂片上，与花冠裂片对生，或多数并排成 2～3 轮，药室纵裂，子房上位，1～14 室，每室有胚珠 1 枚，花柱单生。浆果，罕为蒴果。

53 属 1100 种，广布于热带和亚热带地区。中国 11 属 24 种；广西有 7 属 9 种，引入栽培 2 属 2 种。

分属检索表

1. 花萼 4 或 6 裂，成 2 轮排列。
  2. 花萼 6 裂，花冠裂片两侧有附属物，能育雄蕊 6 枚，有退化雄蕊 ………………………… **1. 铁线子属 Manilkara**
  2. 花萼 4 裂，花冠裂片两侧无附属物，能育雄蕊 16 枚以上，无退化雄蕊 ……………………… **2. 紫荆木属 Madhuca**
1. 花萼 4～6 裂，成 1 轮排列。
    3. 花瓣有附属物 ……………………………………………………………………………… **3. 梭子果属 Eberhardtia**
    3. 花瓣无附属物。
      4. 无退化雄蕊，能育雄蕊 5～10 枚 ………………………………………………… **4. 金叶树属 Chrysophyllum**
      4. 有退化雄蕊。
        5. 种子疤痕侧生。
          6. 果近球形，直径 8cm 左右 ………………………………………………………… **5. 蛋黄果属 Lucuma**
          6. 果圆球形，较小，直径 2.5～4.5cm ……………………………………………… **6. 桃榄属 Pouteria**
        5. 种子疤痕基生，果直径 2.5cm 以下 …………………………………………… **7. 铁榄属 Sinosideroxylon**

1. 铁线子属 Manilkara Adans.

乔木或灌木。叶互生，革质或近革质，侧脉很密；托叶早落。花数朵簇生于叶腋，花萼 6 裂，2 轮排列；花冠 6 裂，每裂片的背部有 2 枚等大的花瓣状附属物；能育雄蕊 6 枚，着生于花冠裂片基部或冠管喉部；退化雄蕊6枚，与花冠裂片互生，卵形，顶端渐尖至钻形，不规则的齿裂、流苏状或分裂，有时鳞片状；子房6~14室，每室有1枚胚珠。浆果；种子1~6枚，侧向压扁状。

约65种，分布于热带地区。中国1种，引入1种；广西1种，引种1种。

分种检索表

1. 叶倒卵形或倒卵状椭圆形，先端微缺；果小，长1.0~1.5cm，倒卵状长圆形或椭圆形 ………………………………………… **1. 铁线子 M. hexandra**
1. 叶长圆形或卵状椭圆形，先端急尖或钝；果大，长4cm以上，纺锤形、卵形或球形 ……… **2. 人心果 M. zapota**

1. 铁线子 图1101

Manilkara hexandra (Roxb.) Dubard

灌木或乔木，高3~12m。小枝短而粗壮，无毛。叶互生，密聚枝顶，早落，留下明显的叶痕，革质，倒卵形或倒卵状椭圆形，长5~10cm，宽3~7cm，先端微心形，基部宽楔形或微钝，两面无毛，中脉在上面凹入，在下面明显凸起，侧脉细，相互平行，网脉细密，两面均不明显；叶柄长8~20cm。花数朵簇生于叶腋内，花梗粗壮，长1.0~1.8cm；萼6裂，裂片卵状三角形，长3~4mm；花冠白色，长约4mm。浆果倒卵状长圆形或椭圆形，长1.0~1.5cm；种子1~2枚，长8~10mm。花期8~12月。

产于合浦。生于海岸高潮线上的盐碱性砂质土壤中。分布于海南、广东；印度及中南半岛也有分布。耐盐碱、抗病、耐旱、抗台风、耐贫瘠等抗逆性强。心材紫色或红褐色，纹理直，耐腐蚀，抗白蚁，耐磨性好，优良用材。果实芳香爽口、口感绵密、齿后留香、皮薄肉多籽少，富含膳食纤维、维生素C、氨基酸，可以鲜果食用，也可以制作果脯、干果。枝、叶、花、果实含有乳汁，可作工业及口香糖制作原料。

2. 人心果 图1102

Manilkara zapota (L.) P. Royen

乔木，高15~20m。小枝有明显叶痕。叶互生，密聚于枝顶，革质，长圆形或卵状椭圆形，长6~19cm，宽2.5~4.0cm，先端急尖或钝，基部楔形，全缘或呈波状，两面无毛，具光泽，中脉在上面凹入，下面明显凸起，侧脉纤细，多，且相互平行；叶柄长2~3cm。花白色，1~2朵生于枝顶叶腋内，长约1cm，花梗长2.0~2.5cm，被黄褐色或锈色绒毛。浆果纺锤形、卵形或球形，长4cm以上，果肉黄褐色；种子扁。花果期5~9月。

原产美洲热带地区，合浦、南宁、凭祥等多地有引种，中国广东、云南也有栽培。典型热带树种，幼龄树在-1℃时即受冻害，成年树在-3~-2℃时表现轻微冻害。耐旱耐

图1101 铁线子 Manilkara hexandra (Roxb.) Dubard 花枝。（仿《中国高等植物图鉴》）

瘠，对土壤适应性较强，砂壤、黏质壤土以至海边砂土都可种植，还能忍受持续积水及高浓度根际盐碱。实生苗变异大，常采用嫁接或高空压条繁殖，高空压条最常见，以于2～4月或采果后的7～8月进行最宜。果可鲜食，味美可口，营养丰富，含糖量18.4%，含有多种氨基酸，维生素B1、B2及维生素E，还含有磷、钙、铁等元素。

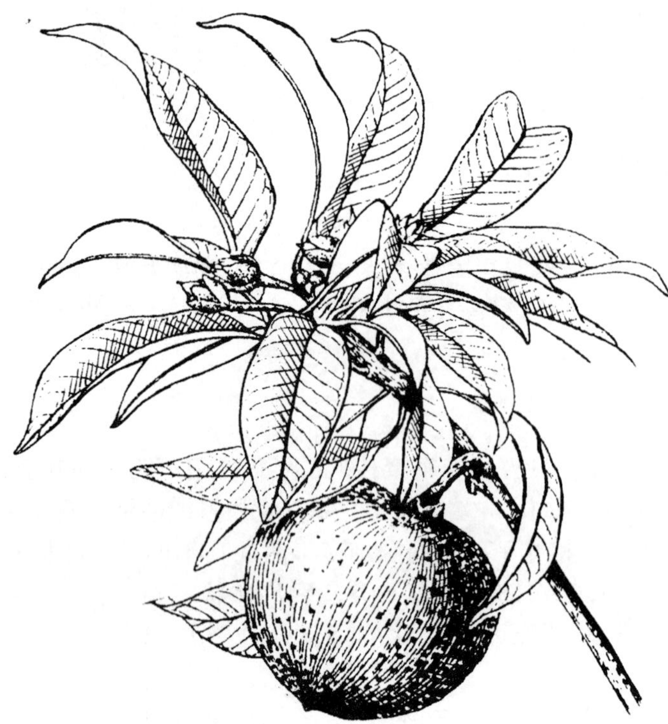

图1102　人心果 Manilkara zapota（L.）P. Royen　果枝。（仿《中国植物志》）

2. 紫荆木属 Madhuca J. F. Gmel.

乔木。有乳液。单叶互生，常簇生于枝顶，革质或近革质，全缘，具柄；托叶通常早落。花簇生叶腋或顶生，常具长柄；萼片4～5裂，2轮；花冠圆筒状，喉部常有粗毛环；雄蕊16～28枚，2～3列，着生于花冠喉部，花药常有粗毛；子房8～12室，花柱凸出，宿存。浆果，具扩大的宿存萼片；种子1～5枚，具长圆形或线形疤痕。

约100种，分布于东南亚和澳大利亚。中国2种，产于西南及华南；广西1种。

紫荆木　铁色、子京　图1103

Madhuca pasquieri（Dubard）H. J. Lam

常绿乔木，高达30m，胸径60cm。有黄白色乳汁；嫩枝密生皮孔，被锈色绒毛，后变无毛。叶星散或密聚于分枝顶端，革质，倒卵形或倒卵状长圆形，长6～16cm，宽2～6cm，先端渐尖而钝头或骤然收缩，基部阔渐尖或尖楔形，两面无毛，边缘外卷；中脉在上面稍凸起，在下面浑圆且十分凸起，侧脉13～26对，在叶背明显；叶柄细，长1.5～3.5cm，被锈色或灰色短柔毛；托叶早落，披针状线形，长约3mm。花黄绿色或白色，数朵簇生于叶腋内，花梗长1.5～3.5cm，被锈色或灰色短柔毛。浆果，椭圆形或小球形，直径2～3cm，基部有宿萼，先端具宿存、花后延长的花柱，果皮肥厚，被锈色绒毛，后变无毛；种子1～5枚，椭圆形。花期7～8月；果期10月至翌年1月。

图1103　紫荆木 Madhuca pasquieri（Dubard）H. J. Lam　果枝。（仿《中国植物志》）

易危种，国家Ⅱ级重点保护野生植物。产于金秀、靖西、岑溪、苍梧、藤县、陆川、容县、桂平、平南、博白、龙州、宁明、大新、防城、钦州、上思、东兴。分布于云南、广东；越南也有分布。喜温暖气候，分布区为南亚热带至北热带季风区；对土壤适应性较强，分布区多为花岗岩、砂岩或页岩发育而成的红壤、赤红壤、红壤或石灰岩发育的石灰土，pH 值 4.2 ~ 6.2。在土山常与亮叶围涎树、黄樟、白颜树、石斑木、密花树等混生；在石灰岩山地常与蚬木、海南大风子、棒柄花等混生。喜光树种，主根发达，侧根稀少，能耐干旱瘠薄的环境。天然更新能力较弱，在密林中极少见到幼苗和幼树。10 ~ 12 年生开始开花结实，正常结实年龄在 20 年生以上。幼龄期生长较慢，在自然条件下，树高年生长量 24cm，胸径年生长量 0.4cm，随林龄增长，生长速度加快。在土山比在石山生长快。播种繁殖。深色名贵硬木，心材与边材区别明显，心材紫黄色或深红褐色，边材浅红褐色，木材纹理交错，结构细，色调花纹美观，材质坚硬，气干密度 0.92g/cm^3，干燥不翘裂，抗虫性强，刨面光滑，为建筑、造船、桥梁、车辆、高级家具、雕刻、地板等用材；种子富含油脂，可食用。

3. 梭子果属 Eberhardtia Lec.

常绿乔木。托叶早落，在枝上留有极明显的痕迹。单叶互生，有柄。花簇生于叶腋内，被锈色绒毛，有短花梗；花萼(2 ~)4 ~ 5(~ 6)裂，裂片覆瓦状排列；花冠管近圆筒形，裂片 5 枚，线形，粗厚，每裂片背面有 2 个发育完全、呈膜质状的附属物；能育雄蕊 5 枚，与花冠裂片对生；退化雄蕊 5 枚，与花冠裂片互生，肥厚，比能育雄蕊长；子房上位，5 室，每室有 1 枚胚珠，花柱短，柱头不明显。果核果状，球形，近无毛或被毛；种子 5 枚，有胚乳。

约 3 种，分布于越南和中国。中国 2 种；广西 1 种。

锈毛梭子果 血胶树、罂哼 图 1104

Eberhardtia aurata (Pierre ex Dubard) Lec.

乔木，高达 15m，胸径 40cm。树干直，有白色乳汁；嫩枝、叶背面、叶柄、花梗、花萼外面和果皮均密被锈色绒毛。叶近革质，长圆形、倒卵状长圆形或椭圆形，长 10 ~ 24cm，宽4 ~ 9cm，先端骤然渐尖，基部楔形或近圆形，上面无毛，背面被锈色绒毛，边缘略外卷，侧脉 14 ~ 25 对，上面稍显，下面明显凸起，近平行；叶柄长 2 ~ 4cm，有浅沟；托叶早落。花白色，数朵簇生于叶腋内，有香味。果核果状，近球形，长2.5 ~ 3.5cm，下垂，被锈色绒毛，干时现 5 棱，顶端具花柱残存的凸尖，基部具宿存萼，明显具肋；果柄长约 1cm；种子 3 ~ 5 枚，扁平，栗色，有胚乳。花期 3 月；果期 9 ~ 12 月。

产于田阳、德保、那坡、靖西、百色、钦州、上思、防城、崇左、宁明、龙州。分布于广东、海南、云南；越南也有分布。木材心材与边材区别明显，心材红褐色，边材灰白色，纹理直，结构细，重量轻，气干密度 0.489g/cm^3，不耐腐，抗虫性差，包装箱、玩具、雕刻等一般用材；种子油可食用。

图 1104 锈毛梭子果 Eberhardtia aurata (Pierre ex Dubard) Lec. 果枝。(仿《中国高等植物图鉴》)

图 1105 金叶树 Chrysophyllum roxburghii G. Don 1. 花枝；2. 果。(仿《中国植物志》)

4. 金叶树属 Chrysophyllum L.

灌木或乔木。叶互生，革质或膜质，侧脉细密近平行；无托叶。花小，2 朵至数朵簇生于叶腋内，具花梗或近无梗；花萼 5 ~ 6 裂片；花冠管状钟形，具裂片 5 ~ 10 枚，冠管长于或短于裂片；雄蕊与花冠裂片同数，着生于花冠喉部并与裂片对生，无退化雄蕊；子房 1 ~ 10 室，每室有 1 枚胚珠。果肉质或革质，有 1 ~ 8 枚种子；种皮厚至纸质，脆壳质，光亮，疤痕侧生或几乎覆盖种子的表面。

约 70 种，分布于热带地区。中国 1 种，广西亦产。

金叶树 大横纹 图 1105

Chrysophyllum roxburghii G. Don

乔木，高达 30m。小枝圆柱形，上部被黄色柔毛。叶散生，坚纸质，长圆形或长圆状披针形，长 5 ~ 12cm，宽 1.7 ~ 4.0cm，先端尾尖，基部钝至楔形，稍偏斜，边缘波状，幼时两面被锈色绒毛，除下面中脉外，很快变无毛，中脉在上面稍凸出，下面凸出，侧脉 12 ~ 37 对，密集；叶柄长 2 ~ 7mm，被锈色短柔毛或近无毛。花小，数朵簇生于叶腋内。果近球形，直径 1.5 ~ 2.0cm，幼时被锈色绒毛，具 5 圆形粗肋，顶端凹，变无毛，干时褐色至紫黑色；种子 4 ~ 5 枚，倒卵形，侧向压扁，长 11 ~ 13mm，褐色，具光泽，疤痕狭长圆形至倒披针形，种脐顶生。花期 5 月；果期 10 月。

产于龙州、宁明、崇左、合浦、隆安、武鸣、上林、上思、防城。生于石灰岩石山或酸性岩土山。果可食；根、叶可入药，有消肿止痛之效，治风湿关节痛、骨折。木材心材与边材区别不明显，木材浅黄白色，纹理直，结构细，重量中等，气干密度 0.65g/cm^3，干燥容易，稍有翘裂，抗虫性中等，刨面光滑，供室内装饰、家具、包装箱等用材。

5. 蛋黄果属 Lucuma Molina

乔木或灌木。有乳汁。叶互生，革质，全缘，羽状脉。花腋生，无柄或有柄；花萼 4 ~ 5 裂，覆瓦状排列；花冠近钟形，冠管短，圆柱形，裂片 4 ~ 5 枚，覆瓦状排列，较冠管长；能育雄蕊 4 ~ 5 枚，着生于冠管顶部，且与花冠裂片对生，花丝极短，花药披针形，较花丝长，或卵形而较花丝短，基部心形，药室分离或先端汇合；退化雄蕊 5 枚，着生于冠管顶部，与花冠裂片互生；子房 2 ~ 5 室，被长柔毛，每室有胚珠 1 枚；花柱无毛。浆果近球形或卵形，果皮肉质可食；种子少数或仅 1 枚，球形或卵形，两侧压扁。

约 100 种，产于热带地区。中国引种 1 种，广西、广东、海南、台湾、云南均有栽培。

蛋黄果 图 1106

Lucuma campechiana (Kunth) Baehni

小乔木，高 6m。小枝灰褐色，嫩枝被褐色绒毛。叶坚纸质，狭椭圆形，长 10 ~ 20cm，宽2.5 ~ 4.5cm，先端渐尖，基部楔形，两面无毛，中脉在上面微凸，下面浑圆且十分凸起，侧脉 13 ~ 16

对；叶柄长1～2cm。花单生或2朵生于叶腋内，黄白色。果倒卵形，长约8cm，无毛，外果皮薄，中果皮肉质，蛋黄色，可食，味如鸡蛋黄，故名蛋黄果；种子2～4枚，椭圆形，压扁，长4～5cm，黄褐色，具光泽。花期春季；果期秋季。

南宁、合浦、凭祥有引种栽培，广东、云南、海南、台湾也有引种。热带树种，南宁能安全越冬并开花结实。果实营养丰富，可溶性固形物14.48%～17.53%，含糖29.1%～30.5%，淀粉5.6%～8.1%，粗脂肪1.0%～1.4%，每100g果肉含有维生素C 29.38～57.55mg，含酸量0.079%～0.165%，可食率70%以上，可以鲜食或加工成果酱和奶油。

6. 桃榄属 Pouteria Aublet

乔木或灌木。有乳汁；小枝幼时无毛或被柔毛，后变无毛。叶互生或近对生，长椭圆状倒卵形，散生或多少聚生于小枝顶端；有短柄；无托叶。花为腋生总状花序或簇生于叶腋；花萼基部联合，裂片4～6枚；花冠管状或钟状，裂片4～6(8)枚，无附属物；雄蕊与花冠裂片同数，且与其对生；退化雄蕊4～8枚或更少，与花萼裂片对生；子房5室，稀6室，每室有1枚胚珠。果为浆果，圆球形；有1～5种子，种皮薄或稍厚，具光泽，疤痕长圆形或阔卵形，占种子表面的一半或覆盖全表面。

约50种，分布于热带地区。中国2种，广西产1种。

桃榄 敏果 图1107

Pouteria annamensis (Pierre) Baehni

大乔木，高达20m。树皮灰色；小枝顶部被微红褐色柔毛。叶纸质或近革质，幼时披针形，成熟时长圆状倒卵形或长椭圆状披针形，长6～17cm，宽2～5cm，先端圆或钝，基部楔形而下延，边缘呈波状，幼时两面密被微红褐色柔毛，后变无毛，具光泽，中脉在表面平坦或微凸起，下面凸起，侧脉5～11对；叶柄长1.5～4.5cm。花小，白色，1～3朵簇生于叶腋。浆果球形，直径2.5～4.5cm，无柄或近无柄，成熟时紫色，果皮厚，无毛；具种子2～5枚，卵圆形，长约1.8cm，侧向压扁，种皮坚硬，淡黄色，具光泽，疤痕侧生，狭长圆形，几与种子等长。花期

图1106 蛋黄果 Lucuma campechiana (Kunth) Baehni 1. 果枝；2. 种子。(仿《中国植物志》)

图1107 桃榄 Pouteria annamensis (Pierre) Baehni 果枝。(仿《中国高等植物图鉴》)

5 月；果期 10 ~ 11 月。

产于平果、龙州、宁明。分布于广东、海南；越南也有分布。果肉质，多汁，气味香，可食用；树皮供药用，可治毒蛇咬伤。木材心材与边材区别不明显，木材灰黄色或黄褐色，纹理直，结构细，重量重，木材气干密度 0.850g/cm^3，干缩率大，干燥易翘裂，抗虫性中等，耐腐，刨面光滑，供建筑、木地板、室内装饰、高档家具等用材。

7. 铁榄属 Sinosideroxylon (Engl.) Aubr.

乔木，稀灌木。叶互生，革质；无托叶。花小，簇生于叶腋内或排成总状花序；花萼 5 ~ 6 裂，裂片圆形或卵圆形，覆瓦状排列；花冠管短，5 ~ 6 裂，钝或渐尖；能育雄蕊 5 ~ 6 枚，着生于冠管喉部，与花冠裂片对生；退化雄蕊 5 ~ 6 枚；花柱单生，子房 2 室，每室有 1 枚或数枚胚珠。浆果，卵圆形或球形；种子 1 枚至数枚，疤痕基生，圆形。

4 种，分布于越南北部至中国广西、广东、贵州、云南。中国 3 种，广西 2 种。

分种检索表

1. 叶椭圆形至披针形或倒披针形；花绿白色，单生或 2 ~ 5 朵簇生于叶腋，花梗长 0.4 ~ 1.0cm；果椭圆形，长 1.0 ~ 1.8cm ······ **1. 革叶铁榄 S. wightianum**
1. 叶卵形或卵状披针形；花浅黄色，总状花序，总花序梗长 1 ~ 3cm；果卵状球形，长 1.5 ~ 2.5cm ······ **2. 铁榄 S. pedunculatum**

1. 革叶铁榄 图 1108

Sinosideroxylon wightianum (Hook. et Arn.) Aubrév.

乔木，稀灌木，高 1.5 ~ 8.0m。嫩枝、幼叶被锈色绒毛，后变无毛。叶幼时很薄，老时革质，椭圆形至披针形或倒披针形，长 5 ~ 15cm，宽 2 ~ 9cm，先端锐尖或钝，基部狭楔形，下延，中脉在表面稍凸起，下面凸起，侧脉 12 ~ 17 对；叶柄长 7 ~ 20mm。花单生或 2 ~ 5 朵簇生于叶腋，与叶同时开放或叶成长后开放，绿白色，有芳香；花梗长 4 ~ 10mm，被淡黄色绒毛。浆果绿色，转深紫色，椭圆形，长 1.0 ~ 1.8cm，无毛，果皮薄；种子 1 枚，椭圆形，两侧压扁。花果期 4 ~ 10 月。

图 1108 革叶铁榄 Sinosideroxylon wightianum (Hook. et Arn.) Aubrév. 花枝。(仿《中国植物志》)

产于苍梧、都安、宜州、环江、靖西、那坡、隆林、防城、钦州、上思、龙州、宁明、大新、天等、崇左。生于海拔 500m 以上石灰岩山上或酸性土灌丛上。耐瘠薄，天然更新能力强，在瘠薄坡地、陡峭沟谷中可形成单优势群落。播种繁殖。分布广东、海南、云南、贵州；越南也有。木材纹理直，结构细，质重，可作家具、农具、磨齿等用。

2. 铁榄 假水石梓、山胶木 图 1109

Sinosideroxylon pedunculatum (Hemsl.) H. Chuang

乔木，高 5 ~ 12m。小枝被锈色柔毛，老枝密被皮孔。叶密聚小枝先端，革质，卵形或卵状披针形，长5~9cm，宽3~4cm，先端渐尖，基部楔形，两面无毛，上面具光泽，下面色较淡，中脉在上面明显，稍凸起，下面凸起，侧脉8~12对，两面均明显；叶柄长7~15mm，被锈色绒毛或近无毛。花浅黄色，1~3朵簇生于腋生的花序梗上，组成总状花序，花序梗长1~3cm，具纵棱，被锈色微柔毛；花梗长2~4mm，被锈色微柔毛，基部具长约1mm小苞片。浆果卵状球形，长2.0~2.5cm，直径约1.5cm，具花后延长的花柱；种子1枚，椭圆形，两侧压扁，长约1.6cm，褐色，具光泽，疤痕近圆形，近基生。花期4~5月；果期11月。

产于广西各地。分布于湖南、广东、云南、贵州；越南也有分布。喜光，耐干旱瘠薄，在钙质土、中性土或酸性土上均能生长，但以深厚湿润土壤为好。天然散见于石山山坡、山顶阳处疏林下或灌木丛中，峭壁裂缝也有生长，在环江喀斯特石灰岩山地，常见以其为优势种的林分。播种繁殖。木材坚韧，供制农具、农械、器具用。

图1109 铁榄 Sinosideroxylon pedunculatum (Hemsl.) H. Chuang 花枝。(仿《中国植物志》)

110 肉实树科 Sarcospermataceae

常绿乔木或小乔木；具乳状汁液；托叶小，早落，留有明显托叶痕。单叶，对生或近对生，稀互生或近轮生，全缘，近革质，羽状脉，脉腋内常具小窝孔；叶柄近顶部有时有1对被称为叶耳的附属体。花两性，辐射对称，单生或排成总状花序或圆锥花序，腋生，苞片小，三角形；花萼5裂，裂片覆瓦状排列；花冠阔钟状，5裂，冠筒短，裂片在花蕾时覆瓦状排列；雄蕊5枚，着生于花冠上且与花冠裂片对生；花药基着，2室，纵裂；退化雄蕊5枚，着生于花冠管的喉部与花冠裂片互生；子房上位，2或1室，每室有着生于中轴基部的胚珠1枚。核果状，椭圆形，具薄质的外果皮；通常有种子1枚，稀2枚，种皮薄，脆壳质，种脐小，基生，圆形。

1属约9种，分布于印度、马来西亚及中南半岛。中国产4种，广西3种。

肉实树属 Sarcosperma J. D. Hooker

属特征与科特征同。

分种检索表

1. 叶柄顶端有钻状的附属体1对或早落而仅残存疤痕；叶柄、叶背面和花序均密被锈色或黄色绒毛 ………………………………………… **1. 绒毛肉实树 S. kachinense**
1. 叶柄顶部无附属体；叶柄、叶背面和花序无毛或稍被绒毛。
    2. 叶背面侧脉脉腋内具腺槽，叶较大，长10~35cm，宽4~13cm ……………… **2. 大肉实树 S. arboreum**
    2. 叶背面侧脉脉腋内无腺槽，叶较小，长5.5~19.0cm，宽1.5~5.5cm ……………… **3. 肉实树 S. laurinum**

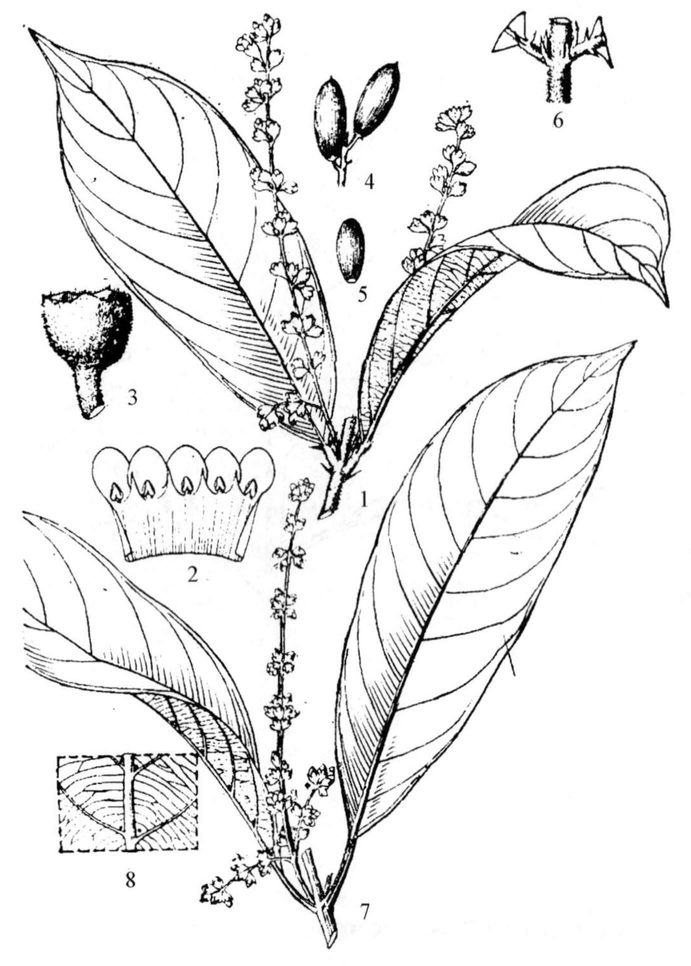

图1110 1～6. 绒毛肉实树 Sarcosperma kachinense（King et Pantl.）Exell 1. 花枝；2. 花冠展开；3. 花萼；4. 果；5. 种子；6. 托叶和叶耳。**7～8. 大肉实树 Sarcosperma arboreum** Hook. f. 7. 花枝；8. 叶背一部分。（仿《中国植物志》）

1. 绒毛肉实树 图1110：1～6

Sarcosperma kachinense（King et Pantl.）Exell

乔木或小乔木，高3～15m。具乳汁；树皮灰白色；嫩枝、叶背面及脉上均密被锈色绒毛，叶枝、叶耳、花序、花梗、萼片背面均密被锈色绒毛。叶对生，纸质，长圆形或倒卵状长圆形，长10～26cm，宽4～9cm，顶端渐尖或骤尖，基部楔形，上面无毛或幼时疏被锈色柔毛，侧脉6～11对，和中脉在下面凸起，小脉纤细，近平行几与中脉垂直，两面均明显；叶柄长0.5～1.5cm，近顶端有钻状的叶耳1对，或早落而仅残存疤痕。总状花序腋生，单生或再组成圆锥花序，长4～8cm，有时长达17cm；花白色或黄白色，芳香。核果椭圆形，长2.0～2.8cm，宽约1cm，具宿萼，熟时红色；种子1枚。花果期10月至翌年1月。

产于巴马、靖西、凌云、乐业、龙州、扶绥、宁明。分布于中广东、云南；缅甸、越南、泰国也有分布。果可作染料。

2. 大肉实树 图1110：7～8

Sarcosperma arboreum Hook. f.

高大乔木，高达28m，胸径约50cm。树皮灰褐色；嫩枝疏被锈色绒毛。叶对生或近对生，有时互生，全缘，长圆形或稀椭圆形，长10～35cm，宽4～13cm，先端渐尖或锐尖，基部楔形，通常两侧不对称，两面无毛，叶下面几乎每一侧脉腋内都明显地具一腺槽，侧脉7～11对，与中脉在上面明显，下面凸起；叶柄长1～3cm；无叶耳；托叶钻形，长3～4mm，早落。圆锥花序，稀为总状花序，长达18.5cm，被锈色绒毛；花单生或2～5朵簇生于节上，芳香，花梗长约1mm或更短，被锈色绒毛；花绿转白色。核果长圆形，长1.5～2.5cm，直径0.7～1.5cm，绿色转紫色，无毛；种子1枚。花期9月至翌年4月；果期3～6月。

产于天峨、巴马、隆林、田林、凌云、乐业、田阳、那坡、百色、田东。分布于贵州、云南；印度、缅甸、泰国也有分布。木材可作家具、农具、器具等。

3. 肉实树 水石梓

Sarcosperma laurinum（Benth.）Hook. f.

乔木，高约26m，胸径20cm。板根显著；具乳汁；嫩枝具棱，无毛。叶于小枝上不规则排列，大多互生，也有对生，枝顶上则通常轮生，近革质，匙形或长倒卵形，长5.5～19.0cm，宽1.5～5.5cm，先端骤然急尖、钝渐尖或圆形，基部楔形，全缘，上面深绿色，具光泽，下面淡绿色，两面无毛，中脉在上面平坦，下面凸起，侧脉6～9对，脉腋无腺槽；叶柄长1～2cm，上面具小沟，无叶耳；托叶钻形，长2～3mm，早落。总状花序或圆锥花序，腋生，长2～13cm，无毛；芳香，单生或2～3朵簇生于花序轴上，花梗长1～5mm，被黄褐色绒毛。核果长圆形或椭圆形，长1.5～2.5cm，宽0.8～1.0cm，嫩时绿色，熟时紫红色，基部具外反宿萼，果皮极薄；种子1枚，长约1.7cm，宽约0.8cm。花期8～9月；果期12月至翌年1月。

产于上思、博白、横县、那坡、苍梧。生于海拔400～500m山谷或溪边林中。分布于浙江、福建、广东、海南；越南也有分布。木材心材与边材区别不明显，木材红褐色，纹理斜，结构粗，重量中等，气干密度0.57g/cm^3，干燥容易，不耐腐，加工容易，刨面光滑，作农具、家具及建筑用材。

111 芸香科 Rutaceae

常绿或落叶乔木、灌木或草本，稀攀援性灌木。通常有油点，有或无刺，无托叶。叶互生或对生，单叶或复叶。花两性或单性，稀杂性同株，辐射对称，很少两侧对称；聚伞花序，稀总状或穗状花序；萼片4或5枚，离生或部分合生；花瓣4或5枚，离生，极少下部合生，覆瓦状排列，稀镊合状排列，极少无花瓣与萼片之分，则花被5～8片排列成一轮；雄蕊4或5枚，或为花瓣数的倍数，花丝分离或部分连生成多束或呈环状，花药纵裂，药隔顶端常有油点；雌蕊通常由4或5枚、稀较少或更多心皮组成，心皮离生或合生，每心皮有胚珠2枚或1枚，稀较多。蓇葖果、蒴果、翅果、核果；种子有或无胚乳，子叶富含油点。

约155属1600种，主产热带和亚热带，少数分布至温带。中国有引种栽培，23属126种；广西有木本植物14属62种2变种。

分属检索表

1. 蓇葖果，内外果皮分离。
  2. 叶互生；茎枝有刺 ………… **1. 花椒属 Zanthoxylum**
  2. 叶对生；茎枝无刺。
    3. 花序常腋生；叶为掌状三小叶或单叶 ………… **2. 蜜茱萸属 Melicope**
    3. 花序顶生；叶为奇数羽状复叶 ………… **3. 四数花属 Tetradium**
1. 核果、浆果或浆果状核果。
  4. 木质藤本，枝具皮刺；三小叶复叶；核果 ………… **4. 飞龙掌血属 Toddalia**
  4. 直立乔木或灌木。
    5. 核果，具2～8枚小分核。
      6. 落叶乔木；奇数羽状复叶 ………… **5. 黄檗属 Phellodendron**
      6. 常绿乔木或灌木。
        7. 单小叶；雄蕊为花瓣2倍 ………… **6. 山油柑属 Acronychia**
        7. 单叶；雄蕊与花瓣同数 ………… **7. 茵芋属 Skimmia**
    5. 浆果。
      8. 枝无刺；奇数羽状复叶；果无汁胞。
        9. 花瓣镊合状排列；子室常扭转；子叶薄，折合 ………… **8. 小芸木属 Micromelum**
        9. 花瓣覆瓦状排列；子室不扭转；子叶厚，不折合。
          10. 花柱粗，宿存，短于子房，子房每室1枚胚珠；幼枝被淡褐色绵毛 ………… **9. 山小橘属 Glycosmis**
          10. 花柱细，脱落，子房每室2(1)枚胚珠；幼枝无绵毛。
            11. 圆锥状聚伞花序；花蕾圆球形或阔卵形；花柱与子房等长或略短，稀长于子房，柱头与花柱等粗或稍粗 ………… **10. 黄皮属 Clausena**
            11. 近于平顶的伞房状聚伞花序；花蕾圆筒形或椭圆形；花柱远比子房长，柱头头状 ………… **11. 九里香属 Murraya**
      8. 常具枝刺；单叶或单小叶，或具3枚小叶；果通常有汁胞。
        12. 果无汁胞，常含胶质物；单叶 ………… **12. 单叶藤橘属 Paramignya**

12. 果有汁胞，无胶质物。

13. 雄蕊数为花瓣数 2 倍；花径 1cm 以内 ………………………………………… **13. 酒饼簕属 Atalantia**

13. 雄蕊数为花瓣数 3 倍以上；花径 1cm 以上 ………………………………………… **14. 柑橘属 Citrus**

1. 花椒属 Zanthoxylum L.

乔木、灌木或木质藤本。茎枝有皮刺。叶互生，奇数羽状复叶，很少单叶或三小叶，小叶互生或对生，全缘或有锯齿，有透明腺点。圆锥花序或伞房状聚伞花序，顶生或腋生；花单性，若花被片排列成 1 轮，则花被片 4～8 枚，无萼片与花瓣之分，若排列成 2 轮，则外轮为萼片，内轮为花瓣，均 4 枚或 5 枚；雄花雄蕊 4～10 枚，药隔顶部有油点，退化雌蕊垫状凸起；雌花无退化雄蕊，或有则呈鳞片或短柱状，极少发育雄蕊，花盘小，雌蕊由 2～5 个离生心皮组成，每心皮有并列的 2 枚胚珠，柱头头状。蓇葖果，外果皮红色，有油点，内果皮干后软骨质，成熟时内外果皮分离，每分果瓣有 1 枚种子，贴着于增大的珠柄上；种脐短线状，外种皮褐黑色，有光泽，外种皮脱离后有细点状网纹，含油丰富。

约 250 种，分布于东亚和北美。中国 41 种；广西 18 种 1 变种。

分种检索表

1. 花被片 2 轮排列，外轮为萼片，内轮为花瓣，均为 4 或 5 枚。

2. 萼片与花瓣均为 4 枚；果瓣顶侧有短的芒状残存花柱，稀无；攀援藤本或灌木，稀乔木。

3. 花序轴有长短不等的直刺；果瓣有密集的刺，刺长可达 1cm ……………… **1. 刺壳花椒 Z. echinocarpum**

3. 花序和果瓣均无刺。

4. 小叶叶面被粗糙硬毛，背面被疏长毛 ……………………………………………… **2. 糙叶花椒 Z. collinsiae**

4. 小叶无粗糙硬毛。

5. 单个果瓣形似蚌壳，直径 1.0～1.5cm，边缘近纸质；小叶边缘干后变红褐色或棕色 ……………… ………………………………………………………………………… **3. 蚌壳花椒 Z. dissitum**

5. 单个果瓣不呈蚌壳状，直径不足 1cm；小叶边缘干后非上述颜色。

6. 小叶密生大小不等的透明油点，油点淡黄色或棕色，小叶干后油点凹陷呈细窝点状；果瓣上的油点干后亦明显凹陷 ……………………………………………………… **4. 密果花椒 Z. glomeratum**

6. 小叶油点不明显，亦不透明或不凹陷呈窝点状。

7. 小叶整齐对生，单个果瓣直径 6～7mm ……………………………………… **5. 两面针 Z. nitidum**

7. 小叶互生或部分对生。

8. 单个果瓣直径 6～7mm；小叶中脉在叶面稍隆起或近于平坦 …… **6. 拟蚌壳花椒 Z. laetum**

8. 单个果瓣直径 4～5mm；小叶中脉在叶面凹陷。

9. 小叶两侧不对称，背面中脉无毛 …………………………………… **7. 花椒簕 Z. scandens**

9. 小叶两侧对称或稍不对称，背面中脉被疏柔毛，嫩叶侧脉亦被毛 ……………………… ………………………………………………………………… **8. 广西花椒 Z. kwangsiense**

2. 萼片及花瓣 5 枚；分果瓣顶端无或有极短的芒尖；乔木，稀灌木。

10. 小枝和花序轴的髓部小，不中空；花序轴小刺或无刺。

11. 小叶两侧不对称，无毛，油点甚小或不明显；乔木……………………… **9. 簕欓花椒 Z. avicennae**

11. 小叶两侧对称，叶面被短毛，油点多或不显；灌木 ………………………… **10. 青花椒 Z. schinifolium**

10. 小枝和花序轴的髓部大，中空；花序轴散生长短不等的直刺。

12. 小叶阔卵形或卵状椭圆形，密生肉眼可见大油点，干后红褐色或棕红色……………………… …………………………………………………………………………… **11. 大叶臭花椒 Z. myriacanthum**

12. 小叶狭长披针形或卵状披针形，密生需放大镜下可见大油点，干后苍绿色或黄绿色……………………… ………………………………………………………………………… **12. 椿叶花椒 Z. ailanthoides**

1. 花被片 1 轮排列，4～8 枚，无花萼与花瓣之分。

13. 叶轴有翼叶或狭窄叶质的边缘；小叶全缘或有疏离且不规则的裂齿。
  14. 小叶有侧脉 15 对，侧脉与中脉夹角在 75°以上；小枝和果瓣均被毛 ……… **13. 刺花椒 Z. acanthopodium**
  14. 小叶有侧脉不到 15 对，侧脉与中脉夹角小于 75°；小枝被毛或无毛，果瓣无毛 …… **14. 竹叶花椒 Z. armatum**
13. 叶轴无翼叶，稀有极狭窄叶质边缘；小叶边缘有规则圆或钝裂齿。
  15. 成熟果瓣基部骤狭窄而延长成柄状；小叶叶面有刚毛状伏刺 ……………………… **15. 野花椒 Z. simulans**
  15. 成熟果瓣不具柄；小叶叶面无刚毛状伏刺。
    16. 芽及嫩枝常被锈色或黄棕色柔毛；叶网脉明显，干后隆起；果瓣上的油点不明显 ……… **16. 异叶花椒 Z. ovalifolium**
    16. 芽及嫩枝不被毛；叶仅中脉和侧脉明显，中脉干后常浅凹陷或平坦；果瓣上的油点明显或凸起。
      17. 小叶背面中脉基部两侧有丛毛；果梗长 4.0～7.5mm ……………………… **17. 花椒 Z. bungeanum**
      17. 小叶无毛；果梗长 8mm 以上 ………………………………………………… **18. 岭南花椒 Z. austrosinense**

1. 刺壳花椒 图 1111：1

Zanthoxylum echinocarpum Hemsl.

木质攀援藤本。各部多锐刺，花序轴上的刺长短不均而劲直；嫩枝髓部甚大，常占枝横断面 2/3；嫩枝、叶轴、小叶柄及小叶面中脉均密被短柔毛。叶有小叶 5～11 枚，稀 3 枚，小叶厚纸质，小叶互生或部分对生，卵形或长椭圆形，长 7～13cm，宽 3～5cm，基部圆形，全缘或上半部叶缘有细裂齿；小叶柄 2～5mm。花序腋生或顶生；萼片及花瓣均 4 枚，萼片淡紫绿色，花瓣淡黄白色。果瓣褐红色，密生长短不等且连生成束的锐刺，刺长可 1cm。花期 4～5 月；果期 10～12 月。

产于广西各地，尤以南部及南部最为常见。分布于广东、贵州、湖北、湖南、四川、云南。

2. 糙叶花椒 图 1112：1～3

Zanthoxylum collinsiae Craib

攀援藤本。枝有钩刺，嫩枝、叶轴、小叶柄及小叶背面均密被长柔毛，叶面有糙微毛。叶有小叶 5～9 枚，小叶整齐对生，略硬纸质，宽卵形或卵状椭圆形，长 7～19cm，宽 5～8cm，全缘或有浅裂齿，齿口处有 1 油点，先端短凸尖，顶端凹缺且有油点，基部圆形或近心脏形，叶背中脉上有钩刺，略有光泽，侧脉 8～12 对；小叶柄长 2～4mm。花序腋生，长 3～5cm，花梗及花萼均被微柔毛，萼片及花瓣均 4 枚，萼片淡紫绿色，长 1mm；花瓣淡黄色，长 3mm。果瓣红褐色，单个分果瓣直径约 6mm，油点大，不凸起，先端有短喙状芒尖；种子直径 4.5～5.0mm。花期 4～5 月；果期 9～10 月。

产于广西西南部。生于海拔 500～1000m 坡地疏林或灌木丛中，攀附于小乔

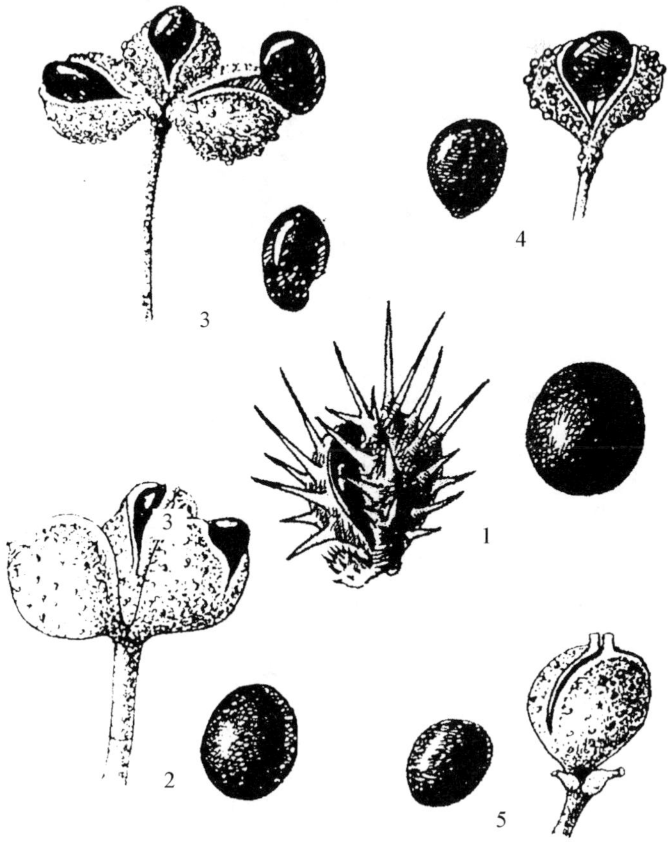

图 1111　1. 刺壳花椒 **Zanthoxylum echinocarpum** Hemsl. 果实及种子。2. 密果花椒 **Zanthoxylum glomeratum** C. C. Huang　果实及种子。3. 大叶臭花椒 **Zanthoxylum myriacanthum** Wall. ex Hook. f.　果实及种子。4. 野花椒 **Zanthoxylum simulans** Hance　果实及种子。5. 异叶花椒 **Zanthoxylum ovalifolium** Wight　果实及种子。(仿《广西植物志》)

图 1112 1～3. 糙叶花椒 Zanthoxylum collinsiae Craib 1. 叶背面和腹面；2. 果序；3. 果。**4～6. 两面针 Zanthoxylum nitidum**（Roxb.）DC. 4. 根及茎一部分；5. 枝叶；6. 果序。（仿《中国植物志》）

木或灌木上。分布于云南、贵州；越南、老挝也有分布。

3. 蚌壳花椒 单面针 图 1113

Zanthoxylum dissitum Hemsl.

木质藤本。老茎灰白色，枝干上有劲直皮刺，髓心大；叶轴和小叶叶面中脉上的刺通常弯钩。奇数羽状复叶，小叶 5～9 枚，稀 3 枚，小叶互生或近对生，椭圆形、披针形或近圆形，长 7～18cm，宽 2～8cm，全缘或叶边缘有裂齿，两侧对称，厚纸质，先端长尾状渐尖，基部楔形，无毛，中脉在叶面凹陷，油点甚小，在扩大镜下不易察见；小叶柄长 3～6mm。聚伞状圆锥花序，腋生，长不超过 10cm，花序轴被短毛；萼片及花瓣均 4 枚，萼片紫绿色，长不及 1mm，花瓣淡黄绿色，长 4～5mm。蓇葖果红褐色，果序上的果密集成团，单个果瓣形似蚌壳，直径 1.0～1.5cm，边缘近纸质；种子黑色，直径 8～10mm。花期 4～5 月；果期 9～10 月。

产于临桂、阳朔、桂林、融水、南丹、那坡、乐业、田阳。生于海拔 1000m 以下坡或石灰山上，以石灰岩山地较常见。分布于长江以南各地。根、茎及叶供药用，祛风活络、散瘀止痛、解毒消肿，是许多中成药组方中的主要成分，如妇科千金片、妇科外用洗液等。

图 1113 蚌壳花椒 Zanthoxylum dissitum Hemsl. 1. 果枝；2 雌花；3. 果。（仿《中国高等植物图鉴》）

4. 密果花椒 图 1111：2

Zanthoxylum glomeratum C. C. Huang

木质藤本。茎枝有少数短刺或无刺，各部均无毛。叶有小叶 5 ~ 9 枚，小叶互生，厚纸质，全缘，披针形或长椭圆形，长 6 ~ 12cm，宽 3 ~ 5cm，先端长渐尖或尾状渐尖，有时微凹，密生淡黄色至棕色透明油点，干后油点凹陷，在放大镜下清晰可见；小叶柄长 4 ~ 8mm。聚伞状圆锥花序腋生，萼片及花瓣均 4 枚。果序圆球状或圆锥状，果瓣密集，单个果瓣长约 7mm，顶端无芒尖，油点微凹陷；种子直径约 6mm，暗褐色。花期 4 月；果期 9 月。

产于融水。生于海拔约 1500m 的山地灌木丛中。分布于贵州。

5. 两面针 光叶花椒 图 1112：4 ~ 6

Zanthoxylum nitidum (Roxb.) DC.

幼龄植株为直立灌木，成龄植株攀援于它树上的木质藤本。枝及叶轴均有弯钩锐刺，小叶两面中脉上也有短刺。叶有小叶 3 ~ 11 枚，小叶整齐对生，硬纸质，阔卵形或近圆形，长 3 ~ 12cm，宽 2 ~ 6cm，先端长或短尾状，顶端有明显凹口，凹口处有油点，边缘有疏浅裂齿，齿缝处有油点，有时全缘；小叶柄长 2 ~ 5mm，稀近于无柄。花序腋生，各部无毛，萼片 4 枚，紫绿色，花瓣 4 枚，淡黄绿色。果皮红褐色，单个分果瓣径 6 ~ 7mm，顶端有短芒尖；种子圆珠状，腹面稍平坦。花期

图 1114 拟蚌壳花椒 Zanthoxylum laetum Drake 1. 果枝；2. 果；3. 种子。(仿《广西植物志》)

3～5 月；果期 9～11 月。

产于广西南部、东南部。生于海拔 400m 以下灌丛或荒山草坡，为低地荒山草坡有刺灌丛中较常见种。喜光，又能忍耐一定程度的荫蔽，在上层林木覆盖度达 80% 的条件下亦可生长。播种或扦插繁殖。1 年生播种苗苗高在 15cm 以上，扦插苗苗高在 25cm 以上，可用于造林。裸地造林或疏林下栽培。分布于台湾、福建、广东。根、茎、果均药用，可活血散淤、消炎解毒、镇痛，治风湿性关节炎、坐骨神经痛、牙痛、胃痛等症。

6. 拟蚌壳花椒 图 1114

Zanthoxylum laetum Drake

木质藤本，高达 4m。茎、枝有钩刺，叶轴上的刺较多，全株仅嫩叶叶轴、小叶柄及中脉被微柔毛，其他各部无毛。叶有小叶 5～13 枚，小叶互生，全缘，卵状椭圆形或长圆形，长 8～15cm，宽 4～7cm，先端尾状渐尖，钝头，微凹，两侧对称，油点不显，中脉在叶面稍隆起或近平坦，侧脉 9～14 对，网状叶脉较明显；小叶柄长 2～6mm。花序腋生，萼片与花瓣均 4 枚，萼片淡紫绿色，花瓣黄绿色。果彼此疏离，红褐色，边缘呈紫红色，单个分果瓣直径 6～7mm，顶端有喙尖；种子近圆球形，直径 6～7mm，褐黑色。花期 3～5 月；果期 9～12 月。

产于隆林、靖西、上思、大新。生于海拔 500～1000m 较湿润的密林中。分布于广东、云南；越南也有分布。根及茎皮药用，治牙痛、风湿骨痛、跌打损伤。

7. 花椒簕 图 1115

Zanthoxylum scandens Bl.

幼龄植株为直立灌木状，成龄植株攀援于别的树木上；茎、枝有短钩刺，叶轴上的刺较多。奇数羽状复叶，小叶 5～25 片，小叶互生或位于叶轴上部的对生，卵形或卵状椭圆形，长 4～10cm，宽 1.5～4.0cm，先端尾状渐尖且通常弯向一侧，钝头而微凹，凹口处有一油点，基部短尖或宽楔形，两侧不对称或近于对称，全缘或叶缘的上半部有细裂齿，无毛，油点不显或疏少；小叶柄长 2～5mm。伞房状圆锥花序腋生或兼有顶生，长 2～5cm，花单性，4 基数；萼片卵形，长 0.5mm；花瓣淡黄绿色，长 2～3mm。分果瓣紫红色，直径 4.5～5.5mm，顶端有短芒尖，油点不明显；种子圆球形，两端微尖，直径 4～5mm。花期 3～5 月；果期 7～8 月。

产于临桂、灵川、龙胜、资源、阳朔、昭平、象州、融水、南丹、乐业、百色、梧州、南宁、龙州。生于低海拔至海拔1000m山坡灌木丛中。分布于长江以南各地；东南亚各地也有分布。根及果药用，作用与功效与两面针相似。

8. 广西花椒

Zanthoxylum kwangsiense (Hand. -Mazz.) Chun ex C. C. Huang

攀援木质藤本。植株上部枝无刺，幼枝、叶轴及花序轴均密被短柔毛。叶有小叶5~9片，对生或个别互生，披针形或卵形，长4~10cm，宽2~3cm，先端短尖或尾状渐尖，基部宽楔形，纸质，边缘在中部以上有细圆裂齿或裂齿不明显，齿缝有油点，其余油点不显，中脉在叶面微凹陷，被微柔毛，叶背中脉下半段被短柔毛，嫩叶侧脉亦被疏柔毛。聚伞状圆锥花序腋生或顶生。果序长2~15cm，果梗长5~10mm，单个分果瓣径约5mm，顶端有短芒尖；种子近圆球形，直径约4mm。

产于融水、环江、罗城。生于海拔600~700m坡地灌木丛中或疏林下。分布于贵州、重庆。

图1115　花椒簕 Zanthoxylum scandens Bl.　1. 果枝；2~5. 小叶；6. 果；7. 种子。(仿《中国植物志》)

9. 簕欓花椒　图1116

Zanthoxylum avicennae (Lam.) DC.

落叶乔木，高达15m。树干和枝有皮刺，皮刺三角形，红褐色；幼苗小叶甚多，达31枚，但细小，且密生稍纤维状但劲直的针状刺；各部无毛。叶为奇数羽状复叶，有时个别为偶数羽状复叶，有小叶11~21片，小叶互生或偶有不整齐对生，斜卵形、斜长方形或呈镰刀状，长2.5~7.0cm，宽1~3cm，两侧不对称，全缘或中部以上有疏裂齿，无毛，鲜叶油点肉眼可见，或油点不显，叶轴有狭翼及疏钩刺。伞房状圆锥花序顶生，花多而小，花序轴及花梗有时紫红色；萼片及花瓣均5枚，萼片绿色，花瓣黄白色。蓇葖果紫红色，顶端有短喙，单个直径4~5mm，先端无芒尖，油点大；种子直径3.5~4.5mm。花期6~8月；果期10~12月。

产于梧州、苍梧、容县、桂平、平南、南宁、龙州、宁明、上思。生于低海拔坡地、平地、谷地疏林或密林中。分布于福建、广东、海南、云南；印度及东南亚各地也有分布。根、果皮及嫩叶药用，微温、祛风、去湿、行气、镇痛，治风湿骨痛、跌打淤痛、牙痛等症。

10. 青花椒　隔山消　图1117

Zanthoxylum schinifolium Siebold et Zucc.

灌木，高约2m。茎枝有短刺，刺基部两侧压扁状，嫩枝暗紫红色。叶有小叶7~19枚；小叶纸质，对生，几无柄，宽卵形至披针形，长5~10mm，宽4~6mm，稀长达70mm，宽25mm，顶部

图 1116　簕欓花椒 Zanthoxylum avicennae (Lam.) DC.　1. 果枝；2. 雌花；3. 果。(仿《中国高等植物图鉴》)

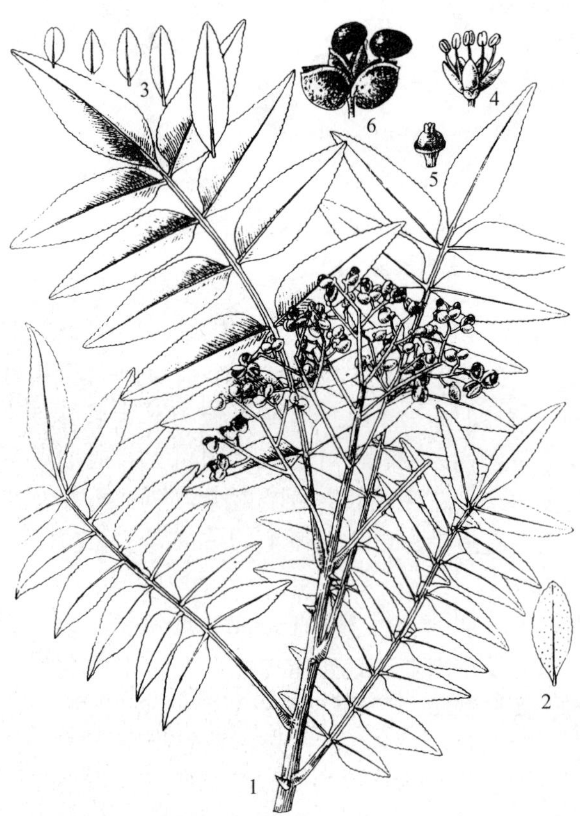

图 1117　青花椒 Zanthoxylum schinifolium Siebold et Zucc.　1. 果枝；2 ~ 3. 小叶片；4. 雄花；5. 不育雄花；6. 果。(仿《中国植物志》)

短至渐尖，基部圆或宽楔形，两侧对称，有时一侧偏斜，油点多或不明显，叶面有在放大镜下可见的细短毛或毛状凸体，叶缘有细裂齿或近于全缘，中脉凹陷。花序顶生，萼片及花瓣均 5 枚。分果瓣红褐色，干后变暗苍绿或褐黑色，直径4 ~ 5mm，顶端几无芒尖，油点小；种子直径 3 ~ 4mm。花期 7 ~ 9 月；果期 9 ~ 12 月。

产于临桂、柳州。分布于中国大部，朝鲜、日本也有分布。播种繁殖。果可作花椒代品，名为青椒；根、叶及果均入药，味辛、性温，有发汗、散寒、止咳、除胀、消食功效。

11. 大叶臭花椒　图 1111：3

Zanthoxylum myriacanthum Wall. ex Hook. f.

落叶乔木，高达 15m，胸径 25cm。树干有鼓钉状锐刺；嫩枝髓部大，常中空；花序轴及小枝顶部也有锐刺，叶轴无锐刺。小叶 7 ~ 17 枚，对生，宽卵形或卵状椭圆形，长 10 ~ 20cm，宽 4 ~ 10cm，先端钝尖，基部圆形或宽楔形，两面无毛，密生肉眼可见大油点，边有浅裂齿，齿缝有一大油点，中脉在叶面凹陷，侧脉明显。花序顶生，长达 35cm，宽 30cm，多花，萼片花瓣均 5 枚，花瓣 6 白色。分果瓣红褐色，直径约 4.5mm，顶端无芒尖，油点多；种子直径约 4mm。花期 6 ~ 8 月；果期 9 ~ 11 月。

产于金秀、靖西、武鸣。生于海拔 1200m 以下坡地杂木林中。分布于越南。枝、叶及果均有浓烈花椒香气。根皮、树皮及嫩叶药用，味辛、苦而麻舌，性温，祛风除湿、活血散淤、消肿镇痛，治风湿、湿疹、风寒感冒等症。

12. 椿叶花椒　樗叶花椒　图 1118

Zanthoxylum ailanthoides Siebold et Zucc.

落叶乔木，高达 15m，胸径 30cm。树干密被鼓钉状高达 15mm 的锐刺；当年生枝髓部大，常中空；花序轴、小枝顶部及叶轴常散生短直刺；各部无毛。奇数羽状复叶，互生，长 25 ~ 60cm，最长可 1m，小叶 11 ~ 27 片或稍多，整齐对生，狭长披针形或卵形披针形，长 7 ~ 18cm，宽 2 ~ 6cm，先端长尾状渐尖，基部圆形，对称或一侧稍偏斜，边有浅钝锯齿，密生需放大镜下可见大油点，无毛，下面有灰白色粉霜，中脉凹陷。伞房状圆锥花序顶生，长 10 ~ 30cm，花多而小，几无花梗；萼片及花瓣均 5 枚。分果瓣褐红色，先端无芒尖，直径约 4.5mm，油点多且明显；种子直径约4mm。花期8～9月；果期10～12月。

产于广西北部及西北部。生于海拔1500m以下山地阔叶密林中或湿润立地。分布于长江以南各地，日本也有分布。喜光，稍耐阴，适应性强，对土壤要求不严，酸性、中性或钙质土壤均生长良好，在肥沃排水良好的土壤中生长旺盛，一般经营水平，树高连年生长量达1m。木材纹理直，结构细，材质轻松，不开裂，易加工，可供一般家具、胶合板、造纸、隔热板片等用；果实可作调味原料；叶大、刺粗，形态奇特，供庭园观赏和绿化；根皮及树皮药用，味辛、苦，性平，祛风除湿，通经活血，治风湿骨痛、跌打肿痛。

图1118 椿叶花椒 Zanthoxylum ailanthoides Siebold et Zucc. 1. 果枝；2. 雄花；3. 果。(仿《中国高等植物图鉴》)

13. 刺花椒

Zanthoxylum acanthopodium DC.

小乔木，高达4m。小枝及叶轴散生皮刺，枝、叶轴、小叶及果瓣被褐锈色柔毛。小叶3～9枚，翼叶明显；小叶对生，无柄，卵状椭圆形或披针形，长4～9cm，宽1～3cm，边缘有细裂齿，齿缝处有1油点，其余油点不显。花序甚短，簇生成团，花被片6～8枚，淡黄绿色，狭披针形，长1.5mm。果序的果瓣密集，果瓣紫红色，油点大，凸起，单个分果瓣直径约4mm；种子直径约3mm，黑褐色。花期4～5月；果期9～10月。

产于西林、隆林、靖西、那坡。生于密林下、灌丛中，石灰岩山地亦常见。分布于云南、西藏；印度也有分布。根药用，味辛、麻、涩，性温，暖胃，杀虫；果作花椒代用品。

14. 竹叶花椒 山花椒 图1119

Zanthoxylum armatum DC.

落叶小乔木，高达5m。茎、枝多锐刺，小枝上的刺劲直，水平抽出，小叶背面中脉上常有小刺；嫩枝梢及花序轴被褐锈色柔毛或无毛，果瓣无毛。小叶3～9枚，翼叶明显，小叶对生，披针形，长3～12cm，宽1～3cm，两端尖，叶缘有裂齿或近于全缘；小叶柄短或无柄。花序近腋生或同时生于侧枝之顶，长2～5cm，有花30朵以内；花被片6～8枚，长1.5mm。果序上的果疏离，果瓣鲜红色，油点凸起，单个分果瓣直径4～5mm；种子直径3～4mm，褐黑色。花期4～5月；果期8～10月。

产于广西各地。生于低丘坡地至海拔1000m杂木林下，石灰岩山地较常见。分布于黄河以南各地；日本、朝鲜、越南、老挝、缅甸、印度、尼泊尔也有。对环境要求不严，在干燥石缝及石穴土都能正常生长，在石山脚的坡积土上生长势更旺盛。播种繁殖。全株药用，性温，祛风散寒、健胃行气，治风湿骨痛、牙痛、跌打肿痛等；果作花椒替代品。全株有花椒气味，可作防腐剂、驱虫剂和醉鱼剂使用。

14a. 毛竹叶花椒

Zanthoxylum armatum var. **ferrugineum** (Rehder et E. H. Wilson) C. C. Huang

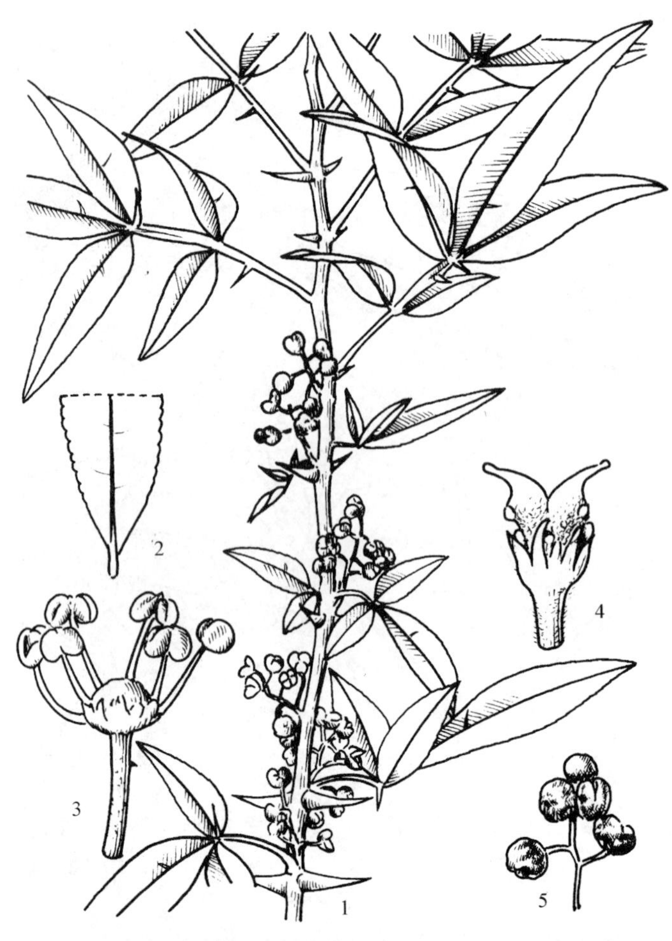

图 1119 竹叶花椒 Zanthoxylum armatum DC. 1. 果枝；2. 叶背基部；3. 雄花；4. 雌花；5. 果序。(仿《中国高等植物图鉴》)

本变种与原变种主要区别在于嫩枝梢及花序轴，有时叶轴均被褐锈色柔毛。花期 4 ~ 5 月；果期 8 ~ 10 月。

产于广西各地。生于低海拔山坡杂木林中。分布于广东、贵州、湖南、陕西、四川、云南。

15. 野花椒 图 1111：4

Zanthoxylum simulans Hance

灌木，高 1 ~ 3m。枝干散生基部宽而扁的锐刺，嫩枝及小叶背面沿中脉(有时及侧脉)均被短柔毛。叶有小叶 5 ~ 15 枚；叶轴有极狭窄的叶质边缘；小叶对生，无柄或位于叶轴基部的有甚短的小叶柄，卵形或卵状椭圆形，长 2.5 ~ 7.0cm，宽 1.5 ~ 4.0cm，顶部急尖或短尖，常有凹口，油点多且明显，叶面有刚毛状细刺，中脉凹陷，叶缘有疏离而浅的钝裂齿。花序顶生，长 1 ~ 5cm；花被片 5 ~ 8 枚，大小及形状有时不相同，长约 2mm，淡黄绿色。果红褐色，成熟果瓣基部骤狭窄而延长 1 ~ 2mm 成柄状，油点多，微凸起，单个分果瓣直径约 5mm；种子长 4.0 ~ 4.5mm。花期 3 ~ 5 月；果期 7 ~ 9 月。

产于桂林以北地区。生于低丘坡地疏林或灌木丛中，喜光，耐干旱。分布于青海、甘肃、山东、河南、安徽、江苏、浙江、湖北、江西、台湾、福建、湖南、贵州；印度也有分布。果药用，味辛辣，麻舌，温中除湿，祛风逐寒，止痛、健胃、抗菌，治感冒、风寒麻痹、牙痛等症，又作驱蛔虫剂。

16. 异叶花椒 图 1111：5

Zanthoxylum ovalifolium Wight

落叶灌木至小乔木，高 3 ~ 10m。枝灰黑色，嫩枝及芽被锈色短柔毛，枝很少有刺。单小叶、指状 3 小叶，稀 2 ~ 5 小叶；小叶卵形或椭圆形，长 4 ~ 9cm，宽 2.0 ~ 3.5cm，或更长或较小，顶部钝、圆或短尖至渐尖，常有浅凹缺，两侧对称，叶缘有明显的钝裂齿，油点多，在扩大镜下可见，叶背的最清晰，网状叶脉明显，干后微凸起。花序顶生；花被片 6 ~ 8 枚，稀 5 枚，大小不等。分果瓣紫红色，幼嫩时常被疏短毛，直径 6 ~ 8mm；油点稀少，顶侧有短芒尖；种子直径 5 ~ 7mm。花期 4 ~ 6 月；果期 9 ~ 11 月。

产于广西各地，但西南部少见。生于山地较湿润杂木林中。分布于秦岭以南，南至海南，东南至台湾广大地区；尼泊尔、印度及缅甸也有分布。根皮药用，味辛，麻辣，性平，舒筋活血，消肿，镇痛，治跌打损伤。

17. 花椒

Zanthoxylum bungeanum Maxim.

落叶灌木，高 1 ~ 7m。茎干上的刺早落；枝有短刺，刺呈扁而基部宽的长三角形。叶有小叶 5 ~ 13 枚，叶轴常有甚狭窄的叶翼；小叶对生，无柄，卵形或椭圆形，近基部的有时圆形，长 2 ~

7cm，宽 1.0 ~3.5cm，叶缘有细裂齿，齿缝有油点，其余油点不显；叶背部中脉两侧有丛毛或小叶两面均被柔毛，中脉在叶面凹陷。圆锥花序顶生或生于侧枝之顶，花被片 6 ~8 片，黄绿色。蓇葖果紫红色，球形，果梗长 4.0 ~7.5mm，单个分果瓣直径 4 ~5mm，散生凸起油点，顶端有芒尖或无；种子长 3.5 ~4.5mm。花期 4 ~5 月；果期 8 ~9 月或 10 月。

产于广西北部及东北部，生于缓坡或栽培于园地。耐干旱，喜光，适栽于冬季寒冷地区。中国南北各地多栽培，但在南亚热带地区生长不良。果实具香气，食物调味料用；亦可药用，温中行气，逐寒、止痛、杀虫，治胃腹冷痛、呕吐、泄泻、驱蛔。除花椒外，市场作花椒调料用，还有竹叶花椒、野花椒、毛刺花椒、青花椒。

18. 岭南花椒

Zanthoxylum austrosinense C. C. Huang

灌木，高 1 ~2m。枝灰褐色，散生黄灰色近圆形皮孔及短锐刺，各部无毛。奇数羽状复叶，有小叶 5 ~11 枚，小叶整齐对生，除位于顶部中央的一枚有长 1 ~3cm 的小柄外其余无或几无柄，狭长披针形或卵形，长 6 ~11cm，宽 3 ~5cm，先端渐尖，基部圆形或近心脏形，或一侧圆而另一侧斜向上展，有油点，叶缘有裂齿；中脉在叶面稍凹陷或平坦，侧脉 11 ~15 对。伞房状圆锥花序顶生，或生于侧枝之顶，长 1 ~4cm，花被片 6 ~10 枚。蓇葖果成熟时紫红色，果梗长 1 ~2cm，果瓣直径约 5mm；种子长 4mm，顶端略尖。花期 3 ~4 月；果期 8 ~9 月。

产于全州、兴安、桂林。生于海拔 400m 以下坡地杂木林中或石灰岩山地灌木林。根皮黄色，味甚辛辣且麻，有香气，有消炎解毒、镇痛的功效，治牙痛、跌打损伤。

2. 蜜茱萸属 Melicope J. R. et G. Forst.

乔木或灌木。叶对生或互生，单小叶或三出叶，稀羽状复叶，透明油点甚多。花单性，聚伞花序或圆锥花序；萼片及花瓣各 4 枚；花瓣镊合状排列，盛花时花瓣顶部向内反卷；雄花的雄蕊 8 枚，着生于花盘基部四周，花丝分离，钻状；雌蕊由 4 个心皮组成，心皮近基部合生，花柱贴合成一体，柱头头状，4 浅裂，每心皮有 2 枚胚珠。成熟果实开裂为 4 个分果瓣，每分果瓣有 1 枚种子，内外果皮彼此分离；种子细小，种皮褐黑或蓝黑色，有光泽，胚乳肉质，含油丰富，子叶长圆形，胚根甚短。

约 233 种。中国 8 种；广西 1 种。

三桠苦　三叉苦　图 1120

Melicope pteleifolia (Champ. ex Benth.) T. G. Hartley

灌木至小乔木，高 2 ~8m。树皮白色，光滑，浅沟状裂；嫩枝节部常呈压扁状，小枝髓部大，枝、叶无毛；全株味苦。三出复叶，小叶椭圆形或倒卵状椭圆形，长 6 ~20cm，宽 2 ~8cm，先端渐尖或急尖，基部楔形而下延，全缘，油点多。伞房状圆锥花序腋生，偶兼有

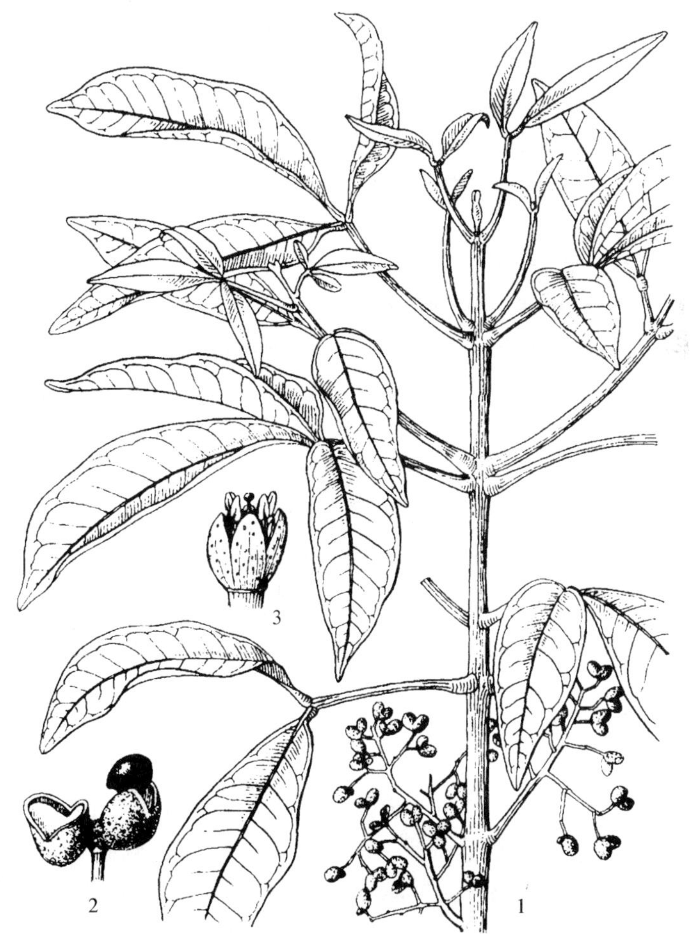

图 1120　三桠苦 Melicope pteleifolia (Champ. ex Benth.) T. G. Hartley　1. 果枝；2. 果；3. 花。(仿《中国植物志》)

顶生，长4～12cm，花甚多；萼片4枚而细小，长约0.5mm；花瓣4枚，淡黄色或白色，长1.5～2.0mm。分果瓣淡黄色或茶褐色，散生有透明油点，每分果瓣有1枚种子；种子长3～4mm，蓝黑色。花期4～6月；果期7～10月。

产于广西各地。生于较荫蔽的山谷湿润地方，阳坡灌木丛也有生长。分布于北纬约25°以南中国各地；越南、老挝、泰国也有分布。木材淡黄色，不耐腐，适做小型家具、文具及箱板材；根、叶、果药用，为岭南常用中草药，广东、广西“凉茶”中多有此料，味苦，性寒，用作清热解毒剂，主治扁桃腺炎、咽喉炎、风湿性腰腿痛、湿疹等症。

3. 四数花属 Tetradium Lour.

乔木或灌木。奇数羽状复叶对生，叶柄基部常膨大，小叶片常有油点。一歧聚伞花序顶生；花单性，雌雄异株；萼片或花瓣均为5或4枚，花瓣镊合状排列；雄花的退化子房先端3～5裂；雌花的退化雄蕊短小成鳞片状，心皮2～5枚。蓇葖果，顶端无喙状尖；种子圆珠形或卵珠形，蓝黑色，有光泽。

9种，分布于亚洲东部、南部及东南部。中国7种；广西5种。

分种检索表

1. 每分果瓣有种子1枚。
  2. 萼片及花瓣均4枚；小叶片油点干后呈暗褐色至黑褐色 ………………………… **1. 牛斜吴萸 T. trichotomum**
  2. 萼片及花瓣均5枚，稀4枚。
    3. 嫩枝及鲜叶揉之有腥臭气味；当年生枝、小叶两面及花序轴均被毛；小叶油点多且大 …………………… …… **2. 吴茱萸 T. ruticarpum**
    3. 嫩枝及鲜叶揉之无腥臭气味；当年生枝无毛或被短柔毛；小叶油点不显。
      4. 小叶背面被短毛并有仅在放大镜下可见的灰白色或棕色半透明油点 …… **3. 华南吴萸 T. austrosinense**
      4. 小叶背面无毛，或仅沿中脉或脉腋间被毛，油点不显 ………………………… **4. 楝叶吴萸 T. glabrifolium**
1. 每分果瓣有成熟种子2枚 ……………………………………………………………… **5. 石山吴萸 T. calcicolum**

1. 牛斜吴萸 牛斜树、蜜楝吴萸 图1121

Tetradium trichotomum Lour.

灌木至小乔木，高3～6m或更高。嫩梢暗紫红色。叶有小叶3～11枚，小叶椭圆形至长圆形，叶轴基部的叶为卵形，长6～15cm，宽2.5～6.0cm，先端渐尖，茎部楔形，全缘，无毛或被疏柔毛，散生干后变黑褐色、在放大镜下可见的油点；小叶柄长4～8mm，中央一片的柄长15mm。花序顶生，长达25cm，花多；萼片4枚，宽卵形，长不及1mm；花瓣4枚，白色，长3～4mm。果鲜红色至暗紫红色，散生微凸起、干后近黑褐色的油点，每分果瓣有1枚种子；种子近球形，暗褐色，直径5～6mm。花期6～7月；果期9～11月。

产于龙州、容县、临桂、那坡、金秀。生于海拔1200m以下山地灌木丛或杂木林中。分布于广东、贵州、云南；越南、老挝、泰国也有分布。嫩叶嚼之无特殊气味，亦不麻辣。根皮味苦而麻辣，性温，有祛风除湿、散寒理气、止痛、健胃的功效。

2. 吴茱萸 茶辣 图1122

Tetradium ruticarpum (A. Juss.) T. G. Hartley

灌木，高2～5m。嫩枝和芽通常暗紫红色，被灰黄色至红锈色绒毛。奇数羽状复叶，小叶5～11枚，小叶薄至厚纸质，对生，阔卵形至椭圆状披针形，长6～18cm，宽3～7cm，叶轴下部的较小，两侧对称或一侧的基部稍偏斜，全缘或浅波浪状，小叶两面及叶轴被长柔毛，毛密如毡状或甚稀疏；油点多且大，肉眼可见。聚伞状圆锥花序顶生，花雌雄异株，白色，雄花序的花被彼此疏离，雌花序的花密集或疏离；萼片及花瓣均5枚，稀4枚，镊合状排列。果序宽3～12cm，果密聚

图 1121　牛斜吴萸 Tetradium trichotomum Lour.
1. 果枝；2. 雄花；3. 雄蕊；4. 果；5. 种子。(仿《广西植物志》)

图 1122　吴茱萸 Tetradium ruticarpum (A. Juss.) T. G. Hartley　1. 果枝；2. 小叶片；3. 心皮；4. 果；5. 种子。(仿《中国植物志》)

成团，暗紫红色，开裂为 4 个或 5 个果瓣，有大油点，每分果瓣有 1 枚种子；种子近圆球形，长 4 ~5mm，褐黑色。花期 4 ~6 月；果期 8 ~11 月。

产于资源、兴安、临桂、龙胜、荔浦、金秀、融水、凤山、那坡、隆林、凌云、乐业、田林。生于平地至海拔 1000m 山地疏林下灌丛中，多见于向阳坡地。对土壤条件要求较高，喜肥沃湿润立地，在土壤贫瘠和黏性较大的地方生长瘦小。播种或扦插繁殖。茎皮、叶、嫩果均含有强烈气味，苦而麻辣，药用，健胃、镇痛、祛风理气、温中寒散、疏肝解郁，治胃腹冷痛、疝痛、恶心呕吐、腹泻，未成熟果实为中药"吴茱萸"。

3. 华南吴萸　图 1123

Tetradium austrosinense (Hand. -Mazz.) T. G. Hartley

灌木至乔木，高 6 ~20m。小枝髓部大，嫩枝及芽密被灰色或红褐色短绒毛。叶有小叶 5 ~13 枚，小叶卵状椭圆形，长 7 ~15cm，宽 3 ~7cm，生于叶轴基部的叶为卵形，对称或一侧偏斜，叶缘有细钝锯齿或近全缘，叶面被疏短毛，中脉毛较密，叶背被短柔毛，有干后褐或黑色细油点，在放大镜下可见。花序顶生，多花；萼片及花瓣均 5 枚；花瓣淡黄白色，长 2.5 ~3.0mm。分果瓣淡紫红色至深红色，直径 4.0 ~5.5mm，有油点而凸起，内果皮薄壳质，蜡黄色，有成熟种子 1 枚；种子长约 3mm，厚 2.5 ~2.8mm。花期 6 ~7 月；果期 9 ~11 月。

产于龙胜、阳朔、永福、平南、金秀、龙州。生于海拔 1500m 以下山地疏林或沟谷中。分布于广东、云南；越南也有分布。鲜果有香辣气味，但鲜叶无气味，嚼之有黏胶质液。

4. 楝叶吴萸　假茶辣　图 1124

Tetradium glabrifolium (Champ. ex Benth.) T. G. Hartley

乔木，高达 20m，胸径 80cm。树皮灰白色，不开裂，密生圆或扁圆形、略凸起的皮孔。奇数羽

图 1123 华南吴茱萸 **Tetradium austrosinense** (Hand. -Mazz.) T. G. Hartley 1. 果枝；2. 小叶背面；3. 果；4. 种子。(仿《广西植物志》)

图 1124 楝叶吴茱萸 **Tetradium glabrifolium** (Champ. ex Benth.) T. G. Hartley 1. 果枝；2. 果；3. 种子；4. 叶片。(仿《中国植物志》)

状复叶，对生，小叶 7~11 枚，稀 5 枚或更多，小叶斜卵形至斜卵状披针形，长 6~10cm，宽2.5~4.0cm 或更大，两侧明显不对称，无毛或仅叶背沿中脉或脉腋间被毛，油点不显或甚稀少且细小，在放大镜下隐约可见，叶背灰绿色，叶缘有细锯齿或全缘，小叶柄长 1.0~1.5cm。聚伞状圆锥花序顶生，花甚多；萼片及花瓣均 5 枚，稀兼有 4 枚；花瓣白色，长 3mm。分果瓣淡紫红色，有油点，外果皮两侧面被短伏毛，内果皮肉质，白色，干后暗蜡黄色，每分果瓣直径约 5mm，有成熟种子 1 枚，种子长约 4mm，褐黑色。花期 7~9 月；果期 10~12 月。

产于永福、资源、兴安、阳朔、金秀、梧州、巴马、南宁、上思、龙州。生于海拔 800m 以下喜光常绿阔叶林中，为山谷湿润地常见树种。越南也产。适应性强，耐干旱瘠薄，速生，树高年平均生长量可达 1.0m 以上。木材有酸辣气味，心材与边材区别不明显，木材黄白色，露于空气中颜色变深，材色鲜艳，重量中等，气干密度 0.611g/cm^3，纹理直，干燥略慢，稍变形，较耐腐，适宜门窗、车辆及船内装饰用材；树干通直，耐旱、抗风、速生，成材快，为多用途树种。根及果药用，健胃、祛风、镇痛、消肿。

5. 石山吴茱萸

Tetradium calcicolum (Chun ex C. C. Huang) T. G. Hartley

乔木，高达 15m。嫩枝及花序轴均密被灰色柔毛。奇数羽状复叶，小叶 3~7 枚，小叶近革质，宽卵形或卵状椭圆形，长 4~12cm，宽 2~6cm，两侧对称，全缘，叶背基部中脉两侧被灰白色丛毛或淡褐红色丛毛，其余无毛，油点不显或稀少且小，肉眼看不见；小叶柄长 2~4mm。伞房状圆锥花序顶生，花多；萼片及花瓣均 5 枚。果序有多果，分果瓣橙红色或紫红色，两侧面被灰白色短伏毛，每个果瓣有种子 2 枚；种子长卵形，一端稍尖，长约 4mm。花期 5~6 月；果期 8~9 月。

产于融水、南丹、宜州、靖西、隆林、上思。生于海拔1000m以下山地疏林中，石灰岩山坡较常见。分布于云南。

4. 飞龙掌血属 Toddalia Juss.

有刺、攀援木质藤本。叶互生，指状三出复叶，小叶无柄，油点多。花小，单性，排成腋生或顶生的伞房状聚伞花序或圆锥花序；萼片及花瓣均5枚或有时4枚；萼片基部合生；花瓣镊合状排列；雄花雄蕊5枚或4枚，退化雌蕊短棒状；雌花退化雄蕊短小，为雌蕊长之半，无花药，子房由5枚或4枚合生心皮组成，5室或4室，每室有上下叠生的2枚，花柱极短，柱头头状。核果近圆球形，有黏胶质液，分核4~8个；种子肾形，胚乳肉质。

仅1种，分布于非洲东部和亚洲东南部，中国秦岭南坡以南各地均有分布，广西也有分布。

飞龙掌血 图1125

Toddalia asiatica (L.) Lam.

木质藤本，老茎干有厚木栓层；茎枝及叶轴有向下弯的皮刺，当年生嫩枝顶部有褐色或红锈色短毛，或密被灰白色短毛。小叶无柄，对光透视可见密生透明油点，揉之有类似柑橘叶的香气，卵形、倒卵形或椭圆形，长5~9cm，宽2~4cm，先端尾状渐尖或急尖而钝头，基部楔形，边缘有细钝锯齿。花单性，淡黄白色，萼片长不及1mm，花瓣长2.0~3.5mm。核果橙红色或朱红色，近圆球形或略扁，直径8~10mm，有4~8条纵向浅沟纹；种子肾形，长5~6mm，种皮黑褐色。花期几乎全年，多于夏季；果期秋冬季。

产于广西各地。生于山坡、山谷、溪边杂木林中，较常见于灌木林中，攀附于别的树上，石灰岩山地亦常见。果皮麻辣，果肉酸甜。全株药用，味苦而麻辣，性温，活血散淤、祛风除湿、消肿止痛，治风寒感冒、风湿骨痛、跌打损伤。

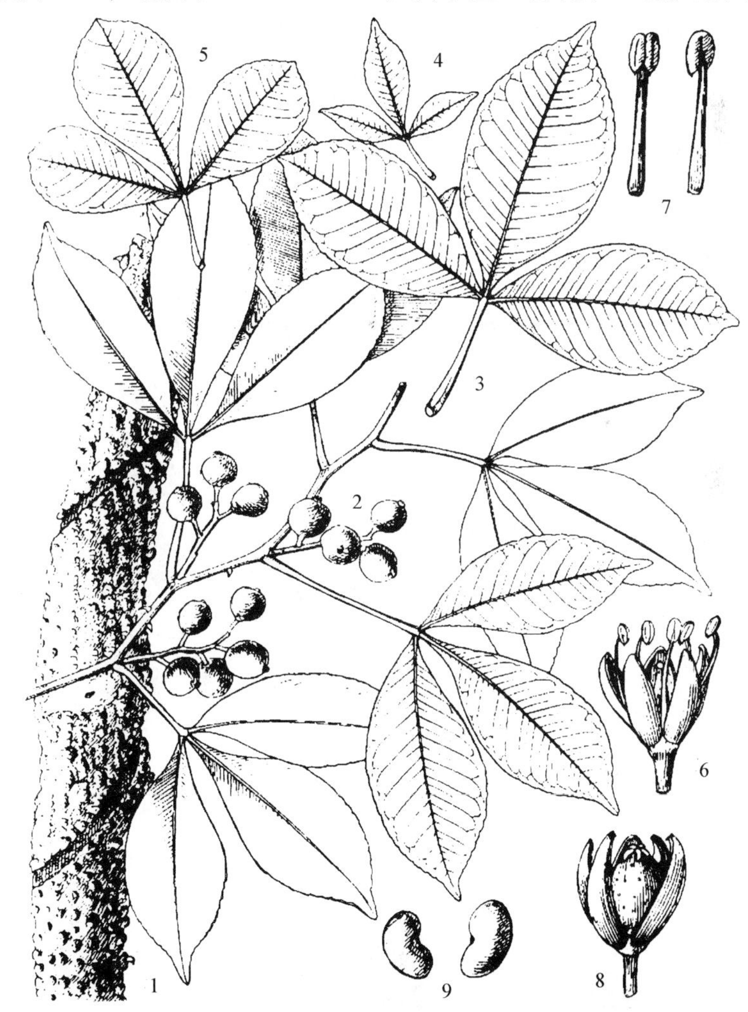

图1125 飞龙掌血 Toddalia asiatica (L.) Lam. 1. 茎干；2. 果枝；3~5. 叶；6~7. 雄花和雄蕊；8. 雌蕊；9. 种子。(仿《中国植物志》)

5. 黄檗属 Phellodendron Rupr.

落叶乔木。成年树的树皮较厚，纵裂，且有发达的木栓层；无顶芽，侧芽为叶柄基部包盖，位于马蹄形的叶痕之内，叶痕上有明显3堆维管束痕。叶对生，奇数羽状复叶，叶缘有锯齿，齿缝处有较明显油点。花单性，雌雄异株，排成顶生圆锥状聚伞花序；花部5基数，花瓣覆瓦状排列；雄蕊生于花盘基部四周，花药纵裂，背部着生，药隔顶端凸尖；退化雌蕊5叉裂；雌花退化雄蕊鳞片状，子房5室，每室有2枚胚珠，花柱短，柱头头状。核果，有黏胶质液，近圆球形，蓝黑色，有 4 ~ 10 个小核；种子卵状椭圆形，种皮黑色。

2 ~ 4 种，主产亚洲东部；中国 2 种 1 变种；广西产 1 变种。

秃叶黄檗

Phellodendron chinense var. **glabriusculum** C. K. Schneid.

乔木，高约 15m。嫩枝暗紫红色；叶轴、叶柄和小叶柄均无毛或几无毛。叶有小叶 7 ~ 15 枚，小叶纸质，卵形至披针形，长 7 ~ 13cm，宽 3 ~ 6cm，叶面仅中脉被短毛，有时嫩叶叶面疏被短毛，背面沿中脉两侧疏被柔毛，有时几无毛但有极微小的棕色鳞片状体。花序顶生，花疏离。核果圆球形，直径 1.0 ~ 1.5cm；种子 5 ~ 8 枚，稀 10 枚。花期 5 ~ 6 月；果期 9 ~ 11 月。

产于融水、罗城、兴安、全州、龙胜、金秀。多生于海拔 800 ~ 1500m 山地疏林或密林下，资源、龙胜、灌阳、兴安、罗城、凌云、乐业、田林等地有规模人工栽培。分布于秦岭以南的陕西、湖北、四川等地。喜凉爽、湿润气候，苗期耐阴，成年树喜光，多生于湿润、通气良好、中性或微酸性红黄壤，以深厚、肥沃、排水良好的砂质土壤上生长好，在河谷两侧肥沃深厚的冲积土上生长最好。不耐干燥瘠薄及水湿。深根性树种，萌蘖能力强。播种繁殖，种子具浅休眠特性，通过播期调节可打破休眠，不需进行层积处理，播种以 1 ~ 3 月初为宜。秃叶黄檗树皮的内皮层鲜黄色入药，即著名中药黄柏，性寒、味苦，具有清热燥湿、泻火解毒等功能，常用于湿热泻痢、黄疸、白带以及热痹、热淋等症。中药黄柏为大宗国药，20 世纪 80 年代末被国家医药管理局推荐发展的 63 种紧缺中药材之一。秃叶黄檗栽种后 6 ~ 8 年可采药，伐后其伐桩萌芽再生能力强，一次种植，多次采收。

6. 山油柑属 Acronychia J. R. et G. Forst.

常绿乔木。叶对生，单小叶或指状三出叶，全缘，有透明油点。花单性或两性，排成腋生或顶生聚伞状圆锥花序；有小苞片，萼片及花瓣均 4 枚；萼片在基部合生；花瓣镊合状排列；雄蕊 8 枚，被毛，2 轮排列，外轮 4 枚与花瓣互生，内轮 4 枚与花瓣对生，花丝分离，中部以下被毛；雌蕊由 4 枚合生心皮组成，花盘细小，子房 4 室，每室有 1 ~ 2 枚胚珠，柱头比花柱略粗。核果近球形，有 4 枚小核，每分核有 1 枚种子；种皮褐黑色。

约 48 种，分布于热带亚洲和大洋洲各岛屿。中国 1 种；广西亦产。

图 1126　山油柑 Acronychia pedunculata (L.) Miq.
1. 花枝；2. 叶；3. 花；4. 雌花；5. 果；6. 种子。（仿《中国植物志》）

山油柑　降真香　图 1126

Acronychia pedunculata (L.) Miq.

落叶乔木，高 5 ~ 15m。树皮灰白色或灰黄色，平滑，不开裂，剥开时有柑橘叶香气，当年生枝髓部大且常中空。单小叶，椭圆形至长圆形或倒卵状椭圆形，长 7 ~ 18cm，宽 3.5 ~ 7.0cm，先端钝尖，基部宽楔形，全缘；叶柄长 1 ~ 2cm，两端明显增大呈叶枕状。花两性，黄白色，直径 1.2 ~ 1.6cm；花瓣狭长椭圆形，花开放初期，花瓣两侧边缘及顶端略向内卷，盛花时则向背面反卷且略下垂。果序下垂，果淡黄色，半透明，近圆球形而有棱角，直径 1.0 ~ 1.5cm，顶端平坦，中央微凹陷，有 4 条浅沟纹，富含水分，味清甜，有4枚小核，每核有1枚种子；种子倒卵形，长4~5mm，种皮褐黑色。花期4~8月；果期8~12月。

产于南宁、容县、陆川、防城、上思、宁明。生于低丘坡地杂木林中，为次生林常见树种，有时成小片纯林。分布于台湾、福建、广东、云南；菲律宾、越南、印度也有分布。木材心材与边材区别不明显，材色淡黄，纹理直，结构细，重量中等，气干密度0.51g/cm^3，不易变形，易加工，但材质松软，不耐腐，可做简易家具、农具等。根、叶、果药用，可理气、活血、散淤、消肿、止痛，治支气管炎、感冒、咳嗽、心气痛、消化不良等。

7. 茵芋属 Skimmia Thunb.

常绿灌木或小乔木，枝的皮层光滑且厚。单叶，互生，全缘，常聚生于枝的顶部，密生透明油点。花单性或杂性；白色或黄色；排成顶生圆锥花序；萼片5枚或4枚，基部合生，花瓣5枚或4枚，覆瓦状排列，有油点，比萼片长2~4倍，盛花时常反折；雄花有雄蕊5枚或4枚，花丝分离；退化雌蕊棒状或垫状，顶部2~4浅裂，稀不裂；雌花的退化雄蕊比子房短，杂性花的雄蕊有早熟性，子房2~5室，每室有1枚胚珠；花柱短，柱头头状。核果富含浆液，红色或蓝黑色，有小核2~5个，很少1个；种子扁卵形，顶部短尖，基部圆，种皮薄，有窝点。

约6种。中国5种；广西2种。

分种检索表

1. 灌木，树高不及2m；叶片中脉被微柔毛；花杂性；果红色 ………… **1. 茵芋 S. reevesiana**
1. 小乔木，树高达8m；叶片中脉无毛；花单性；果蓝黑色 ………… **2. 乔木茵芋 S. arborescens**

1. 茵芋 图1127

Skimmia reevesiana (Fortune) Fortune

灌木，高1~2m。小枝光滑，髓部大且常中空。叶有柑橘叶香气，革质，集生于枝上部，椭圆形、披针形或倒披针形，长5~12cm，宽1.5~4.0cm，先端短尖或钝，基部宽楔形，叶面中脉稍凸起，有细毛；叶柄长5~10mm。花序轴及花序轴及花均被毛，花淡黄白色，有芳香，圆锥花序顶生，花密集，花梗极短；萼片及花瓣均5枚，极少4枚或3枚；萼片半圆形，长1.0~1.5mm；花瓣黄白色，长3~5mm。果圆形或椭圆形或倒卵形，长8~15mm，朱红色，种子2~4枚；种子扁卵形，长约6mm，顶部尖，基部圆形。花期3~5月；果期9~11月。

产于临桂、灵川、龙胜、全州、罗城、隆林、百色、容县。生于海拔1200m以上杂木林中。

图1127 茵芋 **Skimmia reevesiana** (Fortune) Fortune

1. 花枝；2. 叶片断片；3. 两性花；4. 果序。(仿《中国植物志》)

2. 乔木茵芋

Skimmia arborescens T. Anderson ex Gamble

小乔木，高达8m，胸径达20cm。小枝髓部小。叶较薄，倒卵形、倒披针形或长圆形，长5～18cm，宽2～6cm，两面无毛，中脉在叶面微凸起或中脉两侧的叶肉部分干后凹陷；叶柄长1～2cm。花单性，花序长2～5cm，花序轴被微柔毛或无毛；苞片宽卵形，长1.0～1.5mm，萼片比苞片稍大；萼片5枚，长约2mm；花瓣5枚，淡黄色或白色，长4～5mm。果圆球形，直径6～8mm，蓝黑色，通常有种子1～3枚。花期4～6月；果期7～9月。

产于荔浦、融水、上林、武鸣、马山、上思、防城、宁明。生于海拔800m以上的杂木林中。分布于云南、广东。

8. 小芸木属 Micromelum Bl.

灌木或乔木。枝和叶柄上常有稍凸起的油点。叶互生，奇数羽状复叶，小叶片不对称，密生油点。近于平顶的伞房状聚伞花序，花两性，萼片5枚，下部合生；花瓣5枚，镊合状排列；雄蕊10枚，花丝分离，长短相间，着生于花盘基部四周；子房被毛，3～5室，每室2枚胚珠，花柱比子房略长，柱头状。浆果，含黏胶质液，有油点；种子1～2枚，种皮膜质。

约10种，分布于亚洲热带地区。中国2种，广西均有。

分种检索表

1. 花蕾圆球形，花瓣长3～4mm；小叶呈镰刀状弯斜……………………………………… **1. 大管 M. falcatum**
1. 花蕾长椭圆形，花瓣长5mm以上；小叶为两侧不对称的披针形或卵状椭圆形……… **2. 小芸木 M. integerrimum**

1. 大管 图1128：1～5

Micromelum falcatum(Lour.)Tanaka

灌木，高达3m。小枝、叶柄及花序轴均被长直毛，小叶背面毛较密，成长叶仅叶脉被毛，很少几无毛。奇数羽状复叶，有小叶5～11枚，小叶片互生，镰刀状披针形，位于叶轴下部的为卵形，长4～9cm，宽2～4cm，先端弯斜而长渐尖，基部一侧圆，另一侧偏斜，两侧明显不对称，叶缘锯齿状或波浪状；小叶柄长3～7mm。花序顶生，多花，花白色，花蕾圆形或椭圆形；花萼浅杯状，长约1mm；花瓣长圆形，长3～4mm。浆果椭圆形，长8～10mm，成熟时由橙黄色转为朱红色，果皮有透明油点；种子1～2枚。花期2～4月；果期6～8月。

产于柳州、那坡、合浦、东兴、宁明。生于海拔500m以下的坡地、村边或路旁，在阳光充足灌木丛中较常见。分布于广东、云南；越南也有分布。根、叶药用，性凉，可理气、散瘀、活血，治跌打扭伤。

图1128　1～5. 大管 Micromelum falcatum(Lour.) Tanaka　1. 果枝；2～3. 小叶片；4. 花；5. 雌蕊。**6～8. 小芸木 Micromelum integerrimum**(Buch.－Ham. ex DC.) Wight et Arn. ex M. Roem.　6. 叶片；7. 花；8. 雌蕊。(仿《中国植物志》)

2. 小芸木 图1128：6～8

Micromelum integerrimum(Buch.－Ham. ex DC.) Wight et Arn. ex M. Roem.

灌木至小乔木，高 3 ~ 5m，胸径 10 ~ 15cm。树皮灰色，平滑；当年生枝、叶轴、花序轴均绿色，密被短伏毛，花萼、花瓣背面及嫩叶两面亦被毛，成长叶无毛。叶有小叶 7 ~ 15 枚，小叶互生或近对生，两面同色，深绿，叶片平展，斜卵状椭圆形或斜披针形，长 4 ~ 26cm，宽达 8cm，全缘，两侧不对称，一侧圆，另一侧楔尖；小叶柄长 2 ~ 5mm。花蕾淡绿色，长椭圆形，花淡黄白色；花萼浅杯状，裂片长约 1mm；花瓣长 5 ~ 10mm，盛开时反折。果椭圆形或卵形，长 10 ~ 15mm，宽 7 ~ 12mm，成熟时由橙黄色转朱红色，有种子 1 ~ 2 枚；种皮薄膜质。花期 2 ~ 4 月；果期 7 ~ 9 月。

产于柳城、罗城、东兰、天峨、凌云、隆林、百色、隆安、龙州。常见于海拔 500 ~ 1000m 山地杂木林下较湿润地方。分布于广东、海南、贵州、云南；越南、老挝、柬埔寨、泰国也有分布。全株药用，味辛、苦，性温，可理气、祛痰、除湿、散瘀、消肿，治感冒、咳嗽、风湿骨痛、跌打肿痛。

9. 山小橘属 Glycosmis Corrêa

灌木或小乔木。幼嫩部分被褐色或红锈色短卷毛。叶互生，单小叶或有小叶 2 ~ 7 枚，油点甚多，常无毛。聚伞花序；花两性，细小，萼片及花瓣均 5 枚，稀 4 枚，萼片基部合生；花瓣覆瓦状排列；雄蕊 10 枚，很少 8 枚或更少，着生于花盘基部四周，比花瓣短或与花瓣等长，花丝在药隔稍下增宽而扁平，稀线形，药隔顶部有 1 油点；花柱粗短，柱头比花柱略粗大或不增粗，子房 5 室，少有 4 室或 3 室，每室有 1 枚胚珠。浆果，有 1 ~ 3 枚种子；种皮薄膜质，油点多。

约 50 种，分布于热带亚洲至大洋洲。中国有 11 种；广西 5 种。

分属检索表

1. 叶为单叶 ………………………………………………… **1. 山橘树 G. cochinchinensis**
1. 叶为单小叶或有小叶 2 ~ 7 枚。
  2. 叶全为单小叶；花序长 1cm 以内 ……………………………… **2. 华山小橘 G. pseudoracemosa**
  2. 叶有 2 ~ 7 枚或兼有单小叶；花序长 1cm 以上。
    3. 小叶边缘有浅裂齿；花序有花甚多，长达 10cm 以上 ………………… **3. 锈毛山小橘 G. esquirolii**
    3. 小叶全缘；花序甚短，或兼有长达或超过 10cm 花序。
      4. 叶有小叶 5 ~ 7 枚，稀同时兼有 4 枚或 3 枚 ……………………… **4. 少花山小橘 G. oligantha**
      4. 叶有小叶 2 ~ 4 枚，稀兼有 5 枚或单小叶 ……………………… **5. 小花山小橘 G. parviflora**

1. 山橘树

Glycosmis cochinchinensis (Lour.) Pierre ex Engl.

灌木，高 1 ~ 4m。叶单叶，纸质，形状及大小差异甚大，通常椭圆形至近圆形，长 4 ~ 12cm，宽 2 ~ 6cm，先端圆、钝、短尖至渐尖，基部圆、钝、楔尖至渐狭尖，全缘，无毛；叶柄长 3 ~ 10mm。花序腋生或兼顶生，通常多花密集成簇，很少单花或 3 ~ 5 朵花着生于甚短的总花梗上，或长达 5cm 的圆锥花序，花序轴初时被褪锈色微柔毛，花梗甚短；萼裂片卵形，长不及 1mm；花瓣 5 枚，白色，长约 3mm。果圆球形或扁圆形，直径 8 ~ 14mm，淡红色至紫红色，果皮有半透明油点。花、果期几乎全年。

产于广西西南部各地。生于海拔 1000m 以下山地或旷野杂木林中或灌丛中。分布于海南、云南；越南也有分布。

2. 华山小橘

Glycosmis pseudoracemosa Swingle

灌木，高 1 ~ 3m。叶为单小叶，纸质，长圆形或披针形，长 4 ~ 18cm，宽 1.5 ~ 7.0cm，先端渐尖，全缘，波浪状；叶柄长 2 ~ 5mm，稀长达 16mm；小叶柄长 1 ~ 5mm。花序腋生及顶生，由少数花聚生成簇或为甚短缩的聚伞花序，长 1cm 以内，花轴甚短，与花序轴及花萼裂片同被褐锈色色微柔毛；花萼裂片阔卵形，长 1mm 以内；花瓣 5 枚，白色，长约 4mm。果近圆球形，直径 10 ~ 12mm，橙黄色或橙红色。花期几乎全年；果期 5 ~ 12 月。

产于广西西南部和西部。生于海拔 400 ~ 800m 山地杂木林中。分布于云南；越南也有分布。

3. 锈毛山小橘

Glycosmis esquirolii (H. Lév.) Tanaka

小乔木，高达 10m。复叶，有小叶 7 枚，稀 4 ~ 6 枚，小叶卵形或长椭圆形，长 10 ~ 16cm，宽 4 ~ 7cm，先端渐尖，钝头，基部短尖或宽楔形，一侧变斜，两侧明显不对称，嫩叶背面被红锈色微柔毛，成长叶无毛，叶缘有不规则浅裂齿，极少近于全缘。圆锥花序，顶生和腋生，顶生的长 10cm 以上，分枝多，花疏离，各部均被红锈色粉末状微柔毛；萼裂片宽卵形，长 1mm；花瓣淡黄白色，长 3 ~ 4mm。果椭圆形，直径约 1cm，橙黄色。花期 10 月至翌年 3 月；果期 4 月。

产于广西西部和西北部。生于海拔 400 ~ 1200m 以上的山地杂木林中，石灰岩山地常见。分布于贵州、云南；泰国、马来西亚也有分布。

4. 少花山小橘

Glycosmis oligantha C. C. Huang

灌木，高 3m。芽及嫩枝被鳞秕状褐锈色微柔毛，后变无毛；小枝纤细，灰黄色。叶有小叶 5 ~ 7 枚，稀兼有 3 枚或 4 枚，小叶狭披针形，长 5 ~ 9cm，宽 1.5 ~ 2.5cm，两端渐尖，全缘，叶面灰榄绿色，叶背淡黄色，幼嫩叶背沿中脉两侧被稀疏鳞秕状锈色微柔毛；小柄长 3 ~ 5mm。花序有花2 ~ 3 朵或 5 朵，长约 1cm，有时单花腋生；总花梗被褐锈色微柔毛，花梗甚短；花萼宽约 1mm；花瓣卵形，长约 3mm，无毛。果未见。

广西特有种。产于隆安、龙州、钦州。生于海拔 250 ~ 500m 坡地杂木林中。

5. 小花山小橘 山小橘 图 1129

Glycosmis parviflora (Sims) Little

灌木，高 1 ~ 3m。叶有小叶 2 ~ 4 枚，稀 5 枚或兼有单小叶，小叶椭圆形或长圆形，长 5 ~ 19cm，宽 2.5 ~ 8.0cm，先端短尖或渐尖，基部楔形，无毛，全缘；小叶柄长 1 ~ 5mm。圆锥花序腋生兼顶生，长 3 ~ 5cm，顶生的长达 14cm；花序轴、花梗及萼片均被褐锈色微柔毛，后脱落；萼片 5 枚，宽约 1mm；花瓣 5 枚，白色，长约 4mm。果圆球形或椭圆形，直径 10 ~ 15mm，淡黄白色转为淡红色或暗朱红色，半透明油点明显可见，有 2 ~ 3 枚种子，稀 1 枚。花期 3 ~ 5 月；果期 9 ~ 11 月。

产于柳城、百色、南宁、上思、龙州。生于低海拔坡地或山地杂木林中或树旁树荫下。分布于福建、广东、贵州、海南、台湾、云南；日本、越南也有分布。根、叶药用，味苦，微辛，气香，性平，有理气、消积、化痰、止咳等功效。

图 1129 小花山小橘 **Glycosmis parviflora** (Sims) Little 果枝。(仿《中国植物志》)

10. 黄皮属 **Clausena** Burm. f.

无刺灌木或乔木；各部常有油点。奇数羽状复叶，小叶两侧不对称。圆锥花序；花两性，花蕾圆球形，稀卵形；花萼和花瓣均4枚或5枚，4片时近于镊合状排列，5枚时覆瓦状排列；雄蕊10枚或8枚，成2轮排列，外轮与花萼裂片对生，内轮与花瓣对生，着生于隆起的花盘基部四周，花丝基部增粗，顶端钻尖，中部呈曲膝状；子房4室或5室，稀1～3室，每室有2枚胚珠，稀1枚胚珠，花柱短而粗，柱头与花柱等宽或稍增大。浆果，有种子1～4枚；种皮膜质，棕色，油点多。

约30种，广布于亚洲、非洲及大洋洲。中国约10种；广西6种。

分种检索表

1. 花萼及花瓣均4枚，稀兼有5枚。
  2. 成熟果朱红色；小叶21～27枚 ························ **1. 假黄皮 C. excavata**
  2. 成熟果蓝黑色；小叶5～13枚，稀15枚 ························ **2. 齿叶黄皮 C. anisata**
1. 花萼及花瓣均5枚，稀兼有4枚。
  3. 成熟果黄色或淡橙红色；花蕾圆球形；同一叶轴上的小叶大小差异不大，通常叶轴基部的叶较小。
    4. 果皮暗黄色，不透明，被毛；花蕾有5条微凸起的纵棱 ························ **3. 黄皮 C. lansium**
    4. 果皮淡黄色或淡橙红色，半透明，无毛；花蕾浑圆无棱。
      5. 果椭圆形；小叶宽4～16cm ························ **4. 云南黄皮 C. engleri**
      5. 果圆球形或略扁圆形；小叶宽不及4cm ························ **5. 细叶黄皮 C. sanki**
  3. 成熟果蓝黑色；花蕾宽卵形，顶端稍狭尖；同一叶轴上的小叶大小差异甚大 ············ **6. 光滑黄皮 C. lenis**

1. 假黄皮 野黄皮 图1130：1

Clausena excavata Burm. f.

灌木，高1～2m。小枝、叶轴均密被向上弯的短柔毛，且散生微凸起的油点。叶有小叶21～27片，幼龄植株的多达41枚，花序邻近的有时仅15枚，小叶不对称，斜卵形、斜披针形或斜四边形，长2～9cm，宽1～3cm，边缘波浪状，两面被毛或仅叶脉被毛，老叶几无毛；小叶柄长2～5mm。花序顶生；花蕾圆球形；萼片4枚；花瓣4枚，白色或淡黄白色，长2～3mm；雄蕊8枚，长短相间。果椭圆形，长12～18mm，初被毛，后脱落，成熟后淡红色至朱红色，种子1～2枚。花期4～5月；果期8～10月。

产于隆林、那坡、横县、博白、上思、合浦、龙州、宁明、凭祥。生于海拔800m以下山地灌丛、疏林中或石灰岩沟谷林中。分布于福建、广东、海南、台湾、云南；印度、越南、菲律宾也有分布。全株药用，行气、止痛、祛风除湿，治感冒、跌打损伤。播种繁殖。枝叶较密，果熟时淡红色至朱红色，颇美观，可作景区园林植物。

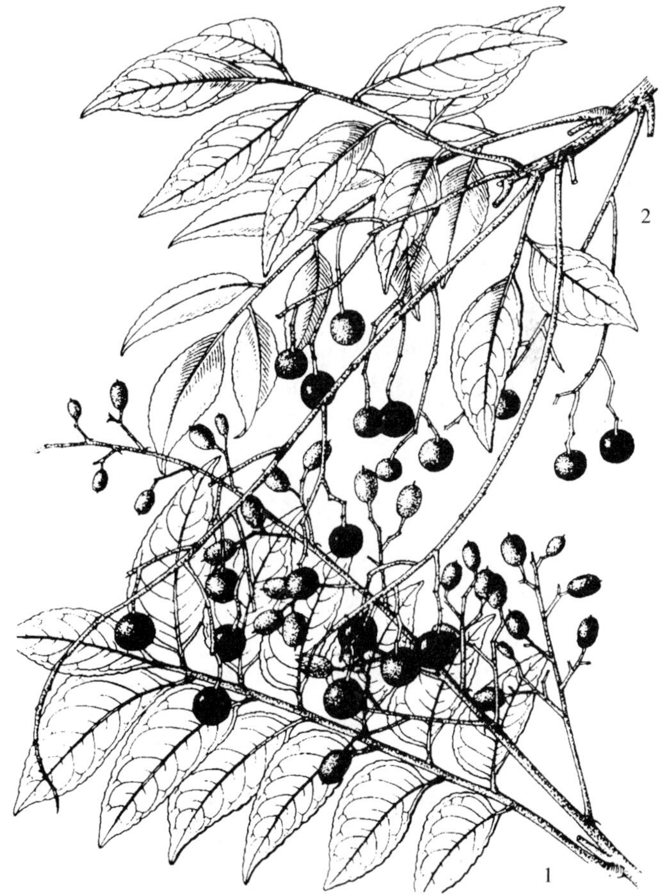

图1130　1. 假黄皮 Clausena excavata Burm. f.　果枝。**2. 齿叶黄皮 Clausena anisata**（Willd.）Hook. f. ex Benth. 果枝。（仿《中国植物志》）

图 1131　黄皮 **Clausena lansium** (Lour.) Skeels　1. 果枝；2. 花除去花瓣；3. 雌花；4. 花蕾。(仿《中国植物志》)

2. 齿叶黄皮　八角黄皮　图 1130：2

Clausena anisata (Willd.) Hook. f. ex Benth.

落叶小乔木，高 2～5m。各部有明显凸起的油点。叶有小叶 5～15 片，小叶卵形或披针形，长 4～10cm，宽 2～5cm，先端急尖或渐尖，基部两侧不对称，叶缘有明显疏钝裂齿，稀波浪状，两面无毛；小叶柄长 4～8mm。花蕾圆球形；花序顶生兼有生于小枝的近顶部叶腋间；花萼及花瓣均 4 枚，稀兼有 5 枚；花萼长不超过 1mm，花瓣长 3～4mm；雄蕊 8 枚，稀兼有 10 枚。果近圆球形，径 10～15mm，初时暗黄色，后变红色，熟透时蓝黑色；种子 1～2 枚。花期 6～7 月；果期 10～11 月。

产于永福、桂林、南丹、罗城、宜州、隆林、乐业、那坡、靖西、凌云、德保、天等、宁明、龙州、凭祥。生于海拔 1000m 以下山地杂木林中，石灰岩山地也有生长。分布于广东、湖南、贵州、四川、云南；越南也有分布。根、叶药用，味苦、微辛，性温，可消滞、化气、祛痰、健胃，治感冒、胃痛、风湿关节痛等症。

3. 黄皮　图 1131

Clausena lansium (Lour.) Skeels

灌木至小乔木，高 3～12m。小枝、叶轴和花序轴均散生甚多而凸起的细油点，并密被短直毛。奇数羽状复叶，有小叶 5～11 枚，小叶卵形或卵状椭圆形，长 6～14cm，宽 3～6cm，基部近圆形或宽楔形，一侧偏斜，两侧不对称，边缘波浪状或具浅的圆裂齿，叶面中脉被短毛；小叶柄长 4～8mm。圆锥花序顶生；花蕾圆球形，有 5 条稍凸起的纵脊棱；花萼和花瓣 5 枚，雄蕊 10 枚。果圆形、椭圆形或宽卵形，长 1.5～3.0cm，淡黄色至暗黄色，被细毛，果肉乳白色，半透明；有种子 1～4 枚。花期 4～5 月；果期 7～8 月。

原产于我国华南地区，已有 1500 年的栽培历史，世界多地有栽培。广西主要在南宁、崇左、钦州、玉林、百色、贵港等地规模栽培。喜温暖湿润环境，当气温降至 0℃左右时成年树受冻害危害，幼年树耐寒力更低。水分对黄皮生长发育影响很大，在年降水量 1200mm 以上且分布均匀的地区黄皮生长良好。喜光，林荫下不能生长。对土壤要求不严，砂壤土、砾质土、酸性土或钙质土均能适应。高度栽培种，品种繁多，果味差异极大，有酸有甜，广西主栽良种有大鸡心和无核黄皮等。播种繁殖、压条或嫁接繁殖，优良无性系都采用嫁接或压条繁殖。黄皮是中国南方特有的夏季水果，可鲜食，亦可盐或糖腌渍成干果，有消食、理气、止痛、化痰等功效。

4. 云南黄皮

Clausena engleri Yu. Tanaka

灌木至小乔木，高 3～8m。小枝粗壮，髓部大，有时中空；各部散生棕黄色半透明油点。叶有小叶5~11枚，小叶长圆形或卵状椭圆形，长10~40cm，宽4~16cm，两侧明显不对称，纸质，叶缘有裂齿，很少近于全缘，叶背脉上被短柔毛，成长叶叶面无毛；叶柄长4~6mm。圆锥花序顶生，长达40cm；花梗长1.5~3.0mm，纤细；花蕾圆球形；萼片和花瓣均5枚，稀兼4枚；雄蕊10枚。果椭圆形，橙黄色，长1.5~3.0cm；有1~2枚种子，种皮膜质。花期6月；果期9~10月。

产于那坡、龙州、宁明。生于杂木林中，石灰岩山坡密林中较常见。

5. 细叶黄皮 小黄皮、鸡皮果 图1132

Clausena sanki（Perr.）Molino

灌木至小乔木，高4~10m。当年生枝、叶柄及叶轴均被纤细而弯钩的短柔毛，各部密生半透明油点。叶有小叶5~11枚，小叶镰刀状披针形或斜卵形，长5~12cm，宽2~4cm，先端渐狭尖，有时微凹，两侧明显不对称，叶缘波浪状或有钝裂齿，两面无毛或仅背面中脉被短柔毛；小叶柄长2~4mm。花序顶生，花白色，有芳香；花蕾圆球形；花萼5枚，长约1mm；花瓣5枚，长约3mm；雄蕊10枚，有时兼有8枚。果圆球形，偶有宽卵形，直径1~2cm，淡黄色，偶有淡朱红色，半透明，果皮有多数肉眼可见的半透明油点；有1~2枚种子，稀更多；种皮膜质，基部褐色。花期4~5月；果期7~8月。

图1132 细叶黄皮 Clausena sanki（Perr.）Molino
1. 果枝；2. 花；3. 雄蕊。（仿《中国植物志》）

产于百色、平果、凌云、乐业、田东、那坡、靖西、德保、隆安、横县、邕宁、马山、崇左、天等、龙州、宁明、凭祥、扶绥、大新。生于低海拔山地杂木林中，常见于石灰岩山地，产地村屯边、房前屋后亦多有栽培。分布于云南；越南、菲律宾也有分布。喜温暖湿润，好半阴环境，忌积水，年平均气温20~23℃最适宜生长。多生长于黑色石灰土，尤以淋溶性黑色石灰土居多，在土壤pH值6.3~7.3、土壤疏松、富含有机质、土层较深的石灰岩风化土壤上生长最好。在石英砂砾岩形成的酸性土壤上也能正常生长。播种或压条繁殖。采收果实，除去果皮、果肉后即可播种；压条繁殖宜于早春进行，选择2~3年生健壮枝条压条。果肉味甜中带酸，可鲜食，亦可盐渍成干果，广西西南部常用食物调味品。根及叶药用，味苦、微辛，气香，性温，宜肺止咏、理气止痛，治感冒发热、风寒咳嗽、心胃酸痛等症。心材与边材区别不明显，木材黄白色，纹理直，结构细，重量轻，干燥快，不开裂，稍有变形，耐腐性中等，抗虫力较弱，供室内装饰、雕刻等用材。

6. 光滑黄皮

Clausena lenis Drake

灌木，高2~3m。嫩枝及叶轴密被纤细卷曲短毛及干后稍凸起的油点，老枝及老叶无毛。叶有小叶9~15片，小叶斜卵形，斜卵状披针形或近于斜的平行四边形，位于叶轴基部的最小，长2~5cm，宽1.5~3.5cm，位于中部或有时中部稍上的最大，长达18cm，宽11cm，两侧不对称，叶缘有圆或钝裂齿，嫩叶两面被稀疏短柔毛，成长叶的毛几全部脱落，干后暗红或暗黄绿色，薄纸质，侧脉纤细，支脉不明显，有油点干后暗褐色至褐黑色。花序顶生，花蕾宽卵形，顶端稍狭尖，花萼及花瓣均5枚，稀兼有4枚。果圆球形，稀宽卵形，直径1cm，成熟后蓝黑色；有1~3枚种子。花期4~6月；果期9~10月。

产于广西西南部。生于海拔500~1300m山地疏林或密林中。分布于广东、海南、云南；泰国、越南也有分布。

11. 九里香属 **Murraya** Koenig ex L.

无刺灌木或小乔木。奇数羽状复叶，稀单小叶(中国不产)，小叶互生。近于平顶的伞房状聚伞花序；花两性，花蕾椭圆形，萼片及花瓣均5数，稀4数；萼片基部合生，花瓣覆瓦状排列；雄蕊10枚或8枚，花丝线状，彼此分离，花药小，花盘明显；子房2~5室，每室有上下叠生或并列的2枚胚珠，稀1枚胚珠；花柱比子房长，柱头头状。浆果，常含黏质物质；有1~4枚种子，种皮光滑或有绵毛。

约12种，分布于亚洲热带地区。中国8种；广西5种。

分种检索表

1. 叶轴有翼叶；小叶先端圆或钝 ························ **1. 翼叶九里香 M. alata**
1. 叶轴无翼叶；小叶先端尖，很少钝。
   2. 萼片和花瓣均4枚，雄蕊8枚，稀10枚。
      3. 小叶狭披针形，宽通常不超过1.5cm，油点密，干后常凸出叶面 ··········· **2. 四数九里香 M. tetramera**
      3. 小叶宽卵形或卵状披针形，宽2~4cm，油点较稀疏，干后很少凸出叶面 ··· **3. 豆叶九里香 M. euchrestifolia**
   2. 萼片和花瓣均5枚，偶有4枚，雄蕊10枚，稀8枚。
      4. 花瓣长而宽，长10mm以上；种皮有绵毛 ························ **4. 九里香 M. paniculata**
      4. 花瓣短而狭，长不超过8mm，宽不越过3mm；种皮无毛 ··········· **5. 广西九里香 M. kwangsiensis**

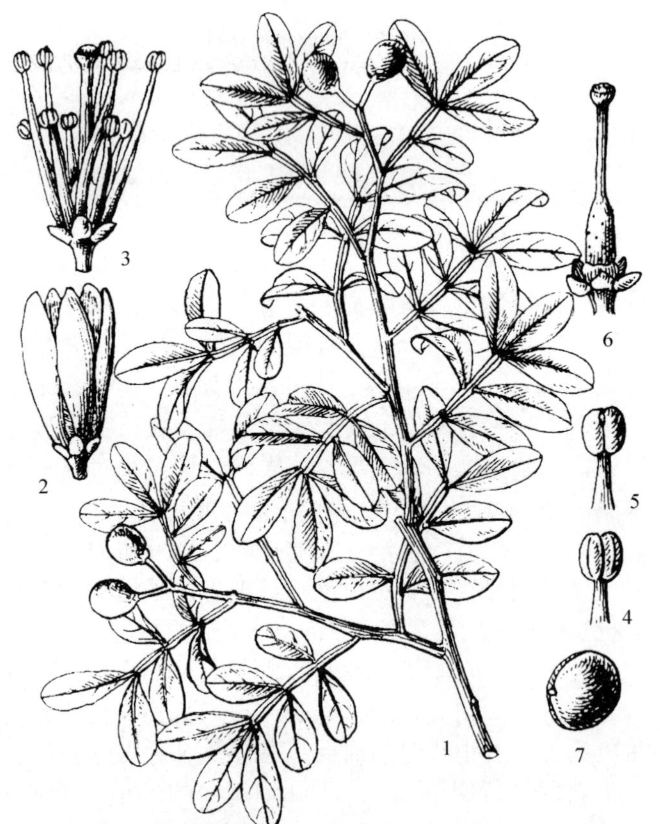

图1133 翼叶九里香 Murraya alata Drake 1. 果枝；2. 花；3. 示去花瓣花；4~5. 雄蕊正背面；6. 雌蕊；7. 种子。(仿《中国植物志》)

1. 翼叶九里香 图1133

Murraya alata Drake

灌木，高1~2m。枝黄灰色或灰白色。叶轴有宽0.5~3.0mm的叶翼，叶有小叶5~9枚，小叶倒卵形或倒卵状椭圆形，长1~3cm，宽6~15mm，顶端圆，很少钝，叶缘有不规则的钝裂齿或全缘，嫩叶两面被短细毛，仅在扩大镜下可见，成长叶无毛；小叶柄甚短或几无柄。腋生聚伞花序，有花数朵；花萼5枚，长1.5~2.0mm；花瓣5枚，白色，长10~15mm。果卵形，或圆球形，直径约1cm，朱红色，顶端常有偏向一侧的花柱遗迹，呈短的凸尖体；种子2~4枚，种皮有绵质毛。花期5~7月；果期10~12月。

产于北海市。生于低丘或离海岸不远的沙地灌木丛中。分布于广东、海南；越南也有分布。

2. 四数九里香 满天香

Murraya tetramera C. C. Huang

小乔木，高3~7m。当年生枝、嫩叶

叶轴及花梗均被稀疏微柔毛，后变无毛。叶有小叶5~11枚，小叶狭披针形，长2~5cm，宽8~15mm，顶部长渐尖，基部通常两侧不对称，干后暗褐黑色无光泽，油点甚多且常凸起，侧脉隐约，4~6条；小叶柄长2~4mm。伞房状聚伞花序，多花，花白色；萼片及花瓣均4枚；萼片基部合生，长不及1mm；花瓣白色，长4~5mm；雄蕊8枚，纤细。果圆球形，直径10~12mm，淡红色，果皮光滑，油点甚多；有1~3枚种子；种皮膜质，平滑无毛。花期3~4月；果期7~8月。

产于大化、百色、德保、隆安、龙州。生于石灰岩山地顶部灌丛中，多见于阳光充足的石缝中。花芳香，叶有浓郁香气，全株代茶，为优良风味的茶饮植物。

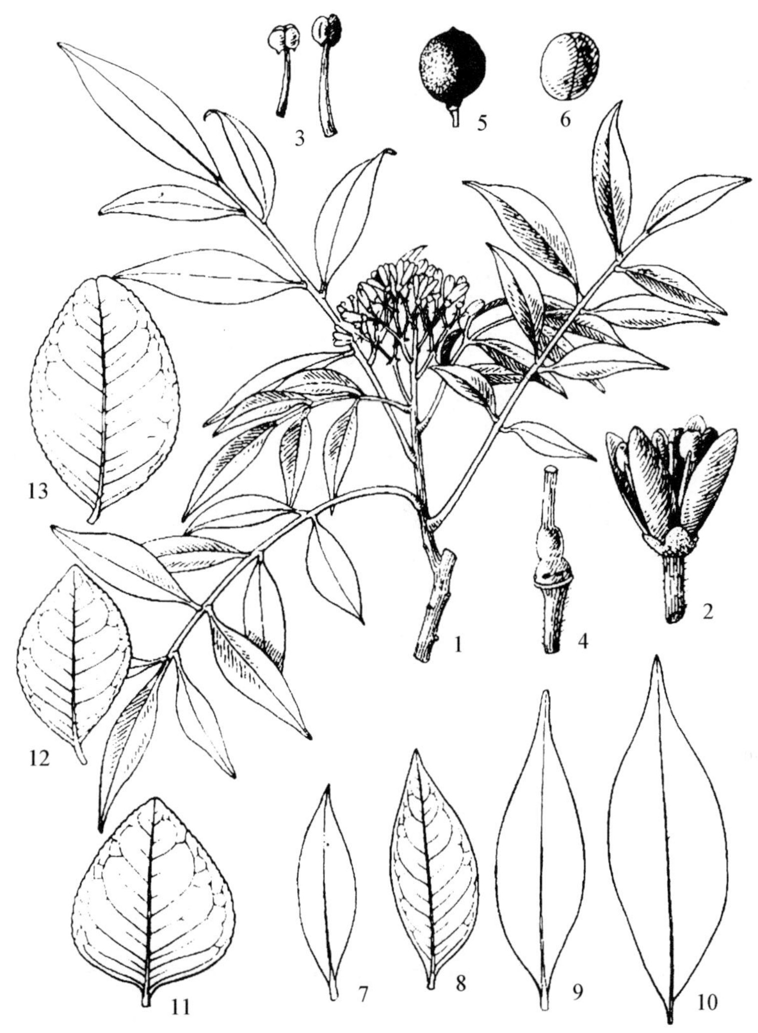

图1134 1~10. 豆叶九里香 Murraya euchrestifolia Hayata 1. 花枝；2. 花；3. 雄蕊；4. 雌蕊；5. 果；6. 子叶；7~10. 小叶。**11~13. 广西九里香 Murraya kwangsiensis**（C. C. Huang）C. C. Huang 小叶。（仿《中国植物志》）

3. 豆叶九里香 图1134:1~10

Murraya euchrestifolia Hayata

小乔木，高2~7m。植株各部无毛，但嫩叶叶轴腹面、花序轴及花梗被微柔毛。叶有小叶5~9枚，嫩叶暗紫红色，小叶宽卵形，稀兼有卵状披针形，近革质，长5~8cm，宽2~4cm，顶部短尖至渐尖，基部两侧稍不对称，全缘，常有蜡质光亮，干后暗黄绿或带褐色。近于平顶的伞房状聚伞花序，花多；萼片及花瓣均4枚，很少兼有5枚；萼片淡黄色，长约1.5mm；花瓣白色，长4~5mm，散生油点；雄蕊8枚，稀有10枚，花丝线状。果圆球形，直径10~15mm，鲜红色或暗红色，有1~2枚种子；种皮蜡质，光滑无毛。花期4~5月；果期11~12月。

产于百色、凌云、乐业、柳州、隆安、东兴。生于海拔约700m的土山或石灰岩山的中下部较湿润处。分布于台湾、云南。

4. 九里香 千里香、七里香 图1135

Murraya paniculata（L.）Jack

灌木至小乔木，高2~5m。树干及小枝白灰色或淡黄灰色，当年生枝绿色，其横切面呈钝三角形。叶有小叶3~5枚，稀7枚，卵形或卵状披针形，长3~9cm，宽1.5~4.0cm，顶端狭长渐尖，稀短尖，基部短小，两侧对称或一侧偏斜，全缘，波浪状起伏。花序腋生及顶生，有花多朵，最多达50余朵；萼片和花瓣均5枚，偶有4枚，萼片卵形，长达2mm，宿存；花瓣长达2cm，盛花时稍反折，散生淡黄色半透明油点；雄蕊10枚，花丝白色。果橙黄色至朱红色，狭长椭圆形，顶部渐狭，长1~2cm，有甚多干后凸起但中央窝点状下陷的油点；种子1~2枚，种皮有绵质毛。花期4~

图 1135　九里香 Murraya paniculata（L.）Jack　1. 果枝；2 叶；3. 果。（仿《中国植物志》）

9 月；果期 9～12 月。

产于广西各地，石灰岩山地较常见，亦生于海岸边缓坡地灌丛至低海拔丘陵山地，各地城市园林中普遍栽培。分布于福建、广东、海南、贵州、湖南、台湾、云南。东南亚各地也有分布。播种繁殖。花香浓郁，叶色浓绿，耐修剪，常栽培于城市园林绿篱，亦可修剪作盆景。根、茎、叶药用，味微辛、苦而麻辣，可通经行气、活血散淤、止痛镇痉、消肿解毒，治感冒、头痛、胃痛、牙痛、风湿骨痛。木材细致，可作细木工用材。

5. 广西九里香　广西黄皮、假鸡皮　图 1134：11～13

Murraya kwangsiensis（C. C. Huang）C. C. Huang

灌木，高 1～2m。嫩枝、叶轴、小叶柄及小叶背面均密被短柔毛。叶有小叶 3～11 枚，有时为偶数复叶，小叶互生，革质，阔卵形或斜四边形，长 7～10cm，宽 3.0～6.5cm，生于叶轴上部的较大，生于叶轴下部的较小，先端钝或圆，有时甚短尖，有时凹头，油点甚多，干后变黑褐色，叶缘有细钝裂齿；小叶柄长 2～3mm。花蕾椭圆形，近平顶的伞房花序，萼片及花瓣 5 枚；萼片长约 1mm；花瓣长约 4mm，有油点；雄蕊 10 枚。果圆球形或椭圆形，直径约 1cm，成熟后由红色转为暗紫黑色；种皮无毛。花期 5 月；果期 10 月。

产于都安、百色、平果、隆林、武鸣、南宁、邕宁、龙州、大新、天等。生于海拔 800m 以下石灰岩灌丛。根、叶药用，味辛、微苦，性温，可祛风、止痛、行气、镇咳。枝叶含芳香油，油驱蚊。

12. 单叶藤橘属 Paramignya Wight

木质攀援藤本。有刺，刺出自叶腋间，通常弯钩状。单小叶（中国不产）或单叶，全缘，密生透明油点。花两性，白色，生于叶腋间，单花或数花簇生；萼片 5 枚，稀 4 枚，合生至中部；花瓣 5 枚，稀 4 枚，覆瓦状排列；雄蕊 10 枚，稀 8 枚，花丝分离，花药长椭圆形，花盘伸长；子房 3～5 室，每室有 1～2 枚胚珠。浆果圆球形或卵形，果皮厚，密生油点，有 1～5 枚种子；种子大，两侧压扁，种皮膜质。

约 15 种，分布于亚洲热带地区。中国 1 种，广西亦产。

单叶藤橘　图 1136

Paramignya confertifolia Swingle

木质攀援藤本，高可至 6m。嫩枝被短柔毛，刺向下弯，长 3～10mm，在果枝上的刺极短或无刺。单叶，叶椭圆形或卵形，长 5～9cm，宽 2.5～5.0cm，先端钝尖，基部圆形，两面无毛，侧脉明显；叶柄长 4～12mm，基部增粗呈枕状。单花或 3 朵花出自叶腋间；花蕾椭圆形，长 6～8mm；

花梗长 3～5mm；萼片 5 枚，长约 1mm；花瓣 5 枚，白色，长 7～10mm，有油点；雄蕊 10 枚。果近圆球形，直径约 2cm，无毛；果梗长 3～5mm，成熟时黄色，密布粗大油点，有松节油香气；种子小，卵形。花期 7～9 月；果期 10～12 月。

产于合浦、宁明。生于海拔 600m 以下河岸或溪谷沿岸杂林中，攀援于其他树木上。分布于海南、云南；越南也有分布。

图 1136 单叶藤橘 **Paramignya confertifolia** Swingle 果枝。(仿《中国植物志》)

13. 酒饼簕属 Atalantia Correa

灌木或小乔木。刺生于叶腋间，稀无刺。单叶或单小叶，全缘，各部均有透明油点，侧脉多，支脉密网状，甚明显。花少数簇生于叶腋或具少花的总状花序，稀聚伞花序，花两性；萼片及花瓣均 5 枚或 4 枚；萼片合生至中部；花瓣覆瓦状排列；雄蕊 10 枚或 8 枚，分离或不同程度的合生成多束，着生于稍凸起花盘基部四周；子房 2～5 室，每室有 2 枚或 1 枚胚珠。浆果圆球形或椭圆形，红色或蓝黑色，具有柄或无柄的汁胞；种子大，1～6 枚，种皮膜质。

约 17 种，分布于亚洲热带、亚热带地区。中国 7 种；广西 5 种。

分种检索表

1. 单叶；花小，花径 5～6mm。
   2. 茎枝多劲直长刺；叶长 2～6cm，顶端圆，有时显凹缺；花丝分离；成熟果实蓝黑色 ……1. 酒饼簕 A. buxifolia
   2. 茎枝无刺或有稀疏短刺；叶长 10～21cm，顶端渐尖或短尖；花丝每 2 枚合生，有时几全部在下半部合生；成熟果实鲜红色 …………………… 2. 广东酒饼簕 A. kwangtungensis
1. 单小叶；花径 5mm 以上。
   3. 花径 5～6mm，花瓣长 3～4mm；果皮平滑；叶片顶部短而钝，或短渐尖 …………… 3. 薄皮酒饼簕 A. henryi
   3. 花径 8～15mm，花瓣长 6～10mm；果皮因油胞大而略凸起而粗糙；叶顶部渐尖至长尾状尖。
      4. 花和果序轴均被微柔毛，嫩枝也被柔毛；果直径 1.5～2.0cm …………………… 4. 厚皮酒饼簕 A. dasycarpa
      4. 花和果序轴均无毛，嫩枝亦无毛；果直径 1.2～1.5cm …………………… 5. 尖叶酒饼簕 A. acuminata

1. 酒饼簕 图 1137

Atalantia buxifolia (Poir.) Oliv.

灌木，高达 2m。分枝多，下部枝条披垂，小枝绿色，老枝灰褐色，多劲直长刺，刺长达 4cm，顶端红褐色。单叶，硬革质，有柑橘叶香气，椭圆形、倒卵形或近圆形，长 2～6cm，宽 1～3cm，顶端圆或钝，微或明显凹缺，叶缘有弧形边脉，油点多；叶柄长 1～7mm，粗壮。花多朵簇生，稀单朵腋生，几无花梗；萼片及花瓣均 5 枚；花瓣白色，长 3～4mm，有油点；雄蕊 10 枚，花丝白色，分离，有时有少数基部合生。果圆球形，直径 8～12mm，果皮平滑，成熟后蓝黑色，果萼宿存

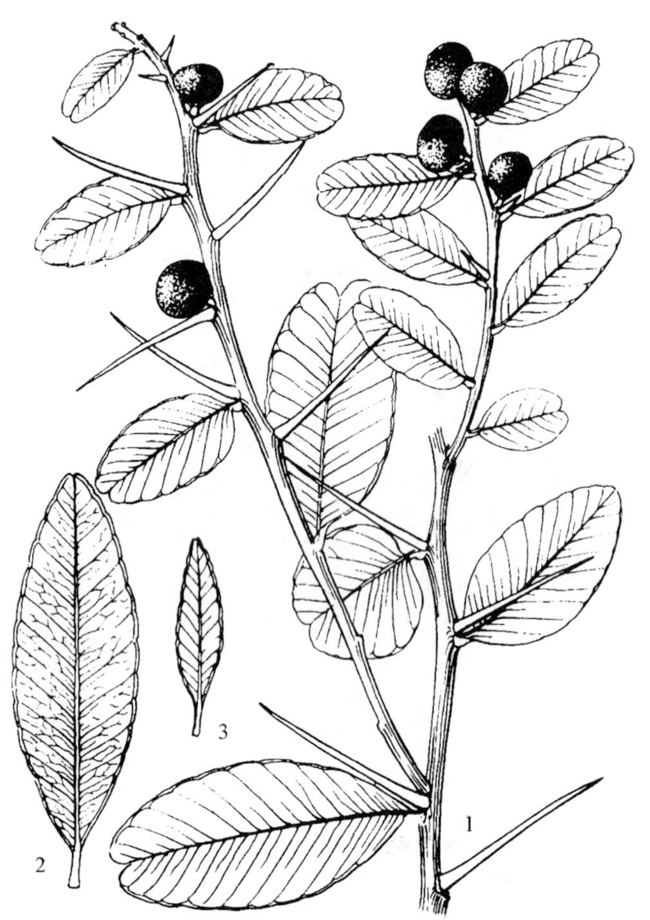

图 1137　酒饼簕 Atalantia buxifolia (Poir.) Oliv.
1. 果枝；2~3. 叶。(仿《中国植物志》)

图 1138　广东酒饼簕 Atalantia kwangtungensis Merr.
1. 花枝；2. 花蕾；3. 花冠；4. 去花瓣及雄蕊，示雌蕊。(仿《中国植物志》)

于果梗上；有种子 1~2 枚，种皮薄膜质，深绿色。花期 5~7 月；果期 10~12 月。

产于广西南部及西南部。生于低海拔丘陵坡地或村边路旁灌木丛中。分布于台湾、福建、广东；越南也有分布。根、叶药用，气香，味微辛、苦，性温，祛风散寒，行气止痛，治支气管炎、风寒咳嗽、感冒发热、风湿关节炎等症。

2. 广东酒饼簕　图 1138

Atalantia kwangtungensis Merr.

灌木，高 1~2m。嫩枝绿色，略扁平。单叶，长圆形，稀倒卵状椭圆形，长 10~21cm，宽 3~6cm，两端尖，边脉比侧脉纤细，有油点。花 3 朵或数朵生于长不过 5mm 的总花梗上，腋生，萼片及花瓣均 4 枚；花瓣长 3~5mm，白色；雄蕊 8 枚，两两合生成 4 束，或有时全数在中部以下合生。果幼嫩时长卵形，成熟时宽卵形或橄榄形，鲜红色，长 1.3~1.8cm，直径 0.7~1.0cm，果皮厚约 0.5mm，平滑，油点大，有 1~3 枚种子；种子长卵形，长 1~1.5cm，种皮薄膜质。花期 6~7 月；果期 11 月至翌年 1 月。

产于防城、上思、宁明。生于海拔 400m 以下山地杂木林中。分布于广东、海南；越南也有分布。叶药用，可清热解毒、消肿、止痛。

3. 薄皮酒饼簕　图 1139：1~7

Atalantia henryi (Swingle) C. C. Huang

小乔木，高 3~7m。嫩枝密被短柔毛，2 年生无毛或被微柔毛，刺少而短，很少长达 2mm。单小叶，厚纸质或革质，宽卵形至卵状披针形，长 5~11cm，宽 2.5~5.0cm，两端尖，先端常有明显凹缺，有油点；叶柄长 4～8mm。总状花序长 1～3cm，花序轴及花梗均密被短柔毛，有花多达 31 朵；花梗长 1～5mm，基部有小苞片；萼片 4 枚，稀 5 枚，基部合生，长 1.0～1.5mm；花瓣白色，长 3～4mm；雄蕊 8 枚，花丝长 1～2mm，分离或有时每 2 枚在基部合生。果圆球形，直径 1.5～2.0cm，橙红色，果皮平滑，油点不显，3 室或 2 室，每室有 1～2 枚种子，种子宽卵形，长 1.0～1.4mm。花期 4～5 月；果期 11～12 月。

产于靖西、那坡、田阳、德保、隆安、大新、龙州。生于海拔 800m 以下山地杂木林中或石灰岩山地；越南也有分布。

4. 厚皮酒饼簕 图 1139：8～13

Atalantia dasycarpa C. C. Huang

小乔木，高 2～5m。嫩枝与嫩叶叶柄均被纤细短卷毛，或毛早脱落变为无毛，无刺或有稀少短刺。叶质地较薄，有密油点且清晰可见，长椭圆形或披针形，长 10～17cm，宽 3～6cm，先端渐尖至尾状渐尖，基部近圆形，全缘，侧脉多且明显；叶柄长 6～10mm。总状花序长 1～2cm，有花 3～9 朵，花序轴及花梗均被短柔毛；萼裂片 4 枚；花径 8～10mm；花瓣 4 枚，白色，长 6～8mm；雄蕊 8 枚，通常分离，有时 2 枚合生。果圆球形，直径 1.5～2.0cm，果皮厚约 1.5mm，油点多且大；3～4 室，每室有 1～2 枚种子，种子宽椭圆形，两端狭，长 1.0～1.2cm。花期 4～5 月；果期 10～11 月。

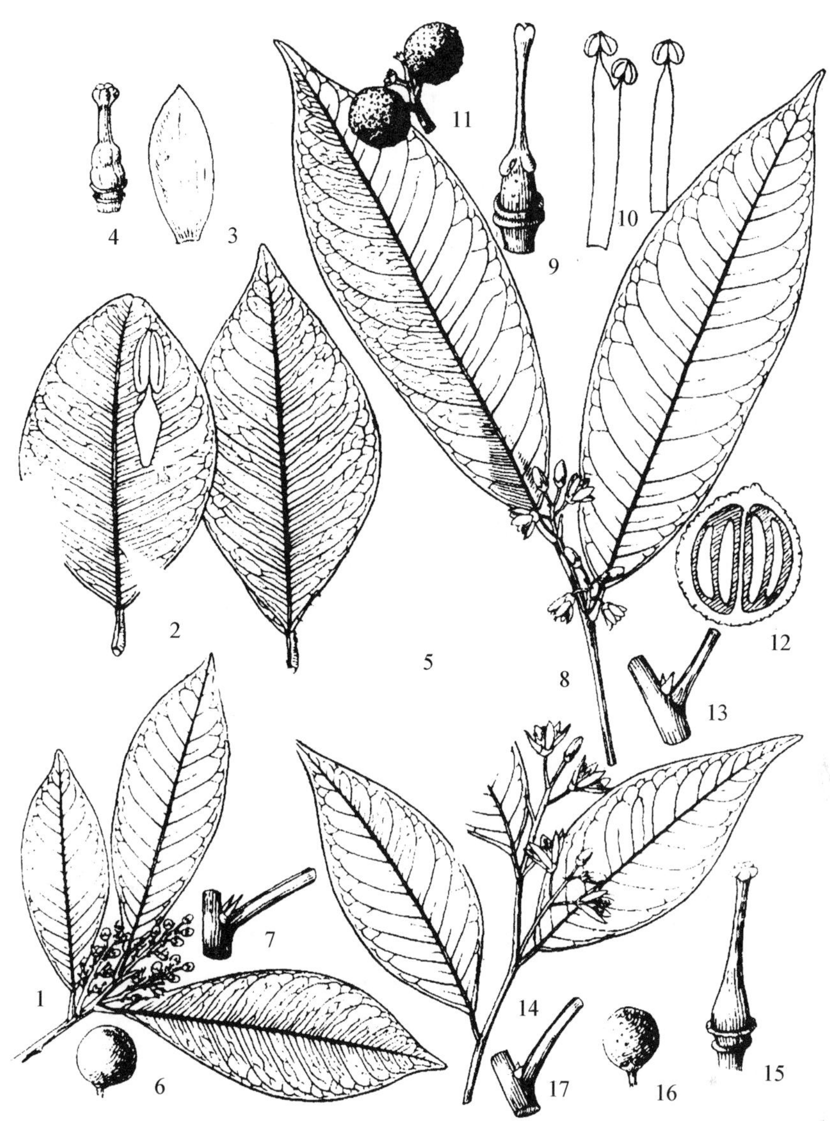

图 1139　1～7. 薄皮酒饼簕 Atalantia henryi (Swingle) C. C. Huang　1. 花序；2. 叶片；3. 花瓣；4. 雌蕊；5. 雄蕊；6. 果；7. 刺状托叶。**8～13. 厚皮酒饼簕 Atalantia dasycarpa** C. C. Huang　8. 花序；9. 雌蕊；10. 雄蕊；11. 果；12. 果横切面；13. 刺状托叶。**14～17. 尖叶酒饼簕 Atalantia acuminata** C. C. Huang　14. 花序；15. 雌蕊；16. 果；17. 刺状托叶。（仿《中国植物志》）

产于上思、防城。生于海拔 400m 以下山谷溪边疏林中。分布于云南；越南也有分布。

5. 尖叶酒饼簕 图 1139：14～17

Atalantia acuminata C. C. Huang

小乔木，高 2～6m。各部均无毛；叶柄基部两侧有托叶各 1 枚，或很早脱落，或变为短刺，刺长 2～5mm。叶披针形，长 6～12cm，宽 2～4cm，先端渐狭长或渐尖，基部短或狭楔尖，全缘，侧脉多，明显；叶柄长 3～6mm。总状花序腋生，有 3～9 朵花，花径 10～15mm；萼裂片 4 枚，长约

2mm；花瓣白色，长8~10mm；雄蕊8枚，分离，间有2枚合生。果圆球形，直径1.2~1.5cm，油胞大而密；3~4室，有种子1~2枚。花期5月；果期10月。

产于靖西、大新、那坡。生于海拔700~850m山地杂木林中，石灰岩山地常见。分布于云南；越南也有分布。

14. 柑橘属 Citrus L.

灌木或小乔木。幼枝通常扁平，具棱，刺生于腋间，长期栽培的多数无刺。单叶、单小叶或具3小叶，通常显著具叶翼，叶片革质至革质，密生透明芳香油点，叶缘具细圆齿或很少全缘。花腋生，两性，单生或数朵簇生，芳香；花萼杯状，裂片3~5枚；花瓣3~8枚，白色或外部的粉红色，覆瓦状排列，厚；雄蕊为花瓣3~4倍，花丝不同程度合生成5束或4束，间有离生；花盘略凸起；子房(3~)5~15(~18)室，每子房室具2枚胚珠，柱头增大。浆果(柑果)，果皮肉质，油点多；种皮平滑或脊，1至多枚。

20~25种，分布于亚洲热带、亚热带地区。中国11种；广西10种。本属多数种果汁酸甜可口，为中国传统栽培水果，亦为广西重要栽培水果。同时，本属植物具有多胚、种间易于杂交和易于营养变异，加之栽培历史悠久，而具有十分丰富的栽培品种或地理品种。

分种检索表

1. 落叶小乔木；三出复叶；果密被毛 ………… **1. 枳 C. trifoliata**
1. 常绿乔木或灌木；单小叶，稀单叶；果无毛。
  2. 子房8~14室或更多，每室2枚至多数胚珠。
    3. 翼叶与叶近等长。
      4. 叶厚革质，先端钝尖或钝圆，疏生钝齿，侧脉明显 ………… **2. 箭叶橙 C. hystrix**
      4. 叶薄革质，先端渐尖，近全缘，侧脉不明显 ………… **3. 宜昌橙 C. cavaleriei**
    3. 翼叶长不及叶片1/2，稀为单叶，无翼叶。
      5. 单叶，无翼叶 ………… **4. 香橼 C. medica**
      5. 单小叶，具翼叶，或有痕迹。
        6. 翼叶宽0.3~3.0cm。
          7. 果黄色或淡黄色，直径10~25cm，果皮平滑；翼叶三角状倒心形，宽0.5~3.0cm ………… **5. 柚 C. maxima**
          7. 果橙红色，直径6~8cm，果皮粗糙；翼叶倒卵形，长2~3cm，宽0.6~1.5cm ………… **6. 酸橙 C. aurantium**
        6. 翼叶窄，宽度小于5mm或仅具痕迹。
          8. 果黄色，果肉淡黄白色或淡绿白色 ………… **7. 柠檬 C. limon**
          8. 果橙黄或橙红色，果肉橙黄或橙红色。
            9. 翼叶宽2~5mm；果皮难剥，瓢囊紧贴，果心充实 ………… **8. 甜橙 C. sinensis**
            9. 翼叶窄于2mm或仅有痕迹；果皮易剥，瓢囊宽松，果心中空 ………… **9. 柑橘 C. reticulata**
  2. 子房2~6室，每室2枚胚珠 ………… **10. 金柑 C. japonica**

1. 枳 狗橘、枳实、枳壳 图1140

Citrus trifoliata L.

落叶小乔木，高5m。树冠伞形或圆头形，枝绿色，嫩枝扁，有纵棱，刺长达4cm。叶柄有狭长翼叶；指状三出叶，稀4~5枚小叶，小叶等长或中间的一枚较大，卵形或椭圆形，长2~5cm，宽1~3cm，叶缘有细钝裂齿或全缘，嫩叶中脉被细毛；叶柄长1~3cm。花单朵或成对腋生，先叶开放或先叶后花，有完全花及不完全花，后者雄蕊发育，雌蕊萎缩。果近圆球形或梨形，大小差异较大，直径3~6cm，果顶微凹，橙黄色，粗糙，果皮密被毛，油胞小而密，果心充实，瓢囊6~8瓣，

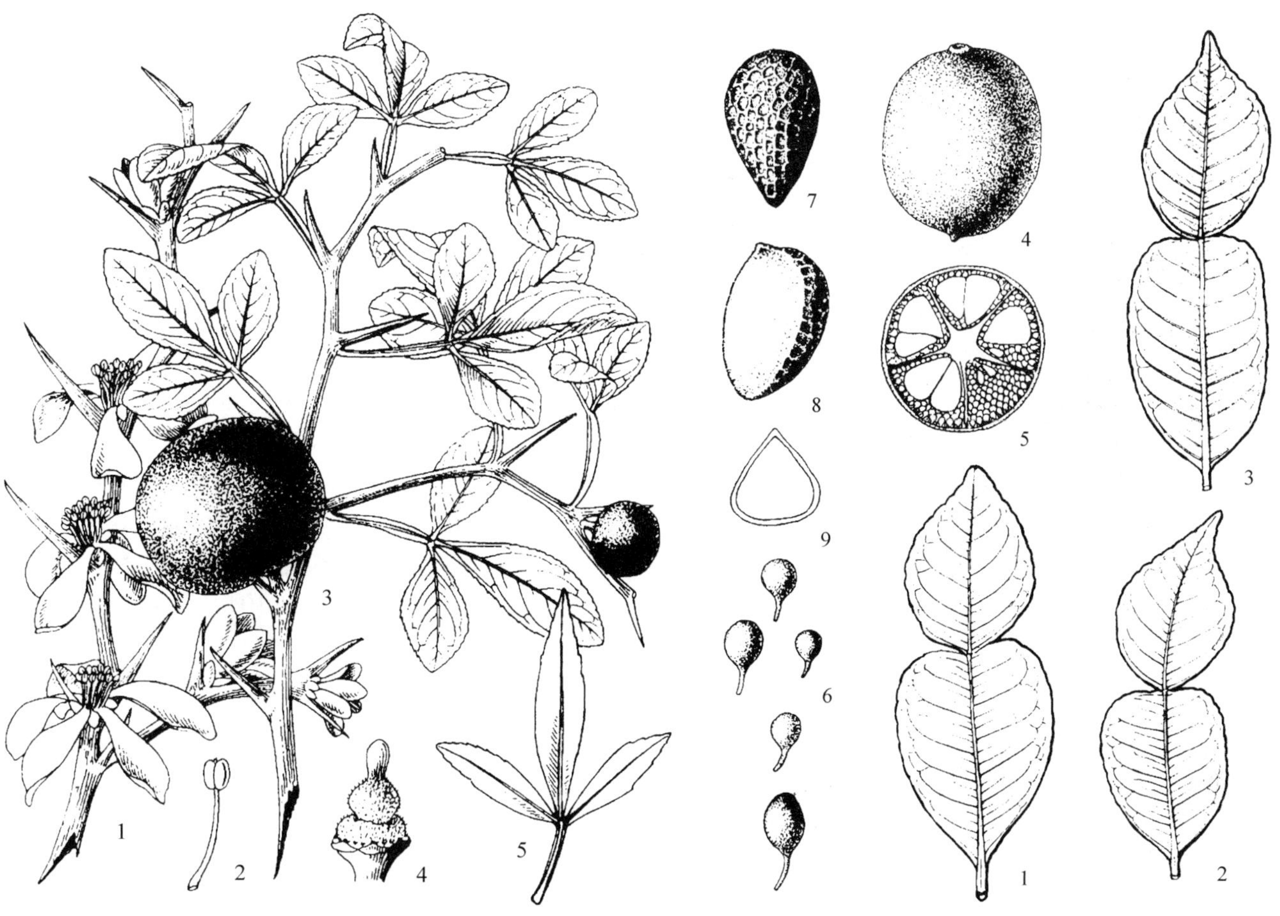

图 1140　1. 枳 Citrus trifoliata L.　1. 花枝；2. 雄蕊；3. 果枝；4. 雌蕊；5. 叶。(仿《中国植物志》)

图 1141　箭叶橙 Citrus hystrix DC.　1～3. 叶片；4. 果；5. 果横切面；6. 汁胞；7～8. 种子；9. 种子横切面。(仿《中国植物志》)

果肉含黏液，微有香橼气味，甚酸且苦，带涩味，种子 20～50 枚；种子乳白色或乳黄色，长 9～12mm。花期 5～6 月；果期 10～11 月。

广西各地有栽培，但以兴安、永福、临桂、恭城栽培较多。分布于山东、山西、陕西、甘肃至广东、广西。果味酸苦，经典中药，舒肝止痛、破气散结、消食化滞、除痰镇咳，治疗肝、胃气、疝气等痛症。耐寒、耐旱，抗病力强，为柑橘优良砧木。枝刺锐利，可作绿篱。播种繁殖，1 年生苗高约 30cm 即可用于嫁接砧木。

2. 箭叶橙　箭叶金橘、痳疯柑、马蜂橙　图 1141

Citrus hystrix DC.

小乔木，高 4m。枝多刺，嫩枝扁而棱，老枝近圆柱状。单小叶，厚革质，卵形，长 3～5cm，宽 1.5～3.0cm，顶端钝尖或钝圆，基部宽狭楔尖或近于圆，油点多，叶身及翼叶边缘有细钝裂齿，侧脉明显；翼叶顶端中央稍凹或截平，倒卵状菱形基部楔尖，长与叶片相等或稍短；叶柄长 3～6mm。单花或 3 朵花簇生于叶腋，花小，白色。果球形或倒卵形，长 4cm，直径 4～6cm，皮厚，被瘤状凸起，瓢囊 11～13 瓣，中心柱结实；种子甚大，11～13 枚，几乎全部发育，三角状卵形，两侧平坦且平滑，有明显的蜂窝状网纹。花期 3～5 月；果期 11～12 月。

产于龙胜。生于海拔 600m 以上山谷密林中及水溪边。分布于云南；东南亚各国也有分布。

3. 宜昌橙　图 1142

Citrus cavaleriei H. Lév. ex Cavalerie

灌木或小乔木，高 1～4m。枝干多锐刺，刺劲直，长 1～3cm，花枝上的刺通常退化。叶薄革

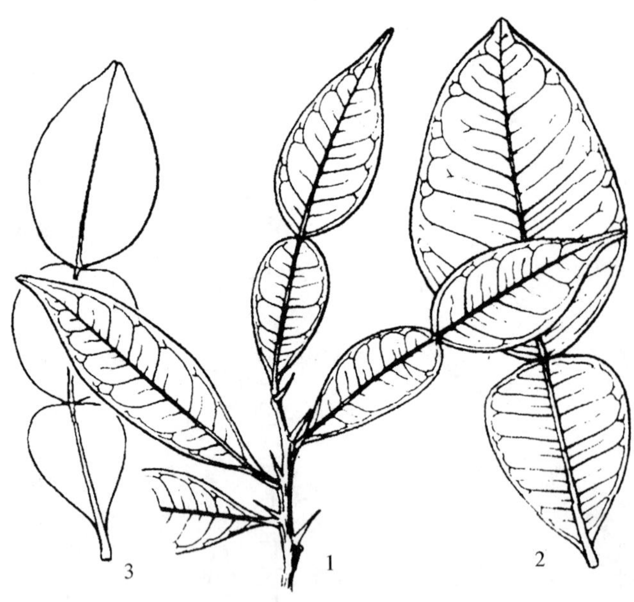

图 1142　宜昌橙 Citrus cavaleriei H. Lév. ex Cavalerie　1. 枝叶；2～3. 叶。（仿《中国植物志》）

图 1143　柚 Citrus maxima（Burm.）Osbeck　1. 花枝；2. 果。（仿《中国高等植物图鉴》）

质，卵状披针形，大小差异很大，大的长达 8cm，宽 4.5cm，小的长 2～4cm，宽 0.7～1.5cm，顶部狭渐尖，全缘或叶缘有甚细小的钝裂齿，侧脉不明显；翼叶比叶身略短小至稍较长。花单生于叶腋；花蕾宽椭圆形；萼 5 浅裂；花瓣淡紫红色或白色，长 1.0～1.8cm，宽 5～8mm；雄蕊 20～30 枚，花丝合生成多束，偶有个别离生。果扁圆形、圆球形或梨形，顶部短乳头状凸起或圆浑，纵径 3～5cm，横径 4～6cm，梨形的纵径 9～10cm，横径 7～8cm，淡黄色，粗糙，油胞大，明显凸起，果皮厚 3～6mm，果心实，瓢囊 7～10 瓣，果肉淡黄白色，甚酸，兼有苦及麻舌味，种子 30 枚以上；种皮乳黄白色。花期 5～6 月；果期 10～11 月。

产于龙胜、贺州、金秀、融水。生于海拔 1000m 以上杂木林中。分布于甘肃、陕西、湖北、湖南、四川、贵州、云南。喜光，耐干旱瘠薄土壤，抗病虫，耐寒，为柑橘属中最耐寒的一种，在零下低温时仍生长正常，自然分布止于北回归线以北，越此界向南则生长不良，可作砧木和杂交育种材料。

4. 香橼　香圆

Citrus medica L.

不规则分枝的灌木或小乔木，高 5～10m。新生嫩枝、芽及花蕾均暗紫红色，茎枝有刺，刺长达 4cm。单叶稀兼有单小叶，无翼叶；叶柄短，叶椭圆形或卵状椭圆形，长 6～12cm，宽 3～6cm，或有更大，顶端圆或钝，稀短尖，叶缘有浅钝裂齿。总状花序，有花达 12 朵，有时兼有腋生单花；花两性，有单性花趋向，则雄蕊不育；花瓣 5 枚，长 1.5～2.0cm；雄蕊 30～50 枚。果椭圆形至圆形，或两端狭的纺锤形，直径 5～8cm，果皮淡黄色，粗糙，难剥离，内果皮白色或略淡黄色，绵质，松软，瓢囊 10～15 瓣，果肉无色，近于透明或淡乳黄色，味酸或略甜，有香气；种子小，平滑，多胚或单胚。花期 4～5 月；果期 10～11 月。

栽培于临桂、荔浦、桂林、龙州等地。分布或栽培于贵州、海南、四川、西藏、云南；印度、马来西亚也有分布。果药用，具清香气，味苦、微酸、性温，理气宽中、消胀降痰，治腹胀、咳嗽、呕吐、胃痛。栽培种佛手(C. medica‘Fingered’)为大宗中药材，广西各地栽培。

5. 柚 图 1143

Citrus maxima (Burm.) Osbeck

乔木，高达 10m。嫩枝、叶背、花梗、花萼及子房均柔毛，嫩叶暗紫红色，嫩枝扁而有棱。叶宽卵形或椭圆形，长 7～12cm，宽 3～7cm，顶端钝或圆，有时短尖，基部圆；翼叶三角状倒心形，长 2～4cm，宽 0.5～3.0cm。总状花序，花萼不规则 3～5 浅裂；花瓣长 1.5～2.0cm；雄蕊 25～35 枚，有时部分雄蕊不育。果圆球形、扁圆形、梨形或宽圆锥形，横径 10cm 以上，淡黄色或黄绿色，果皮甚厚或薄，平滑，海绵质，油胞大，凸起，果心实但松软，瓢囊 10～15 瓣或多至 19 瓣，汁胞白色、粉红色或鲜红色；种子多达 200 余枚，稀无籽，形状不规则，常近长方形，上部质薄而平截，下部饱满。花期 4～5 月；果期 9～12 月。

自然分布或栽培于广西各地，以平乐、恭城、阳朔、贺州、昭平、藤县、容县、融水、三江、宜州、罗城栽培规模最大。浙江、福建、江西、湖北、湖南、四川、贵州、云南、广东、海南也有产或人工栽培。喜光，根系发达，但分布不深，适生于湿润、有机质丰富、保水性良好的肥沃土壤。果味各异，以果味酸甜度分为酸柚和甜柚两大类。栽培历史悠久，地方品种丰富，最著名的有沙田柚。播种、高空压条或嫁接繁殖，优良品种都用嫁接繁殖，选用酸柚作砧木，选用优良品种作接穗。果供食用，果皮可制蜜饯。根、叶、果皮药用，消食化痰。木材心材与边材区别不明显，木材浅黄白色或黄褐色，纹理直至斜，结构细，重量轻，气干密度 0.49g/cm^3，不耐腐，加工容易，刨面光滑，供工艺品等一般用材。

6. 酸橙 来檬、酸柠檬 图 1144

Citrus aurantium L.

小乔木，高 10m。分枝多，不规则，刺粗短。单小叶，宽卵形或椭圆形，长 6～1cm，宽 3～5cm，顶端钝或甚短尖，基部圆，叶缘有细钝裂齿；翼叶倒卵形，长 2～3cm，宽 0.6～1.5cm。总状花序，有花 5～7 朵，稀单花腋生；花萼 4～5 浅裂；花瓣 5 枚或 4 枚，长 1.0～1.2cm，白色；雄蕊 20～25 枚。果柄粗短，果圆球形或扁圆形，直径 6～8cm，果皮厚，粗糙，橙红色，油胞凸起，瓢囊 9～12 瓣，果肉味甚酸；种子多且大，有肋状棱。花期 3～5 月；果期 9～10 月。

产于容县、上思、宁明。生于低海拔山地。分布于长江以南各地。果肉味酸或甚酸，有些品种尚有苦味或兼有异味。根系发达，根龄长，抗病虫，耐旱，耐寒，多用作柑橘类嫁接砧木。

图 1144 酸橙 Citrus aurantium L. 1. 花枝；2. 果。(仿《中国高等植物图鉴》)

图 1145　甜橙 Citrus sinensis (L.) Osbeck　枝叶。(仿《中国高等植物图鉴》)

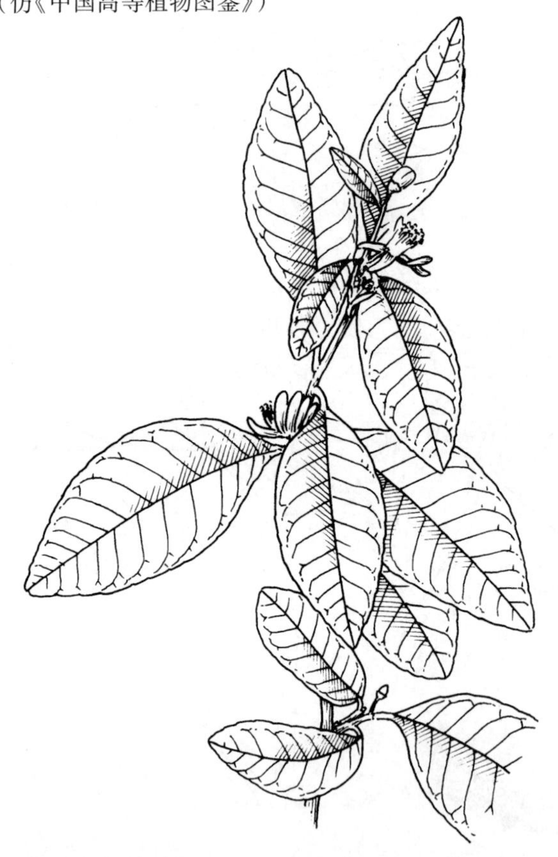

图 1146　柑橘 Citrus reticulata Blanco　花枝。(仿《中国高等植物图鉴》)

7. 柠檬　黎檬

Citrus limon (L.) Burm. f.

小乔木。枝少刺或近于无刺，幼枝及嫩叶暗紫红色。叶厚纸质，卵形或椭圆形，长 8～14cm，宽 4～6cm，顶端短尖，边缘有明显的钝裂齿；翼叶狭或仅具痕迹。单花腋生或少花簇生；花萼杯状，4～5 浅裂；花瓣长 1.5～2.0cm，外面淡紫红色，内面白色；常有单性花，即雄蕊发育，雌蕊退化；雄蕊 20～25 枚或更多。果椭圆形或卵形，两端狭，顶端较狭长并有乳头状凸尖，果皮厚，略粗糙，柠檬黄色，难剥离，富含柠檬香气的油点，瓢囊 8～11 瓣，汁胞淡黄色，果汁极酸；无籽或种子甚小。花期 4～5 月；果期 8～11 月。

产于广西各地，野生已稀见，拟列入中国第二批野生重点保护植物，各地有栽培。为世界重要香料树种，栽培历史悠久，中国四川、广东、海南、台湾也有栽培。适应性强，酸性土或干燥石山上均能生长。播种、高空压条或嫁接繁殖。

8. 甜橙　图 1145

Citrus sinensis (L.) Osbeck

乔木。枝刺少或近于无刺，但萌发枝上的刺长且锐。单小叶，长卵形、卵形或卵状椭圆形，长 6～10cm，宽 3～5cm，先端凸尖，基部圆，翼叶狭长，宽 2～5mm，明显或仅具痕迹。花白色，稀背带淡紫红色，总状花序有花少数，或兼有腋生单花；花萼 3～5 浅裂，花瓣长 1.2～1.5cm；雄蕊 20～25 枚。果圆球形、扁圆形或椭圆形，橙黄色至橙红色，果皮难剥离，瓢囊 9～12 瓣，果心实，果肉橙黄或橙红色，味甜或稍偏酸；种子少或无，种皮略有肋纹。花期 3～5 月；果期 10～12 月。

广西各地普遍栽培，以桂林、柳州、南宁、梧州、贺州等近郊较为集中。原产中国华南地区，现广布世界亚热带地区，中国主要产区为福建、江西、湖南、湖北、广东、广西及四川。品种、品系甚多，如新会甜橙、化州橙、柳橙、上龙橙、灌阳橙等。

9. 柑橘　图 1146

Citrus reticulata Blanco

小乔木。分枝多，刺少且短小。单生复叶，叶片披针形、椭圆形或宽卵形，大小变异较大，顶端有凹口，中脉由基部至凹口附近成叉状分枝，叶缘在上半段有钝或圆裂齿，很少全缘；翼叶窄于2mm或仅有痕迹。花单生或2~3朵簇生；花萼3~5浅裂；花瓣长1.5cm以内，雄蕊20~25枚。果扁圆形至近圆球形，果皮薄而光滑，或厚而粗糙，橙黄色或橙红色，易剥离，中心柱大而常空，瓢囊7~14瓣，稀较多，果肉酸或甜，或有苦味，或另有特异气味；种子有多或少数，稀无籽。花期4~5月；果期10~12月。

广西各地有栽培。广泛栽培于中国秦岭南坡以南各地。品种品系甚多，但主要品种有椪柑、温州蜜柑、红橘等。

10. 金柑 金橘、圆金柑、年橘 图1147

Citrus japonica Thunb.

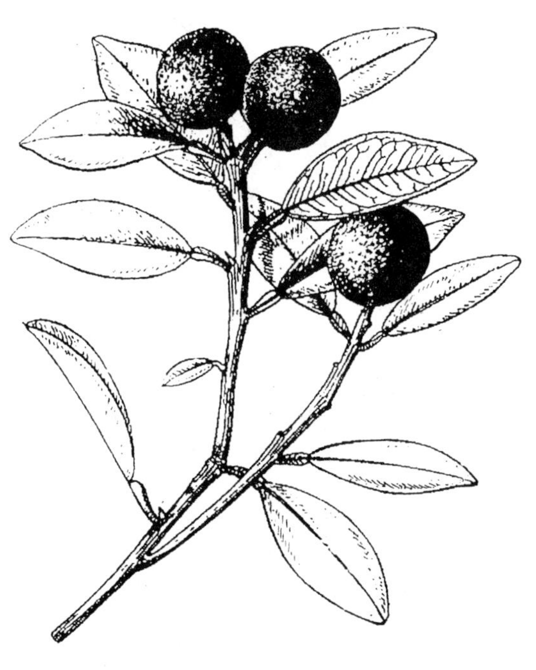

图1147 金柑 Citrus japonica Thunb. 果枝。(仿《中国植物志》)

灌木至小乔木，高3~5m。枝有刺。小叶卵状椭圆形或长圆状披针形，长4~8cm，宽1.5~3.5cm，先端钝或短尖，基部宽楔形；叶柄长6~10mm；翼叶狭至明显。花单朵或2~3朵簇生，花梗长稀6mm；花萼裂片5枚或4枚；花瓣长6~8mm，雄蕊15~25枚，花丝不同程度合生成数束，间有个别离生，子房圆球形，2~6室。果圆球形，横径1.5~2.5cm，果皮橙黄色至橙红色，厚1.5~2.0mm，味甜，油胞平坦或稍凸起，果肉酸或略甜；种子卵形，2~5枚，端尖或钝，基部圆。花期4~5月；果期11月至翌年2月。

广西各地有栽培，广东、福建、台湾亦普遍栽培。果用盐或糖腌渍，以甘草做调料，制成果脯，有化痰、下气、止咳等功效。果橙黄至橙红色，果期恰逢春节，盆栽极美观。

112 苦木科 Simaroubaceae

乔木或灌木。树皮常有苦味。叶互生，稀对生，羽状复叶，稀单叶。花序腋生，成总状、圆锥或聚伞花序；花小，单性、杂性或两性；萼片3~5枚；花瓣3~5枚，分离，少数退化；花盘环状或杯状；雄蕊与花瓣同数或为花瓣的2倍，花丝分离，花药2室，纵裂；子房2~5室，花柱2~5枚，分离或稍结合，每室有1~2枚胚珠。果为翅果、核果或蒴果。

约20属95种，主产热带和亚热带地区。中国3属10种；广西3属7种1变种。

分属检索表

1. 果为翅果；叶缘近基部疏生1~4对具腺的齿或全缘 ………………………… **1. 臭椿属 Ailanthus**
1. 果为核果；叶缘有锯齿或全缘。
    2. 有托叶，早落；花序宽展，分枝或近二歧或三歧；宿存萼片或花瓣增大 ………… **2. 苦树属 Picrasma**
    2. 无托叶；花序狭长，分枝总状排列；果时萼片脱落 ………………………… **3. 鸦胆子属 Brucea**

1. 臭椿属 Ailanthus Desf.

乔木。羽状复叶，互生，有臭味；小叶对生或近对生，全缘或近基部有1~4对粗齿，齿端具1枚腺体。花小，杂性或单性异株，圆锥花序枝生或腋生；萼片5枚，覆瓦状排列；花瓣5枚，镊合状排列；雄蕊10枚；2~5枚心皮，分离或仅基部结合，每室有1枚胚珠。翅果，种子1枚生于翅的中央，扁平，呈圆形、倒卵形或稍带三角形。

约 10 种，分布于亚洲至大洋洲北部。中国 5 种；广西 3 种。

分种检索表

1. 常绿乔木；小叶全缘 …………………………………………………… **1. 岭南臭椿 A. triphysa**
1. 落叶乔木；小叶边缘近基部具 1 ~ 4 对粗锯齿，齿端有 1 枚腺体。
    2. 幼嫩枝条无软刺；小叶基部每侧仅有 1 ~ 2 对粗锯齿，叶柄无刺 ……………… **2. 臭椿 A. altissima**
    2. 幼嫩枝条具软刺；小叶基部每侧有 2 ~ 4 对粗锯齿，叶柄有刺 ……………… **3. 刺臭椿 A. vilmoriniana**

1. 岭南臭椿

Ailanthus triphysa (Dennst.) Alston

常绿乔木，高 6 ~ 15m。羽状复叶，长 30 ~ 65cm，有小叶 6 ~ 17 对；小叶薄革质，卵状披针形或长圆状披针形，长 15 ~ 20cm，宽 2.5 ~ 5.5cm，先端渐尖，基部宽楔形或稍带圆形，偏斜，全缘，上面无毛，背面多少被短柔毛或无毛；小叶柄长 5 ~ 6mm。圆锥花序腋生，长 25 ~ 50cm，被短柔毛，苞片卵圆形或三角形，早落；花梗长 2mm，花萼 5 浅裂，裂片短于 1mm；花瓣 5 枚，长约 2.5mm，镊合状排列；雄蕊 10 枚。翅果长 4.5 ~ 8.0cm，宽 1.5 ~ 2.5cm，两端稍钝；种子扁平，包藏于翅的中间。花期 10 ~ 11 月；果期 1 ~ 3 月。

产于广西东南部和西南部，常见于桂平、防城、上思、玉林、金秀等地。生于山地路旁疏林或密林中。分布于广东、福建、云南；印度、越南、泰国也有分布。木材可作家具；树冠伞形，叶色浓绿，优良庭院及行道绿化树种。

图 1148　臭椿 Ailanthus altissima (Mill.) Swingle　1. 叶；2. 果枝；3. 小叶片之基部示腺体；4. 雄花；5. 雄蕊；6. 雌花；7. 花瓣。(仿《中国植物志》)

2. 臭椿　广西樗树、粘膏树　图 1148

Ailanthus altissima (Mill.) Swingle

落叶乔木，高 15 ~ 30m。树皮平滑而有直纹；树皮有苦味，植物体具闷臭气。奇数羽状复叶，长 40 ~ 60cm；小叶 13 ~ 27 枚；小叶对生或近对生，纸质，卵状披针形，长 7 ~ 13cm，宽 2.5 ~ 4.0cm，先端长渐尖，基部偏斜，截形或稍圆形，两侧具 1 ~ 2 对粗锯齿，齿背有 1 枚腺体，叶面深绿色，背面灰绿色，揉碎后具臭味。圆锥花序长 10 ~ 30cm；花淡绿色，花梗长 1.0 ~ 2.5mm；萼片 5 枚，覆瓦状排列；花瓣 5 枚，长 2.0 ~ 2.5mm；雄蕊 10 枚，雄花中的花丝长于花瓣，雌花中的花丝短于花瓣。翅果长椭圆形，扁平，长 3.0 ~ 4.5cm，宽 1.0 ~ 1.2cm；种子 1 枚,位于翅的中间，位于翅中间。花期 4 ~ 5 月；果期 8 ~ 10 月。

产于桂林、资源、临桂、兴安、龙胜、金秀、南丹、上林、宁明、龙州。多生于低山丘陵、台地疏林或荒地。中国除黑龙江北部和海南之外，各地均有分布，朝鲜、日本也有分布。对气候适应性强，能适应最高气温47.8℃和最低气温-35℃。深根性，耐干旱，瘠薄，对微酸性、中性和石灰性土壤都能适应，在排水良好的砂壤土和中壤土上生长最好，在重黏土及水湿地生长不良。心材与边材区别明显，心材黄色或黄褐色，边材黄白色，纹理直，无气味，木材纹理直，结构适中，质量中等，气干密度0.358g/cm^3，有光泽，易加工，易开裂，不耐腐，抗虫性差，易变蓝色，供制家具、包装箱、农具等用材；根皮和果入药，根皮清热利湿、收敛固肠、便血崩漏；果活血祛风、利湿，治肠风下血、风湿痹痛；树皮经砍伤后流胶质物，南丹县白裤瑶布匹蜡染材料。

2a. 大果臭椿

Ailanthus altissima var. **sutchuenensis** (Dode) Rehder et E. H. Wilson

与原变种主要区别：幼枝无毛，红褐色，有光泽；小叶长9~14cm，宽1.5~7.5cm；翅果长4.5~7.0cm，宽1.5~2.0cm。

产于兴安。生于山地沟边、疏林或灌丛中。分布于四川、云南、湖北、湖南、江西。

3. 刺臭椿

Ailanthus vilmoriniana Dode

乔木，高3~10m。幼枝和小树树干密生软皮刺，有时在大树树干上仍残存距状刺凸。奇数羽状复叶，长50~90cm，叶轴具皮刺；小叶8~17对，对生或近对生，披针状长椭圆形，长9~18cm，宽3~5cm，先端渐尖，基部阔楔形或稍带圆形，叶缘基部有2~4对粗锯齿，锯齿背面有1枚腺体，叶面除叶脉有较密柔毛外其余无毛或有微柔毛，背面苍绿色，有短柔毛；叶柄紫红色，有时有刺。圆锥花序长约30cm。翅果长约5cm。

产于天峨、南丹、那坡、乐业、田林。生于近山麓、沟谷处或石灰岩山地坡脚处。分布于湖北、四川、云南。心材与边材区别略明显，心材红褐色，边材黄白色，纹理直，结构细，气干密度0.636g/cm^3，干燥快，不开裂，略变形，耐腐性较弱，抗虫性较差，易加工，花纹明显，可作家具、建筑、室内装饰等用材。

2. 苦树属 Picrasma Bl.

乔木。全株有苦味；枝条有髓部，无毛。奇数羽状复叶，互生，小叶柄部和叶柄基部膨大成节；小叶对生或近对生，托叶早落或宿存。花小，花序腋生，由聚伞花序再组成圆锥花序；单性或杂性；萼片4~5齿裂；花瓣4~5枚，镊合状排列；雄蕊4~5枚，生于花盘基部，花盘稍厚，全缘或4~5浅裂；心皮2~5枚，每心皮有1枚胚珠。核果，外果皮薄，肉质。

约9种，分布于美洲、亚洲热带及亚热带地区。中国2种，广西2种均产。

分种检索表

1. 落叶性；小叶9~15枚，边缘有粗锯齿；核果较小，直径5~6mm，蓝绿色 ………………… **1. 苦树 P. quassioides**
1. 常绿性；小叶5~9枚，全缘；核果较大，直径10mm以上，红褐色 …………………… **2. 中国苦树 P. chinensis**

1. 苦树 苦木 图1149

Picrasma quassioides (D. Don) Benn.

落叶乔木，高5~10m。树皮薄，紫褐色，浅纵裂，味极苦；芽裸露，密被锈褐色茸毛。奇数羽状复叶，长15~30cm；小叶9~15枚，长7~12cm，宽2.5~4.0cm，卵状披针形或广卵形，先端渐尖，基部楔形，除顶生叶外，其余小叶基部不对称，边缘有不整齐的粗锯齿，上面无毛，背面沿中脉和侧脉被柔毛，后变无毛；落叶后留有明显的半圆形或圆形叶痕；托叶披针形，早落。花黄绿色，单性异株，组成腋生复聚伞花序。核果成熟后呈蓝绿色，广卵形或倒卵形，长5~6mm，种皮薄，萼宿存。花期4~5月；果期6~9月。

产于广西西南部，常见于石灰岩山地。分布于中国黄河流域以南各地；尼泊尔、印度、日本、

图 1149　苦树 **Picrasma quassioides** (D. Don) Benn.　花枝。(仿《中国高等植物图鉴》)

图 1150　中国苦树 **Picrasma chinensis** P. Y. Chen　1. 果枝；2. 雄花芽；3. 雄花；4. 雌花。(仿《中国植物志》)

朝鲜也有分布。心材与边材区别明显，心材黄褐色，边材黄白色，结构细，纹理直或斜，质量轻，气干密度 0.512g/cm^3，干燥快，不开裂，稍变形，心材耐腐，抗虫性较差，供制家具、农具、木地板、单板、包装箱等用。树皮及根皮味极苦，有毒，入药能止泻祛湿，治疥疮和毒蛇咬伤，并常作杀虫农药。

2. 中国苦树　常绿苦树　图 1150

Picrasma chinensis P. Y. Chen

常绿乔木，高 10 ~ 15m。嫩枝无毛，黄绿色。叶互生，奇数羽状复叶；小叶 5 ~ 9 枚，对生或近对生，两面无毛，长圆形或卵状长圆形，长 7 ~ 13cm，宽 2.5 ~ 5.0cm，先端长渐尖或尾状渐尖，边缘全缘或呈波状或皱波状锯齿，基部楔形或宽楔形，除顶生小叶外，不对称；托叶叶状，早落。圆锥花序腋生，长 5 ~ 12cm，雄花序稍长于两性花序；花杂性，通常 4 基数或 5 基数，黄绿色。核果，圆球形，直径 1.0 ~ 1.2cm，红褐色，包藏于宿存的花瓣内；宿存花瓣长圆形或卵状长圆形，长 1.0 ~ 1.3cm。花期 4 ~ 5 月；果期 6 ~ 8 月。

产于东兰、田林、龙州。分布于云南、西藏；中南半岛也有分布。

3. 鸦胆子属 Brucea J. F. Mill.

灌木或小乔木。根皮及茎皮有苦味；嫩枝被柔毛。奇数羽状复叶；无托叶。花极小，花单性或杂性；圆锥花序腋生，由多个聚伞花序组成；萼片 4 枚，基部合生；花瓣 4 枚，分离；花盘厚，4 裂；雄蕊 4 枚，心皮 4 枚，分离，每心皮有 1 枚胚珠。核果，坚硬。

约 6 种，产于非洲和亚洲热带地区及大洋洲北部。中国 2 种，广西 2 种全产。

分种检索表

1. 小叶3~5对，卵形或卵圆形，具粗锯齿；核果长6~8mm ………………………………… **1. 鸦胆子 B. javanica**
1. 小叶4~8对，卵状披针形或宽披针形，全缘；核果长8~12mm ……………………… **2. 柔毛鸦胆子 B. mollis**

1. 鸦胆子 苦参子 图1151

Brucea javanica (L.) Merr.

灌木或小乔木，高1~8m。有闷臭气味，树皮味苦；嫩枝、叶柄和花序均被黄色柔毛。羽状复叶，叶长20~40cm；小叶3~5对，卵形或卵圆形，长5~10cm，宽2.5~5.0cm，先端渐尖，基部宽楔形至近圆形，略偏斜，边缘有粗锯齿，两面被柔毛。花小，暗紫色，直径1.5~2.0mm；圆锥花序，雄花序长15~40cm，雌花序长于叶而雄花序短于叶。核果椭圆形，紫红色转紫黑色，长6~8mm，直径4~6mm，干后有不规则多角形网纹，外壳硬骨质而脆，种仁黄白色，卵形，有薄膜，含油丰富，味极苦。花期夏季；果期8~9月。

产于广西东南部和西南部。生于海拔500m以下山地杂木林中和石灰岩坡脚至弄谷地，百色规模人工栽培。分布于广东、福建、台湾、云南；印度、马来西亚也有分布。播种或嫁接繁殖。种子入药，有清热解毒、抗阿米巴痢疾、抗炎、抗疟、抗肿瘤、抗病毒和降低血糖的作用。

2. 柔毛鸦胆子 毛鸦胆子、大果鸦胆子 图1152

Brucea mollis Wall. ex Kurz

灌木至小乔木，高1~5m。嫩枝黄绿色，密被糙伏毛，老枝红紫色。奇数羽状复叶，叶轴和叶柄均被黄色柔毛，长20~60cm；小叶4~8对，卵状披针或宽披针形，长5~15cm，宽2.5~5.0cm，先端长渐尖或渐尖，基部宽楔形或稍圆形，略偏斜，全缘，幼时被黄色长柔毛，老时被柔

图1151 鸦胆子 Brucea javanica (L.) Merr.
果枝。

图1152 柔毛鸦胆子 Brucea mollis Wall. ex Kurz
1. 果枝；2. 雄花；3. 雌花；4. 小叶两面观，示毛被。(仿《中国植物志》)

毛或无毛。花组成柔弱而细长的圆锥花序，长 10～15cm，花序轴被黄色柔毛，后被柔毛或无毛；花径 2～3mm，花萼外面被短柔毛。核果卵圆形，长 8～12mm，无毛，干后红褐色，有浅网纹。花期 3～4 月；果期 10 月至翌年 2 月。

产于靖西、龙州、宁明。生于石灰岩山地山坡中下部至山麓。分布于云南、广东；东南亚也有分布。

113 橄榄科 Burseraceae

乔木或灌木。有芳香树脂或油质。叶互生，奇数羽状复叶，稀为单叶(中国不产)，常集生于枝顶；托叶有或无。圆锥花序，稀总状或穗状花序，腋生或顶生；花小，辐射对称，单性、两性或杂性；雌雄同株或异株；萼和花冠覆瓦状或镊合状排列，萼片 3～6 枚；花瓣 3～6 枚；花盘杯状、盘状或坛状；雄蕊在雌花中常退化，1～2 轮，与花瓣等数或为其 2 倍或更多；子房上位，1～5 室，在雄花中多少退化或消失，每室有 2 或 1 枚胚珠；花柱单一，柱头 3～6 浅裂。核果，外果皮肉质，不裂，稀开裂。

约 16 属 550 种，分布于热带地区，是热带森林主要树种之一。中国 3 属 13 种；广西 2 属 4 种 1 变种。

分属检索表

1. 常绿乔木；小叶常全缘；花 3 基数；核果具 1 枚核 ………………………… **1. 橄榄属 Canarium**
1. 落叶乔木；小叶边缘有锯齿；花 5 基数；果有 1～5 枚骨质小核 ………………………… **2. 嘉榄属 Garuga**

1. 橄榄属 Canarium L.

常绿乔木。具芳香树脂，有橄榄气味；小枝和叶柄髓部有维管束。奇数羽状复叶，互生，小叶对生或近对生，全缘，稀有浅齿。花两性或杂性，圆锥花序，腋生或顶生；萼杯状，3～5 裂；花瓣 3～5 枚，分离；雄蕊 6 枚，稀 10 枚；子房上位，3～4 室，每室有 2 枚胚珠。核果，外果皮肉质，核骨质，3 室，每室有 1 枚种子。

约 75 种，分布于亚洲和非洲热带地区、大洋洲北部。中国 7 种；广西 3 种。

分种检索表

1. 有托叶；鲜叶黄绿色，气味较淡；成熟果实黄绿色。
   2. 叶下面无毛，小叶长 6～14cm；果序长 6～14cm，果卵形或椭圆形 ………………………… **1. 橄榄 C. album**
   2. 叶下面被柔毛，小叶长 10～20cm；果序长 5～8cm，果实三棱形 ………………………… **2. 方榄 C. bengalense**
1. 无托叶；鲜叶深绿色，揉之有浓烈橄榄脂气味；成熟果实紫黑色 ………………………… **3. 乌榄 C. pimela**

1. 橄榄 黄榄、白榄 图 1153：1～10

Canarium album (Lour.) DC.

乔木，高 35m，胸径 150cm。嫩枝被黄棕色绒毛，后脱落。奇数羽状复叶，长 15～30cm，小叶 3～6 对，对生，纸质至革质，长圆形、椭圆状卵形或披针形，长 6～14cm，宽 2.0～5.5cm，先端渐尖至骤狭渐尖，基部楔形至圆形，偏斜，全缘，无毛或在背面叶脉上散生刚毛；有托叶。花序腋生，花白色，芳香，雄花序为聚伞花序，长 15～30cm，多花，雌花序为总状花序，长 3～6cm，约有 12 朵花。果序长 6～14cm，具 1～6 枚果。核果卵圆形或椭圆形，长 2.5～3.5cm，无毛，成熟时黄绿色；果核两端锐尖，具 1～2 枚种子。花期 4～5 月；果期 8～9 月。

产于广西南部。常见于海拔 700m 以下山坡、山麓及沟谷的季雨林与常绿阔叶林中。分布于广东、海南、云南、福建、台湾；越南也有分布。热带南亚热带树种，喜高温多雨气候，栽培区要求的气候条件为年平均气温20℃以上，1月平均气温11℃以上，极端低温不低于-2℃，积温7000℃以上。对土壤要求不甚严格，无论山地的酸性砂质红壤或平原冲积土均可生长。喜光树种，常见于阳光充足的湿润环境中，在低海拔丘陵地区生长良好。生长较快，20年生树高16m，胸径22cm，寿命长达200年以上。播种或嫁接繁殖。果可生食，鲜果初食味涩，久嚼香甜爽口，但多盐渍或糖渍成果脯。果实微苦甘，性凉，清肺解毒，化痰消积；果核辛甘、性凉，清热利喉，可治疗急性咽喉炎、急性扁桃体炎。

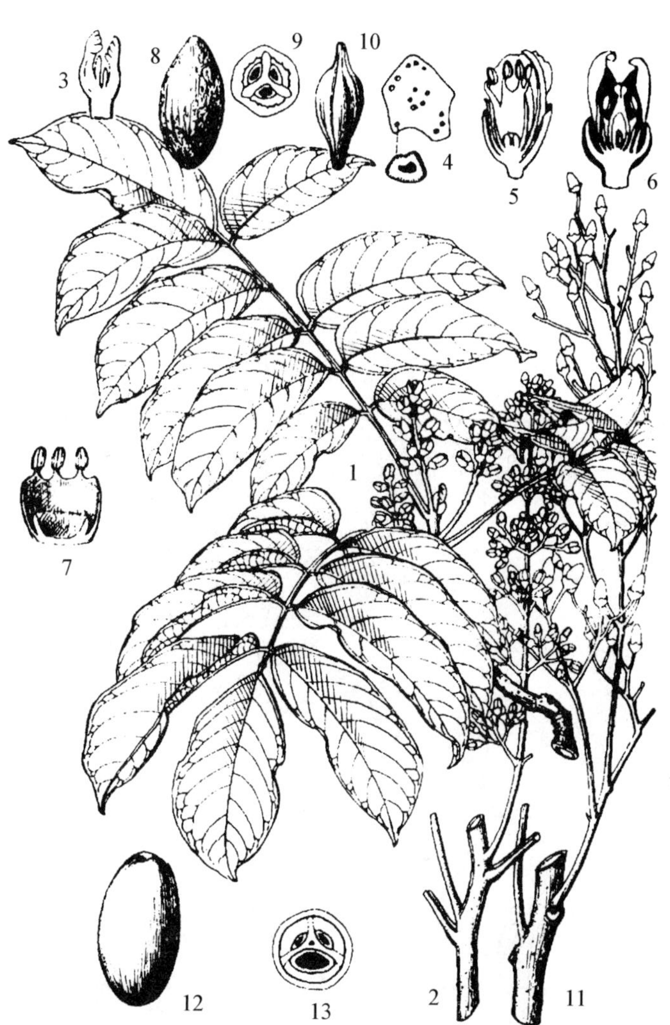

图1153 1~10. 橄榄 Canarium album (Lour.) DC.
1. 雌花枝；2. 雄花序；3. 芽示托叶；4. 小枝横切面；5. 雄花纵切面；6. 雌花纵切面；7. 雄花的雄蕊及花盘；8. 果；9. 果横切面；10. 果核。**11~13. 乌榄 Canarium pimela** K. D. Koenig 11. 幼果序；12. 果；13. 果横切面。(仿《中国植物志》)

2. 方榄 三角榄 图1154

Canarium bengalense Roxb.

乔木，高25~40m，胸径75~120cm。小枝有皮孔，幼枝被灰色短柔毛；顶芽粗大，被黄色柔毛。羽状复叶，叶轴有纵细条纹；小叶5~10对，长圆形或倒卵状披针形，长10~20cm，宽4.5~6.0cm，坚纸质，先端骤渐尖，基部圆，叶面无毛，背面被柔毛，全缘或波状；托叶钻形，早落。果序腋上生或腋生，长5~8cm；果实黄绿色，三棱形或有时为四棱形，具3~4条凸肋，长4.5~5.0cm，顶端尖、平截或下凹，无毛。果期7~10月。

产于那坡、田阳、龙州、大新、凭祥、宁明。常见于石灰岩山坡下部或砂页岩低山丘陵的沟谷处。分布于云南；越南、孟加拉国、印度、缅甸、泰国及老挝也有分布。热带树种，喜湿热环境，广西仅自然分布于最南部的热带海拔500m以下低地谷地，能耐0℃左右极端低温，但苗期忌霜冻，引种至南宁，生长正常。喜疏松肥沃壤土，村边宅旁多栽植，在贫瘠土、黏重土壤上生长不良。耐干旱，在少土的石灰岩山坡甚至石崖上都能很好生长。喜光，幼树稍耐阴，多散生于村屯周边阔叶林或湿润的山谷杂木林中，但广西热带局部地段也有与望天树、海南风吹楠组成的季雨林，方榄为上层乔木树种。播种繁殖。木材为散孔材，心材与边材区别不明显至略明显，心材淡红褐色，边材浅黄褐色，木材具光泽，生材微具酸臭气味，无特殊滋味，纹理直或斜，径面具交错纹理，结构细且均匀，硬度及重量中等(气干密度0.56~0.66g/cm^3)，加工性能良好，但易受虫蛀，经处理后适用于船侧板、车厢、枕木、包装箱盒、家具、农具、胶合板等。树体高大，优良庭院及道路绿化优良树种。

3. 乌榄 黑榄 图1153：11~13

Canarium pimela K. D. Koenig

乔木，高20~30m，胸径100cm。树皮灰色或灰褐色，块状脱落。奇数羽状复叶，长30~

60cm，小叶4～7对，无毛，椭圆形或卵状椭圆形，长6～17cm，宽2.0～7.5cm，先端急渐尖或锐尖，基部圆形或宽楔形，偏斜，全缘，鲜叶深绿色，揉之有浓烈橄榄脂气味，侧脉8～11对，网脉明显；无托叶。圆锥花序腋生，长于复叶，无毛；雄花序多花，雌花序少花；萼杯状，3～5裂；花瓣3～5枚，分离；雄蕊6枚，着生于花盘边缘。核果窄卵圆形或椭圆形，长3～4cm，熟时紫黑色，果肉淡紫红色，果核纺锤形，两端稍钝。花期4～5月；果期8月。

产于广西西南部和东南部北热带地区。生于低山、丘陵或台地，各地多栽培。分布于福建、广东、海南、云南；越南、老挝、柬埔寨也有分布。喜高温，为热带性树种，耐寒性强，大树耐－2℃低温。对土壤要求不严，喜酸性土，不宜在低湿积水地栽培。喜光。播种或嫁接繁殖，果用林宜选择优良无性系嫁接繁殖。果实盐渍制成榄角，可作佐餐菜食；种仁为上等糕点饼食馅料。心材与边材区别不明显，木材灰黄褐色至灰红褐色，越近心越红，纹理直，结构适中，重量中等，气干密度0.66g/cm^3，易加工，不耐腐，易受虫蛀，作一般家具、箱板等用材；树形美观，树体高大，庭院及道路绿化优良树种；果壳坚硬，可作工艺品。

图1154　方榄 Canarium bengalense Roxb.　1. 果枝；2～3. 两种外形的果及其横切面；4. 果核(仿《中国植物志》)

2. 嘉榄属 Garuga Roxb.

落叶乔木或灌木。叶互生，奇数羽状复叶，有托叶；小叶对生，近无柄，有钝齿；小托叶宿存。复合圆锥花序常集生于枝顶附近，先叶出现；花较大，两性，辐射对称，5基数；萼钟状，5裂；花瓣5枚，镊合状排列，内折，花时伸展或反折；花盘与花托合生，球状，有10个凹槽；雄蕊10枚，分离，花丝钻形；子房4～5室，每室2枚胚珠；花柱短，柱头头状，4～5浅裂。核果近球形，外果皮肉质，有1～5枚核，核小，骨质，有槽；种子膜质。

约4种。中国3种1变种；广西1种1变种。

分种检索表

1. 花大，长0.7～1.0cm；果大，直径1.0～1.8cm …………………………………… **1. 羽叶白头树 G. pinnata**

1. 花小，长0.4～0.6cm；果小，直径0.5～1.2cm ……………………… **2a 多花白头树 G. floribunda** var. **gamblei**

1. 羽叶白头树 白头树 图 1155

Garuga pinnata Roxb.

落叶乔木，高 4～15m。树皮灰褐色，粗糙；嫩枝被黄色柔毛。奇数羽状复叶长 35～50cm，小叶 9～23 枚，椭圆形、长圆形或披针形，长 5～11cm，宽 2～3cm，先端长渐尖，基部圆形或楔形，偏斜，边缘有钝锯齿；侧脉 10～15 对；小叶柄长 0～0.4cm，顶生小叶柄长 0.5～1.0cm；叶轴及小叶两面被长柔毛。圆锥花序长 7.5～22.0cm，幼时被粗长柔毛；花较大，白色，开放时长 0.7～1.0cm；萼片两面被柔毛；花瓣被短且略卷粗柔毛。核果近球形，成熟时黄色，直径 1.0～1.8cm；种子 1～5 枚。花期 3～4 月；果期 4～10 月。

产于广西西南部。生于海拔 400m 以下山地、山谷杂木林中。分布于云南、四川、海南；越南、印度也有分布。心材与边材区别明显，心材栗褐或红褐色，边材浅黄褐色，纹理交错，结构细匀，重量中等，气干密度 0.68g/cm^3，易干燥，稍耐腐，加工容易，供制农具、房屋建筑、包装等用材。萌芽力极强，可埋干繁殖，当地群众常以埋做篱笆或做晒台柱。

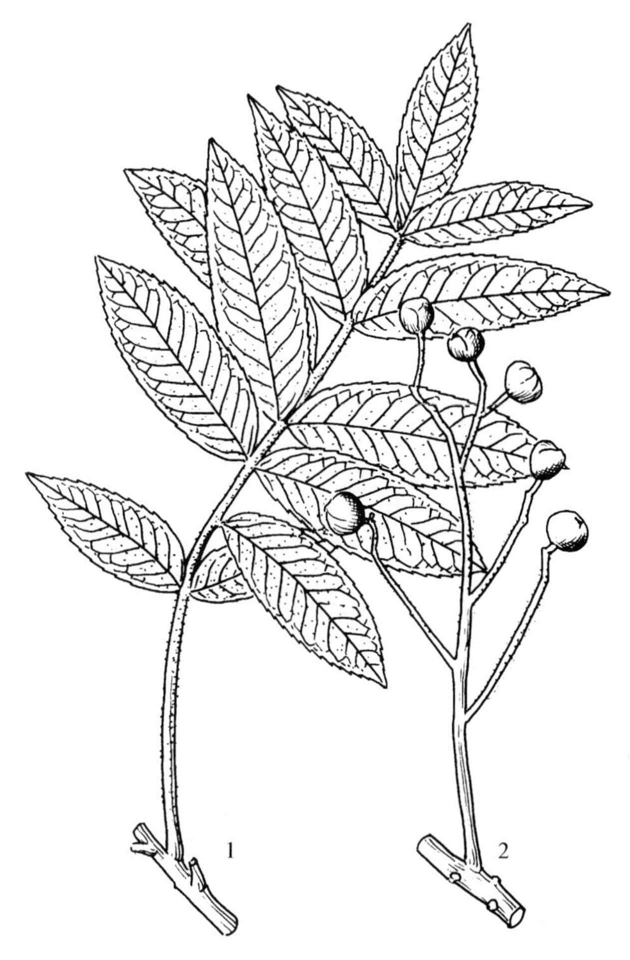

图 1155 1. 羽叶白头树 Garuga pinnata Roxb.
1. 枝叶；2. 果枝。（仿《中国高等植物图鉴》）

2a. 多花白头树 石山嘉榄、咪楳（壮语）

Garuga floribunda var. **gamblei** (King ex W. W. Sm.) Kalkman

乔木，高 26m。小枝除幼嫩枝被毛外无毛，有明显叶痕。奇数羽状复叶长 60～80cm，小叶 9～19 枚，叶轴及小叶中脉疏被细柔毛，余无毛，最下 1 对小叶常过渡为托叶；小叶椭圆形至长披针形，膜质或坚纸质，长 9～11cm，宽 3～5cm，基部圆形，偏斜，边缘有疏锯齿，侧脉 15～20 对。圆锥花序长 25～35cm，集于枝顶；花黄色，长 0.4～0.6cm；萼片三角形，花瓣长圆状披针形。核果近球形，直径 5～12mm，无宿存花萼。花期 5 月；果期 8～9 月。

产于来宾、东兰、靖西、桂平、龙州、宁明、扶绥。生于海拔 900m 以下山地密林中。分布于广东、海南、云南；印度、越南也有分布。喜湿热气候，为热带雨林、季雨林树种，能耐较长期的 5℃左右低温及短期 -1℃左右低温，幼苗忌霜冻。广西为其自然分布北缘，弄岗自然保护区，常生长在山坡中部和中下部，与蚬木、肥牛树、金丝李等混生，植被生长茂盛，覆盖度较好，植被枯枝落叶覆盖地表，林内较为潮湿，土壤有机质累积也较为丰富，其他营养元素也甚为丰富。喜光树种，弄岗自然保护区 200～500m 季雨林中上层常见。心材与边材区别不明显，木材灰白色，纹理交错，结构粗，重量轻，气干密度 0.49g/cm^3，易受虫菌危害，为室内装饰、包装箱等用材。

114 阳桃科 Averrhoaceae

乔木或灌木。奇数羽状复叶，互生。花两性，整齐；聚伞花序，腋生；萼片 5 枚；花瓣 5 枚；雄蕊 10 枚，2 轮，花丝基部合生，有时外轮雄蕊无花药；子房上位，5 室，具 5 纵棱，每室胚珠多数，中轴胎座。浆果，大型，下垂，长椭圆形或卵形，有 3～5 纵棱。

3 属 16 种，分布于热带亚洲。中国引入栽培 2 种，广西引入栽培 1 种。

阳桃属 Averrhoa L.

乔木，裸芽。小叶互生或近对生，全缘。聚伞花序，腋生或生于枝干上；花白色或淡紫色，有香气。浆果大，下垂，具纵棱。

2 种，广泛栽培于热带地区。中国 2 种均有引种；广西栽培 1 种。

阳桃 洋桃、杨桃 图 1156

Averrhoa carambola L.

乔木，高 12m，胸径 50cm。树皮暗灰色，不规则细纵裂。奇数羽状复叶，互生，长 10～20cm；小叶 5～13 枚，全缘，卵形或椭圆形，长 3～7cm，宽 2.0～3.5cm，顶端渐尖，基部圆，一侧歪斜，表面深绿色，背面淡绿色，疏被柔毛或无毛。花小，微香，数朵至多朵组成聚伞花序，自叶腋出或着生于枝干上，花枝和花蕾深红色；萼片 5 枚，紫红色，长约 5mm；花瓣 5 枚，白色至淡紫色，长 8～10mm；雄蕊 10 枚。浆果肉质，下垂，有 5 棱，横切面呈星芒状，长 5～8cm，淡绿色或蜡黄色，有时带暗红色。花期 4～12 月；果期 7～12 月。

原产马来西亚、印度尼西亚。现广植于热带各地。广西南亚热带以南各地广泛栽培。广东、海南、福建、台湾、云南也有栽培。喜高温，忌霜冻寒害，适生于年平均气温 20℃ 以上，极端最低气温 2～7℃，年降水量 1000～2400mm 的地区。当日平均气温低于 10℃，植株生长表现不良；当气温在 4℃ 以下，嫩梢受冻害；0℃ 时苗木、幼树多被冻死，成年的已木质化的末级枝落叶变枯。对土壤适应性较广，红壤、砖红壤、紫色土、冲积土、砂壤土都能生长结果，在 pH 值 4.2～5.5、有机质含量高的轻黏地种植较好。人工栽培能提早 1～2 年结实，一般 3～4 年可结实。嫁接、高空压条或扦插繁殖，嫁接繁殖为主。全年可嫁接，当砧木苗高 70～80cm，离地面 15cm 处的径粗达 0.8～1.0cm 时即可进行嫁接。热带著名水果，果肉质爽脆、汁多，风味可口。除鲜食外，杨桃可加工成果汁、果酱、果冻、果脯、蜜饯、果酒、果醋等，盐渍后可佐餐。果、根、茎、叶、花均可入药。心材与边材的区别不明显，木材红褐色，纹理直，结构细，重量中等，气干密度 0.67g/cm^3，不耐腐，刨面光滑，供室内装饰、农具、雕刻等用材。

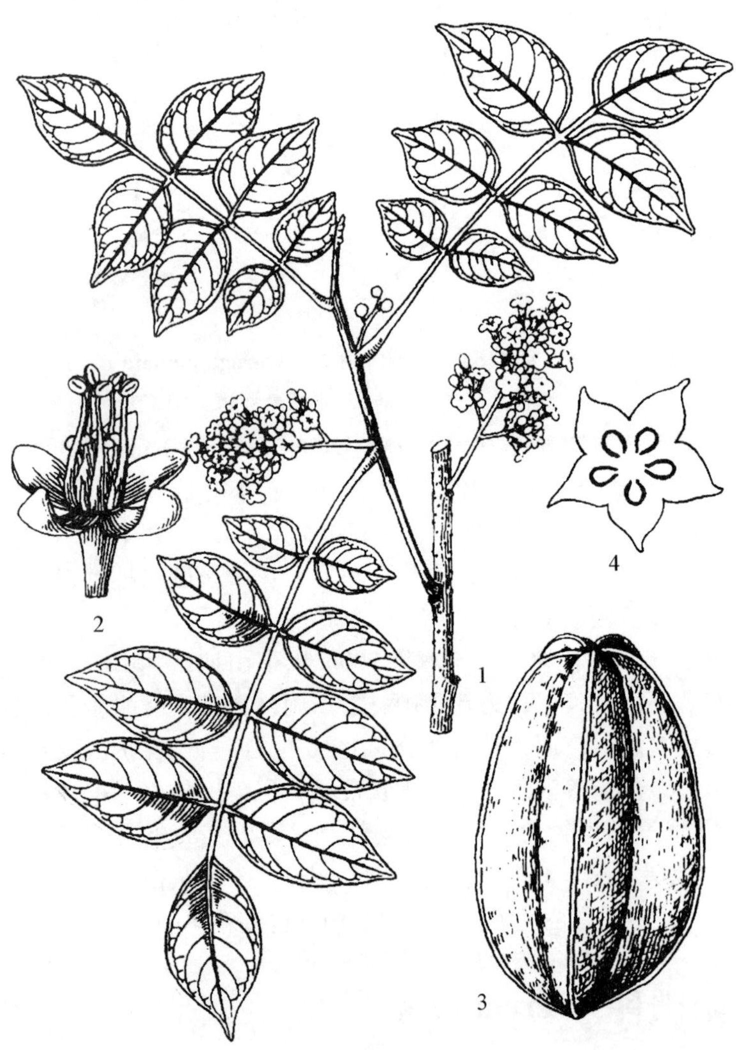

图 1156 阳桃 Averrhoa carambola L. 1. 花枝；2. 花；3. 果；4. 果横切面。（仿《中国植物志》）

115 楝科 Meliaceae

乔木或灌木，稀亚灌木。叶互生，稀对生，羽状复叶，稀三小叶或单叶。花两性或杂性异株，辐射对称，圆锥、总状或穗状花序；通常5基数，间为少基部或多基数；子房上位，2~5室，稀1室，每室有胚珠1~2枚或更多；花柱单生或缺，柱头盘状或头状。蒴果、浆果或核果，果皮革质、木质，稀肉质；种子有假种皮或具翅。

约50属650种，分布热带和亚热带地区，稀至温带地区。中国17属40种，主产长江以南各地，少数到长江以北；含引入种，广西约14属31种，本志记载13属24种。本科许多树种树体高大，木材纹理通直，耐腐，适宜作家具、建筑用材，如香椿、红椿、苦楝、麻楝、桃花心木、非洲楝；香椿嫩芽可作蔬菜。

分属检索表

1. 蒴果，种子有翅。
    2. 雄蕊花丝全部分离，花盘短柱状；种子两端或上端有翅 ············ **1. 香椿属 Toona**
    2. 雄蕊花丝合生成管。
        3. 花药着生于雄蕊管内的上部，内藏，花盘环状或浅杯状。
            4. 蒴果熟后由基部胞间开裂，种子上端具长而阔的翅 ············ **2. 桃花心木属 Swietenia**
            4. 蒴果熟后由顶端起4~5瓣裂，种子边缘有圆形膜质的翅 ············ **3. 非洲楝属 Khaya**
        3. 花药着生于雄蕊管顶端的边缘，全部凸出，花盘不发育 ············ **4. 麻楝属 Chukrasia**
1. 核果或浆果，或蒴果则种子无翅。
    5. 单叶；雄蕊8~10枚，着生于雄蕊管口部之内；蒴果，室背开裂，种子无翅 ············ **5. 杜楝属 Turraea**
    5. 羽状复叶。
        6. 雄蕊花丝仅基部或中部以下合生成管。
            7. 花丝仅基部合生成短管，雄蕊生于短管顶端的2齿之间，子房5室；核果 ······ **6. 浆果楝属 Cipadessa**
            7. 花丝下部合生成管，子房2~3室，浆果或蒴果。
                8. 浆果，肉质，不开裂 ············ **7. 割舌树属 Walsura**
                8. 蒴果，开裂为2果瓣 ············ **8. 鹧鸪花属 Heynea**
        6. 雄蕊花丝全部或几乎全部合生成管。
            9. 花丝筒近球形或陀螺形。
                10. 浆果；雄蕊5~10枚，1轮排列 ············ **9. 米仔兰属 Aglaia**
                10. 蒴果 ············ **10. 山楝属 Aphanamixis**
            9. 雄蕊管圆筒形或圆柱形。
                11. 花盘管状，与子房等长或更长；蒴果 ············ **11. 桠木属 Dysoxylum**
                11. 花盘环状、浅杯状或缺。
                    12. 蒴果，革质；小叶全缘 ············ **12. 溪桫属 Chisocheton**
                    12. 核果，近肉质；小叶齿缺或全缘 ············ **13. 楝属 Melia**

1. 香椿属 Toona M. Roem.

落叶乔木。树皮粗糙，鳞片状脱落。叶互生，羽状复叶；小叶全缘，稀有锯齿。花小，两性，大型圆锥花序顶生或腋生；花萼短，管状，5齿裂或分裂成5枚；花瓣5枚，远长于花萼，与花萼裂片互生，分离，花芽时覆瓦状或旋转状排列；雄蕊5枚，分离，与花瓣裂片互生，生于肉质、具5棱的花盘上；花盘厚，肉质，成一个具5棱的短柱；子房5室，每室有2列胚珠8~12枚。蒴果革质或木质，5裂；种子扁，有长翅。

约5种，分布于亚洲至大洋洲。中国4种；广西2种。

分种检索表

1. 小叶多少有锯齿；种子仅一端具翅；叶及嫩枝搓揉后具浓郁香气 ······························ **1. 香椿 T. sinensis**
1. 小叶全缘；种子两端具翅；叶及嫩枝搓揉无香气 ·· **2. 红椿 T. ciliata**

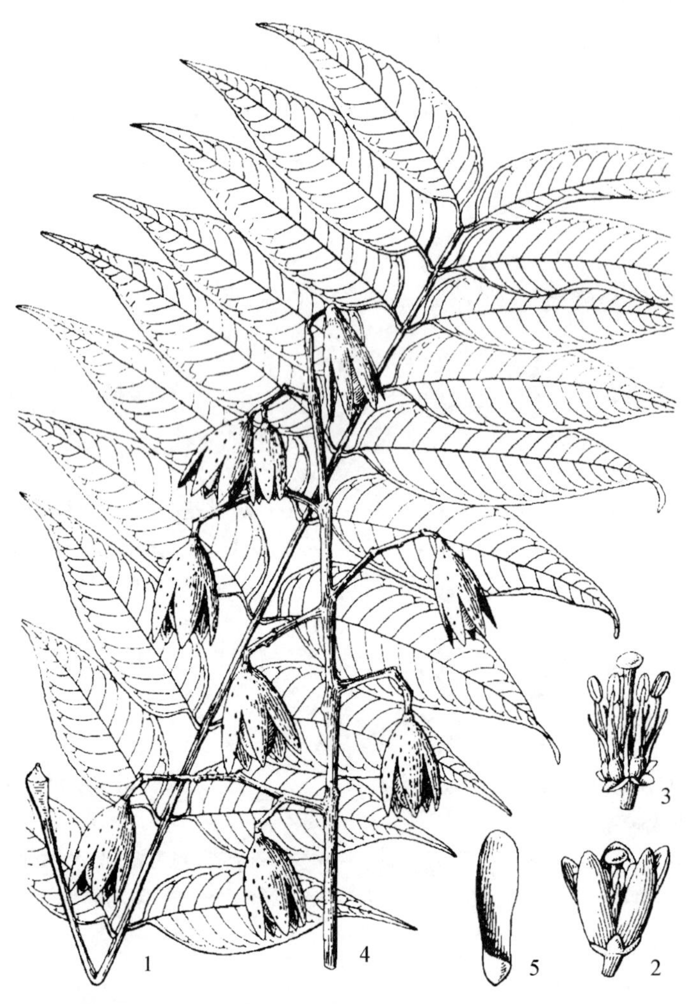

图 1157 香椿 Toona sinensis (Juss.) M. Roem. 1. 叶；2. 花；3. 花去花冠示雌蕊和雄蕊；4. 果序；5. 种子。(仿《中国植物志》)

1. 香椿 椿芽 图 1157

Toona sinensis (Juss.) M. Roem.

落叶乔木，高 25m，胸径 70cm。偶数羽状复叶，长 30～50cm 或更长；小叶 8～10 对，对生或互生，纸质，卵状披针形或卵状长椭圆形，长 9～15cm，宽 2.5～4.0cm，先端尾尖，基部一边圆形，另一边楔形，边全缘或有疏离小锯齿，两面均无毛或幼时微被毛，背面常呈粉绿色；小叶柄长 5～10mm。圆锥花序与叶等长或更长，多花，花白色；萼杯状，5 齿裂或浅波状；花瓣 5 枚，长 4～5mm；雄蕊 10 枚，其中 5 枚能育，5 枚退化。蒴果狭椭圆形，长 2.0～3.5cm，深褐色，果瓣薄；种子上端有膜质翅。花期 6～8 月；果期 10～12 月。

产于广西各地，野生或栽培，以石灰岩山地最为常见，成为石灰岩山区群众造林的重要树种。分布于中国除西部以外的广大地区；朝鲜也有分布。适应性广，分布区包括热带、亚热带和暖温带各气候区，年平均气温 12～23℃。喜深厚、疏松、肥沃土壤，对土壤酸碱度要求不严，在酸性、中性及弱碱性土壤上都能生长，在石灰岩地区生长良好。喜光，耐旱，亦耐水湿，多生于石灰岩山地山麓、路旁、村边、田边、溪边。速生，具初期速生、生长盛期到来早、衰退也较早等特点，在广西石山山脚坡积土上，块状整地，1 年生裸根苗造林，8 年生平均树高 13.6m，胸径 11.5cm。播种繁殖。树干通直，少节，木材心材与边材区别明显，心材红褐色，边材浅红色，重量轻，气干密度 0.527g/cm^3，质地柔韧，富弹性，纹理直，具光泽，结构粗，花纹美，有香气，易加工，耐水浸，无虫蛀，为上等家具用材，也可供船舶、建筑、箱柜、室内装饰和特种工艺用材，有"中国桃花心木"之美称。树皮、根皮、嫩枝和种子均可入药，具有良好的驱虫效果和较高的医药价值。嫩叶具香气，可鲜吃、熟吃，也可加工腌制成各种咸菜，有调味作用，能增进食欲。

2. 红椿 紫椿 图 1158

Toona ciliata M. Roem.

落叶乔木，高 30m，胸径 110cm。羽状复叶，长 25～40cm，小叶 6～12 对，对生或近对生，纸质，长圆状卵形或披针形，长 6～15cm，宽 2.5～5.0cm，先端尾状渐尖，基部一侧圆形，一侧楔形，不对称，全缘，两面无毛或密被柔毛；侧脉 10～18 对，背面凸起；小叶柄长 5～13mm。圆锥花序顶生，与叶等长或稍短；花萼5深裂；花瓣5枚，白色，长4～5mm；雄蕊5枚；子房每室有胚珠8～10枚，花柱无毛，柱头盘状。蒴果长椭圆形，木质，干后紫红色，有苍白色皮孔，长2.0～3.5cm；种子褐色，两端有翅，膜质。花期4～5月；果期7月。

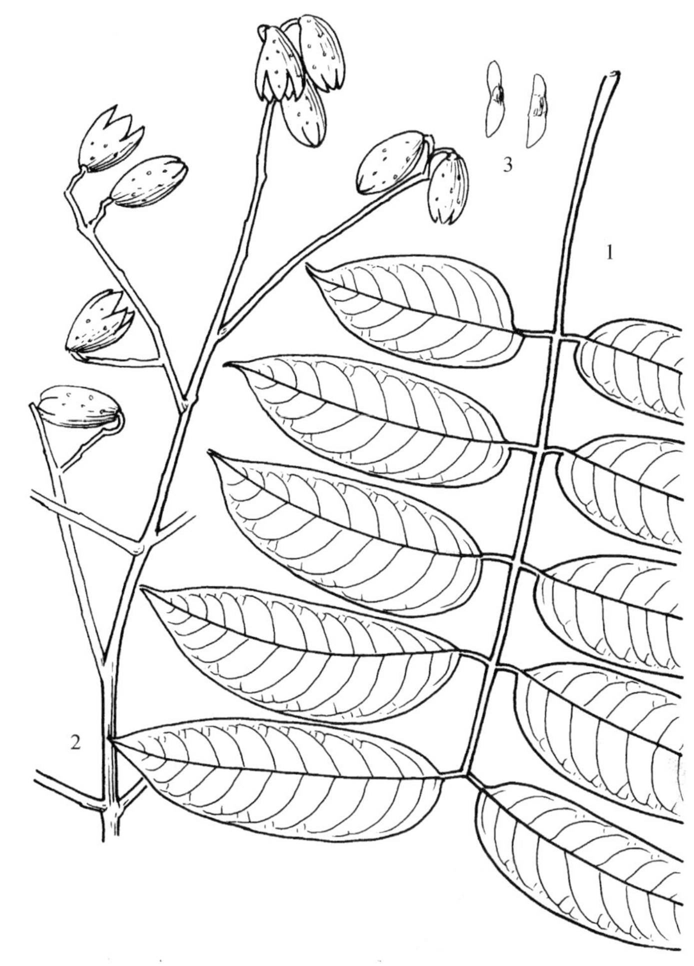

图1158 红椿 **Toona ciliata** M. Roem. 1. 叶；2. 果序；3. 种子。（仿《浙江树木图鉴》）

易危种，中国Ⅱ级重点野生保护植物。产于永福、融水、隆林、乐业、田林、西林、玉林、北流、贵港、兴业。分布于福建、广东、海南、湖南、四川、云南；印度及中南半岛也有分布。喜暖热气候，亦具较强耐寒能力，在广西玉林分布海拔约100m，隆林则分布海拔达1500m。喜深厚、肥沃、湿润、排水良好的酸性土，石灰岩钙质土未见分布。喜光，不耐荫蔽，多生长于地势平坦的空地、道路旁、火烧迹地及退耕地等。速生，据对隆林26年生红椿林调查，平均树高23.4m，平均胸径36.06cm，单位面积蓄积270.83m^3/hm^2。通过对红椿天然林树干解析，除了苗期生长缓慢外，均表现速生性，年平均胸径生长1.49cm、树高生长0.92m，胸径、树高生长快速期都出现在早期，胸径的连年生长曲线和平均生长曲线在10年生时相交，树高的连年生长曲线和平均生长曲线在8年生时相交。材积连年生长伴随着胸径和树高的快速生长后，于19年生时达到第一次高峰。天然更新能力强，在新开公路边、农地、丢荒地常见幼苗幼树。与本科其他乔木树种比较，成林性好，天然更新能形成纯林且生长良好。木材心材与边材区别明显，心材赤褐色，边材黄褐色，纹理直，芳香，韧性好，结构粗，气干密度0.320～0.477g/cm^3，干燥快、不开裂，不变形，耐腐，易加工，材质优于香椿，适作建筑、车船、家具等用材。

《中国植物志》在广西还有变种毛红椿(T. ciliata var. pubescens)的分布，根据我们野外考察，发现红椿嫩枝及叶被毛变化较大，同一株树，树体上部和下部枝或叶也有被毛或秃净，故我们将其变种归并处理。

2. 桃花心木属 **Swietenia** Jacq.

乔木。偶数羽状复叶互生，无毛；小叶对生或近对生，有柄，全缘。圆锥花序腋生或顶生；花小，单性，但不育雄蕊和不育雌蕊均明显存在且相当发达；萼5裂约至中部，覆瓦状排列；花瓣4～5枚，分离；雄蕊10枚，花丝合生成管壶形，顶端10齿裂，花药10枚，着生于管口内缘与裂齿互生，花盘杯状或浅环状；子房5室，每室有多枚下垂胚珠，柱头盘状，顶端5裂。蒴果，卵形，木质，5瓣裂；种子多数，上端有长而阔的翅。

3种，分布于美洲热带和亚洲热带地区。中国引入2种，广西亦引入2种。

分种检索表

1. 复叶长约40cm；小叶3～6对，卵形或卵状披针形，先端渐尖或骤尖；果卵状长圆形，直径8～10cm，种子带翅长8～8.5cm ……………………………………………………………… **1. 大叶桃花心木 S. macrophylla**
1. 复叶长约35cm；小叶4～6对，披针形或卵状披针形，先端长尖；果卵形，直径8～9cm，种子带翅长7～8cm ……………………………………………………………………………… **2. 桃花心木 S. mahagoni**

1. 大叶桃花心木

Swietenia macrophylla King

常绿大乔木，高40m，胸径200cm。羽状复叶，叶长40～50cm；小叶3～6对，卵形或卵状披针形，长11～19cm，宽4～8cm，全缘或具1～2个波状钝齿，先端渐尖或骤尖，侧脉11～15对。子房每室胚珠多数。蒴果，卵状长圆形，直径8～10cm；种子连翅长8.0～8.5cm。花期4月；果期翌年3～4月。

原产于热带美洲，南宁、凭祥等地有引种。广东、海南、云南、福建也有栽培。喜温暖气候，耐寒性差，低于15℃即停止生长。1976年冬春，凭祥出现特大寒潮，最低气温－1.5℃，轻木、橡胶、油棕等树种受冻害，大部死亡，但大叶桃花心木成年树仅受轻微寒害。2008年受长期低温寒害，南宁、凭祥引种的大叶桃花心木，直径达50cm，亦整株冻死。喜光，幼苗初期稍耐阴，3个月后须曝于全光照下，否则影响生长。对土壤要求不严，以透气、排水良好的砂壤土最佳，石灰岩山地亦能生长，忌低湿积水地。速生，1年生苗高可达75cm，凭祥13年生树高14m，胸径29.5cm。播种繁殖。心材红色，纹理交错，坚韧细致，花纹美观，硬度适中，为著名高级家具用材。

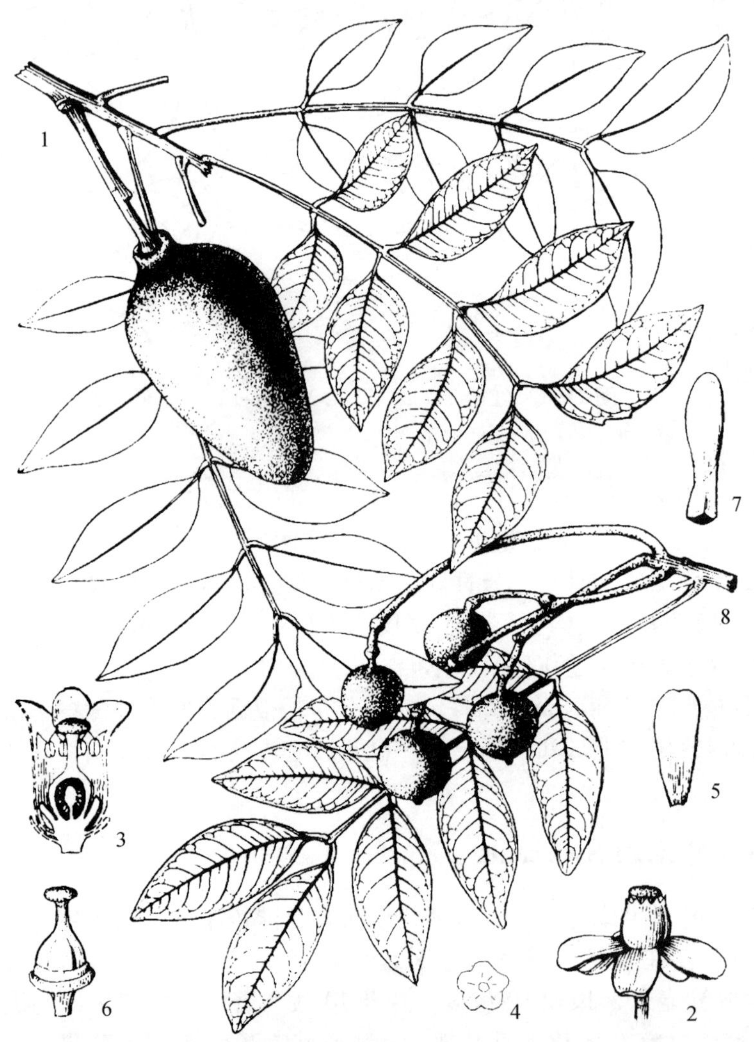

图1159 1～7. 桃花心木 Swietenia mahagoni（L.）Jacq. 1. 果枝；2. 花；3. 花纵切面；4. 花萼上面观；5. 花瓣；6. 雌蕊；7. 种子。**8. 非洲楝 Khaya senegalensis**（Desv.）A. Juss. 8. 果枝。（仿《中国植物志》）

2. 桃花心木 小叶桃花心木

图1159：1～7

Swietenia mahagoni（L.）Jacq.

常绿大乔木，高达25m以上，直径可达4m。羽状复叶，长约35cm，小叶4～6对，革质，披针形至卵状披针形，通常弯成镰状，长3～12cm，宽1.5～5.0cm，先端长渐尖，基部明显偏斜，一侧楔形，另一侧近圆形，全缘或有时上部有1～2浅波状钝齿；侧脉10～13对。圆锥花序腋生，长2～15cm；花具短柄，长约3mm；花瓣黄绿色，长 3～4mm。蒴果卵形，木质，直径 8～9cm，熟时 5 瓣裂；种子多数，连翅长 7～8cm。花期 5～6 月；果期 10～11 月。

原产于西印度群岛和南美洲热带，现在各热带地区广泛栽培。南宁、宁明、凭祥有栽培；广东、海南、云南也有引种。热带树种，但耐寒性较强，当气温降至 -1.5℃时未受寒害，正常生长。2008 年长期低温，南宁、凭祥栽培的大叶桃花心木大树冻死，而桃花心木未受寒害。喜光，不耐荫蔽。生长较大叶桃花心木稍慢，南宁栽培，12 年生树高 8m，胸径 19.4cm。播种繁殖。木材红色，色泽美丽，硬度适中，易加工，不变形，抗虫蛀，供造船、车辆、高级家具、工艺品等用。

3. 非洲楝属 Khaya A. Juss.

落叶乔木。偶数羽状复叶互生；小叶全缘，无毛。圆锥花序腋生，大型而多分枝；花单性，但不育雄蕊和不育雌蕊均相当发育；花萼 4～5 裂，裂片几达基部，覆瓦状排列；花瓣 4 枚或 5 枚，分离；雄蕊管坛状或杯状，花药 8～10 枚，生于雄蕊管内面近顶端；花盘杯状；子房 4～5 室，每室有胚珠 12～16 枚，稀 18 枚；柱头盘状。蒴果球形或近球形，木质，成熟时顶端 4～5 瓣裂；种子具圆形膜质翅。

约 6 种，广布非洲热带和马达加斯加。中国引入 1 种，广西亦引入。

非洲楝　非洲桃花心木、塞楝　图 1159：8

Khaya senegalensis (Desv.) A. Juss.

落叶乔木，高 30m，胸径 300cm。偶数羽状复叶，簇生枝顶，长 15～60cm 或更长；小叶 8～16 枚，近对生至互生，长圆形或长圆状椭圆形，长 7～17cm，宽 3～6cm，全缘，先端短尖或急尖，基部宽楔形或略圆形，稍不对称；侧脉 9～14 对。圆锥花序腋生，短于叶，无毛；萼片 4 枚，分裂，无毛；花瓣 4 枚，分离，长约 3mm，无毛；雄蕊管坛状。蒴果球形，直径约 6cm，熟时自顶端室轴开裂为 4 个果瓣；种子椭圆形至近圆形，边有膜质翅。

原产非洲热带地区和马达加斯加。凭祥、合浦、南宁有引种；福建、广东、海南、云南也有栽培。喜温暖环境，抗寒力较差，对霜冻敏感，最低气温降至 -1℃时，幼树叶片、嫩芽受害，降至 -2℃时，大树亦受冻。1976 年南宁出现严重霜冻，最低气温 -2℃，成年大树大部冻死。喜光。速生，1 年生萌条 1～2m，12 年萌条高达 14m、胸径 20cm。木材心材与边材区别不明显，木材红褐色，纹理交错，具云彩状花纹，结构细，重量中等，气干密度 0.7～0.8g/cm^3，干燥容易，稍有翘裂，耐腐，刨面光滑，为家具、室内装饰、车船、木地板、细木工等贵重用材。

4. 麻楝属 Chukrasia A. Juss.

乔木。有鳞芽，被粗毛。羽状复叶互生，小叶全缘。圆锥花序；花单性，4～5 数；雄蕊管圆筒形或桶状，较花瓣略短，花药 8～10 枚，生于雄蕊管口边缘；花盘不发育或缺；子房具短柄，3～5 室，每室有胚珠多枚，2 列，柱头头状。蒴果木质，室间开裂为 3～5 个果

图 1160　麻楝 Chukrasia tabularis A. Juss.　1. 花枝；2. 花；3. 雄蕊管展示；4. 雌蕊；5. 果序一部分；6. 种子。(仿《中国植物志》)

瓣，果瓣 2 层；种子每室多个，种子扁平，有薄而长的翅。

仅 1 种，分布亚洲热带和亚热带地区。中国也有分布，广西亦产。

麻楝　图 1160

Chukrasia tabularis A. Juss.

落叶乔木，高 40m，胸径 150cm。树皮纵裂，幼枝赤褐色。偶数羽状复叶，长 15～30cm，小叶 10～16 枚，小叶互生，纸质，卵形至长圆状披针形，长 7～12cm，宽 3～5cm，先端渐尖，基部圆形，两侧不等，两面无毛或密被腺毛；侧脉 8～12 对；小叶柄长 4～8mm。圆锥花序顶生和腋生，长 8～30cm，无毛或近无毛；萼浅杯状，裂片短而钝；花瓣黄色或略带紫色，长 1.2～1.5cm。蒴果近球形或椭圆形，灰黄色或褐色，直径 3.5～4.0cm，顶端具小尖头，表面粗糙，有小疣点；种子扁平，椭圆形，直径约 5mm，有膜质翅，连翅长 1.2～2.0cm。花期 4～5 月；果期 10 月至翌年 1 月。

产于广西各地。生于常绿阔叶林和常绿落叶阔叶林中，南部各公路及城市绿化也有栽培。分布于广东、海南、云南、西藏；印度、斯里兰卡及中南半岛也有分布。喜光，幼年耐阴。喜湿润肥沃土壤，酸性土、石灰岩钙质土均能生长。速生，天然林 23 年树高 12.6m，胸径 18.4cm。播种繁殖，果易开裂，带翅种子随风飞散，需及时采种。木材心材与边材区别明显，心材栗黄褐色，边材灰红褐色，纹理交错，结构细，重量中等，气干密度 0.660g/cm^3，干燥少翘裂，耐腐性强，为建筑、高级家具、雕刻、钢琴壳等优良用材。

5. 杜楝属 Turraea L.

小乔木或灌木。单叶，稀复叶。花两性，细长，单生或组成短的总状、聚伞或圆锥花序；花萼杯状或钟状，4～5 齿裂；花瓣 4～5 枚，离生；花蕊管圆筒状，稀杯状，先端 4～5 齿裂，花药 8～10 枚，生于雄蕊管口部之内，且与裂齿互生；花盘环状或无；子房 4 至多室，每室胚珠 2 枚，花柱丝状，柱头盘状、头状或瓶状。蒴果，室背开裂，果瓣革质或木质，每室有种子 1～2 枚；种子长椭圆形，无翅。

约 60 种，产于亚洲热带、大洋洲和非洲热带地区。中国产 1 种，广西亦产。

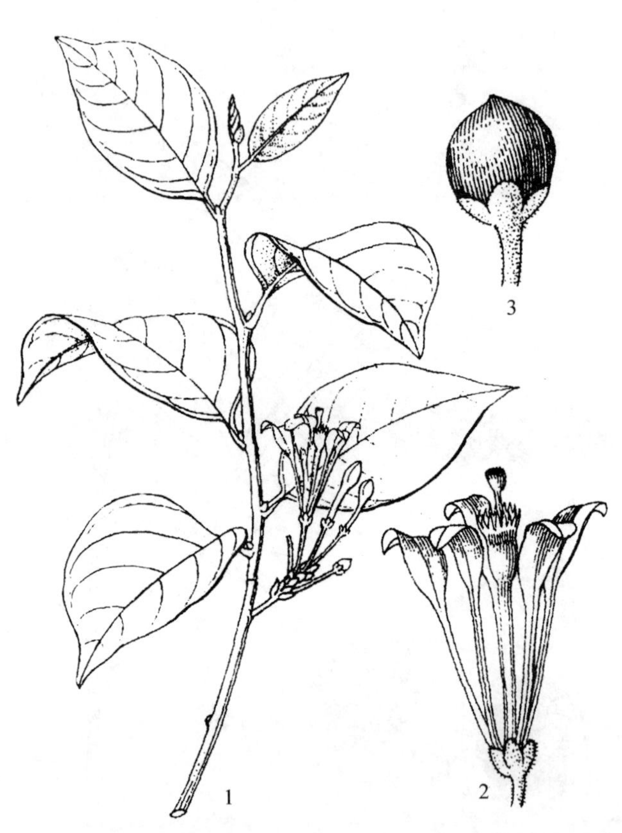

图 1161　杜楝 Turraea pubescens Hell.　1. 花枝；2. 花；3. 果。(仿《中国植物志》)

杜楝　图 1161

Turraea pubescens Hell.

灌木，高 2～3m。幼枝被黄色柔毛，后变无毛。单叶，椭圆形、卵形或倒卵形，长 5～10cm，宽 2.0～4.5cm，先端渐尖，基部楔形或近圆形，全缘或疏生钝齿，两面被疏柔毛，幼时尤甚；侧脉 8～10 对；中柄长 5～10mm，密被柔毛。总状花序腋生，总花梗极短，有花 4～5 朵，被绒毛；花萼钟状，长 2～3mm，顶端 5 齿裂；花瓣 5 枚，白色，长 3.0～4.5cm；花药 10 枚；子房 5 室。蒴果球形，直径 1.0～1.5cm，无毛，成熟时黄色，室背开裂为 5 个果瓣；种子 5 颗，黑色，肾形，光亮，覆有黄色假种皮，长约 7mm。花果期几乎全年。

产于北海，生于围洲岛近海边灌木林中。分布于广东、海南；中南半岛也有分布。

6. 浆果楝属 Cipadessa Bl.

灌木或小乔木。小枝有灰白色皮孔。奇数羽状复叶，互生或近对生，小叶 3～6 对或为 3 枚小叶。圆锥花序腋生；花小，两性或单性；花萼浅杯状，5 齿裂；花瓣 5 枚，长椭圆形，彼此分离；雄蕊 10 枚，花丝线形，基部或下端结合生成浅杯状雄蕊管，每花丝顶端 2 齿裂，内面被毛，花药着生于花丝顶端 2 齿裂之间；花盘短，与雄蕊管基部合生；子房 5～6 室，球形，每室有并生胚珠 2 枚。核果状，稍肉质，球形，有 5 棱，内含 5 核，核骨质，每核内有种子 1～2 枚；种子具棱，略呈肾形。

仅 1 种，分布于中国、印度及中南半岛，广西亦产。

灰毛浆果楝　浆果楝、美别(壮语)　图 1162

Cipadessa baccifera (Roth) Miq.

灌木或小乔木，高 1～4m，稀达 8～10m。嫩枝被灰黄色柔毛，并散生灰白色皮孔。羽状复叶长 20～30cm，叶柄和叶轴被淡黄色柔毛；小叶 9～11 枚，对生，纸质，卵形至卵状长圆形，长 5～10cm，宽 3～5cm，叶轴下部的小叶较上部的小，先端渐尖或急尖，基部圆形或宽楔形，偏斜，两面被紧贴灰黄色柔毛，背面尤密；侧脉 8～10 对。圆锥花序腋生，长 10～15cm；总轴均被黄色柔毛；花白色或淡黄色，直径 3～4mm。核果，球形，直径约 5mm，熟后紫黑色。花期 4～10 月；果期 8～12 月。

广西除东北部外各地均产，尤以西南部灌木丛中常见，石灰岩山脚灌丛常成植物群落优势种。分布于四川、贵州、云南；越南也有分布。根、叶入药，有祛风化湿、行风止痛之功效。

图 1162　灰毛浆果楝 Cipadessa baccifera (Roth) Miq.
1. 花枝；2. 果序；3. 果。(仿《中国植物志》)

7. 割舌树属 Walsura Roxb.

乔木或灌木。奇数羽状复叶、三出复叶或单身复叶，互生，叶柄基部肿胀。圆锥花序腋生或顶生，多花；花小，两性或单性，白色带黄色或红色，4～5 基数，花瓣直立；花盘杯状，肉质；子房短，2 室，每室有胚珠 2 枚。浆果肉质，不开裂；种子 1～2 枚。

约 16 种，分布于亚洲热带地区。中国 2 种，广西亦产。

分种检索表

1. 小枝皮孔明显；小叶 3～5 枚；花序长 10cm 以上；花丝先端不裂，基部合生………………… **1. 割舌树 W. robusta**
1. 小枝皮孔不明显；小叶 1～3 枚；花序长不及 10cm；花丝先端 2 裂，中部以下合生 ……………………………………………………………………………………… **2. 越南割舌树 W. pinnata**

图 1163 割舌树 Walsura robusta Roxb. 1. 花枝；2. 果序；3. 雌蕊。(仿《中国植物志》)

1. 割舌树 图 1163

Walsura robusta Roxb.

乔木，高 25m。枝褐色，具明显皮孔。奇数羽状复叶，叶长 15~30cm，小叶 3~5 枚；小叶对生，纸质或薄革质，长椭圆形或披针形，顶生小叶长 7~16cm，宽 3~7cm，侧生小叶稍小，先端渐尖，基部楔形，两面无毛，叶面光亮，侧脉 5~8 对；小叶柄长 0.5~2.0cm，两端膨大，具节。圆锥花序长 8~17cm，疏被粉状短柔毛；萼裂片卵形；花瓣白色，长椭圆形，长 3~4mm，覆瓦状排列；雄蕊 10 枚，花丝顶端渐尖，不分裂，基部或中部以下连合成管。浆果球形或卵形，直径 1~2cm，密被黄褐色柔毛，有种子 1~2 枚；种子椭圆形，长 0.5~1.5cm。花期 2~3 月；果期 4~9 月。

产于广西南部及西南部，在海拔 700m 以下石灰岩山地蚬木、金丝李、肥牛树林中，割舌树为常见伴生树种。分布于广东、云南；印度及中南半岛也有分布。果可食，木材可作建筑等用。

图 1164 越南割舌树 Walsura pinnata Hassk. 花枝。(仿《中国植物志》)

2. 越南割舌树 图 1164

Walsura pinnata Hassk.

灌木或小乔木，高 1~4m。奇数羽状复叶，叶长 15~20cm，小叶 1~3 枚，小叶对生，薄革质，卵形至卵状披针形，顶生小叶长 8~12cm，宽 3.0~5.5cm，侧生小叶较小，先端渐尖，基部楔形，两面无毛；侧脉 8~10 对；小叶柄长 0.5~1.5cm，顶生者较长，达 2.5~3.5cm，具节。圆锥花序极短，长 1~6cm，被柔毛；花梗纤细；花萼 5 齿裂，裂片三角形；花瓣 5 枚，白色，狭长圆形；雄蕊 10 枚，花丝阔，顶端 2 齿裂，中部以下合生成管。浆果球形或卵形，直径 1.5~2.0cm，外被黄褐色柔毛，种子 1~2 枚。花期 4~7 月；果期 6~12 月。

产于广西南部，不常见。分布于广东、海南、云南；越南也有分布。

8. 鹧鸪花属 Heynea Roxb.

乔木或灌木。羽状复叶，稀三出复叶或单身复叶，互生；小叶对生，全缘。花小，单性，雌雄异株，组成腋生圆锥花序，稀聚伞状或簇生；花萼短，4~5 裂；花瓣 4~5 枚，彼此分离；雄蕊管

8～10深裂，裂片线形，每裂片顶端2齿裂，花药8～10枚，着生于2齿裂间；花盘环状，肉质；子房2～3室，每室有1枚或2枚并生胚珠。蒴果，室背开裂为2～3个果瓣，每个果瓣有种子1～2枚；种子无翅，有肉质假种皮。

2种，分布亚洲热带和亚热带地区。中国2种全产，广西2种亦产。

分种检索表

1. 小叶、子房和蒴果无毛；蒴果有卵圆形种子1枚 ······ **1. 鹧鸪花 H. trijuga**
1. 小叶、子房和蒴果被黄色柔毛；蒴果有极压扁状种子2枚 ······ **2. 茸果鹧鸪花 H. velutina**

1. 鹧鸪花 海木 图1165：1～7

Heynea trijuga Roxb. ex Sims

乔木，高5～10m。枝无毛，但幼嫩时被黄色柔木。奇数羽状复叶互生，通常长20～26cm，有小叶3～4对，叶轴有棱角；小叶对生，纸质，披针形或卵状长椭圆形，长5～16cm，宽2.5～5.0cm，先端渐尖，基部下侧楔形，上侧宽楔形或圆形，偏斜，两面无毛或仅叶背被疏柔毛。圆锥花序略短于叶，由多个聚伞花序所组成，具很长的总花梗，腋生；花小，长3～4mm，白色至淡黄色；花萼4～5裂；花瓣4～5枚；花药10枚或8枚；子房无柄，近球形，无毛。蒴果椭圆形，长2.5～3.0cm，红色或黄红色，果皮肉质，干后革质状，无毛；种子通常1枚，卵圆形，几全被肉质假种皮包裹。花期4～6月；果期5～6月和11～12月。

产于广西各地。分布于广东、海南、云南、贵州、四川；越南、缅甸也有分布。木材心材与边材区别明显，心材红褐色，边材浅黄褐色，木材纹理交错，结构细，重量中等，气干密度0.54g/cm^3，不耐腐，供室内装饰、家具等用材。

2. 茸果鹧鸪花 图1165：8～9

Heynea velutina F. C. How et T. C. Chen

灌木，高1～3m。幼嫩枝被黄色柔毛，后变无毛；顶芽被绒毛；叶轴和叶柄均被伸展柔毛。奇数羽状复叶互生，长13～30cm，小叶7～9枚，膜质，披针形，长7～15cm，宽2～5cm，先端长渐尖或尾尖，基部楔形，略偏斜，叶面被疏短柔软毛或仅中脉被微柔毛，背面被黄色长柔毛，脉上尤密。圆锥花序腋生，较叶略短，有细长的总花梗，被黄色柔毛，总梗和分枝梗压扁，分枝由少花的小聚伞花序组成；花白色，长4～5mm；花梗长2～4mm，中部以下具节；花萼杯

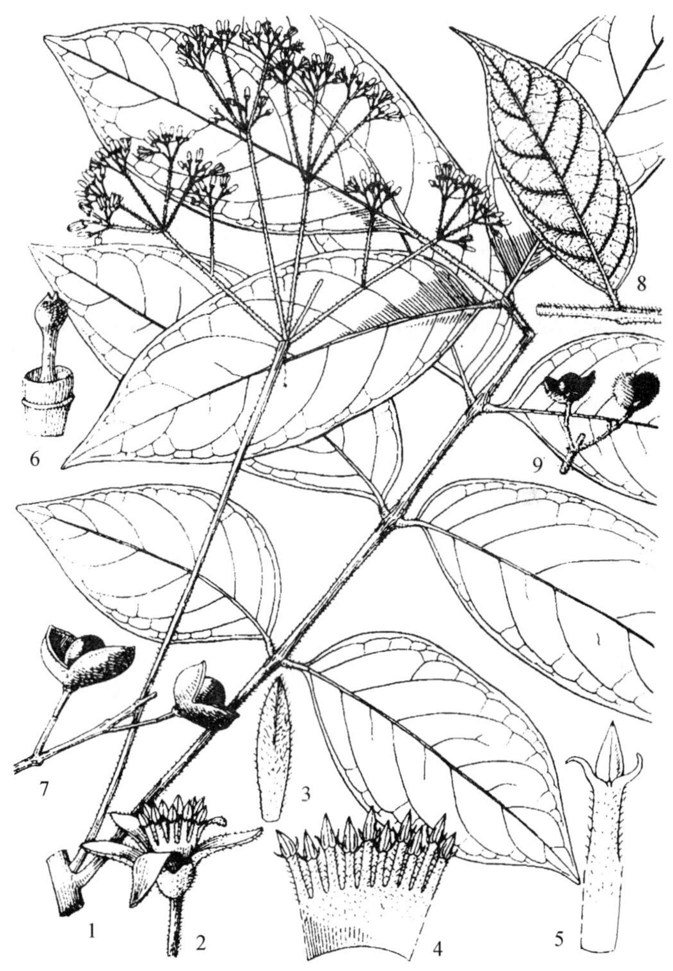

图1165 1～7. 鹧鸪花 Heynea trijuga Roxb. ex Sims
1. 花枝；2 花；3. 花瓣外面观；4. 雄蕊管展示；5. 雄蕊上部分离之花丝与花药；6. 雌蕊；7. 果序一部分。**8～9. 茸果鹧鸪花 Heynea velutina** F. C. How et T. C. Chen 8. 叶一部分，示叶轴及小叶背面；9. 果序一部分。（仿《中国植物志》）

状，5 齿裂；花瓣 5 枚；雄蕊管顶端 10 深裂；子房被毛，柱头 2 裂。蒴果近球形，直径 8～10mm，被黄色柔毛和极密的横线条；种子 2 枚，紫黑色或黑色，极压扁状，有光泽。花期 4～9 月；果期 8～12 月。

产于广西南部及东南部，十万大山习见。分布于广东、海南、云南；越南也有分布。

9. 米仔兰属 Aglaia Lour.

乔木或灌木。幼嫩部分常被鳞片或星状短毛。羽状复叶或三小叶，稀单身复叶；小叶全缘。单性，花序腋生或偶有生于老茎上，圆锥花序，雄花序大而多花，雌花序小而少花，有时退化成一短小穗状花序；花萼 4～5 齿裂或深裂；花瓣 3～5 枚，花芽时覆瓦状排列，分离或有时下部与雄蕊管合生；雄蕊管坛状，花药 5～6 枚，稀 7～10 枚；子房 1～5 室，每室有胚珠 1～2 枚。蒴果或浆果，有种子 1 枚至数枚；种子常为胶黏状肉质假种皮包围。

约 120 种，分布于亚洲热带和南亚热带及大洋洲。中国 8 种；广西 3 种。

分种检索表

1. 蒴果，成熟时开裂；叶柄和轴圆柱状，无翅；果直径 2～4cm ······························ **1. 四瓣米仔兰 A. lawii**
1. 浆果，不开裂。
    2. 叶柄和轴压扁状，有狭翅；果小，直径约 1cm ·· **2. 米仔兰 A. odorata**
    2. 叶柄和轴圆柱状，无翅；果大，长 1.5～2.0cm ·· **3. 山椤 A. elaeagnoidea**

图 1166　1. 四瓣米仔兰 Aglaia lawii (Wight) C. J. Saldanha　1. 果枝；2. 小叶背面部分放大，示鳞片。(仿《中国植物志》)

1. 四瓣米仔兰　望谟崖摩、石山崖摩、云南米仔兰、铁椤、粗枝米仔兰　图 1166

Aglaia lawii (Wight) C. J. Saldanha

常绿乔木，高 5～25m。小枝初被苍白色鳞片，后变光秃。羽状复叶，长约 50cm，叶柄和叶轴圆柱状，被褐色鳞片；小叶 5～11 枚，对生，革质，椭圆形或长椭圆状披针形，长 10～18cm，宽 5～7cm，顶端渐尖至尾尖，基部一侧楔形，另一侧浑圆而明显下延，稍偏斜，叶面仅中脉上有鳞片，背面普遍被鳞片；侧脉 12～15 对；小叶柄长 5～8mm。圆锥花序远较叶短，长 8～10cm，腋生，有鳞片；4 数，稀花瓣 3 枚；花药 5～6 枚，内藏；子房被鳞片 2～3 室，每室 2 枚胚珠。果序长 6～10cm，被鳞片。蒴果椭圆形，淡红色，直径 2～4cm，被鳞片，果皮肉质，成熟时开裂为 2～4 个果瓣，花萼宿存；种子 2～3 枚。花期 5～6 月；果期 8～10 月。

产于广西各地，但以桂中以南为多。常生于石灰岩山地阔叶林中。分布于广东、海南、云南、贵州。喜湿润及温暖环境，对酸性土及外层质土均能适应，常生于低海拔沟谷、溪边、山坡的石山雨林或阔叶林中，极少见于山顶上。播种繁殖，随采随播。心材褐色，材质坚重，结构细，为优良的建筑、造船及家具用材。生长快，优良的造林树种。

2. 米仔兰　小叶米仔兰　图 1167

Aglaia odorata Lour.

常绿灌木或小乔木，高3~8m。茎多小枝，幼枝顶部被星状锈色的鳞片。羽状复叶，叶长5~12cm，叶柄和叶轴具有狭翅，有小叶3~5枚；小叶对生，厚纸质，长4~11cm，宽2~5cm，顶端1片最大，下部的较小，先端急尖，基部楔形，两面无毛；侧脉8对，极纤细。圆锥花序腋生，长5~10cm；花黄色，芳香，直径约2mm；雄花花梗长而细，两性花梗短而较粗；花萼5裂；花瓣5枚。浆果卵形或近球形，长0.5~1.2cm，淡红色略带黄色；种子有肉质假种皮。花期5~12月；果期7月至翌年3月。

广西各地有栽培，在南部低海拔石灰岩山地季雨林中，为常见中下层林木。中国南北各地栽培，华南和西南以外地区需在温室内越冬；越南亦产。经人工矮化后枝叶稠密，花极多，芳香，易栽培，为颇受人们喜爱的观赏植物，盆栽或露地栽培均生长良好。花晒干制花茶。木材黄色，致密，供制农具、雕刻、工艺品。

图1167　米仔兰 Aglaia odorata Lour.　1. 花枝；2. 花；3. 雄蕊管。（仿《中国高等植物图鉴》）

3. 山椤　缩序米仔兰

Aglaia elaeagnoidea (A. Juss.) Benth.

乔木，高4~15m。幼枝、幼叶轴、花序、子房及果均被锈色星状鳞片，老枝无毛。奇数羽状复叶互生；小叶5~9枚，对生或近对生，薄纸质，椭圆或长椭圆形，长8~12cm，宽2.5~4.5cm，全缘，先端渐尖而钝，基部楔形或宽楔形，稍偏斜，两面均无毛；侧脉9~13对；小叶柄长5~8mm。圆锥花序腋生，约与叶等长或略短，疏散，被锈色或淡黄色鳞片状星状毛；花萼5裂；花瓣5枚；花药5枚。浆果近球形，直径1.5~2.5cm，密被黄褐色短柔毛。花期6~10月；果期7月至翌年4月。

产于宁明。生于阴湿处密林中，常见。分布于海南；中南半岛也有分布。木材红色，坚硬，纹理致密美观，供车辆和器具用材。

10. 山楝属 Aphanamixis Bl.

常绿乔木或灌木。大型奇数羽状复叶聚生于枝顶；小叶对生，全缘，基部常偏斜。花杂性异株，球形，无花梗，雄花排成大型圆锥花序，雌花或两性花排成穗状花序；萼片5枚，分离或基部合生；花瓣3枚，分离，覆瓦状排列；雄蕊管近球形，花药3~8枚，内藏；子房3室，每室有胚珠1~2枚。蒴果革质，分3~4个果瓣；种子具红色肉质假种皮。

约3种，分布于亚洲热带地区。中国1种，分布于广东、广西、云南和台湾。

山楝　大叶山楝、红萝木　图1168

Aphanamixis polystachya (Wall.) R. Parker

乔木，高30m。奇数羽状复叶互生，长30~50cm或更长；小叶9~15枚，小叶对生，初时膜

图 1168 山楝 Aphanamixis polystachya (Wall.) R. Parker

1. 果序；2. 小叶；3. 果；4. 花序及叶序；5. 花；6. 花瓣内面观；7. 雄蕊管；8. 雄蕊管展示；9. 雌蕊；10. 花萼上面观。(仿《中国植物志》)

质，后变薄革质，对着强光照看见透明斑点，长椭圆形，长 10 ~ 20cm，宽 3 ~ 5cm，最下部 1 对小叶最小，全缘，先端渐尖，基部楔形或宽楔形，略偏斜，两面均无毛，侧脉11 ~ 12 对，纤细；小叶柄长 6 ~ 12mm。花序短于叶，长在 30cm 以内。蒴果近卵形，直径 2 ~ 3cm，熟时橙黄色，开裂为 3 个果瓣；种子具假种皮。花期 5 ~ 9 月；果期 10 月至翌年 4 月。

产于广西南部，在海拔 700m 以下山谷中或石灰岩谷地，山楝和无忧花、香港樫木等混生成林，为主要树种。分布于广东、海南、云南；印度及中南半岛也有分布。喜暖热气候及深厚疏松湿润酸性土壤。较喜光，幼树稍耐阴。深根性，耐水湿及轻度盐碱。播种繁殖，种子成熟期不一致，要分批采种，种子含油脂，不耐贮藏，随采随播，久藏降低发芽率。木材红色，坚硬，致密，耐腐朽，供建筑、造船、车辆、家具等用材。

11. 樫木属 Dysoxylum Bl.

乔木或灌木。羽状复叶互生；小叶常全缘。圆锥花序，腋生；花单性，雌雄异株；萼杯状或碟状，3 ~ 5 齿裂或分裂为 3 ~ 5 枚萼裂片；花瓣 3 ~ 6 枚，芽时镊合状排列，分离或下部与雄蕊管合生；雄蕊管圆筒形，略较花瓣为短，顶端有条裂或钝齿，花药 8 ~ 10 枚，生于雄蕊管顶部，内藏；花盘管状，子房 4 ~ 5 室，稀 3 室，每室有胚珠 1 ~ 2 枚；柱头盘状。蒴果球形或梨形，2 ~ 5 裂，每裂有 1 ~ 2 枚种子；种子具假种皮或无。

约 80 种，分布于亚洲东南部至大洋洲。中国 11 种；广西 5 种。

分种检索表

1. 老叶两面无毛；果大，直径 3 ~ 5cm。
    2. 小叶较大，长 15 ~ 30cm，宽 8 ~ 15cm；果近梨形，长达 3cm ………………………………… **1. 樫木 D. excelsum**
    2. 小叶较小，长 5 ~ 15cm，宽 3 ~ 9cm。
        3. 花序被黄褐色毛，花丝筒被黄色柔毛；果近球形，直径约 4cm ……………… **2. 香港樫木 D. hongkongense**
        3. 花序稍被毛或无毛，花丝筒被粉状微毛；果倒卵状梨形或近球形，直径约 5cm ………………………………………………………………………………………… **3. 红果樫木 D. gotadhora**
1. 老叶背面被黄色长柔毛，尤以叶脉毛多；果小，直径不足 3.5cm。
    4. 小叶 9 ~ 15 枚，较大，长 10 ~ 30cm，侧脉 20 ~ 40 对；花瓣外面被柔毛 ……………… **4. 多脉樫木 D. grande**
    4. 小叶 20 ~ 23 枚，较小，长 5 ~ 13cm，侧脉 12 ~ 15 对；花瓣外面无毛 ……………… **5. 海南樫木 D. mollissimum**

1. 樫木

Dysoxylum excelsum Bl.

乔木，高 3 ~ 13m。小枝无毛。羽状复叶叶长 40 ~ 60cm，有小叶 6 ~ 12 枚，小叶互生或对生，厚纸质或薄革质，椭圆形至长椭圆形，长 15 ~ 30cm，宽 8 ~ 15cm，先端急尖，基部楔形或近圆形，稍偏斜，两面无毛；侧脉 8 ~ 15 对，上面稍下陷，背面隆起；小叶柄长约 1cm。圆锥花序腋生，约与叶等长，分枝广展，最下部的分枝长 20 ~ 35cm，无毛或疏被柔毛；萼 4 齿裂；花瓣 4 枚，白色；雄蕊管圆柱状，花药 8 枚。蒴果近梨形，无毛，长约 3cm，4 室，开裂为 4 个果瓣；种子有假种皮。花期 9 ~ 11 月；果期 4 ~ 6 月。

产于广西西部。分布于云南、西藏；印度及中南半岛也有分布。

2. 香港樫木 图 1169：4 ~ 5

Dysoxylum hongkongense (Tutcher) Merr.

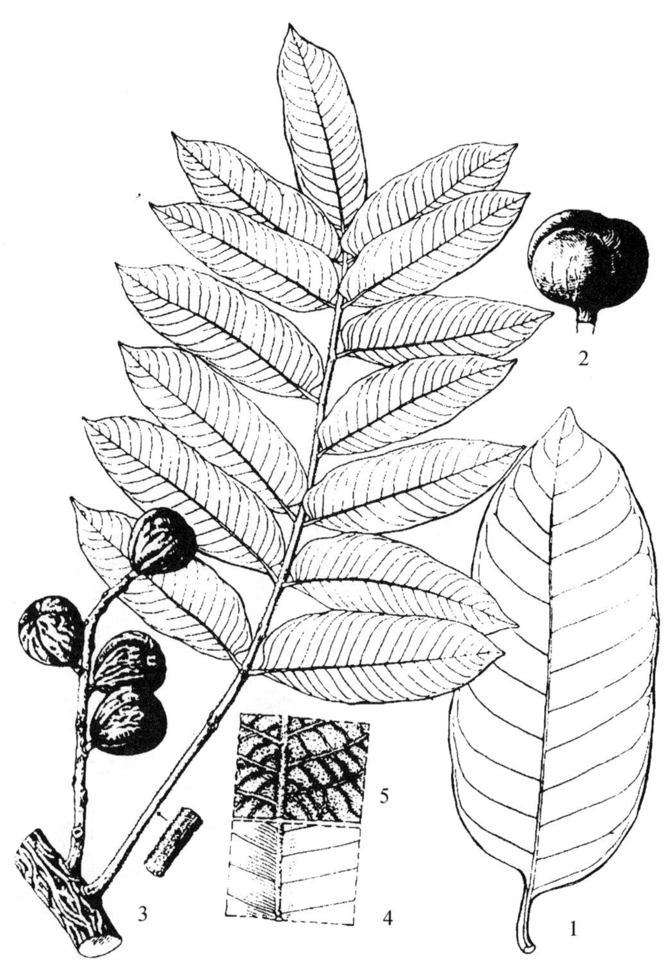

图 1169　1 ~ 2. 香港樫木 Dysoxylum hongkongense (Tutcher) Merr.　1. 叶；2. 果。**3 ~ 5. 多脉樫木 Dysoxylum grande** Hiern　3. 果枝；4. 叶面部分放大；5. 叶背部分放大，示毛被。(仿《中国植物志》)

大乔木，高 25m。羽状复叶，叶长 20 ~ 30cm 或更长，有小叶 9 ~ 16 枚，小叶近革质，对生、近对生或互生，长椭圆形，长 7 ~ 15cm，宽 3 ~ 6cm，顶端钝或短渐尖，基部楔形或圆形，偏斜，两面无毛；侧脉 8 ~ 15 对；小叶梗长 6 ~ 10mm。圆锥花序枝顶腋生，长 12 ~ 25cm，被黄褐色紧贴短毛；花萼浅杯状，5 齿裂；花瓣 5 枚，白色；花药 8 枚；子房 3 室。蒴果梨形，黄绿色，直径约 4cm；种子有假种皮。花期 5 ~ 7 月；果期 11 ~ 12 月。

产于南部和东南部。生于低海拔山谷林中，在广西南部海拔 700m 以下沟谷地带湿润季雨林中，香港樫木为常见上层乔木树种。分布于广东、海南、云南。木材心材与边材区别不明显，木材灰白色或灰褐色，纹理直，结构细，重量轻，气干密度 0.39g/cm^3，材质稍软，不耐腐，供一般家具、包装箱、农具等用材。

3. 红果樫木 图 1170

Dysoxylum gotadhora (Buch. – Ham.) Mabb.

乔木，高 10 ~ 20m。幼枝被短柔毛，后变无毛。羽状复叶，叶长 20 ~ 30cm，小叶 5 ~ 11 枚，互生，厚纸质，长圆形或长圆状椭圆形，长 8 ~ 16cm，宽 4 ~ 7cm，顶端渐尖或短渐尖，基部楔形或稍带圆形，偏斜，两面均无毛，侧脉 9 ~ 14 对。圆锥花序腋生，远短于叶，长 13 ~ 25cm，分枝短，被粉状微柔毛或无毛；萼杯状，4 浅裂；花瓣 4 枚，黄色；雄蕊管圆筒形，内外均被粉状微柔毛，花药 8 枚。蒴果倒卵状梨形或近球形，无毛，直径约 5cm，开裂为 4 个果瓣；种子 4 枚，熟时红色，无假种皮。花期 3 ~ 4 月；果期 5 ~ 11 月。

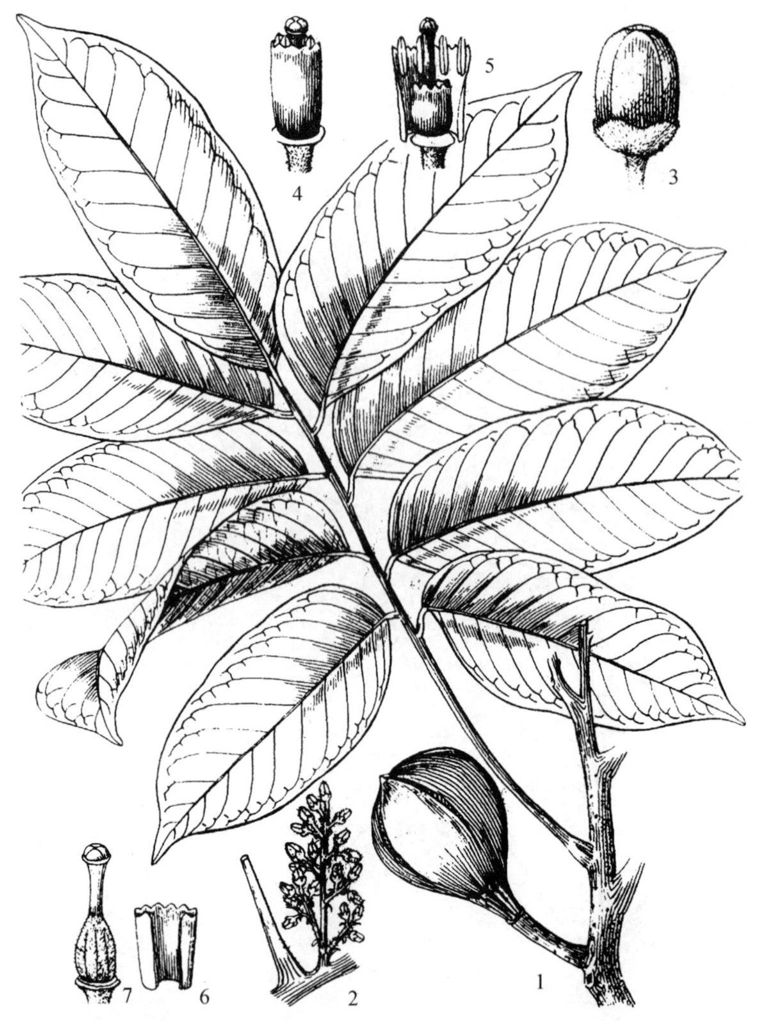

图 1170 红果樫木 Dysoxylum gotadhora (Buch. - Ham.) Mabb.
1. 果枝；2. 花序；3. 花蕾；4. 花去花被，示雄蕊；5. 雄蕊管剖开，示花盘；6. 花盘剖开；7. 雌蕊。(仿《广西植物志》)

产于广西南部及西南部。在海拔700m以下山谷中，红果樫木和无忧花、梭子果等组成季雨林，为优势树种。分布于海南、云南、贵州、西藏；印度、越南也有分布。木材赤色至赤灰色，坚硬，纹理致密，供家具、建筑、船桨等用材。

4. 多脉樫木 图 1169：3 ~ 5

Dysoxylum grande Hiern

乔木，高15m。顶生小枝、叶轴、叶上面脉、叶下面、花序、子房均密被淡黄色柔毛。羽状复叶互生，长约60cm；小叶9 ~ 15枚，常互生或近对生，纸质，长圆形或长圆状披针形，长10 ~ 30cm，宽3 ~ 9cm，先端短尖，基部常偏斜，一侧圆形，另一侧楔形；侧脉20 ~ 30对。圆锥花序腋生，远短于叶，长约20cm；花4基数。蒴果橙黄色至橙红色，倒卵状球形至梨形，直径3cm或稍大，无毛；种子近肾形，红黑色，长1.3 ~ 3.5cm，无假种皮。花期9 ~ 11月；果期翌年3 ~ 4月。

产于广西南部和西部。生于中海拔阔叶林中，不常见。分布于广东、海南、云南。

5. 海南樫木 大蒜果树

Dysoxylum mollissimum Bl.

乔木，高25m。小枝被柔毛；树皮红棕色，有浓郁葱臭味。奇数或偶数羽状复叶，长25 ~ 45cm，有小叶20 ~ 23枚，小叶对生或近对生，纸质，长圆形或长圆状披针形，长5 ~ 13cm，宽2.0 ~ 4.5cm，先端渐尖，基部偏斜，一侧楔形，另一侧圆形，叶面除中脉被毛外，余无毛，背面被长毛，中脉和侧脉上尤密；侧脉12 ~ 15对。圆锥花序腋生，狭尖塔形，疏散，少花；长8 ~ 28cm，被疏柔毛，花4基数，花瓣黄色，无毛。蒴果球形，熟时黄色，直径1.6 ~ 2.0cm，果皮薄，坚韧；种子2 ~ 3枚，长约1cm，假种皮红色。花期1 ~ 2月；果期3 ~ 4月。

产于宁明、龙州、凭祥。生于低海拔密林中，不常见。分布于广东、海南、云南。

12. 溪杪属 Chisocheton Bl.

乔木。叶互生，大型羽状复叶；小叶对生或近对生，全缘。圆锥花序腋生，开展，多分枝；花杂性异株，4 ~ 5基数；萼全缘或有齿裂；花瓣分离，芽时镊合状排列；雄蕊4 ~ 10枚，花丝管圆柱状，略短于花瓣，花药生于顶部，与管裂片互生；花盘环状或浅杯状或缺；子房2 ~ 4室，每室有胚珠1枚，花柱头状。蒴果近球形、梨形或纺锤形，基部渐狭成柄状，先端常具喙，成熟时室背开裂为2 ~ 4个不规则果瓣；种脐大，覆盖种子的一半或更多。

约53种，分布于亚洲热带及大洋洲。中国1亚种，产于广西、云南。

溪桫 华溪桫 图1171

Chisocheton cumingianus subsp. **balansae**（C. DC.）Mabb.

乔木，高4~10m。幼枝和花序被黄褐色粗硬毛。羽状复叶，叶长30~100cm或更长；小叶10~12对，纸质，长圆形至长圆状披针形，长13~30cm，宽4~6cm，先端渐尖，基部楔形，稍偏斜，侧脉9~12对。圆锥花序腋生，与叶等长或过之；萼管状，截形或不明显4齿裂，外背微毛或无毛；花瓣4枚，白色，长1.4~1.8cm。果序长22~60cm；蒴果黄绿色，熟时紫红色，梨状球形，直径5~7cm。花期6~7月；果期10月。

产于广西东南部。分布于云南；越南、印度也有分布。木材心材与边材不明显，木材浅黄褐色，纹理直至斜，结构细至中，重量中等，气干密度0.629g/cm^3，干燥容易，不耐腐，不抗虫，为室内装饰、雕刻、家具等用材。

图1171 溪桫 **Chisocheton cumingianus** subsp. **balansae**（C. DC.）Mabb. 1. 花枝；2. 花；3. 雄蕊管展示；4. 雌蕊；5. 果序一部分。（仿《中国植物志》）

13. 楝属 Melia L.

落叶乔木；幼嫩部分被星状粉状毛；小枝有明显叶痕和皮孔。二至三回羽状复叶，互生；小叶有柄，具锯齿或全缘。圆锥花序腋生，多分枝，多花；花杂性，白色或紫色；花萼5~6深裂，覆瓦状排列；花瓣5~6枚，分离，远长于萼；雄蕊管筒状，顶端10~12齿裂，花药10~12枚；花盘环状或碟状；子房近球形，4~8室，每个有叠生胚珠2枚。核果，外果皮肉质，黄色、褐色或黑紫色，内果皮木质，每室有种子1~2枚；种子侧向压扁。

约3种，产于热带和亚热带。中国产2种；广西产1种，引入1种。

分种检索表

1. 花序长约为叶的一半，子房6~8室；果较大，长3~4cm；小叶近全缘或有不明显锯齿 ………………………………………… **1. 川楝 M. toosendan**
1. 花序与叶近等长，子房5~6室；果较小，长1.5~2.0cm；小叶有锯齿 ……………… **2. 楝 M. azedarach**

1. 川楝 图1172：1~5

Melia toosendan Sieb. et Zucc.

乔木，高25m，胸径60cm。幼枝密被褐色星状鳞片，后脱落，皮孔和叶痕明显。二回羽状复叶

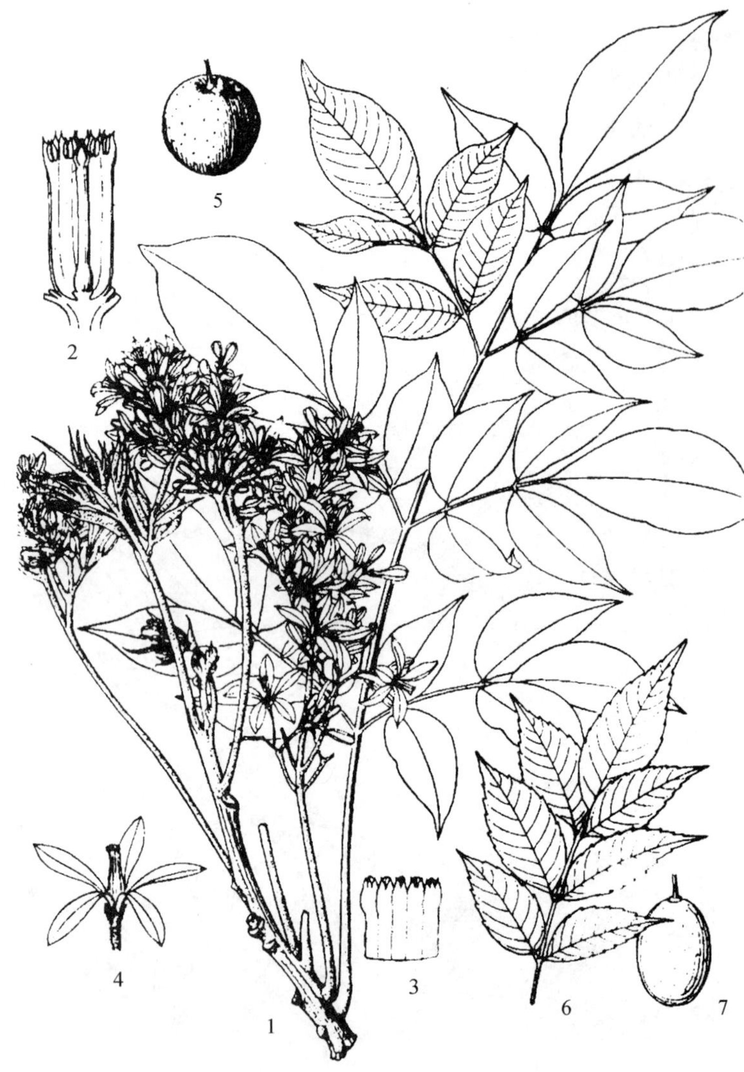

图1172 1～5. 川楝 Melia toosendan Sieb. et Zucc. 1. 花枝；2. 雄蕊管展开；3. 雄蕊管外面观；4. 花；5. 果。**6～7. 楝 Melia azedarach** L. 6. 羽叶片；7. 果。(仿《中国植物志》)

长35～45cm，每一羽片有小叶4～5对；小叶对生，膜质，椭圆状披针形，长4～10cm，宽2.0～4.5cm，先端渐尖，基部楔形或近圆形，两面无毛，全缘或有不明显钝齿。圆锥花序聚生于小枝顶部之叶腋内，长约为叶的1/2，密被灰褐色星状鳞片；花瓣淡紫色，长9～13mm；雄蕊管圆柱状，紫色，顶端有3裂的齿10枚；子房近球形，6～8室。核果大，椭圆状球形，长3～4cm，熟后淡黄色；核稍坚硬。花期3～4月；果期10～11月。

产于阳朔、三江、田林、隆林、乐业。分布于甘肃、湖北、四川、贵州和云南。果实药用，熟后果实晒干称川楝子、金铃子或川楝实，内含川楝素、生物碱，味苦性寒，有小毒，有泻火、止痛、杀虫作用，主治胃痛、虫积腹痛、疝痛、痛经等症。木材用途同楝。

2. 楝 苦楝、楝树 图1172：6～7

Melia azedarach L.

落叶乔木，高25m，胸径1m。树皮灰褐色，纵裂，皮孔明显；分枝广展，小枝有叶痕。二至三回羽状复叶，长20～40cm；小叶多数，对生，卵形、椭圆形至披针形，长3～7cm，宽0.5～3.0cm，先端渐尖，基部宽楔形或宽楔形，略偏斜，边缘有粗齿，幼时被星状毛，后两面变无毛；侧脉8～12对。圆锥花序约与叶等长；花萼5齿裂；花瓣淡紫色或近白色，长8～10mm；雄蕊管紫色，长7～8mm；子房球形，5～6室。核果黄绿色，球形至椭圆形，长1.5～2.0cm，每室有1枚种子；种子椭圆形。花期4～5月；果期10～12月。

产于广西各地。野生或栽培，常见于旷野、宅旁及低海拔丘陵地的疏林中。中国黄河以南常见，以北渐少；亚洲各热带、亚热带地区常见。喜温暖气候，喜光，不耐荫蔽，多生于低山、丘陵和平原地区。速生，但对水肥条件反应很敏感，在离2～3m远细微环境差异，生长差异极大，在村边、屋边种上几株，因水肥条件好，6～10年可成材。在石灰岩山脚漕谷地也常见，但都孤立散生，从不成林。播种繁殖，果实成熟后经久不落。木材心材与边材区别明显，心材红色或红褐色，边材黄白色，纹理直，结构粗，重量轻，气干密度0.456g/cm^3，质软，干缩率小，干燥快，易开裂，稍变形，易加工，稍耐腐，抗虫性中等，为一般家具、农具、模型等用材。果实、根皮和树皮可提取川楝素，入药驱虫。

116 无患子科 Sapindaceae

乔木或灌木，稀草质或木质藤本。羽状复叶或掌状复叶，稀单叶，互生。聚伞圆锥花序顶生或腋生；花常小，单性，稀杂性或两性；雄花萼片4枚或5枚，有时6枚；花瓣4枚或5枚，很少6枚，稀无或只有1~4枚发育不全的花瓣；花盘肉质；雄蕊5~10枚，通常8枚，稀多数；雌花花被和花盘与雄花相同，不发育雄蕊的外貌与雄花中能育雄蕊相似，但花丝较短，花药不开裂；子房上位，1~4室，胚珠每室1枚或2枚，稀多颗，叶轴胎座。核果状或蒴果状，全缘或深裂成分果瓣，1~4室，每室1枚种子，稀2枚或多枚。

约135属2000种，分布于全世界热带至亚热带。中国21属52种；广西18属24种，本志记载16属21种。

分属检索表

1. 核果状或浆果状，成熟后不开裂。
  2. 果皮肉质或稍肉质；种子无假种皮；花瓣通常有鳞片。
    3. 掌状复叶或单身复叶，小叶1~5枚；果小，长不超过1cm；萼片4枚，花盘4全裂 ………………………………………………………………………………………… **1. 异木患属 Allophylus**
    3. 羽状复叶；果大，长在1cm以上；萼片4~5枚，花盘完整或浅裂。
      4. 种皮骨质，种脐线形；落叶乔木 ……………………………………… **2. 无患子属 Sapindus**
      4. 种皮膜质或脆壳质，种脐圆形；常绿灌木 ……………………………… **3. 鳞花木属 Lepisanthes**
  2. 果皮革质或脆壳质。
    5. 果皮外面无刺，通常有小瘤状或近平坦，假种皮与种皮分离。
      6. 萼覆瓦状排列，花瓣1~5枚；小叶背面侧脉内有腺孔 ……………………… **4. 龙眼属 Dimocarpus**
      6. 萼镊合状排列，无花瓣；小叶背面侧脉内无腺孔 ………………………………… **5. 荔枝属 Litchi**
    5. 果外面有密集的软刺状或小凸体，假种皮与种皮黏连。
      7. 果外面长密集的长软刺；无花瓣(国产种)，萼5~6枚 ……………………… **6. 韶子属 Nephelium**
      7. 果外面有小凸体，花瓣和萼片均4枚 …………………………………… **7. 干果木属 Xerospermum**
1. 蒴果，室背开裂。
  8. 单叶(国产种)；幼枝叶和花有胶状黏液；萼4枚，无花瓣；蒴果翅果状 ……… **8. 车桑子属 Dodonaea**
  8. 复叶；幼枝和花序无胶状黏液；萼5枚，有花瓣。
    9. 掌状复叶，小叶3枚；蒴果倒心形，果皮革质或近木质；种子无假种皮 ……… **9. 茶条木属 Delavaya**
    9. 羽状复叶。
      10. 果膨胀，果皮膜质或纸质，有脉纹。
        11. 落叶乔木；奇数羽状复叶；萼镊合状排列，花丝被长柔毛；果无翅 ……………………………………………………………………………………… **10. 栾树属 Koelreuteria**
        11. 常绿乔木；偶数羽状复叶；萼覆瓦状排列，花丝无毛；果有3翅 ……………………………………………………………………………………… **11. 黄梨木属 Boniodendron**
      10. 果不膨胀，果皮革质或木质。
        12. 种子无假种皮；小叶背面侧脉腋内无腺孔。
          13. 蒴果长1cm以上，果皮无毛，木质；种皮革质，褐色，种脐宽大；花瓣有鳞片。
            14. 果深裂为分果瓣；叶轴圆柱状 ……………………………………… **12. 细子龙属 Amesiodendron**
            14. 果不分裂为果瓣；叶轴三角柱形 ……………………………………… **13. 檀栗属 Pavieasia**
          13. 蒴果长7~8mm，果皮密被绒毛，革质；种皮黑色，皮薄，种脐小；花瓣无鳞片 ……………………………………………………………………………… **14. 伞花木属 Eurycorymbus**
        12. 种子有假种皮；小叶背面侧脉腋内有腺孔。
          15. 果深裂为分果瓣，发育果瓣椭圆形 ……………………………………… **15. 滨木患属 Arytera**
          15. 果不分裂为果瓣，梨形 ……………………………………………… **16. 柄果木属 Mischocarpus**

1. 异木患属 Allophylus L.

常绿灌木，稀乔木。掌状复叶、三出复叶或单身复叶；小叶 1～5 枚，通常边缘有锯齿，稀全缘。聚伞圆锥花序腋生，总状或复总状；花小，闭合，单性，雌雄同株或异株；萼片 4 枚；花瓣 4 枚；花盘 4 全裂，裂片腺体状；雄蕊(雄花)8 枚；子房(雌花)2 裂，2 室；胚珠每室 1 枚，生于中轴的近基部。果深裂为 2 或 3 分果瓣，通常仅 1 个发育，浆果状，近球形或倒卵圆形，基部残存花柱和不育果瓣，外果皮肉质，多浆汁，内果皮脆壳质。

200 余种，分布于全球热带和亚热带地区。中国 11 种；广西 2 种。

分种检索表

1. 三出小叶 ·· **1. 波叶异木患 A. caudatus**
1. 单身复叶 ·· **2. 广西异木患 A. petelotii**

1. 波叶异木患 图 1173：1

Allophylus caudatus Radlk.

小乔木或灌木，高 5m。小枝有短柔毛。三出复叶；总柄长 6.0～12.5cm；小叶膜质或薄纸质，顶生小叶长圆状披针形，长 8～22cm 或更长，宽 3.5～7.5cm，先端尾长尖，基部楔形，侧生小叶较小，卵形，两侧不对称，基部阔楔形至圆形，边缘有波状粗齿；小叶柄长 5～15mm。花序总状，主轴不分枝，稀基部有一细长分枝，总花梗长 1.5～2.5cm；花梗长约 1mm；花瓣狭楔形，内面鳞片深 2 裂。果近球形，直径 7～8mm，红色。花期 8～9 月；果期 9～11 月。

产于广西南部。生于林中或灌丛中。分布于云南；越南也有分布。

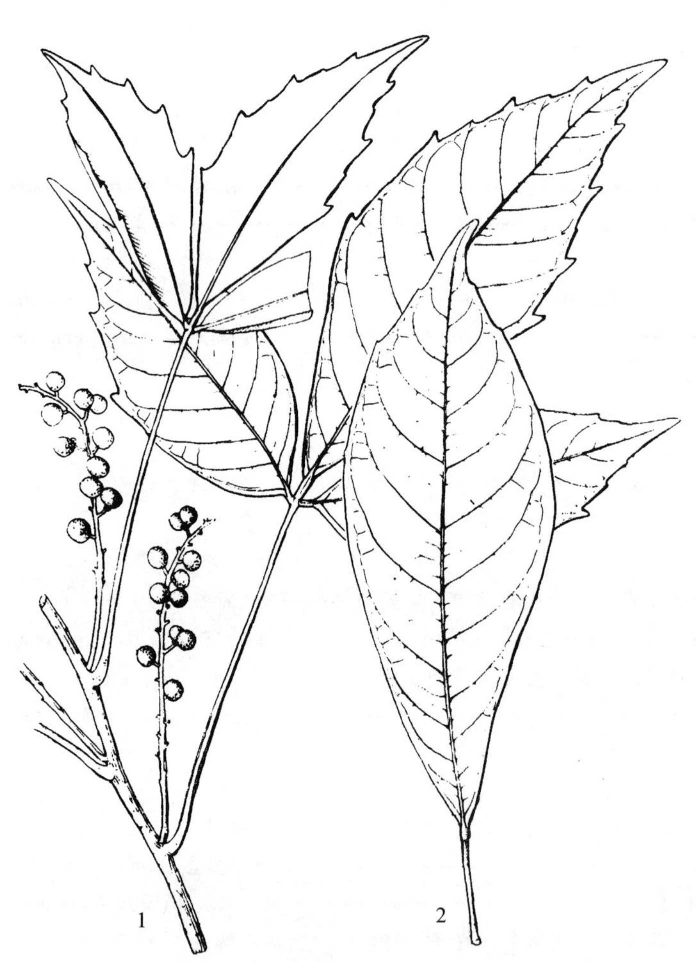

图 1173　1. 波叶异木患 Allophylus caudatus Radlk.　果枝；**2. 广西异木患 Allophylus petelotii** Merr.　小叶。(仿《广西植物志》)

2. 广西异木患 图 1173：2

Allophylus petelotii Merr.

灌木，高 3m。小枝灰白色，仅上部被微柔毛。单身复叶，叶柄长 1～4cm；小叶有短柄，薄纸质，阔倒披针形或侧卵形，长 13～20cm，宽 4～7cm，顶端尾尖，基部楔形或有时钝，中部以上边缘有疏锯齿，两面无毛，中脉和侧脉约 10 对均两面凸起。花序单生，总状，主轴不分枝，长 5～7cm，被短毛；花白色，有短梗；萼片外面 2 枚圆卵形，长约 1mm，被微柔毛，内 2 枚倒卵形，长约 2mm；花瓣长 1.5～1.8mm，鳞片长 1mm。果未见。花期夏初。

产于防城。生于密林下。分布于越南。

2. 无患子属 Sapindus L.

落叶乔木，稀灌木。偶数羽状复叶；小叶全缘，对生或互生。聚伞圆锥花序大型，多分枝，顶生或在小枝顶部丛生；花单性，雌雄同株，稀异株；萼5枚或4枚，大小不等；花瓣5枚或4枚；花盘肉质，碟状或半月状；雄蕊(雄花)8枚；子房(雌花)通常3室，每室1枚胚珠。果深裂为3分果瓣，通常仅1个或2个发育，发育果瓣近球形或倒卵形，内侧附着1个或2个半月形的不育果瓣，发育果瓣果皮肉质，成熟后的果瓣彼此脱离，结合面淡褐色，阔椭圆形或近圆形，果皮肉质，富含皂素；种质骨质，无假种皮，种脐线形。

约13种，分布于美洲、亚洲和太平洋温暖地区。中国4种；广西1种。

无患子 洗手果 图1174

Sapindus saponaria L.

图1174 无患子 Sapindus saponaria L. 1. 花枝；2. 雄花；3. 花瓣腹面；4. 发育雄蕊；5. 雌蕊；6. 果。(仿《中国植物志》)

落叶大乔木，高约20m，胸径100cm。偶数羽状复叶，叶连柄长25～45cm或更长；小叶5～8对，互生或近对生，薄纸质，卵状披针形或长椭圆状披针形，长7～15cm或更长，宽2～5cm，先端短尖或短渐尖，基部楔形，略不对称，两面无毛。花序顶生，圆锥状，长15～30cm，花小。发育分果瓣近球形，直径2.0～2.5cm，橙黄色。花期春季；果期夏秋。

产于全区各地，散生，也有栽培于村边。分布于中国长江以南各地；日本、朝鲜、印度及中南半岛等也有分布。喜温暖气候，在酸性及钙质土上均能生长，石灰岩山地习见。根和果入药，味苦微甘，有小毒，清热解毒；果皮含皂素，代肥皂用；木材心材黄褐色，纹理斜，结构中，强度中，气干密度0.816g/cm^3，可作砧板、木梳、农具、家具、箱板等用。

3. 鳞花木属 Lepisanthes Bl.

常绿灌木。偶数羽状复叶，互生，无托叶，通常有叶柄；小叶2至多对，对生或互生，通常全缘。聚伞圆锥花序腋生、腋上生或在老枝上侧生，单生或几个丛生；花单性，雌雄同株；萼片5枚，外面2枚较小；花瓣5枚或4枚，有爪，内面爪之顶部有鳞片；花盘碟状或半月形，全缘或分裂；雄蕊(雄花)常8枚；子房(雌花)2～3室；胚珠每室1枚。果横椭圆形或近球形，2或3室，室间常有凹槽，果皮革质或稍肉质，两面被毛或仅外面被毛；种子椭圆形，两侧稍扁，无假种皮，种皮膜质或脆壳质，褐色，通常无毛，种脐圆形。

约24种，分布于亚洲各热带地区、热带非洲及澳大利亚。中国8种；广西3种。

分种检索表

1. 花序顶生；果皮肉质。
   2. 叶轴和小叶下面被绒毛；花瓣 4 枚，鳞片大，兜状，背部有鸡冠状附属体；子房 3 室 ………………………………………………………………………………………… 1. 赤才 L. rubiginosa
   2. 叶轴和小叶下面无毛；花瓣 5 枚，无鳞片，无鸡冠状附属体；子房 2 室 …………… 2. 滇赤才 L. senegalensis
1. 花序生于树干或老枝上；果皮革质或稍肉质；叶轴和小叶下面被疏柔毛；子房 3 室 … 3. 茎花赤才 L. cauliflora

1. 赤才 图 1175

Lepisanthes rubiginosa (Roxb.) Leenh.

常绿灌木或小乔木，高 2～3m。嫩枝、花序和叶轴均密被锈色绒毛。偶数羽状复叶，叶连柄长 15～50cm；小叶 2～8 对，革质，小叶自基向上，由小渐大，椭圆状卵形至长椭圆形，长 3～20cm，顶端钝或圆，稀短尖，全缘，叶面仅中脉和侧脉有毛，背面密被绒毛。顶生花序复总状，只有一回分枝，分枝的上部密花，下部疏花；花香，直径约 5mm；萼片近圆形；花瓣 4 枚，鳞片大，兜状，背部有鸡冠状附属体；子房 3 室。发育果瓣长 1.2～1.4cm，红色。花期春季；果期夏季。

产于武鸣、合浦、钦州。生于灌丛或疏林中。分布于广东、海南。根稍肥壮，民间作强壮剂入药；木材坚实，可作农具；果皮肉质，味甜可食。

2. 滇赤才 米胆打(龙州)

Lepisanthes senegalensis (Poir.) Leenh.

常绿乔木或大灌木，高 4～6m。小枝粗壮，近无毛或嫩枝被短柔毛。偶数羽状复叶，叶连柄长可达 60cm，叶轴粗壮，有直纹；小叶 3～6 对，近革质，卵形或卵状披针形，长 7～15cm，宽 2～6cm，顶端钝或微缺，基部阔楔形，全缘，两面无毛。花序顶生，尖塔形，通常比叶短；花瓣 5 枚，偶 4 枚，紫红色；子房通常 2 裂，2 室。果椭圆形，长约 1.6cm，紫红色。花期 2～3 月；果期 5 月。

产于龙州、宁明、大新。生于潮湿山谷。分布于云南；印度、越南也有分布。

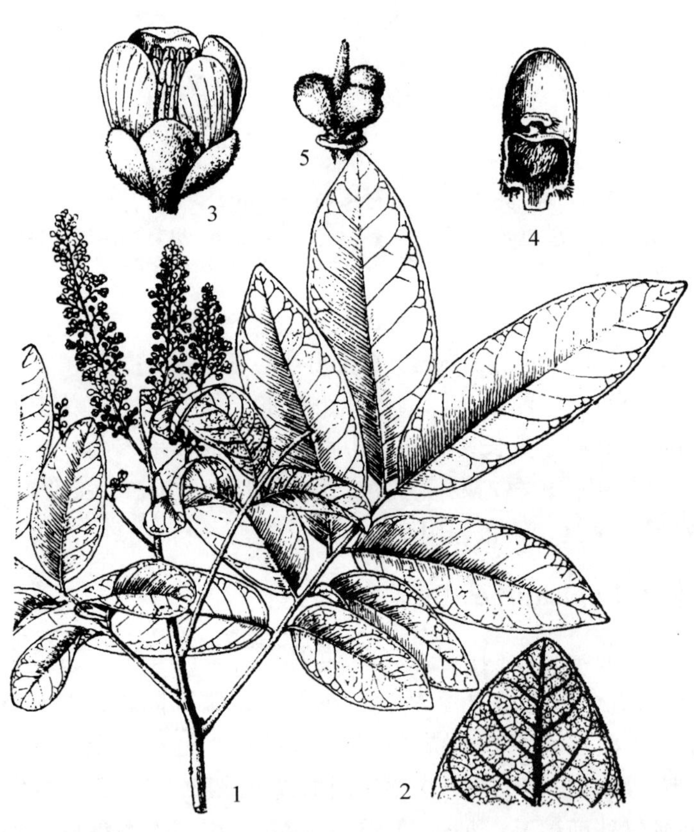

图 1175 赤才 Lepisanthes rubiginosa (Roxb.) Leenh.

1. 花枝；2. 小叶背面一部分，示被毛；3. 雄蕊；4. 花瓣腹面，示鳞片及背面的鸡冠状附属体；5. 雄蕊和花盘。(仿《中国植物志》)

3. 茎花赤才 茎花鳞花木

Lepisanthes cauliflora C. F. Liang et S. L. Mo

灌木或小乔木，高 2～6m。小枝红褐色至褐色，被灰黄色疏茸毛，后渐变无毛。叶连同叶柄长 25～40cm，叶轴和叶轴被灰黄色茸毛，小叶常 4 对，对生或近对生，纸质，长椭圆形或倒卵状长圆形，长 13～30cm，宽 5～11cm，全缘，先端尾状短尖，基部微心形，叶面中脉被疏茸毛，背面沿中脉和侧脉及网脉被疏毛，余无毛；侧脉 17～22 对。花序总状或聚伞状，生于树干或老枝上，长 1.5～4.0cm，密被灰黄色至灰褐色柔毛；花杂性，小，具小苞片，萼5枚，花瓣5枚，内面具1枚被毛鳞片，鳞片上具先端2深裂冠状附属体；雄蕊8枚；子房3室。果球形或扁球形，有3棱，果皮薄、脆，密被灰黄色短柔毛；种子1~3枚。花期9~10月。

广西特有种，产于龙州。生于石灰岩山坡下部和谷地的林下，常成团状分布。

4. 龙眼属 Dimocarpus Lour.

乔木。偶数羽状复叶，互生；小叶对生或近对生，全缘。聚伞圆锥花序常阔大，顶生或近枝顶生，被星状毛或绒毛；花单性，雌雄同株；萼5深裂，被星状毛或绒毛；花瓣5枚或1~4枚，有时无花瓣；雄蕊(雄花)8枚；子房(雌花)2裂或3裂，2室或3室，每室胚珠1枚。果近球形，基部附着有细小的不育分果瓣，外果皮革质，内果皮纸质；种子革质，近球形或椭圆形，种脐稍大，假种皮肉质。

约7种，分布于热带和亚热带地区。中国4种；广西2种。

分种检索表

1. 花序和花萼被星状毛，花瓣5枚；果熟时褐色或灰黄色，粗糙或微瘤状凸起；叶背无毛 …… **1. 龙眼 D. longan**
1. 花序和花萼密被绒毛，无花瓣或有发育不完全的花瓣1~4枚；果熟时常绿色，有圆锥状短刺；叶背密被柔毛……………………………………………………………………………………………… **2. 龙荔 D. confinis**

1. 龙眼 桂圆 图1176

Dimocarpus longan Lour.

常绿乔木，高10m。具板根。偶数羽状复叶，小叶3~6对，薄革质，椭圆形或椭圆状披针形，长6~15cm，宽2.5~5.0cm，先端钝尖，基部极不对称，上侧阔楔形至截平，几与叶轴平行，下侧窄楔尖，全缘，背面粉绿色，两面无毛。圆锥花序顶生或近枝顶腋生，密被星状毛；萼两面被褐黄色星状毛；花瓣5枚，乳白色。发育果瓣球形，熟时黄褐色或灰黄色，粗糙或微瘤状凸起，直径1.2~2.5cm；种子近球形，茶褐色至黑色，有光泽，全为肉质假种皮所包。花期春季；果期夏季。

产于广西东南部和南部，北部偶见，均栽培。分布于中国西南至东南部，但以广东和福建南部栽培最盛；亚洲东南部也有栽培。年均气温20~22℃、极端低温>-2℃的地区为适宜的经济栽培区。幼苗0℃时受冻，大树-1.5℃时受冻。开花坐果期以20~25℃为宜，气温太低不利于开花坐果。果实发育期间夜温高于25℃不利于果实发育，40℃以上导致果实伤害。对土壤适应性较强，在酸、黏、瘠薄的红壤丘陵山地上，生长仍较好。但最适宜微酸性、通气良好、有机质含量较多的砂质红

图1176 龙眼 Dimocarpus longan Lour. 1. 果枝；2. 雄花；3. 雌花。(仿《中国植物志》)

壤和赤红壤。稍耐阴，幼苗需荫蔽。中国北热带和南亚热带地区最重要的商品性水果之一，经营历史悠久，培育了许多优良品种，据不完全统计，中国约有 400 个品种，其中最著名的品种有石硖、福眼、乌龙岭、储良、大乌圆等。广西主栽的优良品种有石硖、大乌圆、广眼、储良等。嫁接、空中压条或扦插繁殖，嫁接繁殖为主。果肉鲜食或晒干后制成桂圆干，有健脑、强身之功效。根、花、叶和种子均可入药，具开胃健脾、补虚益智、养血安神等功效。花多、花量大，优良蜜源植物。树形美观，优良园林树种。优良深色名贵硬木，心材与边材区别不明显，心材暗红褐或黄红褐色，边材浅红褐至黄褐色，纹理斜或交错，结构细，气干密度 1.04g/cm^3，耐腐性强，供制渔轮龙骨、高级家具、轴承、机器垫木、细木工等用。

2. 龙荔 肖韶子、山龙眼、野荔枝(北流)、疯人果

Dimocarpus confinis (F. C. How et C. N. Ho) H. S. Lo

常绿大乔木，高 20m，胸径 100cm。小枝粗壮，有 5 条明显沟槽，干时草黄色。小叶 3 ~ 5 对，稀 2 对，革质，第 1 对(近基)常较小，卵形，其余的长椭圆状披针形或长圆状椭圆形，两侧不对称，外侧较窄，长 9 ~ 18cm 或更长，宽 4.0 ~ 7.5cm，先端短尖至短渐尖，基部内侧近圆形或阔卵形，外侧楔形，上面深绿无毛，背面密被柔毛。花序顶生或腋生，直立，与叶近等长，多分枝，密被柔毛，无花瓣或有发育不完全的花瓣 1 ~ 4 枚。核果卵圆形，长 2.0 ~ 2.3cm，假种皮肉质；种子红褐色，全部被肉质假种皮包裹。花期夏季；果期夏末。

产于广西各地。生于海拔 400 ~ 1000m 的阔叶林，以北流、容县等地较常见。分布于云南、贵州、广东、湖南；越南也有分布。喜阴湿环境，生于沟谷杂木林中，极少生于干燥的山坡上。果皮及果肉似荔枝，核色黑而圆似龙眼。播种繁殖。果肉气香，味较龙眼更鲜甜，可鲜食，但种子有毒，干果时毒素浸入果肉，食用后对人体神经系统有损害，可引起中毒性神经病，故称“疯人果”，过量可致死。木材心材与边材区别明显，心材红褐色，边材灰白色，木材纹理直，结构细，重量中等至重，气干密度 0.72g/cm^3，耐腐，干燥容易，刨面光滑，供建筑、车辆、家具、砧板、雕刻等用。

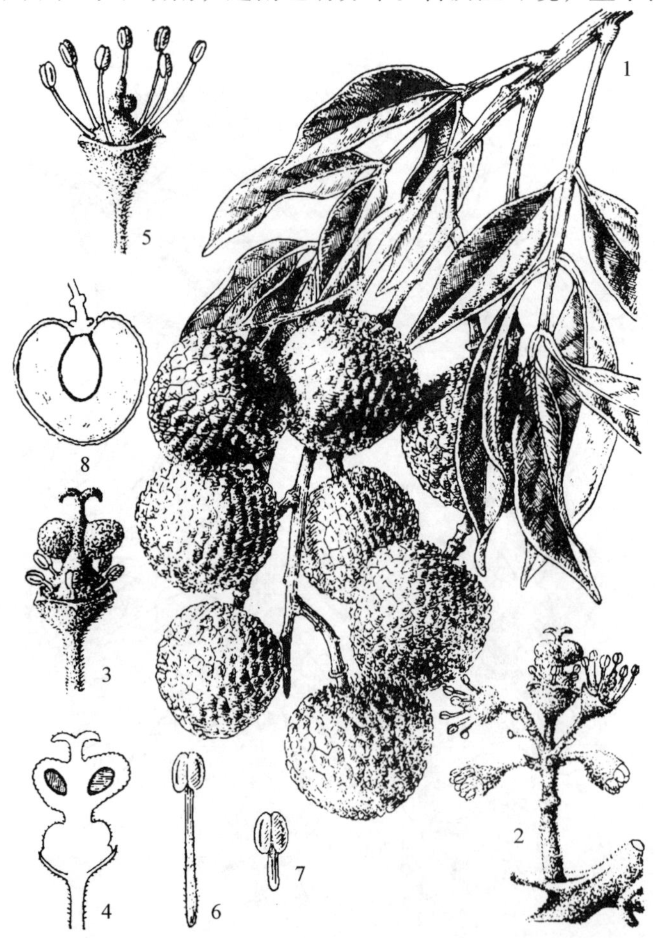

图 1177 荔枝 Litchi chinensis Sonn. 1. 果枝；2. 花序一部分；3. 雌花；4. 雌蕊纵切面；5. 雄花；6. 发育雄蕊；7. 不育雄蕊；8. 核果纵切面。(仿《中国植物志》)

5. 荔枝属 Litchi Sonn.

常绿乔木。偶数羽状复叶，互生。聚伞圆锥花序顶生，被金黄色短绒毛；花单性，雌雄同株，辐射对称；萼杯状，4 或 5 浅裂；无花瓣；花盘碟状，全缘；雄蕊(雄花)6 ~ 8 枚；子房(雌花)2 裂，稀 3 裂，2 室，稀 3 室；胚珠每室 1 枚。果深裂为 2 个或 3 个果瓣，通常仅 1 个或 2 个发育，卵圆形或近球形，果皮革质，被凸起瘤体；种子卵形，假种皮肉质，包裹种子全部或下半部。

仅 1 种，分布于亚洲东部，世界各热带地区广泛种植。

荔枝 图 1177

Litchi chinensis Sonn.

常绿乔木，高 15m。小叶 2 或 3 对，稀

4 对，薄革质或革质，披针形至卵状披针形，长 6 ~ 15cm，宽 2 ~ 4cm，先端骤尖或尾状短尾尖，基部阔楔形，全缘，上面深绿或墨绿色，背面粉绿色，两面无毛。花序顶生，阔大，多分枝；萼片 4 裂，被金黄色短柔毛；无花瓣；雄蕊6 ~ 7 枚，有时 8 枚。果卵状圆形至近球形，长 2.0 ~ 3.5cm，成熟分果瓣鲜红或暗红色；种子全部被肉质假种皮包裹。花期春季；果期夏季。

产于广西东南部和南部，北部偶见，均栽培，东兴、钦州、合浦、博白也有野生荔枝的零星分布。分布于中国西南部至东南部，但以广东和福建南部栽培最多；亚洲东南部也有栽培。对气候反应特别敏感，生长期需要温暖环境，最适生长温度为 23 ~ 29℃，15℃以下生长缓慢，－2℃是荔枝受冻害的临界温度，－4℃是致死温度。但不同树龄及品种耐受低温能力有差别。喜肥沃、湿润酸性土壤。荔枝于果树栽培已有 1000 多年历史，栽培品种繁多，吴淑娴主编的《中国果树志·荔枝卷》记录了包括主栽品种、一般品种、少量或零星栽培品种及单株、稀有品种和品系以及野生荔枝单株和株系共 222 个。广西主要优良品种有鸡嘴荔、灵山香荔、贵妃红、桂味、糯米糍等。播种、嫁接或高压繁殖，传统以高压繁殖为主，目前生产上推广应用是嫁接繁殖。著名珍贵水果，假种皮白色肉质，含葡萄糖达66%及少量蛋白质、脂肪、铁、维生素 B 等人体所需的物质。自古以来，人们视荔枝为滋补佳品，深受人们喜欢。优良深色名贵硬木，木材心材与边材区别明显，边材浅红褐色，心材暗红褐色，纹理斜或交错，结构细匀，甚硬重，气干密度 1.02g/cm^3，抗虫性强，为建筑、造船、车辆、地板、家具、运动器械、工具柄等优良用材。花多，富含蜜腺，是重要的蜜源植物。

6. 韶子属 Nephelium L.

常绿乔木。偶数羽状复叶，互生，小叶全缘。聚伞圆锥花序顶生或腋生；花小，单性，雌雄同株或异株；萼杯状，5 ~ 6 裂；无花瓣或 5 ~ 6 枚花瓣；花盘环状，完整或浅裂；雄蕊(雄花)6 ~ 7 枚；子房(雌花)常 2 裂，2 室；胚珠每室 1 枚。果深裂为 2 或 3 果瓣，常一个发育，椭圆形，果皮革质，被软刺；假种皮肉质，与种皮黏连，包裹种子的全部。

约 22 种，分布于亚洲东南部。中国 3 种；广西 1 种。

韶子 图 1178

Nephelium chryseum Bl.

常绿乔木，高 10 ~ 20m。嫩枝被锈色短柔毛。偶数羽状复叶，小叶 4 对，稀 2 对或 3 对，薄革质，长圆形，长 6 ~ 18cm，宽 2.5 ~ 7.5cm，先端近短尖，基部楔形，全缘，背面粉绿色，被柔毛；侧脉 9 ~ 14 对或更多，在上面近平坦或微凹，在背面凸起且发亮。花序多分枝；雄花序与叶近等长，雌花序较短；萼密被柔毛；雄蕊 7 ~ 8 枚，花丝被

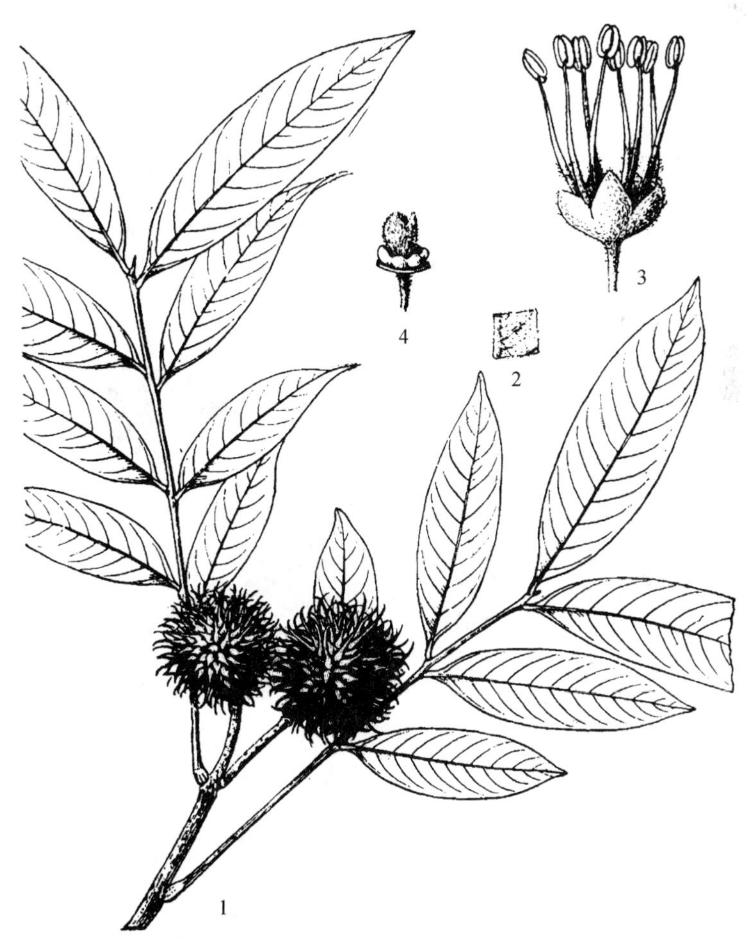

图 1178 韶子 Nephelium chryseum Bl. 1. 果枝；2. 小叶一部分，示背面被毛；3. 雄蕊；4. 退化雌蕊。(仿《中国植物志》)

柔毛，子房2裂，2室。果椭圆形，红色，连刺长4～5cm，刺长1cm或更长，刺弯钩状。花期春季；果期夏季。

产于广西南部。生于海拔500～1500m密林中。分布于云南、广东；菲律宾、越南也有分布。对土壤要求不严，在酸性土、石灰岩钙质土上均能生长。播种繁殖。果实肉质假种皮味甘酸，可食用。木材纹理直，材质中等至略重，气干密度0.728g/cm^3，可供建筑、造船、家具、农具等用。

7. 干果木属 Xerospermum Bl.

乔木或灌木。偶数羽状复叶，互生；小叶通常1～2(3)对，全缘。聚伞圆锥花序腋生或顶生；花小，单性，辐射对称；萼片4枚或5枚；花瓣4枚或5枚，常被有关节的长柔毛；花盘环状，裂片与萼片对生；雄蕊(雄花)8枚，着生在花盘内；子房(雌花)倒心形，2裂，2室，外面有小瘤体；胚珠每室1枚。果深裂为2果瓣，通常仅1个发育，椭圆形或球形，通常外面有小瘤体，稀近平滑；种子和果瓣近圆形，假种皮与种皮黏连。

约20种，分布于亚洲热带地区。中国1种，广西亦产。

干果木

Xerospermum bonii (Lec.) Radlk.

常绿乔木，高6m，胸径20cm。偶数羽状复叶；小叶2对，稀3对，纸质，上部的椭圆状披针形或近卵形，下部的卵形，长7～16cm，宽2.5～3.5cm，顶端短渐尖，基部楔形，全缘，两面无毛；小叶柄长约4mm。聚伞圆锥花序长25～30cm，分枝较少；萼片4枚；花瓣4枚；雄蕊8枚。果卵圆形，被圆锥状小凸体。花期春季。

产于广西南部。生于海拔约450m疏林中。分布于云南；越南也有分布。

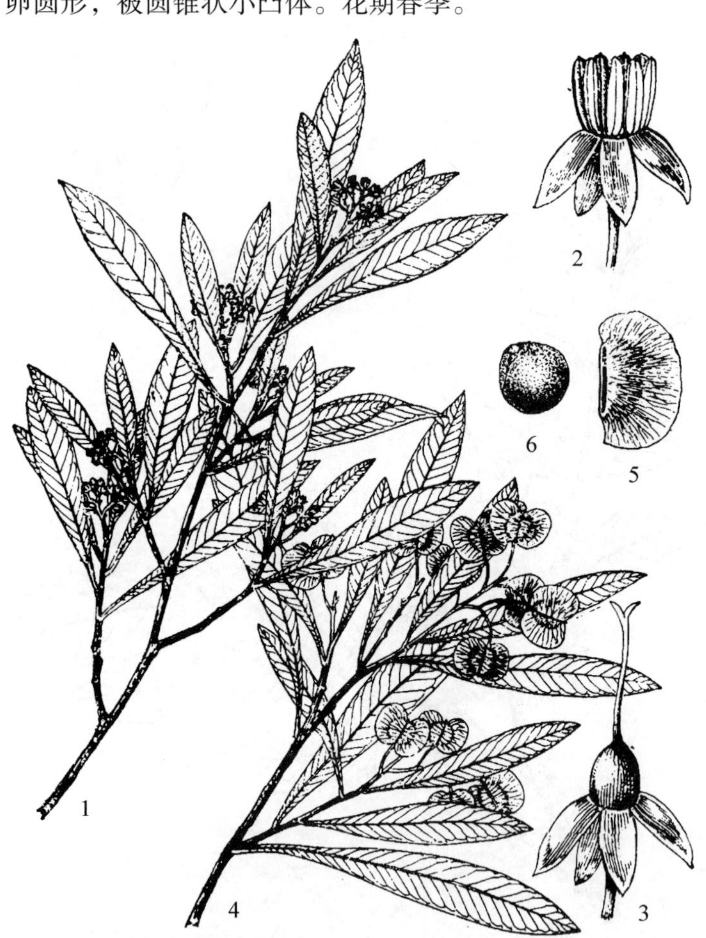

图1179 车桑子 Dodonaea viscosa Jacq. 1. 花枝；2. 雄花；3. 雌花；4. 果枝；5. 果瓣；6. 种子。(仿《中国植物志》)

8. 车桑子属 Dodonaea Mill.

常绿乔木或灌木。小枝、叶和花序被有胶状黏液；小枝通常有棱角。单叶(国产种)或羽状复叶，互生。花单性，雌雄异株，单生叶腋或组成总状、伞房或圆锥花序腋生或顶生；萼片(3～)4(～7)枚，无花瓣；花盘不明显，雄花无花盘；雄蕊(雄花)5～8枚；子房(雌花)2室或3室，稀5～6室；胚珠每室2枚。蒴果翅果状2～3(～6)角，2～3(～6)室，果舟状，两侧扁，室背常延伸为半月形或扩展成纵翅；种子每室1枚或2枚，倒卵形，无假种皮。

约65种，主产于大洋洲。中国1种，广西也有。

车桑子 坡柳 图1179

Dodonaea viscosa Jacq.

常绿灌木或小乔木，高1～3m。小枝扁，有狭翅或棱角，有胶状黏液。单叶，纸质，形状和大小变异很大，线状匙形、线状倒披针形、倒披针形或长圆形，长5～12cm，宽0.5～4.0cm，先端短尖，钝或圆，基部楔形，全缘或不明显浅波状，两面被黏液，无毛，干时光亮；侧脉多而密，纤细；叶柄极短或近无柄。花序顶生或在小枝上腋生，比叶短，密花；萼片4枚，无花瓣。蒴果倒心形或扁球形，2翅或3翅，长1.5～2.2cm，果皮膜质或纸质，有脉纹；每室有种子1枚或2枚，透镜状，黑色。花期秋末；果期冬末春初。

产于广西各地。常见于干旱山坡或海边山地。分布于中国西南、南部和东南部；几乎遍布全球热带和亚热带地区。喜光，耐干旱瘠薄，萌蘖力强，丛生，在分布区内可作为沙地、石灰岩石漠化治理或贫瘠土壤先锋造林树种。播种繁殖，当蒴果变为淡黄色、种子变为黑色时，即可采种。随采随播或干藏至翌年春播，育苗造林，亦可直播造林。材质坚重，不易裂，为手杖、雕刻等工艺品优良材料。

9. 茶条木属 Delavaya Franch.

灌木或小乔木。掌状复叶，互生；小叶3枚。聚伞圆锥花序顶生或腋生，单生或2～3朵簇生；花单性，雌雄异株；萼片5枚，外面2枚小，宿存；花瓣5枚，有瓣柄，内面基部有1枚2裂的鳞片；花盘下部短柱状，上部杯状；雄蕊(雄花)8枚；子房(雌花)有短柄，2(3)室，每室有胚珠2枚。蒴果倒心形，2裂或3裂，裂片倒卵形或近圆形，果皮革质或近木质；每室有1枚种子，倒卵形或近圆形，种皮黑色，无假种质，种脐圆形。

单种属，分布于中国西南部和越南。

茶条木 假龙眼、唛壮、米麻(壮语) 图1180

Delavaya yunnanensis Franch.

灌木或小乔木，高3～8m。掌状复叶，复叶总柄长3.0～4.5cm；小叶3枚，小叶薄革质，中间一片椭圆形至卵状椭圆形，有时披针状卵形，长8～15cm，宽1.5～4.5cm，顶端长渐尖，基部楔形，梗长约1cm，侧生小叶较小，卵形至披针状卵形，近无柄，全部小叶边缘有粗锯齿，稀全缘，两面无毛。花序狭窄，柔弱而疏花；花芳香；萼片近圆形；花瓣白色或粉红色，鳞片阔倒卵形、楔形或上部边缘流苏状。蒴果倒心形，深紫色，裂片长1.5～2.5cm或稍长；种子直径10～15mm。花期3～4月；果期8～9月。

产于广西西部和南部，生于石灰岩山地林中，在广西西南部海拔700m以下石灰岩山地季雨林中，茶条木和海南大风子、割舌树、米仔兰等混生，组成中下层林木。分布于云南；越南也有分布。喜光，但幼苗需一定的荫蔽。热带树种，引种至桂林，特寒年份嫩梢受冻。耐干旱瘠薄，对土壤、水肥要求不高，但以疏松、深厚土壤生长较好，多生于石山坡积土、石穴土上，山顶石缝中也能生长。速生，3年生树高约3m，3～4年生可开花结实。播种繁殖，植苗造林，亦可直播造林。种仁食油率69.9%～71.5%，有毒，供制肥皂或工业用。树形似油茶，叶较浓绿，石灰岩石漠化治理的优良树种。

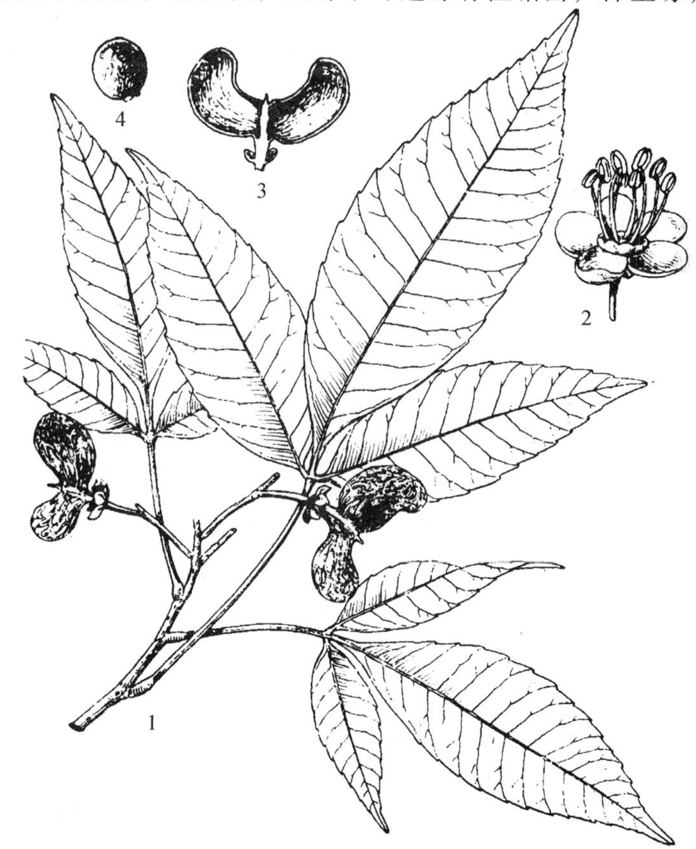

图1180 茶条木 Delavaya yunnanensis Franch. 1. 果枝；2. 雄花；3. 果瓣；4. 种子。(仿《中国植物志》)

10. 栾树属 **Koelreuteria** Laxm.

落叶乔木或灌木。叶互生，一至二回奇数羽状复叶；小叶互生或对生，通常有锯齿或分裂，稀全缘。大型聚伞圆锥花序顶生，稀腋生，分枝多，广展；杂性同株或异株；花萼5枚，稀4枚，外面2枚较小；花瓣4枚或5枚，具爪，花瓣内面基部有深2裂的小鳞片；花盘厚，偏于一边；雄蕊8枚，稀较少，常被长毛；子房3室；胚珠每室2枚。蒴果果瓣膜质，膨胀，卵形、长圆形或近球形，具3棱，室背开裂3个果瓣，具网状脉纹；种子每室1枚，球形，无假种皮，种皮脆壳质，黑色。

3种，分布于中国、日本及斐济。广西产1种。

复羽叶栾树 全缘叶栾树、黄山栾树、尖果栾树

Koelreuteria bipinnata Franch.

落叶乔木，高20m。枝具疣点。叶平展，二回羽状复叶，叶长45~70cm；叶轴和叶柄腹面有纵行皱曲短柔毛；小叶9~17枚，互生，稀对生，纸质或近革质，斜卵形，长3.5~7.0cm，宽2.0~3.5cm，先端短尖至短渐尖，基部阔楔形或近圆形，略偏斜，边缘有内弯小锯齿或全缘，两面无毛或上面中脉被微毛，下面被短柔毛；小叶梗长3mm或近无柄。圆锥花序大型，长35~70cm，分枝广展；萼片5枚，边缘呈啮蚀状；花瓣4枚，长6~9mm，宽1.5~3.0mm，瓣爪长1.5~3.0mm，内部基部有深2裂鳞片；雄蕊8枚，花丝被白毛。蒴果椭圆形或球形，具3棱，淡紫色，成熟时褐色，长4~7cm，宽3.5~5.0cm；果瓣膜质，椭圆形至近圆形，外有网状脉纹；种子球形，直径5~6mm。花期7~9月；果期8~10月。

产于广西各地，桂林、百色等地公路绿化或村屯边亦多见栽培，在广西西南部海拔700m以下石灰岩山地，复羽叶栾树散生于以蚬木、金丝李、肥牛树为优势的季雨林中，树体高大，树冠高出于主林层之上。分布于云南、贵州、四川、湖北、湖南、广东。喜光，深根性，在中性、酸性、钙质土上均能生长良好，耐干旱瘠薄，在荒山及疏林地天然更新良好。速生，2~3年生幼苗高可达3m。播种繁殖，种子发芽率高。木材心材与边材区别不明显，浅黄红褐色，密度大(气干密度0.778g/cm^3)，纹理斜，结构细至中，不均匀，易干燥，干燥稍翘裂，抗虫力强，耐腐力强，可供家具、农具、工具柄等用。树干通直，树冠球形，圆锥花序广展，果实随成熟度不同，呈现出绿色、粉红色、红色、紫色等颜色，结实量大，艳丽，观赏期长达半年，为石山、优良庭院及公路绿化树种。

11. 黄梨木属 **Boniodendron** Gagnep.

常绿小乔木。叶互生，偶数羽状复叶；小叶互生或近对生，基部两侧不对称，边缘有钝锯齿。聚伞圆锥花序顶生及腋生，大型；分枝多，每花序上有多数雄花和少数雌花；花单性，花蕾球形；花梗具关节；萼片5枚，外面1枚较小；花瓣5枚，较花萼长，具爪，花瓣基部两侧各具1枚向内折的耳状小鳞片；花盘环状，5浅裂；雄蕊(雄花)8枚；子房(雌花)3室，每室有叠置的胚珠2~3枚。蒴果卵状球形或球形，具3翅，果瓣3枚，膜质、外面有脉纹；每室有种子1枚，近球形，种皮2层，外层脆壳质，黑色，有光泽，内层的较薄。

2种，分布于中国和越南。中国1种，广西亦产。

黄梨木 小栾树 图1181

Boniodendron minus (Hemsl.) T. C. Chen

小乔木，高2~15m。小枝被短柔毛。一回偶数羽状复叶，聚生小枝顶端，长9~12cm；叶柄和叶轴均被短柔毛；小叶10~20枚，纸质，披针形或椭圆形，长2~4cm，宽1.0~1.5cm，先端钝，基部偏斜，一侧楔形，另侧圆或钝，边缘有钝锯齿，两面除中脉被短柔毛外无毛。聚伞圆锥花序顶生，稀腋生，约与叶等长，被短毛；花淡黄色至近白色；花蕾球形，直径约1.5mm；萼片5枚；花

瓣5枚；雄蕊8枚；子房具3沟槽。蒴果近球形，具3翅，直径1.8～2.3cm（连翅），顶端凹入并具宿存花柱；种子直径约4mm。花期5～6月；果期7～8月。

产于广西各地。多生于石灰岩山地疏林或密林中。分布于广东、湖南、贵州、云南。喜光树种，多生于石山中、上部至山顶疏林中，能在石穴土或石缝中扎根生长，根系发达，穿插力强，极耐干旱。播种繁殖，蒴果成熟，膜质翅呈黄褐色时即采收。将果置于筐中揉搓，使种粒脱出，风选去杂质，种子千粒重26.4g，即采即播或袋装干藏。木材心材与边材区别不明显，木材红褐色，纹理直，结构细，重量中等，气干密度0.68g/cm^3，稍耐腐，刨面光滑，供家具、建筑、农具等用，种子油供工业用。

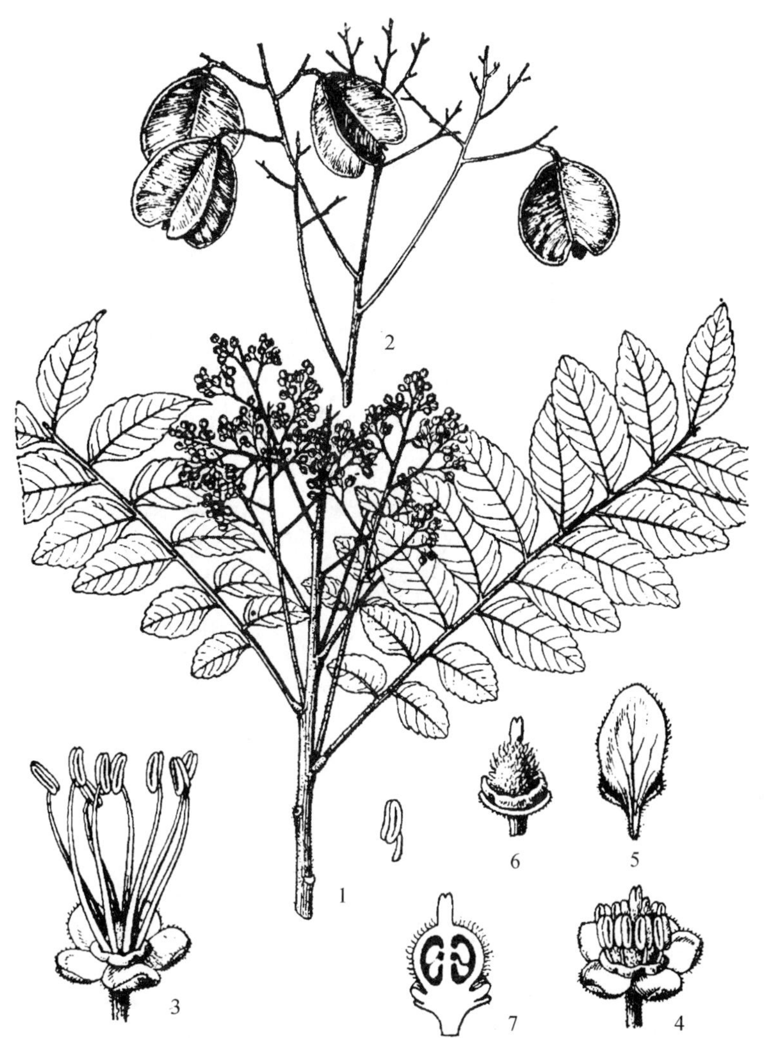

图1181　黄梨木 Boniodendron minus（Hemsl.）T. C. Chen

1. 花枝；2. 果序一部分；3. 雄花除去花瓣；4. 雌花除去花瓣；5. 花瓣；6. 子房和花盘。（仿《中国植物志》）

12. 细子龙属 Amesiodendron Hu

常绿乔木。偶数羽状复叶，互生，叶轴圆柱状；小叶有钝齿或全缘。聚伞圆锥花序顶生或腋生；花单性或杂性，雌雄同株；萼片杯状，深5裂（少6裂）；花瓣5（6～7）枚；雄蕊（雄花）8枚，有时7枚；子房（雌花）3室，胚珠每室1枚。蒴果深裂为3果瓣，仅1或2个发育，果皮坚硬，木质；种子近球状或稍扁，种皮革质，无假种皮，种脐大，椭圆形。

仅1种，分布中国南部和东南半岛。

细子龙　龙州细子龙、田林细子龙、米费、墨仕（壮语）　图1182

Amesiodendron chinense（Merr.）Hu

乔木，高25m。具大板根。叶连柄长15～20cm，叶轴被短柔毛或近无毛；小叶3～7对，薄革质，第1对（近基）卵形，其余的长圆形或长圆状披针形，有时披针形，两侧稍不对称，长6.0～12cm，宽1.5～3.0cm，先端渐尖或近尾尖，基部楔形，边缘波状，并有深刻锯齿或全缘。花单性或杂性，花梗长2～3mm；萼裂片长约1mm；花瓣白色或红色。蒴果近球形，直径2.0～2.5cm，黑色或茶褐色，外面有瘤状凸起并密生淡褐色皮孔；种子宽约2cm。

产于平果、靖西、田林、乐业、龙州、大新。生于石灰岩石山潮湿处。分布于海南、云南、贵州；越南也有分布。播种繁殖，宜在果实成熟而未开裂时采摘，然后晒裂脱种。随采随播。供建筑用材。木材心材与边材区别略明显，心材红褐色，边材淡红色，纹理交错，结构细，材质重（气干密度1.006g/cm^3），抗虫力强，耐腐性强，干燥稍开裂，少变形，供造船、车辆、高级家具、垫木、雕刻等用材。种子含油脂，产区群众榨油供食用。

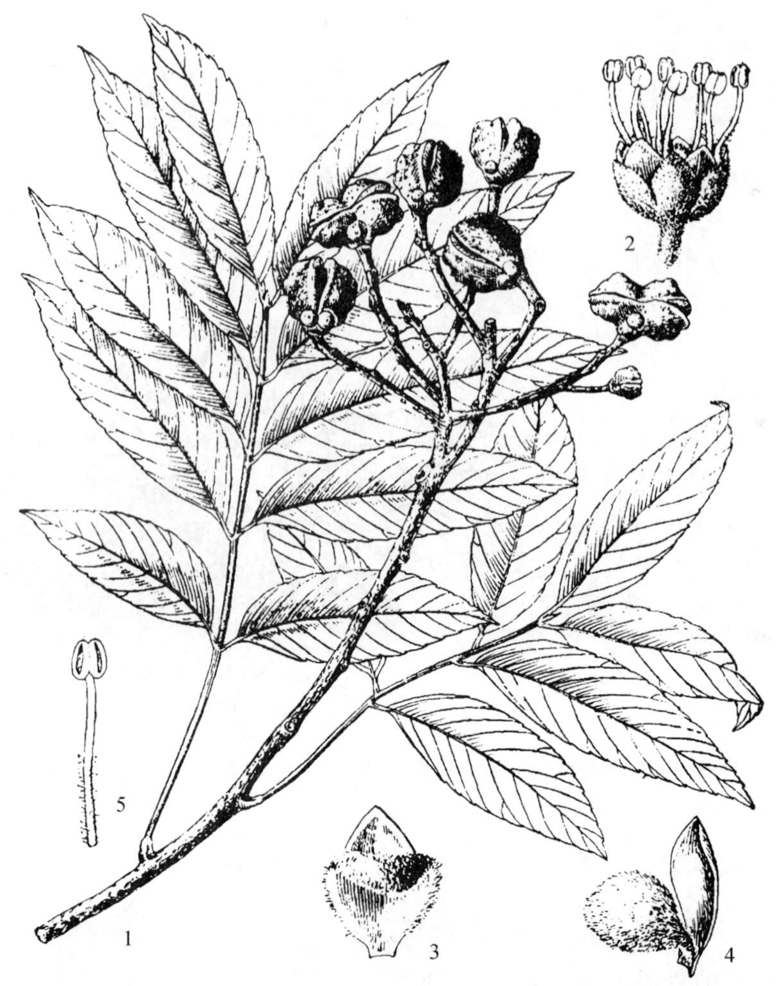

图 1182 细子龙 Amesiodendron chinense (Merr.) Hu 1. 果枝；2. 雄花；3. 花瓣腹面；4. 花瓣腹面侧面观；5. 发育雄蕊。(仿《中国植物志》)

13. 檀栗属 Pavieasia Pierre

乔木。偶数羽状复叶，互生，叶轴横切面呈三角形，小叶常多对，全缘或有钝齿。聚伞圆锥花序近枝顶腋生，花单性，单生或几个丛生；花单性或杂性，雌雄异株；花萼 5 深裂，杯状；花瓣 5 枚，内面基部有 1 大鳞片；花盘深杯状，稍肉质；雄蕊(雄花和两性花)7～8 枚；子房(雌花和两性花)3 室，胚珠每室 1 枚。蒴果，室背开裂为 3 果瓣，3 室或其中的 1 或 2 室小而空虚；种子 1～3 枚，种皮革质。

3 种，分布于中国和越南。中国 2 种；广西 1 种。

广西檀栗

Pavieasia kwangsiensis H. S. Lo

常绿乔木。树皮褐黑色；小枝粗壮，略有棱角，无毛。偶数羽状复叶，连叶柄长 25～39cm，横切面三角形；小叶 5～7 对，近对生，小叶柄极短，肿胀，叶薄革质，长圆状披针形至狭长圆形，长 9～19cm，宽 3.0～5.5cm，先端聚尖，尖头长 0.5～1.0cm，基部楔形至稍钝，上部边缘常有不明显疏锯齿，稀全缘。果序顶生，圆锥状，宽大，长超过 30cm，分枝少数，很长；蒴果具短而肿胀的果梗，近球形，直径 2.0～2.5cm，成熟时室背开裂为 3 果瓣，果瓣大小不等，木质，外粗糙，褐色；种子扁球形，种皮革质、茶褐色，种脐宽大。果期夏末。

产于龙州。生于密林山谷中。木材坚硬，心材红褐色，上等硬木，可作建筑、家具、砧板等用材。种子含油脂和淀粉，有毒。

14. 伞花木属 Eurycorymbus Hand. -Mazz.

乔木。偶数羽状复叶，互生；小叶有锯齿。聚伞圆锥花序顶生或在同一小枝的近顶部腋生；花单性，雌雄异株；萼5枚；花瓣5枚，有短爪，无鳞片；花盘环状；雄蕊(雄花)8(7)枚；子房(雌花)倒心形，3裂，3室，稀4裂，4室，胚珠每室2枚，并生。蒴果深裂3果瓣，常1~2个发育，阔倒卵形或阔椭圆形，熟时室背开裂，果皮革质；每发育果瓣中有种子1枚，近球形，种皮坚硬，无假种皮。

单种属，中国特有。

伞花木 图1183

Eurycorymbus cavaleriei (H. Lév.) Rehd. et Hand. -Mazz.

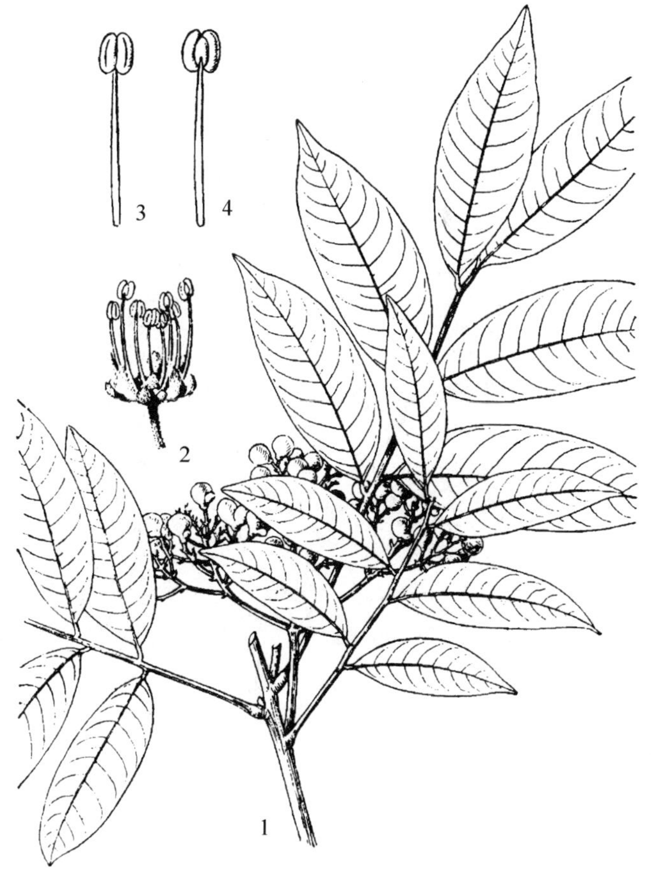

图1183 伞花木 Eurycorymbus cavaleriei (H. Lév.) Rehd. et Hand. -Mazz. 1. 果枝；2. 雄蕊；3. 发育雄蕊；4. 发育雄蕊背面观。(仿《中国植物志》)

落叶乔木，高约20m。树皮灰色；小枝圆柱状，被短毛。连叶柄长15~45cm，叶轴被皱曲柔毛；小叶4~10对，近对生，薄纸质，长圆状披针形至长圆状卵形，长7~11cm，宽2.5~3.5cm，顶端渐尖，基部阔楔形；侧脉细密，约16对。聚伞圆锥花序，半球状，稠密而极多花，被短柔毛；花芳香，花梗长2~5mm；花萼及花瓣被柔毛；子房被绒毛。蒴果被绒毛，近球形，直径7~8mm；种子黑色，种脐朱红色。花期5~6月；果期10月。

极危种，中国Ⅱ级重点保护野生植物。产于兴安、桂林、金秀、南丹、罗城、环江。生于海拔1400m以下阔叶林中。分布于云南、贵州、湖南、江西、广东、福建、台湾。木材心材与边材区别不明显，木材纹理直，结构适中，重量中等，气干密度0.505g/cm^3，干燥容易，稍有翘裂，供室内装饰、包装箱等用材。

15. 滨木患属 Arytera Bl.

乔木或灌木。偶数羽状复叶，互生；小叶全缘。聚伞圆锥花序腋生；花单性，雌雄同株或异株；花萼杯状，5裂；花瓣5枚，稀4枚，有爪，内面基部有2鳞片；花盘环状；雄蕊(雄花)7~10枚；子房(雌花)倒卵形，2裂或3裂，2室或3室，胚珠每室1颗。蒴果深裂为2裂或3裂果瓣，常仅1个或2个发育，发育果瓣熟时室背开裂，果皮革质；种子有脆质的种皮，全为假种皮包裹。

约28种，主要分布于澳大利亚，其次分布于亚热带地区。中国1种，广西也有。

滨木患 图1184

Arytera littoralis Bl.

常绿小乔木或灌木，高3~10m。小枝仅嫩部被短柔毛，密生皮孔，皮孔黄白色。叶连柄长15~35cm；小叶2对或3对，稀4对，近对生，薄革质，长圆状披针形至披针状卵形，长8~18cm，宽2.5~7.5cm，先端急尖，基部宽楔形至近圆形，两面无毛或背面侧脉脉腋内的腺孔上被毛；侧

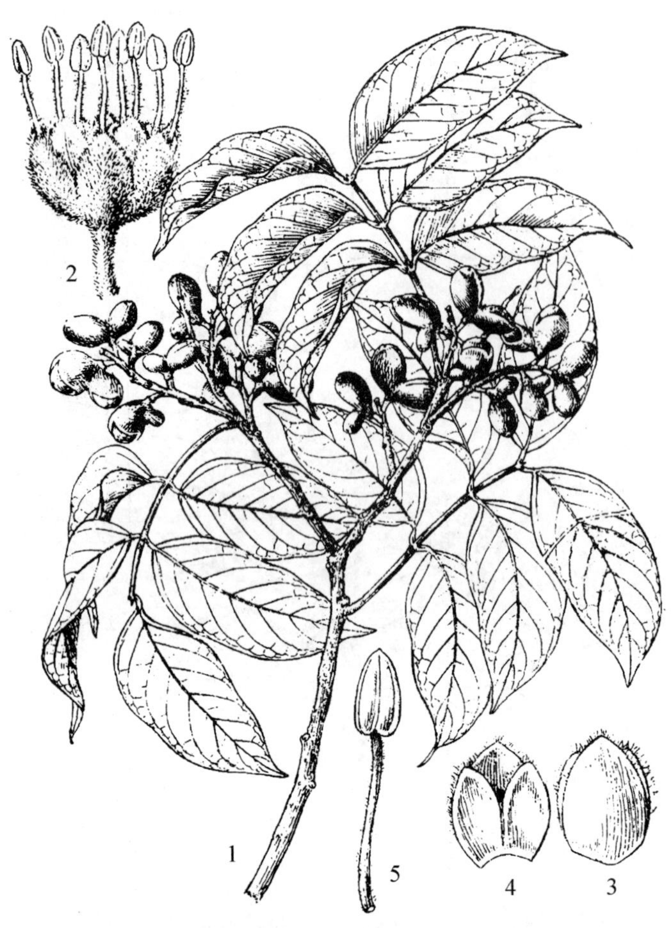

图1184 滨木患 Arytera littoralis Bl. 1. 果枝；2. 雄蕊；3. 花瓣背面；4. 花瓣腹面；5. 发育雄蕊。(仿《中国植物志》)

脉7~10对，在背面凸起。花序常紧密多花，比叶短，稀与叶等长，被锈色短毛；花芳香。蒴果发育果瓣椭圆形，长1.0~1.5cm，宽7~9mm，熟时红色或橙黄色；种子枣红色，假种皮透明。花期夏初；果期秋季。

产于广西南部。生于低海拔地区林中灌木丛中。分布于云南、广东、海南；东南亚也有分布。

16. 柄果木属 Mischocarpus Bl.

乔木或灌木。偶数羽状复叶，小叶1~5对，背面侧脉腋内有小腺孔，全缘。聚伞圆锥花序腋生或近枝顶丛生；花单性，雌雄同株或异株；萼片杯状，5裂；花瓣5枚，或有时发育不全的花瓣1~3枚，稀无花瓣；花盘环状，有时分裂；雄蕊(雄花)7~10枚，通常8枚；子房(雌花)有3棱，常3室，胚珠每室1枚。蒴果梨状或棒状，稀3棱，有柄，熟时室背开裂与3果瓣，果皮革质；种子每室1枚，种皮常枣红色，全为透明假种皮包裹。

约15种，分布于亚洲东南部和澳大利亚东海岸。中国3种；广西2种。

分种检索表

1. 小叶常2对，卵形或长圆状卵形，干时叶面有光泽，平滑，不显叶脉；花丝和花盘均无毛 ………………………………………… **1. 柄果木 M. sundaicus**
1. 小叶常3~5对，稀2对，长圆形或长圆状披针形，干时两面暗晦，可见明显网状小脉；花丝和花盘均被毛 ………………………………………… **2. 褐叶柄果木 M. pentapetalus**

1. 柄果木 图1185：1~4

Mischocarpus sundaicus Bl.

常绿小乔木，高3~10m。小枝暗红色，无毛。连叶柄长10~20cm，小叶常2对，稀1对，革质，卵形或长圆状卵形，长5~13cm，宽2~5cm，先端短渐尖，基部圆或宽楔形，干时叶面平滑，有光泽，不显叶脉。花序复总状，近基部分枝，有时总状，不分枝，密被短柔毛；无花瓣；花丝和花盘均无毛。蒴果梨形，长8~9mm，柄长2.0~2.5mm，常1室，种子1枚。花期10~11月；果期翌年春夏。

产于钦州。生于滨海地区林中。分布于广东、海南；亚洲东南部至澳大利亚也有分布。木材心材与边材区别略明显，心材红褐色，边材淡红色，纹理斜，结构细，密度很大(气干密度0.850g/cm^3)，干燥翘裂，耐腐，刨面光滑，供渔轮龙骨、车架、工具柄等用材。

2. 褐叶柄果木 图 1185：5 ~ 6

Mischocarpus pentapetalus (Roxb.) Radlk.

常绿乔木，高 4 ~ 10m。小枝粗壮，有沟槽，幼嫩部分被短绒毛。叶连柄长 20 ~ 45cm；小叶 3 ~ 5 对，稀 2 对，纸质或薄革质，长圆状披针形至长圆形，长 10 ~ 25cm，宽 2.5 ~ 7.5cm，先端渐尖或短渐尖，钝头，基部阔楔形至近圆形，两面无毛；侧脉 10 ~ 15 对，网脉明显。花序多分枝，单生叶腋或几个丛生于小枝近顶部，与叶等长或更长；花萼两面被柔毛；花瓣 1 ~ 5 枚或无；花盘被柔毛；花丝长短不齐，被柔毛。蒴果梨形，长 1.2 ~ 2.5cm，通常 1 室，种子 1 枚。花期春季；果期夏季。

产于广西南部。生于密林中。分布于广东、海南、云南；印度至东南亚也有分布。心材红褐色，结构细，略重，材质优良，工业用材。

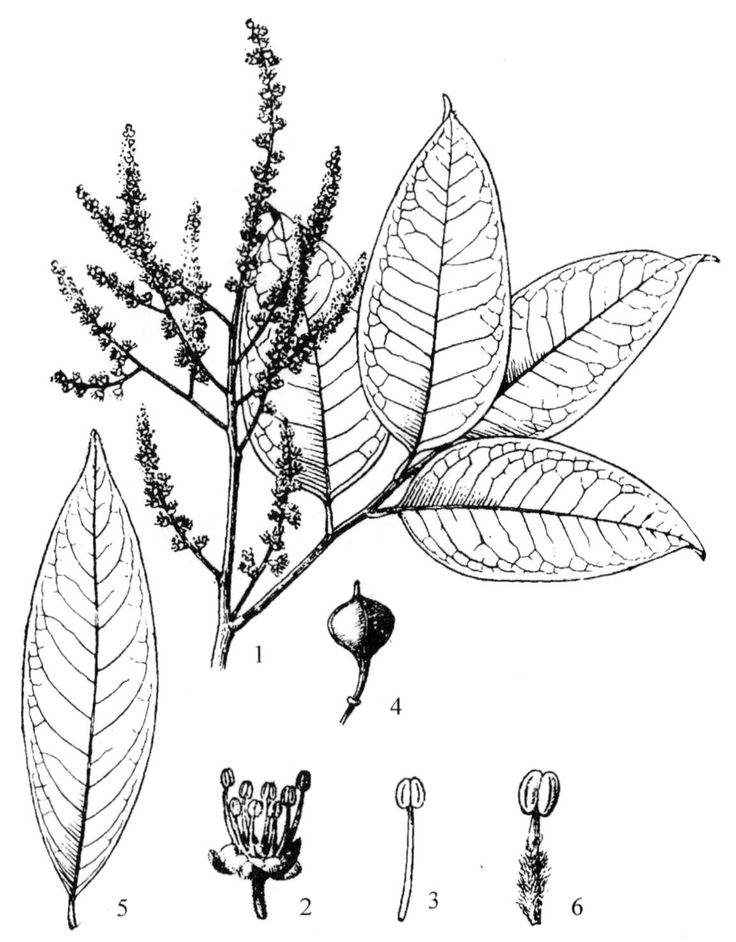

图 1185 1 ~ 4. 柄果木 Mischocarpus sundaicus Bl. 1. 雄花枝；2. 雄花；3. 发育雄蕊；4. 蒴果。**5 ~ 6. 褐叶柄果木 Mischocarpus pentapetalus** (Roxb.) Radlk. 5. 小叶；6. 发育雄蕊。(仿《中国植物志》)

117 伯乐树科 Bretschneideraceae

落叶乔木。奇数羽状复叶，互生；小叶对生或下部的互生，全缘。总状花序顶生，直立；花大，两性；花萼阔钟状，5 浅裂；花瓣 5 枚，分离，不对称，后面的 2 片较小，着生在花萼上部；雄蕊 8 枚，基部连合，着生于花萼下部，较花瓣略短，花丝丝状；子房无柄，上位，3 ~ 5 室，中轴胎座，每室有悬垂胚珠 2 枚。蒴果，3 ~ 5 瓣裂，果瓣厚，木质；种子大。

1 属 1 种，分布于中国、越南和泰国。

伯乐树属 Bretschneidera Hemsl.

属的特征与科同。

伯乐树 钟萼木 图 1186

Bretschneidera sinensis Hemsl.

乔木，高 20m。树皮灰褐色，小枝有明显皮孔，植物体具有番木瓜的气味。羽状复叶长 20 ~ 60cm，叶轴疏被柔毛或无毛；小叶 7 ~ 15 枚，纸质至革质，椭圆形、菱状长圆形、长圆状披针形或卵状披针形，长 6 ~ 26cm，宽 3 ~ 9cm，全缘，先端渐尖或近尾尖，基部楔形至近圆形，上面绿色，无毛，背面粉绿色或灰白色，有短柔毛，在中脉和侧脉两侧毛较密；侧脉 8 ~ 15 对。总状花序长 20 ~ 36cm，各部常被棕色短绒毛；花淡红色，直径约 4cm；花萼钟状，顶端 5 短齿裂，直径约 2cm；

图 1186 伯乐树 Bretschneidera sinensis Hemsl. 1. 花枝；2. 花纵切面；3. 果实；4. 种子。(仿《中国植物志》)

花瓣阔匙形，长 1.8～2.0cm。蒴果椭圆形、近球形或阔卵形，长 3.0～5.5cm，直径 2.0～3.5cm，被棕褐色毛或常混生疏白色小柔毛，常具黄褐色小瘤体；果柄长 2.5～3.5cm；种子椭圆形至球形，平滑。花期 3～9 月；果期 5 月至翌年 4 月。

单种属，易危种，中国Ⅰ级重点保护野生植物。产于广西各地，散生常绿阔叶林中。在金秀圣堂山、罗汉山、老山海拔 700～1000m 林中，常与肥皂荚、剑叶木姜子、贵州木瓜红、苦槠等混生。分布于四川、云南、贵州、广东、湖南、湖北、浙江、福建；越南也有分布。喜温暖湿润气候及肥沃湿润土壤，多生于山坡下部，生长旺盛，在山脊或土壤瘠薄地长势差。喜光，幼树稍耐阴，大树多居林冠中上层，天然更新不良。萌蘖能力强，常几株生于一老桩上。木材心材与边材区别不明显，黄褐色，纹理直，结构细匀，硬度中等，气干密度 0.64g/cm^3，不耐腐，适于制家具、室内装修等用。花艳丽，可栽培供观赏。

118 清风藤科 Sabiaceae

乔木、灌木或攀援木质藤本；落叶或常绿。叶互生，单叶或奇数羽状复叶；无托叶。花两性或杂性异株，通常排成腋生或顶生聚伞花序或圆锥花序，稀单生；萼片 5 枚，稀 3 枚或 4 枚，分离或基部合生；花瓣 5 枚，稀 4 枚；雄蕊 5 枚，稀 4 枚，与花瓣对生，分离或基部着生于花瓣上，全部发育或外面 3 枚不发育，花药 2 室，具狭窄的药隔或具宽厚的杯状药隔；花盘小，杯状或环状；子房上位，2 室，稀 3 室，每室有胚珠 2 枚或 1 枚。核果，由 1 枚或 2 枚成熟心皮组成，1 室，稀 2 室，不开裂；种子单生。

3 属约 80 种，分布于亚洲和美洲热带地区。中国 2 属 46 种；广西 2 属 21 种 4 变种。

分属检索表

1. 藤本或攀援灌木；单叶；花辐射对称，雄蕊全部发育 ………………………… **1. 清风藤属 Sabia**
1. 乔木或灌木；单叶或奇数羽状复叶；花两侧对称，雄蕊仅 2 枚发育 ………………… **2. 泡花树属 Meliosma**

1. 清风藤属 Sabia Colebr.

落叶或常绿，藤本或攀援木质藤本；小枝基部有宿存芽鳞。单叶，全缘，互生。花小，两性，单生于叶腋或组成腋生聚伞花序或圆锥花序；萼片 4～5 枚；花瓣 5 枚，稀 4 枚，比萼片长且与之对生；雄蕊 4～5 枚，全部发育；子房 2 室，胚珠每室 2 枚。核果，由 1 枚或 2 枚心皮发育成的分果瓣组成 1 个或 2 个果瓣，两侧压扁，有种子 1～2 枚，近基部有宿存花柱；中果皮稍肉质，核(内果皮)脆壳质，两侧面有蜂窝状凹穴、条状凹穴或平坦，腹部平或凸出；种子圆形，两侧压扁，有斑点。

约30种，分布于亚洲南部及东南部。中国17种；广西9种。

分种检索表

1. 花盘肿胀，肥厚，短圆柱状，有2~3条肋状凸，其上有不明显的腺点 …………… **1. 凹萼清风藤 S. emarginata**
1. 花盘不肿胀，不肥厚，浅杯状，边缘有不规则的浅齿或深裂。
  2. 花单生叶腋，花基部有苞片4枚；叶柄基部木质化成单刺状，在老枝上宿存 ………… **2. 清风藤 S. japonica**
  2. 聚伞花序或由聚伞花序再组成伞房花序式或圆锥花序式。
    3. 聚伞花序。
      4. 嫩枝、花序、嫩叶柄和叶两面均无毛。
        5. 叶狭长圆状椭圆形或倒卵状椭圆形 ………………………………………………… **3. 长脉清风藤 S. nervosa**
        5. 叶卵形或卵状披针形。
          6. 叶卵形或椭圆状卵形，先端尖或钝；聚伞花序呈伞状；果核中肋明显隆起呈翅状 ……………………………………………………………………………… **4. 灰背清风藤 S. discolor**
          6. 叶卵状披针形或长圆状卵形，先端渐尖或常弯成镰刀状；聚伞花序不呈伞状；果核无中肋 ……………………………………………………………………………… **5. 平伐清风藤 S. dielsii**
      4. 嫩枝、花序、嫩叶柄均被灰黄色绒毛或柔毛，叶背被短柔毛或仅在脉上被柔毛 ……………………………………………………………………………… **6. 尖叶清风藤 S. swinhoei**
    3. 聚伞花序再组成伞房花序式或圆锥花序式。
      7. 聚伞花序再组成伞房花序式，总花梗极短；花瓣有红色斑纹 ……………… **7. 簇花清风藤 S. fasciculata**
      7. 聚伞花序再组成圆锥花序式。
        8. 花序狭长，直径不及2cm；分果瓣大，直径1.0~1.7cm；叶革质，椭圆形、长圆状椭圆形或卵状椭圆形，长7~15cm，宽4~6cm ……………………………………… **8. 柠檬清风藤 S. limoniacea**
        8. 花序阔大，直径2~5cm；分果瓣小，直径5~7mm；叶纸质或近薄革质，卵状披针形或狭长圆形，长5~12cm，宽1~3cm ……………………………………… **9. 小花清风藤 S. parviflora**

1. 凹萼清风藤　凹叶清风藤、巴东清风藤　图1187

Sabia emarginata Lec.

落叶攀援木质藤本。叶纸质，长圆状狭卵形、长圆状狭椭圆形或卵形，长5~11cm，宽1.5~4.0cm，先端渐尖或急尖，基部楔形或圆形，叶面绿色，叶背苍白色，两面均无毛；叶柄长0.5~1.0cm。萼片5枚，稍不相等，近倒卵形或长圆形，最大一片通常先端有明显的缺刻，其余的先端圆形，有脉纹；花瓣5枚，长3~4mm；雄蕊5枚，长约2mm；花盘肿胀，肥厚，短圆柱状，有2~3条不明显的肋状凸起，其上有不明显的极小的腺点。分果瓣近圆形，基部有宿存萼片；核中肋明显，两边各有2行蜂窝状凹穴。花期4月；果期6~7月。

产于龙胜、临桂。生于400~1500m的灌木丛中。四川、湖北、湖南。

图1187　凹萼清风藤 Sabia emarginata Lec.　1. 果枝；2. 花去雄蕊，示花萼、花瓣、花盘和雌蕊；3. 花去花瓣、雄蕊，示花萼、花盘和雌蕊；4. 雄蕊背面；5. 雄蕊正面。(仿《中国植物志》)

图 1188 清风藤 Sabia japonica Maxim. 1. 果枝；2. 花枝；3. 花；4. 花瓣和雄蕊；5. 花去除花瓣、雄蕊，示花盘和雌蕊。(仿《中国植物志》)

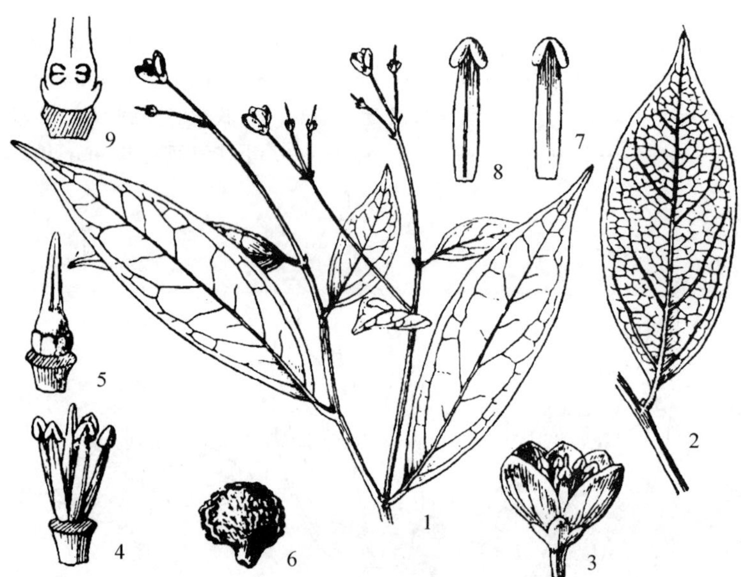

图 1189 长脉清风藤 Sabia nervosa Chun ex Y. F. Wu 1. 花枝；2. 叶；3. 花；4. 花去花被，示雄蕊和雌蕊；5. 花去花被、雄蕊，示花盘和雌蕊；6. 分果瓣；7～8. 雄蕊；9. 雌蕊纵切面。(仿《中国植物志》)

2. 清风藤 寻风藤、一刺两口 图 1188

Sabia japonica Maxim.

落叶攀援木质藤本。枝上常留有木质化、成单刺状或双刺状的叶柄基部。叶近纸质，卵状椭圆形、卵形或阔卵形，长 3.5～9.0cm，宽 2.0～4.5cm，叶面深绿色，中脉有稀疏毛，叶背灰白色，脉上被稀疏柔毛；叶柄长 2～5mm，被柔毛。花单生叶腋，先叶开放，基部有苞片 4 枚，苞片倒卵形，长 2～4mm；花梗长 2～4mm，结果时增至 2.0～2.5cm；萼片 5 枚，长约 0.5mm；花瓣 5 枚，淡黄绿色，长 3～4mm；雄蕊 5 枚；花盘杯状，有 5 裂齿。分果瓣近圆形或肾形，直径约 5mm；核有明显的中肋，两侧面具蜂窝状的凹穴。花期 2～3 月；果期 4～7 月。

产于临桂、兴安、桂林。生于海拔 800m 以下的山地林缘或灌木丛中。分布于江苏、安徽、浙江、福建、江西、广东；日本也有分布。植物体含多种生物碱，供药用，治风湿。

3. 长脉清风藤 两广清风藤 图 1189

Sabia nervosa Chun ex Y. F. Wu

常绿攀援木质藤本。叶薄革质，狭长圆状椭圆形或狭倒卵状椭圆形，长 6～19cm，宽 2～4cm，先端长尾状渐尖，基部阔楔形或楔形，两面无毛；侧脉 3～5 对；叶柄长 8～10mm。聚伞花序通常有花 3 朵，很少 4～5 朵；萼片 5 枚，三角状卵形；花瓣 5 枚，长 5～6mm，宽 3.5～4.0mm，浅绿色，具 9 条脉纹。分果瓣熟时蓝色，倒卵形；核有中肋，两边各有 1～3 行蜂窝状凹穴，两侧面平，腹部狭长。花期 5 月；果期 8～9 月。

产于象州、金秀、融水。生于海拔 850m 以下溪边、山谷、山坡林中。分布于广东。

4. 灰背清风藤 防己叶清风藤、白背清风藤 图 1190：1～7

Sabia discolor Dunn

常绿攀援木质藤本。嫩枝具纵条纹，无毛，老枝深褐色，具白蜡层。叶纸质，卵形或椭圆状卵形，长4～7cm，宽2～4cm，先端尖或钝，基部圆或宽楔形，两面均无毛，叶面干后黑色，叶背苍白色；侧脉每边3～5条；叶柄长0.7～1.5cm。聚伞花序呈伞形，有花4～5朵，无毛；萼片5枚，三角状卵形，有缘毛；花瓣5枚，卵形或椭圆状卵形，有脉纹；雄蕊5枚，长2.0～2.5mm，花药外向开裂；花盘杯状；子房无毛。分果瓣红色，倒卵状圆形或倒卵形，长约5mm；核中肋显著凸起，翅状，两侧面有不规则的块状凹穴，腹部凸起。花期3～4月；果期5～8月。

产于兴安、龙胜、灌阳、临桂、全州、贺州、融水、融安、平南。见于海拔1000m以下山地灌木林中。分布于浙江、福建、江西、广东。

5. 平伐清风藤 图1190：8～15

Sabia dielsii H. Lév.

落叶攀援木质藤本。嫩枝黄绿色或淡褐色，无毛。叶纸质，卵状披针形或长圆状卵形，长6～12cm，宽2～6cm，先端渐尖或常成镰刀状，基部圆或宽楔形，叶面深绿色，干后榄绿色，叶背浅绿色，两面无毛；侧脉4～6对；叶柄长3～10mm。聚伞花序有花2～6朵，花梗长0.5～1.0cm；萼片5枚，卵形；花瓣5枚，长2～3mm，宽1.5～2.0mm；雄蕊5枚；花盘杯状。分果片近肾形，核无中肋，两侧有明显蜂窝状凹穴，腹部平。花期4～6月；果期7～10月。

图1190 1～7. 灰背清风藤 Sabia discolor Dunn 1. 花枝；2. 果枝；3. 花；4. 花去花被，示花盘和雌蕊；5. 雄蕊；6. 花去花被，示雄蕊和雌蕊；7. 分果瓣。**8～15. 平伐清风藤 Sabia dielsii** H. Lév. 8. 花枝；9. 果枝；10. 分果瓣；11. 花；12. 花去花被，示雄蕊和雌蕊；13. 花去花被，示花盘和雌蕊；14. 雄蕊；15. 花瓣。（仿《中国植物志》）

产于凤山、天峨、乐业、隆林、凌云。生于海拔800m以上山坡、溪旁灌木丛中或林缘。分布于云南、贵州；越南也有分布。

6. 尖叶清风藤 台湾清风藤

Sabia swinhoei Hemsl.

常绿攀援木质藤本。小枝纤细，被长而垂直的柔毛。叶纸质，椭圆形、卵状椭圆形、卵形或宽卵形，长5～12cm，宽2～5cm，先端尖或长渐尖，基部楔形或圆，叶面除幼时中脉被毛外余无毛，叶背被短柔毛或仅脉上被毛；侧脉4～6对；叶柄短，长3～5mm，被柔毛。聚伞花序有花2～7朵，被疏长柔毛，长1.5～2.5cm；总花梗长7～15mm，花梗长2～4mm；萼片5枚；花瓣5枚，浅绿色，卵状披针形或披针形，长3.5～4.5mm；雄蕊5枚。分果瓣深蓝色，近圆形或倒卵形，基部偏斜，长8～9mm；核中肋不明显，两侧面有不规则条块状凹穴，腹凸出。花期3～4月；果期7～9月。

产于临桂、龙胜、兴安、平乐、金秀、融水、凌云、乐业、容县。生于海拔400m以上山谷林间或水边岩石上。分布于江苏、浙江、台湾、福建、江西、广东、湖南、湖北、四川、贵州。

7. 簇花清风藤

Sabia fasciculata Lec. ex L. Chen

常绿攀援木质藤本。茎可长达7m；嫩枝褐色或黑褐色，有白蜡层。叶革质，长圆形、椭圆形、倒卵状长圆形或狭椭圆形，长5~12cm，宽1.5~3.5cm，先端尖或长渐尖，基部楔形或圆，叶面深绿色、叶背淡绿色；侧脉5~8对；叶柄长0.8~1.5cm。聚伞花序再排成伞房花序式，总梗极短，长仅1~2mm，花梗长3~6mm，初时紧密，似团伞花序，有花10~20朵；萼片5枚，长1~2mm；花瓣5枚，淡绿色，具7条脉纹，中部有红色斑纹；雄蕊5枚；花盘杯状，具5钝齿。分果瓣红色，倒卵形或阔倒卵形；核中肋明显凸起，呈狭翅状，中肋两边各有1~2行蜂窝状凹穴，两侧面平凹，腹部凸出呈三角形。花期2~5月；果期5~10月。

产于凌云、乐业、融水、平南、金秀、象州。生于600~1000m的山林中。分布于云南、广东、福建；越南、缅甸也有分布。

8. 柠檬清风藤

Sabia limoniacea Wall. ex Hook. f. et Thomson

常绿木质藤本。叶革质，椭圆形、长圆状椭圆形或卵状椭圆形，长7~15cm，宽4~6cm，先端短渐尖或急尖，基部阔楔形或圆钝，两面均无毛；叶柄长1.5~2.5cm，被稀疏柔毛。花序成狭长的圆锥花序，长7~15cm，直径不到2cm；花淡绿色、黄绿色或淡红色；萼片5枚；花瓣5枚，倒卵形或椭圆状卵形，长1.5~2.0mm，有5~7条红色脉纹；雄蕊5枚；花盘杯状，有5浅裂。分果瓣近圆形或近肾形，长1.0~1.7cm，红色；核中肋不明显，中肋两边各有4~5行蜂窝状凹穴，两侧面平凹，腹部稍尖。花期8~11月；果期翌年1~5月。

产于广西各地。生于海拔1300m以下山谷、岩石上。分布于福建、广东、海南、云南；缅甸、泰国、马来西亚、印度和印度尼西亚也有分布。

9. 小花清风藤 图1191

Sabia parviflora Wall.

常绿攀援木质藤本。小枝细长，嫩时被短柔毛，老时无毛。叶纸质或近薄革质，卵状披针形或狭长圆形，长5~12cm，宽1~3cm，先端渐尖，基部形或宽楔形，叶面深绿色或榄绿色，叶背灰绿色，两面无毛；侧脉5~8对；叶柄长1.5~2.0cm，有稀疏柔毛或无毛。聚伞花序集成圆锥花序，无毛或被稀疏柔毛，有花10~25朵，直径2~5cm，长3~7cm；总花梗长2~6cm，花绿色或黄绿色；萼5枚；花瓣5枚，长2~3mm，有5~7条脉纹。分果瓣近圆形，较小，直径5~7mm，无毛，中肋两侧有不明显蜂窝状凹穴，两侧面平凹，腹部稍圆。花期3~5月；果期7~9月。

产于凤山、田林、西林、隆林。生于海拔800m以上的林中或灌丛中。分布于云南、贵州；印度、缅甸、泰国、越南、印度尼西亚也有分布。

图1191 小花清风藤 Sabia parviflora Wall. 果枝。(仿《中国植物志》)

2. 泡花树属 Meliosma Bl.

乔木或灌木。通常被毛；芽裸露，被褐色绒毛。单叶或具近对生小叶的奇数羽状复叶，小叶全缘或有锯齿。花小、两性、两侧对称，具短梗或无梗，组成顶生或腋生、多花的圆锥花序；萼片4～5枚，其下常有紧接的苞片；花瓣5枚，大小相差悬殊，外面的3枚较大，内面2枚远比外面的小，而中裂片极小；雄蕊5枚，2枚发育并与内面的花瓣对生，花丝短、扁平，其余3枚退化雄蕊与外面花瓣对生；花盘杯状或浅杯状，通常有5小齿；子房2(3)室，胚珠每室2枚。核果小，近球形、梨形，中果皮肉质，核(内果皮)骨质，1室。

约50种，分布于亚洲东南部和美洲中南部的温暖地区。中国29种；广西12种4变种。

分种检索表

1. 单叶。
 2. 叶侧脉劲直，不弯拱 ······ **1a. 异色泡花树 M. myriantha** var. **discolor**
 2. 叶侧脉明显弯拱上升。
  3. 圆锥花序狭窄呈扫帚状，宽4～7cm ······ **2. 狭序泡花树 M. paupera**
  3. 圆锥花序宽大呈塔形，宽8cm以上。
   4. 叶较大，长15～40cm，宽4～16cm，侧脉15～28对。
    5. 叶倒披针状椭圆形或倒披针形，先端渐尖，叶柄长1.5～2.0cm；内面2枚花瓣不分裂，子房密被柔毛；核果残留有毛 ······ **3. 山楝叶泡花树 M. thorelii**
    5. 叶倒卵形、倒披针形或倒卵状长圆形，先端短急尖或骤狭尾状渐尖，叶柄长3～5cm；内面2枚花瓣分裂过半，子房无毛；核果无毛 ······ **4. 疏枝泡花树 M. longipes**
   4. 叶较小，长常不超过15cm，如达15cm则宽不超过5cm，侧脉15对以内。
    6. 叶全缘，稀上部具1～2对齿。
     7. 叶柄细长，长2.5～10.0cm，基部圆柱状增粗，叶先端尾状渐尖，尖头钝，叶常集生于枝顶，背面粉绿色，密被黄褐色小鳞片 ······ **5. 绿樟 M. squamulata**
     7. 叶柄粗短，长不超过2.5cm，基部不呈圆柱状增粗，叶先端不为尾状渐尖，尖头锐，叶不集生于枝顶，背面非粉绿色，无鳞片。
      8. 叶背面无毛或仅脉腋有髯毛 ······ **6. 贵州泡花树 M. henryi**
      8. 叶背面密被锈色绒毛或长柔毛。
       9. 叶革质，椭圆形、椭圆状倒卵形或长圆状倒披针形，基部圆或阔楔形，叶面除中脉和侧脉外其余无毛；花内面2枚花瓣2浅裂达中部 ······ **7. 华南泡花树 M. laui**
       9. 叶膜质，倒披针形或狭倒卵形，基部2/3以下渐狭成楔形，叶面被稀疏短柔毛；花内面2枚花瓣2浅裂 ······ **8. 毛泡花树 M. velutina**
    6. 叶缘有锯齿。
     10. 叶背和花序均密被长柔毛或交织绒毛 ······ **9. 笔罗子 M. rigida**
     10. 叶背和花序均被平伏疏散短柔毛或长柔毛 ······ **10. 香皮树 M. fordii**
1. 羽状复叶，叶轴顶端3枚小叶叶柄无节。
 11. 小叶革质，背面被平伏细毛或无毛。
  12. 小叶狭长圆形或长圆状披针形，中脉在叶面隆起或平，边缘通常全缘，极少有1～2枚小齿，仅叶背沿叶脉有稀疏平伏毛 ······ **11. 狭叶泡花树 M. angustifolia**
  12. 小叶狭卵形、卵状披针形或长圆状椭圆形，中脉在叶面凹陷，边缘通常有疏离的细芒状尖齿，叶两面无毛，仅脉腋有黄色髯毛 ······ **12a. 腋毛泡花树 M. rhoifolia** var. **barbulata**
 11. 小叶纸质或近革质，背面被柔毛、绒毛或腺毛。
  13. 小叶叶面除中脉和侧脉被细柔毛外其余无毛，背面粉绿色，除脉腋有髯毛外被棒状腺毛 ······ **13. 腺毛泡花树 M. glandulosa**
  13. 小叶叶面被疏短柔毛，背面浅绿色，被疏柔毛或近于无毛或被疏而短棒状腺毛 ······ **14. 红柴枝 M. oldhamii**

1a. 异色泡花树

Meliosma myriantha var. **discolor** Dunn

落叶乔木，高20m。幼枝及叶柄被褐色平伏毛。单叶，膜质或薄纸质，倒卵状椭圆形、倒卵状长圆形或长圆形，长 8 ~ 30cm，先端锐渐尖，基部圆钝，基部全缘以上有由侧脉伸出叶缘而形成的刺状锯齿，叶缘锯齿不达基部；嫩叶叶面被短疏毛，后脱落变无毛，叶背被疏毛或仅脉上被毛；侧脉 12 ~ 22 对，劲直直达齿端；叶柄长 1 ~ 2cm。圆锥花序顶生，分枝细，侧枝扁，被疏毛；花小，具短梗，萼片 5 枚或 4 枚。核果倒卵形或球形，中肋稍隆起，两侧具细网纹。花期夏季；果期 5 ~ 9 月。

产于龙胜、临桂。生于海拔 1400m 以下的山谷、溪旁土壤湿润的阔叶混交林中。分布于浙江、安徽、江西、福建、广东、湖南、贵州。

图 1192　狭序泡花树 Meliosma paupera Hand. -Mazz.　1. 花枝；2. 果序一部分；3. 果核。（仿《中国植物志》）

2. 狭序泡花树　图 1192

Meliosma paupera Hand. -Mazz.

小乔木或乔木，高 9m。小枝纤细。单叶，薄革质，倒披针形或狭椭圆形，长 5.5 ~ 14.0cm，宽 1 ~ 3cm，先端渐尖，基部渐狭，下延形成狭翅，全缘或中部以上每边有 1 ~ 4 个疏而具刺的锯齿，叶面除中脉有细毛外余无毛，叶背面具平伏细毛；侧脉 7 ~ 8 对，纤细向上弯拱，中脉和侧脉在叶两面均隆起。圆锥花序顶生，呈散扫帚状，长 7 ~ 14cm，宽 4 ~ 7cm，3 ~ 4 次分枝，稀疏而纤细，被稀疏平伏细柔毛；萼片 5 枚，宽卵形，外面 2 枚较小；花瓣 5 枚，内面 2 枚花瓣先端 2 裂，广叉形；子房无毛。核果球形，核近球形，具细而钝凸起的网纹，中肋稍隆起，腹孔不张开。花期夏季；果期 8 ~ 10 月。

产于临桂、永福、阳朔、南丹、东兴。生于海拔 1500m 以下阔叶林中。分布于云南、贵州、广东、江西；越南也有分布。

3. 山様叶泡花树　罗壳木、单叶泡花树

Meliosma thorelii Lec.

乔木，高 6 ~ 14m。单叶，革质，倒披针状椭圆形或倒披针形，长 15 ~ 25cm，宽 4 ~ 8cm，先端渐尖，约 3/4 以下渐狭至基部成狭楔形，下延至柄，全缘或中上部有锐尖的小锯齿，无毛或叶背被稀疏、平伏的微柔毛；侧脉 15 ~ 22 对，稍劲直达近末端弯拱环结，中脉与网脉干时两面均凸起；叶柄长 1.5 ~ 2.0cm。圆锥花序顶生或生于上部叶腋，直立，长 15 ~ 18cm，被褐色短柔毛；花芳香，直径 2 ~ 25mm，具短梗；萼片长 0.6 ~ 0.8mm；外面 3 枚花瓣白色，内面 2 枚花瓣不分裂；子房被柔毛。核果球形，顶基稍扁而稍偏斜，直径约 8mm，核近球形，壁厚、有稍凸起的网纹，中肋钝凸起，腹孔小，不张开。花期夏季；果期 10 ~ 11 月。

产于都安、田林、横县、宁明、龙州、上思。生于海拔 1000m 以下林间。分布于福建、广东、贵州、云南；越南、老挝也有分布。种子油可作油漆和肥皂的原料。

4. 疏枝泡花树

Meliosma longipes Merr.

灌木或小乔木。单叶，通常集生于枝端，近革质，倒卵形、倒披针形或倒卵状长圆形，长 15 ~

25cm，宽4～9cm，先端短急尖或骤狭尾状渐尖，全缘，叶背面被疏短柔毛；中脉与侧脉凹下，侧脉15～18对，稍弯拱向上连结，网脉稀疏；叶柄长3～5cm。圆锥花序顶生或生于上部叶腋，分枝稀疏，稍微柔毛；内面2枚花瓣分裂过半；子房无毛。核果近球形或倒卵形，无毛，核近球形，稍偏斜，具稍凸起的细网纹，中肋显著隆起，从腹孔一边延至另一边，有3～4条从腹孔射出的短纵棱。花期夏季；果期8～9月。

产于防城、上思。生于1200m以下阔叶林中。分布于广东、云南；越南也有分布。

5. 绿樟 樟叶泡花树、秤星树、野木棉 图1193：1

Meliosma squamulata Hance

乔木，高15m。幼枝和芽被褐色短柔毛，老枝无毛。单叶，薄革质，常集生于枝顶，椭圆形或卵形，长5～12cm，宽1.5～5.0cm，先端长尾状渐尖，尖头钝，基部楔形，稍下延，叶面无毛，有光泽，叶背粉绿色，密被黄褐色极细小鳞片；侧脉3～5对，与中脉交成锐角向上弯拱环结；叶柄纤细，基部圆柱状增粗，长2.5～10.0cm，越往下越长。圆锥花序顶生或腋生，单生或2～8个聚生，长7～20cm，总轴、分枝、花梗、苞片均被褐色柔毛；花白色；萼片5枚；花瓣5枚，内面2枚2裂至中部。核果球形，核近球形，顶基扁，具明显凸起的不规则的网纹，中肋稍钝隆起，腹孔小，具8～10条射出棱。花期夏季；果期9～10月。

图1193 1. 绿樟 Meliosma squamulata Hance 果枝。**2. 贵州泡花树 Meliosma henryi** Diels 果枝。（仿《中国植物志》）

产于全州、龙胜、资源、荔浦、贺州、金秀、象州、融水、武鸣。生于阔叶林中。分布于贵州、云南、湖南、广东、江西、福建、台湾。木材供建筑用。

6. 贵州泡花树 图1193：2

Meliosma henryi Diels

小乔木，高3m。小枝纤细、无毛，具明显的白色皮孔。单叶，革质，披针形或狭椭圆形，长7～12cm，宽1.5～3.5cm，先端渐尖，基部狭楔形，两面除脉腋有鬃毛外，余无毛，叶面深绿色，有光泽，全缘；侧脉5～9对，纤细弯拱向上环结，网眼细密；叶柄长1～2cm。圆锥花序顶生或腋生，长10～20cm，具2～3次分枝，分枝劲直，被细柔毛；萼片长约1mm，具缘毛；外面3片花瓣扁圆形，内面2片花瓣卵状狭椭圆形，不分裂；子房无毛。核果倒卵形，直径7～8mm；核近球形，顶基稍扁，直径4～5mm，质薄，无网纹或网纹极不明显，中脉极不明显，腹孔细小，腹部不凸出。花期夏季；果期9～10月。

产于靖西、宜州。生于海拔700～1400m阔叶林中。分布于云南、贵州、四川、湖北。

7. 华南泡花树

Meliosma laui Merr.

小乔木，高7m。芽、幼枝、叶背、叶柄、花序、花萼背面均密被褐色绒毛。单叶，革质，椭圆形、椭圆状倒卵形或长圆状倒披针形，长7～22cm，宽2.5～9.0cm，先端渐尖，有锐尖头，基部

图 1194 毛泡花树 **Meliosma velutina** Rehd. et E. H. Wils. 花枝。(仿《中国植物志》)

图 1195 1. 笔罗子 **Meliosma rigida** Sieb. et Zucc. 花枝。2. 香皮树 **Meliosma fordii** Hemsl. 果枝。(仿《中国植物志》)

狭楔形或阔楔形，全缘，叶面除中脉和侧脉被柔毛外无毛；侧脉 9 ~ 13 对，稍弯拱至叶缘处网结；叶柄圆柱形，长 1 ~ 4cm。圆锥花序顶生，长 15 ~ 25cm，3 次分枝，侧枝平展，花密集于第 3 回分枝上，形成疏散宽广的花序；花黄色，芳香，无花梗，内面 2 枚花瓣较小，2 浅裂达中部；子房无毛。核果倒卵形或近球形，核两侧稍扁，具成脊状或小瘤状的粗网纹凸起，中肋尖锐凸起，腹孔稍张开。花期 3 ~ 4 月；果期7 ~ 8 月。

产于融水、罗城、环江、防城、上思。生于海拔 1000m 以下阔叶林中。分布于海南；越南也有分布。

8. 毛泡花树 图 1194

Meliosma velutina Rehd. et E. H. Wils.

乔木，高 10m。当年生枝、芽、叶柄及叶背中脉、花序密被褐色绒毛。单叶，膜质，倒披针形或狭倒卵形，长 9 ~ 26cm，宽 2. 5 ~ 9. 0cm，先端渐尖，基部 2/3 以下渐狭成楔形，全缘或近顶部有疏锯齿，叶面中脉和侧脉残留有长柔毛，叶背被长柔毛；侧脉 15 ~ 25 对，向上弯拱至近叶缘处网结；叶柄粗壮，长 1. 0 ~ 2. 5cm。圆锥花序顶生，长 20 ~ 26cm，2 ~ 3 次分枝；萼片背面被长柔毛；花白色，内面 2 枚花瓣较小，先端 2 浅裂；子房无毛。花期 4 ~ 5 月。

产于巴马、横县、平南、扶绥。生于海拔 1300m 以下阔叶林中。分布于云南、广东；越南也有分布。

9. 笔罗子 野枇杷 图 1195：1

Meliosma rigida Sieb. et Zucc.

乔木，高 7m。芽、幼枝、叶背中脉、花序、花萼均被锈色绒毛，2 ~ 3 年生枝仍残留有毛。单叶，革质，倒披针形或狭倒卵形，长 8～25cm，宽 2.5～4.5cm，先端渐尖或尾状渐尖，1/3 或 1/2 以下渐狭楔形，全缘或中部以上有数个尖锯齿，叶面除中脉和侧脉被短柔毛外无毛，叶背被锈色柔毛，中脉在腹面凹陷；侧脉 9～18 对；叶柄长 1.5～4.0cm。圆锥花序顶生，具 3 次分枝，花密集于第 3 次分枝上；萼片 5 枚或 4 枚；花瓣 5 枚，外面 3 枚白色，内面 2 枚花瓣较小，先端 2 裂至中部，顶端有缘毛。核果球形，直径 5～8mm；核具凸起细网纹，中肋稍隆起，腹部稍凸出。花期夏季；果期 9～10 月。

产于梧州、苍梧、防城、上思。生于海拔 600m 以下阔叶林中。分布于云南、贵州、湖南、湖北、广东、福建、江西、浙江和台湾，是本属分布较广的一种；日本也有分布。木材淡红色，坚硬，供作把柄、扁担、手杖等用；树皮可提鞣质，可提制栲胶；种子油供工业用。

9a. 毡毛泡花树

Meliosma rigida var. **pannosa** (Hand.-Mazz.) Y. W. Law

与原变种不同点在于：枝、叶背、叶柄及花序均被长柔毛或交织绒毛。花期 5～6 月；果期 8～9 月。

产于临桂。生于海拔 800m 以下的山地阔叶林中。分布于广东、福建、贵州、湖南、江西。

10. 香皮树 过家见、过假麻、钝叶泡花树、罗浮泡花树 图 1195：2

Meliosma fordii Hemsl.

乔木，高 10m。小枝、叶柄、叶背及花序被褐色平伏柔毛。单叶，近革质，倒披针形或披针形，长 9～25cm，宽 2.5～8.0cm，先端渐尖，稍钝，基部狭楔形，下延，全缘或顶部有数齿，叶面有光泽，中脉及侧脉在叶面微凸起或平，被短伏毛；侧脉 11～20 对；叶柄长 1.5～3.5cm。圆锥花序宽广，顶生或近顶生，3～4(5)回分枝，总轴细而有圆棱；萼片 4(5)枚；花瓣 5 枚，内面 2 枚 2 裂至中部，裂片线形，广叉开。核果球形或扁球形，核具明显网纹凸起，中肋隆起，从腹孔一边延至另一边，腹部稍平，腹孔小，不张开。花期 5～7 月；果期 8～10 月。

分布广，几及广西各地，生于海拔 1000m 以下阔叶林中。分布于云南、贵州、湖南、广东、江西、福建；越南、老挝、柬埔寨、泰国也有分布。树皮及叶药用，有滑肠的功效，治便秘。

10a. 辛氏泡花树

Meliosma fordii var. **sinii** (Diels) Y. W. Law

该变种幼枝、叶柄、叶背、花序均被广展长柔毛；叶狭倒卵形或狭椭圆形；圆锥花序狭尖塔形，花梗短，花枝顶端的近于无梗。

产于金秀。分布于广东。

11. 狭叶泡花树 香椿木、鸡胆、鸡腿树、鹧鸪木(防城)

Meliosma angustifolia Merr.

常绿乔木，高 20m。幼枝、小叶柄和花序被褐色柔毛，2 年生枝条近无毛。奇数羽状复叶，连叶柄长 20～30cm，有小叶 12～23 枚；小叶革质，狭长圆形或长圆状披针形，长 5～12cm，宽 1.5～3.0cm，先端钝渐尖，基部稍偏斜、狭楔形，全缘或有时顶部有 1～2 小齿，叶面无毛而有光泽，叶背干时赤褐色，沿叶脉常有稀疏平伏毛，脉腋无髯毛，中脉在叶面隆起或平；侧脉 5～7 对，直至离叶缘 2～5mm 处开叉并与上侧脉会合。圆锥花序顶生或腋生，约与叶等长或稍短；花芳香，近于无梗，密集；萼片 5 枚；花瓣 5 枚，内面 2 枚 2 裂。核果倒卵形，有细毛，核具凸起网纹，中肋隆起，从腹孔一边延到另一边。花期 3～5 月；果期 8～9 月。

产于宁明、上思、龙州。生于海拔 1500m 以下山腰下部或山谷。分布于云南、广东、海南；越南也有分布。木材纹理直，结构细致而均匀，质硬而稍重，易加工，但不耐腐，适用于家具和美工等用材。

12a. 腋毛泡花树 图 1196

Meliosma rhoifolia var. **barbulata** (Cufod.) Y. W. Law

图 1196 腋毛泡花树 **Meliosma rhoifolia** var. **barbulata** (Cufod.) Y. W. Law 1. 叶；2. 花枝；3. 花蕾；4. 外花瓣及退化雄蕊；5. 内花瓣；6. 内花瓣及雄蕊；7. 花盘和雌蕊；8. 果核。(仿《中国植物志》)

常绿乔木，小枝无毛。奇数羽状复叶，有小叶 11 ~ 15 枚，革质，狭卵形、卵状披针形或长圆状椭圆形，长 5 ~ 15cm，宽 2.0 ~ 3.5cm，先端尖或尾状渐尖，基部圆或阔楔形，有疏离具芒的细尖齿或全缘，背面粉绿色，两面无毛，仅脉腋有黄色髯毛；侧脉 6 ~ 9 对。圆锥花序顶生或生于上部叶腋，主轴具 3 棱；子房被柔毛。核果近球形，核具条状网纹凸起，中肋钝隆起，从腹孔一边延至另一边，腹部稍凸出。花期5 ~ 6 月；果期 8 ~ 10 月。

产于临桂、龙胜、资源、融水。生于海拔 400 ~ 1000m 的阔叶林中。分布于贵州、湖南、广东。种子可榨油。

13. 腺毛泡花树

Meliosma glandulosa Cufod.

常绿乔木，高 15m。奇数羽状复叶，连柄长达 40cm；小叶 7 ~ 9 枚，近革质，下部的小叶卵形，中部的卵形或长圆状卵形，顶端的椭圆形，长 5 ~ 12cm，宽 1.5 ~ 4.0cm，先端短渐尖，基部阔楔形或圆钝，偏斜，上部 2/3 有稀疏小锯齿，叶面沿中脉及侧脉有短粗毛，余无毛，叶背粉绿色，散生有棒状腺毛，沿叶脉被平伏短柔毛，脉腋有髯毛；侧脉 6 ~ 10 对。圆锥花序顶生，长 15 ~ 24cm，主轴具 3 棱，具 3 次分枝，侧枝扁，被褐色短柔毛；花近无柄；萼片长约 1mm；外面 3 枚花瓣淡绿色，长约 2mm，内面 2 枚花瓣 2 裂达中部。核果球形，核扁球形，有凸起网纹，中肋显著隆起。花期夏季；果期 8 ~ 10 月。

产于龙胜、资源、兴安、融水。生于海拔 400 ~ 1000m 的山地阔叶林中。分布于贵州、广东。

14. 红柴枝

Meliosma oldhamii Miq.

落叶乔木，高 20m。腋芽球形或扁球形，密被淡褐色柔毛。奇数羽状复叶，连柄长 15 ~ 30cm，叶总轴、小叶柄及叶两面均被褐色柔毛；小叶 7 ~ 15 枚，薄纸质，下部小叶卵形，长 3 ~ 5cm，中部长圆状卵形或狭卵形，顶端 1 枚倒卵形或长圆状倒卵形，长 5.5 ~ 10.0cm，宽 2.0 ~ 3.5cm，先端急尖或锐渐尖，基部圆、阔楔形或狭楔形，边缘具疏离的锐尖锯齿；侧脉 7 ~ 8 对，弯拱至近叶缘开叉网结。圆锥花序顶生，直立，具 3 次分枝，被褐色短柔毛；花白色，花梗长 1.0 ~ 1.5mm；萼片 5 枚；外面 3 枚花瓣近圆形，内面 2 枚花瓣 2 裂达中部。核果球形，核具明显的凸起网纹，中肋明显隆起，腹部稍凸出。花期 5 ~ 6 月；果期 8 ~ 9 月。

产于临桂、融水。生于海拔 800 ~ 1700m 的林中。分布于贵州、广东、江西、浙江、江苏、安徽、湖北、河南、陕西；日本、朝鲜也有分布。材质坚硬，可作家具、车辆等用材；种子油作滑润油。

119 漆树科 Anacardiaceae

乔木或灌木，稀为木质藤本或亚灌木状草本。树皮常含有树脂。叶互生，很少对生，单叶、掌状三小叶或羽状复叶；无托叶。花小，常辐射对称，两性、单性或杂性，通常组成顶生或腋生圆锥花序；通常为双被花，稀为单被或无被花；萼3~5裂；花瓣3~5枚或不存在，分离或基部合生；雄蕊与花瓣同数或为其2倍；子房上位，1室，少有2~5室，胚珠每室1枚。核果，外果皮薄，中果皮通常厚，具树脂，内果皮坚硬，骨质或硬壳质或革质，1室或2~5室，每室具种子1枚。

约77属600种，主要产于热带地区。中国15属54种；广西11属20种1变种。

分属检索表

1. 单叶，全缘；心皮4~6(1)枚，分离，花柱常侧生。
  2. 心皮4~6枚，分离，通常仅1枚发育，花两性，雄蕊8~12枚，全部发育；果双凸镜状 ………………………………………… **1. 山様子属 Buchanania**
  2. 心皮1枚，花杂性，雄蕊5枚，稀10~12枚，通常仅1枚发育；果肾形………………… **2. 杧果属 Mangifera**
1. 复叶，稀单叶；心皮(1)3~5枚，合生，花柱顶生。
  3. 心皮4~5枚，子房4~5室。
    4. 乔木或灌木；胚直立。
      5. 花瓣镊合状排列，花柱1枚；果核木质，核内有大空腔 ………………… **3. 槟榔青属 Spondias**
      5. 花瓣覆瓦状排列，花柱4~5枚。
        6. 花5基数。
          7. 花两性；核果近球形，果核压扁状………………… **4. 人面子属 Dracontomelon**
          7. 花杂性；果和果核皆椭圆形 ………………… **5. 南酸枣属 Choerospondias**
        6. 花4基数；核果卵形或近肾形；树皮厚 ………………… **6. 厚皮树属 Lannea**
    4. 攀援状木质藤本；子房1室，花柱5枚，侧生 ………………… **7. 藤漆属 Pegia**
  3. 心皮3枚，常仅1枚发育，子房1室。
    8. 叶为羽状复叶；花托不凹入，不膨大。
      9. 花为单被花 ………………… **8. 黄连木属 Pistacia**
      9. 花有花萼和花瓣。
        10. 圆锥花序顶生；果密被腺毛、具节柔毛或单毛，熟时红色，外果皮与中果皮连合，内果皮分离 ………………………………… **9. 盐肤木属 Rhus**
        10. 圆锥花序腋生；果无毛或疏被微柔毛或刺毛，但无腺毛，熟时黄绿色，外果皮薄，与中果皮分离，中果皮蜡质，白色，具褐色树脂道条纹 ………………… **10. 漆属 Toxicodendron**
    8. 单叶；花托膨大，子房埋入下凹的花托中，子房下位，花柱1枚；果扁球形，具多数纵棱 ………………………………… **11. 辛果漆属 Drimycarpus**

1. 山様子属 Buchanania Spreng.

乔木或灌木。单叶互生，革质或薄革质。圆锥花序顶生或腋生；花两性，通常5基数；雄蕊8~12枚，花药药室侧面纵裂；花盘坛状或杯状，厚，具纵槽或有时4~6裂；心皮4~6枚，离生，通常仅1枚发育；花柱短，柱头截平，胚珠单生。核果小，双凸镜状，红色，干后变褐色或黑色，核通常厚而坚硬，种子一侧肿胀。

约25种，分布于亚洲和大洋洲热带亚热带地区。中国4种；广西1种。

小叶山様子

Buchanania microphylla Engl.

灌木，很少为小乔木，高3~9m。幼枝被锈色柔毛，后变无毛。叶革质，倒卵状长圆形或椭圆形，长4～10cm，宽2～5cm，先端圆形或微凹，基部圆形至阔楔形，全缘而背卷，两面近无毛，侧脉12～20对，侧脉与网脉均两面凸起；叶柄长8～14mm。圆锥花序顶生或腋生，比叶稍长，被锈色微柔毛，花梗短，长1.0～1.5mm；萼裂片5枚；花瓣黄色；子房圆锥形，密被粗硬毛。核果双凸镜形，稍偏斜，直径约8mm，无毛。花期7～12月。

产于田林、西林。生于低海拔较干旱山坡疏林中。分布于海南；菲律宾也有分布。

2. 杧果属 Mangifera L.

常绿乔木。单叶互生，全缘，具柄，革质。圆锥花序顶生，杂性，花梗有节；苞片小而早落；萼片、花瓣均覆瓦状排列；萼片4～5深裂；花瓣4～5枚，着生在花盘基部，分离或与花盘合生，里面具1～5条或更多黄褐色凸起脉纹；花盘垫状或杯状，分裂；雄蕊5枚，稀10～12枚，通常仅1枚发育而较大，其余不发育的较小或退化成齿状，稀2～5枚发育，着生于花盘边缘或基部与花盘合生；子房1室，偏斜，1枚胚珠，花柱1枚，顶生或近顶生。果为肉质的大核果，核大，骨质，外面有纤维。

约69种，产于亚洲热带地区。中国6种；广西3种。

分种检索表

1. 花序被毛；核果大，长5～10cm或更长，肾形，中果皮肉质，肥厚 ………………………… **1. 杧果 M. indica**
1. 花序无毛。
   2. 叶狭披针形或线状披针形，长10～20cm，宽2～4cm，镰状；果序长不及20cm，核果桃形或菱状卵形，长约5cm，先端无喙 ………………………… **2. 扁桃 M. persiciforma**
   2. 叶较宽，长圆形或长圆状倒披针形，长10～35cm，宽3～9cm，不为镰状；果序长可达40cm，核果肾形，长7～11cm，宽4～6cm，先端具长3～5mm的喙 ………………………… **3. 冬杧 M. hiemalis**

1. 杧果 图1197：1～5

Mangifera indica L.

常绿大乔木，高10～20m。叶常集生枝顶，叶形和大小变化较大，通常为长圆形或长圆状披针形，长12～30cm，宽3.5～6.5cm，先端渐尖、长渐尖或急尖，基部楔形或近圆形边，边缘皱波状，无毛；侧脉15～20对，两面凸起。圆锥花序长大，长20～35cm，多花而密集，被灰黄色柔毛，分枝开展，最基部分枝长6～15cm；花小，杂性，黄色或淡黄色；花梗长1.5～3.0mm，具节；萼片卵状披针形，长2.5～3.0mm；花瓣长3.5～4.0mm，里面具3～5条棕褐色凸起的脉纹，开花时外卷。核果大型，肾状，压扁，长5～10cm或更长，成熟时淡绿色或黄色，中果皮肉质肥厚，鲜黄色；果核压扁、坚硬。初春开花；盛夏果熟。

著名的热带水果，广西南部、东南部及西南部都有栽培，但以西南部右江河谷为最多。云南、广东、福建、台湾有栽培；世界各热带地区也有栽培。喜高温，能耐短期－2℃低温；耐干旱，盛花时若遇连续阴雨，将造成无法授粉，严重影响产量，这也是广西东南部杧果结实率低的主要原因，花期恰逢梅雨季。喜光树种，根系深、欠发达，适宜在土层深厚、有机质丰富的肥沃土壤上种植。杧果栽培历史悠久，品种和品系繁多，目前国内栽培已有40个品种，广西主栽品种主要有田阳香杧、青皮杧、象牙22号杧、紫花杧、红象牙杧、桂热10号杧、桂香杧、串杧、金穗杧等。播种或嫁接繁殖，果园栽植都是采用嫁接苗，播种繁殖仅用作嫁接苗砧木或培育园林绿化苗。杧果果实肉质细滑多汁、香味浓郁，果实营养丰富，含有氨基酸、糖、脂肪酸、矿质元素、有机酸、蛋白质、维生素等，可鲜食，亦可加工成果汁、罐头、蜜饯、脱水杧果片。杧果树形美观，遮阴性好，速生，也是绿化环境的优良树种。木材心材与边材区别明显，心材金黄色或红褐色，边材浅黄褐色，木材纹理斜，结构适中，重量中等至重，气干密度0.77g/cm^3，干燥容易，不耐腐，供门窗、室内装饰、箱盒等用材。

2. 扁桃 唛咖（壮语） 图1197：6～7

Mangifera persiciforma C. Y. Wu et T. L. Ming

常绿大乔木，高30m。树冠伞状半球形，分枝多而角度小；全株除萼片被毛外，其余均无毛。叶薄革质，狭披针形或线状披针形，镰状，长10～20cm，宽2～4cm，先端急尖或短渐尖，基部楔形，边缘皱波状；中脉两面凸起，侧脉约20对；叶柄长1.5～3.5cm。圆锥花序顶生，单生或2～4花序簇生，长10～20cm，无毛，自基部分支；花黄绿色，花梗长约2mm，中部有关节；花萼、花瓣均4～5枚；花盘垫状，4～5裂；雄蕊仅1枚发育，不育雄蕊1～3枚。果桃形或菱状卵形，略压扁，长约5cm，宽约4cm；果核大，长约4cm，宽约2.5cm，具斜向凹槽，种子近肾形，一端较大。花期2～3月；果期7月。

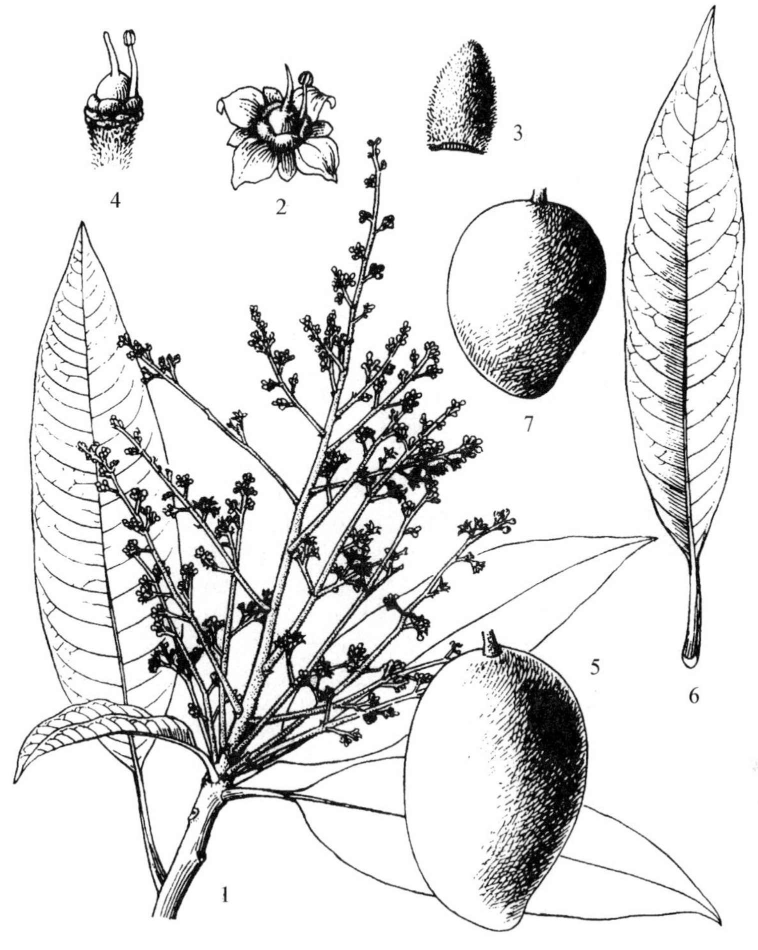

图1197 1～5 杧果 Mangifera indica L. 1. 花枝；2. 花；3. 萼片；4. 花去花萼和花瓣，示雌蕊和及部分雄蕊；5. 果。**6～7. 扁桃 Mangifera persiciforma** C. Y. Wu et T. L. Ming 6. 叶；7. 果。（仿《广西植物志》）

产于广西西南部及南部。生于海拔300m以下低丘、台地及石灰岩山地谷地，红水河流域以南广为栽培。分布于贵州、云南，广东有引种；越南也产。适生于年平均温度19.5℃以上，≥10℃年积温7000℃以上，在广西西部遇短期－3℃低温，大树仍能生长良好，但小苗不耐寒，5℃即受冻害，－1.5℃时冻死。深根树种，适生于砂页岩、花岗岩、流纹岩等风化土层深厚的砂壤土、轻黏土；钙质土则不能生长，但在石灰岩经高度淋溶形成的酸性土上生长良好。幼年稍耐庇荫，不喜强光直射，成年树喜光；幼树生长较慢，3～5年生后生长逐渐加快。播种繁殖，鲜果约60个/kg，果核80～100枚/kg。树体高大常绿，干形粗壮，树姿端正雄伟，树冠伞形，枝叶繁茂浓荫，结构紧密、抗风力强，寿命长，对烟、毒的抗性比较强，优良园林绿化树种，南宁市市树。木材心材与边材区别不明显，木材灰褐色，纹理斜，结构适中，重量中等至重，气干密度0.73g/cm^3，稍耐腐，干燥不翘裂，稍变形，供室内装饰、木地板、雕刻等用材。果可鲜食，酸甜味美。

3. 冬杧

Mangifera hiemalis J. Y. Liang

常绿乔木，高25m，胸径110cm。树皮灰褐色，不规则纵裂；小枝粗壮，具条纹，无毛。叶近革质，长圆形或长圆状倒披针形，长10～35cm，宽3～9cm，先端急尖，基部楔形，无毛；中脉两面凸起，侧脉18～22对，两面凸起；叶柄长3～8cm。圆锥花序顶生，长12～20cm，果期延长到25～40cm，无毛；花杂性，淡黄色；萼片5枚；花瓣5枚，里面具3～5条紫色脉纹。核果肾形，长7～11cm，宽4～6cm，先端具长3～5mm的喙；果核压扁，坚硬。花期6～7月；果期11～12月。

《Flora of China》将本种与林生杧果(Mangifera persiciforma)合并，但林生杧果花为淡黄色，果肾形，先端的喙较短，长仅3~5mm，不弯曲，果核压扁而不同，笔者仍主张分开。广西特有种，产于德保、靖西、龙州、隆安、上思。生于海拔800m以下丘陵山地，常见于石灰岩石山谷地、山坡疏林或密林中。中性中偏阴树种，在石灰岩山地生于沟谷或山坡森林中，不见于山顶或崖壁。播种、嫁接或压条繁殖。单果重150~200g，最重可达374g，果熟期在冬季，味甜酸适口，果肉较厚，产量高，具较高发展潜力。

3. 槟榔青属 Spondias L.

落叶乔木。叶互生，单叶或一至二回奇数羽状复叶；小叶对生或互生，全缘或具齿，具边缘脉或无。总状花序或圆锥花序，先叶开放或与叶同时开放；花杂性；花萼4~5裂；花瓣4~5枚；雄蕊8~10枚，着生于花盘基部；子房4~5室，每室具1枚胚珠。核果肉质，内果皮木质，具坚硬的角状或刺状凸起或无，核内有薄壁组织消失后的空腔。

约11种，分布于美洲和亚洲热带地区。中国2种，广西2种均产。

分种检索表

1. 小叶5~11对，叶下面脉上被毛；花与叶同时；果倒卵形或卵状方形，长0.8~1.0cm ······ **1. 岭南酸枣 S. lakonensis**
1. 小叶2~5对，叶两面无毛；先花后叶；果椭圆状，长3.5~5.0cm ······ **2. 槟榔青 S. pinnata**

1. 岭南酸枣 假酸枣 图1198

Spondias lakonensis Pierre

落叶乔木，高8~15m。幼嫩部分和花序均被微柔毛。叶互生，奇数羽状复叶，长25~35cm，小叶5~11对；小叶对生或互生，长圆形至长圆状披针形，长6~10cm，宽1.5~3.0cm，基部明显偏斜，全缘，叶背脉上或脉腋被微柔毛；侧脉8~10对，不形成边脉；小叶柄短，长仅2mm。圆锥花序腋生，长15~25cm，分支疏散，花小，密集生于花序的顶端，花梗纤细，近基部有关节；花瓣白色；雄蕊8~10枚；心皮4(5)枚，合生，子房4(~5)室。核果，倒卵形或卵状近方形，长0.8~1.0cm，直径6~7mm，熟时红色，中果皮肉质，味甜可食；果核木质，近正方形，顶端有4角和4凹点，横切面近方形，每室有种子1枚。

产于贺州、金秀、天峨、都安、百色、田林、那坡、武鸣、防城、东兴。生于海拔400m以下向阳山坡疏林中或石山山坡、谷地疏林中。分布于广东、海南、福建、云南；越南、老挝、泰国也有分布。播种繁殖，采回的果实，堆沤后洗去果肉即可播种。果酸甜可食，有酒香；木材轻软，不耐腐，适作小型家具、小文具、箱板等。

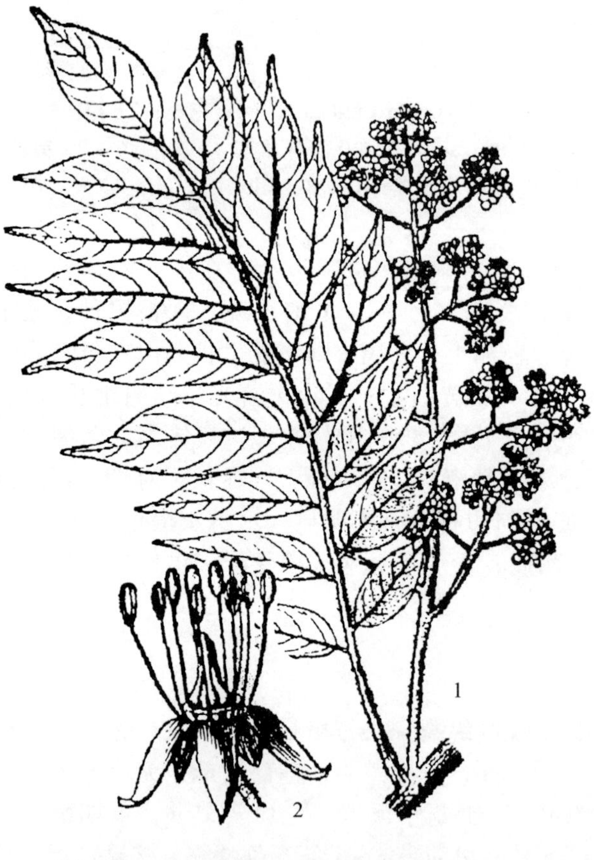

1
2

图1198 岭南酸枣 Spondias lakonensis Pierre
1. 花枝；2. 花。(仿《中国高等植物图鉴》)

2. 槟榔青

Spondias pinnata（L. f.）Kurz

落叶乔木，高 10～15m。全株无毛；树皮平滑，白色或褐灰色。叶互生，奇数羽状复叶，长 30～40cm；小叶薄纸质，对生，2～5 对，卵状长圆形或椭圆状长圆形，长 7～12cm，宽 4～5cm，先端渐尖或短尾尖，基部楔形或近圆形，多少偏斜，全缘，略背卷，侧脉斜升，密而近平行，在边缘内彼此连结成边缘脉。圆锥花序顶生，长 25～35cm，总轴和分枝粗壮；花先叶开放；花瓣绿白色；雄蕊 10 枚，比花瓣短。核果椭圆形或椭圆状卵形，成熟时黄褐色，长 3.5～5.0cm，直径2.5～3.5cm，中果皮肉质而有乳状汁液，内果皮外层为密集纵向排列的纤维质和少量软组织，里层木质坚硬，有 5 个薄壁组织消失后的大空腔，与子房室互生，每室具 1 枚种子，通常每果具 2～3 枚种子成熟。花期 3～4 月；果期 6～9 月。

产于广西南部。生于海拔 1200m 以下干燥坡地或沟谷林中。分布于海南、云南；越南、柬埔寨、泰国、缅甸、马来西亚、印度也有分布。木材心材与边材区别不明显，木材淡白色，纹理直，结构粗，轻而松软，气干密度 0.26g/cm^3，不耐腐，适作包装箱、绝缘材料等用材；果和幼叶可食。

4. 人面子属 Dracontomelon Bl.

乔木。小枝具三角形叶痕。奇数羽状复叶，互生；小叶对生或互生，全缘。圆锥花序腋生或近顶生；花小，两性，具花梗；萼 5 深裂，裂片覆瓦状排列；花瓣 5 枚，近直立，在芽中基部镊合状排列，上部覆瓦状排列，先端外卷；花盘碟状，不明显浅裂；雄蕊 10 枚，着生于花盘基部；子房 5 室，花柱 5 枚，胚珠单生而下垂。核果近球形，肉质；核骨质，近五角形，上面具 5 个卵形凹点，边缘具小孔，形如人面；种子扁圆形。

约 8 种，分布于亚洲热带地区。中国 2 种；广西 1 种，引入 1 种。

分种检索表

1. 小叶长圆形，基部常偏斜，叶两面沿中脉疏被微柔毛；核果较小，直径约 2.5cm ··· **1. 人面子 D. duperreanum**
1. 小叶斜长圆形，基部极偏斜，叶两面脉上均无毛；核果大，直径 3.5～4.0cm ··························· **2. 大果人面子 D. macrocarpum**

1. 人面子 仁面、人面(宁明) 图 1199：1～4

Dracontomelon duperreanum Pierre

常绿大乔木，高可达 40m。树皮灰褐色，块状剥落，常具板根；幼枝被灰色绒毛。奇数羽状复叶，长 30～45cm，叶柄及叶轴常有棱，幼时被短绒毛；小叶 5～7 对，通常互生，革质，长圆形，自下而上逐渐增大，长 5～14cm，宽 2.5～4.0cm，先端渐尖，基部常偏斜，阔楔形至近圆形，全缘，两面沿中脉疏被微柔毛，叶背脉腋具灰白色髯毛；侧脉 8～9 对，在叶两面明显隆起。圆锥花序顶生或腋生，比叶稍短，被灰色微柔毛；花瓣白色。核果扁球形，直径约 2.5cm，成熟时黄色，中果皮肉质味酸可食；果核坚硬，核顶端有孔数个。花期春夏；果期 10～11 月。

产于广西南部、东南部及西南部。常见于海拔 500m 以下山坡、河沟边和村庄附近。分布于云南、广东、海南；越南、菲律宾也有分布。热带性树种，分布区年均气温 20℃以上，最冷月均温 12℃以上，极端低温 -2℃以上，抗寒力低，幼苗幼树忌霜雪，南宁郊区低洼地幼树几乎每年受冻，大树具一定耐寒力。喜土层深厚、肥沃、湿润的中性至微酸性土壤，尤以村旁、沟边等地生长最好。在干旱、贫瘠、排水不良的土壤上生长不良。播种繁殖。枝叶浓密，树冠圆满；根系发达，板根大，抗风力强；寿命长，百年大树仍生长旺盛；生长速度快，5 年可成荫，树形美观，优良园林绿化树种。木材心材与边材区别明显，心材灰褐色至黄绿色，有深褐色或黑色条纹，边材灰黄色，纹理交错，结构细，重量中等，气干密度 0.66g/cm^3，不耐腐，加工易，刨面光滑，油漆性良好，适于车厢、造船、建筑、木地板、高级家具等用材。果酸甜，有香味，可生食，嫩果可加工成人面

图 1199　1～4. 人面子 Dracontomelon duperreanum Pierre　1. 花枝；2. 花；3. 花去花萼和花瓣；4. 果。**5～9. 南酸枣 Choerospondias axillaris** (Roxb.) B. L. Burtt et A. W. Hill　5. 花枝；6. 雄蕊；7. 雌蕊；8. 果；9. 果核。(仿《中国植物志》)

苏、人面酱等，风味独特，是广西特产之一。

2. 大果人面子

Dracontomelon macrocarpum H. L. Li

高大乔木，高约40m。幼枝被极细微柔毛，后变无毛。奇数羽状复叶长达50cm，叶轴和叶柄圆柱形，被灰黄色极细微柔毛；小叶互生，革质，斜长圆形，极不对称，长9～13cm，宽2.5～4.0cm，先端渐尖，基部极偏斜，一侧急尖，另一侧圆形，全缘，叶面无毛，叶背脉腋具髯毛；侧脉8～10对，两面凸起，网脉两面清晰。核果近球形，直径3.5～4.0cm，形如胡桃状，但略压扁，无毛；果核木质坚硬，直径约3.5cm，表面不规则凹陷，通常5室，稀2～4室。

原产云南南部。生于海拔1200m阔叶林内，凭祥、南宁有引种栽培，生长良好。原产地常为上层树种，为巨树，多为散生，亦以其为优势的热带季雨林。速生，凭祥市台地栽植，25年生树高25m，胸径38cm，生长速度明显快于人面子。木材硬度中等，边材灰黄色至浅黄褐色，心材灰褐色间深栗褐色至灰黑色条纹，具光泽，无特殊气味，适于作建筑材料，如梁、柱、人字木、门窗料、地板、板壁及室内装修，也适于制家具、箱柜等。

5. 南酸枣属 Choerospondias Burtt et Hill

落叶乔木。奇数羽状复叶，常集生于小枝顶端，小叶对生。花单性或杂性异株，雄花与不孕的两性花组成腋生或近顶生圆锥花序，雌花通常单生于上部叶腋；花萼浅杯状，5裂；花瓣5枚；雄蕊10枚，花丝着生在花盘裂片间；子房上位，5室，每室具1枚胚珠，悬垂于子房室顶；花柱5枚，分离。核果卵圆形、长圆形或椭圆形，中果皮肉质浆状，内果皮骨质，顶部有5个小孔。

仅1种，分布于印度、中南半岛至中国西南部和南部，广西亦产。

南酸枣　酸枣、五眼果、鼻涕果　图1199：5～9

Choerospondias axillaris (Roxb.) B. L. Burtt et A. W. Hill

落叶乔木，高8～20m。树皮灰褐色，呈片状剥落。奇数羽状复叶长25～40cm；小叶3～8对，对生，膜质至纸质，卵形、卵状披针形或卵状长圆形，长4～12cm，宽2.0～4.5cm，顶端长渐尖，基部偏斜，阔楔形或近圆形，全缘或幼株叶边缘具粗锯齿，两面无毛或稀背面脉腋被疏微柔毛；中脉在叶两面明显隆起，侧脉8～10对。花序长4～10cm，被微柔毛或近无毛；花萼浅杯状，5裂；花瓣5枚，具褐色脉纹；雄蕊10枚，与花瓣近等长。核果椭圆形或倒卵状椭圆形，长2.5～3.0cm，直径1.2～1.5cm，两端圆，成熟时黄色；核坚硬，骨质，近顶端有5小孔。花期2～4月；果期10月。

产于广西各地。生于海拔1000m以下山坡、沟谷林中或村庄附近。分布于中国西南部至中南部；印度、日本和中南半岛也有分布。喜光，适应性强，生长快，为广西各类次生林常见种，亦可作石漠化地区山坡中下部绿化树种。树冠宽大，人工纯林生长较差，宜营造混交林。木材心材与边材的区别明显，心材红褐色，边材浅黄白色，纹理直，结构粗，重量中等，硬度中(气干密度 $0.593g/cm^3$)，花纹美观，光泽性强，无虫蛀，耐腐，干燥稍开裂，无特殊气味，干缩度及冲击韧性中上等，是家具、车厢、房屋建筑、室内装饰的优质用材，也是加工精细首饰盒、茶托、木碗、木碟钵等工艺品的理想木料。

6. 厚皮树属 Lannea A. Rich.

乔木。树皮厚；幼枝常密被毛。奇数羽状复叶，互生；小叶对生，全缘。花单性同株或异株，顶生圆锥花序或总状花序；花萼4裂；花瓣4枚，覆瓦状排列；雄蕊8枚，着生于花盘边缘；子房4室，每室胚株1枚。核果小，卵形或近肾形，压扁状，中果皮薄，内果皮厚，1~4室，先端具残存花柱。

约70种，主产于热带非洲，1种产于中国及东南亚，广西也有。

厚皮树 厚皮麻、牛脚麻(博白) 图1200：1~4

Lannea coromandelica (Houtt.) Merr.

落叶乔木，高10m。树皮灰白色，肥厚而肿胀；小枝、花序、叶轴、叶柄均密被锈色星状短柔毛，后变无毛。奇数羽状复叶常集生小枝顶端，长10~33cm；小叶3~5对，纸质，卵形至卵状长圆形，长5.5~9.0cm，宽2.5~4.0cm，先端尾尖，基部稍偏斜，近圆形，全缘。总状花序与叶等长或稍长，生于上年生枝顶或老枝叶腋之上；萼裂片卵形，无毛；花瓣黄色或带紫色，卵状长圆形，长约2.7mm，无毛；子房4室，通常仅1室发育。核果卵状，侧向压扁，长8~10mm，宽6~7mm，熟时红色，近顶部留有花柱的痕迹。花期3~4月。

产于博白、陆川、合浦、北海。生于低地山坡、村旁灌木丛中或疏林中。分布于云南、广东、海南；中南半岛及印度也有分布。扦插繁殖极易成活。树皮含红色染料，可染鱼网；茎皮纤维强韧，可织粗布；木材轻软，不易变形，但不耐腐，仅作一般家具、板等用。

7. 藤漆属 Pegia Colebr.

攀援状木质藤本。奇数羽状复叶互生，小叶对生或近对生，常具锯齿。圆锥花序顶生或腋生；花杂性；花萼花瓣均5数，在芽中均覆瓦状排列；雄蕊10枚，着生于花盘的基部；花盘5裂，较宽；子房1室，1枚胚珠，花柱5枚，侧生，柱头盾状4~5裂。核果卵形或斜长圆形，中果皮为红色胶质，内果皮薄，壳质；种子长圆形，压扁。

约3种。中国2种，广西2种均产。

分种检索表

1. 幼枝、叶轴、叶柄及花序均密被黄色绒毛；小叶卵形，叶面中脉被卷曲黄色柔毛，叶背沿脉上被黄色柔毛，脉腋被腺毛 …………………………………………………………………… **1. 藤漆 P. nitida**
1. 幼枝、叶轴及叶柄均无毛或近无毛，花序疏被微柔毛；小叶长圆形，叶面中脉被黄色卷曲微柔毛，叶背仅脉腋被毛 …………………………………………………………………… **2. 利黄藤 P. sarmentosa**

1. 藤漆 图1200：5~8

Pegia nitida Colebr.

攀援状木质藤本。小枝紫褐色，和叶轴、叶柄、小叶柄、花序均密被黄色绒毛。奇数羽状复叶长20~40cm；小叶4~7对，对生，膜质至薄纸质，卵形或卵状椭圆形，长4~11cm，宽2.0~4.5cm，先端短渐尖或急尖，基部略偏斜，心形或近心形，上半部边缘具锯齿，稀全缘，叶面除中

图 1200 1～4. 厚皮树 Lannea coromandelica（Houtt.）Merr. 1. 果枝；2. 雌花序；3. 雄花；4. 小枝及花序上的毛放大。**5～8. 藤漆 Pegia nitida** Colebr. 5. 花枝；6. 果序；7. 雄花；8. 小枝和叶柄上的毛放大。（仿《中国植物志》）

脉被黄色柔毛外其余稀疏或近无毛，具白色小乳点，叶背沿脉上被黄色柔毛，脉腋被腺毛；侧脉 6～8 对，两面凸起。圆锥花序长 20～35cm 或更长；花白色。核果椭圆形，偏斜，略压扁，直径约 1cm，成熟时黑色。

产于平果、田林、天峨、巴马、西林、隆林。生于石山灌木丛中。分布于云南、贵州；印度、泰国也有分布。

2. 利黄藤 泌脂藤、脉果藤

Pegia sarmentosa（Lec.）Hand. -Mazz.

攀援状木质藤本。幼枝、叶轴及叶柄均无毛或近无毛，花序疏被微柔毛。羽状复叶长 15～30cm，叶轴和叶柄上面被卷曲黄色微柔毛，下面无毛；叶长圆形或椭圆状长圆形，叶面具灰白色细小乳状凸，中脉被卷曲黄色微柔毛，其余被长伏毛，叶背除脉腋有黄色毛外无毛或近无毛。圆锥花序长 8～20cm。核果椭圆形或卵圆形，长 10～15mm，宽 8～10mm。

产于龙州、扶绥、上林、都安、河池、天峨、环江。生于海拔 900m 以下石山灌木丛和疏林中，为当地石灰岩山地沟谷阴湿处常见植物之一。分布于云南、贵州、广东；越南、老挝、印度尼西亚也有分布。全株峨清热利湿、解毒消肿的功效，可治黄胆肝炎、疮疡溃烂、湿疹。

8. 黄连木属 Pistacia L.

乔木或灌木。具树脂。叶互生，羽状复叶，稀单叶或三小叶，小叶全缘。总状或圆锥花序，腋生；单性，雌雄异株；苞片 1 枚；雄花花被 3～9 枚，雄蕊 3～5 枚，稀达 7 枚，花丝极短，与花盘合生或无花盘；雌花花被片 4～10 枚，膜质半透明，无不育雄蕊，花盘小或无，心皮 3 枚，合生，子房近球形或卵形，1 室，1 枚胚珠，花柱短，3 裂。核果近球形，外果皮纸质，内果皮骨质；种子 1 枚，压扁。

约 10 种。中国 2 种，广西 2 种均产。

分种检索表

1. 小叶纸质，披针形、卵状披针形或线状披针形，先端渐尖至长渐尖，小叶片较大，长 5～10cm，叶轴无狭翅 ………………………………………………………………………………………… **1. 黄连木 P. chinensis**

1. 小叶革质，长圆形或倒卵状长圆形，先端微凹，具芒刺状硬尖头，小叶片小，长1.3～3.5cm，叶轴具狭翅 …… …………………………………………………………………………………… **2. 清香木 P. weinmanniifolia**

1. 黄连木 石山漆、楷树 图1201：1～2

Pistacia chinensis Bunge

落叶乔木，高20m。树皮暗褐色，呈鳞片状剥离，且久久不落，令大树的整个树干像蓑衣状；小枝灰棕色，全株被微柔毛或近无毛。偶数羽状复叶，互生，长9～14cm；小叶5～6对，对生或近对生，纸质，披针形、卵状披针形或线状披针形，长5～10cm，宽1.5～2.5cm，先端渐尖至长渐尖，基部极偏斜，全缘；侧脉10～15对，侧脉和细脉两面凸起。花单性异株，先花后叶；圆锥花序腋生，雄花序长6～7cm，雌花序长15～20cm；雄花花被片2～4枚，大小不等，边缘具睫毛；雌花花被片7～9枚，大小不等，边缘具睫毛，柱头3裂，厚，肉质红色。核果倒卵球形，稍压扁，直径5～8mm，初时红色，后变紫红色。花期4月；果期9月。

产于广西各地，以北部、中部和西部为多。生于阔叶林中，尤以石灰岩山地最为常见。分布于长江以南各地及华北、西北；越南、菲律宾也有分布。喜光。主根发达，耐干旱瘠薄，多生于石灰岩山地，在微酸性、中性、微碱性土壤上均能生长，在土层深厚、排水良好的砂壤土上生长快，结实多。萌蘖力强，根系发达，侧根多而粗壮，能穿缝绕石生长，以坡积土和石穴土生长最好，在石缝土也能长成大乔木。播种繁殖。木材心材与边材区别明显，心材黄褐色，可提制黄色染料，边材黄白色，纹理斜，气干密度0.818g/cm^3，材质致密坚硬，干燥不开裂，耐腐性、抗虫性强，加工略难，供建筑、高级家具、木地板、名贵箱盒、雕刻等细木工用材；种仁含油率56.5%，为不干性油，可制肥皂、生物柴油，处理后可食用；叶含芳香油，代茶，称“黄鹂茶”或“黄儿茶”。秋冬落叶前叶色转为橙红色，故可作庭院绿化树种。嫩梢呈红色，秋季叶变黄或黄红色，色泽鲜艳，可石山或园林绿化树种。

2. 清香木 细叶黄连木、细叶楷木、紫油木 图1201：3～6

Pistacia weinmanniifolia J. Poiss. ex Franch.

灌木或小乔木，高2～8m，稀达10～15m。全株略被黄色或棕色柔毛或微柔毛。偶数羽状复叶互生，叶轴具狭翅；小叶4～9对，革质，长圆形或倒卵状长圆形，长1.3～3.5cm，宽0.8～1.5cm，先端微凹，具芒刺状硬尖头，基部略不对称，阔楔形，全缘，略背卷，主脉在叶两面隆起，侧脉在叶两面明显。花序腋生，与叶同出，为密穗状花序组成的圆锥花序，花紫红色；雄花花被片5～8枚，膜质半透明，外面2～3片边缘具细睫毛；雌花花被片7～10枚，膜质，外面2～5枚边缘具睫毛，柱头3裂。核果球形，直径约5mm，熟时红色。

产于广西西部、西南部及中部。常生于石灰岩石山林下、灌丛或石缝中。分布于云南、西藏、四川、贵州；缅甸、越南也有分布。喜光，耐干

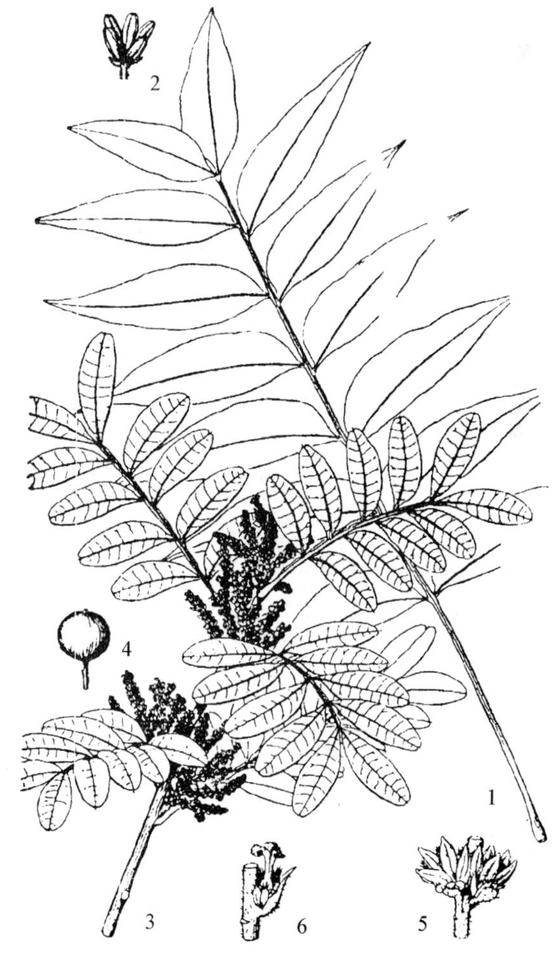

图1201 1～2. 黄连木 Pistacia chinensis Bunge 1. 复叶；2. 雄花。**3～6. 清香木 Pistacia weinmanniifolia** J. Poiss. ex Franch. 3. 雄花枝；4. 果；5. 雄花；6. 雌花。(仿《中国植物志》)

旱，石山山顶亦可形成优势种。播种繁殖。鲜叶含芳香油；根、叶及树皮药用，消炎解毒，收敛止泻，治流感、眼痛、头疮等。深色名贵硬木，心材与边材区别明显，心材紫红色，边材浅红色，纹理斜，具虎纹状花纹，故木材商品名又称“虎斑木”，结构细，密度很大(气干密度 0.990g/cm^3)，干燥略快，易裂，稍变形，极耐腐，抗虫性强，加工稍难，为高档家具、细木工、雕刻等优良用材。

9. 盐肤木属 Rhus L.

落叶乔木或灌木。奇数羽状复叶、三小叶或单叶，叶轴有翅或无翅。聚伞圆锥花序或复穗状花序顶生，杂性或单性异株；花萼 5 裂，裂片覆瓦状排列，宿存；花瓣 5 枚，覆瓦状排列；雄蕊 5 枚，着生于花盘基部；花盘环状；子房无柄，3 枚皮，1 室，1 枚胚珠。核果球形，侧向压扁，被腺毛和具节毛或单毛，成熟时红色，外果皮与中果皮连合，中果皮非蜡质。

约 250 种，分布于亚热带和暖温带地区。中国 6 种；广西 1 种 1 变种。

1. 盐肤木 五倍子树 图 1202：1 ~ 5

Rhus chinensis Mill.

落叶灌木或小乔木，高 2 ~ 10m。小枝、叶轴、叶柄及花序均密被锈色柔毛。奇数羽状复叶长 25 ~ 45cm，总轴有宽阔明显的叶状翅；小叶 3 ~ 6 对，长 6 ~ 12cm，宽 3 ~ 7cm，卵形、椭圆状卵形或长圆形，稍偏斜，边缘有粗锯齿，先端急尖，基部圆形，顶生小叶基部楔形，叶面暗绿色，叶背粉绿色，叶面沿中脉疏被柔毛或近无毛，叶背被锈色柔毛，脉上较密；小叶无柄或近无柄。圆锥花序顶生，宽广开展，多分枝，雄花序长 30 ~ 40cm，雌花序较短，花序梗粗壮；花小，长约 2mm，花瓣白色。核果扁圆形，熟时红色，直径 4 ~ 5cm，被柔毛和腺毛，味酸咸。花期 8 月；果期 10 月。

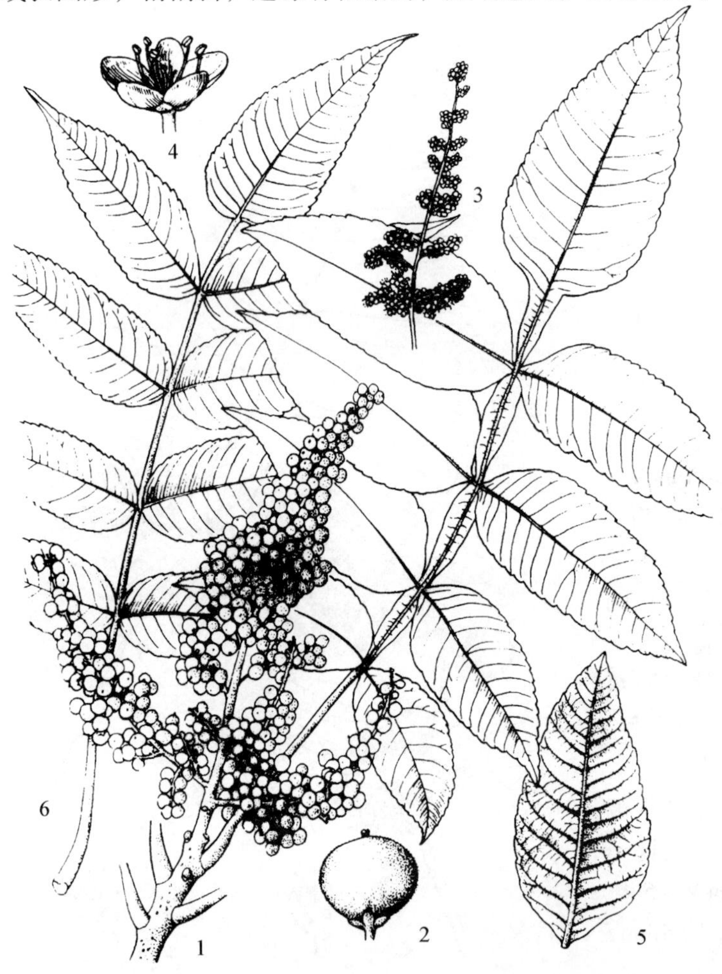

图 1202 1 ~ 5. 盐肤木 Rhus chinensis Mill. 1. 果枝；2. 果；3. 花序一部分；4. 花；5. 小叶背面。**6. 滨盐肤木 Rhus chinensis** var. **roxburghii** (DC.) Rehd. 复叶。(仿《广西植物志》)

产于广西各地。生于向阳山坡、沟谷溪边的疏林或灌丛中。中国除东北、内蒙古和新疆外，其余各地均有；日本、朝鲜、印度、中南半岛也有分布。喜光，深根性，萌蘖力强，在酸性土、中性土及石灰岩山地均能生长，为广西各类疏林、灌木丛中最常见的树种之一。为五倍子蚜虫寄主植物，在幼枝和叶上形成虫瘿即“五倍子”，富含单宁，重要工业原料；果生食酸咸止渴，泡水代醋用；根、叶、果、虫瘿入药，剑肺涩肠，止血消汗，凉血解毒。

1a. 滨盐肤木 图 1202：6

Rhus chinensis var. **roxburghii** (DC.) Rehd.

与原种区别是叶轴无翅或仅有极狭而不明显的翅。

产于广西各地。生于山坡、沟谷、疏林或灌丛中。分布于云南、四川、贵州、广东、湖南、江西、台湾；印度、越南也有分布。亦产五倍子，其经济价值与原变种相似。

10. 漆属 Toxicodendron Mill.

落叶乔木或灌木，稀木质藤本。具白色乳汁，其乳汁干后变黑，有臭气。奇数羽状复叶或掌状三小叶；小叶对生，叶轴无翅。聚伞圆锥花序或聚伞总状花序腋生，果期通常下垂或因花序轴粗壮而直立；单性异株；苞片早落；花萼5裂，宿存；花瓣5枚；雄蕊5枚；心皮3枚，1室，1枚胚珠，花柱3枚。核果近球形或侧向压扁，外果皮薄而脆，常具光泽，成熟时与中果皮分离，中果皮厚，白色蜡质，与内果皮连合，果核坚硬骨质，多少有纵向条纹。

约20种，间断分布于亚洲东部和北美洲。中国16种；广西4种。本属植物乳汁含漆酚，人体接触后易引起过敏性皮肤红肿、痒痛、丘疹等，误食则引起呕吐、疲倦、瞳孔扩大、昏迷等中毒症状。

分种检索表

1. 小枝、叶轴、叶柄和花序均被毛。
    2. 花序与叶等长；小叶下面中脉被平伏柔毛 ………… **1. 漆树 T. vernicifluum**
    2. 花序不超过叶长的一半；小叶两面稍被毛 ………… **2. 木蜡树 T. sylvestris**
1. 植物体各部无毛。
    3. 小叶纸质，镰状披针形，先端渐尖多少弯曲，具细尖头 ………… **3. 石山漆 T. calcicola**
    3. 小叶薄革质，卵形、卵状椭圆形或卵状长圆形，先端渐尖或尾状渐尖 ………… **4. 野漆树 T. succedaneum**

1. 漆树 图1203：1

Toxicodendron vernicifluum (Stokes) F. A. Barkley

落叶乔木，高20m。树皮灰白色；顶芽大而显著，被棕黄色绒毛；小枝、叶轴和叶柄均被微柔毛。奇数羽状复叶互生；小叶4~6对，对生，膜质至薄纸质，卵形、卵状椭圆形或长圆形，长6~13cm，宽3~6cm，先端急尖或渐尖，基部偏斜，圆形或阔楔形，全缘，叶面通常无毛或仅沿中脉被微柔毛，叶背沿脉上被平伏黄色微柔毛，稀近无毛，侧脉10~15对，两面略凸；小叶柄长4~7mm。圆锥花序长15~30cm，与叶近等长，被灰黄色微柔毛；花黄绿色；花瓣开花时外卷。核果肾形或椭圆形，不偏斜或稍偏斜，略压扁，长5~6cm，宽7~8cm，外果皮栗色，无毛，具光泽，熟后不开裂；果核棕色，坚硬。花期5~6月；果期7~10月。

图 1203　1. 漆树 Toxicodendron vernicifluum (Stokes) F. A. Barkley　果枝。**2. 石山漆 Toxicodendron calcicola** C. Y. Wu　花枝。（仿《中国植物志》）

产于龙胜、兴安、资源、融水、隆林，也有栽培，生于海拔1000m以下的疏林中。分布于中国除黑龙江、吉林、内蒙古和新疆以外其他各地；印度、朝鲜和日本也有分布。喜光，常生于阳坡林中。对气候、土壤适应性强，在年平均气温8~20℃，年平均降水量600mm以

图 1204 木蜡树 Toxicodendron sylvestris (Sieb. et Zucc.) Tardieu 1. 果核；2. 果；3. 叶背放大。(仿《中国植物志》)

图 1205 野漆树 Toxicodendron succedaneum (L.) Kuntze 果枝。(仿《中国高等植物图鉴》)

上，砂壤土、壤土，山区或平原都能生长，但在土壤黏重、积水的情况下容易发生根腐病，甚至死亡。播种或埋根繁殖。果肉蜡质，果核坚硬，种实需用草木灰脱蜡、开水或温水浸种、露地混砂埋藏等方法处理。从树干韧皮部割取的生漆为优良防腐防锈涂料，有防腐、耐酸、耐高温、干燥结膜快、不易氧化和绝缘性能强等优良性能，是国防、机械、石油、化工、采矿、纺织、印染、海底电缆等防腐防锈涂料。果皮中的漆蜡是制造肥皂和甘油的重要原料；漆仁油可食用或作润滑油；叶和干漆可入药，有止咳、消瘀血、通经、杀虫之功效。木材心材与边材区别明显，心材绿褐色，边材黄白色，结构粗，重量轻，气干密度 0.496g/cm^3，干燥快，易开裂，但耐腐、抗虫性中等，宜作桩木、坑木、室内装饰板、包装箱等用材。

2. 木蜡树 山漆树 图 1204

Toxicodendron sylvestris (Sieb et Zucc.) Tardieu

落叶乔木或小乔木，高 10m。幼枝、芽、叶轴、叶柄均密被黄褐色绒毛。奇数羽状复叶互生；小叶 3 ~ 6 对，稀 7 对，对生，纸质，卵形、卵状椭圆形或长圆形，长 4 ~ 10cm，宽 2 ~ 4cm，先端渐尖或急尖，基部不对称，圆形或宽楔形，全缘，叶面中脉密被卷曲微柔毛，其余被平伏微柔毛，叶背密被柔毛或仅脉上较密；侧脉 15 ~ 25 对，两面凸起。圆锥花序长 8 ~ 15cm，密被锈色绒毛，花黄色。核果压扁状，极偏斜，先端偏于一侧，长约 8mm，外果皮薄，具光泽，无毛，成熟时不裂，中果皮蜡质，果核坚硬。

产于广西各地。生于海拔 1000m 以下的山坡林中。分布于长江以南各地；朝鲜、日本也有分布。

3. 石山漆 图 1203：2

Toxicodendron calcicola C. Y. Wu

落叶灌木或小乔木，高 3 ~ 7m。幼枝紫红色，被白粉；植物体各部均无毛。奇数羽状复叶常集生枝顶，长 15 ~ 25cm；小叶 3 ~ 4 对，对生，膜质或纸质，长 4.0 ~ 8.5cm，宽 1.0 ~ 3.5cm，镰状披针形，先端渐尖，多少弯曲，具细尖头，基部偏斜，圆至阔楔形，全缘或上部具疏齿；侧脉 12～18 对，两面明显；小叶无柄或近无柄。圆锥花序长 12～18cm，与叶近等长，多分枝，序轴及分支均纤细。

产于柳州、隆林、那坡。生于海拔 1500m 以下的石灰岩山地。分布于云南、贵州。

4. 野漆树 山漆树、痒漆树 图 1205

Toxicodendron succedaneum（L.）Kuntze

落叶乔木或小乔木，高 10m。植物体各部均无毛，仅幼芽略被棕黄色绒毛；顶芽大，紫褐色。奇数羽状复叶互生，常集生枝条顶端，长 25～35cm；小叶 4～7 对，对生或近对生，坚纸质至薄革质，卵形、卵状椭圆形或卵状长圆形，长 5～16cm，宽 2.0～5.5cm，先端渐尖或尾状渐尖，基部多少偏斜，圆形或阔楔形，全缘，背面粉绿色，常被白粉；侧脉 15～22 对，两面稍凸起。圆锥花序长 7～15cm，约为叶长一半，多分枝；花黄绿色。果较大，偏斜，直径 7～10mm，压扁，先端偏离中心，熟时淡黄色，中果皮厚，蜡质，白色，果核坚硬，压扁。

产于广西各地。生于山坡草灌丛或疏林中，为广西各次生群落常见种，零散生长。分布于华北至长江以南各地；印度、朝鲜、日本及中南半岛也有分布。

11. 辛果漆属 Drimycarpus Hook. f.

大乔木。单叶互生，全缘。花序总状或圆锥花序，顶生或腋生；杂性；花萼 5 裂，花瓣 5 枚，均覆瓦状排列；雄蕊 5 枚，着生于花盘基部；花盘环状；子房下位，1 室，1 枚胚珠，室顶悬垂，花柱 1 枚，顶生，较短。果时花托膨大，肉质，包于果的大部或近全部；果扁球形，具多数纵棱，果肉具纤维质，多树脂；果核大；种皮膜质。

2 种，分布于亚洲南部至西部。中国 2 种均产，广西产 1 种。

辛果漆

Drimycarpus racemosus（Roxb.）Hook. f.

大乔木，高 18m。裸芽被黄棕色绒毛。叶革质，椭圆形、长圆形或长圆状披针形，长 20～34cm，宽 5～10cm，先端渐尖，基部楔形至圆形，全缘，呈皱波状，略向背面反卷，两面无毛，叶面具光泽，叶背苍白色，密生棕黄色大小不等腺体，侧脉 15～20 对，在叶面凹陷，叶背凸起，网脉两面凸起；叶柄长 1～2cm，粗壮，深紫色。圆锥花序或总状花序簇生叶腋或顶生，长 2～10cm，疏被微柔毛或近无毛；杂性。核果椭圆状，直径约 2cm，果肉具纤维质，多树脂，果核革质；种皮膜质。

产于防城。生于海拔 900m 以下山谷或沟边密林中。分布于云南；不丹、印度、缅甸及越南也有分布。

120 槭树科 Aceraceae

乔木或灌木，落叶稀常绿。叶对生，具叶柄，无托叶，单叶稀羽状或掌状复叶，全缘或掌状分裂。花单性、两性或杂性，雄花与两性花同株或异株，花序顶生或腋生，伞房状、聚伞状、圆锥状或总状花序；萼片 4～5 枚，覆瓦状排列；花瓣 4～5 枚，稀不发育；花盘环状或分裂，稀不发育；雄蕊 4～12 枚，通常 8 枚；子房上位，2 室，每室有 2 枚胚珠，花柱 2 裂，仅基部合生，稀大部分合生，柱头反卷。翅果扁平。

3 属约 200 种。中国 2 属约 150 种；广西 1 属 30 种 2 变种。

槭属 Acer L.

乔木或灌木，落叶，稀常绿。单叶，稀复叶，叶对生，无托叶。花序常顶生，稀腋生。小坚果两端各具延长而稍平伸或稍向上举的翅，张开成各种大小不同的角度。

约 129 种，主产北温带。中国 99 种；广西 30 种 2 亚种。

分种检索表

1. 单叶；花常5数，稀4数，有花瓣和花盘，两性或杂性，稀单性，同株或异株。
  2. 花两性或杂性，雄花与两性花同株或异株，生于小枝顶端。
    3. 花序为伞房状或圆锥状；冬芽无柄。
      4. 叶通常3～5裂，稀7裂；落叶。
        5. 叶的裂片全缘或浅波状，叶柄生时有乳汁；翅果扁平或压扁状 ……………… **1. 阔叶槭 A. amplum**
        5. 叶的裂片边缘具齿，叶柄生时无乳汁；翅果凸起，张开近于水平或钝角，稀成锐角。
          6. 叶3～7裂，裂片卵形至披针形，边缘有锯齿或细锯齿，稀全缘或浅波状，叶柄细长。
            7. 叶5～7裂。
              8. 叶7裂，或同一植株兼有5裂。
                9. 圆锥花序长3～5cm；翅果长3.0～3.5cm，小坚果脉纹不明显；叶裂片边缘有不整齐钝锯齿，叶背嫩时沿脉有长柔毛，脉腋有丛毛 …………………… **2. 扇叶槭 A. flabellatum**
                9. 圆锥花序长6～9cm；翅果长2.5～3.0cm，小坚果脉纹明显；叶裂片边缘有尖锐锯齿，叶背在嫩时有短柔毛 …………………………………………………… **3. 毛花槭 A. erianthum**
              8. 叶5裂，或同一植株兼有3裂。
                10. 翅果张开成锐角或钝角。
                  11. 翅果较大，长3.0～3.5cm …………………………………………… **4. 中华槭 A. sinense**
                  11. 翅果较小，长仅1.5～2.0cm。
                    12. 翅果长1.8～2.0cm；叶宽约10cm，裂片披针形，先端锐尖，近先端边缘有紧贴锯齿，下段全缘 ………………………………………………… **5. 黔桂槭 A. chingii**
                    12. 翅果长约1.5cm；叶宽5.0～5.5cm，裂片卵形或长圆状卵形，先端尾状锐尖，边缘有细锯齿 …………………………………………………… **6. 秀丽槭 A. elegantulum**
                10. 翅果张开成钝角或近水平。
                  13. 叶背面沿叶脉和叶柄均有毛。
                    14. 翅果长2.3～3.5cm，张开成钝角或近于水平。
                      15. 翅果嫩时紫色，成熟时淡黄色，长3.0～3.5cm，张开近于水平；叶背沿脉被淡黄色柔毛，叶柄密被长硬毛 ………………………… **7. 毛脉槭 A. pubinerve**
                      15. 翅果嫩时紫红色，成熟时淡黄褐色，长2.3～2.5cm，张开成钝角；叶背沿主脉被淡黄色长柔毛，叶柄被淡黄色长柔毛 ………… **8. 桂林槭 A. kweilinense**
                    14. 翅果长2.5～2.7cm，张开近于水平；叶常5裂，稀3裂，叶柄深紫色 ……………………………………………………………… **9. 苗山槭 A. miaoshanicum**
                  13. 叶背面和叶柄无毛或近无毛；果长3.0～3.5cm ………… **10. 五裂槭 A. oliverianum**
            7. 叶3裂。
              16. 翅果张开近于水平；叶裂片卵状长圆形或三角状卵形，先端锐尖或尾状渐尖，全缘或有稀疏锯齿 ……………………………………………… **11. 三峡槭 A. wilsonii**
              16. 翅果张开成钝角；叶裂片三角状卵形，稀卵状长圆形，先端锐尖，边缘有锐尖锯齿 …… ……………………………………………………… **12. 岭南槭 A. tutcheri**
          6. 叶通常3裂，裂片通常三角形，边缘近于全缘或浅波状，叶柄粗短 … **13. 粗柄槭 A. tonkinense**
      4. 叶通常不分裂；多为常绿。
        17. 叶常3裂，或有发育不良的侧裂片，裂片全缘，稀浅波状或锯齿状，叶背被绒毛；小枝、花序、果梗和叶柄均被淡黄色绒毛……………………………… **14. 角叶槭 A. sycopseoides**
        17. 叶常不开裂。
          18. 叶基部一对侧脉较长于其他侧脉，常伸长达叶片中段。
            19. 小枝、叶柄和叶背均被毛 …………………………………… **15. 革叶槭 A. coriaceifolium**
            19. 小枝、叶柄和叶背均无毛。
              20. 叶披针形或卵状披针形，长6.0～8.5cm，宽2.5～3.5cm ………… **16. 亮叶槭 A. lucidum**
              20. 叶长圆状卵形、卵状长圆形或卵形。

21. 翅果张开成锐角、钝角或近于直角。

22. 叶长圆状卵形；翅果嫩时淡绿色，成熟时淡黄褐色，长 1.8～2.5cm，张开近于直角 …………………………………………………………………… **17. 飞蛾槭 A. oblongum**

22. 叶卵状长圆形；翅果嫩时紫色，成熟时黄褐色，长 1.4～2.0cm，张开成钝角、近水平或锐角 ………………………………………………………… **18. 紫果槭 A. cordatum**

21. 翅果张开近于直角，长约 1.8cm；叶卵形，长 3.5～4.5cm，基部圆形 …………………………………………………………………………………………… **19. 都安槭 A. yinkunii**

18. 叶基部一对侧脉和其他侧脉近于等长，相互平行而近羽状。

23. 叶背面被白粉，呈灰色。

24. 叶椭圆形，长 6～9cm，宽 2～4cm，侧脉 5～7 对，叶柄长 1～3cm；翅果淡黄褐色，长约 3cm，宽 1.0～1.2cm ……………………………………… **20. 滨海槭 A. sino-oblongum**

24. 叶披针形或长圆状披针形，长 9～11cm，宽 2.0～3.5cm，侧脉 13～15 对，叶柄长 1.5～2.0cm；翅果嫩时淡紫色，成熟时淡黄色，长 2.2～2.4cm ……… **21. 天峨槭 A. wangchii**

23. 叶背面无白粉，呈淡绿色或绿色。

25. 伞房花序；叶披针形、长圆状披针形或倒长圆状披针形，长 7～16cm，宽 2～5cm …………………………………………………………………………………… **22. 罗浮槭 A. fabri**

25. 花序圆锥状；叶长圆形或长圆状椭圆形，长 5～8cm，宽 3～4cm …………………………………………………………………………………… **23. 光叶槭 A. laevigatum**

3. 花序为总状；冬芽有柄。

26. 叶的长度显著大于宽度，常不分裂，稀 3～5 浅裂，侧裂片较小，钝尖，稀锐尖。

27. 叶通常不分裂，长圆形或长圆状卵形，长 6～14cm，宽 4～9cm，边缘有不整齐的钝锯齿，叶背嫩时沿脉有紫褐色短柔毛，侧脉 11～12 对；翅果嫩时淡绿色，熟时黄褐色 …… **24. 青榨槭 A. davidii**

27. 叶常 3 裂，稀 5 裂，长圆状卵形，长 7～12cm，宽 5～8cm，边缘有紧贴的细锯齿，叶背嫩时沿脉有红褐色短柔毛，侧脉 9～11 对；翅果嫩时紫色，熟时黄绿色或黄褐色 … **25. 疏花槭 A. laxiflorum**

26. 叶的长度略大于宽度，常显著地 3～5 裂，裂片尾状锐尖或钝尖。

28. 叶片较小，长 6～7cm，宽 4～6cm，5 裂，中央裂片卵形，先端尾状锐尖，侧裂片近卵形，先端尾状钝尖，边缘有粗细不均锯齿；翅果长 1.8～2.1cm ………… **26. 五尖槭 A. maximowiczii**

28. 叶片较大，长 10～14cm，宽 7～11cm，常 3 裂，裂片三角状卵形，边缘有牙齿状粗锯齿；翅果长 2.2～2.5cm …………………………………………………… **27. 南岭槭 A. metcalfii**

2. 花单性异株，稀杂性，常生于小枝旁边。

29. 叶柄长 5～7cm；翅果扁平 ……………………………………… **28. 十蕊槭 A. laurinum**

29. 叶柄长 7～9cm；翅果凸起，近球形 ……………………………… **29. 龙胜槭 A. lungshengense**

1. 复叶，有 3 枚小叶；花通常 5 数，单性，雌雄异株 ……………………… **30. 建始槭 A. henryi**

1. 阔叶槭 马蹄槭

Acer amplum Rehder

落叶乔木，高 25m。小枝无毛。叶纸质，长 9～16cm，宽 10～18cm，基部近心形或截形，常 5 裂，稀 3 裂或不分裂，裂片先端锐尖，裂片中间的凹缺钝形或钝尖，叶裂片全缘或浅波状，上面深绿色或黄绿色，嫩时有稀疏腺体，下面淡绿色，除各裂片的中脉与侧脉间的脉腋有黄色丛毛外，其余均无毛，基脉 5～7 条；叶柄长 6～10cm，具乳汁。伞房花序顶生，无毛；花杂性，雄花与两性花同株；萼片 5 枚，淡绿色；花瓣 5 枚，白色；雄蕊 8 枚。翅果长 3.5～4.5cm，小坚果扁平或压扁状，无毛，两翅张开成钝角。花期 4 月；果期 9～11 月。

产于兴安、龙胜。生于海拔约 1200m 的次生林中。分布于湖北、四川、云南、贵州、湖南、广东、江西、安徽、浙江。

1a. 建水阔叶槭

Acer amplum subsp. **bodinieri**（H. Lév.）Y. S. Chen

与原变种主要区别：叶稍大，长 8～20cm，宽 5～25cm，通常 3 裂，很少不裂，基部圆形或钝截

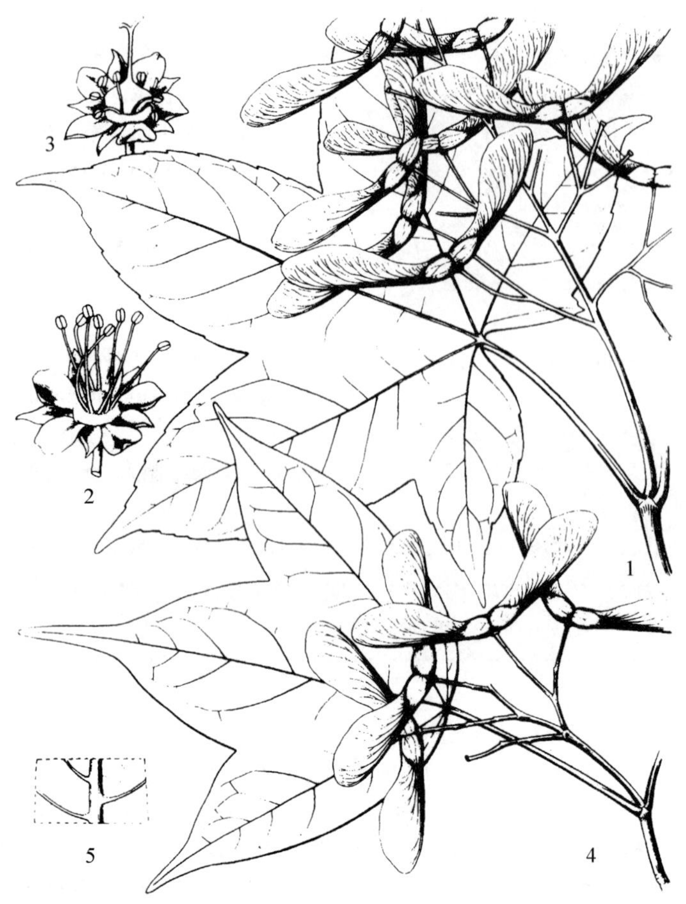

图 1206 1～3. 扇叶槭 Acer flabellatum Rehder 1. 果枝；2. 雄花；3. 两性花。**4～5. 三峡槭 Acer wilsonii** Rehder 4. 果枝；5. 叶背面局部放大。(仿《中国植物志》)

断，先端急尖，侧裂片向上延伸。翅果长 2.8～3.5cm。花期 3～4 月；果期 10 月。

产于兴安、龙胜。生于海拔 1200m 以上山地。分布于贵州、湖南、云南；越南也有分布。

1b. 梓叶槭 兴安梓叶槭

Acer amplum subsp. **catalpifolium** (Rehder) Y. S. Chen

与原变种主要区别在于：叶为不分裂者较多，阔卵形，长 8～10cm，宽 5～6cm，先端短急锐尖，基部近于圆形，稀有 3 裂，裂片三角形，先端锐尖。果序伞房状，连同长约 5mm 的总果梗在内共长 7cm，直径约 6cm，翅果较小，长 3.0～3.5cm，翅近于倒卵形，宽 1.0～1.2cm，张开成钝角。果期 9 月。

产于兴安、罗城。生于海拔 1600m 的山地疏林中。分布于贵州、四川。

2. 扇叶槭 上思槭、七裂槭 图 1206：1～3

Acer flabellatum Rehder

落叶乔木，高 10m。叶薄纸质或膜质，近圆形，宽 8～12cm，常 7 裂，基部深心形，有时基部裂片再分裂成小裂片 2 枚，裂片卵状长圆形，先端锐尖，稀尾状锐尖，边缘具不整齐紧贴钝锯齿，裂片间的凹缺成很狭窄的锐尖，上面绿色，无毛，下面淡绿色，叶脉上有长柔毛及脉腋有丛毛，其余部分无毛；叶柄长 7cm，嫩时被长柔毛，老时无毛。花杂性，雄花与两性花同株，圆锥花序长 3～5cm，无毛；萼片 5 枚，淡绿色；花瓣 5 枚，倒卵形，与萼片等长，淡黄色。翅果淡黄褐色，常生成下垂的圆锥果序，小坚果凸起，近于圆形，长约 6mm，宽约 5mm，翅宽 1.0～1.2cm，连小坚果长 3.0～3.5cm，张开近于水平。花期 6 月；果期 10 月。

产于兴安、灵川、上思。生于海拔 800～1800m 疏林中。适应性较强，常用作红枫(Acer palmatum 'Atropurpureum')嫁接砧木。

3. 毛花槭 阔翅槭 图 1207：1～4

Acer erianthum Schwer.

落叶乔木，高 8～15m。叶纸质，长 9～10cm，宽 8～12cm，常 5 裂，稀 7 裂，裂片卵形或三角形，先端锐尖，基部近于圆形或心脏形，边缘具尖锐锯齿，仅基部为全缘，下面常被短柔毛或脉腋有丛毛；叶柄长 5～6cm，无毛。圆锥花序顶生，长 6～9cm；萼片 5 枚或 4 枚，黄绿色；花瓣 5 枚或 4 枚，比萼片短，白色微带淡黄色，倒卵形。翅果嫩时紫绿色，成熟时黄褐色，小坚果近于球形，特别凸起，脉纹明显，翅和小坚果共长 2.5～3.0cm，宽 1cm，张开近于水平或微向外侧反卷。花期 5 月；果期 9 月。

产于融水。生于海拔约 1800m 阔叶林中。分布于陕西、湖北、四川、云南。

4. 中华槭 密果槭、小果中华槭、两色槭、粗齿两色槭 图 1207：5

Acer sinense Pax

落叶乔木，高 3 ~ 5m。稀达 10m。叶近革质，常 5 裂，基部心脏形或近于心脏形，稀截形，长 10 ~ 14cm，宽 12 ~ 15cm，裂片长圆卵形或三角状卵形，先端锐尖，裂片边缘有紧贴圆齿状细锯齿，叶背略有白粉，除脉腋有黄色丛毛外其余部分无毛；主脉在上面显著，在下面凸起；叶柄粗壮，无毛，长 3 ~ 5cm。花杂性，雄花与两性花同株，多花组成下垂的顶生圆锥状花序；花瓣 5 枚，白色；花盘有长柔毛，肥厚；花柱较长，子房有白色疏柔毛。翅果淡黄色，无毛，长 3.0 ~ 3.5cm，张开近于锐角或钝角；小坚果椭圆形，特别凸起，长 5 ~ 7mm，宽 3 ~ 4mm，翅宽 1cm。花期 5 月；果期 9 月。

产于兴安、龙胜、临桂、金秀、融水、凌云、德保、靖西、横县。生于海拔 1200m 以上阔叶林中。分布于湖北、四川、湖南、贵州、广东。

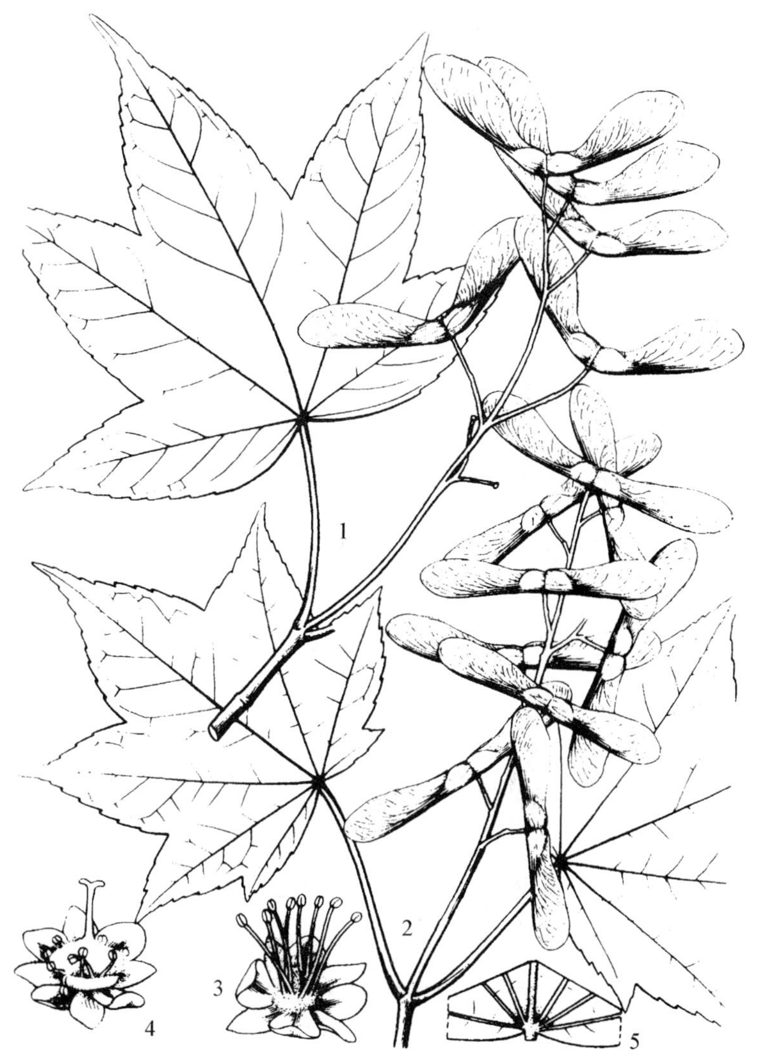

图 1207 1 ~ 4. 毛花槭 Acer erianthum Schwer. 1. 果枝；2. 雄花；3. 两性花；4. 叶背面基部放大，示其脉腋的丛毛。**5. 中华槭 Acer sinense** Pax 果枝。（仿《中国植物志》）

5. 黔桂槭 桂北槭 图 1208：1

Acer chingii Hu

落叶乔木，高 10 ~ 15m。叶薄纸质，近圆形，宽约 10cm，基部心脏形，常 5 裂，裂片披针形，先端锐尖或尾状锐尖，边缘近先端部分具紧贴锯齿，下段全缘，中央裂片长 5 ~ 7cm，宽 2.0 ~ 2.5cm，侧裂片斜展，长 4.5 ~ 6.0cm，宽 2.0 ~ 2.3cm，基部的裂片较小，常向下延伸，裂片间的凹缺锐尖，深达叶片长度的 4/5；叶柄长 3 ~ 4cm，上段被淡黄色长柔毛。圆锥花序无毛，连同长约 2cm 的总花梗在内长约 5cm，直径约 2cm；花杂性，黄绿色；萼片 5 枚，淡黄绿色；花瓣 5 枚，淡白色，倒卵形。翅果嫩时淡紫色，老时淡黄色，小坚果凸起，近于球形，直径约 4mm，翅基部狭窄，近先端最宽，宽 5 ~ 7mm，连同小坚果长 1.8 ~ 2.0cm，张开成锐角。花期 4 月；果期 8 月。

产于临桂、兴安、金秀、融水、环江、罗城。生于海拔 1200m 以上阔叶林中。分布于贵州。

6. 秀丽槭 瑶山槭

Acer elegantulum W. P. Fang et P. L. Chiu

落叶乔木。小枝纤细，当年生嫩枝直径约 1mm，多年生老枝直径约 2mm。叶薄纸质，近圆形，长 4.0 ~ 4.5cm，宽 5.0 ~ 5.5cm，基部心脏形或近于心脏形，上面绿色，下面淡绿色，5 裂，侧裂卵形或长圆卵形，先端尾状锐尖，尖尾长 1.0 ~ 1.5cm，常稍弯曲，基部 1 对裂片较小，三角形，边缘有紧贴细锯齿，裂片间的凹缺钝形，深几达于叶片中段；叶柄长 2.0 ~ 2.5cm。花杂性，雄花与两性花同株，萼片 5 枚，绿色；花瓣 5 枚，深绿色。果序圆锥状，翅果紫色或淡紫色，小坚果卵圆

图1208 1. 黔桂槭 Acer chingii Hu 果枝。**2~4. 桂林槭 Acer kweilinense** W. P. Fang et M. Y. Fang 2. 果枝；3. 雌花；4. 叶背面基部放大，示其脉腋的丛毛。

形，长约2mm，宽约1mm，翅内弯成镰刀形，宽约5mm，基部狭窄，连同小坚果长1.5cm，张开近于锐角。花期5月；果期9月。

产于象州、金秀。生于海拔约600m的阔叶林中。分布于浙江、安徽、江西。适应性强，可用作红枫嫁接砧木。

7. 毛脉槭 广东毛脉槭

Acer pubinerve Rehder

落叶乔木，高8m。叶纸质，圆形，长10~12cm，宽11~14cm，基部近心脏形，5裂，裂片卵形或长圆卵形，先端尾状锐尖，边缘除近裂片基部全缘外其余部分均具紧贴的钝尖锯齿，中裂片长6~7cm，基部宽4cm，侧裂片长4~5cm，宽3.0~3.5cm，斜向伸展，基部的裂片较小，长1.0~1.5cm，向侧面伸展，凹缺钝形；上面绿色，下面淡绿色，被淡黄色短柔毛或长柔毛，沿叶脉更密；叶柄长5~6cm，密被淡黄色长柔毛。花序圆锥状，紫色，无毛，花杂性，雄花与两性花同株，叶后开花；萼片5枚，淡紫色；花瓣5枚，白色。翅果嫩时紫色，后变淡黄色，小坚果凸起，长圆形，长约8mm，宽约5mm，翅长圆倒卵形或倒卵形，宽9~12mm，连同小坚果长3.0~3.5cm，张开近于水平。花期4月下旬，果期10月。

产于融水。生于低海拔阔叶林中。分布于浙江、福建、安徽、江西、广东、贵州。适应性强，可作红枫嫁接砧木。

8. 桂林槭 图1208：2~4

Acer kweilinense W. P. Fang et M. Y. Fang

落叶乔木，高6~8m。叶纸质，椭圆，长5~8cm，宽7~11cm，基部截形或近于心形，5裂，稀于基部具小的裂片，裂片三角状卵形或长圆卵形，先端尾状锐尖，边缘具紧贴锐尖锯齿，裂片间凹缺锐尖，上面深绿色，无毛，下面绿色，沿主脉被淡黄色长柔毛，其余部分无毛；叶柄细瘦，长4~5cm，被淡黄色长柔毛，近顶端更密。花杂性，雄花与两性花同株，直立圆锥花序；萼片5枚，紫绿色；花瓣5枚，淡绿白色。翅果嫩时淡紫红色，成熟时淡黄褐色；小坚果凸起，近于球形，直径约4mm，翅镰刀形，宽6~8mm，连同小坚果长2.3~2.5cm，张开成钝角。花期4月；果期9月。

产于龙胜、桂林、灌阳、临桂、融水、金秀。生于海拔1000~1500m的疏林中。分布于贵州。

9. 苗山槭

Acer miaoshanicum W. P. Fang

落叶小乔木，高3m。叶薄革质，长7~10cm，宽8~12cm，叶片外貌近于圆形，基部心脏形，常5裂，稀3裂，裂片间凹缺钝尖，裂片披针形或长圆卵形，先端锐尖或短急锐尖，尖尾长1.0~

1.5cm，边缘具不明显的小圆齿，叶面无毛，深绿色，叶背淡绿色，除沿叶脉被淡黄色长硬毛外，其余部分无毛，主脉5条或3条，在两面均凸起，侧脉13~15对；叶柄粗壮，深紫色，长4~5cm。果序圆锥状，深紫色，连同长约4cm的总果梗在内共长约10cm，翅果嫩时绿色，渐老时淡黄色，小坚果凸起、长圆卵圆形，长约8mm，宽约6mm，翅长圆形，宽约7mm，连同小坚果长2.5~2.7cm，张开近于水平。果期9月。

广西特有种，产融水。生于海拔900~1200m疏林中。

10. 五裂槭

Acer oliverianum Pax

落叶小乔木，高4~7m。叶纸质，长4~8cm，宽5~9cm，基部近心形或截形，5裂，裂片深达叶片1/3或1/2，裂片三角状卵形或长圆状卵形，先端锐尖，边缘具细锯齿，上面深绿色或略带黄色，无毛，下面淡绿色，除脉腋有丛毛外其余部分无毛；叶柄长2.5~5.0cm，细瘦，无毛或靠近顶端具微短柔毛。花杂性，与嫩叶同时开放，雄花与两性花同株，伞房花序；萼片5枚，紫绿色；花瓣5枚，淡白色。伞房果序下垂，小坚果凸起，长约6mm，宽约4mm，脉纹显著，翅嫩时淡紫色，成熟时黄褐色，镰刀形，连同小坚果共长3.0~3.5cm，宽约1cm，张开近于水平。花期5月；果期9月。

产于永福、金秀、凌云、融水。生于海拔约1500m林边或疏林中。分布于河南、陕西、甘肃、湖北、湖南、四川、云南。心材与边材区别不明显，木材黄白色，纹理直，略斜，结构细，重量重，气干密度0.830g/cm^3，干缩率小，强度中等，干燥容易，不开裂，略变形，耐腐性中等，抗虫性弱，易加工，供室内装饰、家具、木地板等用材。

11. 三峡槭 长尾三峡槭 图1206：4~5

Acer wilsonii Rehder

落叶乔木，高10~15m。叶薄纸质，卵形，长8~10cm，宽9~10cm，基部圆形，稀截形或近心形，常3裂，稀基部有2裂片而成5裂，裂片卵状长圆形或三角状卵形，先端锐尖或尾状渐尖，尖尾长1.0~1.5cm，靠近先端有稀少而紧贴的细锯齿，其余全缘；叶柄长3~7cm，无毛。花杂性，雄花与两性花同株，圆锥花序长5~6cm，无毛；萼片5枚，黄绿色；花瓣5枚，长圆形，与萼片等长或略长，白色，先端钝尖或有牙齿状锯齿。翅果黄褐色，常成下垂圆锥花序，小坚果卵圆形或卵状长圆形，特别凸起，网脉显著，长5~6mm，宽3~4mm，翅基部狭窄，连同小坚果共长2.5~3.0cm，张开几成水平。花期4月；果期9月。

产于龙胜、兴安、临桂、永福、资源、灵川、灌阳、恭城、荔浦、金秀、融水、罗城、隆林、武鸣、容县、平南。生于海拔1400m以上疏林中。分布于湖北、四川、湖南、江西、贵州、云南、广东。

12. 岭南槭

Acer tutcheri Duthie

落叶乔木，高5~10m。叶纸质，阔卵形，长6~7cm，宽8~11cm，基部圆形或近截形，通常3裂，稀5裂，裂片三角状卵形，稀卵状长圆形，先端锐尖，稀尾状锐尖，裂片深达叶片全长1/3，边缘有锐尖锯齿。花杂性，雄花与两性花同株，短圆锥花序，长仅6~7cm，先叶后花；萼片4枚，黄绿色；花瓣4枚，浅黄白色。翅果嫩时淡红色，成熟时淡黄色，小坚果凸起，脉脉显著，直径约6mm，翅宽8~10mm，连同小坚果长2.0~2.5cm，张开成钝角。花期4月；果期9月。

产于永福、龙胜、贺州、苍梧、金秀、象州、南宁、武鸣。生于海拔300~1000m疏林中。分布于浙江、江西、湖南、福建、广东。

13. 粗柄槭 广西槭、米先必

Acer tonkinense Lec.

落叶乔木，高8~12m。叶近革质，近椭圆形，长10~15cm，宽7~11cm，基部近圆形或近心形，中段以上3裂，裂片三角形，裂片深达叶片的1/3，裂片间的凹缺锐尖或钝尖，边缘近于全缘或浅波状，叶上面无毛，下面脉腋有丛毛；主脉3条，在上面显著，在下面凸起，侧脉7~10对和网状小叶脉在两面均显著；叶柄粗壮，浅紫绿色，长2.0~3.5cm。花序圆锥状，长8~10cm；萼片5枚，淡紫绿色；花瓣5枚，淡黄色；雄蕊8枚；子房有很密的短柔毛。小坚果近于卵圆形，长约8mm，宽约6mm，嫩时淡紫色，成熟后淡黄色，翅镰刀形，连同小坚果长3~3.5cm，张开近于水平。花期4月下旬至5月上旬；果期9月。

产于阳朔、临桂、灵川、全州、都安、田林、那坡、隆林、靖西、平果、龙州、大新。生于海拔1000m以下的石灰岩疏林中。越南也有。喜光偏阴树种，喜生于肥沃湿润的地方，但在干旱土少的岩缝及岩间凹处，生势尚正常，在山顶干燥处生长较差。根系发达，适应性强，穿插力强，其侧根沿露岩四面攀走，遇缝即插入。在恶劣的环境下，根系能长出许多须根，扩大其养分和水分的吸收面。天然下种良好，幼树在林下密生。播种繁殖。树姿优美，枝条绿化，叶大，光滑而亮绿，秋后变橙黄色，优良观赏及石山绿化树种。

14. 角叶槭 丝栗槭 图1209：1~2

Acer sycopseoides Chun

常绿小乔木，高6m。小枝细瘦，嫩枝淡黄褐色，被密被黄色绒毛。叶革质，卵形或三角卵形，长5~7cm，宽2.0~3.5cm，先端通常渐尖，基部圆形或钝形，通常有2个发育不良的侧裂片，上面淡黄绿色，无毛，下面被绒毛及白粉；基部具脉3条，直伸，在上面微凹下，在下面凸起；叶柄长1.0~2.5cm，粗壮，密被黄色绒毛。翅果紫色，常成伞房果序，被黄色绒毛；小坚果凸起，长约5mm，宽约3mm；翅与小坚果长1.8~2.2cm，宽约4mm，张开成钝角；果梗长约10mm，被短柔毛。果期9月。

图1209 1~2. 角叶槭 Acer sycopseoides Chun 1. 果枝；2. 叶。**3. 都安槭 Acer yinkunii** W. P. Fang 3. 果枝。

产于灌阳、罗城、南丹。生于海拔600~1100m次生林中。分布于贵州。

15. 革叶槭 樟叶槭、小叶樟叶槭

Acer coriaceifolium H. Lév.

常绿乔木，高6~20m。嫩枝有淡黄色绒毛，老枝近无毛。叶革质，长圆披针形或披针形，稀长圆卵形，长8~11cm，宽2.5~3.5cm，基部阔楔形或楔形，稀钝形，先端渐尖或锐尖，全缘，上面绿色，下面淡绿色，叶片嫩时密被淡黄色绒毛，老时毛渐稀少或近无毛状；侧脉5~6对，几达边缘，基部1对侧脉约达于叶片中段；叶柄淡紫色，嫩时有绒毛，老时无毛，长1.5~3.0cm。花序伞房状，长约2cm，有黄绿色绒毛；花杂性，雄花与两性花同株；萼片5枚，淡绿色；花瓣5枚，淡黄色。小坚果浅绿色，凸起，卵圆形，长约7mm，宽约5mm，翅镰刀形，宽约7mm，连同小坚果长3.0~3.5cm，张开成钝角。花期3月；果期8月。

产于桂林、阳朔、永福、灵川、临桂、恭城、罗城、靖西、那坡、龙州。

生于海拔1500m以下石灰岩阔叶林中。分布于四川、湖北、贵州。喜光，幼苗需要一定的荫蔽，以后则要求较多的阳光。对土壤要求不严，喜生于肥沃湿润的地方，但在干旱瘠薄地和少土的岩缝也能生长成高大乔木。根系粗壮发达，穿插力强，林下天然更新良好。播种繁殖。种子不耐贮藏，随采随播。树冠大，枝多叶浓，遮阴效果好，宜作石山、公园、庭院绿化或行道树栽植。木材可作地板、车辆、机械及运动器材。

16. 亮叶槭　蝴蝶槭、红槭　图1210：1

Acer lucidum F. P. Metcalf

常绿小乔木，高5～10m。嫩枝淡紫绿色或淡紫色，无毛。叶厚革质，披针形或卵状披针形，稀卵形或长椭圆形，长6.0～8.5cm，宽2.5～3.5cm，先端渐尖或钝尖，基部钝形或近圆形，全缘，无毛，下面淡白色，略被白粉；侧脉5～7对，基生1对常达于叶片的中段；叶柄紫绿色，长约1.5cm，无毛。花杂性，雄花与两性花同株；伞房花序，长2～3cm，密被淡黄色绒毛；萼片5枚，黄绿色；花瓣5枚，倒状长圆形，与萼片近于等长。翅果嫩时淡紫色，成熟时淡黄色；小坚果凸起，近卵圆形，长约7mm，宽约5mm，翅宽约9mm，连同小坚果长2.0～2.5cm，张开成锐角或近于直角。花期3～4月；果期8～9月。

图1210　1. 亮叶槭 Acer lucidum F. P. Metcalf　果枝。**2～3. 紫果槭 Acer cordatum** Pax　2. 果枝；3. 花枝。

产于桂林、临桂、永福、阳朔、灵川、全州、龙州。生于海拔550～1200m石质山坡疏阔叶林中。分布于广东。喜光树种，幼龄树需一定荫蔽。根系发达，耐干旱瘠薄，在石山山坡、山顶的石缝、石穴中也能生长成乔木。果实具翅，熟透后易落飞散，应及时采收。种子寿命短，随采随播。树冠圆锥形，枝叶茂密，果先端有翅而生，红色，犹如红蝴蝶飞扑在绿叶丛中，蔚为奇观，宜作石山绿化或园林观赏。木材结构细，耐磨损，宜作一般农具及农具。

17. 飞蛾槭　剑叶槭、披针叶槭、飞蛾树　图1211：1

Acer oblongum Wall. ex DC.

常绿乔木，高10～20m。叶革质，长圆状卵形，长5～10cm，宽3～4cm，全缘，先端渐尖或钝尖，基部钝或近圆形，背面有白粉；主脉在上面显著，在下面凸起，侧脉6～7对，基部一对侧脉较长，其长度约为叶片的1/3～1/2；叶柄长2～3cm，无毛。顶生伞房花序，被短柔毛；花杂性，雄花与两性花同株；萼片5枚；花瓣5枚；雄蕊8枚，生于花盘内侧；子房被短柔毛。翅果嫩时绿色，成熟时淡黄褐色，小坚果凸起呈四棱形，长约7mm，宽约5mm，翅与小果共长1.8～2.5cm，宽约8mm，张开近于直角。花期4～5月；果期9月。

产于永福、临桂、灵川、天峨、龙州。生于海拔1000m以下阔叶林中。

18. 紫果槭　紫槭、小果紫果槭　图1210：2～3

Acer cordatum Pax

图 1211 **1. 飞蛾槭 Acer oblongum** Wall. ex DC. 果枝。**2. 罗浮槭 Acer fabri** Hance 果枝。

常绿乔木，高 7～10m。嫩枝紫色或紫绿色，无毛。叶纸质或近于革质，卵状长圆形，稀卵形，长 6～9cm，宽 3.0～4.5cm，先端渐尖，基部近心形，除近先端部分具稀疏细锯齿外，其余全缘；叶面深褐绿色，光滑，叶背淡绿色，无毛；侧脉 4～5 对，基出的侧脉长度约为叶片长度的 1/3；叶柄长约 1cm，紫色或淡紫色，无毛。伞房花序长 4～5cm，有花 3～5 朵；萼 5 枚；花瓣 5 枚，淡白色或黄白色；雄蕊 8 枚，与花瓣近等长。翅果嫩时紫色，成熟时黄褐色，小坚果凸起，无毛，长约 4mm，宽约 3mm，翅宽约 1cm，连同小坚果长 1.4～2.0cm，张开成钝角、近于水平或锐角；果梗长 1～2cm，无毛。花期 4 月下旬；果期 9 月。

产于龙胜、阳朔、兴安、临桂。生于海拔 500～1000m 的山谷阔叶林中。分布于湖北、四川、贵州、湖南、江西、安徽、浙江、福建、广东。适应性强，常用作红枫嫁接砧木。

19. 都安槭 荫昆槭 图 1209：3

Acer yinkunii W. P. Fang

常绿小乔木，高 3～5m。冬芽腋生，细小，卵圆形，紫色。叶纸质，卵形或长圆状椭圆形，长 3.5～4.5cm，宽 1.5～2.0cm，基部圆形，先端尾状锐尖，尖尾长 1.5～1.8cm，稍弯曲，边缘略呈浅波状，叶面绿色，叶背略被白粉；主脉细瘦，在下面稍凸起，侧脉 8～9 对，很瘦弱，稍现或不显明，基部 1 对侧脉稍向内弯曲，达于叶片的中段；叶柄细瘦，淡紫色，无毛，长 1.8～2.4cm。果序伞房状，长 2.0～2.5cm，紫色；小坚果凸起，淡紫色，长约 7mm，宽约 5mm，翅宽约 8mm，连同小坚果长约 1.8mm，张开近于直角。果期 9 月。

广西特有种，产于都安。生于海拔 1000m 以上阔叶林中。

20. 滨海槭 图 1212：1～2

Acer sino-oblongum F. P. Metcalf

常绿乔木，高 5～7m。叶革质，全缘，椭圆形或椭圆状长圆形，稀披针形，长 6～9cm，宽 2～4cm，先端渐尖或长渐尖，基部宽楔形或近圆形，叶面绿色或淡绿色，无毛，叶背淡黄绿色，下面被白粉；主脉在上面显著，在下面凸起，侧脉 5～7 对；叶柄长 1～3cm，无毛。花淡黄绿色，杂性，雄花与两性花同株，常成被长柔毛的顶生伞房花序；萼片 5 枚；花瓣 5 枚，倒披针形，与萼片等长；雄蕊 8 枚。翅果淡黄褐色，小坚果特别凸起，长 8mm，宽 5mm，翅与小坚果长约 3cm，宽 1.0～1.2cm，张开成锐角。花期 4 月；果期 9 月。

产于融水、那坡、靖西、苍梧、龙州。生于海拔500m以上阔叶林中。分布于广东。

21. 天峨槭 图1213

Acer wangchii W. P. Fang

常绿乔木，高15m，胸径18cm。嫩枝淡紫绿色，无毛。叶革质，披针形或长圆状披针形，长9～11cm，宽2.0～3.5cm，先端尾状渐尖，尖头长1.0～1.5cm，稍弯曲，基部阔楔形，边缘全缘或稍呈波状，叶背略被白粉；主脉在上面稍下凹，在下面显著，侧脉13～15对，细瘦，在上下两面均仅微显著，稍向上弯曲，未达于叶的边缘以前即行隐匿不现；叶柄紫绿色或淡紫绿色，长1.5～2.0cm。果序伞房状，顶生，长约4cm，密被淡黄色绒毛；果梗紫色，长1.2～1.5cm，紫色，被淡黄色绒毛；小坚果紫色，特别凸起，长8～9mm，宽约6mm；翅镰刀形，由淡紫色变为淡黄色，宽约1.2cm，连同小坚果长2.2～2.4cm，张开成锐角。果期9月。

产于南丹、天峨。生于海拔700～1500m阔叶林中。分布于贵州。

图1212 1～2. 滨海槭 Acer sino-oblongum F. P. Metcalf 1. 花枝；2. 果枝。**3. 光叶槭 Acer laevigatum** Wall. 果枝。**4. 十蕊槭 Acer laurinum** Hassk. 果枝。(仿《中国植物志》)

22. 罗浮槭 红翅槭 图1211：2

Acer fabri Hance

常绿乔木，高10m。嫩枝紫绿色或绿色，无毛。叶革质，披针形、长圆状披针形或倒长圆状披针形，长7～16cm，宽2～5cm，全缘，先端锐尖，基部楔形或钝形；主脉在上面显著，在下面凸起，侧脉4～5对；叶柄长1.0～1.5cm，无毛。花杂性，雄花与两性花同株，常成无毛或嫩时被绒毛的紫色伞房花序；萼片5枚；花瓣5枚，白色，倒卵形，比萼片短。翅果嫩时紫色，成熟时黄褐色或淡褐色；小坚果凸起，直径约5mm，翅果与小坚果长3.0～3.4cm，宽8～10mm，张开成钝角；果柄长1.0～1.5cm，无毛。花期3～4月；果期9月。

产于广西各地。生于海拔500～1800m的天然次生阔叶林中。

23. 光叶槭 海南槭 图1212：3

Acer laevigatum Wall.

常绿乔木，高10m，胸径24cm。小枝细瘦，近于圆柱形，无毛。叶嫩时纸质，其后近革质，长圆形或长圆椭圆形，长5～8cm，宽3～4cm，先端近钝尖或短急锐尖，尖头三角形，稍弯曲，长约7mm，基部近圆形或钝形，边缘全缘或稍呈浅波状，上面淡青色，下面淡绿色；主脉在上下两面均显著，侧脉5～7对，内弯成弓形，彼此平行，未达边缘即隐匿不现，在下面较在上面为显著；叶

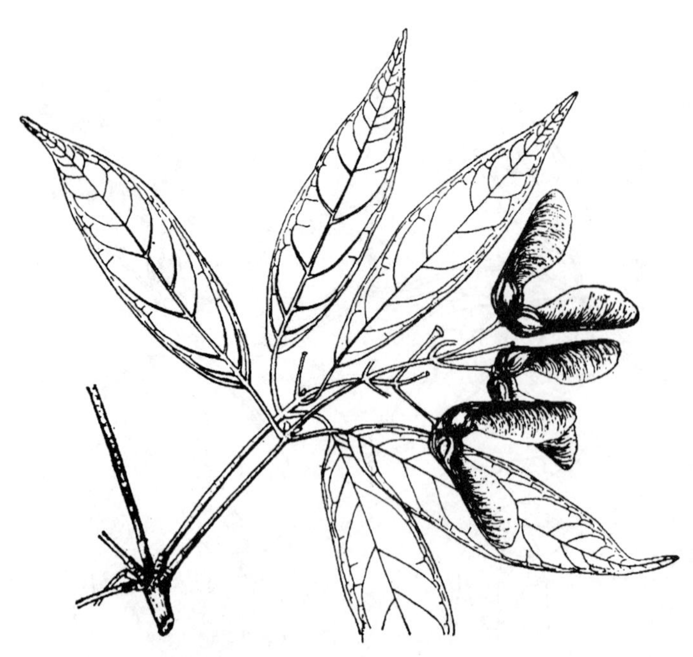

图1213 天峨槭 Acer wangchii W. P. Fang 果枝。(仿《中国植物志》)

柄淡紫绿色，无毛，长约1.3cm。花序圆锥状，长5~6cm，被稀疏淡黄色微柔毛；花杂性，雄花与两性花同株；萼片5枚；花瓣5枚，淡绿色。翅果嫩时淡紫色，后变淡黄色；小坚果凸起，近于球形，直径约5mm，翅近于长圆形，宽约4mm，连同小坚果长约2.5cm，张开成钝角。花期2月；果期6~7月。

产于环江、上思、防城。生于海拔500~800m山谷溪边疏林中。分布于海南、陕西、湖北、四川、贵州、云南；尼泊尔、印度、缅甸也有分布。

24. 青榨槭 青虾蟆 图1214：1~4

Acer davidii Franch.

落叶乔木，高10~15m，胸径20~30cm。嫩枝紫绿色或绿褐色，无毛。叶纸质，长圆形或长圆状卵形，长6~14cm，宽4~9cm，先端锐尖或尾状渐尖，基部近心形或圆形，边缘具有不整齐钝锯齿；上面深绿色，无毛；下面淡绿色，嫩时沿叶脉被紫褐色短柔毛，渐老成无毛状；主脉在上面显著，在下面凸起，侧脉11~12对，成羽状，在上面微现，在下面显著；叶柄纤细，长2~8cm。花黄绿色，杂性，雄花与两性花同株，成下垂总状花序，顶生于着叶的嫩枝，叶花同时开放；雄花9~12朵，花序与花梗均较短；两性花15~30朵，花序与花梗均较长；萼片5枚；花瓣5枚，与萼片等长。翅果嫩时淡绿色，成熟后黄褐色，翅长2.5~2.8cm，宽1.0~1.5cm，连同坚果长2.5~3.0cm，张开成锐角或几成水平。花期4月；果期9月。

产于资源、全州、恭城、兴安、龙胜、永福、荔浦、临桂、灌阳、融水、金秀、罗城、凌云、乐业、田林、隆林、那坡、武鸣、北流。生于海拔500~1500m的天然次生林中。分布于中国华北、华东、中南、西南各地。适应性强，常用作红枫嫁接砧木。木材心材与边材的区别略明显，心材红褐色，边材黄褐色，木材纹理直，结构细，重量中等，气干密度0.548g/cm³，干缩小，干燥容易，不开裂，略变形，稍耐腐，抗虫性一般，易加工，供室内装饰、家具、雕刻、乐器等用材。

25. 疏花槭 川康槭

Acer laxiflorum Pax

落叶乔木，高5~10m。嫩枝紫色或紫绿色，无毛，老枝紫褐色或深褐色。叶纸质，长圆状卵形，长7~12cm，宽5~8cm，边缘具紧贴细锯齿，基部心形或近心形，常3裂，稀5裂，中央裂片细长，三角状卵形，先端尾状锐尖，两侧裂片较小，钝尖，基部裂片更小或不发育；上面深绿色，无毛，下面黄绿色或淡绿色，嫩时叶脉上有红褐色短柔毛，后渐脱落；侧脉9~11对；叶柄长4~7cm。总状花序长约4cm，下垂，先叶后花；花淡黄绿色，杂性，雄花与两性花同株；萼片5枚；花瓣5枚。翅果嫩时紫色，成熟时黄绿色或黄褐色，长2.5~2.7cm，小坚果稍扁平，直径6~8mm，翅张开成钝角或近水平。花期4月；果期9月。

产于资源、灌阳、全州、兴安。生于海拔约1000m次生林中。分布于四川。

26. 五尖槭 紫叶五尖槭

Acer maximowiczii Pax

落叶乔木，高7m。叶纸质，卵形或三角卵形，长6~7cm，宽4~6cm，边缘有粗细不均锯齿，齿端有小尖头，基部近心形，稀截形，叶5裂，中央裂片卵形，先端尾状锐尖，侧裂片近卵形，先端尾状锐尖，基部裂片较小或不发育；叶面深绿色，无毛，叶背淡绿色或黄绿色，有白粉；叶柄长5～7cm，紫绿色。花黄绿色，单性，雌雄异株，常成长4～5cm无毛而下垂的总状花序，先叶后花；萼片5枚；花瓣5枚。翅果紫色，成熟后黄褐色；小坚果稍扁平，直径约6mm；翅连同小坚果长1.8～2.1cm，张开成钝角。花期5月；果期9月。

产于资源。生于海拔1800m以上阔叶林中。分布于山西、河南、陕西、甘肃、青海、湖北、湖南、四川、贵州。

27. 南岭槭 中南槭

Acer metcalfii Rehder

落叶乔木，高10m。嫩枝淡紫色或黄绿色，老枝深绿色或深褐色。叶近革质，长10～14cm，宽7～11cm，基部近心脏形或圆形，3裂或不裂，裂片三角状卵形，先端锐尖，稀除先端的尖头全缘外，其余部分均有钝形齿牙状粗锯齿；侧脉9～11对，直达边缘；嫩时叶背沿叶脉被红褐色柔毛，老时无毛；叶柄长3～5cm，无毛。总状果序有翅果6～9枚，翅果黄褐色，小坚果长约8mm，宽约6mm，翅连同小坚果长2.2～2.5cm，宽约8mm，张开成钝角；果梗长约5mm，无毛。果期9月。

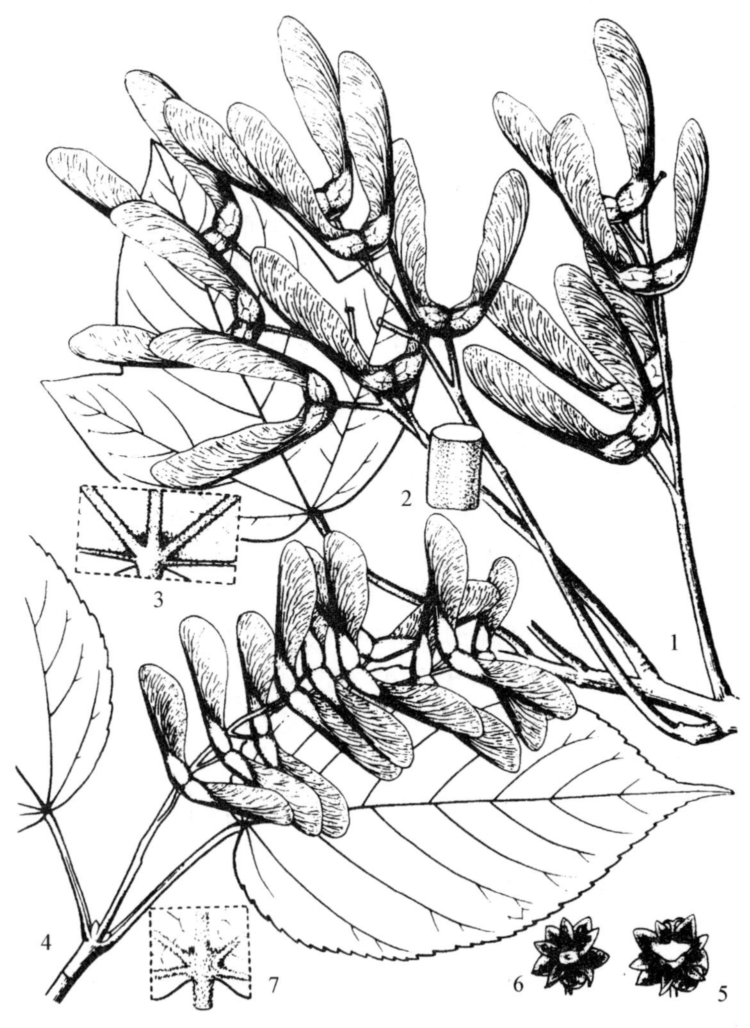

图1214 1～4. 青榨槭 Acer davidii Franch. 1. 果枝；2. 两性花；3. 雄花；4. 叶背面基部放大，示其毛。**5～7. 龙胜槭 Acer lungshengense** W. P. Fang et L. C. Hu 5. 果枝；6. 叶柄一段放大，示其毛；7. 叶背面基部放大，示其毛。(仿《中国植物志》)

产于兴安、临桂、那坡、隆林、武鸣。生于海拔800～1500m疏林中或溪边。分布于湖南、贵州、广东。

28. 十蕊槭 长翅槭 图1212：4

Acer laurinum Hassk.

落叶乔木，高8m。叶革质或近于革质，对生，全缘，卵状椭圆形或长椭圆状卵形，长8～15cm，宽4～7cm，先端钝尖或短渐尖，基部楔形或阔楔形；叶面浅绿色，叶背淡绿色；主脉和5～6对侧脉在叶面显著，在叶背凸起，基生脉长达叶片的1/3～1/2；叶柄长5～7cm。花淡紫褐色，单性，雌雄异株，总状花序腋生，长约2cm；萼5枚；花瓣5枚，比萼片短。翅果嫩时绿色或淡紫绿色，成熟时棕褐色或淡褐色，脉纹显著，翅果扁平；小坚果长约1.5cm，宽约7mm；翅镰刀形，接近顶端部分最宽，翅与小坚果共长6～7cm，宽约2cm，有时仅有一翅发育良好，张开近于锐角或直角；果梗长2～3cm。花期6月；果期10月。

产于西部及西南部，生于海拔800～1500m阔叶林中。分布于云南、广东、海南；越南也有分布。

29. 龙胜槭 图1214：5~7

Acer lungshengense W. P. Fang et L. C. Hu

落叶乔木，高10~15m。嫩枝被灰色短柔毛，老枝无毛。叶革质，近圆形，长14~18cm，宽12~15cm，中段3裂，裂片卵形，先端锐尖，边缘微反卷，浅波状或有稀疏的小圆齿，中裂片较侧裂片约长2倍；叶面深绿色，无毛，叶面淡绿色，除脉腋被丛毛外，其余部分无毛；主脉3条与侧脉14~16对均在叶面微显著，在下面显著；叶柄长7~9cm，被稀疏灰色短柔毛。总状果序长约12cm，有灰色短柔毛；小坚果凸起，近于球形，脉纹显著；翅镰刀形，宽约1.2cm，连同小坚果长6.0~6.5cm，张开近于直角。果期9月。

产于龙胜，生于海拔1500~1800m的山谷疏林中。分布于贵州。

30. 建始槭 三叶槭、亨利槭

Acer henryi Pax

落叶乔木，高10m。嫩枝有短柔毛，老枝无毛。叶纸质，三小叶组成复叶；小叶椭圆形或长圆椭圆形，长6~12cm，宽3~5cm，先端渐尖，基部楔形、阔楔形或近圆形，全缘或近先端有稀疏的3~5个钝锯齿，顶生小叶柄长约1cm，侧生小叶柄长3~5mm；叶柄长4~8cm。穗状花序下垂，长7~9cm，花淡绿色，单性，雄花与雌花异株；萼片5枚；花瓣5枚。翅果嫩时淡紫色，成熟后黄褐色，小坚果凸起，长圆形，长约1cm，宽5mm，脊纹显著，翅宽约5mm，连同小坚果长2.0~2.5cm，张开成锐角或近于直角。花期4月；果期9月。

产于田林。分布于山西、河南、陕西、甘肃、江苏、浙江、安徽、湖北、湖南、四川、贵州。

121 七叶树科 Hippocastanaceae

乔木稀灌木，落叶稀常绿。冬芽大型。叶对生，掌状复叶，小叶3~9枚，叶柄通常长于小叶。聚伞圆锥花序或由蝎尾状聚伞花序组成大型圆锥花序；花杂性或两性，雄花常与两性花同株；萼片4~5枚；花瓣4~5枚；雄蕊5~9枚；花盘全部发育或仅部分发育；子房上位，3室，每室胚珠2枚，花柱1枚或3枚。蒴果1~3室，室背3裂；种子1~3枚。

3属15种。中国2属6种；广西2属3种。

分属检索表

1. 花两性，聚伞圆锥花序；萼片仅基部合生；假种皮2层，包裹种子下半部 ……… **1. 掌叶木属 Handeliodendron**
1. 花杂性，蝎尾状聚伞花序组成圆锥花序；萼片合生成管状至钟状；种脐常较宽大，占种子1/3~1/2 …………………………………… **2. 七叶树属 Aesculus**

1. 掌叶木属 Handeliodendron Rehd.

灌木或乔木。掌状复叶，对生。聚伞圆锥花序顶生；花两性，两侧对称；萼片5枚；花瓣4(5)枚，中部反折，内面基部有小鳞片2枚；花盘半月形，肥厚，不规则浅裂；雄蕊7(8)枚，花丝长短不一，药室基部有小腺体；子房具很长的雌蕊柄，3室，每室有胚珠2枚。蒴果棒状或近梨形，具明显雌蕊柄，成熟时室背开裂为3个果瓣，果皮厚革质；每室有种子1枚，稀2枚，近卵圆形，种皮革质，黑色，假种皮2层，包裹种子下半部。

单种属，中国特有，广西亦产。

掌叶木 图1215

Handeliodendron bodinieri (H. Lév.) Rehd.

落叶乔木或灌木，高1~8m。掌状复叶，总叶柄长4~11cm；小叶4枚或5枚，薄纸质，薄革质，椭圆形至倒卵形，长3~12cm，宽1.5~6.5cm，先端尾状骤尖，基部阔楔形，两面无毛，背面散生黑色腺点；侧脉 10~12 对；小叶柄长 1~15mm。花序长约 10cm，疏花，多花；花梗长 2~5mm，无毛，有小鳞秕；萼片长 2~3mm，两面微被毛；花瓣外面有贴柔毛。蒴果梨形，长 2.2~3.2cm，其中柄状部分长 1.0~1.5cm；种子长 8~10mm。花期 5 月；果期 7 月。

产于南丹、天峨、环江、东兰、凌云、乐业、田林、隆林、龙州。生于海拔 500~800m 林中和林缘。喜钙树种，多见于石灰岩疏林中。分布于贵州。播种繁殖，随采随播。种仁含油率 52.6%，油澄清，有香气，工业用，经精制后亦可食用。根系发达，穿插力强，能适应干旱环境，为优良石山绿化树种。

图 1215 掌叶木 Handeliodendron bodinieri (H. Lév.) Rehd. 1. 果枝；2. 花序一部分；3. 花除去花被，示雄蕊、雌蕊和花盘。(仿《中国植物志》)

2. 七叶树属 Aesculus L.

落叶乔木，稀灌木。冬芽大形。叶对生，由 3~9 枚小叶组成掌状复叶，有长叶柄；小叶长圆形、倒卵形或披针形，边缘有锯齿；小叶柄极短。由蝎尾状聚伞花序组成大型圆锥花序顶生；花杂性，雄花与两性花同株，大型，不整齐；花萼钟形或管状，上段 4~5 裂；花瓣 4~5 枚；花盘全部发育成环状或仅部分发育，微分裂或不分裂；雄蕊 5~8 枚；子房上位，3 室，胚珠每室 2 枚。蒴果 1~3 室，平滑或有刺，室背开裂；种子 1~2 枚，种脐常较宽大。

12 种，广泛分布于亚洲、美洲及欧洲。中国 4 种；广西 2 种。

分种检索表

1. 小叶柄长 5~15mm，小叶倒卵形或长圆状披针形，长 23~28cm，宽 7~8cm；果大，直径 7.0~7.5cm ………………………………………… **1. 长柄七叶树 A. assamica**
1. 小叶柄长 3~7mm，小叶倒披针形，长 13~23cm，宽 5~8cm；果小，直径 3.0~3.5cm ………………………………………… **2. 小果七叶树 A. tsiangii**

1. 长柄七叶树 滇缅七叶树、桂西七叶树

Aesculus assamica Griff.

落叶乔木，高 10m。掌状复叶，有长 18~30cm 的叶柄；小叶 6~9 枚，近革质，倒卵形、长圆状披针形或长圆披针形，先端急尖，基部楔形，边缘有紧贴的钝尖形细锯齿，各小叶大小不等，中间小叶长 23~28cm，宽 7~8cm，两侧小叶长 12~20cm，常为中间小叶长度的 1/2，无毛，上面深绿色，下面淡绿色；小叶柄长 5~15mm。花序顶生，细长圆筒形，长 37~45cm，基部直径 9~10cm；花杂性；花萼管状，裂片 5 枚；花瓣 4 枚，白色有紫褐色斑块。蒴果倒卵圆形或椭圆形，直径 7.0~7.5cm。花期 2~5 月；果期 6~10 月。

产于靖西、那坡、德保、龙州、大新。生于海拔 800m 以下阔叶林中。分布于云南；越南、泰国、缅甸、印度也有分布。树皮为优良纤维原料，故民间有"家麻树"之称。木材心材与边材区别不明显，木材红褐色，纹理直，重量轻，气干密度 0.48g/cm^3，不耐腐，加工容易，刨面光滑，供绘图板、单板等用材。

2. 小果七叶树 黔桂七叶树

Aesculus tsiangii Hu et W. P. Fang

落叶乔木，高32m，胸径60cm。掌状复叶，叶总柄长12~18cm；小叶5~8枚，近于革质，倒披针形或长椭圆形，先端锐尖，基部楔形，边缘有紧贴锐尖锯齿，长13~23cm，宽5~8cm，两面无毛，上面绿色，下面淡绿色，侧脉21~24对；小叶柄紫绿色，无毛，长3~7mm。花序顶生，基部直径约10cm，圆锥花序长约35cm，花序总轴有淡黄色微柔毛，小花序长4~5cm，有9~11朵花，斜向伸展；花杂性；花萼管状，近顶端5裂；花瓣4枚。蒴果卵圆形，黄褐色，无刺，直径3.0~3.5cm，顶端有短尖头，成熟后3裂，壳薄，干后厚约2mm；种子1枚，近球形，直径约3cm，种脐白色，约占种子的1/2。花期4月；果期7月。

产于宁明、龙州。常生于海拔350~400m的林中。分布于贵州。

122 省沽油科 Staphyleaceae

乔木或灌木。叶对生或互生，奇数羽状复叶，稀单叶，托叶早落；叶缘有锯齿。花两性，稀杂性或雌雄异株，圆锥花序；花5数，分离或连合，覆瓦状排列；花盘通常明显，多少有裂片，稀缺；子房上位，常3室，每室有1枚至多枚胚珠。蒴果、核果、浆果或蓇葖。

5属40~50种，产于热带亚洲和美洲。中国4属22种；广西4属10种。

分属检索表

1. 叶对生，复叶或单叶。
  2. 蒴果，肿胀，果皮薄，膜质，沿复缝线开裂；叶为3~5枚小叶复叶 ························ **1. 省沽油属 Staphylea**
  2. 浆果或蓇葖果。
    3. 浆果肉质或革质；单叶、三小叶或奇数羽状复叶 ·· **2. 山香圆属 Turpinia**
    3. 蓇葖果革质，紫红色；种子黑色，具薄假种皮；羽状复叶具小叶5枚 ······················ **3. 野鸦椿属 Euscaphis**
1. 叶互生，奇数羽状复叶；核果，果皮肉质或革质 ·· **4. 瘿椒树属 Tapiscia**

1. 省沽油属 Staphylea L.

落叶灌木或小乔木。叶对生，有托叶，小叶3~5枚。圆锥花序顶生，花两性，5基数，子房由2~3枚心皮组成，胚珠多数。蒴果肿胀，果皮膜质，腹缝线纵裂，每室有1~4枚种子。

13种，分布于欧洲、亚洲及北美洲。中国6种；广西1种。

膀胱果 图1216

Staphylea holocarpa Hemsl.

落叶灌木或小乔木，高10m。三小叶复叶，近革质，小叶长圆状披针形至狭卵形，长5~10cm，宽2.5~5.0cm，先端短渐尖，基部宽楔形，无毛，边缘有细锯齿；侧生小叶近无柄，顶生小叶有长柄，柄长2~4cm。圆锥聚伞花序下垂，长约5cm，花白色或粉红色，先花后叶。蒴果梨形，尖端3裂，长4~5cm；种子近椭圆形，黄灰色，有光泽。花期4月；果期9月。

图1216 膀胱果 Staphylea holocarpa Hemsl. 1. 叶；2. 果。（仿《中国植物志》）

产于东北部及隆林。生于杂木林中。分布于广东、贵州、四川、陕西、甘肃、湖北、湖南、西藏。木材心材与边材区别不明显，木材浅黄白色，纹理直，结构粗，重量轻，气干密度 0.48g/cm^3，干燥容易，不耐腐，刨面光滑，美观，供雕刻、家具、室内装饰。

2. 山香圆属 Turpinia Vent.

乔木或灌木。叶对生，奇数羽状复叶或单叶，叶柄在着叶处收缩，常具腺或两端膨大成叶枕。圆锥花序顶生或腋生，分枝对生，花小，白色，两性；5 数，花盘有圆齿或裂片；雄蕊着生于花盘裂齿的外面，花丝扁平；子房 3 室，花柱合生或分裂，胚珠数枚或多数。果近圆球形，3 室，每室有几枚或多枚种子，种子无假种皮。

30～40 种，分布于亚洲和美洲。中国 13 种；广西 7 种。

分种检索表

1. 单叶。
  2. 花较大，长 0.8～1.2cm；果先端具小尖头；叶柄长 1.2～1.8cm ……………… **1. 锐尖山香圆 T. arguta**
  2. 花较小，长不足 0.5cm；果先端不具小尖头。
    3. 侧脉 10～14 对，网脉较密，在叶两面隆起；叶柄长 1.5～5.0cm；圆锥状聚伞花序 ………………………………………… **2. 亮叶山香圆 T. simplicifolia**
    3. 侧脉 8～10 对，网脉较稀，在叶面平坦，叶背明显隆起；叶柄长 1～3cm；圆锥花序 ………………………………………… **3. 疏脉山香圆 T. indochinensis**
1. 复叶。
  4. 侧脉 6～10 对。
    5. 果直径 1.5～2.5cm，果皮厚 2～5mm；小叶矩圆状椭圆形 ……………… **4. 大果山香圆 T. pomifera**
    5. 果直径不及 1.5cm，果皮厚 0.5～1.0mm。
      6. 小叶椭圆状长圆形，侧生小叶柄长 1.0～1.5cm；果直径 1.0～1.5cm ………… **5. 硬毛山香圆 T. affinis**
      6. 小叶长卵形或长倒卵形，侧生小叶柄长 2～4mm；果直径 6～8mm …… **6 越南山香圆 T. cochinchinensis**
  4. 侧脉 10～14 对，小叶椭圆形或卵状椭圆形，长 5～6cm ……………… **7. 山香圆 T. montana**

1. 锐尖山香圆 山香园、绒毛山香圆、五寸刀、五寸铁树

Turpinia arguta Seem.

常绿灌木，高 3m。单叶，对生，厚纸质，椭圆形或长椭圆形，长 10～23cm，宽 3～6cm，先端渐尖或尾尖，基部钝圆或宽楔形，边缘具疏锯齿，齿尖具硬腺体；侧脉 10～12 对；叶柄长 1.2～1.8cm；托叶生于叶柄内侧。顶生圆锥花序，长 4～17cm，花长 8～12mm，白色，花梗中部具苞片 2 枚，子房及花柱均被柔毛。果近球形，熟时红色，干后黑色，直径 8～10mm，表面粗糙，先端具小尖头，花盘宿存；种子 2～3 枚。

产于广西各地。生于海拔 800m 以下杂木林中。分布于福建、江西、广东、贵州、四川。木材暗褐色，不耐腐，可作一般家具、薪材等用。

2. 亮叶山香圆 图 1217：1～2

Turpinia simplicifolia Merr.

小乔木或灌木，高 10m。单叶对生，薄革质，长圆形或长圆状椭圆形，长 9～18cm，宽 3.5～7.0cm，先端急尖，基部楔形或宽楔形，边缘具细圆锯齿，齿端硬角质，干时叶面黄绿色，有光泽；侧脉 10～14 对，网脉密，侧脉和网脉在两面均隆起；叶柄长 1.5～5.0cm，顶端稍膨大并具关节。圆锥花序式聚伞花序长不及叶片，长 7～12cm；花小，长约 3mm；花萼白色；花瓣白色或淡黄色。浆果浅绿色，近球形，直径 5～10mm，表面疣状凸起粗糙，顶端有 3 条凹纹，柱头脱落后痕迹明显；种子近圆形，直径 3～5mm，淡黄色。

产于广西东南部和西南部。生于中海拔山谷阴处或密林中。分布于广东、云南；马来西亚、越

图 1217　1 ~ 2. 亮叶山香圆 **Turpinia simplicifolia** Merr.　1. 果枝；2. 果。**3. 硬毛山香圆 Turpinia affinis** Merr. et L. M. Perry　3. 花枝；4. 花；5. 果。（仿《中国植物志》）

南也有分布。

3. 疏脉山香圆

Turpinia indochinensis Merr.

灌木或小乔木，高 2 ~ 8m。单叶，薄革质或厚纸质，长圆形、椭圆形或倒卵状椭圆形，长 7 ~ 15cm，宽 3. 5 ~ 7. 5cm，顶端急尖或具小凸尖，基部楔形或宽楔形，边缘具疏锯齿，齿尖骨质，两面无毛，上面亮绿色，背面淡绿，侧脉 8 ~ 10 对，网脉较疏，连同侧脉在上面明显，在背面隆起；叶柄粗壮，长 1 ~ 3cm，近叶基部膨大且具关节。顶生圆锥花序，多花，长 12 ~ 23cm；花小，长约 5mm，萼片近革质，花瓣近膜质，5 枚。浆果近球形，直径 6 ~ 10mm，外果皮厚约 1. 5mm，每室有 3 ~ 4 枚种子；种子不规则球形，直径约 5mm。花期 3 ~ 4 月；果期 8 ~ 11 月。

产于防城、上思。生于海拔600 ~ 1000m 山地密林中。分布于海南、云南；越南也有分布。

4. 大果山香圆　山麻风树　图 1218：1 ~ 3

Turpinia pomifera (Roxb.) DC.

乔木，高 15m。小枝灰色，无毛，节处膨大；鲜皮捣碎有奇异香气。奇数羽状复叶长 15 ~ 50cm；小叶 3 ~ 9 枚，革质，矩圆状椭圆形，长 8 ~ 20cm，宽 2. 5 ~ 8. 0cm，先端尖或钝，有凸尖，基部宽楔形，边缘有锯齿，两面无毛；侧脉 7 ~ 9 对，连同网脉在两面明显可见，叶面有蜂窝状小窝穴；顶生小叶柄长 3 ~ 5cm，侧生小叶柄长 5 ~ 15mm。圆锥花序顶生，长达 21cm，较粗壮；花大，长 3. 5 ~ 4. 0mm。果大，近球形，直径 1. 5 ~ 2. 5cm，果皮粗糙，成熟时果皮厚达 2 ~ 5mm，柱头宿存。花期 1 ~ 4 月；果期 6 ~ 8 月。

产于扶绥、德保。生于海拔 800 ~ 1200m 沟边阴湿密林中。分布于云南；印度、越南也有分布。木材心材与边材区别不明显，木材灰白色或灰褐色，纹理直，结构细，重量轻，气干密度 0. 52g/cm^3，不耐腐，刨面光滑，美观，供室内装饰、家具等用材。

5. 硬毛山香圆　广西山香圆　图 1217：3

Turpinia affinis Merr. et L. M. Perry

乔木。除花序和果外，全株无毛。羽状复叶，叶轴长 6 ~ 14cm；小叶 3 ~ 7 枚，革质，椭圆状长圆形，长 5 ~ 14cm，宽 3 ~ 4cm，先端渐尖，基部楔形或钝，边缘密被钝齿；侧脉 7 ~ 10 对，弯拱上升，网脉不明显，叶面有蜂窝状小窝穴；小叶柄长 1. 0 ~ 1. 5cm，先端有 2 枚腺体。圆锥花序长 30cm。浆果近圆形，直径 1. 0 ~ 1. 5cm，顶端有疤痕，花柱宿存。花期 3 ~ 4 月；果 8 ~ 11 月。

产于金秀、隆林、那坡、容县。生于海拔 1000 ~ 1800m 密林中。分布于四川、云南、贵州。木材可作房架、板材及室内装修等用，亦常作栽培木耳、香菇用材。

6. 越南山香圆 图 1218：4

Turpinia cochinchinensis (Lour.) Merr.

落叶乔木，高 7m。奇数羽状复叶对生，长 15～21cm；小叶 3～5 枚，革质，长卵形、长倒卵形或椭圆形，长 6～10cm，宽 2.5～4.0cm，边缘具圆锯齿，两面光亮，主脉在两面明显，侧脉 7～10 对，在近边缘网结，网脉不明显。圆锥花序顶生或腋生，长 8～23cm，分枝密集，花密集，花小；花萼 5 枚；花瓣 5 枚，长 2mm；雄蕊 5 枚，与花瓣几等长；2 室，花盘有齿裂，花柱长约 1mm。浆果褐色黑色，球形，直径 7～10mm，宿存柱头近盘状。

产于广西西南部，生于海拔 1000m 以下石山疏林中。分布于广东、四川、贵州、云南；印度、缅甸、越南也有分布。

7. 山香圆 高地山香圆 图 1218：5～7

Turpinia montana (Bl.) Kurz

图 1218 1～3. 大果山香圆 Turpinia pomifera (Roxb.) DC.
1. 花枝；2. 花；3. 果。**4. 越南山香圆 Turpinia cochinchinensis** (Lour.) Merr. 叶。**5～7. 山香圆 Turpinia montana** (Bl.) Kurz
5. 花枝；6. 花；7. 果。(仿《中国植物志》)

小乔木。枝和小枝圆柱形，灰白绿色。叶对生，奇数羽状复叶，叶轴长 15cm，纤细；小叶 3～5 枚，纸质，椭圆形或卵状椭圆形，长 5～6cm，宽 2～4cm，先端渐尖，基部宽楔形，边缘有锯齿，两面无毛，侧脉多，10～14 对，网脉在两面几不可见；侧生小叶柄长 2～3mm，顶生小叶柄长 15mm。圆锯花序顶生，长可达 17cm，花较多而小，直径 3mm；花萼 5 枚，长 1.3mm；花瓣 5 枚，长 2mm。果球形，直径 4～7mm，紫红色，2～3 室，每室有 1 枚种子。

产于广西北部及那坡、容县、防城、上思。生于山地密林中。分布于广东、云南、贵州；印度、缅甸、越南也有分布。

3. 野鸦椿属 Euscaphis Sieb. et Zucc.

落叶灌木或小乔木。全株秃净无毛；芽具 2 枚鳞片。奇数羽状复叶对生，小叶 5～11 枚，叶缘有细齿，齿端有腺。圆锥花序顶生；花两性；花萼宿存，5 裂；花瓣 5 枚；花盘环状；雄蕊 5 枚，着生于花盘基部外缘，花丝基部扩大；子房上位，心皮 3 枚。蓇葖果 1～3 枚，果皮软革质，紫红色，沿内面腹缝线开裂；种子 1～2 枚，黑色，具假种皮。

仅 1 种，分布于亚洲东部，中国亦产，广西有分布。

图 1219 野鸦椿 **Euscaphis japonica** (Thunb.) Kanitz
1. 花枝; 2. 花; 3. 果。(仿《中国植物志》)

野鸦椿 鸡肾果、酒药树 图 1219

Euscaphis japonica (Thunb.) Kanitz

落叶小乔木或灌木状，高 8m。枝条灰褐色，有纵条纹，小枝及芽红紫色，枝叶有恶臭气味。奇数羽状复叶对生，长 8 ~ 32cm，叶轴淡绿色；小叶 5 ~ 9 枚，厚纸质，长卵形、长椭圆形或卵圆形，长 4 ~ 9cm，宽 2 ~ 4cm，先端渐尖，基部钝圆，边缘具疏短锯齿，齿尖有腺体，两面除背面沿脉有白色小柔毛外余无毛；主脉在上面明显，在背面凸出，侧脉 8 ~ 10 对；叶柄长 1 ~ 2mm。圆锥花序顶生，花梗长达 21cm；花多而密集，黄白色，径 4 ~ 5mm，萼片 5 枚，宿存；花瓣 5 枚；花盘盘状，心皮 3 枚。蓇葖果长 1 ~ 2cm，紫红色，果皮有纵纹，裂开后形似鸡肉金；种子黑色，近圆形，直径约 5mm。花期 5 ~ 7 月；果期 8 ~ 10 月。

产于广西各地。生于低海拔山坡林缘或灌木丛中。分布于中国淮河以南广大地区，日本、朝鲜也有分布。喜光，耐干旱瘠薄，生长较快。木材心材与边材区别不明显，木材灰红褐色，纹理直，结构中等，重量中等，气干密度为 0.62 g/cm^3，不耐腐，木材供室内装饰、火柴杆等用材。

4. 瘿椒树属 Tapiscia Oliv.

落叶乔木。奇数羽状复叶，互生，无托叶；小叶 5 ~ 9 枚，对生，有锯齿。圆锥花序腋生；花极小，黄色，两性或杂性或雌雄异株，雄花序由长而纤弱的总状花序组成；结实性的花序短，而分枝粗壮。核果状浆果。

2 种，均产于中国南部，广西产 1 种。

图 1220 瘿椒树 **Tapiscia sinensis** Oliv. 1. 花枝; 2. 雄花; 3. 果。(仿《中国植物志》)

瘿椒树 银鹊树 图 1220

Tapiscia sinensis Oliv.

落叶乔木，高 20m。树皮灰黑色或灰白色，小片状脱落；芽鳞具淡棕色毛；小枝枝皮捣碎有特殊香味。奇数羽状复叶，长达 30cm；小叶 5 ~ 9 枚，狭卵形或卵形，长 6 ~ 14cm，宽 3.5 ~ 6.0cm，先端渐尖，基部心形或近心形，边缘有锯齿，两面无毛或仅在背面脉腋上被毛，上面绿色，背面灰白色，密被近乳头状白粉点；侧生小叶柄短，长仅 2～8mm，顶生小叶柄长达 2～3cm。花有香气，腋生圆锥花序，雄花与两性花异株，雄花序长达 25cm，两性花花序长约 10cm；花小，黄色，长约 2mm。核果状浆果近球形或椭圆形，长约 7mm，红色至黑色。花期 6～7 月；果期 9～10 月。

产于全州、荔浦、龙胜、临桂、永福、金秀、融水、乐业、凌云、龙州。生于海拔 800～1300m 山地杂木林中。分布于江西、安徽、湖北、湖南、广东、贵州、四川、云南。喜光，喜温暖湿润气候。木材心材与边材区别不明显，木材灰色至灰褐色，纹理直，结构细，轻软，气干密度 0.33g/cm^3，不耐腐，加工容易，刨面光滑，供制一般家具、农具、箱板等用。

123 灰莉科 Potaliaceae

常绿乔木或灌木，有时攀援或附生。单叶对生；托叶着生叶腋内合生成鞘。花两性，聚伞花序或单生，顶生；花梗常肥厚；苞片鳞片状；萼 4～5 裂；花冠漏斗状或近高脚碟状，裂片 5～16 枚；雄蕊 5～16 枚；花盘肉质，子房上位，1～2(3～5)室，每室胚珠多数。浆果。

4 属 70 种，分布于热带亚热带地区。中国 1 属 1 种，广西也有分布。

灰莉属 *Fagraea* Thunb.

乔木或灌木，稀攀援状灌木，通常附生或半附生于其他树上。叶对生，全缘，稀具齿，托叶合生呈鞘状或裂开，每叶具两个托叶。花常较大，单生或聚伞花序，顶生；苞片小，2 枚，生于花萼基部或花梗上；花 5 基数，花萼宽钟状，5 裂，裂片宽而厚，花冠漏斗状或近高脚碟状，裂片 5 枚，宽而稍带肉质；雄蕊 5 枚；子房 1 室，具 2 枚侧膜胎座，胚珠多数。浆果肉质，不开裂；种子极多，种皮脆壳质。

约 35 种，分布于亚洲南部、大洋洲及太平洋岛屿。中国 1 种，广西亦产。

灰莉 图 1221

Fagraea ceilanica Thunb.

乔木或灌木，有时附生于其他树上呈攀援状灌木，高 15m。小枝灰白色。粗壮，圆柱形，具叶痕；全株无毛。叶稍肉质，对生，全缘，椭圆形或长圆形，长 5～25cm，宽 2～10cm，顶端急尖，基部宽楔形，叶面深绿色，叶面中脉扁平，叶背微凸起，侧脉每边 4～8 条，不明显；叶柄长 1～3cm，基部具由托叶形成的腋生鳞片，常多少与叶柄合生。二歧聚伞花序，芳香，顶生，有花数朵；花序梗粗短，有苞片，花梗粗壮，长达 1cm，中部以上有宽卵形小苞片 2 枚；花萼钟状，褐色，肉质；花冠白色，漏斗状，冠管长 3.0～3.5cm；雄蕊内藏。浆果卵状，

图 1221 灰莉 *Fagraea ceilanica* Thunb. 1. 花枝；2. 花冠展开，示雌蕊和雄蕊着生；3. 浆果和花萼。（仿《中国植物志》）

直径达4cm，成熟时黄色，光滑，顶端有尖喙，基部为宿萼所包；种子椭圆状肾形，长3～4mm。花期5月；果期7月至翌年3月。

产于那坡。生于海拔500m以上石灰岩阔叶林中。分布于广东、海南、台湾、云南；印度、缅甸、泰国、越南也有分布。花大型，美丽，芳香，可栽培供观赏。

124 钩吻科 Loganiaceae

乔木或灌木，稀木质藤本或草本。茎直立、缠绕或攀援，通常无刺，稀枝变态而成伸直或弯曲的腋生带棘刺。单叶对生或轮生，全缘；托叶退化或在叶柄间残存托叶痕。花两性，圆锥花序，稀单生；花4～5基数，花冠筒状或钟状；雄蕊生于冠管内壁，花药2室，纵裂；子房上位，2室，稀为1室或3室，每室有胚珠1枚至多枚。蒴果，室间开裂，分为2果瓣；种子1枚至多枚，有翅或无翅。

7属约130种，分布于热带亚热带地区；中国2属2种；广西1属1种。

钩吻属 Gelsemium Juss.

木质藤本。叶对生，全缘，具短柄；托叶退化或仅残存托叶痕。聚伞花序通常三歧，顶生或腋生；花萼裂片5枚；花冠裂片5枚；雄蕊5枚；子房上位，2室，每室有胚珠数个。蒴果外果皮开裂，室间2裂成2果瓣，内有种子多枚；种子扁，有翅。

图 1222 钩吻 **Gelsemium elegans** (Gardn. et Chapm.) Benth. 1. 花枝；2. 雌蕊和花萼裂片；3. 花冠展开，示雄蕊着生；4. 果枝。(仿《中国植物志》)

3种，产于美洲和亚洲。中国1种，广西亦产。

钩吻 胡蔓藤、断肠草、大茶药 图1222

Gelsemium elegans (Gardn. et Chapm.) Benth.

常绿木质藤本，长达12m。小枝圆柱形，幼时具纵棱；除苞片边缘和花梗幼时被毛外，全珠均无毛。叶膜质，对生，卵形至卵状披针形，长5～12cm，宽2～6cm，顶端渐尖，基部阔楔形至近圆形；侧脉5～7对，上面扁平，下面凸起；叶柄长6～12mm。花密集，组成顶生或腋生聚伞花序，每分枝基部有苞片2枚；花梗纤细，长3～8mm；花萼5裂；花冠黄色，漏斗状，花冠管长7～10mm，裂片5枚，长5～9mm；雄蕊5枚，着生于花冠管中部，花丝细长，长3.5～4.0mm。蒴果卵状椭圆形，长10～15mm，直径6～10mm，未开裂时明显地具2条纵槽，成熟时黑色，室间2裂，基部有宿存花萼，果皮薄革质，内有种子20～40枚；种子扁压状椭圆形或肾形，边缘具有不规则齿裂状膜质翅。花期 5 ~ 11 月；果期 7 月至翌年 3 月。

产于全区各地。生于丘陵、疏林或灌木丛中。分布于浙江、福建、湖南、广东、海南、贵州、云南；越南、印度也有分布。全株含钓吻碱，有剧毒。

125 醉鱼草科 Buddlejaceae

乔木或灌木，稀草本。单叶对生或轮生，稀互生，全缘或具锯齿；托叶着生两柄间呈叶状，或退化成横线。花单生或组成聚伞花序，再组成总状、穗状或圆锥状；花两性；花萼和花冠 4 裂；雄蕊 4 枚；子房上位，2(4)室，每室胚珠多数。蒴果 2 瓣裂，稀浆果；种子多数，常有翅。

10 属约 150 种，分布于热带至温带地区。中国 1 属 31 种；广西 1 属 6 种。

醉鱼草属 Buddleja L.

直立灌木或乔木，稀草本。枝、叶、花序常密被星状绒毛；枝对生，圆形或四棱形，棱常有窄翅。叶对生，稀互生；有锯齿，稀全缘；托叶着生于两叶柄之间或退化成两叶柄间横线。顶生或腋生的穗状花序、总状花序或聚伞花序再组成圆锥花序式；花萼钟状，4 裂；花冠筒状，4 裂；雄蕊 4 枚；子房 2 室，每室胚珠多数。蒴果室间开裂；种子极小，多数，常有翅。

约 100 种，分布于美洲和亚洲南部地区。中国 40 种；广西 6 种。

分种检索表

1. 直立灌木；小枝四棱形或略四棱形。
  2. 小枝四棱形，棱上具窄翅。
    3. 雄蕊生于花冠管喉部，花冠白色；叶披针形 ………… **1. 白背枫 B. asiatica**
    3. 雄蕊生于花冠管下部，花冠紫色；叶卵形或椭圆状卵形 ………… **2. 醉鱼草 B. lindleyana**
  2. 小枝略四棱形，棱上无翅。
    4. 聚伞圆锥花序呈尖塔形。
      5. 叶椭圆形至长圆状披针形；花冠筒长 7 ~ 12mm，直径 2.0 ~ 2.2mm ………… **3. 密蒙花 B. officinalis**
      5. 叶狭卵形至椭圆形；花冠筒长 8 ~ 12mm，直径 1.2 ~ 1.6mm ………… **4. 喉药醉鱼草 B. paniculata**
    4. 聚伞状圆锥花序呈穗状；叶缘具细锯齿，托叶 2 裂呈耳状 ………… **5. 大叶醉鱼草 B. davidii**
1. 匍匐状灌木或藤状灌木；小枝圆柱形；圆锥状聚伞花序 ………… **6. 假黄花 B. madagascariensis**

1. 白背枫 驳骨醉鱼草、驳骨丹 图 1223

Buddleja asiatica Lour.

直立灌木，高 2 ~ 4m。小枝四棱形，具窄翅，幼枝、叶背、叶柄及花序密被灰色或浅黄色绒毛。单叶对生，纸质，披针形，长 6 ~ 30cm，宽 1 ~ 7cm，先端长渐尖，基部楔形，有时下延至叶柄基部，边缘具稀疏锯齿或近全缘，上面无毛；侧脉 10 ~ 14 对；叶柄长 2 ~ 15mm；托叶着生在两叶柄基部之间，呈叶状、耳状或半圆形，或退化成线状的托叶痕。花多朵组成圆锥状、穗状、总状或头状的聚伞花序，顶生或枝上部腋生，花序长而下垂，长 5 ~ 25cm，花芳香，几无梗；花萼钟状，枚片 4 枚；花冠白色，高脚杯状或钟状，冠管长 3 ~ 6mm，裂片 4 枚；雄蕊生于花冠管喉部。蒴果椭圆形，为宿存花萼所包，长 3 ~ 5mm，直径 1.5 ~ 3.0mm；种子细小，多数，无翅。花期 1 ~ 10 月；果期 3 ~ 12 月。

产于广西各地。生于灌木丛中、山坡、河岸、沙地等。分布于广东、贵州、云南、四川、陕西、山西、湖北、湖南、江西、福建、台湾；印度及中南半岛也有分布。全株有毒，外用治皮肤湿疹。

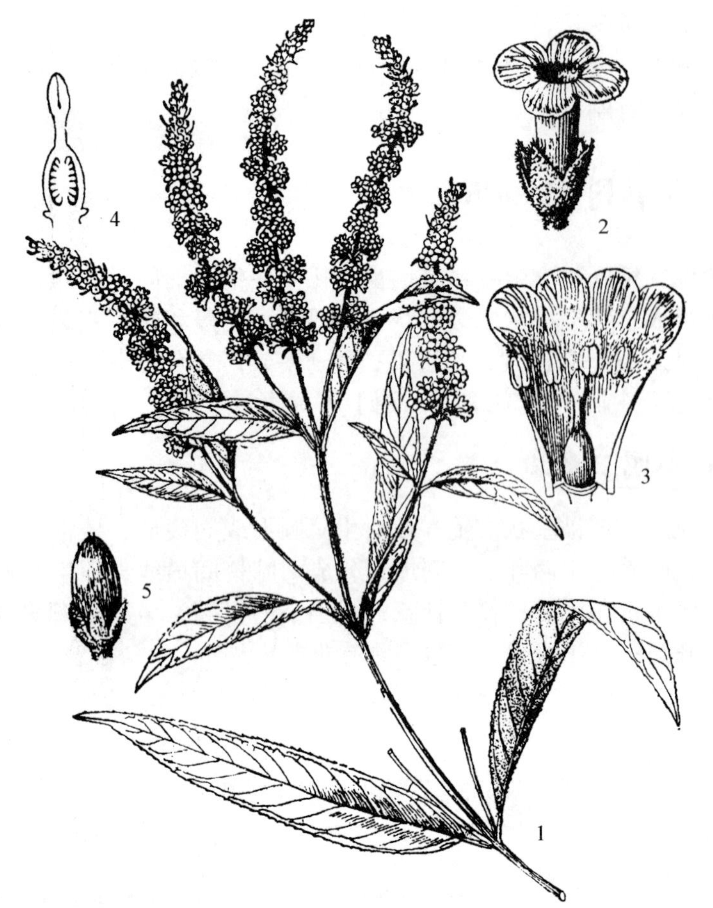

图 1223 白背枫 **Buddleja asiatica** Lour. 1. 花枝；2. 花；3. 花冠展开，示雄蕊和雌蕊着生；4. 子房纵切面，示胚珠着生；5. 蒴果。（仿《中国植物志》）

图 1224 醉鱼草 **Buddleja lindleyana** Fortune 1. 花枝；2. 花和小苞片。（仿《中国植物志》）

2. 醉鱼草 图 1224

Buddleja lindleyana Fortune

直立灌木，高 1～3m。小枝四棱形，棱上略具窄翅；幼枝、叶背、叶柄、花序及大小苞片均密被星状短绒毛和腺毛。叶对生，萌芽枝上叶为互生或近轮生，膜质，卵形或椭圆状卵形，长 3～11cm，宽 2～5cm，先端渐尖，基部宽楔形或圆形，全缘或具波状齿，幼叶上面被星状短柔毛，后变无毛；侧脉 6～8 对；叶柄长 2～5mm。穗状聚伞花序顶生，长 4～40cm，宽 2～4cm；苞片线形，小苞片线状披针形；花紫色，芳香；花萼钟状，花冠短高脚杯状，长 13～20mm；雄蕊着生于花管下部或近基部。蒴果长圆形，常有宿存花萼；种子小，淡褐色，无翅。花期 4～10 月；果期 8 月至翌年 4 月。

产于广西各地。生于山地向阳山坡、路旁、河边灌草丛中和林缘。分布于安徽、江苏、浙江、湖南、广东、江西、福建、四川、云南、贵州。全株有毒。

3. 密蒙花 黄饭花、蒙花 图 1225

Buddleja officinalis Maxim.

直立灌木，高 1～4m。小枝略呈四棱形，棱上无翅；小枝、叶背、花柄和花序均密被灰白色星状短绒毛。叶对生，纸质，椭圆形至长圆状披针形，长 4～19cm，宽 2～8cm，先端急尖或钝，基部楔形，全缘或有波状齿，叶面被星状毛；侧脉 8～14 对；叶柄长 2～20mm，托叶在柄基缢缩成一横线。聚伞状圆锥花序顶生，呈尖塔形，长 5～15cm，宽 2～10cm；花萼钟状，裂片 4 枚；花冠白色或淡紫色，花冠管圆筒形，长 7～12mm，直径 2.0～2.2mm。蒴果卵形，塔约 5mm，外面被星状毛，花被宿存；种子小，多数，两端具翅。花期3～4月；果期5～8月。

产于广西各地。生于向阳山坡、河边、村旁的灌木丛或林缘。适应性较强，石灰岩山地亦能生长。分布于陕西、甘肃、湖北、广东、云南、贵州、四川；越南、缅甸也有分布。全株供药用，花有清热利湿、明目退翳之功效。

4. 喉药醉鱼草

Buddleja paniculata Wall.

灌木或小乔木，高1.5～6.0m。枝条圆柱形或近四棱形，被星状短绒毛。叶对生，狭卵形至椭圆形，长2～15cm，宽0.7～4.0cm，顶端渐尖，基部渐狭而下延至叶柄基部，全缘或呈不明显波状，上面深绿色，被星状毛或腺毛，以后变无毛，下面密被灰白色星状短绒毛；侧脉8～13对；叶柄长2～10mm；叶柄基部之间有一线形的托叶横线。花多朵组成密集的圆锥状聚伞花序，花序长3～25cm，顶生或枝上部腋生；花萼钟状；花冠紫色，后变白色，喉部白色，长8～12mm，花冠管圆筒形，长8～12mm，直径1.2～1.6mm，内面除基部外均被柔毛；雄蕊着生于花冠管喉部。蒴果椭圆状，长4～7mm，直径2～3mm，被星状毛；种子灰褐色，长圆形，长1.0～1.2mm，宽0.3～0.4mm，两端具翅。花期3～6月；果期6～8月。

图1225 密蒙花 Buddleja officinalis Maxim.
1. 花枝；2. 花和小苞片。（仿《中国植物志》）

产于临桂、金秀、凌云、武鸣、扶绥。生于山坡、河边、路旁灌木丛中或疏林中。分布于江西、湖南、四川、贵州、云南；尼泊尔、印度、缅甸、越南也有分布。

5. 大叶醉鱼草

Buddleja davidii Franch.

灌木，高1～5m。小枝外展而下弯，略呈四棱形；幼枝、叶背、叶柄和花序均密被灰白色星状短绒毛。叶对生，膜质至薄纸质，卵状披针形至椭圆状披针形，长7～20cm，宽2～5cm，顶端渐尖，基部宽楔形至钝，有时下延至叶柄基部，边缘具细锯齿；侧脉9～14对；叶柄长1～5mm；叶柄间具有2枚卵形或半圆形的托叶。聚伞状圆锥花序呈穗状，顶生，长4～30cm，宽2～5mm；花萼钟状，4裂；花冠淡紫色，花冠管细长，长6～11mm，直径1.0～1.5mm，4裂；雄蕊着生于花冠管内壁中部。蒴果狭椭圆形或狭卵形，长5～9mm，直径1.5～2.0mm，2瓣裂，淡褐色，无毛；种子多数，条形，两端具尖翅。花期5～10月；果期9～12月。

产于龙胜、资源、融水、南丹、隆林、凌云、乐业。生于沟边、灌木丛中、山地丘陵，常有栽培做庭院观赏。分布于陕西、甘肃、江苏、浙江、江西、湖北、湖南、广东、四川、贵州、云南、西藏。全株有小毒，供药用，有祛风散寒、止咳、消积止痛之功效。枝条柔软多姿，花美丽而芳香，为优良庭园观赏植物。

6. 假黄花 浆果醉鱼草 图1226

Buddleja madagascariensis Lam.

匍匐状或藤状灌木，高2～4m。小枝圆柱形；枝条、叶背、叶柄和花序均密被灰白色星状绒

图 1226 假黄花 Buddleja madagascariensis Lam.
1. 花枝；2. 花；3. 花冠展开，示雌蕊和雄蕊着生。(仿《中国植物志》)

毛。叶对生，有时近对生，近革质，卵形、长卵形、卵状披针形或椭圆形，长 2 ~ 14cm，宽 1.5 ~ 7.0cm，先端急尖至短渐尖，基部圆形、楔形或近心形；侧脉 6 ~ 12 对；叶柄长 5 ~ 20mm；叶柄之间有各色托叶线。圆锥状聚伞花序顶生，长 5 ~ 25cm，宽 2 ~ 15cm，苞片线形，花萼钟状或坛状，花冠橘红色，雄蕊着生于花冠管内壁喉部。浆果圆球状，直径 2.5 ~ 5mm，外果皮肉质，嫩时白色，成熟后紫蓝色，被星状柔毛，花柱宿存；种子椭圆形，无翅，光滑。

产于桂林、凤山、巴马、藤县、龙州。分布于福建、广东。全株药用，可治咳嗽、支气管炎，根、叶可清凉止血，治黄胆肝炎。

126 马钱科 Strychnaceae

乔木、灌木或草本。单叶对生，全缘，3 ~ 5 条基出脉或羽状脉。聚伞花序或伞房状圆锥花序，稀单花；花两性，4 ~ 5 数；萼基部合生或分离；花冠合瓣，裂片镊合状排列；雄蕊生于花冠筒上部或喉部；子房上位，2(1)室，每室胚珠多枚，稀 1 枚。浆果。

4 属约 250 种，分布于热带及亚热带地区。中国 2 属 16 种；广西 2 属 9 种。

分属检索表

1. 常具卷曲钩枝或枝刺；叶基脉 3 ~ 5 条；花冠高脚碟状或近钟状 ………… **1. 马钱属 Strychnos**
1. 无钩枝或枝刺；羽状脉；花冠近辐射状 ………… **2. 蓬莱葛属 Gardneria**

1. 马钱属 Strychnos L.

木质藤本，稀为小灌木、小乔木。植株常具卷须或刺钩。叶对生，全缘，具 3 ~ 5(7)条基出脉；托叶退化为成横线。聚伞花序或聚伞花序组成圆锥状或头状，顶生或腋生，苞片鳞片状；花 4 ~ 5 数；花萼通常钟状；花冠高脚碟状或近辐射状，花冠管常较长，为裂片长的 4 ~ 5 倍；雄蕊生于花冠管喉部，花丝极短或几无；子房 2 室，每室有胚珠数枚，花柱圆柱形，柱头 2 裂。浆果球形或椭圆形，果皮坚硬或脆壳质，无毛，果肉肉质；种子 1 枚至数枚。

约 190 种，分布于热带及亚热带地区。中国 11 种；广西 5 种。

分种检索表

1. 花冠裂片远比花冠管长 ………… **1. 伞花马钱 S. umbellata**
1. 花冠裂片远比花冠管短或与花冠管近等长。
   2. 花冠裂片与花冠管等长或近等长 ………… **2. 牛眼马钱 S. angustiflora**
   2. 花冠裂片远比花冠管短。

3. 花冠管内壁无毛 ………………………………………………………………… 3. 华马钱 S. cathayensis
3. 花冠管内壁被毛。
 4. 花冠管喉部和花柱均被长柔毛 ……………………………………………… 4. 毛柱马钱 S. nitida
 4. 花冠管内壁中部以下被毛，花柱无毛……………………………………………… 5. 吕宋果 S. ignatii

1. 伞花马钱

Strychnos umbellata（Lour.）Merr.

攀援状灌木。小枝无卷曲钩；除花序被短柔毛外，余均无毛。叶革质，卵形或圆形，长4～9cm，宽3～4cm，顶端钝至短渐尖，基部近圆形；基出脉3～5条，横出网脉明显；叶柄长4～6mm。圆锥状聚伞花序腋生或顶生，长6～12cm；花序梗、花梗、花萼外面、花冠管内面喉部均被短柔毛；花多数，4数；花萼极小，长不及1mm；花冠钟状，长3～5mm，裂片长圆状披针形，比冠管长约3倍。浆果球形，直径约1.2cm，有种子1～3枚。花期3～6月；果期7～10月。

产于钦州。生于低海拔灌木丛中。分布于海南、广东；越南、柬埔寨也有分布。种子有大毒，外用可治风湿骨痛。

2. 牛眼马钱 狭花马钱、牛眼珠 图1227：1～7

Strychnos angustiflora Benth.

攀援木质藤本。长10m。小枝具螺旋状卷曲钩，钩不分枝，长2～5cm；除花序被毛外，余均无毛。叶对生，革质，卵状圆形至椭圆形，长3～8cm，宽2～4cm，先端钝形，基部近圆形，基出脉3～5条；叶柄长4～6mm。三歧聚伞花序顶生，长2～4cm；花5数，长8～10mm，具短花梗；花萼很小，长约1mm；花冠白色，有香味，冠管长3～4mm，裂片狭，与冠管等长或约等长。浆果球形，直径2～3cm，光滑，熟时红色或橙黄色；种子1～6枚，种子扁圆形。花期4～6月；果期7～12月。

产于防城、合浦、博白。生于山地疏林下或灌丛中。分布于福建、广东、海南、云南；越南、泰国、菲律宾也有分布。全株有毒；种子供药用，治伤寒热病、风湿痹痛、痈疮肿毒。

3. 华马钱 百节藤 图1227：8～12

Strychnos cathayensis Merr.

攀援状木质藤本。枝圆柱形，具下弯的卷曲钩，钩分枝。叶对生，革质，长椭圆形至窄长圆形，长6～10cm，宽2～4cm，先端急尖至短渐尖，基部钝至圆形，上面有光泽，两

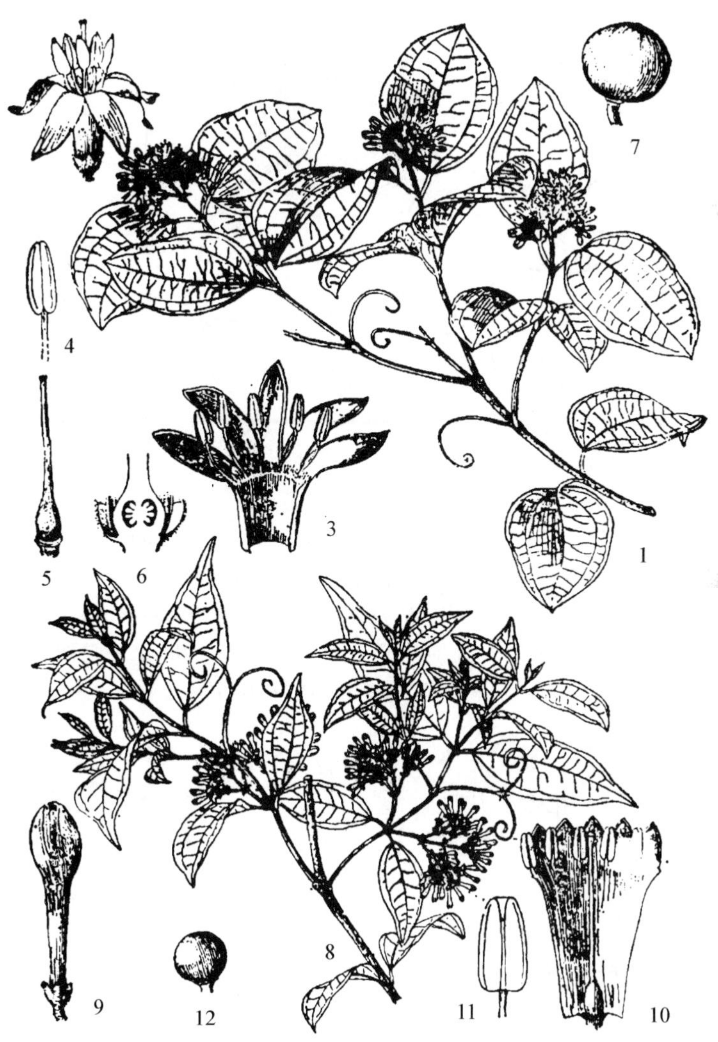

图1227 1～7. 牛眼马钱 Strychnos angustiflora Benth. 1. 花枝；2. 花；3. 花冠展开，示雄蕊着生；4. 雄蕊；5. 雌蕊；6. 子房纵切，示胚珠着生；7. 浆果。**8～12. 华马钱 Strychnos cathayensis** Merr. 8. 花枝；9. 花蕾；10. 花冠展开，示雌蕊和雄蕊着生；11. 花药；12. 浆果。（仿《中国植物志》）

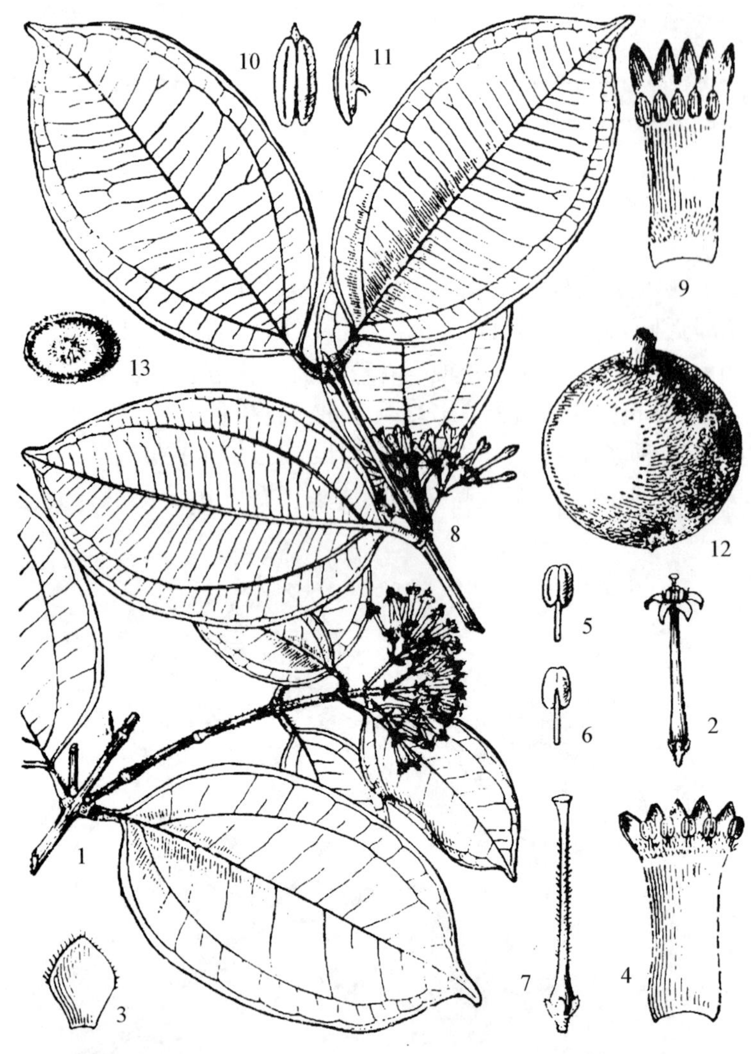

图 1228 1～7. 毛柱马钱 Strychnos nitida G. Don 1. 花枝；2. 花；3. 花萼裂片内面观；4. 花冠展开，示雄蕊着生；5. 雄蕊腹面观；6. 雄蕊背面观；7. 雌蕊和花萼。**8～13. 吕宋果 Strychnos ignatii** P. J. Bergius 8. 花枝；9. 花冠展开，示雄蕊着生；10. 雄蕊腹面观；11. 雄蕊侧面观；12. 浆果；13. 种子。（仿《中国植物志》）

面无毛；基出脉 3～5 条；叶柄长 2～4mm。聚伞花序顶生，长 3～4cm，着花稠密；花序梗和花梗均被微毛；花 5 数，花萼长约 1mm；花冠白色，花冠裂片远比花冠管短，冠管长约 9mm，花冠裂片长约 3mm。浆果圆球状，直径 1.5～3.0cm，果皮薄脆壳质，种子 2～7 枚；种子被短柔毛。花期 4～6 月；果期 6～12 月。

产于金秀、苍梧、上林、平南、宁明、扶绥。生于山地疏林或山坡灌丛中。分布于广东、海南、云南；越南也有分布。根、种子有大毒，外用可杀虫。

4. 毛柱马钱 滇南马钱 图 1228：1～7

Strychnos nitida G. Don

木质藤本，长 7m。枝条圆柱形，有时近棱形，幼时被短柔毛，老时渐脱落；小枝节上具变态成卷曲双钩。叶纸质至近革质，长圆形、长椭圆形或椭圆形，长 8～14cm，宽 3～6cm，先端钝至渐尖，基部楔形或宽楔形，上面深绿色，无毛，有光泽，边缘稍反卷，下面被疏短柔毛至无毛；基出脉 3 条，网脉细密平行，在叶两面明显；叶柄长 5～7mm，腹面具槽，槽两侧具有睫毛。复聚伞花序圆锥状，顶生，长 4～8cm，花序梗和花梗被短柔毛；花 5 数，花萼钟状，花冠淡绿色，冠管长约为裂片长的 5 倍，向喉部渐渐缩小，内面喉部被长柔毛，花冠裂片披针形，长 2.5mm。浆果球形，直径 3～5cm，光滑，外果皮木质，种子 1～3 枚；种子近圆形或卵形，长 2～3cm，宽 1.8～2.0cm，被微毛。花期 3～7 月；果期 8～10 月。

产于广西西南部。生于密林中。分布于云南；印度、缅甸、泰国、越南也有分布。种子药用，性寒味苦，有强壮、兴奋、益脑、健胃、活血之功效，主治四肢麻木、瘫痪等。

5. 吕宋果 海南马钱 图 1228：8～13

Strychnos ignatii P. J. Bergius

木质藤本，长达 20m。茎粗，栗色或灰色；小枝常变态成为腋生螺旋状单曲钩，钩长 3～7cm；枝条有明显皮孔；除花序梗、花梗、花萼外面及花冠管内壁下部被短柔毛外，余均无毛。叶纸质至近革质，卵形、卵状椭圆形至椭圆形，长 6～17cm，宽 3.5～7.0cm，先端急尖或短渐尖，基部钝至圆，两面有光泽；基出脉 3～5 条，靠边的 2 条脉纤细，有时为离基三出脉，横出网脉明显；叶柄长 7～10mm，粗壮。三歧聚伞花序腋生，着花 10～20 余朵；花 5 数，芳香；萼裂长约 1mm，花冠淡黄色，花冠管远长于花冠裂片，花冠管长 8～12mm，花冠裂片长 4～5mm。浆果球形，直径 4～10cm，成熟时橙黄色，果皮脆壳质，种子 1～15 枚；种子被灰白色绢毛。花期 4～6 月；果期 7～9 月。

产于广西南部。生于海拔 400～800m 石灰岩山地疏林下或山坡灌木丛中。分布于广东、海南、云南；泰国、越南、马来西亚、印度尼西亚、菲律宾也有分布。种子有毒，供药用，可解毒杀虫，主治中风、蛇虫咬伤等。

2. 蓬莱葛属 Gardneria Wall.

攀援木质藤本或灌木。枝无卷钩。单叶对生，全缘，羽状脉；叶柄间有连结的托叶线。花单生、簇生或组成二至三歧聚伞花序，腋生，具长花梗；花 4～5 数；萼小，4～5 深裂；花冠辐射状，镊合状排列；雄蕊 4～5 枚，生于花冠管内壁上，花丝极短，花药彼此联合或分离；子房 2 室，每室有胚珠 1 枚，花柱细长，柱头头状或浅 2 裂。浆果球形；种子椭圆形或圆形。

约 5 种，分布于亚洲东部及东南部。中国 5 种全产；广西 4 种。

分种检索表

1. 花 4 数。
  2. 聚伞花序；花药合生 ……………………………………………… **1. 卵叶蓬莱葛 G. ovata**
  2. 花单生或成对；花药离生 ……………………………………… **2. 狭叶蓬莱葛 G. angustifolia**
1. 花 5 数。
  3. 聚伞花序 ………………………………………………………… **3. 蓬莱葛 G. multiflora**
  3. 花单生或成对 …………………………………………………… **4. 柳叶蓬莱葛 G. lanceolata**

1. 卵叶蓬莱葛 蓬莱葛

Gardneria ovata Wall.

藤状灌木，长 5m。除花萼裂片具缘毛和花冠裂片内面被短柔毛外，其余均无毛。叶对生，纸质至薄革质，卵形、卵状长圆形或披针形，长 8～16cm，宽 3～8cm，顶端急尖。尾状或具尖头，基部阔楔形，中脉在叶面微凹陷，在背面隆起；叶柄长 1.0～1.5cm。二歧至三歧聚伞花序圆锥状，花序长 4～10cm，1～2 个腋生；花序梗和花梗各具 2 枚钻状苞片和小苞片；花序梗长 2～4cm；花梗长 0.5～2.0cm；花 4 数，萼裂片长 1.5～2.0mm，花冠初时橘红色后转黄色或黄白色，长 5.0～6.5mm，花冠深裂，裂片厚肉质。浆果直径 7～8mm，种子 1～2 枚；种子球形，直径约 5mm，光滑。花期 3～5 月；果期 6～10 月。

产于广西南部。生于海拔 600m 以上山地密林中。分布于云南、西藏；印度、印度尼西亚、马来西亚、斯里兰卡、泰国也有分布。

2. 狭叶蓬莱葛 图 1229：1～7

Gardneria angustifolia Wall.

木质藤本或攀援状灌木，长 4m。除花萼和花冠被毛外，全株无毛。叶纸质至薄革质，长圆形、披针形或线状披针形，长 4～12cm，宽 1～3cm，顶端渐尖，基部楔形至圆，上面深绿有光泽；侧脉 8～10 对；叶柄长约 5mm。花单生或双生于叶腋，常下垂；4 数；花梗长 1.5～2.0cm，近基部有 2 枚苞片；苞片长约 5mm；花萼长约 1mm；花冠黄白色或白色，冠管长约 1mm，裂片长约 8mm；雄蕊生于冠管内壁基部，花药离生，4 室。浆果球形，直径约 7mm，顶端时有宿存花柱；种子常 1 枚，黑色。花期 4～7 月；果期 8～12 月。

产于隆林。生于海拔 500m 以上山地密林下或灌丛中。分布于云南、贵州、四川、浙江；越南、缅甸、印度、不丹、日本也有分布。

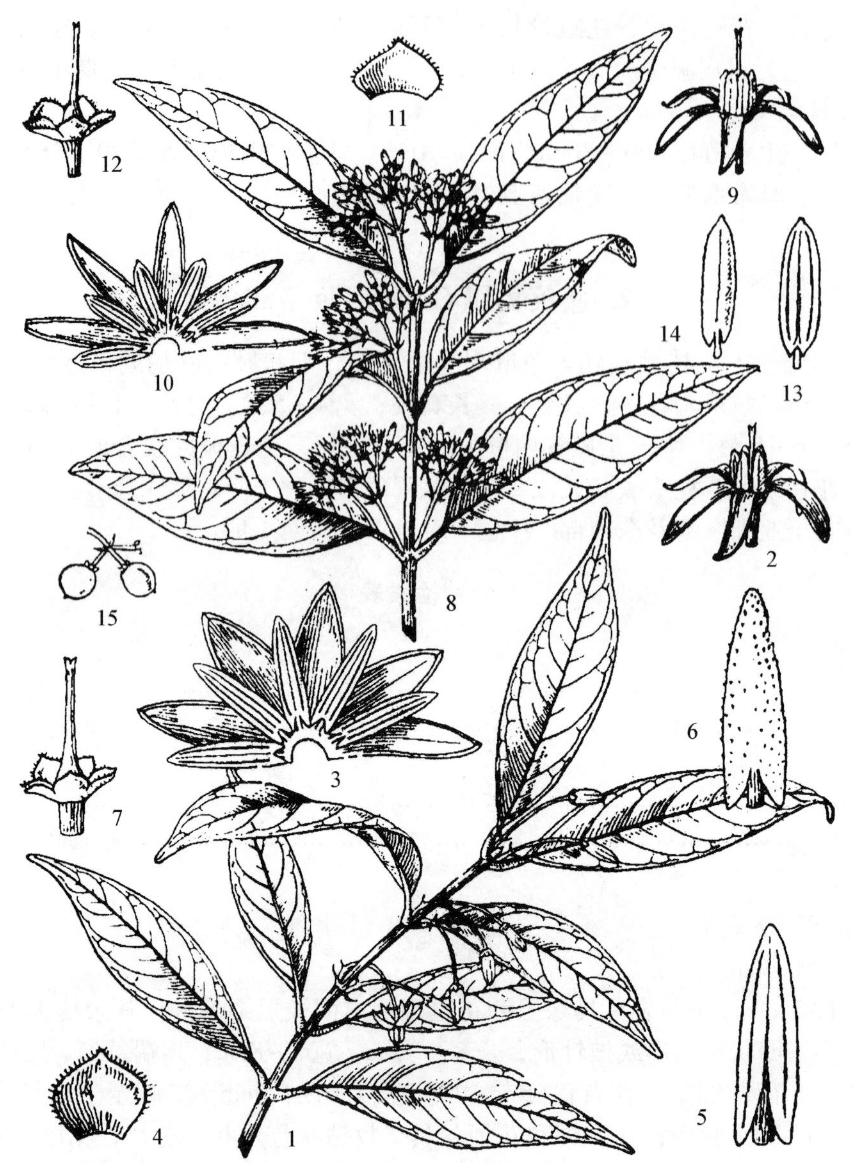

图 1229　1～7. 狭叶蓬莱葛 Gardneria angustifolia Wall.　1. 花枝；2. 花；3. 花冠展开，示雄蕊着生；4. 花萼裂片；5. 雄蕊腹面观；6. 雄蕊背面观；7. 雌蕊和花萼。**8～15. 蓬莱葛 Gardneria multiflora** Makino　8. 花枝；9. 花；10. 花冠展开，示雄蕊着生；11. 花萼裂片内面观；12. 雌蕊和花萼；13. 雄蕊腹面观；14. 雄蕊背面观；15. 浆果。(仿《中国植物志》)

3. 蓬莱葛　多花蓬莱葛　图 1229：8～15

Gardneria multiflora Makino

攀援木质藤本，长 8m。枝条圆柱形，枝叶痕明显；除花萼裂片具缘毛外，全株均无毛。叶对生，纸质，卵形、椭圆形至长椭圆形，长 5～15cm，宽 2～6cm，顶端渐尖，基部宽楔形、钝或圆，边缘全缘，表面绿色有光泽，侧脉 6～10 对，上面扁平，下面凸起；叶柄长 1.0～1.5cm。二至三歧聚伞花序腋生，花序长 2～4cm；花序梗基部有 2 枚三角形苞片；花梗长约 5mm，基部具小苞片；花 5 数；花萼小，有缘毛；花冠黄色或黄白色，冠管短，长约 1.5mm，裂片长约 5mm，厚肉质；雄蕊生于冠管内部近基部，花丝极短，长不及 1mm。浆果球形，直径约 7mm，熟时红色；种子球形，黑色。花期 3～7 月；果期 7～11 月。

产于全州、融水、金秀、凤山、天峨、南丹、那坡、隆林、凌云、乐业、龙州。生于山地密林或山坡灌丛中。分布于秦岭淮河以南至两广；日本、朝鲜也有分布。

4. 柳叶蓬莱葛 狭叶蓬莱葛、披针叶蓬莱葛 图 1230

Gardneria lanceolata Rehder et E. H. Wilson

攀援状灌木。枝条有明显叶痕；除花冠裂片内面被柔毛外，全株无毛。叶近革质，披针形至长圆状披针形，长 5 ~ 15cm，宽 1 ~ 4cm，顶端渐尖，基部楔形，全缘，上面深绿色，有光泽，背面苍白色；侧脉 5 ~ 9 对，网脉不明显。花 5 数，白色，多为单生叶腋或数朵聚成伞状；花梗中部有小苞片，基部有苞片；花萼杯状，花冠辐射状，冠管长约 2mm，裂片长约 8mm。浆果球形，熟时红色，直径约 1cm，顶部具宿存花柱，基部具宿存萼；种子 1 枚，黑色。花期 6 ~ 8 月；果期 9 ~ 12 月。

产于隆林、乐业。生于灌丛中或疏林下。分布于安徽、江苏、浙江、江西、湖北、湖南、广东、四川、贵州、云南。

图 1230 柳叶蓬莱葛 Gardneria lanceolata Rehder et E. H. Wilson 1. 花枝；2. 果枝一部分。（仿《中国高等植物图鉴》）

127 木犀科 Oleaceae

乔木、灌木或木质藤本。通常假二叉分枝。叶对生，稀互生或轮生，单叶或复叶；无托叶。花辐射对称，两性，稀单性或杂性，雌雄同株或异株，组成圆锥花序或聚伞花序，有时簇生，稀单生；花萼 4 裂，有时近平截；花冠漏斗状或高脚碟状，稀深裂，4 裂，稀 12 裂或缺；雄蕊 2 枚，稀 3 ~ 5 枚，花药 2 室；子房上位，2 室，每室胚珠 2 枚，罕 1 枚或 4 ~ 8 枚。蒴果、浆果、核果或翅果。

27 属约 400 种。中国 10 属 160 种；广西 6 属 48 种 5 亚种(变种)。

分属检索表

1. 翅果 ………………………………………………………… **1. 梣属 Fraxinus**
1. 核果或浆果。
 2. 核果或浆果；乔木或灌木；单叶。
  3. 花冠裂片于花蕾时覆瓦状排列；花芳香，簇生或为短圆锥花序 ………………… **2. 木犀属 Osmanthus**
  3. 花冠裂片于花蕾时镊合状排列。
   4. 花序顶生；浆果或核果，内果皮纸质 ………………………… **3. 女贞属 Ligustrum**
   4. 花序腋生，少有顶生；核果，内果皮骨质或硬壳质。
    5. 花冠管明显，裂片短于或长于花冠管，单性或杂性，稀两性 ……………… **4. 木犀榄属 Olea**
    5. 花无明显花冠管，花冠深裂至基部，有时裂片分离或基部连合成短管，花两性 ……………………………………………… **5. 流苏树属 Chionanthus**
 2. 浆果，果常双生；灌木或藤状灌木；叶常复叶，稀单叶，叶柄有时具关节 ………………… **6. 茉莉属 Jasminum**

1. 梣属 Fraxinus L.

乔木，稀灌木。奇数羽状复叶，对生，常具锯齿。杂性、单性或两性，雌雄异株或同株，圆锥花序或总状花序；花小，芳香；花萼细小，4 齿裂或平截，有时无花萼；花冠缺或存在，通常 2 ~ 4

深裂，白色至淡黄色；雄蕊2枚；子房2室，柱头2裂，胚珠每室2枚。翅果扁平，翅于果先端伸长；种子单生，长圆形。

约60种，主产于北温带地区。中国22种；广西6种。

分种检索表

1. 裸芽；小叶全缘；花序苞片于果期宿存。
    2. 小叶无毛，仅小叶叶背沿中脉被白色柔毛，侧脉不明显，小叶柄明显 ……………………… **1. 光蜡树 F. griffithii**
    2. 小叶两面被短柔毛，侧脉明显，在叶面凹陷，在叶背隆起，小叶近无柄 ………… **2. 白枪杆 F. malacophylla**
1. 鳞芽；小叶常有锯齿；花序苞片早落或无苞片。
    3. 花具花冠，先叶后花；种子短于果翅。
        4. 小叶明显具柄；花萼先端浅裂，裂片阔三角形或近平截。
            5. 小叶3~5枚，两面光滑无毛；果翅表面无毛 …………………………………………… **3. 苦枥木 F. insularis**
            5. 小叶7~9枚，叶背面常疏被柔毛和淡黄色毡毛以及红色鳞秕状毛，以后脱落；果翅表面被鳞秕状毛 ……………………………………………………………………………………………… **4. 多花梣 F. floribunda**
        4. 小叶无柄或具短柄；花萼齿锐三角形 ……………………………………………… **5. 尖萼梣 F. odontocalyx**
    3. 花无花冠，与叶同时开放；种子长于或等于果翅 ……………………………………… **6. 白蜡树 F. chinensis**

1. 光蜡树 掉皮树 图1231

Fraxinus griffithii C. B. Clarke

常绿乔木，高10~20m，胸径60cm。树皮灰色，片状脱落；裸芽，小枝具疣点状凸起皮孔。奇数羽状复叶长10~25cm，叶轴基部膨大成叶枕，脱落后叶痕圆形；小叶5~7枚，纸质或薄革质，斜椭圆形、斜卵状椭圆形，长5~10cm，宽1~5cm，通常下部的较小，向上渐次增大，至顶生小叶最大，先端短尖，基部阔楔形，全缘，叶面无毛，背面绿白色，仅叶背沿中脉被白色柔毛；侧脉5~9对，不明显；小叶柄长3~25mm。圆锥花序顶生，长10~20cm，密被灰白色柔毛；苞片叶状，长约5~10mm，宿存；花密集，白色，两性；花萼杯状；花瓣4枚。翅果倒卵状条形，长2.5~3.0cm，宽4~5mm，先端微凹。花期5~7月；果期9~10月。

产于桂林、临桂、南丹、容县、大新。生于山坡疏林，多见于石灰岩山坡。分布于陕西、湖北、湖南、福建、广东、海南、云南、四川、贵州、西藏；日本、印度、菲律宾也有分布。播种繁殖。树冠广卵形，浓荫，优良行道树。

图1231 光蜡树 Fraxinus griffithii C. B. Clarke 果枝。(仿《中国植物志》)

2. 白枪杆 图1232

Fraxinus malacophylla Hemsl.

落叶乔木，高10m。裸芽、幼枝密被黄褐色茸毛，叶轴、花序轴、苞片、花梗、叶柄和叶两面均密被锈色绒毛。羽状复叶长15~22cm；小叶9~15枚，革质，椭圆披针形或椭圆形，长3~10cm，宽1.5~4.0cm，近全缘，先端渐尖或钝，基部楔形，略偏斜；侧脉5~13对，明显，与中脉在叶面凹入，背面凸起；侧生小叶无柄或具极短柄。圆锥花序生于当年生枝上，长10~15cm，苞片叶状；花两性；花萼三角杯状，宿存；花冠白色，裂片4枚。翅果倒卵状条形，连翅长3~4cm，先端钝或微凹；种子长1.0~1.2cm。花期5~6月；果期8~11月。

产于隆安、大新，生于石灰岩山地阔叶林中。分布于云南。根皮入药，有消炎、利尿、通便、消食、健胃和止痛等功效。

3. 苦枥木 图1233

Fraxinus insularis Hemsl.

落叶乔木，高20m。枝上叶痕椭圆形。奇数羽状复叶长10～30cm；小叶3～5枚，薄革质，椭圆状披针形或长圆形，长6～13cm，宽2.0～4.5cm，先端渐尖，基部近圆或宽楔形，疏生浅齿，两面光滑无毛或脉上微被毛；侧脉7～11对；小叶柄纤细，长0.5～1.5cm。圆锥花序顶生或腋生，无毛，长20～30cm，分枝细长，多花，叶后开放；花芳香；花萼钟状，齿平截；花冠白色。翅果红色至褐色，长匙形，长2～4cm，宽3.5～5.0mm，先端钝圆并微凹，花萼宿存；种子长1.0～1.5cm。花期4～5月；果期7～9月。

产于桂林、全州、资源、临桂、阳朔、永福、龙胜、融水。生于山坡、疏林、村边、路旁。分布于长江以南、西南地区及台湾。木材心材与边材区别不明显，木材黄白色或黄褐色，纹理直，结构细，木材密度大(气干密度0.770g/cm^3)，干燥易开裂，稍变形，略耐腐，抗虫性中等，供建筑、装饰、家具、木地板、体育用品、农具等用材。

图1232 白枪杆 Fraxinus malacophylla Hemsl. 果枝。(仿《中国植物志》)

4. 多花梣

Fraxinus floribunda Wall.

落叶乔木，高25m。树皮灰黑色，平滑；鳞芽，被毛。羽状复叶长15～30cm；小叶7～9枚，着生处具关节及棕色鳞秕状毛，后脱落；小叶革质，卵状披针形至椭圆形，长8～15cm，宽3～6cm，先端渐尖至尾状渐尖，基部阔楔形，两侧歪斜，叶缘具整齐弯曲锐锯齿，叶面无毛，叶背被疏散柔毛和淡黄色毡毛以及红色鳞秕状毛，渐秃净，侧脉10～12对；上端小叶近无柄，下端小叶柄顺序递长0.5～1.5cm。圆锥花序顶生，大而伸展，多花，长20～30cm；花序梗密被鳞秕状毛；花于叶后开放；花萼杯状；花冠白色。翅果线形，长2～4cm，宽3.5～4.5mm，近中部最宽，先端微凹或急尖，密被红色鳞秕状毛，渐脱落。花期2～4月；果期7～10月。

产于河池、都安。生于山坡、路旁。分布于广东、贵州、云南、西藏；印度、缅甸、泰国、越南也有分布。

图1233 苦枥木 Fraxinus insularis Hemsl. 果枝。(仿《中国植物志》)

5. 尖萼梣

Fraxinus odontocalyx Hand. -Mazz. ex E. Peter

落叶乔木，高12m。树皮灰色；小枝灰黄色，无毛，具圆形凸起的淡黄色皮孔。奇数羽状复叶

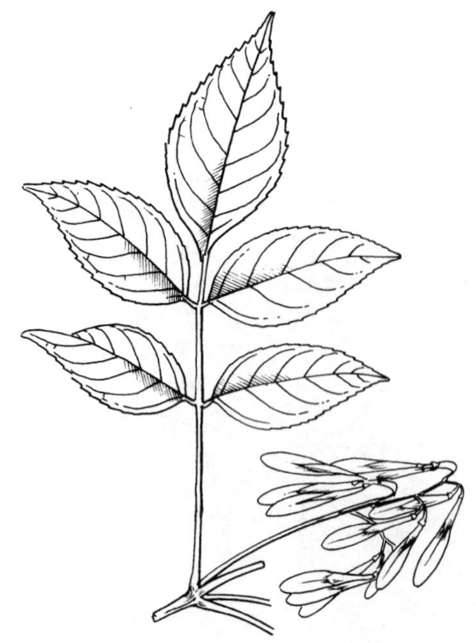

图 1234 白蜡树 Fraxinus chinensis Roxb. 果枝。(仿《中国植物志》)

长 10 ~ 15cm；小叶 5 枚，硬纸质，长椭圆形或披针形，长 6 ~ 11cm，宽 2.5 ~ 4.0cm，先端长渐尖，基部阔楔形至钝圆形，叶缘具内弯的粗锯齿，两面无毛或下面基部稀被柔毛，侧脉 6 ~ 10 对，叶脉在背面明显凸起；小叶柄长约 5mm。圆锥花序顶生，长约 7cm，花疏生，无毛，分枝基部常具叶状苞片；花萼杯状，萼齿三角形，先端锥尖；花冠黄绿色。翅果倒披针形，长 2 ~ 3cm，宽 4 ~ 6mm，先端微凹，紫色甚美丽，花萼宿存；种子约为果长的 1/3。花期 4 ~ 5 月；果期 9 月。

产于龙胜、融水。生山海拔 1300 ~ 1600m 山坡或灌木丛中。分布于陕西、安徽、浙江、福建、广东、广西、湖北、四川、贵州。

6. 白蜡树 图 1234

Fraxinus chinensis Roxb.

落叶乔木，高 15m。树皮不规则纵裂；小枝具细圆形皮孔。奇数羽状复叶长 15 ~ 25cm；小叶 3 ~ 7 枚，硬纸质，卵形、倒卵状长圆形至披针形，长 3 ~ 10cm，宽 2 ~ 4cm，先端渐尖或钝尖，基部钝圆或楔形，叶缘具整齐锯齿，叶两面无毛或背面沿中脉被白色短柔毛；侧脉 7 ~ 13 对，与中脉均在背面明显隆起。圆锥花序生于当年生枝上，花与叶同时开放；花萼短管状或钟状，长 1 ~ 2mm，具齿，宿存；无花瓣。翅果倒披针形，长 3 ~ 5cm，宽 4 ~ 6mm，先端短尖或钝圆而微凹；种子长约 1.5cm，长于或等于果翅。花期 4 ~ 5 月；果期 7 ~ 9 月。

产于桂林、临桂、龙胜、阳朔、兴安、资源、全州、凌云、乐业、南丹、天峨、罗城、扶绥。分布于中国各地；朝鲜、越南也有分布。喜光，幼苗稍耐阴，喜湿润肥沃砂壤土，在干旱瘠薄、短期积水和盐渍化土壤上生长不良，在钙质紫色土、石灰岩钙质土、砂页岩及花岗岩酸性土、冲积土上均能生长。萌芽力强，可萌芽更新。播种、扦插或埋条繁殖，产区多用扦插或埋条法繁殖。木材密度大(气干密度 0.661g/cm^3)，淡灰黄色，纹理直，结构粗，干燥易翘裂，耐腐，一般家具材及农具。

2. 木犀属 Osmanthus Lour.

常绿乔木或灌木。单叶对生，叶厚革质或薄革质，全缘或具锯齿；叶脉羽状。花两性或单性，雌雄异株或雄花、两性花异株，聚伞花序腋生或为短圆锥花序，有时顶生；苞片 2 枚，基部合生；花萼钟状，4 裂；花冠白色或黄白色，稀橘红色或橙黄色，浅裂或深裂，裂片 4 枚，花蕾时呈覆瓦状排列；雄蕊 2 枚，稀 4 枚，花丝短，花药外向；子房 2 室，胚珠每室 2 枚，柱头头状或 2 浅裂。核果，椭圆形或斜椭圆形，内果皮骨质；种子 1 枚，种皮薄。

约 30 种，分布于亚洲东南部和美洲地区。中国 23 种；广西 9 种 1 变种。

分种检索表

1. 聚伞花序组成小圆锥花序；药隔无附属物。
   2. 叶椭圆形，基部楔形；花序紧密 ………… **1. 厚边木犀 O. marginatus**
   2. 叶披针形、倒披针形或倒卵形，基部窄楔形；花序疏散。
      3. 叶倒卵状披针形或稀倒披针形，长 8 ~ 14cm，宽 3 ~ 5cm，上部有锯齿，叶柄长 1.5 ~ 3.0cm ………… **2. 牛矢果 O. matsumuranus**
      3. 叶窄椭圆形或狭倒卵形，长 4.5 ~ 9.0cm，宽 1.5 ~ 3.5cm，全缘，叶柄长 1.0 ~ 1.5cm …………

…………………………………………………………………………………… **3. 小叶月桂 O. minor**

1. 花序簇生；药隔具小尖头头状凸起。
   4. 小枝、叶柄和叶脉均被毛 …………………………………………………… **4. 狭叶木犀 O. attenuatus**
   4. 小枝、叶柄和叶脉秃净无毛。
      5. 苞片具睫毛或多少被毛 …………………………………………………… **5. 短丝木犀 O. serrulatus**
      5. 苞片无毛。
         6. 叶长6cm以上，椭圆形或披针形；花萼长于1mm。
            7. 花冠裂片与花冠管近等长或比花冠管长约2倍。
               8. 叶椭圆形或窄椭圆形，侧脉在两面不明显且非网状，全缘 ………… **6. 细脉木犀 O. gracilinervis**
               8. 叶椭圆形或窄卵形，叶脉两面明显隆起且为网状，全缘或有刺状齿 ………………………………………………………………………… **7. 网脉木犀 O. reticulatus**
            7. 花冠裂片比花冠管长2倍以上；叶脉非网状，侧脉在叶面凹下 ………………… **8. 桂花 O. fragrans**
         6. 叶长不及6cm，椭圆形或窄卵形；花萼长不及1mm ……………………………… **9. 石山桂花 O. fordii**

1. 厚边木犀 月桂 图1235：1~3

Osmanthus marginatus (Champ. ex Benth.) Hemsl.

常绿灌木或乔木，高5~10m。小枝灰白色，幼枝黄棕色，无毛。叶厚革质至厚革质，对生或有时聚生于枝顶，椭圆形或披针状椭圆形，长5~20cm，宽1.5~7.4cm，先端渐尖或短尖，基部楔形，全缘，有时微反卷，两面无毛，具小腺点，中脉在叶面凹下，下面凸起，侧脉6~8对，不明显；叶柄长1~3cm。聚伞花序组成短小圆锥花序腋生，长1.0~2.5cm，有花10~20朵；苞片卵形；萼长约1.5mm，4裂至中部；花冠管状，长约4cm，淡黄白色、淡绿白色或淡黄绿色，4裂至中部。核果椭圆形或倒卵形，长2.0~2.5cm，熟后蓝黑色，中果皮壳质。花期3~6月；果期11~12月。

产于龙胜、临桂、桂林、全州、兴安、荔浦、融水、金秀、隆林、平南、容县、上林、武鸣、龙州、上思。生于山谷密林中。分布于安徽、湖北、浙江、福建、江西、湖南、四川、广东、海南。花可提取香精、芳香油。

图1235 1~3. 厚边木犀 **Osmanthus marginatus** (Champ. ex Benth.) Hemsl. 1. 花枝；2. 果枝；3. 花。**4~5. 牛矢果 Osmanthus matsumuranus** Hayata 4. 花枝；5. 花。**6. 小叶月桂 Osmanthus minor** P. S. Green 花枝。(仿《中国植物志》)

1a. 长叶木犀

Osmanthus marginatus var. **longissimus** (H. T. Chang) R. L. Lu

与原变种的主要区别是叶狭长，长12~21cm，宽2.5~4.0cm，基部狭长楔形；果序梗纤细。

产于龙胜、全州。生于海拔800~1000m山谷林中。分布于浙江、江西、福建、湖南、贵州。

2. 牛矢果　大果木犀　图1235：4～5

Osmanthus matsumuranus Hayata

常绿灌木或乔木，高2.5～10.0m；小枝扁平，黄褐色或紫红褐色，无毛。叶薄革质，倒卵状披针形或倒披针形，长8～14cm，宽3～5cm，先端短尖，基部窄楔形，下延至叶柄，全缘或上部有锯齿，两面无毛，具腺点；中脉在叶面稍凹下，侧脉7～9对，纤细，在叶面稍凹下；叶柄长1.5～3.0cm。聚伞花序组成短小圆锥花序腋生，长1.5～2.0cm，有花10～20朵，花芳香；苞片宽卵形，无毛或边缘具短睫毛；小苞片长1.5～2.0mm，边缘常具睫毛；花萼裂片有睫毛；花冠淡绿白色至淡黄绿色，花冠管与裂片几等长。核果椭圆形，长1.5～3.0cm，具6～10棱，熟时紫红色至黑色。花期5～6月；果期11～12月。

产于金秀、都安、环江、田东、岑溪、宾阳、隆安、横县、博白、北流、上思、东兴、龙州、宁明。生于山谷疏林中或丘陵。分布于浙江、江西、福建、广东、海南、云南、湖南、台湾；越南也有分布。木材密度大，淡黄色，纹理直，结构细，干燥稍开裂，不变形，耐腐，一般家具用材。

3. 小叶月桂　尖叶木犀　图1235：6

Osmanthus minor P. S. Green

常绿小乔木或灌木，高3～5m。树皮片状剥落。叶革质或厚革质，窄椭圆形或狭倒卵形，长4.5～9.0cm，宽1.5～3.5cm，先端渐尖，基部窄楔形，下延，全缘；中脉在叶面凹下，在背面隆起，侧脉6～8对；叶柄长1.0～1.5cm。圆锥花序短而纤细，腋生，长1.0～1.5cm，有花8～12朵，花序梗被柔毛；花冠白色，花冠管长1.5～2.0mm，与裂片近等长。核果椭圆形，长1.5～2.0cm，稍有棱，成熟时黑色。花期5～6月；果期10～11月。

产于广西北部。分布于安徽、浙江、江西、福建、广东。

4. 狭叶木犀　窄基木犀　图1236

Osmanthus attenuatus P. S. Green

常绿灌木，高4m。幼枝淡黄色，被柔毛。叶革质，狭椭圆形至披针形，长6～8cm，宽1.5～2.0cm，先端长渐尖，基部窄楔形，全缘，两面具泡状腺点；中脉在叶面稍凸起，被柔毛，侧脉6～7对，两面均不明显；叶柄长0.7～10.0mm，被柔毛。花序簇生于叶腋，有花4～5朵，多达9～10朵；苞片2枚，密被柔毛；花小，芳香；花萼、花冠裂片长均在2mm以内，花冠白色；雄蕊着生于花冠管中部，药隔在花药先端延伸成一明显的小尖头。花期9月。

图1236　狭叶木犀 Osmanthus attenuatus P. S. Green　花枝。(仿《中国植物志》)

产于三江。生于海拔1500m以上山坡林中。分布于贵州、云南。

5. 短丝木犀

Osmanthus serrulatus Rehde

常绿灌木或小乔木，高2～4m。枝淡白灰棕色，小枝灰棕色，无毛或稀有被柔毛，具皮孔。叶革质，披针状椭圆形至椭圆形，长6～14cm，宽2.0～4.5cm，先端尾状渐尖，具针刺状小尖头，基部楔形，叶缘具12～20对尖刺状锯齿或仅上半部具锯齿，稀全缘，中脉在上面凸起或平，决不凹入，侧脉8～12对，在叶面不明显凸起，在背面与小脉连接成网状，明显凸起；叶柄长0.8～1.0cm，无毛或上面凹陷处被柔毛。花序簇生于叶腋，每腋有花4～9朵；苞片具睫毛或无毛；花芳香；花萼长约1mm；花冠白色，长3～4mm；雄蕊着生于花冠裂片基部，花丝长0.5～1.0mm，花药长约2mm，药隔延伸成一小尖头。果椭圆形，长1.0～1.5cm，径6～8mm，蓝黑色。花期4～5月；果期11～12月。

产于广西北部。分布于四川、福建。

6. 细脉木犀 图1237

Osmanthus gracilinervis L. C. Chia ex R. L. Lu

图1237 细脉木犀 Osmanthus gracilinervis L. C. Chia ex R. L. Lu 1. 花枝；2. 花冠展开。(仿《中国植物志》)

常绿小乔木或灌木，高2～5m。幼枝无毛。叶革质，椭圆形或窄椭圆形，长6～12cm，宽1.5～3.5cm，先端长渐尖至尾尖，基部窄楔形或钝，全缘，叶两面无毛；中脉在叶面凹入，背面明显凸起，侧脉5～8对，不明显；叶柄长约1cm，无毛。花5～10朵簇生叶腋，花小，苞片无毛，花萼长约1mm；花冠白色，长约4mm；雄蕊着生于花冠管中部，药隔在花药先端延伸成明显小尖头。核果椭圆形，长约1.5cm，绿黑色。花期9～10月；果期翌年4～5月。

产于龙胜、平南、融水。生于山谷林中。分布于浙江、江西、湖南、广东。

7. 网脉木犀 图1238：1～3

Osmanthus reticulatus P. S. Green

常绿小乔木或灌木，高3～8m。小枝黄白色，无毛；芽鳞无毛。叶厚革质，椭圆形或窄卵形，长6～12cm，宽2～5cm，先端渐尖或短尖，基部宽楔形，全缘或密生小刺齿，叶两面无毛，具沙粒状黑色腺点；中脉在上面凹入，下面凸起，侧脉6～9对，与细脉连成网状，在两面凸起；叶柄长0.5～1.5cm，无毛。花簇生于叶腋，芳香；苞片2～3mm，卵形，与花梗无毛；花萼长约1mm，4裂；花冠白色；雄蕊着生在花冠管的中部，药隔具小尖头。核果椭圆形，长1.0～1.5cm，紫黑色，果柄长0.8～1.0cm。花期10～11月；果期翌年5～6月。

产于资源、灌阳、全州、兴安、龙胜、灵川、金秀、融水、平南、上思。生于海拔1000m以上山谷或溪边。分布于湖南、广东、贵州、四川。

8. 桂花 木犀 图1238：4～6

Osmanthus fragrans Lour.

常绿乔木或灌木状，高3～8m。小枝扁，黄褐色，皮孔不明显；芽鳞无毛或被微毛。叶厚革质，椭圆形、长椭圆形或椭圆状披针形，长7～15cm，宽3～5cm，先端渐尖或短尖，基部宽楔形至钝，全缘或上部具细齿，两面无毛；侧脉6～10对，与中脉在叶面凹入，下面凸起，网脉不明显；叶柄长0.8～1.5cm，无毛。花极香，簇生于叶腋，每腋内有花多朵；苞片宽卵形，具小尖头，无毛；花冠黄白、淡黄色、黄色或橙红色。核果椭圆形，长0.6～1.8cm，两端狭窄，紫黑色。花期9～10月；果期翌年3月。

产于桂林、平乐、恭城、阳朔、灵川、永福、龙胜、全州、富川、天峨、平南。生于山谷疏林或灌木丛中，广西各地有栽培。广泛分布于长江流域及其以南地区。喜温暖、湿润气候，不耐寒冷

图 1238　1～3. 网脉木犀 Osmanthus reticulatus P. S. Green　1. 花枝；2. 花；3. 花冠展开。**4～6. 桂花 Osmanthus fragrans** Lour.　4. 花枝；5. 花冠展开；6. 果枝。**7. 石山桂花 Osmanthus fordii** Hemsl.　7. 小枝。(仿《中国植物志》)

和干旱，耐霜冻及短期 -10℃左右低温。喜光照充足，属中性偏阴树种，幼树耐阴。萌芽力强，耐修剪。对土壤、水肥条件要求不高，钙质土及酸性土均能生长良好，土层深厚、肥沃、疏松、排水良好的地方生长更好。适宜生长于亚热带以及北热带的地区。能抗氟气，对有毒气体有一定的吸收能力，但在空气污染严重或灰尘过多的地方常不开花。著名花木，广西桂林因种植桂花树多而成其名。中国已有 2500 余年栽培历史，选育了极多栽培品种，丹桂(Osmanthus fragrans Aurantiacus Group)花橘红色或橙黄色，香气较淡，花期9月下旬；金桂(Osmanthus fragrans Luteus Group)花黄色至深黄色，花易脱落，香气浓，产量大，花期9月下旬；银桂(Osmanthus fragrans Albus Group)花柠檬黄至淡黄色，香气极浓，花期比金桂略晚；四季桂(Osmanthus fragrans Siji Group)花黄色或淡黄色，植株较矮而分枝多，1 年中数次开花，香气较浓，花期主要在春、夏、秋季，在广西南宁冬季常有花。在金桂、银桂、丹桂、四季桂4 个桂花品种群中，以金桂香味最浓郁持久。广西桂花以金桂、银桂品种群栽培较多，丹桂品种群栽培较少。广西南部南亚热带及热带地区则以温度要求较高的四季桂居多，零星栽植银桂，金桂、丹桂罕见。播种、嫁接或扦插繁殖，四季桂、丹桂多用嫁接或扦插繁殖。桂花四季常绿，树形优美，花香宜人，农历八月花开，香飘数里，为珍贵观赏树，广泛用于庭院、道路两侧或假山旁种植，盆栽室内欣赏也相宜。花、果、皮、根均可作药用。木材心材与边材区别不明显，木材灰色至红褐色，纹理斜，美观，结构细密，重量重，气干密度 0.888g/cm^3，干缩率大，稍有翘裂，抗虫性中等，加工容易，具光泽，宜作家具、室内装饰、木地板及工艺制品，为雕刻良材。

9. 石山桂花　斑叶木犀　图 1238：7

Osmanthus fordii Hemsl.

常绿小乔木或灌木，高 2～3m。小枝灰褐色，有皮孔，无毛。叶革质，椭圆形或窄卵形，长 3～6cm，宽 2.0～2.5cm，先端锐尖或钝，基部宽楔形，全缘，叶两面无毛，叶面光亮；中脉在叶面稍凹下，在背面隆起，侧脉 4～6 对，在两面均凸起，网脉明显；叶柄长 0.5～1.0cm，无毛。花序数朵簇生于叶腋，花白色，无香气；苞片长约 3mm，无毛；花萼小，长不及 1mm，4 齿裂；花冠合生，先端 4 裂。花期 11 月。

产于桂林、临桂、灵川、阳朔。生于石灰岩石山疏林中。分布于广东。耐旱，野外仅生于石灰岩山坡，树体小，分枝多，耐修剪，花略芳香，可作盆景或园林栽培。

3. 女贞属 Ligustrum L.

灌木或乔木。单叶对生，全缘；具叶柄。聚伞花序常排成圆锥花序，顶生或腋生；花两性；花萼钟状，先端截形、4齿裂或不规则齿裂；花冠白色，近辐射状、漏斗状或高脚碟状，冠管与裂片等长或近等长，裂片4枚，花蕾时呈镊合状排列；雄蕊2枚，着生于花冠管喉部，伸出或内藏；子房球状，2室，花柱丝状，柱头稍肥厚，近2裂，胚珠每室2枚。浆果状核果，内果皮膜质或纸质，稀为核果状而室背开裂；种子1~4枚，种皮薄。

约45种，分布于亚洲、欧洲及澳大利亚。中国27种；广西8种2变种。

分种检索表

1. 小枝和花序轴均明显被毛。
  2. 果球形 ………………………………………………………………………… **1. 小蜡 L. sinense**
  2. 果非球形。
    3. 花冠管与花冠裂片近等长 ……………………………………………… **2. 细梗女贞 L. tenuipes**
    3. 花冠管约为花冠裂片长的2倍或更长 ………………………………… **3. 丽叶女贞 L. henryi**
1. 小枝无毛或当年生枝被粉状毛；果长圆形或肾形。
  4. 花冠管比花冠裂片长；叶披针形或条状椭圆形，宽不及1.5cm；花序紧密，长2~4cm …………………………………………………………………………………… **4. 狭叶女贞 L. angustum**
  4. 花冠管比花冠裂片短或等长；叶非条形，宽于1.5cm；花序通常松散。
    5. 果长圆形或椭圆形，不弯曲。
      6. 花冠管是花萼近等长；叶长椭圆形或卵状披针形 ……………………… **5. 华女贞 L. lianum**
      6. 花冠管与花萼长的2倍；叶椭圆形或阔卵状椭圆形 ………………… **6. 日本女贞 L. japonicum**
    5. 果肾形或倒卵状椭圆形，多少弯曲。
      7. 小枝和叶脉棕褐色；叶纸质，较小，长4.5~7.0cm，宽2~3cm ………… **7. 粗壮女贞 L. robustum**
      7. 小枝灰褐色，叶脉不明显；叶革质，较大，长7~17cm，宽3~8cm ……… **8. 女贞 L. lucidum**

1. 小蜡 山指甲、小叶女贞 图1239

Ligustrum sinense Lour.

落叶小乔木或灌木状，高2~4m。小枝被黄色柔毛，后脱落。叶纸质或薄革质，卵形、卵状椭圆形或椭圆状披针形，长2~7cm，宽1~3cm，先端渐尖、短尖或钝，基部楔形或近圆形，两面被毛或背面毛稀疏；侧脉4~7对；叶柄长2~8cm，被短柔毛。圆锥花序顶生或腋生，长4~11cm，花序轴和花梗密被黄色柔毛；花冠白色。果圆球形，直径5~8mm。花期3~6月；果期6~12月。

产于广西各地。生于低海拔山谷、山沟，为习见灌木，也常用作绿篱栽培。分布于华中、华东、华南及西南各地；越南也有分布。果实可酿酒；种子榨油供制肥皂；树皮和叶入药，具清热降火等功效，治吐血、牙痛、口疮、咽喉痛。

1a. 多毛小蜡

Ligustrum sinense var. **coryanum** (W. W. Sm.) Hand. -Mazz.

小枝密被黄褐色柔毛。叶椭圆形或椭圆状披针形，长3.5~6.5cm，宽1.5~3.0cm，先端渐尖，基部楔形，叶面无毛，背面密被黄褐色柔毛；侧脉4~7对，中脉和侧脉均明显，并在叶面凹陷，在背面隆起。圆锥花序顶生，花序轴、花梗和花萼均被黄褐色柔毛。果圆球形，直径约5mm。花期3~5月；果期6~12月。

产于南丹、百色、平果、那坡、田林、隆安。生于石灰岩山坡疏林或灌丛。分布于云南、四川。

1b. 光萼小蜡

Ligustrum sinense var. **myrianthum** (Diels) Hoefker

幼枝、花序轴和叶柄均密被黄褐色柔毛或硬毛。叶较宽大，长3.6~9.0cm，宽1.8~3.5cm，

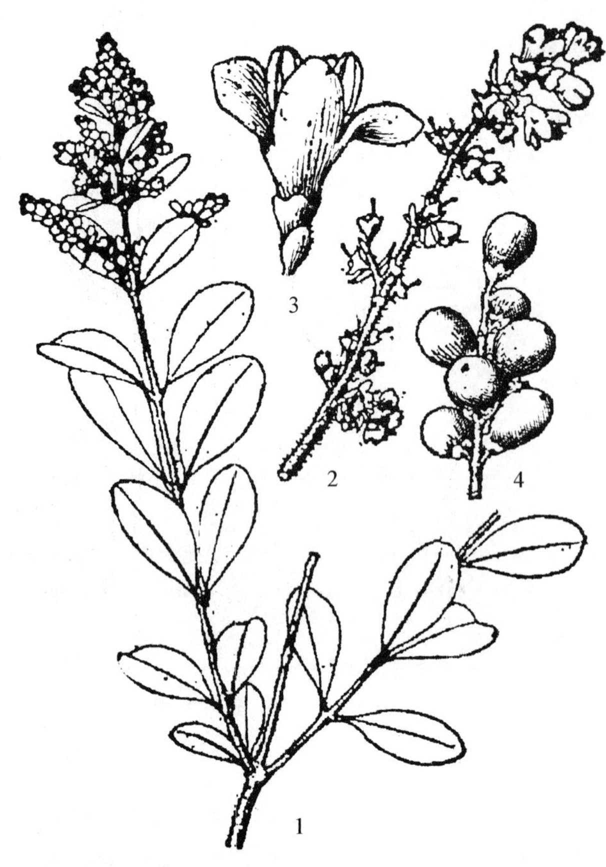

图 1239 小蜡 **Ligustrum sinense** Lour. 1. 花枝；2. 花序；3. 花；4. 果序。（仿《中国高等植物图鉴》）

叶两面被毛，稀近无毛。花序腋生，花萼无毛。花期 3～5 月；果期 7～12 月。

产于广西各地。生于山谷荫蔽处、水旁、疏林中或旷野。分布于华中、华东、华南及西南各地；越南也有分布。

2. 细梗女贞

Ligustrum tenuipes M. C. Chang

灌木，高 1.5m。小枝圆柱形，被灰褐色短柔毛，后脱落，具稀疏皮孔。叶革质，椭圆形或卵状椭圆形，长 1～3cm，宽 0.5～1.5cm，先端钝而微凹，基部宽楔形至圆形，叶面深绿色，叶面干后有皱纹，无毛或沿中脉被微柔毛，背面无毛；侧脉 3～4 对，不明显；叶柄长 1～4mm。圆锥花序顶生，长 3～5cm；花序轴被柔毛；花梗纤细，长 1.0～3.5mm；花萼与花梗无毛；花冠白色，花冠管长约 1.5mm，裂片长约 2.5mm。核果椭圆形，长约 7mm，直径约 5mm。花期 5 月；果期 11 月。

广西特有种，产于桂林、临桂、阳朔、灵川。生于海拔 300m 以下石灰岩石山疏林或灌丛中。喜光，极耐干旱和瘠薄，在直射光极强且土层极薄的山顶灌丛中，仍能正常生长。播种繁殖。枝条纤细而密集，耐修剪，可作盆景和绿篱。

3. 丽叶女贞

Ligustrum henryi Hemsl.

灌木，高 0.2～4.0m。小枝紫红色或褐色，密被锈色或灰色短柔毛，有时具短硬毛。叶薄革质，阔卵形、椭圆形或近圆形，长 1.5～5cm，宽 1～3cm，先端锐尖至渐尖，基部圆形、宽楔形或浅心形，叶面光亮，仅中脉被极短微柔毛外，其余光滑无毛，侧脉 4～6 对；叶柄长 1～5mm。圆锥花序顶生，长 1.5～10.0cm，宽 1.5～5.5cm；花序轴圆柱形或具棱，密被短柔毛；花梗极短，长不超过 1mm，无毛；花萼长约 1mm；花冠管长 4～6mm，裂片长 1.5～3.0mm。果近肾形，长 6～10mm，直径 3～5mm，弯曲，呈黑色或紫红色。花期 5～6 月；果期 7～10 月。

产于广西东北部。分布于陕西、甘肃、湖北、湖南、贵州、四川、云南。

4. 狭叶女贞

Ligustrum angustum B. M. Miao

常绿小灌木，高约 1.5m。枝和小枝均呈灰黄色，圆柱形，密被圆形皮孔，被微柔毛，老枝无毛。叶薄革质，披针形或条状椭圆形，长 3～5cm，宽 0.6～1.0cm，先端渐尖，基部渐窄，叶缘反卷，上面深绿色，下面淡绿色，两面无毛，中脉在叶面凹入，叶背明显凸起，侧脉 3～5 对，两面均不明显；叶柄长 3～5mm。圆锥花序顶生，紧缩，长 2～4cm；花序梗被微柔毛，密被皮孔；花萼钟状，长 1.0～1.5mm，4 浅裂；花冠管长约 4mm，裂片长约 1.5mm。花期 4～5 月。

产于天峨。生于山谷。分布于贵州。

5. 华女贞 图 1240：1～3

Ligustrum lianum P. S. Hsu

常绿小乔木或灌木状，高7m。小枝纤细，具细棱和粉状柔毛，渐脱落。叶革质，长椭圆形或卵状披针形，长6～10cm，宽1.5～3.5cm，先端渐尖或长渐尖，基部宽楔形或圆形，下延，叶缘反卷，叶两面无毛，仅叶面中脉上有粉状微毛；中脉在上面微凹入或平，下面明显凸起，侧脉4～6对，不明显；叶柄长0.5～1.5cm。圆锥花序顶生，长4～12cm；花萼长约1mm；花冠白色，花冠管与花萼近等长，4裂，裂片长约2mm。核果椭圆形，长0.6～1.2cm，熟时红褐色、黑褐色至黑色。花期4～6月；果期7月至翌年4月。

分布于金秀、贺州、上思。生于山谷林内或水旁灌木丛中。分布于浙江、安徽、江西、福建、湖南、广东、贵州、四川、海南。

6. 日本女贞 东女贞 图1240：4～6

Ligustrum japonicum Thunb.

图1240 1～3. 华女贞 Ligustrum lianum P. S. Hsu 1. 花枝；2. 果枝；3. 花。**4～6. 日本女贞 Ligustrum japonicum** Thunb. 4. 花枝；5. 花；6. 果枝。（仿《中国植物志》）

常绿灌木，高5m。当年生枝圆形，具细棱和粉状黄褐色疏柔毛，渐脱落，疏生小圆形皮孔。叶革质，椭圆形或宽卵状椭圆形，长5～10cm，宽2.5～5.0cm，先端锐尖或渐尖，基部楔形至圆形，叶两面无毛，叶面深绿色，光亮，叶背黄绿色，具不明显腺点；中脉在叶面凹下，在叶背明显隆起，侧脉4～7对，不明显；叶柄长0.5～1.3cm。圆锥花序塔形，无毛，花序长与宽5～17cm；花萼钟形，长1.0～1.5mm，浅4裂；花冠白色，长5～6mm，花冠管长约为花萼长的2倍。核果长圆形，长0.8～1.0cm，成熟时紫黑色，外被白粉。花期6月；果期11月。

产于全州、龙胜、贺州、金秀、象州、融水、武鸣。分布于中国各地；日本也有分布。适应性强，耐修剪，枝叶浓密，常作绿篱栽培。

7. 粗壮女贞 虫蜡树、苦丁茶、紫茎女贞 图1241

Ligustrum robustum (Roxb.) Bl.

落叶小乔木或灌木状，高10m。小枝纤细，紫红色或棕褐色，无毛或近无毛，密被白色小圆皮孔；腋芽扁。叶纸质，卵状披针形或椭圆状披针形，长4.5～7.0cm，宽2～3cm，先端长渐尖，基部宽楔形或近圆形，叶两面光滑无毛或有时沿叶面中脉疏被微柔毛，叶面深绿色，光亮，背面淡绿色；侧脉5～7对，中脉和侧脉在叶面凹陷，在叶背隆起并呈棕褐色；叶柄长2～8mm。圆锥花序顶生，花序长5～15cm，花序梗无毛或被微柔毛；近无梗；花萼钟状，花冠白色。核果肾形或卵状长

图 1241 粗壮女贞 Ligustrum robustum (Roxb.) Bl. 1. 花枝；2. 花。(仿《中国植物志》)

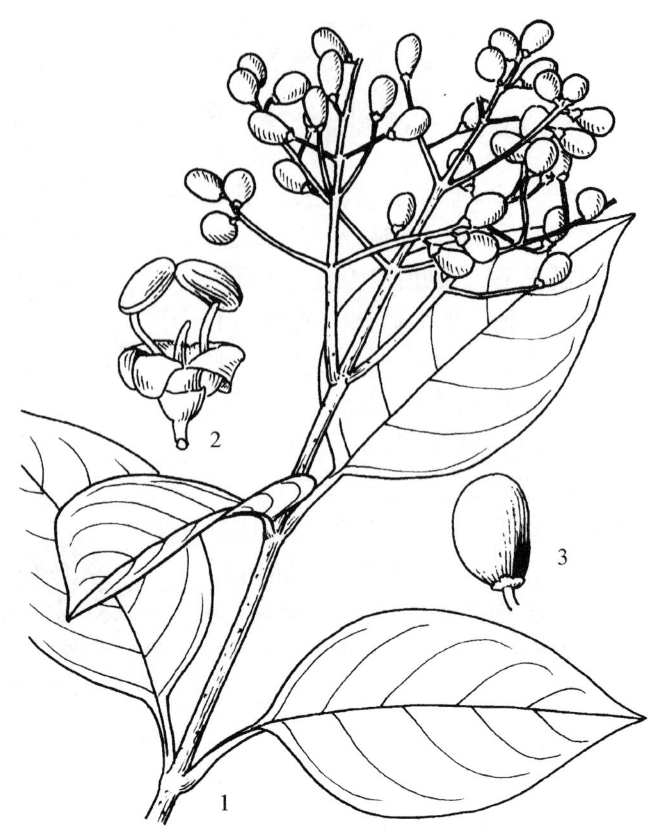

图 1242 女贞 Ligustrum lucidum W. T. Aiton 1. 果枝；2. 花；3. 果。(仿《中国高等植物图鉴》)

圆形，长 0.7～1.0cm，熟时黑色。花期 6～7 月；果期 7～12 月。

产于天峨、南丹、乐业。生于山坡林内或灌木丛中。分布于安徽、江西、福建、广东、贵州、云南、四川；印度、孟加拉国、越南、柬埔寨也有分布。叶可制茶，有清火消炎功效，可治咽喉炎症。

8. 女贞 蜡树、大叶女贞 图 1242

Ligustrum lucidum W. T. Aiton

常绿乔木或大灌木，高 4～8m。树皮灰褐色，不裂；全体无毛。叶革质面脆，阔卵状椭圆形、阔椭圆形或卵形，长 7～17cm，宽 3～8cm，先端骤尖至长渐尖，基部阔圆形至圆形，叶面深绿色，光亮，背面绿色，具腺点；中脉在叶面凹入，在背面隆起，侧脉 4～9 对，可见；叶柄长 1～3cm。圆锥花序顶生，大型，疏散，长 8～20cm，直径 8～25cm；花序基部苞片常与叶同型，小苞片披针形或线形，长 0.5～6.0cm，宽 0.2～1.5cm，凋落；花无梗或近无梗，长不超过 1mm；花萼长1.5～2.0mm，齿不明显或近截形；花冠白色，长 4～5mm，花冠管长 1.5～3.0mm，裂片长2.0～2.5mm。核果肾形或近肾形，长 0.7～1cm，深蓝黑色，熟时呈红黑色，被白粉。花期 5～7 月；果期 7～12 月。

产于广西各地，尤以北部、西北部山地最为常见。生于山谷、路旁、村边疏林中或向阳处，常栽培作行道树或庭园绿化。分布于长江以南至西南。喜温暖气候，稍耐阴，适生于湿润酸性土壤，不耐干旱瘠薄。速生。耐修剪，播种或插条繁殖。木材致密，有光泽，稍耐腐，供细木工用。种子含油 10%～15%，可供制皂和润滑。

4. 木犀榄属 Olea L.

常绿乔木或灌木。单叶对生，全缘或具齿。圆锥花序腋生或顶生，有时为总状花序或伞形花序；花小，两性或单性，雌雄异株或杂性异株；花萼小，4 齿裂或截平；花冠具短管，裂片 4 枚，花蕾时镊合状排列；雄蕊 2 枚；子房 2 室，花柱短，柱头头状或 2 裂浅裂，每室胚珠 2 枚。核果，内果骨质或纸质；种子 1 枚。

约 40 种。中国 12 种，引入栽培 1 种；广西 3 种 1 亚种。

分种检索表

1. 叶全缘，叶背密被锈色鳞片 ………………………………………… **1a. 尖叶木犀榄 O. europaea** subsp. **cuspidata**
1. 叶全缘或具齿；花冠浅裂，裂片较花冠管短。
 2. 小枝、花序梗和花梗均四棱形 …………………………………………… **2. 方枝木犀榄 O. tetragonoclada**
 2. 小枝、花序梗和花梗圆或侧扁。
  3. 叶小，长 3～13cm，宽 1.5～6.0cm；花萼无腺体 …………………………… **3. 云南木犀榄 O. tsoongii**
  3. 叶大，长 9～23cm，宽 3～8cm；花萼具腺体 ………………………………… **4. 广西木犀榄 O. guangxiensis**

1a. 尖叶木犀榄 锈鳞木犀榄 图 1243

Olea europaea subsp. **cuspidata** (Wall. et G. Don) Cif.

灌木或小乔木，高 3～10m；小枝灰褐色，近四棱形，无毛，密被细小鳞片。叶革质，狭披针形至长圆状椭圆形，长 3～10cm，宽 1～2cm，先端渐尖，具长凸尖头，基部渐窄，叶全缘，叶缘稍反卷，两面无毛或叶面中脉被微毛，叶背密被锈色鳞片；中脉在叶面凹入，在叶背隆起，侧脉不明显；叶柄长 3～5mm。圆锥花序腋生，长 1～4cm；花两性。核果宽椭圆形或近球形，长约 8mm，直径约 5cm，果皮稍肉质。花期 4～8 月；果期 12 月至翌年 3 月。

原产于云南西北部、四川南部；阿富汗、印度也有分布。广西于 20 世纪 70 年代引入，作油橄榄(Olea europaea)嫁接砧木，因其耐修剪，易造型，枝叶浓密，自 20 世纪 90 年代开始，用于庭院绿化，柳州以南广为栽培。喜温暖湿润环境，耐干旱瘠，凭祥能正常开花结实。播种或扦插繁殖。优良庭院绿化树种。

2. 方枝木犀榄

Olea tetragonoclada L. C. Chia

灌木，高 5m。小枝四棱形，无毛或被微柔毛，密被圆形皮孔并凸起。叶革质，对生或三叶轮生，狭椭圆形或条形，长 2～6cm，宽 0.5～2.0cm，先端短尖，钝头，有时微凹，基部楔形，全缘，叶缘显著反卷，叶两面无毛，上面深绿色，下面淡绿色，叶面常具横向皱纹，侧脉 7～8 对，不明显；近无柄或具极短柄。圆锥花序腋生或顶生，长 1.5～2.0cm；花序梗、花梗均四棱形，被柔毛；花冠淡黄色，长 2.0～2.5mm，花冠管长 1.0～1.5mm。核果椭圆形，长 0.8～1.0cm，腹面近压扁，两端常稍尖，被白粉。花期 5 月；果期 12 月。

广西特有种。产于乐业、隆林、上思。生于石灰岩石山或土山山坡疏林或灌丛中。

图 1243 尖叶木犀榄 **Olea europaea** subsp. **cuspidata** (Wall. et G. Don) Cif. 果枝。(仿《中国植物志》)

3. 云南木犀榄 旱生木犀榄、短柄木犀榄 图 1244

Olea tsoongii (Merr.) P. S. Green

乔木或灌木状，高 15m。树皮灰白色；小枝栗色或灰色，圆柱形，被短柔毛，节处稍压扁。叶革质，倒披针形、倒卵状椭圆形或椭圆形，长 3～13cm，宽 1.5～6.0cm，先端通常锐尖或渐尖，稀钝或圆，基部渐窄或楔形，全缘或具

图1244 云南木犀榄 Olea tsoongii (Merr.) P. S. Green 果枝。(仿《中国植物志》)

不规则锯齿，叶缘稍反卷，上面深绿色，下面淡绿色，中脉叶面有时被微柔毛或黄色短茸毛，叶背有时被疏柔毛，在叶面凹入，在叶背凸起，侧脉4～8对，不明显；叶柄长0.3～1.0cm，被毛。圆锥花序腋生，被微柔毛；花杂性异株，白色、淡黄或红色；雄花序长2～15cm，两性花序长1～6cm。果卵球形、长椭圆形或近球形，长0.6～1.3cm，直径3～9mm，先端短尖，紫黑色。花期2～11月；果期7～12月。

分布恭城、金秀、东兴、防城。生于海拔800m以上山坡。分布于福建、广东、海南、贵州、云南、四川。

4. 广西木犀榄

Olea guangxiensis B. M. Miao

小乔木或灌木状，高2～4m。小枝淡灰色，圆柱形，无毛，节处稍扁。叶革质，披针形或长椭圆形，长9～23cm，宽3～8cm，先端渐尖，基部楔形，边缘具不规则镰形尖锯齿，锐尖，稀全缘，两面无毛；侧脉6～10对，与中脉在叶面凹陷，在叶背明显隆起；叶柄长2～7mm。圆锥花序腋生，长1.5～2.0cm，无毛；花萼粗糙，长约1.7mm，具腺体，4裂至中部，裂片先端锐尖；花冠长约2mm。核果近球形，直径1.0～1.5cm，熟时蓝至黑色，果柄长3～4mm。花期5月；果期8～12月。

产于龙胜、临桂、灵川、上思。生于山谷、溪边或路旁。分布于贵州。

5. 流苏树属 Chionanthus L.

乔木或灌木。单叶，对生，全缘。圆锥花序或聚伞状或总状，腋生或生于小枝顶端；花较大，两性，稀单性，雌雄异株；花萼4枚，齿裂或深裂；花冠白色或黄色，深裂至基部，裂片4枚，基部合生成短管，花蕾时镊合状排列；雄蕊2枚，花丝短；子房2室，每室有胚珠2枚。核果椭圆形，内果皮骨质，种子单生。

约80种，分布于热带和亚热带地区。中国7种；广西3种。

分属检索表

1. 叶柄平坦。
   2. 幼枝和花序均被粉状柔毛 ………………………………………… **1. 广西流苏树 C. guangxiensis**
   2. 幼枝和花序均无毛 ………………………………………………… **2. 枝花流苏树 C. ramiflorus**
1. 叶柄具凹槽 ………………………………………………………… **3. 疣叶流苏树 C. verruculatus**

1. 广西流苏树 广西李榄

Chionanthus guangxiensis B. M. Miao

小乔木或灌木状，高6m。小枝具细圆形皮孔，幼枝被微柔毛。叶革质，椭圆形或阔椭圆形，长3.5～10.0cm，宽2.0～4.5cm，先端渐尖或短尖，基部楔形或钝，略下延，全缘，两面无毛；中脉在叶面平坦，叶背凸起，侧脉5～7对，在两面容凸起，网脉疏而明显；叶柄长1.2～2.0cm，扁平，具叶枕，被微柔毛。圆锥花序腋生，长2～4cm，被微柔毛，花疏散；萼细小；花冠长约2mm。核果椭圆形，长1.2～2.0cm，被白粉；种子光滑。花期4月；果期8月。

产于龙州。生于海拔600m以下的石灰岩山坡疏林中。

2. 枝花流苏树 枝花李榄 图 1245

Chionanthus ramiflorus Roxb.

乔木，高 14m。树皮灰褐色；小枝灰白色，节间常压扁，无毛，皮孔不明显。叶厚纸质或薄革质，椭圆形或长圆形，稀披针形，长 7～20cm，宽 3～10cm，先端渐尖或骤尖，钝头，基部楔形微下延，上面深绿色，下面淡绿色，叶两面无毛；中脉粗壮，侧脉 7～15 对，网脉不明显；叶柄长 1.5～4.0cm，无毛，具叶枕。圆锥花序近顶端腋生，疏散，无毛，长约 12cm；花小；花梗长 1～5mm；花冠白色、淡黄色或黄色，长约 2mm，裂片长圆形，盔状。果序粗壮，核果椭圆形，长 1.5～3.0cm，熟时蓝黑色，被白粉，果柄肿大。花期 12 月至翌年 6 月；果期 5 月至翌年 3 月。

产于临桂、龙胜、苍梧、蒙山、靖西、那坡、田林、平南、横县、武鸣、上思、龙州、扶绥、宁明。生于山坡或山谷疏林中。分布于湖南、广东、海南、贵州、云南、西藏、台湾；印度、东南亚至大洋洲也有分布。

图 1245 枝花流苏树 Chionanthus ramiflorus Roxb. 花果枝。(仿《中国高等植物图鉴》)

3. 疣叶流苏树

Chionanthus verruculatus D. Fang

灌木，高 3m。枝近圆柱形，有时有不明显纵条纹，无毛，嫩枝稍扁；嫩枝、叶柄、叶背面下部和中脉在放大镜下可见有带白色的盾形毛状体，不久渐脱落。叶对生，革质，倒披针形至狭长圆状椭圆形，长 7.5～15.0cm，宽 1.5～5.0cm，先端骤短尖，稀微缺，基部楔形，下延，有时不对称，全缘，两面无毛，中脉在叶面稍凹，在背面隆起，侧脉 10～14 对，在叶面扁平，在叶背稍隆起；叶柄长 1～2cm，上面具槽。圆锥花序腋生，长 8～13cm，纤细无毛；花疏散；花萼小，两面无毛，裂片 4 枚；花冠白色，长 3.5～4.0mm，4 深裂。

广西特有种。产于那坡。生于石灰岩灌丛中。

6. 茉莉属 Jasminum L.

攀援灌木，少为直立灌木。叶对生，稀互生，单叶、三小叶或奇数羽状复叶，全缘或羽状深裂；叶柄常具节。花两性，芳香，聚伞花序排成圆锥状、总状、伞房状或伞状，稀单生；花萼 4～10 裂；花冠白色或黄色，稀红色或紫色，高脚碟状或漏斗状，裂片 4～12 枚；雄蕊 2 枚，内藏；子房 2 室，每室具 1～2 枚胚珠。浆果，通常孪生，有时因其中一个不发育而成单生，成熟时蓝黑色到黑色，具宿萼。

约 200 种。中国 43 种；广西 19 种 1 变种。

分种检索表

1. 三出复叶。
  2. 小叶三出脉 ………………………………………… **1. 川素馨 J. urophyllum**
  2. 小叶羽状脉。
    3. 侧生小叶无柄；花萼裂片叶状，花冠黄色 ………………………… **2. 迎春花 J. mesnyi**
    3. 侧生小叶有柄。

4. 全体无毛；小叶革质，顶生叶与侧生叶近等大；花萼裂片三角形或近截平 …… **3. 清香藤 J. lanceolaria**
4. 植株被毛；小叶纸质，顶生叶远大于侧生叶；花萼裂片条形或锐三角形 ………… **4. 华素馨 J. sinense**
1. 单叶。
5. 叶基出脉3~5条。
6. 花萼裂片三角形或锐三角形，长1~3mm ……………………………………………… **1. 川素馨 J. urophyllum**
6. 花萼裂片条形。
7. 花序基部具叶状苞片，花常集生成头状，花萼裂片长4~14mm ………… **5. 厚叶素馨 J. pentaneurum**
7. 花序基部无叶状苞片，花疏散。
8. 叶纸质；花萼裂片长5~20mm ……………………………………………… **6. 青藤仔 J. nervosum**
8. 叶革质。
9. 叶卵形或狭卵形，长不足5cm，干时变黑色；花萼裂片长2.5~6.0mm …………………………………………………………………………………………… **7. 广西素馨 J. guangxiense**
9. 叶条形、狭椭圆形或狭卵形，长3.0~12.5cm，干时不变黑色；花萼裂片长2.5~4.0mm ……………………………………………………………… **8. 桂叶素馨 J. laurifolium var. brachylobum**
5. 叶羽状脉。
10. 花萼裂片非钻状条形。
11. 叶背面脉腋无簇毛。
12. 侧脉10~20对；花萼裂片锐三角形，长0.5~1.5mm …………………… **9. 丛林素馨 J. duclouxii**
12. 侧脉5~9对。
13. 叶片小，纸质或膜质，长4.5~17.5cm，全缘，稀羽状分裂；花萼裂片钻状或三角形，长1.5~3.0mm ……………………………………………… **10. 倒吊钟叶素馨 J. fuchsiifolium**
13. 叶片大，革质，长8~22cm，全缘；花萼裂片狭三角形，长1~2mm ………………………………………………………………………………… **11. 咖啡素馨 J. coffeinum**
11. 叶背面脉腋被簇毛。
14. 侧脉4~7对；花冠裂片长8~17mm，花萼裂片三角形至近宽条形，长0.5~3.0mm ………………………………………………………………………………… **12. 亮叶素馨 J. extensum**
14. 侧脉3~4对；花冠裂片长3~5mm，花萼裂片圆形或近截平，长0.5~1.0mm ………………………………………………………………………………… **13. 小萼素馨 J. microcalyx**
10. 花萼裂片钻状条形。
15. 叶先端钝或圆；花冠裂片宽5~9mm，顶端钝或圆 ………………………… **14. 茉莉花 J. sambac**
15. 叶先端急尖或渐尖；花冠裂片宽常不超过7mm，顶端常急尖。
16. 叶背面脉腋被簇毛。
17. 叶革质，叶面有光泽；花管长2.5~3.7cm ……………………… **15. 长管素馨 J. longitubum**
17. 叶纸质，叶面无光泽。
18. 侧脉3~5对，叶柄长2~5mm；花冠管长1.4~2.5cm ………… **16. 白萼素馨 J. albicalyx**
18. 侧脉4~10对，叶柄长5~12mm；花冠管长1.0~1.5cm … **17. 绒毛素馨 J. hongshuihoense**
16. 叶背面脉腋无簇毛。
19. 叶革质，狭披针形，侧脉4~10对 ……………………………… **18. 披针叶素馨 J. prainii**
19. 叶纸质，侧脉3~5对。
20. 叶卵形至披针形，基部圆形、截平至浅心形；花冠管长1.5~3.0cm，花萼裂片长3~10mm …………………………………………………………………… **19. 扭肚藤 J. elongatum**
20. 叶卵状心形，基部心形；花冠管长1.0~1.7cm，花萼裂片长2~6mm ……………………………………………………………………………… **20. 毛茉莉 J. multiflorum**

1. 川素馨

Jasminum urophyllum Hemsl.

攀援灌木，高2~3m。小枝纤细，具条纹。叶对生，三出复叶或为单叶；叶革质，卵形、椭圆形至披针形，长3～8(17)cm，宽1.5～5.0cm，先端渐尖至尾状渐尖，基部圆形或心形，两面光滑或下面被贴伏短柔毛，基出脉3条直达小叶顶端；叶柄长1～4cm，小叶柄长0.5～5.0mm。伞房花序或伞房状聚伞花序顶生或腋生，有花3～10朵，疏被至密被柔毛；花梗长0.5～1.2cm；花萼裂片三角形或锐三角形，长1～3mm；花冠白色，花冠管长1.2～1.8cm，裂片4～6枚。果近球形，直径0.8～1.2cm，成熟时呈紫黑色。花期6～10月；果期8～10月。

产于阳朔、灵川、全州、金秀、融水、那坡。生于海拔800m以上石灰岩山地。分布于台湾、湖北、湖南、四川、贵州、云南。

2. 迎春花 野迎春、云南黄素馨

Jasminum mesnyi Hance

常绿灌木，高0.5～5.0m。枝条下垂，小枝四棱形。叶对生，三出复叶；叶近革质，椭圆形至披针形，顶生小叶较大，长2.5～6.5cm，宽1.0～2.2cm，基部下延成短柄；侧生小叶2枚，长1.5～4.0cm，宽0.6～2.0cm，无小叶柄；叶先端钝或圆，具小尖头，基部楔形，叶柄长0.5～1.5cm，略具关节；两面几无毛，叶缘反卷；羽状脉。花常单生叶腋；苞片叶状，2～4枚；花萼钟状，裂片5～8枚，披针形，长4～7mm；花冠黄色，漏斗状，冠管长1.0～1.6cm，裂片倒卵形，长1.1～1.8cm。花期2～3月。

产于桂林、南宁等地，广西各地常见栽培。分布于四川、贵州、云南。喜光耐阴，耐旱、忌涝，耐酸碱性强，根系发达，萌蘖性强，耐修剪。分株、压条或扦插繁殖，都极易成活。枝条细长，呈拱形下垂生长，花鲜黄色，花期持续约2个月，艳丽，优良观赏植物。

3. 清香藤 图1246

Jasminum lanceolaria Roxb.

攀援灌木，高5m。常无毛或小枝、叶柄、小叶柄、叶背面和花序被短柔毛；小枝圆柱形，稀具棱。叶对生或近对生，三出复叶，有时花序基部侧生小叶退化成线状而成单叶，小叶等大，革质，卵形、椭圆形至披针形，长3.5～13.0cm，宽1～9cm，先端钝、锐尖、渐尖或尾尖，基部圆形或楔形，叶面有光泽，叶脉羽状，顶生小叶柄稍长或等长于侧生小叶柄，长0.5～4.5cm。聚伞花序顶生或腋生，花多朵密集，芳香；花梗短或无；苞片线形；花萼筒状，光滑或被短柔毛，萼齿不明显，三角形或近平截；花冠白色，高脚碟状，花冠筒细，长1.7～3.5cm，裂片4～5枚，披针形、长圆形或椭圆形，长5～10mm。浆果球形或椭圆形，长0.6～1.8cm，熟时黑色。花期4～10月；果期6月至翌年3月。

产于广西各地。生于海拔1500m以下疏林或灌木丛中。分布于中国长江流域及以南各地；印度、缅甸、越南也有分布。

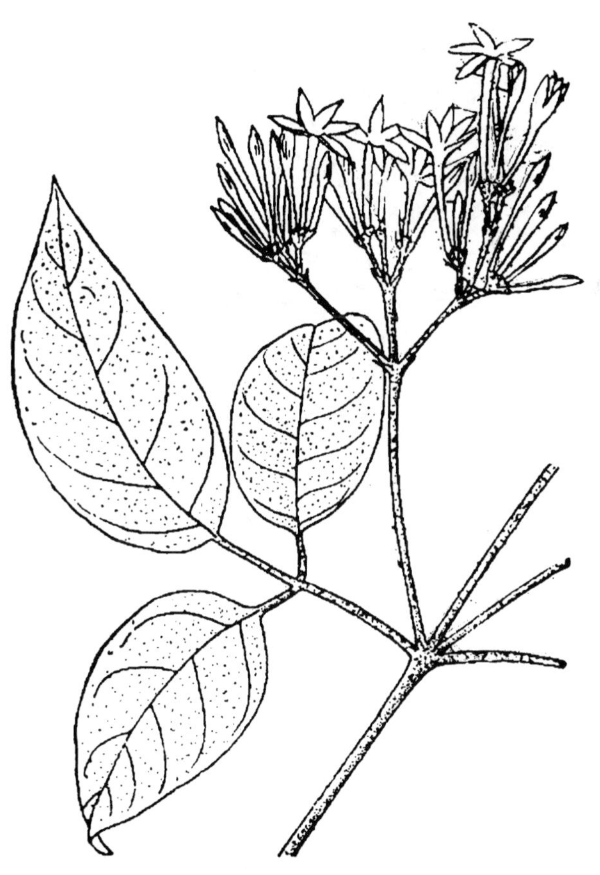

图1246 清香藤 Jasminum lanceolaria Roxb. 花枝。(仿《中国植物志》)

4. 华素馨 华清香藤、芭芒藤(阳朔) 图1247

Jasminum sinense Hemsl.

木质缠绕藤本，长可达8m。枝、叶、叶

图 1247 华素馨 **Jasminum sinense** Hemsl. 花枝。(仿《中国植物志》)

图 1248 1 ~ 3. 厚叶素馨 **Jasminum pentaneurum** Hand. -Mazz. 1. 花枝；2. 花冠展开；3. 果。**4. 亮叶素馨 Jasminum extensum** Wall. et G. Don 果枝。(仿《中国植物志》)

柄、小叶柄和花序均被毛；小枝圆柱形。三出复叶对生，叶柄长 0.5 ~ 3.5cm；叶纸质，卵形或卵状披针形，先端常急尖，基部圆形，顶生小叶远大于侧生小叶，顶生小叶长 3.0 ~ 12.5cm，宽 2 ~ 8cm，叶柄长 0.8 ~ 3.0cm；侧生小叶长 1.5 ~ 7.5cm，宽 1 ~ 4cm，柄长 1 ~ 5mm；叶缘反卷，两面被锈色柔毛；羽状脉，侧脉 3 ~ 6 对，在两面明显。聚伞花序顶生或腋生，多花密集；花梗缺或具短梗，长 1 ~ 5mm；花芳香；花萼裂片条形或锐三角形；花冠白色或淡黄色，高脚碟形，花冠筒细长，长 1.5 ~ 4.0cm，裂片 5 枚。浆果长圆形或近球形，长 0.8 ~ 1.7cm，熟时黑色。花期 6 ~ 10 月；果期 9 月至翌年 5 月。

产于广西各地。生于海拔 300m 以上山坡、灌丛或林中。分布于浙江、江西、福建、台湾、广东、湖南、湖北、四川、贵州、云南。

5. 厚叶素馨 鲫鱼胆、青竹藤（岑溪、贺州） 图 1248：1 ~ 3

Jasminum pentaneurum Hand. -Mazz.

攀援灌木，高 9m。除花序被毛外其余几无毛；小枝通常圆柱形。单叶对生，革质，宽卵形或椭圆形，长 2.5 ~ 10.0cm，宽 1.5 ~ 6.0cm，先端渐尖或尾状渐尖，基部圆形或宽楔形，叶缘反卷；基脉 3 ~ 5 条，最外 1 对不明显或缺；叶柄长 0.5 ~ 1.8cm，下部具关节。聚伞花序近头状，顶生或腋生，多花，芳香；花序梗短，在 5mm 以下；花序基部有 1 ~ 2 对小叶状苞片，长 1 ~ 2cm；花萼裂片 6 ~ 7 枚，线形，长 4 ~ 14mm；花冠白色，花冠管长 2 ~ 3cm。浆果球形、椭圆形或肾形，长 0.9 ~ 1.8cm，熟时黑色。花期 8 ~ 12 月；果期 2 ~ 5 月。

产于广西各地。生于海拔 900m 以下山谷林下、灌木丛中。分布于广东、海南；越南也有分布。

6. 青藤仔 千里藤（天等） 图1249：1～2

Jasminum nervosum Lour.

攀援灌木，高1～5m。小枝圆柱形；无毛或小枝、叶柄、叶背面和花序疏被短柔毛。单叶，对生，纸质，卵形、椭圆形或卵状披针形，长1～12cm，宽0.5～4.5cm，先端急尖至渐尖，基部钝至圆，基出脉3～5条；叶柄长0.2～1.0cm，具关节。花常单生叶腋，或组成聚伞花序，花梗长0.2～1.2cm；花萼线形，裂片7～8枚，长5～20mm；花冠白色，花冠管长1.5～2.2cm，裂片8～10枚，披针形，长12～20mm。浆果球形或长圆形，长0.7～2.0cm，熟时红至黑色。花期3～7月；果期4～10月。

产于河池、百色、钦州、南宁、博白。生于海拔1200m以下山林中。分布于广东、海南、贵州、云南、台湾；印度、不丹、缅甸、越南、老挝、柬埔寨也有分布。

图1249 1～2. 青藤仔 Jasminum nervosum Lour. 1. 花枝；2. 果。**3～4. 广西素馨 Jasminum guangxiense** B. M. Miao 3. 花枝；4. 花冠展开。**5. 桂叶素馨 Jasminum laurifolium** var. **brachylobum** Kurz 花枝。（仿《中国植物志》）

7. 广西素馨 图1249：3～4

Jasminum guangxiense B. M. Miao

木质藤本，高3～4m。小枝圆柱形；枝、叶柄、叶面中脉和花梗均被短柔毛。单叶，对生，革质，干后变黑色，卵形或窄卵形，长1.8～4.5cm，宽1.5～2.4cm，先端锐尖，具短尖头，基部圆或微心形，基出脉3条或5条；叶柄长2～5mm，具关节。花单生或3朵簇生，顶生或腋生；花梗长1.0～7mm；小苞片线形，长2～9mm；花萼裂片6枚，线形，长2.5～6.0mm；花冠白色，花冠管长1.7～2cm，裂片8枚。浆果双生。花期8月。

广西特有种。产于龙州。生于海拔600m以下石灰岩山谷、林中或石缝中。

8a. 桂叶素馨 图1249：5

Jasminum laurifolium var. **brachylobum** Kurz

常绿木质缠绕藤本，高0.5～5m。全体无毛；小枝圆柱形，纤细。单叶，对生，革质，条形、狭椭圆形或狭卵形，长3.0～12.5cm，宽0.7～3.0cm，先端渐尖或尾尖，基部楔形或圆形，叶缘反卷，基出脉3条，细脉在两面不明显；叶柄长0.4～1.2cm，近基部有关节。聚伞花序有花1～8朵，花芳香；花序梗长0.3～2.5cm；小苞片线形；花萼裂片4～12枚，线形，长2.5～4.0mm；花冠白色，高脚碟状，花冠管长1.6～2.4cm，裂片8～12枚，披针形或长剑形。浆果卵状长圆形，长0.8～2.2cm，熟时黑色，光亮。花期5月；果期8～12月。

产于东兴、上思。生于海拔600m以下的山谷、林中或山坡灌木丛中。分布于海南、云南、西藏。

9. 丛林素馨

Jasminum duclouxii（H. Lév. ）Rehder

攀援灌木，高 2.5 ~ 5.0m。全株无毛；小枝暗紫红色，具不明显棱角或呈圆柱状，直径约 2mm。单叶，对生，革质，披针形至狭披针形，长 8 ~ 15cm，宽 2 ~ 4cm，先端尾状渐尖，基部圆形，侧脉 10 ~ 20 对，几与中脉垂直，在上面微凸起，下面不明显；叶柄粗壮，长 2 ~ 10mm，具沟，扭转。聚伞花序，对生于叶腋或 4 枚花序簇生于枝顶，每花序有花 3 ~ 15 朵；苞片微小，长 1 ~ 2mm；花梗长 5 ~ 10mm；花萼裂片 5 枚，尖三角形，长 5 ~ 15mm；花冠粉红色或白色，近漏斗状，花冠管长 1.1 ~ 2.0cm，裂片 4 ~ 5 枚，长圆形或卵形，长 0.6 ~ 1.1cm。果球形，直径 0.6 ~ 1.2cm，呈黑色。花期 4 月；果期 5 ~ 12 月。

产于那坡、靖西。生于海拔 1200 ~ 1400m 林中。分布于云南。根皮外用，治疥疮。

10. 倒吊钟叶素馨

Jasminum fuchsiifolium Gagnep.

攀援灌木。全株几无毛；小枝扭曲，四棱形，中空，光滑。单叶，对生，纸质或膜质，卵状披针形，长 4.5 ~ 17.5cm，宽 1.3 ~ 4.5cm，先端渐尖，基部圆形或楔形，全缘，稀羽状分裂，侧脉 5 ~ 9 对；叶柄长 4 ~ 10mm，具狭翼。花单生或呈稀疏开展总状聚伞花序，有花 3 ~ 6 朵；花序梗长 1.5 ~ 5.0cm；花梗细长，长 1 ~ 4cm，向上渐增粗；小苞片线形，长 1 ~ 6mm；花萼钟状，裂片 5 枚，钻形或三角形，长 1.5 ~ 3.0mm；花冠白色，高脚碟状，花冠管长 1.0 ~ 1.4cm，裂片 5 ~ 6 枚，长圆形至披针形，长 7 ~ 9mm。果球形或椭圆形，直径 6 ~ 10mm，成熟时呈蓝紫色。花期 6 ~ 9 月；果期 10 月至翌年 1 月。

产于那坡。生于海拔 1100m 石灰岩山林中。分布于贵州、云南。

11. 咖啡素馨 栀花素馨、山羊胆藤（田林） 图 1250

Jasminum coffeinum Hand. -Mazz.

攀援灌木。除花序疏被短柔毛外其余无毛；小枝圆柱形或为四棱形，棱上具狭翼。单叶，对生，革质，卵形或椭圆形，长 8 ~ 22cm，宽 5 ~ 11cm，全缘，先端短尾尖，基部圆或宽楔形，上面深绿色，光亮，下面淡绿色；中脉在叶面凹下，下面凸起，侧脉 5 ~ 9 对，细脉密网状明显；叶柄长 1 ~ 2cm，中部有关节，易折断，故常在枝条上留下部分叶柄，十分凸出。总状花序近对生或簇生叶腋，有花 3 ~ 10 朵；花序轴四棱形或圆柱形；苞片肉质；花萼裂片 5 枚，狭三角形，长 1 ~ 2mm；花冠白色或淡紫色，肉质，花冠筒长约 2.2cm，裂片 6 ~ 9 枚，披针形。浆果椭圆形，长 2.3 ~ 2.7cm，熟时紫黑色。花期 3 月；果期 5 月。

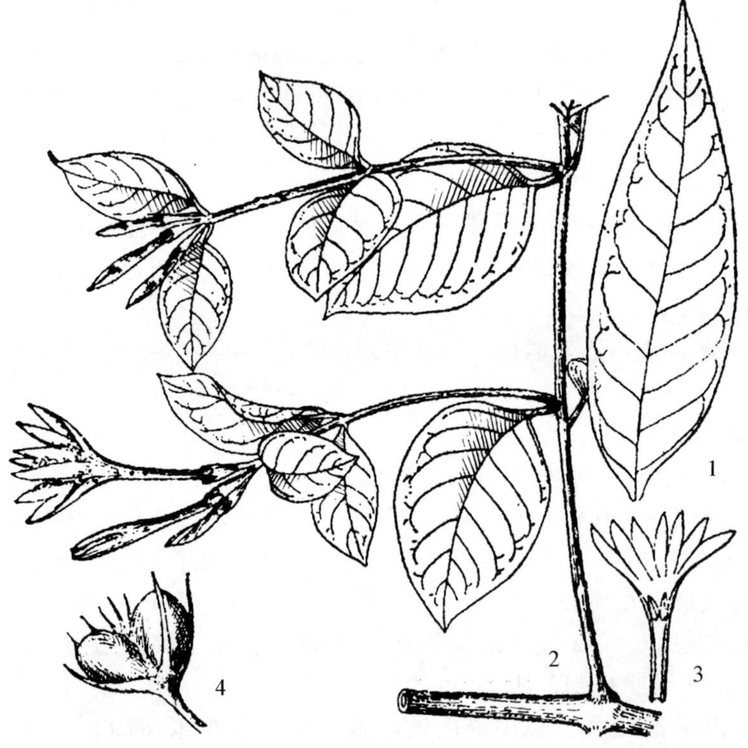

图 1250 咖啡素馨 Jasminum coffeinum Hand. -Mazz. 1. 叶片；2. 花枝；3. 花冠展开；4. 果。（仿《中国植物志》）

产于宜州、平果、崇左、龙州、宁明、扶绥、大新。生于海拔 600m 以下石灰岩疏林或灌木丛中。分布于云南。产于崇左至龙州等桂西南一带石灰岩地区；越南也有分布。

12. 亮叶素馨 亮叶茉莉、贵州素馨、川骨头 图 1248：4

Jasminum extensum Wall. et G. Don

缠绕木质藤本，高 5m。小枝圆柱形或扁，无毛。单叶对生，革质，卵形至狭椭圆形，稀披针形，长 2～11cm，宽 1.5～5.0cm，先端锐尖至渐尖，基部楔形或圆形，上面深绿色，光亮，下面淡绿色，叶面无毛，叶背仅脉腋具簇毛；中脉在上面凹入呈浅沟，下面凸起，侧脉 4～7 对；叶柄长 4～10mm，近中部有关节。总状或圆锥状聚伞花序，开展，顶生或腋生；花序梗长 0.5～5.0cm；苞片对生；花芳香；花萼杯状，裂片 4 枚，三角形至近宽条形，长 0.5～3.0mm；花冠白色，花冠管长 1.5～2.0cm，裂片 6～8 枚，裂片长 8～17mm。浆果近球形，直径 0.5～1.5cm，熟时黑色。花期 5～10 月；果期 8 月至翌年 4 月。

产于广西各地。生于海拔 1500m 以下溪边、草坡、灌丛或疏林中。分布于四川、云南、贵州、海南。根药用，有强壮、健胃的功效。

13. 小萼素馨

Jasminum microcalyx Hance

攀援灌木，高 5m。小枝纤细，圆柱形，无毛或微被短柔毛。单叶对生，革质，宽卵形至卵状披针形，长 3.5～9.0cm，宽 1.5～4.5cm，先端急尖至渐尖，基部宽楔形或圆形，两面仅叶背脉腋具黄色簇毛，余无毛；侧脉 3～4 对；叶柄长 0.5～1.2cm，中部具关节。聚伞花序顶生或腋生，有花 1～5 朵；花芳香，小；花序梗纤细，长 0.6～2.5cm；苞片微小，长约 1mm；花梗短，长 1～5mm，常呈棍棒状；花萼裂片 4～6 枚，圆形或几近截形，肥厚，长 0.5～1.0mm；花冠白色，花冠管长 1.0～1.6cm，裂片 5～7 枚，卵形，长 3～5mm。果椭圆形，长 0.9～12.0cm，熟时黑色。花期 5～10 月；果期 12 月至翌年 2 月。

产于阳朔、柳州、罗城、上思、邕宁、扶绥、龙州、德保、靖西。生于海拔 500m 以下石灰岩灌丛或山林中。分布于广东、海南、云南；越南也有分布。

14. 茉莉花 茉莉 图 1251

Jasminum sambac (L.) Aiton

直立或攀援灌木，高 3m。小枝圆柱形或稍压扁状，疏被柔毛。单叶，对生，纸质，圆形至椭圆形或倒卵形，长 4.0～12.5cm，宽 3.0～7.5cm，两端圆或钝，基部有时微心形，叶仅背面脉腋具簇毛，余无毛；侧脉 4～6 对，在叶面凹下，细脉两面明显；叶柄长 2～6mm，被柔毛，具关节。聚伞花序有花 1～6 朵，花香浓郁；花序梗长 1.0～4.5cm，被柔毛；花萼裂片 8～9 枚，条形，长 5～11mm；花冠白色，花冠管长 7～15mm，裂片 8～15 枚，裂片长圆形或近圆形，顶端钝或圆，宽 5～9mm。通常不结果。花期 5～8 月。

原产于印度，广西各地栽培供观赏或制茶，以横县种植面积最大，是目前中国最大茉莉花基地。中国南方各地也有栽培。花香浓郁，用以制茶（花茶和香片），也是珍贵的香精原料；花、叶药用，治目赤肿痛，也可止咳化痰。叶翠绿，花洁白，花朵大，芳香，优良盆栽和地栽绿化灌木。

图 1251 茉莉花 Jasminum sambac (L.) Aiton 花枝。（仿《中国植物志》）

15. 长管素馨 白坑藤

Jasminum longitubum L. C. Chia ex B. M. Miao

木质攀援藤本。枝、叶柄和花序均被短柔毛；小枝圆柱形。单叶对生，革质，卵形或长圆状卵形，长 3.5～8.5cm，宽 1.5 ~ 4.0cm，先端锐尖至渐尖，稀圆钝，基部微心形或圆，叶面光亮，叶背脉腋具黄色簇毛；侧脉 3 ~ 5 对，在叶面微凸起，下面明显凸起；叶柄长 2 ~ 7mm，中部具关节。单花或聚伞花序有花 2 ~ 5 朵，顶生；花序基部具叶状苞片；花梗长不及 2mm，微被柔毛；花萼裂片 5 ~ 6 枚，条形，被柔毛；花冠白色，花冠管长 2.5 ~ 3.7cm，裂片 6 ~ 8 枚，披针形，长 14 ~ 16mm，宽 3 ~ 7mm。花期 8 月。

广西特有种。产于龙州、大新。生于海拔 400m 以下石灰岩疏林或灌丛中。

16. 白萼素馨 白萼茉莉、青藤(大新)

Jasminum albicalyx Kobuski

攀援灌木，高 3m。小枝圆柱形；小枝、花序梗、叶柄和中脉常被短柔毛，叶背面脉腋有黄色簇毛。单叶对生，纸质，卵形或椭圆形，长 3.5 ~ 10.5cm，宽 1.5 ~ 4.7cm，先端锐尖至渐尖，基部圆形、钝或微心形；侧脉 3 ~ 5 对，在两面明显；叶柄长 2 ~ 5mm，具关节。聚伞花序顶生或腋生，有花 2 ~ 9 枚；花梗长 0 ~ 4mm；花萼白色或黄白色，裂片 5 ~ 8 枚，条形，长 4 ~ 12mm；花冠白色，花冠管长 1.4 ~ 2.5cm，裂片 5 ~ 6 枚，卵形或披针形，长 5 ~ 10mm。浆果长圆形，长 0.6 ~ 1.5cm。花期 10 ~ 11 月；果期翌年 3 月。

广西特有种。产于桂林、平乐、阳朔、永福、柳州、融安、鹿寨、来宾、宜州、天峨、凌云、邕宁、马山、天等、大新、龙州。生于海拔 600m 以下山林下，常攀在其他树上或蔓生在石头上，广西西南部常见种。全株药用，治跌打损伤。耐干旱，叶翠绿，花芳香，可作园林观赏。

17. 绒毛素馨

Jasminum hongshuihoense Z. P. Jien ex B. M. Miao

木质藤本。小枝圆柱形，疏被短柔毛。单叶对生，纸质，椭圆形或披针形，长 4.5 ~ 19.0cm，宽 2 ~ 7cm，先端急尖至渐尖，基部楔形、圆钝或微心形，上面除中脉散生短柔毛外，其余无毛，下面被短柔毛，老叶有时毛脱落，叶背脉腋间常具黄色簇毛，侧脉 4 ~ 10 对；叶柄长 5 ~ 12mm，常扭转，被短柔毛。伞状聚伞花序顶生或腋生，有花 1 ~ 6 朵；花序梗长 0.3 ~ 2.0cm，被短柔毛；苞片线形，长 2 ~ 5mm；花梗长 1 ~ 2cm；花萼裂片 5 ~ 8 枚，线形，长 4 ~ 5mm；花冠白色，高脚碟状，花冠管长 1.0 ~ 1.5cm，直径约 1mm，裂片 5 ~ 8 枚，披针形，长 1.0 ~ 1.2cm，宽约 2mm。果近球形，长约 1.7cm，呈蓝黑色。花期 4 月；果期 10 月。

产于那坡、大新。生于海拔 300 ~ 900m 石灰岩山林中。分布于贵州、云南。

18. 披针叶素馨

Jasminum prainii H. Lév.

木质缠绕藤本，高 3m。小枝扭曲，圆柱形，直径约 1.5mm，具条纹；小枝、叶柄和花序有时被疏毛，以后变无毛。单叶对生，革质，狭披针形，长 8 ~ 19cm，宽 1.5 ~ 4.5cm，先端渐尖，基部圆形或楔形，叶缘反卷，上面深绿色，无毛，下面淡绿色，散生短柔毛或无毛，侧脉 4 ~ 10 对，在上面不明显，下面稍明显；叶柄长 0.5 ~ 1.7cm。伞房状花序较密集，腋生或顶生，每花序有花 3 ~ 9 朵；花梗短，长 1 ~ 5mm；花萼疏被短柔毛，萼齿 5 ~ 6 枚，刚毛状锥形，长 5 ~ 10mm；花冠白色，漏斗状，花冠管长 1.0 ~ 1.5cm，裂片 5 枚，卵形，长 3 ~ 7mm，宽 3mm。果球形或长圆形，长 6 ~ 10mm，直径 6 ~ 8mm，黑色。花期 4 ~ 6 月；果期 6 ~ 7 月。

产于融水、德保。生于海拔 1500 ~ 1600m 山林中。分布于贵州、四川。

19. 扭肚藤 密花素馨、断骨草(都安)、毛毛茶(南宁) 图 1252

Jasminum elongatum (P. J. Bergius) Willd.

攀援灌木，高 7m。小枝圆柱形。单叶对生，纸质，卵形至披针形，长 2 ~ 11cm，宽 1 ~ 5cm，先端短尖或锐尖，基部圆形、平截或微心形，两面被柔毛至近无毛；侧脉 3 ~ 5 对；叶柄长 2 ~ 5mm，具关节。聚伞花序多花，密集，顶生或腋生；花梗长 1 ~ 4mm，被黄色绒毛或疏被短柔毛；花萼裂片 5 ~ 8 枚，钻状线形，长 3 ~ 10mm；花冠白色，高脚碟状，花冠管长 1.5 ~ 3.0cm，裂片

6～9 枚，披针形，长 7～17mm。浆果长圆形或卵圆形，长 1.0～1.2cm，熟时黑色。花期 4～12 月；果期 8 月至翌年 3 月。

产于广西各地。生于海拔 600m 以下的灌丛或林中。分布于广东、海南、云南、贵州；越南、缅甸也有分布。叶药用，治外伤出血、骨折。

图 1252 扭肚藤 **Jasminum elongatum** (P. J. Bergius) Willd. 1. 花枝；2. 果枝。(仿《中国植物志》)

20. 毛茉莉

Jasminum multiflorum (Burm. f.) Andrews

直立或攀援灌木，高 3m。小枝细长，弯曲，圆柱形，密被黄褐色绒毛。单叶对生，纸质，卵状心形，长 3.0～8.5cm，宽 1.5～5.0cm，先端渐尖、锐尖或钝，基部心形，叶面光滑或被短柔毛，下面疏被短柔毛至密被绒毛，侧脉 3～4 对；叶柄长 5～10mm，近基部有关节，被绒毛。头状花序或密集呈圆锥状聚伞花序，顶生，密被黄褐色绒毛；花多而密，芳香；花梗短或缺；花萼被绒毛，裂片 6～9 枚，丝形，长 2～6mm；花冠白色，高脚碟状，花冠管长 1.0～1.7cm，直径 2～3mm，裂片 7～9 枚，长 1.0～1.4cm。果椭圆形，褐色。花期 10 月至翌年 4 月。

原产东南亚及印度。中国南部有栽培，横县有栽培。性喜温暖、阳光充足环境和肥沃土壤。花多而洁白，馨香，极似茉莉花香味，花期较长，盆栽或作插花观赏；花亦可制茶(花茶和香片)。扦插繁殖。

128 夹竹桃科 Apocynaceae

乔木、直立或藤状灌木或多年生草本。有乳状汁液或汁液；少数有刺。单叶对生或轮生，稀互生，稀有细齿；羽状脉；通常无托叶或退化成腺体。花两性，单生或多朵组成聚伞花序；花萼裂片 5 枚，少数 4 枚，基部合生，内面基部通常有腺体；花冠合瓣，裂片 5 枚，少数 4 枚；雄蕊 5 枚，花丝离生，着生在花冠筒内壁上，药室 2 室，花盘环状、杯状或舌状，少数无花盘；子房上位，少数半下位，1～2 室，每心皮有胚珠 1 至多枚。浆果、核果、蒴果或蓇葖果；种子无毛或一端被毛，少数两端被毛或仅有膜翅。

约 155 属 2000 种。中国 44 属 145 种，主要分布于长江以南。广西 27 属 73 种，本志记载 26 属 62 种。

分属检索表

1. 乔木或直立灌木。
  2. 叶腋内有抱茎或半抱茎的托叶鞘，托叶鞘卵形，基部扩大而合生 ………………… **1. 狗牙花属 Tabernaemontana**
  2. 无托叶鞘。
    3. 叶互生。
      4. 枝条木质；核果；种子无翅。
        5. 灌木；叶线形；萼片内面有腺体，花冠漏斗状 ………………………………… **2. 黄花夹竹桃属 Thevetia**
        5. 乔木；叶倒卵形；萼片内面无腺体，花冠高脚碟状 ………………………………… **3. 海杧果属 Cerbera**

4. 枝条稍带肉质；蓇葖果；种子具膜翅 ……………………………………………… **4. 鸡蛋花属 Plumeria**

3. 叶对生或轮生。

6. 蒴果或核果；种子无毛或边缘具膜翅。

7. 蒴果，密被长刺；种子边缘具膜翅；花冠漏斗状 ……………………………… **5. 黄蝉属 Allemanda**

7. 核果，无刺；种子无翅；花冠高脚碟状。

8. 花冠裂片向右覆盖；花盘具 2 枚舌状腺体 ……………………………………… **6. 蕊木属 Kopsia**

8. 花冠裂片向左覆盖；花盘环状或杯状 ……………………………………… **7. 萝芙木属 Rauvolfia**

6. 蓇葖果；种子有毛。

9. 种子两端有毛 ……………………………………………………………… **8. 鸡骨常山属 Alstonia**

9. 种子仅顶端有毛。

10. 有副花冠，花药箭头状，有花盘。

11. 植株有汁液；侧脉密生而平行；花冠裂片向右覆盖 ……………………… **9. 夹竹桃属 Nerium**

11. 植株有白色乳汁；侧脉稀疏，弯曲上升；花冠裂片向左覆盖 ………… **10. 倒吊笔属 Wrightia**

10. 无副花冠，花药长圆状披针形，基部圆，无花盘 ……………………… **11. 止泻木属 Holarrhena**

1. 木质藤本或攀援状灌木。

12. 浆果或核果；种子顶端无毛。

13. 浆果；叶对生；有副花冠……………………………………………………… **12. 山橙属 Melodinus**

13. 核果链珠状；叶通常轮生；无副花冠 ……………………………………… **13. 链珠藤属 Alyxia**

12. 蓇葖果；种子顶端具一丛长的种毛。

14. 蓇葖果链珠状………………………………………………………………… **14. 长节珠属 Parameria**

14. 蓇葖果圆柱状或线状披针形。

15. 萼片大，叶状，淡绿色…………………………………………………… **15. 清明花属 Beaumontia**

15. 萼片小，非叶状，非淡绿色。

16. 无花盘，花冠裂片顶部延长成一长尾带而下垂…………………… **16. 羊角拗属 Strophanthus**

16. 有花盘，花冠裂片顶部圆形或急尖，无长尾带，不下垂。

17. 花丝长于花药，屈膝状或旋扭状 ……………………………………… **17. 同心结属 Parsonsia**

17. 花丝远短于花药，直立。

18. 花药上有一粗大腺体 ………………………………………………… **18. 纽子花属 Vallaris**

18. 花药上无腺体。

19. 药隔顶部具一丛长柔毛………………………………………… **19. 毛药藤属 Sindechites**

19. 药隔顶部无毛。

20. 花盘顶端全缘或 5 浅裂。

21. 种子有喙 ………………………………………………… **20. 鳝藤属 Anodendron**

21. 种子无喙。

22. 雄蕊着生于花冠筒喉部，花药顶端伸出花冠筒喉部之外；双生蓇葖果不等长 ……………………………………………………………………… **21. 帘子藤属 Pottsia**

22. 雄蕊着生于花冠筒基部或近基部，花药内藏；双生蓇葖果等长。

23. 花稍大，花盘环状，紧包藏着子房和花柱基部……… **22. 香花藤属 Aganosma**

23. 花细小，花盘环状或杯状，比子房短 ……………… **23. 腰骨藤属 Ichnocarpus**

20. 花盘全裂或 5 深裂。

24. 花冠高脚碟状或漏斗状。

25. 粗壮木质藤本；花大，花萼筒状，顶端裂片镊合状排列；种子有喙 ……………………………………………………………………… **24. 鹿角藤 Chonemorpha**

25. 木质藤本不粗壮；花较小，花萼 5 深裂，裂片双盖覆瓦状排列；种子无喙。

26. 花萼内面基部有腺体 5 ~ 10 枚，腺体顶端齿状；双生蓇葖果等长 ……………………………………………………………… **25. 络石属 Trachelospermum**

26. 花萼内面基部有腺体，腺体顶端全缘；双生蓇葖果不等长 ……………………………………………………………… **23. 腰骨藤属 Ichnocarpus**

24. 花冠坛状 ………………………………………………………… **26. 水壶藤属 Urceola**

1. 狗牙花属 Tabernaemontana L.

灌木或乔木；叶腋内有抱茎或半抱茎的托叶鞘，基部扩大而合生。叶对生，羽状脉。聚伞花序或单花，花5数；萼片内面基部通常有一排腺体；花冠裂片向左覆盖而向右旋转；雄蕊着生于花冠筒内壁上，花药与柱头分离；无花盘；子房由2枚心皮组成，每心皮有胚珠多枚。蓇葖果外皮薄革质；种子有假种皮，无毛。

约99种。中国5种，分布于西南、华南及台湾；广西4种。

分种检索表

1. 花蕾顶部卵形，末端尖。
   2. 花冠裂片斜倒三角形，雄蕊着生于花冠筒近基部，花药顶端伸达花冠筒中部；叶干后为淡绿色 ………………………………………………………… **1. 狗牙花 T. divaricata**
   2. 花冠裂片长圆状镰刀形，雄蕊着生于花冠筒中部，花药顶端伸达花冠筒喉部；叶干后为淡黄色 ………………………………………………………… **2. 尖蕾狗牙花 T. bufalina**
1. 花蕾顶部圆球形，末端圆。
   3. 叶先端短渐尖或渐尖；花冠裂片无毛 ………………………… **3. 伞房狗牙花 T. corymbosa**
   3. 叶先端尾状渐尖；花冠裂两面被短柔毛 ………………………… **4. 药用狗牙花 T. bovina**

1. 狗牙花 单瓣狗牙花、白狗芽(梧州)、狮子花(凌云)、豆腐花(南宁) 图1253

Tabernaemontana divaricata (L.) R. Br. ex Roem. et Schult.

灌木，高3m。除萼片有缘毛外，全株无毛。叶坚纸质，椭圆形或长椭圆形，长5.5~11.5cm，宽1.5~3.5cm，叶干后为淡绿色，侧脉9~12对。聚伞花序腋生，着花6~10朵，花大，直径4~5cm；花蕾顶部长圆状急尖；花萼裂片内面基部有腺体；花冠白色，花冠筒长达2cm，喉部有5枚腺体，花冠裂片斜倒三角形；雄蕊着生于花冠筒近基部，花药顶端伸达花冠筒中部。蓇葖果长圆形，叉开或外弯，长2.5~7.0cm。花期6~11月；果期秋季。

原产云南南部，南宁、桂林、龙州、凌云、乐业、梧州、合浦、浦北等地有栽培，华南地区广泛栽培。常作庭院园林绿化植物；叶药用，可降血压、清凉解热、利尿消肿，治眼病、疥疮、乳疮等。

图1253 狗牙花 Tabernaemontana divaricata (L.) R. Br. ex Roem. et Schult. 1. 花枝；2. 蓇葖果。(仿《中国植物志》)

2. 尖蕾狗牙花 海南狗牙花、鸡爪花 图1254

Tabernaemontana bufalina Lour.

灌木，高1~3m。全株无毛；小枝有棱。叶纸质，倒卵状椭圆形，长4~9cm，宽1.7~3.5cm，顶端急尖，基部宽楔形，叶干后淡黄色。花序腋生，少数为假顶生，集成假伞房多歧聚伞花序，有花7~12朵；花蕾圆筒状，顶端急尖；花萼5深裂，裂片内面基部有腺体；花冠白色，高脚碟状，裂片长圆状镰刀形，向右旋

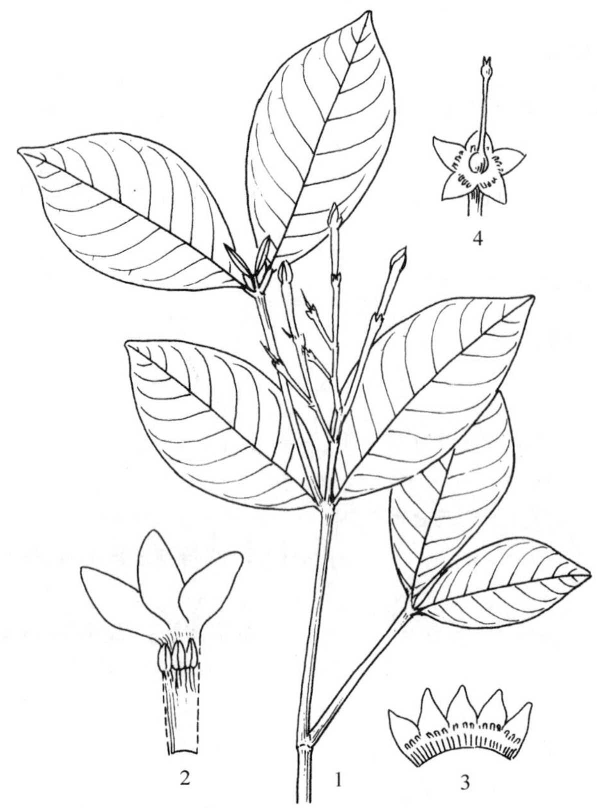

图 1254 尖蕾狗牙花 Tabernaemontana bufalina Lour. 1. 花枝；2. 花冠一部分，展开示雄蕊着生；3. 花萼展开；4. 雌蕊和花萼。(仿《中国植物志》)

图 1255 药用狗牙花 Tabernaemontana bovina Lour. 1. 花枝；2. 花蕾；3. 花冠一部分，展开示雄蕊位置；4. 花萼展开；5. 雌蕊；6. 蓇葖果。(仿《中国植物志》)

转；雄蕊着生冠筒中部，花药顶端到达冠筒喉部。蓇葖果双生，近 180°叉开，椭圆状披针形，有长喙，喙长 1～2cm，外果皮淡灰色；种子在每个果内 10～20 枚，分为 4 排，不规则三角形，长约 12mm。花期和果期 3～12 月。

产于合浦、钦州、上思、防城。生于海拔 500m 以下山地疏林下。分布于广东、海南、云南；柬埔寨、泰国、越南也有分布。根可药用，治高血压。

3. 伞房狗牙花 广西狗牙花

Tabernaemontana corymbosa Roxb. ex Wall.

灌木。除花外，各部无毛。假托叶卵圆形，长达 2mm，基部合生；叶坚纸质，椭圆状卵圆形、卵形或倒卵形，长 5～15cm，宽 3～7cm，先端短渐尖或渐尖，侧脉 12～14 对；叶柄长 0.3～1.2cm。聚伞花序常二歧，具花 6～7 朵；花蕾顶端圆球形，末端圆；花萼宽钟状，内面基部有腺体，萼片卵圆形，长约 2.2mm，有缘毛；花冠白色，冠长 1.6～3.0cm，裂片长圆状镰形，长 0.9～1.6cm，无毛；雄蕊生于花冠筒中部以上至近喉部。蓇葖果双生，叉开，斜椭圆形或长圆状披针形，长 2.0～4.5cm，直径 0.6～3.0cm；果柄长约 1cm。花期 5～9 月；果期 7～12 月。

产于百色、凌云、乐业、靖西、田阳、田林、东兴、防城、上思、龙州。生于山地疏林中。分布于云南、贵州；越南、缅甸、泰国也有分布。树皮及叶药用，可作接骨药。

4. 药用狗牙花 图 1255

Tabernaemontana bovina Lour.

灌木，高 2～4m。除花外其余无毛。假托叶宽三角状卵圆形，长约 1.5mm。叶坚纸质，椭圆状长圆形，长 7～15cm，宽 3～6cm，先端尾状渐尖。聚伞花序腋生，通常二枝成对，生在小枝顶端，成假二叉式，着花约 9 朵，比叶短；花蕾圆筒形，端部近圆球形；花萼钟状，基部内面无腺体或仅有 1～2 个；花冠白色，花冠筒长约 2.2cm，直径约 2mm，近直立或近喉部向右旋转，裂片长圆状披针形，两面有短柔毛；雄蕊着生于冠筒喉部膨大处。蓇葖双生，线状长圆形，近肉质，长 1.5～3.0cm，直径 6～10mm，外果皮在干时呈黑色；种子在每个蓇葖内有 1～4 枚，不规则卵圆形。花期 5～7 月；果期 8 月至翌年 4 月。

产于那坡、田阳、田林、靖西、上林、天等、龙州。生于石山林中。分布于海南、广东、云南；泰国、越南也有分布。根可入药，治腹痛。

2. 黄花夹竹桃属 Thevetia L.

灌木或小乔木。有乳状汁液。叶互生，羽状脉。聚伞花序；花大；花萼 5 深裂，内面基部有腺体；花冠漏斗状，花冠筒短，喉部有 5 枚被毛的鳞片状副花冠，花冠裂片 5 枚，阔大；雄蕊 5 枚，着生于花冠筒喉部，花药卵圆状，腹部与柱头分离；无花盘；子房 2 室，每室有胚珠 2 枚。核果，内果皮木质，坚硬。

约 8 种，产于热带非洲和热带美洲。中国栽培 2 种，广西引入 1 种。

黄花夹竹桃　黄花状元竹、酒杯花　图 1256

Thevetia peruviana (Pers.) K. Schum.

图 1256　黄花夹竹桃 Thevetia peruviana (Pers.) K. Schum.　1. 花枝；2. 果。(仿《中国植物志》)

乔木，高达 5m。全株无毛；枝条柔弱，下垂。叶互生，近革质，无柄，线状披针形或线形，长 10～15cm，宽 5～12mm，两端长尖，有光泽，全缘，边稍背卷，侧脉两面不明显。聚伞花序顶生；花萼裂片三角形，绿色；花冠黄色，漏斗状，花冠筒喉部具 5 枚被毛的鳞片，裂片长于冠筒；雄蕊着生花冠筒喉部。核果扁三角球形，直径 2.5～4.0cm，新鲜时亮绿色，干时黑色，内果皮木质；种子 2～4 枚。花期 5～12 月；果期 8 月至翌年春。

原产美洲热带，亚洲热带和亚热带地区广泛栽培，南宁、柳州、桂林、灵山、合浦、龙州、梧州、凭祥有栽培。树液和种子有毒，误食可致命。种子可榨油，供制肥皂和杀虫用，油粕可作肥料。种子坚硬，可作镶嵌物。果仁含黄花夹竹桃素，有强心、利尿、祛痰、发汗和催吐等作用。叶常绿，花色鲜黄，花期长，优良观赏植物。

3. 海杧果属 Cerbera L.

乔木，有丰富乳状汁液。叶螺旋状互生，羽状脉。聚伞花序顶生，有长的总花梗；花萼 5 深裂，内面基部无腺体；花冠高脚碟状，花冠筒圆筒状，喉部膨大，具 5 枚被短柔毛的鳞片，花冠裂片 5 枚，在花蕾时向左覆盖；雄蕊 5 枚，着生花冠筒的喉部，花丝短，花药内藏；无花盘；子房由 2 枚离生心皮组成，每心皮有胚珠 4 枚。核果双生或单个，阔卵圆状或球状，外果皮纤维或木质，内有种子 1～2 枚。

3 种，分布于亚洲热带地区及澳大利亚。中国 1 种，分布于台湾、广东、海南、广西。

海杧果　黄金茄、牛心荔　图 1257

Cerbera manghas L.

常绿乔木，高 8m。树皮灰褐色；枝绿色，轮生，无毛；全株具丰富乳汁。叶厚纸质，倒卵状长圆形或倒卵状披针形，长 6～37cm，宽 2.3～7.8cm，先端钝或凸尖，基部圆，无毛。花白色，芳香；花冠高脚碟状，花冠筒圆筒形，外面黄绿色，无毛，内面被长柔毛，喉部红色；雄蕊着生在花

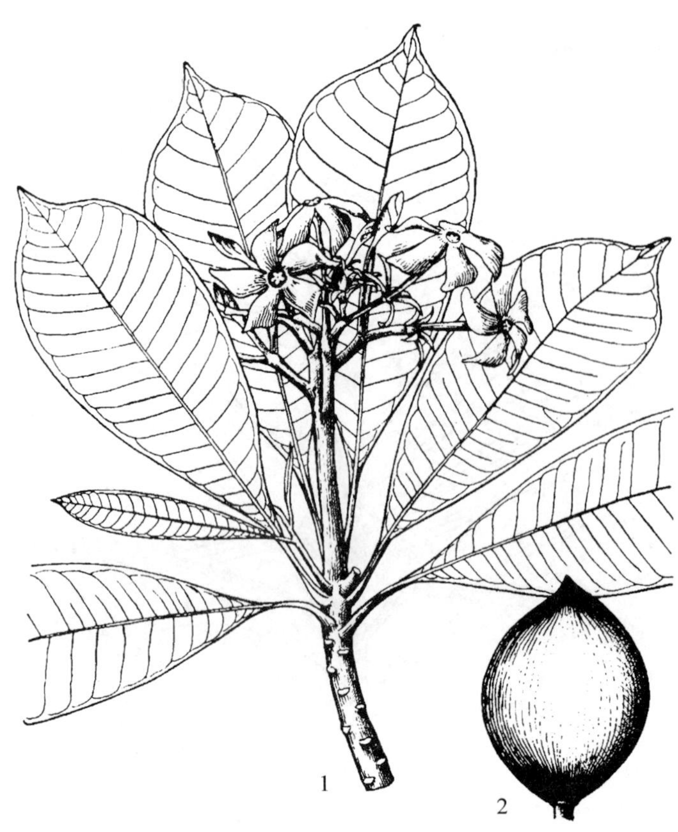

图 1257 海杧果 **Cerbera manghas** L. 1. 花枝；2. 果。（仿《中国植物志》）

冠筒喉部，花丝短，黄色；无花盘。核果单生或双生，球形或阔卵形，长 5.0 ~ 7.5cm，直径 4.0 ~ 5.6cm，外果皮纤维木质，成熟时橙黄色；种子通常 1 枚。花期 3 ~ 10 月；果期 7 月至翌年 4 月。

产于东兴、合浦、浦北、钦州。生于近海或沿海湿地。分布于广东、海南、台湾；澳大利亚也有分布。叶、果含氰酸和海杧果碱，有剧毒，误食可致命。树皮、叶和乳汁可提制药物，作催吐、下泻之用。喜生于海边，是一种较好的海岸防护树种。

4. 鸡蛋花属 Plumeria L.

乔木。枝粗而稍肉质，具丰富乳状汁液和具明显叶痕。叶互生，大型，羽状脉多数，平行脉斜伸，缘前联结；具长柄。聚伞花序顶生，花 5 数；花冠漏斗状，花冠筒圆筒形，喉部无副花冠，裂片向左覆盖；雄蕊生于花冠筒基部，花药长圆形，内藏，基部圆，与花柱分离；无花盘；子房半下位，由 2 枚离生心皮组成。蓇葖果双生，叉开；种子倒生，扁平，无种毛。

约 7 种，原产于美洲热带地区。中国引入栽培 2 种；广西引入 1 种。

鸡蛋花

Plumeria rubra L.

落叶小乔木。枝条肥厚，稍带肉质，无毛，具丰富乳汁。叶厚纸质，长圆状倒披针形，长 14 ~ 30cm，宽 6 ~ 8cm，常聚集于枝上部；侧脉每边 30 ~ 40 条，近平行横出，未达叶缘网结。聚伞花序顶生；花冠深红色、白色或乳黄色，裂片狭倒卵形，比花冠筒长 1 倍以上；雄蕊着生在花冠筒基部，花丝短，花药内藏；心皮 2 枚，离生，每心皮有胚珠多枚。蓇葖果双生，长圆形，长 10 ~ 20cm，淡绿色。花期 3 ~ 9 月；栽培品种极少结果。

原产于南美洲，现广栽于亚洲热带及亚热带地区，广西各地有栽培。扦插或压条繁殖，极易成活。花鲜红色、洁白或优雅黄色，枝叶青绿色，树形美观，是一种美丽的观赏植物，人工选育了多个栽培品种，如红花鸡蛋花、黄花鸡蛋花、白花鸡蛋花。

5. 黄蝉属 Allamanda L.

直立或藤状灌木。有乳汁。叶轮生、对生，稀互生。总状式聚伞花序顶生；花大型，5 数；花冠漏斗状，裂片向左覆盖；副花冠退化成流苏状被缘毛鳞片，着生在花冠筒的喉部，或完全退化成毛；雄蕊着生在花冠筒喉部；花盘厚肉质，环状；子房 1 室，具 2 个侧膜胎座。蒴果卵圆形，外果皮具钉子形长刺，成熟后开裂成 2 瓣；种子扁平，边缘膜质或具翅。

约 15 种，产于美洲热带，现全球热带和亚热带广泛引种。中国栽培 2 种，广西也有。

分种检索表

1. 直立灌木；花冠筒长2cm以下，基部膨大 …… 1. 黄蝉 A. schottii
1. 藤状灌木；花冠筒长3~4cm；基部圆筒形 …… 2. 软枝黄蝉 A. cathartica

1. 黄蝉 图1258

Allamanda schottii Pohl

直立灌木，高1~2m；有乳状汁液。叶3~5枚轮生，椭圆形或倒卵状长圆形，长5~12cm，宽1.5~4.0cm，叶背脉被短柔毛；侧脉7~12对，上面扁平，背面隆起。花序顶生；总花梗和花梗被秕糠状短柔毛；花冠橙黄色，漏斗状，长4~6cm，张开直径约4cm，冠筒基部膨大，长不超过2cm，喉部被毛，花冠裂片圆形或卵圆形，顶端钝；花盘肉质，全缘，环绕子房基部。蒴果球形，直径约3cm，具长刺。花期5~8月；果期10~12月。

原产于巴西，广西各地有栽培，广东、海南、福建、台湾也有栽培。花橙黄色，植株多姿，为优良观赏植物。植株乳汁有毒，人、畜误食会中毒，妊娠动物误食会引起流产。

图1258 黄蝉 Allamanda schottii Pohl 1. 花枝；2. 果。（仿《中国高等植物图鉴》）

2. 软枝黄蝉 图1259

Allamanda cathartica L.

藤状灌木，长4m。枝条软，弯垂；植株有乳状汁液。叶3~4枚轮生或有时对生，长圆形或卵状长圆形，长6~12cm，宽2~4cm，除叶背脉上被微毛外，余均无毛；侧脉6~12对，叶脉两面扁平，但在叶背稍明显。花冠黄色，漏斗状，长7~11cm，张开直径9~11cm，花冠下部长圆筒状，长3~4cm，花冠筒喉部有白色斑点，花冠裂片卵形，顶端圆形，广展。蒴果球形，直径约3cm，具长刺；种子黑色，扁平，长1.0~1.3cm。花期春、夏两季；果期冬季。

原产于巴西，广西各地有栽培，广东、海南、福建、台湾也有栽培。全株均有毒，人、畜误食会引起腹痛、腹泻。

图1259 软枝黄蝉 Allamanda cathartica L. 1. 花枝；2. 果。（仿《中国植物志》）

6. 蕊木属 Kopsia Bl.

乔木或灌木。有乳状汁液。叶对生或轮生，羽状脉。聚伞花序顶生，着花

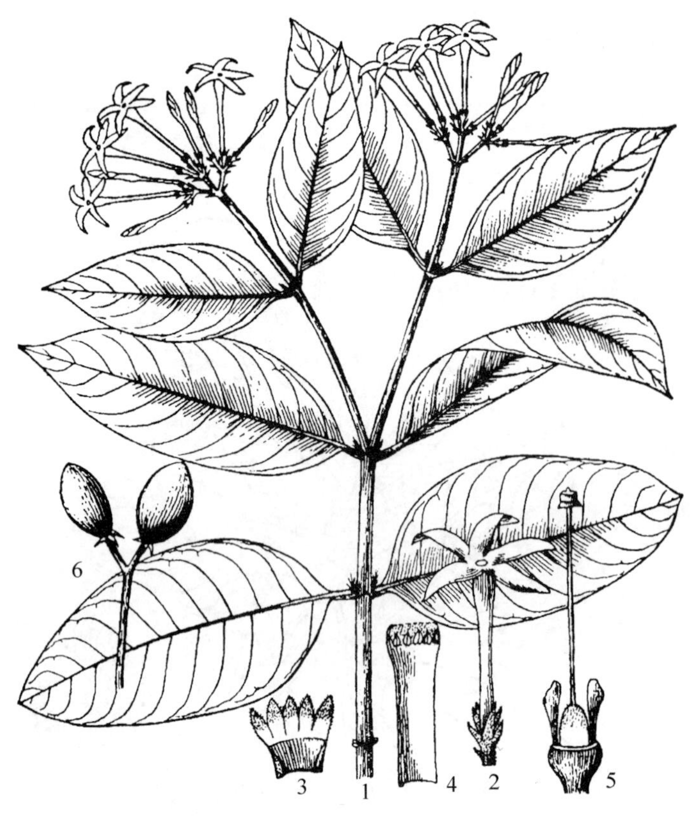

图1260 **蕊木 Kopsia arborea** Bl. 1. 花枝；2. 花；3. 花萼展开；4. 花冠筒展开；5. 雌蕊和花盘；6. 核果。（仿《中国植物志》）

2~3朵或多朵；花总梗和花梗通常有苞片；花萼5深裂，内面基部无腺体；花冠高脚碟状，白色、黄色或红色，花冠筒细长，裂片5枚，裂片向右覆盖；雄蕊5枚，着生于花冠筒中部以上；花盘由2枚舌状片组成，与子房互生；子房上位，由2枚离生心皮组成，每心皮有胚珠2枚。核果双生，倒卵形或椭圆形，内有种子1~2枚；种子长圆形。

约20种。我国3种，分布于华南及西南；广西1种。

蕊木 图1260

Kopsia arborea Bl.

乔木，高15m。叶革质，卵状长圆形，长8~22cm，宽4~8cm，顶端急尖，基部阔楔形，两面无毛；侧脉10~18对。聚伞花序顶生，长约14cm；苞片长约7mm，披针形，渐尖，两面被灰色微毛；花萼裂片两面被微毛；花冠白色，冠筒喉部被长柔毛，裂片长圆形，无毛；花盘裂片匙形，比心皮长；子房由2个离生心皮组成，被短柔毛。核果，近椭圆形，长约2.5cm，直径约1.5cm，成熟时黑色；种子1~2枚。花期4~6月；果期7~12月。

产于钦州、陆川，生于溪边、疏林中。分布于广东、海南、云南。叶浓绿，花大，美丽，为优良庭院绿化观赏植物。

7. 萝芙木属 Rauvolfia L.

灌木(亚洲种)；全株无毛(中国种)，有乳状汁液；枝、叶轮生。叶薄膜质或纸质，羽状脉；叶腋内及叶腋间有腺体。伞房状或伞形状聚伞花序，二至三歧；花萼钟状，5裂，裂片双盖覆瓦状排列，内面无腺体；花冠高脚碟状、钟状或坛状，花冠筒圆筒状，中部或喉部膨大，内面通常被柔毛，裂片5枚，向左覆盖；雄蕊5枚，着生于花冠筒中部或喉部；花盘环状或杯状；子房具2个心皮，每心皮有胚珠1~2枚。核果2个合生或离生；种子1枚。

约60种，分布于美洲、非洲、亚洲及太平洋各岛屿。中国7种；广西仅1种。

萝芙木 假辣椒(象州)、羊屎木(大新)、假落曼(德保)、棵长生(武鸣)

Rauvolfia verticillata (Lour.) Baill.

灌木，高3m。多枝，树皮灰白色；幼枝、总花梗、花梗、花萼均绿色。叶膜质，3~4叶轮生，稀为对生，椭圆形或长圆形，长2.6~16.0cm，宽0.3~3.0cm，先端渐尖或急尖，基部楔形或渐尖；叶面中脉扁平或微凹，叶背则凸起，侧脉弧曲上升；叶柄长0.5~1.0cm。伞形式聚伞花序，生于上部的小枝腋间；总花梗长2~6cm；花小，白色；花萼5裂，裂片三角形；花冠高脚碟状，花冠筒圆筒状，中部膨大，长10~18mm；雄蕊着生于冠筒内面的中部。核果卵圆形或椭圆形，长约1cm，直径0.5cm，由绿色变暗红色，然后变成紫黑色，种子具皱纹。花期2~10月；果期4月至翌年春。

产于广西各地。生于林缘、疏林下或溪边较潮湿的灌木丛中。分布于中国西南、华南及台湾；越南、泰国也有分布。喜生于阴湿地方，尤其幼苗期更需要遮阴才能生长良好。对土壤要求不严，在红壤、红黄壤、钙质土、砂壤土或黏土均能生长。全株药用，民间有用来治高血压、高热症、胆囊炎、急性黄疸型肝炎、头痛、失眠、玄晕、疟疾、蛇咬伤、跌打损伤等病症。

8. 鸡骨常山属 Alstonia R. Br.

乔木或灌木。有丰富乳状汁液；枝轮生。叶通常 3～4(～8)枚轮生，稀对生；侧脉多数，密生，近平行。花白色、黄色或红色，由多朵花组成伞房花序状聚伞花序；花 5 数；花冠高脚碟状，裂片向左覆盖；雄蕊着生于花冠筒内壁上，花药长圆形；花盘由 2 枚舌状鳞片组成，并与心皮互生。蓇葖果双生，叉开或平行；种子扁平，两端被缘毛。

约 60 种，分布于热带非洲、亚洲和大洋洲。中国 8 种；广西 4 种。

分种检索表

1. 乔木；花盘环状，子房密被柔毛；叶灰绿色，先端通常圆或钝 ………… **1. 糖胶树 A. scholaris**
1. 灌木；花盘由 2 枚舌状鳞片组成，子房无毛；叶绿色，先端渐尖。
  2. 叶薄革质，倒披针形；花冠紫红色 ………… **2. 鸡骨常山 A. yunnanensis**
  2. 叶厚纸质，披针形至圆状披针形；花冠白色。
    3. 叶背被短柔毛，基部圆形，叶柄长约 2mm，侧脉 100～175 对；花冠筒长约 2cm，裂片长圆状镰刀形，长 9～11cm，宽 5～7mm，花柱长约 1.5cm，花盘短于子房 ………… **3. 竹叶羊角棉 A. neriifolia**
    3. 叶背无毛，基部窄楔形，下延而抱茎，侧脉 45～75 对；花冠筒长约 8mm，裂片长圆形，长 2.5～3.0mm，宽 1～2mm，花柱长约 4mm，花盘与子房等长 ………… **4. 岩生羊角棉 A. rupestris**

1. 糖胶树 英台木(贵港、博白)、象皮木(陆川)、九度木(那坡) 图 1261

Alstonia scholaris (L.) R. Br.

乔木，高 20m，直径 60cm。有丰富乳状汁液；枝轮生。叶 3～8 枚轮生，倒卵状长圆形，长 7～28cm，宽 2～11cm，无毛，灰绿色，顶端圆、钝或微凹，基部楔形；侧脉 25～50 对，密生而平行。花白色，多朵组成稠密的聚伞花序，顶生，被柔毛；花萼裂片卵形，两面被短柔毛；花冠高脚碟状，冠筒内面被柔毛，裂片长圆形或卵状长圆形；雄蕊着生于冠筒中部以上；花盘环状，子房由 2 枚离生心皮组成，密被柔毛。蓇葖果线形，细长，长 20～57cm，直径 2～5mm；种子长圆形，红棕色，两端被红棕色缘毛。花期 6～11 月；果期 10 月至翌年 4 月。

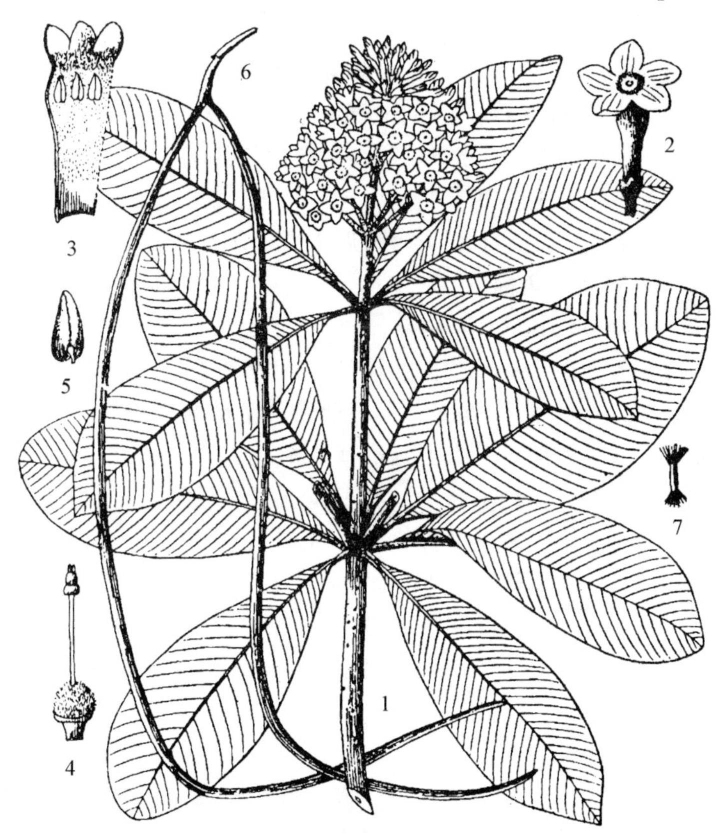

图 1261 糖胶树 Alstonia scholaris (L.) R. Br. 1. 花枝；2. 花；3. 花冠一部分；4. 雌蕊；5. 雄蕊背面观；6. 蓇葖果；7. 种子。(仿《中国植物志》)

广西除北部、东北部外，各地习见。生于海拔 650m 以下的低丘陵山地疏林中、路旁或水沟边。分布于广东、海南、台湾、福建、云南；印度、缅甸、越南、泰国、菲律宾、澳大利亚也有分布。喜光，对土壤要求不严，钙质土和酸性土均宜生长。播种繁殖。叶、嫩枝药用，可消炎、化痰止咳、止痛，主治支气管炎、百日咳、胃痛等症。乳汁丰富，可提制口香糖原料，故称“糖胶树”。树形美观，广西各地常作行道树和庭院绿化树。木材心材与边材区别不明显，木材浅黄褐色或浅黄褐微绿色，纹理直，结构细，重量轻，气干密度 0.47g/cm^3，不耐腐，供包装箱等一般用材。

2. 鸡骨常山 白虎木(乐业)、红辣椒、野辣椒(隆林)

Alstonia yunnanensis Diels

灌木，高 3m。多分枝，具乳汁；嫩枝被柔毛。叶 3～5 枚轮生，薄革质，倒披针形或长圆状披针形，长 6.0～18.5cm，宽 1.3～4.8cm，顶部渐尖，基部窄楔形，全缘，叶面深绿色，叶背灰绿色，两面被短柔毛，背面较密；侧脉 15～32 对；无柄或柄极短。花紫红色，芳香，聚伞花序顶生，被柔毛；萼片披针形，外面被短柔毛，内面无毛；花冠高脚碟状，花冠筒长 1.0～1.3cm，外面无毛，内面被柔毛；雄蕊着生在花冠筒中部；子房长约 1.5mm，无毛；花盘由 2 枚舌状鳞片组成，比子房长或等长。蓇葖果 2 枚，线形，顶端具尖头，长 3～5cm，直径约 4mm，无毛；种子多颗成镶嵌式排列，两端被短缘毛。花期 3～6 月；果期 7～11 月。

产于隆林、田林、乐业、凌云。生于海拔 1100m 以上山坡或沟谷灌木丛中。分布于云南、贵州。根供药用，治发热、头痛，外用可消肿；根所含生物碱，有降低血压的作用；叶有小毒，有作消炎、止血、接骨、止痛之药。

3. 竹叶羊角棉 广西羊角棉

Alstonia neriifolia D. Don

灌木，高 2m。除叶外全株无毛。叶 3～4 枚轮生，厚纸质，披针形至长圆状披针形，长 6～21cm，宽 1.0～2.5cm，先端渐尖，基部圆形，叶面绿色无毛，背面被短柔毛，侧脉 100～175 对；叶柄长约 2mm。聚伞花序，长约 10cm；萼裂片具缘毛；花冠白色，筒部长约 2cm，裂片长圆状镰刀形，长 9～11cm，宽 5～7mm；花柱长约 1.5cm；花盘由 2 枚舌状鳞片组成，子房无毛，花盘比子房短盘。种子两端具缘毛。

产于龙州。生于石灰岩附近水旁灌木丛中。印度、马来西亚也有分布。

4. 岩生羊角棉

Alstonia rupestris Kerr

灌木，高 2m。具丰富乳汁。叶厚纸质，3～5 枚轮生，生于小枝上部，披针形，长 4.5～10.0cm，宽 0.5～1.5cm，顶端渐尖，基部窄楔形，两面无毛；侧脉 45～75 对，密生而平行，在叶缘联结；叶无柄，叶缘下延抱茎，稀具长约 2mm 短柄。花多朵组成顶生聚伞花序；花梗长约 3mm；萼片三角形，长约 1mm，无毛；花冠高脚碟状，白色，花冠筒长约 8mm，中部以上膨大，外面无毛，内面在雄蕊着生处被柔毛，花冠裂片在花蕾时或其基部向左覆盖，长圆形，长 2.5～3.0mm，宽 1～2mm；雄蕊在花冠筒上部着生；花柱长 4mm；花盘舌状，长与子房等长。蓇葖果 2 枚，离生，长约 10cm，外果皮棕红色，具纵条纹。果期 12 月。

产于靖西。生于山地疏林中或山顶岩石上。泰国也有分布。

9. 夹竹桃属 Nerium L.

直立灌木。枝条灰绿色，含汁液。叶轮生，稀对生，侧脉密生而平行。伞房状聚伞花序顶生；花萼 5 裂，裂片内面基部有腺体；花冠漏斗状，花冠筒圆筒形，上部彭大呈钟状，花冠裂片 5 枚，向右覆盖，或重瓣；花冠喉部有 5 枚鳞片的副花冠，副花冠顶端撕裂；雄蕊 5 枚，着生于花冠筒中部以上，花药箭头状，药隔延长成丝状并被长柔毛；无花盘；子房由 2 枚离生心皮组成，每心皮有胚珠多枚。蓇葖果 2 枚，离生，长圆形；种子长圆形，种皮被柔毛，顶端有白色绢质种毛。

仅1种。产于地中海沿岸，现广植于世界各地。我国引入栽培，广西亦引种。

夹竹桃 图1262

Nerium oleander L.

灌木，高5m。枝条灰绿色，含水液，无毛。叶3~4片轮生，下部对生，窄披针形，长11~15cm，宽2.0~2.5cm，顶端急尖，基部楔形，叶缘反卷；侧脉密生而平行。聚伞花序顶生，着花数朵；花萼裂片直立，披针形，内面基部具腺体；花冠深红色或白色，有香气，花冠筒内面被长柔毛，冠筒喉部的副花冠呈鳞片状，顶端多次撕裂，裂片线形；雄蕊着生在花冠筒中部以上；无花盘；心皮2枚，离生，被柔毛，每心皮有胚珠多枚。花期几乎全年，但夏、秋较多；栽培稀结实。

图1262 夹竹桃 Nerium oleander L. 1. 花枝；2. 花冠一部分，展开示雄蕊和副花冠；3. 蓇葖果。(仿《中国植物志》)

原产于伊朗、印度、尼泊尔，现广植于世界热带和亚热带地区。广西各地有栽培，常作庭院绿化和公路绿化。中国各地有栽培，尤以南方为多，长江以北栽培需温室内越冬。喜光树种，极耐干旱，不择土层厚薄，在酸性土和钙质土上均能生长。扦插或压条繁殖，极易成活。生长快，分蘖力强，叶似竹，花艳丽，极耐瘠薄，优良观赏树种。叶、茎皮可提制强心剂，因毒性裂，故用时宜慎。茎皮纤维为优质混纺原料。植物体各部位均含有多种配糖体，毒性甚烈，人畜误食能致死。

10. 倒吊笔属 Wrightia R. Br.

乔木或灌木。有乳状汁液。叶对生，全缘，羽状脉；叶腋内有腺体。聚伞花序顶生或近顶生，二至多歧；花萼5深裂，内面基部有鳞片状腺体；花冠高脚碟状、漏斗状或辐射状，裂片5枚，向左覆盖；副花冠杯状、流苏状、齿状或舌状；雄蕊5枚，彼此互相黏连，腹部贴生在柱头上；花药箭头状，顶端伸出花冠筒喉部之外；无花盘；子房2裂，离生或贴生。蓇葖果2个，离生或黏生；种子倒生，线状纺锤形，顶端有白色绢质种毛。

约23种。中国6种，分布于东南部和西南部；广西5种。

分种检索表

1. 叶背密被柔毛或绒毛；花冠裂片比花冠筒短。
  2. 叶背密被柔毛；花冠裂片无颗粒状凸起 ………… **1. 倒吊笔 W. pubescens**
  2. 叶背被绒毛；花冠裂片有颗粒状凸起 ………… **2. 胭木 W. arborea**
1. 叶背无毛或仅中脉上被微柔毛；花冠裂片比花冠筒长。
  3. 花冠裂片椭圆形至长圆形，副花冠鳞片10~35枚，子房2裂；蓇葖果离生。
    4. 副花冠具25~35枚鳞片，呈流苏状 ………… **3. 蓝树 W. laevis**
    4. 副花冠具10枚舌状鳞片 ………… **4. 个博 W. sikkimensis**
  3. 花冠裂片阔倒卵形，副花冠鳞片杯状，不分裂，顶端有缺刻，子房室之间、蓇葖果均为贴生 ………… **5. 云南倒吊笔 W. coccinea**

图 1263　倒吊笔 Wrightia pubescens R. Br.　1. 花枝；2. 花；3. 雌蕊和花萼；4. 蓇葖果；5. 种子。（仿《中国植物志》）

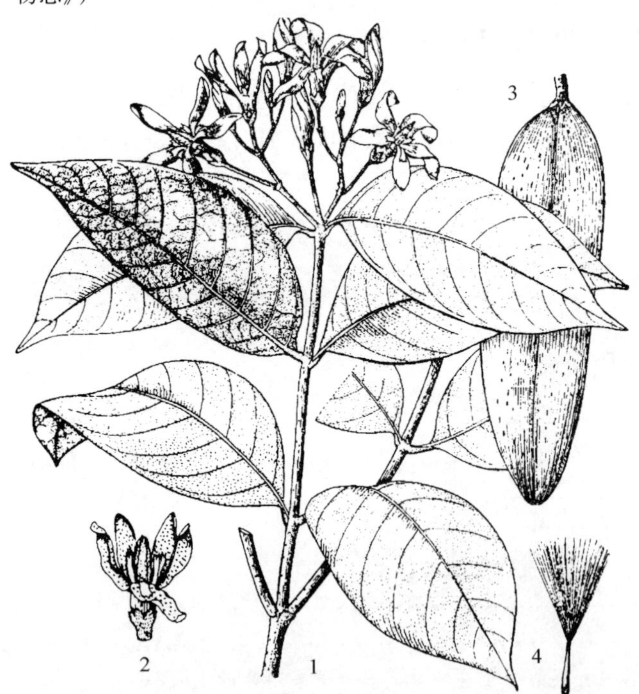

图 1264　胭木 Wrightia arborea（Dennst.）Mabb.　1. 花枝；2. 花冠；3. 蓇葖果；4. 种子。（仿《中国植物志》）

1. 倒吊笔　图 1263

Wrightia pubescens R. Br.

乔木，高 20m，胸径 60cm。有乳状汁液；小枝被黄色柔毛，密生皮孔。叶坚纸质，卵状长圆形或卵形，长 5～10cm，宽3～6cm，先端短渐尖，基部急尖至钝，叶面被微柔毛，叶背密被柔毛。聚伞花序顶生，长约 5cm；花冠漏斗状，白色、淡黄色或粉红色，花冠裂片无颗粒状凸起；副花冠分裂为 10 枚鳞片，呈流苏状，比花药长或与其等长，鳞片先端通常 3 个小尖齿；雄蕊伸出花冠筒喉部之外，花药箭头状；子房由 2 枚黏生心皮组成。蓇葖果 2 枚黏生，线状披针形，长 15～30cm，直径 1～2cm，种子顶端种毛长 2.0～3.5cm。花期 4～8 月；果期 8 月至翌年 2 月。

产于金秀、百色、藤县、苍梧、邕宁、平南、北流、陆川、博白、龙州、合浦、钦州、浦北、防城、东兴、上思。生于低海拔疏林中。分布于广东、海南、云南、贵州；越南、老挝、柬埔寨、泰国、印度尼西亚、澳大利亚也有分布。喜光，喜深厚、湿润、肥沃土壤，在光照充足湿润疏林中多幼苗幼树。播种繁殖，在果实未开裂前采种。1 年生苗高约 40cm 可出圃造林。木材心材与边材区别不明显，木材黄白色，纹理直，结构细致，材质稍软而轻，气干密度 0.55g/cm^3，干缩率小，干后不开裂，不变形，抗虫性差，易加工，刨面光滑，胶黏性、油漆性好，适于作家具、雕刻、乐器、工艺品等用材。树干通直，树姿美观，可供观赏。

2. 胭木　毛倒吊笔　图 1264

Wrightia arborea（Dennst.）Mabb.

乔木，高 15m。小枝被短柔毛，具皮孔。叶膜质，椭圆形至阔椭圆形，长 6～18cm，宽 3.5～8.5cm，先端急尖至尾状短尖，基部急尖，两面被毛，叶背被浓密绒毛。聚伞花序顶生，被短柔毛；花淡黄色、粉红色或深红色，花冠裂片比花冠筒短，裂片有颗粒状凸起；副花冠裂片比花药短，鳞片先端齿状；雄蕊着生在花冠筒顶部；子房由 2 个黏生心皮组成。蓇葖果 2 枚黏生，密生白色斑点，长圆形。花期 5～10 月；果期 8 月至翌年 3 月。

产于天峨、田林、隆林、横县、容县、天等、宁明、龙州、防城。生于海拔1500m以下山地沟谷密林中或石灰岩山谷潮湿疏林中。分布于贵州、云南；印度、缅甸、泰国也有分布。播种繁殖。茎皮纤维坚韧，可作造纸原料；木材供建筑、家具等用。

3. 蓝树 羊角汁(东兴)、木靛(苍梧)、板蓝根(博白、南宁) 图1265

Wrightia laevis Hook. f.

乔木，高20m。除花外均无毛；小枝有皮孔。叶膜质，长椭圆形，长7~18cm，宽2.5~8.0cm，先端渐尖。聚伞花序顶生，长约6cm，宽约8cm；花萼裂片卵形，比花冠筒短，长约1mm，内面基部有卵形腺体；花冠白色或淡黄色，漏斗状，冠片有乳头状凸起；副花冠由25~35枚鳞片组成，呈流苏状，顶端条裂，基部合生，被微毛；雄蕊着生于花冠筒顶端；心皮离生，无毛。蓇葖果2枚，离生，圆柱状，长20~35cm，直径约7mm，外果皮有斑点；种子顶端种毛长2~4cm。花期4~8月；果期7月至翌年3月。

图1265 蓝树 Wrightia laevis Hook. f. 1. 花枝；2. 花；3. 花冠一部分，示雄蕊和副花冠；4. 雌蕊；5. 蓇葖果；6. 种子。(仿《中国植物志》)

产于贺州、苍梧、凌云、德保、南宁、邕宁、平南、博白、宁明、扶绥、上思、东兴、平南。生于路旁、山地疏林中或山谷向阳处。分布于广东、海南、云南、贵州；印度、越南、缅甸、泰国、菲律宾、澳大利亚也有分布。叶浸水可得蓝色染料，民间用来染布；根、叶药用，治跌打、刀伤出血。

4. 个博 两广倒吊笔

Wrightia sikkimensis Gamble

乔木，高10m。具乳汁；小枝、叶面幼时被微柔毛，以后被毛脱落，但叶背中脉上和叶柄仍被微柔毛。叶膜质，椭圆形至长圆形或卵圆形，长6~17cm，宽3~6cm，先端长尾状渐尖，基部楔形。花淡黄色，数朵组成顶生聚伞花序，被微柔毛；总花梗长1~3cm，花梗长1cm；萼片卵状三角形，比花冠筒长，长约3mm，外面被微柔毛；花冠辐射状或近辐射状，花冠筒长2.0~2.5mm，裂片长圆形或狭倒卵形；副花冠由10枚舌状鳞片组成，其中5枚鳞片生于花冠裂片基部，其余5枚鳞片生于花冠筒顶部与花冠裂片互生，鳞片顶端2裂；子房由2枚离生心皮组成。蓇葖果2枚离生，圆柱状，顶端渐尖，长20~35cm，直径4~7mm，外果皮被斑点；种子线形，淡黄色，长1.5~2.0cm，顶端具淡黄色种毛；种毛长3~4cm。花期4~6月；果期6~12月。

产于临桂、罗城、南丹、天峨、凌云、那坡、藤县、横县、龙州、防城、上思、东兴。生于山地潮湿林中或石灰岩上。分布于海南、贵州、云南；印度、越南也有分布。

5. 云南倒吊笔

Wrightia coccinea (Roxb. ex Hornem.) Sims

小乔木，高 8m；枝条无毛。叶膜质，椭圆形至卵圆形，长 5 ~ 16cm，宽 3.5 ~ 7.5cm，顶端尾状渐尖，基部钝至急尖，两面无毛或仅叶背中脉上有微毛；叶柄长约 5mm，被微柔毛。花通常单生，或数朵组成顶生聚伞花序；总花梗和花梗很短，长 3 ~ 5mm，被微柔毛；萼片阔卵形，比花冠筒长，长 5 ~ 9mm；花冠高脚碟状，无毛，红色，裂片阔倒卵形；副花冠不分裂，杯状，顶端有缺刻，长约 5mm；雄蕊着生在花冠筒近喉部，花药箭头状，伸出喉部；子房由 2 个黏合心皮组成。蓇葖果 2 个黏生，长 14 ~ 20cm，无毛，具白色斑点；种子线形，长 2cm；种毛白色绢质，长 3.5 ~ 4.0cm。花期 1 ~ 5 月；果期 6 ~ 12 月。

产于龙州。生于石灰岩山地疏林中。分布于云南；印度、缅甸也有分布。

11. 止泻木属 Holarrhena R. Br.

乔木或灌木。有乳状汁液。叶对生，叶柄腹面沿沟槽被着许多腺体。伞房状聚伞花序，着花多朵；花萼小，5 裂，内面基部有 5 枚腺体；花冠高脚碟状，花冠筒圆筒形，内面无鳞片也无副花冠，裂片 5 枚，向右覆盖；雄蕊 5 枚，着生在花冠筒近基部；花丝短，花药长圆状披针形，基部圆，内藏，与柱头分离；无花盘；子房由 2 枚离生心皮组成，柱头长圆形。蓇葖果双生，圆柱状，伸长，下垂；种子线形或长圆形，顶端有白色绢质种毛。

约 20 种。中国 1 种，分布于广西、云南。

止泻木 图 1266

Holarrhena pubescens Wall. ex G. Don

乔木，高 10m，胸径 20cm。幼枝、叶和花序均被短柔毛；全株具乳汁。叶膜质，对生，阔卵形至椭圆形，长 10 ~ 24cm，宽 4.0 ~ 11.5cm，顶端急尖至钝或圆，基部急尖或圆形；叶柄长约 5mm，腹面沿沟槽内有许多腺体。伞房状聚伞花序，长 5 ~ 6cm，直径 4 ~ 8cm，被短柔毛，着花密集；花萼内面基部有 5 枚腺体；花冠白色，裂片长圆形，顶端圆，长 15 ~ 17mm，宽 5 ~ 6mm；雄蕊着生花冠筒近基部，花丝丝状；无花盘。蓇葖果双生，向内弯，长 20 ~ 43cm，直径 5 ~ 8mm，有白色斑点；种子长圆形，顶端种毛长约 5cm。花期 4 ~ 7 月；果期 6 ~ 12 月。

产于龙州。生于石灰岩山地。分布于云南；印度、缅甸、泰国、越南也有分布。种子为补肾壮阳药；树皮止泻、退热，亦可治痢疾。

图 1266 止泻木 Holarrhena pubescens Wall. ex G. Don 1. 花枝；2. 花；3. 花冠展开；4. 花萼；5. 雌蕊；6. 叶柄，示槽内腺体；7. 蓇葖果；8. 种子。(仿《中国植物志》)

12. 山橙属 Melodinus J. R. et G. Forst.

攀援木质藤本。有乳状汁液。叶对生，羽状脉。三歧圆锥状或假总状聚伞花序；花萼5深裂，内面基部无腺体；花冠高脚碟状，裂片5枚，向左覆盖；花冠喉部具5~10枚鳞片状副花冠；雄蕊5枚，着生于花冠筒的中部或基部；无花盘；子房由2个合生心皮所组成，2室，花柱短，柱头圆锥状，顶端2裂。浆果球状或椭圆状，肉质；种子每室多枚，无毛。

约50种。中国12种，分布于西南、华南及台湾；广西2种。

分种检索表

1. 枝条及叶无毛；浆果球形状 ………………………………………………… 1. 山橙 M. cochinchinensis
1. 幼枝、幼叶被柔毛，老时无毛；浆果椭圆状 ……………………………………… 2. 尖山橙 M. fusiformis

1. 山橙 思茅山橙、猴子果(合浦) 图1267

Melodinus cochinchinensis (Lour.) Merr.

木质藤本，长达10m。除花序被微毛外，余均无毛；小枝、叶背面和叶柄均有鳞片。叶近革质，卵形或椭圆形，长5~10cm，宽1.8~5.0cm，顶部短渐尖，基部渐尖或圆形，叶面深绿色，有光泽。花冠白色，花冠筒外面被微毛，花冠裂片镰刀状，副花冠成5裂伸出冠筒之外；雄蕊着生于冠筒内部中部。浆果球形，直径5~8cm，成熟时橙黄色或橙红色。花期5~11月；果期8月至翌年1月。

产于陆川、博白、合浦、上思、防城、宁明。生于丘陵山地或石壁上。分布于广东、海南、云南；越南也有分布。藤皮纤维发达，可制绳、织麻袋。

2. 尖山橙 茶藤(大瑶山)、勾兵(天等)、竹藤(容县)、乳汁藤(陆川)

Melodinus fusiformis Champ. ex Benth.

木质藤本，具乳汁。幼枝、嫩叶、叶柄、花序被短柔毛，老时变无毛。叶近革质，椭圆形或长圆形，稀长圆状披针形，长4.5~12.0cm，宽1.0~5.3cm，顶端渐尖，基部楔形。聚伞花序顶生，着花6~12朵；花序梗、花梗、苞片、小苞片、花萼和花冠均疏被短柔毛；花冠白色，副花冠成5裂稍伸出冠筒之外；雄蕊着生于花冠筒的近基部。浆果椭圆形，长3.5~5.3cm，直径2.2~4.0cm，橙黄色，顶端短尖，基部圆形或钝；种子压扁，近圆形或长圆形。花期4~9月；果期6月至翌年3月。

产于象州、金秀、罗城、苍梧、靖西、那坡、凌云、乐业、上林、容县、北流、平南、陆川、龙州、天等、防城、上思。生于潮湿密林中；生于海拔1400m以下山地疏林中或山坡路旁、山谷水沟旁。

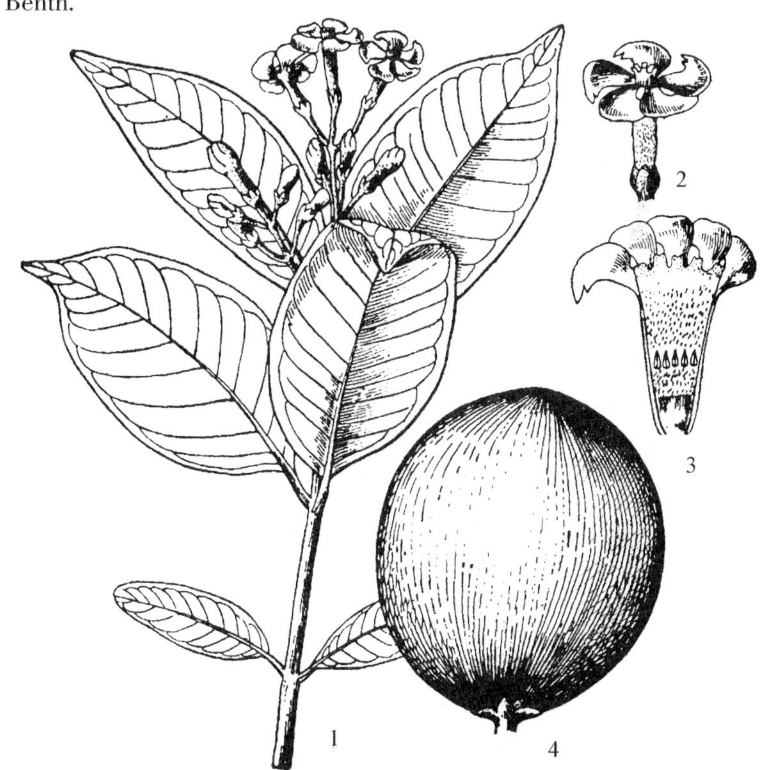

图1267 山橙 Melodinus cochinchinensis (Lour.) Merr. 1. 花枝；2. 花；3. 花冠展开；4. 浆果。(仿《中国植物志》)

分布于广东、云南、贵州。叶可代茶，有兴奋作用。全株药用，主治风湿性心脏病等。

13. 链珠藤属 Alyxia Banks ex R. Br.

藤状灌木。有乳状汁液。叶对生或3～4枚轮生。花小；多朵组成总状式聚伞花序，有小苞片；花萼5深裂，内面基部无腺体；花冠高脚碟状，喉部无鳞片，裂片5枚，向左覆盖；雄蕊5枚，着生在花冠筒中部以上，花药长圆形，内藏；无花盘；子房由2枚离生心皮组成，每心皮有胚珠4～6枚，2列。核果卵形或长椭圆形，连结成链球状。

约110种。中国16种，分布于西南、华南及台湾；广西6种。

分种检索表

1. 叶背面密被短柔毛；聚伞花序穗状 ………… **1. 毛叶链珠藤 A. villilimba**
1. 叶背无毛；聚伞花序簇生或圆锥状。
  2. 叶边缘具1条扁平或凹陷的边脉 ………… **2. 陷边链珠藤 A. marginata**
  2. 叶边缘无边脉。
    3. 叶先端圆、钝或微凹 ………… **3. 链珠藤 A. sinensis**
    3. 叶先端急尖、渐尖或长渐尖。
      4. 侧脉在叶背隆起；花序长8～11cm ………… **4. 长序链珠藤 A. siamensis**
      4. 侧脉在叶背不明显；花序长2cm以下。
        5. 叶边缘反卷；花冠黄色 ………… **5. 狭叶链珠藤 A. schlechteri**
        5. 叶边缘不反卷；花冠黄绿色或淡绿白色 ………… **6. 海南链珠藤 A. hainanensis**

1. 毛叶链珠藤

Alyxia villilimba C. Y. Wu

灌木，高3m。除老叶面及果实外，全株密被短柔毛。叶通常3枚轮生，纸质，椭圆形至椭圆状披针形，长7～20cm，宽1.5～4.5cm，顶端渐尖，基部楔形，幼时叶面被短柔毛，老渐无毛，叶背密被短柔毛；中脉在叶面凹陷，在叶背凸起，侧脉30～40对，近平行，网脉不明显；叶柄粗壮，长1～2cm。聚伞花序被柔软短柔毛，腋生，着花多朵，组成穗状圆锥式花序；花序梗长2～4cm；花冠白色，高脚碟状，长约1.5mm，外面被白色毛，花冠裂片向右覆盖。核果椭圆状，长约2.5cm，直径约1cm；种子黑色。花期5月。

产于那坡。生于石灰岩地密林。分布于云南。

2. 陷边链珠藤　富宁链珠藤

Alyxia marginata Pit.

攀援灌木，高1～2m。除花序外其余皆无毛。叶对生或3枚轮生，椭圆状披针形，长7～10cm，宽1.4～2.8cm，先端渐尖或长渐尖，基部楔尖，沿叶的边缘有一条下陷的沟；中脉在叶面微凹，在叶背凸起，侧脉多数，在叶面明显，在叶背不明显；叶柄长3～5mm。花序腋生，长约1cm，花1～4朵集成伞形花序；花萼外面被短柔毛，裂片长约3mm；花冠黄白色，花冠筒长约5mm，长约3mm，宽约2.5mm；雄蕊着生在冠筒中部以上。核果单生，近球形，外果皮具条纹，有细尖头，长约1cm，直径约0.8cm。花期9月；果期11月。

产于那坡、巴马。生于山地阔叶林中或石山上。分布于云南；越南也有分布。

3. 链珠藤　念珠藤、筋藤、坎香藤(龙州)、藤满山香(苍梧)、鸡骨香　图1268

Alyxia sinensis Champ. ex Benth.

藤状灌木，高3m。具乳汁；除花外其余无毛。叶革质，对生或3枚轮生，圆形、卵圆形或倒卵形，长1.5～3.5cm，宽0.8～2.0cm，顶端圆、钝或微凹，边缘反卷，侧脉不明显。花冠先淡红色后退变为白色，冠筒无毛，裂片卵形；雌蕊长约1.5mm，子房具长柔毛。核果卵形，长约1cm，直径0.5cm，2~3枚连成链珠状。花期4~9月；果期5~11月。

产于广西各地。生于低山矮林或灌木丛中。分布于广东、贵州、浙江、江西、福建、湖南。茎、叶药用，治风湿、腰痛、抽筋、心胃气痛、病后虚弱。

4. 长序链珠藤

Alyxia siamensis Craib

藤状灌木。叶对生或3枚轮生，近革质，长椭圆形或长圆状披针形，长7~13cm，宽3.0~4.5cm，先端短渐尖或镰刀状急尖，基部楔形，无毛，边缘外卷，侧脉在叶背明显隆起。圆锥状聚伞花序顶生或近顶生，长8~11cm，被白毛微柔毛；花萼裂片卵状三角形，外面被微柔毛；花冠高脚碟状，无毛；雄蕊5枚，着生在花冠筒中部以上，花药顶端到达花冠筒喉部，但不伸出；无花盘；子房被短柔毛，柱头顶端喙状凸出。核果单个或对生，椭圆形或卵状长圆形，长约3cm，直径约1.2cm，熟时黑色。花期5~7月；果期7~12月。

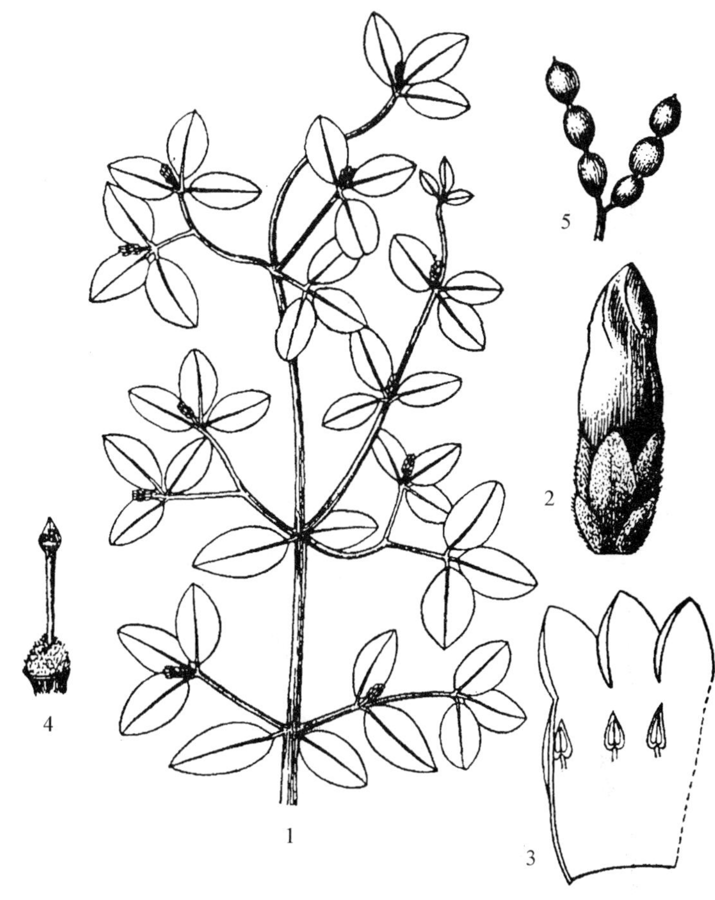

图1268 链珠藤 Alyxia sinensis Champ. ex Benth. 1. 花枝；2. 花蕾；3. 花冠一部分，展开示雄蕊着生；4. 雌蕊；5. 核果。(仿《中国植物志》)

产于南丹、金秀、防城、上思。生于1000m以下山地密林中。分布于广东、云南；越南、泰国也有分布。

5. 狭叶链珠藤

Alyxia schlechteri H. Lév.

蔓延木质藤本。具乳汁；除幼嫩部分和花序外均无毛。叶近革质，对生或3~4叶轮生，常集在小枝上部，狭披针形或狭椭圆形，长2~4cm，宽7~13mm，先端渐尖或急尖，基部宽楔形，叶面深绿色，叶背浅绿色，边缘微向外卷；中脉在叶面凹陷，在叶背凸出，侧脉在叶面略可看见，在叶背不明显而光滑；叶柄长2~4mm。花黄色，多朵集成聚伞花序，长0.5~1.0cm，腋生；花冠筒长达4.2mm。核果链珠状，具2~3个节，椭圆形，长约7mm，直径约5mm，紫黑色。果期12月至翌年5月。

产于南丹、凌云、乐业、阳朔、田林、龙州、凤山、隆林、防城、上思、金秀。生于海拔700~1200m山地疏林中或灌木丛中。分布于贵州、云南。

6. 海南链珠藤

Alyxia hainanensis Merr. et Chun

藤状灌木。除花外全株无毛。叶近革质，对生，倒卵形，长4.0~7.5cm，宽2.0~3.5cm，先端钝，基部宽楔形；侧脉不明显。花小，黄绿色或淡绿白色，2~3朵组成聚伞花序，花序长不超过2cm；花梗长1~2mm，被疏柔毛；花萼裂片长卵形；花冠高脚碟状，冠筒长约3.8mm，内面无毛，花冠裂片长约1.8mm；子房被短柔毛，柱头长圆形，被毛；雄蕊着生于冠筒中部。核果长卵形，长约1.5cm，直径约0.7cm，多颗连结成链珠。花期1~5月；果期6月。

产于兴安、贺州、金秀、上思、防城。生于山地疏林或灌木丛中。分布于广东、海南。

14. 长节珠属 Parameria Benth.

攀援灌木。具乳汁。叶对生，羽状脉。阔圆锥状聚伞花序，具总花梗；花萼5裂，内面基部具腺体；花冠高脚碟状或近钟状，花冠顶端裂片5枚，裂片向左覆盖；无副花冠；雄蕊5枚，着生在花冠筒基部，花丝短，花药狭箭头状；花盘由5个鳞片组成；子房由2枚离生心皮组成；每心皮有胚珠多枚。蓇葖果双生，长节链珠状；种子长圆形，种皮被短柔毛，顶端具白黄色绢质种毛。

约4种，分布于南亚及东南亚。中国1种，广西亦产。

长节珠

Parameria laevigata (Juss.) Moldenke

攀援灌木，长10m。枝条幼时被微毛，老时毛渐脱落。叶薄纸质，长椭圆形至卵形，长5～13cm，宽2～5cm，先端钝或渐尖，基部阔楔形或圆形，无毛，有透明腺点；侧脉5～6对，疏离；叶柄长约3mm。阔圆锥状聚伞花序顶生或腋生，着花稠密，长5～14cm，宽5～16cm，被微毛；花淡红色，后变白色，直径约7mm；花冠筒长2.0～2.5mm，内面具5条肋。蓇葖果双生，长节链珠状，下垂，无毛，长30～45cm，种节间距离长3～5cm，种节间直径约2mm，种节直径约6mm；种子长圆形，长1.0～1.2cm，宽3～4mm，种皮密被微毛，顶端种毛长约3cm。花期6～10月；果期10月至翌年春季。

产于罗城、宜州。生于山地疏林中或密林山谷潮湿地方，攀援大树上。分布于云南；印度、缅甸、马来西亚也有分布。

15. 清明花属 Beaumontia Wall.

木质大藤本。有乳状汁液。叶对生，羽状脉。圆锥状或伞房状聚伞花序；苞片大，早落；花萼5深裂，裂片叶状，常为淡绿色；花冠钟状或辐射状，裂片5枚，向右覆盖；雄蕊5枚，从花冠喉部伸出，花药椭圆状箭头形；花盘为5枚肉质的腺体组成；子房由2枚合生心皮组成。蓇葖果合生，木质；种子长圆状倒卵形，顶部具白色绢质种毛。

约9种。中国5种，分布于华南和西南；广西3种。

分种检索表

1. 花冠筒比花冠裂片短，萼片卵状椭圆形至宽卵形 ………… 1. 断肠花 B. brevituba
1. 花冠筒比花冠裂片长，萼片长披针形或倒卵形。
    2. 萼片宽1.0～1.5cm，花柱仅基部被柔毛 ………… 2. 清明花 B. grandiflora
    2. 萼片宽4～5mm，花柱全部被柔毛 ………… 3. 广西清明花 B. pitardii

1. 断肠花 短筒清明花 图1269

Beaumontia brevituba Oliv.

木质大藤本。幼枝被柔毛，老渐无毛，枝条有明显的皮孔。叶倒披针形或长圆状倒卵形，长9～25cm，宽3～10cm，先端短尖头，基部楔形，叶面无毛，叶背有柔毛；侧脉12～15对。聚伞花序伞房状，顶生，有花4～5朵；花梗长3～7cm；花萼裂片卵状椭圆形至宽卵形，长约4cm，宽2.0～3.5cm；花芳香，冠筒比裂片短，长约3cm，开花时直径达12cm；雄蕊着生于冠筒喉部，花药伸出花冠喉部之外；花柱无毛。蓇葖果合生，木质，圆柱形，长达16cm，直径约4cm，向顶部渐尖，内果皮黄色；种子长圆形，棕褐色，有皱纹，种毛白色，绢质，长约4cm。花期春夏季；果期秋冬季。

产于宁明。生于山地疏林中，攀援于大树上。分布于海南。叶及乳汁有毒，误食可致命。

2. 清明花 大花清明花、炮弹果

Beaumontia grandiflora Wall.

木质大藤本。幼枝被锈色柔毛，老渐无毛，茎有皮孔。叶长圆状倒卵形，长6～15cm，宽3～8cm，顶端短渐尖，幼叶被柔毛，叶背被毛渐密，老渐无毛；侧脉明显，约15对。聚伞花序顶生，着花3～5朵，有时更多；花梗被柔毛，长2～4cm；花萼裂片长圆状披针形、倒卵形或倒披针形，长1.0～1.5cm；花冠长约10cm，外面被微毛，冠筒比裂片长，裂片卵形；雄蕊着生于冠筒喉部，花药伸出花冠喉部之外；花柱仅基部被柔毛。蓇葖果长圆形，光滑，内果皮亮黄色；种子长圆形，长约2cm，种毛长4cm。花期春夏季；果期秋冬季。

产于罗城、环江、隆林、凌云、龙州。生于山地林中，攀援于大树上。分布于云南；印度、越南也有分布。根、叶可药用，有祛风、散瘀活血、接骨之功效，可治骨折、跌打损伤、风湿关节炎腰肌劳损。

图1269 断肠花 Beaumontia brevituba Oliv. 1. 花枝；2. 花冠筒一部分及雄蕊；3. 花盘及子房；4. 蓇葖果；5. 种子。（仿《中国植物志》）

3. 广西清明花

Beaumontia pitardii Tsiang

木质大藤本，有时爬行地上。幼嫩部分，包含枝、叶柄、总花梗、花梗、小苞片及萼片均被橙红色短绒毛，老时渐变为灰褐色。叶长圆形或倒披针形，长10～13cm，宽6～7cm，顶端渐尖，具一小尖头；中脉凹陷，侧脉12～14对，与网脉略凸起。聚伞花序伞房状，近顶生或腋生，主轴长2.5～4.0cm，不分歧，着花5～8朵；花梗2.0～2.5cm；萼片长披针形或倒卵形，锐尖，长18～20mm，宽4～5mm；花冠白色，长10～12cm，宽约5cm，花冠筒长8～10cm，裂片长和宽均约2cm；子房为2枚合生心皮所组成，花柱长约6cm，有柔毛。花期3～5月。

产于隆安。多生于山地山谷密林中或疏林中，攀援大树上。越南也有分布。

16. 羊角拗属 Strophanthus DC.

小乔木或灌木。枝的顶部蔓延。叶对生，羽状脉。聚伞花序顶生；花大，花萼5深裂，花萼内面基部有腺体；花冠漏斗状，裂片5枚，向右覆盖，顶部延长成长带状，向外弯垂，冠檐喉部有10枚离生舌状或鳞片状的副花冠；雄蕊5枚，药隔顶端丝状；无花盘；子房由2枚离生心皮组成，每心皮有胚珠多枚。蓇葖果叉生，长圆形或长椭圆形，木质；种子扁平，顶端有细长的喙，沿喙围生有白色绢质种毛。

约38种。中国2种，引种栽培4种，分布于华南及西南；广西1种。

羊角拗 羊角藤（平南）、断肠草（梧州）、极烈（三江） 图1270

Strophanthus divaricatus (Lour.) Hook. et Arn.

灌木，高2m。上部枝条蔓延，枝条密被灰白色圆形皮孔；除花外，其余均无毛。叶薄纸质，

图 1270 羊角拗 **Strophanthus divaricatus** (Lour.) Hook. et Arn.
1. 花枝；2. 花冠筒展开，示雄蕊着生；3. 花萼展开；4. 蓇葖果；5. 种子。(仿《中国植物志》)

椭圆状长圆形或椭圆形，长 3 ~ 10cm，宽 1.5 ~ 5.0cm，顶端短渐尖或急尖，基部楔形。聚伞花序顶生，通常着花 3 朵；萼片披针形；花黄色，花冠漏斗状，裂片卵状披针形，顶端延长呈一长尾带，长达 10cm，基部宽 4 ~ 5mm，下垂，裂片内面基部和冠筒喉部有紫红色的斑纹；副花冠裂成 10 枚舌状鳞片，伸出花喉外部，副花冠裂片每 2 片基部合生，顶端截平或微凹。蓇葖果广叉生，木质，长椭圆形，长 10 ~ 15cm，直径 2.0 ~ 3.5cm；种子扁平，上部渐狭而延长成喙，喙上轮生白色绢质种毛，种毛长 2.5 ~ 3.0cm。花期 3 ~ 7 月；果期 6 月至翌年 2 月。

产于广西各地。生于丘陵山地疏林中或山坡灌木丛中。分布于广东、海南、福建、贵州、云南；越南、老挝也有分布。种子含羊角拗甙，药用可作为一种强心剂；全株有大毒，民间用枝、叶作杀虫药。

17. 同心结属 Parsonsia R. Br.

藤状灌木。叶对生，羽状脉。聚伞花序伞房状，二至三歧，着花甚多；花萼 5 深裂，基部内面有三角形或卵形腺体；花冠高脚碟状或近钟状，裂片 5 枚，向右覆盖；雄蕊 5 枚，着生于花冠筒上部内壁，花丝膝曲状或旋扭状，花药箭头状，腹部黏生于柱头中部；花盘 5 裂或环状；子房由 2 枚离生心皮组成，顶端 2 裂或全缘。蓇葖果圆筒状，先贴生，后分离；种子线形或长圆形，向顶端渐狭至有白色绢质种毛。

约 50 种，分布于亚洲热带及亚热带地区。中国 2 种；广西 1 种。

广西同心结

Parsonsia goniostemon Hand. -Mazz.

攀援灌木，长 13m。除花序外，全株无毛；枝柔弱，有皮孔。叶不等大排列，形狭，披针形或椭圆状披针形，长 6 ~ 10cm，宽 2 ~ 3cm，顶端渐尖，钝头，基部狭圆形或近楔形，叶面深绿色，叶背淡绿色；叶柄长 5 ~ 10mm，具深槽，基部扭转。伞房花序顶生，三歧，着花多朵，直径与长均达 7cm；花萼坛形，宽与长均 1.5mm，裂片 5 枚，披针形；花冠长约 5mm，花冠筒圆筒状，宽约 2mm；雄蕊着生于花冠筒的喉部，花丝离生，被长柔毛，中间膝屈，上部直立。蓇葖果狭纺锤状，合生，长达 11.5cm，外果皮无毛；种子顶端具丛生白色绢质种毛。花期 5 ~ 8 月；果期 8 ~ 12 月。

广西特有种。产于龙州、凌云、河池、东兰、德保、那坡。生于海拔 500 ~ 800m 石灰岩山地，攀援于树上或灌木丛中。

18. 纽子花属 Vallaris Burm f.

攀援灌木。叶对生，通常具有透明腺点。花多朵，总状式或伞房状聚伞花序，白色，芳香；萼5深裂，裂片披针形；花冠短高脚碟状，裂片向右覆盖；雄蕊5枚，着生在花冠筒的中部，花药箭头状，伸出花冠筒喉部之外，药隔上有瘤状腺体；子房由2枚心皮组成，先合生后离生；花盘环状或杯状。蓇葖果长圆形；种子卵圆形，顶端具种毛。

3种，分布于亚洲热带和亚热带地区。中国2种；广西1种。

大纽子花

Vallaris indecora (Baill.) Tsiang et P. T. Li

攀援灌木。具乳汁。叶纸质，宽卵圆形或倒卵圆形，长9~12cm，宽4~8cm，顶端渐尖，基部圆形，具有透明腺体，叶面无毛，叶背被短柔毛；叶柄长约0.5cm，被短柔毛。腋生伞房状聚伞花序，通常着花3朵，稀达6朵；总花梗不分枝，长1.0~1.5cm；花土黄色，花萼裂片长圆状卵圆形，长1.0~1.5cm；花冠筒长约8mm，冠簷展开，直径达4cm；花药伸出花冠筒喉部之外，花丝短，背面被疏短柔毛；花盘杯状。蓇葖果2枚，平行，披针状圆柱形，顶端锐尖，暗灰色，长7~9cm，直径约1cm；种子黄褐色，线状长圆形，基部截形，长1.5cm，直径2mm，顶端具丝质种毛；种毛长2.2cm。花期3~6月；果期秋季。

产于柳城。生于山地密林沟谷中。分布于四川、贵州、云南。植株供药用，可治血吸虫病。

19. 毛药藤属 Sindechites Oliv.

木质藤本；枝柔软，具乳汁。叶对生，羽状脉。圆锥状聚伞花序；花萼小，5裂，内面基部腺体顶部2裂；花冠高脚碟状，顶端裂片5枚，向右覆盖；雄蕊5枚，着生在花冠筒中部以上，花药前头状，药隔顶端被长柔毛；子房由2枚离生心皮组成；花盘环状。蓇葖果双生，线状长圆形，无毛；种子线状披针形，顶端具黄白色绢质种毛。

2种，分布于亚洲南部和东南部。中国2种均产；广西1种。

毛药藤

Sindechites henryi Oliv.

木质藤本，长8m。茎、枝条、叶无毛，具乳汁。叶薄纸质，长圆状披针形或卵状披针形，长5.5~12.5cm，宽1.5~3.7cm，顶端渐尖，呈尾状，尾尖长1~2cm，叶面深绿色，具光泽，叶背浅绿色；侧脉扁平，纤细密生，几平行，约20多对；叶柄长4~10mm。总状式聚伞花序顶生或近顶生，着花多朵；花白色，花冠长9mm，花冠筒圆筒形，长约7mm，喉部膨大；雄蕊着生在花冠筒近喉部；子房由2枚离生心皮组成，顶端具长柔毛；花盘比子房短。蓇葖果双生，一长一短，线状圆柱形，渐尖，长3~14cm，直径2.5~3.0mm，无毛，绿色，外果皮薄；种子线状长圆形，扁平，长约1.3cm，宽约1.5mm，顶端具黄色绢质种毛；种毛长约2.5cm。花期5~7月；果期7~10月。

产于南丹、凌云、田林。生于海拔600~1300m山地林中或灌木丛中。分布于贵州、云南、四川、湖北、湖南、江西、浙江。民间常作补药用，称之为“土牛党七”，孕妇忌用。

20. 鳝藤属 Anodendron A. DC.

攀援灌木。叶对生，羽状脉；侧脉通常呈皱纹。聚伞花序顶生或生于上枝的叶腋内；花萼5深裂，基部内面有少数腺体；花冠高脚碟状；花冠筒喉部紧缩，花冠裂片5枚，向右覆盖；雄蕊5枚，着生于花冠筒的基部，花药箭头状；花盘环状或杯状；子房具2枚离生心皮。蓇葖果双生，叉开，端部渐尖；种子呈压扁状，卵圆形，有喙；种毛沿种子的喙而生。

约16种，分布于亚洲南部和东南部。中国5种；广西3种。

分种检索表

1. 叶有透明腺点，叶背具棕色小腺点；聚伞花序圆锥状……………………………………… 1. 腺叶鳝藤 A. punctatum
1. 叶无透明腺点，叶背无棕色小腺点；聚伞花序总状。
  2. 小枝、叶面中脉和叶柄均被柔毛；叶长椭圆形，长 10～15cm，宽 4～6cm；萼片外面被微柔毛；蓇葖果被疏柔毛 ……………………………………………………………………………… 2. 保亭鳝藤 A. howii
  2. 小枝、叶面中脉和叶柄均无毛；叶卵形或长圆状披针形，长 3～10cm，宽 1.2～2.5cm；萼片和蓇葖果均无毛 ……………………………………………………………………………………… 3. 鳝藤 A. affine

1. 腺叶鳝藤

Anodendron punctatum Tsiang

攀援灌木。全株无毛。叶近革质，长圆形，长 5.5～8.5cm，宽 1.8～2.7cm，先端短渐尖，基部楔形，边缘外卷，叶面有光泽，有透明腺点，叶背具分散、盾形、棕色无柄小腺点。聚伞花序圆锥状，腋生；总花梗长约 6cm；花萼裂片长约 2mm，宽约 1mm，基部内面有腺体 3 枚；花冠筒长约 3mm，直径约 1.5mm，基部紧缩，花冠裂片长圆状披针形，长约 4mm，基部宽约 2mm。蓇葖果双生，线状披针形，长 11～12cm，直径 1cm，长渐尖，基部略为肿胀，外果皮灰褐色，有条纹；种子棕色，卵圆形，长约 2cm，宽约 5mm，端部有喙，基部圆形；种毛白色绢质，长约 4cm。花期 4～5 月；果期 12 月。

产于隆林、防城、合浦。生于山地密林中。分布于广东、海南、四川。

2. 保亭鳝藤

Anodendron howii Tsiang

攀援灌木，长达 30m。小枝有锈色柔毛，老时无毛。叶纸质，长椭圆形，长 10～15cm，宽 4～6cm，先端短渐尖，基部圆形或广楔形，下延至叶柄，除中脉在叶面有毛外其余无毛；叶柄长 8～13mm，上面有沟槽，被柔毛，老渐无毛。聚伞花序总状，腋生，比叶为短，着花 14～20 朵，长约 3.5cm，直径约 4cm；总花梗单条或双生，长 2.0～2.5cm，具微毛；花萼外面具微毛；花冠绿白色，高脚碟状。蓇葖果作 180°叉开，线状披针形，长 11.0～11.5cm，直径约 1cm，长渐尖，基部略为肿胀，外果皮干时黑色，被疏柔毛；种子有喙，基部圆形，长约 2cm，宽约 5mm；种毛羽状，白色绢质，长约 5cm。花期 5～6 月；果期 6 月。

产于防城、上思。生于山谷溪旁。分布于海南；越南也有分布。

3. 鳝藤

Anodendron affine (Hook. et Arn.) Druce

攀援灌木。有乳汁；小枝、叶面中脉、叶柄、萼片和蓇葖果均无毛。叶卵形或长圆状披针形，长 3～10cm，宽 1.2～2.5cm，端部渐尖，基部楔形；侧脉约有 10 对，远距，干时呈皱纹；叶柄长达 1cm。聚伞花序总状式，顶生；花冠白色或黄绿色，裂片镰刀状披针形，长约 3mm。蓇葖果椭圆形，长约 13cm，直径 1.6～3.0cm，基部膨大，向上渐尖；种子棕黑色，有喙，长约 2cm，宽约 6mm；种毛长约 6cm。花期 11 月至翌年 4 月；果期翌年 6～8 月。

产于金秀、苍梧、陆川、博白、合浦、浦北、钦州、东兴、上思、防城。生于山地稀疏杂木林中。分布于四川、贵州、云南、广东、湖南、湖北、浙江、福建、台湾；日本、越南、印度也有分布。

21. 帘子藤属 Pottsia Hook. et Arn.

木质藤本。有乳状汁液。叶对生，具羽状脉。圆锥状聚伞花序顶生或腋生，三至五歧；花萼 5 深裂，内面基部有一排腺体；花冠高脚碟状，内面无副花冠，裂片 5 枚，向右覆盖；雄蕊 5 枚，着生于花冠筒喉部，花药箭头状；花盘环状，浅 5 裂；子房由 2 枚离生心皮组成。蓇葖果双生，线状长圆形；种子长圆形，无喙，顶端具白色绢质种毛。

约4种，分布于亚洲东南部。中国2种；广西2种。

分种检索表

1. 花冠长约7mm，开花时花冠裂片向上展开，花柱中部加厚，子房被长柔毛……………………**1. 帘子藤 P. laxiflora**
1. 花冠长约1.3cm，开花时花冠裂片向下反折，花柱基部膨大，子房无毛……………**2. 大花帘子藤 P. grandiflora**

1. 帘子藤 乳汁藤（上思）、能藤（苍梧）、蚂蟥藤（桂平）、花拐藤（金秀） 图1271

Pottsia laxiflora（Bl.）Kuntze

木质藤本，长9m。枝条无毛，具乳汁。叶薄纸质，卵圆形或卵圆状长圆形，长6~12cm，宽3~7cm，顶端急尖，具尖头，基部圆或浅心形，两面无毛。总状式聚伞花序顶生或腋生，长8~25cm，具长总花梗，着花多朵；花萼内面基部有腺体；花冠紫红色或粉红色，长约7mm，无毛，裂片比花冠筒短，开花时向上展开；花药伸出花冠喉部之外；子房被长柔毛，由2枚离生心皮组成，花柱中部加厚。蓇葖双生，线状长圆形，长达40cm，直径3~4mm，下垂，无毛；种子线状长圆形，顶端种毛长2.5cm左右。花期4~8月；果期8~12月。

产于广西各地。生于海拔1600m以下山地林中，攀援于树上。分布于广东、海南、江西、福建、湖南、云南、贵州；印度、马来西亚、越南、印度尼西亚也有分布。

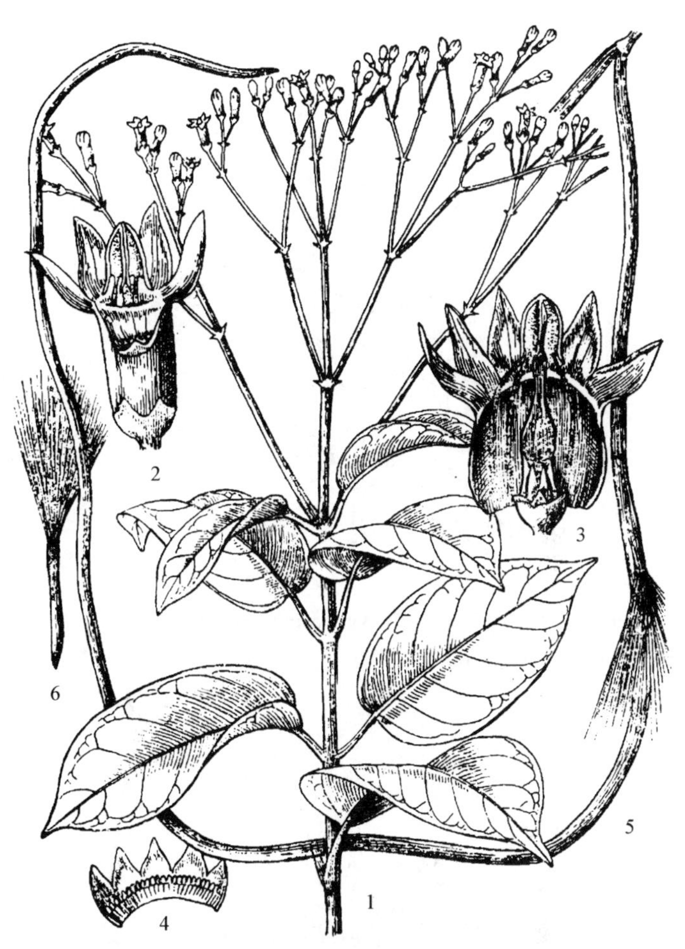

图1271 帘子藤 **Pottsia laxiflora**（Bl.）Kuntze 1. 花枝；2. 花；3. 花冠展开，示雌蕊和雄蕊；4. 花萼展开；5. 蓇葖果；6. 种子。（仿《中国植物志》）

2. 大花帘子藤

Pottsia grandiflora Markgr.

木质藤本，长5m。枝条无毛，具乳汁。叶薄纸质，卵圆形、长卵圆形或椭圆形，长6.5~12.5cm，顶端急尖，具尾状尖头，基本钝至圆，无毛。聚伞花序顶生和腋生，长达18.5cm，无毛；花萼内面有腺体；花冠紫红色或粉红色，长约13mm，无毛，裂片倒卵形，向下反折，比花冠筒长；子房无毛，花柱基部加厚。蓇葖果双生，线状长圆形，长达25cm，直径约6mm，下垂，无毛；种子长圆形，顶端种毛长达4cm。花期4~8月；果期8~12月。

产于全州、金秀、苍梧、罗城。生于海拔400~1000m的山地疏林或山坡灌丛中，攀援于树上。分布于广东、浙江、湖南、云南。

22. 香花藤属 Aganosma G. Don

攀援灌木。叶对生，羽状脉。聚伞花序；总花花梗和花梗基部各有苞片和小苞片；花萼内面基部有腺体，裂片5枚，萼片较长，通常长过花冠筒；花冠漏斗状或高脚碟状，裂片5枚，裂片向右覆盖，通常比花冠筒长；雄蕊5枚，花药箭头状；花盘发达，环状或杯状，高出子房并包裹着子房和花柱基部；子房由2枚离生心皮组成，顶端2裂。蓇葖果线状长圆形，叉开；种子扁平，顶端有白色或黄色绢质种毛。

约12种。中国5种；广西约2种。

分种检索表

1. 叶无毛；花冠镰刀形，顶端渐尖 ……………………………………………………………… **1. 广西香花藤 A. siamensis**
1. 嫩叶被短柔毛，老叶毛渐脱落；花冠裂片倒卵形，顶端圆或钝 …………………… **2. 海南香花藤 A. schlechteriana**

图1272　广西香花藤 Aganosma siamensis Craib　花枝。(仿《中国高等植物图鉴》)

图1273　海南香花藤 Aganosma schlechteriana H. Lév.
1. 花枝；2. 花冠展开，示雄蕊着生；3. 雌蕊及花盘；4. 雌蕊；5. 蓇葖果；6. 种子。(仿《中国植物志》)

1. 广西香花藤　石上羊奶树　图1272

Aganosma siamensis Craib

木质藤本，长9m。有乳汁；幼枝、花序被黄褐色短柔毛，叶无毛。单叶对生，纸质，椭圆形至椭圆状长圆形，长6~10cm，宽2~4cm，顶端渐尖至急尖，基部钝或楔形。聚伞花序顶生，着花9~15朵；花萼裂片5枚，条状披针形，比花冠筒长；花冠白色，芳香，裂片5枚，长镰刀形，长2.4~3.5cm，顶端渐尖；雄蕊5枚，花药箭头状；花盘球形；子房被柔毛，由2枚离生心皮组成。花期5~6月。

产于融安、天峨、凤山、那坡、乐业、德保、马山、上林、武鸣、上思。生于海拔1300m以下山地密林中或疏林沟谷潮湿地，常攀援在树上或灌木丛中。分布于云南、贵州。全株药用，治水肿。

2. 海南香花藤　香花藤　图1273

Aganosma schlechteriana H. Lév.

攀援灌木，长7m。嫩枝、嫩叶被短柔毛，老时渐脱落；有乳状汁液。叶椭圆形至长椭圆形，长6~14cm，宽2.5~5.5cm。聚伞花序顶生，三歧；总花梗、花梗、苞片、花萼、花冠外面均被黄色短柔毛；花萼裂片5枚，卵圆形，比花冠筒长，内面基部有5枚腺体；花冠白色，裂片倒卵形，长4~16mm，顶端圆或钝；雄蕊5枚，花药箭头状；花盘杯状；子房由2枚离生心皮组成。蓇葖果初时被毛，后脱落，长圆柱形，长10~30cm，直径5~10mm，下垂；种子长圆形，顶端有白色绢质种毛，种毛长约5cm。花期3~7月；果期8月至翌年2月。

产于天峨、凤山、南丹、隆林、田林、德保、凌云。生于山谷及疏林中。分布于海南、云南、贵州、四川。叶煎水洗，可治皮肤瘙痒。

23. 腰骨藤属 Ichnocarpus R. Br.

攀援木质藤本，有丰富乳状汁液。单叶对生，羽状脉。聚伞花序；花小；花萼5裂，离生，内面基部有腺体；花冠高脚碟状，无副花冠，裂片5枚，长圆形或镰刀形，向右覆盖；雄蕊5枚，着生于花冠筒中部或稍下，花药箭头状；花盘5深裂或5浅裂；雌蕊由2枚离生心皮组成，被柔毛，花柱短。蓇葖果双生，叉开，近圆柱状；种子顶端被种毛。

约12种。我国4种；广西3种。

分种检索表

1. 小枝、叶背、叶柄、总花梗、花萼外面及果均被锈色绒毛；花红色 ……………………… **1. 少花腰骨藤 I. jacquetii**
1. 小枝、叶背、叶柄、总花梗、花萼外面及果均被短柔毛或无毛；花白色。
   2. 叶侧脉5~7对；花盘5裂，裂片离生，长过子房 ……………………………………… **2. 腰骨藤 I. frutescens**
   2. 叶侧脉10~15对；花盘环状，顶端5裂，短于子房 ………………………………… **3. 小花藤 I. polyanthus**

1. 少花腰骨藤 疏花腰骨藤 图1274

Ichnocarpus jacquetii (Pierre ex Spire) D. J. Middleton

木质藤本，长10m。小枝、叶背、叶柄、总花梗、花萼外面及蓇葖均被锈色绒毛，具乳汁。叶近革质，长椭圆形，长4.0~7.5cm，宽1.5~3.2cm。聚伞花序腋生，长仅2cm，着花2~9朵；花萼内面基部有20枚腺体；花冠红色，高脚碟状，长约4mm，直径约6.5mm，冠筒内面被长柔毛，裂片长圆状镰刀形，无毛；雄蕊着生于冠筒近基部；花盘5浅裂，比子房短；子房被毛。蓇葖果双生，长圆形，长12~18cm，直径约5mm；种子线形，顶端具黄色种毛。花期8月；果期8~10月。

产于岑溪、灵山、南宁。生于海拔500m以下山地疏林中。分布于广东；泰国也有。茎皮用于治风湿骨痛、四肢麻木、肾虚腰痛、月经不调。

2. 腰骨藤 青豆藤(武鸣、上林) 图1275

Ichnocarpus frutescens (L.) W. T. Aiton

木质藤本，长8m。小枝、叶背、叶柄及总花梗均无毛，仅幼枝、嫩叶幼时被短柔毛。叶卵圆形或椭圆形，长5~10cm，宽2~4cm，侧脉5~7对。花序长3~8cm，着花多朵；花萼密被短柔毛；花冠白色，花冠筒长约2.5mm，裂片长圆形，长约5mm；花盘5深裂，裂片线形，比子房长；子房被毛。蓇葖果双生，叉开，细圆柱状，一长一短，长8~15cm，直径4~5mm，被短柔毛；种子线形，顶端具种毛，毛长约2.5cm。花期5~8月；果期8~12月。

产于金秀、都安、罗城、东兰、百色、田阳、田林、平果、凌云、苍梧、梧州、武鸣、上林、马山、浦北、防城、上思、龙州、天等。生于海拔1000m以下的山地

图1274 少花腰骨藤 **Ichnocarpus jacquetii** (Pierre ex Spire) D. J. Middleton 1. 花枝；2. 花和小苞片；3. 花萼展开；4. 花冠展开；5. 蓇葖果；6. 种子。(仿《中国植物志》)

图 1275 腰骨藤 **Ichnocarpus frutescens** (L.) W. T. Aiton 1. 花枝；2. 花；3. 花萼展开，示花盘和雌蕊；4. 蓇葖果；5. 种子。（仿《中国植物志》）

图 1276 小花藤 **Ichnocarpus polyanthus** (Bl.) P. I. Forst. 1. 花枝；2. 花；3. 花冠筒展开；4. 蓇葖果；5. 种子。（仿《中国植物志》）

疏林或灌木丛中。分布于云南、福建、广东、海南；印度、马来西亚、越南也有分布。茎用于治疗风湿骨痛、跌打损伤；枝、叶用于内治食滞腹胀、外治风疹。

3. 小花藤 图 1276

Ichnocarpus polyanthus (Bl.) P. I. Forst.

木质藤本，长 30m。枝纤细；除花序外全株无毛。叶狭卵形或狭椭圆形，长 6 ~ 13cm，宽2. 5 ~ 5. 0cm，先端短渐尖或锐尖，基部宽楔形，侧脉 10 ~ 15 对，斜曲上升。圆锥聚伞花序，总花序长达 9cm，被柔毛，着花多朵；花萼裂片卵形，外面被柔毛，内面基部有腺体；花冠白色，冠筒长约 3mm，裂片长圆状披针形；花盘环状，顶端浅 5 裂，短于子房；子房被长柔毛。蓇葖果线形，长 25 ~ 40cm，直径约 5mm，无毛；种子顶端具白色绢质种毛。花期 4 ~ 6 月；果期 10 月至翌年 3 月。

产于十万大山、大明山、龙州、靖西。生于海拔 300 ~ 800m 的山地密林中。分布于海南、云南；印度、马来西亚也有分布。

24. 鹿角藤属 Chonemorpha G. Don

粗壮木质藤本，有乳状汁液，通常密被绒毛。叶对生，大形，具羽状脉。总状式聚伞花序；花萼筒状，顶端 5 浅裂，稀 5 深裂，基部内面有腺体；花冠大型，高脚碟状，裂片 5 枚，向右覆盖；雄蕊 5 枚，花药箭头状；花盘厚，环状，顶端 5 浅裂；子房由 2 枚离生心皮组成，花柱伸长，柱头膨大。蓇葖果双生，并行或略分叉，长圆状披针形，顶端有短喙；种子具短喙，喙上密生白色绢质种毛。

约 15 种，分布于亚洲热带及亚热带地区。中国 8 种；广西 4 种。

分种检索表

1. 花萼筒外面无毛；叶近圆形或宽卵形，长和宽最大达45cm；花大，直径达8cm …… **1. 大叶鹿角藤 C. fragrans**
1. 花萼筒外面被绒毛或柔毛；叶倒卵形、椭圆形或宽卵形，长10～35cm，宽6～25cm；花直径5cm以下。
  2. 花直径3cm以下，花盘比子房短或近等长，花冠及花丝无毛。
    3. 枝和叶均密被黄色粗长毛；叶膜质，椭圆形；花盘高超过子房中部 ………… **2. 小花鹿角藤 C. parviflora**
    3. 枝和叶均密被黄色丛卷毛；叶厚纸质，倒卵形；花盘高仅达子房基部 ………… **3. 丛毛鹿角藤 C. floccosa**
  2. 花直径约5cm，花盘远高出子房，花冠筒内壁上具毛5行，花丝被微毛 ………………… **4. 鹿角藤 C. eriostylis**

1. 大叶鹿角藤

Chonemorpha fragrans (Moon) Alston

粗壮木质大藤本，攀援于大树上，具丰富乳汁。茎和枝粗糙，有小瘤状凸起；除花外全株被粗硬毛。叶纸质，近圆形或宽卵形，长13～45cm，宽10～45cm，顶端圆，有短尖头，基部心形，老叶叶面被毛渐脱落。聚伞花序顶生；花萼具明显萼筒，长约1cm，直径5～7mm，顶端齿裂，几无毛；花大，直径5～8cm，白色，冠筒基部膨大，外面无毛，内面喉部被长柔毛，花冠裂片倒卵形。蓇葖果叉生，长圆状披针形，长达30cm，直径约2cm；种子长圆形，顶端具白色绢质种毛，种毛长约5cm。花期5～7月；果期秋冬季。

产于上思、防城。生于山地密林中较潮湿地方，攀援大树上。分布于云南、福建；印度、缅甸、斯里兰卡、印度尼西亚和马来西亚也有分布。

2. 小花鹿角藤

Chonemorpha parviflora Tsiang et P. T. Li

粗壮大藤本，有乳汁。茎粗糙，淡褐色；枝条、小枝、叶、叶脉和叶柄均密被黄色长粗毛。叶膜质，椭圆形，长13.0～21.5cm，宽6.0～11.5cm，顶端急尖，基部宽楔形。聚伞花序顶生，花梗长约1cm，被柔毛；花萼合生成筒状，长约1.5cm，宽约8mm，顶端5齿，外面被柔毛，内面无毛，基部有5枚腺体；花冠高脚碟状，无毛，花冠筒圆筒状，长约2.8cm，宽约1cm，顶端截形。蓇葖果2枚，离生，线状披针形，顶端渐尖，长24.0～25.5cm，直径约1cm，外面被柔毛；种子匙形，扁平，长约2.2cm，基部宽约5mm，顶端具长喙；种毛淡褐色，绢质，长5cm。花期5～8月；果期8～12月。

产于上思。生于海拔500～1000m山地杂木林中。分布于云南。

3. 丛毛鹿角藤

Chonemorpha floccosa Tsiang et P. T. Li

粗壮大藤本。茎暗黄色，粗糙，有瘤状凸起；枝条、小枝及叶均密被黄色丛卷毛。叶厚纸质，倒卵圆形，长10～14cm，宽6～10cm，顶端浑圆，有小尖头。聚伞花序顶生；花萼筒状，长约1cm，宽约5mm，外面被短柔毛，内面无毛，基部有5枚腺体；花冠高脚碟状，无毛，花冠筒圆筒状，长约2cm，直径约2mm，花冠裂片倒三角形，长约1.7cm，宽约9mm。蓇葖果线状披针形，长约34.5cm，直径约1cm，外面被黄色密柔毛；种子匙形，扁平，长约2.5cm，宽约5mm，顶端具白色绢质种毛；种毛长约4cm。花期5～8月；果期8～12月。

广西特有种。产于上思。生于山地杂木林中，攀援于树上。

4. 鹿角藤　毛柱鹿角藤、奶汁藤（十万大山）　图1277

Chonemorpha eriostylis Pit.

粗壮木质藤本，长达20m。除花冠和叶面外均被粗长毛；有丰富乳汁。叶倒卵形或宽长圆形，长12～34cm，宽7～23cm。聚伞花序长约12cm，着花7～15朵；花萼筒状，被绒毛，5浅裂；花冠白色，近高脚碟状，裂片张开时直径约5cm，花冠筒外面被短柔毛，内面具毛5行。蓇葖果双生，近木质，柱状披针形，长25～40cm，直径1.5～2.0cm，被黄褐色茸毛；种子顶端种毛长约7cm。

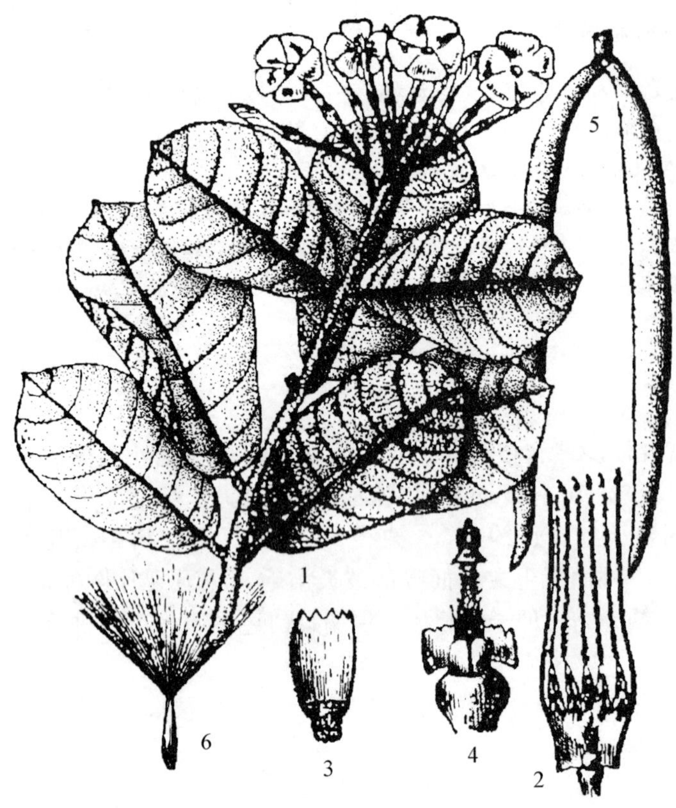

图 1277 鹿角藤 Chonemorpha eriostylis Pit. 1. 花枝；2. 花冠展开；3. 花萼展开；4. 雌蕊；5. 果；6. 种子。（仿《中国高等植物图鉴》）

花期 5 ~ 7 月；果期 8 月至翌年 4 月。

产于金秀、苍梧、武鸣、马山、上林、合浦、浦北、钦州、东兴、上思、防城、宁明、龙州。生于海拔 300 ~ 1000m 山地疏林及湿润山谷中。分布于云南、广东；越南也有分布。老茎可药用，治黄疸、风湿骨痛、腰痛。

25. 络石属 Trachelospermum Lem.

木质藤本，有乳状汁液。叶对生，羽状脉。聚伞花序；花萼 5 裂，花萼内面基部通常有 5 ~ 10 枚腺体，腺体顶端齿状；花冠高脚碟状，花冠筒圆筒形，具 5 棱，在雄蕊着生处膨大，喉部缢缩，裂片 5 枚，向右覆盖而向左旋转；雄蕊 5 枚，花药箭头状，通常内藏，少数露出喉部之外，花药基部有耳，腹部黏生在柱头上；花盘环状，5 裂；子房由 2 枚离生心皮组成，每心皮胚珠多枚。蓇葖果双生，长圆状披针形；种子线状长圆形，顶端具白色绢质种毛。

约 15 种。我国 6 种；广西 6 种全产。

分种检索表

1. 花冠筒中部以上膨大；雄蕊着生于花冠筒内壁中部以上。
 2. 花蕾顶部渐尖，花萼裂片紧贴在花冠筒上，花药顶端伸出花冠筒之外 …………………… **1. 亚洲络石 T. asiaticum**
 2. 花蕾顶部钝，花萼裂片开展或反折，花药内藏。
  3. 雄蕊着生于花冠筒内壁近喉部，花萼裂片开展 ………………………………… **2. 贵州络石 T. bodinieri**
  3. 雄蕊着生于花冠筒内壁中部，花萼裂片反折 ………………………………… **3. 络石 T. jasminoides**
1. 花冠筒基部或近基部膨大；雄蕊着生于花冠筒内部基部或近基部。
 4. 植株各部均无毛。
  5. 叶厚纸质；花紫色；蓇葖果贴生，果皮厚；种子不规则卵形，扁平 ……………… **4. 紫花络石 T. axillare**
  5. 叶薄纸质；花白色；蓇葖果开叉，果皮薄；种子线状披针形 ……………………… **5. 短柱络石 T. brevistylum**
 4. 植株各部被毛 ……………………………………………………………… **6. 绣毛络石 T. dunnii**

1. 亚洲络石 细梗络石

Trachelospermum asiaticum (Sieb. et Zucc.) Nakai

木质藤本。幼枝被黄褐色短柔毛，老时无毛。叶膜质，无毛，椭圆形或长椭圆形，长 4.0 ~ 8.5cm，宽 1.5 ~ 4.0cm，顶部急尖或钝，基部急尖。花序顶生或近顶生，着花多朵；花蕾顶端渐尖；花萼裂片紧贴在花冠筒上，花萼内面基部有 10 枚齿状腺体；花白色，芳香，花冠无毛，冠筒喉部膨大，裂片与冠筒近等长；雄蕊着生冠筒喉部，花药顶端露出冠筒喉部之外。蓇葖果双生，叉开，线状披针形，长 10 ~ 20cm，宽约 3mm，无毛，外果皮黄棕色；种子红褐色，线状长圆形，顶端被白色绢质种毛，长 2.5 ~ 3.5cm。花期 4 ~ 6 月；果期 8 ~ 10 月。

产于兴安、阳朔、贺州、金秀、柳州、那坡、隆林、钦州。生于路旁或山谷密林中。分布于广东、浙江、台湾、福建、湖北、湖南、云南、贵州、甘肃。印度、朝鲜也有分布。

2. 贵州络石 乳儿绳 图 1278

Trachelospermum bodinieri (H. Lév.) Woodson

木质藤本，长 8m。幼枝被黄褐色短柔毛，老时无毛。叶纸质至厚纸质，长圆形至长椭圆形，长 4 ~ 10cm，宽 1.5 ~ 4.0cm，顶部渐尖，基部急尖，叶背幼时被短柔毛，老时无毛。花序顶生或腋生，着花多朵；花蕾顶端钝；花萼裂片长圆形或长圆状披针形，顶端展开，花萼内面有 10 枚齿状腺体；花冠白色，冠筒中部以上膨大；雄蕊着生于冠筒的近喉部，花药内藏。蓇葖果叉生，线状披针形，长 12 ~ 28cm，直径 3 ~ 5mm，无毛；种子线状长圆形，顶端种毛长 1.5 ~ 2.0cm。花期 4 ~ 7 月；果期 8 ~ 12 月。

产于凤山、凌云、田林。生于路旁、山谷沟旁或林下岩石上。分布于广东、浙江、湖南、贵州、云南、四川、西藏。

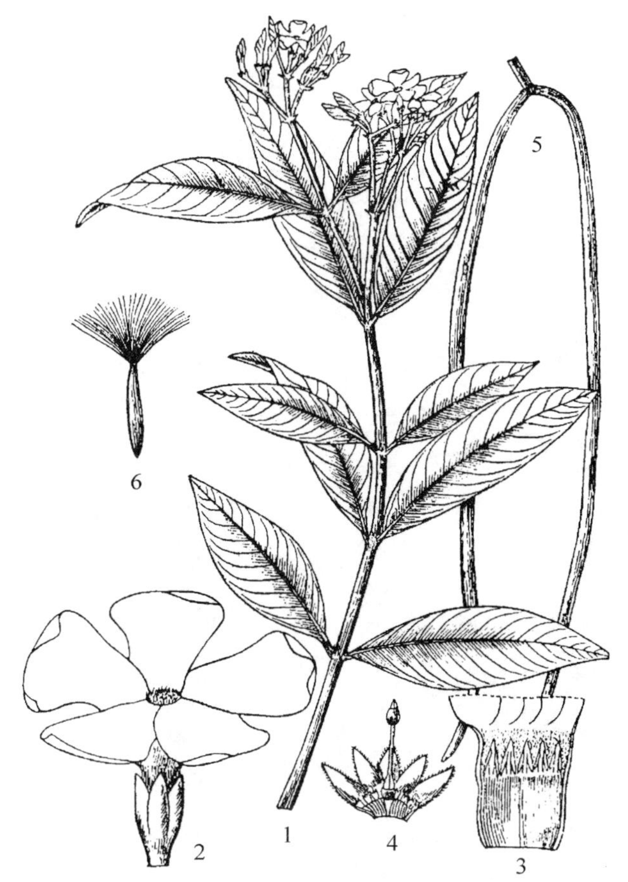

图 1278 贵州络石 Trachelospermum bodinieri (H. Lév.) Woodson 1. 花枝；2. 花；3. 花冠展开；4. 花萼展开；5. 蓇葖果；6. 种子。(仿《中国植物志》)

3. 络石 软筋藤(融安)、扫把藤、沙美(金秀)、勾烈(河池) 图 1279

Trachelospermum jasminoides (Lindl.) Lem.

常绿木质藤本，长达 10m。具乳汁；小枝、叶背和嫩叶柄被短柔毛，老时无毛。叶革质或近革质，椭圆形至卵状椭圆形，长 2 ~ 10cm，宽 1.0 ~ 4.5cm，顶端锐尖至渐尖或钝，基部渐狭至钝。聚伞花序，与叶等长或稍长；花蕾顶端钝；花萼裂片线状披针形，顶端反卷，外面被长柔毛或缘毛；花冠白色，芳香，冠筒中部膨大；雄蕊着生于冠筒内壁中部，花药内藏。蓇葖果双生，叉开，线状披针形，长 10 ~ 20cm，直径 3 ~ 10mm；种子褐色，线形，顶部具白色绢质种毛，长 1.5 ~ 3.0cm。花期 3 ~ 7 月；果期 7 ~ 12 月。

产于广西各地。生于沟谷或路旁杂

图 1279 络石 Trachelospermum jasminoides (Lindl.) Lem. 1. 花枝；2. 花蕾；3. 花；4. 花萼展开和雌蕊；5. 花冠筒展开，示雄蕊位置；6. 蓇葖果；7. 种子。(仿《中国植物志》)

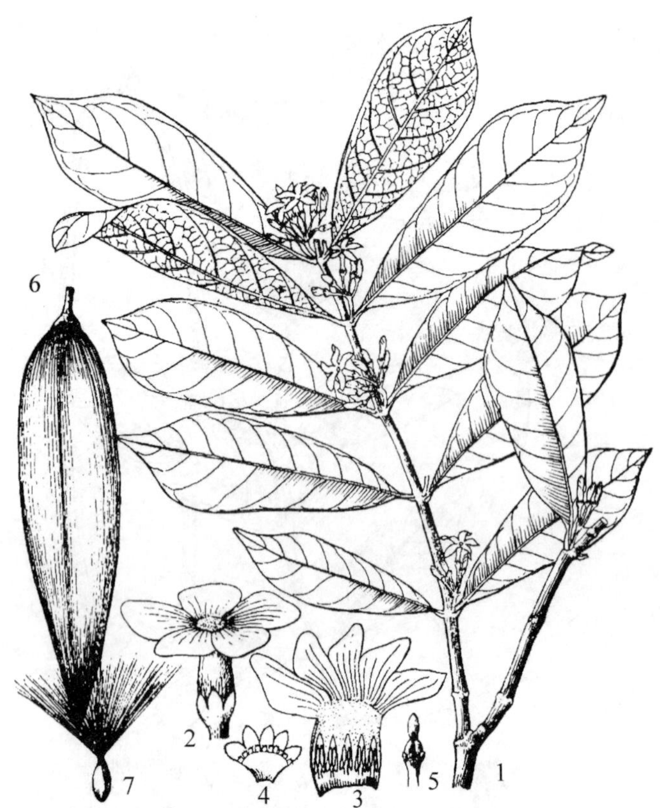

图 1280 紫花络石 Trachelospermum axillare Hook. f.
1. 花枝；2. 花；3. 花冠展开；4. 花萼展开；5. 雌蕊和花盘；6. 蓇葖果；7. 种子。（仿《中国植物志》）

图 1281 短柱络石 Trachelospermum brevistylum Hand. -Mazz. 1. 花枝；2. 花；3. 花冠筒展开；4. 雌蕊及花萼；5. 蓇葖果；6. 种子。（仿《中国植物志》）

木林中，攀援于树上或石壁、岩石上。分布于山东、安徽、江苏、浙江、福建、台湾、江西、陕西；日本、朝鲜、越南也有分布。根、茎、叶、果供药用，治风寒感冒、关节炎、血吸虫病腹水病等。叶浓绿，经冬不落，花白色，气芳香，可用来点缀山石、岩壁及挡土墙，极具观赏价值。

4. 紫花络石 车藤、腋生络石 图 1280

Trachelospermum axillare Hook. f.

粗壮木质藤本。植株各部无毛或幼时有微毛。叶厚纸质，倒披针形、倒卵形或长椭圆形，长 8 ~ 15cm，宽 3.0 ~ 4.5cm，顶端尖尾状，基部楔形。聚伞花序腋生；花萼裂片紧贴花冠筒上，花萼内面有 10 枚腺体；花冠紫色，冠筒基部膨大，裂片倒卵状长圆形，长 5 ~ 7mm；雄蕊着生于冠筒基部，花药内藏。蓇葖果圆柱状长圆形，平行，黏生，果皮厚；种子不规则卵状，扁平，顶端种毛长约 5cm。花期 5 ~ 7 月；果期 8 ~ 10 月。

产于全州、龙胜、临桂、罗城、环江、南丹、天峨、凌云、乐业、隆林。生于山地疏林中或山谷水沟边。分布于中国西南、华南、华中及华东；越南、斯里兰卡也有分布。全株药用，治感冒、肺结核、支气管炎、风湿病痛和跌打损伤。

5. 短柱络石 图 1281

Trachelospermum brevistylum Hand. -Mazz.

木质藤本，长约 2m。除花冠筒内面被短柔毛外全株无毛。叶薄纸质，狭椭圆形，长 5 ~ 10cm，宽约 3cm，顶端近尾状渐尖，基部钝至宽锐尖。花序顶生或腋生，比叶短；花萼裂片顶端略展开；花冠白色，花冠筒长约 4.5mm，冠筒基部膨大，裂片斜倒卵形，长 6 ~ 7mm，广展；雄蕊着生于冠筒基部，花药内藏。蓇葖果叉生，线状披针形，长 11.0 ~ 23.5cm，宽 3 ~ 5mm，外果皮薄，黄棕色，无毛；种子线状披针形，顶端种毛白色绢质，长 2.5 ~ 3.0cm。花期 4 ~ 7 月；果期 8 ~ 12 月。

产于全州、金秀、罗城、上思、防城。

生于海拔500～1000m山地疏林中，攀附树上或石上。分布于广东、福建、湖南、贵州、四川。

6. 绣毛络石 橡胶藤(凌云)、大黑骨头 图1282

Trachelospermum dunnii (H. Lév.) H. Lév.

粗壮木质藤本，长达15m。全株被绒毛。叶近革质，长圆形至椭圆状披针形，长6～9cm，宽2～3cm，顶端渐尖，基部钝形至浅心形。聚伞花序近伞形状；花梗长1.0～1.5cm；花萼裂片长圆状披针形，长3～4mm，略向外展开；花白色，花冠筒长5～9mm，在喉部略紧缩，花冠裂片倒卵状长圆形，长8～9mm；雄蕊着生于花冠筒近基部，花药内藏；花盘裂片与子房等长。蓇葖果粗壮，2个平行黏生，长圆状披针形，长8～9cm，直径约1.5cm；种子端部的种毛长3cm。花期3～8月；果期7～12月。

产于天峨、南丹、百色、凌云、隆林。生于海拔300～1500m山地疏林中或山地路旁、溪边灌丛中；分布于贵州、湖南、云南。芽药用，治跌打损伤。

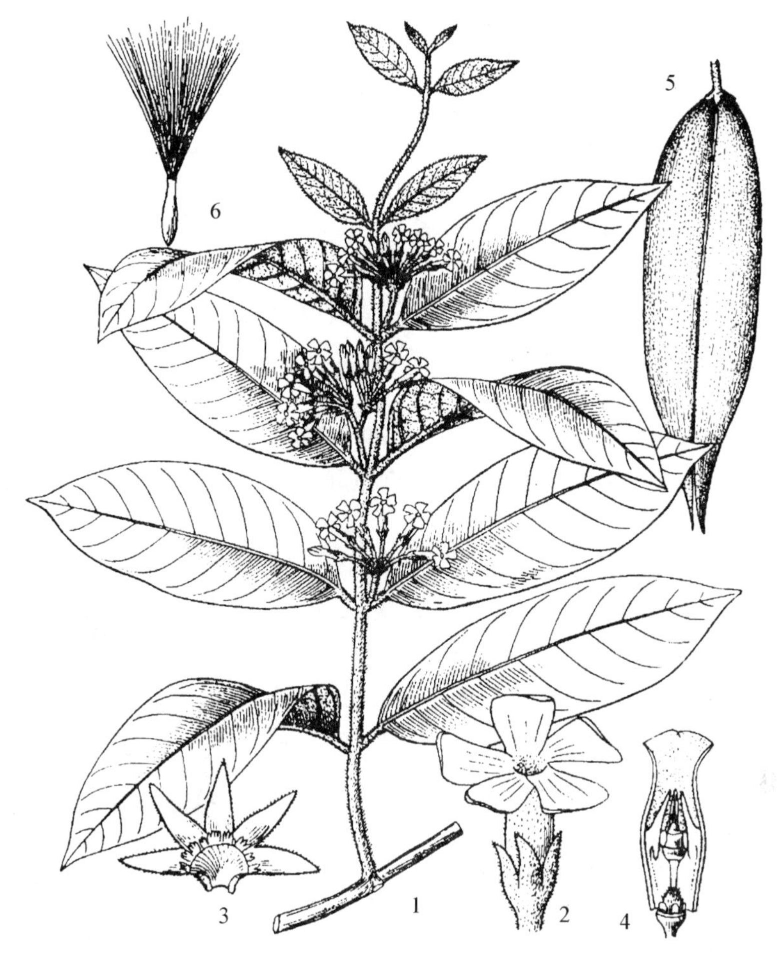

图1282 绣毛络石 Trachelospermum dunnii (H. Lév.) H. Lév.
1. 花枝；2. 花；3. 花萼展开；4. 花冠筒的纵切面，示雌蕊和雄蕊的位置；5. 蓇葖果；6. 种子。(仿《中国植物志》)

26. 水壶藤属 Urceola Roxb.

木质大藤本，具丰富乳状汁液。单叶对生，全缘，羽状脉。聚伞花序圆锥状广展，三歧；花小，两性；萼5深裂，内面有腺体；花冠近坛状，花冠筒卵状钟形，喉部无副花冠，花冠裂片5枚，于花蕾期向右覆盖；雄蕊5枚，着生于花冠筒基部，花丝短，花药披针状箭头形，内藏；花盘环状，全缘或5裂；子房由2枚离生心皮组成，花柱短，柱头卵圆形或长圆形，顶端2裂，每心皮有胚珠多枚。蓇葖果双生，叉开，圆筒状；种子顶端具白色绢质种毛。

约15种。中国8种，分布于南部和西南部；广西4种。

分种检索表

1. 植株各部密被短柔毛或短绒毛；花黄色 ………… **1. 毛杜仲藤 U. huaitingii**
1. 植物各部无毛，或仅叶柄、叶背侧脉上或花序被疏柔毛；花红色或粉红色。
    2. 叶柄被微毛；花冠裂片近基部边缘具1枚锯齿；果卵状披针形，上向长细尖，基部膨大 ………… **2. 杜仲藤 U. micrantha**
    2. 叶柄无毛；花冠裂片全缘；果长圆形或近线形。
        3. 叶背淡绿色，有极多散生黑色乳头状腺体凸起；叶柄长3～5mm ………… **3. 华南杜仲藤 U. quintaretii**
        3. 叶背苍白色，被白粉，无乳头状腺体凸起；叶柄长8～12mm ………… **4. 酸叶胶藤 U. rosea**

1. 毛杜仲藤 鸡头藤

Urceola huaitingii (Chun et Tsiang) Mabb.

攀援多枝灌木，长达13m。具乳汁，除花冠裂片外，各部具有锈色绒毛或柔毛。叶生于枝的顶端，薄纸质或老叶略厚，卵圆状或长圆状椭圆形，长2.5～7.5cm，宽1.5～3.5cm，顶端锐尖或短渐尖，基部狭圆形或宽楔形，叶面深绿色，叶背淡绿色；侧脉10对；叶柄长约5mm。花序近顶生或稀腋生，伞房状，多花，长4～6cm；花有香味；花萼近钟状，花萼内面腺体5枚，腺体极小；花冠黄色，坛状辐形，花冠筒长约2mm。蓇葖双生或1枚不发育，卵圆状披针形，基部胀大，长6～7cm，基部直径1.5～2.0cm，外果皮基部多皱纹，中部以上有细条纹；种子线状长圆形，暗黄色，有柔毛，基部锐尖，顶端近截形，长10～15mm，宽2～3mm；种毛白色绢质，轮生，长约3cm。花期4～6月；果期7月至翌年6月。

产于广西各地。生于海拔1000m以下山地疏林中或山谷阴湿地方，攀援于树木之上。分布于广东、湖南、贵州。全株药用，有镇静、镇痛、降低血压作用，民间用来治刀伤痛、眼痛、脚痛和驳骨等。

2. 杜仲藤 土杜仲(北流、平南)、花皮胶藤 图1283：1～4

Urceola micrantha (Wall. ex G. Don) Mabb.

攀援灌木。枝有不明显的皮孔。叶椭圆形或卵圆状椭圆形，长5～8cm，宽1.5～3.0cm，顶端渐尖，基部锐尖；叶柄有微毛，长1.0～1.5cm。聚伞花序总状，密集，长约9cm；花小，水红色；花萼5深裂，内面基部腺体不多或缺，裂片披针形，顶端锐尖；花冠坛状，近钟形，裂片在花蕾中内褶，长约2mm，花冠裂片近基部边缘具1枚锯齿。蓇葖果卵状披针形，基部膨大，向顶端渐狭尖；种子长约2cm；种毛长约4cm。花期3～6月；果期7～12月。

产于广西各地。生于海拔300～800m山地林中或灌木丛中。分布于广东、云南、四川；尼泊尔、越南、印度尼西亚也有分布。全株供药用，民间用于治小儿麻痹、跌打损伤等症。

图1283 **1～4. 杜仲藤 Urceola micrantha** (Wall. ex G. Don) Mabb. 1. 叶片；2. 花；3. 花萼展开；4. 种子。**5～10. 酸叶胶藤 Urceola rosea** (Hook. et Arn.) D. J. Middleton 5. 花枝；6. 花蕾；7. 花；8. 雌蕊和花盘；9. 蓇葖果；10. 种子。(仿《中国植物志》)

3. 华南杜仲藤 两广杜仲藤

Urceola quintaretii (Pierre) Mabb.

木质藤本。鲜时折断有乳状汁液；嫩枝有毛，老枝无毛；干燥的根皮和老茎皮折断有弹性胶丝。单叶对生；叶卵圆状椭圆形或椭圆形，长4.5～7.0cm，宽2～3cm，全缘，两面均无毛，叶背淡绿色，散生黑色乳头状小圆点，扯断叶片有白色弹性胶丝；叶柄无毛，长3～5mm，叶腋间及叶腋内有长约1mm的锐尖线形腺体。花淡黄色；聚伞花序生于叶腋或枝顶；花冠外面有微毛，5 裂；雄蕊 5 枚，内藏。蓇葖果长 4.5 ~ 6.0cm，直径约 7mm，线状披针形，中部略大，双生或单生；种子顶端有长约 1.5cm 白色种毛。花果期 4 ~ 12 月。

产于苍梧、上林、龙州、宁明、防城、上思。生于低海拔山坡林中，常缠绕于树上。分布于广东、海南；泰国、越南也有分布。

4. 酸叶胶藤 伞风藤(宁明)、酸醋藤(陆川)、红背酸藤(凌云) 图 1283：5 ~ 10

Urceola rosea (Hook. et Arn.) D. J. Middleton

攀援木质大藤本，长达 10m。具乳汁；茎皮深褐色，无明显皮孔，枝条上部淡绿色，下部灰褐色。叶纸质，阔椭圆形，长 3 ~ 7cm，宽 1 ~ 4cm，顶端急尖，基部楔形，两面无毛，叶背被白粉；叶柄长 8 ~ 12mm。聚伞花序圆锥状，宽松展开，多歧，顶生，着花多朵；花小，粉红色；花萼 5 深裂，内面具有 5 枚小腺体；花冠近坛状，花冠筒喉部无副花冠，裂片卵圆形，向右覆盖；雄蕊 5 枚。蓇葖果 2 枚，叉开成近一直线，圆筒状披针形，长达 15cm，外果皮有明显斑点；种子长圆形，顶端具白色绢质种毛。花期 4 ~ 12 月；果期 7 月至翌年 1 月。

产于广西各地。生于山地林中较湿润处。分布于长江以南至台湾；越南、印度尼西亚也有分布。植株含胶质良好，是一种野生橡胶植物。全株供药用，治跌打瘀肿、风湿骨痛、疔疮、喉痛和眼肿等。

129 杠柳科 Periplocaceae

藤本、藤状灌木、灌木或亚灌木。具乳状汁腋。单叶对生，全缘，羽状脉。聚伞花序，具苞片和小苞片；花两性，辐射对称，5 数；花萼筒极短；花冠合瓣，裂片旋转排列，稀镊合状排列，副花冠裂片离生，线形或丝状，稀成瘤状凸起；雄蕊着生于花冠筒近基部，花药连生内向，紧贴膨大柱头，花丝离生，花粉器匙形，直立，上部为载粉器，内具四合花粉，载粉器柄基部有黏盘，黏在柱头上，与花药互生；无花盘；心皮 2 枚，离生，胚珠多数。蓇葖果双生，或因 1 个不发育成单生；种子扁平，边缘薄，顶端有白色绢毛。

约 50 属 200 种。中国 6 属 11 种；广西 5 属 7 种。

分属检索表

1. 副花冠和雄蕊均着生于花冠筒内面中部以上，花蕾长圆状披针形，顶端螺旋状上升呈尾状渐尖 ………………………………………… **1. 白叶藤属 Crytolepis**
1. 副花冠和雄蕊均着生于花冠筒内面基部，花蕾卵圆形、阔圆锥形或近圆形，顶端钝。
  2. 副花冠裂片丝状或钻状，花药顶端无毛或背面被髯毛，花冠辐射状。
    3. 花药背面无毛，副花冠裂片同型；叶被绒毛或短柔毛。
      4. 蓇葖果无翅而密被绒毛；叶密被绒毛 ………… **2. 马莲鞍属 Streptocaulon**
      4. 蓇葖果具极多膜质纵翅，无毛；叶被短柔毛 ………… **3. 翅果藤属 Myriopteron**
    3. 花药背面被髯毛，副花冠裂片异型；叶无毛 ………… **4. 杠柳属 Periploca**
  2. 副花冠裂片卵形，花药顶端具长柔毛，花冠近钟状 ………… **5. 须药藤 Stelmatocrypton**

1. 白叶藤属 Cryptolepis R. Br.

木质藤本。有乳汁。单叶对生，羽状脉。聚伞花序；花萼 5 裂，花萼内面基部有 5 ~ 10 枚腺体；花冠高脚碟状，裂片 5 枚，向右覆盖，花蕾时螺旋状；副花冠由 5 枚鳞片组成，着生于花冠筒内壁的中部；雄蕊着生花冠筒中部；花粉器匙形，直立，通过黏盘黏于柱头基部，四合花粉藏于载粉器中；心皮 2 枚，离生。蓇葖果双生；种子长圆形，顶端具白色绢质种毛。

约 12 种。中国 2 种，分布于南部和西南部；广西全产。

分种检索表

1. 叶长圆形，长 1.5 ~ 6.0cm，基部圆，侧脉 5 ~ 9 对；聚伞花序较叶长 ························· **1. 白叶藤 C. sinensis**
1. 叶长圆形或椭圆形，长 10 ~ 18cm，基部宽楔形，侧脉约 30 对，聚伞花序较叶短 ········ **2. 古钩藤 C. buchananii**

1. 白叶藤 蜈蚣草、七娘藤 图 1284

Cryptolepis sinensis (Lour.) Merr.

藤本。具乳汁；小枝通常红褐色，直径约 1mm，全株无毛。叶长圆形，长 1.5 ~ 6.0cm，宽 0.8 ~ 2.5cm，两端圆形，先端具小尖头，叶背苍白色；侧脉 5 ~ 9 对。聚伞花序顶生或腋生，较叶长；花萼内面基部有 10 枚腺体；花冠淡黄色，裂片线状披针形，较冠筒长约 2 倍，向右覆盖；副花冠裂片卵圆形，生于花冠筒内面。蓇葖果长披针形，长达 12.5cm，直径 6 ~ 8mm；种子长圆形，顶端具白色绢质种毛。花期 4 ~ 9 月；果期 6 月至翌年 2 月。

产于昭平、柳州、苍梧、藤县、靖西、玉林、容县、博白、陆川、北流、横县、龙州、合浦、上思、防城。生于丘陵灌丛中。分布于贵州、云南、广东、海南、台湾；印度、越南、马来西亚、印度尼西亚也有分布。茎、叶和乳汁均有毒，可供药用，治毒蛇咬伤、跌打损伤、疥疮、肺结核咳血、胃出血。茎纤维坚韧，可编绳索。

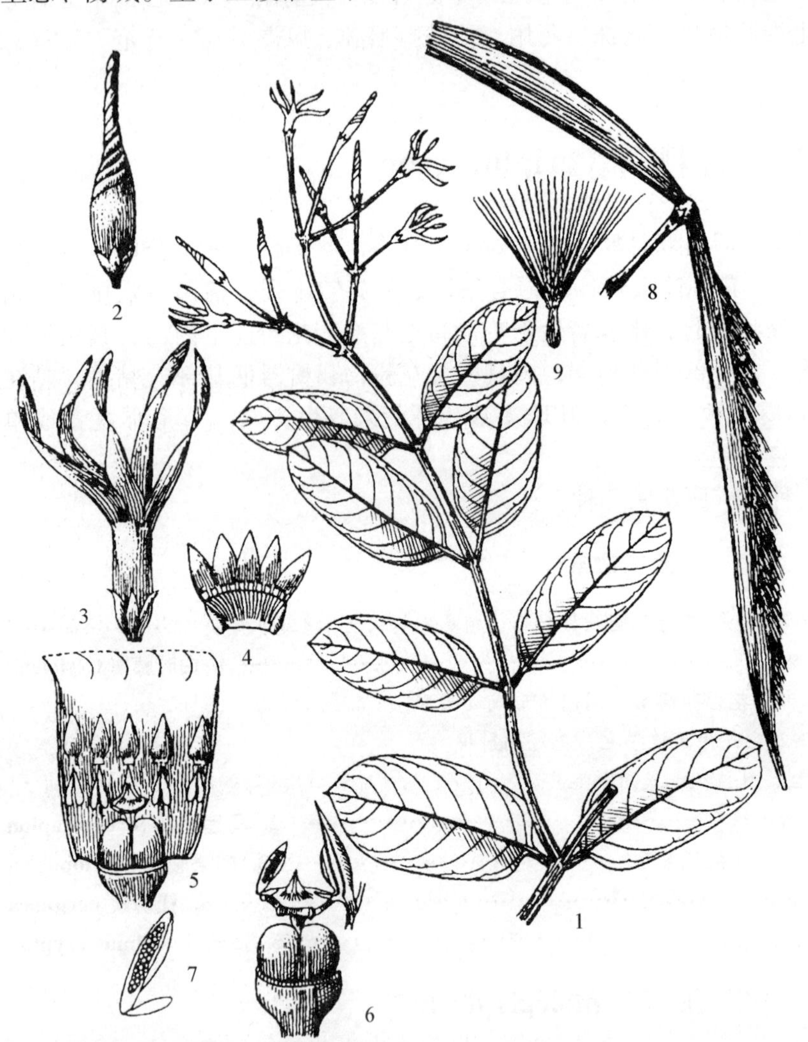

图 1284 白叶藤 Cryptolepis sinensis (Lour.) Merr. 1. 花枝；2. 花蕾；3. 花；4. 花萼展开，示腺体；5. 花冠筒展开，示雌蕊、雄蕊及副花冠；6. 雌蕊、雄蕊及花粉器；7. 花粉器；8. 蓇葖果；9. 种子。（仿《中国植物志》）

2. 古钩藤 图 1285

Cryptolepis buchananii Roem. et Schult.

藤本。具乳汁；茎皮红褐色有斑点，小枝灰绿色，除雄蕊背面具长硬毛外，全株无毛。叶纸质，长圆形或椭圆形，长 10 ~ 18cm，宽 4.5 ~ 7.5cm，先端圆，具小尖头，基部宽楔形，叶背苍白色；侧脉约 30 对。聚伞花序腋生，较叶短；花蕾长圆形，顶端尾尖，旋转，长约 1cm；花萼内面基部有 10 枚腺体；花冠黄白色，花冠筒长约 2mm。蓇葖果叉开，长圆形，长 6.5 ~ 8.0cm，直径 1 ~ 2cm；种子卵圆形。花期 3 ~ 8 月；果期 6 ~ 12 月。

产于罗城、都安、凤山、百色、靖西、那坡、田阳、凌云、田林、隆林、乐业、南宁、武鸣、马山、上林、大新、宁明、龙州、上思。生于海拔 500 ~ 1500m 的山地或石灰岩疏林灌丛中，攀援树上。分布于云南、贵

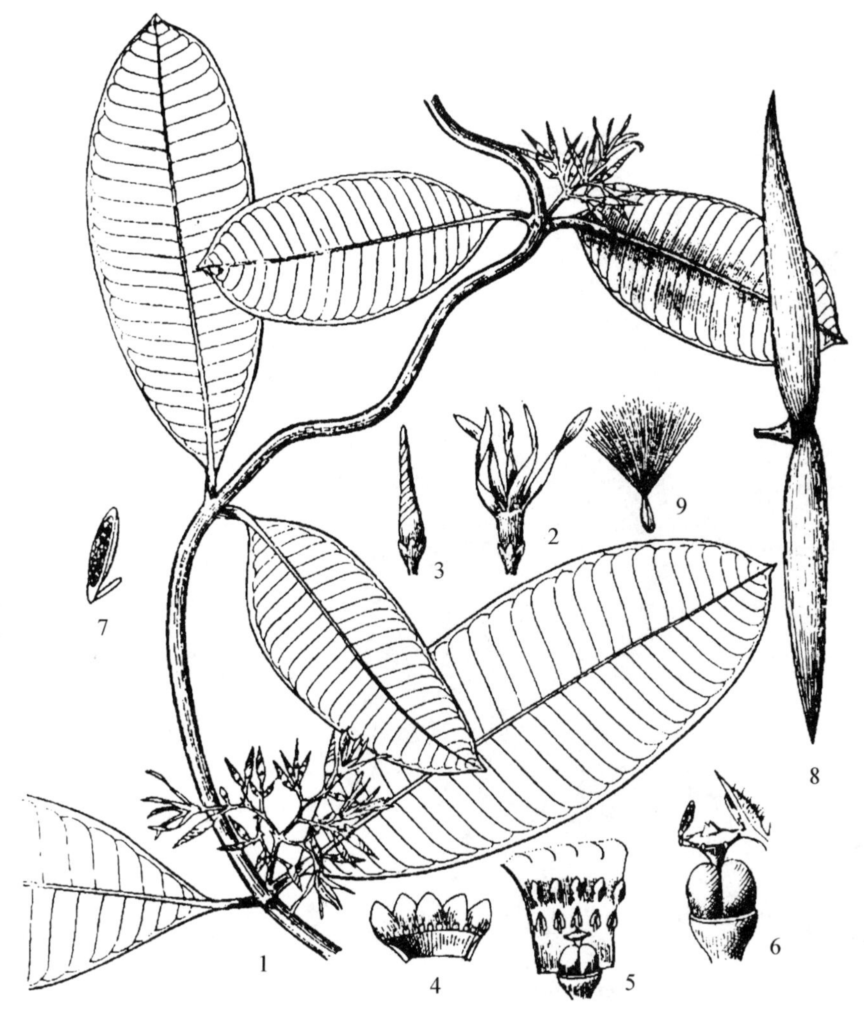

图 1285 古钩藤 Cryptolepis buchananii Roem. et Schult. 1. 花枝；2. 花；3. 花蕾；4. 花萼展开，示腺体；5. 花冠筒展开，示雌蕊、雄蕊和副花冠；6. 雌蕊、雄蕊及花粉器；7. 花粉器；8. 蓇葖果；9. 种子。（仿《中国植物志》）

州、广东；印度、缅甸、越南也有分布。根、果药用，可祛风、止鼻血、消水肿，治乳癌；叶外用，治疮毒。茎皮纤维坚韧，可编绳索。

2. 马莲鞍属 Streptocaulon Wight et Arn.

木质藤本。具乳汁。单叶对生，羽状脉。三歧圆锥状聚伞花序；花小；花萼 5 深裂，内面基部有 5 枚腺体；花冠辐射状，花冠 5 深裂，裂片向右覆盖；副花冠 5 裂，裂片丝状，内弯，其基部与花丝均着生冠筒基部，与花丝背部合生；雄蕊 5 枚，花丝离生，丝状或钻状，花药与柱头顶部贴连，药隔顶部膜片在柱头顶合生；花粉器匙形，具四合花粉，基部有黏盘；心皮 2 枚，离生，胚珠多数。蓇葖果 2 枚，叉生；种子顶端具白色绢质种毛。

约 5 种，分布于亚洲东南部。中国 1 种，分布于广西、贵州和云南。

马莲鞍 鱼藤（武鸣）、虎阴藤（百色） 图 1286

Streptocaulon juventas（Lour.）Merr.

木质藤本，具乳汁；茎褐色，具皮孔；除花冠无毛外，植株各部密被棕黄色绒毛。叶厚纸质，倒卵形或阔椭圆形，长 7～15cm，宽 3～7cm，先端骤尖或钝，具小尖头，基部浅心形。聚伞花序腋生，三歧，阔圆锥状；苞片和小苞片多数，卵状披针形；花蕾近球形，长和宽约 3mm；花冠外面黄

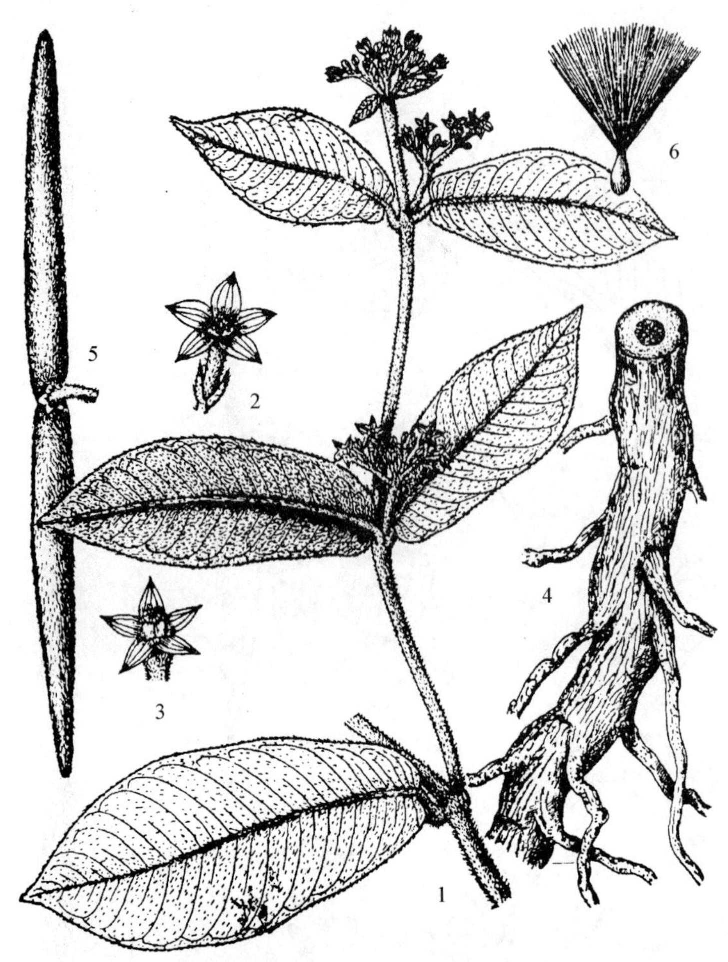

图 1286 马莲鞍 **Streptocaulon juventas** (Lour.) Merr. 1. 花枝；2. 花；3. 花冠上半部；4. 木质根；5. 蓇葖果；6. 种子。(仿《中国植物志》)

绿色，内面黄红色，辐射状，裂片卵圆形；副花冠裂片丝状。蓇葖果双生，圆柱状，长 7～12cm，直径 5～7mm，通常叉开成一直线，密被黄褐色绒毛；种子长圆形，扁平，顶端种毛白色或淡黄白色，长约 3cm。花期 6～10 月；果期 8 月至翌年 3 月。

产于都安、凤山、百色、田林、那坡、凌云、靖西、南宁、邕宁、武鸣、马山、上思、防城、宁明、龙州。生于山地疏林或灌丛中。分布于云南、贵州；印度、泰国、越南也有分布。叶有毒，但可外用治毒蛇咬伤、烂疮。根药用，治痢疾、心胃气痛、慢性肾炎和跌打损伤。

3. 翅果藤属 Myriopteron Griff.

木质藤本。具乳汁。叶对生，膜质。聚伞花序圆锥状；花小；花萼 5 裂，花萼内面基部具 5 枚小腺体；花冠辐射状，花冠裂片 5 枚，狭；副花冠为 5 枚鳞片组成，长披针形，远高出合蕊柱，与花丝同着生于花冠基部；花丝下部相连成一环，花药顶端具膜片；花粉器匙形，其上部载花粉器藏有四合花粉；子房具 2 枚离生心皮。蓇葖椭圆状长圆形，基部膨大，外果皮具有很多膜质纵翅；种子顶端具白色绢质种毛。

1 种，分布于亚洲南部及西南部，广西亦产。

翅果藤

Myriopteron extensum (Wight et Arn.) K. Schum.

木质藤本，长 10m。具乳汁。叶膜质，卵圆形至卵状椭圆形，长 8～18cm，宽 4～11cm，顶端急尖或浑圆，具短尖，基部圆形，两面均被短柔毛。花小，白绿色，组成疏散的圆锥状腋生聚伞花序，长 12～26cm；花冠辐射状；副花冠为 5 枚鳞片组成，着生于花冠筒基部，鳞片基部阔，上部丝状，长过药隔膜片；花粉器匙形，四合花粉藏于载粉器内。蓇葖果椭圆状长圆形，长约 7cm，直径约 3cm，基部膨大，外果皮具有很多膜质的纵翅；种子长卵形，长约 8mm，宽 3.5mm，顶端具白色绢质种毛；种毛长 2.5～3.0cm。花期 5～8 月；果期 8～12 月。

产于隆林。生于海拔 600m 以上山地疏林中。分布于云南、贵州；印度、缅甸、泰国、越南也有分布。根药用，消炎、润肺、止咳；全草可治肺结核。

4. 杠柳属 Periploca L.

藤状灌木。具乳液，除花部被毛外植株各部均无毛。单叶对生，羽状脉密生而平行，有明显边脉。聚伞花序疏散；花萼内面基部有 5 枚腺体；副花冠环状，5～10 裂，其中 5 裂延伸丝状，被毛；雄蕊 5 枚，着生花冠筒基部，背部与副花冠合生，花药卵圆形，背面被毛；花粉器匙形；心皮 2

枚。蓇葖果2枚，叉生；种子长圆形，顶端具白色绢质种毛。

约12种。中国5种；广西2种。

分种检索表

1. 叶椭圆形或长椭圆形，宽约15mm；花冠深紫色，裂片被短柔毛，萼片边缘被缘毛 …… **1. 青蛇藤 P. calophylla**
1. 叶狭披针形，宽5~10mm；花冠黄绿色，裂片和萼片边缘均无毛 …… **2. 黑龙骨 P. forrestii**

1. 青蛇藤 图1287

Periploca calophylla (Wight) Falc.

藤状灌木。具乳汁；除花外全株无毛。叶近革质，椭圆形或长椭圆形，长4.5~6.0cm，宽约1.5cm，顶端渐尖，基部楔形。聚伞花序腋生，长约2cm，着花约10朵；萼片卵圆形，有缘毛，内面基部有腺体；花冠深紫色，直径约8mm，外面无毛，内面被白色柔毛，裂片长圆形；副花冠环状；雄蕊着生在花冠的基部，花丝离生。蓇葖果双生，长圆形，长约12cm，直径约5mm；种子黑褐色，顶端具白色绢质种毛。花期4~5月；果期8~9月。

产于南丹、都安、那坡、乐业、隆林、田林。生于山地疏林或灌丛，攀援树上。分布于西藏、四川、云南、贵州、湖南、河南；印度、尼泊尔也有分布。茎皮药用，祛风散寒、活血散於，治风湿麻木、腰痛、跌打损伤、蛇咬伤。茎皮纤维强韧，可编织绳索、造纸。

2. 黑龙骨

Periploca forrestii Schltr.

藤状灌木，长达10m。具乳汁，多分枝，全株无毛。叶革质，狭披针形，长3.5~7.5cm，宽5~10mm，顶端渐尖，基部楔形。聚伞花序腋生，比叶短，着花1~3朵；花序梗和花梗柔细；花小，直径约5mm，黄绿色；花萼裂片卵圆形或近圆形，长1.5mm；花冠近辐射状，花冠筒短，裂片长圆形，长2.5mm。蓇葖果双生，长圆柱形，长达11cm，直径约5mm；种子长圆形，扁平，顶端具白色绢质种毛；种毛长约3cm。花期3~4月；果期6~7月。

产于南丹、那坡、田林、隆林、靖西、田阳、凌云、乐业。生于山地杂木林下或灌木丛中。分布于西藏、青海、四川、贵州、云南。植株有小毒，叶含强心甙。全株供药用，可舒筋活络、祛风除湿，治风湿性关节炎、跌打损伤、胃痛、消化不良、闭经、疟疾等。

图1287 青蛇藤 Periploca calophylla (Wight) Falc. 1. 花枝；2. 花；3. 花萼；4. 雄蕊，示花药背部具长柔毛；5. 雌蕊；6. 花粉器背面观；7. 花粉器腹面观；8. 蓇葖果；9. 种子。(仿《中国植物志》)

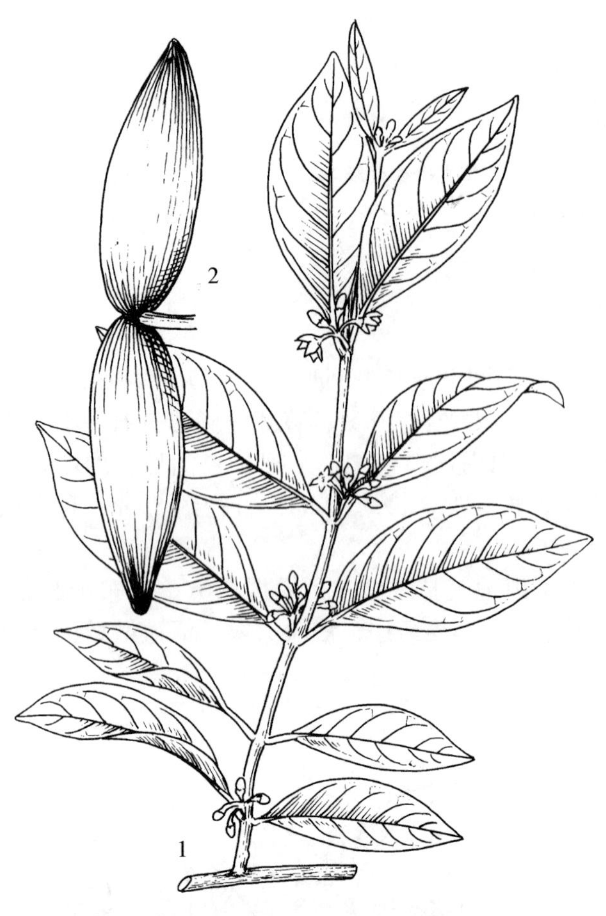

图 1288　须药藤 **Stelmocrypton khasianum** (Kurz) Baill.　1. 花枝；2. 蓇葖果。(仿《中国植物志》)

5. 须药藤属 Stelmatocrypton H. Baill.

缠绕木质藤本，有乳汁。单叶对生。聚伞花序；花萼小，5 裂，裂片双盖覆瓦状排列，内面基部有 5 枚腺体；花冠近钟状，花冠裂片向右覆盖；副花冠裂片 5 枚，卵形，与花丝合生，着生花冠基部；雄蕊 5 枚，花药长卵形，顶端具长毛，伸出花喉之外；花粉器匙形，内具四合花粉，载花器柄长，黏盘黏着柱头基部；心皮 2 枚，离生。蓇葖果双生，叉开成直线；种子顶端具白色绢质种毛。

1 种。产于印度和中国，广西也产。

须药藤　图 1288

Stelmocrypton khasianum (Kurz) Baill.

缠绕木质藤本，具乳汁。茎与根有香气。叶近革质，椭圆形，长 7 ~ 17cm，宽 2.5 ~ 8.0cm，顶端渐尖，基部楔形，无毛，叶干后浅棕红色。花小，黄绿色，花序具花 4 ~5 朵；花序梗长约 5mm；花梗长 2mm；花冠喉部有 5 丛长毛伸出。蓇葖果双生，叉开，长 5 ~9cm，直径约 2cm；种子顶端具白色绢质种毛。

产于百色、那坡、隆林。生于山地灌丛中。分布于云南、贵州；印度也有分布。根可提取芳香油，供配制香精和定香剂。全株可药用，有祛风解表、温中行气、止痛等功效，治感冒、头痛、咳嗽、支气管炎、胃痛、食积气胀等症。

130　萝藦科 Asclepiadaceae

多年生草本、藤本、直立或攀援灌木。具乳汁。根部木质或肉质成块状。单叶对生或轮生；叶柄顶端常具有丛生腺体。聚伞花序；花两性，5 数；花萼筒短；花冠辐射状、坛状，稀高脚碟状；常具副花冠，为 5 枚离生或基部合生裂片或鳞片所组成；雄蕊 5 枚，与雌蕊黏生成中心柱；花药连生成一环而腹部贴生于柱头基部，花丝合生成 1 个有蜜腺的合蕊管，或花丝离生，药隔顶端具有阔卵形而内弯的膜片；花粉粒联合包在薄膜内而成花粉块，花粉块柄丝状，基部有着粉腺，每花药有 2 个或 4 个花粉块；无花盘；子房上位，由 2 枚离生心皮组成；胚珠多数。蓇葖果双生；种子多数，顶端具有丛生白色或黄色绢质种毛。

约 130 属 2000 种。中国 38 属 230 余种；广西 27 属 104 种，本志记载木本植物 10 属 24 种。

分属检索表

1. 每花药有花粉块 4 个，相邻药室内的 4 个花粉块团着生在细小无柄的着粉腺上。
    2. 花药顶端无膜片，副花冠裂片钻状或窄披针形 ………………………… **1. 弓果藤属 Toxocarpus**
    2. 花药顶端有膜片，副花冠裂片小镰刀状或舌形 ………………………… **2. 鲫鱼藤属 Secamone**
1. 每花药有花粉块 2 个，相邻药室内的 2 个花粉块团着生在紫红色有柄的着粉腺上。

3. 直立灌木 …………………………………………………………………………………………………… **3. 牛角瓜属 Calotropis**
3. 藤本或攀援灌木。
4. 副花冠5裂、杯状或筒状，花粉块下垂 ………………………………………………… **4. 鹅绒藤属 Cynanchum**
4. 副花冠5深裂，裂片球状或钻状，花粉块直立或平展。
5. 副花冠着生花冠筒弯缺处成硬带，或生于冠筒内壁成2裂被毛条带 …………… **5. 匙羹藤属 Gymnema**
5. 副花冠生于雄蕊背部或合蕊冠上，或成5个扁平膜片，或无副花冠。
6. 花冠高脚碟状、近钟状或坛状。
7. 副花冠背部厚，裂片肉质，钻状 ……………………………………………………… **6. 牛奶菜属 Marsdenia**
7. 副花冠背部扁平，裂片细小，或无副花冠 ……………………………………… **7. 黑鳗藤属 Jasminanthe**
6. 花冠坛状、宽钟状或辐射状。
8. 副花冠为5个扁平膜片，贴生于合蕊冠基部 ……………………………… **8. 纤冠藤属 Gongronema**
8. 副花冠为5个肉质卵形裂片。
9. 副花冠裂片呈放射状，内角成尖齿，紧靠花药，花粉块直立 ……………… **9. 南山藤属 Dregea**
9. 副花冠裂片非放射状，花粉块平展或斜升，稀直立 ………………………… **10. 娃儿藤属 Tylophora**

1. 弓果藤属 Toxocarpus Wight et Arn.

攀援灌木。叶对生，先端具细尖头，基部双耳形。伞状聚伞花序；花萼小，内面基部有5枚腺体或无腺体；花冠辐射状，裂片向左覆盖；副花冠5裂，裂片着生于合蕊管基部；花药小，顶端无膜片；花粉块每室2个，每个着粉腺上有4个花粉块，花粉块柄极短或无；柱头长喙状膨大或长圆形，伸出花冠之外。蓇葖果极叉开；种子顶端具白色绢质种毛。

约40种。中国11种；广西6种，本志记载4种。

分种检索表

1. 叶两面无毛；副花冠裂片较花药长。
2. 花冠裂片两面无毛，柱头粗纺锤形，顶端全缘 ……………………………………… **1. 弓果藤 T. wightianus**
2. 花冠裂片外面无毛，内面被长柔毛，柱头细长 ……………………………… **2. 西藏弓果藤 T. himalensis**
1. 叶面无毛或中脉被毛，背面微毛或锈色长柔毛；副花冠裂片较花药短。
3. 叶椭圆状长圆形，叶背密被锈色长柔毛 ……………………………………………… **3. 毛弓果藤 T. villosus**
3. 叶倒披针形或倒卵形，近无毛或叶背被微柔毛 ……………………………… **4. 凌云弓果藤 T. paucinervius**

1. 弓果藤 牛角藤 图1289

Toxocarpus wightianus Hook. et Arn.

攀援灌木，小枝被毛。叶近革质，宽椭圆形或宽倒卵形，长2.5cm，宽1.5~3.0cm，先端急尖，具锐尖头，基部微耳形，两面无毛。二歧聚伞花序腋生，较叶短；花萼被锈色绒毛；花冠淡黄色，无毛，裂片窄披针形，裂片与花冠筒等长，长约3mm；副花冠裂片卵状三角形，两面无毛，长于花药；花粉块直立；柱头粗纺锤形，高出花药，顶端全缘。蓇葖果叉开180°，窄披针形，长约9cm，直径约1cm，被锈色绒毛；种毛白色绢质，长约3cm。花期6~8月；果期10月至翌年1月。

产于罗城、博白、陆川、北海、防城。生于低山丘陵灌木丛中。分布于云南、贵州、广东、海南；印度、越南也有分布。

2. 西藏弓果藤

Toxocarpus himalensis Falc. ex Hook. f.

攀援灌木。小枝棕褐色，有皮孔，被微毛。叶近革质，椭圆形或长椭圆形，长2.5~5.5cm，宽1.2~3.0cm，两面无毛，顶端急尖或具小尖头，基部急尖。花冠直径约1cm，裂片披针形，外面无毛，内面被长柔毛；副花冠裂片长于花药；柱头细长，顶端2裂，裂片不等长。蓇葖果叉生，窄披

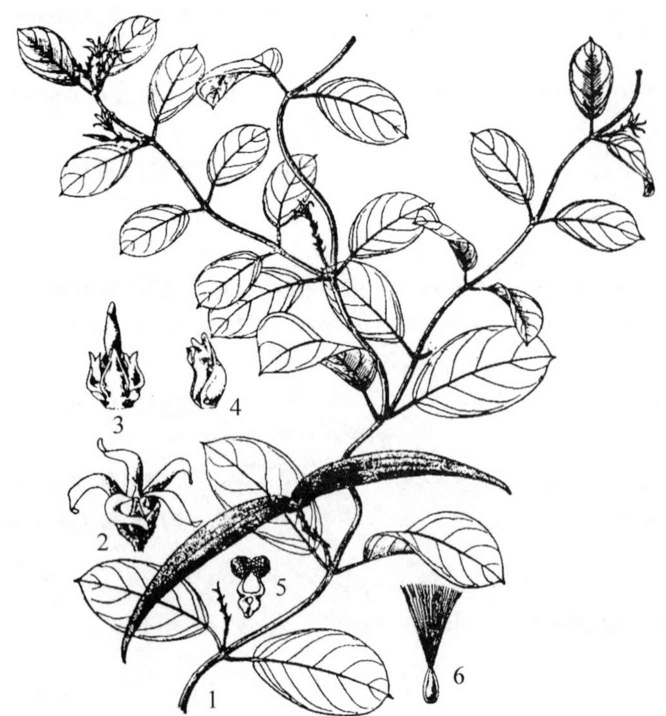

图 1289　弓果藤 Toxocarpus wightianus Hook. et Arn.　1. 花果枝；2. 花；3. 副花冠和合蕊柱；4. 副花冠和雄蕊的侧面观；5. 花粉器；6. 种子。（仿《中国植物志》）

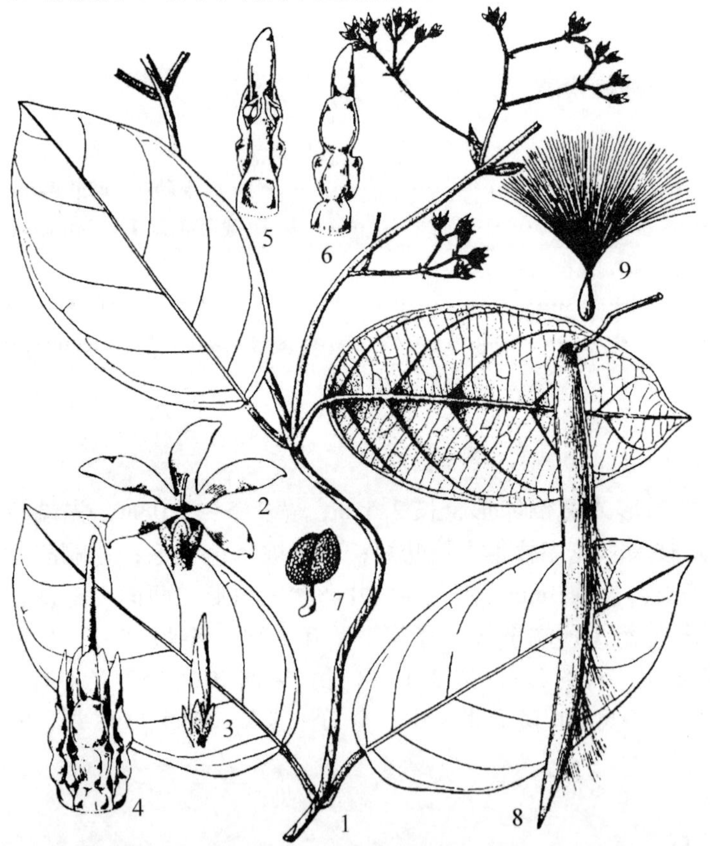

图 1290　毛弓果藤 Toxocarpus villosus (Bl.) Decne.　1. 花枝；2. 花；3. 花蕾；4. 副花冠和合蕊柱；5. 雄蕊的腹面观；6. 雄蕊的背面观，示背面着生的副花冠；7. 花粉器；8. 蓇葖果；9. 种子。（仿《中国植物志》）

针形，长 10 ~ 15cm，宽 1.2 ~ 1.8cm，幼时被锈色柔毛；种子卵圆形，长约 18mm，具喙。花期 5 ~ 6 月；果期 8 ~ 12 月。

产于金秀、苍梧、隆林、横县。分布于西藏、云南、贵州；印度也有分布。

3. 毛弓果藤　图 1290

Toxocarpus villosus (Bl.) Decne.

藤状灌木。幼嫩部分被锈色绒毛。叶厚纸质，对生，椭圆状长圆形，长 5.0 ~ 11.5cm，宽 2 ~ 6cm，叶面中脉被柔毛，叶背被锈色长柔毛。二歧聚伞花序腋生，被锈色绒毛；花黄色，长约 1.5cm；花冠筒短，裂片披针状长圆形，长 0.8 ~ 1.0cm，基部被长柔毛；副花冠裂片顶端钻状，较花药短；花粉块直立；花柱长圆柱状，被微柔毛，柱头高于花药。蓇葖果近圆柱状，长约 8cm，直径约 1cm；种子众多，线形；种毛长约 2cm。花期 4 月；果期 6 月。

产于罗城、隆林、贺州、龙州、上思、防城。分布于福建、湖北、四川、云南、贵州；印度尼西亚和越南也有分布。

4. 凌云弓果藤

Toxocarpus paucinervius Tsiang

藤状灌木，长 5m。小枝柔弱，圆柱形，暗褐色，被黄色柔毛，节上被毛较密较长；花序梗、花梗、苞片、小苞片、花萼外面及外果皮均被红色绒毛。叶开展，倒披针形或倒卵形，长 4.0 ~ 5.5cm，宽 1.0 ~ 2.2cm，顶端具短的细尖头，基部楔状耳形，叶耳圆形，近无毛或叶背被微柔毛；侧脉稀少，常 3 对稀 4 对。聚伞花序腋外生，约长过叶的一半；花冠辐射状，外面被微柔毛，花冠裂片比花冠筒长。蓇葖果线状披针形，长约 9cm，直径 0.5cm；种子棕褐色，长圆状卵圆形；种毛长约 2cm，白色绢质。花期夏季；果期秋季。

产于柳州、罗城、天峨、凌云、隆林、西林、凌云、乐业。生于海拔 800m 以下山林中。分布于云南。

2. 鲫鱼藤属 Secamone R. Br.

藤状灌木。具乳液。叶对生，常有透明腺点。二至三歧聚伞花序；花小；萼片5深裂，双盖覆瓦状排列；花冠近辐射状，裂片5枚，向右覆盖；副花冠5裂，裂片中部以下贴生于合蕊冠上，裂片镰刀状或舌状；雄蕊5枚，着生于花冠筒基部，花药顶端有透明膜片，覆盖柱头；每花药有4个花粉块，每室2个；子房2裂。蓇葖果叉生；种子顶端具白色绢质种毛。

约80种。中国6种，分布于西南至华南地区；广西3种。

分种检索表

1. 幼枝及叶背面被短柔毛，侧脉在叶背明显隆起；花冠裂片内面有乳头状凸起 …………………… **1. 吊山桃 S. sinica**
1. 幼枝及叶两面均无毛，侧脉在叶两面扁平，不明显；花冠裂片无乳头状凸起。
  2. 叶先端锐尖；花序梗不曲折 …………………………………………………………… **2. 催吐鲫鱼藤 S. minutiflora**
  2. 叶先端尾状渐尖；花序梗曲折…………………………………………………………………… **3. 鲫鱼藤 S. elliptica**

1. 吊山桃 华四粉藤、扛棺归

Secamone sinica Hand. -Mazz.

藤状灌木，长8m。具乳汁；幼枝被锈色柔毛。叶纸质，卵状披针形，长2~7cm，宽1~2cm，顶端渐尖，基部近圆形或宽楔形，具透明腺点，叶面无毛，叶背被柔毛；侧脉6~10对，在叶面扁平，在叶背凸起。聚伞花序，花序梗密被锈色柔毛；花萼裂片宽卵形，内面基部有腺体；花冠黄色，裂片长圆形，内面有乳头状凸起。蓇葖果披针形，长4~6cm，直径约0.7cm；种毛长约3.5cm。花期5~6月；果期9~10月。

产于临桂、阳朔、钟山、柳州、融水、鹿寨、罗城、东兰、南丹、田阳、乐业、田东、贵港、桂平、武鸣、横县、大新、龙州、扶绥。生于丘陵山地疏林中或灌丛中，攀援树上或岩石上。分布于广东、贵州、云南。中性偏阴植物，喜肥沃土壤，多生于林下或山坡灌丛中，在石灰岩山地从山脚至山顶都有，生于腐殖质丰富的石穴、石缝土中。根、叶可供药用，强筋壮骨、补精、催乳。

2. 催吐鲫鱼藤 小花青藤 图1291

Secamone minutiflora (Woodson) Tsiang

藤状灌木。具乳汁，除叶柄、花序梗、花梗和萼片被微毛或柔毛外，其余均无毛。叶薄纸质，椭圆状卵形，长3.0~4.5cm，宽1.2~1.8cm，先端锐尖，基部楔形，叶背有透明腺点；中脉在叶背凸起，侧脉在叶两面不明显。聚伞花序假伞形状，腋外生，较叶短；花序梗直；花萼裂片卵圆形，长约1mm；花冠近辐射状，直径约4mm，花冠筒短，裂片长圆形，长约1.5mm。蓇葖果线状披针形，长5~6cm，直径6~9mm；种毛长约2.5cm。花期5~7月；果期8~10月。

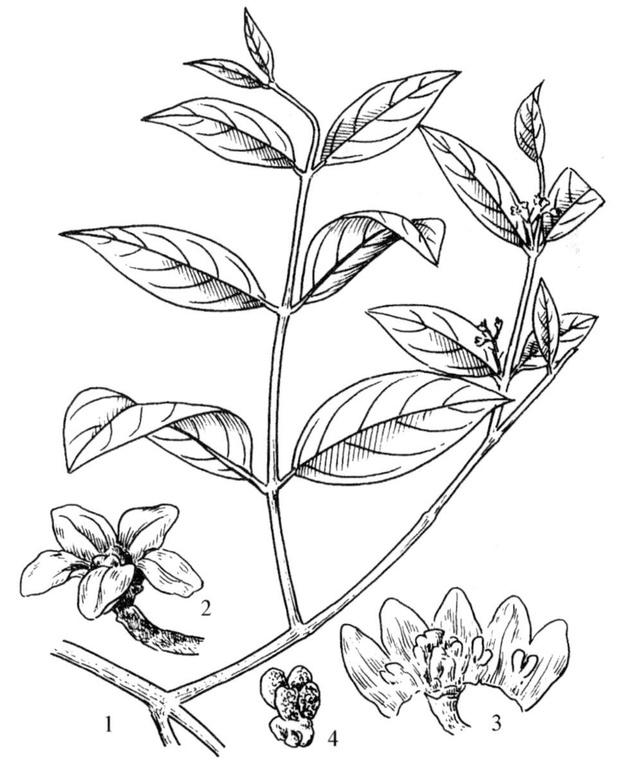

图1291 催吐鲫鱼藤 Secamone minutiflora (Woodson) Tsiang 1. 花枝；2. 花；3. 花冠展开，示雄蕊；4. 花粉器。(仿《中国高等植物图鉴》)

图 1292 **鲫鱼藤 Secamone elliptica** R. Br. 1. 花枝；2. 花；3. 花萼展开，示腺体；4. 花冠展开；5. 花萼和雌蕊；6. 花粉器；7. 蓇葖果；8. 种子。（仿《中国植物志》）

产于天峨、凤山、田林、乐业、凌云。生于海拔 800m 以下山地疏林中或灌木林中。分布于贵州、四川、云南。根有毒，误食者呕吐。

3. 鲫鱼藤 图 1292

Secamone elliptica R. Br.

藤状灌木，长 2m。除花序外其余部分均无毛。叶纸质，有透明腺点，椭圆形，长 4～7cm，宽 1.5～2.5cm，先端尾状渐尖，基部楔形；侧脉不明显。聚伞花序腋生，着花多朵；花序梗曲折，两叉，长约 6cm，被柔毛；花萼裂片卵圆形，外面被柔毛，内面基部有腺体；花冠黄或黄绿色，辐射状，花冠筒短，裂片长圆形。蓇葖果广歧，披针形，基部膨大，长 5～7cm，直径约 1cm；种子褐色，顶端平截；种毛长约 3cm。花期 7～8 月；果期 10 月至翌年 1 月。

产于贺州、钟山、东兰、天峨、百色、德保、隆林、凌云、合浦、钦州、浦北、东兴。生于海拔 600m 以下山地疏林或灌丛中，攀援树上。分布于广东、海南、云南、台湾；马来西亚、越南、柬埔寨也有分布。

3. 牛角瓜属 Calotropis R. Br.

直立灌木，含丰富乳汁。叶对生，羽状脉。聚伞花序伞状或近总状；花萼 5 裂，内面基部有腺体；花冠宽钟状或近辐射状，裂片 5 枚，镊合状排列或向右覆盖；副花冠 5 裂，着生于雄蕊背部，肉质，基部成外卷的距；雄蕊着生于花冠基部；花药顶端有内折膜片；每室 1 个花粉块；子房 2 裂，柱头盘状五角形。蓇葖果通常单生；种子顶端有白色绢毛。

约 3 种。我国 2 种，分布于南部及西南部；广西 1 种。

牛角瓜 图 1293

Calotropis gigantea (L.) Dryand.

直立灌木，高 3m。全株具乳汁；幼枝、叶两面、花序梗和花梗均被灰白色绒毛。叶倒卵形或椭圆状长圆形，长 8～20cm，宽 3.5～10.0cm，顶端急尖，基部心形；叶柄 1～4mm，有时叶基部抱茎。聚伞花序伞状；花梗长 2.0～2.5cm；花冠紫蓝色，近辐射状，直径 3～4cm，裂片卵圆形，长约 1.5cm，通常反折；副花冠裂片较合蕊柱短。蓇葖果单生，膨胀，卵状披针形，长 7～9cm，直径约 3cm，被柔毛；种子宽卵形，种毛长约 2.5cm。几乎全年开花结果。

产于武鸣、南宁、龙州、宁明。分布于广东、海南、四川、云南；印度、缅甸、越南也有分

图 1293 牛角瓜 Calotropis gigantea（L.）Dryand. 1. 花枝；2. 花；3. 合蕊柱和副花冠；4. 雌蕊；5. 花粉器；6. 蓇葖果；7. 种子。(仿《中国植物志》)

布。乳汁有毒，含多种强心甙，供药用，治皮肤病、痢疾、风湿、支气管炎；树皮可治癫癣。茎皮纤维强韧，供造纸、人造棉、编绳索。

4. 鹅绒藤属 Cynanchum L.

灌木或多年生草本，直立或攀援，具乳液。叶对生，稀轮生。聚伞花序常伞状，着花多朵，花小；花萼 5 深裂，内面基部常有腺体，萼片常双盖覆瓦状排列；花冠辐射状或钟状，花冠筒短；副花冠肉质或膜质，5 裂，杯状或筒状，裂片内面有时具舌状片；花药顶端膜片内向；花粉块每室 1 个，长圆形，下垂；心皮 2 枚，离生，花柱短，柱头基部膨大，五角形。蓇葖果双生或 1 个不发育；种子具白色绢毛。

约 200 种。中国 57 种；广西 15 种，本志记载木本植物 2 种。

分种检索表

1. 攀援灌木，嫩茎具单列毛；叶基部耳形，有叶柄…………………………………… **1. 朱砂藤 C. officinale**
1. 直立小灌木，茎被 2 列柔毛；叶基部楔形或圆形，近无柄…………………………… **2. 白前 C. glaucescens**

图1294 朱砂藤 Cynanchum officinale（Hemsl.）Tsiang et H. T. Zhang
1. 果枝；2. 花和花序；3. 花萼；4. 花冠展开；5. 合蕊柱和副花冠；6. 花粉器。（仿《中国植物志》）

1. 朱砂藤 野红薯藤（凌云） 图1294

Cynanchum officinale（Hemsl.）Tsiang et H. T. Zhang

攀援藤状灌木。茎缠绕，嫩茎具单列毛。叶对生，薄纸质，卵形或卵状长圆形，长5～12cm，宽3.5～9.5cm，先端渐尖，基部耳形，无毛或叶背被微毛；叶柄长2～6cm。聚伞花序腋生，长3～8cm，着花约10朵；花萼裂片被微毛，内面基部具5枚腺体；花冠淡绿色或白色；副花冠肉质，深5裂，裂片卵形，内面中部具圆形舌状片。蓇葖果仅1枚发育，先端长渐尖，基部窄楔形，长约11cm，直径约1cm；种子具白色绢毛。花期5～8月；果期7～10月。

产于兴安、龙胜、金秀、象州、融水、凌云、大新。生于海拔1000m以上山地疏林或灌丛中。分布于陕西、甘肃、安徽、江西、湖南、湖北、四川、云南、贵州；越南也有分布。根药用，补虚镇痛，治癫痫、狂犬病和毒蛇咬伤。

2. 白前 白薇(全州） 图1295

Cynanchum glaucescens（Decne.）Hand.-Mazz.

直立小灌木，高50cm。茎被2列柔毛。叶对生，无毛，长圆形或长圆状披针形，长1～5cm，宽0.7～1.2cm，顶端钝或急尖，基部楔形或圆形，近无柄。聚伞花序伞状，腋生或腋外生，较叶短；花萼5深裂，内面基部具5枚腺体；花冠黄色；副花冠浅杯状，裂片5枚，卵形，肉质。蓇葖果单生，纺锤形，长约5cm，直径约1cm。花期5～7月；果期7～12月。

产于全州、昭平。生于江边、河岸、沙石间或丘陵地。分布于江苏、浙江、安徽、福建、江西、湖南、陕西、河南、广东。根茎及根供药用，为中药“白前”，治感冒、咳嗽、支气管炎、气喘、水肿、小便不利。

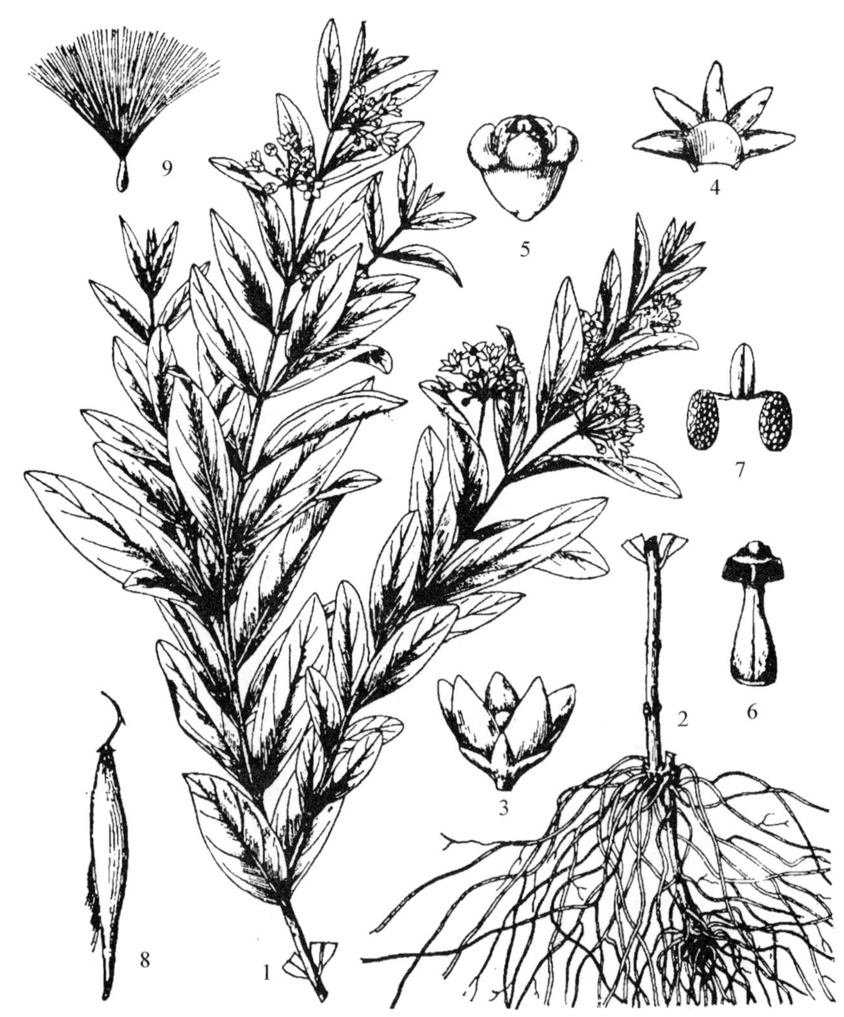

图1295 白前 **Cynanchum glaucescens** (Decne.) Hand.-Mazz. 1. 花枝；2. 根；3. 花；4. 花冠展开示腺体；5. 合蕊柱及副花冠；6. 雌蕊；7. 花粉器；8. 蓇葖果；9. 种子。(仿《中国植物志》)

5. 匙羹藤属 Gymnema R. Br.

木质藤本或攀援状灌木。具乳液。叶对生。伞状聚伞花序；花萼内面基部通常有腺体；花冠近辐射状或钟状，裂片5枚，略向右覆盖；副花冠5枚，鳞片状，着生在花冠筒弯缺处，呈条带，顶端有细齿；雄蕊5枚，着生于花冠基部，花药顶端具膜片；花粉块每室1个，直立；心皮2枚，离生。蓇葖果双生，卵状披针形，基部膨大；种子顶端具白色绢毛。

约25种。中国7种，分布于西南部和南部；广西4种，本志记载2种。

分种检索表

1. 叶厚纸质，倒卵状长圆形，基部宽楔形，叶柄长0.3~1.0cm；花冠绿白色 ………………… **1. 匙羹藤 G. sylvestre**
1. 叶膜质，卵状长圆形至卵形或宽卵形，基部浅心形或圆，叶柄长2~6cm；花冠黄色 ……… **2. 广东匙羹藤 G. inodorum**

1. 匙羹藤 图1296

Gymnema sylvestre (Retz.) R. Br. ex Sm.

藤本，长4m。具乳汁。叶厚纸质，倒卵状长圆形，长3~8cm，宽1.5~4.0cm，基部宽楔形，仅叶脉被微毛；侧脉4~5对；叶柄长0.3~1.0cm，被柔毛，顶端具簇生腺体。伞状聚伞花序腋生，

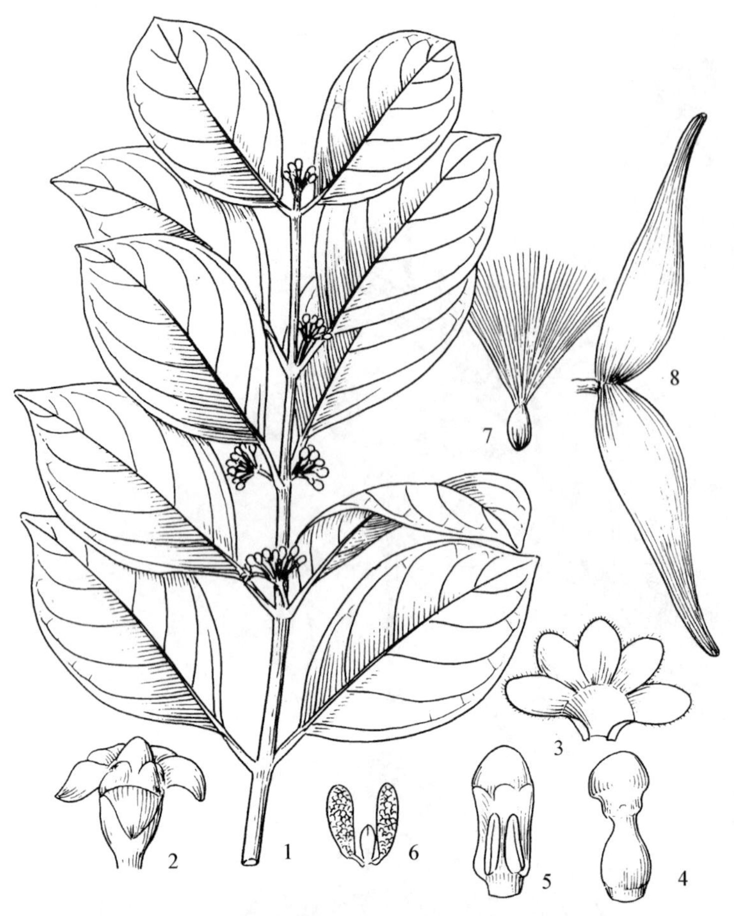

图1296 匙羹藤 Gymnema sylvestre（Retz.）R. Br. ex Sm.
1. 花枝；2. 花；3. 花萼展开，示腺体；4. 合蕊柱；5. 雌蕊；6. 花粉器；7. 蓇葖果；8. 种子。（仿《中国植物志》）

较叶短；花冠绿白色，钟状，裂片卵圆形。蓇葖果卵状披针形，长5～9cm，直径约2cm，果皮硬，无毛；种子卵圆形，薄而凹陷，种子顶端具白色绢毛。花期5～9月；果期10月至翌年1月。

产于广西各地。生于山地疏林或山坡灌丛中。分布于浙江、福建、广东、海南、云南、台湾；印度、越南、印度尼西亚也有分布。全株药用，清热解毒、祛风止痛，治风湿痹痛、脉管炎、毒蛇咬伤；外用治痔疮、消肿、枪弹创伤，也可灭虱。植株有小毒，孕妇慎用。

2. 广东匙羹藤 无香藤（金秀）

Gymnema inodorum（Lour.）Decne.

木质藤本，长9m。茎无毛，嫩枝被微毛。叶膜质，卵状长圆形至卵形或宽卵形，长4～13cm，宽2～9cm，先端渐尖，基部圆形或浅心形，无毛或叶脉稍被微毛；侧脉4～6对；叶柄长2～6cm，顶端具簇生腺体。伞状聚伞花序腋生，长1.5～4.0cm；花萼裂片长圆形，被微毛，内面基部有腺体；花冠淡黄色，钟状，被微毛，裂片长圆形。蓇葖果披针状圆柱形，长9～12cm，直径2～5cm；种子卵形，顶端具白色绢质种毛。花期5～7月；果期7月至翌年1月。

产于贺州、金秀、隆林、西林、隆安、武鸣、上林、合浦、钦州、上思、防城、龙州。生于山地疏林内或灌丛中。分布于广东、海南、云南、贵州；印度、越南、菲律宾也有分布。

6. 牛奶菜属 Marsdenia R. Br.

攀援灌木，稀直立。具乳汁。叶对生。伞状聚伞花序；花萼5深裂，裂片双盖覆瓦状排列，内面基部有腺体；花冠钟状、坛状或高脚碟状，裂片向右覆盖；副花冠5裂，背部厚，裂片肉质，锥形，基部贴生合蕊冠，顶端分离；雄蕊着生花冠筒基部；花丝顶端有内弯膜片，花粉块具柄，每室1个，直立，长圆形；心皮2枚，离生，柱头高于花药。蓇葖果双生或1个不发育；种子顶端具白色绢毛。

约100种。中国25种，分布于华东、华南及西南；广西6种，本志记载4种。

分种检索表

1. 鲜叶和干叶均蓝绿色，秃净；蓇葖果被绒毛 …………………………………… **1. 蓝叶藤 M. tinctoria**
1. 叶不为蓝绿色。
  2. 叶基部圆形，全株被毛 …………………………………… **2. 四川牛奶菜 M. schneideri**
  2. 叶基部心形。
    3. 全株被绒毛；叶卵圆状心形，叶柄长约2cm …………………………………… **3. 牛奶菜 M. sinensis**
    3. 全株几无毛；叶宽卵形至卵状长圆形，叶柄长4～10cm …………………………………… **4. 大叶牛奶菜 M. koi**

1. 蓝叶藤 肖牛耳藤 图 1297

Marsdenia tinctoria R. Br.

攀援藤本，长达 5m。叶长圆形，长 5~12cm，宽 2~5cm，先端渐尖，基部浅心形或圆形，鲜时和干后均呈蓝绿色，秃净无毛。聚伞圆锥花序近腋生，长 3~7cm；花冠黄白色，干后蓝黑色，花冠筒喉部有刷状毛，裂片较花冠筒短。蓇葖长圆状披针形，长约 10cm，直径约 1cm，被绒毛；种毛长约 1cm，黄色绢质。花期 3~5 月；果期 8~12 月。

产于广西各地。生于山地密林中。分布于湖南、湖北、广东、海南、贵州、云南、四川、西藏、台湾；亚洲南部及东南部也有分布。茎皮、叶、花均含蓝靛，可作染料。茎皮纤维强韧，可织粗绒布，编制绳索、渔网。果药用，治胃痛。

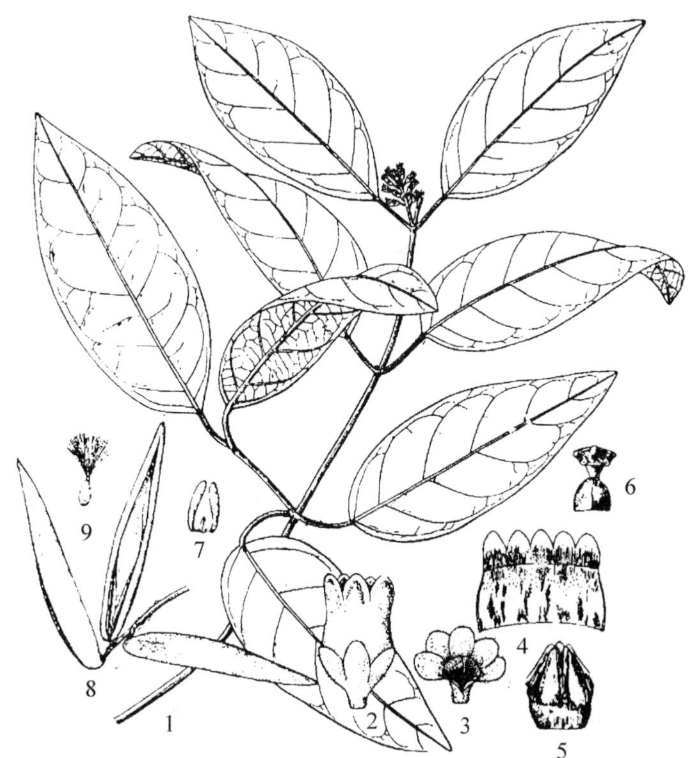

图 1297 蓝叶藤 Marsdenia tinctoria R. Br. 1. 花枝；2. 花；3. 花萼展开示腺体；4. 花冠展开，示喉部一刷毛；5. 合蕊柱和副花冠；6. 雌蕊；7. 花粉器；8. 蓇葖果；9. 种子。(仿《中国植物志》)

2. 四川牛奶菜 云南牛奶藤

Marsdenia schneideri Tsiang

攀援藤本。茎粗壮，黄褐色被绒毛；全株被毛。叶长圆形，长 7~10cm，宽 3.2~6.0cm，顶端钝，基部圆形，叶背被黄色或红色毛，叶面毛散生；侧脉4~5 对，中脉两面有长毛且基部有腺体；叶柄长 1.5~3.0cm，被长柔毛。聚伞花序顶生，长 3.5~6.0cm，着花多朵；花序梗长 1.5~2.0cm，被红黄色长柔毛；花长 3~4mm，黄色。蓇葖果披针形；种子顶端被白色绢毛。花期 4 月；果期 6 月。

产于天峨、巴马、乐业、隆林、田林。分布于贵州、云南；越南也有分布。

3. 牛奶菜 图 1298

Marsdenia sinensis Hemsl.

粗壮木质藤本。全株被绒毛。叶卵圆状心形，长 8~12cm，宽 5.0~7.5cm，顶端短渐尖，基部心形，叶面被稀疏微毛，叶背被黄色绒毛；侧脉5~6 对；叶柄长约 2cm，被黄色绒毛。伞形聚伞花序腋生，长 1~3cm，着花 10~20 朵；花序梗、花梗和花萼均被黄色绒毛；花萼内面基部有腺体 10 余枚；花冠

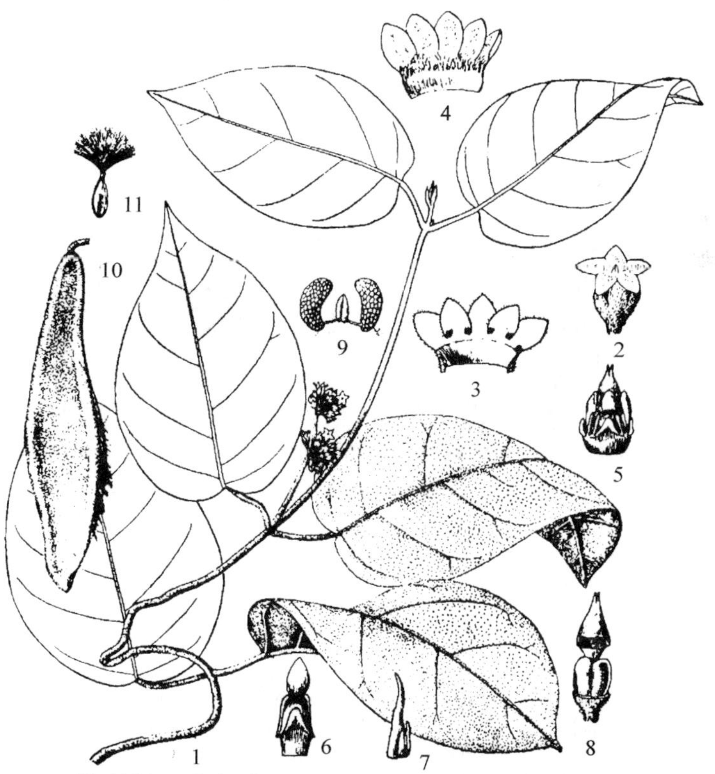

图 1298 牛奶菜 Marsdenia sinensis Hemsl. 1. 花枝；2. 花；3. 花萼展开，示腺体；4. 花冠展开；5. 合蕊柱和副花冠；6. 雄蕊和副花冠背面观；7. 雄蕊和副花冠侧面观；8. 雌蕊；9. 花粉器；10. 蓇葖果；11. 种子。(仿《中国植物志》)

图 1299 大叶牛奶菜 Marsdenia koi Tsiang 1. 花枝；2. 花；3. 花萼展开，示腺体；4. 花冠展开；5. 花蕾；6. 合蕊柱和副花冠；7. 雌蕊；8. 花粉器。(仿《中国植物志》)

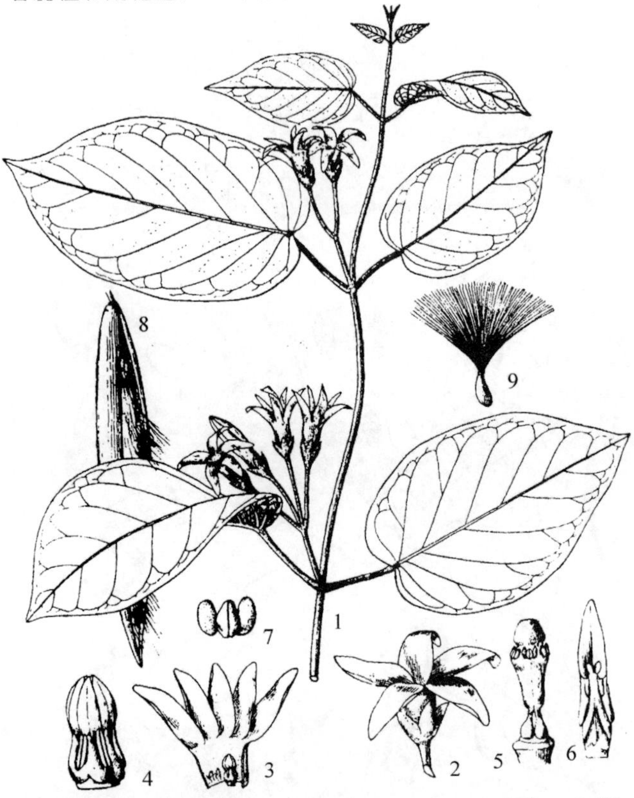

图 1300 黑鳗藤 Jasminanthes mucronata (Blanco) W. D. Stevens et P. T. Li 1. 花枝；2. 花；3. 花冠展开，示合蕊柱；4. 合蕊柱和副花冠；5. 雌蕊；6. 雄蕊腹面观；7. 花粉器；8. 蓇葖果；9. 种子。(仿《中国植物志》)

白色、淡黄色或玫瑰红色，长约 5mm，内面被绒毛。蓇葖果纺锤形，两端渐尖，长约 10cm，直径约 2. 5cm，外面被黄色绒毛；种子顶端被白色绢毛，种毛长约 4cm。花期夏季；果期秋季。

产于博白、桂平、贵港，生于海拔 300m 以下山谷疏林中。分布于浙江、江西、湖北、湖南、福建、广东、四川。全株供药用，壮筋骨，治跌打，利肠健胃等。

4. 大叶牛奶菜 图 1299

Marsdenia koi Tsiang

攀援藤本。除花外，全株无毛。叶纸质，宽卵形至卵状长圆形，长 10 ~ 16cm，宽 5. 5 ~ 10. 0cm，顶端急尖具尖头，基部心形；叶柄长 4 ~ 10cm，顶端具小腺体。伞形聚伞花序腋生，比叶短；总花梗长 7 ~ 9cm；花梗长 1. 5 ~ 7. 0cm；花萼 5 裂，有缘毛，内面基部有 10 枚腺体；花冠钟状，直径达 2. 8cm，内面被柔毛，花冠裂片 5 枚，卵圆形，被缘毛。蓇葖果椭圆状，长约 5cm，直径约 2. 5cm；种子顶端被白色绢毛。花期 7 ~ 11 月。

产于凌云、隆林。生于山地杂木林中。分布于广东、贵州、西藏。

7. 黑鳗藤属 Jasminanthes Bl.

攀援灌木。具乳液。叶对生，通常具长柄。伞状聚伞花序；花萼 5 深裂，裂片双盖覆瓦状排列，内面基部常无腺体；花冠近高脚碟状或近漏斗状，花冠筒圆筒形，内面基部具 5 行两列柔毛，裂片 5 枚，向右覆盖；副花冠 5 裂，着生于雄蕊背面，背部扁平，裂片细小，顶端离生；雄蕊与雌蕊黏生，花丝短，合生成筒状，花药直立，顶端具膜片，黏着柱头；花粉块每室 1 个，直立；心皮 2 枚，离生，花柱短。蓇葖果粗厚；种子顶端具白色绢毛。

约 5 种。中国 4 种；广西 4 种，本志记载 1 种。

黑鳗藤 华千金子藤 图 1300

Jasminanthes mucronata (Blanco) W. D. Stevens et P. T. Li

藤状灌木，长 12m。枝被两列柔毛。叶

纸质，卵状长圆形，长 7～12cm，宽 4.5～8.0cm，基部心形，幼叶被微毛，老渐无毛；叶柄长约 3cm，被柔毛，顶端具簇生腺体。伞状聚伞花序腋生，通常具花仅 2～3 朵，具紫色汁液；花序梗长 1.5～2.0cm；花梗长 2～3cm；花萼裂片长圆形；花冠白色，有紫色液汁，花冠筒长约 2cm，内面基部具 5 行两列毛，裂片镰刀形，长约 3cm，宽 5mm，展开。蓇葖果长披针形，长约 12cm，直径约 1cm，无毛；种子顶端具白色绢毛。花期 5～6 月；果期 9～10 月。

产于玉林。生于海拔 600m 以下山地林中，常攀援于树上。分布于浙江、福建、江西、湖南、广东、贵州、四川、海南、香港、台湾。藤茎供药用，补虚益气、调经，治产后虚弱、闭经、腰骨酸痛等。

8. 纤冠藤属 Gongronema (Endl.) Decne.

木质藤本。具乳液。叶对生。伞状或总状聚伞花序；花萼 5 深裂，内面基部有 5 枚腺体，萼片双盖覆瓦状排列；花冠坛状、宽钟状或辐射状，裂片 5 枚，向右覆盖覆瓦状排列；副花冠 5 枚扁平膜片，组成环状，着生于合蕊冠基部；雄蕊 5 枚，着生于花冠筒基部，花药顶端具内弯膜片；心皮 2 枚，柱头五角状凸起。蓇葖果双生；种子顶端具有白色绢毛。

约 16 种。中国 2 种，分布于西南及华南；广西 1 种。

纤冠藤 羊乳藤(南宁) 图 1301

Gongronema nepalense (Wall.) Decne.

藤本。全株具乳汁。叶坚纸质，椭圆形或卵圆形，长 6～14cm，宽 2～8cm，顶端短渐尖，基部圆形或浅心形，两面无毛；侧脉 5～7 对，在叶背凸起；叶柄长 1～3cm，顶端具簇生腺体。二至三歧伞状聚伞花序腋生，较叶长；花小，黄白色；花萼内面基部具 5 枚腺体；花冠近钟状，长 4.5～8.0cm，直径 5～7mm，外面被微毛；副花冠为 5 枚扁平而短的膜片，组成环状，着生于合蕊冠的基部。蓇葖果双生，披针状圆柱形，长达 8cm，直径约 7mm，无毛；种子顶端具有白色绢毛，毛长约 2.5cm。花期 6～9 月；果期 8 月到翌年 1 月。

产于鹿寨、罗城、都安、凌云、苍梧、田林、上思、防城、龙州。生于海拔 500～1000m 山坡疏林或灌木丛中。分布于广东、贵州、云南、海南、西藏；尼泊尔、印度也有分布。全株可药用，补精、通奶、消肿，治腰腿痛、跌打损伤等。茎皮纤维强韧，作麻织品和造纸原料。

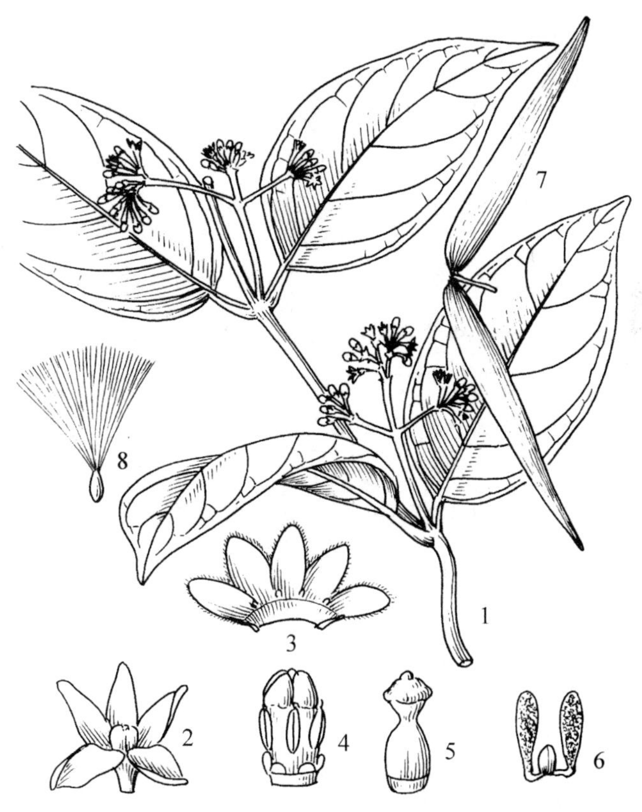

图 1301 纤冠藤 **Gongronema nepalense** (Wall.) Decne. 1. 花枝；2. 花；3. 花萼展开，示腺体；4. 合蕊柱和副花冠；5. 雌蕊；6. 花粉器；7. 蓇葖果；8. 种子。（仿《中国植物志》）

9. 南山藤属 Dregea E. Mey.

攀援木质藤本。具乳液。叶对生，叶柄长，基部通常心形或截形。伞状聚伞花序，着花多朵；花萼 5 裂，内面有腺体；花冠辐射状，顶端 5 裂，裂片向右覆盖；副花冠 5 裂，肉质，贴生于雄蕊背面，呈放射状展开，内角成尖齿，紧靠花药；雌蕊着生于花冠近基部，花药顶端具内弯膜片；花粉块每室1个，直立；心皮2枚。蓇葖果双生；种子顶端具白色绢毛。

约12种。中国4种4变种，主要分布于南部；广西3种1变种，本志记载1种。

南山藤 木通藤（百色）、假夜来香 图1302

Dregea volubilis（L. f.）Benth. ex Hook. f.

大藤本。茎具皮孔，枝条灰褐色，具小瘤状凸起。叶宽卵形或近圆形，长7～15cm，宽5～12cm，顶端急尖或短渐尖，基部截形或浅心形，无毛；叶柄长2.5～6.0cm。伞状聚伞花序腋生，夜吐清香；花序梗长达4cm，被微毛；花梗长2.0～2.5cm；花萼外面被微毛，内面基部有多个腺体；花冠黄绿色，花冠裂片宽卵形，长约8mm，宽6mm；副花冠裂片肉质，内角尖，子房被疏柔毛。蓇葖果披针状圆柱形，长约12cm，直径约3mm，外果皮被白粉，具多条纵皱棱或纵肋；种子顶端具白色绢毛。花期4～9月；果期7～12月。

图1302 南山藤 Dregea volubilis（L. f.）Benth. ex Hook. f. 1. 花枝；2. 花；3. 花萼展开，示腺体；4. 花冠展开；5. 合蕊柱和副花冠；6. 雌蕊；7. 花粉器；8. 蓇葖果；9. 种子。（仿《中国植物志》）

产于巴马、百色、那坡、凌云、南宁、武鸣、横县、宁明、大新。生于海拔500m以下山地林中，常攀援于大树上。分布于湖南、贵州、云南、广东、海南、台湾；印度、孟加拉国、泰国、越南、印度尼西亚也有分布。茎皮纤维可作人造棉、绳索；种毛作填充物。根药用，作催吐剂；茎利尿、止腹痛；全株可治胃热、胃痛；果皮可作兽药。嫩叶也可食。

10. 娃儿藤属 Tylophora R. Br.

缠绕或攀援藤本，稀多年生草本或直立小灌木。具乳液。叶对生，羽状脉，稀三出脉。伞状、伞房状或总状聚伞花序；花小；花萼5裂，内面基部常有腺体；花冠5深裂，辐射状，花冠筒短，裂片向右覆盖或近镊合状排列；副花冠由5枚肉质膨胀裂片组成，贴生于合蕊冠基部，顶端常较合蕊柱低；花丝合生成筒状的合蕊冠，着生于花冠基部；花药直立，顶端有膜片；花粉块每室1个，球形，平展或斜升，着粉腺小；心皮2枚，离生，花柱短，柱头常较花药低。蓇葖果双生，稀单生；种子顶端具白色绢毛。

约60种。中国35种2变种，分布于黄河以南各地；广西18种，本志记载5种。

分种检索表

1. 全体被柔毛；花序较叶短，花序梗直，花冠黄或黄绿色 ………………………………………… **1. 娃儿藤 T. ovata**
1. 全体无毛，或仅幼茎或花冠被微毛。
  2. 叶线形或线状披针形，宽 4～11mm；蓇葖果单生，线状披针形 …………………………… **2. 人参娃儿藤 T. kerrii**
  2. 叶非线形或线状披针形。
    3. 全体无毛；花序较叶长，花序梗曲折，花冠淡紫红色 …………………………… **3. 多花娃藤 T. floribunda**
    3. 幼茎或花冠内被微毛或柔毛；花序较叶短或等长。
      4. 植株除花冠外无毛；叶柄长 1.0～2.5cm；花序与叶近等长，花序梗与花梗紫红色；种子毛黄色 ……… ………………………………………………………………………………… **4. 广花娃儿藤 T. leptantha**
      4. 植株仅幼茎被微毛；叶柄长 2～3mm；花序较叶短，花序梗短于花梗，花梗不等长；种子毛白色 …… ………………………………………………………………………………… **5. 长梗娃儿藤 T. glabra**

1. 娃儿藤 1303

Tylophora ovata (Lindl.) Hook. ex Steud.

攀援藤本。须根丛生，黄白色，有香气，味辛辣；茎、叶柄、叶两面、花序梗、花梗及花萼外面均被锈黄色柔毛。叶卵形，长 2.5～6.0cm，宽 2.0～2.5cm，顶端急尖，具细尖头，基部浅心形；侧脉明显。伞房状聚伞花序腋生，不规则两歧，丛生于叶腋，较叶短，花序梗直；花小，淡黄色或黄绿色，直径约 5mm；花萼内面基部无腺体。蓇葖果双生，圆柱状披针形，长 4～7cm，直径 0.7～1.2cm，无毛；种子顶端具白色绢毛。花期 4～8 月；果期 8～12 月。

产于广西各地。生于海拔 1000m 以下的山地灌丛或草丛中。分布于湖南、贵州、云南、四川、广东、海南、台湾；印度、缅甸、老挝、越南也有分布。根含娃儿藤碱、黄酮苷、强心苷、挥发油、单糖，供药用，治风湿筋骨痛、跌打损伤、胃痛、咳嗽、哮喘、毒蛇咬伤等。

图 1303 娃儿藤 Tylophora ovata (Lindl.) Hook. ex Steud.
1. 花果枝；2. 根；3. 花；4. 合蕊柱和副花冠；5. 花粉器；6. 种子。(仿《中国植物志》)

2. 人参娃儿藤 山豆根(防城)、土牛膝(龙州) 图 1304

Tylophora kerrii W. G. Craib

柔弱攀援小灌木。须根丛生；除花外，全株无毛。叶薄纸质，线形或线状披针形，长 5.5～7.5cm，宽 4～11mm，先端渐尖，基部圆形；侧脉 4～6 对，不明显。伞房状聚伞花序腋外生，长 2～4cm；花小，白色，长和直径 2～4mm；花萼内面基部有 5 枚腺体，裂片三角形，有边毛；花冠辐状，内面具疏柔毛，裂片长圆形；副花冠裂片卵形，顶端达花药基部；花粉块球每室 1 个，圆球形，近直立。蓇葖果单生，线状披针形，长约 11cm，直径约 1cm，灰褐色，光滑无毛；种子顶端具黄白色种毛，种毛长约 2.5cm。花期 5～8 月；果期 8～12 月。

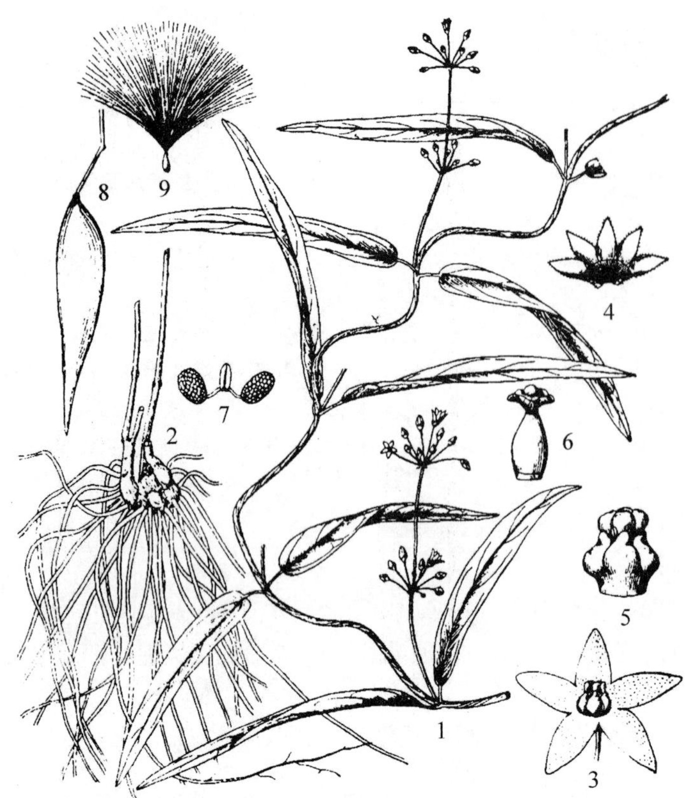

图 1304 人参娃儿藤 **Tylophora kerrii** W. G. Craib 1. 花枝；2. 根；3. 花；4. 花萼展开，示腺体；5. 合蕊柱和副花冠；6. 雌蕊；7. 花粉器；8. 蓇葖果；9. 种子。(仿《中国植物志》)

图 1305 广花娃儿藤 **Tylophora leptantha** Tsiang 1. 花枝；2. 花；3. 花萼；4. 合蕊柱和副花萼；5. 雄蕊侧面观，示背面的副花冠；6. 雄蕊腹面观；7. 雌蕊；8. 雌蕊的纵切面，示胚珠着生；9. 子房横切面；10. 花粉器；11. 蓇葖果。(仿《中国植物志》)

产于东兰、百色、那坡、田林、田东、平果、西林、乐业、武鸣、隆安、上思、龙州、大新、天等、防城。生于海拔800m以下的草地、山谷、溪边或灌丛中。分布于贵州、云南、广东、福建；越南、泰国也有分布。根供药用，治牙痛、跌打损伤等。

3. 多花娃藤 老君须(全州)

Tylophora floribunda Miq.

缠绕藤本。具乳汁；全株无毛；根须状，黄白色；茎纤细，多分枝。叶卵状披针形，长3~5cm，宽1.0~2.5cm，先端渐尖或急尖，基部心形；侧脉3~5对，在叶背明显凸起；叶柄纤细，长约5mm。聚伞花序广展，腋生或腋外生，较叶长；花序梗曲折，多歧，密集多朵花，每一曲度生有一至二回伞房式花序；花淡紫红色，小，直径约2mm。蓇葖果双生，线状披针形，长约5cm，直径约4mm；种子顶端具黄白色种毛。花期5~9月；果期8~12月。

产于桂林、全州、金秀、柳州、三江、河池、上林。生于海拔700m以下阳坡灌丛中或疏林内。分布于江苏、浙江、江西、安徽、河南、陕西、湖北、湖南、贵州、广东；日本、朝鲜也有分布。根可药用，消热明目、祛风化痰、通经散瘀、补虚益损，治小儿惊风、白喉、跌打损伤、关节肿痛、蛇咬伤等。

4. 广花娃儿藤 图1305

Tylophora leptantha Tsiang

攀援藤本，长3m。除花冠内面被柔毛外，全株无毛。叶坚纸质，长圆形或长圆状披针形，长6.0~15.5cm，宽2.5~5.0cm；侧脉6对，不明显；叶柄长1.0~2.5cm，顶端具2~3枚腺体。聚伞花序二至多歧，腋生，广展，长约14.5cm，着生多花；花序梗和花梗紫红色；花萼5深裂，内面基部无腺体；花冠淡绿色，辐射状，内面被柔毛。蓇葖果圆柱状披针形，长约11.5cm，直径约5mm；种子顶端具黄色丝质的种毛，种毛长约3cm。花期4~9月；果期秋冬季。

产于上思。生于山地疏林中或山谷湿润林中。分布于广东、海南。

5. 长梗娃儿藤 斑胶藤、上思娃儿藤

Tylophora glabra Costantin

攀援或缠绕灌木，长达3m。茎灰褐色，具纵条纹，被微毛，老渐脱落。叶薄纸质，椭圆状长圆形或长圆状披针形，长5.0～6.5cm，宽1.5～3.0cm，顶端急尖或短渐尖，基部楔形，稀圆形，无毛，边缘下卷；侧脉5对，纤细，不明显。聚伞花序假伞形，腋生，比叶短，着花5～6朵；花序梗比花梗短，花梗长约2cm，纤细柔弱，不等长，无毛；花萼5深裂，外面被柔毛，内面基部有5枚腺体；花冠白绿色，辐射状。蓇葖果披针形，长约6.5cm，直径约1cm；种子顶端具白色绢质的种毛，种毛长约2cm。花期4～8月；果期9～12月。

产于金秀、南宁、武鸣、博白、玉林、桂平、防城、上思。生于海拔500m以下山地疏林或灌丛中。分布于广东。根入药，治跌打损伤、骨折；鲜叶外用治毒蛇咬伤。

131 茜草科 Rubiaceae

乔木、灌木、藤本或草本。单叶对生或轮生，常全缘；托叶各式，位于叶柄间或叶柄内。花两性，稀单性或杂性，辐射对称，稀稍左右对称；花序各式，常为聚伞花序；萼通常4～5裂；花冠合瓣，管状、漏斗状、高脚碟状或辐射状，常4～6裂；雄蕊与花冠裂片同数，偶有2枚，着生于花冠管内壁；具花盘；雌蕊通常由2枚心皮组成，合生，子房下位，常2室，每室1枚至多枚胚珠。浆果、蒴果或核果。

约660属11150种。中国97属701种；广西51属约161种，本志记载45属136种7亚种(变种)。

分属检索表

1. 花多数密集于球形花托上，成球形头状花序。
  2. 萼筒靠合；果序为球形肉质体。
    3. 子房2室。
      4. 子房每室多枚胚珠；种子无假种皮 ………… **1. 乌檀属 Nauclea**
      4. 子房每室1枚胚珠；种子有假种皮 ………… **2. 风箱树属 Cephalanthus**
    3. 子房上部4室，下部2室，每室多枚胚珠 ………… **3. 团花属 Neolamarckia**
  2. 萼筒分离；蒴果。
    5. 蒴果开裂后中轴宿存。
      6. 宿存中轴顶端萼裂片宿存；头状果序直径0.4～1.5cm；小苞片线形、匙形或线状棒形。
        7. 顶芽塔形或圆锥形，托叶窄三角形，全缘或微凹。
          8. 头状花序多数，排成伞房花序式或聚伞式圆锥花序；子房每室胚珠4～12枚。
            9. 头状花序排成伞房花序式，侧生花序轴分枝；花萼裂片比萼管长……… **4. 黄棉木属 Metadina**
            9. 头状花序排成聚伞圆锥花序式，侧生花序轴不分枝；花萼裂片比萼管短 ………… **5. 鸡仔木属 Sinoadina**
          8. 头状花序单生叶腋，稀顶生；子房每室胚珠10枚 ………… **6. 槽裂木属 Pertusadina**
        7. 顶芽不明显，由托叶疏散包被，托叶2深裂达2/3或过之；头状花序单生 ………… **7. 水团花属 Adina**
      6. 宿存中轴顶端萼裂片脱落；头状果序直径1.5～3.5cm，小苞片刺毛状或无 ………… **8. 新乌檀属 Neonauclea**
    5. 蒴果开裂后中轴脱落；头状花序常单生，稀呈聚伞状 ………… **9. 钩藤属 Uncaria**
1. 非球形头状花序。
  10. 花冠裂片镊合状排列。
    11. 种子有翅 ………… **10. 土连翘属 Hymenodictyon**

11. 种子无翅。
12. 子房每室有胚珠 2 枚至多枚；果实通常每室有 2 枚至多枚种子。
13. 果实成熟时开裂。
14. 花 4 数 ………………………………………………………………………… **11. 耳草属 Hedyotis**
14. 花 5 数。
15. 花序上有些花的萼裂片有 1 枚增大成叶状；白色而有柄 … **12. 裂果金花属 Schizomussaenda**
15. 花序上的花的萼裂片均正常，绝不增大 ………………………… **13. 岩黄树属 Xanthophytum**
13. 果实成熟时不开裂。
16. 花序上有些花的萼裂片中有 1 枚增大成叶状，白色而有柄 ………… **14. 玉叶金花属 Mussaenda**
16. 花序上的花的萼裂片均正常，绝不增大成叶状。
17. 子房 2 室；果实 2 室或有 2 分核；种子有棱。
18. 树皮松软，海绵质。
19. 果 2 室，浆果状；花序通常顶生，疏散；萼裂片间的弯缺内有腺体 ……………………… …………………………………………………………………… **15. 腺萼木属 Mycetia**
19. 果含 2 分核，核果状；花序腋生，稀顶生，通常紧密；萼裂片间的弯缺内无腺体 …… …………………………………………………………………… **16. 密脉木属 Myrioneuron**
18. 树皮密实，绝非海绵质 ………………………………………… **13. 岩黄树属 Xanthophytum**
17. 子房和果实 4～5 室；种子球形；树皮不松软 …………………… **17. 尖叶木属 Urophyllum**
12. 子房每室有胚珠 1 枚；果实每室有种子 1 枚。
20. 果为一合心皮果；萼管彼此黏合或合生 ……………………………… **18. 巴戟天属 Morinda**
20. 果非合心皮果；萼管彼此分离。
21. 萼檐截平或近截平。
22. 攀援灌木；花两性 ……………………………………………… **19. 穴果木属 Coelospermum**
22. 直立灌木；花杂性或单性，稀两性。
23. 花冠喉部无毛 ………………………………………………… **20. 南山花属 Prismatomeris**
23. 花冠喉部有一环毛茸 ……………………………………………… **21. 鱼骨木属 Canthium**
21. 萼檐裂片明显，通常 4～5 枚，稀 2 枚或 6 枚。
24. 藤本；枝叶揉碎有臭气 …………………………………………………… **22. 鸡矢藤属 Paederia**
24. 乔木或直立灌木。
25. 花或花序腋生；核果。
26. 分核橘瓣状；托叶全缘；枝叶揉碎通常有臭气 ……………… **23. 粗叶木属 Lasianthus**
26. 分核近球形到长圆形；托叶顶端具 3 硬尖；枝叶揉碎无臭气 ……………………… ……………………………………………………………………… **24. 虎刺属 Damnacanthus**
25. 花序顶生，稀兼有腋生；核果或蒴果。
27. 蒴果，5 室，5 裂至基部 ……………………………………… **25. 野丁香属 Leptodermis**
27. 核果。
28. 枝叶揉碎有臭气；托叶顶端有数条刺毛 ……………………………… **26. 白马骨属 Serissa**
28. 枝叶揉碎无臭气；托叶全缘或 2 裂。
29. 花冠管直；分核背部通常有直棱 ……………………………… **27. 九节属 Psychotria**
29. 花冠管明显弯；分核无棱 …………………………………………… **28. 弯管花属 Chasalia**
10. 花冠裂片旋转状排列或覆瓦状排列。
30. 花冠裂片旋转状排列。
31. 子房每室胚珠 2 枚至多枚。
32. 子房 1 室；侧膜胎座 ………………………………………………………………… **29. 栀子属 Gardenia**
32. 子房 2 室；非侧膜胎座。
33. 有刺灌木或乔木。
34. 花冠钟状 ……………………………………………………………… **30. 山石榴属 Catunaregam**
34. 花冠高脚碟状 ……………………………………………………………………… **31. 簕茜属 Benkara**

33. 无刺灌木、乔木或木质藤本。
35. 胚珠和种子沉没于肉质胎座中。
36. 子房每室4枚至多枚 ………………………………………………………… **32. 茜树属 Aidia**
36. 子房每室有胚珠2枚。
37. 柱头不裂；花序顶生或近枝顶腋生 ………………………………… **33. 岭罗麦属 Tarennoidea**
37. 柱头2裂；花序生于侧生短枝的顶端或老枝的节上 ……………… **34. 白香楠属 Alleizettella**
35. 胚珠和种子均裸露，不沉没于肉质胎座中。
38. 花单性，雌雄异株，花序腋生 ……………………………………… **35. 狗骨柴属 Diplospora**
38. 花两性。
39. 花序顶生 ………………………………………………………………… **36. 乌口树属 Tarenna**
39. 花序腋生 ………………………………………………………………… **37. 绢冠茜属 Porterandia**
31. 子房每室胚珠1枚；果实每室或每分核中有种子1枚。
40. 种子沉没于肉质、肥厚的胚乳中。
41. 柱头不裂，花序顶生或枝顶腋生 ……………………………………… **33. 岭罗麦属 Tarennoidea**
41. 柱头2裂，花序生于侧枝短枝顶端或老枝的节上 ………………… **34. 白香楠属 Alleizettella**
40. 种子裸露，不沉没于肉质胚乳中。
42. 花序与叶对生 ……………………………………………………………… **38. 长柱山丹属 Duperrea**
42. 花序顶生或腋生。
43. 小苞片合生成杯状副萼；核果浆果状 ………………………………… **39. 咖啡属 Coffea**
43. 小苞片离生，绝不合生成杯状副萼。
44. 花4数。
45. 花柱长伸出，伸出部分远超过花冠裂片 ………………………… **40. 大沙叶属 Pavetta**
45. 花柱不伸出或稍伸出，伸出部分不超过花冠裂片 ……………… **41. 龙船花属 Ixora**
44. 花5数 ……………………………………………………………………… **36. 乌口树属 Tarenna**
30. 花冠裂片覆瓦状排列。
46. 木质藤本；种子边缘有流苏状翅 ………………………………………… **42. 流苏子属 Coptosapelta**
46. 乔木或直立灌木。
47. 花序上有些花的萼裂片中有1枚增大成叶状，色白而有柄；种子有翅；落叶乔木 ……………………………………………………………………………… **43. 香果树属 Emmenopterys**
47. 花序上花的萼裂片均正常，绝不增大成叶状；常绿乔木或灌木。
48. 种子有翅 …………………………………………………………………… **44. 滇丁香属 Luculia**
48. 种子无翅 …………………………………………………………………… **45. 水锦树属 Wendlandia**

1. 乌檀属 Nauclea L.

乔木。叶对生；托叶卵形、椭圆形或倒卵形，扁平，有龙骨，早落或近宿存。头状花序顶生，或顶生兼有腋生，总花梗具节，节上有退化叶和托叶；花4或5基数，花萼萼裂片三角形；花冠漏斗形；雄蕊着生于花冠管喉部，花药基着，伸出花喉外；子房2室，胚珠每室多数。果序为球形肉质体；种子无翅。

约10种。中国1种，分布于广东、海南、广西。

乌檀 图1306

Nauclea officinalis (Pierre ex Pit.) Merr. et Chun

乔木，高20m。叶纸质，椭圆形，稀倒卵形，长7~9cm，宽3.5~5.0cm，顶端渐尖，略钝头，基部楔形，叶面绿色，叶背浅绿色；侧脉5~7对，近叶缘处连结，两面微隆凸；叶柄长10~15mm；托叶早落，倒卵形，长6~10mm，顶端圆。头状花序单个顶生；总花梗长1~3cm，中部以下苞片早落；果序中小果融合，成熟时黄褐色，直径9~15mm，粗糙；种子长约1mm，椭圆形，黑色，有光泽，具小孔。花期3~4月；果期8~9月。

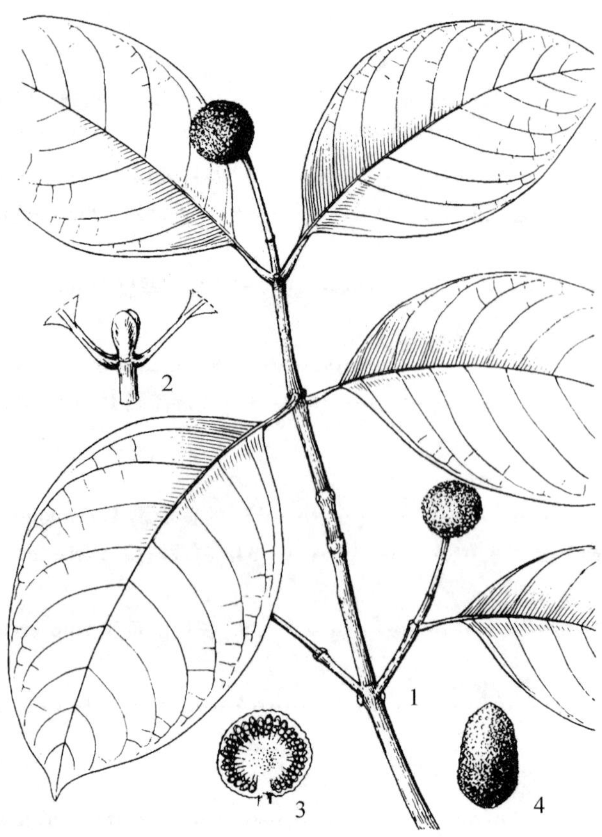

图 1306 乌檀 Nauclea officinalis (Pierre ex Pit.) Merr. et Chun 1. 果枝；2. 枝的一段，示托叶、叶基部和叶柄；3. 果序纵切面；4. 种子。(仿《中国植物志》)

图 1307 风箱树 Cephalanthus tetrandra (Roxb.) Ridsdale et Bakh. f. 花枝。(仿《中国植物志》)

产于金秀、环江、平南。生于低山林中或灌丛中。分布于广东、海南、云南；越南、柬埔寨、泰国也有分布。木材为散孔材，心材与边材区别不明显，木材鲜黄色至深黄色，纹理直至略交错，结构细，密度中，气干密度 $0.53g/cm^3$，干燥少翘裂，刨面光滑，不耐腐，为室内装饰、木地板、雕刻等用材。

2. 风箱树属 Cephalanthus L.

灌木或乔木。叶对生或 3～4 枚轮生；托叶生于叶柄间。头状花序单生或成圆锥状或总状排列；花萼管筒状，花萼裂片 4～5 枚；花冠高脚碟状至漏斗状；雄蕊着生于花冠喉部，花丝短，基部有 2 短尖头；子房 2 室，每室 1 枚胚珠。果序球形，由小坚果聚合组成；种子具海绵状假种皮。

6 种。中国 1 种，广西亦产。

风箱树 图 1307

Cephalanthus tetrandra (Roxb.) Ridsdale et Bakh. f.

落叶灌木或小乔木，高 5m。幼枝近四棱形，被短柔毛，老枝圆柱形，褐色，无毛。叶对生或 3 枚轮生，近革质，卵形至卵状披针形，长 10～15cm，宽 3～5cm，顶端短尖，基部圆形至近心形，叶面无毛至疏被短柔毛，叶背无毛或密被柔毛；侧脉 8～12 对，脉腋常有毛窝；叶柄长 5～10mm；托叶阔卵形，顶部骤尖，常具黑色腺体。头状花序不计花冠直径8～12mm，顶生或腋生，总花梗长 2.5～6.0cm，被毛；花萼管疏被短柔毛，萼裂片 4 枚，顶端钝，密被短柔毛；花冠白色，花冠管长 7～12mm，花冠裂片长圆形。果序直径 1～2cm；坚果长 4～6mm，顶部具宿存萼檐；种子褐色，具翅状苍白色假种皮。花期春末夏初。

产于广西各地。生于丘陵及山地沟边水旁或溪畔。分布于广东、海南、湖南、福建、江西、浙江、台湾；印度、缅甸、泰国、越南也有分布。根系发达，耐水湿，优良固堤、护堤树种。

3. 团花属 Neolamarckia Bosser

乔木。叶对生；托叶生于叶柄间，早落。头状花序顶生，单一，缩成圆球状，有总花梗，具苞片；花萼彼此分离，漏斗状，裂片线状披针形或椭圆形；花冠高脚碟状；雄蕊生于冠管上部，花丝极短，花药卵状长圆形，基着；子房基部2裂，顶部2～4室，胚珠多数。果序球状，果稍肉质，下部膜质，2室具种子，上部由4小坚果联合组成，小坚果软果质，含1～5枚种子；种子小，压扁，有棱角，种皮膜质。

2种，分布于亚洲南部、太平洋地区及澳大利亚。中国1种，广西亦产。

团花 黄梁木 图1308

Neolamarckia cadamba (Roxb.) Bosser

落叶大乔木，高30m，胸径1m。树干通直，基部稍有板状根；枝平展。叶对生，薄革质，椭圆形或长圆状椭圆形，长15～25cm，宽7～12cm，顶端短尖，基部圆形或截形，叶面有光泽，叶背无毛或被稠密短柔毛；叶柄长2～3cm，粗壮；托叶披针形，早落。头状花序单个顶生，不计花冠直径4～5cm，花序梗粗壮，长2～4cm；花萼裂片长圆形，被毛；花冠黄白色，漏斗状，花冠裂片披针形，长约2.5mm。果序直径3～4cm，成熟时黄绿色；种子近三棱形，无翅。花、果期6～11月。

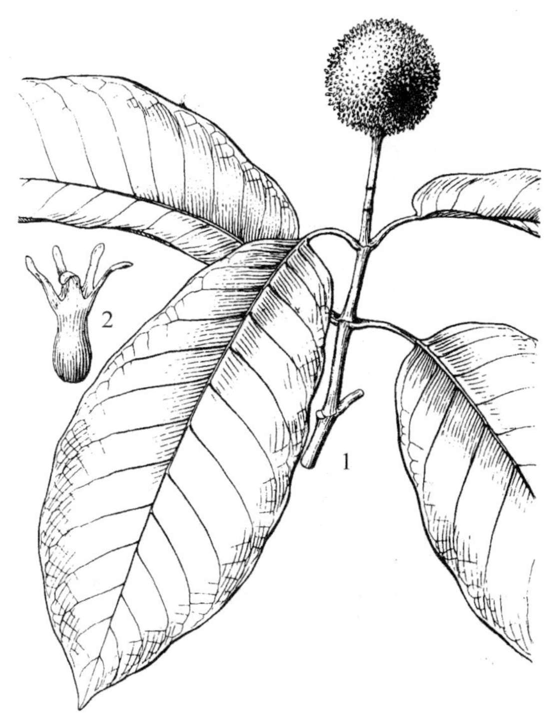

图1308 团花 Neolamarckia cadamba (Roxb.) Bosser 1. 花枝；2. 花萼。(仿《中国植物志》)

产于那坡、浦北、东兴、上思、防城、宁明、龙州。生于海拔500m以下丘陵、沟谷、溪边。分布于广东、云南；越南、缅甸、印度也有分布。喜光，喜湿润肥沃地。著名的速生树种，在水肥条件好的土壤上生长，5年生时树高年生长量3.0～3.5m，10年可成材。木材心材与边材区别不明显，木材淡黄色，材质轻软，容重0.372g/m^3，不耐腐，易受虫蛀，适于作火柴杆、牙签、纸浆及人造板原料。

4. 黄棉木属 Metadina Bakh. f.

乔木。顶芽明显。叶对生；托叶三角形或窄三角形，早落。花序顶生，由多数头状花序组成；花5基数，近无梗；花萼管彼此分离，萼裂片椭圆状长圆形，宿存；花冠高脚碟状或窄漏斗状，裂片在芽内镊合状排列；雄蕊着生于花冠管的上部；子房2室，每室有胚珠4～12枚。蒴果，内果皮硬，室背室间4片开裂，萼裂片宿存中轴顶部；种子不具翅。

单种属。

黄棉木 大叶水团花 图1309

Metadina trichotoma (Zoll. et Moritzi) Ba-

图1309 黄棉木 Metadina trichotoma (Zoll. et Moritzi) Bakh. f. 1. 花枝；2. 花。(仿《中国植物志》)

kh. f.

乔木，高5~10m。叶对生，长披针形或椭圆状倒披针形，长6~15cm，宽2~4cm，顶端尾状渐尖，基部楔形，叶面无毛，叶背近无毛或脉上被绒毛；侧脉8~12对；叶柄长7~10mm；托叶全缘，三角状至窄三角形，早落。头状花序顶生，多数，伞房花序式排列，总花梗长1.5~3.0cm，被短绒毛，中部之下具4枚早落苞片；花近无梗；花萼管短，萼裂片椭圆状长圆形，宿存；花冠高脚碟状或窄漏斗状，花冠管长约3mm。蒴果，内果皮硬，萼裂片宿存于蒴果中轴上；种子三角形，不具翅。花、果期4~12月。

产于广西各地。生于林间、溪旁。分布于广东、云南、湖南；越南、缅甸、印度也有分布。木材为散孔材，密度大，心材淡褐黄色，边材淡黄色，纹理直，结构细，优良家具材。

5. 鸡仔木属 Sinoadina Ridsd.

乔木。叶对生；托叶窄三角形，早落。花序顶生，头状花序7~11个组成总状；花5基数，近无梗；花萼管彼此分离，花萼裂片钝头，宿存；花冠高脚碟状或窄漏斗形；雄蕊着生于花冠管上部，花丝短，花药基着，花药伸出花冠喉外；子房2室，每室胚珠4~12枚。蒴果，内果皮硬，室背室间4片开裂，萼裂片宿存中轴顶端；种子无翅。

单种属。

鸡仔木　水冬瓜　图1310

Sinoadina racemosa (Sieb. et Zucc.) Ridsdale

落叶乔木，高12m。叶对生，薄革质，宽卵形、卵状长圆形或椭圆形，长9~15cm，宽5~10cm，顶端短尖至渐尖，基部心形或钝，叶面无毛或被稀疏毛，叶背无毛或被白色短柔毛；侧脉6~12对；叶柄长3~6cm；托叶2裂，早落。头状花序不计花冠直径4~7mm，7~10个成总状；花萼管密被苍白色长柔毛，萼裂片密被长柔毛；花冠淡黄色，长约7mm，花冠裂片三角状。果序直径11~15mm；蒴果倒卵状楔形，长约5mm。花、果期5~12月。

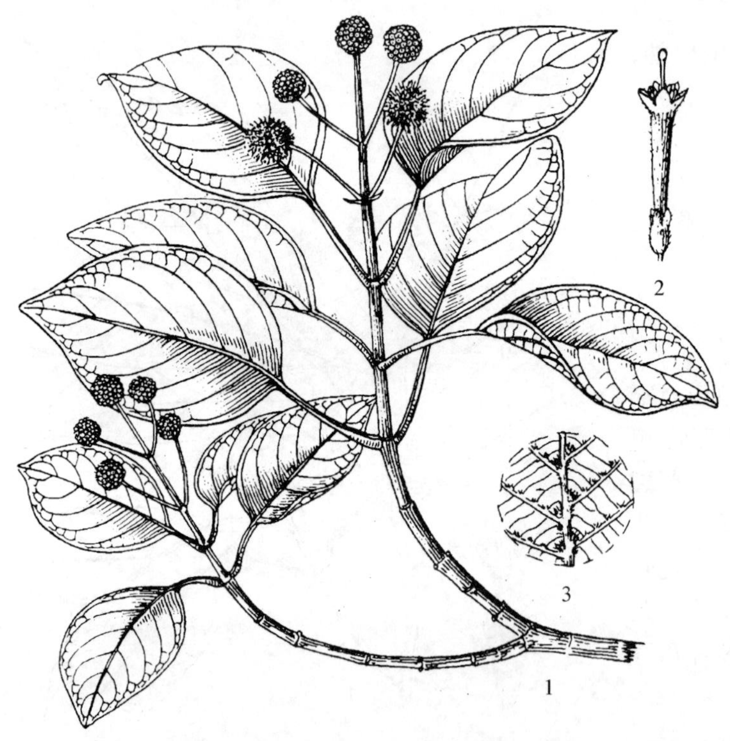

图1310　鸡仔木 Sinoadina racemosa (Sieb. et Zucc.) Ridsdale
1. 花枝；2. 花；3. 叶背面部分，示脉腋内束毛。(仿《中国植物志》)

产于桂林、临桂、平乐、融安、天峨、罗城、百色、平果、靖西、龙州。生于海拔1000m以下山林中或溪边。分布于四川、云南、贵州、湖南、广东、台湾、浙江、江西、江苏、安徽；日本、泰国、缅甸也有分布。喜光，较耐旱，常生长在石灰岩山地中上部的石缝、石穴和山脚坡积土处。木材为散孔材，心材与边材区别明显，心材黄褐色，边材黄白色，纹理斜，结构细，射线细，密度大(气干密度0.746g/cm^3)，干燥不开裂，稍变形，耐腐性中等，抗虫性强，供高档家具、木地板、体育器械、乐器、雕刻等用材。

6. 槽裂木属 Pertusadina Ridsd.

乔木或灌木，树干常有纵沟。叶对生；托叶窄三角形，有时2裂，脱落。头状花序单生叶腋，稀顶生；花

5数；花萼管相互分离，萼裂片钝，三角状或椭圆状长圆形，宿存；花冠高脚碟状或窄漏斗形；雄蕊着生于花冠管上部，花丝短，无毛，花药基着；子房2室，每室胚珠10枚。蒴果，内果皮硬，室背室间4片开裂，中轴顶部萼裂片宿存；种子稍具翅。

约4种。中国1种，广西亦产。

海南槽裂木 光叶水团花 图1311

Pertusadina metcalfii (Merr. ex H. L. Li) Y. F. Deng et C. M. Hu

乔木或灌木，高30m。叶厚纸质，椭圆形至椭圆状长圆形，长4~10cm，宽2~3cm，顶端渐尖，基部楔形，两面无毛或被短柔毛；侧脉7~10对，叶面平，叶背凸起，网脉不明显；叶柄长3~10mm。头状花序不计花冠直径6~8mm，单生叶腋，稀近顶生；花萼管长0.5~0.7mm，萼裂片线状长圆形；花冠黄色，芳香，高脚碟状，花冠裂片三角形。果序直径4~6mm，小蒴果长1.5~2.5mm，被稀疏短柔毛。花期6~7月。

图1311 海南槽裂木 Pertusadina metcalfii (Merr. ex H. L. Li) Y. F. Deng et C. M. Hu 1. 花枝；2. 花；3. 花冠展开，示雄蕊。(仿《中国植物志》)

产于桂林、阳朔、临桂、兴安、永福、灌阳、平乐、昭平、融水、罗城、宜州、梧州、贵港、容县、南宁、东兴、龙州。生长于海拔400~900m密林中。分布于广东、海南、福建、浙江、湖南。木材为散孔材，射线细，纹理斜，结构细，密度很大，心材黄色，边材淡黄色，干燥稍翘裂，抗虫力强，很耐腐，供造船、桥梁、车轴及优良家具等用。

7. 水团花属 Adina Salisb.

灌木或小乔木。顶芽不明显，由托叶疏松包裹。叶对生；托叶窄三角形，深2裂，常宿存。头状花序单生枝顶和叶腋；花5数，近无梗；小苞片线形或线状匙形；花萼管相互分离，萼裂片线形、线状棒形或匙形，宿存；花冠高脚碟状或漏斗状，裂片在芽内镊合状排列，顶部常近覆瓦状；雄蕊着生于花冠管上部，花药凸出花冠喉部；花柱伸出，柱头球形，子房2室，每室胚珠达40枚。蒴果，室背室间4片开裂，萼裂片宿存于蒴果的中轴顶部。

约4种。中国3种；广西2种。

分种检索表

1. 常绿；叶有柄，叶柄长2~6mm；头状花序腋生 ······ **1. 水团花 A. pilulifera**
1. 落叶；叶无柄；头状花序顶生，稀兼腋生 ······ **2. 细叶水团花 A. rubella**

1. 水团花 水棉木(三江) 图1312：1~2

Adina pilulifera (Lam.) Franch. ex Drake

常绿灌木或小乔木，高5m。叶对生，厚纸质，椭圆形至椭圆状披针形，长4~12cm，宽1.5~3.0cm，顶端短尖至渐尖，具钝头，基部钝或楔形，两面无毛或叶背被稀疏短柔毛；侧脉6~12对；叶柄长2~6mm；托叶2裂，早落。头状花序腋生，极稀顶生，直径不计花冠4~6mm，花序轴单

图 1312 1～2. 水团花 **Adina pilulifera** (Lam.) Franch. ex Drake 1. 花枝；2. 花。3～5. 细叶水团花 **Adina rubella** Hance 3. 花枝；4. 枝的一段，示叶和托叶；5. 花。(仿《中国植物志》)

生；总花梗长 3.0～4.5cm，中部以下具轮生小苞片 5 枚；花萼裂片线状长圆形或匙形；花冠白色，窄漏斗状，花冠管被微柔毛，花冠裂片卵状长圆形。蒴果球形，果序直径 8～10mm；种子长圆形，两端有狭翅。花期 6～7 月。

产于广西各地。生于低海拔山谷疏林下或旷野路旁、溪边或河岸。分布于长江以南各地；日本、越南也有分布。木材黄白色，密度中，纹理致密，干燥稍开裂，变形，耐腐，抗蚁蛀，供作雕刻、玩具等细木工用材。耐水湿，根系发达，优良固堤植物。

2. 细叶水团花 图 1312：3～5

Adina rubella Hance

落叶小灌木，高 1～3m。小枝具赤褐色微毛，后无毛。叶对生，薄革质，卵状披针形或椭圆形，长 2.5～4.0cm，宽 8～12mm，先端渐尖或短尖，基部阔楔形或近圆形，全缘；侧脉 5～7 对，被稀疏或稠密短柔毛；近无柄；托叶小，早落。头状花序不计花冠直径 4～5mm，单生，顶生或兼有腋生，总花梗略被柔毛；花萼管疏被短柔毛，萼裂片匙状棒形；花冠管长 2～3mm，5 裂，花冠裂片三角状，紫红色。果序直径 8～12mm。花、果期 5～12 月。

产于桂林、临桂、兴安、永福、灌阳、平乐、贺州、昭平、罗城、宜州、梧州、南宁、贵港、龙州。生于溪边、河边、沙滩等湿润地带。分布于广东、福建、江苏、浙江、湖南、江西、陕西；朝鲜也有分布。茎皮纤维代麻制绳索、织麻袋、人造棉和土纸。全株入药，茎、叶、带花的果序清热解毒，用于小儿惊风、流行性感冒、咽喉肿痛、肺热咳嗽、痢疾，外治皮肤瘙痒、湿疹、痱疖。

8. 新乌檀属 Neonauclea Merr.

乔木或灌木。顶芽极扁平。叶常较大，对生，全缘；托叶大。头状花序单生，或 3 个集生；苞片大，早落，小苞片刺毛状或无小苞片；花萼管分离，萼裂片 5 枚；花冠高脚碟状至长漏斗状，5 裂，裂片在芽内覆瓦状排列；雄蕊 5 枚，着生于花冠喉部；子房 2 室，胚珠多数。蒴果，内果皮硬，室背室间 4 片开裂，萼裂片脱落；种子两端具短翅。

约 62 种，分布于亚洲热带、亚热带和太平洋岛屿。中国 4 种；广西 1 种。

新乌檀 图 1313

Neonauclea griffithii (Hook. f.) Merr.

常绿乔木，高 20m。树干基部常板状，有时具气根。叶革质，倒卵形或椭圆形，长 10～18cm，宽6～10cm，先端骤尖或短尖，基部楔形，两面无毛；侧脉5～7对，无毛，脉腋窝无毛；叶柄长8～15mm，粗壮而无毛；托叶倒卵形或倒卵状长圆形，无毛。总花梗1～3条；头状花序不计花冠直径8～12mm；花萼裂片密被苍白色毛；花冠窄漏斗形或高脚碟状，花冠裂片长圆形，两面均无毛。蒴果被短柔毛，果序直径约2cm，顶部具宿存花萼裂片。花、果期9～12月。

产于那坡、龙州。生于海拔500～800m山地密林中的沟谷和湿润坡地。分布于贵州、云南；印度、缅甸也有分布。

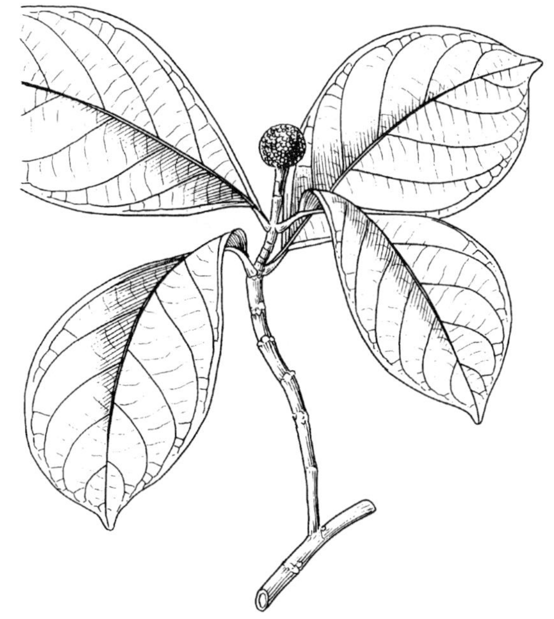

图1313　新乌檀 Neonauclea griffithii（Hook. f.）Merr.　花枝。（仿《中国高等植物图鉴》）

9. 钩藤属 Uncaria Schreb.

木质藤本。具钩刺。叶对生；托叶在叶柄间。头状花序顶生于侧枝，常单生；花5数；小苞片线状或线状匙形；花萼管短；花冠高脚碟状或近漏斗状，花冠裂片在芽内镊合状排列，顶部近覆瓦状；雄蕊着生于花冠管近喉部；子房2室，胚珠多数。蒴果，外果皮厚，纵裂，内果皮厚骨质，室背开裂；种子小，多数，中央具网状纹饰，两端有长翅，下端翅深2裂。

约34种。中国12种；广西10种。

分种检索表

1. 小蒴果和花无梗或近无梗。
    2. 叶片无毛。
        3. 托叶全缘或微缺，阔三角形或半圆形 ………… **1. 华钩藤 U. sinensis**
        3. 托叶明显2裂，裂片狭卵形或三角状卵形。
            4. 叶近革质；总花梗长8～15cm。
                5. 叶背面稍呈粉白色；花萼裂片长圆形，花冠裂片外面密被绢毛 ………… **2. 白钩藤 U. sessilifructus**
                5. 叶背面灰褐色；花萼裂片不明显，齿状，花冠裂片无毛或在幼时有缘毛 … **3. 平滑钩藤 U. laevigata**
            4. 叶薄纸质；总花梗长4～7cm。
                6. 花冠管长9～15mm。
                    7. 花萼裂片长2～3mm；叶背面干时灰褐色 ………… **4. 倒挂金钩 U. lancifolia**
                    7. 花萼裂片长不及1mm；叶背面干时淡褐色 ………… **5. 侯钩藤 U. rhynchophylloides**
                6. 花冠管长约7mm，花冠裂片卵圆形 ………… **6. 钩藤 U. rhynchophylla**
    2. 叶片密被短柔毛或硬毛。
        8. 头状花序不计花冠直径20～25mm。
            9. 叶革质，叶背面密被硬毛，托叶深2裂，裂片卵形；花萼裂片线状长圆形 ………… **7. 毛钩藤 U. hirsuta**
            9. 叶纸质，叶背面密被短柔毛，托叶深2裂，裂片披针形；花萼裂片线形或线状匙形 ………… **8. 攀茎钩藤 U. scandens**
        8. 头状花序不计花冠直径约10mm，花总梗长2.3～3.0cm，花黄色 ………… **9. 北越钩藤 U. homomalla**
1. 小蒴果和花有明显的梗；叶近革质，卵形或阔椭圆形，长10～16cm，6～12cm … **10. 大叶钩藤 U. macrophylla**

1. 华钩藤　图1314：1～4

Uncaria sinensis（Oliv.）Havil.

藤本。嫩枝无毛。叶薄纸质，椭圆形，长9～14cm，宽5～8cm，先端渐尖，基部圆或钝，两面

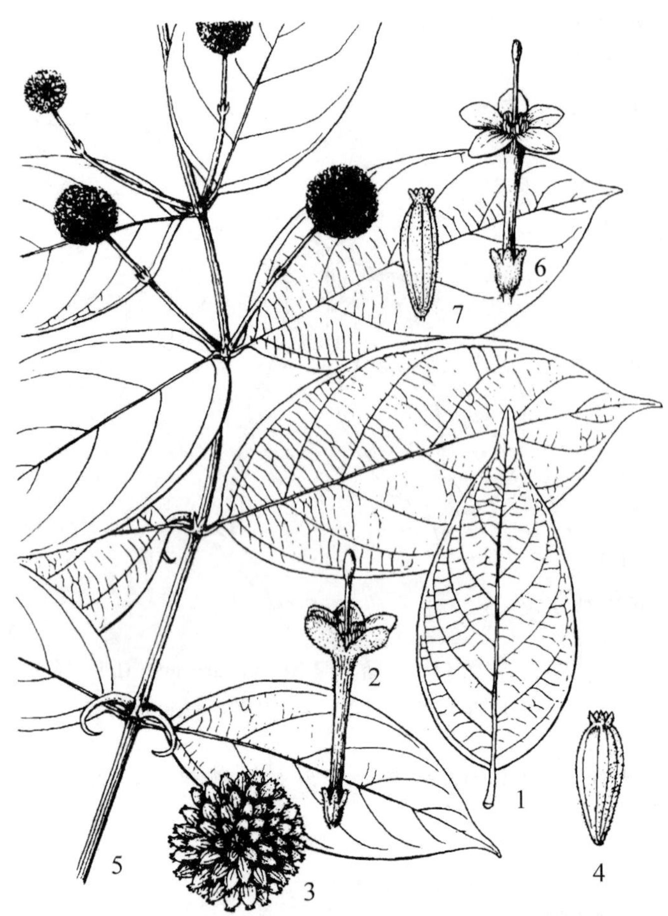

图 1314 1 ~ 4. 华钩藤 **Uncaria sinensis** (Oliv.) Havil.
1. 叶；2. 花；3. 果序；4. 果。**5 ~ 7. 白钩藤 Uncaria sessilifructus** Roxb. 5. 花枝；6. 花；7. 果。(仿《中国植物志》)

无毛；侧脉 6 ~ 8 对，脉腋凹陷具黏液毛；叶柄长 6 ~ 10mm，无毛；托叶阔三角形至半圆形，有时顶端微缺，内面基部被腺毛。头状花序单生叶腋，总花梗长 3 ~ 6cm，花序轴密被短柔毛；小苞片线形或近匙形；花近无梗，萼裂片线状长圆形，被柔毛；花冠管长 7 ~ 8mm，花冠裂片外面被柔毛；柱头棒状。蒴果长 8 ~ 10mm，被短柔毛，近无柄。花、果期 6 ~ 10 月。

产于桂林、灵山、上思。生于山地疏林中。分布于四川、云南、湖北、贵州、湖南、陕西、甘肃。根药用，治坐骨神经痛、风湿痹痛；茎枝可清热平肝、息风定惊。

2. 白钩藤 无柄果钩藤 图 1314：5 ~ 7

Uncaria sessilifructus Roxb.

大藤本。嫩枝微被短柔毛。叶近革质，卵形、椭圆形或椭圆状长圆形，长 8 ~ 12cm，宽 4. 0 ~ 6. 5cm，先端短尖或渐尖，基部圆至楔形，两面无毛，叶背常有蜡被，干时粉白色；侧脉 4 ~ 7 对；叶柄长 5 ~ 10mm；托叶窄三角形，2 深裂达 2/3，外面无毛或疏被短柔毛，内面基部被黏液毛。头状花序不计花冠直径 5 ~ 10mm，单生叶腋，总花梗具一节，总花梗腋生，长约 15cm；花无梗；花萼裂片长圆形；花冠黄白色，花冠裂片长圆形，长约 2mm，外面被明显苍白或金黄色绢毛。蒴果纺锤形，长 10 ~ 14mm，无梗，微被短柔毛。花、果期 3 ~ 12 月。

产于天峨、那坡、田林、扶绥。生于密林下或林谷灌丛中。分布于广东、云南；印度、缅甸、越南、老挝也有分布。

3. 平滑钩藤

Uncaria laevigata Wall. ex G. Don

藤本；嫩枝微被短柔毛。叶近革质，椭圆形或椭圆状长圆形，长 10 ~ 12cm，宽 4 ~ 6cm，两面无毛，干时叶面紫褐色，叶背灰褐色，先端短尖或渐尖，基部圆或楔形；侧脉 4 ~ 7 对；叶柄长 7 ~ 10mm；托叶狭三角形，分裂达全长 1/3。头状花序不计花冠直径 5 ~ 10mm，单生叶腋，花序梗具一节，总花梗腋生，长约 8cm，有 3 个节；花无梗；花萼萼裂片钝，齿状，无毛或疏被短柔毛；花冠裂片长圆形，外面无毛。蒴果纺锤形，长 6 ~ 8mm，被短柔毛，无梗。花、果期 5 ~ 11 月。

产于那坡。生于山地林中或灌丛中。分布于云南；印度、缅甸、泰国、越南也有分布。

4. 倒挂金钩

Uncaria lancifolia Hutch.

大藤本。嫩枝无毛。叶薄纸质，长椭圆状披针形或卵状披针形，长 9 ~ 12cm，宽 3 ~ 6cm，叶背灰褐色，顶端短尖至渐尖，基部钝至近心形，两面无毛；侧脉 5 ~ 8 对；叶柄长 3 ~ 5mm，无毛；托叶卵形，深 2 裂，外面无毛，内面基部具黏液毛，裂片窄卵形。头状花序不计花冠直径约 15mm，单生叶腋，总花梗腋生，长4~7cm；花近无梗；花萼裂片长匙形，长2~3mm；花冠绿白色，花冠管长9~12mm，外面无毛，花冠裂片长圆形，长1.5~2.5mm。蒴果，长9~12mm，被短柔毛，宿存萼裂片匙形，长约2.5mm，星状辐射。花、果期6~12月。

产于融水、德保、上林。生于山地林中或灌丛中。分布于云南；越南也有分布。

5. 侯钩藤 图1315：1~2

Uncaria rhynchophylloides F. C. How

藤本，长13m。嫩枝无毛；钩刺长约1cm，无毛。叶薄纸质，卵形或椭圆状卵形，长6~9cm，宽3.0~4.5cm，先端渐尖，基部钝圆，两面无毛，干时黑褐色；侧脉5对；叶柄长5~7mm，无毛；托叶2深裂，裂片三角形，脱落。头状花序不计花冠直径约11mm，单生叶腋，总花梗具一节，总花梗长5~7cm；花近无梗；花萼裂片长不及1mm，密被金黄色绢毛；花冠管细长，长约12mm，外面无毛或具疏散的毛，花冠裂片2.0~2.5mm。蒴果无柄，倒卵状椭圆形，长8~10mm，宽3.0~3.5mm，被紧贴黄色长柔毛，有宿存萼裂片。花、果期5~12月。

产于昭平、融水、梧州、博白。生于林中或林缘。分布于广东。

6. 钩藤 图1316：1~3

Uncaria rhynchophylla (Miq.) Miq. ex Havil.

藤本。嫩枝无毛。叶纸质，椭圆形或椭圆状长圆形，长5~12cm，宽3~7cm，先端短尖或骤尖，基部楔形或平截，两面无毛，干时褐色或红褐色，叶背具白粉；侧脉4~8对；叶柄长5~15mm；托叶狭三角形，深2裂，裂片线形至三角状披针形。头状花序不计花冠直径5~8mm，单生叶腋，总花梗具一节，总花梗腋生，长约5cm；花近无梗；花萼裂片近三角形，疏被短柔毛；花冠

图1315 1~2. 侯钩藤 Uncaria rhynchophylloides F. C. How 1. 花枝；2. 花。**3~5. 毛钩藤 Uncaria hirsuta** Havil. 3. 叶的上面和背面；4. 花；5. 果。（仿《中国植物志》）

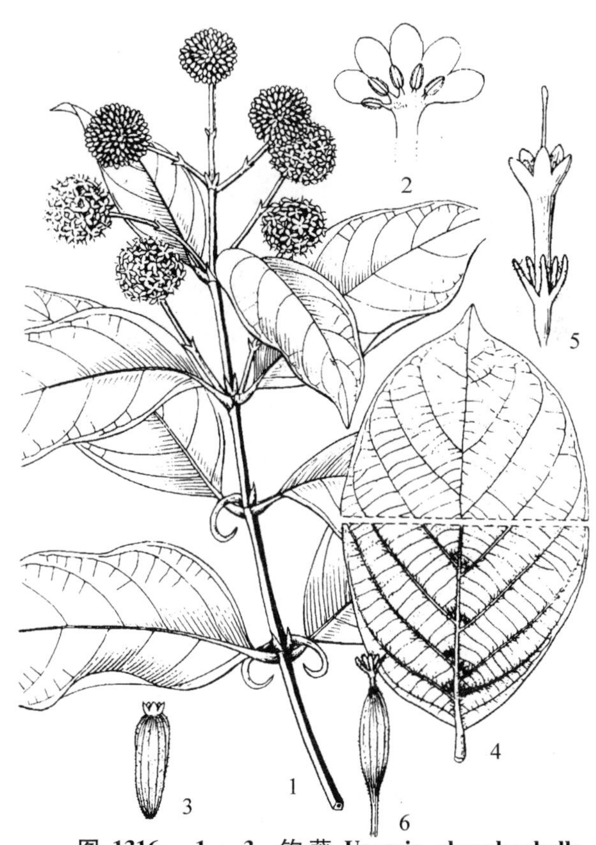

图1316 1~3. 钩藤 Uncaria rhynchophylla (Miq.) Miq. ex Havil. 1. 花枝；2. 花冠展开，示雄蕊；3. 果。**4~6. 大叶钩藤 Uncaria macrophylla** Wall. 4. 叶的上面和背面；5. 花；6. 果。（仿《中国植物志》）

管长约7mm，花冠裂片卵圆形，外面无毛或略被粉状短柔毛。蒴果长5～6mm，被短柔毛，宿存萼裂片近三角形，长约1mm，星状辐射。花、果期5～12月。

产于广西各地。生于山谷溪边疏林或灌丛中。分布于广东、云南、贵州、福建、湖南、湖北、江西；日本也有分布。带钩的茎为著名中药，可清热平肝、息风定惊、镇静镇痉，治小儿高热抽搐、夜啼及受惊症，成年人高血压、头晕眩、神经性头痛。根药用，治风湿性关节炎、坐骨神经痛。植物体富含钩藤碱，有降血压之疗效。

7. 毛钩藤 图1315：3～5

Uncaria hirsuta Havil.

藤本。嫩枝被硬毛。叶革质，卵形或椭圆形，长8～12cm，宽5～7cm，顶端渐尖，基部钝，叶面稍粗糙，被稀疏硬毛，叶背被稠密糙伏毛；侧脉7～10对；叶柄长3～10mm；托叶阔卵形，深2裂，外面疏散长毛，内面无毛，基部被黏液毛，裂片卵形。头状花序不计花冠直径20～25mm，单生叶腋，总花梗具一节，梗长2.5～5.0cm；花近无梗；花萼管外面密被短柔毛，萼裂片线状长圆形，密被毛；花冠淡黄或淡红色，花冠管长7～10mm，花冠裂片线状长圆形，外面被密毛。蒴果纺锤形，长10～13mm，被短柔毛。花、果期1～12月。

产于金秀、巴马、那坡、田林、西林、隆林、马山、平南、容县、龙州。生于山谷林下溪畔或灌丛中。分布于广东、贵州、福建、台湾。

8. 攀茎钩藤 云南钩藤 图1317

Uncaria scandens (Sm.) Hutch.

大藤本。嫩枝密被锈色短柔毛。叶纸质，卵形、卵状长圆形、椭圆形或椭圆状长圆形，长10～15cm，宽5～7cm，顶端短尖至渐尖，基部钝圆至近心形，全缘，叶面被疏糙伏毛，叶背密被短柔毛；侧脉7～10对；叶柄长3～6mm；托叶阔卵形，深2裂，裂片披针形，外面被糙伏毛，内面无毛或疏被短柔毛。头状花序不计花冠直径25mm，单生叶腋，总花梗具一节，花序梗长3～7cm；花近无梗；花萼裂片线形至线状匙形，密被短柔毛；花冠淡黄色，花冠裂片长倒卵形，长约2mm。蒴果无柄，长约11mm，长圆锥形，疏被长柔毛，干后有纵棱；种子橙黄色，两端具白色膜质翅，下方的翅2深裂。花期夏季。

图1317 攀茎钩藤 Uncaria scandens (Sm.) Hutch. 1. 花枝；2. 花；3. 果。(仿《中国高等植物图鉴》)

产于凤山、靖西、田林、西林、隆林、横县、平南、桂平、上思、宁明、龙州。生于丘陵及山地疏林下。分布于广东、海南、云南、四川、西藏。

9. 北越钩藤

Uncaria homomalla Miq.

藤本，长10～25m；嫩枝被锈色短柔毛。叶纸质，椭圆形至椭圆状披针形或卵状披针形，长8.5～10.0cm，宽3.5～5.5cm，顶端长渐尖或尾状，基部圆，两面均被硬毛，有时被糙伏毛；侧脉8对；叶柄长3～6mm；托叶窄三角形，深2裂，裂片披针形。头状花序不计花冠直径约10mm，单生叶腋，总花梗具一节，总花序梗腋生，长2.5～3.0cm；花黄色，花萼裂片线形，被短柔毛；花冠裂片钝头，长约1.2mm。蒴果无柄，倒卵形，长约4mm，宽约2mm，2片开裂；种子多数。花期5月。

产于东兰、宜州、德保、那坡、隆林、隆安、宁明、龙州。生于山谷林中或溪边灌丛中。分布于云南；印度、缅甸、泰国、越南也有分布。

10. 大叶钩藤 图 1316：4 ~6

Uncaria macrophylla Wall.

大藤本，长 15m。嫩枝疏被硬毛。叶对生，近革质，卵形或阔椭圆形，长 10 ~16cm，宽 6 ~12cm，顶端渐尖，基部圆、近心形或心形，叶面仅脉上被黄褐色毛，叶背被稀疏或稠密黄褐色硬毛，脉上更密；叶柄长 3 ~10mm；托叶卵形，深 2 裂，裂片狭卵形。头状花序单生叶腋，总花梗具一节，总花序梗长 3 ~7cm；头状花序不计花冠直径 15 ~20mm，花序轴被稠密的毛；花梗长 2 ~5mm。蒴果长约 20mm，被白色短柔毛，宿存萼裂片线形，星状辐射，果柄长 12 ~18mm；种子长 6 ~8mm，两端具白色膜质翅，仅一端的翅 2 深裂。花期夏季。

产于巴马、百色、靖西、凌云、田林、上林、博白、上思、大新。生于次生林中，常攀援于林冠之上。分布于云南、广东、海南；缅甸、泰国、老挝、越南也有分布。

10. 土连翘属 Hymenodictyon Wall.

落叶灌木或乔木。树皮有苦味。叶对生；托叶在叶柄间，常有腺体状锯齿，早落。花小，两性，组成圆锥、总状或穗状花序；苞片 1 ~4 枚，叶状，大，有柄，具网脉，宿存；小苞片小或缺；花萼裂片 5 ~6 枚，脱落；花冠漏斗形或狭钟形，裂片 5 枚；雄蕊 5 枚，着生在花冠喉部之下，花丝短，花药背着，内藏；子房 2 室，胚珠每室多数。蒴果具 2 室，室背开裂成 2 果片；种子多数，扁平，周围具翅，翅阔，膜质。

22 种，分布于亚洲和非洲热带和亚热带地区。中国 2 种；广西 1 种。

土连翘 图 1318

Hymenodictyon flaccidum Wall.

落叶乔木，高 20m。树皮有苦涩味。叶纸质或薄革质，倒卵形、卵形、椭圆形或长圆形，长 10 ~26cm，宽 7 ~15cm，顶端骤短渐尖，基部渐狭或楔形，全缘，两面无毛或偶叶背被疏柔毛；侧脉 7 ~11 对，在叶背凸起；叶柄长 2.5 ~9.0cm；托叶较大，卵状长圆形或近三角形。总状花序腋生，长 10 ~30cm，被柔毛，多少弯垂，密花，在总花梗上有 1 ~2 片具柄的叶状苞片；叶状苞片革质，卵形或长圆形，长 4.0 ~8.5cm，宽 2 ~3cm，柄长 3.0 ~5.5cm；花小；花萼裂片 5 枚；花冠红色。果序长达 30cm；蒴果倒垂，椭圆状卵形，长约 1.5cm，宽 0.5 ~0.8cm，褐色，有灰白色斑点；种子多数，扁平，连翅长约 1cm，宽约 5mm，种皮延伸成膜质的宽翅，翅基部 2 裂。花期 5 ~7 月；果期8 ~11 月。

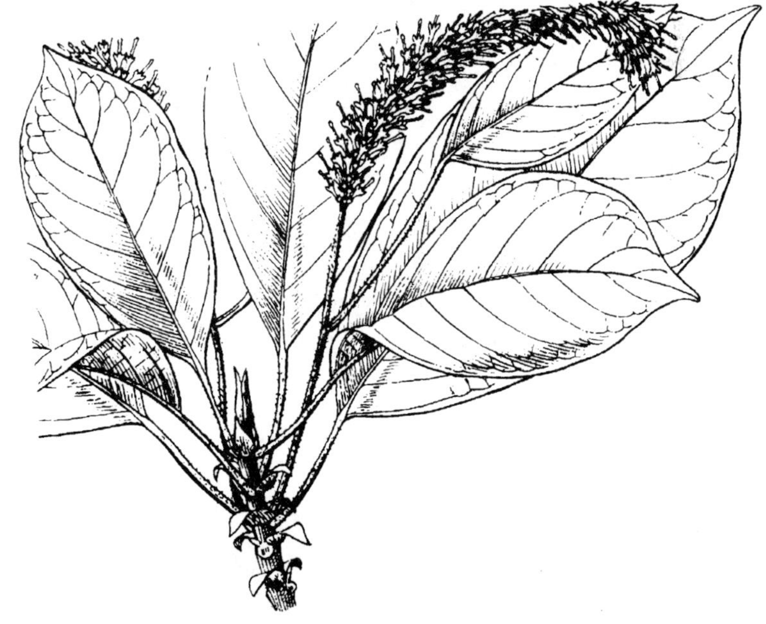

图 1318 土连翘 Hymenodictyon flaccidum Wall. 花枝。（仿《中国植物志》）

产于田阳、靖西、那坡、德保、龙州、大新。生于石灰岩山地沟谷及山坡疏林中。分布于四川、云南；印度、尼泊尔、越南也有分布。树皮药用，可抗疟疾。叶大而质薄，花序苞片叶状，具网纹，果多并因果柄下弯而倒挂在果序上，颇为别致，可栽培观赏。木材轻软，易于加工，适作模板、茶叶箱等一般用材。

11. 耳草属 Hedyotis L.

灌木、亚灌木或草本，直立或攀援。叶对生，极稀轮生或丛生状；托叶分离或基部连合成鞘状。聚伞花序或聚伞花再复合成圆锥花序式、头状花序式、伞形花序式或伞房花序式；萼管常陀螺形，萼檐宿存，4～5 裂；花冠管状、漏斗状或辐射状，檐部 4～5 裂；雄蕊与花冠裂片同数；花盘 4 浅裂；子房 2 室，每子房室多数或几粒。果小，膜质、脆壳质，内有种子 2 枚至多枚；种子小。

约 500 种，主要分布于热带和亚热带地区。中国 67 种；广西 28 种，本志记载 1 种。

图 1319　牛白藤 Hedyotis hedyotidea (DC.) Merr.　1. 果枝；2. 放大的托叶和一小段茎。(仿《中国植物志》)

牛白藤　糯饭藤(百色)　图 1319

Hedyotis hedyotidea (DC.) Merr.

藤状灌木，长 3～5m。茎叶粗糙；嫩枝方柱形，被粉末状柔毛，老时圆柱形。叶对生，膜质，长卵形或卵形，长 4～10cm，宽 2.5～4.0cm，顶端短尖或短渐尖，基部楔形或钝，叶面粗糙，叶背被柔毛；侧脉 4～5 对，在叶面凹陷，在叶背微凸；叶柄长 3～10mm；托叶顶部截平，具刺状毛。花序腋生和顶生，由 10～20 朵花集聚而成伞形花序；总花梗长约 2.5cm；花 4 数；花冠白色。蒴果近球形，长约 3mm，直径 2mm，宿存萼檐裂片外反，成熟时室间开裂为 2 果片；种子数粒，微小，具棱。花期 4～7 月。

产于广西各地。生于山坡疏林或灌丛中，为较为常见的灌木。分布于广东、云南、贵州、福建、台湾；越南也有分布。

12. 裂果金花属 Schizomussaenda Li

乔木或灌木。枝方柱形。叶对生；托叶披针形，2 裂，顶端尾状。聚伞花序顶生，末回分枝穗形蝎尾状，直立；苞片和小苞片线状披针形；花近无梗；花萼管长陀螺形，裂片 5 枚，披针状长圆形；花冠高脚碟状，裂片 5 枚，三角状卵形，内向镊合状排列；雄蕊 5 枚，着生于花冠管上；子房 2 室，胚珠多数。蒴果棕黑色，顶部室间开裂；种子小，多数。

单种属。分布于中国、老挝、马来西亚、泰国及越南；广西也有分布。

裂果金花　图 1320

Schizomussaenda henryi (Hutch.) X. F. Deng et D. X. Zhang

多呈灌木状，高 7～8m。叶薄纸质，椭圆状长圆形、卵圆形或披针状长圆形，长 10～17cm，宽 2.5～6.0cm，先端渐尖或短尖，基部楔形，叶面被疏散硬毛，叶背叶脉被糙伏毛；侧脉 10 对，在叶面明显，在叶背凸起；叶柄长约 1cm。穗形蝎尾状聚伞花序顶生，多花，总花梗长达 9cm；花近无梗；花萼裂片三角状；花冠管长约 1.8cm，裂片宽倒卵形。蒴果倒卵圆形或椭圆状倒卵形，长约 8mm，顶部室间开裂；种子小，有棱角。花期 5～9 月；果期 7～12 月。

产于平果、靖西、那坡、扶绥、宁明、龙州、大新、钦州、上思、东兴。生于疏林或灌丛中。

分布于广东、云南；中南半岛也有分布。木材心材与边材区别不明显，木材灰褐色或灰白色，纹理直，结构细，重量轻，气干密度 0.40g/cm^3，抗虫性差，不耐腐，一般用材。

13. 岩黄树属 Xanthophytum Reinw. ex Bl.

小乔木、灌木或亚灌木；嫩茎被金黄色至锈色长毛。叶对生；托叶通常较大，生于叶柄间，三角形、披针形至卵形，有时叶状，常内面基部被黏液毛。花序腋生，聚伞花序排成圆锥状；花 5 数，两性；萼管近球状，常被毛，裂片短，结果时宿存；花冠管状或漏斗状，冠管内面上部具环状毛，裂片在芽时镊合状排列；子房 2 室，胚珠多数。果多为坚硬、2 室的坚果，或为 2 裂蒴果；种子多数，细小，有角。

约 30 种。分布于亚洲东南部。中国 4 种；广西 2 种，本志记载 1 种。

岩黄树 图 1321

Xanthophytum kwangtungense (Chun et F. C. How) H. S. Lo

直立灌木，高 50cm。小枝被锈色柔毛，老枝无毛。叶纸质，椭圆形或椭圆状长圆形，长 9~16cm，宽 3.0~5.5cm，顶端渐尖，基部狭窄或下延于叶柄，全缘，被密缘毛，叶面无毛或脉上被疏柔毛，叶背密被锈色长柔毛，老叶毛常脱落变稀疏；侧脉 10~16 对；叶柄扁平，长 1.5~3.0cm，被锈色柔毛；托叶膜质，卵形，被缘毛，有脉纹。聚伞花序紧缩成头状，稠密多花，总花梗极短，但结果时长 10mm；花冠浅黄色，钟状漏斗形，长约 3.5mm，裂片 5 枚。蒴果近球形，被疏柔毛，直径约 2mm，管萼裂片被缘毛，反折；种子多数，小而有棱角。花期 5 月；果期 7~8 月。

产于防城、上思、东兴、钦州。生于林下潮湿处。分布于云南；越南也有分布。

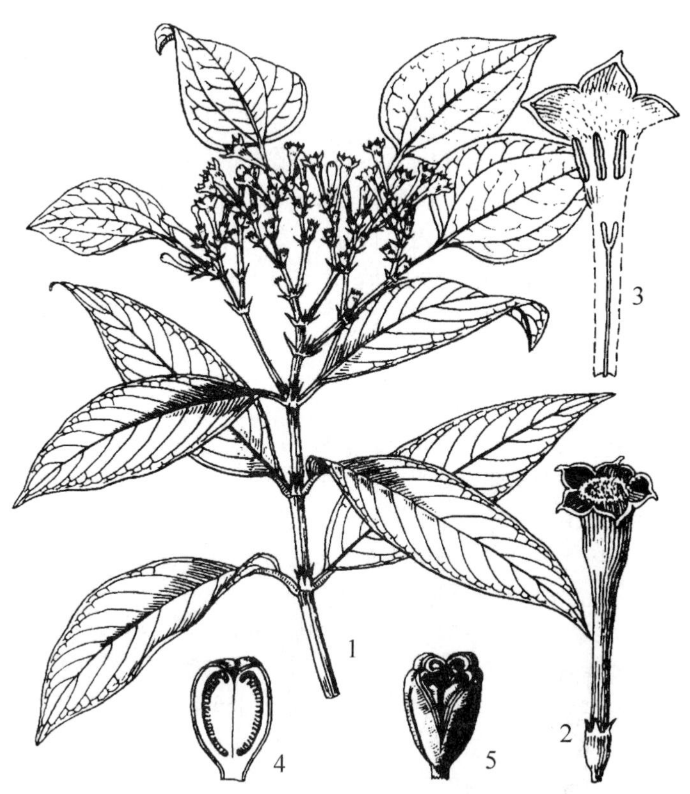

图 1320 裂果金花 Schizomussaenda henryi (Hutch.) X. F. Deng et D. X. Zhang 1. 花枝；2. 花；3. 部分花冠展开，示雄蕊、柱头和花柱；4. 子房纵切面，示胚珠；5. 果。(仿《中国植物志》)

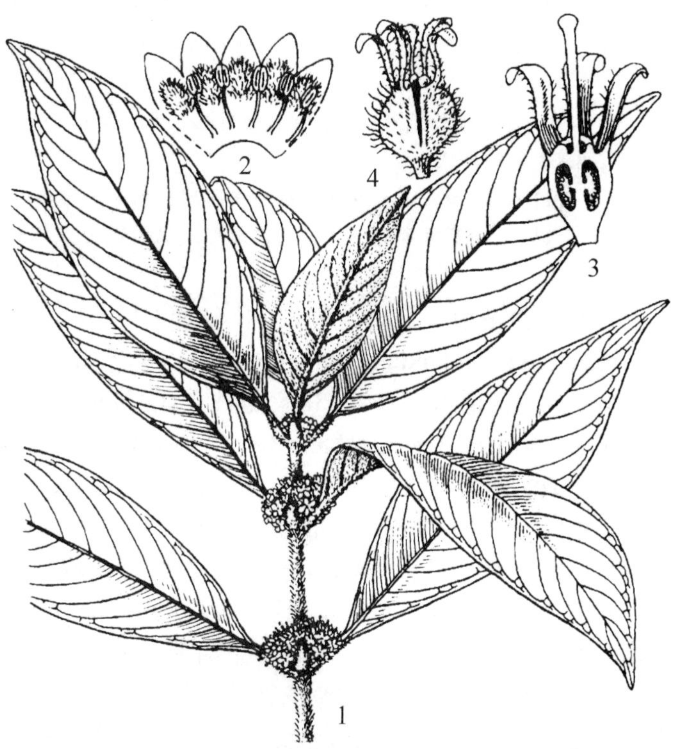

图 1321 岩黄树 Xanthophytum kwangtungense (Chun et F. C. How) H. S. Lo 1. 花枝；2. 花冠展开，示雄蕊；3. 部分花萼和雌蕊，子房纵切面；4. 蒴果。(仿《中国植物志》)

14. 玉叶金花属 Mussaenda L.

乔木、灌木或藤本。叶对生或偶3枚轮生；托叶生于叶柄间，全缘或2裂。聚伞花序顶生；花萼裂片5枚，萼裂片中有1枚呈花瓣状(又称花叶)，稀全为花瓣状，白色或多样色，具长柄；花冠黄色、红色或白色，高脚碟状，花冠管常较长，花冠裂片5枚，在芽内镊合状排列；雄蕊5枚；子房2室，胚珠多数。浆果肉质，萼裂片宿存或脱落；种子小。

约200种。中国29种；广西12种。

分种检索表

1. 萼裂片近叶状，披针形。
  2. 枝、花萼和花冠被贴伏短柔毛 ………………………………………… **1. 大叶白纸扇 M. shikokiana**
  2. 枝、花萼和花冠被长柔毛 ……………………………………………… **2. 大叶玉叶金花 M. macrophylla**
1. 萼裂片线形或三角形。
  3. 萼裂片在开花时与萼管近等长或较短。
    4. 直立灌木；叶基部近圆形 ………………………………………… **3. 仁昌玉叶金花 M. chingii**
    4. 攀援灌木；叶基部楔形或渐尖 ………………………………………………… **4. 楠藤 M. erosa**
  3. 萼裂片在开花时比花萼管长。
    5. 萼裂片长度为花萼管的2倍或2倍以上。
      6. 花萼管陀螺形；叶卵状长圆形或卵状披针形 ……………………… **5. 玉叶金花 M. pubescens**
      6. 花萼管椭圆形；叶椭圆形或长圆形，稀近卵形。
        7. 花冠裂片三角状卵形，萼裂片线状披针形 ……………… **6. 海南玉叶金花 M. hainanensis**
        7. 花冠裂片椭圆形，萼裂片线形 ……………………………… **7. 粗毛玉叶金花 M. hirsutula**
    5. 萼裂片比萼管长，但不超过2倍。
      8. 聚伞花序紧密。
        9. 花萼管钟状或坛状；叶广长圆状披针形或窄长圆状椭圆形。
          10. 花萼密被长柔毛 ……………………………………… **8. 尾裂玉叶金花 M. caudatiloba**
          10. 花萼具长硬毛……………………………………………… **9. 密花玉叶金花 M. densiflora**
        9. 花萼管长圆形；叶长圆状披针形，基部楔形 ……………… **10. 广西玉叶金花 M. kwangsiensis**
      8. 聚伞花序疏散。
        11. 花冠裂片三角状卵形；叶椭圆形，基部圆形略渐窄 ……………… **11. 椭圆玉叶金花 M. elliptica**
        11. 花冠裂片卵形；叶卵状椭圆形或椭圆形，基部楔形或短尖 ……… **12. 展枝玉叶金花 M. divaricata**

1. 大叶白纸扇 黐花、贵州玉叶金花

Mussaenda shikokiana Makino

直立或攀援灌木，高1～3m。嫩枝、花萼及花冠密被贴伏短柔毛。叶对生，薄纸质，广卵形或广椭圆形，长10～20cm，宽5～10cm，顶端骤渐尖或短尖，基部楔形或圆形，叶面淡绿色，叶背浅灰色，幼嫩时两面有稀疏贴伏毛，老时两面均无毛；侧脉9对；叶柄长1.5～3.5cm，被毛；托叶常2裂或浅裂，长8～10mm，外面疏被贴伏短柔毛。聚伞花序顶生，花疏散；花梗长约2mm；花萼管陀螺形，被贴伏短柔毛，萼裂片近叶状，白色，披针形；花叶倒卵形，短渐尖，长3～4cm，近无毛，柄长5mm；花冠黄色，花冠管长约1.4cm，花冠裂片卵形，长约2mm，基部宽约3mm。浆果近球形，直径约1cm。花期5～7月；果期7～10月。

产于广西各地。生于山地疏林下或路边。分布于广东、江西、贵州、湖南、湖北、四川、安徽、福建、浙江。植物富含胶液，民间制黏液后，可捕黏小动物及鸟类，故称“黏鸟胶”。枝叶入药，用于感冒、小儿高热、小便不利、白痢等。

2. 大叶玉叶金花 图1322

Mussaenda macrophylla Wall.

直立或攀援灌木。小枝近圆柱形，老枝四棱柱形；小枝、花萼及花冠密被灰棕色长柔毛。叶对生，长圆形至卵形，长12~14cm，宽8~9cm，顶端短尖，基部楔形，两面被疏散贴伏柔毛，脉上毛较密；叶柄极短或近无柄；托叶大，卵形，2浅裂，密被棕色柔毛。聚伞花序具短总梗；苞片长约1cm，2~3深裂，裂片披针形，近叶状；花大，近无柄；花萼管钟形，萼裂片近叶状，披针形，密被棕色柔毛；花叶宽卵形或菱形，薄膜质，白色，长5~12cm，有纵脉7条，柄长约3.7cm，略被长柔毛；花冠管淡绿色，长约1.7cm，花冠裂片卵形，橙黄色，长约7mm。浆果深紫色，椭圆状，长1.0~1.5cm，被短柔毛。花期6~7月；果期8~11月。

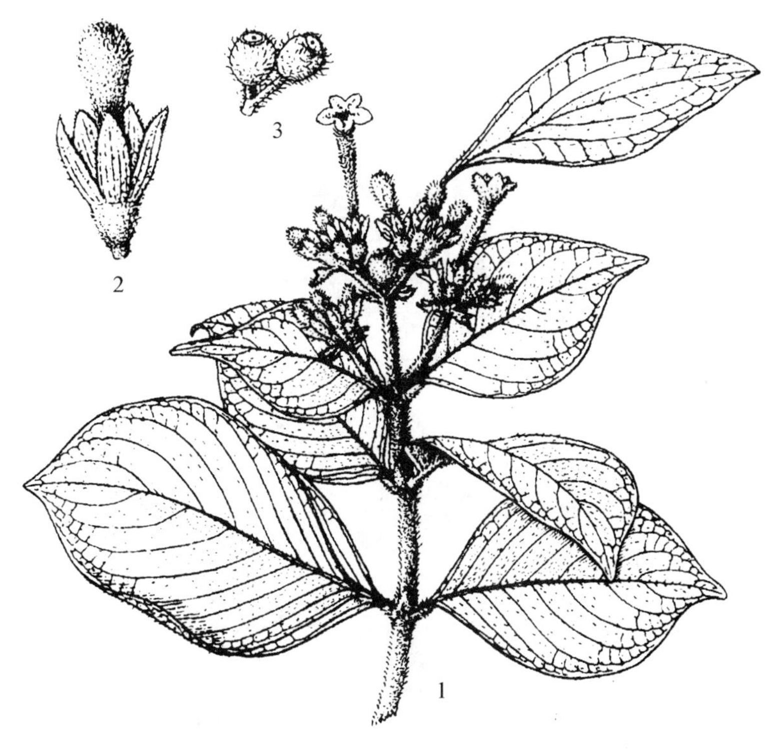

图1322 大叶玉叶金花 Mussaenda macrophylla Wall. 1. 花枝；2. 花(未开放)；3. 果。(仿《中国植物志》)

产于永福、恭城、金秀、苍梧、南宁。生于山地灌丛中或森林中。分布于广东、台湾、云南；印度、尼泊尔、菲律宾也有分布。

3. 仁昌玉叶金花

Mussaenda chingii C. Y. Wu ex H. H. Hsue et H. Wu

灌木，高2m。小枝被贴伏柔毛。叶对生，纸质，广卵状椭圆形或广卵形，长5.5~7.5cm，宽3.0~4.7cm，顶端骤凸尖，基部近圆形，叶面亮绿色，叶背灰白色，两面被极稀疏贴伏柔毛，中脉或细脉上较密；侧脉6~7对；叶柄长5~6mm，疏被贴伏柔毛；托叶2深裂，密被柔毛，脱落。聚伞花序顶生，总花梗密被柔毛；苞片线形，密被柔毛；花梗短；花萼管圆筒状，长约2.5mm，萼裂片5枚，披针状三角形，长1.5~2.0mm，渐尖；花叶椭圆形，长约2.4cm，宽约9mm，纸质，顶端短尖，基部楔形，两面脉上均被毛，有纵脉5条，柄长约1cm；花冠黄色，花冠管长约2.1cm，花冠裂片5枚，圆卵形，长约2.5mm。花期5月。

广西特有种。产于罗城。生于丛林中。

4. 楠藤 啮叶玉叶金花、白花藤(田阳)

Mussaenda erosa Champ. ex Benth.

攀援灌木，长3m。小枝无毛。叶对生，纸质，长圆形、卵形至长圆状椭圆形，长6.0~12cm，宽3.5~5.0cm，顶端短尖至长渐尖，基部楔形，幼叶仅叶面沿脉上稍被毛，叶背被稀疏贴状毛，老时两面无毛；侧脉4~6对；叶柄长1.0~1.5cm；托叶长三角形，深2裂。伞房状多歧聚伞花序，顶生，花序梗较长，花疏生；花梗短；花萼管椭圆形，萼裂片线状披针形；花叶阔椭圆形，长4~6cm，宽3~4cm，有纵脉5~7条，顶端圆或短尖，基部骤窄，柄长0.9~1.0cm；花冠橙黄色，花冠裂片卵形，长约5mm，宽与长近相等。浆果近球形或阔椭圆形，长10~13mm，直径8~10mm，无毛，果柄长3~4mm。花期4~7月；果期9~12月。

产于广西各地。常攀援于疏林地的乔木树冠上。分布于广东、海南、福建、云南、四川、贵

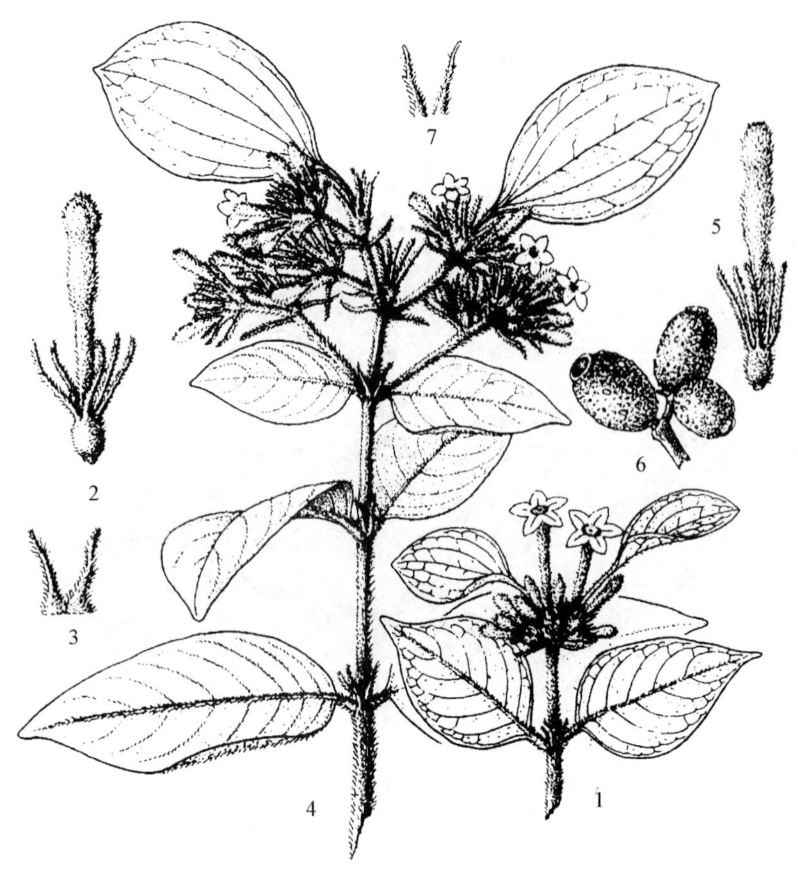

图 1323　1～3. 玉叶金花 **Mussaenda pubescens** Dryand.　1. 花枝；2. 花(未开放)；3. 托叶。4～7. 粗毛玉叶金花 **Mussaenda hirsutula** Miq.　4. 花枝；5. 花(未开放)；6. 果；7. 托叶。(仿《中国植物志》)

州、台湾；中南半岛也有分布。茎、叶和果均入药，清热、消炎、解热毒，治疥疮积热。茎皮纤维代麻制绳及织麻袋。根富含胶液，可作造土纸糊料，民间用其根或茎捣烂加水制胶用之黏捕小型动物、鸟类，又称为"胶鸟藤"。

5. 玉叶金花　野白纸扇　图 1323：1～3

Mussaenda pubescens Dryand.

攀援灌木。嫩枝被贴伏短柔毛。叶对生或轮生，膜质或薄纸质，卵状长圆形或卵状披针形，长 5～8cm，宽 2.0～2.5cm，顶端渐尖，基部楔形，叶面近无毛或疏被毛，叶背密被短柔毛；叶柄长 3～8mm，被柔毛；托叶三角形，深 2 裂，裂片钻形。聚伞花序顶生，密花；苞片线形，被硬毛；花梗极短或无梗；花萼管陀螺形，萼裂片线形，常比花萼管长 2 倍以上；花叶阔椭圆形，长 2.5～5.0cm，宽 2.0～3.5cm，具纵脉 5～7 条，顶端钝或短尖，基部狭窄，柄长 1.0～2.8cm；花冠黄色，花冠裂片长圆状披针形，长约 4mm。浆果近球形，长 8～10mm，直径 6.0～7.5mm，疏被柔毛，干时黑色，果柄长 4～5mm，疏被毛。花期 6～7 月。

产于广西各地。生于山地灌丛、溪谷、山坡或村旁。分布于广东、海南、福建、湖南、江西、浙江、台湾。茎叶味甘、性凉，清凉消暑、清热疏风，供药用或晒干后代茶饮用。茎、叶入药，清热解毒，治流感、支气管炎、扁桃体炎、咽喉炎、肾炎水肿、肠炎腹泻、断肠草中毒、毒蛇咬伤、麻疹，外治刀伤、烧伤、烫伤、痈疮肿毒。根富含胶液，可作造土纸糊料。

6. 海南玉叶金花

Mussaenda hainanensis Merr.

攀援灌木，小枝、花序密被锈色或灰色柔毛。叶对生，纸质，长圆状椭圆形，稀为倒卵形，长 3～8cm，宽 1.5～2.5cm，先端短渐尖，基部楔形，叶面被疏散柔毛，叶面密被柔毛，脉上被毛更密；侧脉 7～8 对，明显；叶柄长 3～5mm。聚伞花序；花萼管椭圆形，长 3～4mm，萼裂片线状披针形，比花萼管长 2 倍；花叶阔椭圆形，长约 4cm，宽约 3cm，有纵脉 5～7 条，横脉明显，顶端短尖，基部狭窄，柄长约 1.3cm；花冠黄色，长 1.8～2.2cm，花冠裂片三角状卵形，长约 3mm。浆果椭圆形，长约 14mm，直径约 9mm，被粗毛，干时黑色，顶部有萼檐脱落后的环状疤痕，果柄长 3～4mm。花期 3～6 月；果期 7～8 月。

产于防城。分布于海南。

7. 粗毛玉叶金花　半夜开门　图 1323：4～7

Mussaenda hirsutula Miq.

攀援灌木。小枝、花序密被锈色或灰色柔毛。叶对生，膜质，椭圆形或长圆形，有时近卵形，长7~13cm，宽2.5~4.0cm，先端短尖或渐尖，基部楔形，两面被稀疏柔毛，叶背脉上较密；侧脉6~7对；叶柄长3~5mm，密被柔毛；托叶深2裂或2全裂，裂片披针形，密被柔毛。聚伞花序顶生或生于叶腋，总花梗长8~11mm；花梗短或无梗；花萼管椭圆形，萼裂片线形；花叶阔椭圆形，长4.0~4.5cm，宽3.0~3.5cm，常具纵脉7条，顶端圆或短尖，基部近圆形，柄长1.4cm；花冠黄色，花冠裂片椭圆形。浆果椭圆状，长14~20mm，直径9~12mm，干时褐色，宿存萼片紧贴，果柄被毛，长3~4mm。花期4~6月；果期7月至翌年1月。

产于龙州。生于低海拔山谷、溪边和旷野丛中，常攀援于林中树冠上。分布于海南、广东、湖南、贵州、云南。

8. 尾裂玉叶金花

Mussaenda caudatiloba D. Fang

直立或攀援灌木。枝被倒向或近开展的烟灰色长柔毛，幼时较密。叶对生，薄纸质，卵形至狭卵形，长4~11cm，宽2~5cm，先端渐尖，基部圆形，上面暗绿色，下面苍灰色，两面被近贴伏的长柔毛；侧脉6~9对；叶柄长5~10mm；托叶2全裂，裂片线状钻形，长7~10mm，不早落。聚伞花序顶生，紧密；花序梗长5~10mm，密被开展的烟灰色长柔毛；花金黄色，无梗；花萼管陀螺形，长约2.5mm，密被开展的长柔毛，裂片线状钻形，长10~13mm，花叶白色，卵形，长5~6.7cm，宽3.0~4.3cm，先端急尖，基部圆形，具纵脉5~8条，柄长1.8~2.5cm；花冠管长约25mm，裂片狭三角状卵形，长约8mm。花期5月。

广西特有种。产于那坡、龙州。

9. 密花玉叶金花

Mussaenda densiflora H. L. Li

攀援灌木，高2m。小枝密被黄褐色长柔毛。叶对生，膜质或薄纸质，广长圆状披针形或窄长圆状椭圆形，长8~13cm，宽3~5cm，顶端短尖或渐尖，基部短尖，偶近圆形，两面被极疏散贴伏柔毛，脉上毛较密；侧脉8~10对，两面明显；叶柄长1~2cm，被短柔毛；托叶2裂，裂片披针状线形，密披长柔毛，早落。聚伞花序顶生，密花，分枝短，被短柔毛；花无梗；花萼管坛状，萼裂片线状披针形；花叶卵形，长5~6cm，宽约3.5cm，短尖，具纵脉5~7条，柄长约1.5cm；花冠管长3.0~3.5cm，花冠裂片5枚，短圆状披针形，长7~8mm，宽2~3mm。浆果卵形，长8~9mm，直径6~7mm，无毛。花期5月。

广西物有种。产于龙州。生于疏灌丛中。

10. 广西玉叶金花 图1324

Mussaenda kwangsiensis H. L. Li

攀援灌木。小枝密被贴伏的短柔毛。叶对生，薄纸质，长圆状披针形或披针形，长8~11cm，宽2.5~4.0cm，先端渐尖或短渐尖，基部渐窄或楔形，叶面被稀疏短柔毛，脉上毛较密，叶背密被长柔毛；侧脉6~8对，两面明

图1324 广西玉叶金花 Mussaenda kwangsiensis H. L. Li 花枝。(仿《中国高等植物图鉴》)

显；叶柄长5~8mm；托叶2深裂，裂片线形，早落。聚伞花序顶生，长约4cm，分枝少而短，被短柔毛；花密集，无梗；花萼管长圆形，长约5mm，密被短柔毛，萼裂片线形，长2.5~3.0cm，宽1~2mm，被柔毛；花叶卵形，白色，长约6mm，具纵脉5~7条，顶端渐尖，基部圆形，两面被短柔毛，柄长约8.5mm；花冠管外面被灰色短柔毛，花冠裂片卵形，长约3mm。花期9~11月。

广西特有种。产于临桂、金秀、融水、东兰、平果、凌云、田林。生于山谷溪旁疏林下。

11. 椭圆玉叶金花

Mussaenda elliptica Hutch.

灌木，高1~2m。小枝稀被短柔毛。叶对生，薄纸质，椭圆形，先端渐尖，基部圆或略渐窄，长约20cm，宽约10cm，叶面具极稀疏毛，叶背被稀疏短柔毛，脉上毛较密；侧脉6~7对，两面明显；叶柄长0.7~1.0cm，具贴伏细刚毛；托叶卵状三角形，被疏被微柔毛。聚伞花序顶生，总花梗长，花疏散；花萼管陀螺形，长约2mm，萼裂片钻形；花叶广卵形，顶端短渐尖，长5.0~7.5cm，宽3.5~5.0cm，具纵脉5~6条，具短柄；花冠黄色，花冠管长约2cm，外面被贴伏短柔毛，花冠裂片5枚，三角状卵形。花期5~6月。

产于广西北部。生于中海拔山谷林下及林缘。分布于云南、四川。

12. 展枝玉叶金花 散玉叶金花

Mussaenda divaricata Hutch.

直立或攀援灌木。小枝被稀疏短柔毛，后近无毛。叶对生，薄纸质或近膜质，椭圆形或卵状椭圆形，长7~12cm，宽5~7cm，先端骤渐尖，基部楔形或短尖，叶面淡绿色，叶背浅灰色，两面被极稀疏短柔毛，脉上毛较密；侧脉9~11对；叶柄长0.5~1.0cm；托叶三角状，深2裂，裂片钻形。聚伞花序，疏花；花萼管陀螺形，萼裂片钻形；花叶广椭圆形或卵圆形，长4~6cm，宽3~5cm，顶端短渐尖，基部楔形，两面仅脉上被微柔毛，常具纵脉7条，柄长约2.5cm；花冠黄色，冠管长2.0~2.5cm，花冠裂片卵形，长约3.5mm。浆果椭圆形，外面被稀疏毛，具细纵条纹，长1.0~1.2cm，直径4~6mm；果柄长6mm，密被毛。花期6~9月。

产于临桂、龙胜、昭平、金秀、融安、融水、三江、河池、南丹、天峨、东兰、田林、乐业、隆林、平果、南宁、马山、武鸣、苍梧、贵港。生于沿河灌丛及田边或溪旁。分布于云南、四川、贵州、湖北。

15. 腺萼木属 Mycetia Reinw.

灌木。老枝常覆有黄色或近白色松软海绵质外皮。叶对生，常大小不一；托叶常大，呈叶状。聚伞花序，疏散；花常二型，花柱异长；苞片常大或叶状；萼管半球状或陀螺状，萼檐4~6裂，裂片边缘或弯缺内常具腺齿或腺体，宿存；花冠黄色或白色，管状，4~6裂，裂片镊合状排列；雄蕊4~6枚；子房2室或4~5室，柱头2个或4~5个，内藏；胚珠每室多枚。果肉质，浆果状或干燥时蒴果状；种子多数，小而有棱角，有稍密的小凸点。

约45种。中国15种，分布于西南部至东南部；广西2种。

分种检索表

1. 萼裂片明显比萼管长，花冠长13~15mm，黄色 ………… **1. 安龙腺萼木 M. anlongensis**
1. 萼裂片比萼管短或近等长，花冠长7~8mm，白色 ………… **2. 华腺萼木 M. sinensis**

1. 安龙腺萼木 那坡腺萼木

Mycetia anlongensis H. S. Lo

灌木，高0.5m。小枝无毛或被疏柔毛。叶膜质，长圆形或长椭圆形，长12~17cm，宽5~7cm，先端短渐尖，基部楔形，两侧稍不对称，两面被疏散硬毛；中脉叶面凹入，叶背平扁，侧脉14~18对；叶柄长1~2cm。聚伞花序顶生，密，花多朵，总花梗和分枝均缩短；花梗短或近无梗；

萼近无毛，萼筒倒圆锥状，长约2mm，裂片5枚，狭长三角形，长约6mm；花冠黄色，阔管状，长1.3～1.5cm，外面无毛，内面被疏长柔毛，裂片5枚。花期4月。

产于那坡。生于石灰岩山地。分布于贵州。

2. 华腺萼木 甜茶(龙州)、狭萼腺萼木 图1325

Mycetia sinensis (Hemsl.) Craib

灌木，高50～100cm。嫩枝被柔毛，后无毛，具稍松软树皮。叶近膜质，长圆状披针形或长圆形，长8～20cm，宽3～5cm，先端渐尖，基部楔尖，叶面无毛或被疏散短柔毛，叶背脉上常疏被柔毛；侧脉多达20对，在叶背上微凸；叶柄长约2cm，被柔毛。聚伞花序顶生，单生或簇生，着花多朵，总花梗长3.5～6.0cm；苞片似托叶，基部穿茎，边缘常条裂，基部有黄色、具柄腺体；花梗长1.0～2.5mm；萼管半球状，长约2mm，裂片披针状三角形，长约2mm，伸展；花冠白色，狭管状，长7～8mm，5裂，裂片近卵形，长1.5～2.0mm。果近球形，直径4.0～4.5mm，熟时白色。花期7～8月；果期9～11月。

图1325 华腺萼木 Mycetia sinensis (Hemsl.) Craib 花枝。(仿《中国高等植物图鉴》)

产于荔浦、平乐、贺州、昭平、金秀、河池、苍梧、蒙山、岑溪、那坡、靖西、平南、容县、龙州、凭祥、防城。生于山地密林下沟溪边或林下路旁。分布于湖南、江西、福建、云南、广东、海南。

16. 密脉木属 Myrioneuron R. Br. ex Kurz

灌木。树皮海绵质，茎枝较粗壮。叶和托叶均较大。头状花序或伞房状聚伞花序，多花而紧密；花二型，具花柱异长花；苞片革质，披针形或卵形，具脉纹；萼管卵圆形或卵状椭圆形，裂片5枚，质坚，宿存；花冠白色或黄色，管状，喉部被长柔毛，裂片5枚，被毛，芽时镊合状排列；雄蕊5枚，生于花冠管内壁上；子房2室，每室具多数胚珠，柱头2裂。浆果卵球状，干燥或肉质，白色；种子多数，细小，有棱角，具洼点。

约14种，分布于亚洲热带。中国4种，分布于南部和西南部；广西3种。

分种检索表

1. 花序顶生，球状；叶有侧脉9～13对；花冠比萼裂片长 ……………… **1. 密脉木 M. faberi**
1. 花序腋生或兼有顶生；叶有侧脉15～23对；花冠比萼裂片短或近等长。
    2. 苞片大，长1.5～2.5cm，花序短穗状或总状 ……………… **2. 越南密脉木 M. tonkinense**
    2. 苞片小，长8～10mm，伞房状聚伞花序 ……………… **3. 大叶密脉木 M. effusum**

1. 密脉木 图1326：1～5

Myrioneuron faberi Hemsl.

灌木，高1m。具松软、灰白色树皮。叶常聚生，纸质，倒卵形或长圆状倒卵形，长10～15cm，

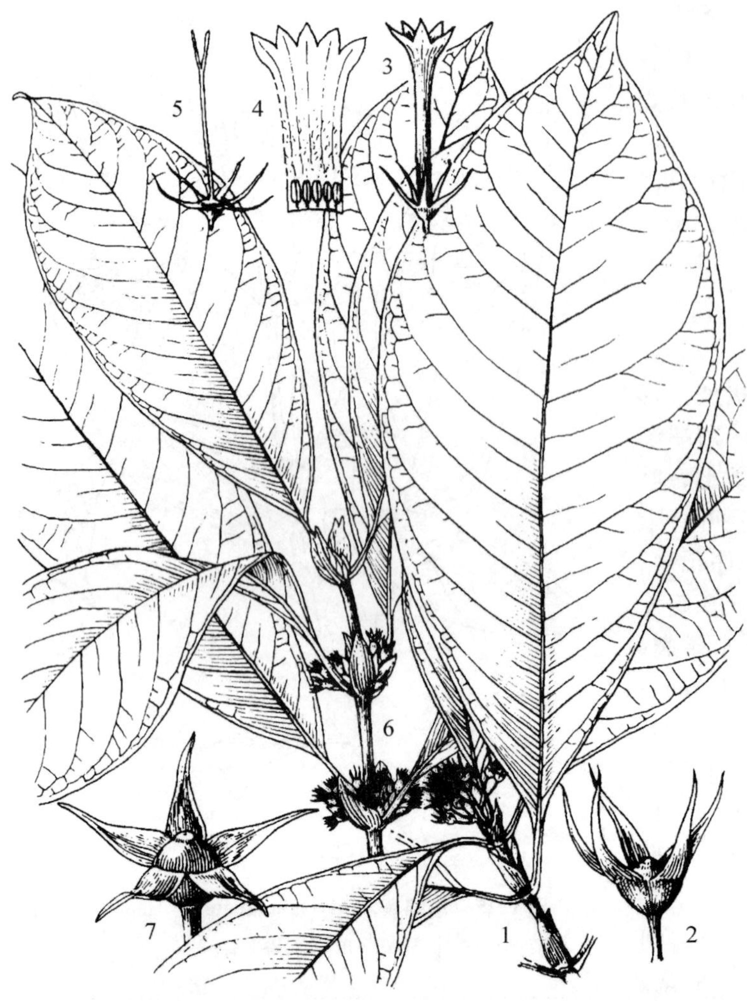

图 1326　1～5. 密脉木 Myrioneuron faberi Hemsl.　1. 果枝；2. 果；3. 花；4. 花冠展开，示雄蕊；5. 雌蕊和花萼。**6～7. 越南密脉木 Myrioneuron tonkinense** Pit.　6. 果枝；7. 果。（仿《中国植物志》）

宽 5～7cm，先端骤尖或短尖，基部楔形或钝，全缘或微波状，叶面无毛，叶背脉上被短柔毛；中脉在叶背凸起，侧脉 9～13 对；叶柄长1～2cm，被柔毛；托叶披针形，具密直脉状条纹。花序顶生，密集成球状，总花梗长约 1cm；苞片叶状，具条纹状脉纹；萼管球状至倒圆锥状，长 1.8～2.0mm，裂片钻形，长 8～9mm；花冠黄色，管状，长约1.3cm，裂片近三角形，长1.8～2.0mm，反折。果近球形，直径约 3.5mm，成熟时由黄绿色变白色，无毛，萼片宿存。花期夏季。

产于阳朔、永福、恭城、三江、河池、南丹、天峨、都安、百色、德保、那坡、田林、隆林、乐业。分布于四川、贵州、湖南、湖北、云南。

2. 越南密脉木　中越密脉木　图 1326：6～7

Myrioneuron tonkinense Pit.

灌木，高 2m。枝淡褐色，具有松软、灰白色树皮。叶纸质，倒卵形，长 12～28cm，宽 6～9cm，先端渐尖或短尖，基部渐尖，叶面无毛，叶背脉上密被粉状微柔毛；侧脉 15～18 对；叶柄长 1～3cm；托叶卵形至长圆形，顶端 2 裂或不裂，被柔毛，具密条纹状脉纹。花序腋生或极稀顶生，短穗状或总状，长 1.0～2.5cm；苞片卵形或卵状披针形，长 1.5～2.5cm，被粉状微柔毛；花梗长 2～3mm；萼管半球状，裂片线形，长 1.0～1.4cm；花冠黄色，筒状，长 1.0～1.2cm，裂片 5 枚。浆果近球形，直径 3～4mm，熟时白色。花期 6～8 月；果期 10～12 月。

产于那坡、凌云、宁明、龙州。生于山地密林中。分布于海南、广东；越南也有分布。

3. 大叶密脉木

Myrioneuron effusum（Pit.）Merr.

灌木，高 2m。具浅灰色、松软树皮；嫩茎、托叶、叶柄和叶背脉上被微柔毛。叶纸质，长圆形、倒披针形或倒卵形，长 13～35cm，宽 8～14cm，先端骤尖，基部渐狭，叶面深绿，叶背苍白；侧脉 17～23 对；叶柄长 2～4cm；托叶卵形或披针形，具明显脉纹。伞房状聚伞花序，腋生，稀顶生，四至五回分歧；苞片披针形或卵形，长 8～10mm，具脉纹；花长约 14mm；萼管长约 3mm，裂片披针形，长 6～7mm；花冠外面被短柔毛，管筒状，长约 1cm，裂片长圆状卵形。浆果近球形，长 3～4mm，直径 4～5mm。花期 7～8 月；果期 10～11 月。

产于龙州。生于海拔 500～700m 山谷水沟边。越南也有分布。

17. 尖叶木属 Urophyllum Wall.

图 1327 尖叶木 **Urophyllum chinense** Merr. et Chun 果枝。(仿《中国高等植物图鉴》)

乔木或灌木。叶对生；托叶大，生于叶柄间。头状聚伞花序或伞房状聚伞花序腋生；花两性或单性，具短花梗；小苞片生于花梗基部；萼管短，萼檐杯状，5(4~7)齿裂，宿存；花冠革质，裂片5(4~7枚)，三角形，镊合状排列；雄蕊5(4~7枚)，着生于花冠喉部；子房5(4~7)室，每室胚珠多数。浆果小，4~5室；种子多数，细小，球形，种皮脆壳质。

约150种。分布于亚洲热带至非洲。中国3种；广西1种。

尖叶木 鸡屎木(防城) 图1327

Urophyllum chinense Merr. et Chun

灌木或小乔木，高1.5~4.0m。嫩枝被柔毛。叶近革质，对生，长圆形或长圆状披针形，长10~20cm，宽3.5~5.0cm，先端尾状渐尖，基部圆钝至短尖，叶背脉上被贴状柔毛；侧脉约8对；叶柄长约1cm；托叶大，狭披针状狭长圆形，长1.0~1.7cm。花序腋生，对生，伞房状，总梗长4~5mm；花梗长4~6mm；小苞片披针形；萼管杯状，长约3mm，具5小齿；花冠白色，革质，长约4mm，5裂达中部，裂片近三角形，与花冠管近等长；子房5室。浆果近球状，直径约8mm，熟时红或橙黄色；种子多数，小，有洼点。花期7月；果期8~9月。

产于金秀、苍梧、平南、博白、上思、防城、东兴、宁明、龙州。生于海拔700~900m处的山地丛林中。分布于广东、云南；越南也有分布。枝、叶药用，可外治疮疖。

18. 巴戟天属 Morinda L.

藤本、灌木或小乔木。叶对生，稀3枚轮生；托叶生于叶柄内或叶柄间，分离或2枚合生成筒状，紧贴，膜质或纸质。头状花序，单生或多花聚合组成伞形或圆锥状复合花序，顶生；花无梗，两性，3~7基数；花萼半球形或圆锥状，上部截平或具1~3齿；花冠白色，漏斗状、高脚碟状或钟状，管部与檐部近等长或较长，裂片蕾时镊合状排列；雄蕊与花冠裂片同数，着生于喉部或裂片侧基部，花丝短；子房2~4室，每室具胚珠1枚。聚花核果由1至多数合生花和花序托发育而成，每核果具分核2~4个；分核具种子1枚。

80~100种。中国27种；广西13种，本志记载4种。

分种检索表

1. 枝、叶密被锈色至淡黄色长柔毛；侧脉7~10对；萼顶具4~5齿；果较大，直径1~2cm …………………………………………………………………………………… **1. 大果巴戟 M. cochinchinensis**

1. 枝、叶无毛，或被硬毛、粗毛；侧脉3~7对；萼无齿或具1~3齿；果较小，直径常不达到1.2cm。
  2. 除花序梗被微毛，叶柄被不明显粒状疏毛外，枝和叶两面光滑无毛。
    3. 叶椭圆形、长圆形或椭圆状披针形，干后红棕色，托叶长达15mm，侧脉6~9对；花期4月 …………………………………………………………………………………… **2. 糠藤 M. howiana**

3. 叶倒卵形、倒卵状长圆形或倒卵状披针形，干后淡棕色或棕黑色，托叶长约6mm；花期6~7月 ………………………………………………………………………………………… 3. 印度羊角藤 M. umbellata

2. 枝叶被粗毛或硬毛；叶椭圆形、长圆形或倒卵状长圆形 ………………………………… 4. 巴戟天 M. officinalis

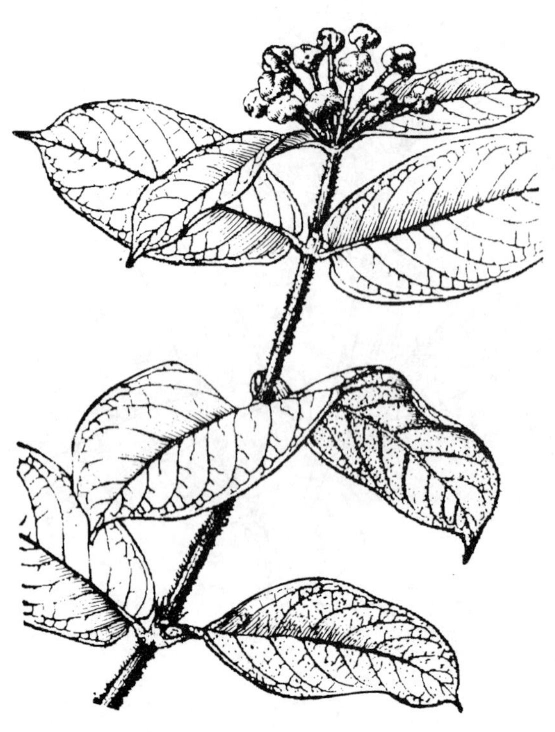

图 1328 大果巴戟 Morinda cochinchinensis DC. 花枝。(仿《中国高等植物图鉴》)

1. 大果巴戟 图 1328

Morinda cochinchinensis DC.

木质藤本。幼枝密被锈色至淡黄色长柔毛。叶对生，纸质，椭圆形、长圆形或倒卵状长圆形，长8~14cm，宽2~6cm，先尾状渐尖或短渐尖，基部圆或稍心形，叶面疏被糙硬伏毛，叶背密被锈色柔毛，脉处较密；侧脉7~10对；叶柄长约5mm；托叶管状，膜质。顶生头状花序；花序梗长1~3cm，密被锈色短柔毛，基部具多数丝状总苞片；花序具花多朵，无花梗；花萼先端裂片4~5枚；花冠白色，檐部4~5裂；雄蕊4~5枚。聚花核果由1~8个核果组成，近球形、长圆球形或不规则形，直径1~2cm，外被柔毛，熟时橘红色；果柄长2.5~4.0cm，被锈色毛；核果具4分核，分核三棱形，具种子1枚；种子角质。花期5~7月；果期7~11月。

产于平乐、桂平、龙州。分布于广东、海南、云南；越南也有分布。根入药，止咳、驱虫。

2. 糠藤

Morinda howiana S. Y. Hu

藤本。枝无毛，稍木质。叶纸质，椭圆形、椭圆状披针形或长圆形，长6~14cm，宽2~6cm，先端渐尖，基部圆或楔形，全缘，干时叶面棕红色，叶两面无毛；侧脉每边6~9条；叶柄长6~10mm，被短柔毛；托叶膜质，筒状，紧贴茎，长6~15mm，宿存。花序5~10枝呈伞状排于枝顶；花序梗长8~14mm，被短柔毛；头状花序具花4~12朵，直径约4mm；花4~5基数。聚花核果近球形，直径宽8~14mm；核果具分核2~4枚；分核近三棱形，内具种子1枚；种子与分核同形，角质，黑色。花期4月；果期秋、冬季。

产于广西各地。生于山谷、溪边林下、路旁或山坡灌丛中。分布于广东、海南。

图 1329 印度羊角藤 Morinda umbellata L. 果枝。(仿《中国高等植物图鉴》)

3. 印度羊角藤 羊角藤 图 1329

Morinda umbellata L.

攀援或缠绕藤本，偶呈披散灌木状。嫩枝无毛，绿色。叶纸质或革质，倒卵形、倒卵状披针形或倒卵状长圆形，长6~9cm，宽2.0~3.5cm，先端渐尖或具小短尖，基部渐狭或楔形，全缘，叶面常具蜡质，光亮，干时淡棕色，无毛；侧脉 4～5 对；叶柄长 4～6mm；托叶筒状，长约 6mm。花序 3～11 枝伞状排列于枝顶；花序梗长 4～11mm，被微毛；头状花序直径 6～10mm，具花 6～12 朵；花 4～5 基数，无梗；花萼顶端平；花冠白色。果序梗长 5～13mm，聚花核果近球形或扁球形，直径 7～12mm，熟时红色；核果具分核 2～4 个，分核近三棱形，外侧弯拱，具种子 1 枚；种子角质，棕色，与分核同形。花期 6～7 月；果熟期 10～11 月。

产于广西各地。生长于山地林下、溪旁，攀援于灌木上。分布于江苏、安徽、浙江、江西、福建、湖南、广东、海南。根入药，清热泻火解毒。

4. 巴戟天 巴戟(横县) 图 1330

Morinda officinalis F. C. How

藤本。肉质根不定位肠状缢缩，根紫红色，干后紫蓝色；嫩枝被粗毛，后脱落变粗糙，老时无毛。叶纸质，椭圆形、长圆形或倒卵状长圆形，长 6～13cm，宽 3～6cm，先端急尖或小短尖，基部圆或楔形，全缘，叶面幼时疏被长粗毛，后无毛，中脉上半部明显线状凸起，疏被刺状硬毛或弯毛，叶背无毛或中脉处被疏短粗毛；侧脉 4～7 对；叶柄长 4～11mm；托叶易脱落。花序 3～7 枝伞形排列于枝顶；花序梗长 5～10mm；头状花序具花 4～10 朵，花(2～)3～4 基数，无花梗；花萼倒圆锥状，顶部具波状齿 2～3 齿；花冠白色。聚花核果，熟时红色，扁球形或球形，直径 5～11mm；核果具分核(2～)3～4 枚，分核三棱形，被毛状物，具种子 1 枚，果柄极短；种子熟时黑色，略呈三棱形，无毛。花期 5～7 月；果熟期 10～11 月。

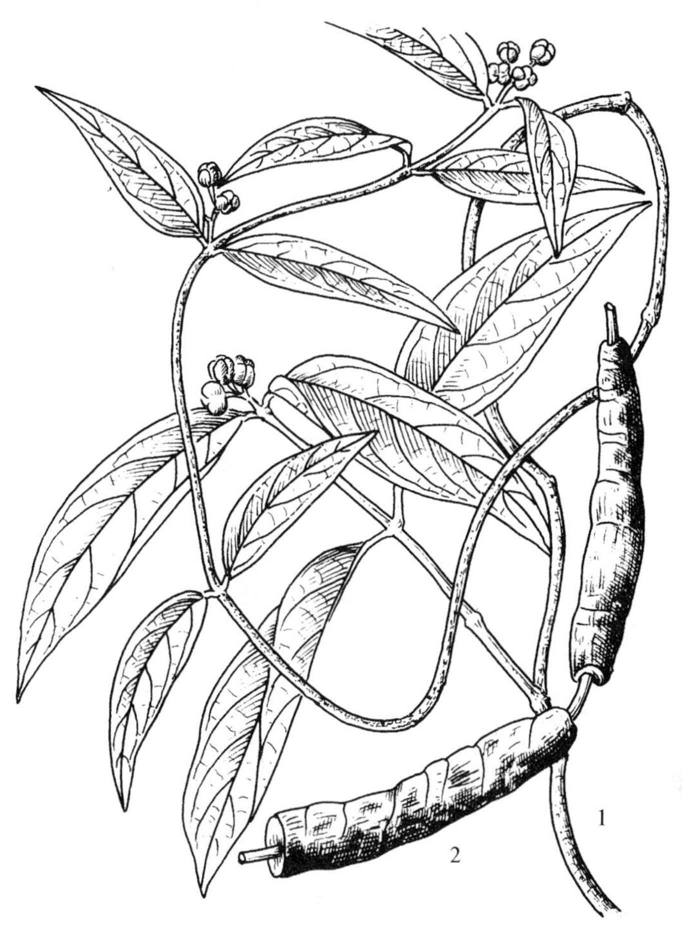

图 1330 巴戟天 Morinda officinalis F. C. How 1. 果枝；2. 根状茎。(仿《中国高等植物图鉴》)

产于广西各地。生于山地林下或灌木丛中，常攀援于灌木或树干上。分布于福建、广东、海南；中南半岛也有分布。本种是中药“巴戟天”原植物，肉质根晒干即为成药材“巴戟天”，补肾壮阳、强筋骨、祛风湿。

19. 穴果木属 Coelospermum Bl.

攀援藤本、灌木或小乔木。叶对生；托叶在叶柄间，每侧两片合生成半球状。两性花；萼杯状或钟状，萼片合生成环，顶截平或 4～5 小齿；花冠高脚碟状或漏斗状，檐部 4～5 裂，芽时镊合状排列；雄蕊 4～5 枚，着生在花冠喉部或冠口处，外伸；子房 4 室，每室胚珠 1 枚，或下部变 2 室，每室胚珠 2 枚。核果浆果状，分核 4 个，偶 3 个或 2 个；分核硬，坚纸质。

约 7 种。分布于亚洲热带地区至澳大利亚。中国 1 种；广西 1 种。

穴果木 长叶穴果木 图 1331

Coelospermum truncatum (Wall.) Baill. ex K. Schum.

藤本。常呈灌木或小乔木状。叶对生，纸质，长圆状披针形，长 9～15cm，宽 3～5cm，先端钝

图 1331　穴果木 Coelospermum truncatum (Wall.) Baill. ex K. Schum.　花枝。(仿《中国植物志》)

图 1332　南山花 Prismatomeris tetrandra (Roxb.) K. Schum.　1. 花枝；2. 花；3. 果序。(仿《中国高等植物图鉴》)

或急尖，基部楔形，全缘，两面无毛，干后黑色；中脉在叶面凹陷，在叶背凸出，侧脉 6～8 对；叶柄长 1.5～2.5cm；托叶合生成环状，膜质，易脱落。花 6～15 朵排列成伞形花序，几个伞形花序复组成顶生聚伞状圆锥花序，长 6～8cm；伞形花序梗长 2.5～4.0cm，疏被短柔毛；花梗长 3～4mm，被稍密短柔毛；萼倒圆锥状，檐部环状，截形，无齿；花冠高脚碟形，长约 1.1cm，檐部 5 裂；子房常 4 室，每室具胚珠 1 枚，偶不发育呈 2～3 室。花期 5 月。

产于德保、上林、上思、防城。分布于海南；越南也有分布。

20. 南山花属 Prismatomeris Thw.

灌木至小乔木。叶对生，革质；托叶在叶柄间，先端 1～2 裂，裂片尖。伞形花序状，具花数朵至十几朵，无总花梗或具短梗；花两性，稀单性；萼杯形，宿存；花冠高脚碟状，白色，冠管柱形，4～5 裂，裂片三角形或披针形，蕾时镊合状排列；雄蕊 4～5 枚，与花冠裂片互生；子房 2 室，每室具 1 枚胚珠。核果近球形，腹面具 1 纵沟纹；种皮膜质。

约 15 种。中国 1 种，分布于华南至西南，广西亦产。

南山花　四蕊三角瓣花、狗骨木(邕宁、浦北)、黄根(横县)　图 1332

Prismatomeris tetrandra (Roxb.) K. Schum.

灌木至小乔木，高 2～8m。叶近革质，长圆形、披针形、卵形或倒卵形，长 4～18cm，宽 2～5cm，全缘，先端渐尖或钝，基部狭楔形；侧脉 6～8 对，两面凸起；叶柄长 4～15mm；托叶生叶柄间，每侧 2 枚，宿存。伞形花序顶生或兼侧生，无梗或梗极短，具花 3～16 朵；花芳香，两性，稀单性；苞片无或不明显；花梗长 8～32mm；花萼杯形，具 5 萼齿；花冠碟形，白色，长 21～29mm；雄蕊 5 枚，花丝长约 3mm；子房 2 室。核果近球形，顶部具环状宿萼，熟时紫蓝色，直径 8～12mm；果柄长 1～3cm；种子 1～2 枚，球形或半球形，角质，侧面具 1 凹陷种脐。花期 5～6 月；果熟期冬季。

产于广西各地。分布于福建、广东。根入药，用于风湿关节痛、肝炎、贫血、牙龈出血、跌打损伤。

21. 鱼骨木属 Canthium Lam.

灌木或乔木。具刺或无刺。叶对生；托叶生在叶柄间，三角形，基部合生。花小，腋生，簇生或排成伞房状聚伞花序；萼管半球形或圆锥形，萼檐截平或 4～5 浅裂，脱落；花冠管瓮形、漏斗形或近球形，内面常具 1 环倒生毛，顶部 4～5 裂，裂片卵状三角形，镊合状排列，花后外弯；雄蕊 4～5 枚，着生于冠管喉部，花丝短或无，花药近基部背着；花盘环形，子房 2 室，每室具下垂胚珠 1 枚。核果近球形，稀孪生，内有小核 1～2 个；小核骨质或脆壳质。

约 30 种。中国 4 种，分布于南部和西南部；广西 3 种。

分种检索表

1. 植株无刺；核果倒卵形或倒卵状椭圆形，长 0.8～1.5cm；叶长 4～13cm。
  2. 叶革质，卵形、椭圆形至卵状披针形，长 4～10cm，宽 1.5～4.0cm，侧脉 3～5 对；果长 0.8～1.0cm ………………………… **1. 鱼骨木 C. dicoccum**
  2. 叶纸质，卵状长圆形，长 9～13cm，宽 4.5～6.5cm，侧脉 6～8 对；果长 1.0～1.5cm ………………………… **2. 大叶鱼骨木 C. simile**
1. 植株有刺；核果卵圆形，长 1.5～2.5cm，直径 1～2cm；叶长 2～5cm，宽 1～2cm …… **3. 猪肚木 C. horridum**

1. 鱼骨木 铁屎米 图 1333：1～4

Canthium dicoccum (Gaertn.) Merr.

乔木或灌木状，高 15m。全株无毛，无刺。叶革质，卵形、椭圆形至卵状披针形，长 4～10cm，宽 1.5～4.0cm，先端长渐尖或钝急尖，基部楔形，叶面深绿色，叶背浅褐色，干时两面光亮，边微波状或全缘；侧脉 3～5 对，两面稍明显；叶柄长 8～15mm；托叶基部阔，上部急尖或渐尖。聚伞花序具短总花梗；苞片极小或无；萼管倒圆锥形，萼檐顶部截平或微 5 浅裂；花冠绿白色或淡黄色，冠管短，圆筒形，长约 3mm，顶部 (4)5 裂。核果倒卵形或倒卵状椭圆形，略扁，多少近孪生，长 8～10mm，直径 6～8mm；小核具皱纹。花期 1～8 月。

产于阳朔、平乐、南丹、天峨、靖西、那坡、隆安、上思、龙州、大新。生于疏林灌丛中或石灰岩山地中上部，峭壁裂缝也有生长。极喜光，幼时稍耐阴，对土壤要求不严，耐干旱瘠薄，根系发达，穿插力强。播种繁殖。分布于广东、海南、云南、西藏；印度、澳大利亚及中南半岛也有分布。叶浓绿，覆盖面大，适应性强，可供石山绿化

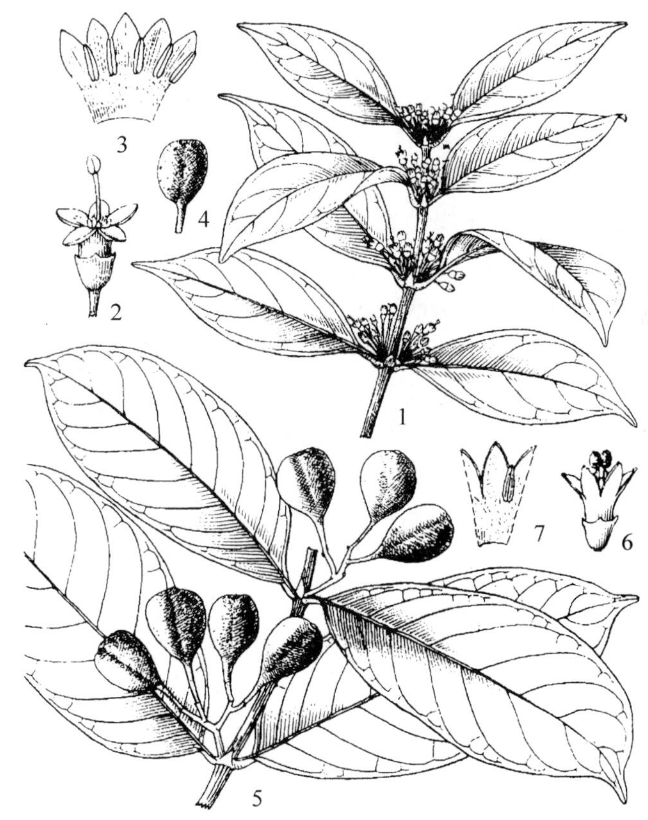

图 1333 1～4. 鱼骨木 Canthium dicoccum (Gaertn.) Merr. 1. 花枝；2. 花；3. 花冠展开，示雄蕊；4. 果。5～7. 大叶鱼骨木 Canthium simile Merr. et Chun 5. 果枝；6. 花；7. 部分花冠展开，示雄蕊。(仿《中国植物志》)

图1334 猪肚木 Canthium horridum Bl. 1. 花枝；2. 果。(仿《中国高等植物图鉴》)

用。木材为散孔材，暗红色，纹理密致，坚硬而重，气干密度0.81g/cm^3，耐腐，可供建筑、造船、车辆及雕刻等用，民间常用作水车脚和扁担等。

2. 大叶鱼骨木 似铁屎米 图1333：5～7

Canthium simile Merr. et Chun

灌木至小乔木，高4～10m。无刺，无毛。叶纸质，卵状长圆形，长9～13cm，宽4.5～6.5cm，先端短渐尖，基部阔而急尖，两面无毛，微有光泽；侧脉6～8对；叶柄长5～8mm；托叶基部阔，上部突然急尖。不规则伞房花序式聚伞花序，腋生，长2.5～3.0mm，宽约2cm；总花梗长约10mm；花具极微小苞片和小苞片或小苞片缺，花梗极短或无花梗；萼管倒圆锥形，萼檐5裂。核果倒卵形，长10～15mm，直径9～11mm，孪生，顶端近截平，具环形萼檐痕；小核平凸；果柄长6～10mm或更长，"之"字形。花期1～3月；果期6～7月。

产于靖西、田林、扶绥、龙州。生于低海拔土山及石山谷地、山坡林中。分布于广东、海南、云南。播种繁殖。散孔材，淡黄褐红色，纹理略斜，密度大，结构细，干燥稍裂，耐腐，宜作房梁、柱、桁、门窗、农具、板材等。

3. 猪肚木 刺鱼骨木、小叶铁屎米 图1334

Canthium horridum Bl.

灌木，高2～3m。具刺，生叶腋，刺长0.3～3.0cm，直，对生，锐尖。叶纸质，对生，卵形、椭圆形或长卵形，长2～3cm，宽1～2cm，先端钝、急尖或近渐尖，基部圆或楔形，无毛或沿中脉稍被柔毛；侧脉2～3对；叶柄短，长2～3mm；托叶长2～3mm。花小，具短梗或无梗，单生或数朵簇生叶腋；萼管倒圆锥形，长1.0～1.5mm，萼顶具波状小齿；花冠白色，冠管短，长约2mm，顶部5裂，长约3mm。核果卵形，单生或孪生，长15～25mm，直径10～20mm，顶部具微小宿存萼檐，内有小核1～2个；小核具不明显小瘤状体。花期4～6月。

产于罗城、田林、隆林、梧州、苍梧、上林、贵港、平南、北流、博白、龙州、凭祥。生于低海拔灌丛中。分布于广东、海南、云南；印度、菲律宾及中南半岛也有分布。木材心材与边材区别不明显，木材黄白色至黄褐色，纹理直，结构细，气干密度0.598g/cm^3，干燥容易，抗虫性中等，加工容易，供雕刻及细木工用。成熟果实可食。根入药，治肺热咳嗽、湿热黄疸、淋浊；树皮治赤痢。

22. 鸡矢藤属 Paederia L.

缠绕灌木或藤本。枝叶揉碎具强烈臭味；茎圆柱形，蜿蜒状。叶对生，稀轮生，具柄；托叶在叶柄内，三角形，脱落。花排成腋生或顶生圆锥花序式聚伞花序；萼管陀螺形或卵形，萼檐4～5

裂，宿存；花冠管漏斗形或管形，顶部4~5裂，镊合状排列，边缘皱褶；雄蕊4~5枚；花盘肿胀；子房2室，胚珠每室1枚。果皮膜质，脆，具光泽，分裂为2枚小坚果；小坚果膜质或革质，背面压扁；种子与小坚果合生，种皮薄。

约30种。中国9种，分布于西南、中南至东部；广西6种，本志记载3种。

分种检索表

1. 果球形，小坚果无翅；叶面散生睫毛状粗毛，叶背面仅沿脉被明显柔毛 ………… **1. 狭序鸡矢藤 P. stenobotrya**
1. 果宽椭圆形、长圆状椭圆形或卵形，压扁，小坚果由1线形心皮柄分离，具翅。
   2. 叶两面被毛或稀被微柔毛，近膜质，卵状心形，长6~10cm，宽3.5~6.0cm，先端短尖或尾尖，基部心形，侧脉6~8对 ………… **2. 云南鸡矢藤 P. yunnanensis**
   2. 叶两面无毛，革质，宽卵状椭圆形，长6~12cm，宽4~6cm，先端渐尖，基部渐狭，侧脉8~10对 ………… **3. 云桂鸡矢藤 P. spectatissima**

1. 狭序鸡矢藤 蛤拐藤（藤县） 图1335：1~5

Paederia stenobotrya Merr.

缠绕灌木。叶近膜质，长圆状卵形或椭圆状卵形，长7~12cm，宽4~6cm，先端渐尖，基部心形，鲜时榄绿色，无光泽，叶面散生睫毛状粗毛，叶背沿脉上被明显柔毛；侧脉5~8对；叶柄长5~8cm，被绒毛；托叶三角形，被毛。圆锥花序式聚伞花序，狭窄或成头状，腋生，长8~15cm，密被绒毛，分枝对生；萼管陀螺形，长1.5~2.0mm，萼檐裂片钻形，长约1.5mm，外反，被疏毛。成熟果实球形，草黄色，有光泽，直径5~6mm。果期6~11月。

产于崇左、藤县。分布于广东、海南。

2. 云南鸡矢藤 图1335：6~8

Paederia yunnanensis (H. Lév.) Rehder

藤状灌木，长3~7m。枝被绒毛或短粗毛。叶对生，近膜质，卵状心形，长6~10cm，宽3.5~6.0cm，先端短尖或尾尖，基部心形，叶面被柔毛，叶背密被绒毛，稀两面均被微柔毛；侧脉6~8对；叶柄长2.5~5.0cm，被绒毛；托叶膜质，披针状三角形。圆锥花序腋生或生于顶部的侧枝上，狭窄，

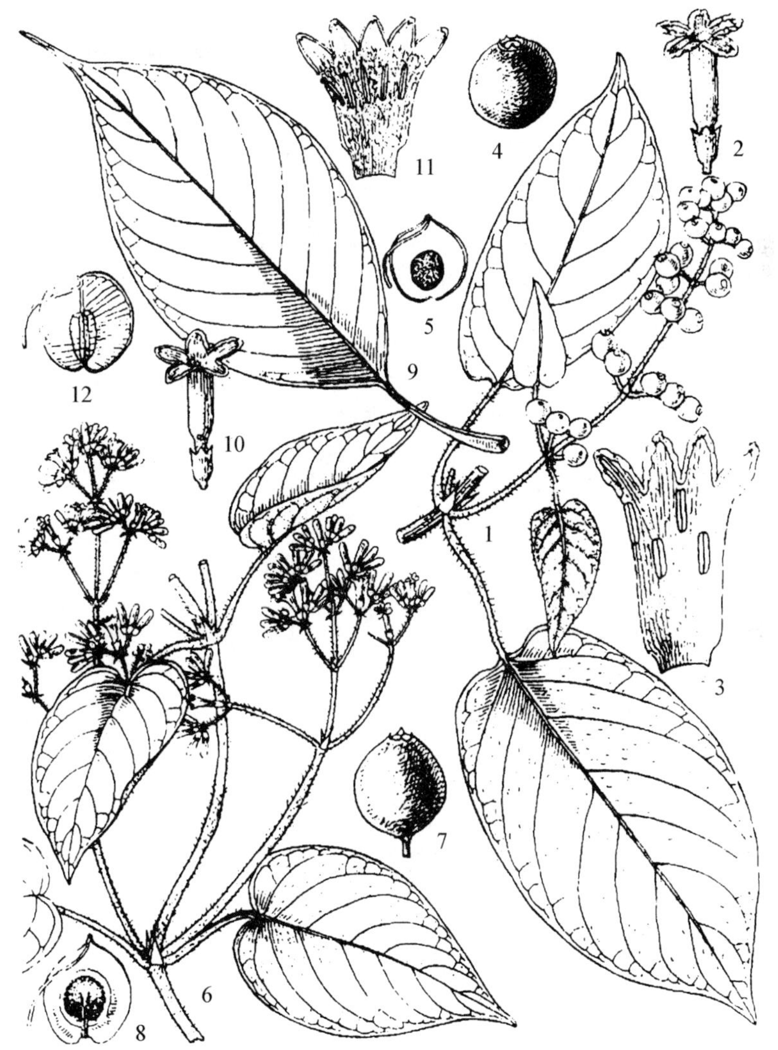

图1335 **1~5. 狭序鸡矢藤 Paederia stenobotrya** Merr. 1. 果枝；2. 花；3. 花冠展开，示雄蕊着生位置；4. 果；5. 分核。**6~8. 云南鸡矢藤 Paederia yunnanensis** (H. Lév.) Rehder 6. 花枝；7. 果；8. 分核。**9~12. 云桂鸡矢藤 Paederia spectatissima** H. Li 9. 叶；10. 花；11. 花冠展开，示雄蕊着生位置；12. 分核。（仿《中国植物志》）

长6~12cm，被柔毛，无叶或稀有叶；萼管倒卵形，被粗毛，萼檐裂片5枚；花冠管管状，长约7mm，裂片阔三角形，长1.0~2.5mm。果卵形，压扁，长7~9mm，无毛，褐色，具宿存被毛的萼檐裂片；小坚果压扁，具约1mm宽的翅。花期6~10月。

产于南丹、天峨、东兰、百色、田东、凌云、乐业、隆林、田林、那坡、龙州。分布于贵州、云南。根入药，主治小儿疳积、黄疸肝炎、泄泻、月经不调、白带、跌打损伤。

3. 云桂鸡矢藤 图1335：9~12

Paederia spectatissima H. Li

缠绕木质大藤本，长12m。嫩茎无毛。叶对生，革质，宽卵状椭圆形，长6~12cm，宽4~6cm，先端渐尖，基部渐狭，两面无毛；侧脉8~10对；叶柄长2~4cm；托叶三角形，常脱落。圆锥花序尖塔形，极扩展，长达1m，并有叶着生于花序上，叶越向上生越变小至顶部更小成线形苞片；花5数；花萼管形；花冠浅绿色至紫色，冠管圆柱形，长5~8mm，裂片三角形，长1.7~2.4mm。果扁平，长和宽10~11mm；小坚果具透明翅；种子黑色，细小。花、果期6~10月。

产于金秀、靖西、藤县、东兴。生于海拔800~1000m疏林下。分布于云南；越南也有分布。

23. 粗叶木属 Lasianthus Jack

灌木；枝叶揉碎有臭味。叶对生，二行排列；托叶生于叶柄间。花小，数朵至多朵簇生叶腋，或组成腋生、具总梗的聚伞状或头状花序，有苞片和小苞片，花无梗或具短梗；萼檐3~7裂；花冠漏斗状或高脚碟状，喉部被长柔毛，裂片3~7枚，芽时镊合状排列；雄蕊5枚，着生于花冠管上部或喉部，花丝短，花药内藏或微露出；子房3~9室，每室有1枚胚珠。核果小，外果皮肉质，具3~9个分核；分核软骨质或革质，橘瓣状，内有稍弯种子1枚。

约184种。中国33种，分布于长江流域及其以南各地；广西15种3变种或亚种。

分种检索表

1. 叶基偏斜，心形至浅心形 …………………… **1. 斜基粗叶木 L. attenuatus**
1. 叶基对称。
  2. 多花簇生于腋生的总花梗上。
    3. 总花梗长1~5cm，纤细 …………………… **2. 长梗粗叶木 L. filipes**
    3. 总花梗短粗，长不超过2cm。
      4. 小枝和叶背被密毛；苞片多数，线形，长6~12mm，偶达20mm …………………… **3a. 黄毛粗叶木 L. rhinocerotis** subsp. **pedunculatus**
      4. 小枝和叶背无毛或近无毛；苞片细小，长不超过2mm或无 …………………… **4. 小花粗叶木 L. micranthus**
  2. 花2至多朵生叶腋，花梗极短或无梗。
    5. 苞片较花长许多。
      6. 苞片顶端尾状长尖 …………………… **5. 鸡屎树 L. hirsutus**
      6. 苞片顶端渐尖、钻形或短尖 …………………… **6. 锡金粗叶木 L. sikkimensis**
    5. 苞片较花短、近等长或无苞片，极稀较长。
      7. 花萼裂片6枚。
        8. 侧脉7~8对 …………………… **7. 焕镛粗叶木 L. chunii**
        8. 侧脉9~14对 …………………… **8. 粗叶木 L. chinensis**
      7. 花萼裂片5枚。
        9. 萼裂片长于萼管。
          10. 萼裂片卵形 …………………… **9. 华南粗叶木 L. austrosinensis**
          10. 萼裂片线状 …………………… **10. 广东粗叶木 L. curtisii**
        9. 萼裂片近等长或短于萼管。
          11. 萼裂片与萼管近等长。
            12. 花冠管漏斗形 …………………… **11. 台湾粗叶木 L. formosensis**

12. 花冠狭管状 ······ **12. 西南粗叶木 L. henryi**
11. 萼裂片短于萼管。
13. 叶背脉上被硬毛。
14. 毛伸展 ······ **13. 罗浮粗叶木 L. fordii**
14. 毛贴伏 ······ **14. 日本粗叶木 L. japonicus**
13. 叶背被茸毛或柔毛。
15. 萼檐截平 ······ **15. 斜脉粗叶木 L. verticillatus**
15. 萼檐5裂。
16. 核果具6分核 ······ **16a. 睫毛粗叶木 L. hookeri** var. **dunnianus**
16. 核果具5分核 ······ **17. 美脉粗叶木 L. lancifolius**

1. 斜基粗叶木 赶狗木(邕宁) 图1336

Lasianthus attenuatus Jack

灌木，高3m。除叶面和花冠外，各部密被长硬毛或长柔毛。叶纸质或近革质，椭圆状卵形或长圆状卵形，长5～13cm，宽2～4cm，先端骤然渐尖，基部心形至浅心形，两侧明显不对称，全缘，叶面稍有光泽；中脉在叶背凸起，侧脉6～8对，在叶面不明显，在叶背凸起。花无梗，数朵簇生于叶腋；苞片和小苞片多数，钻状披针形或线形；萼管近杯状，裂片5枚；花冠白色，近漏斗形，外面疏被长柔毛，管长7～8mm，内面被长柔毛，裂片5枚，长3.5～4.0mm。核果近球形，直径4～10mm，成熟时蓝色，被硬毛，具4～5个分核。花期秋季。

产于巴马、藤县、博白、横县、邕宁、武鸣、扶绥、宁明、龙州。分布于福建、广东、台湾、云南；印度、尼泊尔、日本、菲律宾及中南半岛也有分布。全株入药，用于咳嗽、喉痛、淋浊，外治蛇、狗咬伤。

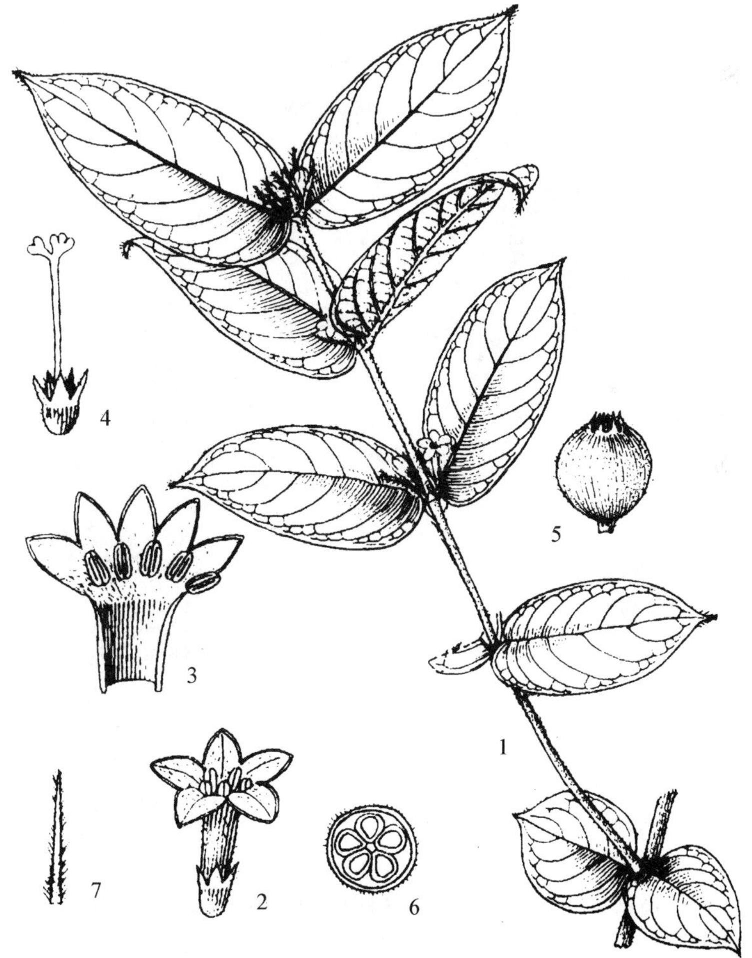

图1336 **斜基粗叶木 Lasianthus attenuatus** Jack 1. 花枝；2. 花；3. 花冠展开，示雄蕊着生位置；4. 雌蕊和花萼；5. 核果；6. 核果横切面；7. 苞片。(仿《中国植物志》)

2. 长梗粗叶木 图1337

Lasianthus filipes Chun ex H. S. Lo

灌木，高3m。小枝密被贴伏柔毛。叶纸质，卵形或卵状长圆形，长5～10cm，宽2～4cm，先端骤然渐尖，基部钝或圆，边缘常被毛，干时常绿灰色，叶面无毛，稍有光泽，叶背脉上被贴伏柔毛或短硬毛；侧脉4～6对，在叶背凸起；叶柄短，长1～5mm，密被硬毛。花序多花，腋生，密被硬毛，具纤细、长1～5cm总梗；苞片小，钻状丝形；花具短梗；萼管近陀螺状，裂片5枚，钻形；花冠白色，近管状，长5～6mm，外被粉状短毛，裂片5枚，顶端内弯呈长喙

图 1337 长梗粗叶木 Lasianthus filipes Chun ex H. S. Lo 花枝。(仿《中国植物志》)

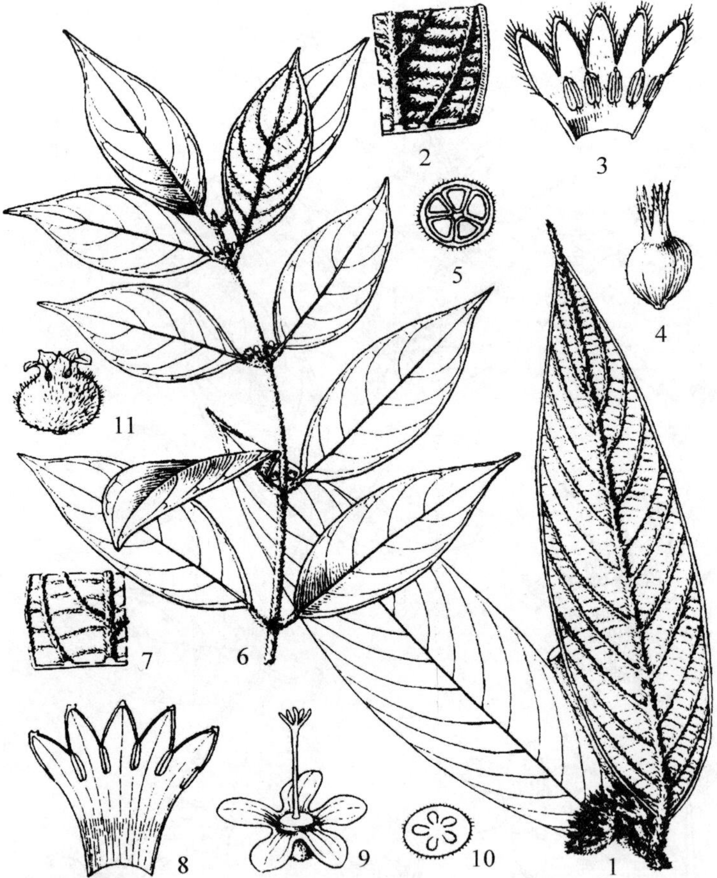

图 1338 1～5. 黄毛粗叶木 Lasianthus rhinocerotis subsp. **pedunculatus** (Pit.) H. Zhu 1. 花枝; 2. 叶背面一部分, 示毛被; 3. 花冠展开, 示雄蕊着生位置; 4. 核果; 5. 核果横切。**6～11. 华南粗叶木 Lasianthus austrosinensis** H. S. Lo 6. 花枝; 7. 叶背面一部分, 示毛被; 8. 花冠展开, 示雄蕊着生位置; 9. 雌蕊和花萼; 10. 子房横切; 11. 核果。(仿《中国植物志》)

状。核果近球形, 直径 7～8mm, 成熟时蓝色, 近无毛; 分核 5 枚, 长约 3mm。

产于金秀、融水、那坡、苍梧、平南、防城。分布于福建、广东、云南。

3a. 黄毛粗叶木 有梗粗叶木、蛇咬草(宁明) 图 1338: 1～5

Lasianthus rhinocerotis subsp. **pedunculatus** (Pit.) H. Zhu

灌木, 高 3m。小枝、托叶、叶背及花序均密被褐色、稍有光泽长柔毛或绒毛。叶薄革质, 披针形或长圆状披针形, 长 10～21cm, 宽 4～7cm, 先端尾状渐尖或渐尖, 基部圆或钝, 叶面无毛; 中脉在叶面凹入, 在叶背凸起, 侧脉 7～10 对, 在叶背凸起, 在叶面不明显; 叶柄粗壮, 长 5～12mm, 密被毛; 托叶小, 隐于毛被中。花序多花, 腋生, 总花梗长 0.5～1.2cm, 粗壮; 苞片和小苞片多数, 线形, 长 6～12mm, 偶达 20mm, 渐尖; 花无梗; 萼檐 6 裂, 裂片狭披针形; 花冠白色或微染紫色, 冠管长约 4mm, 裂片常 5 枚, 长约 3mm。核果成熟时蓝色, 卵球形或近球形, 长约 5mm, 宽 4～5mm, 被疏柔毛, 萼裂片宿存, 具 4～5 个分核。

产于田阳、凌云、田林、隆林、宁明、龙州。常生于密林中。分布于海南; 越南也有分布。全株入药, 用于咳嗽、泄泻、痢疾, 外治毒蛇咬伤。

4. 小花粗叶木

Lasianthus micranthus Hook. f.

灌木, 高 3m。枝纤细, 除嫩部被短柔毛外无毛。叶纸质, 披针形或圆状披针形, 长 7～13cm, 宽 2～4cm, 顶端骤然渐尖, 基部钝或近圆, 叶面无毛, 叶背中脉和侧脉上被糙伏毛; 中脉在叶面微凹入或近平坦, 在叶背凸起, 侧脉 5～8 对, 在叶背凸起；叶柄长不超过1cm，被糙伏毛；托叶小，被糙伏毛。花近无梗，数朵或偶有多朵簇生于腋生的总梗上，总花梗较短，长3～8mm，被糙伏毛；无苞片或苞片极小；萼小，檐部5裂；花冠白色，管长3～6mm，5裂，裂片长2.0～2.5mm。核果近球形，长约6mm，宽5.0～5.5mm，近无毛，具5个分核。花期8～10月；果期翌年4～5月。

产于蒙山。生于林缘或疏林中。分布于福建、台湾、广东、海南、四川、云南、西藏；印度、越南也有分布。

5. 鸡屎树 图1339

Lasianthus hirsutus (Roxb.) Merr.

灌木，高3m。小枝被红棕色或暗褐色长硬毛，稀近无毛。叶纸质，长圆状椭圆形、长圆状倒卵形或长圆形，长13～25cm，宽4～6cm，先端渐尖或近尾尖，基部楔形、阔楔形或钝，叶面被长糙毛或近无毛，叶背密被暗褐色长硬毛，在脉上更密；侧脉8～12对，在叶背凸起；叶柄长8～15mm，粗壮；托叶卵状三角形。花无梗，数朵簇生叶腋；苞片多数，披针形或线状披针形，顶端尾状长尖，密被暗褐色长硬毛；萼管近钟形，裂片4～5枚，钻形；花冠白色，漏斗状，管长1.2～1.3cm，裂片4～5枚，长约3.5mm。核果近球形，直径7～8mm，成熟时蓝色或紫蓝色，被疏毛或近无毛，常具4个分核。花期秋冬最盛；果期春夏。

产于防城、上思。生于密林中。分布于台湾、广东、海南；菲律宾、越南也有分布。

6. 锡金粗叶木 臭屁树（上思） 图1340

Lasianthus sikkimensis Hook. f.

灌木，高1～3m。除叶面、花冠和果实外，全株被褐色绒毛或长柔毛。叶纸质或近革质，长圆状披针形或近长圆形，长9～20cm，宽2～6cm，先端渐尖或尾状渐尖，基部钝或圆；中脉在叶面凹

图1339 鸡屎树 Lasianthus hirsutus (Roxb.) Merr. 1. 花枝；2. 花冠展开，示雄蕊着生；3. 子房；4～5. 苞片；6. 核果。(仿《中国植物志》)

图1340 锡金粗叶木 Lasianthus sikkimensis Hook. f. 1. 花枝；2. 苞片及花蕾；3. 花蕾；4. 花冠展开，示雄蕊着生位置；5. 雌蕊；6. 核果。(仿《中国植物志》)

入，在叶背凸起，侧脉6~8对，在叶背凸起；叶柄粗壮，长不超过1cm，密被硬毛；托叶不明显。花无梗，数朵至多朵簇生叶腋；苞片披针形，长1.0~1.5cm，顶端渐尖、短尖或钻状，小苞片与苞片同形或钻形；萼倒圆锥状，裂片5枚；花冠白色，裂片5枚。核果球形，直径4.0~4.5mm，成熟时蓝色，具5个分核。花期10~12月；果期翌年7~8月。

产于河池、凤山、百色、隆林、上林、隆安、平南、博白、上思、宁明、龙州、大新。分布于广东、云南、西藏；印度、孟加拉国也有分布。

7. 焕镛粗叶木

Lasianthus chunii H. S. Lo

灌木，高3m。小枝密被短硬毛。叶厚纸质或近革质，披针形、长圆状披针形或近圆形，长8~15cm，宽2.0~5.5cm，先端渐尖，基部楔尖或钝，全缘，叶面无毛，叶背中脉、侧脉均被短硬毛；中脉在叶面凹入，在叶背凸起，侧脉7~8对，在叶背凸起；叶柄长0.5~1.0cm，密被短硬毛；托叶小，密被短硬毛。花近无梗或有短梗，2~4朵簇生叶腋；苞片很小或无；萼管陀螺状，裂片6枚；花冠白色或微染红色，管状漏斗形，管长约9mm，裂片6枚，长3.0~3.5mm。核果扁球形，长约5mm，被短硬毛，成熟时黑色，具6~7个分核，核基部喙状。

产于容县。分布于江西、福建、湖南、广东。

8. 粗叶木 图1341：1~5

Lasianthus chinensis (Champ.) Benth.

灌木，高2~4m。小枝被褐色短柔毛。叶薄革质或厚纸质，长圆形或长圆状披针形，长12~25cm，宽2.5~6.0cm，先端骤尖或近短尖，基部阔楔形或钝，叶面无毛或近无毛，叶背中脉、侧脉上均被黄色短柔毛；中脉在叶背凸起，侧脉9~14对，两面微凸起；叶柄长8~12mm，被黄色绒毛；托叶三角形，被黄色绒毛。花无梗，3~5朵簇生叶腋，无苞片；萼管卵圆形或近阔钟形，萼檐6裂；花冠白色，偶紫色，近管状，管长8~10mm，裂片(5)6枚。核果近卵球形，直径6~7mm，成熟时蓝色或蓝黑色，具6个分核。花期5月；果期9~10月。

产于邕宁、横县、陆川、合浦、防城、上思、宁明、龙州。分布于福建、台湾、广东、云南；越南、泰国及马来半岛也有分布。根、叶入药，治黄疸湿热症、风湿痹痛。

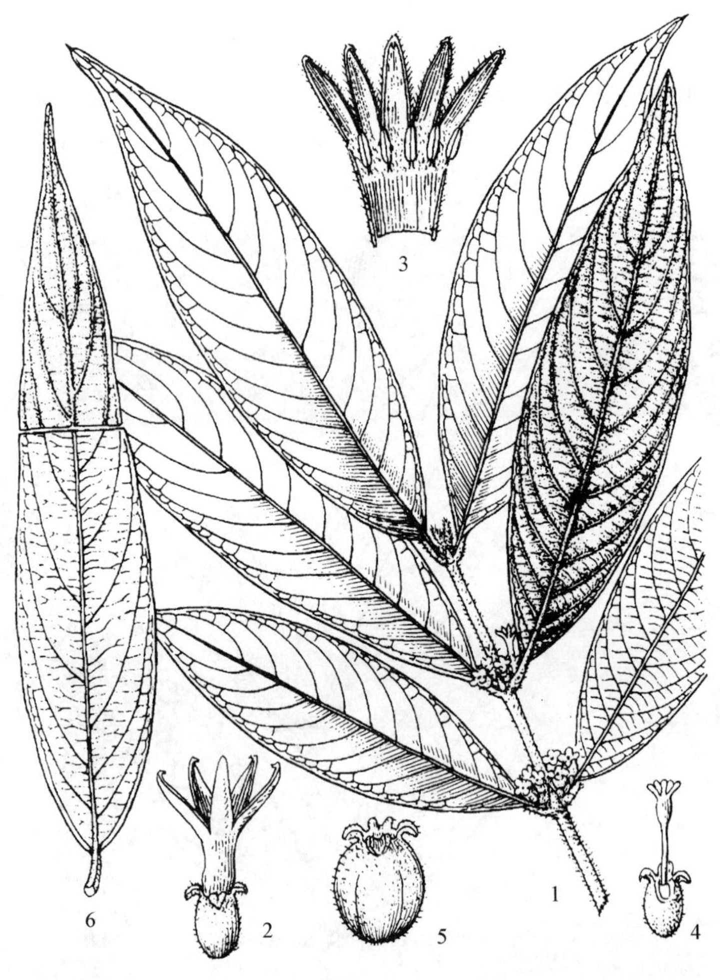

图1341 1~5. 粗叶木 Lasianthus chinensis (Champ.) Benth.
1. 花枝；2. 花；3. 花冠展开，示雄蕊着生位置；4. 雌蕊和花萼；5. 核果。**6. 美脉粗叶木 Lasianthus lancifolius** Hook. f. 叶正背面，示毛被。(仿《中国植物志》)

9. 华南粗叶木 图1338：6~11

Lasianthus austrosinensis H. S. Lo

灌木，高1~2m。小枝密被贴伏

短柔毛。叶纸质，卵形，长 5～8cm，宽 2.5～3.5cm，先端短尾状骤尖，钝尖，基部近圆或阔楔尖，全缘，叶面无毛，叶背中脉、侧脉均被贴伏短硬毛；中脉在叶背凸起，侧脉约 5 对；叶柄长 3～8mm，密被硬毛；托叶小，常早落。花无梗或有短梗，1～3 朵腋生，无苞片和小苞片；萼密被硬毛，萼管近陀螺形，长约 2mm，裂片 5 枚，卵形，具脉纹；花冠白色，近管状，长约 5mm，外密被长硬毛，裂片 5 枚。核果近球形，直径 4～5mm，萼裂片宿存，被硬毛，具 5 个分核。

产于平南。分布于广东、海南。

10. 广东粗叶木 图 1342：1～6

Lasianthus curtisii King et Gamble

灌木或小乔木，高 1～3m。小枝密被硬毛。叶纸质，长圆状披针形或长圆形，长 5～10cm，宽 1.5～4.0cm，先端渐尖或尾状渐尖，基部阔楔形至钝，叶面无毛，叶背密被长柔毛或长硬毛；侧脉约 6 对，在叶背明显凸起；叶柄长不超过 10mm，密被硬毛；托叶小。花无梗或具极短梗，10 余朵或更多朵簇生叶腋，常无苞片或有极小苞片；萼管短，裂片 5 枚，线状披针形或狭披针形，比萼管长，长 3～5mm；花冠白色，长 7～8mm，檐 5 裂。核果近球形或卵形，长 4～5mm，蓝色或蓝黑色，被长柔毛或长硬毛，具 5 个分核。花期春夏季；果期秋冬季。

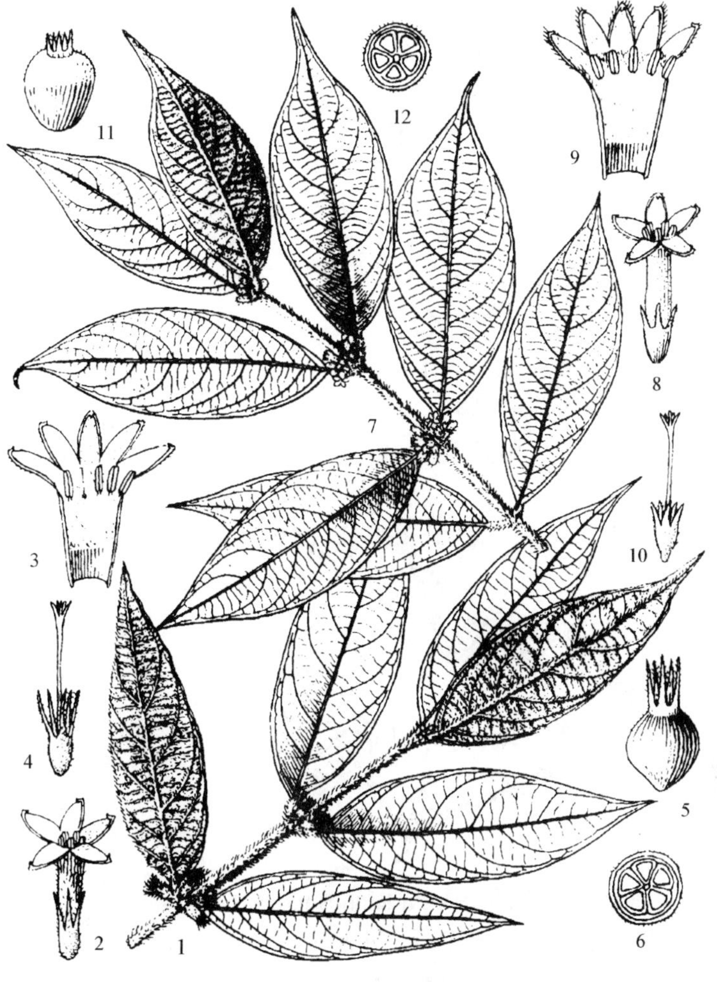

图 1342 1～6. 广东粗叶木 Lasianthus curtisii King et Gamble 1. 果枝；2. 花；3. 花冠纵切，示雄蕊着生位置；4. 雌蕊和花萼；5. 核果；6. 核果横切。**7～12. 台湾粗叶木 Lasianthus formosensis** Matsum. 7. 花枝；8. 花；9. 花冠纵切，示雄蕊着生位置；10. 雌蕊和花萼；11. 核果；12. 核果横切。(仿《中国植物志》)

产于博白、龙州、上思、东兴。生于低海拔林中。分布于福建、台湾、广东、海南；马来半岛、泰国、越南也有分布。

11. 台湾粗叶木 狭尖叶粗叶木 图 1342：7～12

Lasianthus formosensis Matsum.

直立灌木，高 1～3m。小枝密被硬毛。叶纸质或薄革质，卵形、卵状椭圆形，长 7～13cm，宽 2.5～5.0cm，先端骤渐尖或渐尖，基部楔尖或钝，全缘，叶面无毛，叶背密被柔毛或绒毛；侧脉 5～7 对，在叶背凸起；叶柄长 4～10mm，密被硬毛；托叶近三角形，密被硬毛。花无梗，数朵至多朵簇生，无苞片；萼管近钟形，密被硬毛，萼齿 5 枚，钻状长三角形，被毛；花冠白色，管状漏斗形，冠管长 5～6mm，裂片 5 枚，长 2.0～2.5mm。核果近球形或卵球形，直径约 5mm，成熟时蓝或紫蓝色，具 5 个分核。花期夏初至秋初；果期秋冬。

产于田阳、上思、钦州、宁明、龙州。分布于台湾、广东、云南；日本也有分布。

12. 西南粗叶木 蒙自鸡屎树

Lasianthus henryi Hutch.

灌木或小乔木，高 1～4m。小枝密被贴伏绒毛。叶纸质，长圆形或长圆状披针形，长 8～15cm，

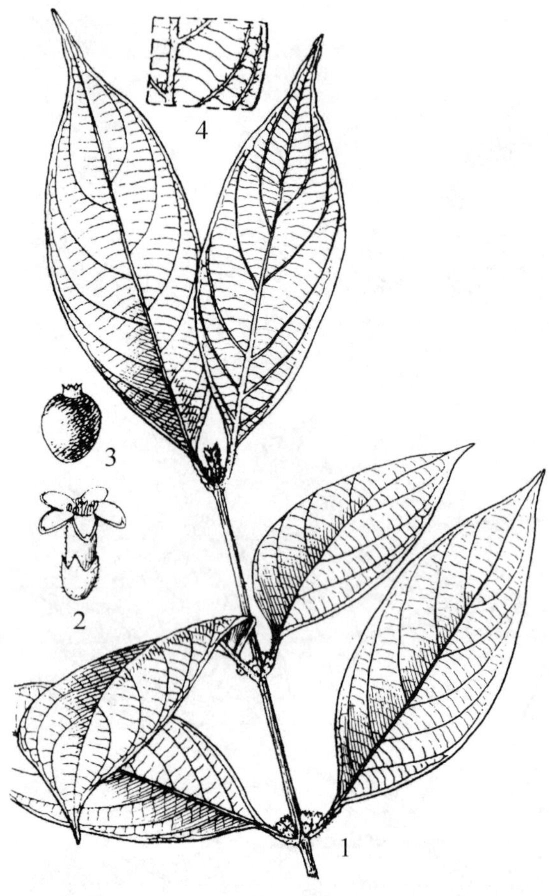

图1343 罗浮粗叶木 **Lasianthus fordii** Hance
1. 花枝；2. 花；3. 核果；4. 叶背面一部分放大，示侧脉硬毛。（仿《中国植物志》）

图1344 云广粗叶木 **Lasianthus japonicus** subsp. **longicaudus** (Hook. f.) C. Y. Wu et H. Zhu 果枝。（仿《中国高等植物图鉴》）

宽2.5~5.0cm，先端渐尖或短尾状渐尖，基部钝或圆，叶面无毛，叶背中脉、侧脉上被贴伏柔毛；侧脉6~8对，在叶背凸起；叶柄长约1cm，密被硬毛；托叶小，常脱落。花近无梗或具极短梗，2~4朵簇生叶腋；苞片小或无；萼管陀螺状，檐部5裂，裂片钻状；花冠白色，狭管状，管长约7mm，裂片披针形，长约3mm。核果近球形，直径6~8mm，成熟时蓝色，无毛，具5个分核。

产于昭平、融水、苍梧、蒙山、靖西、田林、那坡、凌云、隆林、防城、东兴。生于林缘或疏林中。分布于四川、贵州、云南。

13. 罗浮粗叶木 图1343

Lasianthus fordii Hance

灌木，高1~2m。小枝细，无毛。叶纸质，长圆状披针形或长圆状卵形，长5~12cm，宽2~4cm，先端渐尖或尾状渐尖，基部楔形，两面无毛或叶背中脉和侧脉疏被硬毛，毛伸展；侧脉4~6对；叶柄长5~10mm，被硬毛；托叶小，有时早落。花近无梗，数朵至多朵簇生于叶腋，苞片极小或无；萼管倒圆锥状，近无毛，萼齿5枚，长0.3~0.5mm；花冠白色，管长4~5mm，裂片4~6枚，长约1.5mm。核果近球形，直径约6mm，成熟时蓝色或蓝黑色，无毛，具4~5个分核。花期春季；果期秋季。

产于靖西、苍梧、平南、浦北、钦州、上思、宁明、龙州。生于林缘或疏林中。分布于福建、台湾、广东、海南、四川、云南；日本、菲律宾也有分布。

14. 日本粗叶木

Lasianthus japonicus Miq.

灌木。嫩枝、叶被柔毛或贴伏硬毛。叶近革质或纸质，长圆形或披针状长圆形，长9~15cm，宽2.0~3.5cm，先端骤尖或骤渐尖，基部短尖，叶面无毛或近无毛，叶背脉上被贴伏硬毛；侧脉5~6对；叶柄长7~10mm，被柔毛或近无毛；托叶小，被硬毛。花无梗，2~3朵簇生在一腋生、很短的总梗上，有时无总梗；苞片小；萼钟状，长2~3mm，萼齿5枚，短于萼管；花冠白色，管状漏斗形，长8~10mm，裂片5枚。核果球形，直径约5mm，具5个分核。

产于广西各地。分布于安徽、浙江、江西、福建、台湾、湖北、湖南、广东、四川；日本也有分布。

14a. 云广粗叶木 图 1344

Lasianthus japonicus subsp. **longicaudus** (Hook. f.) C. Y. Wu et H. Zhu

与原变种的主要区别是：叶先端长尾状渐；侧脉多数，纤细；花萼裂片 4 枚，先端近截形。

产于全州、灌阳、象州、罗城、那坡、凌云、田林、上林。生于海拔 1000m 以上密林中，喜湿润环境。分布于四川、贵州、云南、西藏；印度、越南也有分布。

15. 斜脉粗叶木 图 1345

Lasianthus verticillatus (Lour.) Merr.

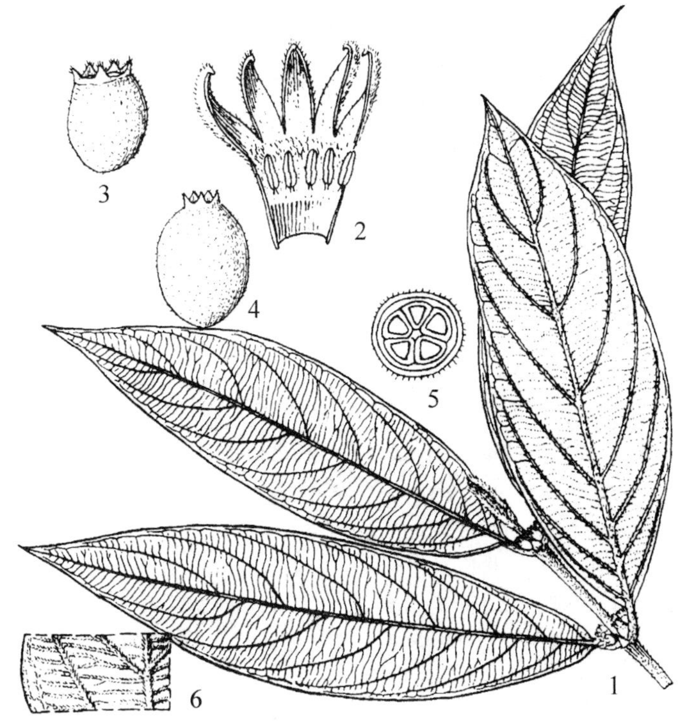

图 1345 斜脉粗叶木 Lasianthus verticillatus (Lour.) Merr. 1. 花枝；2. 花冠展开，示雄蕊；3. 子房；4. 核果；5. 核果横切；6. 叶背面一部分。(仿《中国植物志》)

灌木或小乔木，高 1~5m。小枝被不明显散生贴伏微柔毛。叶厚纸质或近革质，长圆形或狭长圆形或卵状椭圆形，长 10~20cm，宽 2.5~5.5cm，顶端骤尖或渐尖，基部近短尖或钝，叶面光亮无毛，叶背中脉、侧脉均被贴伏柔毛；中脉在叶面凹入，在叶前凸起，侧脉 5~9 对；叶柄长约 1cm，密被贴伏柔毛；托叶近三角形，被贴伏的柔毛。花无梗，数朵簇生叶腋，无苞片；萼近钟状，几近截平；花冠长约 1cm，冠管长约 6mm，裂片 5 枚，比管稍短。核果卵圆形，长 7~9mm，被柔毛，具 5~6 个分核。

产于广西南部。生于山地密林中。分布于台湾、广东、海南、云南；菲律宾、日本也有分布。

16a. 睫毛粗叶木

Lasianthus hookeri var. **dunnianus** (H. Lév.) H. Zhu

小灌木。小枝被黄色绒毛。叶椭圆状披针形、披针形或椭圆状卵形，长 6~20cm，宽约 6cm，先端尾状渐尖，钝头，基部楔尖，叶面无毛，叶背被微柔毛；侧脉 6~10 对；叶柄长约 1cm，被黄色绒毛；托叶宿存，三角形或卵状披针形。花多朵簇生叶腋，无总梗；花无梗；花萼外面被黄色绒毛，5 齿裂，萼裂片微小，常钻形；花冠白色，外面密被短硬毛，管长 4~5mm，裂片 5 枚。果球形，直径约 1cm，光滑无毛，具 6 个分核。花期 6 月；果期 9~10 月。

产于东兰、那坡。分布于云南、西藏。

17. 美脉粗叶木 图 1341：6

Lasianthus lancifolius Hook. f.

灌木或小乔木，高 2~6m。小枝被贴伏微柔毛。叶二列，纸质，狭披针形或线状披针形长 11~25cm，宽 2.0~4.5cm，先端渐尖，基部钝或圆，叶面无毛，叶背脉上稍被贴伏微柔毛或茸毛；中脉在叶面凹入，在叶背凸起，侧脉 8~10 对，在叶背凸起；叶柄长 7~10mm，被贴伏微柔毛；托叶小，三角形，稍被毛。花无梗或具极短梗，2 至多朵簇生腋叶，或着生在老枝无叶节上；苞片极小或无；萼管长约 1.5mm，裂片 5 枚，长约 0.5mm；花冠淡红色或白色，狭漏斗形，裂片 5 枚，长约 2mm。核果近球形，直径 6~7mm，被疏硬毛，成熟时蓝色，具 5 个分核。花期 7~12 月；果期 11 月至翌年春季。

产于融水。生于海拔 550m 以上山地林中。分布于广东、海南、云南；印度、越南也有分布。

24. 虎刺属 Damnacanthus Gaertn. f.

灌木。枝具针状刺或无刺；根念珠状或不定位缢缩，肉质。叶对生；托叶生于叶柄间。聚伞花序腋生；苞片小，鳞片状；萼小，杯状或钟状，4～5裂，宿存；花冠白色，管状漏斗形，檐部4裂，蕾时镊合状排列；雄蕊4枚，着生于冠管上部，花药2室，子房2室或4室，每室具胚珠1枚。核果，具分核1～4个；分核坚纸质，具种子1枚；种子角质，腹面具脐。

约13种。中国11种；广西5种。

分种检索表

1. 托叶腋具针刺或残存退化短刺，嫩枝被短粗毛或微毛。
  2. 针刺长0.4～2.0cm；叶面中脉隆起，叶卵形、心形或圆形，侧脉3～4对 …………………… **1. 虎刺 D. indicus**
  2. 针刺长1～2mm或仅顶叶具残存退化短刺；叶面中脉凹陷，叶披针形或长圆状披针形，侧脉5～7对 ……………………………………………………………………………………… **2. 短刺虎刺 D. giganteus**
1. 托叶腋无刺，嫩枝无毛。
  3. 子房4室，花柱裂片4枚，萼齿三角形。
    4. 叶薄纸质，干时淡黑色，长5～21cm，宽0.6～2.1cm；萼齿钝三角形 …………… **3. 柳叶虎刺 D. labordei**
    4. 叶厚革质，干时草黄色或榄绿色，长13～22cm，宽1～2cm；萼齿锐三角形 ……………………………………………………………………………………… **4. 广西虎刺 D. guangxiensis**
  3. 子房2室，花柱裂片2枚，萼齿披针形或线形；叶纸质或革质，披针形、狭披针形或长圆形，长5～13cm，宽1～4cm …………………………………………………………………… **5. 云桂虎刺 D. henryi**

图1346 虎刺 Damnacanthus indicus C. F. Gaertn.
1. 果枝；2. 果。（仿《中国高等植物图鉴》）

1. 虎刺 绣花针(灵川) 图1346

Damnacanthus indicus C. F. Gaertn.

灌木，高0.3～1.0m；具肉质链珠状根；幼嫩枝密被短粗毛，节上托叶腋常生1对针状刺，刺长0.4～2.0cm。叶对生，常大小叶相间，大叶长1～3cm，宽1.0～1.5cm，小叶长可小于0.4cm，卵形、心形或圆形，先端锐尖，基部常歪斜，钝、圆、截平或心形，叶面光亮，无毛，叶背仅脉上被疏短毛；中脉在上面隆起，侧脉3～4对；叶柄长约1mm；托叶易脱落。花两性，1～2朵生于叶腋或在顶部叶腋多朵排成短总梗的聚伞花序；花梗长1～8mm，基部两侧各具苞片1枚；苞片小；花萼钟状，裂片4枚，宿存；花冠白色，管状漏斗形，长0.9～1.0cm，檐部4裂，裂片长3～5mm。核果红色，近球形，直径4～6mm，具分核1～4个。花期3～5月；果熟期冬季至翌年春季。

产于桂林、全州、临桂、资源、阳朔、平乐、柳州、柳城、钦州。分布于西藏、云南、贵州、四川、广东、湖南、湖北、江苏、安徽、浙江、江西、福建、台湾；印度、日本也有分布。本种随不同环境其形态有较大变异，生于阴湿处植株其叶较大而薄，刺较长，生于干旱处植株的叶小而厚，刺较短。全株入药，清热解毒、消肿利尿，治急慢性肝炎、肺结核、感冒咳嗽、腰痛、风湿骨痛、月经不调、跌打损伤、脾虚浮肿、小儿疳积。常引种作庭园绿化。

2. 短刺虎刺 大黄沙(三江)

Damnacanthus giganteus (Makino) Nakai

灌木或小乔木，高0.5～7.0m。根肉质，链珠状；幼枝疏被微毛，后无毛，刺极短，长1～2mm，仅见于顶节托叶腋，其余节无刺或稀具宿存刺。叶革质，披针形或长圆状披针形，长4～14cm，宽2～5cm，先端渐尖或急尖，基部圆，全缘，幼时叶背脉上疏被微毛，后两面无毛；中脉在叶背凸出，在叶面凹入，侧脉5～7对，在叶背凸出，在叶面不明显；叶柄长2～5mm；托叶生于叶柄间，早落。花两俩成对腋生于短总梗上；苞片小，鳞片状；花梗长约2mm；花萼钟状，檐部4裂；花冠白色，长15～18mm，檐部4浅裂。核果红色，近球形，直径5～8mm，分核1～4个，三棱形；种子近球形，角质。花期3～5月；果熟期11月至翌年1月。

产于桂林、恭城、阳朔、临桂、龙胜、三江、融水、罗城、环江、南丹、那坡。生于山地林下或灌丛中。分布于安徽、浙江、江西、福建、湖南、广东、贵州、云南；日本也有分布。肉质根入药，主治心血虚、多梦易醒、分血萎黄、咳嗽、肾虚腰痛、阳痿、遗精、慢性肝炎、月经不调、崩漏、白带等。

3. 柳叶虎刺

Damnacanthus labordei (H. Lév.) H. S. Lo

小灌木，高0.4～2.0m。根肉质、链珠状；枝无毛。叶薄纸质，披针形至披针状线形，长5～21cm，宽0.6～2.1cm，先端渐尖，基部楔形或急尖，全缘或具波状细齿，叶背脉上被疏短毛，后变两面无毛；中脉在叶背凸出，在叶面线状凸起，侧脉多数，常超过14对，两面凸出；叶柄长3～6mm；托叶生于叶柄间，早落。花1～2对或多花腋生于短总梗上；苞片小，鳞片状；花梗长约2mm；花萼钟状，裂齿3～4枚，钝三角形，宿存；花冠管状漏斗形，白色，长约12mm，裂片4枚；子房4室，每室具1枚胚珠，花柱顶部4深裂。核果红色，近球形，直径约8mm；具分核1～4，稍三棱形，具种子1枚。花期2～3月；果熟期9～12月。

产于武鸣、马山、上林、上思。生于海拔800～1800m的山地林下或灌丛中。分布于湖南、广东、四川、贵州、云南；中南半岛也有分布。

4. 广西虎刺

Damnacanthus guangxiensis Y. Z. Ruan

灌木。枝无毛。叶厚革质，披针状线形，长13～22cm，宽1～2cm，干时草黄色或榄绿色，先端渐尖，基部楔形，全缘，叶面无毛；中脉在叶两面凸出，侧脉6～9对，不明显；叶柄长约6mm；托叶生于叶柄间，初时2～4裂，后合生加厚成三角形，易碎落。花1～2对生于叶腋，具短总梗；苞片小，鳞片状；花梗长约2mm；花萼杯状，长约2mm，萼齿4～5枚，锐三角形；花冠长约12mm，檐部4裂；子房4室，顶4裂，裂片披针形。花期冬季至翌年春。

广西特有种。产于凌云。生于海拔约1200m山地林中。

5. 云桂虎刺

Damnacanthus henryi (H. Lév.) H. S. Lo

灌木或小乔木，高1.5～5.0m。无刺或偶顶叶托叶腋具短刺；枝无毛。叶纸质或革质，披针形、狭披针形或长圆形，长5～13cm，宽1～4cm，先端长渐尖，基部急尖或楔形，两面无毛；中脉两面凸出，侧脉5～7对，在叶面平，在叶背凸出；叶柄长2～5mm；托叶生于叶柄间，三角形，早落。花1～2对生于叶腋和枝顶叶腋位的短总梗上；苞片小，鳞片状；花梗长约2mm；花萼钟状，具萼齿4～5枚，萼齿披针形或线形；花冠白色或淡紫色，管状漏斗形，长1.3～1.5cm，檐部4裂，裂片长约3mm；子房2室，花柱外伸，顶部2裂，裂片披针形或线形。核果具2枚分核，直径5～8mm，熟时红色。花期10月；果熟期12月至翌年2月。

产于临桂、兴安、灌阳、龙胜、资源、金秀、融水、靖西、那坡、凌云、容县、防城。生于中海拔山地林中。分布于贵州、云南。根入药，主治肾虚腰痛；茎、叶药用，可治跌打损伤。

25. 野丁香属 Leptodermis Wall.

灌木，多分枝。叶对生；托叶小，锐尖或刺状尖，宿存。花 3 至多朵于簇生枝顶或叶腋；近无梗，基部有 2 枚小苞片合生成筒，具 2 凸尖，稀离生；萼管裂片 4 ~6 枚，革质，宿存；花冠白色或紫色，漏斗形，裂片 4 ~6 枚；雄蕊 4 ~6 枚，着生于花冠喉部，花丝短，花药线状长圆形，伸出或内藏；子房 3 ~5 室，柱头 5 裂或 3 裂，线形，伸出或内藏；胚珠每室 1 枚。蒴果 5 片裂至基部，每果瓣有 1 枚种子；种皮薄，假种皮网状，与种皮分离或黏贴。

约 40 种，分布于喜马拉雅地区至日本。中国 34 种；广西 1 种。

卵叶野丁香 薄皮木

Leptodermis ovata H. J. P. Winkl.

灌木，高 0.5 ~3.0m。嫩枝被短硬毛，后变无毛。叶疏生，近革质，卵形、卵状长圆形至长圆形，长 1.5 ~6.0cm，宽 1.0 ~2.2cm，先端短渐尖或短尖，基部渐狭，叶面无毛或中脉上被短硬毛，叶背脉上被短硬毛或无毛；侧脉 4 ~7 对；叶柄较长；托叶质坚硬，极短，阔三角形。花顶生或近枝顶生于叶腋，3 ~7 朵排成一行，近无柄；小苞片坚硬，透明，具脉纹，约 2/3 合生；萼裂片 5 枚，具纵脉纹；花冠管长 9 ~ 10mm，裂片 5 枚，比管短 4 ~5 倍。蒴果长约 6mm；种子有网状、与种皮分离的假种皮。花期 10 月；果期 11 月。

产于阳朔、临桂、那坡。生于山坡旷地或石山疏林中。分布于广东、云南。

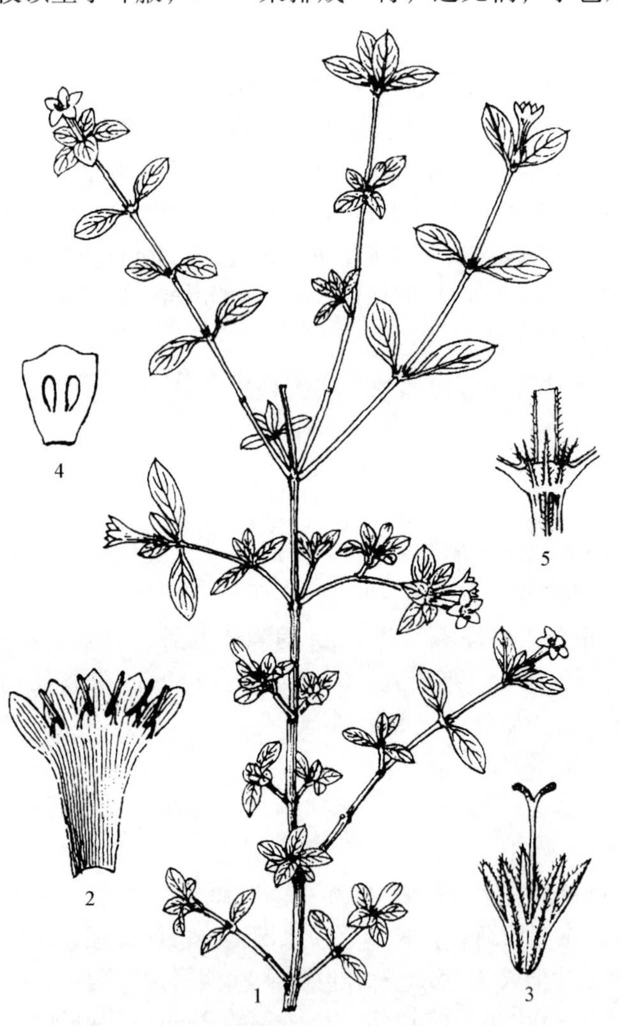

图 1347 六月雪 Serissa japonica（Thunb.）Thunb.
1. 花枝；2. 花冠展开；3. 花萼和雌蕊；4. 子房纵切；5. 托叶和茎一段。（仿《中国植物志》）

26. 白马骨属 Serissa Comm. ex Juss.

灌木，分枝多。小枝揉碎有臭味。叶对生；托叶与叶柄合生成短鞘，具 3 ~8 条刺毛，不脱落。花腋生或顶生，单朵或多朵丛生，无梗；萼管倒圆锥形，萼檐 4 ~6 裂，宿存；花冠漏斗形，顶部 4 ~6 裂，裂片短，镊合状排列；雄蕊 4 ~6 枚，着生于冠管上部，花丝线形，略与冠管连生，花药近基部背着，内藏；子房 2 室，花柱线形，胚珠每室 1 枚。核果，球形。

仅 1 种。产于中国、日本、尼泊尔、越南；广西亦产。

六月雪 满天星、白马骨 图 1347

Serissa japonica（Thunb.）Thunb.

灌木，高 60 ~90cm。有臭气。叶革质，卵形至倒披针形，长 6 ~22mm，宽 3 ~6mm，顶端短尖至长尖，全缘，无毛；叶柄短。花单生或数朵丛生于小枝顶部或腋生，具边缘浅波状的苞片；萼檐裂片细小，锥形；花冠淡红色或白色，长 6 ~12mm，裂片扩展，顶端 4 裂；雄蕊凸出冠管喉部外；花柱长凸出，柱头2裂，直，略分开。花期5~7月。

产于广西各地。生于河滩、溪边或丘陵杂木林中。分布于江苏、安徽、江西、浙江、福建、广东、四川、云南；日本、越南也有分布。全株入药，舒肝解郁、清热利湿、消肿、止咳化痰，治急性肝炎、风湿性腰腿痛、痈肿恶疮、蛇咬伤、脾虚泄泻、小儿疳积、白浊、白带、阑尾炎、狂犬病等。可栽培作庭园绿化或盆栽观赏。

27. 九节属 Psychotria L.

灌木或小乔木，稀攀援或缠绕。叶对生，稀3~4片轮生；托叶在叶柄内，常合生。花小，两性，稀杂性异株，伞房聚伞或圆锥聚伞花序，顶生，偶腋生，稀为腋生花束或头状花序；无总苞，有或无苞片；萼管短，萼檐4~6裂；花冠漏斗形、管形或近钟形，花冠裂片4~6枚，镊合状排列；雄蕊与花冠裂片同数；花盘各式；子房2室，每室1枚胚珠，柱头2裂。浆果或核果，有时孪生，小核2枚或分裂为2个分果片，分果片常内面纵裂；种皮薄。

800~1500种，广布于热带和亚热带地区，美洲为多。中国18种；广西7种。

分种检索表

1. 攀援或匍匐状藤本，常攀附于树干或岩石上，具多气根；果白色 ………………………… **1. 蔓九节 P. serpens**
1. 直立灌木或小乔木。
  2. 叶无毛或稀叶背脉上被微柔毛。
    3. 嫩枝和叶干后黄绿色；果无明显纵棱，种子或小核腹凹下 ……………………… **2. 黄脉九节 P. straminea**
    3. 嫩枝和叶干后非黄绿色；果有或无明显纵棱，种子或小核腹面平，稀波状。
      4. 叶侧脉4~8对，纤细，不明显或在叶背稍明显，叶干后榄绿色；果柄纤细，长5~10mm …………… ……………………………………………………………………… **3. 溪边九节 P. fluviatilis**
      4. 叶侧脉常较多、较粗，明显或凸起；果柄较粗，长1~6mm。
        5. 聚伞花序伞房状；果球形；托叶卵状三角形或披针形，顶端渐尖 …………… **4. 假九节 P. tutcheri**
        5. 聚伞花序圆锥状；果长圆状椭圆形，稀近球形；托叶近卵形，顶端长渐尖 …………………… ……………………………………………………………………… **5. 云南九节 P. yunnanensis**
  2. 叶被毛或仅在叶背脉腋内有毛。
    6. 聚伞花序密集成头状；核果椭圆形或倒卵圆形；托叶近卵形，先端2裂，裂片钻形 ……………… ……………………………………………………………………… **6. 驳骨九节 P. prainii**
    6. 聚伞花序伞房状或圆锥状；核果球形或宽椭圆形；托叶短鞘状，不裂 ………………… **7. 九节 P. asiatica**

1. 蔓九节 穿根藤 图1348：1~5

Psychotria serpens L.

多分枝、攀援或匍匐藤本，以气根攀附于树干或岩石上，长6m。嫩枝无毛或具粃糠状短柔毛。叶对生，纸质或革质，椭圆形、披针形、倒披针形或倒卵状长圆形，长0.7~9.0cm，宽0.5~3.8cm，先端短尖、钝或锐渐尖，基部楔形或稍圆，全缘；侧脉4~10对；叶柄长1.0~10mm；托叶膜质，短鞘状，脱落。圆锥状或伞房状聚伞花序顶生，长1.5~5.0cm，宽1.0~5.5cm，总花梗长约3cm；花梗长0.5~1.5mm；花萼筒倒圆锥形，顶端5浅裂；花冠白色，冠管与花冠裂片近等长，长1.5~3.0mm。浆果状核果球形或椭圆形，具纵棱，白色，长4~7mm，直径2.5~6.0mm；果柄长1.5~5.0mm；小核背面凸起，具纵棱，腹面平面光滑。花期4~6月；果期全年。

产于贺州、金秀、苍梧、陆川、博白、北流、上思、防城、东兴、钦州、合浦、龙州。分布于浙江、福建、台湾、广东、海南、云南；日本、越南、泰国也有分布。全株入药，祛风止痛、舒筋活络、壮筋骨、腰肌劳损、凉血消肿之功效，治风湿痹痛、虚弱无力、四肢酸痛、痈疮肿毒、咽喉肿痛、小儿疳积、跌打骨折等。

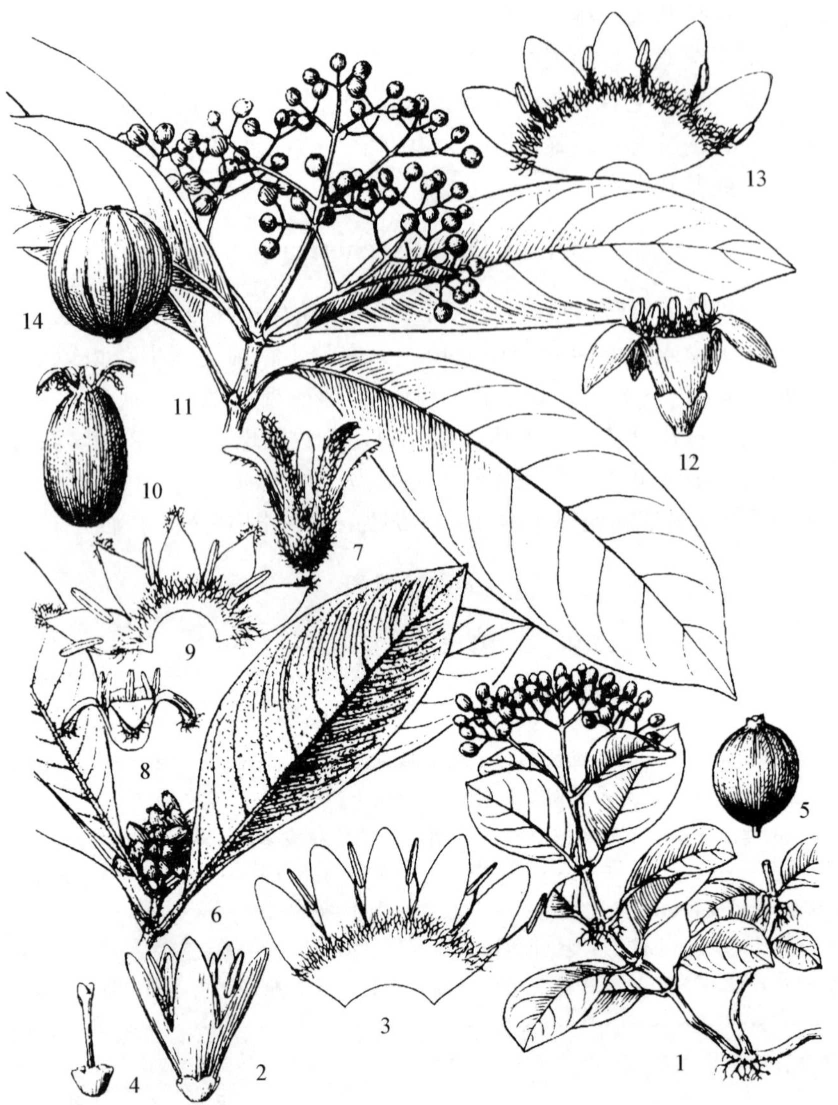

图 1348　1～5. 蔓九节 Psychotria serpens L.　1. 果枝；2. 花；3. 花冠展开，示雄蕊；4. 花萼和雌蕊；5. 果。**6～10. 驳骨九节 Psychotria prainii** H. Lév.　6. 果枝；7. 花萼；8. 花冠和雄蕊；9. 花冠展开，示雄蕊；10. 果。**11～14. 九节 Psychotria asiatica** L.　11. 果枝；12. 花；13. 花冠展开，示雄蕊；14. 果。（仿《中国植物志》）

2. 黄脉九节　灰九节　图 1349

Psychotria straminea Hutch.

灌木，高 1～3m。除花冠喉部被毛外全株无毛；嫩枝和叶干时黄绿色。叶对生，纸质或膜质，椭圆状披针形、长圆形、倒卵状长圆形，长 5.5～29.0cm，宽 0.8～10.5cm，先端渐尖或短尖，基部楔形或稍圆，全缘；侧脉 5～10 对，中脉和侧脉在叶背凸起，中脉、侧脉和网脉黄色；叶柄长 0.5～3.5cm；托叶短鞘状，顶部浅 2 裂，脱落。聚伞花序顶生，总花梗长 1.0～2.5cm；花梗长 1.5～4.0mm；萼管倒圆锥形，萼裂片三角形；花冠白色或淡绿色，冠管长约 2mm，裂片长1.5～2.5mm。浆果状核果近球形，长 0.7～1.3cm，直径 4～9mm，熟时黑色，无明显纵棱；小核背面凸，腹面凹陷；果柄长约 1cm。花期 1～7 月；果期 6 至翌年 1 月。

产于罗城、凌云、桂平、龙州。分布于广东、海南、云南；越南也有分布。

3. 溪边九节

Psychotria fluviatilis Chun ex W. C. Chen

灌木，高3m。小枝无毛。叶对生，纸质或薄革质，倒披针形或椭圆形，长5～11cm，宽1.0～3.7cm，先端渐尖、短尖或稍钝，基部渐狭或楔形，全缘，无毛，干时榄绿色，叶背较苍白；侧脉4～8对，纤细，不明显或在叶背稍明显；叶柄长0.5～1.8cm；托叶披针形或三角形，纸质，脱落。聚伞花序，少花，长1～3cm，宽1.0～1.5cm；总花梗长0.2～2.0cm；花梗长约1.5mm；花萼倒圆锥形，裂片4～5枚；花冠白色，冠管长3.0～3.5mm，裂片4～5枚，长1.0～1.7mm。果长圆形或近球形，红色，无毛，具棱，长6～7mm，直径3～6mm，具宿存萼；果柄纤细，长5～10mm；种子2枚，背面凸，具棱，腹部平。花期4～10月；果期8～12月。

产于钟山、宁明。生于海拔500～1000m的山谷溪边。分布于广东。

4. 假九节 小叶九节

Psychotria tutcheri Dunn

灌木，高4m。叶对生，纸质或薄革质，长圆状披针形、卵状披针形、披针形或长圆形，长5.5～22.0cm，宽2～6cm，先端渐尖至尾状渐尖，基部楔形，全缘，干时淡红色或红褐色；侧脉4～13对，在叶面平，在叶背面凸起；叶柄长0.5～2.0cm；托叶卵状三角形或披针形，顶端渐尖，刚毛状，2裂，脱落。聚伞花序伞房状；总花梗长0.5～3.0cm；花梗长约1mm；花萼倒圆锥形，裂片4枚；花冠白色或绿白色，冠管长2～3mm，裂片5枚，长约2mm。核果球形，长5～7mm，直径4～6mm，成熟时红色，具纵棱，具宿萼，果柄长1～6mm；小核背面凸起，具纵棱，腹面平而光滑。花期4～7月；果期6～12月。

产于临桂、永福、金秀、融水、三江、融安、鹿寨、苍梧、上思、龙州、宁明。生于海拔1000m以下山坡、山谷溪边灌丛或林中。分布于福建、广东、海南、云南；越南也有分布。

5. 云南九节 图1350

Psychotria yunnanensis Hutch.

灌木，高4m。小枝无毛，托叶脱落后

图1349 黄脉九节 **Psychotria straminea** Hutch. 果枝。（仿《中国高等植物图鉴》）

图1350 云南九节 **Psychotria yunnanensis** Hutch. 果枝。（仿《中国高等植物图鉴》）

节上有红褐色毛。叶对生，纸质或膜质，倒卵状长圆形、椭圆形、卵状长圆形或倒披针形，长9.0～30.5cm，宽3～11cm，先端渐尖或短尖，基部楔形，全缘，两面无毛；侧脉8～16对，在两面明显；叶柄长1.0～5.5cm；托叶近卵形，顶端长渐尖，脱落。聚伞花序圆锥状，长3～10cm，宽2.5～6.5cm，总花梗长1～6cm；花具极短梗或近无梗；花萼钟形，裂片5枚；花冠白色，冠管长约5mm，裂片长约3mm，开放时反折。核果长圆状椭圆形，稀近球形，长0.6～1.2cm，直径4～7mm，具纵棱，宿存萼，果柄长约1mm；小核背面具4条龙骨状凸起，腹面平。花期4～12月；果期7～12月。

产于那坡、平果。生于海拔800m以上山坡或山谷溪边林中。分布于云南、西藏。

6. 驳骨九节 花叶九节(乐业) 图1348：6～10

Psychotria prainii H. Lév.

灌木，高2m。嫩枝、叶背、叶柄、托叶外面和花序均被暗红色皱曲柔毛。叶对生，常较密聚生于枝顶，纸质或薄革质，椭圆形、长圆形、倒披针状长圆形、倒卵状长圆形或卵形，长3～15cm，宽1.3～6.5cm，先端短尖或短渐尖，基部楔形或稍圆，全缘；侧脉7～11对，在叶面平，在叶背凸起；叶柄长0.2～2.2cm；托叶近卵形，顶端2裂，裂片钻形，脱落。聚伞花序密集成头状，总花梗极短；花密集，近无花梗；花萼裂片狭披针形；花冠白色，裂片长约1.5mm。核果椭圆形或倒卵圆形，长5～8mm，直径4～5mm，红色，被疏毛，具纵棱，宿存萼，密集成头状。花期5～8月；果期7～11月。

产于广西各地。生于山坡或山谷溪边林中或灌丛中，常见于岩缝中。分布于广东、贵州、云南；泰国也有分布。

7. 九节 刀斧伤(宁明、北流、陆川) 图1348：11～14

Psychotria asiatica L.

灌木或小乔木，高1～5m。叶对生，纸质或革质，长圆形、椭圆状长圆形或倒披针状长圆形，长5～24cm，宽2～9cm，先端渐尖、急渐尖或短尖，基部楔形，全缘；中脉和侧脉在叶面凹下，在叶背凸起，脉腋内常被束毛，侧脉5～15对；叶柄长0.7～5.0cm；托叶膜质，短鞘状，顶部不裂，脱落。聚伞花序伞房状或圆锥状，顶生，多花，总花梗极短，长2～10cm，宽3～15cm；花梗长1.0～2.5mm；萼管杯状，近截平或不明显5齿裂；花冠白色，冠管长2～3mm，裂片长2.0～2.5mm。核果球形或宽椭圆形，长5～8mm，直径4～7mm，具纵棱，红色；果柄长2～10mm；小核背面凸起，具纵棱，腹面平而光滑。花果期全年。

产于广西各地。生于海拔1500m以下平地、丘陵、山坡、山谷溪边灌丛或林中。分布于浙江、福建、台湾、湖南、广东、海南、贵州、云南；日本、越南、马来西亚、印度也有分布。

28. 弯管花属 Chasalia Comm. ex Poir.

灌木或小乔木。叶对生或轮生，具柄；托叶生于叶柄间，分离或合生成鞘。花序各式，由聚伞花序组成；萼管卵形、近球形或倒卵形，萼檐宿存，顶截平或5齿裂；花冠管延长，常弯曲，顶部5裂；雄蕊5枚，花药背着；花盘环状；子房2室，每室具1枚胚珠，花柱纤细，具2分枝。核果稍肉质，含2枚分核；分核半圆形，背面平，腹面凹；种子扁圆形。

约40种，广布于亚洲热带和非洲。中国1种1变种，分布于南部和西南部；广西全有。

1. 弯管花 水松罗(宁明) 图1351

Chassalia curviflora (Wall.) Thwaites

灌木，高1～2m。全株被毛。叶膜质，长圆状椭圆形或倒披针形，长10～20cm，宽2.5～7.0cm，顶端渐尖或长渐尖，基部楔形，全缘，干时黄绿色；侧脉8～10对，纤细，在叶面明显；叶柄长1～4cm，无毛；托叶宿存，长4.0～4.5mm，短尖或钝，全缘或浅2裂，基部短合生。聚伞花序多花，顶生，长3～7cm，总轴和分枝稍压扁，带紫红色；苞片小；花近无梗；萼倒卵形，长

1.0～1.5mm，5 浅裂；花冠管弯曲，长 10～15mm，裂片 4～5 枚，裂片长约 2mm。核果扁球形，长 6～7mm，平滑或分核间有浅槽。花期春夏间。

产于百色、德保、隆林、平南、龙州。分布于广东、海南、云南、西藏；中南半岛及印度也有分布。

1a. 尖叶弯管花 长叶弯管花

Chassalia curviflora var. **longifolia** Hook. f.

本变种与原变种的区别是叶较狭长，长 13～27cm，宽 1.5～4.5cm，侧脉常不明显。花期夏季。

产于龙州。分布于广东、海南、云南、西藏；中南半岛及印度也有分布。

图 1351 弯管花 Chassalia curviflora（Wall.）Thwaites 1. 花枝；2. 花；3. 雌蕊，示子房纵切；4. 果。（仿《中国植物志》）

29. 栀子属 Gardenia J. Ellis

灌木，稀乔木。无刺，稀具刺。叶对生，稀三叶轮生；托叶生于叶柄内，三角形，基部常合生。花大，单生或簇生，稀为伞房状聚伞花序；萼 5～8 裂，裂片宿存，稀脱落；花冠裂片 5～12 枚，旋转排列；雄蕊与花冠裂片同数，着生于花冠喉部，花丝极短或缺；花盘环状或圆锥形；子房下位，1 室或假 2 室，胚珠多数。浆果大，平滑或具纵棱，革质或肉质；种子多数，扁平或肿胀，种皮革质或膜质。

60～250 种。中国 5 种，分布于中部以南各地；广西 3 种。

分种检索表

1. 叶狭披针形或线状披针形，宽 0.4～2.3cm；果长圆形，长 1.5～2.5cm，直径 1.0～1.3cm ………………………… **1. 狭叶栀子 G. stenophylla**
1. 叶非狭披针形，宽 2～8cm；果球形、卵状椭圆形或椭圆形。
    2. 乔木；萼裂片长圆状披针形，长 4～5mm；果具纵棱或不明显 …………………… **2. 海南栀子 G. hainanensis**
    2. 灌木；萼裂片披针形或线状披针形，长 1～3cm；果具翅状纵棱 5～9 条 ………………… **3. 栀子 G. jasminoides**

1. 狭叶栀子 野白蝉、花木(上思) 图 1352

Gardenia stenophylla Merr.

灌木，高 3m。叶薄革质，狭披针形或线状披针形，长 3～12cm，宽 0.4～2.3cm，顶端渐尖而尖端常钝，基部渐狭，下延，两面无毛；侧脉 9～13 对，在叶背稍明显；叶柄长 1～5mm；托叶膜质，脱落。花单生于叶腋或小枝顶部，芳香，盛开时直径达 4～5cm，梗长约 5mm；萼管倒圆锥形，萼檐管形，顶部 5～8 裂，裂片长 1～2cm；花冠白色，冠管长 3.5～6.5cm，顶部 5～8 裂，裂片盛开时外反，长 2.5～3.5cm。果长圆形，长 1.5～2.5cm，直径 1.0～1.3cm，具纵棱或不明显，成熟时黄色或橙红色，顶部具宿存萼。花期 4～8 月；果期 5 月至翌年 1 月。

产于天峨、乐业、上思、防城。生于海拔 800m 以下山谷、溪边灌丛或河边，常见于岩缝中。

图 1352 狭叶栀子 **Gardenia stenophylla** Merr. 果枝。(仿《中国高等植物图鉴》)

图 1353 海南栀子 **Gardenia hainanensis** Merr. 1. 花枝；2. 果。(仿《中国植物志》)

分布于安徽、浙江、广东、海南；越南也有分布。果实和根入药，用于凉血、泻火、清热解毒。植株外形多姿、优雅，花艳丽，可作盆景栽培或庭园绿化。

2. 海南栀子 海南黄栀 图 1353

Gardenia hainanensis Merr.

乔木，高 3 ~ 12m。叶薄革质，倒卵状长圆形，长 5.0 ~ 19.5cm，宽 2 ~ 8cm，先端短尖或短渐尖，基部楔形，两面无毛，叶面亮绿，叶背较淡；侧脉 10 ~ 15 对，在叶面平，在叶背凸起；叶柄长 0.2 ~ 1.0cm；托叶成圆筒形。花芳香，花梗长约 8mm，单生于枝顶端或近顶部叶腋，盛开时直径 4 ~ 5cm；萼管长 5 ~ 6mm，萼檐顶部 5 裂，裂片长圆状披针形，长 4 ~ 5mm；花冠白色，高脚碟状，管长约 1.5cm，5 裂，裂片长约 3cm。果球形或卵状椭圆形，黄色，长 1.6 ~ 3.3cm，具纵棱或偶纵棱不明显，顶部具宿存萼，果柄长 1 ~ 2cm。花期 4 月；果期 5 ~ 10 月。

产于融水、上思、防城。生于山谷溪边或山坡林中。分布于海南。

3. 栀子 山栀子(巴马)、白蟾、栀子花 图 1354

Gardenia jasminoides J. Ellis

灌木，高 3m。嫩枝被短毛。叶对生，稀三叶轮生，革质，长圆状披针形、倒卵状长圆形、倒卵形或椭圆形，长 3 ~ 25cm，宽 1.5 ~ 8.0cm，先端渐尖、骤然长渐尖或短尖而钝，基部楔形或短尖，两面无毛，叶面亮绿，叶背较暗；侧脉 8 ~ 15 对；叶柄长 0.2 ~ 1.0cm；托叶膜质。花芳香，单朵生于枝顶，花梗长 3 ~ 5mm；萼管倒圆锥形或卵形，萼顶 5 ~ 8 裂，裂片披针形或线状披针形，长 1 ~ 3cm，宿存；花冠白色或乳黄色，高脚碟状，长 3 ~ 5cm，顶部 5 ~ 8 裂，裂片长 1.5 ~ 4.0cm。果卵形、近球形、椭圆形或长圆形，黄色或橙红色，长 1.5 ~ 7.0cm，直径 1.2 ~ 2.0cm，具翅状纵棱 5 ~ 9 条，顶部具宿存萼片，长达 4cm；种子多数，扁，长约 3.5mm。花期 3 ~ 7 月；果期 5 月至翌年 2 月。

产于广西各地。生于 1500m 以下旷野、丘陵、山谷、山坡、溪边灌丛或林中，也有栽培。分布于中国黄河流域及以南各地；日本、朝鲜、越南、老挝、柬埔寨、印度也有分布。本种分布较广泛，人工栽培历史悠久，生长习性、叶片、果实的形状及大小均有差异。常分两类：一类称为“山栀子”，果较小，卵形或近球形，栽培供药用；另一类称为“水栀子”，果较大，椭圆形或长圆形，适于提取黄色素。花大而美丽，芳香，广泛栽培于庭园或盆景观赏。果实药用，可清热泻火、利尿消炎、凉血止血，治黄疸肝炎、感冒高热、肾炎水肿、菌痢、乳腺炎、淋巴结核、吐血、尿血、烫火伤。

30. 山石榴属 Catunaregam Wolf

灌木或小乔木。常具刺。叶对生或簇生于侧生短枝上；托叶在叶柄间，常脱落。花单生或2~3朵簇生于侧生短枝顶部，花梗长2~5mm；萼管钟形或卵球形，5裂；花冠钟状，外面被绢毛，裂片5枚，旋转排列；雄蕊5枚，着生于花冠喉部，花丝极短，花药背着，稍伸出；子房2室，胚珠多数，柱头2裂，裂片黏合。浆果，萼宿存。

约10种。中国1种，分布于东南部至西南部；广西也有。

山石榴　猪肚筋(武鸣)　图1355

Catunaregam spinosa (Thunb.) Tirveng.

灌木或小乔木，高1~10m。刺腋生，对生，粗壮，长1~5cm。叶纸质或近革质，对生或簇生于侧生短枝上，倒卵形或长圆状倒卵形，长1.8~11.5cm，宽1.0~5.7cm，顶端钝或短尖，基部楔形或下延，两面无毛或被糙伏毛；侧脉4~7对，在叶背稍凸起，在叶面平；叶柄长2~8mm；托叶膜质，卵形，脱落。花单生或2~3朵簇生于短枝顶部；花梗长2~5mm；萼管钟形或卵形，檐顶5裂，裂片广椭圆形，具3脉；花冠初时白色，后为淡黄色，钟状，冠管较阔，长约5mm，裂片5枚，卵形或卵状长圆形，长6~10mm。浆果球形，直径2~4cm，无毛或被疏柔毛，萼裂片宿存，果皮厚；种子多数。花期3~6月；果期5月至翌年1月。

图1354　**栀子 Gardenia jasminoides** J. Ellis　1. 花枝；2. 果。(仿《中国植物志》)

图1355　**山石榴 Catunaregam spinosa** (Thunb.) Tirveng.　1. 花枝；2. 部分花冠展开，示雄蕊；3. 雄蕊背面；4. 部分花萼和雌蕊，示子房纵切面；5. 果。(仿《中国植物志》)

产于柳州、罗城、苍梧、百色、德保、靖西、那坡、南宁、隆安、武鸣、马山、上林、横县、容县、北流、东兴、钦州、崇左、宁明、龙州、大新、凭祥、天等。生于旷野、丘陵、山坡、山谷沟边的林中或灌丛中。分布于台湾、广东、海南、云南；印度尼西亚、越南、泰国、印度也有分布。木材致密坚硬，可供制家具、器具、手杖及雕刻。根、叶入药，可利尿，祛风湿，治跌打、腹痛。可栽培作刺篱。

31. 簕茜属 Benkara Adan.

灌木或乔木，稀攀援状藤本。枝具刺。叶对生或簇生于侧生短枝上；托叶在叶柄间，离生或基部合生，常脱落。花两性，数朵至多朵簇生或组成聚伞花序，具苞片和小苞片；萼管杯状或钟状，顶端5裂，裂片常小；花冠高脚碟状，裂片5枚，旋转排列，开放时外反；雄蕊5枚，着生于花冠喉部，与花冠裂片互生，花丝极短，花药背着，伸出；子房2室，每室具胚珠少数至多数。浆果，果皮薄至稍木质；种子形状多样，常具角。

约19种，分布于亚洲南部和东南部。中国7种，分布于西南至东南部；广西3种。

分种检索表

1. 花无梗或梗极短，长0.5～1.5mm ………… 1. 簕茜 B. sinensis
1. 花有梗，花梗长5～10mm。
    2. 小枝和花萼无毛；花冠管长14～20mm，裂片长6～12mm ………… 2. 浓子茉莉 B. scandens
    2. 小枝和花萼被短柔毛；花冠管长3.0～4.5mm，裂片长5.0～5.5mm ………… 3. 多刺山黄皮 B. depauperata

1. 簕茜 鸡爪簕、凉粉木 图1356

Benkara sinensis (Lour.) Ridsdale

灌木或小乔木，稀攀援状，高1～7m。小枝、叶柄、托叶、花总梗及花梗、花萼及花瓣被黄褐色短硬毛或柔毛；刺腋生，成对或单生，长4～15mm。叶对生，纸质，卵状椭圆形、长圆形或卵形，长2～21cm，宽1.5～9.5cm，顶端锐短尖或短渐尖，基部楔形或稍圆形，两面无毛，或叶背密或疏被柔毛；侧脉6～8对；叶柄长5～15mm。聚伞花序顶生或生于上部叶腋，多花而稠密，呈伞形状，总花梗长约5mm或极短；花梗长0.5～1.5mm或近无梗；花萼5裂；花冠白色或黄色，花冠管长12～24mm，裂片5枚，长5～9mm。浆果球形，直径约10mm，黑色，被疏柔毛或无毛，果柄长不及5mm；种子达9粒。花期3～12月；果期5月至翌年2月。

图1356 簕茜 Benkara sinensis (Lour.) Ridsdale 1. 花枝；2. 花；3. 果序。(仿《中国植物志》)

产于临桂、岑溪、南宁、崇左、博白、龙州、大新、宁明、上思。分布于福建、台湾、广东、海南、云南；越南、日本也有分布。全株入药，用于痢疾、吐血，外治跌打肿痛。常栽培作绿篱。

2. 浓子茉莉 厚叶茜草树 图1357：1～6

Benkara scandens (Thunb.) Ridsdale

灌木，高 3m。小枝无毛；刺腋生，对生，长 6 ~ 12mm。叶薄革质，对生、疏生或簇生于侧生短枝上，卵形、宽椭圆形或近圆形，长 0.6 ~ 5.5cm，宽 0.4 ~ 2.5cm，顶端稍钝或短尖，基部楔形，两面无毛；侧脉 2 ~ 3 对；叶柄长 2 ~ 5mm。花单生或 2 ~ 3 朵聚生，腋生或生于侧生短枝顶部；花梗长约 5mm，基部具合生小苞片 2 枚；花萼无毛，萼管钟形，长约 4mm，顶端 5 裂；花冠白色，高脚碟状，冠管长 14 ~ 20mm，裂片 5 枚，长 6 ~ 12mm。浆果球形，直径 5 ~ 7mm，具宿存萼檐，果柄长 5 ~ 8mm；种子 16 ~ 20 枚。花期 3 ~ 5 月；果期 5 ~ 12 月。

产于百色、武鸣、平南、博白、防城、龙州。生于低海拔丘陵或旷野灌丛中。分布于广东、海南、云南；越南也有分布。

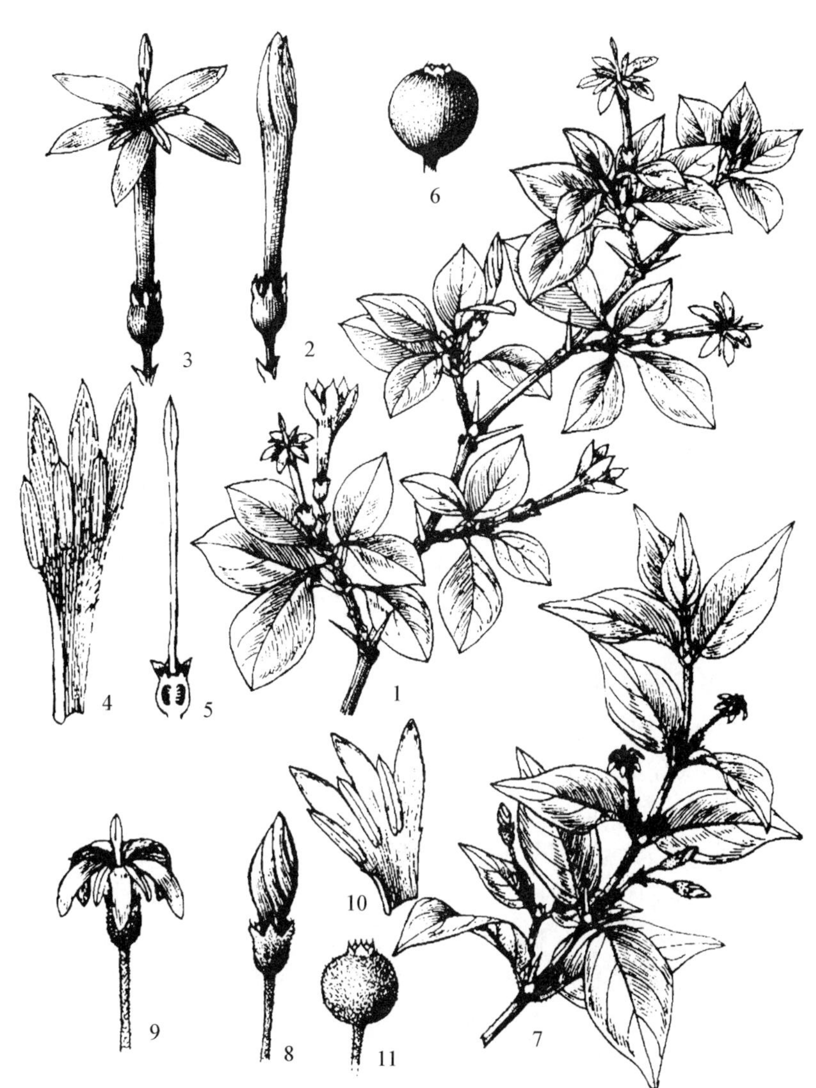

图 1357 1 ~ 6. 浓子茉莉 Benkara scandens (Thunb.) Ridsdale 1. 花枝；2. 花蕾；3. 花；4. 部分花冠展开，示雄蕊；5. 部分花萼和雌蕊，示子房纵切面；6. 果。**7 ~ 11. 多刺山黄皮 Benkara depauperata** (Drake) Ridsdale 7. 花枝；8. 花蕾；9. 花；10. 部分花冠展开，示雄蕊；11. 果。(仿《中国植物志》)

3. 多刺山黄皮 图 1357：7 ~ 11

Benkara depauperata (Drake) Ridsdale

灌木，高 1 ~ 3m。枝灰白色，小枝、叶柄、托叶、花梗及花萼被短柔毛；刺腋生，对生，长 4 ~ 15mm。叶薄纸质，对生，卵形、卵状长圆形或卵状披针形，长 1.5 ~ 8.2cm，宽 1 ~ 3cm，顶端渐尖至尾状渐尖，基部圆钝至阔楔形，叶面无毛，叶背无毛或散生短柔毛，中脉和侧脉上毛较密；侧脉 2 ~ 4 对；叶柄长 2 ~ 6mm；托叶狭三角形。花常 1 或 2 朵，稀 3 朵聚生于腋生的短枝上；花梗纤细，长 6 ~ 10mm；花萼萼管钟形，长 3.5 ~ 4.0mm，5 裂；花冠白色，高脚碟状，外面无毛，冠管长 3.0 ~ 4.5mm，裂片 5 枚，长 5.0 ~ 5.5mm。浆果球形，被疏柔毛，直径约 6mm，紫黑色，具宿存檐，果柄被疏柔毛，长 0.5 ~ 1.5cm。花期 4 月；果期 5 月至翌年 1 月。

产于博白、北海、钦州。生于低海拔山地林中或灌丛中。分布于海南；越南也有分布。

32. 茜树属 Aidia Lour.

灌木或乔木，稀藤本。叶对生；托叶在叶柄间，离生或基部合生，常脱落。聚伞花序腋生，或生于无叶的节上，稀顶生，具苞片和小苞片；花两性；萼管杯形或钟形，顶端(4)5 裂；花冠高脚碟状，外面常无毛，喉部被毛，裂片(4)5 枚，旋转排列，花时常外反；雄蕊(4)5 枚，着生于冠管喉部，花丝极短，花药伸出；子房 2 室，每室少数至多枚。浆果球形，较小；种子常少数至多枚，形状多样，常具角。

约 50 种。中国 8 种，主要分布于西南部至东南部；广西 5 种。

分种检索表

1. 嫩枝、叶背和花序均被锈色柔毛 ………………………………………… **1. 多毛茜草树 A. pycnantha**
1. 嫩枝、叶背和花序均无毛或仅部分被疏毛。
  2. 叶狭披针形，长 8.5 ~ 23.0cm，宽 0.5 ~ 3.0cm，叶背中脉和侧脉上被疏柔毛 ……… **2. 柳叶香楠 A. salicifolia**
  2. 叶不为狭披针形，两面无毛。
    3. 聚伞花序腋生，具花数朵至 10 余朵，紧缩成伞形花序状，总花梗极短或近无，花梗 5 ~ 17mm，花萼外面被紧黏的锈色疏柔毛 ……………………………………………… **3. 香楠 A. canthioides**
    3. 聚伞花序单生，总花梗较长，花梗长 2 ~ 7mm，花萼外面无毛。
      4. 萼裂片钻形或线状披针形，长 2.0 ~ 4.5mm；叶干时叶面苍黄色，叶背赤褐色 …………………………………………………………… **4. 尖萼茜树 A. oxyodonta**
      4. 萼裂片三角形，长不及 1.5mm；叶干时非上述颜色 ………………………… **5. 茜树 A. cochinchinensis**

1. 多毛茜草树 黄棉木

Aidia pycnantha (Drake) Tirveng.

灌木或乔木，高 2 ~ 12m。嫩枝、叶背和花序被锈色柔毛。叶革质或纸质，对生，长圆形、长圆状披针形或长圆状倒披针形，长 8.0 ~ 27.5cm，宽 2 ~ 10cm，先端渐尖至尾状渐尖，基部楔形，叶面无毛；侧脉 10 ~ 14 对，和网脉均在叶背凸起；叶柄长 5 ~ 15mm，被柔毛；托叶披针形，被短柔毛。聚伞花序与叶对生，多花，苞片和小苞片线状披针形；花梗长 1.5 ~ 4.0mm；花萼被锈色柔毛，顶端 5 裂；花冠白色或淡黄色，高脚碟形，冠管长约 4mm，裂片 5 枚，长 7 ~ 9mm，开放时反折。浆果球形，直径 6 ~ 8mm，被锈色疏毛或近无毛，干时黑色，顶部具环状萼檐残迹。花期 3 ~ 9 月；果期 4 ~ 12 月。

产于广西各地。生于海拔 1000m 以下旷野、山谷溪边林中或灌丛中。分布于福建、广东、海南、云南；越南也有分布。

2. 柳叶香楠 八大木(博白)

Aidia salicifolia (H. L. Li) T. Yamaz.

灌木，高 1m。小枝纤细无毛。叶纸质，对生，狭披针形，长 8.5 ~ 23.0cm，宽 0.5 ~ 3.0cm，先端长渐尖，基部楔形或短尖，叶面深橄绿色，叶背较苍白，两面无毛，或叶背中脉和侧脉上被疏柔毛；侧脉 9 ~ 12 对，纤细；叶柄长 2 ~ 8mm；托叶披针形，脱落。果序和叶对生，聚伞状，长约 1.5cm；果球形，直径约 8mm，干时黑色，光亮，果柄长约 4mm。果期 11 月。

广西特有种。产于金秀、平南、容县、博白。生于海拔 600 ~ 1000m 山地林中。根、叶入药，用于骨折、胃痛、筋骨痛、风湿痛、痢疾等。

3. 香楠 水棉木 图 1358：1 ~ 7

Aidia canthioides (Champ. ex Benth.) Masam.

灌木或乔木，高 2 ~ 12m。小枝无毛。叶纸质或薄革质，对生，长圆状椭圆形、长圆状披针形或披针形，长 4.5 ~ 18.5cm，宽 2 ~ 8cm，顶端渐尖至尾状渐尖，基部阔楔形，两面无毛；侧脉 3 ~ 7 对；叶柄长 5 ~ 18mm。聚伞花序腋生，长 2 ~ 3cm，宽 3 ~ 5cm，具花数朵至 10 余朵，紧缩成伞形花序状；总花梗极短或近无；苞片和小苞片卵形，基部合生成一小杯状体；花梗长 5 ~ 17mm；花萼外面被紧贴锈色疏柔毛，萼管长 4 ~ 6mm，顶端 5 裂；花冠白色或黄色，冠管长 8 ~ 10mm，裂片 5 枚。浆果球形，直径 5 ~ 8mm，被紧贴锈色疏毛或无毛，顶端具环状萼檐残迹，果柄长 5 ~ 17mm；种子 6 ~ 7 枚，具棱。花期 4 ~ 6 月；果期 5 月至翌年 2 月。

产于兴安、金秀、苍梧、武鸣、马山、上林、横县。分布于福建、台湾、广东、海南、云南；日本、越南也有分布。根入药，用于胃痛、风湿骨痛、跌打损伤。

4. 尖萼茜树

Aidia oxyodonta (Drake) T. Yamaz.

灌木或乔木，高2～12m。叶革质，对生，长圆形或椭圆状长圆形，长8～19cm，宽2.3～7.5cm，先端渐尖或短尖，基部楔形，两面无毛，干时叶面苍黄色，叶背赤褐色；侧脉7～10对；叶柄长8～13mm。聚伞花序腋生或与叶对生，长4～5cm，总花梗长8～11mm；花梗长2～5mm；花萼外面无毛，萼管钟形，顶部5裂，裂片钻形或线状披针形，长2.0～4.5mm；花冠黄白色，冠管长约5mm，裂片长达9mm。浆果球形，直径7～13mm，顶部具环状萼檐残迹；种子多数，长约2.5mm，种皮褐色，具网纹。花期4～9月；果期5～10月。

图1358 1～7. 香楠 Aidia canthioides (Champ. ex Benth.) Masam. 1. 花枝；2. 花；3. 花冠展开，示雄蕊；4. 雄蕊；5. 部分花萼、花盘和雌蕊，示子房纵切；6. 果；7. 托叶。**8～11. 白果香楠 Alleizettella leucocarpa** (Champ. ex Benth.) Tirveng. 8. 果枝；9. 花蕾；10. 花；11. 托叶。(仿《中国植物志》)

产于昭平、金秀、武鸣、横县、贵港、平南、桂平、灵山、合浦、防城、东兴。生于海拔1000m以下林中或灌丛中。分布于广东、海南；越南也有分布。根、叶入药，治跌打损伤、刀伤出血。

5. 茜树 越南香楠、山黄皮 图1359：1～6

Aidia cochinchinensis Lour.

灌木或乔木，高2～15m。枝无毛。叶革质或纸质，对生，椭圆状长圆形、长圆状披针形或狭椭圆形，长6.0～21.5cm，宽1.5～8.0cm，先端渐尖至尾状渐尖，基部楔形，两面无毛；侧脉5～10对；叶柄长5～18mm。聚伞花序与叶对生或生于无叶节上，多花，长2～7cm，宽5～10cm，被短柔毛或无毛；苞片和小苞片披针形；花梗长达7mm，有时近无花梗；花萼无毛，萼管长3.5～4.0mm，顶端4(5)裂，裂片三角形，长1.0～1.5mm；花冠黄色或白色，稀红色，冠管长3～4mm，裂片4(5)枚，长6～10mm，开放时反折。浆果球形，无毛或被疏柔毛，直径5～6mm，紫黑色；种子多数。花期3～6月；果期5月至翌年2月。

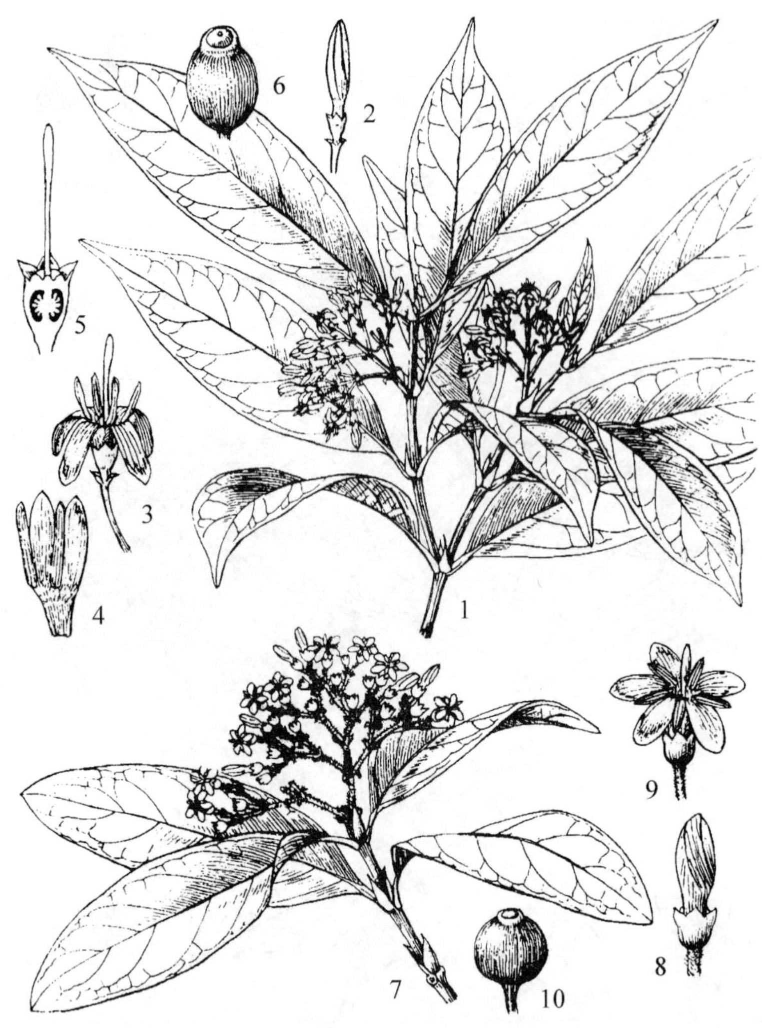

图 1359 1~6. 茜树 **Aidia cochinchinensis** Lour. 1. 花枝；2. 花蕾；3. 花；4. 部分花冠展开，示雄蕊；5. 部分花萼和雌蕊，示子房纵切面；6. 果。7~10. 岭罗麦 **Tarennoidea wallichii** (Hook. f.) Tirveng. et Sastre 7. 花枝；8. 花蕾；9. 花；10. 果。(仿《中国植物志》)

产于广西各地。分布于江苏、浙江、江西、福建、台湾、湖南、湖北、广东、海南、四川、贵州、云南；日本也有分布。根、叶入药，根用于肝硬化；叶用于外治骨折、跌打肿痛。

33. 岭罗麦属 Tarennoidea Tirveng. et Sastre

乔木。叶对生；托叶在叶柄间，基部合生。聚伞圆锥花序顶生或近枝顶腋生，疏散而多花，具苞片和小苞片；花两性，具梗；萼管钟状，浅 5 裂；花冠高脚碟状，喉部被柔毛，裂片 5 枚，短于冠管，旋转状排列；雄蕊 4~5 枚，着生于花冠喉部，花药背着，伸出；子房 2 室，每室具 1~2 枚胚珠，花柱细长。浆果球形，较小；种子 1~4 枚。

2 种，分布于亚洲南部至东南部。中国 1 种，广西亦产。

岭罗麦 图 1359：7~10

Tarennoidea wallichii (Hook. f.) Tirveng. et Sastre

乔木，高 20m。枝无毛，节明显，表皮常裂成糠秕状脱落。叶革质，对生，长圆形、倒披针状长圆形或椭圆状披针形，长 7~30cm，宽 2.2~9.0cm，先端阔短尖或渐尖，尖端常钝，基部楔形，叶面光亮，叶背稍苍白，仅叶背脉腋内小孔中常有簇毛；侧脉 5~13 对；叶柄长 1~3cm，无毛；托叶披针形，无毛，脱落。聚伞圆锥花序，顶生或近枝顶腋生，疏散而多花，长 4~12cm，宽 8~13cm，分枝开展，互生，被短柔毛；苞片和小苞片披针形或丝状；花梗长 1~8mm；萼管钟形，长 1.5~2.5mm，顶端浅 5 裂；花冠黄色或白色，冠管长 3~4mm，顶部 5 裂。浆果球形，直径 7~18mm，无毛，种子 1~4 枚。花期 3~6 月；果期 7 月至翌年 2 月。

产于隆林、田林、那坡、龙州。分布于广东、海南、贵州、云南；印度、缅甸、泰国、越南也有分布。木材坚韧质重，供造船、桥梁、建筑、农具、家具、板料等用。

34. 白香楠属 Alleizettella Pit.

灌木。叶对生；托叶在叶柄间，基部合生，常脱落。聚伞花序生于侧生短枝顶端或老枝节上；花两性；萼管钟形或卵球形，顶端 5 裂；花冠高脚碟状，裂片 5 枚，短于冠管，旋转状排列，开放时常外反；雄蕊 5 枚，着生于花冠上部或喉部，花药长圆形；子房 2 室，每室有 2(~3) 枚胚珠，柱头 2 枚。浆果球形，果皮平滑；种子每室 1~3 枚。

约 2 种，分布于越南和中国。中国 1 种；广西亦产。

白果香楠 图 1358：8 ~ 11

Alleizettella leucocarpa (Champ. ex Benth.) Tirveng.

灌木，高 3m，有时攀援状。小枝被锈色糙伏毛或柔毛，后渐脱落。叶纸质或薄革质，对生，长圆状倒卵形、长圆形、狭椭圆形或披针形，长 4.5 ~ 17.0cm，宽 1.5 ~ 6.0cm，先端渐尖至尾状渐尖，基部楔形，叶面无毛，叶背仅中脉和侧脉上被锈色糙伏毛；侧脉 4 ~ 7 对；叶柄长 4 ~ 12mm，被糙伏毛；托叶阔三角形，被毛，脱落。聚伞花序具花数朵，长约 2cm，生于侧生短枝顶端或老枝节上，被糙伏毛或硬毛；小苞片披针形，被毛；花梗长约 2mm；花萼被糙伏毛，顶端 5 裂；花冠白色，管长约 3mm，裂片 5 枚。浆果球形，淡黄白色，被疏柔毛或无毛，直径 0.8 ~ 1.3cm；种子 2 ~ 4 枚，直径 4 ~ 5mm。花期 4 ~ 6 月；果期 6 月至翌年 2 月。

产于龙胜、龙州。分布于福建、广东、海南；越南也有分布。

35. 狗骨柴属 Diplospora DC.

灌木或小乔木。叶对生；托叶具短鞘和稍长的芒。聚伞花序腋生和对生，多花密集；花 4(~ 5)数，小，两性或单性(杂性异株)；萼管短，裂片常三角形；花冠高脚碟状，白色、淡绿色或淡黄色，裂片旋转排列；雄蕊着生于花冠喉部；子房 2 室，每室具 1 ~ 3(~ 6)枚胚珠。核果淡黄色、橙黄色至红色，球形或椭圆球形，小，具宿存萼；种子具角，种皮纤维质。

约 20 种。中国 3 种，分布于长江流域以南各地；广西 2 种。

分种检索表

1. 叶革质，稀厚纸质，无毛，侧脉在叶背稍明显或稀凸起，网脉不明显，叶柄无毛 …………… **1. 狗骨柴 D. dubia**
1. 叶纸质或薄革质，常被疏柔毛，侧脉在叶背凸起，网脉明显，叶柄被刚毛 …………… **2. 毛狗骨柴 D. fruticosa**

1. 狗骨柴 三萼木、骨树(金秀) 图 1360：1 ~ 8

Diplospora dubia (Lindl.) Masam.

灌木或乔木，高 12m。托叶、花总梗、花梗、萼、花冠及果实表面被短柔毛。叶革质，稀为厚纸质，卵状长圆形、长圆形、椭圆形或披针形，长 4 ~ 19cm，宽 1.5 ~ 8.0cm，先端短渐尖、骤渐尖或短尖，尖端常钝，基部楔形，全缘，两面无毛；侧脉 5 ~ 11 对，两面稍明显或在叶背稍凸起，网脉不明显；叶柄长 4 ~ 15mm，无毛。花腋生，密集成束或成聚伞花序；总花梗短；花梗长约 3mm；萼管长约 1mm，顶部 4 裂；花冠白色或黄色，管长约 3mm，裂片约与冠管等长。浆果近球形，直径 4 ~ 9mm，成熟时红色，萼檐具残迹；果柄长 3 ~ 8mm；种子 4 ~ 8 枚，近卵形，暗红色，直径 3 ~ 4mm，长 5 ~ 6mm。花期 4 ~ 8 月；果期 5 月至翌年 2 月。

产于灵川、阳朔、永福、兴安、龙胜、全州、恭城、贺州、昭平、富川、金秀、苍梧、蒙山、武鸣、马山、上林、横县、容县、平南、陆川、博白、合浦、浦北、钦州、上思、防城、大新。生于海拔 1500m 以下山坡、山谷沟边、旷野林中或灌丛中。分布于江苏、安徽、浙江、江西、福建、台湾、湖南、广东、海南、四川、云南；日本、越南也有分布。木材心材与边材区别不明显，木材黄白色，纹理直，结构细，重量中等，气干密度 0.52g/cm^3，干燥容易，不易开裂，抗虫性稍差，加工容易，胶粘容易，油漆光亮度好，作室内装饰、器具及雕刻等细木工用材。根入药，用于黄疸病、颈淋巴结结核，外治跌打损伤。

2. 毛狗骨柴 小狗骨柴 图 1360：9 ~ 13

Diplospora fruticosa Hemsl.

灌木或乔木，高 1 ~ 8m。嫩枝被短柔毛。叶纸质或薄革质，长圆形、长圆状披针形或狭椭圆形，长 5.5 ~ 22.0cm，宽 2.5 ~ 8.0cm，先端短渐尖或尾状渐尖，基部短尖或楔形，全缘，叶脉和脉腋常被疏短柔毛，其余无毛或散生短柔毛；侧脉 7 ~ 13 对，在叶背凸起，在叶面扁平或稍凹入，网

图 1360 1～8. 狗骨柴 Diplospora dubia (Lindl.) Masam. 1. 花枝；2. 花蕾；3. 花；4. 花冠展开，示雄蕊；5. 雄蕊正面；6. 雄蕊背面；7. 部分花萼和雌蕊，示子房纵切面；8. 果。**9～13. 毛狗骨柴 Diplospora fruticosa** Hemsl. 9. 花枝；10. 花蕾；11. 花；12. 雄蕊背面；13. 果。(仿《中国植物志》)

脉在叶背明显；叶柄长 4～13mm，常被短刚毛。伞房状聚伞花序腋生，多花，总花梗短；花具短梗；花萼被短柔毛，萼管陀螺形，萼檐浅裂；花冠白色，稀黄色，长 6～7mm 裂片比冠管长，外反。果近球形，被短柔毛或无毛，直径 5～7mm，成熟时红色，果柄长 0.3～1.0cm。花期 3～5 月；果期 6 月至翌年 2 月。

产于广西各地。生于山谷或溪边林中或灌丛中。分布于江西、湖南、湖北、广东、四川、贵州、云南、西藏；越南也有分布。

36. 乌口树属 Tarenna Gaertn.

灌木或小乔木。叶对生；托叶在叶柄间，常脱落。伞房状聚伞花序，顶生；萼顶部 5 裂，裂片脱落，稀宿存；花冠漏斗状或高脚碟状，顶部(4)5 裂，旋转排列；雄蕊与花冠裂片同数，着生于花冠喉部；子房 2 室，胚珠每室数枚至多枚，稀(1)2 枚。浆果革质或肉质，具 1 枚至多枚种子；种子平凸或凹陷，种皮膜质、革质或脆壳质。

约 370 种。中国 18 种，主要产于西南部至东南部；广西有 10 种。

分种检索表

1. 子房每室胚珠 1 枚；种子 1～2 枚。
 2. 叶面无毛；花梗几无梗或具 2～5mm 长短梗 ······ **1. 假桂乌口树 T. attenuata**
 2. 叶面被疏糙伏毛；花梗长 1.8～3.0cm ······ **2. 长梗乌口树 T. sinica**
1. 子房每室具胚珠 2 枚至多枚；种子少至多数。
 3. 花萼裂片钻状，长 4～5mm；种子 8～32 枚；叶披针形，长 5.0～32.5cm，宽 1.0～5cm，叶多少被毛 ······ **3. 广西乌口树 T. lanceolata**
 3. 花萼裂片不为钻状，长在 2mm 以下。
  4. 花冠管与花冠裂片近等长或稍短。
   5. 叶两面无毛。
    6. 枝淡黄白色或灰白色；叶中脉在叶两面凸，托叶早落 ······ **4. 白皮乌口树 T. depauperata**
    6. 枝不为上述颜色；叶中脉仅在叶背凸起，托叶常宿存 ······ **5. 披针叶乌口树 T. lancilimba**
   5. 叶两面被毛或仅叶背被毛。
    7. 叶两面被毛。

8. 花冠外面无毛；种子1~6枚………………………………………………… **6. 滇南乌口树 T. pubinervis**

8. 花冠外面被毛；种子7~30枚 ………………………………………………… **7. 白花苦灯笼 T. mollissima**

7. 叶仅背面被毛 ……………………………………………………………………… **8. 海南乌口树 T. tsangii**

4. 花冠管比花冠裂片长。

9. 花萼裂片三角状披针形，被短柔毛；叶面无毛或仅沿中脉被疏短毛，稀被极疏的短伏毛，叶柄被短硬毛 ……………………………………………………………………………… **9. 尖萼乌口树 T. acutisepala**

9. 花萼裂片三角形，无毛；叶两面无毛或背面被极疏的短柔毛，叶柄无毛 ……………………………………………………………………………… **10. 华南乌口树 T. austrosinensis**

1. 假桂乌口树 白马骨(上林)、乌口树 图1361：1~3

Tarenna attenuata (Voigt) Hutch.

灌木或乔木，高2~8m。叶纸质或薄革质，长圆状披针形、长圆状倒卵形、倒披针形或倒卵形，长4.5~15.0cm，宽1.5~6.0cm，先端渐尖或骤短渐尖，基部楔形或短尖，全缘，两面无毛，或偶在叶背脉腋内被短毛；侧脉5~10对，在叶背凸起，在叶面平或稍凸起；叶柄长0.5~1.5cm；托叶基部合生。伞房状聚伞花序顶生，长2.5~5.0cm，宽4~6cm，三歧分枝，总花梗较短；花几无梗或具长2~5mm短梗；萼裂片极小，三角形；花冠白色或淡黄色，冠管长2.0~2.5mm，5裂，裂片长约5mm；子房2室，每室具1枚胚珠。浆果近球形，直径5~7mm，成熟时紫黑色，萼宿存；种子1~2枚。花期4~12月；果期5月至翌年1月。

产于灵川、平乐、柳城、凤山、东兰、都安、田阳、平果、德保、靖西、武鸣、上林、容县、贵港、龙州、宁明、大新、凭祥、防城。生于旷野、山地、沟边的林中或灌丛中。分布于广东、海南、云南；印度、越南、柬埔寨也有分布。石山或土山都能适应，喜湿润、向阳环境，常生于沟谷或山坡疏林中，但在干燥的石山山顶灌丛中也能生长良好。全株入药，祛风消肿、散瘀止痛，治跌打扭伤、风湿痛、脓肿、胃痛、痈疮肿毒等。

2. 长梗乌口树

Tarenna sinica W. C. Chen

灌木，高2m。小枝被糙硬毛。叶纸质，狭椭圆形或椭圆状披针形，长6~12cm，宽2~4cm，顶端渐尖，基部楔形，两面被疏糙伏毛，在中脉、侧脉上被硬毛；中脉在叶背凸起，侧脉6~8对，在叶背明显；叶柄长0.5~1.5cm，被糙硬毛；托叶近三角形，外面被糙硬毛。花序顶生，少花；总花梗长5~7mm，与小苞片、花梗、花萼和花冠外面均被糙硬毛；小苞片2~3枚，披针形；花

图1361 1~3. 假桂乌口树 Tarenna attenuata (Voigt) Hutch. 1. 花枝；2. 花；3. 果。**4~6. 尖萼乌口树 Tarenna acutisepala** F. C. How ex W. C. Chen 4. 花枝；5. 花；6. 果。(仿《中国植物志》)

图 1362 1~2. 广西乌口树 **Tarenna lanceolata** Chun et F. C. How ex W. C. Chen 1. 果枝；2. 果。3~6. 披针叶乌口树 **Tarenna lancilimba** W. C. Chen 3. 花枝；4. 花蕾；5. 花；6. 果。7~13. 滇南乌口树 **Tarenna pubinervis** Hutch. 7. 果枝；8. 花序；9. 花；10. 雄蕊；11. 花柱和柱头；12. 子房横切面；13. 果。(仿《中国植物志》)

梗长1.8~3.0cm；花萼裂片三角形，顶端尖；花冠白色，长约1.2cm，裂片5枚，线状披针形，比冠管长；子房2室，每室具1枚胚珠。花期6月。

广西特有种。产于靖西。生于山坡林中。

3. 广西乌口树 图 1362：1~2

Tarenna lanceolata Chun et F. C. How ex W. C. Chen

灌木，高3m。嫩枝被短柔毛，老枝无毛。叶纸质，披针形、长5.0~32.5cm，宽1~5cm，先端长渐尖，基部短尖或楔形，叶面被疏糙伏毛，叶背被短柔毛，两面中脉上被硬毛；中脉、侧脉在叶背凸起，侧脉7~10对；叶柄长0.3~1.8cm，被硬毛；托叶披针形，长6~10mm，被硬毛。花序顶生，长约2cm，宽约3cm，被硬毛。果近球形，直径3~6mm，被短柔毛或无毛；宿存萼裂片钻状，长4~5mm，被硬毛；种子8~32枚。果期5~11月。

产于龙胜、临桂、金秀、融水。生于海拔700~1500m山谷林中或灌丛中。分布于湖南、贵州。

4. 白皮乌口树 白牛骨(邕宁)、白骨木 图 1363

Tarenna depauperata Hutch.

灌木或小乔木，高1~6m。枝淡黄或灰白色，光滑。叶纸质或革质，椭圆状倒卵形、椭圆形或近卵形，长4~15cm，宽2.0~6.5cm，先端短渐尖，基部楔形，两面无毛；中脉在两面凸起，侧脉5~11对；叶柄长4~18mm；托叶三角状卵形，无毛，脱落。伞房状聚伞花序顶生，总花梗长约1cm；花梗长约3mm，萼裂片卵形或三角形；花冠白色，长7.5~10.0mm，外面无毛，内面被长柔毛，裂片5枚，长圆形，比冠管稍长；胚珠每室1~3枚。浆果球形，成熟时黑色，光亮，直径6~8mm，具种子1枚或2枚。花期4~11月；果期4月至翌年1月。

产于桂林、阳朔、平乐、兴安、临桂、贺州、柳州、东兰、靖西、龙州、扶绥、防城、钦州。常见于石灰岩山地沟谷及山坡林下荫蔽处，但在阳光充足、干燥的山顶石缝和石穴中亦能生长。分布于江苏、湖南、广东、贵州、云南；越南也有分布。种子含油量29.86%，油可供药用，亦可供制肥皂和润滑油。根、种子入药，用于肝炎、黄肿。

5. 披针叶乌口树 杀山虫(天等) 图 1362：3~6

Tarenna lancilimba W. C. Chen

灌木或乔木，高 2 ~ 10m。小枝无毛或被粉状短柔毛。叶薄革质，披针形、椭圆形或倒卵状长圆形，长 5 ~ 15cm，宽 1.5 ~ 5.0cm，先端短渐尖，基部楔形，两面无毛；中脉在叶面稍凹下，在叶背凸起，侧脉 4 ~ 6 对；叶柄长 8 ~ 20mm；托叶三角形，宿存。伞房状聚伞花序顶生，多花，三歧分枝，长与宽分别为 4 ~ 9cm，近无毛或被粉状短柔毛；花芳香，花梗长 3 ~ 6mm；花萼长约 2.5mm，裂片 5 枚；花冠白色，冠管长 5 ~ 7mm，裂片 5 枚，比冠管稍长；胚珠每室 2 枚。浆果球形，直径约 5mm；种子 2 ~ 4 枚。花期 4 ~ 6 月；果期 6 月至翌年 1 月。

产于邕宁、上思、天等。生于山坡或石灰岩林中和灌丛。分布于海南；越南也有分布。

6. 滇南乌口树　毛脉乌口树　图 1362：7 ~ 13

Tarenna pubinervis Hutch.

灌木或小乔木，高 1 ~ 6m。嫩枝被短柔毛。叶纸质或膜质，长圆状椭圆形、长圆状披针形、披针形或倒披针形，长 6 ~ 22cm，宽 2.0 ~ 7.8cm，先端尾状渐尖或渐尖，基部渐狭或短尖，两面被散生短柔毛或近无毛，在中脉、侧脉上毛较密；侧脉 7 ~ 10 对；叶柄长 5 ~ 25mm，被短柔毛；托叶三角形，无毛。聚伞花序顶生，少花，长约 3cm，宽约 3.5cm；花梗长约 2.5mm，被短柔毛；花萼裂片披针形；花冠淡绿色，长约 1cm，外面无毛，内面有柔毛，冠管与裂片近等长或稍短于裂片，长 4 ~ 5mm，裂片 5 枚。果狭椭圆形或球形，长 5 ~ 10mm，直径 3 ~ 5mm，无毛，果柄被柔毛；种子 1 ~ 6 枚。花期 3 ~ 5 月；果期 6 月至翌年 1 月。

产于龙胜、凌云、那坡。生于海拔 700m 以上山谷林中。分布于云南、四川；越南也有分布。

7. 白花苦灯笼　乌木（陆川）　图 1364

Tarenna mollissima (Walp.) Rob.

灌木或小乔木，高 1 ~ 6m。全株密被灰色或褐色柔毛或短绒毛，老枝毛渐脱

图 1363　白皮乌口树 **Tarenna depauperata** Hutch.　花枝。（仿《中国高等植物图鉴》）

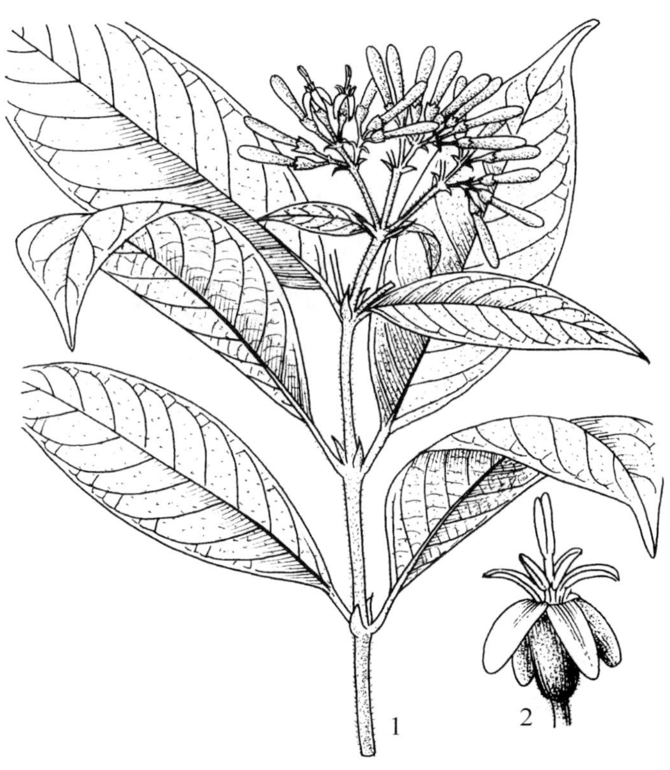

图 1364　白花苦灯笼 **Tarenna mollissima** (Walp.) Rob.　1. 花枝；2. 花。（仿《中国高等植物图鉴》）

落。叶纸质，披针形、长圆状披针形或卵状椭圆形，长4.5～25.0cm，宽1～10cm，先端渐尖或长渐尖，基部楔尖或钝圆；侧脉8～12对；叶柄长0.4～2.5cm；托叶卵状三角形。伞房状聚伞花序顶生，长4～8cm，多花；花梗长3～6mm；萼管近钟形，长约2mm，裂片5枚，三角形；花冠白色，长约1.2cm，裂片4～5枚，与冠管近等长或稍长，开放时外反；胚珠每室多枚。果近球形，直径5～7mm，被柔毛，黑色；种子7～30枚。花期5～7月；果期5月至翌年2月。

产于永福、贺州、象州、苍梧、横县、陆川、容县、兴业、北流、龙州、凭祥、上思。生于海拔1100m以下山地丘陵林中或灌丛中。分布于浙江、江西、福建、湖南、广东、海南、贵州、云南；越南也有分布。

8. 海南乌口树　图1365

Tarenna tsangii Merr.

灌木或乔木，高1～6m。小枝被短柔毛。叶纸质，长圆状倒卵形或倒披针形，长6～26cm，宽1.5～7.0cm，先端渐尖或短渐尖，基部楔形，叶面无毛，叶背被散生近乳突状短柔毛或近无毛，脉上被毛较密；侧脉4～7对；叶柄长5～15mm，被短柔毛；托叶三角形。伞房状聚伞花序顶生，长4～7cm，宽约6cm，多花，被紧贴灰色短柔毛；花梗长4～7mm；萼管圆筒状壶形，5浅裂，裂片三角形；花冠白色，长约1.8cm，外面无毛，内面被柔毛，5裂，裂片长约1cm，比冠管稍长或近等长，开放时外反；子房2室，每室具2枚并列胚珠。果近球形，直径5～7mm，无毛，果柄长约5mm，具种子4枚。花期5～7月；果期7月至翌年1月。

产于东兴。生于海拔800m以下山地林中。分布于广东、海南。

9. 尖萼乌口树　图1361：4～6

Tarenna acutisepala F. C. How ex W. C. Chen

灌木，高2.5m。嫩枝被短硬毛，后脱落。叶纸质或近革质，长圆形或披针形，长4.0～19.5cm，宽1.5～5.6cm，先端渐尖或短尖，基部楔形、稍钝或短尖，叶面无毛或沿中脉被疏短柔毛，稀被疏短伏毛，叶背被短柔毛或乳突状毛，偶无毛；侧脉5～7对；叶柄长5～22mm，被短硬毛；托叶三角形。伞房状聚伞花序顶生，花数朵至多朵，长2.5～3.0cm，宽约4cm，紧密，总花梗常短，被短柔毛；花梗长2～3mm，被短柔毛；花萼外面被短柔毛，萼裂片三角状披针形；花冠淡黄色，长约1.4cm，裂片椭圆形，长约4mm；胚珠每室16～20枚。浆果近球形，直径5～7mm，被短柔毛或无毛，萼宿存；种子9～31枚。花期4～9月；果期5～11月。

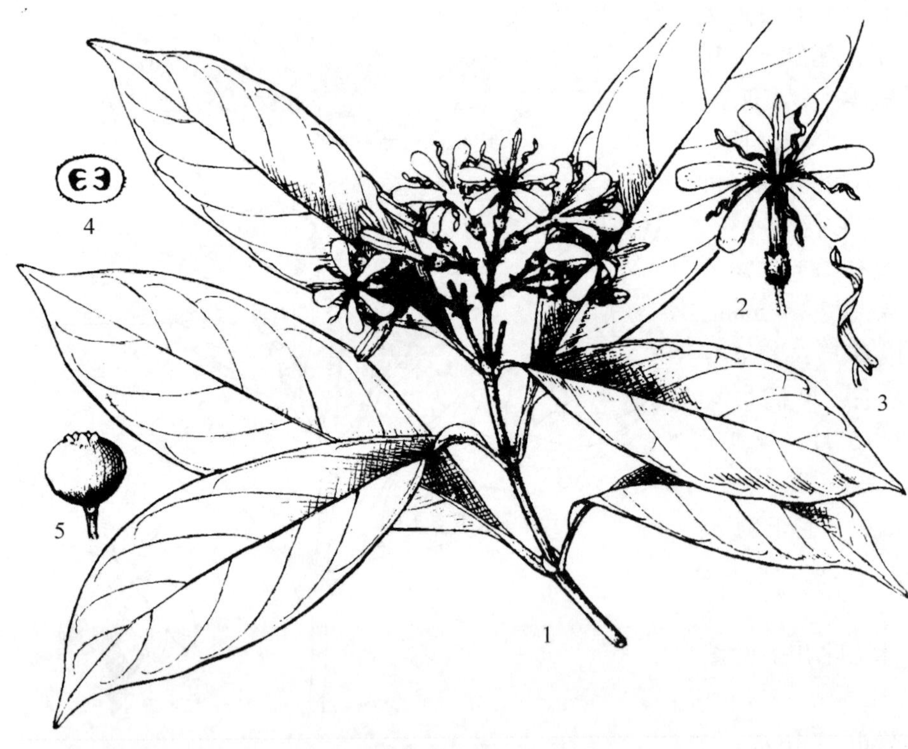

图1365　海南乌口树 Tarenna tsangii Merr.　1. 花枝；2. 花；3. 雄蕊；4. 子房横切面；5. 果。（仿《中国植物志》）

产于凌云。生于海拔500～1500m山

坡或山谷溪边林中或灌丛。分布于江苏、江西、福建、湖南、广东、四川。

10. 华南乌口树

Tarenna austrosinensis Chun et F. C. How ex W. C. Chen

灌木，高2m。小枝无毛。叶纸质或膜质，长圆形或长圆状披针形，长5~15cm，宽2.0~4.5cm，先端渐尖，基部楔形，两面无毛或仅叶背被极疏短柔毛；中脉在叶面平，在叶背凸起，侧脉6~7对；叶柄长5~15mm，无毛；托叶卵状渐尖，无毛，脱落。伞房状聚伞花序顶生，长约3cm，少花，被短柔毛；花梗长3~5mm，被短柔毛；萼管长1.5~2.0mm，被疏短柔毛，裂片三角形，顶端尖，无毛；花冠淡绿色，冠管长约7mm，裂片5枚，长3~4mm；胚珠每室6~9枚。浆果球形，直径5~6mm，种子6~14枚。花期4~5月；果期8~9月。

产于金秀。生于海拔800~1300m山地林中。分布于广东、湖南。

37. 绢冠茜属 Porterandia Ridl.

灌木或乔木。叶对生；托叶基部常联合，稀分离。聚伞花序生于上部叶腋，常具总花梗，被毛；苞片小；花两性；花萼管被柔毛，萼裂片5枚；花冠白色，高脚碟状，冠管圆柱状，裂片5枚，旋转状排列；雄蕊5枚，着生于冠管上部，花药内藏；子房2室至不完全4室，每室具胚珠多枚。浆果近球形或倒卵形，外果皮薄，内果皮木质；种子常多数。

约22种，分布于亚洲南部和东南部至非洲。中国1种，产于云南、广西。

绢冠茜 图1366

Porterandia sericantha (W. C. Chen) W. C. Chen

灌木或乔木，高1~8m。小枝常被锈色柔毛。叶对生，纸质，椭圆形或倒卵状长圆形，长5.5~16.0cm，宽2~5cm，先端渐尖，基部楔形，两面被散生糙伏毛；侧脉8~12对，在叶背凸起；叶柄长3~15mm；托叶披针形，基部合生，脱落。聚伞花序腋生，被锈色柔毛，少花，长约5.5cm，宽约5cm，具短总花梗；苞片长约3mm；花梗长约1.5cm；花萼内外均被锈色柔毛，萼管钟状，裂片5枚；花冠白色，漏斗状，外面除基部外密被黄色绢毛，冠管圆筒状，长约3cm，裂片5(~6)枚，长约1.2cm。果近球形，直径9~15mm，被疏柔毛；种子约4枚。花期5~6月；果期8月至翌年1月。

产于广西西部及南部。生于海拔1500m以下林中或灌丛中。分布于云南。

图1366 绢冠茜 Porterandia sericantha (W. C. Chen) W. C. Chen 1. 花枝；2. 花；3. 花冠展开，示雄蕊；4. 花柱和柱头；5. 果。(仿《中国植物志》)

38. 长柱山丹属 Duperrea Pierre ex Pit.

灌木或小乔木。叶对生，膜质；托叶在叶柄间，基部合生成鞘状。聚伞伞房状花序顶生或腋生，有时与叶对生；萼管倒圆锥形，裂片5~6枚，线形，较萼管长约2倍；花冠高脚碟形，外面被粗毛，5(6)裂，花蕾时旋转排列；雄蕊5(6)枚，着生于冠管喉部，无

图 1367 长柱山丹 Duperrea pavettifolia（Kurz）Pit. 1. 花枝；2. 果枝；3. 花；4. 花冠展开；5. 雄蕊；6. 果。（仿《中国植物志》）

花丝，基部2裂；子房2室，每室有1枚胚珠。浆果肉质，近球形，2室；种子每室1枚。

2种，产于中国、印度及中南半岛。中国1种，分布于海南、云南、广西。

长柱山丹 图 1367

Duperrea pavettifolia（Kurz）Pit.

灌木至小乔木，高2～6m。小枝、叶柄、托叶、花序、花萼、花冠被浅黄色紧贴短粗毛。叶长圆状椭圆形、长圆状披针形或倒披针形，长7～25cm，宽3～7cm，先端渐尖或短渐尖，基部阔楔形，叶面无毛或近无毛，叶背被乳头状微柔毛；侧脉7～12对，在叶面平坦，在叶背凸起；叶柄长3～8mm。花梗长3～5mm；花萼裂片线形；花冠白色，冠管长16～18mm，顶部裂片具明显脉纹，长4～5mm。浆果扁球形，长7～10mm，直径10～12mm，顶部冠以环形、宿存萼檐；种子扁球形，长和宽分别为5～6mm，背面隆起，腹面略扁。花期4～6月。

产于靖西、那坡、东兴、龙州、宁明。生于石灰岩山谷或山坡林下。分布于海南、云南；缅甸、越南、泰国也有分布。

39. 咖啡属 Coffea L.

灌木或乔木。叶对生，稀3枚轮生；托叶阔，生于叶柄间，宿存。花芳香，簇生于叶腋成球形或成聚伞花序，偶单生；苞片常合生；萼管短，顶部截平或4～6齿裂，内面常具腺体，宿存；花冠白色或淡黄色，稀玫瑰红色，高脚碟形或漏斗形，(4)5～9裂，花蕾时旋转排列；雄蕊4～8枚，着生于冠管喉部；子房2室，每室有1枚胚珠。浆果球形或长圆形，小核2枚；小核革质或肉质，背部凸起；种子腹面凹陷或具纵槽。

约103种。分布于亚洲热带和非洲。中国引入栽培5种；广西常见栽培1种。

小粒咖啡 图 1368

Coffea arabica L.

小乔木或灌木，高5～8m。老枝灰白色，节膨大，幼枝无毛。叶薄革质，卵状披针形或披针形，长6～14cm，宽3.5～5.0cm，先端长渐尖，基部楔形或微钝，全缘或呈浅波形，两面无毛；中脉在两面均凸起，侧脉7～13对；叶柄长8～15mm；托叶阔三角形，先端锥状长尖或芒尖。聚伞花序数个簇生于叶腋内，每花序具花2～5朵，总花梗无或具极短梗；花芳香，花梗长0.5～1.0mm；

苞片基部多少合生，二型，2 枚阔三角形，2 枚披针形；花冠白色，长 10 ~ 18mm。浆果阔椭圆形，红色，长 12 ~ 16mm，直径约 10mm，外果皮硬膜质，中果皮肉质，具甜味；种子背面凸起，腹面平坦，具纵槽，长 8 ~ 10mm，直径 5 ~ 7mm。花期 3 ~ 4 月。

原产埃塞俄比亚和阿拉伯半岛，南宁、凭祥、龙州、宁明、灵山有栽培，福建、台湾、广东、海南、四川、贵州、云南也有栽培。为本属栽植最广的树种。抗寒力强，能耐短期低温；枝条较脆弱，不耐强风；抗病力比较弱。果成熟后易脱落。种子可加工制成咖啡，供饮料。

图 1368　小粒咖啡 Coffea arabica L.　果枝。(仿《中国植物志》)

40. 大沙叶属 Pavetta L.

灌木，稀乔木。叶对生，稀轮生；托叶在叶柄内，常合生成鞘状。伞房状聚伞花序，具托叶状苞片；萼管陀螺形或钟形，萼檐 4(5) 裂；花冠红色或白色，高脚碟形，4 裂，裂片旋转排列；雄蕊 4(5) 枚；子房 2 室，胚珠每室 1 枚。浆果，具小核 2 枚；种皮膜质。

约 400 种。中国 6 种，主要分布于西南部和南部；广西 3 种。

分种检索表

1. 花枝绿或近绿色。
   2. 花序和子房密被柔毛；叶狭倒卵形或披针形，长 9 ~ 13cm，宽 3.5 ~ 4.7cm …… **1. 多花大沙叶 P. polyantha**
   2. 花序和子房无毛；叶长圆形至椭圆状倒卵形，长 8 ~ 15cm，宽 3.0 ~ 6.5cm …………………………………… **2. 香港大沙叶 P. hongkongensis**
1. 花枝不为绿色；叶长圆形至倒卵状长圆形，长 9 ~ 18cm，宽 3.0 ~ 3.5cm ……………………… **3. 大沙叶 P. arenosa**

1. 多花大沙叶　多花茜木

Pavetta polyantha (Hook. f.) Wall. ex Bremek.

灌木，高 1 ~ 3m。嫩枝被柔毛。叶膜质，狭倒卵形或披针形，长 9 ~ 13cm，宽 3.5 ~ 4.7cm，先端渐尖，基部楔形或短尖，叶面无毛，叶背中脉被柔毛；侧脉约 8 对；托叶三角形，短芒尖。多花疏散伞房花序式，花枝具数节，被柔毛；总花梗三歧式，长 1.5 ~ 2.0cm；苞片托叶状；花梗长 3 ~ 5mm，被柔毛；萼裂片长 0.1 ~ 0.2mm；花冠管为纤细圆柱形，长约 19mm；子房密被柔毛。浆果球形，直径约 8mm，无毛，干后变黑色。花期 4 ~ 6 月。

产于融水、隆林、上林、马山、武鸣、容县、龙州。生于海拔 900 ~ 1200m 疏林内或溪旁。分布于广东、贵州、云南；印度、缅甸、越南也有分布。

2. 香港大沙叶　满天星　图 1369

Pavetta hongkongensis Bremek.

灌木或小乔木，高 1 ~ 4m。叶对生，膜质，长圆形至椭圆状倒卵形，长 8 ~ 15cm，宽 3.0 ~ 6.5cm，先端渐尖，基部楔形，叶面无毛，叶背近无毛或沿中脉上和脉腋内被短柔毛；侧脉约 7 对；

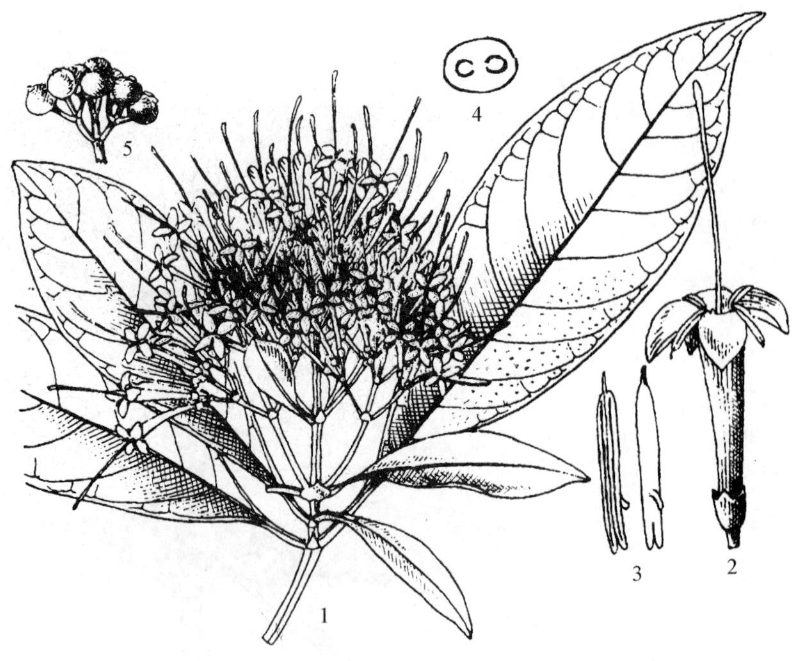

图 1369 香港大沙叶 Pavetta hongkongensis Bremek. 1. 花枝；2. 花；3. 雄蕊；4. 子房横切面；5. 果序。(仿《中国植物志》)

叶柄长 1～2cm；托叶阔卵状三角形，外面无毛，内面被白色长毛。花序生于侧枝顶部，多花，长 7～9cm，宽 7～15cm，无毛；花梗长 3～6mm；萼管钟形，顶部不明显 4 裂；花冠白色，冠管长约 15mm，外面无毛，内面基部被疏柔毛。果球形，直径约 6mm。花期 3～4 月。

产于广西各地。生于海拔 1300m 以下灌丛中。分布于广东、海南、云南；越南也有分布。叶表面呈点状，故俗称"满天星"。全株入药，清热解毒、活血祛瘀。

3. 大沙叶

Pavetta arenosa Lour.

灌木，高 1～3m。小枝无毛。叶对生，膜质，长圆形至倒卵状长圆形，长 9～18cm，宽 3.0～3.5cm，先端渐尖，基部楔形，叶面无毛，有光泽，叶背被疏毛，沿主脉上毛较密；侧脉 6～8 对，在两面均明显；叶柄长 5～20mm，上面无毛，下面被疏毛；托叶阔卵状三角形，外面无毛，顶端急尖。花序顶生，长 9～11cm，直径约 15cm，具总花梗，梗长 3～4cm；花芳香，花梗长 1.0～1.2cm；萼管卵形，无毛，4 浅裂；花冠白色，冠管长 10～14mm，外面无毛，4 裂，裂片长 3～5mm。浆果球形，直径 6～7mm，无毛，具宿存萼檐。花期 4～5 月。

产于金秀、博白、灵山、合浦。生于低海拔疏林内。分布于广东、海南。

41. 龙船花属 Ixora L.

常绿灌木或小乔木。叶对生，稀 3 枚轮生；托叶在叶柄间，基部阔，常合生成鞘，顶端长或芒尖。伞房花序式或三歧分枝聚伞花序，具苞片和小苞片；萼管常卵圆形，裂片 4(5) 枚，宿存；花冠高脚碟形，4(5) 裂，裂片短于冠管，芽时旋转排列；雄蕊 4(5) 枚，着生于冠管喉部，花丝短或缺，花药背着，凸出或半凸出；花盘肉质；子房 2 室，每室具 1 枚胚珠，花柱线形，柱头 2 裂，短，外弯。核果，革质或肉质，小核 2 枚；种皮膜质。

300～400 种。中国 18 种，分布于西南部和东南部；广西 6 种。

分种检索表

1. 萼檐裂片短于萼管或与萼管等长。
  2. 植物体无毛；花冠白色，干后变红色，花丝短，花药基部 2 深裂 ……………………… **1. 白花龙船花 I. henryi**
  2. 植物体多少被毛。
    3. 托叶基部合生成鞘状，顶端渐尖，渐尖部分比鞘长 ……………………………………… **2. 龙船花 I. chinensis**
    3. 托叶基部不合生成鞘状。
      4. 花序稠密，总花梗短或缺。
        5. 总花梗短或缺；叶阔披针形至长圆状披针形，长 10～23cm，宽 3～7cm，基部阔楔尖至近圆形；花冠管盛开时长 3～4cm ……………………………………………………………… **3. 泡叶龙船花 I. nienkui**
        5. 花序无总花梗；叶长圆状披针形，长 12～14cm，宽 3.0～3.5cm，基部阔楔形；花冠管盛开时长

1.5～1.8cm …………………………………………………………………………… 4. 上思龙船花 I. tsangii

4. 聚伞花序广展，总花梗长0.5～4.0cm；叶薄纸质至纸质，倒披针形，稀长圆形 ……………………………………………………………………………… 5. 散花龙船花 I. effusa

1. 萼檐裂片长于萼管；果近椭圆形 ……………………………………… 6. 团花龙船花 I. cephalophora

1. 白花龙船花 高脚花(武鸣) 图1370

Ixora henryi H. Lév.

灌木，高1～3m。全株无毛。叶对生，纸质，长圆形或披针形，长5～15cm，宽1.5～4.0cm，先端长渐尖或渐尖，基部楔形至阔楔形；侧脉7～8对；叶柄长3～7mm；托叶基部阔，近顶部骤收狭成芒尖。花序顶生，多花，排成三歧伞房式聚伞花序，长6～8cm，具线形或线状披针形苞片和小苞片；总花梗短，长5～15mm；花梗长1.0～2.5mm；萼管长1.8～2.0mm，萼檐裂片三角形，短于萼管；花冠白色，干后变暗红色，盛开时冠管长2.5～3.0cm，4裂，裂片长5～6mm；花丝极短，花药凸出冠管外，基部2深裂。果球形，直径0.8～1.0cm，顶端具残留萼檐裂片。花期8～12月。

产于广西区各地。生于海拔500m以上杂木林内或林缘潮湿岩石溪旁。分布于广东、海南、贵州、云南；越南也有分布。

图1370 白花龙船花 Ixora henryi H. Lév. 1. 花枝；2. 花萼和小苞片。(仿《中国植物志》)

2. 龙船花 图1371

Ixora chinensis Lam.

灌木，高0.8～2.0m。叶对生，稀4枚轮生，披针形、长圆状披针形至长圆状倒披针形，长6～13cm，宽3～4cm，先端钝或圆形，基部短尖或圆形；侧脉7～8对，明显；叶柄极短或无；托叶基部阔，合生成鞘状，顶端长渐尖，渐尖部分呈锥形，比鞘长。花序顶生，多花；总花梗长5～15mm，稀被粉状柔毛，基部常有小型叶2枚承托；苞片和小苞片微小，生于花托基部的成对；花具花梗或无；萼管长1.5～2.0mm，4裂，裂片极短；花冠红色或红黄色，盛开时长2.5～3.0cm，顶部4裂，扩展或外反；花丝极短，花药长圆形，基部2裂。果近球形，双生，中间具沟，成熟时红黑色。花期5～7月。

产于柳州、凌云、苍梧、岑溪、南宁、邕宁、博白、防城、东兴、合浦。生于丘陵山地灌丛中和疏林下，有时村屯附近的山坡

图1371 龙船花 Ixora chinensis Lam. 花枝。(仿《中国植物志》)

图 1372 泡叶龙船花 Ixora nienkui Merr. et Chun 花枝。（仿《中国高等植物图鉴》）

和旷野路旁也有。分布于福建、广东；越南、菲律宾、马来西亚也有分布。全株入药，有清热解毒、活血散瘀之功效。扦插繁殖。花色鲜红而艳丽，花期长，各地普遍栽培作庭院观赏。

3. 泡叶龙船花 长叶龙船花 图 1372

Ixora nienkui Merr. et Chun

灌木，高 1～3m。除花序被疏短柔毛外，其余无毛。叶对生，纸质，阔披针形至长圆状披针形，长 10～23cm，宽 3～7cm，先端长渐尖，基部阔楔形至近圆形；侧脉 10～15 对；叶柄长 10～15mm；托叶长 10mm，脱落，中部以上急收狭成芒尖。花序顶生，具短总花梗或近无总花梗，分枝暗红色；花多朵，具花梗，两侧花梗较长，中央较短或近无花梗；苞片线状披针形，小苞片线形，微小；萼管长 1.8～2.0mm，裂片比萼管短；花冠白色或微带红色，盛开时冠管长 3～4cm，4 裂，裂片长 5～7mm。果球形，成熟时鲜红色，直径 7～8mm，顶端具残存萼檐。花期 7～9 月。

产于上思、防城。生于中海拔杂木林内或沟旁潮湿地。分布于广东、海南；越南也有分布。

4. 上思龙船花

Ixora tsangii Merr. ex H. L. Li

小灌木，高 1m。除花序稍被毛外，其余无毛。叶纸质，长圆状披针形，长 12～14cm，宽3.0～3.5cm，先端长渐尖，基部阔楔形；侧脉 14～16 对；托叶长卵形，顶部急收窄成尾状芒尖。花序顶生，三歧式排列聚伞花序，无总花梗，长约 3.5cm，稍被毛；花常生于第 2 次和第 3 次分枝上，花梗长 3～5mm；苞片线状披针形，渐尖，小苞片微小；萼长约 1.5mm，裂片比管稍短；花冠白色，冠管纤细，长 1.5～1.8cm，裂片开放后反折，长约 5mm。

广西特有种。产于上思。生于荫蔽丛林内。

5. 散花龙船花

Ixora effusa Chun et F. C. How

灌木，高 1m。无毛。叶对生，薄纸质至纸质，倒披针形，稀长圆形，长 10～18cm，宽 3～5cm，先端短尖或钝，基部楔形；中脉、侧脉在叶两面均凸起，侧脉 8～9 对；叶柄粗壮，长 5～10mm；托叶近卵形，基部不合生成鞘，顶端长芒尖。花序顶生，极广展，直径 7～11cm，总花梗长 0.5～4.0cm，基部有退化小叶片；苞片线形，小苞片微小；花梗长 8～10mm，中央的无梗或梗极短；萼管长约 1mm，4 裂，裂片与萼管等长或稍短；花冠白色或淡紫色，冠管长 7～11mm，4 裂，裂片与冠管几等长。果近球形，直径约 8mm，具残留的萼檐。花期 4～5 月。

产于东兴。生于中海拔山地丛林中。分布于海南；越南也有分布。

6. 团花龙船花

Ixora cephalophora Merr.

灌木，高1~2m。全株无毛。叶对生，纸质，长圆形或长圆状披针形，长10~30cm，宽4~8cm，先端渐尖或钝，基部楔形；侧脉9~10对；叶柄长1~2cm，具纵条纹；托叶近阔卵形，顶端芒尖。聚伞花序密集，排成三歧伞房花序式，无总花梗或具极短总梗；花芳香，侧生的有短花梗，中央的无花梗；小苞片近膜质；萼管长1.5~2.0mm，裂片比萼管长；花冠白色，冠管纤细，盛开时长2.0~2.5cm，4裂，裂片长5~6mm。果近椭圆形，微压扁，长约11mm，直径约9mm，具宿存萼檐，成熟时红黄色至红色。花期5月；果期9月。

产于防城、上思。生于低海拔丛林或荫蔽杂木林内，偶在旷地生长。分布于海南、云南；中南半岛和菲律宾也有分布。

42. 流苏子属 Coptosapelta Korth.

木质藤本或攀援灌木。叶对生；托叶小，在叶柄间，脱落。花单生于叶腋或顶生圆锥状聚伞花序；萼管卵形或陀螺形，5裂，宿存；花冠高脚碟状，裂片5枚，旋转排列；雄蕊5枚，着生于花冠喉部，花丝短，花药细长，基着；花盘不明显；子房2室，每室有胚珠多数。蒴果近球形，2室，室背开裂；种子小，多数，种皮膜质周围扩展成流苏状的翅。

约16种，分布于亚洲南部和东南部。中国1种；广西亦产。

流苏子　包色龙(乐业)　图1373

Coptosapelta diffusa (Champ. ex Benth.) Steenis

藤本或攀援灌木，长2~5m。枝多数，圆柱形，节明显，幼嫩时密被黄褐色倒伏硬毛。叶坚纸质至革质，卵形、卵状长圆形至披针形，长2.0~9.5cm，宽0.8~3.5cm，先端短尖、渐尖至尾状渐尖，基部圆形，两面无毛或稀被长硬毛；侧脉3~4对；叶柄长2~5mm；托叶披针形，脱落。花单生于叶腋，常对生；花梗长3~18mm，上部常具1对小苞片；花萼长2.5~3.5mm，5裂；花冠白色或黄色，高脚碟状，长1~2cm，裂片5枚。蒴果稍扁球形，中间具浅沟，直径5~8mm，淡黄色，果皮硬，木质，具宿存萼裂片，果柄长达2cm；种子多数，近圆形，薄而扁，棕黑色，直径1.5~2.0mm，边缘流苏状。花

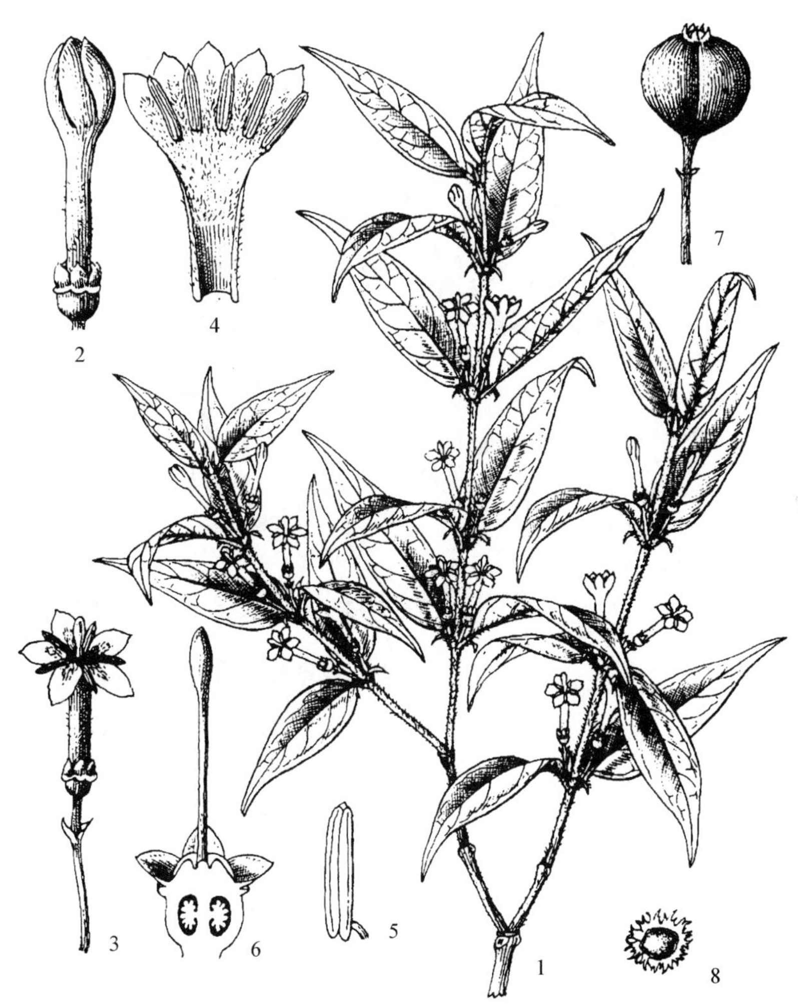

图1373　流苏子 Coptosapelta diffusa (Champ. ex Benth.) Steenis
1. 花枝；2. 花蕾；3. 花；4. 花冠展开，示雄蕊；5. 雄蕊；6. 部分花萼和雌蕊(示子房纵切面)；7. 果；8. 种子。(仿《中国植物志》)

期5～7月；果期5～12月。

产于广西各地。生于山地或丘陵疏林中成灌丛中。分布于安徽、浙江、江西、福建、台湾、湖北、湖南、广东、四川、贵州、云南。

43. 香果树属 Emmenopterys Oliv.

乔木。叶对生；托叶早落。圆锥状聚伞花序顶生，多花；萼管近陀螺形，裂片5枚，脱落，覆瓦状排列，有时具1枚宿存叶状裂片；花冠漏斗形，冠管狭圆柱形，冠檐膨大，5裂，裂片覆瓦状排列；雄蕊5枚，着生于冠喉之下，内藏，花丝线形，花药长圆形，背着，2室，纵裂；花盘环状；子房2室，胚珠每室多数。蒴果室间开裂为2果片；种子多数，不规则覆瓦状排列，种皮海绵质，有翅，具网纹。

仅1种。分布于泰国、缅甸和中国，广西亦产。

香果树 丁木（乐业） 图1374

Emmenopterys henryi Oliv.

落叶大乔木，高30m，胸径1m。小枝有皮孔，粗壮，扩展。叶纸质或革质，阔椭圆形、阔卵形或卵状椭圆形，长6～30cm，宽3.5～14.5cm，先端短尖或骤渐尖，基部短尖或阔楔形，全缘，叶面无毛或疏被糙伏毛，叶背被柔毛或仅沿脉上被柔毛；侧脉5～9对；叶柄长2～8cm；托叶大，三角状卵形，早落。圆锥状聚伞花序顶生；芳香，花梗长约4mm；萼管长约4mm，裂片近圆形，脱落，变态叶状萼裂片白色、淡红色或淡黄色，纸质或革质，长1.5～8.0cm，具纵平行脉数条，具长1～3cm柄；花冠漏斗形，白色或黄色，长2～3cm，裂片长约7mm。蒴果长圆状卵形或近纺锤形，长3～5cm，直径1.0～1.5cm，无毛或被短柔毛，有纵细棱；种子多数，小，具阔翅。花期6～8月；果期8～11月。

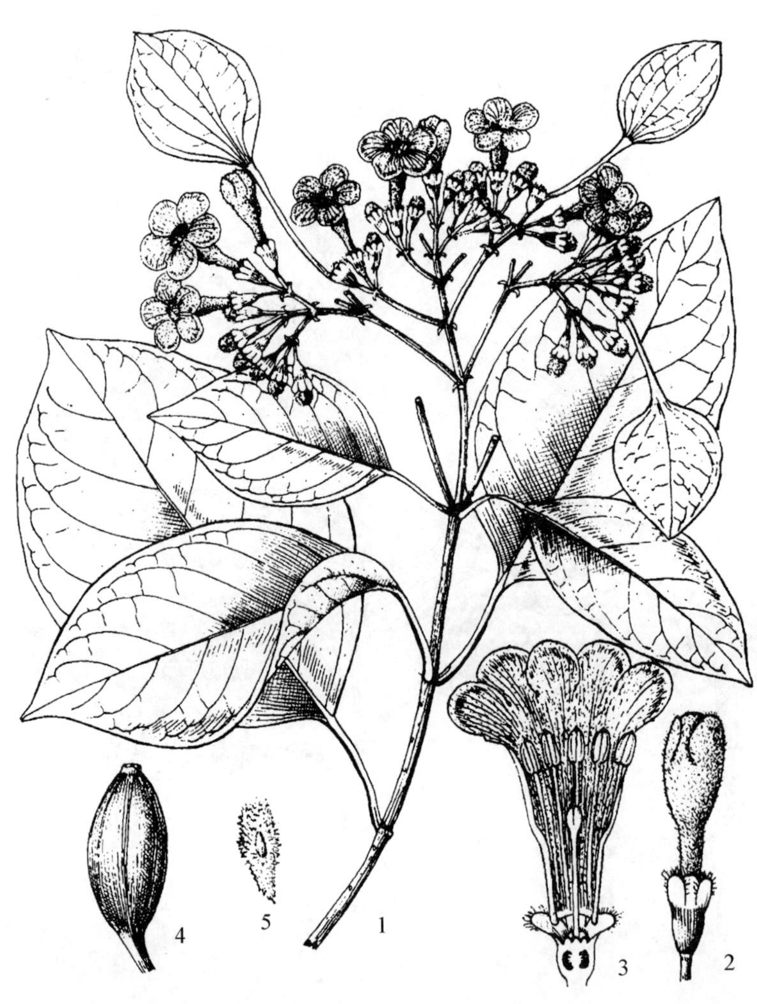

图1374 香果树 Emmenopterys henryi Oliv. 1. 花枝；2. 花蕾；3. 部分花萼、花冠展开，示雄蕊、雌蕊和子房纵切面；4. 果；5. 种子。（仿《中国植物志》）

中国特有树种，国家Ⅱ级重点保护野生植物。产于龙胜、兴安、钟山、平乐、永福、资源、宜州、环江、东兰、南丹、天峨、田林、隆林、那坡、凌云、乐业、大新。生于海拔500～1600m山谷疏林中。分布于陕西、甘肃、江苏、安徽、浙江、江西、福建、河南、湖北、四川、贵州、云南。树干通直，树势雄伟，根系发达，寿命长，叶片大而厚，遮阴面积大，花白色美丽，果色鲜艳，红绿相间，优良观赏树种。木材心材与边材区别不明显，浅黄白色，纹理直，结构细，质量轻，气干密度0.42g/cm^3，质地较韧，不耐腐，刨面光滑，适合作雕刻(地方民间常作佛像雕刻)，又可供制家具、乐器等用材。

44. 滇丁香属 **Luculia** Sweet

灌木或乔木。叶对生，具柄；托叶在叶柄间，锐尖，脱落。花艳丽，红色或白色，芳香；伞房状聚伞花序或圆锥花序顶生；小苞片脱落；萼管陀螺形，裂片5枚，近叶状，脱落；花冠高脚碟状，冠管伸长，裂片5枚，开展，覆瓦状排列，每裂片间的内面基部有或无2枚片状附属物；雄蕊5枚，着生在冠管上；子房下位，2室，胚珠在每室多数。蒴果室间开裂为2果片；种子多数，微小，种皮微皱，具翅，具齿。

约5种，分布于亚洲南部至东南部。中国3种；广西1种。

滇丁香 桂丁香、毛滇丁香

Luculia pinceana Hook.

灌木或乔木，高2~10m；多分枝，小枝近圆柱形，有明显皮孔。叶纸质，长圆形、长圆状披针形或广椭圆形，长5~22cm，宽2~8cm，顶端短渐尖或尾状渐尖，基部楔形或渐狭，全缘，叶面无毛，叶背常较苍白，无毛或被柔毛；侧脉9~14对；叶柄长1.0~3.5cm；托叶三角形，脱落。伞房状聚伞花序顶生，多花；苞片叶状，线状披针形，脱落；花美丽，芳香；花梗长约5mm；萼管无毛或疏柔毛，裂片近叶状，披针形；花冠红色，稀白色，冠管长2~6cm，裂片近圆形，长1.5~2.2cm，每裂片间内面基部有2枚状附属物；子房2室，胚珠多数。蒴果近圆筒形或倒卵状长圆形，具棱，无毛或被疏短柔毛，长1.5~2.5cm，直径0.5~1.0cm；种子多数，近椭圆形，具翅，连翅长约4mm。花、果期3~11月。

产于河池、南丹、天峨、环江、都安、大化、凤山、东兰、田阳、德保、靖西、那坡、凌云、乐业、平果、天等。生于海拔600m以上山坡、山谷溪边林中或灌丛中，石山和土山都有生长。喜生于向阳的沟谷及山坡灌丛中，极少见于密林中。分布于贵州、云南、西藏；印度、缅甸、越南也有分布。广西民间药用，常用于劳伤咳嗽、胸痹、淋浊、跌打内伤、类风湿性关节炎。花多而密，高脚碟状，盛开时直径达4cm，白色，可作园林绿化树种。

45. 水锦树属 **Wendlandia** Bartl. ex DC.

灌木或乔木。叶对生，稀3枚轮生；托叶在叶柄间，近三角形。花小，聚伞圆锥花序顶生，稠密、多花，具苞片和小苞片；萼管近球形、卵形或陀螺形，5裂，裂片宿存；花冠管状、高脚碟状或漏斗状，(4)5裂，覆瓦状排列；雄蕊(4)5枚，着生于花冠裂片间；花盘环状，子房2(3)室，每室具胚珠多数，柱头2裂，稀不裂而呈棒槌状。蒴果小，球形，脆壳质，室背开裂，罕室间开裂为2果片；种子扁，种皮膜质，有网纹，无翅或偶具狭翅。

约90种。主产于亚洲热带和亚热带地区。中国31种；广西12种3亚种。

分种检索表

1. 花丝稍长，花药线状披针或线状长圆形，长1~2mm，伸出。
  2. 叶无毛或仅在叶背脉上被疏短柔毛；花冠较短，长3~6mm。
    3. 叶狭披针形，宽在1.5cm以下，边缘反卷；萼被紧贴柔毛 ……………………… **1. 柳叶水锦树 W. salicifolia**
    3. 叶椭圆形或椭圆状披针形，宽2cm以上，边缘不反卷；萼无毛或仅萼裂片边缘被短缘毛 …………………… ……………………………………………………………………………… **2. 水金京 W. formosana**
  2. 叶两面被短硬毛；花冠较长，长1.0~1.3cm ……………………………………… **3. 广西水锦树 W. aberrans**
1. 花丝较短，花药椭圆形，长在1mm以下，稍伸出。
  4. 托叶顶端尖或稍扩大而直立。
    5. 托叶顶端尖。

6. 萼管与裂片等长或萼裂片稍长于萼管 ………………………………………… **4. 贵州水锦树 W. cavaleriei**

6. 萼管比萼裂片长 ……………………………………………………………………… **5. 染色水锦树 W. tinctoria**

5. 托叶顶端不尖，稍扩大成近圆形，直立，不反折，叶两面被硬毛或软毛；萼管远较萼裂片长 ……………………………………………………………………………………… **6. 木姜子叶水锦树 W. litseifolia**

4. 托叶上部扩大长呈圆形，反折，稀不反折。

7. 托叶上部扩大部分宽约为小枝的2倍 ………………………………………………… **7. 水锦树 W. uvariifolia**

7. 托叶上部扩大部分与小枝近等宽或比小枝稍宽。

8. 萼管和萼裂片被长硬毛或柔毛。

9. 花冠长3.0～3.5mm，花冠管比花冠裂片长达2倍以上。

10. 叶背面密被柔毛，叶面被糙伏毛；花冠管内仅下部被极疏短柔毛或无毛 ……………………………………………………………………………… **8. 粗叶水锦树 W. scabra**

10. 叶背面被疏柔毛，叶面无糙伏毛；冠管内面上部被白色长柔毛 …… **9. 大叶木莲红 W. pubigera**

9. 花冠长约2.5mm，花冠裂片较冠管稍长 ……………………………………… **10. 短筒水锦树 W. brevituba**

8. 萼管和萼裂片无毛或被极稀疏短柔毛。

11. 托叶顶部常2裂或裂成2小裂片；萼管与萼裂片近等长；叶侧脉8～10对，在叶背凸起 …………………………………………………………………………… **11. 密花水锦树 W. myriantha**

11. 托叶顶端圆形，常脱落；萼管较萼裂片长约2倍；叶侧脉5～7对，纤细，在叶背稍明显 …………………………………………………………………………… **12. 龙州水锦树 W. oligantha**

1. 柳叶水锦树 图1375

Wendlandia salicifolia Franch.

灌木，高约1m。小枝被短柔毛。叶薄革质，狭披针形，长2.0～6.5cm，宽0.4～1.2cm，先端渐尖，基部渐狭，边缘反卷，两面无毛或叶背中脉被极疏短柔毛；侧脉5～7对，纤细；叶柄长0.5～3.0mm；托叶三角形，先端针状锐尖。圆锥状聚伞花序，顶生，多花，极稠密，被棕褐色柔毛；花梗极短；花萼长约1.5mm，被紧贴的柔毛，裂片长约0.5mm；花冠管状，淡红白色，外面无毛，长约5mm，裂片线状长圆形，开放时下弯；花药线状披针形，伸出。蒴果球形，直径约2mm，被短柔毛，萼裂片宿存。花期11月；果期翌年1月。

产于东兰。生于海拔约200m山地林中，常见于谷溪边。分布于贵州、云南；越南、老挝也有分布。

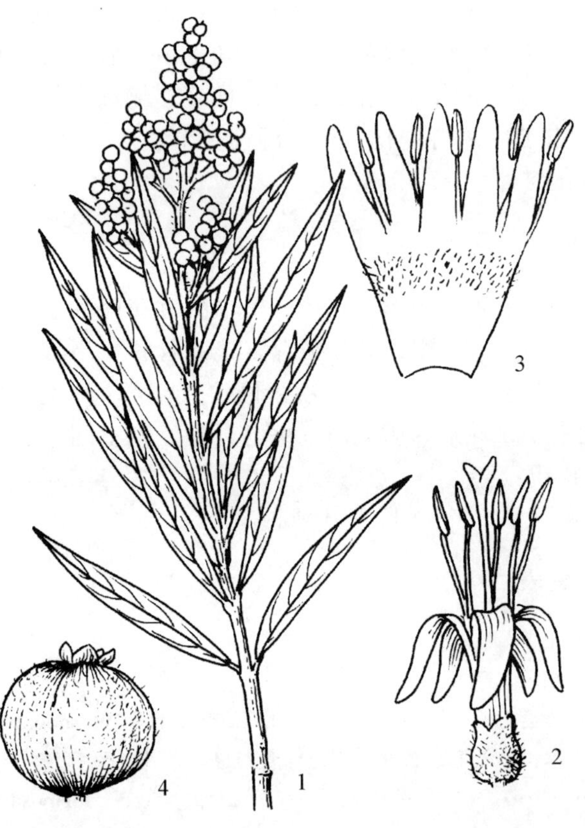

图1375 柳叶水锦树 Wendlandia salicifolia Franch.

1. 果枝；2. 花；3. 花冠展开，示雄蕊；4. 果。（《中国植物志》）

2. 水金京

Wendlandia formosana Cowan

灌木或乔木，高2～8m。嫩枝被短柔毛。叶纸质，椭圆形或椭圆状披针形，长6～14cm，宽2～5cm，先端骤然渐尖或短渐尖，基部渐狭，两面无毛或仅叶背脉上有微柔毛；侧脉5～6对，纤细；叶柄长0.7～2.5cm；托叶阔三角形，长约3.5mm，先端锐尖，直立。圆锥状聚伞花序顶生，扩展，多花，被褐色短柔毛；花小，有或无短花梗；花萼无毛或仅边缘有短缘毛，长约 1.5mm，裂片长约 0.5mm；花冠白色，管状，在冠管近顶部稍扩大，长 5.5～6.0mm，裂片长约 2mm，开放时外反；花丝长约 0.8mm，花药线状披针形，长约 2mm，伸出。蒴果球形，无毛，直径约 2mm，顶部有宿存萼裂片。花期 4～7 月；果期 7～8 月。

产于都安、百色、上林、防城、上思、东兴、龙州。分布于台湾、云南；越南也有分布。木材坚重，纹理密致，可作扁担和手杖，优良的薪炭材。

3. 广西水锦树 图 1376

Wendlandia aberrans F. C. How

灌木，高 1～3m。小枝密被紧贴的锈色硬毛。叶纸质，长圆状椭圆形或卵状椭圆形，长 5～16cm，宽 2.0～5.8cm，先端短尾状渐尖或短尖，基部楔尖或短尖，叶两面被紧贴短硬毛，在脉上较密；侧脉 6～12 对，在叶背明显；叶柄长 3～10mm，被黄褐色硬毛；托叶三角形，先端长尖，被黄褐色硬毛，后渐无毛。圆锥状聚伞花序顶生，长 5～10cm，宽 3～8cm，被紧贴锈色硬毛；苞片叶状或丝状，被短柔毛；小苞片丝状，被短柔毛；花梗短，被柔毛；花萼被灰白色硬毛，萼管近球形，裂片披针形，稍短于萼管；花冠漏斗形，白带红色，长 1.0～1.3cm，裂片长圆状卵形，顶端钝或微缺；花药线状长圆形。花期 4～12 月。

广西特有种。产于那坡。生于海拔 900～1200m 山坡林中。木材为优良薪炭材。

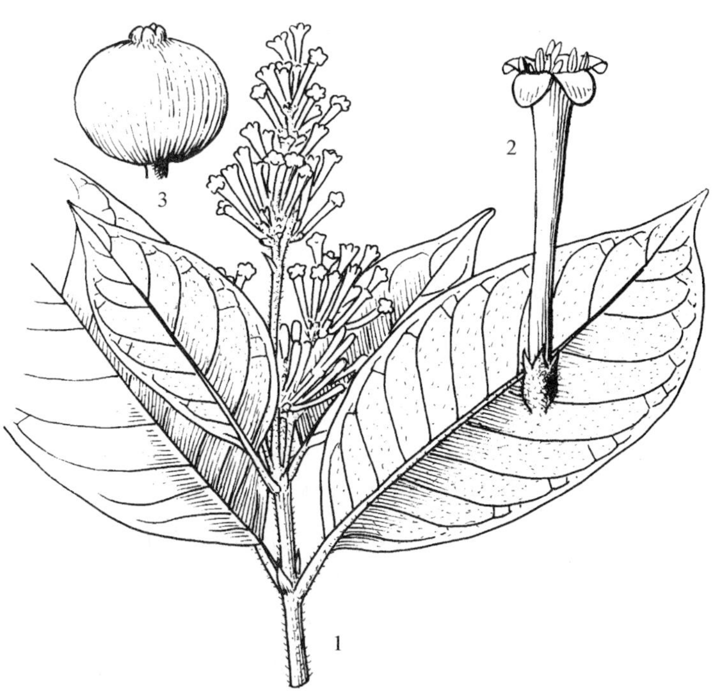

图 1376 广西水锦树 Wendlandia aberrans F. C. How
1. 花枝；2. 花；3. 果。（仿《中国植物志》）

4. 贵州水锦树 图 1377

Wendlandia cavaleriei H. Lév.

灌木或小乔木，高 1～3m。枝褐色，微被硬毛。叶近革质，卵形、椭圆形或倒卵状椭圆形，长 4.5～13.5cm，宽2～6cm，先端短尖或渐尖，基部楔形或短尖，叶面在中脉上被极疏短柔毛，其余部分无毛或疏被短伏毛，叶背疏被硬毛，在脉上毛较密；侧脉 7～10 对；叶

图 1377 贵州水锦树 Wendlandia cavaleriei H. Lév.
1. 花枝；2. 花；3. 花冠展开，示雄蕊。（仿《中国植物志》）

柄长 0.5～1.2cm，被短柔毛；托叶阔三角形，顶端骤尖，被短柔毛。花序顶生，长达 21cm，宽达 15cm，稠密多花，密被黄褐色短柔毛；无花梗；花萼被长硬毛，萼管长约 1mm，裂片与萼管等长或稍长于萼管；花冠白色或紫色，漏斗状，冠管长约 3.5mm，裂片长约 1mm；花药椭圆形，花丝很短。蒴果球形，被柔毛，直径约 1.5mm。花期 3～4 月；果期 4 月。

产于天峨、田阳、乐业。生于海拔 700m 以下林中或灌丛中。分布于贵州。木材为优良薪炭材。

5. 染色水锦树

Wendlandia tinctoria (Roxb.) DC.

灌木或乔木。小枝被柔毛。叶对生，纸质或革质，长圆状披针形、椭圆状卵形或倒卵形，长 10～20cm，宽 5～10cm，先端渐尖，叶面无毛，叶背在脉上被柔毛或全部被绒毛；侧脉 10～12 对；叶柄被柔毛，长 1.3～2.0cm；托叶三角形，顶端骤尖。圆锥花序大，顶生，开展，被柔毛或绒毛，花序分枝交互对生；花小，长约 6mm，近无花梗，簇生；花萼被柔毛，萼管稍长于萼裂片，萼裂片卵形；花冠白色，管状，冠管常纤细；花药稍伸出。

产于印度、尼泊尔、不丹、孟加拉国、缅甸、泰国；中国不产。

5a. 东方水锦树 沙牛木(宁明)

Wendlandia tinctoria subsp. **orientalis** Cowan

与原变种的区别为：花序无毛或被微柔毛，花萼无毛或稀被疏生微柔毛，花冠裂片外面无毛。花期 3～5 月；果期 4～10 月。

产于武鸣、隆安、扶绥、宁明、龙州、钦州、上思。分布于云南；印度、缅甸、泰国也有分布。叶药用，外治跌打损伤。木材为优良薪炭材。

5b. 厚毛水锦树

Wendlandia tinctoria subsp. **callitricha** (Cowan) W. C. Chen

与原变种的区别为：花序密被绒毛，花萼密被糙硬毛，花冠裂片外面无毛。花期及果期几乎全年。

产于平果、龙州。分布于云南；缅甸也有分布。

5c. 麻栗水锦树

Wendlandia tinctoria subsp. **handelii** Cowan

与原变种的区别为：花序密被柔毛，花萼被疏柔毛或疏硬毛，花冠裂片外面无毛。花期及果期 3～12 月。

产于武鸣。分布于贵州、云南。

6. 木姜子叶水锦树

Wendlandia litseifolia F. C. How

乔木，高 10m。小枝被褐色短柔毛或后变无毛。叶纸质，倒卵状椭圆形，长 6.5～11.5cm，宽 3.0～6.5cm，先端骤尖，基部宽楔形，叶面散被短硬毛，中脉毛较密，叶背被疏柔毛，脉上毛较密；侧脉 6～8 对；叶柄长 0.5～1.2cm；托叶阔三角形，被柔毛，先端稍扩大成近圆形，直立，不反折。圆锥状聚伞花序顶生，长约 10cm，宽约 5cm，被暗黄色绒毛；花无花梗，密生；花萼被白色柔毛，萼管远较萼裂片长，萼裂片长约 0.5mm；花冠管状，淡黄色，外面无毛，长约 4mm，花冠裂片长约 1mm；花丝很短，花药椭圆形，稍伸出。蒴果球形，被白色柔毛，直径约 2mm，萼裂片宿存。花、果期 6 月。

广西特有种，产于田林、那坡、靖西、龙州，生于海拔约 830m 山地林中。

7. 水锦树 水棉棉(武鸣)、中华水锦树 图 1378

Wendlandia uvariifolia Hance

灌木或乔木，高 2～15m。小枝、叶柄、托叶及花序被锈色硬毛。叶纸质，宽椭圆形、卵形或长圆状披针形，长 7～26cm，宽 4～14cm，先端短渐尖或骤渐尖，基部楔形或短尖，叶面散被短硬毛，脉上被锈色柔毛，叶背密被灰褐色柔毛；侧脉8～12对；叶柄长0.5～3.5cm；托叶宿存，基部宽，上部扩大呈圆形，反折，宽约2倍于小枝。圆锥状聚伞花序顶生，分枝广展，多花；小苞片线状披针形；花小，无花梗，常数朵簇生；花萼裂片与萼管等长或近等长；花冠漏斗状，白色，长3.5～4.0mm，裂片长约1mm，开放时外反；花丝很短，花药椭圆形，稍伸出。蒴果小，球形，直径1～2mm，被短柔毛。花期1～5月；果期4～10月。

产于广西各地。生于海拔1200m以下山地林中、林缘、灌丛中或溪边。分布于台湾、广东、海南、贵州、云南；越南也有分布。根、叶入药，根用于风湿跌打、劳伤咳血、月经不调、淋浊；叶用于产妇口渴、崩漏恶疮。木材心材与边材区别不明显，木材红褐色，纹理斜，结构细，重量重，气干密度0.83g/cm^3，干缩率大，不腐腐，供薪炭、农具、枕木等用材。

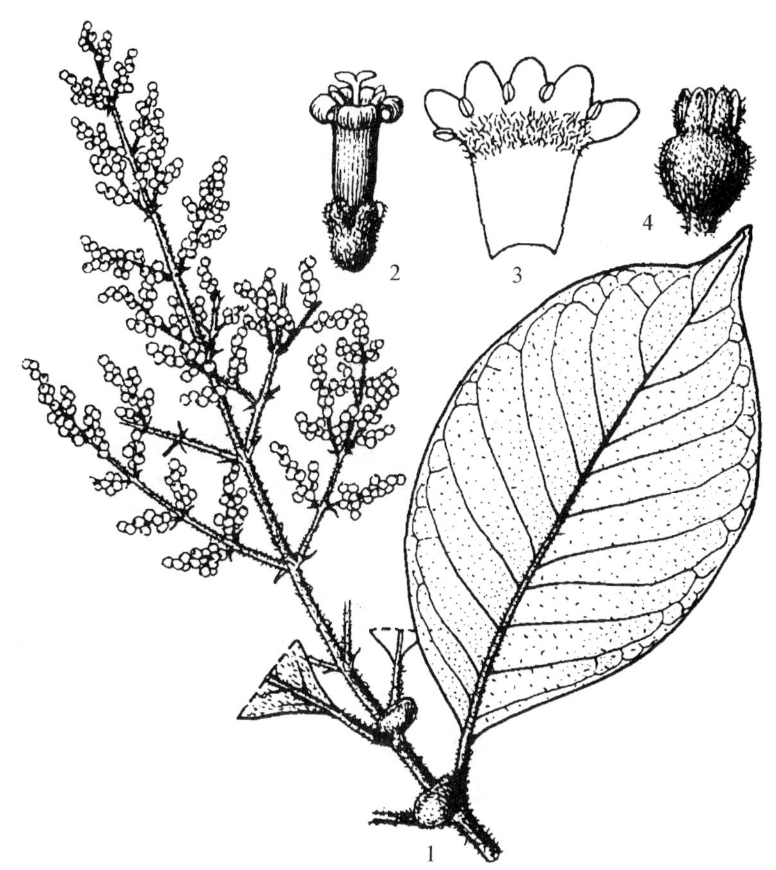

图1378　水锦树 Wendlandia uvariifolia Hance　1. 花枝；2. 花；3. 花冠展开，示雄蕊；4. 果。（仿《中国植物志》）

8. 粗叶水锦树　图1379：1～4

Wendlandia scabra Kurz

灌木或乔木，高1～12m。枝、叶柄、花序被棕褐色短柔毛。叶纸质或革质，椭圆状倒卵形、椭圆形或卵形，长6.5～18.0cm，宽2.8～9.0cm，先端短尖或渐尖，基部楔形或短尖，叶面稍粗糙，被短糙伏毛，脉上被疏短柔毛，叶背密被柔毛，脉上毛更密；侧脉6～10对；叶柄长0.5～2.7cm；托叶圆形，反折。花序顶生，大而扩展，长可达30cm，宽可达25cm；花香，无花梗或具短花梗，密生；花萼被长硬毛，裂片三角形，比萼管短；花冠白色，长3.5～4.5mm，外面无毛，冠管内面仅下部被极疏短柔毛或无毛，裂片长圆形，比冠管短；花丝短，花药椭圆形。蒴果球形，被硬毛，直径约2mm。花期4～5月；果期5～7月。

产于东兰、都安、百色、田阳、隆林、凌云、那坡、平果、田林、马山、龙州、大新、宁明。分布于贵州、云南；印度、缅甸、泰国、越南也有分布。叶入药，用于跌打肿痛、产后风痛。木材为优良薪炭用材。

9. 大叶木莲红

Wendlandia pubigera W. C. Chen

灌木，高约2m；小枝、叶柄、花序及花萼被短柔毛。叶薄革质，倒卵状长圆形或椭圆形，长14.5～18.0cm，宽6～7cm，先端短渐尖，基部楔形，叶面无毛或仅脉上被极疏微柔毛，叶背被疏短柔毛，脉上毛较密；侧脉10～11对；叶柄长0.8～1.8cm；托叶顶端圆形，不反折，与小枝近等宽。花序顶生，长约12cm，宽约15cm；花无花梗；花萼长约2mm，裂片与萼管近等长；花冠管状，白色，长3～4mm，冠管内面上部被白色长柔毛，裂片圆形，长约1mm，开放时下弯；花药椭

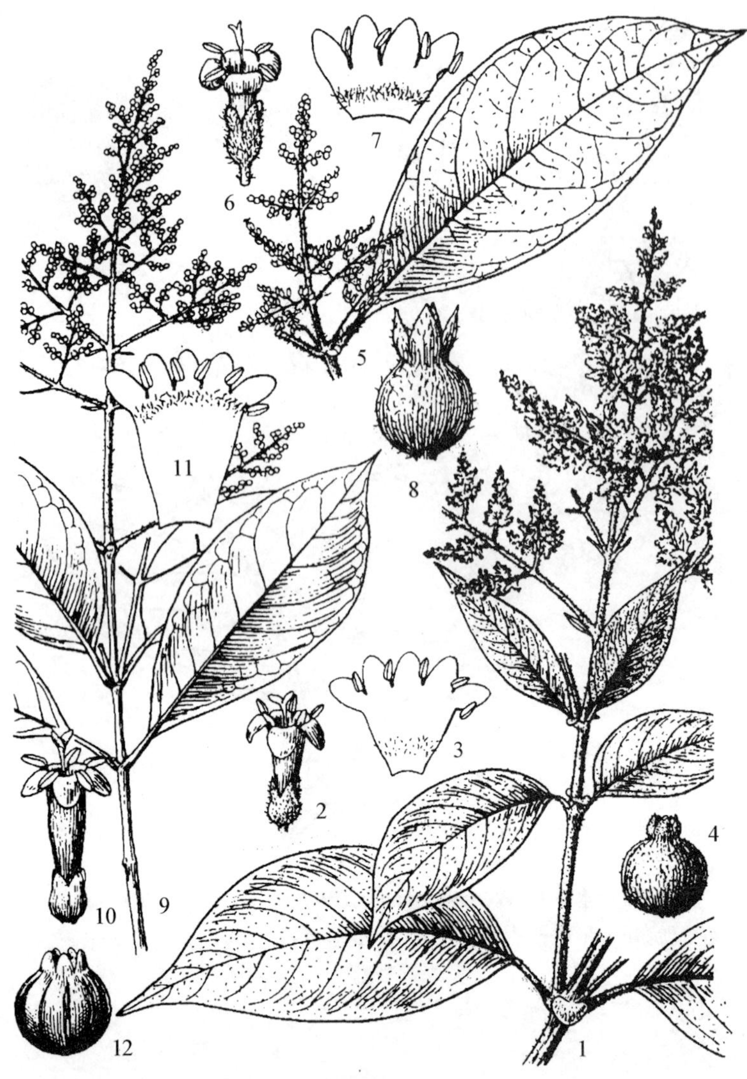

图 1379 1～4. 粗叶水锦树 **Wendlandia scabra** Kurz 1. 花枝；2. 花；3. 花冠展开，示雄蕊；4. 果。**5～8. 短筒水锦树 Wendlandia brevituba** Chun et F. C. How ex W. C. Chen 5. 果枝；6. 花；7. 花冠展开，示雄蕊；8. 果。**9～12. 龙州水锦树 Wendlandia oligantha** W. C. Chen 9. 果枝；10. 花；11. 花冠展开，示雄蕊；12. 果。（仿《中国植物志》）

圆形，长约 0.7mm。花期 3 月。

广西特有种。产于上思。生于密林中。

10. 短筒水锦树 图 1379：5～7

Wendlandia brevituba Chun et F. C. How ex W. C. Chen

灌木，高 0.5～3.0m。小枝被紧贴锈色短硬毛。叶纸质，椭圆状长圆形、椭圆状卵形或椭圆形，长 5～15cm，宽 2.0～6.3cm，先端短渐尖，基部楔形，叶面无毛或疏被微硬毛，叶背脉上被短柔毛，其余部分无毛或被疏短柔毛；侧脉 5～7 对；叶柄长 3～15mm，被短硬毛；托叶圆形，反折，被短柔毛。花序顶生，长 4～7cm，宽 4～11cm，被锈色毛；苞片线形，被短柔毛；花具短梗或无梗；花萼被短柔毛，裂片卵状三角形，比管稍短；花冠白色，长约 2.5mm，外面疏被短柔毛，冠管内面疏被短柔毛，裂片近卵形，比冠管稍长，开放时外反；花丝短，花药椭圆形。果球形，直径约 1.5mm，被短柔毛。花期 4～5 月；果期 6～11 月。

产于上思、龙州。生于山谷林中。分布于广东。

11. 密花水锦树

Wendlandia myriantha F. C. How

灌木，高约 3m。枝、叶柄、托叶、花序及苞片被短棕褐色柔毛。叶近革质，椭圆形，长 7～12cm，宽 2.5～6.0cm，先端短渐尖，基部楔尖，叶面无毛或被疏短柔毛，中脉上被粉状短柔毛，叶背被散生短柔毛；侧脉 8～10 对，在叶背凸起；叶柄长 7～12mm；托叶反折，卵圆形，顶部常 2 裂或裂成 2 小裂片。圆锥状聚伞花序顶生，广展，长和宽均约 20cm；苞片在下部的叶状，在上部的较小，线状披针形或倒披针形；花无花梗，簇生；花萼近球形，无毛或罕有极疏短柔毛，裂片卵形或卵状三角形，与萼管近等长；花冠管状，白色，长约 5mm，外面无毛，喉部被白色硬毛，裂片卵形，长约 1cm；花药椭圆形，花丝很短。花期 3 月。

广西特有种。产于上思。生于海拔约 250m 山谷溪边林中。

12. 龙州水锦树 图 1379：8～11

Wendlandia oligantha W. C. Chen

灌木或乔木，高 3～10m。小枝无毛或被疏短柔毛。叶革质，椭圆形、卵形或卵状长圆形，长 3.0～10.5cm，宽 1.5～5.0cm，先端短尖或短渐尖，基部楔形或短尖，两面无毛或稀中脉上被疏短柔毛；侧脉5~7对，纤细，在叶背稍明显；叶柄长3~15mm；托叶顶端圆形，反折，常脱落。花序顶生，被柔毛，长7~18cm，宽4~15cm，疏花；花具短梗或无梗；花萼近球形，长约1.5mm，无毛，裂片长约0.5mm；花冠高脚碟状，白色，长约4.5mm，外面无毛，喉部被白色柔毛，裂片长1mm，开放时反折；花丝很短，花药椭圆形。蒴果球形，无毛，直径约1.5mm，萼裂片宿存。花期7~8月；果期8~12月。

产于靖西、龙州。生于海拔900m以下山谷林中或灌丛，常生长在石灰岩石缝中。

132 紫葳科 Bignoniaceae

乔木、灌木或木质藤本，稀草本；常具卷须或气生根。叶对生，稀互生或轮生，羽状复叶，稀单叶或掌状复叶；顶生小叶或叶轴有时呈卷须状；叶柄基部或脉腋处常有腺体；无托叶。花两性，左右对称，通常花大而美丽，组成圆锥、总状或聚伞花序，稀簇生或单生；苞片及小苞片存在或早落；花萼钟状、佛焰苞状或管状，截平或齿裂；花冠合瓣，钟状或漏斗状，常二唇形，4~5裂；雄蕊2~4枚，2强，生于冠管上；花药2室，子房上位，2室为中轴胎座或1室为侧膜胎座，胚珠多数；花柱丝状，柱头2裂。蒴果，室背或室间开裂，稀为肉质不裂；种子极多数，常具翅或两端有束毛，薄膜质，无胚乳。

116~120属650~750种，广布于热带、亚热带。中国12属35种，大部分集中于南方各地；广西11属16种。

分属检索表

1. 蒴果室间开裂。
  2. 一回羽状复叶；粗大木质藤本；蒴果线形 ………… **1. 炮仗藤属 Pyrostegia**
  2. 二至三回羽状复叶；乔木；蒴果长圆状披针形，长达1m ………… **2. 木蝴蝶属 Oroxylun**
1. 蒴果室背开裂。
  3. 单叶；发育雄蕊2枚；种子两端有束毛 ………… **3. 梓属 Catalpa**
  3. 羽状复叶或掌状复叶；发育雄蕊4枚；种子具透明膜质翅。
    4. 花萼钟状。
      5. 乔木或灌木。
        6. 蒴果狭长，圆柱形、线形或狭长圆形；叶为一至二回羽状复叶。
          7. 花大型，花冠直径1.5~4.0cm，花萼大，宽1~2cm ………… **4. 厚膜树属 Fernandoa**
          7. 花小型，花冠喉部直径不及1cm，花萼小，宽不足1cm。
            8. 蒴果隔膜圆柱形，种子完全镶入下陷的凹穴之中 ………… **5. 羽叶楸属 Stereospermum**
            8. 蒴果隔膜压扁成扁柱形，种子稍微凹陷入隔膜之中 ………… **6. 菜豆树属 Radermachera**
        6. 蒴果扁卵状圆球形；叶为奇数二回羽状复叶，小叶多数，小 ………… **7. 蓝花楹属 Jacaranda**
      5. 藤本或蔓生灌木。
        9. 落叶木质藤本，具攀援状气生根 ………… **8. 凌霄属 Campsis**
        9. 常绿蔓生灌木，枝细长，常具小的瘤状凸起 ………… **9. 硬骨凌霄属 Tecomaria**
    4. 花萼佛焰苞状。
      10. 一回羽状复叶；顶生总状花序；蒴果长圆形，外密被褐色长绵毛，猫尾状… **10. 猫尾木属 Markhamia**
      10. 二回羽状复叶；缩短的总状花序生于老茎上；蒴果线形，无毛 ………… **11. 火烧花属 Mayodendron**

1. 炮仗藤属 Pyrostegia Presl

攀援木质藤本。叶对生；小叶2~3枚，顶生小叶常变3叉的丝状卷须。圆锥花序顶生；花橙红色，密集成簇；花萼钟状或管状，截平或5齿；花冠管状，略弯曲，裂片5枚，镊合状排列；雄蕊4枚，2强，凸出；花盘环状；子房上位，线形，有胚珠数枚，排成1～3列。蒴果线形，室间开裂，隔膜与果瓣平行；果瓣扁平，革质，平滑并有纵肋；种子具翅。

约5种，产于南美洲。中国南方引入栽培1种，广西也有引种。

炮仗花

Pyrostegia venusta（Ker Gawl.）Miers

藤本。具3叉丝状卷须。叶对生；小叶2～3枚，卵形，先端渐尖，基部近圆形，长4～10cm，宽3～5cm，两面无毛，叶背具极细小分散的腺穴，全缘；叶轴长约2cm；小叶柄长5～20mm。圆锥花序着生于侧枝顶端，长10～12cm；花萼钟状，具5齿；花冠筒状，内面中部有一毛环，基部收缩，橙红色，裂片5枚，长椭圆形，花蕾时镊合状排列，花开放时反卷，边缘被白色短柔毛；雄蕊生于冠筒中部，花丝丝状，花药叉开；柱头舌状扁平，花柱与花丝均伸出冠筒外。果瓣革质，舟状；种子排成多列，具薄膜质翅。花期长，常在1～6月。

原产巴西，广西各地有栽培，南方各地也常栽培。优良庭园绿化植物，花朵如鞭炮而得名。

2. 木蝴蝶属 Oroxylum Vent.

落叶乔木。叶对生，二至三回羽状复叶。总状花序顶生，直立；花萼钟状，革质，顶端近平截；花冠紫红色，钟状，檐部微二唇形，裂片圆形，边缘波状；雄蕊4枚，微二强，退化雄蕊较短，生于冠管中部，花丝细长，扁平，花药椭圆形，2室；子房2室，胚珠多列。蒴果大，长披针形，木质，扁平，2瓣裂开；种子多列，扁圆形，周围具白色透明膜质翅。

1种，分布于亚洲南部及东南部，中国亦产。

木蝴蝶　千张纸、土黄柏　图1380

Oroxylum indicum（L.）Kurz

小乔木，高6～10m，胸径15～20cm。树皮灰褐色。大型奇数二至三回羽状复叶，着生于茎干近顶端，长60～130cm；小叶三角状卵形，长5～13cm，宽3～10cm，顶端短尖，基部近圆形，偏斜，全缘；侧脉5～6对。总状聚伞花序顶生，粗壮，长40～150cm；花梗长3～7cm；花大，紫红色；花萼钟状，紫色，膜质，长约4cm，宽约3cm，光滑，顶端平截；花冠肉质，长3～9cm，钟状，裂片5枚，微反卷，花冠于傍晚开放，有恶臭气味；雄蕊微伸出花冠外。蒴果木质，黑绿色，长40～120cm，宽5～9cm，厚约1cm，2瓣裂；种子多数，扁圆形，周围具白色透明膜质翅，连翅长6～7cm，宽3.5～

图1380　木蝴蝶 **Oroxylum indicum**（L.）Kurz　1. 叶；2. 果；3. 种子。（仿《中国植物志》）

4.0cm。花期6～9月；果期8～11月。

产于广西南部、西南部及西北部。生于海拔900m以下热带及南亚热带低丘河谷密林及路边丛林中，喀斯特石灰岩山坡疏林灌丛最为常见。分布于福建、台湾、广东、四川、贵州、云南；越南、老挝、泰国、缅甸、印度、菲律宾也有分布。喜温暖气候，耐干旱，不耐寒，耐瘠薄，对土壤要求不严，喜光树种，萌蘖力强。播种繁殖，种子千粒重105g，随采随播或普通干藏，1年生苗高约30cm。种子药用，味苦、甘，性凉，入肺、肝、胃经，有清肺、利咽、止咳、疏肝、和胃之功效；主治肺热咳嗽、喉痹、音哑、肝胃气痛、疮口不敛。木材心材与边材区别不明显，木材黄白色，纹理直，结构适中，重量轻，硬度小，不耐腐，供家具、包装、火柴杆等用。花大，紫红色，叶翠绿，优良的园林观赏植物。

3. 梓属 Catalpa Scop.

落叶乔木，稀常绿。单叶对生，稀3叶轮生，揉之有臭气味，全缘或有缺裂，掌状脉3～5条，叶背脉腋间通常具紫色腺点，具细长叶柄。花两性，圆锥花序或伞房花序顶生；花萼膜质，二唇形或不规则开裂；花冠钟状，二唇形，上唇2裂，下唇3裂；能育雄蕊2枚，内藏，着生于花冠基部，退化雄蕊3枚，短小；子房2室，胚珠多数，柱头2裂。蒴果长柱形，2瓣开裂，果瓣薄而脆；隔膜纤细，圆柱形；种子多数，多列，圆形，两端具束毛。

约13种，分布于美洲和东亚。中国4种；广西2种。

分种检索表

1. 叶宽卵形或卵圆形；花淡黄色 ………………………………………… **1. 梓 C. ovata**
1. 叶卵形或三角状心形；花淡红色至淡紫色 ………………………………… **2. 灰楸 C. fargesii**

1. 梓 黄花楸 图1381

Catalpa ovata G. Don

乔木，高15m。树冠伞形，嫩枝具稀疏柔毛。叶对生或轮生，宽卵形或卵圆形，长宽近相等，长约25cm，先端渐尖，基部心形，全缘或浅波状，顶端常3浅裂，两面粗糙，微被毛或近无毛；基部掌状脉5～7条；叶柄长6～18cm。圆锥花序顶生，花序梗微被疏毛，长12～28cm；花萼蕾时圆球形，2唇开裂；花冠钟状，淡黄色，内面具黄色条纹及紫色斑点，长约2.5cm，直径约2cm；能育雄蕊2枚，花药叉开，退化雄蕊3枚。蒴果线形，下垂，长20～30cm，直径6～8mm，冬季宿存于树梢；种子长椭圆形，长6～8mm，宽约3mm，两端具长毛。花期4～6月；果期7～11月。

产于广西各地，多栽培于村庄附近、公路两旁及城市绿地。中国长江流域也有栽培；日本也有。木材心材与边材区别明显，心材黑色，边材灰白色，木材纹理直，结构粗，重量中等，气干密度0.583g/cm^3，干缩率小，强度中等，干燥快，易开裂，易变形，耐腐性强，抗虫性中等，适作一般家具、乐器、农具等

图1381 梓 **Catalpa ovata** G. Don 花枝。（仿《中国植物志》）

图 1382 灰楸 **Catalpa fargesii** Bureau 1. 花枝；2. 果；3. 种子。(仿《中国高等植物图鉴》)

用材。速生喜光树种。适应性广，无论在石山或土山都能生长，但在干燥的石山上生长较慢。播种繁殖。木材纹理细、坚实，为建筑及家具用材。

2. 灰楸 川楸、滇楸 图 1382

Catalpa fargesii Bureau

乔木，高 25m。幼枝、花序、叶柄均被分枝毛。叶厚纸质，卵形或三角状心形，长 13 ~ 20cm，宽 10 ~ 13cm，先端渐尖，基部截形或微心形，幼时微有分枝毛，叶背较密，后变无毛；基脉 3 条；叶柄长 3 ~ 10cm。顶生伞房状总状花序，具花 7 ~ 15 朵；花萼 2 裂，裂片卵圆形；花冠淡红色至淡紫色，内面具紫色斑点，钟状，长约 3.2cm；雄蕊 2 枚，内藏，退化雄蕊 3 枚，花药分叉，长 3 ~ 4mm。蒴果长 55 ~ 80cm，2 裂，果片革质；种子椭圆状线形，薄膜质，两端具丝状种毛，连毛长 5 ~ 6cm。花期 3 ~ 5 月；果期 6 ~ 11 月。

产于天峨、乐业、隆林、防城、钦州，村屯周边常见栽培。分布于陕西、甘肃、河北、山东、河南、湖北、湖南、广东、四川、贵州、云南。木材心材与边材区别略明显，心材栗褐色，边材灰白色，纹理直，结构粗，重量轻，硬度小，干燥快，不开裂，耐腐性、抗虫性中等，供建筑、家具、地板、农具等用材。

4. 厚膜树属 **Fernandoa** Welw. ex Seem.

乔木。一回奇数羽状复叶；小叶 2 ~ 6 对，自顶端向基部逐渐变小，有时具叶状假托叶。聚伞花序；花萼筒状或钟状，2 ~ 5 裂，宿存；花冠漏斗状或钟状，裂片 5 枚，近圆形、波状或具圆齿；雄蕊 4 枚，2 强，花药 2 室，略叉开，内藏，退化雄蕊小；子房伸长，圆柱形，近于侧膜胎座胚珠多数，2 裂。蒴果长圆形，有棱，室背开裂，果瓣 2 片；隔膜厚而扁平，木栓质增厚，光滑，与果瓣垂直；种子 2 列，极多，近长方形，薄片状，两端具狭长膜质翅。

约 14 种。中国 1 种，产于广西、云南。

广西厚膜树 牛尾树 图 1383

Fernandoa guangxiensis D. D. Tao

乔木，高 15m，胸径 20cm。叶对生，一回奇数羽状复叶，长 30 ~ 42cm；小叶 4 ~ 5 对，长圆形至卵状长圆形，长 7 ~ 13cm，宽 3.5 ~ 7.5cm，先端短渐尖，基部截形或近圆形，偏斜，全缘，无毛。聚伞圆锥花序密集，顶生，花序轴长 5 ~ 7cm，宽 3 ~ 4cm；花萼钟状，裂片 5 枚，长约 5mm；花冠辐射对称，漏斗状，白色，筒长约 5.5cm，基部直径约 1.5cm，裂片 5 枚，宽椭圆形，长约 2.2cm。蒴果长 45 ~ 70cm，直径 2.5 ~ 3.0cm，先端渐尖，具 8 ~ 12 条微凸纵脉纹，2 瓣开裂，果瓣薄壳质，淡黑褐色；隔膜厚而扁平，厚 8 ~ 10mm；种子两端具半透明不整齐翅，连翅长约 3.5cm，宽约 1.5cm。花、果期 8 ~ 12 月。

产于龙州、大新。分布于云南。

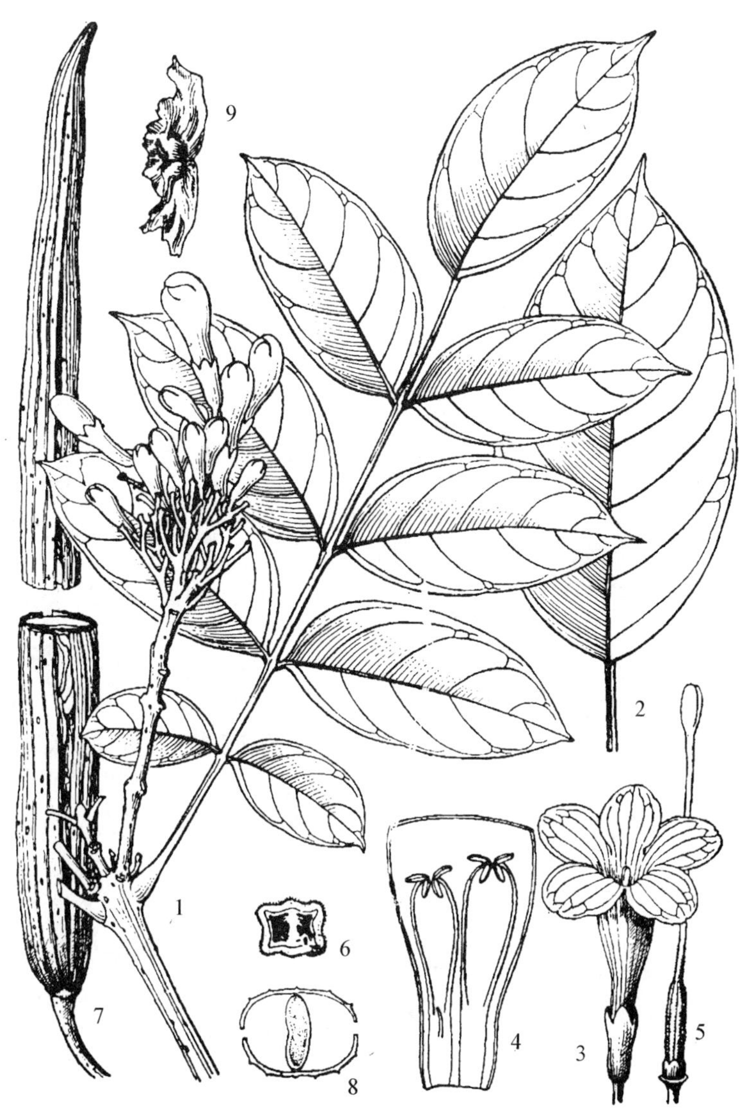

图 1383　广西厚膜树 Fernandoa guangxiensis D. D. Tao　1. 花枝；2. 小叶；3. 花；4. 花冠筒剖开，示雄蕊着生情况；5. 花盘和雌蕊；6. 子房横切面，示胎座；7. 果实(下部及上部)；8. 果横切面，示陷膜；9. 种子。(仿《中国植物志》)

5. 羽叶楸属 Stereospermum Cham.

落叶乔木。叶对生，一至二回羽状复叶，小叶全缘。聚伞圆锥花序顶生；花萼钟状，3~5 齿；花冠管短小，一侧肿胀，裂片 5 枚；能育雄蕊 4 枚，2 强，内藏，花药“个”字形着生；花盘垫状；子房 2 室，胚珠多数，1 至多列。蒴果圆柱形，细长，具 4 棱或稍扁，室背开裂；隔膜圆柱形，木栓质；种子完全镶入隔膜中，脱离后有凹穴，两端具白色透明膜质翅。

约 15 种，分布于亚洲和非洲热带地区。中国 3 种；广西 1 种。

羽叶楸　广西羽叶楸、毛羽叶楸　图 1384：1~3

Stereospermum tetragonum DC.

落叶乔木，高 15~35m，胸径 15~80cm。一回羽状复叶，长 25~50cm；小叶 3~6 对，长椭圆形，长 8~14cm，宽 2.5~6.0cm，先端长渐尖至尾状渐尖，基部阔楔形至圆形，全缘，无毛，小叶柄长 1~2cm。圆锥花序顶生，长 20~40cm；花序轴、花梗均被微柔毛；苞片及小苞片早落；花梗长 3~4mm；花多数，微芳香，昼开夜闭；花萼钟状，紫色，无毛，长和宽均为 4~5mm，3~5 裂；花冠淡黄色，微弯，长约 2cm，檐部微二唇形，上唇 2 裂，下唇 3 裂。蒴果细长，四棱柱形，微弯

图 1384 **1～3. 羽叶楸 Stereospermum tetragonum** DC. 1. 果枝；2. 果隔膜；3. 种子。**4～7. 小萼菜豆树 Radermachera microcalyx** C. Y. Wu 4. 花；5. 果序；6. 果隔膜；7. 种子。（仿《中国植物志》）

曲，长 30～70cm，粗约 1cm，果皮厚，近木质，隔膜厚 4～7mm；种子卵圆形，两端具白色膜质翅，连翅长约 2.8cm，宽约 5mm。花期 5～7 月；果期 9～11 月。

产于天峨、百色、那坡、凌云、田林、隆林、南宁、武鸣、马山、上林、龙州、大新。生于山坡或山谷疏林中，石山或土山均能生长。分布于贵州、云南、海南；越南、泰国、马来西亚、印度也有分布。播种繁殖。木材心材与边材区别不明显，木材淡红色，纹理斜，结构适中，径面具悦目花纹，材质硬重，气干密度 0.735g/cm³，干燥稍有翘裂，耐腐，为家具、包装箱及农具用材。

6. 菜豆树属 Radermachera Zoll. et Mor.

乔木，嫩枝具黏液。叶对生，一至三回羽状复叶；小叶全缘，具柄。聚伞圆锥花序顶生或侧生，具线状或叶状苞片及小苞片；花萼在芽时封闭，钟状，顶端平截或具 5 短齿；花冠漏斗状钟形或高脚碟状，檐部微呈二唇形，裂片 5 枚；能育雄蕊 4 枚，2 强，稀具 5 枚能育雄蕊；花盘环状；子房 2 室，胚珠多数。蒴果圆柱形，细长，有时扭转，有 2 棱；隔膜扁圆柱形，木栓质，每室有 2 列种子；种子微凹入隔膜中，扁平，两端具白色透明膜质翅。

约 16 种，产于亚洲热带地区。中国 7 种；广西 5 种。

分种检索表

1. 一回羽状复叶。
  2. 花萼小，长和宽均为 3～5mm，花冠小，淡黄色，长约 2.5cm；小叶卵状长椭圆形至卵形，长 11～26cm，宽 4～6cm …………………………………… **1. 小萼菜豆树 R. microcalyx**
  2. 花萼大，长约 8mm，花冠较大，白色，长约 3.7cm；小叶卵状长椭圆形，长 17～21cm，宽 7～9cm …………………………………… **2. 广西菜豆树 R. glandulosa**
1. 二至三回羽状复叶，稀一回羽状复叶。
  3. 叶柄、叶轴和花序均无毛。
    4. 冠较大，白色至淡黄色，长 6～8cm；蒴果大，长达 85cm，粗约 1cm；二至三回羽状复叶，小叶卵形至卵状披针形，长 4～7cm，宽 2.0～3.5cm …………………………………… **3. 菜豆树 R. sinica**
    4. 冠较小，淡黄色，长 3.5～5.0cm；蒴果长 40cm，粗约 5mm；一至二回羽状复叶 …………………………………… **4. 海南菜豆树 R. hainanensis**
  3. 叶柄、叶轴和花序多少被粉状短柔毛；二回羽状复叶；花冠白色，细筒状，长 3.5～4.0cm；蒴果较小，长 20～40cm，粗 5～6mm …………………………………… **5. 美叶菜豆树 R. frondosa**

1. 小萼菜豆树 图1384：4～7

Radermachera microcalyx C. Y. Wu

乔木，高20m。一回羽状复叶，长40～56cm；小叶5～7枚，卵状长椭圆形至卵形，长11～26cm，宽4～6cm，先端短尖，基部阔楔形至近圆形，偏斜，两面均无毛；侧脉7～10对；侧生小叶柄长1～2cm，顶生小叶柄长2.0～5.5cm。聚伞状圆锥花序顶生；花萼小，钟状，长宽均3～5mm；花冠筒长约2.5cm，直径约5mm，淡黄色，裂片5枚，卵圆形，长约1cm。蒴果长圆柱形，绿色，细长下垂，长20～28cm，粗约6mm，果皮薄革质，隔膜细圆柱形，木栓质；种子极多，细小，长椭圆形，扁平，连翅长约1cm。花期1～3月；果期4～12月。

产于田阳、靖西、那坡、武鸣。生于山谷疏林中。分布于云南。

2. 广西菜豆树

Radermachera glandulosa（Bl.）Miq.

小乔木；除幼枝被毛外，其余无毛。一回羽状复叶；小叶3～7枚，卵状长椭圆形，长17～21cm，宽7～9cm，顶端急尖或渐尖，基部楔形，小叶柄长约6mm。总状圆锥花序，长达25cm，分枝短，有1～2朵花；花萼钟状，长5～8mm，顶端微截形；花冠白色，细长，长约3.7cm，花冠筒细而稍弯，上半部增粗至3～4cm，基部细圆筒状，外面淡紫红色，内面白色，筒内面基部有腺体，裂片圆形，长约8mm。蒴果线形，长22～30cm，粗7～8mm，光滑，果皮薄，坚硬；种子扁圆形，连翅长约2cm，宽2～3mm。花期4月；果期7月。

产于武鸣、龙州。分布于广东；印度、缅甸、泰国、老挝、马来西亚也有分布。

3. 菜豆树 牛尾木 图1385

Radermachera sinica（Hance）Hemsl.

落叶乔木，高6～12m。叶柄、叶轴、叶片及花序均无毛。二回羽状复叶，叶轴长约30cm；小叶卵形至卵状披针形，长4～7cm，宽2.0～3.5cm，先端尾尖，基部宽楔形；侧脉5～6对；侧生小叶柄长不及5mm。圆锥花序顶生，直立，长25～35cm，宽30cm；花萼5裂，裂片卵状披针形；花冠白色至淡黄色，长6～8cm，裂片5枚，圆形，具皱纹。蒴果细长圆柱形，渐尖，稍弯，下垂，长达85cm，直径约1cm，果皮薄革质，有2棱；隔膜扁圆柱形，木栓质；种子多数，椭圆形，连翅长2cm，宽约5mm。花期5～9月；果期10～12月。

产于桂林、阳朔、临桂、恭城、柳州、都安、东兰、南宁、邕宁、隆安、上林、平南、宁明、龙州、大新、天等、防城，多见于石山山坡疏林中。分布于台湾、广东、贵州、云南。喜光；耐干旱，

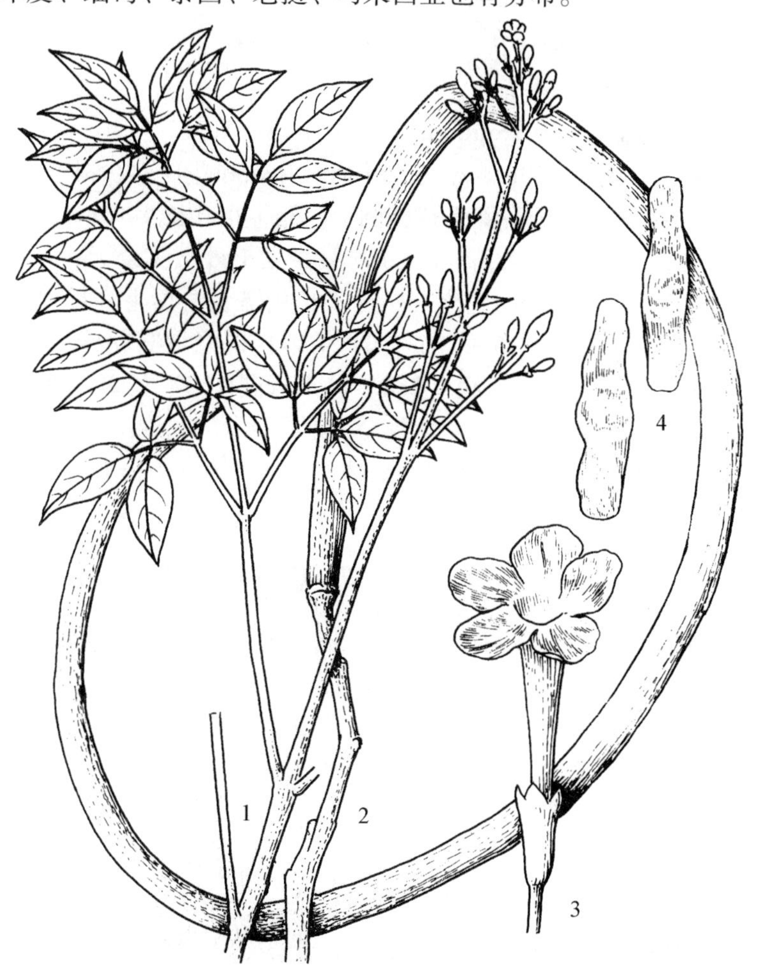

图1385 菜豆树 Radermachera sinica（Hance）Hemsl. 1. 花枝；2. 果；3. 花；4. 种子。（仿《中国高等植物图鉴》）

幼树具肥大似薯的根系，能适应石山高温干旱的环境，穿插力强，能在石缝岩间穿走，露地时又可萌蘖出小苗。生长较快，树干直，为石山较为理想的绿化树种。播种繁殖，种子发芽率约4%，宜密播移苗定株。木材为散孔半环孔材，心材与边材区别不明显，木材黄褐色或浅黄褐色，密度大，纹理直，结构细，重量中等，气干密度0.730g/cm^3，干燥稍翘裂，抗虫，稍耐腐，供家具、建筑、雕刻、农具等用材，石灰岩山区群众喜用材。

4. 海南菜豆树 接骨凉伞、麒麟紫葳(花卉商品名)

Radermachera hainanensis Merr.

常绿乔木，高20m。除花冠筒内面被毛外，全株无毛。一至二回羽状复叶，有时仅有5枚小叶；小叶卵形或长圆状卵形，长4~10cm，宽2.5~4.5cm，先端渐尖，基部宽楔形；侧脉5~6对。总状花序或圆锥花序腋生或侧生，少花，花萼淡红色，筒状，不整齐，长约1.8cm，3~5浅裂；花冠淡黄色，钟状，长3.5~5.0cm，直径约15mm，内面被柔毛，裂片阔肾状三角形。蒴果长达40cm，粗约5mm；隔膜扁圆形；种子卵圆形，连翅长12mm，薄膜质。花期4月；果期12月。

产于金秀、靖西、隆林、龙州。生于低山林中，少见。分布于广东、海南、云南。性喜光而略耐半阴；根系较发达，较耐旱瘠，在石灰岩石缝中亦能生长，忌积水，喜疏松土壤及温暖湿润的环境，适生于石灰岩溶山区，酸性土上也有分布。生长迅速。播种或扦插繁殖。树干通直挺拔，枝叶稍下垂，树姿优雅；花黄色衬映，且花期长；果实如豆角悬垂，具较高观赏价值；叶亮绿，萌蘖性强，优良盆栽观赏植物，商品名“幸福树”、“麒麟紫葳”。木材心材与边材区别不明显，木材浅黄褐色，纹理直，结构适中，重量中等至重，气干密度0.73g/cm^3，干燥容易，不耐腐，刨面光滑，花纹美观，为房屋建筑、家具、雕刻等用材。

5. 美叶菜豆树

Radermachera frondosa Chun et F. C. How

乔木，高7~20m。小枝、叶柄、叶轴和花序多少被粉状短柔毛。二回羽状复叶，长达30cm；小叶5~7枚，纸质，卵形或椭圆形，侧生小叶长4~6cm，宽1.5~3.0cm，顶生小叶稍大，先端尾状渐尖，基部宽楔形，除叶面中脉被微柔毛外，其余无；小叶柄纤细，侧生小叶柄长5~6mm，顶生小叶柄长约15mm。花序三歧分叉，尖塔状，顶生，直立，长约30cm；花萼圆锥形，具胶黏质，长15~18mm，直径6~7mm，3~4裂；花冠细筒状，白色，无毛，长3.5~4.0cm，直径2.0~2.5mm，裂片圆形，长约1.2cm。蒴果近圆柱形，长20~40cm，粗5~6mm；种子连翅长7~12mm。花期几乎全年。

产于东兰、都安、南宁、上林、龙州、大新。分布于海南、广东。木材质轻、耐水湿，适作建筑等用。

7. 蓝花楹属 Jacaranda Juss.

乔木。叶互生或对生，二回羽状复叶，稀为一回羽状复叶；小叶多数，小。花蓝色或青紫色，圆锥花序；花萼小，截平或5齿裂，萼齿三角形；花冠漏斗形，裂片5枚，微呈二唇形；雄蕊4枚，2强，退化雄蕊棒状；花盘厚，垫状；子房2室，胚珠多数，每室1~2列，柱头棒状。蒴果扁卵球形，木质，迟裂；种子扁平，周围有透明翅。

约50种，分布于热带美洲。中国引入栽培2种；广西常见栽培1种。

蓝花楹

Jacaranda mimosifolia D. Don

落叶乔木，高15m。叶对生，二回羽状复叶，羽片16对以上，每羽片有小叶16~24对；小叶椭圆状披针形至椭圆状菱形，长6~12mm，宽2~7mm，先端急尖，基部楔形，全缘。花序长达30cm，直径约18cm；花萼筒状，长宽约5mm，萼齿5枚；花冠筒细长，下部微弯，上部膨大，蓝色，长约18cm，裂片圆形；雄蕊4枚，2强，生于冠筒中部。蒴果木质，扁卵圆形，长宽约5cm，中部较厚，四周逐渐变薄，不平展。花期5~6月。

原产于南美洲；广西南部各地公园有栽培。广东、海南、福建、云南也有栽培。花艳丽，美丽庭园绿化树种。木材心材与边材区别不明显，木材浅黄白色至黄褐色，纹理直至斜，结构细，质轻软，气干密度0.36g/cm^3，不耐腐，供包装箱、单板、纸浆等用材。

8. 凌霄属 Campsis Lour.

落叶木质藤本，借气生根攀援。叶对生，奇数一回羽状复叶，小叶有粗锯齿。花大，红色或橙红色，组成顶生聚伞或圆锥花序；花萼钟状，近革质，不等5裂；花冠钟状漏斗形，檐部微呈二唇形，5裂；雄蕊4枚，2强，弯曲，内藏；花盘发达；子房2室，胚珠多数。蒴果，长形，室背开裂；种子多数，扁平，两端具半透明膜质翅。

2种，一种产于北美洲，另一种产于中国和日本，广西亦产。

凌霄 红花倒水莲 图1386

Campsis grandiflora (Thunb.) K. Schum.

攀援藤本，长10m。茎木质，表皮脱落，枯褐色，常借气生根攀附它物生长。叶对生，奇数羽状复叶；小叶7~9枚，卵形至卵状披针形，长3~7cm，宽1.5~3.0cm，先端尾状渐尖，基部阔楔形，两边不等大，叶缘锯齿7~8个，两面无毛；侧脉6~7对。疏散圆锥花序顶生，花序轴长15~20cm；花大；花萼钟状，长约3cm，分裂至中部，裂片披针形；花冠漏斗状钟形，长约5cm，外面橙黄色，内面鲜红色，裂片半圆形。蒴果顶端钝，2瓣裂；种子扁平具翅。花期6~8月；果期7~9月。

产于桂林、全州、临桂、兴安、龙胜、资源、贺州、融水、南丹、苍梧、南宁。分布于长江流域、华北、陕西、福建、广东；日本也有分布。喜温暖湿润环境，耐寒。播种、扦插或分株繁殖。花大色艳，攀爬性强，常作墙面或岩坡绿化植物。

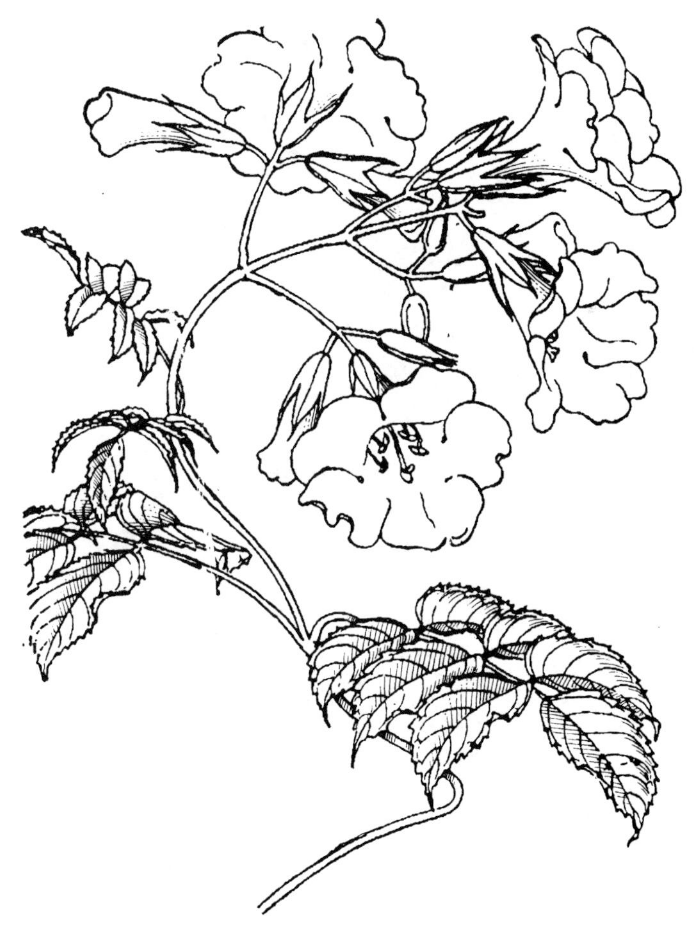

图1386 凌霄 **Campsis grandiflora** (Thunb.) K. Schum. 花枝。(仿《中国植物志》)

9. 硬骨凌霄属 Tecomaria Spach.

常绿蔓生灌木；枝常平卧地上，在节处生根。奇数羽状复叶，对生；小叶5~9枚，叶缘具钝锯齿。圆锥或总状花序顶生；花萼钟形，具5齿；花冠黄色、橙色或鲜红色，二唇形；雄蕊4枚，2强；子房2室，柱头2裂；花盘杯状。蒴果线形，压扁，室背开裂；种子具膜质翅。

约5种，原产于南部非洲。中国栽培1种；广西也有栽培。

硬骨凌霄 图1387

Tecoma capensis (Thunb.) Lindl.

蔓生灌木，枝细长，常具小瘤凸。小叶7~9枚，卵圆形，先端渐尖或急尖，基部楔形，稍偏斜，叶缘具不规则而钝头的锯齿，两面无毛或背面脉腋内被绵

图 1387 硬骨凌霄 **Tecoma capensis** (Thunb.) Lindl. 花枝。(仿《中国植物志》)

图 1388 西南猫尾木 **Markhamia stipulata** (Wall.) Seem. 1. 花枝; 2. 果序; 3～4. 种子。(仿《中国植物志》)

毛。总状花序顶生；花冠长漏斗状，二唇形，橙红色或鲜红色，具深红色纵纹；花柱细长。蒴果线形，长 2.5～5cm。花期 6～8 月；果期 8～9 月。

原产于南部非洲；广西各地常见栽培。可作绿化花木。

10. 猫尾木属 Markhamia Seem. ex Baill.

乔木。叶对生，奇数一回羽状复叶。花大，由数花组成顶生总状聚伞花序；花萼芽时封闭，开花时开裂至基部而呈佛焰苞状，外面密被灰褐色绵毛；花冠黄色或黄白色，钟形，裂片 5 枚，圆形，厚而具皱纹；雄蕊 4 枚，2 强。蒴果长柱形，扁平，外面被灰黄褐色绒毛，似猫尾状；隔膜木质，扁平，中间有一中肋凸起；种子长椭圆形，每室 2 列，薄膜质，两端具白色透明膜质翅。

约 10 种，分布于非洲及热带亚洲。中国 1 种；广西亦产。

西南猫尾木 猫尾木、毛叶猫尾木 图 1388

Markhamia stipulata (Wall.) Seem.

乔木，高 15m。嫩枝、嫩叶及花序轴密被黄褐色短柔毛。奇数羽状复叶长达 30cm；小叶 7～11 枚，长椭圆形至椭圆状卵形，长 12～19cm，宽 4～8cm，先端短渐尖或钝，基部阔楔形至近圆形，偏斜，两面近无毛，全缘；侧脉 8～10 对；侧生小叶近无柄，顶生小叶柄长 1～2cm。顶生总状聚伞花序，有花 4～10 朵；花梗长 2.5～5.5cm；花萼佛焰苞状，长约 5.5cm，直径约 4cm，密被锈黄色绒毛；花冠黄白色，长约 10cm，冠筒红褐色，花冠直径达 10cm，冠筒基部直径达 1.0～1.5cm；雄蕊 4 枚，2 强，花丝紫色。蒴果披针形，长达 36cm，粗 2～4cm，厚约 1cm；种子长椭圆形，连翅长 3.5～5.0cm，宽 1.0～1.3cm。花期 9～12 月；果期 2～3 月。

产于靖西、那坡、龙州、宁明。分布于云南、广东、海南；越南、泰国也有分布。果序奇异，树冠浓绿，优良的观赏树种。心材与边材区别不明显，木材红褐色，纹理斜，结构细，重量中等至重，气干密度为 0.752g/cm^3，干燥容易，稍有开裂，耐腐，抗虫性中等，加工容易，刨面光滑，供建筑、雕刻、工艺品、家具等用。

11. 火烧花属 Mayodendron Kurz

乔木。叶对生，3 数二回羽状复叶，小叶全缘。短总状花序生于老茎上或短的侧枝上；花萼佛焰苞状，从一边开裂，外面密被细柔毛；花冠橙黄色，管状，裂片5 枚，反折；雄蕊4 枚，生于冠筒基部，花药“个”字形着生；花盘环状；子房长圆柱形，2 室，柱头扁平，2 裂，柱头及花药微外露。蒴果细长线形，室间开裂，果瓣 2 片，薄革质；种子每边 2 列，多数，细小，薄膜质，两端具白色透明膜质翅。

1 种，分布中国南部及越南、老挝、缅甸、印度；广西也有分布。

火烧花 缅木 图 1389

Mayodendron igneum（Kurz）Kurz

常绿乔木，高达 15m。树皮光滑。大型奇数二回羽状复叶，长达 60cm；小叶椭圆状卵形，长 8 ~ 12cm，宽 2 ~ 4cm，先端尾尖，基部楔形，偏斜，无毛；侧脉 5 ~6 对；侧生小叶柄长约 5mm，顶生小叶柄长达 3cm。总状花序有花 5 ~ 13 朵，生于老茎或侧枝上；花萼佛焰苞状，长约 10mm，直径约 7mm，密被细柔毛；花冠橙黄色，筒状，基部微收缩，长约 6cm，直径 1.5 ~ 1.8cm，裂片 5 枚，半圆形，长约 5mm，反折。蒴果长线形，长达 45cm，直径约 7mm；种子卵圆形，连翅长 13 ~16mm。花期 2 ~5 月；果期 5 ~9 月。

图 1389 火烧花 **Mayodendron igneum**（Kurz）Kurz
1. 叶；2. 花；3. 果序。（仿《中国高等植物图鉴》）

产于靖西、隆林、田阳、龙州。生于干热河谷、低山丛林。分布于台湾、广东、云南；越南、老挝、缅甸、印度也有分布。花大美丽，似火炬，可作庭园观赏及行道树。木材心材与边材区别不明显，木材黄褐色带灰红色，纹理直至斜，结构细致，材质较硬重，气干密度 0.85g/cm^3，耐腐，抗虫性中等，可作建筑、家具、雕刻、工具柄、工艺品等用材。

133 厚壳树科 Ehretiaceae

乔木或灌木，稀草本。单叶互生，稀近对生。圆锥状或伞房状聚伞花序，稀团伞花序；花两性，整齐；花萼管状、钟状或圆筒状，3 ~5 裂，宿存；花冠管钟状、圆筒状或漏斗状，5 裂，稀 4 ~8 裂，裂片直立或反折；雄蕊 5 枚，生于花冠管上；子房 2 ~4 室，每室 1 ~2 枚胚珠，花柱顶生，2 ~4 裂；花盘环状。核果或坚果；种子 1 ~4 枚。

18 属约 300 种，分布于热带或亚热带地区。中国 5 属约 57 种；广西 4 属 9 种，本志记载 4 属 8 种。

分属检索表

1. 花柱两次 2 裂，4 条分枝各有 1 柱头；核果具 1 个有 4 室的核，子叶有褶 ························ **1. 破布木属 Cordia**

1. 花柱2裂或不分裂，柱头1或2枚；果核常分裂为2或4个分核，稀不分裂；子叶平，无褶。
   2. 花柱2裂，柱头2枚。
      3. 花柱2裂不达中部；内果皮分裂成2个具2枚种子或4个具1枚种子的分核；叶上面无白色斑点…… **2. 厚壳树属 Ehretia**
      3. 花柱2裂至中部以下；内果皮不分裂，卵球形；叶上面密被白色斑点 ……………… **3. 基及树属 Carmona**
   2. 花柱不分裂，柱头2浅裂，近盾状 ……………………………………………………………………… **4. 轮冠木属 Rotula**

1. 破布木属 Cordia L.

乔木或灌木。叶互生，稀对生，全缘或具锯齿，通常有柄。聚伞花序组成稠密的花束或呈蝎尾状；花两性，常有异长花柱；花萼管状或钟状，3~5齿裂，宿存；花冠钟状或漏斗状，白色、黄色或橙红色，5裂，稀4~8裂；雄蕊与花冠裂片同数，花丝基部被毛；子房4室，每室具1枚胚珠，花柱基部合生，先端两次2裂。核果卵球形、圆球形或椭圆形，通常具多汁和多胶质的肉质中果皮及骨质内果皮；种子1~4枚，多少为宿存萼所包围。

约325种，分布于热带和亚热带。中国5种；广西2种。

分种检索表

1. 叶背密生绒毛；花序顶生及侧生，侧生的花序生于腋外；核果椭圆形 ……………………… **1. 二叉破布木 C. furcans**
1. 叶背无毛或叶脉及脉腋间被毛；花序生于具叶的侧枝顶端；核果近球形 ……………………… **2. 破布木 C. dichotoma**

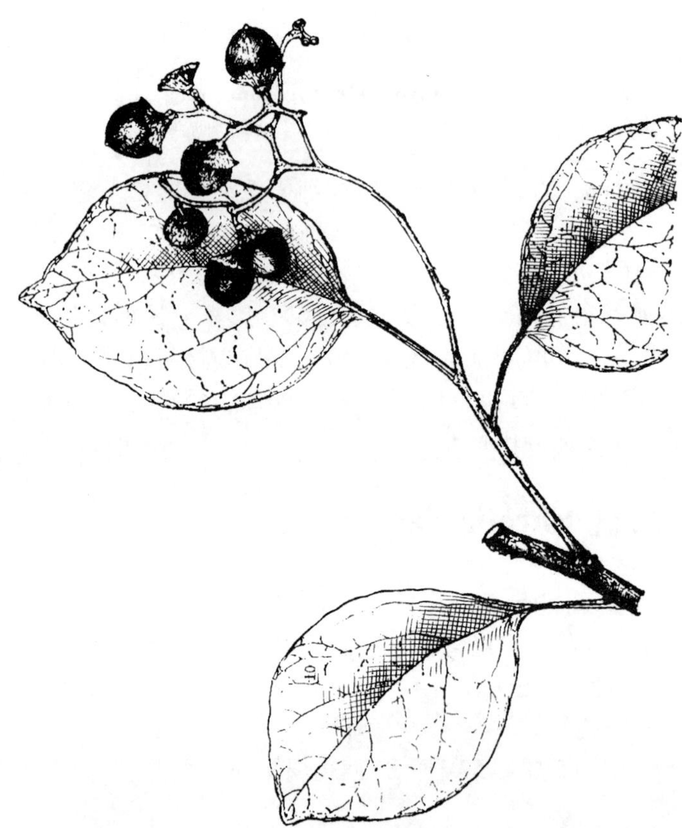

图1390 破布木 Cordia dichotoma G. Forst. 果枝。（仿《中国植物志》）

1. 二叉破布木

Cordia furcans I. M. Johnst.

乔木，高达15m。叶厚纸质，卵形、宽卵形或椭圆形，长5~15cm，宽4~12cm，先端钝或圆，基部圆形，全缘，稀具不明显钝齿，叶面被毛，常早落，留下乳凸状的基部，粗糙，叶背密生淡黄色短绒毛，稀近无毛；侧脉3~5对；叶柄长3~6cm。花序多花，顶生及侧生，侧生花序生腋外，被细绒毛，二歧分枝，松散，长2~8cm，宽2~9cm；花二型；花萼钟状，长3~5mm，萼齿不等长；花冠白色，长6~8mm，裂片长圆形，长4~5mm，下弯，筒部长2~3mm。核果椭圆形，成熟时红色或淡红色，果径5~9mm，无毛或被疏毛，基部托以钟状宿存萼；种子1~2枚。花期10~12月；果期翌年1月。

产于百色、凌云、田阳、那坡、龙州、宁明。生于海拔1000m以下的疏林中。分布于云南、海南；印度、缅甸、越南也有分布。

2. 破布木 图1390

Cordia dichotoma G. Forst.

乔木，高20m。叶近革质，卵形、宽

卵形或椭圆形，长6～13cm，宽4～9cm，先端钝或具短尖，基部圆形或宽楔形，边缘呈微波状或波状锯齿，稀全缘，两面疏生柔毛至无毛；侧脉3～5对；叶柄细弱，长2～5cm。聚伞花序生于具叶的侧枝顶端，二叉状稀疏分枝，宽5～8cm；花二型，无梗；花萼钟状，5裂，长5～6mm，裂片三角形，不等大；花冠白色，与花萼略等长，裂片比筒部长。核果近球形，黄色或带红色，直径10～15mm，具多胶质中果皮，被宿存花萼承托。花期2～4月；果期6～8月。

产于梧州、隆林、龙州。生于溪边、山谷林中。分布于广东、海南、云南、西藏、贵州、福建、台湾；越南、印度、澳大利亚也有分布。鲜果含油22.18%，干果含油35.94%，种子含油51.8%，可榨油，油可食用。果入药，有祛痰利尿之效。木材心材与边材区别不明显，木材浅黄褐色，纹理直，结构适中，重量轻，干缩率小，干燥快，不变形，耐腐性、抗虫性中等，可供包装箱、纸浆及农具用材。

2. 厚壳树属 **Ehretia** P. Browne

乔木或灌木。叶互生，全缘或具锯齿，具柄。聚伞花序呈伞房状或圆锥状；花萼小，5裂，宿存；花冠筒状或筒状钟形，白色或淡黄色，5裂；雄蕊5枚，花药卵形或长圆形，花丝细长，常伸出花冠外；子房圆球形，2室，每室具2枚胚珠，花柱中部以上2裂。核果近圆球形，内果皮分裂为2个2枚种子或4个具1枚种子的分核。

约50种。中国14种，产于长江以南各地；广西5种，本志记载4种。

分种检索表

1. 叶具锯齿；内果皮成熟时分裂为2个具2枚种子的分核。
  2. 叶无毛，锯齿齿尖向上内弯；花冠裂片比筒部长；核果直径3～4mm …………………… **1. 厚壳树 E. acuminata**
  2. 叶面密生具盘硬毛，叶背密被柔毛，锯齿开展；花冠裂片比筒短；核果直径10～15mm ……… **2. 粗糠树 E. dicksonii**
1. 叶全缘；内果皮成熟时分裂为4个具1枚种子的分核。
  3. 叶网脉明显；花萼被柔毛及腺毛；核果熟时黄色，直径约5mm ……………………… **3. 上思厚壳树 E. tsangii**
  3. 叶网脉不明显；花萼无毛；核果成熟时淡黄色至红色，直径8～15mm ………… **4. 长花厚壳树 E. longiflora**

1. 厚壳树

Ehretia acuminata R. Br.

落叶乔木，高15m。叶椭圆形、倒卵形或长圆状倒卵形，长5～13cm，宽4～6cm，先端尖，基部宽楔形，无毛或被稀疏柔毛，边缘有锯齿，齿端向上而内弯；叶柄长1.5～2.5cm。聚伞花序圆锥状，长8～15cm，宽5～8cm，被短毛或近无毛；花多数，密集，小形，芳香；花萼长1～2mm，裂片卵形；花冠钟状，白色，长3～4mm，裂片长圆形，长2.0～2.5mm，较筒部长。核果黄色或橘黄色，直径3～4mm；核具皱折，成熟时分裂为2个具2枚种子的分核。

产于广西各地。分布于长江流域以南各地；日本、越南也有。木材供建筑及家具用材。树皮作染料。

2. 粗糠树 云南厚壳树

Ehretia dicksonii Hance

落叶乔木，高15m。小枝淡褐色，被柔毛。叶宽椭圆形、椭圆形、卵形或倒卵形，长8～25cm，宽5～15cm，先端尖，基部宽楔形或近圆形，叶面密生具基盘的短硬毛，粗糙，叶背密生短柔毛，边缘具开展锯齿；叶柄长1～4cm。聚伞花序顶生，呈伞房状或圆锥状，宽6～9cm；花无梗或近无梗；花萼长3.5～4.5mm，裂至近中部；花冠筒状钟形，白色至淡黄色，芳香，长8～10mm，裂片长圆形，长3～4mm，比筒部短。核果黄色，近球形，直径10～15mm，内果皮成熟时分裂为2个具2枚种子的分核。花期3～5月；果期6～7月。

产于广西各地。分布于西南、华南、华东、台湾及陕西、河南等地；日本、越南也有分布。木材稍硬，可作建筑用材。

3. 上思厚壳树

Ehretia tsangii I. M. Johnst.

小乔木，高3~5m；小枝褐色，无毛。叶椭圆形或长圆状椭圆形，长5~12cm，宽3~6cm，先端骤尖，基部楔形，全缘，两面无毛或仅叶背脉腋间具柔毛；侧脉5~6对，网脉明显。聚伞花序顶生及侧生，呈伞房状，宽3~8cm，具短柔毛；花萼长1.5~2.5mm，具不明显短柔毛及腺体，裂片长1~1.5mm；花冠呈筒状钟形，白色，芳香，长7~8.5mm，裂片长圆形，长3~4mm，反卷，比筒部短。核果黄色，直径约5mm，内果皮成熟时分裂为4个具单枚种子的分核。花期3月；果期4月。

产于天峨、田阳、靖西、田林、武鸣、南宁、上思、龙州，生于海拔500m以下石山。分布于云南、贵州。喜光，适应性强，在石山石缝或石壁也能长成枝叶繁茂的小乔木。播种繁殖。木材纹理直，结构细，材质重，作建筑、家具等用。

4. 长花厚壳树

Ehretia longiflora Champ. ex Benth.

乔木，高5~10m。叶椭圆形、长圆形或长圆状倒披针形，长8~12cm，宽3.5~5.0cm，先端急尖，基部楔形，全缘，无毛；侧脉4~7对，网脉不明显；叶柄长1~2cm。聚伞花序生于侧枝顶端，呈伞房状，宽3~6cm，无毛或疏生短柔毛；花无梗或具短梗；花萼长1.5~2.0mm，无毛，裂片卵形；花冠白色，呈筒状钟形，长10~11mm，裂片卵形或椭圆状卵形，长2~3mm，明显比筒部短。核果淡黄色或近红色，直径8~15mm，分裂成4个具单枚种子的分核，核具棱。花期4月；果期6~7月。

产于广西各地，生于海拔900m以下山地路边、山坡疏林及湿润的山谷密林。分布于广东、福建、台湾；越南也有。嫩叶可代茶用。

3. 基及树属 **Carmona** Cav.

灌木或小乔木。叶小形，具短柄，两面均粗糙，上面多有白色小斑点。花生于叶腋，通常2~6朵集为疏松团伞状花序；花萼5裂，裂片开展；花冠白色，具短筒及平展的裂片；雄蕊5枚，花丝细长，花药伸出；花柱顶生，2裂近基部，分枝细长，约与花冠等长，柱头2枚。核果，先端有宿存喙状花柱，内果皮坚硬，近球形，成熟时不开裂，具4枚种子。

仅1种，分布于亚洲南部及东南部。广西也有。

基及树　福建茶

Carmona microphylla（Lam.）G. Don.

灌木，高1~3m。树皮褐色，多分枝；枝条细弱，节间长1~2cm，幼嫩时被稀疏短硬毛。叶革质，倒卵形或匙形，长1.5~3.5cm，宽1~2cm，先端圆形或截形，具粗圆齿，基部渐狭为短柄，叶面有短硬毛或斑点，叶背近无毛。团伞花序开展，宽5~15mm；花序梗细弱，长1.0~1.5cm，被毛；花梗极短，长1.0~1.5mm或近无梗；花萼长4~6mm，分裂至近基部；花冠钟状，白色或稍带红色，长4~6mm，裂片长圆形，伸展，较筒部长。核果直径3~4mm，内果皮圆球形，具网纹，直径2~3mm，先端有短喙。

产于北海。生于低海拔台地、丘陵及空旷灌丛处，广西各地有园林栽培。分布于海南、广东、台湾。枝叶浓郁，耐修剪，栽培作绿篱或盆景。

4. 轮冠木属 **Rotula** Lour.

灌木。茎多数，平卧或呈帚状，分枝多且细直。叶互生，在节上多簇生。花小形，集为顶生稀疏聚伞花序；花萼5裂，裂片呈披针形；花冠近钟形，紫红色或粉色，具短筒，5裂；雄蕊5枚；子房4室，每室具1枚胚珠，花柱顶生，细长，不裂，柱头2浅裂，近盾状。核果浆果状，红色，内果皮发达，开裂为4个具单枚种子的分核；分核坚硬，种子长圆形。

3种。中国1种，分布于广西、云南及贵州。

轮冠木

Rotula aquatica Lour.

灌木。具多数细长而延伸的茎；茎灰色或黑灰色，无毛。叶近革质，长圆形或倒披针形，长0.5～2.5cm，宽2～10mm，先端钝，具短尖，基部圆形、楔形或宽楔形，两面均被糙伏毛，全缘；叶柄长0.5～4.0mm或近无柄。花萼长4～5mm，裂片宽0.5～1.5mm；花冠粉红色至淡紫色，长5～7mm，花冠筒长1～2mm。核果近圆球形，直径3～4mm。

产于南宁。生于多石溪边或岩石缝中。分布于云南、贵州；越南、泰国、印度也有分布。

134 马鞭草科 Verbenaceae

灌木或乔木，有时为藤本，稀草本。小枝常四棱形。叶对生，稀轮生或互生，单叶或掌状复叶，稀羽状复叶；无托叶。花两性，稀杂性；聚伞、总状、穗状伞房状聚伞花序或圆锥花序；花萼4～5齿裂或深裂，宿存；花冠筒圆柱状，冠檐二唇形或稍不等4～5裂；雄蕊4枚，2强，稀2枚或5～6枚；花盘不显著；子房上位，2～5室，每室具胚珠1枚；花柱顶生。核果、蒴果或浆果状核果。

约80属3000余种，主要分布于热带和亚热带地区。中国21属175种；广西13属约100种，本志记载10属65种9变种(或亚种、品种)。

分属检索表

1. 小枝有明显关节；叶厚革质；海滨泥沼盐生植物，红树林常见树种 ………… **1. 海榄雌属 Avicennia**
1. 小枝无关节或关节不明显；叶非厚革质；陆生植物。
  2. 高大乔木；单叶，大型，全缘，鲜叶揉之有橙红汁液溢出 ………… **2. 柚木属 Tectona**
  2. 灌木或小乔木；单叶或掌状复叶，有锯齿或全缘。
    3. 茎具倒钩刺；花密集成头状，同一花序上的花有多种颜色 ………… **3. 马缨丹属 Lantana**
    3. 茎有刺或无刺，但不为倒钩刺；花序中的花为同一颜色。
      4. 总状花序，花序顶生；有刺或无刺灌木；核果几完全包藏在增大宿存的花萼中 … **4. 假连翘属 Duranta**
      4. 聚伞花序或由聚伞花序再排成其他花序或有时为单花。
        5. 掌状复叶或偶有单叶；花冠5裂二唇形 ………… **5. 牡荆属 Vitex**
        5. 单叶。
          6. 花序腋生。
            7. 叶通常具锯齿，被星状毛或柔毛；果实成熟时通常紫色，呈珍珠状 …… **6. 紫珠属 Callicarpa**
            7. 叶通常全缘，无毛；果实成熟时黑色 ………… **7. 假紫珠属 Tsoongia**
          6. 花序顶生或腋生。
            8. 花长1.5～4.5cm，花萼果时明显增大，具大腺体。
              9. 花冠筒漏斗状，顶端4～5裂二唇状，雄蕊4枚，2强，生于花冠管下部，稍伸出花冠……………… **8. 石梓属 Gmelina**
              9. 花冠筒高脚碟状或漏斗状，顶端5裂不成二唇状，雄蕊4枚，近等长，生于花冠管上部，明显伸出花冠外 ………… **9. 大青属 Clerodendrum**
            8. 花长不超过1cm，花萼果时不明显增大，无大腺体 ………… **10. 豆腐柴属 Premna**

1. 海榄雌属 Avicennia L.

灌木或乔木。枝圆柱形，有明显关节。单叶对生，革质，全缘。聚伞穗状或聚伞头状花序；花小，黄褐色，对生于花序梗上；花萼杯状，宿存，5裂，裂片卵圆形；花冠钟状，4裂；雄蕊4枚，着生于花冠管内的喉部；子房不完全4室，每室有1枚胚珠；柱头2裂。蒴果2瓣深裂。

约14种，分布于世界热带地区，生长于海边和盐沼地带。中国1种；广西也有分布。

图1391 海榄雌 Avicennia marina (Forssk.) Vierh.
1. 花枝；2. 花；3. 果枝；4. 树根。(仿《中国植物图鉴》)

海榄雌 白骨壤 图1391

Avicennia marina (Forssk.) Vierh.

灌木，高6m。枝条有隆起条纹，小枝方形，光滑无毛。叶革质，卵形、倒卵形或椭圆形，长2~7cm，宽1.0~3.5cm，先端钝圆，基部楔形，叶面无毛，叶背有细短毛；主脉明显，侧脉4~6对；近无柄。聚伞花序排列紧密成头状，花梗长1.0~2.5cm；花小，直径约5mm；苞片5枚，分两层，外层密生绒毛，内层光滑；花萼5裂，外被绒毛；花冠黄褐色，4裂，裂片长约2mm，外被绒毛。果近球形，直径约1.5cm，有毛。花、果期7~10月。

产于北海、合浦、钦州、防城、东兴。生于海边和盐沼地带，为各地沿海红树林常见种，在野外常见其冠幅范围内有众多指状呼吸根。分布于广东、福建、海南、台湾；非洲东部至印度、马来西亚、澳大利亚、新西兰也有分布。果浸泡去涩可炒食，产地群众称其果为"榄钱"，果期市场常有出售，性凉、利尿，凉血败火，口感略带苦味。

2. 柚木属 Tectona L. f.

落叶大乔木。小枝被星状柔毛。叶大，对生或轮生，全缘，有叶柄。花序由二歧状聚伞花序组成顶生圆锥花序；苞片小，狭窄，早落；花萼钟状，5~6齿裂，果时增大完全包围果实；花冠管短，5~6裂，裂片外卷；雄蕊5~6枚，着生在花冠管上部，伸出花冠外；子房4室，每室有1枚胚珠。核果，外果皮薄，内果皮骨质；种子长圆形。

约3种。分布于印度、缅甸、马来西亚及菲律宾。中国引入栽培1种；广西也有栽培。

柚木 脂树、紫油木

Tectona grandis L. f.

落叶大乔木，高可达40m。小枝淡黄色或淡褐色，四棱形，具四槽，被灰黄色或灰褐色星状绒毛。叶对生，厚纸质，卵状椭圆形或倒卵形，大型，长15~70cm，宽8~37cm，顶端钝或渐尖，基部楔形下延，叶面粗糙，有白色凸起，叶背密被灰褐色至黄褐色星状毛，全缘；侧脉7~12对；叶柄粗壮，长2~4cm。圆锥花序顶生，大型，长25~40cm，宽30cm以上；花有香气，但仅有少数能发育；花萼钟状，被白色星状绒毛；花冠白色。核果球形，直径12~18mm，外果皮茶褐色，被毡状细毛，内果皮骨质。花期8月；果期10月。

广西19世纪即在南部引种，散见于南宁、北流、凭祥、大新。喜温暖气候，惧重霜，喜生于气候暖热，干湿季分明的季雨地区，幼苗易受霜害。喜光，喜深厚、排水良好的冲积土，在排水不良的黏土上生长不良。播种繁殖。世界著名用材，心材与边材区别明显，心材灰黑色，边材灰色，密度中(气干密度0.601g/cm^3)，质坚硬、纹理通直，光泽美丽，干燥不翘裂，抗虫，耐腐，易加工，适于房屋建筑、室内装饰、造船、车辆、雕刻及高级家具等用材。可选择广西南部低地房前屋后肥沃地造林，成片规模造林生长较差。

3. 马缨丹属 Lantana L.

直立或半藤本状灌木。叶揉烂有强烈气味。单叶对生，有柄，有齿，表面多皱。花密集成头状，有总花梗；苞片基部宽，小苞片小；花萼小，膜质，顶端截平或具短齿；花冠4~5浅裂，裂片钝或微凹，几近相等而平展或略呈二唇形；雄蕊4枚，着生于花冠管中部，内藏；子房2室，每室胚珠1枚。果实的中果皮肉质，内果皮质硬，成熟后，常为2骨质分核。

约150种，主产于热带美洲。中国栽培1种，用于绿化观赏，已逸为野生，广西也有。

马缨丹 五色梅、臭草、如意草 图1392

Lantana camara L.

直立灌木或蔓性灌木，高1~2m。茎枝均为四棱形，有粗毛，常有短而倒钩状皮刺。单叶对生，揉烂后有强烈气味，卵形至卵状长圆形，长3.0~8.5cm，宽1.5~5.0cm，顶端急尖或渐尖，基部心形或楔形，边缘有钝齿，叶面有粗糙皱纹和短柔毛，叶背有小刚毛；侧脉约5对；叶柄长约1cm。花序球形，直径1.5~2.5cm；花序梗粗壮，长于叶柄；花萼管状，膜质，顶端有极短的齿；花冠黄、橙黄至深红色，花冠管长约1cm，两面有细短毛。果圆球形，成熟时紫黑色。几乎全年可见花果。

原产于美洲热带地区；中国南方各地有栽培，福建、广东、海南、广东、云南、四川等已逸为野生。花美丽且花期长，繁殖易，是各地很受欢迎的观赏植物。但因其适应性强、繁殖快，并排挤当地植物，近年被IUCN列入“世界最有害外来入侵物种百强”。

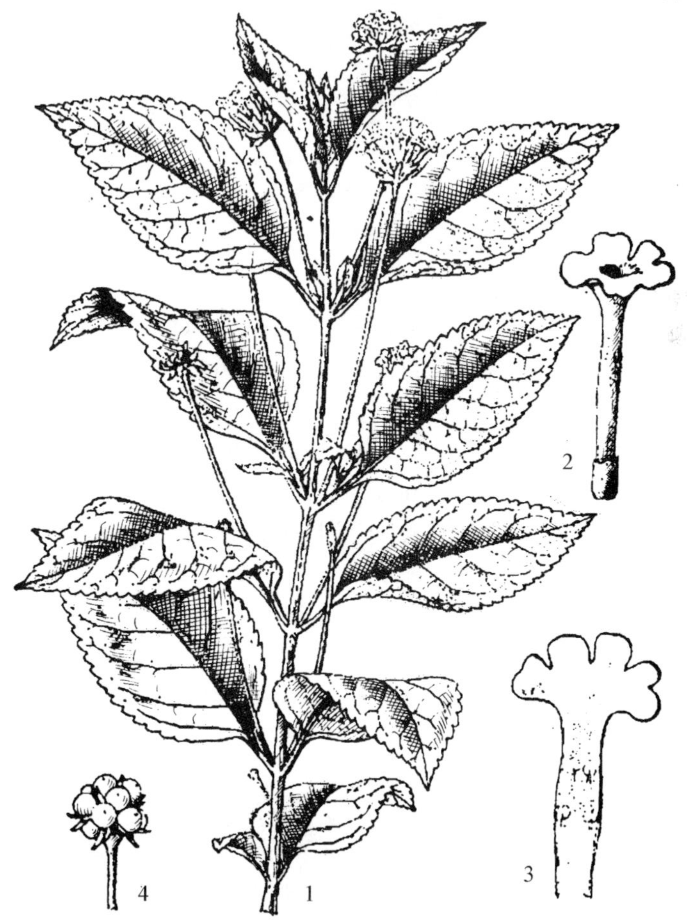

图1392 马缨丹 Lantana camara L. 1. 花枝；2. 花；3. 花冠展开；4. 果序。(仿《中国植物志》)

4. 假连翘属 Duranta L.

灌木。茎有刺或无刺。单叶对生或轮生，全缘或有锯齿。花序总状、穗状或圆锥状，顶生或腋生；苞片细小；花萼5齿裂，宿存；花冠管圆柱形，5裂，稍不等长；雄蕊4枚，内藏，2长2短；子房由4个2室的心皮组成8室，每室有1枚下垂胚珠。核果几完全包藏在增大宿存的花萼内，中果皮肉质，内果皮硬，有4核，每核2室，每室有1枚种子。

约30种，分布于热带美洲和中美洲热带。中国引进1种，广西也有。

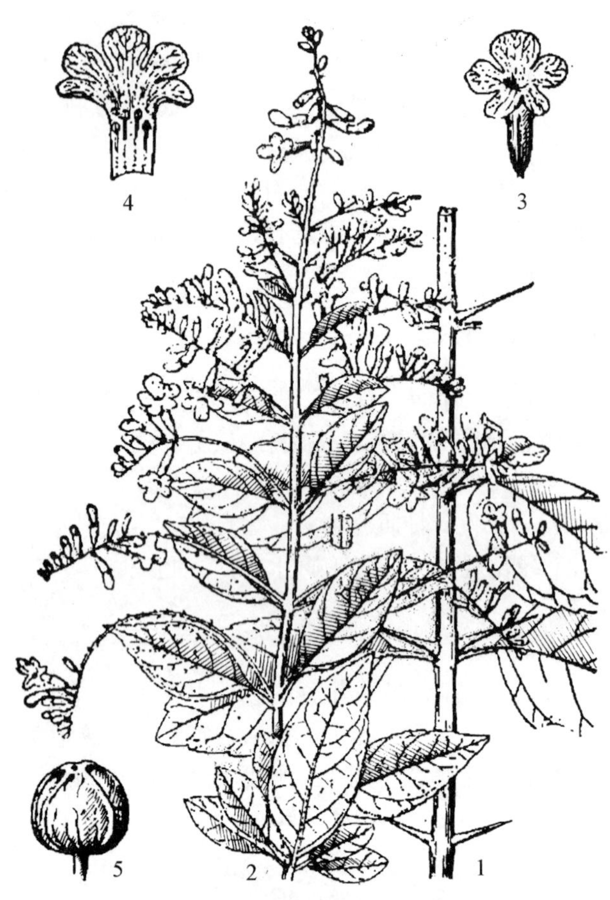

图 1393 假连翘 Duranta erecta L. 1. 枝叶；2. 花枝；3. 花；4. 花冠展开；5. 果。(仿《中国植物志》)

1. 假连翘 金露花 图 1393

Duranta erecta L.

灌木，高 1.5 ~ 3.0m；枝条有刺，幼枝有柔毛。叶纸质，对生，稀轮生，卵状椭圆形或卵状披针形，长 2.0 ~ 6.5cm，宽 1.5 ~ 3.5cm，先端短尖或钝，基部楔形，全缘或中部以上有锯齿；叶柄长约 1cm。总状花序顶生或腋生，常排成圆锥状；花萼管状，5 裂，有 5 棱；花冠蓝紫色，长约 8mm，稍不整齐，5 裂。核果球形，无毛，有光泽，熟时红黄色，为增大宿存的花萼所包围。全年开花。

原产于热带美洲，世界各热带地区广泛栽培，广西南部各地城市广为栽培。喜高温环境，惧重霜，适宜广西南部各地栽培。嫩枝扦插，极易成活。枝叶浓密，极耐修剪，适应性强，优良绿篱植物和球形造景植物。

1a. 黄素梅 黄金叶

Duranta repens 'Golden Leaves'

与原种主要区别，叶金黄色。生物生态学习性、繁殖技术与原变种相同，优良观赏植物。

1b. 花叶假连翘 花叶黄素梅

Duranta repens 'Variegata'

与原种主要区别，叶花色，绿、白相间。生物生态学习性、繁殖技术与原变种相同，冠形稍稀疏，主要作园林球形造景植物。

5. 牡荆属 Vitex L.

乔木或灌木。小枝常四棱形，无毛或有微柔毛。掌状复叶，稀单叶，对生，有柄，全缘或有锯齿。聚伞花序组成圆锥状、伞房状或近穗状；苞片小；花萼钟状，稀管状或漏斗状，顶端截平或有 5 小齿，宿存；花冠白色、浅蓝色、浅蓝紫色或淡黄色，略长于萼，二唇形，上唇 2 裂，下唇 3 裂，中间的裂片较大；雄蕊 4 枚，2 长 2 短或近等长；子房 2 ~ 4 室，每室胚珠 1 ~ 2 枚；花柱丝状，柱头 2 裂。核果；种子卵形、长圆形或近圆形。

约 250 种。中国 14 种，主产于长江以南；广西 7 种 2 亚种或变种。

分种检索表

1. 单叶或具三小叶复叶，叶全缘 ………………………………………………………… **1. 蔓荆 V. trifolia**
1. 掌状复叶，小叶 2 ~ 5 枚。
    2. 花序顶生，通常无毛。
        3. 叶两面无毛或仅脉上有柔毛。
            4. 小枝无毛或有微毛，无腺点；叶柄短，长 2cm 以内。
                5. 小叶通常 3 枚，全缘，小叶柄长 1cm 以上，叶背有金黄色腺点 ……… **2. 广西牡荆 V. kwangsiensis**
                5. 小叶通常 5 枚，有锯齿，小叶柄短或几无柄 ………………… **3. 广东牡荆 V. sampsonii**
            4. 小枝有微毛和腺点；叶柄长 2cm 以上 ……………………………… **4. 山牡荆 V. quinata**
        3. 叶两面有毛，尤其叶背毛更密。

6. 叶表面被糙疣毛，脱落后留下灰白色小窝点；小苞片早落 ……………………… **5. 灰毛牡荆 V. canescens**
6. 叶表面被微柔毛，无小窝点；小苞片宿存……………………………………………………… **6. 黄荆 V. negundo**
2. 花序腋生；小叶3～5枚，中间小叶长7～17cm，两侧小叶较小 ………………………… **7. 长叶荆 V. burmensis**

1. 蔓荆 三叶蔓荆、安南牡荆 图1394

Vitex trifolia L.

落叶灌木或小乔木，高1.5～5.0m。小枝四棱形，密生细柔毛。三出复叶，有时在侧枝上有单叶，叶柄长1～3cm；小叶倒卵形、卵形或倒卵状长圆形，长2.5～9.0cm，宽1～3cm，先端钝或短尖，基部楔形，全缘，叶面绿色，无毛或被微柔毛，叶背密被灰白色绒毛；侧脉8对，在两面稍隆起；小叶无柄或有时中间小叶基部下延成短柄状。圆锥花序顶生，长3～15cm，花序梗密被灰白色绒毛；花萼钟形，5浅裂；花冠淡紫色或蓝紫色，长6～10mm，5裂，二唇形。核果近球形，成熟时黑色；萼宿存，外面被灰白色绒毛。花期7月；果期9～11月。

产于广西南部及东南部。生于平原、河滩及村寨附近。分布于福建、台湾、广东、云南；印度、越南、菲律宾、澳大利亚也有分布。心材与边材区别不明显，木材灰白色，纹理直，结构细，重量轻，气干密度0.560g/cm^3，干燥快，耐腐性、抗虫性中等，易加工，供室内装饰、家具、木地板、雕刻等用材。

1a. 单叶蔓荆

Vitex trifolia subsp. **litoralis** Steenis

与原种主要区别：茎基部匍匐状，节处常生不定根；单叶，长2.5～5.0cm。

产于临桂、贵港、灵山、北海、宁明、崇左、扶绥。生于路边、沙滩、海边及湖畔。中国各地有零散分布；印度、越南、马来西亚也有分布。

2. 广西牡荆 广西布荆 图1395

Vitex kwangsiensis C. Pei

乔木，高12m。小枝四棱形，无毛。掌状复叶，叶柄长2～7cm，小叶2～5枚，通常3枚；中间小叶卵形至卵状披针形，长4.5～14.0cm，宽2.5～5.0cm，先端渐尖或尾状尖，基部宽楔形至楔形，全缘，表面绿色有光泽，脉上稍有毛，背面青绿色，无毛，有金黄色腺点，小叶柄长1.0～1.5cm；两侧小叶较小。圆锥花序顶生，长6～10cm，近无毛；萼钟状，5齿裂；花冠橙黄色，花冠管长3.5～6.0mm，5裂，二唇形，下唇中间裂片较大。核果球形。花期5～6月；果期7～9月。

广西特有种。产于龙州、宁明、大新。生于海拔550m以下石灰岩山坡疏林，为当地常见种。喜光；适应性强，在立地条件较差的石山上仍能生长旺盛，为当地石灰岩次生林主要建群种。播种繁殖。

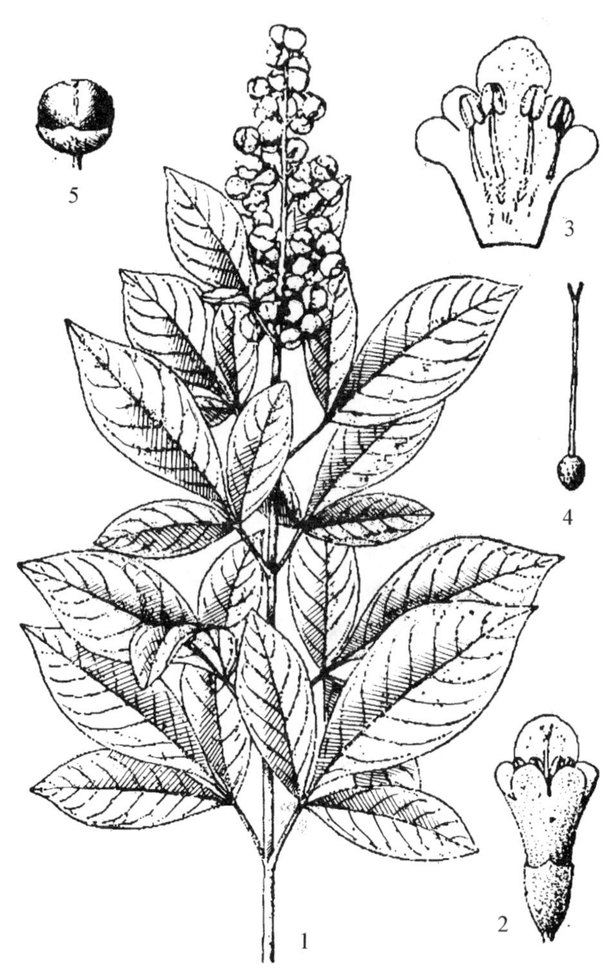

图1394 蔓荆 Vitex trifolia L. 1. 花枝；2. 花；3. 花冠展开；4. 花柱；5. 果。(仿《中国植物志》)

图 1395　广西牡荆 Vitex kwangsiensis C. Pei　1. 果枝；2. 果。(仿《中国植物志》)

图 1396　山牡荆 Vitex quinata (Lour.) F. N. Williams　果枝。(仿《中国植物志》)

3. 广东牡荆　小叶牡荆

Vitex sampsonii Hance

灌木，高 1～2m。小枝四棱形，疏被柔毛或近无毛，叶芽密生淡黄褐色细毛。掌状复叶对生，叶柄长 1～3cm，内侧有槽，下部有毛，小叶 3～5 枚，通常 5 枚；倒卵形或倒卵状披针形以至椭圆状披针形，上部有锯齿，顶端钝，急尖或渐尖，基部狭楔形，近无柄或有短柄，全缘，两面绿色，近无毛；中间小叶片长 1.5～4.0cm，宽 1～2cm，两侧小叶片依次渐小。聚伞花序紧密排列成有间隔的顶生圆锥花序，长 10～20cm；苞片全缘或有分裂；花萼钟状，近无毛或稍有毛，5 裂；花冠蓝紫色，长约 1cm，外面被细毛，二唇形，下唇中间裂片较大；雄蕊 4 枚，花丝着生处有柔毛；花柱无毛，柱头 2 裂。果实近球形。花期 5～9 月。

产于广西南部各地。生于山坡路畔灌草丛中。分布于广东、湖南、江西。

4. 山牡荆　图 1396

Vitex quinata (Lour.) F. N. Williams

常绿乔木，高 12m。小枝四棱形，有微柔毛和腺点。掌状复叶对生，叶柄长 2.5～6.0cm，小叶 3～5 枚；小叶倒卵形至倒卵状椭圆形，先端渐尖至短尾尖，基部楔形至宽楔形，全缘，两面除中脉被微毛外其余无毛，叶背有金黄色腺点；中间小叶长 5～9cm，宽 2～4cm，小叶柄长 0.5～2.0cm，两侧小叶渐小。聚伞花序对生于主轴上，排成顶生圆锥花序式，长 9～18cm，密被棕黄色微柔毛；花萼钟状，5 钝齿，外面密生棕黄色细柔毛和腺点；花冠淡黄色，长 6～8mm，5 裂，二唇形，下唇中间裂片较大。核果球形或倒卵形，成熟后黑色，宿萼呈圆盘状，顶端近截形。花期 5～7 月；果期 8～9 月。

产于广西各地。生于海拔 1200m 以下石灰岩山坡林中。分布于广东、湖南、福建、江西、浙江、台湾；日本、印度、马来西亚也有分布。幼苗喜阴，大树好光，为当地石灰岩次生林上层乔木种。适应性强，在石山陡壁也可以长成大树。播种繁殖，种子密封干藏，可保持发芽率 1 年以上。木材灰淡黄色，纹理斜，结构细，干燥少开裂，不变形，气干密度 0.480g/cm^3，适于作建筑、文具、家具等用材。

5. 灰毛牡荆

Vitex canescens Kurz

乔木，高3~20m。小枝四棱形，密被灰黄色细柔毛。掌状复叶，叶柄长2.5~7.0cm，小叶3~5枚；小叶卵形、椭圆形或椭圆状披针形，长6~18cm，宽2.5~9.0cm，两侧小叶较小，先端渐尖或骤尖，基部宽楔形或近圆形，侧生小叶基部常不对称，全缘，叶面被糙疣毛，毛脱落后有灰白色小窝点，叶背密生灰黄色柔毛和腺点；侧脉8~19对；小叶柄长0.5~3.0cm。圆锥花序顶生，长10~30cm，花序梗密生灰黄色细柔毛；苞片早落；花萼5齿裂；花冠黄白色，外面密生细柔毛和腺点。核果近球形或长椭圆状倒卵形，表面淡黄色或紫黑色，有光泽，宿萼外面被毛。花期4~5月；果期5~6月。

产于临桂。分布于广东、云南、贵州、四川、西藏、湖南、湖北、江西；印度、缅甸、泰国、越南也有分布。木材心材与边材区别不明显，坚韧，供家具、建筑用材。

6. 黄荆 荆条、黄荆条 图1397

Vitex negundo L.

图1397 黄荆 Vitex negundo L. 1. 叶；2. 花枝；3. 花；4. 果。(仿《中国植物志》)

灌木或小乔木。小枝四棱形，密生灰白色柔毛。掌状复叶，小叶5枚，稀3枚；小叶长圆状披针形至披针形，先端渐尖，基部楔形，全缘或具少数粗锯齿，叶面绿色，被微柔毛，叶背密生灰白色绒毛；中间小叶长4~13cm，宽1~4cm，两侧小叶依次渐小，当为5枚小叶时，中间3枚小叶有柄，最外的2枚小叶无柄或近于无柄。聚伞花序排成圆锥花序式，顶生，长10~27cm，花序梗密生灰白色绒毛；苞片宿存；花萼钟状，5裂；花冠淡紫色，5裂，二唇形。核果近球形，直径约2mm，长度与宿萼相当。花期4~6月；果期7~10月。

产于广西各地。分布于长江流域以南各地，北达秦岭淮河；亚洲东南部及南美洲也有。喜光，耐干旱瘠薄，对土壤要求不严，酸性土或钙质土都能正常生长。多生于荒山旷地、山野阳坡及路旁。在石灰岩山地，常见生灌木丛中或光秃的坡积土、石穴土或石缝中。

6a. 牡荆

Vitex negundo var. **cannabifolia** (Sieb. et Zucc.) Hand. -Mazz.

与原变种主要区别：小叶披针形或椭圆状披针形，边缘有粗锯齿，叶面绿色，叶背淡绿色，通常被柔毛。圆锥花序顶生，长10~20cm；花冠淡紫色。果实近球形，黑色。花期6~7月；果期8~11月。

产于广西各地。生于山坡路旁及灌木丛中。分布于华东、华中及西南各地；日本也有分布。

7. 长叶荆

Vitex burmensis Moldenke

灌木至乔木，高12m。小枝四棱形，密被黄色短柔毛和淡黄色腺点。掌状复叶，小叶3~5枚，叶柄长2~12cm，有毛；小叶披针形、卵状披针形至长圆形，全缘，先端渐尖至尾状尖，基部楔形或近圆形，有时不对称，叶面疏生短柔毛和黄色腺点，叶背密生灰柔毛和腺点；侧脉13~15对；中间小叶长7~17cm，宽2.5~8.0cm，小叶柄长0.3~2.0cm，两侧小叶较小。圆锥花序由许多分枝的聚伞花序组成，1~3个生于叶腋，花序梗长1.5~7.0cm，有毛和分散的腺点；苞片细小、有毛、早落；花萼5裂；花冠粉红色，5裂，二唇形。核果近球形，熟时黑色，宿萼扩大呈圆盘状，边缘5浅裂。花期6月；果期10月。

产于隆林。生于海拔1300m以上密林中。分布于贵州、云南、西藏。

6. 紫珠属 Callicarpa L.

灌木或乔木，稀攀援灌木。小枝被分枝毛、星状毛、单毛或钩毛，稀无毛。单叶对生，偶有3枚叶轮生，有锯齿，稀全缘，常被毛和腺点。聚伞花序腋生；苞片细小，稀为叶状；花小，整齐；花萼钟状或杯状，稀管状，4裂或平截，宿存；花冠紫、红或白色，4裂；雄蕊4枚，着生于花冠管基部，与花冠管等长或过之；子房4室，每室具1枚胚珠。核果或浆果状，具4分核，内各有种子1枚。

约140种，主要分布于热带和亚热带亚洲和大洋洲。中国48种；广西22种3变种。

分种检索表

1. 植物体被钩状小糙毛；聚伞花序有花1~7朵，花序梗纤细如丝状，花萼近截头状 …………………………………… **1. 钩毛紫珠 C. peichieniana**
1. 植物体非钩糙毛，稀近无毛；聚伞花序2至多次分歧，花序梗非纤细如丝状，花萼深裂或截头状。
    2. 花萼管状，深裂至中部以下，裂片长2mm以上；果实几完全为花萼所包裹 ……… **2. 枇杷叶紫珠 C. kochiana**
    2. 花萼杯状或钟状，在中部以上裂或截头状；果实裸露于花萼外。
        3. 花丝通常长于花冠2倍或更长；花冠紫色至红色，稀白色。
            4. 聚伞花序通常宽4~9cm，5次以上分歧，花序梗通常长于3cm，粗壮。
                5. 叶全缘；乔木或攀援灌木。
                    6. 乔木；花序梗四棱形 …………………………………… **3. 木紫珠 C. arborea**
                    6. 攀援灌木；花序梗圆柱形 …………………………………… **4. 全缘叶紫珠 C. integerrima**
                5. 叶缘有锯齿；灌木，稀小乔木。
                    7. 叶卵状椭圆形或长椭圆形，基部钝至圆形，叶背密被星状茸毛，无腺点或腺点隐藏于毛中。
                        8. 聚伞花序宽8~13cm，花序梗长3~8cm …………………………………… **5. 裸花紫珠 C. nudiflora**
                        8. 聚伞花序宽4~8cm，花序梗长2~3cm …………………………………… **6. 大叶紫珠 C. macrophylla**
                    7. 叶披针形或长椭圆状披针形，基部楔形，叶背疏生星状毛，腺点清晰可见 …………………………………… **7. 尖叶紫珠 C. acutifolia**
            4. 聚伞花序宽不超过4cm，通常2~5次分歧，花序梗长不超过3cm，纤细。
                9. 叶基部楔形、钝或圆形，中部以上渐狭。
                    10. 叶背密被绵状茸毛或紧贴的丝状绢毛，毛显著较叶面密 ………… **8. 尖萼紫珠 C. loboapiculata**
                    10. 叶背被星状短毛或长毛，通常不为绵毛状，少数近于无毛。
                        11. 叶或花通常有黄色腺点，或因脱落而下陷成小窝状。
                            12. 花萼有毛；叶背面被疏密不等的星状毛。
                                13. 萼有齿，萼齿尖锐或钝三角形，长不超过1.5mm；果实浆果状，成熟后无毛。
                                    14. 子房无毛；花序梗长为叶柄长的2倍或更长 ………………… **9. 杜虹花 C. formosana**
                                    14. 子房有毛；花序梗短于或近等长于叶柄 ………………… **10. 老鸦糊 C. giraldii**
                                13. 萼无齿，近截头；果实干果状，成熟后有星状毛………… **11. 长叶紫珠 C. longifolia**
                            12. 花萼无毛；叶背面无毛，稀仅脉上疏生星状毛。
                                15. 小枝通常有明显的层出现象(在叶腋或花序内抽芽生枝，其上的叶片显著较正常枝的叶片小) …………………………………… **12. 抽芽紫珠 C. prolifera**

15. 小枝无上述特征。
16. 小枝四棱形，疏被单毛；叶披针形或椭圆状披针形 ……… **13. 尖尾枫 C. longissima**
16. 小枝圆柱形，被星状毛或近无毛；叶倒卵形或披针形 ……………………………………………………………………………… **14. 白棠子树 C. dichotoma**
11. 叶或花有粒状红色或暗红色腺点，不脱落或脱落后不下陷 ……………… **15. 紫珠 C. bodinieri**
9. 叶基部心形或近耳形，中部以上最宽，倒卵状长椭圆形或倒披针形。
17. 萼齿尖锐，齿长 1～2mm；叶柄长 5～8mm ……………………………………… **16. 长柄紫珠 C. longipes**
17. 萼齿钝三角形，齿长不超过 0.5mm；叶柄极短或近无柄 ……………………… **17. 红紫珠 C. rubella**
3. 花丝通常短于花冠，稀与花冠等长或略长；花冠白色，稀紫色或红色。
18. 叶及花各部密生红色或暗红色腺点 ……………………………………………… **18. 华紫珠 C. cathayana**
18. 叶及花各部有黄色腺点或无腺点。
19. 叶背中脉上被星状毛 ……………………………………………………………… **19. 短柄紫珠 C. brevipes**
19. 叶背无毛或近无毛。
20. 叶纸质，稀近革质，叶面无毛，叶背有细小黄色腺点或无腺点。
21. 叶倒披针形，长 6～10cm；聚伞花序 2～3 次分歧，花较少 ……………………………………………………………………………… **20. 窄叶紫珠 C. membranacea**
21. 叶披针形或狭椭圆披针形，长达 26cm；聚伞花序 3～5 次分歧，花多数 ……………………………………………………………………………… **21. 广东紫珠 C. kwangtungensis**
20. 叶膜质，叶面有毛，叶背有明显黄色腺点 ……………………………………… **22. 异叶紫珠 C. anisophylla**

1. 钩毛紫珠 图 1398

Callicarpa peichieniana H. Ma et W. B. Yu

灌木，高 2m。小枝圆柱形，细弱；小枝、花序梗密被钩状小糙毛和黄色腺点。叶菱状卵形或卵状椭圆形，长 2.5～6.0cm，宽 1～3cm，两面无毛，密被黄色腺点，先端尾尖或渐尖，基部宽楔形或钝圆；侧脉 4～5 对，边缘上半部疏生小齿；叶柄极短或无柄。聚伞花序单一，稀有 2 次分歧，具花 1～7 朵，花序梗纤细如丝状，长 1～2cm；花柄细弱，长约 4mm；苞片线形；花萼杯状，长约 1.5mm，顶端截头状；花冠紫红色，被细毛和黄色腺点。果实球形，熟时紫红色，具 4 枚分核。花期 6～7 月；果期 8～11 月。

产于金秀、苍梧、凌云、上思。分布于广东、湖南。

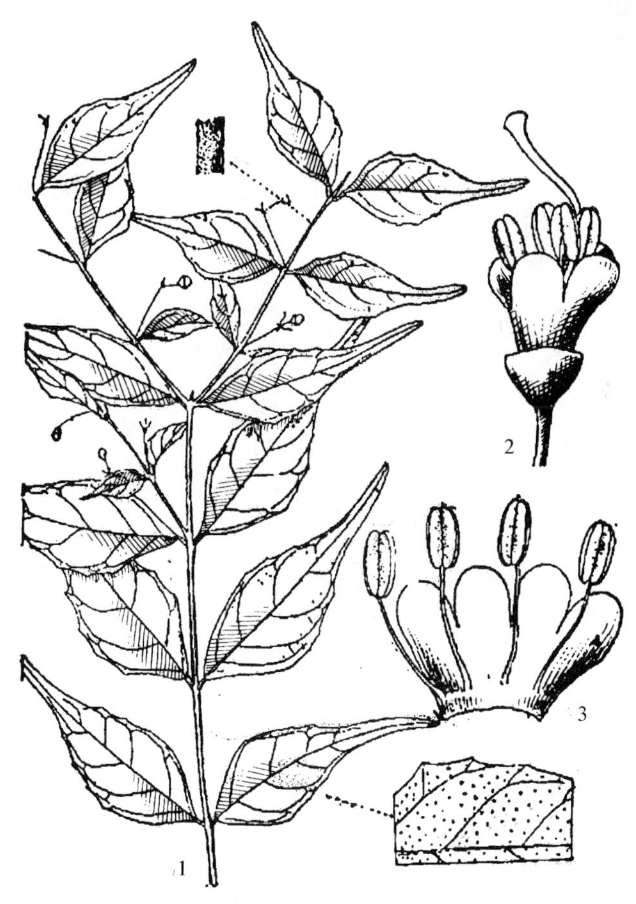

图 1398 钩毛紫珠 Callicarpa peichieniana H. Ma et W. B. Yu 1. 果枝；2. 花；3. 花冠展开。（仿《中国植物志》）

2. 枇杷叶紫珠

Callicarpa kochiana Makino

灌木，高 1～4m。小枝、叶柄与花序密生黄褐色分枝茸毛。叶长椭圆形、卵状椭圆形或长椭圆状披针形，长 12～22cm，宽 4～8cm，先端渐尖或锐尖，基部楔形，边缘有锯齿，叶面无毛或疏被毛，通常脉上较密，叶背密生黄褐色星状毛和分枝茸毛；侧脉 10～

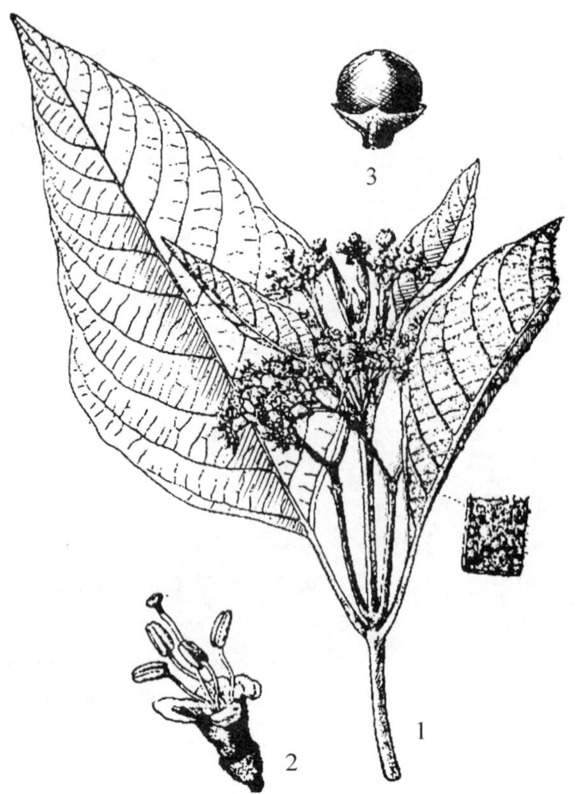

图 1399 木紫珠 **Callicarpa arborea** Roxb. 1. 花枝；2. 花；3. 果。(仿《中国植物志》)

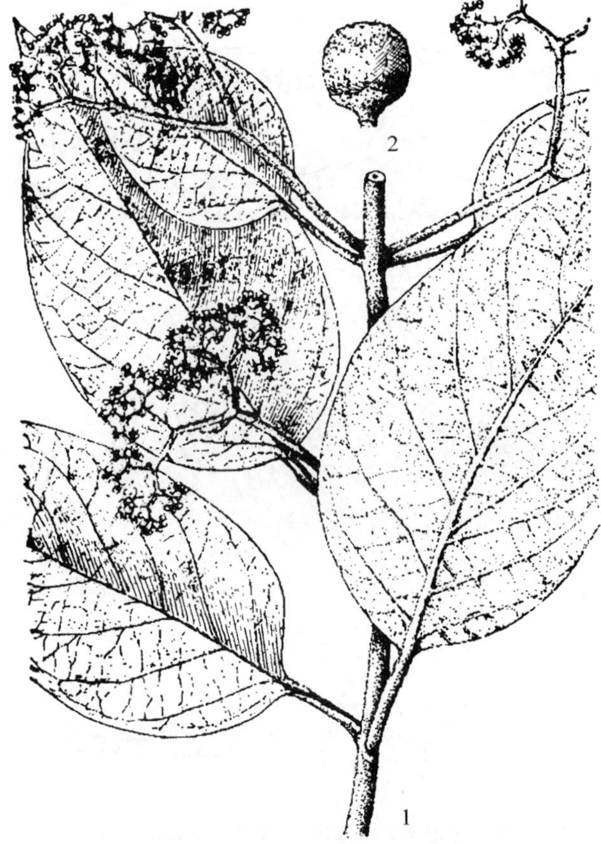

图 1400 全缘叶紫珠 **Callicarpa integerrima** Champ. ex Benth. 1. 花枝；2. 果。(仿《中国植物志》)

18 对，在叶背隆起；叶柄长 1 ~ 3cm。聚伞花序宽 3 ~ 6cm，3 ~ 5 次分歧；花序梗长 1 ~ 2cm；花近无柄，密集于分枝的顶端；花萼管状，被茸毛，萼齿线形或锐尖狭长三角形，齿长 2.0 ~ 2.5mm；花冠淡红色或紫红色，裂片密被茸毛。果实圆球形，直径约 1.5mm，几全部包藏于宿存的花萼内。花期 7 ~ 8 月；果期 9 ~ 12 月。

产于兴安、资源、贺州、融水。生于海拔 800m 以下山坡或谷地溪旁林中和灌丛中。分布于台湾、福建、广东、浙江、江西、湖南、河南；越南也有分布。

3. 木紫珠 树紫珠、马踏皮 图 1399

Callicarpa arborea Roxb.

乔木，高 8m。幼枝四棱形，与花序、叶柄密生黄褐色粉状分枝茸毛。叶革质，椭圆形或长椭圆形，长 13 ~ 37cm，宽 7 ~ 13cm，先端渐尖，基部楔形、宽楔形或钝圆，全缘，叶面深绿色有光泽，幼时有毛，老后脱落，叶背密生黄褐色星状茸毛；侧脉 8 ~ 10 对；叶柄粗壮，长 3 ~ 9cm。聚伞花序 6 ~ 8 次分歧，花序梗四棱形，长于或等于叶柄；花萼杯状，萼齿钝三角形或不明显；花冠紫色或淡紫色，长约 3mm。果实圆球形，成熟时紫褐色，干后变黑色。花期 5 ~ 7 月；果期 8 ~ 12 月。

产于凤山、田东、那坡、田林、宁明、龙州。生于海拔 1600m 以下阳坡林中和灌木丛中。分布于云南、西藏；越南、缅甸、泰国、印度也有分布。喜光，耐瘠薄，为产区森林恢复的先锋树种。木材心材与边材区别不明显，木材黄褐色，纹理直至斜，结构细，重量中等，气干密度 0.56g/cm^3，不耐腐，加工容易，供室内装饰、雕刻、包装箱等用材。

4. 全缘叶紫珠 图 1400

Callicarpa integerrima Champ. ex Benth.

攀援灌木。小枝圆柱形，幼枝、花序和叶柄密生黄褐色分枝茸毛。叶宽卵形、卵形或椭圆形，长 7 ~ 15cm，宽 4 ~ 9cm，先端尖或渐尖，钝头，基部宽楔形至浑圆，全缘，叶面深绿色，幼时有黄褐色星状毛，老时脱落变几无毛，叶背密生灰黄色厚茸毛；侧脉 7 ~ 9 对；叶柄长约 2cm。聚伞花序 7 ~ 9 次分歧，花序梗长 3 ~ 5cm，圆柱形；花柄和花萼筒密生星状毛，萼齿不明显或截头状；花冠紫色，长约 2mm，无毛。果实近球形，紫色，直径约2mm，初被星状毛，后脱落。花期6~7月；果期8~11月。

产于金秀、苍梧、防城、上思。生于海拔700m以下山坡或谷地林中。分布于浙江、江西、福建、广东。

4a. 藤紫珠 图1401

Callicarpa integerrima var. **chinensis** (C. Pei) S. L. Chen

本种与原变种主要区别：花萼与花梗无毛，叶背被黄褐色星状毛。花期5~7月；果期8~11月。

产于阳朔、龙胜、平乐、富川、金秀、三江、环江、凌云、田林。分布于湖北、四川、广东、江西。

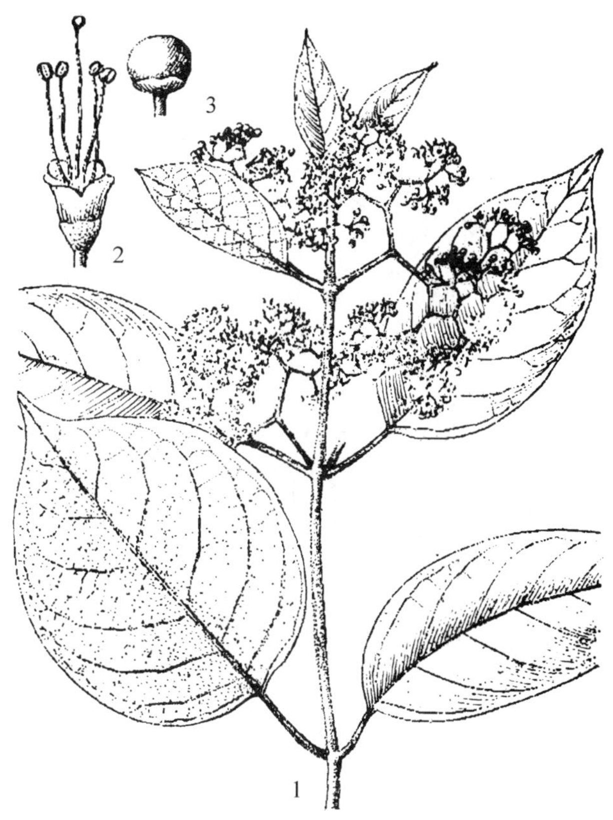

图1401 藤紫珠 Callicarpa integerrima var. **chinensis** (C. Pei) S. L. Chen 1. 花枝；2. 花；3. 果。(仿《中国植物志》)

5. 裸花紫珠 图1402

Callicarpa nudiflora Hook. et Arn.

灌木至小乔木，高3~7m。小枝、叶柄与花序密生灰褐色分枝茸毛。叶卵状长椭圆形至椭圆状披针形，长12~22cm，宽4~7cm，先端短尖或渐尖，基部钝或稍呈圆形，叶面深绿色，除主脉有星状毛外，余几无毛，叶背密生灰褐色茸毛和分枝毛，边缘具疏齿或微呈波状；侧脉14~18对；叶柄长1~2cm。聚伞花序开展，6~9次分歧，宽8~13cm，花序梗长3~8cm；花萼、花冠和子房均无毛；花冠紫色或粉红色，长约2mm。果实近球形，直径约2mm，红色，干后变黑色。花期6~8月；果期8~12月。

产于南宁、陆川、宁明、扶绥。分布于广东；印度、越南、马来西亚也有分布。

图1402 裸花紫珠 Callicarpa nudiflora Hook. et Arn. 花枝。(仿《中国高等植物图鉴》)

6. 大叶紫珠

Callicarpa macrophylla Vahl

灌木或小乔木，高3~5m。小枝近四方形，小枝、叶柄、花序密生灰白色粗糠状分枝茸毛。叶长椭圆形、卵状椭圆形或长椭圆状披针形，长10~23cm，宽5~11cm，先端短渐尖，基部钝圆或宽楔形，边缘具细锯齿，叶面被短毛，叶背密生灰白色分枝茸毛，腺点隐藏于茸毛中；侧脉8~14对；叶柄粗，长1~3cm。聚伞花序5~7次分歧，宽4~8cm，花序梗粗壮，长2~3cm；萼杯状，长约1mm，萼齿不明显或钝三角形；花冠紫色，长约2.5mm，疏生星状毛。果实球形，直径约1.5mm，有腺点和微毛。花期4~7月；果期7~12月。

图 1403 尖叶紫珠 **Callicarpa acutifolia** C. H. Chang 1. 花枝；2. 叶背一部分放大；3. 果。（仿《中国植物志》）

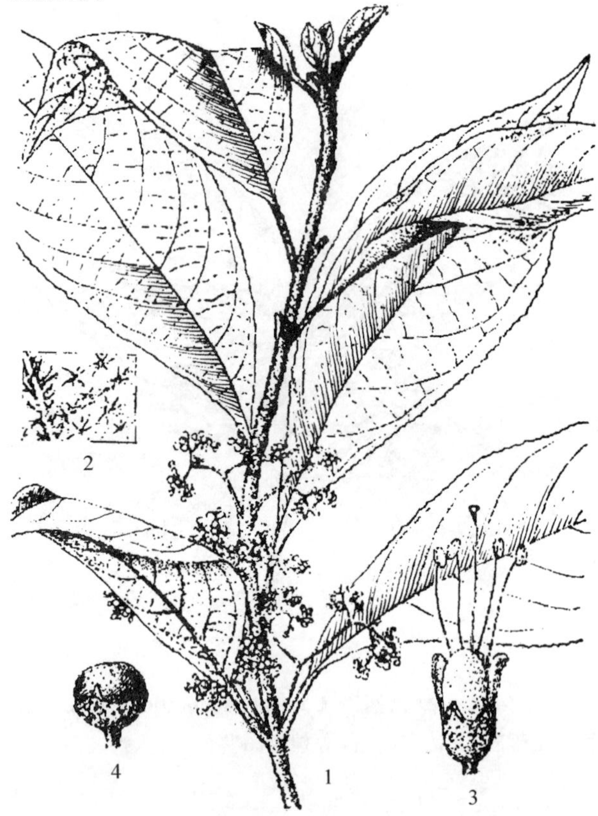

图 1404 尖萼紫珠 **Callicarpa loboapiculata** Metcalf 1. 花枝；2. 花；3. 叶背一部分放大；4. 果。（仿《中国植物志》）

产于广西各地。生于疏林下和灌木丛中。分布于广东、云南、贵州；尼泊尔、印度、缅甸、泰国、越南也有分布。

7. 尖叶紫珠 图 1403

Callicarpa acutifolia C. H. Chang

灌木。小枝四棱形，被星状柔毛和稠密黄色腺点，两叶柄之间有横线联合。叶披针形或长椭圆状披针形，长 11 ~ 16cm，宽 2 ~ 5cm，两端尖，叶面有柔毛，脉上毛较密，叶背被星状毛，两面密生黄色不脱落腺点，边缘有细齿；侧脉9 ~ 13 对；叶柄长 1.5cm。聚伞花序 7 ~ 8 次分枝，花序梗粗壮，长 3.0 ~ 5.5cm；花萼长约 1mm，近截头状，无毛；花冠长约 2.5mm，无毛。果实球形，直径约 1.5mm，干后黑褐色。花期 7 ~ 9 月；果期 10 月。

产于桂林。生于山坡、河边。分布于广东。

8. 尖萼紫珠 图 1404

Callicarpa loboapiculata Metcalf

灌木，高 3m。小枝、叶柄和花序密生黄褐色分枝茸毛。叶椭圆形，长 12 ~ 22cm，宽 5 ~ 7cm，先端渐尖，基部楔形，边缘有浅锯齿，叶面初有星状毛和分枝毛，后脱落，仅脉上有毛，叶背密被绵状茸毛或紧贴的丝状绢毛，两面有细小黄色腺点；叶柄粗壮，长 2 ~ 3cm。聚伞花序 5 ~ 6 次分歧，直径 4 ~ 6cm，花序梗粗，长 1.0 ~ 1.5cm；花柄长约 1mm；花萼钟状，稍被星状毛或无毛，萼齿急尖，齿长 0.5 ~ 1.0mm；花冠紫色，长约 2.5mm。果实球形，直径约 1.2mm，具黄色腺点，无毛。花期 7 ~ 8 月；果期 9 ~ 12 月。

产于融水、平南。生于海拔 300 ~ 500m 疏林下和灌木丛中。分布于广东、海南、湖南、贵州。

9. 杜虹花 图 1405

Callicarpa formosana Rolfe

灌木，高 1 ~ 3m。小枝、叶柄和花序密生灰黄色星状毛和分枝毛。叶卵状椭圆形或椭圆形，长 6 ~ 15cm，宽 3 ~ 8cm，先端渐尖，基部钝或浑圆，边缘有细锯齿，叶面被短硬毛，稍粗糙，叶背被灰黄色星状毛和细小黄色腺点；侧脉 8 ~ 12 对；叶柄粗壮，长 1.0 ~ 2.5cm。聚伞花序 4 ~ 5 次分歧，花序梗长 1.5 ~ 2.5cm；花萼杯状，被灰黄色星状毛，萼齿钝三角形；

花冠紫色或淡紫色，无毛，长约2.5mm；子房无毛。果实近球形，直径约2mm，紫色，无毛。花期5～7月；果期8～11月。

产于贺州、容县、博白、上思。分布于广东、云南、江西、浙江、福建、台湾。

10. 老鸦糊

Callicarpa giraldii Hesse ex Rehder

灌木，高1～3m。小枝圆柱形，灰黄色，被星状毛。叶纸质，宽椭圆形至披针状长圆形，长5～15cm，宽2～7cm，先端渐尖，基部楔形或下延成狭楔形，边缘有锯齿，叶面稍有微毛，叶背疏被星状毛和细小黄色腺点；侧脉8～10对；叶柄长1～2cm。聚伞花序4～5次分歧，被星状毛；花各部具黄色腺点；花萼被星状毛，老后常脱落；花冠紫色，稍有毛，长约3mm；子房被毛。果实球形，直径2.5～4.0mm，初时被星状毛，熟时无毛。花期5～6月；果期7～11月。

产于桂林、兴安、灌阳、南丹。生于疏林中和灌丛中。分布于广东、贵州、四川、湖南、湖北、江西、浙江、安徽、江苏、福建、河南。

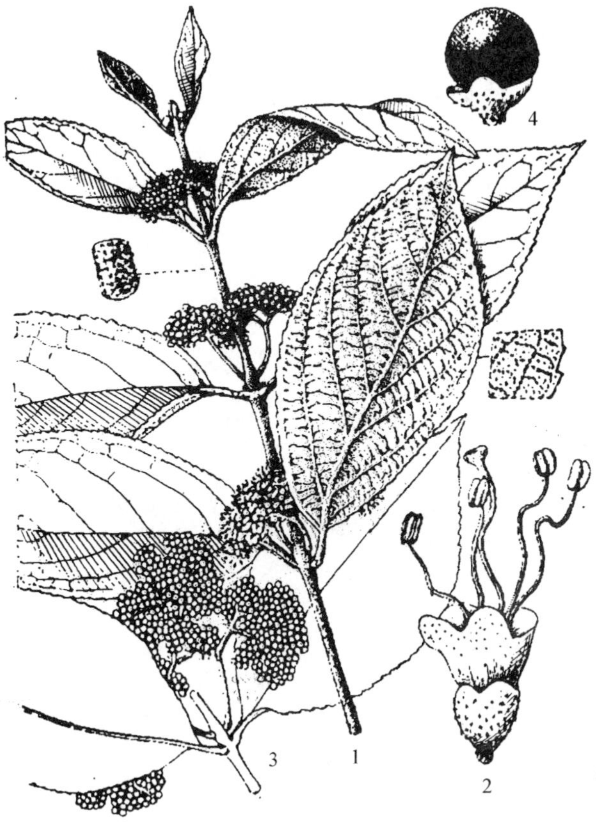

图1405 杜虹花 Callicarpa formosana Rolfe 1. 花枝；2. 花；3. 果枝；4. 果。(仿《中国植物志》)

10a. 毛叶老鸦糊

Callicarpa giraldii var. **subcanescens** Rehder

与原变种区别是：叶宽卵形至椭圆形，长10～17cm，宽4～10cm；小枝、叶背及花各部均密被灰白色星状柔毛；果实直径约2mm。花期5～6月；果期7～10月。

产于桂林、龙胜。生于疏林中和灌丛中。分布于广东、云南、贵州、四川、湖南、江西、浙江、安徽、江苏、福建、河南。

11. 长叶紫珠 长叶白毛紫珠、披针叶紫珠

Callicarpa longifolia Lam.

灌木，高3m。小枝稍四棱形，与花序和叶柄均被黄褐色星状绒毛。叶长椭圆形，长9～20cm，宽3～6cm，先端尖或尾状尖，基部楔形或下延成狭楔形，边缘有锯齿，叶面无毛，叶背有黄褐色星状毛和细小鳞片状黄色腺点；侧脉10～12对；叶柄长1～2cm。聚伞花序4～5次分歧，花序梗纤细，长0.5～1.5cm；花萼杯状，长约1mm，被灰白色细毛，萼齿不明显或近截形；花冠紫色，长约2mm，稍被细毛。果实球形，直径约1.5mm，被毛。花期5～8月；果期8～12月。

产于阳朔、恭城、融水、天峨、都安、苍梧、靖西、凌云、乐业、马山、龙州。分布于云南、广东、台湾；印度尼西亚、越南、缅甸、印度也有分布。

12. 抽芽紫珠 图1406

Callicarpa prolifera C. Y. Wu

灌木，高1.2m。小枝圆柱形，通常层出现象明显(在叶腋或花序内抽芽生枝，其上的叶片显著较正常枝的叶片小)。叶膜质，卵形或长圆状披针形，同对叶常不等大，长5～13cm，宽1.5～4.5cm，先端渐尖或尾状尖，基部宽楔形，边缘具小齿突或近全缘，叶面除主脉被微柔毛外余近无毛，叶面脉上有星状毛，两面密生黄色或棕黄色腺点；叶柄长6～10mm，被星状毛和黄色腺点。聚

图 1406 抽芽紫珠 **Callicarpa prolifera** C. Y. Wu
1. 果枝；2. 果。（仿《中国植物志》）

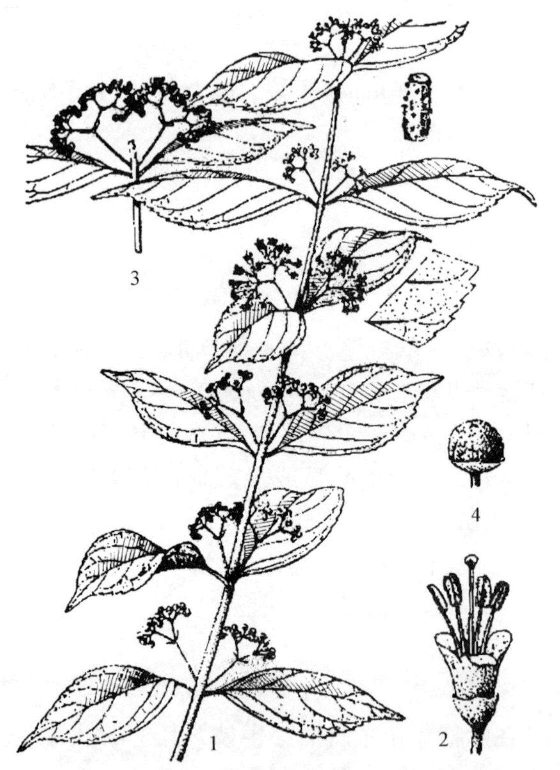

图 1407 白棠子树 **Callicarpa dichotoma**（Lour.）K. Koch 1. 花枝；2. 花；3. 果枝；4. 果。（仿《中国植物志》）

伞花序 1～3 次分歧，被黄褐色星状毛；花萼无毛，被黄色腺点；花冠淡紫色，长约 2mm，无毛。果实紫红色，直径 2～3mm，无毛，有黄色腺点。果期 9～11 月。

产于凌云、田林。生于海拔 1500m 以上山坡林下湿润处。分布于云南。

13. 尖尾枫 穿骨枫

Callicarpa longissima（Hemsl.）Merr.

灌木或小乔木，高 1～7m。小枝四棱形，紫褐色，幼嫩部分稍有多细胞的单毛，节上有毛环。叶披针形或椭圆状披针形，长 13～25cm，宽 2～7cm，先端尖锐，基部楔形，叶面仅主脉和侧脉有多细胞单毛，叶背无毛，有细小黄色腺点，边缘有不明显小齿或全缘；侧脉 10～20 对；叶柄长 1.0～1.5cm。聚伞花序被多细胞单毛，5～7 次分歧；花小而密集，被黄褐色星状毛；花萼、花冠无毛，花萼被黄色腺点；花冠淡紫色，长 2～5mm。果实扁球形，直径 1.0～1.5mm，无毛，有黄色腺点。花期 7～9 月；果期 10～12 月。

产于桂林、平乐、贺州、柳城、三江、苍梧、靖西、凌云、乐业、南宁。生于海拔 1200m 以下山坡、谷地林中。分布于广东、福建、江西、四川、台湾；越南也有分布。

14. 白棠子树 图 1407

Callicarpa dichotoma（Lour.）K. Koch

多分枝小灌木，高 1～3m。小枝纤细，幼嫩部分有星状毛。叶倒卵形或披针形，长 2～6cm，宽 1～3cm，先端急尖或尾状尖，基部楔形，边缘仅上半部具数个粗锯齿，叶面稍粗糙，背面无毛，密生细小黄色腺点；侧脉 5～6 对；叶柄长不超过 5mm。聚伞花序 2～3 次分歧，在叶腋上方着生，略被星状毛，果时无毛；花萼杯状，无毛，4 齿不明显或近平截；花冠紫色，长 1.5～2.0mm，无毛。果实球形，直径约 2mm，无毛，紫色。花期 5～6 月；果期 7～11 月。

产于广西各地。生于海拔 600m 以下低山丘陵灌丛中。分布于广东、福建、江西、贵州、湖南、河南、湖北、河北、江苏、安徽、浙江、山东、台湾；越南、日本也有分布。枝条细柔，株形蓬散，在庭园、路边或低矮建筑物前宜丛植，入冬紫果挂树，供观赏。

15. 紫珠

Callicarpa bodinieri H. Lév.

灌木，高2m。小枝、叶柄和花序均被粗糠状星状毛。叶卵状长椭圆形至椭圆形，长7～18cm，宽4～7cm，先端长渐尖至短尖，基部楔形，边缘有细锯齿，叶面有短柔毛，叶背密被星状柔毛，两面密生暗红色或红色细粒状腺点；叶柄长0.5～1.0cm。聚伞花序宽3.0～4.5cm，4～5次分歧，花序梗长不超过1cm；花萼长约1mm，外被星状毛和暗红色腺点，萼齿钝三角形；花冠紫色，长约3mm，被星状柔毛和暗红色腺点。果实球形，熟时紫色，无毛，直径约2mm。花期6～7月；果期8～11月。

产于临桂、全州、兴安、永福、平乐、天峨、东兰。分布于河南、江苏、安徽、浙江、江西、湖南、湖北、广东、四川、贵州、云南；越南也有分布。

15a. 南川紫珠

Callicarpa bodinieri var. **rosthornii** (Diels) Rehde

与原变种主要区别：叶两面具密集腺点，叶背具灰色星状毛，叶倒披针形或倒卵状长圆形，基部下延成狭楔形，先端渐尖，上半部有锯齿。

产于龙州。分布于四川。

16. 长柄紫珠 图1408

Callicarpa longipes Dunn

灌木，高2～3m。小枝被多细胞腺毛和单毛。叶倒卵状椭圆形至倒卵状披针形，长6～13cm，宽2～7cm，先端急尖至尾尖，基部心形，稍偏斜，两面被多细胞单毛，叶背有细小黄色腺点，边缘具三角形粗锯齿；侧脉8～10对；叶柄长5～8mm。聚伞花序3～4次分歧，被多细胞腺毛和单毛，花序梗长1.5～3.0cm；花萼钟状，萼齿急尖或锐三角形，齿长1～2mm；花冠红色，疏被毛，长约4mm。果实球形，直径1.5～2.0mm，紫红色。花期6～7月；果期8～12月。

产于龙胜、兴安、永福、昭平、三江、融安、东兰、罗城、梧州、苍梧、百色、凌云、乐业、武鸣、贵港、容县。生于海拔500m以下灌木丛或疏林中。分布于广东、福建、江西、安徽。

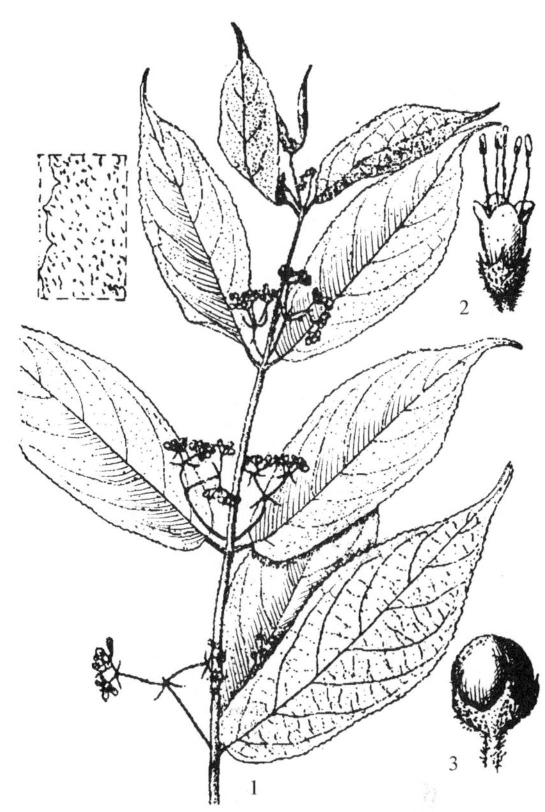

图1408 长柄紫珠 Callicarpa longipes Dunn
1. 花枝；2. 花；3. 果。(仿《中国植物志》)

17. 红紫珠 图1409

Callicarpa rubella Lindl.

灌木，高2m。小枝被棕褐色星状毛并杂有多细胞腺毛。叶倒卵形或倒卵状椭圆形，长10～

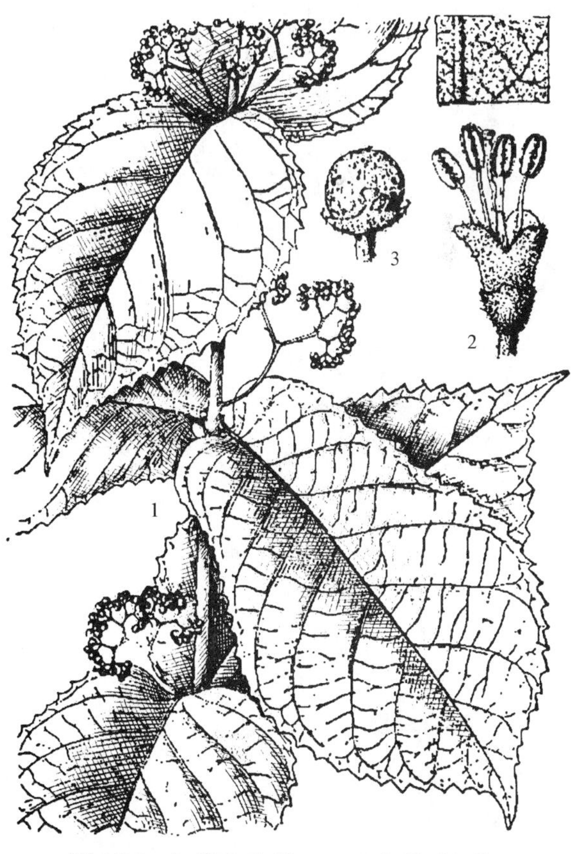

图1409 红紫珠 Callicarpa rubella Lindl.
1. 果枝；2. 花；3. 果。(仿《中国植物志》)

图 1410 华紫珠 Callicarpa cathayana C. H. Chang
1 ~ 2. 花枝；3. 花；4. 果。（仿《中国植物志》）

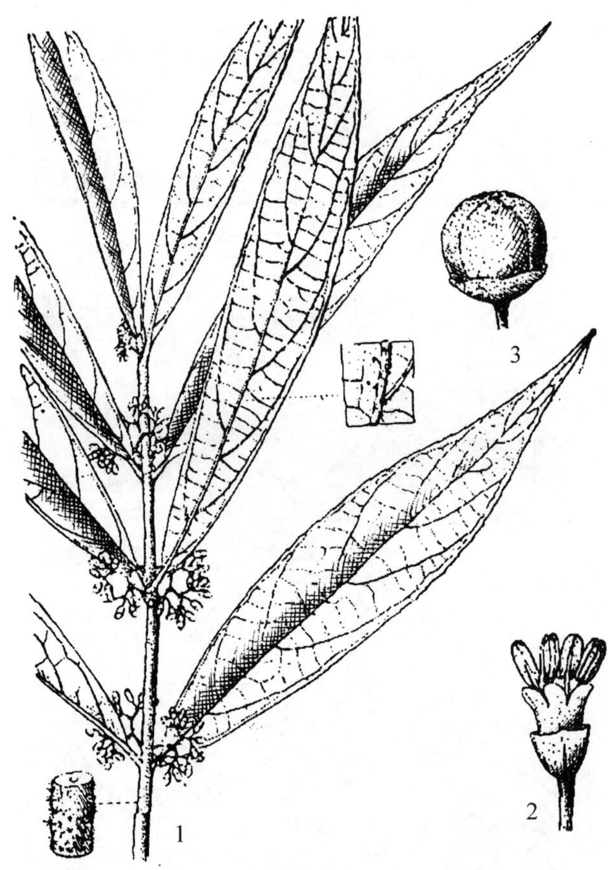

图 1411 短柄紫珠 Callicarpa brevipes（Benth.）Hance 1. 花枝；2. 花；3. 果。（仿《中国植物志》）

21cm，宽 4 ~ 10cm，先端尾尖或渐尖，基部心形，有时偏斜，边缘具细或不整齐粗齿，叶面稍被多细胞单毛，叶背被星状毛并杂有单毛和腺毛，有黄色腺点；侧脉 6 ~ 10 对；叶柄极短或近于无柄。聚伞花序宽 3 ~ 4cm，被棕褐色星状毛并杂有多细胞腺毛，花序梗长 1.5 ~ 3.0mm；花萼被星状毛或腺毛，具黄色腺点，萼齿钝三角形或不明显；花冠紫红色、黄绿色或白色，长约 3mm。果实球形，紫红色，直径约 2mm。花期 5 ~ 7 月；果期 7 ~ 11 月。

产于广西各地。生于山坡、河谷的林下或灌木丛中。分布于广东、云南、贵州、四川、湖南、江西、浙江、安徽；印度、缅甸、越南、马来西亚也有分布。

18. 华紫珠 图 1410

Callicarpa cathayana C. H. Chang

灌木，高 2 ~ 3m。小枝纤细，棕褐色，幼嫩时稍有星状毛，后脱落。叶椭圆形或卵形，长 4 ~ 8cm，宽 1.5 ~ 3.0cm，先端渐尖，基部楔形，两面近无毛，有显著红色腺点，边缘密生细锯齿；侧脉 5 ~ 7 对；叶柄长 4 ~ 8cm。聚伞花序细弱，3 ~ 4 次分歧，略被星状毛，花序梗长 4 ~ 7mm；花萼杯状，具星状毛和红色腺点，萼齿不明显或钝三角形；花冠紫色，被星状毛和红色腺点。果实球形，直径约 2mm，紫色。花期 5 ~ 7 月；果期 8 ~ 11 月。

产于凌云、乐业、梧州、龙州。分布于广东、云南、福建、江西、浙江、安徽、湖北、江苏、河南。

19. 短柄紫珠 图 1411

Callicarpa brevipes（Benth.）Hance

灌木，高 2m。幼枝被黄褐色星状毛，老枝无毛，略呈四棱形。叶椭圆形或狭披针形，长 9 ~ 24cm，宽 1.5 ~ 4.0cm，先端渐尖，基部钝，叶面无毛，叶背有黄色腺点，叶脉上有星状毛，边缘中部以上疏生小齿；侧脉 9 ~ 12 对；叶柄长约 5mm。聚伞花序 2 ~ 3 次分歧，花序梗纤细，被黄褐色星状毛；花柄长约 2mm，无毛；花萼杯状，近无毛，具黄色腺点，萼齿钝三角形或近截头状；花冠白色，无毛，长约 3.5mm。果实球形，直径 2 ~ 4mm。花期 4 ~ 6 月；果期 7 ~ 10 月。

产于龙胜、融水、梧州、容县、龙州。生

于海拔 600～1400m 山坡林下。分布于广东、浙江；越南也有分布。

20. 窄叶紫珠

Callicarpa membranacea C. H. Chang

灌木，高 2m。小枝圆柱形，无毛。叶倒卵形、卵形或椭圆形，长 6～10cm，宽 2～4cm，先端急尖或长尾尖，基部楔形，两面无毛，边缘上半部有锯齿，有不明显腺点；侧脉 6～8 对；叶柄长约 5mm。聚伞花序细弱而短小，宽约 1.5cm，2～3 次分歧，花序梗长 3.5mm；花萼杯状，无毛，萼齿钝三角形；花冠白色或淡紫色，长约 3mm，无毛。果实球形，直径约 2.5mm。花期 5～6 月；果期 7～10 月。

产于全州、永福、龙胜、资源。生于海拔 1300m 以下山坡、溪旁林中或灌丛中。分布于广东、贵州、四川、湖南、湖北、江西、浙江、安徽、江苏、河南。

21. 广东紫珠 图 1412

Callicarpa kwangtungensis Chun

灌木，高 2m。幼枝略被星状毛，常带紫色，老枝灰黄色，无毛。叶狭椭圆状披针形、披针形或线状披针形，长 15～26cm，宽 3～5cm，先端渐尖，基部楔形，两面无毛，叶背密生显著细小黄色腺点，边缘上半部有锯齿；侧脉 12～15 对；叶柄长 5～8mm。聚伞花序 3～5 次分枝，花多数，具稀疏星状毛，花序梗长 5～8mm；花冠白色或带紫红色，长约 4mm，稍有星状毛。果实球形，直径约 3mm。花期 6～7 月；果期 8～10 月。

产于广西各地。生于海拔 1000m 以下林中或灌木丛中。分布于广东、云南、贵州、福建、湖南、湖北、江西、浙江。

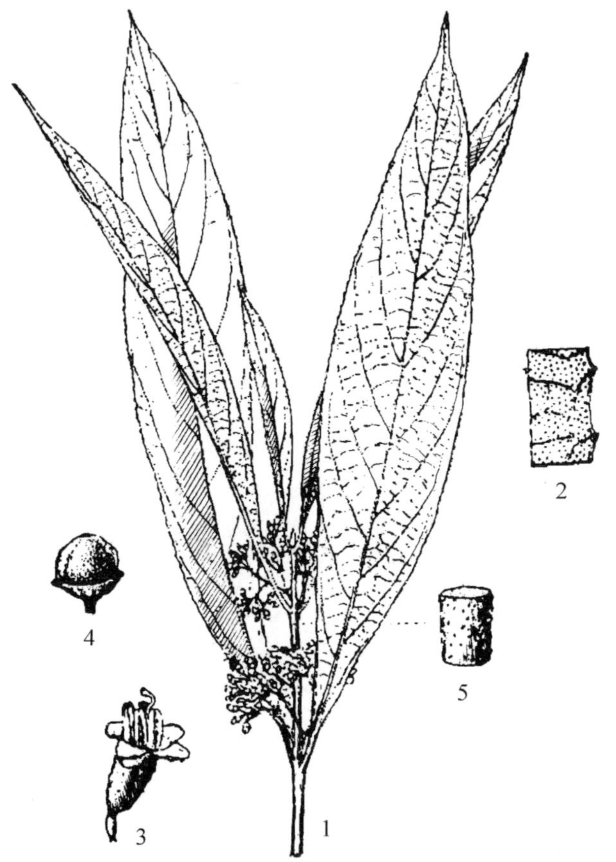

图 1412 广东紫珠 Callicarpa kwangtungensis Chun 1. 花枝；2. 叶背部分放大；3. 花；4. 果；5. 茎放大。(仿《中国植物志》)

图 1413 异叶紫珠 Callicarpa anisophylla C. Y. Wu ex W. Z. Fang 1. 花枝；2. 花；3. 叶背部分放大。(仿《中国植物志》)

22. 异叶紫珠 图 1413

Callicarpa anisophylla C. Y. Wu ex W. Z. Fang

灌木，高 1m。小枝圆柱形，稍被灰黄色星状短毛，常有层出现象。叶薄膜质，狭披针形或线状披针形，长 10～33cm，宽 1.5～4.5cm，两侧略不相等，向一侧弯曲，先端渐尖，基部收狭下延成狭楔形，叶面疏生短毛，叶背无毛，密生鳞片状黄色腺点，叶缘疏生小齿突或近全缘；侧脉 9～12 对；叶柄短，长不过 5mm。聚伞花序短小，1～2 次分歧，花序梗长约 3mm，被星状短毛和黄色腺点；花萼杯状，长约 1.2mm，萼齿钝三角形；花冠白色，长约 3mm。果实球形或稍椭圆形，直径约 2mm。花期 6～8 月。

产于融水。生于海拔 900～1300m 山坡或山顶密林中。分布于贵州。

7. 假紫珠属 Tsoongia Merr.

直立灌木。幼枝、叶柄、叶背及花序梗均被锈色绒毛。单叶或兼有三小复叶，叶柄细长。聚伞花序腋生，花稀疏；花萼小，钟状，3 齿裂成二唇形；花冠管长，圆筒状，4～5 裂成二唇形；雄蕊 4 枚，2 强至近等长，着生于花冠管中部，花丝稍外露；子房顶端密生黄色腺点，2 室，每室有 2 枚胚珠；花柱细长，柱头稍 2 裂。核果卵形。

仅 1 种，分布于中国南部及越南北部。

假紫珠 钟君木 图 1414

Tsoongia axillariflora Merr.

灌木至小乔木，高 1～7m。嫩枝圆柱形，密被锈色绒毛和黄褐色腺点，后无毛。叶薄纸质，单叶或有时在同一枝条上个别为三小叶复叶，椭圆形或卵状椭圆形，长 6～15cm，宽 3.0～6.5cm，先端锐尖或长渐尖，基部阔楔形，两面均疏生短柔毛和腺点；侧脉 4～7 对，在背面显著隆起；叶柄长 2.0～5.5cm，被短柔毛和疏腺点。聚伞花序腋生，少花；花冠黄色，花冠管长约 9mm，管内近基部有一圈柔毛，外面具腺点，裂片长约 2mm。核果倒卵状圆形，直径约 4mm，成熟时黑褐色，外果皮皱缩，疏生腺点，着生于杯状的宿萼上。花、果期 5～9 月。

产于平南、南宁、防城、龙州。分布于广东、云南；越南北部也有分布。

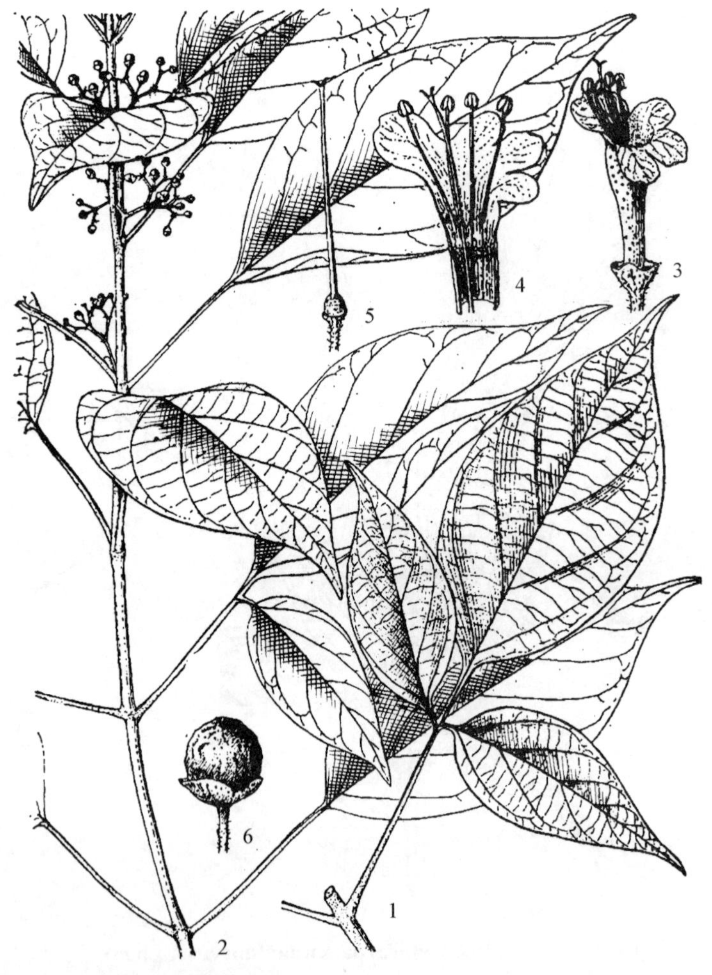

图 1414 假紫珠 Tsoongia axillariflora Merr. 1. 叶；2. 果枝；3. 花；4. 花冠展开；5. 花柱；6. 果。(仿《中国植物志》)

8. 石梓属 Gmelina L.

落叶乔木或灌木。小枝被绒毛，有时具刺。单叶对生，全缘稀浅裂，基部常有大腺体。聚伞花序排成顶生或腋生圆锥花序，稀单生叶腋；花萼钟状，宿存，先端截平或 4～5 裂，具腺点；花冠略二唇形，下部管状，上部变大呈漏斗状；二强雄蕊，着生于花冠管的下部；子房2~4室，每室胚珠1~2枚，花柱细弱，柱头常为不相等2裂。核果肉质，具1~4枚种子。

约35种，主产于热带亚洲至大洋洲。中国7种；广西3种。

分种检索表

1. 攀援灌木；小枝有刺或无刺 ………………………………………………………… **1. 亚洲石梓 G. asiatica**
1. 乔木；小枝无刺。
  2. 花萼裂片宽三角形 ………………………………………………………………… **2. 苦梓 G. hainanensis**
  2. 花萼平截 …………………………………………………………………………… **3. 石梓 G. chinensis**

1. 亚洲石梓　蛇头花　图1415

Gmelina asiatica L.

攀援灌木，长1~10m。幼枝有刺或无刺，有黄褐色柔毛，小枝略具棱及皮孔。叶纸质，卵圆形至倒卵圆形，长3~9cm，宽2.2~8.5cm，先端渐尖，基部楔形或宽楔形，全缘或3~5浅裂，叶面近于无毛，叶背具深褐色绵毛或仅脉上有毛，并有腺点；侧脉3~4对；叶柄有褐色绒毛，长0.5~4.5cm，有沟槽。聚伞花序组成总状花序，顶生；花大，黄色，具短炳；花萼钟状，近于平截，外面密生深棕色柔毛和2至数个黑色盘状腺点；花冠长2~5cm，外面具贴生锈色毛，顶端4裂，呈二唇形，上唇全缘，下唇3裂。核果倒卵形至卵形，无毛。

产于南宁、龙州。生于山坡灌木丛中。分布于广东；印度、泰国、印度尼西亚也有分布。

2. 苦梓　海南石梓　图1416

Gmelina hainanensis Oliv.

乔木，高20m，胸径50cm，树干通直。幼枝圆，被黄色绒毛，老枝无毛，有明显叶痕和皮孔。叶对生，厚纸质，卵形或宽卵形，长5~16cm，宽4~8cm，先端渐尖或短急尖，基部宽楔形或截形，全缘稀具1~2粗齿，叶面无毛，叶面被微绒毛，粉绿色；基生三出脉，侧脉3~4对，在叶背隆起；叶柄长2.0~5.5cm，有毛。聚伞圆锥花序，顶生，花序梗长6~8cm；花大，被黄色绒毛；苞片叶状，早落；花萼钟状，呈二唇形，外面被毛及腺点，顶端5裂，裂片宽三角形；花冠漏斗状，黄色或淡紫红色，长3.5~4.5cm，两面均有灰白色腺点。核果倒卵形，顶端截平，肉质，着生于宿存花萼内。花期5~6月；果期6~9月。

图1415　亚洲石梓 Gmelina asiatica L.　1. 花枝；2. 花冠展开；3. 果。(仿《中国植物志》)

濒危种，国家Ⅱ级重点保护野生植物，产于防城、上思。生于海拔500m以下山坡疏林中。分布于广东、海南、江西。热带树种，稍耐寒，凭祥海拔500m人工造林，能安全越冬。喜湿润肥沃的立地，不耐瘠薄。播种繁殖。果实7~8月大量成熟，果熟后落地，采种多在树下捡拾，采收后堆沤

图 1416 苦梓 Gmelina hainanensis Oliv. 1. 花枝；2. 花冠展开；3. 花柱。（仿《中国植物志》）

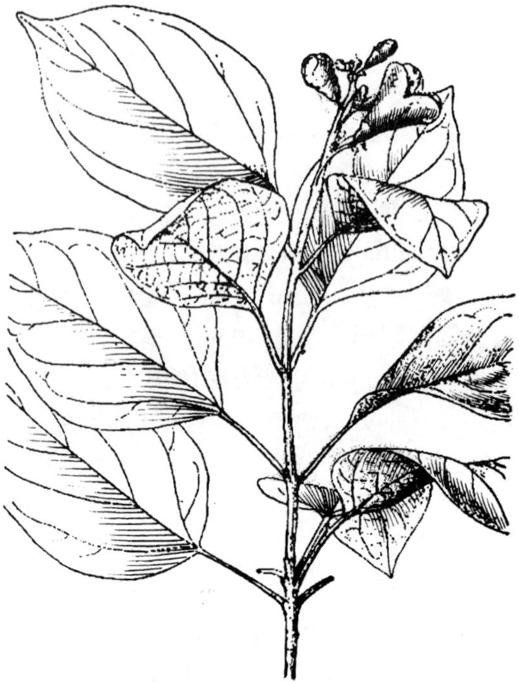

图 1417 石梓 Gmelina chinensis Benth. 花枝。（仿《中国植物志》）

至果皮腐烂，经揉搓冲洗，得骨质果核。每千克有果核约 2200 枚，发芽率 50% ~60%。随采随播，发芽整齐。木材心材与边材区别不明显，木材黄白色，纹理通直，结构细致，重量中等，气干密度 0.555g/cm^3，材质坚韧，易加工，干后少裂，不变形，耐水湿，抗虫力中等，切面有光泽，花纹美观，供造船、车辆、家具、桥梁、乐器等用，可在广西南部选择肥沃立地适度种植。

3. 石梓 图 1417

Gmelina chinensis Benth.

乔木，高 12m。树皮粗糙，暗灰色，幼时被黄褐色绒毛，后脱落近于无毛。叶对生，纸质或厚纸质，卵形或卵状椭圆形，长 5 ~15cm，宽 3 ~9cm，先端渐尖，基部楔形或宽楔形，全缘，叶面无毛，叶背被微柔毛和腺点；基生三出脉，侧脉 3 ~5 对，在叶背隆起；叶柄长 2.0 ~5.5cm，有纵沟。聚伞圆锥花序顶生，花序梗长 5 ~10cm，被毛；花萼钟状，平截，外面被毛和密生灰白色腺点及黑色盘状腺点，内面无毛，仅疏生腺点；花冠漏斗状，白色或稍带粉红色，长 3.0 ~3.5cm，顶端常 4 ~5 裂。核果倒卵形。花期 4 ~5 月；果期 8 月。

产于融水、罗城、田阳、凌云、乐业、南宁、龙州、凭祥。生于海拔 500 ~1200m 山坡林中。分布于广东、江西、贵州、福建。

9. 大青属 Clerodendrum L.

灌木或小乔木，稀藤本或草本。幼枝四棱形至近圆柱形，有浅或深的棱槽。单叶对生，稀 3 ~5 叶轮生。聚伞花序或由聚伞花序组成伞房状、圆锥状或头状花序，顶生或腋生；花萼有色泽，钟状、杯状，稀管状，5 ~6 齿裂或近平截，花后增大，宿存；花冠筒状，5 裂，裂片近等或不等；雄蕊 4(5 ~6) 枚，生于花冠筒上部；子房 4 室，每室 1 枚胚珠。浆果核果状，成熟后分裂为 4 个分核，或因发育不全而为 1 ~ 3 个分核。

约 400 种，主要分布于热带和亚热带。中国 34 种；广西有 16 种 2 变种，本志记载 16 种 1 变种。

分种检索表

1. 小枝四棱形；叶对生与三叶轮生并存 ………………………………………… **1. 三对节 C. serratum**
1. 小枝四棱形或圆柱形，叶通常对生。
  2. 聚伞伞房状花序，腋生。
    3. 花冠白色，花萼微 5 裂；叶卵形、椭圆形或椭圆状披针形 ………………… **2. 苦郎树 C. inerme**
    3. 花冠淡红或白色稍带紫色，花萼 5 深裂；叶长椭圆形或倒卵状披针形 ………… **3. 白花灯笼 C. fortunatum**
  2. 聚伞伞房状或圆锥状花序，顶生或生于枝顶叶腋，有花 10 朵以上，如花序腋生，则花序密集为头状。
    4. 叶较狭长，长圆形或卵状披针形，长为宽的 4 倍以上。
      5. 花序主轴延伸，聚伞花序在主轴上排成圆锥花序。
        6. 小枝锐四棱形，具狭翅 ………………………………………… **4. 垂茉莉 C. wallichii**
        6. 小枝圆柱形或略四棱形，不具狭翅。
          7. 叶长椭圆形，离基三出脉 ……………………………………… **5. 长叶大青 C. longilimbum**
          7. 叶倒披针形或狭椭圆形，羽状脉，侧脉 6 ~ 11 对 ………………… **6. 海南赪桐 C. hainanense**
      5. 花序主轴不延伸，由多数聚伞花序排成伞房状。
        8. 叶纸质，先端渐尖，不成尾状弯曲 …………………………………… **7. 大青 C. cyrtophyllum**
        8. 叶膜质，先端渐尖并呈尾状弯曲 ……………………………… **8. 广东大青 C. kwangtungense**
    4. 叶卵形、宽卵形或心形，长约为宽的 2 倍以内。
      9. 叶背有盾状腺体，叶圆心形，边缘有疏短尖齿；花冠红色 ………………… **9. 赪桐 C. japonicum**
      9. 叶背无盾状腺体。
        10. 聚伞花序紧密排列呈头状。
          11. 植株被平展长柔毛；花萼裂片宽卵形或宽卵形 ………………… **10. 灰毛大青 C. canescens**
          11. 植株密被柔毛、绒毛或节状腺毛；花萼裂片三角形、披针形或条状披针形。
            12. 花萼裂片披针形或线状披针形。
              13. 花冠大，花冠裂片长约 1cm，卵圆形或椭圆形 ………… **11. 重瓣臭茉莉 C. chinense**
              13. 花冠小，花冠裂片长 5 ~ 7mm，倒卵形 …………………… **12. 尖齿臭茉莉 C. lindleyi**
            12. 花萼裂片三角形或狭三角形，花冠淡红色 …………………… **13. 臭牡丹 C. bungei**
        10. 聚伞花序疏展，不呈头状。
          14. 伞房状花序伞形排列，花萼外密被短柔毛和少数盘状腺体 ……… **14. 腺茉莉 C. colebrookianum**
          14. 伞房状花序聚伞状排列。
            15. 叶近革质，两面被绒毛，无腺点；花萼长 3 ~ 4mm，萼齿线形 … **15. 海通 C. mandarinorum**
            15. 叶纸质，两面幼时被白色短柔毛，老时仅疏柔毛；花萼长 1.1 ~ 1.5cm ………………………………………………………………… **16. 海州常山 C. trichotomum**

1. 三对节 齿叶赪桐 图 1418

Clerodendrum serratum (L.) Moon

灌木，高 1 ~ 4m。小枝四棱形，幼枝密被土黄色短柔毛，节上尤密，老枝毛渐脱落并变暗褐色或灰黄色，具皮孔。叶厚纸质，对生或三叶轮生，倒卵状长圆形或长椭圆形，长 6 ~ 30cm，宽 2.5 ~ 11.0cm，先端渐尖或锐尖，基部楔形或下延成狭楔形，边缘具锯齿，两面疏生短柔毛；侧脉 10 ~ 11 对；叶柄长 0.5 ~ 1.0cm 或近无柄。聚伞圆锥状花序，顶生，长 10 ~ 30cm，宽 9 ~ 12cm，密被黄褐色柔毛；苞片叶状宿存，花序主轴上的苞片 2 ~ 3 枚轮生；花萼钟状，顶端平截或有 5 钝齿；花冠淡紫色、蓝色或白色，近二唇形，花冠管较粗，长约 7mm，5 枚裂片大小不一，长 0.6 ~ 1.2cm。核果近球形，熟时黑色，分裂为 1 ~ 4 个卵形分核。花、果期 6 ~ 12 月。

图 1418　三对节 Clerodendrum serratum（L.）Moon　1. 花枝；2. 花冠展开；3. 花柱；4. 果。（仿《中国植物志》）

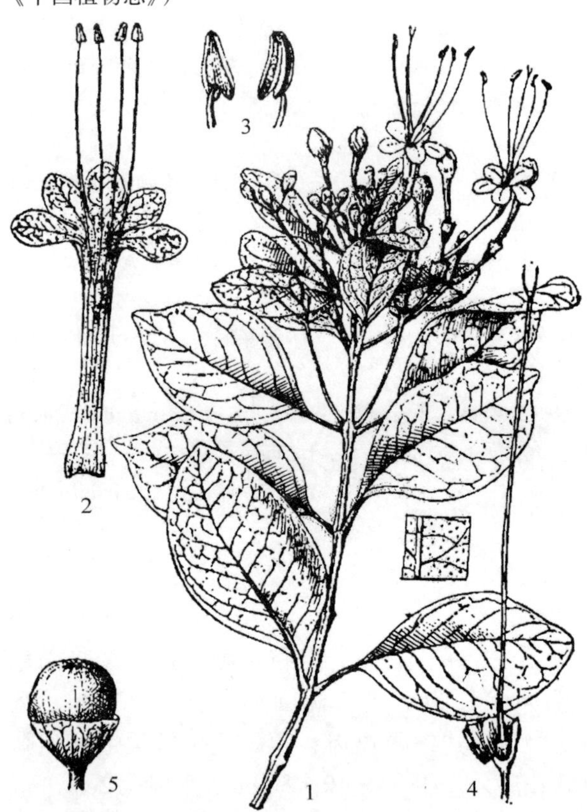

图 1419　苦郎树 Clerodendrum inerme（L.）Gaertn.　1. 花枝；2. 花冠展开；3. 雄蕊；4. 柱头；5. 果。（仿《中国植物志》）

产于百色、平果、靖西、那坡、凌云、田林、西林、乐业、隆林、河池、南丹、天峨、东兰、都安、上林、武鸣、宁明、龙州、凭祥。生于山坡疏林和谷地沟边灌木丛中。分布于贵州、云南、西藏。对土壤要求不严，酸性土或钙质土都能适应，喜阴湿环境，生于水湿条件较好的沟谷及山坡林下，有时在石壁上也能正常生长，但干燥瘠薄荒坡地少见。

1a. 三台花

Clerodendrum serratum var. **amplexifolium** Moldenke

与原变种的主要区别是：三叶轮生，叶片基部下延成耳状抱茎，叶和花序都较大。

产于河池、天峨、都安、百色、平果、靖西、乐业凌云、田林、龙州。生于海拔 600 ~ 1600m 的密林和灌丛中。分布于云南、贵州。

2. 苦郎树　假茉莉　图 1419

Clerodendrum inerme（L.）Gaertn.

攀援状灌木，高 2m。根、茎、叶有苦味；幼枝四棱形，黄灰色，被短柔毛。叶薄革质，对生，卵形、椭圆形或椭圆状披针形，长 3 ~ 7cm，宽 1.5 ~ 4.5cm，先端钝尖，基部楔形或宽楔形，全缘，无毛或叶背面沿脉疏生短柔毛，两面均散生细小黄色腺点；侧脉 4 ~ 7 对；叶柄长约 1cm。聚伞花序通常由 3 朵花组成，少为 2 次分枝，着生于叶腋或枝顶叶腋；花芳香；花萼微 5 裂或果时几平截；花冠白色，顶端 5 裂，裂片长约 7mm，花冠管长 2 ~ 3cm，外面几无毛，内面密生绢状柔毛；雄蕊 4 枚，花丝紫红色，细长，与花柱一起伸出花冠外。核果倒卵形，多汁液，略有纵沟，分核 4 枚，外果皮黄灰色，花萼宿存。花、果期 3 ~ 12 月。

产于靖西、苍梧、贵港、平南、容县、北流、北海、钦州。分布于广东、福建、台湾、浙江；印度、东南亚及大洋洲北部也有分布。较耐盐碱，常生长于海岸沙滩和潮汐能达到的地方。

3. 白花灯笼　苦灯笼、灯笼草、红灯笼　图 1420

Clerodendrum fortunatum L.

灌木，高 2 ~ 3m。根、茎、叶有苦味，嫩枝密被黄褐色短柔毛，髓疏松。叶对生，纸质，长椭圆形或倒卵状披针形，长 5 ~ 17cm，宽 1.5 ~ 5.0cm，先端渐尖，基部楔形或宽楔形，全缘或波状，叶面疏生短柔毛，叶背密生细小黄色腺点，沿脉被短柔毛；叶柄长0.5～4.0cm，密被黄褐色短柔毛。聚伞伞房状花序腋生，较叶短，少为2～3次分枝，具花3～9朵，花序梗长1～4cm，密被棕褐色短柔毛；花萼红紫色，具5棱，膨大形似灯笼，长1.0～1.3cm，外面被短柔毛，顶端5深裂；花冠淡红或白色稍带紫色，花冠管与花萼等长或稍长，顶端5裂，裂片长长约6mm。核果倒卵形，熟时深蓝绿色，藏于宿萼内。花、果期6～11月。

产于广西各地。生于海拔1000m以下的丘陵、山坡、路畔和旷野。分布于广东、福建、江西。

4. 垂茉莉 图1421

Clerodendrum wallichii Merr.

直立灌木或小乔木，高2～4m。小枝锐四棱形，具狭翅，无毛，髓部充实。叶近革质，对生，长圆形或长圆状披针形，长11～18cm，宽2.5～4.0cm，先端渐尖或长渐尖，基部狭楔形，全缘，两面无毛；侧脉7～8对；叶柄长约1cm。聚伞花序排列成圆锥状，长20～33cm，下垂，无毛，对生或交互对生，着花少数，花序梗及花序轴锐四棱形或翅状；花萼管短，果时增大增厚，鲜红色或紫红色；花冠白色，花冠管长约1.1cm，裂片长1.1～1.5cm。核果球形，熟后紫黑色，光亮，有明显2槽纹。花、果期11月至翌年4月。

产于靖西、龙州。生于山坡疏林中。分布于云南、西藏；印度、缅甸、越南也有分布。

5. 长叶大青

Clerodendrum longilimbum C. Pei

灌木，高1～3m。小枝略四棱形，无毛，髓疏松。叶膜质，对生，长椭圆形，长7～20cm，宽4～8cm，先端渐尖，基部宽楔形或圆形，全缘或微波状，两面近无毛或仅叶面散生少数细伏毛；侧脉7～8对，羽状或离基三出脉，侧脉及细脉在背面均显著；叶柄长2～6cm。聚伞花序排成狭长圆锥状，顶生，下垂，花序梗纤细；花冠淡黄绿色或白色，外被细毛和腺点，花冠管长1.5～1.8cm，花冠裂片匙形，长约8mm。核果球形，成熟后宿萼增大，红色，向外反卷。花、果期8～12月。

产于百色。生于海拔400～1500m沟谷或山

图1420 白花灯笼 Clerodendrum fortunatum L.
1. 花枝；2. 花；3. 果。（仿《中国植物志》）

图1421 垂茉莉 Clerodendrum wallichii Merr.
1. 果枝；2. 花。（仿《中国植物志》）

图 1422 大青 Clerodendrum cyrtophyllum Turcz. 1. 花枝；2. 果枝。(仿《中国高等植物图鉴》)

图 1423 广东大青 Clerodendrum kwangtungense Hand. -Mazz. 1. 花枝；2. 花。(仿《中国高等植物图鉴》)

坡密林下。分布至云南；越南也有分布。

6. 海南赪桐 海南臭茉莉

Clerodendrum hainanense Hand. -Mazz.

灌木，高 1 ~ 4m。小枝略四棱形，疏被细毛或近于无毛。叶片膜质至薄纸质，倒披针形或狭椭圆形，长 7 ~ 26cm，宽 2 ~ 8cm，先端短尾尖，基部狭楔形或楔形，全缘，两面无毛，叶背密被淡黄色小腺点；侧脉 6 ~ 11 对；叶柄长 0.5 ~ 2.5cm，具沟槽。圆锥状聚伞花序顶生，偶有腋生，3 ~ 6 次分枝，每聚伞花序有花 3 ~ 7 朵；花冠白色，花冠管细长，长 0.5 ~ 4.0cm，裂片长 6 ~ 8mm，外被细毛和腺点。核果球形，成熟时紫色，直径约 1cm。花、果期 9 ~ 12 月。

产于邕宁、上思、东兴、崇左、扶绥、宁明、龙州。生于海拔 900m 以下山坡林下阴湿处。分布至广东、海南。

7. 大青 路边青、鸡屎青 图 1422

Clerodendrum cyrtophyllum Turcz.

灌木或小乔木，高 1 ~ 10m。幼枝被短柔毛，黄褐色，髓坚实。叶纸质，椭圆形、卵状椭圆形、长圆形或长圆状披针形，长 6 ~ 20cm，宽 3 ~ 9cm，先端渐尖或急尖，基部圆形或宽楔形，全缘，两面无毛或沿叶脉疏生短柔毛，叶背常有腺点；侧脉 6 ~ 10 对；叶柄长 1 ~ 8cm。伞房状聚伞花序顶生或腋生，长 10 ~ 16cm，宽 20 ~ 25cm；花小，有橘香；萼杯状，外面被黄褐色短绒毛；花冠白色，外面疏生细毛和腺点，花冠管细长，长约 1cm，顶端 5 裂，裂片长约 5mm。核果球形或倒卵形，成熟时蓝紫色，为红色宿萼所托。花、果期 6 月至翌年 2 月。

产于广西各地。生于海拔 1700m 以下平原、丘陵、山地林下或溪谷旁。分布于华东、中南至西南(除四川外)各地；朝鲜、越南和马来西亚也有分布。根和叶入药，清热、泻火、利尿、凉血、解毒。

8. 广东大青 广东臭茉莉 图 1423

Clerodendrum kwangtungense Hand. -Mazz.

灌木，高2～3m。幼枝稍扁，被短柔毛，髓充实。叶膜质，卵形或长圆形，长6～18cm，宽2～7cm，先端渐尖并呈尾状弯曲，基部宽楔形、钝圆形或近截形，全缘，有不规则锯齿或微波状，两面几无毛或沿叶脉有短柔毛；侧脉4～6对，基部三出状；叶柄长1～4cm，偶有长达6～7cm。伞房状聚伞花序生于枝顶叶腋，长7～12cm，宽8～15cm，3～5次二或三歧分叉，密被短柔毛；花萼顶端5深裂，结果时增大，红色；花冠白色，外面疏被短绒毛和腺点，5裂，裂片长约4mm，花冠管长2～3cm。核果球形，为红色宿萼所托。花、果期8～11月。

产于贺州、昭平、象州、金秀、融水、容县。生于海拔600～1400m林中或林缘。分布于广东、云南、贵州、湖南。叶、果可食。

9. 赪桐 红花倒血莲、贞桐花、状元红 图1424

Clerodendrum japonicum (Thunb.) Sweet

灌木，高1～4m。小枝四棱形，近于无毛或被短柔毛，节上密被长柔毛。叶圆心形，长8～35cm，宽6～27cm，先端尖或渐尖，基部心形，边缘有疏短尖齿，叶面疏生伏毛，脉上具较密的锈褐色短柔毛，叶背密被黄色盾状腺体，脉上有短柔毛；叶柄长1.5～16.0cm，少数可达27cm，具较密黄褐色短柔毛。二歧聚伞花序组成顶生、大而开展的圆锥花序，长15～34cm，宽13～35cm，花序的最后侧枝呈总状花序，长可达16cm；花冠红色，稀白色，花冠管长1.7～2.2cm，外面具微毛，里面无毛，顶端5裂，裂片长1.0～1.5cm。核果椭圆状球形，绿色或蓝黑色，宿萼增大，初包果实，后开展反折呈星状。花、果期5～11月。

产于广西各地。生于平原、山谷、溪边疏林中，石灰岩山区较常见，或间有栽培于庭院中。分布于广东、云南、贵州、湖南、四川、福建、江苏、浙江、江西、台湾；印度、不丹、日本及中南半岛也有分布。分株或扦插繁殖，易成活。全株药用，有祛风利湿、消肿散瘀的功效。花序大型，花冠深红色，花期长达半年之久，为优良庭院观赏植物。

10. 灰毛大青 人瘦木、狮子球

Clerodendrum canescens Wall. ex Walp.

灌木，高1～4m。小枝略四棱形，具有不明显纵沟，全体密被平展或倒向灰褐色长柔毛，髓疏松。叶心形或宽卵形，长6～18cm，宽4～15cm，先端渐尖，基部心形至近截形，两面被柔毛，脉上密被灰褐色平展柔毛，叶背尤明显；叶柄长1.5～12.0cm。聚伞花序密集成头状，通常2～5枝生于枝顶，花序梗粗壮，长1.5～11.0cm；花萼

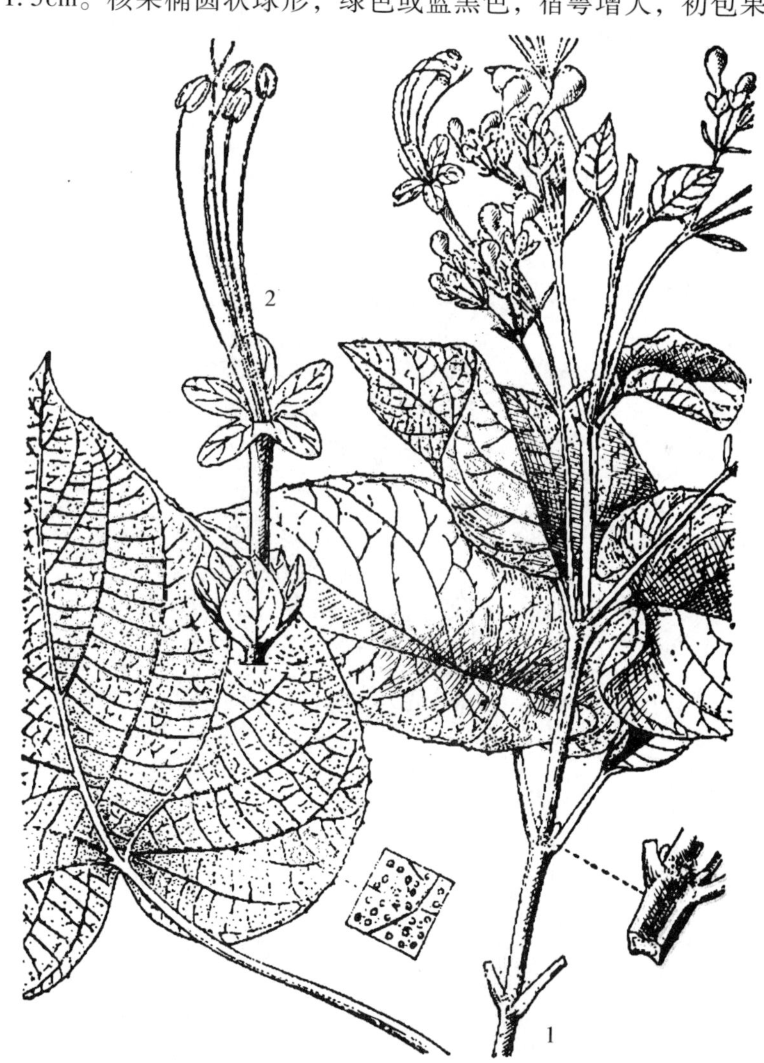

图1424 赪桐 **Clerodendrum japonicum** (Thunb.) Sweet 1. 花枝；2. 花。(仿《中国植物志》)

图 1425 重瓣臭茉莉 **Clerodendrum chinense** (Osbeck) Mabb. 1. 花枝；2. 花。(仿《中国植物志》)

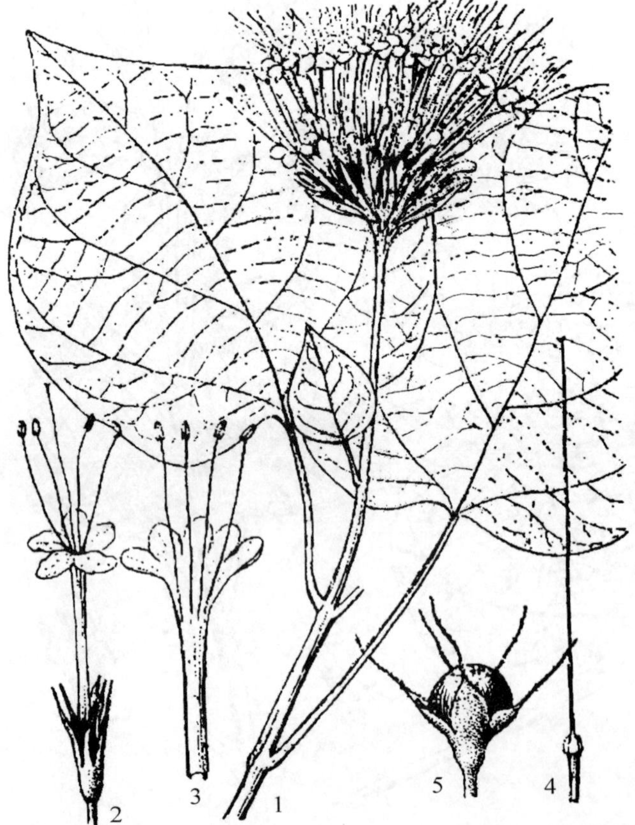

图 1426 尖齿臭茉莉 **Clerodendrum lindleyi** Decne. ex Planch. 1. 花枝；2. 花；3. 花冠展开；4. 花柱；5. 果。(仿《中国植物志》)

由绿变红色，钟状，有 5 棱角，5 深裂至萼中部，裂片宽卵形或宽卵形；花冠白色或淡红色，花冠管长约 2cm，裂片向外平展，长 5 ~ 6mm。核果近球形，深蓝色或黑色，藏于红色增大的宿萼内。花、果期 4 ~ 10 月。

产于广西各地。生于海拔 900m 以下山坡路边或疏林中。分布于广东、云南、贵州、四川、福建、湖南、江西、浙江、台湾；印度、越南也有分布。全株药用，治毒疮、风湿病、退热止痛。

11. 重瓣臭茉莉 臭牡丹 图 1425

Clerodendrum chinense (Osbeck) Mabb.

灌木，高 1.0 ~ 1.5m。幼枝被柔毛。叶宽卵形或浅心形，长 9 ~ 22cm，宽 8 ~ 21cm，先端渐尖，基部截形、宽楔形或浅心形，边缘疏生粗齿，叶面密被刚伏毛，叶背密被柔毛，沿脉更密；基部三出脉，脉腋有数个盘状腺体；叶柄长 3 ~ 17cm，被绒毛。伞房状聚伞花序密紧密，顶生，花序梗被绒毛；苞片被短柔毛并有少数疣状和盘状腺体；花萼钟状，被短柔毛和少数疣状或盘状腺体，萼齿线状披针形；花冠红色、淡红色或白色，有香气，花冠筒短，裂片卵圆形或椭圆形，长约 1cm，重瓣。

产于广西各地。分布于广东、云南、福建、台湾；老挝、泰国、柬埔寨也有分布。亚洲热带地区常见栽培或逸为野生。根药用，主治风湿。

12. 尖齿臭茉莉 大枫叶、热骨风、龙顶风 图 1426

Clerodendrum lindleyi Decne. ex Planch.

灌木，高 1 ~ 3m。幼枝近四棱形，被短柔毛。叶纸质，宽卵形或心形，长 9 ~ 11cm，宽 8 ~ 21cm，叶面散生短柔毛，沿脉较密，基部脉腋有数个盘状腺体，叶缘有不规则锯齿或波状齿；叶柄长 2 ~ 11cm，被短柔毛。伞房状聚伞花序密紧密，顶生，花序梗被短柔毛；花萼钟状，密被柔毛和少数盘状腺体，萼齿线状披针形，长 4 ~ 10mm；花冠紫红色或淡红色，花冠管长 2 ~ 3cm，裂片倒卵形，长 5 ~ 7mm。核果近球形，成熟时蓝黑色，大半为紫红色增大的宿萼所包。花、果期6～11月。

产于桂林、临桂、兴安、资源、昭平、柳州、融水、河池、天峨、乐业、隆林、武鸣、玉林、容县、东兴、龙州。生于山坡、沟边、路边林中或灌木丛中。分布于广东、海南、云南、贵州、湖南、江西、江苏、安徽。

13. 臭牡丹 臭红花、臭树 图1427

Clerodendrum bungei Steud.

灌木，高1～2m。植株有臭味；花序轴、叶柄密被褐色、黄褐色或紫色脱落性的柔毛。叶纸质，宽卵形或卵形，长8～20cm，宽5～15cm，先端尖或渐尖，基部宽楔形、截形或心形，叶面散生短柔毛，叶背疏生短柔毛或无毛，边缘具粗或细锯齿；侧脉4～6对；叶柄长4～17cm。伞房状聚伞花序密集，顶生；苞片叶状，长约3cm，脱落时在花序梗上留下凸起的痕迹；萼齿三角形或窄三角形，长1～3mm；花冠淡红色、红色或紫红色，花冠管长2～3cm，裂片倒卵形，长5～8mm。核果近球形，成熟时蓝黑色。花、果期5～11月。

产于兴安、龙胜、金秀、南丹、凌云、隆林。生于山坡、林缘、沟谷、路旁、灌丛中。分布于华北、西北、西南以及江苏、安徽、江西、湖南、湖北；印度、越南、马来西亚也有分布。根、茎、叶入药，有祛风解毒、消肿止痛之功效，治疗子宫脱垂。

图1427 臭牡丹 Clerodendrum bungei Steud. 1. 花枝；2. 花；3. 果。（仿《中国植物志》）

14. 腺茉莉 野锈球 图1428

Clerodendrum colebrookianum Walp.

灌木或小乔木，高1～4m。小枝四棱形，较粗，植物体除叶片外密被褐色微毛，老时脱落，髓疏松。叶厚纸质，宽卵形或椭圆状心形，长7～27cm，宽6～21cm，顶端渐尖或急尖，基部截形、宽楔形或心形，全缘或微呈波状，上面被疏短柔毛或近于无毛，背面沿脉被微柔毛；基生三出脉，脉腋有数个盘状腺体；叶柄长2～20cm。聚伞花序着生于枝上部叶腋和顶端，4～6枝排成伞房状；苞片早落；花萼小，外面密被短柔毛和少数盘状腺体；花冠白色，少为红色，顶端5裂，裂片长圆形，长3～6mm，花冠管长1.2～2.5cm，无毛。核果近球形，蓝绿色，干后黑色，宿萼增大，紫红色，如碟状托于果实底部。花、果期8～12月。

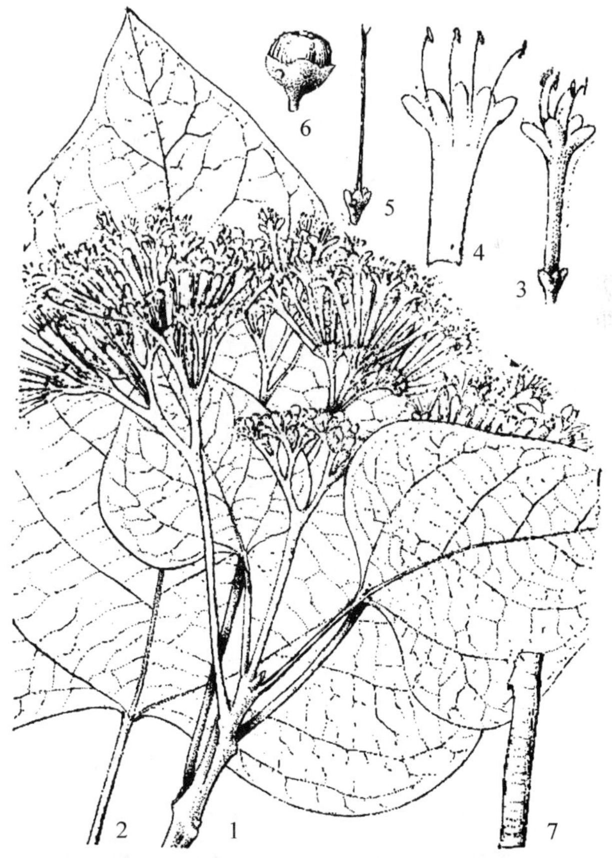

图1428 腺茉莉 Clerodendrum colebrookianum Walp. 1. 花枝；2. 叶；3. 花；4. 花冠展开；5. 花柱；6. 果；7. 枝。（仿《中国植物志》）

图 1429 海州常山 **Clerodendrum trichotomum** Thunb. 花枝。(仿《中国高等植物图鉴》)

产于临桂、永福、恭城、凌云、隆林、龙州、大新。生于海拔 500m 以上山坡疏林或灌丛中。分布于广东、云南、西藏；印度及东南亚各国也有分布。

15. 海通 白灯笼

Clerodendrum mandarinorum Diels

灌木或乔木，高 20m。幼枝略呈四棱形，密被黄褐色绒毛，髓具明显的黄色薄片状横隔。叶近革质，卵状椭圆形、卵形、宽卵形至心形，长 10～27cm，宽 6～21cm，先端渐尖，基部截形、近心形或偏斜，叶面被疏短柔毛，叶背密被灰白色绒毛。伞房状聚伞花序顶生，分枝多，疏散，花序梗以至花柄均密被黄褐色绒毛；花萼小，长 3～4mm，萼齿线形，密被短绒毛和少数盘状腺体；花冠白色，偶为淡紫色，有香气，花冠管纤细，长 7～10mm，裂片长约 3.5mm。核果近球形，成熟后蓝黑色，宿萼增大，红色，包果一半以上。花、果期 7～12 月。

产于临桂、全州、兴安、龙胜、荔浦、金秀、融水、南丹、天峨、都安、百色、那坡、凌云、乐业、田林、隆林、武鸣、北流、龙州、凭祥。生于溪边、路边或丛林中。分布于广东、云南、贵州、四川、湖北、湖南、江西；越南也有分布。木材心材与边材区别不明显，木材黄白色，纹理直，结构适中，重量轻，气干密度 0.508g/cm^3，干燥快，不开裂，稍变形，耐腐性、抗虫性中等，易加工，宜作室内装饰、家具、木地板、农具等用材。

16. 海州常山 图 1429

Clerodendrum trichotomum Thunb.

灌木或乔木，高 10m。幼枝、叶柄、花序轴等多少被黄褐色柔毛或近于无毛。叶纸质，卵形、卵状椭圆形或三角状卵形，长 6～16cm，宽 2～13cm，先端渐尖，基部宽楔形至截形，两面幼时被白色短柔毛，老时叶面光滑无毛，叶背仍被短柔毛或无毛，或沿脉毛较密；侧脉 3～5 对，全缘或有时具波状齿；叶柄长 2～8cm。伞房状聚伞花序顶生或腋生，二歧分枝，疏散；花萼长 1.1～1.5cm，蕾时绿白色，后变紫红色，中部略膨大，有 5 棱，5 深裂；花香，花冠白色或带粉红色，花冠管细，长约 2cm，顶端 5 裂，裂片长椭圆形，长 5～10mm，宽 3～5mm。核果近球形，包藏于增大的宿萼内，成熟时蓝紫色。花、果期 6～11 月。

产于隆林、金秀。分布于辽宁、西北、华北、华中、中南、西南等各地。朝鲜、日本以至菲律宾北部也有分布。

10. 豆腐柴属 Premna L.

乔木或灌木，稀攀援状。单叶对生，全缘或有锯齿，无托叶。聚伞花序或圆锥花序顶生；苞片锥形、线形；花萼杯状或钟状，宿存，花后常增大，顶端 2～5 裂或截形，裂片近相等至呈二唇形；花冠有毛和腺点，稀无，4 裂，裂片外展，稍二唇形，喉部通常有一圈白色柔毛；雄蕊 4 枚，2 强；子房 4 室或不完全，每室胚珠 1 枚；柱头 2 裂。核果。

约200种，主要分布在亚洲与非洲的热带。中国46种；广西12种1变种。

分种检索表

1. 花萼有明显的5齿或5裂。
  2. 聚伞花序组成塔形圆锥花序。
    3. 叶基部狭楔形略下延，或明显下延在叶柄两侧成翅。
      4. 常绿灌木至小乔木；叶革质，无毛，两面有暗黄色腺点；花萼5裂，稍二唇形 ······ **1. 滇桂豆腐柴 P. confinis**
      4. 落叶灌木；叶纸质，多少有毛，无腺点或仅背面有紫红色腺点；花萼近整齐5浅裂。
        5. 叶卵形、卵状披针形、倒卵形或椭圆形，宽1.5~6.0cm，有不规则锯齿或近全缘；叶柄长0.5~2.0cm ······ **2. 豆腐柴 P. microphylla**
        5. 叶窄卵状椭圆形或椭圆状披针形，宽1~3cm，全缘或疏生钝齿，有短柄或近无柄 ······ **3. 臭黄荆 P. ligustroides**
    3. 叶基部截形、圆形、心形或阔楔形，不下延。
      6. 叶背面无腺点或腺点不明显。
        7. 叶纸质至坚纸质，叶背无腺点；幼枝疏被柔毛 ······ **4. 狐臭柴 P. puberula**
        7. 叶薄纸质，叶背有不明显腺点；幼枝密被绒毛 ······ **5. 黄药 P. cavaleriei**
      6. 叶背面有明显腺点；幼枝密被长柔毛 ······ **6. 长序臭黄荆 P. fordii**
  2. 聚伞花序不组成塔形圆锥花序。
    8. 幼枝、叶柄及叶背密被平展黄色长柔毛；叶纸质，基部宽楔形或近圆形 ······ **7. 黄毛豆腐柴 P. fulva**
    8. 幼枝、叶柄及叶背被柔毛；叶坚纸质，基部圆或近心形。
      9. 花序直径6~17cm，雄蕊2长2短 ······ **8. 淡黄豆腐柴 P. flavescens**
      9. 花序直径不及6cm，雄蕊4枚近等长 ······ **9. 石山豆腐柴 P. crassa**
1. 花萼有2~4齿或近平截。
  10. 花萼顶端近平截；叶近膜质，两面被毛 ······ **10. 百色豆腐柴 P. paisehensis**
  10. 花萼明显呈二唇形。
    11. 花萼上唇有2齿，聚伞花序组成伞房状；叶纸质，两面近无毛或仅沿脉有柔毛 ······ **11. 伞序臭黄荆 P. serratifolia**
    11. 花萼上唇圆或微凹；聚伞花序组成穗形总状；叶纸质，两面被短柔毛 ······ **12. 间序豆腐柴 P. interrupta**

1. 滇桂豆腐柴 近邻豆腐木 图1430：1~4

Premna confinis C. Pei et S. L. Chen ex C. Y. Wu

常绿灌木至小乔木，高6m。小枝圆柱形，栗褐色，密被糠秕状腺点和点状至线状皮孔，无毛。叶革质，长圆形至披针形，长9~16cm，宽3.5~8.0cm，先端急尖至短渐尖，基部楔形略下延，全缘或波状，无毛，两面被暗黄色腺点，但叶面的易脱落；侧脉6~7对；叶柄长2~4cm，密被腺点，有沟，无毛。圆锥花序塔形，长而疏散，顶生，分枝7~9对，再作3~4回二歧分枝，上部被微柔毛；花萼5裂，稍二唇形，无毛，密被腺点；花冠淡黄色或白色，长约8mm，二唇形。果实紫红色，有腺点，微有瘤状凸起。花期5月。

产于广西西南部。生于海拔600m以下的林中。分布于云南。

2. 豆腐柴 臭辣树、鸡屎泡 图1431

Premna microphylla Turcz.

落叶灌木。幼枝有柔毛，老枝变无毛。叶揉之有臭叶，纸质，卵形、卵状披针形、倒卵形或椭圆形，长3~13cm，宽1.5~6.0cm，先端急尖至长渐尖，基部渐狭窄下延至叶柄两侧，全缘至有不规则粗齿，无毛至有短柔毛；叶柄长0.5~2.0cm。聚伞花序组成塔形圆锥花序；花萼5浅裂；花冠

图 1430　1～4. 滇桂豆腐柴 Premna confinis C. Pei et S. L. Chen ex C. Y. Wu　1. 花枝；2. 花萼展开，示子房；3. 花；4. 果。**5～6. 长序臭黄荆 Premna fordii** Dunn　5. 花；6. 花冠展开，示雄蕊及喉部的毛。（仿《中国植物志》）

图 1431　豆腐柴 Premna microphylla Turcz.　1. 花枝；2. 花；3. 花冠展开；4. 花柱；5. 果。（仿《中国植物志》）

淡黄色，外有柔毛和腺点，花冠内部有柔毛，以喉部较密。核果球形至倒卵形，熟时紫色。花、果期 5～10 月。

产于广西东部。生于山坡林下或林缘。分布于中国华东、中南、华南以至四川、贵州；日本也有分布。叶可制豆腐；根、茎、叶入药，清热解毒、消肿止血，主治毒蛇咬伤、无名肿毒、创伤出血。

3. 臭黄荆

Premna ligustroides Hemsl.

落叶灌木，高 1～3m。多分枝，枝条细弱，幼枝有短柔毛。叶纸质，窄卵状椭圆形或椭圆状披针形，长 1.5～8.0cm，宽 1～3cm，全缘或中部有 3～5 钝齿，先端渐尖或急尖，基部楔形，两面疏生有毛，背面有紫红色腺点；有短柄或近无柄。聚伞花序组成顶生圆锥花序，被柔毛，长 3.5～6.0cm，宽 2～3cm，最下分枝长 0.5～1.0cm；花萼杯状，长约 2mm，顶端稍不规则 5 裂，裂片长不逾 1mm；花冠黄色，长 3～5mm，两面有茸毛和黄色腺点，顶端 4 裂略成二唇形。核果倒卵球形，长 2.5～5.0mm，宽 2.5～4.0mm，顶端有黄色腺点。花、果期 5～7 月。

产于昭平、天峨、罗城、南宁、武鸣。生于海拔 500～1000m 山坡林中或林缘。分布于四川、贵州、湖北、江西。根、叶、种子入药，能除风湿，清邪热，治痢疾、痔疮、脱肛、牙痛等症。

4. 狐臭柴　微毛豆腐柴　图 1432

Premna puberula Pamp.

直立或攀援灌木至小乔木，高 1.0～3.5m。小枝条近直角伸出，幼枝绿色，常被柔毛，老枝渐变无毛，黄褐色至紫褐色。叶纸质至坚纸质，卵状椭圆形、卵形或长圆状椭圆形，长2.5～11.0cm，宽1.5～5.5cm，先端渐尖至尾状尖，基部楔形、阔楔形或近圆形，全缘或上半部有波状深齿、锯齿或深裂，两面近无毛至疏生短柔毛；叶柄长1.2～3.5cm。聚伞花序组成塔形圆锥花序，生于小枝顶端，无毛或疏被柔毛；花萼杯状，5浅裂；花冠淡黄色，有紫色或褐色条纹，长5～7mm，4裂成二唇形，喉部有数行较长的毛。核果倒卵形，熟时紫色转黑色，有瘤状凸起，果萼长为果实的1/3。花、果期5～8月。

产于百色。分布于广东、贵州、四川、湖南、湖北、甘肃、陕西。

4a. 毛臭狐柴

Premna puberula var. **bodinieri** (H. Lév.) C. Y. Wu et S. Y. Pao

与原变种的区别为：幼枝、叶两面、叶柄、花序以及花萼均密被短柔毛，且毛经久不脱落；果萼长可达果实之半。花、果期5～9月。

产于隆林、天峨、乐业。生于700～1800m石灰岩山麓灌丛中。分布于贵州、云南。

图1432 狐臭柴 **Premna puberula** Pamp. 1. 花枝；2. 果枝；3. 花；4. 花萼；5. 雄蕊；6. 果。(仿《中国植物志》)

5. 黄药 大叶豆腐木 图1433

Premna cavaleriei H. Lév.

乔木，高4～9m。小枝圆柱形，幼时赤褐色，密被短绒毛，老后变无毛。叶薄纸质，卵形或卵状长椭圆形，长9～15cm，宽5～9cm，先端渐尖至钝，基部宽楔形、圆形、截平或近心形，背面有不明显腺点，两面疏生绒毛或近无毛；叶柄长2～5cm。圆锥花序顶生，密生绒毛，分枝疏散开展，长11～32cm，宽8～15cm；花萼钟状，外面密生茸毛；花冠淡黄色，4裂近二唇形，裂片向外开展。核果卵球形，直径约2mm。花、果期6～7月。

产于广西各地。生于海拔800m以下山坡、路旁疏林中。分布于广东、湖南、江西、贵州。

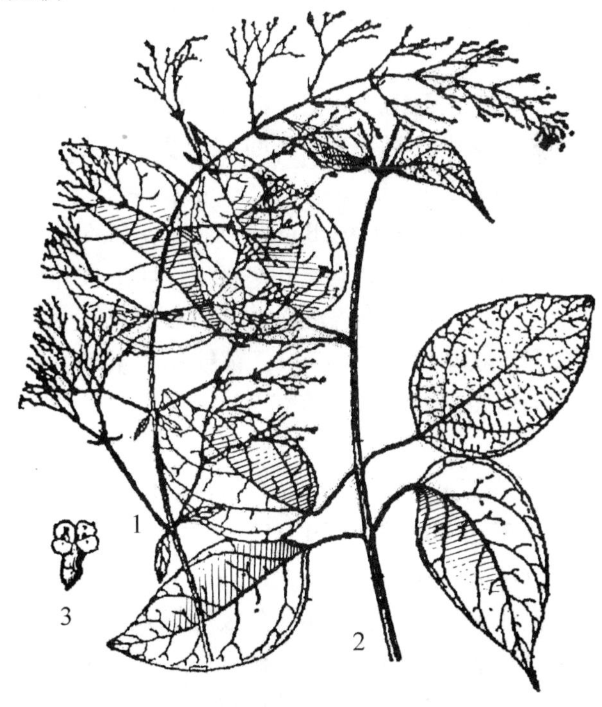

图1433 黄药 **Premna cavaleriei** H. Lév. 1. 花枝；2. 枝叶；3. 花。(仿《中国高等植物图鉴》)

6. 长序臭黄荆 图1430：5～6

Premna fordii Dunn

常绿攀援灌木。全体密被长柔毛。叶坚纸质，卵形或卵状长圆形，长4.0～8.5cm，宽3.0～4.5cm，先端长渐尖，基部楔形至微心形，

图 1434 黄毛豆腐柴 **Premna fulva** Craib 1. 花枝；2. 花；3. 花冠展开。(仿《中国植物志》)

全缘或中部以上有明显疏齿，背面有暗黄色腺点；侧脉 4 ~ 5 对，基生三出脉；叶柄长 0.5 ~ 2.0cm。聚伞花序组成顶生狭长的圆锥花序，花序长 2.5 ~ 10.0cm，宽 2 ~ 5cm；花萼杯状，稍不规则 5 浅裂，外被柔毛和细小黄色腺点；花冠白色或淡黄色，长 3 ~ 8mm，外面有茸毛和黄色腺点，内面除喉部有白色柔毛外，余几无毛，顶端 4 裂成二唇形，上唇明显短于下唇。果近球形，无毛，顶端疏生黄色腺点。花、果期 5 ~ 7 月。

产于那坡、防城。生于海拔 1000 ~ 1200m 的溪旁林中。分布于福建、广东、海南。

7. 黄毛豆腐柴 图 1434

Premna fulva Craib

落叶直立灌木或有时枝条外倾而呈攀援状。幼枝、叶柄及叶背密被黄色平展长柔毛，老枝渐无毛。叶纸质，卵圆形、长圆状卵圆形或长圆状倒卵圆形、卵状披针形、椭圆形或近圆形，长 4 ~ 15cm，宽 3 ~ 10cm，先端渐尖、锐尖，基部宽楔形或近圆形，常偏斜，边缘有锯齿，齿尖凸出，叶面被较疏的稍硬黄毛，叶背密被似毡状柔毛；侧脉 5 ~ 7 对；叶柄长 1.5 ~ 5.5cm。聚伞花序伞房状，顶生，分枝 5 ~ 6 对，每枝 3 ~ 6 回二歧分枝；花萼外被短柔毛；花冠绿白色，4 裂近二唇形。核果卵形至球形，熟时黑色，有瘤状凸起，果萼杯状，近二唇形。

产于广西西南部。生于海拔 500 ~ 1200m 阔叶林中。分布于贵州、云南；泰国、老挝、越南也有分布。喜光，喜生于向阳的山坡灌丛中或疏林下，钙质土及酸性土兼有植物。

8. 淡黄豆腐柴

Premna flavescens Buch. – Ham. ex Wall.

灌木。嫩枝有柔毛。叶坚纸质，卵形或卵状披针型，长约 15cm，宽约 6.5cm，先端尖或渐尖，基部钝或近心形，全缘或微波状，叶面有直立小硬毛，叶背有柔毛；侧脉 3 ~ 4 对；叶柄长 2 ~ 3cm。聚伞伞房状花序径 6 ~ 17cm，被铁锈色柔毛；花萼有 5 齿，被柔毛；花冠绿白色，长 4 ~ 5mm，两面有细柔毛，4 裂，花管喉部有密集成堆的长柔毛；雄蕊 2 长 2 短。核果近球形，干时黑色。花、果期夏季。

产于容县、东兴。分布于云南、广东；马来西亚、越南、印度尼西亚也有分布。

9. 石山豆腐柴 图 1435

Premna crassa Hand. -Mazz.

粗壮灌木，高 1 ~ 5m。分枝近攀援状；当年生枝、叶柄、聚伞花序等均被黄棕色毛，老时毛渐脱落。叶坚纸质，卵圆形至椭圆形，5 ~ 11cm，宽 4 ~ 8cm，同对之叶大小不等，先端突然收缩成短钝的尖头，稀渐尖或钝，基部圆形至近心形，常偏斜，全缘或中部以上有规则或不规则的宽牙齿，稀呈微波状，叶面被粗伏毛，叶背被绒毛状疏柔毛；侧脉 5 ~ 7 对，基生三出脉或三出脉；叶柄较肥厚，长 0.5 ~ 6.0cm，同对叶叶柄长短不同。聚伞伞房状花序径不及 6cm；花无柄至有短柄；花萼

图 1435 石山豆腐柴 Premna crassa Hand. -Mazz.
1. 花枝；2. 花；3. 花冠展开；4. 果。（仿《中国植物志》）

图 1436 百色豆腐柴 Premna paisehensis C. Pei et S. L. Chen 1. 果枝；2. 叶；3. 果。（仿《中国植物志》）

钟状；花冠管长于花萼，微二唇形，上唇微 2 裂，下唇 3 深裂；雄蕊 4 枚，近等长。果球形至倒卵圆形，熟时暗黑色，有瘤状凸起。花期 5 月；果期 10 月。

产于广西西南部。生于海拔 500 ~ 1600m 石山林中。分布于贵州、云南；越南也有分布。

10. 百色豆腐柴 图 1436

Premna paisehensis C. Pei et S. L. Chen

乔木，高 14m。嫩枝绿色有柔毛，老枝无毛。叶近膜质，长椭圆形，长 9 ~ 15cm，宽 3.0 ~ 6.5cm，全缘或有不规则波状，先端短渐尖或急尖，基部阔楔形或钝，叶面被脱落性小糙毛，叶背密被黄褐色绒毛及有淡黄色腺点；侧脉 5 ~ 6 对。聚伞花序在枝顶组成伞房状，疏松开展，分枝二歧分出，花序梗长 4 ~ 6cm，被黄褐色短柔毛；花萼至结果时几截平，外面被腺点和稀疏柔毛。核果圆球形或倒卵球形，有腺点和细毛，成熟时紫色。花、果期 7 ~ 8 月。

广西特有种。产于百色。生于海拔 1000m 以下山地林中。

11. 伞序臭黄荆 钝叶臭黄荆

Premna serratifolia L.

直立灌木至小乔木，偶攀援，高 3 ~ 8m。幼枝密生柔毛，老后毛渐变稀疏。叶纸质，长圆形至广卵形，长 4 ~ 15cm，宽 3.0 ~ 9.5cm，先端短急尖，基部圆形或楔形，全缘或微波状或仅上部疏生不明显钝齿，两面仅沿脉有柔毛或近无毛；叶柄长 2 ~ 5cm，有柔毛。聚伞伞房花序长 5 ~ 15cm，直径 8 ~ 24cm；花萼杯状，外面有细柔毛和黄色腺点，二唇形，有 2 齿；花冠黄绿色，花冠喉部密生一圈长柔毛。核果圆球形，直径约 4mm。花、果期 4 ~ 10 月。

产于合浦。生于海边或台地。分布于广东、海南、台湾；印度、斯里兰卡也有分布。

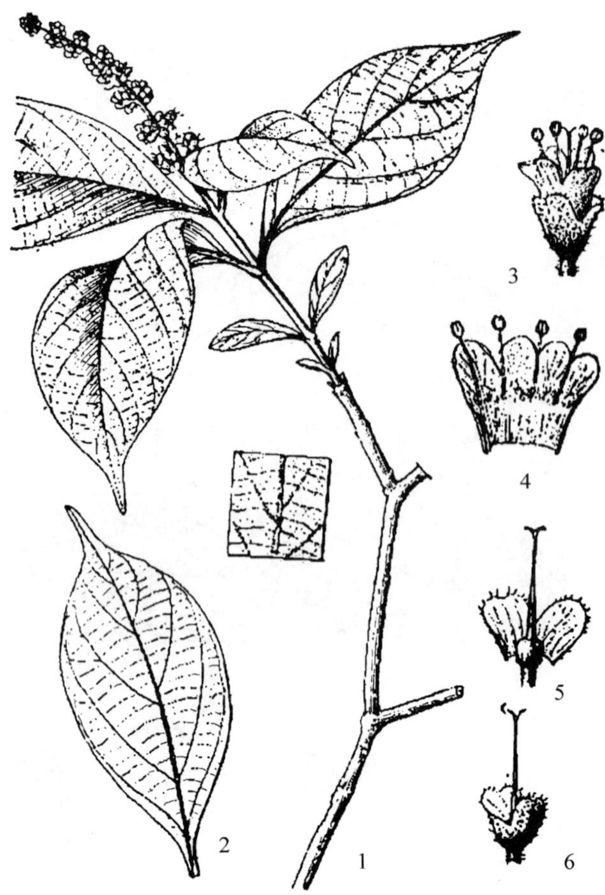

图 1437 间序豆腐柴 Premna interrupta Wall. ex Schauer 1. 花枝；2. 叶；3. 花；4. 花冠展开；5～6. 花柱。(仿《中国植物志》)

12. 间序豆腐柴 图 1437

Premna interrupta Wall. ex Schauer

直立蔓生灌木，高 3m。幼枝被短柔毛，老枝无毛。叶纸质，倒卵形至卵状长圆形，长 8.5～13.0cm，宽 4～8cm，先端长渐尖至急尖，基部楔形下延而至近无柄，全缘或上半部有不明显细锯齿，两面被短柔毛，脉上毛较密，叶背可近无毛或有不明显黄色腺点；叶柄长 3～4mm 或近无柄。聚伞穗形总状花序，长约 7cm，直径约 1.5cm，总花梗上密生细绒毛；花萼上唇圆或微凹；花冠黄绿色或白色，有香味，4 裂微成二唇形，裂片向外开展，外面近无毛，内面喉部密生一圈柔毛。核果卵球形，熟时黑色，顶端有黄色腺点。花、果期 5～8 月。

产于广西西北部。生于海拔 1500～2000m 丛林中。分布于云南、四川、西藏；印度也有分布。

135 毛茛科 Ranunculaceae

多年生或 1 年生草本，稀灌木或木质藤本。单叶或复叶，常对生，多无托叶，通常为掌状脉。花两性，稀单性，辐射对称，排成聚伞状或总状花序；花萼 4～5 枚或较多；花瓣缺或 4～5 枚或较多；雄蕊 10 枚至多数；心皮 1 枚至多数，分生稀合生，有多数或 1 枚胚珠。蓇葖果或瘦果，稀浆果。

约 60 属 2500 种，广布世界各地，主要分布在北半球的温带及寒温带。中国 39 属约 921 种；广西 13 属约 60 种，本志记载灌木 1 属 1 种。

锡兰莲属 Naravelia Adans.

木质藤本。三小复叶，顶生小叶常成 3 条卷须，仅基部 2 小叶存在。圆锥花序顶生或腋生；萼片 4～5 枚；花瓣 6～12 枚，线形或棒状；雄蕊多数；心皮多数，被毛。瘦果狭长，具短柄，花柱宿存，羽毛状。

约 9 种，分布于亚洲热带。中国 2 种；广西 1 种。

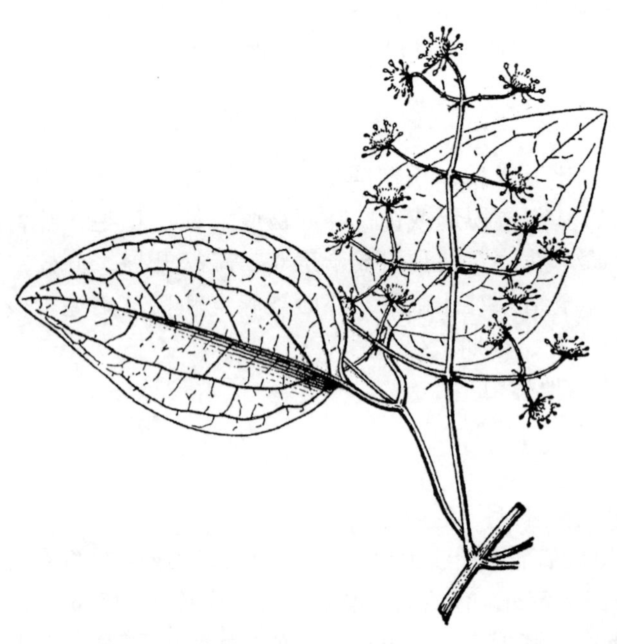

图 1438 两广锡兰莲 Naravelia pilulifera Hance 花枝。(仿《中国植物志》)

两广锡兰莲 图 1438

Naravelia pilulifera Hance

藤状灌木，高 2～3m。茎圆柱形，有明显纵沟纹。小叶纸质，卵形或宽卵形，长7~11cm，宽6~8cm，先端钝尖，基部圆形或微心形，边缘全缘，疏被短柔毛或近无毛。圆锥花序腋生，长达16cm，花多数；萼片4枚，开展；花瓣9~12枚，淡绿色，顶端膨大成球形，下部丝形，无毛。瘦果狭长，被稀疏柔毛，宿存羽毛状花柱长约2cm。花期9月；果期10月。

产于百色、隆安、宁明、大新、龙州、天等。生于海拔700m以下山坡、溪边和疏林中。

136 大血藤科 Sargentodoxaceae

落叶藤本。茎枝髓心红褐色。叶互生，三出复叶，具长柄，无托叶。花单性，雌雄异株，总状花序，雄花；萼片6枚，2轮，覆瓦状排列；花瓣6枚，细小，肉质，近圆形；雄蕊6枚，与花瓣对生，花丝短，花药长卵形；雌花，萼片及花瓣与雄花同数，退化雄蕊6枚；心皮多数，离生，螺旋状排列，生于球状或长圆形的花托上；子房1室，瓶状。浆果卵圆形。

1属1种，分布于中南半岛北部至中国华东、华南及西南。

大血藤属 Sargentodoxa Rehd. et Wils.

形态特征与科同。

大血藤 红藤、大红藤

Sargentodoxa cuneata (Oliv.) Rehder et E. H. Wilson

落叶木质藤本，长达10m。茎砍断时有红色汁液渗出，断面有放射状花纹；各部无毛或近无毛。三出复叶，或兼具单叶，稀全部为单叶；叶厚纸质，全缘，叶脉常带红色；顶生小叶菱状倒卵形，长4~14cm，宽3~9cm，先端急尖，基部楔形，小叶柄长0.5~5.0cm；侧生小叶较大，斜卵形，两侧极不对称，内侧狭楔形，对侧近圆形或截形，几无柄；总叶柄长4~12cm。总状花序长6~12cm；花多数，黄色或黄绿色。浆果卵圆形，长7~10mm，暗蓝色，被白粉，果柄肉质，长约1cm；种子黑色，卵形，长约5mm，有光泽。花期4~5月；果期6~9月。

产于广西西部、西北部及北部。生于林下、溪边、沟谷。分布于甘肃、陕西、河南、湖北、江苏、安徽、浙江、福建、江西、湖南、广东、海南、贵州、云南、四川。根及茎入药，可活血祛瘀、通筋活络，用于风湿骨痛、经闭腹痛、阑尾炎、跌打损伤。

137 木通科 Lardizabalaceae

木质藤本，稀灌木。叶互生，掌状或三出复叶，稀羽状复叶，无托叶；叶柄和小叶柄两端膨大为节状。花单性，雌雄同株或异株，稀杂性；总状花序，稀圆锥状花序；萼片花瓣状，6枚，2轮，稀3枚；花瓣6枚，蜜腺状，远较萼片小，有时无花瓣；雄蕊6枚，花药外向，2室；雌花具退化6枚雄蕊；心皮3枚，稀6~9枚，胚珠多数或仅1枚。肉质骨葖果或浆果；种子多数或仅1枚，卵形或肾形，种皮脆壳质。

9属约50种，主要分布于亚洲东部。中国7属37种；广西4属13种2亚种。

分属检索表

1. 直立灌木；奇数羽状复叶有小叶13枚以上；花杂性；总状圆锥花序；冬芽具外鳞片2枚 ………………………………………………………………………… **1. 猫儿屎属 Decaisnea**
1. 攀援藤本；掌状复叶或三出复叶；花单性；总状花序腋生；冬芽具多枚覆瓦状排列外鳞片。
    2. 小叶边缘浅波状或全缘，先端凹缺、圆或钝；萼片3枚，无花瓣 ………………… **2. 木通属 Akebia**
    2. 小叶全缘，先端通常渐尖或尾尖；萼片6枚。
        3. 萼片稍厚，肉质，先端钝，有6枚蜜腺状小花瓣 ………………… **3. 八月瓜属 Holboellia**
        3. 萼片薄，外轮先端渐尖，基部有6枚蜜腺状花瓣或无花瓣 ………………… **4. 野木瓜属 Stauntonia**

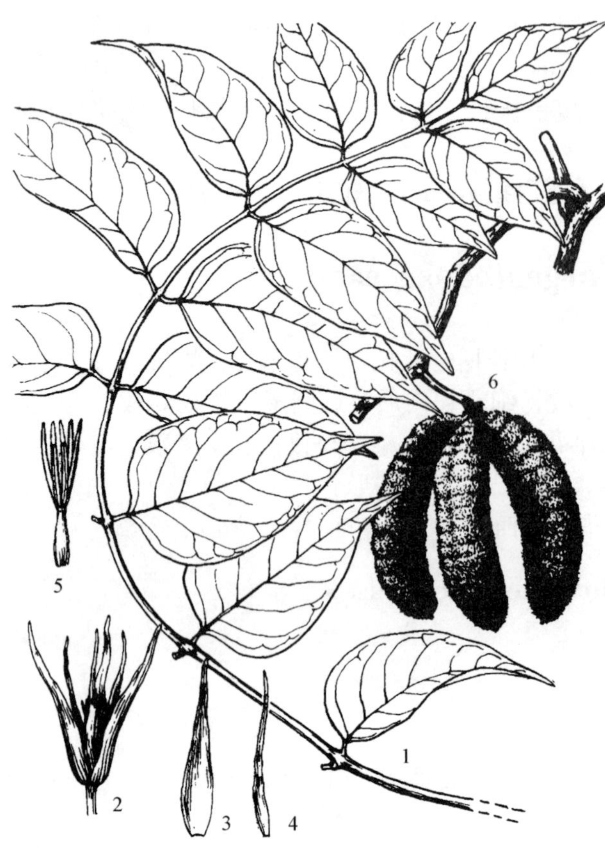

图 1439 猫儿屎 Decaisnea insignis (Griff.) Hook. f. et Thoms. 1. 叶；2. 雄花；3. 雄花外轮萼片；4. 雄花内轮萼片；5. 雄蕊；6. 果枝。(仿《中国植物志》)

1. 猫儿屎属 **Decaisnea** Hook. f. et Thoms.

落叶灌木。分枝少；冬芽卵形，外鳞片 2 枚。奇数羽状复叶，叶柄基部具关节；小叶对生，全缘。花杂性；总状圆锥花序；萼片 6 枚，花瓣状，2 轮，近覆瓦状排列，披针形；无花瓣；雄花雄蕊 6 枚，合生为单体；雌花退化雄蕊 6 枚，心皮 3 枚，离生，无花柱，胚珠多数。肉质蓇葖果圆柱形，腹缝开裂；种子多数。

1 种，分布于中国西南部和中部，尼泊尔、不丹、印度、缅甸也有分布。

猫儿屎 图 1439

Decaisnea insignis (Griff.) Hook. f. et Thoms.

落叶灌木，高 5m。枝粗而脆，髓心粗大。羽状复叶长 30 ~ 80cm，小叶 13 ~ 25 枚；小叶膜质，卵形至卵状长圆形，长 6 ~ 14cm，宽3 ~ 7cm，先端渐尖或尾状渐尖，基部圆或阔楔形，叶面无毛，叶背青白色，初时被粉末状短柔毛，渐变无毛。圆锥花序疏散，下垂，长 2. 5 ~ 4. 0cm；花梗长 1 ~ 2cm；花浅绿色，钟状，下垂；萼片卵状披针形至狭披针形。肉质蓇葖果圆柱形，下垂，蓝色，长 5 ~ 10cm，直径约 2cm，具小疣凸，表面有环状缢纹；种子倒卵形，黑色，扁平，长约 1cm。花期 4 ~ 6 月；果期 7 ~ 8 月。

产于乐业、田林。生于海拔 900m 以上山坡灌丛或沟谷杂木林下。分布于中国西南至中部地区。果肉可食，亦可酿酒；种子含油，油可供食用。

2. 木通属 **Akebia** Decne.

落叶或半常绿缠绕藤本。掌状复叶互生或在短枝上簇生，具长柄，小叶 3 ~ 5 枚，稀 6 ~ 8 枚；小叶全缘或浅波状。花单性，雌雄同株、同序，总状花序腋生，雄花小而多，生于花序上部；雌花远较雄花大，1 至数朵生于花序基部；萼片 3 枚，花瓣状，紫红色，稀绿白色，近镊合状排列；无花瓣；雄花雄蕊 6 枚，离生；雌花心皮 3 ~ 9(~ 12)枚，圆柱形，胚珠多数。肉质蓇葖果长圆状圆柱形，腹缝开裂；种子多数，卵形，略扁平。

5 种，分布于亚洲东部。中国 4 种；广西 1 种 1 亚种。

1. 三叶木通 图 1440

Akebia trifoliate (Thunberg) Koidzumi

落叶藤本。全株无毛。掌状复叶互生或在短枝上簇生；小叶 3 枚，纸质或薄革质，卵形至阔卵形，长 4. 0 ~ 7. 5cm，宽 2 ~ 6cm，先端钝或略凹入，具小凸尖，基部截平或圆，具波状齿或浅裂，叶面深绿色，叶背浅绿色；叶柄直，长 7 ~ 11cm，中央小叶柄长 2 ~ 4cm，侧生小叶柄长 6 ~ 12mm。总状花序自短枝上簇生叶中抽出，下部有 1 ~ 2 朵雌花，上部有 15 ~ 30 朵雄花，长 6 ~ 16cm；总花梗纤细，长约 5cm。果长圆形，长 6 ~ 8cm，直径 2 ~ 4cm，直或稍弯，成熟时灰白略带淡紫色；种子极多数，扁卵形，长 5～7mm，种皮红褐色或黑褐色，稍有光泽。花期 4～5 月；果期 7～8 月。

产于广西西北部至东北部。生于沟谷边疏林或丘陵灌丛中。分布于河北、山西、山东、河南、陕西、甘肃至长江流域各地；日本也有。根、茎、果入药，利尿、通乳，有舒筋活络之效，治风湿关节痛；果可食及酿酒。

1a. 白木通

Akebia trifoliata subsp. **australis** (Diels) T. Shimizu

小叶革质，卵状长圆形或卵形，长 4～7cm，宽 1.5～5.0cm，先端狭圆，顶微凹入而具小凸尖，基部圆、阔楔形、截平或心形，边通常全缘。花期 4～5 月；果期 6～9 月。

产于桂林、临桂、灵川、全州、兴安、龙胜、资源、富川、金秀、南丹、罗城、德保、凌云、隆林。分布于长江流域及以南各地。

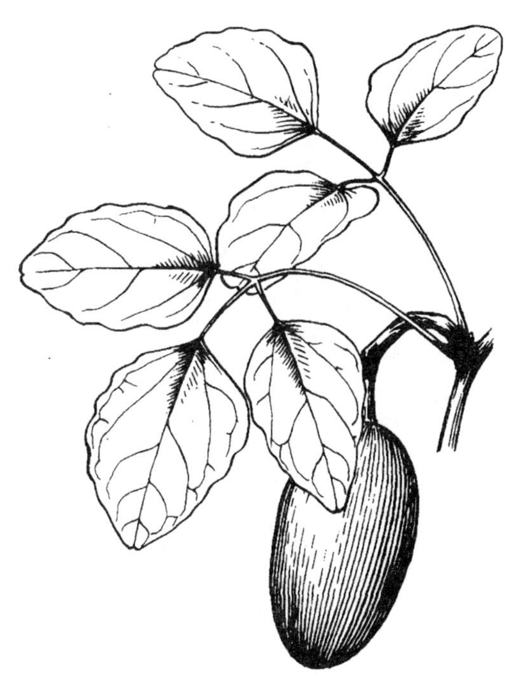

图 1440 三叶木通 **Akebia trifoliate** (Thunberg) Koidzumi 果枝。(仿《中国植物志》)

3. 八月瓜属 Holboellia Wall.

常绿缠绕木质藤本。冬芽具芽鳞片多数。掌状复叶，有小叶 3～9 枚或三出复叶，互生，具长柄；小叶全缘，小叶柄不等长。花单性，伞房总状花序腋生；萼片 6 枚，稍厚，肉质，花瓣状，绿白色或紫色，外轮 3 枚镊合状排列，内轮 3 枚常较小；花瓣 6 枚，蜜腺状，与雄蕊对生。雄花雄蕊 6 枚，离生；雌花退化雄蕊 6 枚，心皮 3 枚，离生，每心皮有胚珠多数。肉质蓇葖果，不裂；种子多数，排成数列。

约 12 种。中国 9 种，产秦岭以南各地；广西 4 种。

分种检索表

1. 掌状复叶有小叶 3～7(9) 枚。
 2. 茎和枝圆柱形，具线纹，无棱或翅；花较大，雄花长约 1.5cm ……………………… **1. 五月瓜藤 H. angustifolia**
 2. 茎和枝具棱；花较小，雄花长约 8mm ……………………………………………… **2. 沙坝八月瓜 H. chapaensis**
1. 三出复叶。
 3. 小叶厚革质，叶背粉绿色，网脉不明显；花较大，雄花长 1.0～1.2cm，雄蕊长 6.0～7.5mm ………………………………………………………… **3. 鹰爪枫 H. coriacea**
 3. 小叶薄革质，叶背淡绿色，网脉于两面略凸起；花较小，雄花长约 5mm，雄蕊长 3.5～4.0mm ………………………………………………………… **4. 小花鹰爪枫 H. parviflora**

1. 五月瓜藤 图 1441

Holboellia angustifolia Wall.

常绿藤本。茎与枝圆柱形，具线纹。掌状复叶，有小叶 3～7(9) 枚；叶柄长 2～5cm；小叶近革质或革质，线状长圆形、长圆状披针形至倒披针形，长 5～11cm，宽 1.2～3.0cm，先端渐尖至近圆形，边缘略背卷，叶面绿色，有光泽，叶背苍白色密布极微小乳凸；中脉叶面凹陷，在叶背凸起，侧脉 6～8 对；小叶柄长 5～25mm。花雌雄同株，红色、紫红色、暗紫色、绿白色或淡黄色，数朵组成伞房式短总状花序；总花梗长 8～20mm，多个簇生于叶腋，基部为阔卵形的芽鳞片所包。果紫色，长圆形，长 5～9cm，顶端圆而具凸头；种子椭圆形，长 5～8mm，种皮褐黑色，有光泽。花期 4～5 月；果期 7～8 月。

图 1441 五月瓜藤 **Holboellia angustifolia** Wall. 1. 花枝；2. 雄花；3. 雄花外轮萼片；4. 雄花内轮萼片；5. 雄蕊和花瓣；6. 部分雄蕊和退化心皮；7. 心皮和退化雄蕊。(仿《中国植物志》)

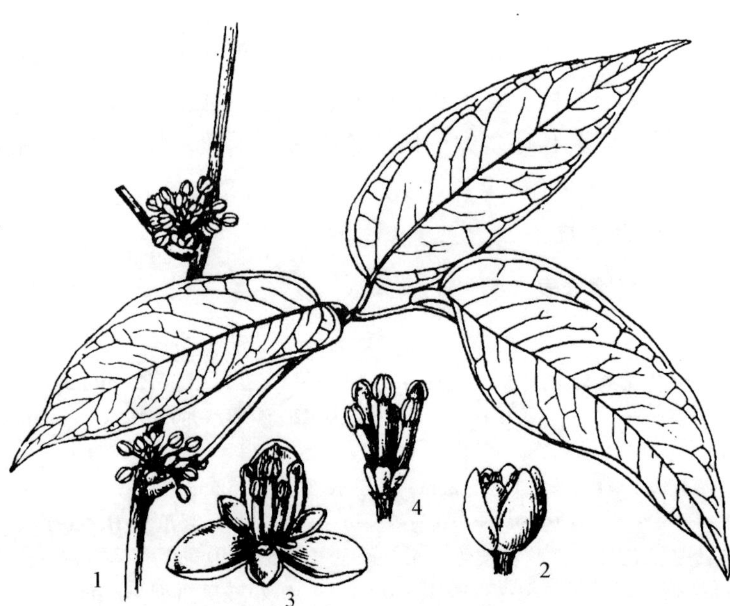

图 1442 小花鹰爪枫 **Holboellia parviflora** (Hemsl.) Gagnep. 1. 花枝；2. 雄花；3. 雄花萼片展开；4. 雄蕊除去萼片，示雄蕊和花瓣。(仿《中国植物志》)

产于全州、资源。生于海拔 500m 以上山坡杂木林及沟谷林。分布于云南、贵州、四川、湖北、湖南、安徽、广东、福建。果可食；根药用，治劳伤咳嗽，果治肾虚腰痛、疝气。

2. 沙坝八月瓜

Holboellia chapaensis Gagnep.

常绿藤本。幼枝棱角显著，老枝圆柱形，略具棱，全株无毛。掌状复叶有小叶 3 ~ 5 枚；叶柄长 3 ~ 11cm；小叶革质，长圆形或倒披针状长圆形，长 6 ~ 16cm；宽 2 ~ 7cm，先端急尖至短渐尖，基部阔楔形，边缘略背卷，叶面绿色，叶背灰绿色；侧脉 6 ~ 7 对；小叶柄不等长，长 2 ~ 5cm。花数朵组成伞房花序式总状花序；雄花序短小，长 1 ~ 2cm，2 ~ 3 个簇生于叶腋；雌花序较大，长可达 8cm。果椭圆形至长圆形，长 6 ~ 12cm，直径 3.5 ~ 5.0cm；种子黑色，有光泽。花期 3 ~ 4 月；果期 8 ~ 11 月。

产于那坡。生于海拔 1000m 以上林缘和沟谷密林中。分布于云南；越南也有分布。

3. 鹰爪枫 三叶藤

Holboellia coriacea Deils

常绿藤本。三出复叶；叶柄长 3.5 ~ 10.0cm；小叶厚革质，椭圆形或卵状椭圆形，长 2 ~ 15cm，宽 1 ~ 8cm，先端渐尖或微凹而有小尖头，基部圆或楔形，边缘略背卷，叶面深绿色，有光泽，叶背粉绿色；中脉在叶面凹入，叶背凸起，基部三出脉，侧脉 4 对，网脉两面不明显；小叶柄长 5 ~ 30mm。花雌雄同株，白绿色或紫色，组成短的伞房式总状花序；总花梗短或近于无梗，数个至多个簇生于叶腋。果长圆状柱形，长 5 ~ 6cm，直径约 3cm，熟时紫色，外面密布小疣点；种子椭圆形，略扁平，长约 8mm，种皮黑色，有光泽。花期 4 ~ 5 月；果期 6 ~ 8 月。

产于资源。生于海拔 500m 以上山地杂木林或路旁灌丛中。分布于四川、陕西、湖北、贵州、湖南、江西、安徽、江苏、浙江。果可食，亦可酿酒。

4. 小花鹰爪枫 图 1442

Holboellia parviflora（Hemsl.）Gagnep.

常绿藤本。全株无毛。三出复叶；叶柄纤细，长 4～8cm；小叶薄革质，披针形、长圆状披针形或卵形，长 7～11cm，宽 3～5cm，先端渐尖或长渐尖，基部阔楔形或圆形，叶面有光泽，叶背淡绿色；中脉在叶面凹陷，叶背凸起，侧脉 5～6 对，与网脉同于两面略凸起，在叶背尤明显；小叶柄长 5～25mm。花小，绿色，雌雄同株。雄花多朵组成具短梗的伞房花序，花序长 1.5～2.0cm，簇生于叶腋；总花梗长 4mm，基部为扁圆形的芽鳞片所包。雌花数朵组成短的伞房花序；总花梗长约 5mm，与雄花序同簇生于叶腋。果椭圆形，长 2.5～6.0cm，直径 2～3cm，不开裂。花期 11～12 月；果期翌年 9～10 月。

产于靖西。生于海拔 1200m 以上山坡林中、林缘或沟谷旁。分布于云南、贵州、湖南。

4. 野木瓜属 Stauntonia DC.

常绿木质藤本。冬芽具数层芽鳞，外层覆瓦状排列，内层舌状或带状。掌状复叶互生，小叶 3～9 枚，具长柄；小叶全缘，具不等长小叶柄。花单性，雌雄同株或异株，数朵至十余朵组成腋生伞房总状花序；雄花萼片 6 枚，花瓣状，排成 2 轮，花瓣无或 6 枚蜜腺状花瓣，雄蕊 6 枚；雌花萼片较雄花稍大，退化雄蕊 6 枚，小，鳞片状，心皮 3 枚，直立，无花柱，柱头顶生，胚珠极多。肉质蓇葖果 3 个聚生、孪生或单生，有时腹缝开裂；种子多数。

约 25 种，产于中国、印度、缅甸、越南、日本。中国 20 种；广西 7 种 1 亚种。

分种检索表

1. 花有蜜腺状花瓣 6 枚。
  2. 小叶 3 枚，羽状。
    3. 枝、叶柄和小叶柄均具狭翅；每个花序仅有 1～2 朵花，花较大，长约 2.5cm …… **1. 翅野木瓜 S. decora**
    3. 枝和叶柄无翅；花序多花，花较小，长不及 1cm …… **2. 牛藤果 S. elliptica**
  2. 小叶 5～7 枚 …… **3. 野木瓜 S. chinensis**
1. 花无蜜腺状花瓣。
  4. 花药顶端无附属体 …… **4. 钝药野木瓜 S. leucantha**
  4. 花药顶端具较长的角状附属体或较短的凸头状附属体。
    5. 花药的角状附属体长 3～5mm …… **5. 三脉野木瓜 S. trinervia**
    5. 花药的角状附属体长不足 2.5mm。
      6. 花药的角状附属体长 2.0～2.5mm …… **6. 瑶山野木瓜 S. yaoshanensis**
      6. 花药的角状附属体长 0.6～1.0mm。
        7. 花药凸头长约 1mm；小叶 5～7 枚，小叶倒卵形或阔匙形 …… **7a. 尾叶那藤 S. obovatifoliola** subsp. **urophylla**
        7. 花药凸头长约 0.6mm；小叶 7～9 枚，披针状线形或披针形 …… **8. 西南野木瓜 S. cavalerieana**

1. 翅野木瓜 大酸藤

Stauntonia decora（Dunn）C. Y. Wu

木质藤本。除小叶下面外全株无毛，茎和小枝具 3～4 条狭翅及线纹，翅宽 1～2mm。小叶 3 枚；叶柄长 3～8cm，具翅；小叶革质，椭圆形，长 5～12cm，宽 3～7cm，先端急尖、钝或短渐尖，基部圆形、微心形或阔楔形，边缘反卷，叶面榄绿色，有光泽，叶背粉白淡绿色，被皮屑状或近乳凸状短柔毛；侧脉 5～6 对；小叶柄具狭翅，顶小叶的柄长 2.5～4.0cm，两侧的长 5～10mm。花近白色，雌雄同株；花序数个至多个簇生于叶腋，基部为小而不显著的芽鳞片所承托，每个花序仅有 1～2 朵花，花较大，长约 2.5cm；苞片和小苞片极小，披针形；外轮萼片披针形，渐尖，内轮萼片较狭；花瓣披针形。花期 11～12 月。

图 1443 野木瓜 **Stauntonia chinensis** DC. 1. 花枝；2. 雄花；3. 雄花外轮萼片；4. 雄花内轮萼片；5. 雄蕊；6. 果；7. 种子。(仿《中国植物志》)

产于金秀、融水、蒙山、百色、德保、平南。生于海拔 700 ~ 1300m 山地、山谷溪旁林缘。分布于广东、云南。

2. 牛藤果

Stauntonia elliptica Hemsl.

木质藤本。全株无毛。叶具羽状三小叶；叶柄纤细，长 10 ~ 17cm；小叶纸质，椭圆形、长圆形、卵状长圆形或倒卵形，长 3 ~ 11cm，宽 2 ~ 5cm，顶端钝或急尖，基部圆，叶面深绿，叶背浅绿或灰绿色；侧脉 4 ~ 5 对。总状花序数个簇生于叶腋，长 4 ~ 6cm，多花；花较小，长不及 1cm。果长圆形或近球形，直径 2 ~ 4cm，淡褐色；种子近三角形，略扁，种皮黑色，有光泽。花期 7 ~ 10 月。

产于兴安、荔浦、融水。生于海拔 1200m 以下山林中。分布于广东、湖南、湖北、江西、四川、贵州、云南；印度也有。

3. 野木瓜 山芭蕉、牛牙标 图 1443

Stauntonia chinensis DC.

木质藤本。茎绿色，具线纹，老茎皮厚，粗糙，纵裂。掌状复叶有小叶 5 ~ 7 枚；叶柄长 5 ~ 10cm；小叶革质，长圆形、椭圆形或长圆状披针形，长 6.0 ~ 11.5cm，宽 2 ~ 4cm，先端渐尖，基部钝、圆或楔形，边缘稍反卷，叶面深绿色，有光泽，叶背浅绿色，嫩时常密布斑点；中脉在上面下陷，侧脉和网脉在两面均明显凸起；小叶柄长 0.6 ~ 2.5cm。花雌雄同株，3 ~ 4 朵组成伞房花状总状花序；总花梗纤细，基部为大型的芽鳞片所包托；花梗长 2 ~ 3cm；苞片和小苞片线状披针形，长 1.5 ~ 1.8cm。果长圆形，长 7 ~ 10cm，直径 3 ~ 5cm；种子近三角形，长约 1cm，压扁，种皮深褐色至近黑色，有光泽。花期 3 ~ 4 月；果期 6 ~ 10 月。

产于桂林、临桂、兴安、永福、龙胜、恭城、金秀、融水。生于海拔 500 ~ 1300m 山地林中。分布于广东、湖南、贵州、云南、安徽、浙江、江西、福建。全株药用，有舒筋活络、镇痛排脓、解热利尿、通经的作用，可用于治腋部生痈、膀胱炎、风湿骨痛、跌打损伤。

4. 钝药野木瓜 图 1444

Stauntonia leucantha Y. C. Wu

木质藤本。全株无毛。掌状复叶有小叶 5 ~ 7 枚；叶柄长 4 ~ 6cm；小叶近革质，长圆状倒卵形、近椭圆形或长圆形，长 5 ~ 9cm，宽 2 ~ 3cm；先端急尖，基部近圆或钝，叶面深绿色，叶背粉绿色，基部叶脉近三出，侧脉 5 ~ 7 对；小叶柄长 0.7 ~ 2.0cm，中间一枚最长。花雌雄同株，白色，数朵组成总状花序；花序长 3.5 ~ 7.0cm，2 至多个簇生，与叶同自芽鳞片中抽出。果长圆形，长可达 7cm，宽约 4cm，两端略狭，果皮熟时黄色，平滑或有不明显小疣点。花期 4 ~ 5 月；果期 8 ~ 10 月。

产于临桂、全州、兴安、金秀、融水、那坡、田林、马山、容县、灵山、上思。生于海拔 900m 以下山地林中。分布于广东、福建、江西、浙江、江苏、安徽、四川、贵州。

5. 三脉野木瓜

Stauntonia trinervia Merr.

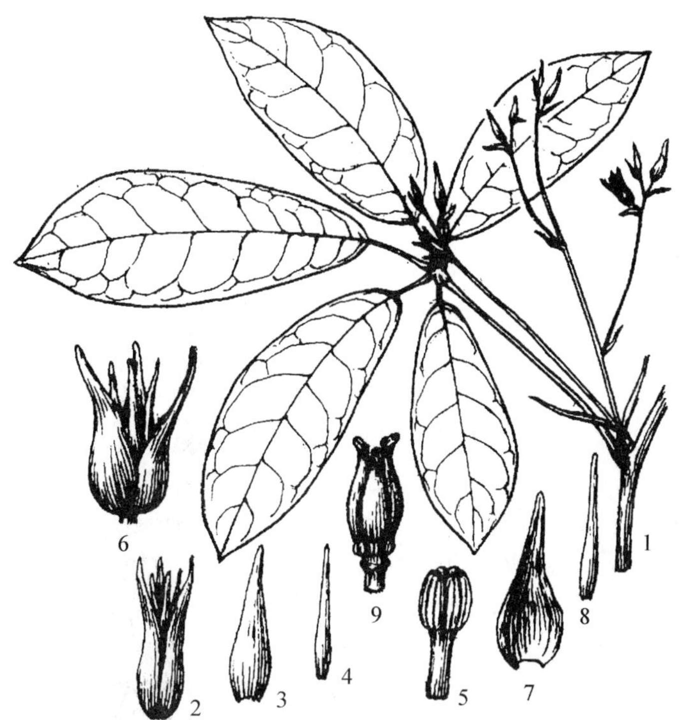

图1444 钝药野木瓜 **Stauntonia leucantha** Y. C. Wu

1. 花枝；2. 雄花；3. 雄花外轮萼片；4. 雄花内轮萼片；5. 雄蕊；6. 雌花；7. 雌花外轮萼片；8. 雌花内轮萼片；9. 心皮和退化雄蕊。(仿《中国植物志》)

木质藤本。掌状复叶有小叶3~5枚；叶柄圆柱形，纤细，长3~6cm；小叶革质，椭圆形、长圆形或倒卵状长圆形，长7~10cm，宽3~5cm，侧小叶较小，先端急尖、钝或圆而具凸头，顶具中脉伸出所成之小硬尖头，基部圆或略呈心形，边缘背卷，叶面深绿，叶背灰绿色，被白粉；基部叶脉近三出，侧脉3~7对；小叶柄长2~4cm。花雌雄异株，2~5朵组成单生或孪生于叶腋的总状花序；总花梗长2~5cm；花梗略纤细，长2~4cm。雄花无花瓣，萼片淡黄色，花丝长约3mm，花药离生，长3~5mm，顶端具与其等长的角状附属体。果椭圆状，长3~4cm，直径2~3cm，熟时黄色，密布小疣点。花期4~5月；果期7月。

产于龙胜、上思。生于海拔500m以下山谷水旁疏林中。分布于广东。

6. 瑶山野木瓜

Stauntonia yaoshanensis F. N. Wei et S. L. Mo

木质大藤本。全株无毛。掌状复叶，小叶5~7枚；叶柄长15~18cm；小叶薄革质，长圆形或倒披针状长圆形，长12~17cm，宽4.0~6.5cm，先端长尾尖，尖头长可达3.5cm，基部钝或近圆形，叶面绿色，叶背淡绿色；基部不明显的三出脉，中脉在叶面下陷，在叶背凸起，侧脉7对；小叶柄纤细，不等长，长2.5~5.5cm。雌雄同株；总状花序腋生，长12~19cm，有花4~5朵；萼片花瓣状，近肉质，淡黄色；雄花外轮萼片长2.0~2.5cm，内轮的宽约2mm，雄蕊6枚，花药顶端具角状附属体长2.0~2.5mm；雌花外轮萼片长约3.2cm，内轮的宽3.5~4.0mm。果长圆形或椭圆形，长达14cm，直径4~5cm，有种子多数。花期4月；果期11月。

广西特有种。产于永福、金秀。生于山地疏林中。

7a. 尾叶那藤 七叶木通、五指那藤

Stauntonia obovatifoliola subsp. **urophylla** (Hand. -Mazz.) H. N. Qin

木质藤本。茎、枝和叶柄具细线纹。掌状复叶，有小叶5~7枚；叶柄纤细，长3~8cm；小叶革质，倒卵形或阔匙形，长4~10cm，宽2.0~4.5cm，基部1~2枚小叶较小，先端长尾尖，尾尖长可达小叶长的1/4，基部狭圆或阔楔形；侧脉6~9对；小叶柄长1~3cm。总状花序数个簇生于叶腋，每个花序有3~5朵淡黄绿色的花；雄花花梗长1~2cm，外轮萼片卵状披针形，长1.0~1.2cm，内轮萼片披针形，无花瓣，药室顶端具锥尖状长约1mm的附属体。果长圆形或椭圆形，长4~6cm，直径3.0~3.5cm；种子三角形，压扁，基部稍呈心形，长约1cm，种皮深褐色，有光泽。花期4月；果期6~7月。

产于桂林、临桂、全州、兴安、永福、龙胜、贺州、昭平、象州、金秀、融水、罗城、隆安、武鸣、上林、博白、上思。分布于福建、广东、江西、湖南、浙江。

8. 西南野木瓜 图1445

Stauntonia cavalerieana Gagnep.

木质藤本。全株无毛。掌状复叶，叶柄长9~13cm，有小叶7~9枚；小叶近革质，披针状线形

图 1445 西南野木瓜 **Stauntonia cavalerieana** Gagnep.
1. 花枝；2. 果。（仿《中国植物志》）

或披针形，长 7～11cm，宽 2～4cm，先端具细长的尾状渐尖，尾尖长可达 3cm，基部急尖，叶面深绿色，叶背淡绿色，嫩时密布白色斑点；侧脉 9 对；小叶柄放射状，纤细，中间的长可达 3cm，两侧的长 7～10mm。花序圆锥状，与嫩叶同自芽鳞片中抽出，长约 12cm；花雌雄异株；花梗纤细，长 1～2cm，在花序下部的较长；雄花外轮萼片披针形，内轮萼片线形，基部渐狭形如瓣爪，花瓣缺，雄蕊长 6～9mm，花药披针形，顶具长约 0.6mm 的凸头。

产于临桂、灵川、全州、兴安、永福、资源、昭平、融水、天峨、田林。生于海拔 500～1500m 山地、山谷、溪旁林中。分布于贵州；老挝也有分布。

138 防己科 Menispermaceae

攀援或缠绕藤本，稀直立灌木或小乔木。单叶互让，常具掌状脉，稀羽状脉；叶柄两端肿胀，无托叶。聚伞花序，聚伞花序再作圆锥花序式、总状花序式或伞形花序式排列，稀单花；苞片通常小，稀叶状；花通常小而不鲜艳，单性，雌雄异株；萼轮生，每轮 2～4 枚，稀 1 枚，有时螺旋状着生，分离，稀合生；花瓣 2 轮，稀 1 轮，每轮 2～4 枚，稀 1 枚或无花瓣，分离，稀合生；雄蕊 2 至多数，通常 6～8 枚，花丝分离或合生，花药 1～2 室或假 4 室，纵裂或横裂，在雌花中有或无退化雄蕊；心皮 3～6 枚，稀 1～2 枚或多数，分离，子房上位，1 室，内有胚珠 2 枚，其中 1 枚常退化。核果，表面有皱纹或有各式凸起。

约 65 属 350 种，分布于热带和亚热带地区。中国 19 属 77 种；广西 15 属 40 种，本志记载 10 属 12 种。

分属检索表

1. 心皮 2～6 枚。
  2. 叶具羽状脉；无不育雄蕊，内轮萼片合生，心皮 5～6 枚 ………………………… **1. 崖藤属 Albertisia**
  2. 叶具掌状脉或三出脉。
    3. 花瓣顶端 2 裂；心皮 3 枚或 6 枚，不育雄蕊 6 枚或无。
      4. 萼片具黑色条状斑纹，内轮萼片与外轮近等长或稍长；叶长与宽近相等 ……… **2. 秤钩风属 Diploclisia**
      4. 萼片无斑纹，内轮萼片比外轮大；叶长大于宽 ………………………… **3. 木防己属 Cocculus**
    3. 花瓣顶端不裂。
      5. 无不育雄蕊；叶具三出脉 ………………………… **4. 夜花藤属 Hypserpa**
      5. 有不育雄蕊；叶通常为掌状脉 5～7 条。
        6. 花瓣 3 枚，花序常生于老茎或老枝上；木质大藤本 ………………… **5. 天仙藤属 Fibraurea**
        6. 花瓣 6～8 枚。
          7. 萼片 9～12 枚。
            8. 花序生于老茎上；鲜叶折断有胶丝相连，干后叶面有波状皱纹；核果的花柱残迹近顶生 ……
            ………………………………………… **6. 大叶藤属 Tinomiscium**

8. 花序生于叶腋；叶无上述特征；核果的花柱残迹近基生 ………………………… **7. 细圆藤属 Pericampylus**
7. 萼片4~8枚，花序生于叶腋；核果的花柱残迹近基生……………………………………… **8. 风龙属 Sinomenium**
1. 心皮1枚。
9. 苞片叶状；果核背部中脊两侧有圆锥状或小横肋状雕纹 ……………………… **9. 锡生藤属 Cissampelos**
9. 苞片小；果核背肋两侧各有2~3列小瘤体 …………………………………………… **10. 轮环藤属 Cyclea**

1. 崖藤属 Albertisia Becc.

木质藤本。枝具凸起的盘状叶痕。叶纸质或革质，常椭圆形，羽状脉，侧脉基部沿中脉下延。雄花聚伞花序腋生或生于老枝上，雄花萼片3轮，外轮和中轮均微小，分离，内轮大，合生成坛状，顶端具3枚细小裂片；花瓣3或6枚，微小，稍肉质；雄蕊18~27枚，合生成聚药雄蕊。雌花仅有花1朵，雌花萼片和花瓣与雄花相似；心皮6枚。核果椭圆形，花柱残迹近基生，果核脆壳质至近木质，近平滑或微有皱纹。

约17种，产于非洲和亚洲东南部。中国仅1种，广西亦产。

崖藤

Albertisia laurifolia Yamam.

木质大藤本。嫩枝被绒毛，老枝无毛。叶近革质，椭圆形至卵状椭圆形，长7~14cm，宽2.5~5.0cm，先端短渐尖或近骤尖，基部钝或微圆，两面无毛；侧脉3~5对；叶柄长1.5~3.5cm。雄花聚伞花序具花3~5朵，长约1.5cm，总花梗和花梗粗壮，被绒毛；萼片3轮，外轮钻形，长约0.5mm，中轮线状披针形，长约2mm，内轮合生成坛状，长5~7mm，背面均被绒毛；花瓣6枚，2轮，外轮菱形，内轮近楔形；聚药雄蕊长3~4mm，花药常27枚。核果椭圆形，长2.2~3.3cm，被绒毛；果核稍木质，长1.5~2.5cm，表面微有皱纹。花期夏初；果期秋季。

产于钦州。分布于海南、云南；越南也有分布。

2. 秤钩风属 Diploclisia Miers

木质藤本；枝常下垂。叶革质，掌状脉。聚伞花序或聚伞圆锥花序腋生或生于老枝或茎上；雄花萼片6枚，2轮，内轮较外轮阔；花瓣6枚，边缘内折；雄蕊6枚，分离；雌花萼片与雄花相似，花瓣顶端2裂，退化雄蕊6枚，心皮3枚。核果倒卵形或狭倒卵形，花柱残迹近基生；果核骨质，背部有棱脊。

2种，产于亚洲热带和亚热带地区。中国2种全产，广西2种也有。

分种检索表

1. 聚伞花序腋生；核果倒卵形，长约1cm；腋芽2枚，叠生…………………………………………… **1. 秤钩风 D. affinis**
1. 圆锥花序生老茎或老枝上；核果狭倒卵形，长1.3~2.0cm；腋芽1枚 …………… **2. 苍白秤钩风 D. glaucescens**

1. 秤钩风 图1446：1~5

Diploclisia affinis (Oliv.) Diels

木质藤本，长7~8m。腋芽2枚，叠生。叶革质，三角状扁圆形或菱状扁圆形，长3.5~9.0cm，宽度通常稍大于长度，顶端短尖或钝而具小凸尖，基部近截平至浅心形，边缘具明显或不明显的波状圆齿；掌状脉常5条；叶柄与叶片近等长或较长。聚伞花序腋生，有花3至多朵，总梗直，长2~4cm；雄花萼片椭圆形至阔卵圆形，花瓣卵状菱形。核果红色，倒卵圆形，长8~10mm，宽约7mm。花期4~5月；果期7~9月。

产于广西北部。生于林缘或疏林中。分布于湖北、四川、贵州、云南、广东、湖南、江西、福建、浙江。

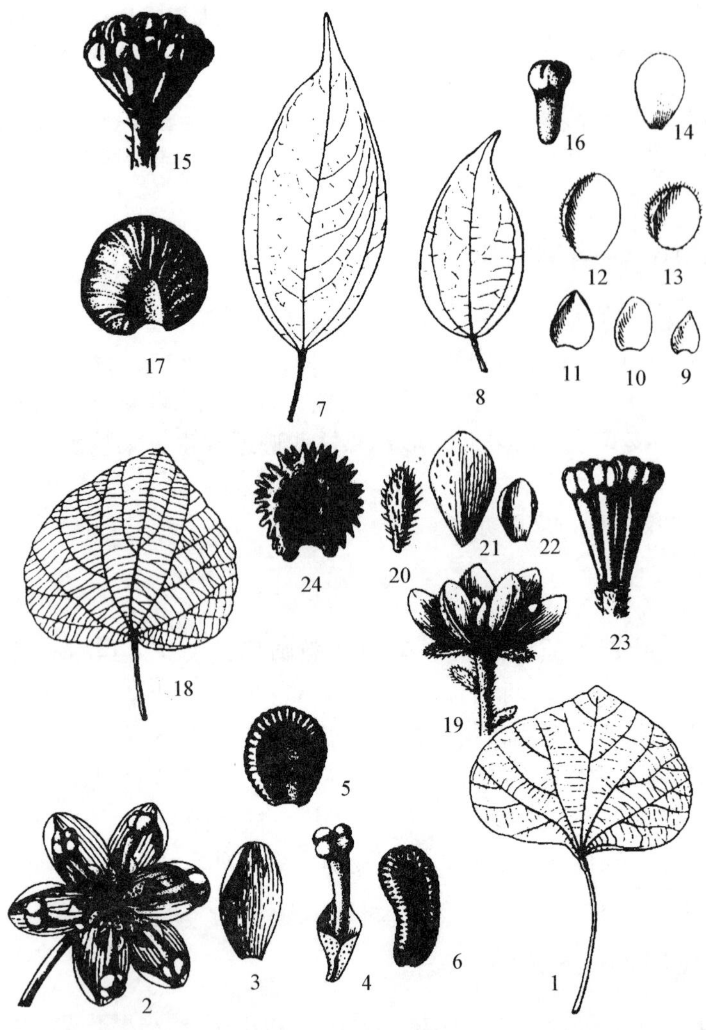

图 1446　1 ~ 5. 秤钩风 Diploclisia affinis (Oliv.) Diels　1. 叶；2. 雄花；3. 萼片；4. 花瓣和雄蕊；5. 果核。**6. 苍白秤钩风 Diploclisia glaucescens** (Bl.) Diels　果核。**7 ~ 17. 夜花藤 Hypserpa nitida** Miers ex Benth.　7 ~ 8. 叶；9 ~ 13. 萼片；14. 花瓣；15. 雄蕊群；16. 雄蕊；17. 果核。**18 ~ 24. 细圆藤 Pericampylus glaucus** (Lam.) Merr.　18. 叶；19. 雄花；20 ~ 21. 萼片；22. 花瓣；23. 雄蕊群；24. 果核。(仿《中国植物志》)

2. 苍白秤钩风　图 1446：6

Diploclisia glaucescens (Bl.) Diels

大型木质藤本。茎 20m 或更长，直径达 10cm；枝、叶和秤钩风极相似，但只有 1 个腋芽。叶柄基生至明显盾状着生，通常比叶片长很多，叶片厚革质，叶背常有白霜。圆锥花序狭而长，常几个至多个簇生于老茎和老枝上，多少下垂，长 10 ~ 30cm；花淡黄色，微香；雄花萼片长 2.0 ~ 2.5mm，外轮椭圆形，内轮阔椭圆形或阔椭圆状倒卵形，花瓣倒卵形或菱形，长 1.0 ~ 1.5mm；雌花萼片和花瓣与雄花的相似，但花瓣顶端明显 2 裂。核果黄红色，狭倒卵圆形，下部微弯，长 1.3 ~ 2.0cm。花期 4 月；果期 8 月。

产于广西各地。生于山谷、山腰疏林下或灌木丛中。分布于云南、广东、海南；广布亚洲各热带地区。耐旱，石灰岩石山中下部石穴土亦能生长。根药用，有解毒消肿、祛风除湿的功效，治风湿骨痛、尿路感染、毒蛇咬伤。

3. 木防己属 Cocculus DC.

木质藤本，稀直立灌木或小乔木。叶非盾状，三出脉或掌状脉。聚伞花序或聚伞圆锥花序，腋生或顶生；雄花萼片 6 枚，2 轮，外轮较小，花瓣 6 枚，基部反折呈耳形，顶端 2 裂，雄蕊 6 ~ 9 枚；雌花萼片和花瓣与雄花的相似，退化雄蕊 6 枚或无，心皮 6 枚或 3 枚。核果倒卵形或近圆形，稍扁，花柱残迹近基生，果核骨质，背肋二侧有小横肋状雕纹。

约 8 种。中国 2 种，广西 2 种全产。

分种检索表

1. 木质藤本；叶两面被毛或近无毛，但至少叶柄被白色绒毛或柔毛；掌状三出脉中侧生的一对通常不达叶片中部即分枝消失 ………………………………………………………………… **1. 木防己 C. orbiculatus**
1. 直立灌木；叶两面和叶柄均无毛；掌状三出脉中侧生的一对几乎伸至叶片顶端 …… **2. 樟叶木防己 C. laurifolius**

1. 木防己　图 1447

Cocculus orbiculatus (L.) DC.

木质藤本。小枝被绒毛至疏柔毛，有时近无毛。叶纸质至近革质，形状变异极大，自线状披针形至阔卵状近圆形、狭椭圆形至近圆形、倒披针形至倒心形，有时卵状心形，顶端短尖或钝而有小凸尖，有时微缺或2裂，边全缘或3裂，有时掌状5裂，长3～10cm，宽不等，两面被密柔毛至疏柔毛，有时除叶背中脉外两面近无毛；掌状脉3条；叶柄长1～5cm，被稍密的白色柔毛。聚伞花序或窄聚伞圆锥花序，顶生或腋生，长可达10cm或更长，被柔毛。核果近球形，红色至紫红色，直径7～8mm；果核骨质，直径5～6mm，背部有小横肋状雕纹。

产于广西各地。生于灌丛、村边、林缘等处。中国大部分地区都有分布，以长江流域中下游及以南常见。广布于亚洲东南部。

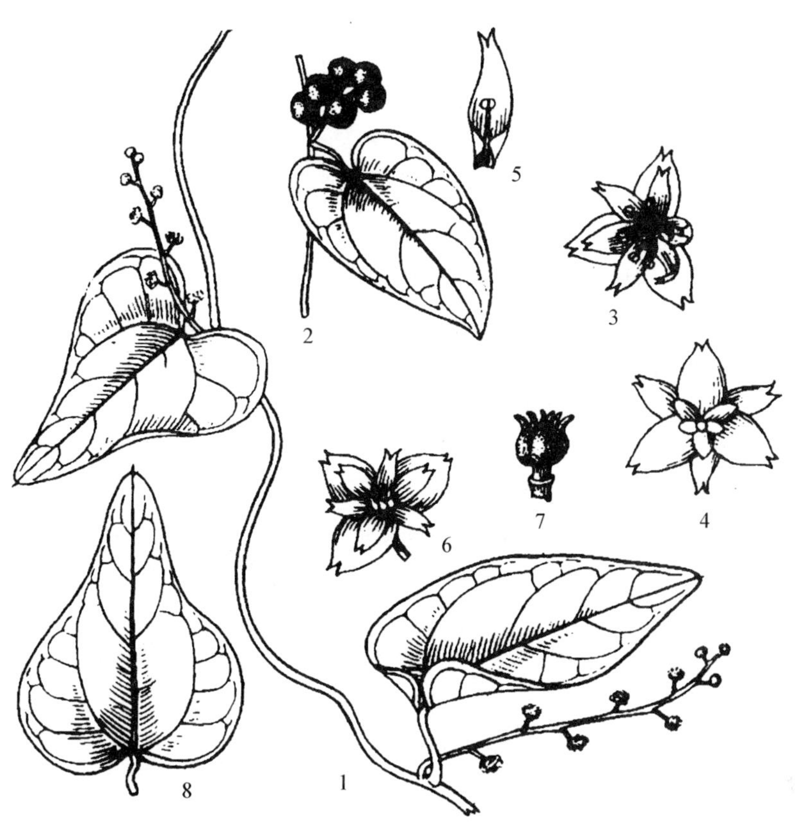

图1447 木防己 **Cocculus orbiculatus**（L.）DC. 1. 花枝；2. 果核；3. 雄花；4. 雄花下面观；5. 花瓣和雄蕊；6. 雌花；7. 雌蕊群，示心皮；8. 叶。(仿《中国植物志》)

2. 樟叶木防己

Cocculus laurifolius DC.

直立灌木或小乔木，稀呈藤状，高1～8m。嫩枝稍有棱角，无毛。叶薄革质，椭圆形、卵形或长椭圆形至披针状长椭圆形，长4～15cm，宽1.5～5.0cm，先端渐尖，基部楔形或短尖，两面无毛，光亮；掌状脉3条，侧生的一对伸达叶片中部以上；叶柄长不超过1cm。聚伞花序或聚伞圆锥花序，腋生，长1～5cm，近无毛；萼片6枚，花瓣6枚。核果近圆球形，稍扁，长6～7mm；果核骨质，背部有不规则小横肋状皱纹。花期春夏季；果期秋季。

产于广西各地。生于灌丛或疏林中。分布湖南、贵州、云南、西藏、广东、海南；亚洲南部、东南部也有。喜阴，稍耐干旱，多生于沟谷林下阴湿处，酸性土或钙质土均见，在石山上常见于石穴土、石缝土中。根药用，可散瘀消肿、祛风止痛，治风湿腰腿痛、跌打。

4. 夜花藤属 Hypserpa Miers

木质藤本。叶三出脉。聚伞花序或圆锥花序腋生；雄花萼片7～12枚，外层小，苞片状，内层大而具膜质边缘，花瓣4～9枚或无花瓣，肉质，雄蕊6枚至多枚；雌花萼片和花瓣与雄花近似，心皮2～3枚。核果倒卵形至近球形，花柱残迹近基生；果核骨质。

约6种，分布于亚洲南部和东南部。中国1种，广西也有产。

夜花藤 图1446：7～17

Hypserpa nitida Miers ex Benth.

木质藤本。嫩枝被柔毛，老枝近无毛。叶纸质至革质，卵形、卵状椭圆形至长椭圆形，长4～10cm，宽1.5～4.0cm，先端短渐尖，具小凸尖，基部钝或圆，仅中脉疏被柔毛，余无毛，叶面光亮；掌状脉3条；叶柄长1～2cm。聚伞花序腋生，雄花序有花3～5朵，长1～2cm，被柔毛；雄花萼片7～11枚，花瓣4～5枚，雄蕊5～10枚；雌花序与雄花序相似或仅有花1～2朵，雌花萼片和花瓣与雄花的相似。核果，黄色或橙红色，近球形。花果期夏季。

产于广西南部及西部。分布于云南、广东、海南、福建；斯里兰卡、印度尼西亚、菲律宾以及中南半岛、马来半岛均有分布。

5. 天仙藤属 Fibraurea Pierre

藤本。根和茎的木质部均鲜黄色。叶柄长，基部和顶端均肿胀，叶离基 3～5 出脉。圆锥花序生老茎上，阔大而疏散；花单被；雄花花被 8～12 枚，外面的 2～6 枚微小，内面 6 枚较大，肉质；雄蕊 6 枚或 3 枚，分离；雌花花被和雄花相似，退化雄蕊 6 枚或 3 枚。核果，橘黄色，长圆状倒卵形圆至椭圆形，花柱残迹近顶生。

约 5 种，分布于中国南部至中南半岛。中国 1 种，广西亦产。

天仙藤 大黄藤、黄连藤、黄藤 图 1448：1～8

Fibraurea recisa Pierre

常绿木质大藤本，长达 20m。叶革质，长圆状卵形，长 10～25cm，宽 2.5～9.0cm，先端骤尖或短渐尖，基部圆或钝，两面无毛；离基掌状脉 3～5 条；叶柄长 5～14cm。圆锥花序生无叶老枝或老茎上，雄花序阔大，长达 30cm；雄花花被最外面长约 0.3mm，较里面的长 0.6～1.0mm，最里面的椭圆形长约 2.5mm。核果长圆状椭圆形，长 1.8～3.0cm，黄色，外果皮干时皱缩。花期春夏季；果期秋季。

产于广西南部。分布于云南、广东；越南、老挝、柬埔寨也有分布。根供药用，称大黄藤或藤黄连，消炎解毒药。

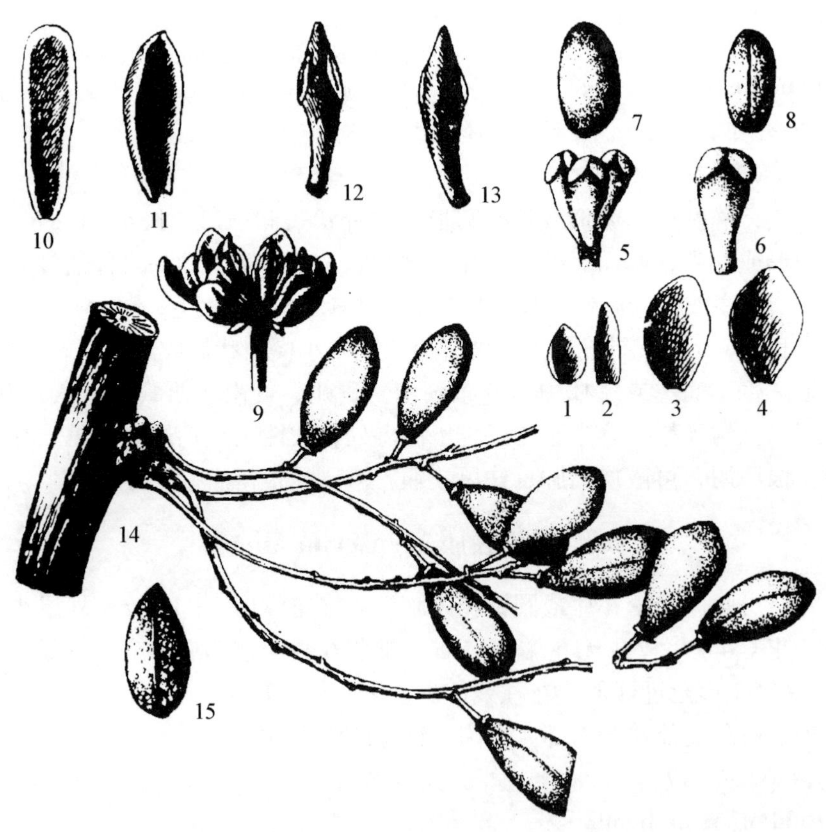

图 1448 1～8. 天仙藤 Fibraurea recisa Pierre 1～4. 花被片；5～6. 雄蕊；7～8. 果核。**9～15. 大叶藤 Tinomiscium petiolare** Hook. f. et Thomson 9. 雄蕊；10. 内轮萼片；11. 花瓣；12～13. 雄蕊；14. 果序；15. 果核。（仿《中国植物志》）

6. 大叶藤属 **Tinomiscium** Miers ex Hook. f. et Thoms.

木质藤本。叶具长柄，掌状3~5脉。总状花序生老枝上，长而不分枝，单生或簇生；雄花萼片9~12枚，外层3~4枚苞片状，里面6枚，近革质；花瓣6枚，比萼片稍短，近膜质；雄蕊6枚，与花瓣对生且与之近等长，分离；雌花萼片和花瓣与雄花同形；心皮3枚，筒状倒卵形。核果有柄，近卵圆形，两侧扁，残存花柱近顶生；种子倒卵圆形。

约7种，分布亚洲东南部。中国1种，见于云南和广西南部。

大叶藤 图1448：9~15

Tinomiscium petiolare Hook. f. et Thomson

木质藤本。小枝和叶柄有直线纹，折断均有胶丝相连，嫩枝被紫红色绒毛。叶薄革质，阔卵形，长10~20cm，宽9~14cm，先端短渐尖或骤尖，基部近截平或微心形，边全缘或具不整齐细圆齿，两面无毛或背面脉上被微柔毛；掌状脉3~5条；叶柄长5~12cm。总状花序自老枝上生出，多个丛生，常下垂，长7~15cm，被紫红色绒毛或柔毛；雄花外轮萼片微小，内轮6~8枚，狭倒卵状椭圆形，长3.0~4.5mm，花瓣6枚，倒卵状椭圆形，深凹，长2.0~2.5mm，雄蕊6枚。核果长圆形，两侧扁，长达4cm。花期春夏；果期秋季。

产于靖西、武鸣、扶绥、龙州。生于海拔800m以下山地杂木林中，通常攀援在老树上。分布于云南；越南也有分布。适应性强，酸性土、钙质土上均能生长。果成串，酷似葡萄，大如指，倒挂在老枝上，熟时黄色，蔚为奇观，可用于园林绿化。

7. 细圆藤属 **Pericampylus** Miers

木质藤本。叶具掌状脉。聚伞花序腋生，单生或2~3个簇生；雄花萼片9枚，3轮，最外轮小，苞片状，中轮和内轮大而凹，花瓣6枚，菱状倒卵形，雄蕊6枚；雌花萼片和花瓣与雄花相似，退化雄蕊6枚，棒状。核果扁球形，花柱残迹近基生。

2~3种，分布在亚洲东南部。中国1种，广西亦产。

细圆藤 图1446：18~24

Pericampylus glaucus (Lam.) Merr.

木质藤本，长达10m。嫩枝被灰黄色绒毛，老枝无毛。叶纸质至薄革质，三角状卵形至三角状近圆形，长3.5~10.0cm，宽3~10cm，先端钝或圆，有小凸尖，基部近截平至心形，边缘有圆齿或近全缘，两面被绒毛或叶面被疏柔毛至近无毛；掌状脉3~5条；叶柄长3~7cm。聚伞花序伞房状，长2~10cm，被绒毛；雄花萼片最外轮的狭，长约0.5mm，中轮1.0~1.5mm，内轮稍阔，花瓣6枚，雄蕊6枚；雌花萼片和花瓣与雄花相似，退化雄蕊6枚。核果红色或紫色，果核直径5~6mm。花期4~6月；果期9~10月。

产于广西各地，低山丘陵林中、林缘和灌丛中常见种。广布于长江流域以南各地；亚洲东南部也有分布。

8. 风龙属 **Sinomenium** Diels

木质藤本。叶具长柄，掌状脉。聚伞圆锥花序腋生。雄花萼片6枚，2轮，外轮较狭窄，开放时外展，花瓣6枚，雄蕊9~12枚；雌花萼片和花瓣与雄花的相似，退化雄蕊9枚；心皮3枚。核果扁球形，稍歪斜，花柱残迹近基部；果核近骨质。

1种，产于亚洲东部。

风龙 青藤、青风藤 图1449

Sinomenium acutum (Thunb.) Rehder et E. H. Wilson

木质大藤本，长达20m。嫩枝被柔毛至近无毛。叶革质至纸质，心状圆形至阔卵形，长宽均

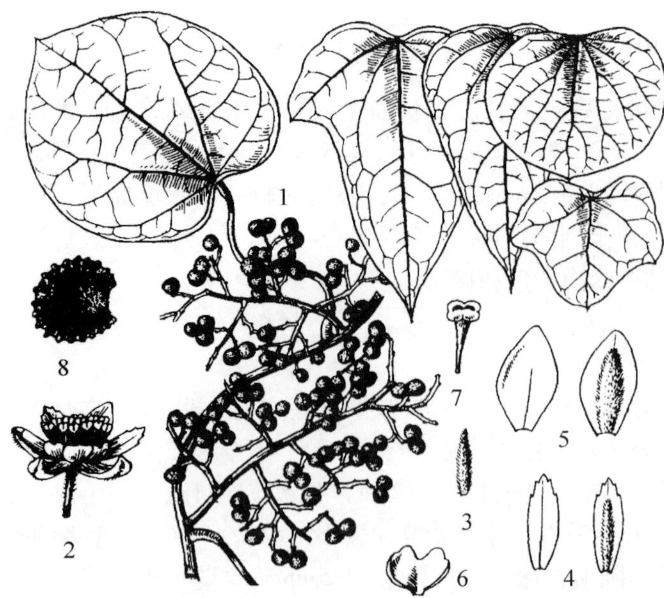

图 1449 风龙 **Sinomenium acutum** (Thunb.) Rehder et E. H. Wilson 1. 果枝；2. 雄花；3. 小苞片；4. 外轮萼片，示背、腹面；5. 内轮萼片，示背、腹面；6. 花瓣；7. 雄蕊，示花药横裂；8. 果核；9. 各种形状之叶片。(仿《中国植物志》)

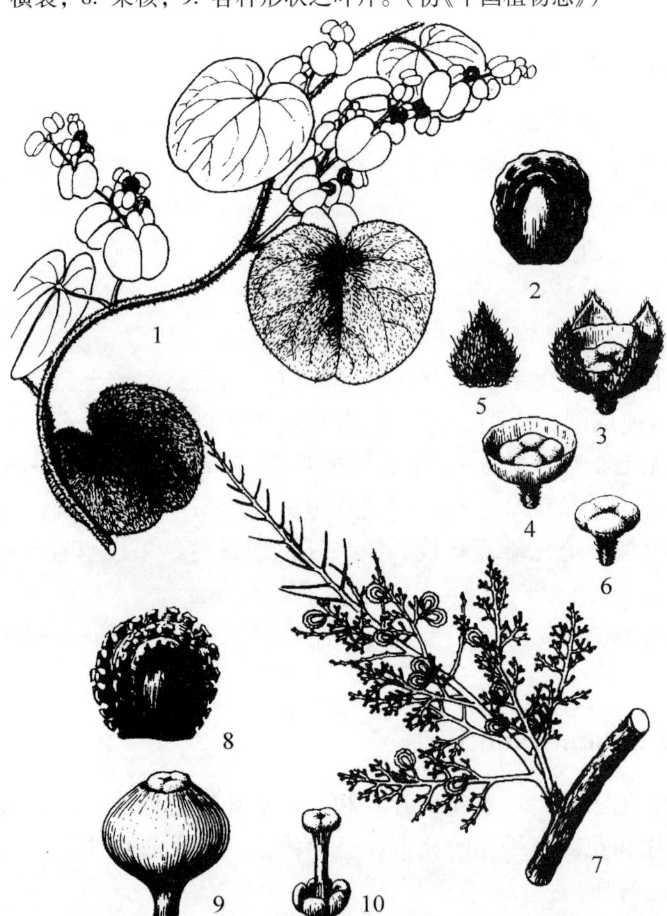

图 1450 1~6. 锡生藤 **Cissampelos pareira** L. 1. 果枝；2. 果核；3. 雄花；4. 雄花去花萼；5. 萼片；6. 聚药雄蕊。**7~10. 铁藤 Cyclea polypetala** Dunn 7. 果枝；8. 果核；9. 雄花；10. 雄花去花萼。(仿《中国植物志》)

6~15cm，先端渐尖，基部心形，全缘至5~9裂，嫩叶被绒毛，老渐脱落；掌状脉5~7条；叶柄长5~15cm。圆锥花序长可达30cm，被柔毛或绒毛；雄花萼片外轮长圆形至狭长圆形，长2.0~2.5mm，内轮近卵形，与外轮近等长，花瓣稍肉质，长0.7~1.0mm，雄蕊长1.6~2.0mm；雌花退化雄蕊丝状。核果红色至暗紫色，直径5~6mm。花期夏季；果期秋末。

产于广西北部。分布于长江流域及以南各地；日本也有分布。枝条细长，可制作藤椅等藤器。

9. 锡生藤属 Cissampelos L.

藤本或直立灌本。叶掌状脉。雄花序腋生，伞房状聚伞花序，雄花萼片4枚，背部常被毛，花瓣合生成碟状或杯状，稀2~4裂几达基部，聚药雄蕊盾状；雌花序为延长的聚伞圆锥花序，雌花萼片1枚，花瓣1枚，与萼片对生；心皮1枚。核果近球形，稍扁；果核脆壳质或近骨质；种子马蹄形。

20~25种，主要分布于非洲和美洲热带地区。中国1种，广西亦产。

锡生藤 图 1450：1~6

Cissampelos pareira L.

木质藤本。枝密被柔毛，稀近无毛。叶纸质，近圆形，长宽均2~12cm，顶端常微缺，具凸尖，基部常心形，有时近截平，两面被毛，叶背毛很密；掌状脉5~7条；叶柄常密被柔毛。雄花序为腋生、伞房状聚伞花序，单生或几个簇生，花序轴和分枝均细瘦，密被柔毛，雄花萼片长1.2~1.5mm，花冠碟状，聚药雄蕊长约0.7mm；雌花序为狭长聚伞圆锥花序，长可达18cm，雌花萼片阔倒卵形，长约1.5mm，花瓣长约0.7mm。核果被柔毛，果核阔倒卵圆形，长3~5mm，背肋两侧各有2行皮刺状小凸起。

产于天峨。分布于贵州、云南；亚洲各热带地区和澳大利亚也有分布。

10. 轮环藤属 Cyclea Arn. ex Wight

藤本。叶具掌状脉，叶柄长而盾状着生。聚伞圆锥花序腋生、顶生或生老茎上；雄花萼合生，具4~5枚裂片，稀分离；花瓣4~5枚，合生，全缘或4~8裂，稀离生或无花瓣，雄蕊合生成盾状聚药雄蕊，花药4~5枚；雌花萼片和花瓣均1~2枚，对生，稀无花瓣。核果倒卵状球形或近圆球形，稍扁，花柱残迹近基生；果核骨质，背肋二侧各有2~3列小瘤体。

约29种，分布亚洲南部和东南部。中国13种；广西8种1亚种，本志记载1种。

铁藤 图1450：7~10

Cyclea polypetala Dunn

木质大藤本，长达10m。小枝被硬毛状柔毛。叶纸质，阔心形，长6~18cm，宽5.5~15.0cm，先端渐尖，全缘，叶面光亮，无毛，叶背被硬毛或柔毛；掌状脉5~7条；叶柄长3~7cm，被短硬毛，微盾状着生或基生。聚伞圆锥花序宽大，生于老茎，长达15cm，花疏，被短硬毛或柔毛；花梗长0.7~1.0mm；雄花萼近坛状，高1~2mm，花瓣4枚，离生，稍肉质；雌花萼片2枚，深兜状，花瓣2枚，附于萼片基部，微小。核果近球形，稍扁。花、果期4~11月。

产于龙州。生于林中，常攀附于乔木上。分布于云南、海南。

139 南天竹科 Nandinaceae

常绿灌木。叶互生，二至三回奇数羽状复叶，叶轴具关节；无托叶。圆锥花序顶生；花两性，3数，具小苞片；萼片多轮，每轮多枚；花瓣6枚，较萼片大，基部无蜜腺；雄蕊6枚，离生；子房1室，具2枚胚珠。浆果球形；种子1~3枚。

1属1种，产于中国和日本。

南天竹属 Nandina Thunb.

南天竹 图1451

Nandina domestica Thunb.

常绿丛生灌木，高2m。茎直立，少分枝，簇生，无毛。叶对生，二至三回羽状复叶，叶长30~50cm；小叶革质，椭圆状披针形，长3~10cm，宽0.5~2.0cm，顶端渐尖，基部楔形，全缘，叶面深绿色，冬季变红色。圆锥花序顶生，长20~35cm；花白色，具芳香，直径6~7mm；萼片多轮，外轮萼片卵状三角形，内轮渐大，卵状长圆形；花瓣长圆形，长约4.2mm，宽约2.5mm，先端圆钝；雄蕊6枚，花瓣状离生；子房1室，有2枚胚珠。浆果球形，鲜红色，直径约8mm，有2枚种

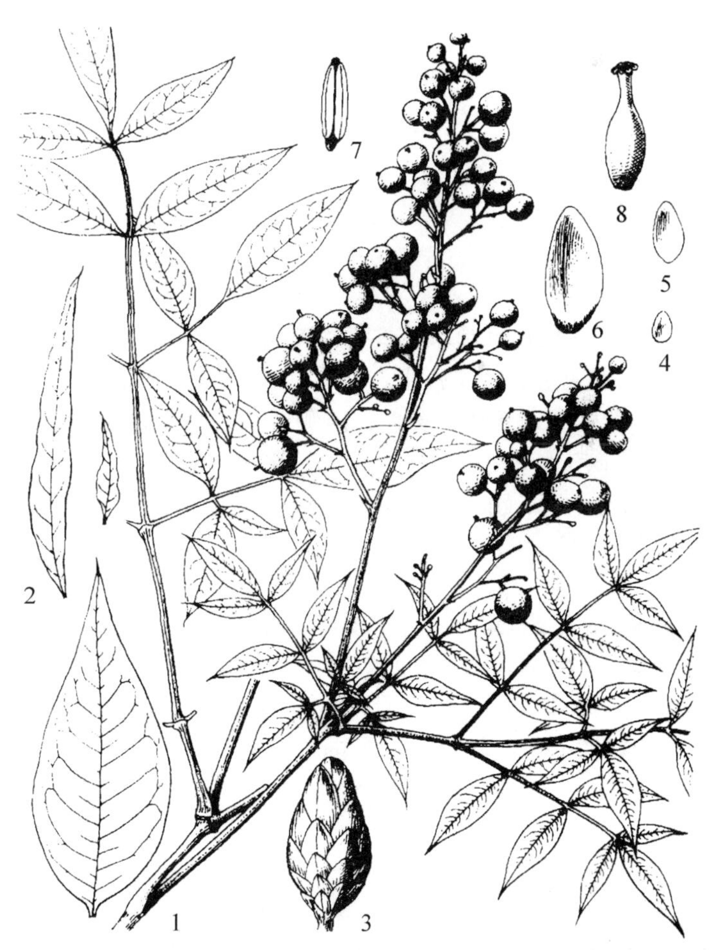

图1451 南天竹 Nandina domestica Thunb. 1. 果枝；2. 示小叶形态变化；3. 花蕾；4. 外萼片；5. 内萼片；6. 花瓣；7. 雄蕊；8. 雌蕊。（仿《中国植物志》）

子；种子扁圆形。花期3~6月；果期5~11月。

产于桂林、全州、临桂、柳州、柳城、罗城、南丹、隆林、南宁、马山。生于山地林下沟旁、路边或灌丛中。分布于福建、浙江、山东、江苏、江西、安徽、湖南、湖北；日本也有分布。喜凉爽湿润气候和排水良好的肥沃土壤，稍耐荫蔽，强光下生长不良。喜钙植物，多见于腐殖质较丰富的石山疏林下或稀疏灌木林中，土山山坡及沟谷疏林下也有。播种、扦插或分株繁殖，以扦插繁殖为好，插后1个月即发出新根，发根率90%以上。播种繁殖，11月果熟采回后，除去种皮，湿沙埋藏，翌年2月即可播种。分株繁殖，宜于清明前进行。成丛生长，春梢浅红色，入夏浓绿苍翠，冬天部分叶变红黄，果实累累着生枝头，霜后殷红可爱，可作盆景植物，也可丛植于庭院中。

140 小檗科 Berberidaceae

草本或灌木，稀小乔木。茎具刺或无。单叶或奇数羽状复叶，互生，稀对生或基生；有或无托叶。花两性，辐射对称；单生或组成聚伞、总状或聚伞状圆锥花序；萼片6~9枚，覆瓦状排列，离生，2~3轮；花瓣6枚，扁平，盔状或呈距状，或变为蜜腺状，基部有蜜腺或缺；雄蕊与花瓣同数且与花瓣对生；子房上位，1室，1枚至多枚胚珠。浆果、蒴果、蓇葖果或瘦果；种子1枚至多枚，有时具假种皮。

约16属650种。分布于北温带和亚热带高山地区。中国10属约320种；广西4属约30种，本志记载2属14种。

分属检索表

1. 枝常具刺；单叶 ………………………………………… **1. 小檗属 Berberis**
1. 枝常无刺；羽状复叶 ………………………………………… **2. 十大功劳属 Mahonia**

1. 小檗属 Berberis L.

灌木。枝常具刺；根、茎的内皮层和木质部黄色。单叶互生，着生于侧生的短枝上，叶和叶柄间有关节。花单生或簇生、总状、圆锥或伞形花序；花3数，花梗基部有苞片；萼片6枚，花瓣状，2轮；花瓣6枚，黄色，内侧近基部具2枚腺体；雄蕊6枚，与花瓣对生，药室瓣裂，花粉近球形；子房1室，胚珠1~12枚。浆果；种子1~10枚。

约500种，分布于亚洲、欧洲、非洲和美洲。中国215种；广西5种，本志记载3种。

分种检索表

1. 叶全缘或略呈波状；枝刺单一，长1~4cm；果红色 ………………………… **1. 庐山小檗 B. virgetorum**
1. 叶缘有刺状锯齿；枝刺三叉或缺；果蓝黑色。
   2. 枝刺粗壮，长1~4cm；叶椭圆形、披针形或倒披针形，叶缘有10~20枚刺状锯齿 …… **2. 豪猪刺 B. julianae**
   2. 枝刺极细弱，长约1cm，或无刺；叶椭圆形、长圆形或狭椭圆形，中部以上有刺状锯齿8~12枚 ………………………… **3. 南岭小檗 B. impedita**

1. 庐山小檗 刺黄连

Berberis virgetorum C. K. Schneid.

落叶灌木，高1.5~2.0m。幼枝紫褐色，老枝灰黄色，具条棱；茎刺单生，偶有三分叉，长1~4cm。叶薄纸质，长圆状菱形，长3.5~8.0cm，宽1.5~4.0cm，先端急尖、短渐尖或微钝，基部楔形，渐狭下延，全缘，有时稍呈波状；叶柄长1~2cm。总状花序具花3~15朵，长2~5cm，包括总梗长1~2cm；花梗细弱，长4~8mm，无毛；花黄色；萼片2轮；花瓣椭圆状倒卵形，长

3.0~3.5mm，宽1.0~2.5mm，基部缢缩呈爪，具2枚分离长圆形腺体。浆果长圆状椭圆形，长8~12mm，直径3.0~4.5mm，熟时红色。花期4~5月；果期6~10月。

产于兴安、金秀。生于山地路边灌木丛中。分布于江西、浙江、安徽、福建、湖北、湖南、广东、陕西、贵州。根皮、茎含小檗碱较高，民间多代黄连，作清热泻火、抗菌消炎药。

2. 豪猪刺

Berberis julianae C. K. Schneid.

常绿灌木，高1~3m。茎刺粗壮，三分叉，腹面具槽，与枝同色，长1~4cm。叶革质，椭圆形，披针形或倒披针形，长3~10cm，宽1~3cm，先端渐尖，基部楔形，叶缘每边具10~20枚刺齿；叶柄长1~4mm。花10~25朵簇生；花梗长8~15mm；花黄色；萼片2轮；花瓣长圆状椭圆形，长约6mm，宽约3mm，先端缺裂，基部缢缩呈爪，具2枚长圆形腺体。浆果长圆形，蓝黑色，直径3.5~4.0mm，顶端具明显宿存花柱，被白粉。花期3月；果期5~11月。

产于龙胜、临桂、兴安、灌阳、资源、全州、象州、金秀。生于海拔1100~2100m山地杂木林中或灌丛草坡。分布于湖北、四川、贵州、湖南。

3. 南岭小檗 苗山小檗

Berberis impedita C. K. Schneid.

常绿灌木，高0.5~1.5m。茎刺缺如或极细弱，三分叉，长约1cm。叶革质，椭圆形、长圆形或狭椭圆形，长4~9cm，宽1.8~3.5cm，先端钝或急尖，基部渐狭，叶缘每边具8~12枚刺齿；叶柄长5~8mm。花2~4朵簇生；花梗长8~18mm；花黄色；萼片2轮；花瓣倒卵形，长约4mm，宽约2.5mm，先端缺裂。果柄常带红色；浆果长圆形，熟时黑色，直径5~6mm，顶端无宿存花柱或具极短宿存花柱，不被白粉。花期4~5月；果期6~10月。

产于融水、罗城。生于海拔1400m以上林中。分布于广东、四川、湖南、江西。

2. 十大功劳属 Mahonia Nutt.

常绿灌木或小乔木。奇数羽状复叶，互生；小叶3~41对，侧生小叶无柄，顶生小叶常无柄或具柄；叶缘有角状或锯齿状刺齿，稀全缘。总状或圆锥花序顶生，基部具芽鳞；花梗基部有苞片；萼片9枚，3轮；花瓣6枚，2轮；雄蕊6枚，花药瓣裂；子房1室，有2~7枚胚珠，花柱极短或无。浆果，深蓝色至黑色。

约60种，分布于亚洲、美洲。中国31种，主产于南部及西南部；广西11种。

分种检索表

1. 总状花序下部有时具分枝；花瓣先端微缺；浆果球形，宿存花柱长2~3mm ………………………… **1. 长柱十大功劳 M. duclouxiana**

1. 总状花序不分枝。
  2. 花瓣先端全缘。
    3. 叶柄长0.5~2.5cm，小叶边缘具粗锯齿 ………… **2. 靖西十大功劳 M. subimbricata**
    3. 叶柄长3.5~14.0cm，小叶全缘或近顶部具1~3枚不明显锯齿 ………… **3. 沈氏十大功劳 M. shenii**
  2. 花瓣先端微缺或锐裂。
    4. 叶柄长2.5~9.0cm。
      5. 内萼片倒卵形，药隔延伸；小叶近菱形或椭圆形 ………… **4. 短序十大功劳 M. breviracema**
      5. 内萼片长圆形或椭圆形，药隔不延伸。
        6. 小叶2~5对；花梗与苞片等长，花瓣基部腺体显著 ………… **5. 十大功劳 M. fortunei**
        6. 小叶6~9对；花梗远长于苞片，花瓣基部腺体不显 ………… **6. 宽苞十大功劳 M. eurybracteata**
    4. 叶柄长2cm以下或近无柄。
      7. 小叶全缘 ………… **7. 小叶十大功劳 M. microphylla**
      7. 小叶边缘具齿。

8. 小叶叶面网脉明显隆起，边缘每边具3～11枚刺齿……………………… **8. 网脉十大功劳 M. retinervis**

8. 小叶叶面网脉扁平或不显，边缘每边具2～6枚牙齿。

9. 小叶背面被白粉；浆果直径1.0～1.2cm ……………………………… **9. 阔叶十大功劳 M. bealei**

9. 小叶背面黄绿色，不被白粉；浆果直径1cm以下。

10. 苞片长于花梗；小叶边缘具2～8枚牙齿 ………………………… **10. 宜章十大功劳 M. cardiophylla**

10. 苞片短于花梗或等长；小叶边缘具3～10枚粗大刺锯齿 …… **11. 小果十大功劳 M. bodinieri**

1. 长柱十大功劳 图1452

Mahonia duclouxiana Gagnep.

灌木，高1.5～4.0m。复叶长20～70cm，具4～9对小叶；侧生小叶无柄，狭卵形、长圆状卵形至狭长圆状卵形或椭圆状披针形，小叶长4.5～16.0cm，宽1.5～5.0cm，基部圆形，偏斜，具2～12对刺锯齿。总状花序4～15个簇生，有时具短分枝，长8～30cm；花梗长3.2～6.0mm；苞片长3～6mm；花黄色；外萼片长1.1～3.0mm，中萼片长2.2～5.0mm，内萼片长3.2～8.0mm；花瓣长圆形至椭圆形，长3.0～7.2mm，先端微缺裂。浆果球形，直径5～8mm，深紫色，被白粉，宿存花柱长2～3mm。花期11～4月；果期3～6月。

产于天峨、靖西、田林、隆林，海拔700～1600m杂木林中或灌木丛中。分布于云南、四川；缅甸、印度、泰国也有分布。茎、叶为常用中药及提取小檗碱的原材料之一，具有清热燥湿、泻火解毒的功效，可用于痢疾、肝炎、感冒、咳嗽、目赤肿痛、烧烫伤等，其功效与阔叶十大功劳的相同。

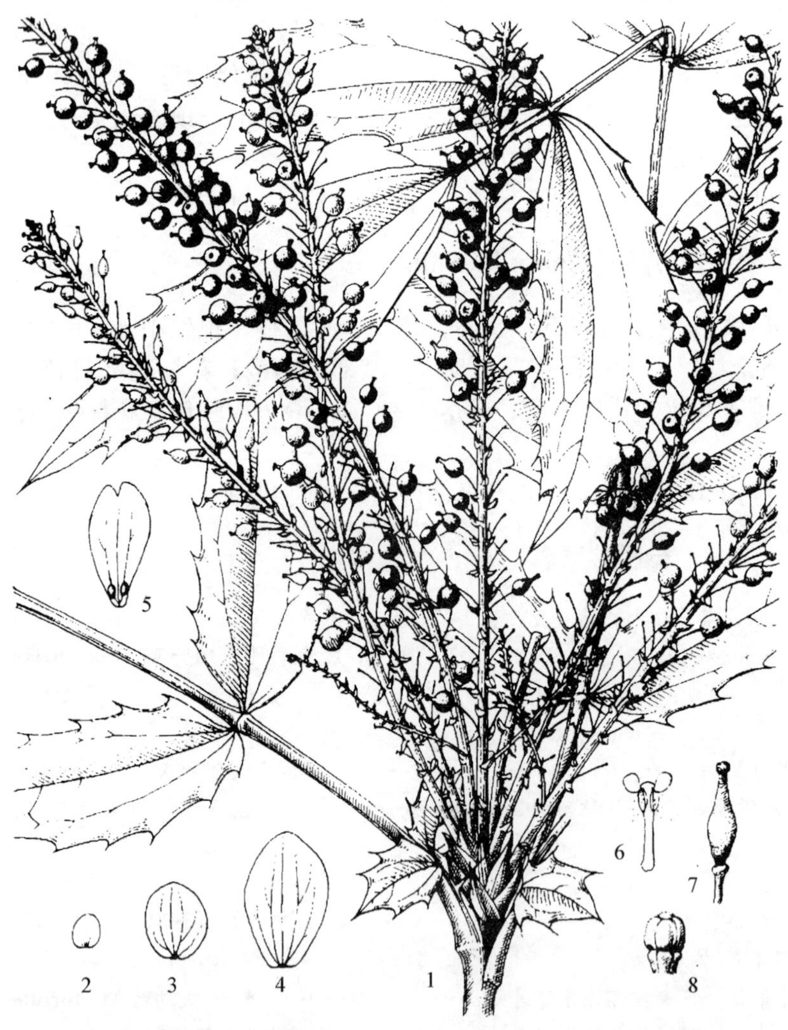

图1452 长柱十大功劳 Mahonia duclouxiana Gagnep. 1. 果枝；2. 外萼片；3. 中萼片；4. 内萼片；5. 花瓣；6. 雄蕊；7. 雌蕊；8. 胚珠。（仿《中国植物志》）

2. 靖西十大功劳 半覆瓦十大功劳

Mahonia subimbricata Chun et F. Chun

灌木，高1.5m。复叶具8～13对小叶；小叶卵形至狭卵形，长1.5～3.5cm，宽1.0～1.5cm，叶缘每边具2～7枚刺锯齿，先端急尖或骤尖，基部圆形或近心形，叶柄长0.5～2.5cm。总状花序9～13个簇生，长5～9cm；花梗长2.2～3.0mm；苞片长2～3mm；花黄色；外萼片长约2mm，中萼片长约3mm，内萼片长约3mm；花瓣狭椭圆形，与内萼片等长或稍短，基部腺体显著，先端全缘、钝形。浆果倒卵形，长约8mm，直径约5mm，黑色，被白粉。花期9～11月；果期11月至翌年5月。

广西特有种。产于靖西、那坡。生于海拔1900m山谷、灌丛中或林中。

3. 沈氏十大功劳 图1453

Mahonia shenii Chun

灌木，高0.6~2.0m。复叶长23~40cm，具1~6对小叶，最下一对小叶距叶柄基部3.5~14.0cm；小叶无柄，基部一对小叶较小，其余小叶较大，狭至阔椭圆形或倒卵形，长6~13cm，宽1~5cm，基部楔形或阔楔形，边缘增厚，全缘或近先端具1~3不明显锯齿。总状花序6~10个簇生，长约10cm；花梗长2~3mm，纤细；苞片长约1mm；花黄色；外萼长约2mm，中萼长4.0~4.1mm，内萼长4.5~4.6mm；花瓣倒卵状长圆形，长约3.6mm，基部腺体不明显，先端全缘。浆果球形或近球形，直径6~7mm，蓝色，被白粉，无宿存花柱。花期4~9月；果期10~12月。

图1453 沈氏十大功劳 **Mahonia shenii** Chun 果枝。(仿《中国植物志》)

产于阳朔、灌阳、贺州、富川、融水。生于海拔1500m以下阔叶林或灌丛中。分布于广东、贵州、湖南、福建。

4. 短序十大功劳

Mahonia breviracema Y. S. Wang et P. G. Xiao

灌木，高1m。复叶长14~16cm，具3~4对小叶，最下一对小叶距叶柄基部约4cm；小叶革质，椭圆形至近菱形，长3.0~6.6cm，宽1.2~3.0cm，基部楔形，叶缘每边具2~4枚刺锯齿，先端急尖至渐尖。总状花序5~8个簇生，长3~8cm；花梗长2.0~2.5mm；花黄色；外萼长1.6~1.8mm，中萼长3.7~3.8mm，内萼片倒卵形，长约4mm；花瓣长3.5~3.6mm，先端微缺裂；雄蕊长约2.1mm，药隔延伸。花期10~11月。

广西特有种。产于桂林、全州、临桂、罗城。生于石灰岩山地灌丛。全株药用，功效与阔叶十大功劳相同，在药材市场上常有与阔叶十大功劳药材混用。

5. 十大功劳 细叶十大功劳

Mahonia fortunei (Lindl.) Fedde

灌木，高0.5~4.0m。复叶长10~28cm，具2~5对小叶，最下一对小叶距叶柄基部2~9cm；小叶狭披针形至狭椭圆形，长4.5~14.0cm，宽0.9~2.5cm，基部楔形，边缘每边具5~10枚刺齿，先端急尖或渐尖。总状花序4~10个簇生，长3~7cm；花梗长2.0~2.5mm；苞片卵形，急尖，长1.5~2.5mm；花黄色；外萼长1.5~3.0mm，中萼长3.8~5.0mm，内萼片长圆状椭圆形，长4.0~5.5mm；花瓣长长3.5~4.0mm，基部腺体明显，先端微缺裂。浆果球形，直径4~6mm，紫黑色，被白粉。花期7~9月；果期9~11月。

产于临桂、兴安、灌阳、阳朔、贺州、钟山、融水、罗城、隆林、马山。分布于四川、贵州、湖北、江西、浙江。

6. 宽苞十大功劳

Mahonia eurybracteata Fedde

灌木，高0.5～4.0m。复叶长25～45cm，具6～9对斜升的小叶，最下一对小叶距叶柄基部约5cm；小叶椭圆状披针形至狭卵形，长4～10cm，宽2～4cm，基部楔形，边缘每边具3～9刺齿，先端渐尖。总状花序4～10个簇生，长5～10cm；花梗细弱，长3～5mm；苞片卵形，长2.5～3.0mm；花黄色；外萼长2～3mm，中萼长3.0～4.5mm，内萼片椭圆形，长3～5mm；花瓣长3.0～4.3mm，基部腺体不明显，先端微缺裂。浆果倒卵状或长圆状，长4～5mm，直径2～4mm，蓝色或淡红紫色，具宿存花柱，被白粉。花期8～11月；果期11月至翌年5月。

产于马山。生于石山灌丛中。分布于贵州、四川、湖北、湖南。

7. 小叶十大功劳

Mahonia microphylla T. S. Ying et G. R. Long

灌木，高1m。复叶长17～20cm，具10～14对小叶，最下一对小叶距叶柄基部0.5～1.0cm；小叶革质，全缘，长1.5～2.5cm，宽0.8～1.2cm，基部略偏斜，圆形或浅心形，先端渐尖。总状花序3～12个簇生，长4～13cm；花梗长3～4mm；花金黄色，具香味；外萼长约2mm，中萼长3.4～3.8mm，内萼长4.8～5.0mm；花瓣长4.0～4.1mm，基部腺体显著，先端缺裂。浆果近球形，长7～9mm，直径6～8mm，蓝黑色，微被白粉，无宿存花柱。花期10～11月；果期12月至翌年1月。

广西特有种。产于融安。生于石灰岩山顶、山脊林下或灌丛中。

图1454 阔叶十大功劳 Mahonia bealei（Fortune）Pynaert 果枝。(仿《中国植物志》)

8. 网脉十大功劳

Mahonia retinervis P. G. Xiao et Y. S. Wang

灌木，高1m。复叶长15～23cm，具3～5对小叶，最下一对小叶距叶柄基部0.5～1.2cm，叶面网脉显著隆起，叶背基出脉隆起，网脉不显著；小叶厚革质，自基部往上渐次增大，长卵圆形，长6～8cm，宽2.8～3.7cm，基部偏斜，近圆形，边缘每边具3～11不明显刺齿。总状花序5～10个簇生，长4～8cm；苞片长2～3mm；花梗长3.0～4.5mm；花淡黄色，小，直径约3mm。浆果长圆形，长约7mm，直径约4mm，蓝黑色，微被白粉，具明显宿存花柱。种子1枚。花期8～9月；果期10～12月。

产于马山。生于山顶灌丛中。分布于云南。

9. 阔叶十大功劳 图1454

Mahonia bealei（Fortune）Pynaert

灌木或小乔木，高0.5～8.0m。复叶长27～51cm，具4～10对小叶，最下一对小叶距叶柄基部0.5～2.5cm，叶面暗灰绿色，背面被白霜，两面叶脉不显；

小叶厚革质，硬直，长1.2～3.5cm，宽1～2cm，边缘每边具2～6粗锯齿。总状花序直立，通常3～9个簇生；花梗长4～6cm；苞片长3～5mm；花黄色；外萼长2.3～2.5mm，中萼长5～6mm，内萼长6.5～7.0mm；花瓣倒卵状椭圆形，长6～7mm，基部腺体明显，先端微缺。浆果卵形，长约1.5cm，直径1.0～1.2cm，深蓝色，被白粉。花期9月至翌年1月；果期3～5月。

产于桂林、兴安、龙胜、全州、灵川、临桂、资源、阳朔、昭平、融水、凤山、靖西、凌云、乐业、宾阳、平南。生于村旁、山地或石山杂木林中。分布于浙江、安徽、江西、福建、湖南、湖北、陕西、河南、广东、四川。性喜温凉，耐瘠薄，耐干旱。播种或扦插繁殖。茎秆及根茎入药，性味苦、寒，归肝、胃、大肠经，具有清热解毒、化痰利湿的功效，主治肺结核、潮热、咳嗽、咯血、腰膝无力、头晕耳鸣、失眠、肠炎、腹泻，黄疸型肝炎、目赤肿痛，为广西“功劳祛火胶囊”、“功劳祛火片”等中成药的主要原料，根、茎主要含有小檗碱等化学成分，为提取黄连素的原料药之一。可作为广西北部及西北部石灰岩山地造林树种，栽培价值较高。

10. 宜章十大功劳

Mahonia cardiophylla T. S. Ying et Boufford

灌木，高1～2m。复叶长20～42cm，具8～10对小叶，最下1对小叶距叶柄基部1.0～1.5cm，叶面暗绿色，叶背淡黄绿色；小叶厚革质，卵状椭圆形，长3～9cm，宽2～4cm，基部心形，有时圆形，边缘每边具3～8枚牙齿。总状花序5～13个簇生；花梗长2.5～3.0mm，苞片长3～5mm；花黄色；外萼长2.7～2.8mm，中萼长4.5～4.7mm，内萼长5.0～5.1mm；花瓣倒卵形，长4.3～4.5mm，基部腺体显著，先端锐裂。浆果卵形，长0.7～1.0cm，直径0.4～0.7cm，蓝紫色，被白粉，宿存花柱长1～2mm。花期2～4月；果期5～6月。

产于龙胜、融水。生于海拔1500～1700m林下。分布于湖南、四川、云南。

11. 小果十大功劳

Mahonia bodinieri Gagnep.

灌木或小乔木，高0.5～4.0m。复叶长20～50cm，具小叶8～13对，最下一对小叶生于叶柄基部，叶面深绿色，有光泽，叶背黄绿色；小叶长圆形至阔披针形，长5～17cm，宽2.5～5.5cm，基部偏斜、平截至楔形，叶缘每边具3～10枚粗大刺锯齿。花序为5～11个总状花序簇生，长10～25cm；花梗长1.5～5.0mm；苞片长1.5～4.5mm；花黄色；外萼长约3mm，中萼长4.5～5.0mm，内萼长约5.5mm；花瓣长4.5～5.0mm，基部腺体不明显，先端缺裂或微凹。浆果球形，直径4～6mm，紫黑色，被白霜。花期6～9月；果期8～12月。

产于桂林、临桂、兴安。分布于贵州、四川、湖南、广东、浙江。

141 马兜铃科 Aristolochiaceae

草本或藤本。单叶，互生，叶基常心形，全缘或3～5裂。花两性，花艳丽而有腐肉臭味；单被花，辐射对称或两侧对称，花被花瓣状，1(2)轮，花被管状或钟状，檐部3裂或唇形；雄蕊6枚至多枚；子房下位或半下位，4～6室。蒴果；种子多数，常藏于内果皮中。

约8属600种。分布于热带至温带地区。中国4属86种；广西2属28种，本志记载1属6种。

马兜铃属 Aristolochia L.

草质或木质藤本。有肉质块根或极长肉质根，味苦。叶互生，全缘或3～5裂，基部常心形；羽状脉或掌状3～7出脉，无托叶，具叶柄。总状花序，或单生，腋生或生于老茎上；花被1轮，两侧对称，花被筒基部常膨大，中部管状，常弯曲，檐部分裂为瓣状的唇瓣或向一侧压扁成一舌状体；雄蕊6枚或更多，环绕花柱并与花柱合生；子房下位，完全或不完全的6室，少有4～5室。蒴果马铃状或圆柱状。

约400种。分布于热带至温带。中国45种；广西20种，本志记载6种。

分种检索表

1. 叶圆形、卵形或卵状长圆形，基部心形。
   2. 叶圆形，大可达30cm；小枝、叶柄和叶背被污黄色粗糙毛 ……………………… **1. 广西马兜铃 A. kwangsiensis**
   2. 叶卵形至卵状长圆形，最大宽度11cm；小枝、叶背被白色细柔毛 ……………… **2. 革叶马兜铃 A. scytophylla**
1. 叶长圆形至披针形，基部非心形。
   3. 叶背面粉绿色，无毛。
      4. 叶卵状长圆形，基部三出脉，叶柄长5～10cm ………………………………… **3. 海南马兜铃 A. hainanensis**
      4. 叶倒披针形，基部无三出脉，叶柄长约1.5cm ………………………………… **4. 变色马兜铃 A. versicolor**
   3. 叶背面非粉绿色，密被绒毛或柔毛。
      5. 叶长圆形，叶柄长2.5～3.0cm；老茎栓皮层发达，根肉质，圆柱状常粗大如木薯，肉白色，富含淀粉，但味苦 ……………………………………………………………………………… **5. 广防己 A. fangchi**
      5. 叶披针形，叶柄长约1cm；老茎栓皮层不发达，根细瘦，但常结有纺锤形块根，味苦微辛………………………………………………………………………………………… **6. 长叶马兜铃 A. championii**

1. 广西马兜铃 大叶马兜铃 图1455

Aristolochia kwangsiensis Chun et F. C. How ex S. Yun Liang

木质大藤本。块根椭圆形或纺锤形，常数个相连；嫩枝有棱，密被污黄色或淡棕色长硬毛，老枝无毛，有增厚、呈长条状剥落的木栓层。叶厚纸质至革质，卵状心形或圆形，长11～35cm，宽9～32cm，先端钝或短尖，基部宽心形，弯缺深3～5cm，全缘，叶脉外两面均密被污黄色或淡棕色长硬毛；基出脉5条，侧脉每边3～5条；叶柄长6～15cm，密被长硬毛。总状花序腋生，有花2～3朵；花梗长2.5～3.5cm；花被管中部急弯曲，檐部盘状，近圆三角形，直径3.5～4.5cm，上面蓝紫色而有暗红色棘状凸起。蒴果暗黄色，长圆柱形，长8～10cm，直径约2cm，有6棱，顶端具长约3mm的喙。花期4～5月；果期8～9月。

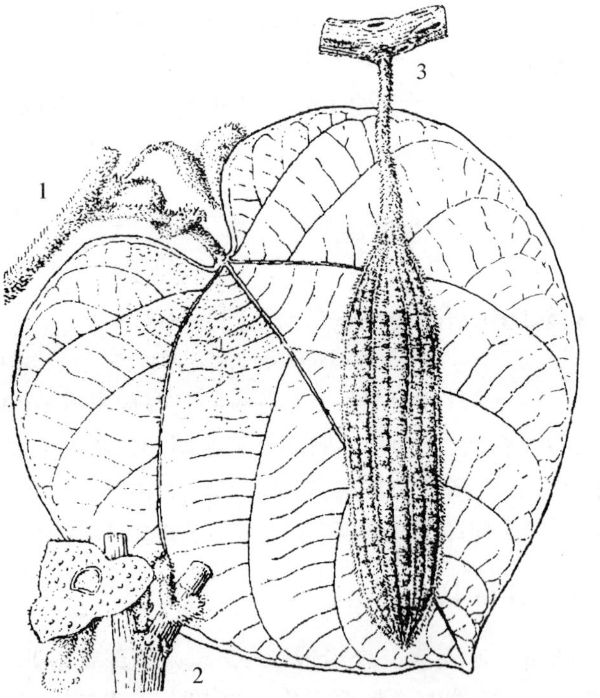

产于广西西部和西南部。生于石灰岩山谷林中。分布于云南、四川、贵州、湖南、浙江、广东、福建。块根入药，味苦、性寒，有小毒，具清热、解毒、止血、止痛之功效，治喉痛、腹痛、跌打、疟疾、蛇伤等。

图1455 广西马兜铃 Aristolochia kwangsiensis Chun et F. C. How ex S. Yun Liang 1. 花枝；2. 花序；3. 果枝。（仿《中国植物志》）

2. 革叶马兜铃 图1456

Aristolochia scytophylla S. M. Hwang et D. Y. Chen

木质藤本。块根纺锤形，长约15cm，宽约10cm；嫩枝密被白色绒毛，老枝被毛渐脱落呈暗紫色。叶厚革质，卵形至卵状长圆形，长7～20cm，宽3.5～11cm，先端短尖至渐尖，基部心形，两侧裂片下垂或稍扩展，湾缺宽和深均1～2cm，边全缘，边缘稍内卷，叶面无毛，常具光泽，叶背密被白色、极短柔毛；基出脉3条，侧脉每边4～5条；叶柄长2～6cm。花数朵聚生或排成长约3cm的总状花序，生于老茎基部；花梗长约1.5cm；花被檐部盘状，近三角状圆形，直径2.0～2.5cm，紫红色。花期1～3月。

分布于乐业。生于海拔约1000m石灰岩地区灌丛中。分布于贵州。

3. 海南马兜铃 假黄藤 图1457

Aristolochia hainanensis Merr.

木质藤本。嫩枝密被褐色短绒毛，有纵棱，老茎有不规则纵裂、增厚的木栓层。叶革质，卵状长圆形，长12~30cm，宽10~17cm，先端短渐尖或短尖，基部圆形，边全缘，嫩叶两面均密被棕色长绒毛，背面粉绿色；基生三出脉；叶柄长6~10cm。总状花序腋生或生于老茎近基部，有花3~6朵；花梗密被棕色长柔毛；花被管中部急遽弯曲且膨大呈囊状，管的上部较短而狭，外面黄白色。蒴果圆柱形，长7~10cm；种子卵形或舟状。花期10月至翌年2月；果期6~8月。

产于上思。生于沟谷密林中。分布于海南。

4. 变色马兜铃 银袋 图1458：1~2

Aristolochia versicolor S. M. Hwang

木质藤本。块根圆锥形或长圆形，直径10~20cm或更大，常数个连成念珠状；老茎有不规则纵裂，增厚的木栓层；全体除花部有毛外其余无毛。叶革质或薄革质，倒卵状披针形，长14~25cm，宽4.0~6.5cm，先端短尖至渐尖，基部狭耳形，背面粉绿色；叶柄长1~2cm。蒴果椭圆形，长5~8cm，直径1.5~2.0cm，暗褐色，成熟时由上而下开裂。花期4~6月；果期6~10月。

产于金秀、靖西、上林、武鸣、扶绥、大新。生于山地灌丛中。分布于广东、云南。块根药用，味苦，性寒，有祛风利尿、清热解毒、止痛等功效，可治喉炎、腮腺炎、肠炎等，外敷治痈疽、毒疮。

5. 广防己 藤防己、防己 图1459

Aristolochia fangchi Y. C. Wu ex L. D. Chow et S. M. Hwang

攀援木质藤本，长4m。块根圆柱形，长达15cm或更长，直径3~7cm，断面粉白色；嫩枝平滑或具纵棱，密被褐色长柔毛；茎基部具纵裂及增厚的木栓层。叶薄革质或纸质，长圆形，长6~16cm，宽3.0~5.5cm，先端短尖或钝，基部圆形，边全缘，嫩叶叶面仅中脉密被长柔毛，其余被毛较稀疏，以后毛全脱落，

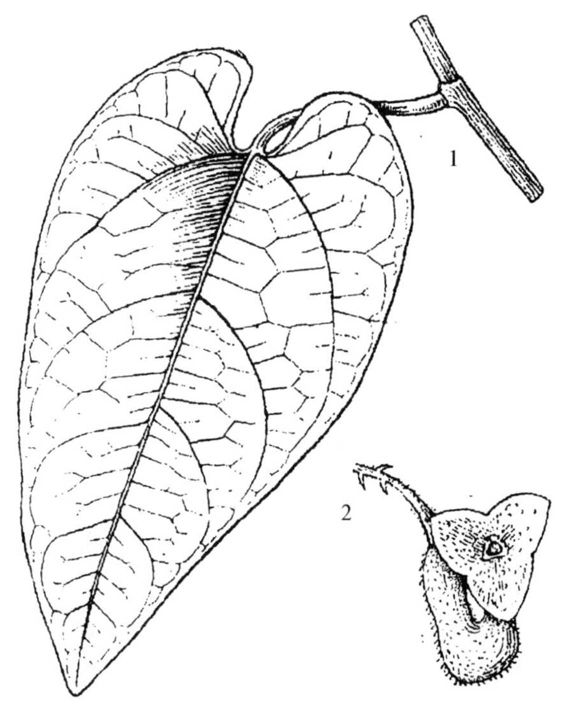

图1456 革叶马兜铃 Aristolochia scytophylla S. M. Hwang et D. Y. Chen 1. 叶；2. 花。（仿《中国植物志》）

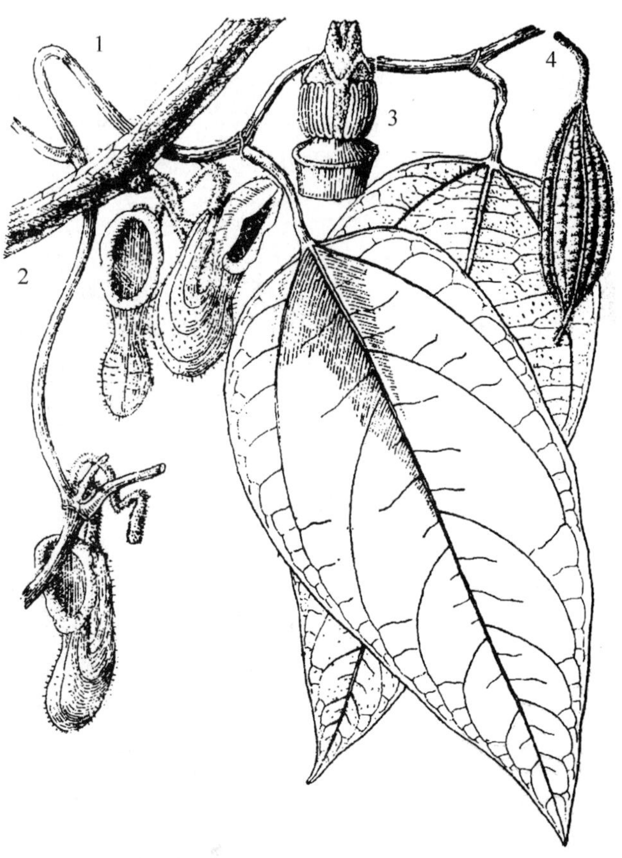

图1457 海南马兜铃 Aristolochia hainanensis Merr. 1. 花枝；2. 花序；3. 花药与合蕊柱；4. 果。（仿《中国植物志》）

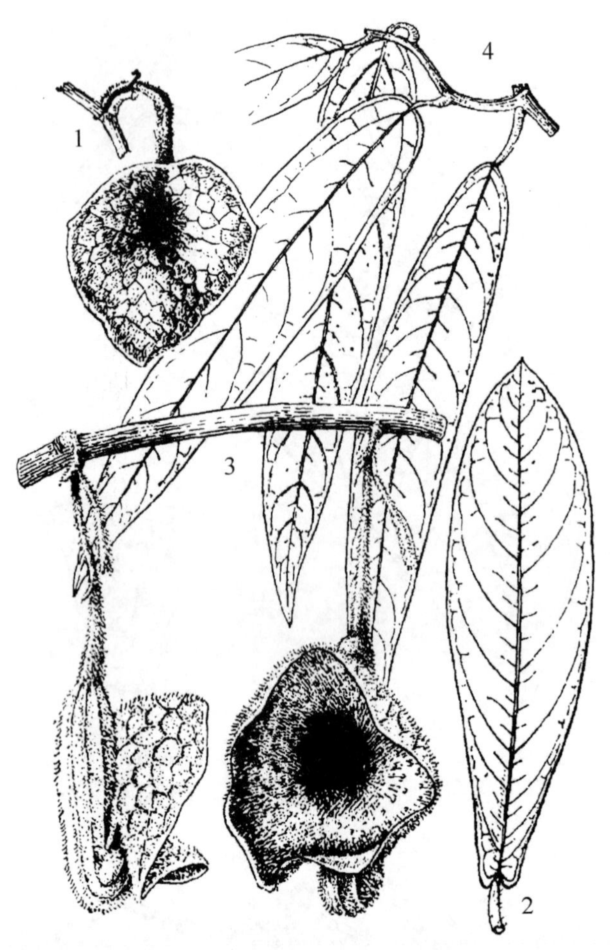

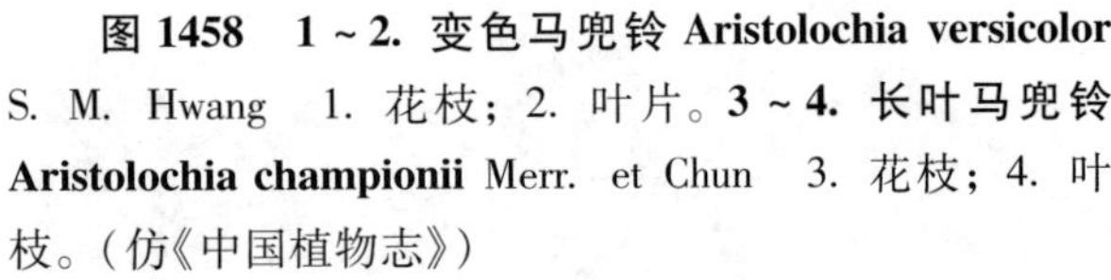
图 1458　1 ~ 2. 变色马兜铃 Aristolochia versicolor S. M. Hwang　1. 花枝；2. 叶片。**3 ~ 4. 长叶马兜铃 Aristolochia championii** Merr. et Chun　3. 花枝；4. 叶枝。（仿《中国植物志》）

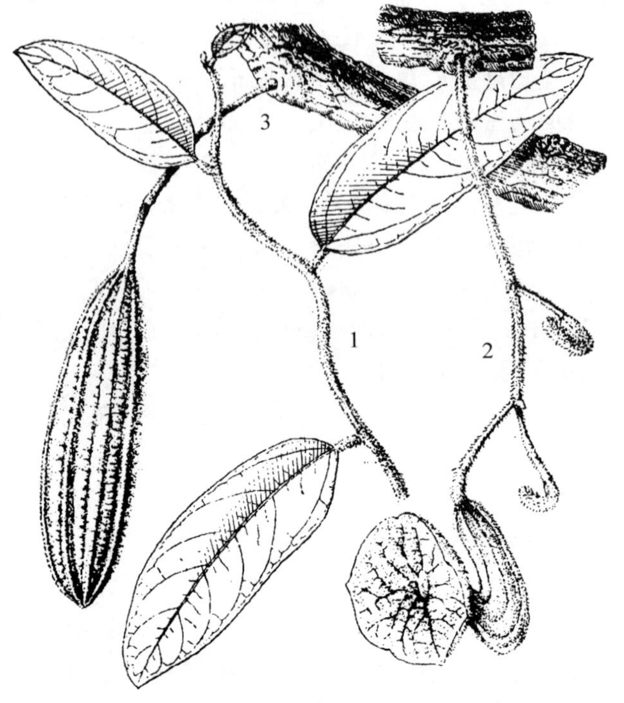

图 1459　广防己 Aristolochia fangchi Y. C. Wu ex L. D. Chow et S. M. Hwang　1. 叶枝；2. 花序；3. 果枝。（仿《中国植物志》）

叶面密被褐色或灰色短柔毛，基出脉 3 条，侧脉每边 4 ~ 6 条；叶柄长 2.5 ~ 3.0cm。花单生或 3 ~ 4 朵排成总状花序，生于老茎近基部；花梗长 5 ~ 7cm，密被棕色长柔毛。蒴果圆柱形，长 5 ~ 10cm，直径 3 ~ 5cm，6 棱；种子卵状三角形，长 5 ~ 7mm，宽 3 ~ 4mm。花期 3 ~ 5 月；果期 7 ~ 9 月。

产于昭平、金秀、苍梧、玉林、容县、陆川、博白、北流、合浦。生于海拔 500 ~ 1000m 山坡密林或灌丛中。分布于广东、贵州、云南。根切片干燥后即为中药广防己，有祛风止痛、利尿消肿之功效，治湿痛、水肿等症。

6. 长叶马兜铃　三筒管　图 1458：3 ~ 4

Aristolochia championii Merr. et Chun

木质藤本，长 10m。块根纺锤形，直径 3 ~ 5cm，粗糙；老茎常具增厚、纵裂的木栓层，嫩枝密被黄褐色长柔毛。叶革质或近革质，披针形或线状披针形，长 15 ~ 30cm，宽 2.5 ~ 4.5cm，先端长渐尖，基部圆形或浅心形，全缘，叶面除中脉和侧脉被长柔毛外，其余无毛，叶背密被浅棕色倒伏长柔毛；基出脉 3 条；叶柄长 1.0 ~ 2.5cm。花有腐肉臭味，单生或 2 ~ 5 朵排成总状花序，生于老茎上。蒴果成熟时 6 瓣开裂。花期 6 ~ 7 月；果期 9 ~ 11 月。

产于来宾、金秀、融水、容县。生于山地阔叶林下。分布于广东。

142　胡椒科 Piperaceae

草本、灌木或攀援藤本，稀乔木。各部揉之常有香气。叶互生，稀对生或轮生，单叶；托叶多少贴生于叶柄或无托叶。花小，两性、单性雌雄异株或杂性，密集成穗状花序或再排成伞形花序，稀总状花序；花序与叶对生或腋生，稀顶生；苞片小；无花被；雄蕊 1 ~ 10 枚，花丝短、离生，花药 2 室；雌蕊由 2 ~ 5 枚心皮合生组成，子房上位，1 室。浆果小，具肉质、薄或干燥的果皮。

8 ~ 9 属约 3000 种。分布于热带和亚热带温暖地区。中国 3 属 68 种；广西 3 属 27 种，本志记载 1 属 4 种。

胡椒属 Piper L.

草本、藤本，稀直立灌木。茎、枝节膨大，揉之常有香气。叶互生，全缘；掌状脉；托叶多少贴生于叶柄上，早落。花单性，雌雄异株，稀两性或杂性；穗状花序与叶对生，稀顶生；苞片离生，稀与花序轴或与花合生；雄蕊 2 ~ 6 枚，子房 1 室，有胚珠 1 枚。浆果。

约 2000 种。主产于热带地区。中国 60 种；广西 22 种，本志记载 4 种。

分种检索表

1. 植物体基本无毛。
  2. 栽培植物；花杂性，苞片浅杯状；果无柄 ……………… **1. 胡椒 P. nigrum**
  2. 野生植物；雌雄异株，苞片盾状；果多少有柄。
    3. 叶形单一，卵状披针形或椭圆形，叶基部微凹；果纺锤形，表面有疣状凸起 …… **2. 海南蒟 P. hainanense**
    3. 叶形变异大，花枝下部叶片宽卵形或卵形，上部叶片卵形，狭形或卵状披针形；果球形，表面光滑，无疣状凸起 ……………… **3. 华南胡椒 P. austrosinense**
1. 植物体多少被毛；果有柄；雄花序与叶片等长；叶片椭圆形，两侧近相等 ……………… **4. 石南藤 P. wallichii**

1. 胡椒　图 1460

Piper nigrum L.

木质攀援藤本。茎、枝、叶无毛，节明显膨大，并常生小根。叶厚，近革质，宽卵形至卵状长卵圆形，长 10 ~ 15cm，宽 5 ~ 9cm，先端短尖，基部圆，常稍偏斜；基生脉 5 ~ 7 条，侧脉 1 对互生，离基 1.5 ~ 3.5cm 从中脉处生出，网脉明显；叶柄长 1 ~ 2cm；叶鞘延长，常及叶柄之一半。花杂性，通常雌雄同株；花序与叶对生，短于叶或与叶等长；苞片浅杯，长 3.0 ~ 3.5cm，狭长处与花序轴合生。浆果球形，无柄，直径 3 ~ 4mm，熟时红色。花期 6 ~ 10 月。

原产东南亚，现广植于热带地区，广西南部、西南部有栽培，台湾、福建、广东、海南、云南也有种植。果实含胡椒碱和少量胡椒挥发油，主要用于调味，亦作骨寒药，温胃散寒、健胃止吐，服食少量能增进食欲，过量则刺激胃黏膜引起充血性炎症。

2. 海南蒟

Piper hainanense Hemsl.

木质藤本。除花序轴外无毛；茎有细纵纹。叶薄革质，卵状披针形或椭圆形，长 7 ~ 12cm，宽 3 ~ 5cm，先端短尖至尾状渐尖，基部圆或阔楔形，呈不明显微凹，叶面光亮，叶背被白粉；基生脉 5 条，稀 7 条；叶柄长 1.0 ~ 3.5cm；叶鞘长为叶柄之半或略过之。花单性，雌雄异株，穗状花序与叶对生；雄花序上的苞片倒卵形至倒卵状长圆形，长约 1.5cm，盾状；雌花序花序轴被毛，于果期延长(最长可达 22cm)，苞片长圆形或倒卵状长圆形，长 3.0 ~ 3.5mm，盾状。浆果纺锤形，直径约 3.5mm，表面有疣状凸起。花期 3 ~ 5 月。

产于防城、钦州、宁明、龙州。攀援于石上或树上。分布于广东、海南。

图 1460 胡椒 **Piper nigrum** L. 1. 果枝；2. 花序一段；3. 苞片；4. 雄蕊；5. 果。(仿《中国植物志》)

3. 华南胡椒

Piper austrosinense Y. Q. Tseng

木质藤木。除苞片腹面中部、花序轴和柱头被毛外，其余均无毛；枝有纵棱，节上生根。叶薄革质，形状多变，花枝下部叶阔卵形或卵形，长 8.5 ~ 11.0cm，宽 6 ~ 7cm，先端短尖，基部心形，两侧对称，上部叶卵形、狭卵形或卵状披针形，长 6 ~ 11cm，宽 1.5 ~ 4.5cm，先端渐尖，基部钝或略狭，两侧常不等齐；基出脉 5 条，少有 7 条，网状脉明显；下部叶柄长达 2cm，上部叶柄长仅 4 ~ 10mm；叶鞘长为叶柄之半或略短。苞片盾状，圆形，腹面中央和花序轴同被白色密毛。浆果球形，直径约 3mm，表面光滑。花期 4 ~ 6 月。

产于金秀、武鸣、横县、贵港、北流、龙州、大新、防城、上思，生于密林或疏林中。分布于广东、海南。

4. 石南藤

Piper wallichii (Miq.) Hand. -Mazz.

木质藤本。枝、叶被毛或后脱落变无毛，茎有纵棱。叶硬纸质，椭圆形或向下渐次变为狭卵形至卵形、卵状披针形，长 7 ~ 14cm，宽 4.0 ~ 6.5cm，先端长渐尖，有小尖头，基部短狭或钝圆，两侧近相等，叶背被长短不一的疏粗毛；基出脉 5 ~ 7 条；叶柄长 1.0 ~ 2.5cm；叶鞘长 8 ~ 10mm。花单性，雌雄异株，穗状花序；雄花序在开花时长与叶片等长，总花梗与叶柄近等长，花序轴被毛，苞片圆形盾状；雌花序比叶片短，总花梗远长于叶柄，长达 2 ~ 4cm，花序轴和苞片与雄花序的相同。浆果球形，直径 3.0 ~ 3.5mm，无毛，有疣状凸起。花期 5 ~ 6 月。

产于广西各地，以北部、西南部最常见，生于林中阴处或湿润处，爬石或树上。分布于黄河以南各地；尼泊尔、印度、印度尼西亚也有分布。茎入药，祛风寒，强腰膝，补肾壮阳，治风湿、腰腿痛等。

143 金粟兰科 Chloranthaceae

草本、灌木或小乔木。单叶对生，羽状脉，边缘有锯齿；叶柄基部常合生；托叶细小。花小，两性或单性，排成穗状、头状或圆锥花序，无花被或雌花有浅杯状 3 齿裂花被；两性花具雄蕊 1 枚或 3 枚，着生于子房一侧，花丝不明显，药隔发达；雌蕊具 1 枚心皮，子房下位，1 室，含 1 枚以下垂直生胚珠；单性花其雄花多数，雄蕊 1 枚；雌花少数，有与子房贴生的 3 齿萼状花被。核果卵形或球形，外果皮肉质，内果皮硬。

5 属约 70 种。分布于热带和亚热带。中国 3 属 15 种；广西 3 属 12 种，本志记载 2 属 2 种。

分属检索表

1. 雄蕊1枚，棒状或卵圆状，花药2室 …………………………………………………………… **1. 草珊瑚属 Sarcandra**
1. 雄蕊3枚，稀1枚，下部或基部多少结合，中央1枚花药2室，侧生的1室…………… **2. 金粟兰属 Chloranthus**

1. 草珊瑚属 Sarcandra Gardn.

亚灌木。全株无毛；茎和枝具膨大的节。叶对生，具腺齿；叶柄基部合生；托叶小，钻状。穗状花序顶生，通常分枝，多少成圆锥花序状；花两性，无花被亦无花梗；苞片1枚，三角形，宿存；雄蕊1枚，肉质，棒状至背腹压扁，花药2室，稀3室；子房1室，1枚胚珠，无花柱，柱头近头状。核果球形或卵形。

3种。分布于亚洲东部至印度。中国1种1亚种；广西亦产，本志记载1种。

草珊瑚 接骨金粟兰、九节风、九节茶

Sarcandra glabra (Thunb.) Nakai

常绿亚灌木，高0.5~1.2m。茎节和枝节膨大。叶革质，椭圆形、卵形至卵状披针形，长6~17cm，宽2~6cm，先端渐尖，基部尖或楔形，具粗锐锯齿，齿尖有一腺体；托叶钻形。穗状圆锥花序顶生，通常分枝，总花梗长1.5~4.0cm；苞片三角形；花黄绿色；雄蕊1枚，肉质，棒状至圆柱状，花药2室，生于药隔上部之两侧；子房球形或卵形，无花柱，柱头近头状。核果球形，直径3~4mm，熟时亮红色。花期6月；果期6~10月。

产于广西各地。生于山坡、沟谷林下湿润处。分布于浙江、江西、安徽、福建、广东、湖南、贵州、云南、四川、台湾；朝鲜、马来西亚、菲律宾、越南、印度也有分布。喜温凉、湿润的环境，最适郁闭度0.7~0.8的林下栽培。播种或扦插繁殖，扦插宜采用2年生枝条的中部和基部为插穗，黄心土为扦插基质为宜。全株药用，祛风活血、消肿止痛、清热解毒、抗菌消炎，治骨折、跌打肿痛、风湿关节痛、流感、流行性乙型脑炎、肺炎、菌痢。果色鲜红，可栽培供观赏。

2. 金粟兰属 Chloranthus Swartz

多年生草本或亚灌木。叶对生或轮生状，边缘有锯齿，齿尖有1枚腺体；叶柄基部多少合生；托叶微小。穗状或圆锥花序；花小，两性，无花被；雄蕊通常3枚，稀1枚；子房1室，胚珠1枚，无花柱，柱头截平或分裂。核果。

约17种。分布于亚洲温带和热带。中国13种；广西9种，本志记载1种。

金粟兰 珠兰、珍珠兰

Chloranthus spicatus (Thunb.) Makino

常绿亚灌木，高30~60cm。茎圆柱形，无毛。叶对生，厚纸质，椭圆形或倒卵状椭圆形，长6~11cm，宽2.5~5.0cm，先端急尖或钝，基部楔形，边缘具圆齿状锯齿，齿端有1腺体；侧脉6~8对；叶柄长8~18mm，基部多少合生；托叶细小。穗状花序排成圆锥状，顶生，稀腋生；苞片小，三角形；花小，黄绿色，极芳香；雄蕊3枚，药隔合生成一卵状体，上部不整齐3裂，中央裂片较大。果倒卵形。花期4~7月；果期8~9月。

产于龙州、桂林，栽培或生于山坡、山谷林下。分布于云南、四川、贵州、福建、广东、海南；日本也有分布。喜半阴半阳和空气湿润的环境，忌阳光直射；喜温暖，不耐寒，生育适温约20~28℃，温度低于5℃生长缓慢，低于0℃则要受到冻害。适生于肥沃、疏松、透水性好、有机质丰富、微酸性的砂质壤土。分株或压条繁殖，扦插繁殖一年四季均可进行，但以春季扦插成活率最高，生根最快。枝叶青翠，供室内陈设观赏。鲜花极香，可熏茶。

144 千屈菜科 Lythraceae

草本、灌木或乔木。枝通常4棱，有时具刺状短枝。叶对生，稀轮生或互生，全缘；托叶小或无。花两性，常辐射对称，单生或簇生，或组成穗状、总状、圆锥或聚伞状圆锥花序；花萼管状或钟状，平滑或具棱，顶部3~6裂，镊合状排列，裂片间常有附属体；花瓣和花萼裂片同数，生于萼管顶部，或无花瓣；雄蕊常为花瓣倍数，有时较多或较少；子房上位，2~6室，每室有倒生胚珠数枚，稀3或2枚，中轴胎座。蒴果革质或膜质，2~6室，稀1室，各式开裂，稀不裂；种子多数，有翅或无翅。

约31属650种，广布全世界。中国10属43种；广西6属17种，本志记载3属9种。

分属检索表

1. 叶背有黑色腺点；花不整齐，萼筒长管状，稍弯曲，近基部缢缩，花瓣小；蒴果2瓣裂 ………………………………………… **1. 虾子花属 Woodfordia**

1. 叶背无黑色腺点；花整齐，萼筒非管状；蒴果3~6裂或不规则开裂甚至不裂。

  2. 植物体无刺；花瓣5~9枚，通常6枚，雄蕊多数；蒴果沿室背3~6裂，种子顶端有翅 ………………………………………… **2. 紫薇属 Lagerstroemia**

  2. 植物体有刺；花瓣4枚，雄蕊8枚；蒴果不规则开裂或不裂，种子无翅 ……………… **3. 散沫花属 Lawsonia**

1. 虾子花属 Woodfordia Salisb.

灌木。叶对生，近无柄，叶背有黑色腺点。短聚伞状圆锥花序腋生，具总花梗；花梗基部有小苞片2枚；花6数，稀5数；萼筒长圆筒状，稍弯曲，萼齿短；花瓣小而狭窄或缺；雄蕊12枚，着生在萼管中部以下；子房无柄，2室，花柱线形，柱头小；胚珠多数。蒴果椭圆形，膜质，包藏于萼管内，室背开裂；种子多数，狭楔状倒卵形，平滑。

图1461 虾子花 Woodfordia fruticosa (L.) Kurz 花枝。(仿《中国高等植图鉴》)

2种。中国1种，广西亦产。

虾子花 吴福花 图1461

Woodfordia fruticosa (L.) Kurz

灌木，高3~5m。分枝披散；幼枝被短柔毛，后渐脱落。叶对生，近革质，披针形或狭披针形，长3~14cm，宽1~4cm，先端渐尖，基部圆形或心形，叶面通常无毛，叶背被灰白色短柔毛，具黑色腺点，有时无毛。短聚伞状圆锥花序，具花1~15朵，长约3cm，花序轴被短柔毛；花梗长3~5mm；萼管鲜红色，长1.0~1.3cm，裂片长约2mm；花瓣小而薄，淡黄色，线状披针形，与萼裂片等长；雄蕊12枚，伸出萼管外，长1.2~1.5cm。蒴果膜质，长约7mm，2瓣裂；种子甚小，卵形或圆锥形，红棕色。花期3~4月。

产于东兰、隆林、凌云。生于山坡路旁。分布于广东、云南；越南、印度也有分布。喜光，喜肥沃、排水良好砂质土壤，亦耐干旱瘠薄。扦插繁殖，扦插春秋均可进行，剪取1~2年枝条扦插，约40d生根。

花萼红色而鲜艳，栽培供观赏。

2. 紫薇属 Lagerstroemia L.

灌木或乔木。叶对生、近对生或聚生于小枝上部；托叶极小。花两性，辐射对称，圆锥花序；花梗在小苞片着生处具关节；花萼管半球形或陀螺形，革质，常具棱或翅，5～9裂；花瓣通常6枚，或与花萼裂片同数，基部有细长爪，边缘波状或有皱纹；雄蕊6枚至多数，着生于萼管近基部，花丝细长，长短不一；子房无柄，3～6室，每室有多枚胚珠，花柱长，柱头头状。蒴果木质，基部为宿存花萼所包围，室背3～6枚果瓣；种子多数，顶端具翅。

约55种。中国15种，主要分布于西南至台湾；广西7种。

分种检索表

1. 花萼裂片间有附属体。
  2. 花萼有6条成狭翅状的棱，雄蕊约36枚；叶长4.5～7.0cm，宽1.5～2.5cm …… **1. 桂林紫薇 L. guilinensis**
  2. 花萼有12条棱，雄蕊100～200枚；叶长10～25cm，宽6～12cm …………………… **2. 大花紫薇 L. speciosa**
1. 花萼裂片间无附属体。
  3. 花萼裂片内面被柔毛或绒毛；叶网脉在叶面明显凸起 ………………………… **3. 网脉紫薇 L. suprareticulata**
  3. 花萼裂片内面无毛。
    4. 花萼无棱和脉纹，雄蕊36～42枚；小枝4棱，稍成狭翅……………………………… **4. 紫薇 L. indica**
    4. 花萼具10～12条棱纹或脉纹，雄蕊不超过30枚。
      5. 叶对生，侧脉在靠近叶缘处不连结成边脉。
        6. 叶矩圆形或矩圆状披针形，基部阔楔形，叶面无毛或散生小柔毛；叶背无毛或稍被毛，有时侧脉腋间有丛毛；小枝无毛或稍被毛 …………………………………………… **5. 南紫薇 L. subcostata**
        6. 叶椭圆状披针形至卵状椭圆形，基部短渐狭至近圆形，叶两面无毛；小枝无毛…………………………………………………………………………………………… **6. 光紫薇 L. glabra**
      5. 叶互生，侧脉在靠近叶缘处连结成明显边脉，叶阔椭圆形或长椭圆形；植物体全体无毛 ……………………………………………………………………………………………… **7. 尾叶紫薇 L. caudata**

1. 桂林紫薇 图1462：1～5

Lagerstroemia guilinensis S. K. Lee et L. F. Lau

灌木，高2m；枝褐色，有纵条纹，小枝光滑无毛。叶互生，纸质，卵状披针形或椭圆状披针形，长4.5～7.0cm，宽1.5～2.5cm，先端长渐尖或尾状渐尖，基部近圆形至阔楔形，两面无毛；侧脉5～6对，近边缘处分叉而互相连接；叶柄短，长约2mm。圆锥花序顶生，长5～8cm，宽2～3cm；花几无梗或具短梗；花萼狭钟状，长1.0～1.2cm，有6条成狭翅状棱，上部6裂，裂片长约2mm，萼裂间有6条粗大的附属体，长达3mm，开花时成角状弯曲；花瓣白色；雄蕊约36枚。蒴果近球形或矩圆形，长约7mm。花期5～6月；果期9月。

广西特有种。产于桂林、阳朔、平乐。石山特有植物，分布区邻近酸性未见生长，广西植物研究所将其引种到酸性土上栽培，营养生长良好，年高生长0.6m以上。耐干旱，喜光树种，自然分布区林下稀见小苗，栽植在半阳处，生长良好。播种或扦插繁殖。萌蘖力强，丛生，花序大而艳丽，可作石山绿化和庭院观赏。

2. 大花紫薇 大叶紫薇

Lagerstroemia speciosa (L.) Pers.

大乔木，高25m。树皮灰色，平滑；小枝圆柱形，无毛或微被糠秕状毛。叶革质，矩圆状椭圆形或卵状椭圆形，长10～25cm，宽6～12cm，先端钝形或短尖，基部阔楔形至圆形，两面均无毛；侧脉9～17对，在叶缘弯拱连接；叶柄长6～15mm。花淡红色或紫色，直径约5cm；顶生圆锥花序长15～25cm，花梗长1.0～1.5cm，花轴、花梗及花萼外面均被黄褐色糠秕状密毡毛；花萼长12～

图 1462　**1 ~ 5. 桂林紫薇 Lagerstroemia guilinensis** S. K. Lee et L. F. Lau　1. 花枝；2. 果枝；3. 花；4. 花萼；5. 雄蕊。**6 ~ 7. 紫薇 Lagerstroemia indica** L.　6. 果枝；7. 花。(仿《中国植物志》)

图 1463　**网脉紫薇 Lagerstroemia suprareticulata** S. K. Lee et L. F. Lau　1. 花枝；2. 花展开；3. 花萼。(仿《中国植物志》)

13mm，有棱 12 条，6 裂，裂片三角形，附属体鳞片状；花瓣 6 枚，长 2.5 ~ 3.5cm；雄蕊多数，达 100 ~ 200 枚。蒴果球形至倒卵状矩圆形，长 2.0 ~ 3.8cm，直径 2 ~ 3cm，褐灰色，6 裂；种子多数，长 10 ~ 15mm。花期 5 ~ 7 月；果期 10 ~ 11 月。

原产斯里兰卡、印度、马来西亚、越南及菲律宾，广西南部各地有引种，广东、海南、福建也有引种。喜光，稍耐荫蔽；喜温暖湿润环境，较耐寒，在南宁能安全越冬。播种繁殖，种子最佳发芽温度约 30℃。花大，艳丽，常栽于庭园供观赏。木材坚硬，耐腐力强，色红而亮，常作家具、舟车、桥梁、建筑等用材。

3. 网脉紫薇　图 1463

Lagerstroemia suprareticulata S. K. Lee et L. F. Lau

乔木，高 9m。小枝光滑。叶互生或近对生，厚纸质，卵形或椭圆状卵形，长 4.0 ~ 6.2cm，宽 2.5 ~ 3.5cm，先端短渐尖，基部圆形或阔楔形，全缘；侧脉 4 ~ 5 对，网状脉在叶面凸起而构成明显的密网状；叶柄长 2 ~ 5mm。顶生圆锥花序长 11 ~ 13cm，花轴、分枝及花梗上均密被灰白色粉末状绒毛，花梗长约 3mm 或几无梗；花萼钟形，萼管长约 3mm，有 10 ~ 12 条棱，密被灰色绒毛，5 ~ 6 裂，裂片三角形，长约 2mm，内面密被灰色绒毛；花瓣白色，心状圆形或近圆形，连爪长约 7mm。

广西特有种。产于靖西、武鸣、龙州、扶绥、大新。生于石灰岩石山上。

4. 紫薇　痒痒树　图 1462：6 ~ 7

Lagerstroemia indica L.

落叶灌木或小乔木，高 3 ~ 6m。树皮平滑，灰色或灰褐色；枝干多扭曲，小枝纤细，具4棱，略成翅状。叶对生，几无柄，纸质，椭圆形、阔矩圆形或倒卵形，长2.5~7.0cm，宽1.5~4.0cm，先端短尖或钝，基部阔楔形或近圆形，无毛或叶背沿中脉有微柔毛；侧脉3~7对；无柄或叶柄很短。花淡红、紫色或白色，直径3~4cm，常组成长7~20cm的顶生圆锥花序；花梗长3~15mm，中轴及花梗均被柔毛；花萼长7~10mm，两面无毛，裂片6枚，长3~5mm，无附属体；花瓣6枚，长10~20mm；雄蕊36~42枚。蒴果椭圆状球形，直径约1.2cm，紫黑色，6瓣裂，果瓣硬革质，基部具宿存花萼；种子有翅，长约8mm。花期6~9月；果期9~12月。

图1464　南紫薇 Lagerstroemia subcostata Koehne　1. 花枝；2. 果枝；3. 叶背面一部分的放大；4. 花；5. 果；6. 种子。(仿《中国植物志》)

产于广西各地。中国大部有分布或栽培。稍耐阴，喜肥沃湿润，耐旱，在钙质土或酸性土都生长良好。萌蘖力强，易于插条繁殖。花鲜艳美丽，花期较长，寿命长，树龄可达200年，各地庭园广泛栽培，亦作盆景观赏。木材心材与边材区别明显，心材紫红褐色，边材灰白色，木材纹理斜，结构细，重量中等，气干密度0.56g/cm^3，干燥容易，稍有翘裂，抗虫性中等，耐腐，加工容易，刨面光滑，胶黏性好，油漆性好，可作家具、建筑等用材。

5. 南紫薇　图1464

Lagerstroemia subcostata Koehne

落叶乔木或灌木，高4~14m。小枝圆形或稍具4棱，无毛或稍被短硬毛。叶对生，膜质，矩圆形或矩圆状披针形，长4~8cm，宽2~4cm，先端渐尖，基部阔楔形，叶面无毛或被散生小柔毛，叶背无毛或微被柔毛或沿中脉被短柔毛，有时脉腋间有丛毛；侧脉3~10对，顶端连结；叶柄短，长2~4mm。花小，白色，直径约1cm，顶生圆锥花序，长5~15cm，具灰褐色微柔毛，花密生；花萼半球形，具10~12条棱纹，5裂，裂片内面无毛；花瓣6枚，长2~6mm；雄蕊15~30枚。蒴果椭圆形，长6~8mm，3~6瓣裂。花期6~8月；果期7~10月。

产于临桂、灵川、永福、金秀、平南、贵港。生于林缘、溪边等肥沃湿润环境。分布于台湾、广东、湖南、湖北、江西、福建、浙江、江苏、安徽、四川。木材坚密，可作家具、细木工及建筑。

6. 光紫薇　狭瓣紫薇

Lagerstroemia glabra (Koehne) Koehne

乔木，高10m。树皮薄，带白色；小枝无毛。叶膜质，对生，椭圆状披针形或卵状椭圆形，长4.5~6.5cm，宽2.2~3.0cm，先端短渐尖，基部短渐狭至近圆形，两面无毛；侧脉5~7对；叶柄长2~5mm。圆锥花序顶生，塔形，长5~12cm，宽2~8cm，无毛或上部有小柔毛；花萼钟形，长和宽约3mm；花瓣矩圆形或椭圆形，长宽各约3mm；雄蕊多数。蒴果小，黄色，矩圆形，长8mm，直径约5mm，宿存萼筒长约4mm，裂片5枚，长约2mm；果梗纤细，长4~5mm；种子矩圆形，

图 1465 尾叶紫薇 **Lagerstroemia caudata** Chun et F. C. How ex S. K. Lee et L. F. Lau 果枝。（仿《中国植物志》）

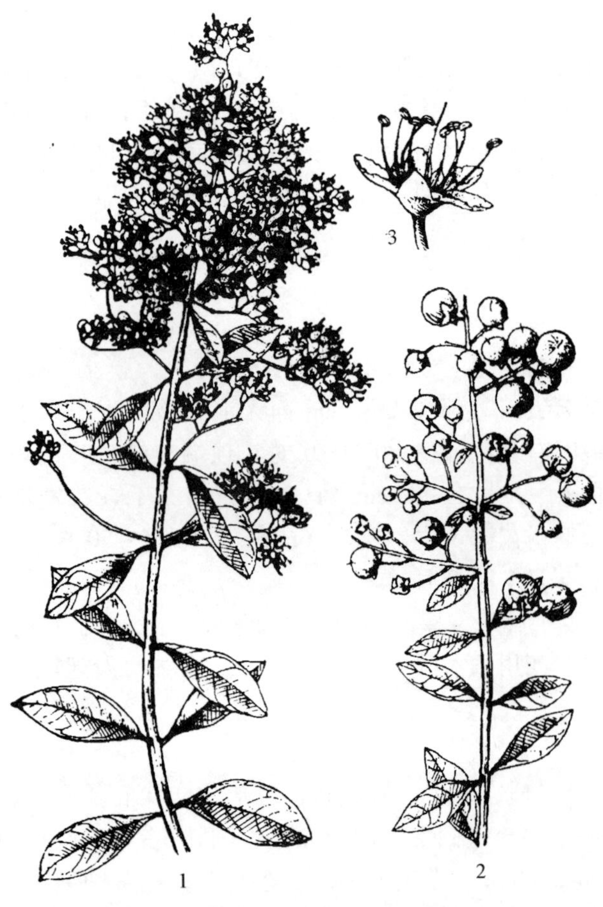

图 1466 散沫花 **Lawsonia inermis** L.
1. 花枝；2. 果枝；3. 花。（仿《中国植物志》）

扁，长约 6mm。花期 7 月；果期 10 月。

产于灵川、贺州、宁明。分布于广东、湖北。

7. 尾叶紫薇 狗骨木 图 1465

Lagerstroemia caudata Chun et F. C. How ex S. K. Lee et L. F. Lau

高大乔木，高 30m，胸径 40cm。全株无毛；树皮光滑，褐色，片状剥落；小枝圆筒形，褐色，光滑。叶纸质至近革质，互生，阔椭圆形或长椭圆形，长 7 ~ 12cm，宽 3.0 ~ 5.5cm，先端尾尖或短尾状渐尖，基部阔楔形至近圆形，稍下延；侧脉 5 ~ 7 对，在近边缘处分叉而互相连接，全缘或微波浪状；叶柄长 6 ~ 10mm。圆锥花序生于主枝及分枝顶端，长 3.5 ~ 8.0cm；花萼长 4 ~ 5mm，5 ~ 6 裂，裂片三角形；花瓣 5 ~ 6 枚，白色，阔矩圆形，连爪长 8 ~ 9mm。蒴果矩圆状球形，长 8 ~ 11mm，5 ~ 6 裂；种子连翅长 5 ~ 7mm。花期 4 ~ 5 月；果期 7 ~ 10 月。

产于桂林、临桂、灵川、全州、阳朔、贵港、宁明、龙州。常生于石灰岩石山林缘和疏林中。分布于广东、江西、浙江、湖南、贵州。耐旱、耐瘠薄，耐钙质。播种或扦插繁殖。木材心材与边材区别不明显，木材灰白色或灰褐色，纹理斜至交错，结构细，重量中等，气干密度 0.68g/cm^3，干燥容易，刨面光滑，不耐腐，可作家具、雕刻、包装箱及建筑用材。花具明显香味，花期 4 ~ 5 月，具有很高杂交亲和性，是一种培育早花、香花紫薇品种的重要种质资源。萌发力强，是石灰岩石山优良绿化树种。

3. 散沫花属 Lawsonia L.

乔木或灌木状。小枝坚硬，成刺状。叶交互对生，稀稍互生。圆锥花序顶生；花 4 基数；萼管极短或无，四角盘状，4 裂，裂片开展，裂片间无附属体；花瓣 4 枚，具短爪，皱缩；雄蕊 8 枚，有时 4 枚或 12 枚，常成对，位于花瓣间，伸出花冠之外；子房 2 ~ 4 室，花柱长。蒴果不完全包于萼管内，不规则开裂或不裂；种子多数，无翅，有角，平滑。

仅 1 种。分布于亚洲、北非和大洋洲。广西有栽培。

散沫花 指甲花 图 1466

Lawsonia inermis L.

灌木，高2~6m。小枝略呈四棱形。叶交互对生，薄革质，椭圆形或椭圆状披针形，长2.0~4.5cm，宽1~2cm，先端短尖，基部楔形或逐狭成叶柄；侧脉5对。花序顶生，无毛，长10~40cm；花极香，白色、玫瑰红色至朱红色，直径约6mm，盛开时直径达8~10mm；花萼长2~3mm，4深裂；花瓣4枚，略长于萼裂片，皱缩，边缘内卷，有齿；雄蕊通常8枚，花丝丝状，长为花萼的2倍。蒴果扁球形，直径6~7mm，通常有4条凹痕；种子多数，肥厚，三角状尖塔形。花期6~10月；果期12月。

原产东非至东南亚，宁明、龙州有引种。广东、云南、福建、江苏、浙江也有栽培。花极香，常栽培于庭园供观赏。

145 草海桐科 Goodeniacea

草本、亚灌木或灌木。单叶互生或基生，稀对生，羽状脉，无托叶。花两性，两侧对称，具苞片，聚伞花序、单生或总状花序；花萼5裂，萼筒常与子房贴生，稀分离；花冠合生，背面开一条纵缝，裂片薄，边缘具膜质宽翅；雄蕊5枚，常与花冠裂片互生，花药基部着生，内向，分离，2室，纵裂；子房下位，2室或1室；胚珠1枚至多枚；花柱单一或顶端2~3裂，柱头为一杯状的集药杯所围绕。蒴果、核果或坚果；种子1枚至多枚。

12属约400种。主要分布于大洋洲。中国2属3种；广西2属3种全产，本志记载1属1种。

草海桐属 Scaevola L.

草本、亚灌木或灌木，直立或攀援。叶互生，螺旋状排列，稀对生，全缘或具齿缺。花5基数；聚伞花序或单花，腋生，有苞片和小苞片；萼筒与子房贴生，檐部短，成一个环状的杯且具5齿，或5裂；花冠略偏斜，一边裂至基部，檐部5裂；花药分离；子房2室，每室有1~2枚胚珠；花柱顶部扩大成杯状，承托着柱头，杯缘有毛，柱头2裂或截平。核果，外果皮肉质，内果皮坚硬，每室具1枚种子。

约80种。主产大洋洲。中国2种；广西2种均产，本志记载1种。

草海桐 图1467

Scaevola taccada (Gaertn.) Roxb.

直立灌木或小乔木，高5m。有时下部平卧，有时枝上生根；茎粗壮，嫩枝被毛，后平滑无毛，但叶腋密生白色须毛。叶聚生枝顶，稍肉质，匙形至倒卵形，长10~22cm，宽4~8cm，顶端圆钝，基部楔形，全缘，无毛或背面被疏柔毛；中脉在两面凸起；无柄或具短柄。聚伞花序腋生，长1.5~3.0cm；苞片和小苞片小，腋间有一簇长须毛；花柄与花之间有关节；萼筒陀螺形，长3~5mm，裂片条状披针形，与萼筒等长或稍长；花冠白色或淡黄色，长约2cm，筒部细长，裂片披针形，长为花冠筒的一半或略短。核果卵球形，白色，直径7~10mm，有两条径向沟槽，将果分为两瓣，每瓣有4条纵棱，2室，每室具1枚种子。花、果期4~12月。

图1467 草海桐 Scaevola taccada (Gaertn.) Roxb. 1. 果枝；2. 花。（仿《中国高等植物图鉴》）

产于北海、合浦、钦州、防城。生于开旷海边石砾砂土或海岸峭壁上。分布于广东、海南、福建、台湾；澳大利亚、菲律宾、马来西亚、印度尼西亚、日本也有分布。速生，抗盐性强，可作海岸固沙防潮树种。

146 菊科 Compositae

草本、亚灌木或灌木，稀乔木。单叶互生，稀对生或轮生，全缘或具齿或分裂，无托叶。花两性或单性，稀单性异株，5 基数；头状花序单生或数个或多个排成总状、聚伞状、伞房状或圆锥花序；萼片成鳞片状、刚毛状或冠毛；花冠管状、唇形或舌状，4～5 裂；雄蕊 4～5 枚，着生于花冠管上，花药合生；子房下位，1 室，胚珠 1 枚。瘦果。

约 1700 属 24000 种。广布于全世界，热带较少。中国 248 属 2336 种；广西 97 属，本志记载木本 2 属 9 种。

分属检索表

1. 头状花序中花同型 …………………………………………………… **1. 斑鸠菊属 Vernonia**
1. 头状花序中花异性(兼有两性或单性花) ……………………………… **2. 阔苞菊属 Pluchea**

1. 斑鸠菊属 Vernonia Schreb.

草本、灌木或乔木，稀木质藤本。叶互生，全缘或具缺齿。花两性，同型，全部结实；头状花序数个排成圆锥状、伞房状或总状，稀单生；总苞片数层，覆瓦状排列，常具腺；花托平，有窝孔；花粉红色或淡紫色，稀白色，管状，常具腺，顶端 5 裂；雄蕊 5 枚，花药顶端尖，基部箭形或钝；花柱丝状，顶端钝。瘦果，具棱，冠毛 2 层，糙毛状，脱落或宿存。

约 1000 种。分布于美洲、亚洲和非洲。中国 31 种；广西 15 种，本志记载 8 种。

分种检索表

1. 头状花序小，具 2～12 朵花，排列成宽圆锥花序或伞房状圆锥花序。
    2. 乔木或灌木。
        3. 乔木；枝条被黄褐色或褐色绒毛。
            4. 总苞杯状或半球形，总苞片顶端钝或圆钝；叶基部近圆形或稍心形，叶柄细长，基部不扩大。
                5. 头状花序具花 5～6 朵，总苞直径 2～3mm，总苞片卵状长圆形，被短柔毛或无毛 …………………………………… **1. 树斑鸠菊 V. arborea**
                5. 头状花序具花约 10 朵，总苞直径 4～5mm，总苞片卵形，背面密被绒毛 …………………………………… **2. 茄叶斑鸠菊 V. solanifolia**
            4. 总苞狭钟状或近圆柱状，总苞片顶端渐尖或稍尖；叶基部楔形渐窄，叶柄基部扩大成鞘状 …………………………………… **3. 大叶斑鸠菊 V. volkameriifolia**
        3. 灌木；枝密被灰色或灰褐色绒毛；头状花序具花 5～6 朵，总苞倒锥状 ……………… **4. 斑鸠菊 V. esculenta**
    2. 攀援灌木或藤本；枝密被锈褐色柔毛 …………………………………… **5. 林生斑鸠菊 V. sylvatica**
1. 头状花序中等大小，具花多数，排列成伞房状圆锥花序；攀援状灌木或藤本。
    6. 头状花序多数，排成顶生或腋生的圆锥花序，花托被锈色短柔毛；叶厚纸质 …………………………………… **6. 毒根斑鸠菊 V. cumingiana**
    6. 头状花序 4～5 个排成具叶的小圆锥花序，或单生于叶腋而排成总状，花托无毛；叶革质或近革质。
        7. 头状花序小，直径 7～8mm，具花 20～25 朵，3～5 个排成小圆锥花序，花淡紫色；瘦果被开展短毛及腺点；叶椭圆形或卵状椭圆形，全缘，近革质 …………………… **7. 喜斑鸠菊 V. blanda**
        7. 头状花序大，直径达 2cm，具多数花，总状排列，花白色；瘦果无毛；叶倒卵状长圆形或椭圆状长圆形，边缘常反卷，革质，上部边缘具疏细齿 …………………… **8. 广西斑鸠菊 V. chingiana**

1. 树斑鸠菊 图 1468：1～7

Vernonia arborea Buch. – Ham.

小乔木或灌木，高 10m。枝密被黄褐色短柔毛或后多少脱落。叶近革质，卵形、椭圆状卵形或长圆形，长 8～25cm，宽 4～10cm，先端渐尖，基部钝圆或狭，全缘，叶面无毛，叶背或沿脉被黄褐色短柔毛或无毛，有腺点；侧脉 8～12 对；叶柄长 1～3cm。头状花序具花 5～6 朵，在顶端或上部叶腋排成宽复伞房状圆锥花序，具短花序梗；总苞小，杯状，直径 2～3mm，总苞片约 5 层，卵状长圆形，长 0.5～2.0mm，顶端钝或稍尖，背面上部和边缘被密短柔毛；花淡紫色或白色，长于花盘，全部结实。瘦果扁压，具 3～4 棱，长 2～3mm，被短毛和腺体；冠毛污白色，1 层或近 2 层，外层少数，长不及 1mm，内层长 6～7mm。花、果期 8～11 月。

产于那坡、上思、东兴、龙州。生于海拔 800～1200m 山谷、山坡或疏林中。分布于云南；印度、尼泊尔、斯里兰卡、越南、老挝、泰国、印度尼西亚及马来西亚也有分布。

图 1468　1～7. 树斑鸠菊 Vernonia arborea Buch. – Ham.　1. 花枝；2. 头状花序；3～5. 外、中、内层总苞片；6. 两性花；7. 瘦果。**8～10. 广西斑鸠菊 Vernonia chingiana** Hand. -Mazz.　8. 果枝；9. 两性花；10. 瘦果。（仿《中国植物志》）

2. 茄叶斑鸠菊 图 1469

Vernonia solanifolia Benth.

直立灌木或小乔木，高 8m。枝密被黄褐色或淡黄色绒毛。叶卵形，长 6～16cm，宽 4～9cm，先端钝或短尖，基部圆形或近心形，全缘，叶面粗糙，被疏贴生硬短毛，有腺点，叶背密被淡黄色绒毛；侧脉 7～9 对；叶柄粗壮，长 1.0～2.5cm。头状花序小，直径 5～6mm，具花约 10 朵，有香气，在茎枝顶端排列成具叶宽达 20cm 的复伞房花序，花序梗短，长 4～6mm，密被绒毛；总苞半球形，宽 4～5mm，总苞片 4～5 层，卵形，长 2～6mm，顶端极钝，背面密被淡黄色短绒毛；花冠管状，粉红色或淡紫色，长约 6mm。瘦果具 4～5 棱，长 2.0～2.5mm，稍压扁，无毛；冠毛淡黄色 2 层，外层极短，内层糙毛状，长约 8mm。花期 11 月至翌年 4 月。

产于贺州、昭平、金秀、三江、东兰、罗城、梧州、藤县、岑溪、武鸣、横县、桂平、博白、北流、防城、上思、灵山、扶绥、宁明。生于海拔 500～1000m 山谷疏林中。分布于广东、福建、云南；印度、缅甸、越南、老挝、柬埔寨也有分布。全株入药，治腹痛、肠炎、疝气等症。

3. 大叶斑鸠菊 图 1470

Vernonia volkameriifolia DC.

小乔木，高 5～8m。枝粗壮，被黄褐色绒毛。叶倒卵形或倒卵状楔形，长 15～40cm，宽 4～

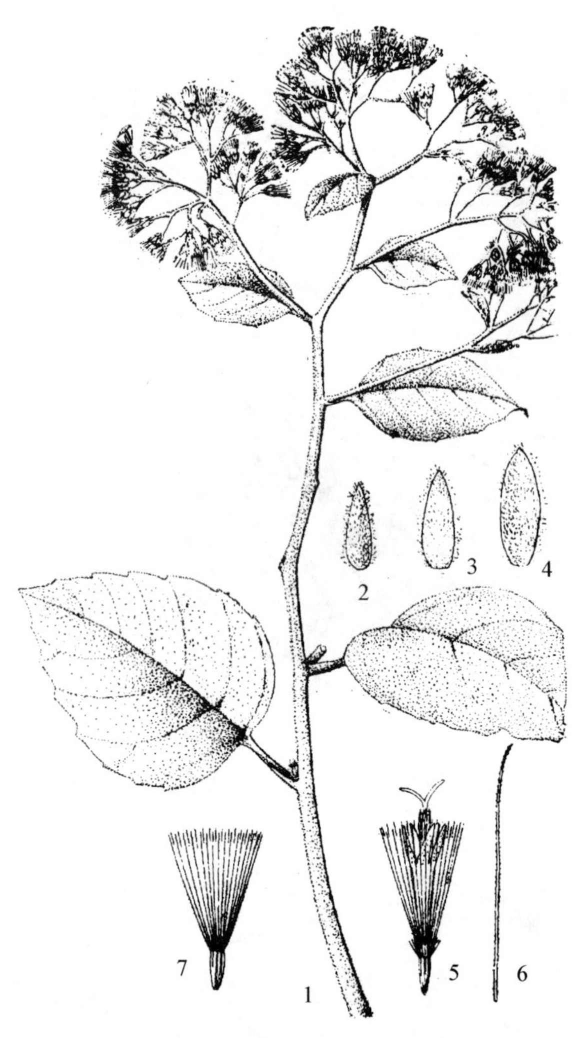

图 1469 茄叶斑鸠菊 Vernonia solanifolia Benth.
1. 花枝；2 ~ 4. 外、中、内层总苞片；5. 两性花；6. 冠毛一根；7. 瘦果。（仿《中国植物志》）

图 1470 大叶斑鸠菊 Vernonia volkameriifolia DC. 花枝。（仿《中国植物志》）

15cm，先端短尖或钝，基部楔状渐狭，边缘深裂或具疏粗齿，叶面无毛或仅中脉被疏柔毛，叶背沿脉被柔毛，有腺点；侧脉 12 ~ 17 对；叶柄短宽，长 1. 0 ~ 1. 8cm，基部常扩大成鞘状。头状花序具花 10 ~ 12 朵，在茎枝顶端排成长 20 ~ 30cm 无叶的大复圆锥花序，下部分枝的圆锥花序长 8 ~ 10cm，花序轴被黄褐色密绒毛；总苞狭钟形或近圆柱状，宽 5 ~ 6mm；总苞片约 5 层，覆瓦状，卵形，先端渐尖，长 3 ~ 6mm；花淡红色或淡红紫色，花冠管状，长 7 ~ 8mm。瘦果长圆状圆柱形，长 3 ~ 4mm，具 10 肋，肋间具腺或多少被微毛；冠毛淡白色或污白色，2 层，外层短，内层糙毛状，长 8 ~ 9mm。花期 10 月至翌年 4 月。

产于田林、隆林。生于海拔 800 ~ 1600m 山谷灌木丛或疏林。分布于云南、贵州、西藏；印度、尼泊尔、不丹、缅甸、泰国、越南也有分布。

4. 斑鸠菊 图 1471

Vernonia esculenta Hemsl. ex Hemsl.

灌木，高 3m。枝圆柱形，多少具棱，密被灰色或灰褐色绒毛。叶硬纸质，长圆状披针形或披针形，长 10 ~ 23cm，宽 3 ~ 8cm，先端尖或渐尖，基部楔尖，边缘具小尖的细齿、波状或全缘，叶面稍粗糙，被乳头状凸起，两面均有亮腺点；侧脉 9 ~ 13 对；叶柄长 5 ~ 20mm。头状花序具花 5 ~ 6 朵，直径 2 ~ 4mm，在枝端或上部叶腋排列成较密的宽圆锥花序；花序梗细，长 2 ~ 5mm，被密绒毛；总苞倒锥形，直径 2～3mm，总苞片少数，约 4 层，具小尖头；花淡红紫色，花冠管状，长约 7mm。瘦果淡黄褐色，近圆柱形，长约 3mm，稍具棱，被疏短毛和腺点；冠毛白色或污白色，2 层，外层短，内层糙毛状，长 6～7mm。花期 7～12 月。

产于兴安、南丹、天峨、凤山、都安、百色、德保、靖西、那坡、凌云、乐业、田林、隆林。生于山坡阳处、草坡灌丛、山谷疏林或林缘。分布于四川、云南、贵州。木材心材与边材区别不明显，木材浅黄白色或黄褐色，纹理直至略斜，结构细，重量中等，气干密度 0.65g/cm^3，不耐腐，供农具、包装箱等用材。

5. 林生斑鸠菊 图 1472

Vernonia sylvatica Dunn

攀援灌木或藤本。枝圆柱形，具纵条纹，密被红褐色柔毛。叶纸质，卵形或长圆形，长 6～13cm，宽 2.0～2.5cm，先端短尖或渐尖，基部斜圆形，全缘或有时具波状小齿，两面除沿脉被红褐色柔毛外，无毛而有下陷腺点；侧脉7～8 对；叶柄长 5～10mm，密被红褐色柔毛。头状花序花约 10 朵，在茎和枝顶端排列成宽圆锥花序，直径 7～12mm；花序梗长 5～15mm，具 1～2 枚卵状披针形小苞片；总苞半球形，长 3～5mm，总苞片约 4 层，卵形或卵状披针形，顶端尖；花紫色或粉紫色，长于总苞 3～4 倍，全部结实。瘦果圆柱形，长约 2mm，无毛或上部被疏毛；冠毛白色，2 层，外层多数，极短，内层糙毛状。花、果期 9 月至翌年 3 月。

产于德保。生于海拔 600～1500m 山谷疏林或路边灌木丛中。分布于云南。

6. 毒根斑鸠菊 图 1473

Vernonia cumingiana Benth.

攀援灌木或藤本，长 3～12m。枝圆柱形，被锈色或灰褐色密绒毛。叶厚纸质，卵状长圆形，长 7～21cm，宽 3～8cm，先端尖或短渐尖，基部楔形或近圆形，全缘，叶面除叶脉和侧脉被短毛外，无毛或近无毛，叶背被锈色短柔毛；侧脉 5～7 对；叶柄长 5～15mm。头状花序具花 18～21 朵，直径 8～10mm，在枝端或上部叶腋排成顶生或腋生疏圆锥花序；花序梗长 5～10mm；总苞卵状球形或钟状，长 6～

图 1471 斑鸠菊 Vernonia esculenta Hemsl. ex Hemsl. 果枝。（仿《中国高等植物图鉴》）

图 1472 林生斑鸠菊 Vernonia sylvatica Dunn 1. 果枝；2. 两性花；3～5. 外、中、内总苞片；6. 瘦果；7. 枝叶。（仿《中国植物志》）

图 1473　毒根斑鸠菊 Vernonia cumingiana Benth.
1. 果枝；2. 茎一段。（仿《中国植物志》）

8mm；花托平，被锈色短柔毛；花淡红色或淡红紫色，花冠管长 8 ~ 10mm。瘦果近圆柱形，长 4.0 ~ 4.5mm，具 10 条肋，被短柔毛；冠毛红色或红褐色，外层少数或无，易脱落，内层糙毛状，长 8 ~ 10mm。花、果期 10 月至翌年 4 月。

产于贺州、金秀、天峨、凤山、百色、平果、德保、靖西、田林、那坡、藤县、蒙山、岑溪、南宁、武鸣、邕宁、平南、博白、北流、龙州、宁明、扶绥、防城、上思、东兴、灵山。生于海拔 1500m 以下河边、溪边山谷阴处灌丛或疏林中。分布于云南、四川、广东、福建、台湾；泰国、越南、老挝、柬埔寨也有分布。根茎含斑鸠菊碱(Vernonine)，有毒，误服引起腹泻、腹痛、头晕、眼花、说胡话乃至精神失常等症。

7. 喜斑鸠菊

Vernonia blanda (Wall.) DC.

藤本，高 3m。枝圆柱形，具明显条纹，被褐色柔毛及腺点。叶近革质，椭圆形或卵状椭圆形，长 4.5 ~ 12.0cm，宽 2 ~ 5cm，先端渐尖或短尖，基部楔状圆形，全缘，叶面无毛，叶背除中脉和侧脉被毛外余无毛，具腺点；侧脉 4 ~ 5 条；叶柄长 4 ~ 8mm。头状花序具花 20 ~ 25 朵，直径 7 ~ 8mm，3 ~ 5 个在叶腋和枝端排成具叶的小圆锥花序，稀单生于上部叶腋，花序梗长 5 ~ 8mm，常具 1 枚线状披针形小苞片；总苞狭钟状，长 8 ~ 10mm；总苞片 5 ~ 6 层，长圆状披针形；花淡紫色，花冠管长 7 ~ 8mm。瘦果近圆柱形，长约 3mm，多少具棱，具 10 条肋，被开展短柔毛和腺点；冠毛 1 层，淡红色，长约 8mm。花、果期 9 月至翌年 2 月。

产于龙州。生于山坡灌丛或密林中。分布于西藏；印度、缅甸、越南也有分布。

8. 广西斑鸠菊　图 1468：8 ~ 10

Vernonia chingiana Hand. -Mazz.

攀援灌木，高 1.5 ~ 3.0m。幼枝被短柔毛，老时无毛。叶革质，倒卵状长圆形或椭圆状长圆形，长 4 ~ 14cm，宽 1.5 ~ 6.5cm，先端尖或渐尖，基部楔形渐狭成较粗的长 0.5 ~ 1.0cm 的叶柄，全缘或前端边缘具疏细齿，边缘常反卷，叶面无毛，有光泽，叶背被短微毛；侧脉 4 ~ 5 对。头状花序直径达 2cm，通常 3 ~ 6 个排列成密的总状花序；花序梗长 3 ~ 10mm，具数个叶状小苞片；总苞宽钟形，长 12 ~ 15mm；总苞片约 5 层，长 8 ~ 10mm；花冠白色，芳香，管部长 10 ~ 11mm。瘦果圆柱形，长 7 ~ 9mm，具 7 条不明显纵肋，无毛或上部被疏微毛；冠毛黄色或淡褐色，2 层，外层短，易脱落，内层糙毛状，长约 12mm，顶端扁，密具细齿。

广西特有种。产于临桂、平乐、凤山、环江、都安、靖西、那坡、龙州、大新。生于海拔 400 ~ 600m 石山疏林或山坡灌丛中。根、叶入药，治小儿惊风、烂疮等症。

2. 阔苞菊属 Pluchea Cass.

多年生草本、灌木或亚灌木；有黏液。叶互生，有锯齿，稀全缘或羽状分裂。头状花序小，在枝顶作伞房花序排列或近单生，有异形小花，盘状；总苞片多层，覆瓦状排列；花托平，秃裸；花全部管状，白色、黄色或淡紫色；外层雌花多层，结实，中央两性花少，不结实，花冠5浅裂；花药基部箭形，有尾。瘦果小，5~10棱；冠毛1层，细长坚硬。

约80种。分布于世界热带和亚热带地区。中国5种；广西3种，本志记载1种。

阔苞菊

Pluchea indica（L.）Less.

直立灌木，高2~3m。多分枝，枝有明显细沟纹，幼枝被短柔毛，后脱落。叶倒卵形或阔倒卵形，长5~7cm，宽2.5~3.0cm，先端浑圆或短尖，基部渐狭或楔形，叶面稍被粉状短柔毛，叶背无毛或沿中脉被疏毛；侧脉6~7对。头状花序，直径3~5mm，在茎枝端作伞房花序排列；花序梗细弱，长3~5mm，密被卷短柔毛；总苞卵形或钟状，长约6mm；总苞片5~6层，长3~4mm。瘦果圆柱形，有4棱，长1.2~1.8mm，被疏毛；冠毛白色。全年开花。

产于防城、东兴、北海、合浦、钦州。生于沿海滩涂及沿海岛屿沿岸，半红树植物，红树林中常见种。分布于台湾、广东、海南；印度、缅甸、马来西亚、印度尼西亚、菲律宾及中南半岛也有分布。

147 茄科 Solanaceae

1年生至多年生草本、亚灌木、灌木或小乔木。有时具皮刺，稀具枝刺。单叶，全缘或分裂，有时为羽状复叶，互生或花枝上2叶双生；无托叶。花单生、簇生或排成各式聚伞花序；顶生、枝腋或叶腋生；两性，5基数，稀4基数；花萼5裂，稀2裂、3裂、4裂至10裂，花后不增大或极度增大，宿存，稀自近基部周裂而仅基部宿存；花冠筒状，檐部5裂，稀4裂、7裂或10裂；雄蕊与花冠裂片同数而互生，插生于花冠管上；子房上位，2枚心皮合生而成，2室，有时1室，或有不完全的假隔膜而在下部分隔成4室、稀3~5室，花柱细瘦。浆果多汁或无汁，或蒴果；种子多数。

约95属2300种。广布于世界温带至热带地区。中国20属101种；广西15属46种，本志记载2属5种。

分属检索表

1. 具木质刺；花单生或数朵簇生叶腋 ······ **1. 枸杞属 Lycium**
1. 具皮刺；花排成聚伞花序 ······ **2. 茄属 Solanum**

1. 枸杞属 Lycium L.

灌木。常具枝刺。单叶互生或簇生短枝，全缘；具短柄。花小，有梗，单生或2至数朵簇生叶腋；花萼钟状，具不等大2~5枚萼齿或裂片，花后不增大，宿存；花冠漏斗状，檐部5裂，稀4裂，裂片基部有耳片；雄蕊5枚，着生于花冠筒的中部或中部之下；子房2室，花柱丝状，柱头2浅裂。浆果肉质，球形或长圆形，熟时红色，稀紫黑色。

约80种。主要分布南美洲。中国7种；广西1种。

枸杞　枸杞菜、枸杞子　图1474

Lycium chinense Mill.

灌木，高1m。枝细弱，常弯曲或俯垂，淡灰色，枝刺长0.5~2.0cm，小枝顶端常刺状，有短

图 1474 枸杞 **Lycium chinense** Mill. 1. 花枝；2. 果枝；3. 花冠展开；4. 果实。(仿《中国植物志》)

枝。单叶互生或 2 ~ 4 枚簇生，卵形、卵状菱形、长椭圆形或卵状披针形，长 1.5 ~ 5.0cm，宽 0.5 ~ 2.5cm，先端急尖，基部楔形；叶柄长 0.4 ~ 1.0cm。花单生或双生于于长枝叶腋，在短枝上则同叶簇生；花梗细，长 1 ~ 2cm；花萼长 3 ~ 4cm，3 裂或不规则 4 ~ 5 齿裂；花冠漏斗状，长 9 ~ 12cm，淡紫色，5 深裂。浆果红色，卵形，长 7 ~ 15mm。花、果期 6 ~ 11 月。

广西各地均有栽培。分布或栽培于全国各地，以西北栽培最多；朝鲜、日本和欧洲也有栽培或野化。各地常作蔬菜或药材栽培，也有作围园材料。扦插或压条繁殖，易成活。果实中药称枸杞子，性味甘平，滋肝补肾，润肺、益精明目；根皮中药称地骨皮，可泻火、清热凉血。耐干旱、耐盐碱，根系发达，无性繁殖能力强，水土保持好材料。

2. 茄属 Solanum L.

草本、亚灌木、灌木至小乔木。无刺或有刺；无毛或被单毛、腺毛、树枝状毛、星状毛及具柄星状毛。叶互生，稀双生，全缘或分裂，稀复叶。聚伞花序顶生或侧生，稀单生；花两性，全部能孕或仅花序下部为能孕花，上部为雌蕊退化而趋于雄性；萼 4 ~ 5 裂，稀在果时增大；花冠星形或漏斗状辐射形，5 浅裂，花冠筒短；雄蕊 5 枚，着生于花冠筒喉部，子房 2 室，胚珠多数，柱头钝圆，稀 2 浅裂。浆果。

约 1200 种。分布于全世界热带及亚热带。中国 41 种；广西 22 种，本志记载 4 种。

分种检索表

1. 植物有刺。
   2. 小枝疏生基部宽扁皮刺；花冠白色，花梗及花萼外面被星状毛及腺毛 ………………………… **1. 水茄 S. torvum**
   2. 小枝具基部宽扁钩刺；花冠蓝紫色，花梗及花萼外被密被星状绒毛而绝无腺毛 ……… **2. 刺天茄 S. violaceum**
1. 植物无刺。
   3. 小枝密被白色具柄星状绒毛；聚伞圆锥花序顶生……………………………………… **3. 假烟叶树 S. erianthum**
   3. 小枝无毛；聚伞花序对叶生或腋外生 ……………………………………………………… **4. 旋花茄 S. spirale**

1. 水茄 刺茄 图 1475：1 ~ 2

Solanum torvum Sw.

灌木，高 2 ~ 3m。小枝、叶、花均被星状毛；小枝疏被基部宽扁淡黄色皮刺，长 3 ~ 10mm，先端略弯曲。叶单生或双生，卵形至椭圆形，长 6 ~ 15cm，宽 4 ~ 10cm，先端尖，基部偏斜，心形或楔形，边缘波状或2~6缺裂，两面均被星状毛，叶背被毛稍密；叶柄长2~4cm，具1~2枚皮刺或无刺。伞房花序腋外生，总花梗长1.0~1.5cm，具1枚细直刺或无，花梗长5~10mm，被腺毛及星状毛；萼杯状，长约4mm，外面被星状毛及腺毛，端5裂；花白色，直径约1.5cm，端5裂。浆果黄色，光滑无毛，圆球形，直径1.0~1.5cm，宿萼外面被稀疏星状毛，果柄长约1.5cm，上部膨大。全年开花结果。

入侵种，原产美洲，广西各地常见，生于路旁、荒地、灌丛中。干燥根和茎作金纽扣使用，为中华老字号广东益和堂生产的传统名药“沙溪凉茶”的主要成分之一，为民间常用植物药，有散瘀、通经、消肿、止痛、止咳之功效。

2. 刺天茄 颠茄 图1475：3~8

Solanum violaceum Ortega

多枝灌木，高0.5~1.5m。植株各部被星状绒毛；枝、叶、花序、果柄及宿萼均被基部宽扁的淡黄色钩刺，钩刺长4~7mm，基部宽1.5~7.0mm。叶卵形，长5~11cm，宽2.5~8.5cm，先端钝，基部偏斜，宽楔形或平截，边缘5~7深裂或波状浅圆裂。蝎尾状花序腋外生，长3.5~6.0cm，总花梗长2~8mm，花梗长约1.5cm或稍长；萼杯状，直径约1cm，先端5裂；花蓝紫色，筒部长约1.5mm，隐于萼内，先端深5裂。果序长4~7cm，果柄长1.0~1.2cm；浆果球形，光亮，成熟时橙红色，直径约1cm，宿存萼反卷。全年开花结实。

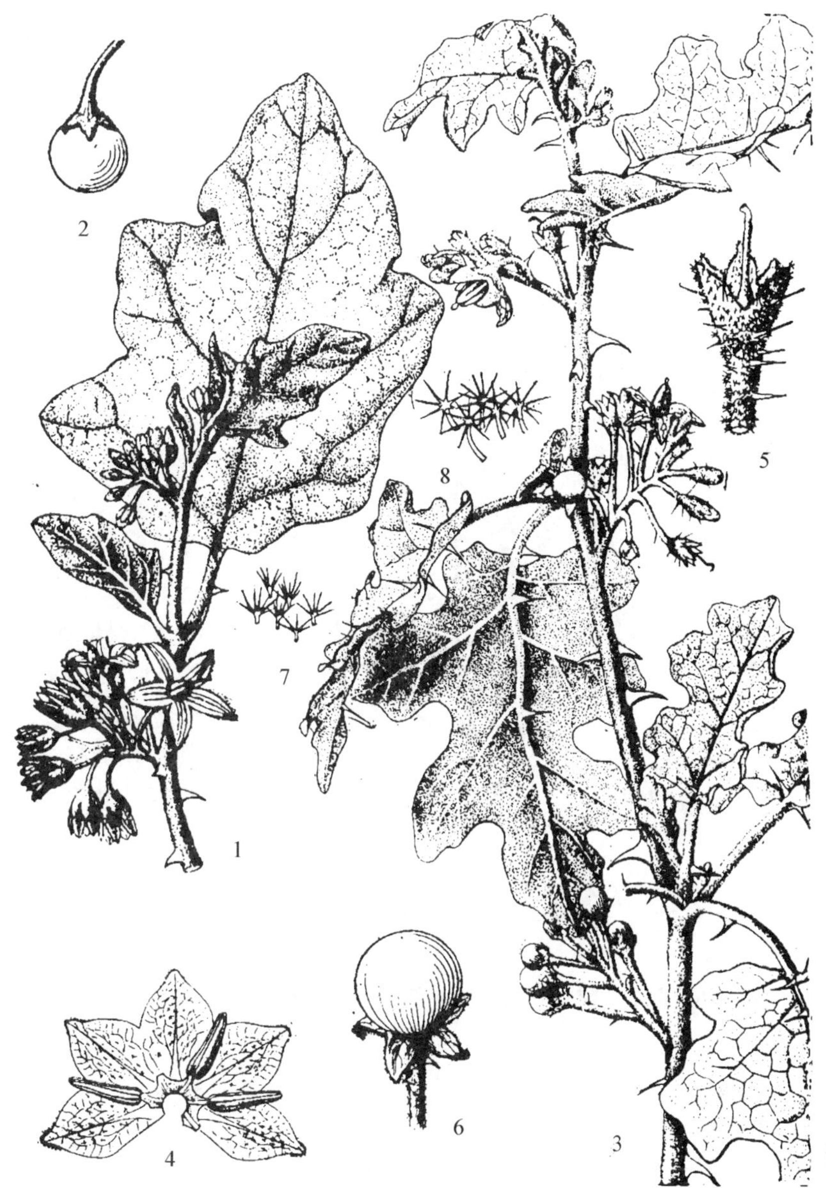

图1475 1~2. 水茄 Solanum torvum Sw. 1. 花枝；2. 果实。**3~8. 刺天茄 Solanum violaceum** Ortega 3. 花枝；4. 花冠内面；5. 花萼及子房；6. 果实；7. 叶表面毛放大；8. 叶背面毛放大。（仿《中国植物志》）

产于广西各地。有时局部成优势种，生于路边、荒坡和干燥灌木丛中。分布于广东、云南、贵州、四川、福建、台湾；印度、缅甸及中南半岛也有分布。

3. 假烟叶树 野烟叶 图1476

Solanum erianthum D. Don

小乔木，高10m。小枝密被白色具柄头状簇绒毛。叶大而厚，卵状长圆形，长10~29cm，宽

图 1476 假烟叶树 **Solanum erianthum** D. Don

1. 花枝；2. 叶；3. 花萼及子房；4. 花冠展开去雄蕊；5. 果序一部分；6. 种子；7. 叶背面毛；8. 叶表面毛。（仿《中国植物志》）

4~12cm，先端短渐尖，基部阔楔形或钝，叶面被具短柄的3~6分枝的簇绒毛，叶背密被具柄10~20分枝星状绒毛，全缘或略作波状；侧脉7~9对；叶柄粗壮，长1.5~5.5cm，密被星状绒毛。聚伞圆锥花序顶生，总花梗长3~10mm，花梗长3~5mm，均密被星状毛；萼钟形，直径约1cm，5裂；花白色，花冠筒隐于萼内，深5裂。浆果球状，萼宿存，直径约1.2cm，黄褐色，初被星状簇绒毛，后渐脱落。几乎全年开花结果。

生物入侵种，原产南美洲，广西各地常见。生于林中、路边、荒坡灌木丛中。

4. 旋花茄

Solanum spirale Roxb.

直立灌木，高3m。植株光滑无毛、无刺。叶大，椭圆状披针形，长9~20cm，宽4~8cm，先端锐尖或渐尖，基部楔形下延成叶柄，全缘或略波状；中脉粗壮，侧脉5~8对，明显；叶柄长2~3cm。聚伞花序螺旋状，对叶生或腋外生，总花梗长3~12mm，花梗细长约2cm；萼杯状，直径约3mm，5浅裂；花冠白色，筒部长约1mm，隐于萼内，5深裂。浆果球形，橘黄色，直径7~8mm。花期夏秋；果期冬春。

产于河池、南丹、凤山、东兰、都安、天峨、田东、平果、那坡、田林、隆林、武鸣、宁明。生于500~1900m溪边、路边、林下或灌丛中。分布于云南、贵州、四川、湖南；印度、孟加拉国、缅甸及越南也有分布。嫩茎、嫩叶可食用。

148 旋花科 Convolvulaceae

草本、亚灌木或灌木。植株常有乳汁；有些种类具肉质块根；茎缠绕、攀援、平卧或匍匐，稀直立。单叶互生，螺旋排列，全缘，掌状或羽状分裂，至全裂；无托叶。花单生叶腋或组成腋生聚伞花序，有时总状、圆锥状、伞形或头状；花整齐，两性，5数；花萼分离或仅基部连合，宿存；花冠合瓣，漏斗状、钟状、高脚碟状或坛状，冠檐近全缘或5裂；雄蕊与花冠裂片等数互生，花药2室；花盘环状或杯状；子房上位，由2(稀3~5)枚心皮，1~2室，或因假隔膜而为4室，稀3室，心皮合生，稀深2裂，每室有2枚倒生无柄胚珠。蒴果，或为不开裂的肉质浆果，或果皮干燥坚硬呈坚果状。

约56属1650种。广泛分布于热带、亚热带和温带。中国20属129种；广西13属59种，本志记载3属12种2变种。

分属检索表

1. 总状或圆锥花序，顶生或兼有顶生及腋生。
   2. 萼片花期小，果期3枚外萼片增大成翅状，与果一起脱落；叶基多为心形 ………… **1. 三翅藤属 Tridynamia**
   2. 萼片果期不显著增大；叶基楔形、宽楔形或稍圆，非心形 ……………………………………… **2. 丁公藤属 Erycibe**
1. 聚伞花序或头状花序；浆果肉质或革质；叶背面常被银灰色绢毛 ……………………………… **3. 银背藤属 Argyreia**

1. 三翅藤属 Tridynamia Gagnep.

木质藤本。花大，直径1~5cm，蓝、紫或白色，总状或少分枝圆锥状，萼片不等大。

约4种。分布于亚洲热带及亚热带地区。中国2种1变种；广西全产。

分种检索表

1. 花冠白色，萼片果时3枚增大，长达4cm；枝和叶两面被污黄褐色绒毛 ………… **1. 大花三翅藤 T. megalantha**
1. 花冠淡蓝色或紫色，萼片果时2枚极速增大，长达6.5~7.0cm；枝和叶被锈色或暗黄色短绒毛或无毛 ………… ……………………………………………………………………………………………… **2. 大果三翅藤 T. sinensis**

1. 大花三翅藤

Tridynamia megalantha (Merr.) Staples

木质藤本。幼枝圆柱形，被黄褐色绒毛。叶卵状长圆形，长10~12cm，宽4.5~5.0cm，先端锐尖或稍钝，基部圆形或浅心形，叶面被短柔毛，叶背被极密淡黄褐色柔毛至绒毛；基出掌状脉，叶面凹陷，背面凸起；叶柄长1.5~2.5cm。总状花序稀疏，腋生或顶生；花梗长5~7mm；萼片线状长圆形，果时3枚外萼片极速增大，长3.5~4.0cm，长圆形，基部具5脉；花冠宽漏斗状，长2.5cm，白色，张开时直径达3~4cm。蒴果近球形，直径约0.5cm。

产于来宾、鹿寨、河池、天峨、东兰、罗城、环江、田东、德保、靖西、隆林、邕宁、武鸣、隆安、宁明、龙州、天等。生于海拔800m以下沟谷或山坡。在土山和石山都能生长良好，但以石山上为常见，常倒挂在悬崖峭壁上，嫩叶淡黄色，果具3片大而呈翅状宿存萼，蔚为壮观。分布于广东、云南；印度、缅甸、越南、老挝也有分布。可栽培供观赏。

2. 大果三翅藤 大果飞蛾藤

Tridynamia sinensis (Hemsl.) Staples

木质藤本。幼枝被短柔毛，老枝近无毛。叶纸质，宽卵形，长5~10cm，宽4.0~6.5cm，先端锐尖或骤尖，基部心形，叶面疏被毛，叶背密被污黄色或锈色短柔毛，掌状脉基出5条，在叶面稍凸出，在背面凸出；叶柄长2.0~2.5cm。花淡蓝色或紫色，2~3朵沿序轴簇生组成腋生单一的总状花序，长达30cm，花柄较花短，长5~6mm；萼片极不相等，果熟时2枚外萼极增大，长6.5~7.0cm，具5条明显平行纵贯的脉，3枚较小的内萼片近等长，几不增大；花冠宽漏斗形，张开时宽达2.5cm。蒴果球形；种子1枚，黄褐色，压扁，不规则近圆形。

产于永福、平乐、凌云。分布于广东、湖南、贵州；越南也有分布。

2a. 近无毛三翅藤

Tridynamia sinensis var. **delavayi** (Gagnep. et Courchet) Staples

与原变种不同在于茎及叶近无毛。

产于乐业、南丹、凌云。分布于云南、贵州、四川、湖北、陕西。

2. 丁公藤属 Erycibe Roxb.

木质大藤本或攀援灌木，稀小乔木。叶全缘，革质；叶柄短。总状或圆锥状花序顶生或腋生；苞片小，早落；花小；萼片5枚，近相等，革质，宿存且贴近果基部；花冠白色或黄色，钟状，花冠管短，5 裂；雄蕊 5 枚，近内藏，着生于花冠基部稍上方；花盘不明显；子房 1 室，4 枚胚珠。浆果稍肉质，宿萼小；种子 1 枚。

约 67 种，产热带亚洲、大洋洲。中国 10 种；广西 5 种。

分种检索表

1. 小枝无毛或稍被毛；叶两面无毛或近无毛。
  2. 圆锥花序疏散，顶生，稀腋生，长 7～20cm，长度与叶相当 ………… **1. 锥序丁公藤 E. subspicata**
  2. 总状或圆锥花序，顶生花序比叶短或比叶稍长，腋生花序比叶短很多。
    3. 叶质地厚，革质或厚革质。
      4. 叶卵状椭圆形或长圆状椭圆形，先端骤尖；花冠裂片边缘啮蚀状 ………… **2. 光叶丁公藤 E. schmidtii**
      4. 叶椭圆形或倒长卵形，先端钝或钝圆；花冠裂片全缘或浅波状 ………… **3. 丁公藤 E. obtusifolia**
    3. 叶质地薄，纸质，叶椭圆形或长圆状椭圆形，先端骤尖；花冠裂片边缘具细圆齿 ………… **4. 瑶山丁公藤 E. sinii**
1. 小枝及叶背密被锈色或栗色长柔毛；圆锥花序顶生或腋生，顶生花序长 4～9cm ………… **5. 毛叶丁公藤 E. hainanensis**

1. 锥序丁公藤

Erycibe subspicata Wall. ex G. Don

攀援灌木，高 3～10m。嫩枝有细棱，被锈色短柔毛。叶革质或薄革质，长圆形、披针状长圆形或椭圆形，长 7～18cm，宽 2.5～5.5cm，先端骤尖或长渐尖，基部楔形或稍圆，叶面无毛，叶背面疏被锈色短柔毛或近无毛；侧脉 6～7 对；叶柄长 0.6～1.0cm。圆锥花序疏散，顶生，稀腋生，长 7～20cm，密被锈色短柔毛，序轴具棱；花梗长约 4mm；萼椭圆形或近圆形，长 3.0～3.5mm，外面 2 枚与内面 3 片形状大小近相等；花冠白色，芳香，长约 9mm，深 5 裂。浆果椭圆形，长 1.5～1.6cm，鲜时绿色，干时黑色。

产于龙州。生于沟谷密林。分布于云南；印度、缅甸、泰国也有分布。

2. 光叶丁公藤

Erycibe schmidtii Craib

高大攀援灌木。小枝圆柱形，有细棱，无毛或贴生微柔毛。叶革质，卵状椭圆形或长圆状椭圆形，长 7～12cm，宽 2.5～6.0cm，先端骤然渐尖，基部宽楔形或稍钝圆，两面无毛；侧脉 5～6 对；叶柄长 1.0～3.5cm。聚伞花序成圆锥状，腋生或顶生，比叶短很多，长 2～7cm，密被锈色短柔毛；花梗长 2～5mm；萼近圆形，长约 3mm；花冠白色，芳香，长约 8mm，深 5 裂，小裂片长圆形，边缘啮蚀状。浆果球形，干后黑褐色，直径约 1.5cm。

产于金秀、武鸣、平南、上思。生于山谷密林或疏林中，攀生于乔木上。分布于云南、广东。藤茎药用，药效同丁公藤。

3. 丁公藤

Erycibe obtusifolia Benth.

高大木质藤本，长 12m。小枝明显有棱，无毛。叶革质，椭圆形或倒长卵形，长 6.5～9.0cm，宽 2.5～4.0cm，先端钝或钝圆，基部渐狭成楔形，两面无毛；侧脉 4～5 对；叶柄长 0.8～1.2cm。聚伞花序腋生或顶生，腋生的花少至多数，顶生的排列成总状，长度均不超过叶长 1/2，花序轴、花序梗被淡褐色柔毛；花梗长 4～6mm；花萼球形，萼片近圆形，长约 3mm；花冠白色，长约 1cm，小裂片长圆形，全缘或浅波状。浆果卵状椭圆形，长约 1.4cm。

产于上思、钦州。生于山谷湿润密林中或路旁灌丛。分布于广东。扦插繁殖。藤茎药用，常用中药，中药名“丁公藤”，具有解表发汗、疏风祛湿、舒筋活络、消肿止痛的功效，主治风湿痹痛和风湿性关节炎、类风湿性关节炎、坐骨神经痛、半身不遂、跌打损伤等症，并且具有明显的缩瞳和降眼压作用，在青光眼的治疗中得到广泛应用。

4. 瑶山丁公藤

Erycibe sinii F. C. How

攀援灌木。嫩枝贴生疏柔毛，后渐脱落。叶纸质，椭圆形或长圆状椭圆形，长 6 ~ 9cm，宽 2.5 ~ 4.3cm，先端骤尖，基部楔形，叶面无毛，叶背略被小粗伏毛及小斑点，侧脉 5 ~ 7 对；叶柄细。花序顶生或腋生，密被贴伏的黄色短柔毛，顶生者延伸成狭圆锥状花序，长 8 ~ 10cm，多花，腋生总状花序简单，长 2 ~ 3cm，少花；花梗长 2mm；萼片圆，宽 2 ~ 3mm；花冠长约 7.5mm，小裂片长圆状卵形，长约 3mm，具脉，边缘具细圆齿。花期 6 月。

广西特有种。产于金秀。

5. 毛叶丁公藤

Erycibe hainanensis Merr.

攀援灌木，长约 10m。枝圆柱形，密被栗色长柔毛。叶纸质至近革质，椭圆形至长圆状椭圆形，长 15 ~ 18cm，宽 6 ~ 8cm，先端凸尖或渐尖，基部钝或稍圆，两面近于同色，叶面无毛，叶背沿脉密被锈色长柔毛，其余被较疏柔毛，侧脉约 9 对；叶柄被极密长柔毛，长约 7mm。花序圆锥状，多花，腋生及顶生，密被锈色长柔毛，顶生花序长 4 ~ 9cm，腋生的较短，花序梗短，不及 1cm；花柄粗壮，长 2 ~ 3mm，3 ~ 4 朵花密集成簇，黄色，有香气；萼长 3 ~ 4mm，密被锈色绒毛；花冠长约 12mm，深 5 裂。浆果椭圆形，长 2.0 ~ 2.8cm，顶端钝尖，有暗色圈痕，宿存萼片圆肾形。花期 5 ~ 8 月；果期 10 ~ 12 月。

产于防城、东兴、钦州。生于山地林中，攀援于大树上。分布于海南；越南也有分布。

3. 银背藤属 Argyreia Lour.

攀援灌木或藤本。叶具柄，单叶，全缘，叶背面常被银灰色绢毛。聚伞花序腋生，少花至多花，散生或密集成头状；苞片宿存或早落；萼片 5 枚，草质或近革质，通常外面被毛，内面无毛，宿存，果时稍增大或增大，增大者内面通常红色；花冠钟状、漏斗状或管状漏斗形，紫、红、粉红或白色，冠檐近全缘或深 5 裂；雄蕊内藏或外伸，着生于花冠近基部，花丝丝状；花盘环状或杯状，全缘或 5 浅裂；子房 2 ~ 4 室，4 枚胚珠。果浆果状，肉质或革质，被粉；种子 4 枚或较少，无毛，稀种脐被疏柔毛。

约 90 种。主产热带亚洲。中国 22 种；广西 5 种 1 变种。

分种检索表

1. 花冠冠檐全缘或浅裂，雄蕊内藏。
  2. 苞片长不及 1.5cm，早落；聚伞花序稀疏，花总梗长 1.5 ~ 3.0cm ………………………… **1. 银背藤 A. mollis**
  2. 苞片长 1.5cm 以上，宿存。
    3. 茎、叶和花序被灰白或淡黄褐色绒毛；总花梗长 2 ~ 5cm ……………………… **2. 东京银背藤 A. pierreana**
    3. 茎、叶和花序均被淡黄褐色开展长硬毛；总花梗长 6 ~ 15cm ……………… **3. 头花银背藤 A. capitiformis**
1. 花冠冠檐 5 深裂，雄蕊外伸。
    4. 花序头状，苞片宿存，花近无梗；幼枝、叶背、花序密被灰白色柔毛 ………………………………………………………………………………………… **4a. 灰毛白鹤藤 A. osyrensis** var. **cinerea**
    4. 花序不为头状，苞片早落，花具梗。
      5. 幼枝、叶背、花序均密被银灰色绢毛；聚伞花序总梗长 3.5 ~ 8.0cm …………… **5. 白鹤藤 A. acuta**
      5. 幼枝、叶背、花序均密被污黄色毡状绒毛；聚伞花序总梗长 2.5 ~ 3.5cm ……………………………………………………………………………………… **6. 黄伞白鹤藤 A. fulvocymosa**

1. 银背藤 白底丝绸、白背绸缎

Argyreia mollis (Burm. f.) Choisy

攀援灌木。分枝少，幼枝密被短柔毛，老枝无毛。叶卵形、椭圆形至长圆形，长 5 ~ 10cm，宽

2.0～5.5cm，先端锐尖，基部宽楔形，叶面被疏柔毛，叶背密被短柔毛，呈灰白色，侧脉 7～11 对；叶柄长 1.5～3.8cm，被短柔毛。聚伞花序有花 5～8 朵，腋生或顶生，总花梗长 1.5～3.0cm；苞片长不及 1.5cm，早落；萼片卵形，长约 8mm；花冠漏斗状，长 4～5cm，冠檐 5 浅裂；雄蕊及花柱内藏。浆果球形，熟时红色，4 室，每室 1 枚种子。

产于广西各地。生于海拔 1800m 以下沟谷密林中。分布于广东、海南；越南、老挝、柬埔寨、泰国、缅甸、马来半岛也有分布。

2. 东京银背藤　白花银背藤、牛白藤

Argyreia pierreana Bois

木质藤本。嫩枝被长柔毛，老枝无毛或被微柔毛。叶卵形，长 10～20cm，宽 8～12cm，先端锐尖，基部近圆形至楔形，叶面无毛，叶背被白色柔软的绒毛，侧脉 10～15 对；叶柄长 5～12cm，被黄色长柔毛。聚伞花序密集如头状，总花梗长 2～5cm，密被黄色长柔毛；苞片形如总苞状，长约 3.5cm，外面被黄色短柔毛；萼片卵形，玫瑰红色，外萼片长 15～17mm，内萼片长 8mm；花冠漏斗状，紫红色或淡红色，长 5～6cm，冠檐直径 3～4cm；雄蕊及花柱内藏。浆果球形，红色，直径 8～10mm，为增大的萼片包围；种子 4 枚，卵状三角形。

产于桂林、河池、南丹、天峨、都安、百色、靖西、那坡、凌云、邕宁、扶绥、宁明、龙州。生于海拔 500～1400m 的路边灌丛中。分布于云南、贵州；越南也有分布。全株入药，味微涩、性温，具有驳骨、止血、生肌、收敛、润肺止咳、治内伤的功效。

3. 头花银背藤　毛白鹤藤

Argyreia capitiformis (Poir.) Ooststr.

攀援灌木，长 10～15m。茎、叶、花序、苞片、萼片和花冠均被褐色或黄色开展长硬毛。叶卵形至圆形，长 8～15cm，宽 6.0～10.7cm，先端锐尖或渐尖，基部心形，侧脉 13～15 对；叶柄长 3～5cm，被开展长硬毛。聚伞花序密集成头状，总花梗长 6～15cm；苞片总苞状，长 1.5～2.5cm，宿存；花梗短或无；萼片披针形，外萼片长 15～17mm，内萼片长 10～12mm；花冠漏斗形，长 5.0～5.5cm，淡红色至紫红色，冠檐近全缘或浅裂；雄蕊及花柱内藏。浆果球形，直径约 8mm，橙红色，无毛；种子 4 枚或更少。花期 9～12 月；果期翌年 2 月。

产于百色、靖西、那坡、隆林、凌云、浦北、扶绥、龙州、大新、防城。生于石山或土山谷地或山坡灌丛或旷地。分布于广东、海南、贵州、云南；印度、缅甸、泰国、越南、印度尼西亚也有分布。花冠呈漏斗状，淡红色至紫红色，直径约 5cm，可栽培供观赏。

4a. 灰毛白鹤藤

Argyreia osyrensis var. **cinerea** Hand. -Mazz.

攀援灌木。茎、幼枝、叶背、花序、苞片和萼片均密被灰白色柔毛。叶卵形或宽卵形，长 6～12cm，基部心形，叶面密被具瘤状基部平伏灰色长柔毛，侧脉 11～14 对；叶柄长 3.0～7.5cm，密被灰色卷曲柔毛。聚伞花序密集成头状，总花梗长 1.0～3.5cm；苞片宽倒卵形或匙形，长 0.8～1.2cm，宿存；花近无梗；萼片 5 枚，外萼片长 1.1～1.2cm，内萼片长约 6mm；花冠筒状钟形，长 1.5～2.0cm，5 深裂，粉红至紫红色；雄蕊及花柱伸出。浆果球形，直径 6～8mm，熟时红色，宿萼包果。

产于隆林。分布于云南。

5. 白鹤藤　绸缎藤、绸缎木叶

Argyreia acuta Lour.

攀援灌木。幼枝、叶背、花序、苞片、萼片和花冠均被银灰色绢毛，老枝无毛。叶椭圆形或卵形，长 5.0～13.5cm，宽 3～11cm，先端锐尖，基部圆形或微心形，叶面无毛，叶背密被银色绢毛，全缘；叶柄长 1.5～6.0cm，被银色绢毛。聚伞花序腋生或顶生，总花梗长达 3.5～8.0cm，花梗长 5mm；苞片椭圆形或卵圆形，长 8～12mm；外萼片长 9～10mm，内萼片长 6～7mm；花冠漏斗状，

长约28mm，白色，冠檐深裂，裂片长达15mm。果球形，直径约8mm，红色，为增大的萼片包围；种子2~4枚。

产于广西东部、东南部至西南部。生于疏林下或路边灌丛中。分布于广东、海南；印度、越南、老挝也有分布。优良观赏植物，攀附在粉墙、树木、假山之上，或栽植于庭院、花园、公园中观赏，饶有趣味。全株入药，性平，味微苦、甘，有收敛止血、去腐生肌、散瘀止痛的功效。

6. 黄伞白鹤藤

Argyreia fulvocymosa C. Y. Wu et Li

攀援灌木。幼枝、叶背、花序均密被污黄色毡状绒毛。叶坚纸质，宽卵圆形至近圆形，长12~15cm，宽10~15cm，先端骤锐尖，基部浅心形，叶面密被具瘤状基部的微硬毛，侧脉12~14对；叶柄长5~9cm。花序腋生，为平顶状聚伞花序，花约40朵，总梗长2.5~3.5cm；花梗长约5mm；萼片宽卵圆形，长约5mm；花冠漏斗形，白色，长约20mm，5深裂几达中部；雄蕊及花柱稍超出花冠。浆果卵球形，为增大花萼包围；种子4枚，圆卵状三棱形。

产于广西西南部。分布于云南。

149 玄参科 Scrophulariaceae

草本、灌木或乔木。单叶互生、对生或轮生，无托叶。花两性，花序总状、穗状或聚伞状，常合成圆锥花序；萼2~5齿裂，宿存；花冠4~5裂；雄蕊4枚，2强，少有2~4枚发育，药室2室纵裂；具花盘或退化；子房上位，2室，胚珠多数。蒴果或浆果；种子细小，多数。

约220属4500种。广布全球各地。中国61属681种；广西32属97种，本志记载2属6种。

分属检索表

1. 乔木；叶长15cm以上，宽8cm以上，叶柄长2cm以下；聚伞圆锥花序顶生 ………………… **1. 泡桐属 Paulownia**
1. 灌木；叶长15cm以下，宽5cm以下，叶柄长1cm以下；花1~2朵腋生或总状花序 …… **2. 来江藤属 Brandisia**

1. 泡桐属 Paulownia Sieb. et Zucc.

落叶乔木。小枝粗，节间髓心中空。单叶对生，全缘或3~5浅裂，具长柄。顶生圆锥花序；苞片叶状；花直径大，紫色或白色；萼5深裂，裂片稍不等，宿存；花冠漏斗状或钟状，二唇形，上唇2裂稍短，下唇3裂较长；雄蕊4~6枚，二强，内藏；子房上位，2室，胚珠数枚。蒴果室背开裂；种子小而多，有膜质翅。

7种。分布于亚洲东部。中国6种；广西2种。

分种检索表

1. 聚伞花序有明显总花梗，总花梗几与花梗几等长，花冠白色 ………………………………… **1. 白花泡桐 P. fortunei**
1. 聚伞花序无总花梗或总花梗极短，花冠浅紫色至蓝紫色 …………………………………… **2. 台湾泡桐 P. kawakamii**

1. 白花泡桐 图1477

Paulownia fortunei (Seem.) Hemsl.

乔木，高30m，胸径2m。幼枝、叶、花序和幼果均被黄褐色星状绒毛。叶近革质，长卵状心脏形，长10~25cm，先端长渐尖或锐尖头，全缘或微波状，稀3~5浅裂，叶面幼时有毛，后渐脱落，叶背密被绒；叶柄长6~14cm。花序圆筒状或窄圆锥形，下部分枝粗短，聚伞花序总梗与花梗近等长；萼倒圆锥形，长2.0~2.5cm，1/4~1/3浅裂；花冠漏斗形，白色，或仅背面稍带紫色或浅紫色，长8~12cm，管部逐渐向上扩大。蒴果长圆形或长圆状椭圆形，长6~10cm，宿萼开展或

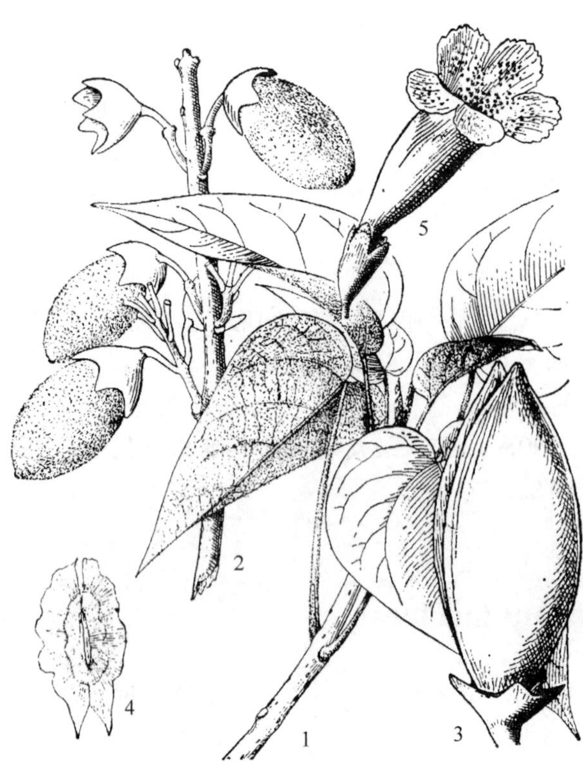

图 1477　白花泡桐 **Paulownia fortunei** (Seem.) Hemsl.　1. 营养枝；2. 果枝；3. 果实及宿萼；4. 种子；5. 花。(仿《中国植物志》)

图 1478　台湾泡桐 **Paulownia kawakamii** T. Itô　1. 花枝；2. 花枝一部分；3. 叶；4. 花冠；5. 果及宿萼；6. 种子。(仿《中国植物志》)

漏斗状，果皮木质，厚 3～6mm。花期 3～4 月；果期 7～8 月。

产于广西各地。散生于低海拔山坡、山谷杂木林中。分布于中国山东、河南、陕西以南各地；越南、老挝也有分布。喜光，稍耐阴；喜深厚、肥沃、湿润、疏松和排水良好的壤土和黏壤土，pH 值 4.0～7.5 均能正常生长，能生于流水沟边或水田间较宽的土埂上，但积水一周以上便烂根死亡。深根性；速生，10 年树高可达 20m。播种繁殖，每果有种子约 4000 枚，每千克种子约 400 万枚，发芽率 50%～70%。木材淡黄白色，气干密度 0.286g/cm^3，纹理直，结构均匀，不翘不裂，轻软，供航空模型、乐器、箱板等用。

2. 台湾泡桐　图 1478

Paulownia kawakamii T. Itô

小乔木，高 12m。幼时全株密被长腺毛。叶卵圆形或宽卵形，长 11～30cm，宽 8～27cm，先端短头，基部心形，全缘或 3～5 浅裂，叶两面及叶柄密被粗腺毛。花序宽圆锥形，长可达 1m，分枝稀疏粗壮，小聚伞花序常具 3 花，无总花梗或位于下部者有短总梗，但比花梗短，花梗长 0.5～12.0mm；萼被绒毛，具明显棱脊；花冠近钟形，浅紫色至蓝紫色，长 3～5cm，檐部 2 唇形，直径 3～4cm。蒴果卵圆形，长约 2.5cm，顶端有短喙，果皮薄，厚不到 1mm，宿萼辐射状，常反卷；种子长圆形，连翅长 3～4mm。花期 3～4 月；果期 8～9 月。

产于临桂、全州、兴安、龙胜、资源、荔浦、恭城、富川、融水、金秀、南丹、罗城、蒙山。生于海拔 1500m 以下山坡灌丛、疏林及荒地。分布于台湾、广东、贵州、福建、浙江、江西、湖南、湖北。生长慢，主干低矮，不宜作为造林树种。全株多黏质腺体，抗虫力强。

2. 来江藤属 Brandisia Hook. f. et Thoms.

直立攀援状灌木，稀奇生，常被星状绒毛。单叶对生或近对生，密被绒毛，有短柄。花腋生，单生或成对，有时数朵聚生或排成总状花序，花梗具 2 小苞片；萼钟状，4～7 齿裂；花冠漏斗状，2 唇形，上唇大而长，2 裂，下唇较短，3 裂；雄蕊 4 枚，2 长 2 短，着生于花冠管基部；子房 2 室，具多数条状长圆形胚珠。蒴果卵形，室背开裂；种子多数，具膜质翅。

约11种。主要分布于亚洲东部亚热带地区。中国8种；广西4种。

分种检索表

1. 植株被毛迅速脱落，成熟时无毛或几无毛；总状花序生于主茎上，长5~6cm ········ **1. 茎花来江藤 B. cauliflora**
1. 植株被星状绒毛，久不脱落；花单生或2枚，生于叶腋。
  2. 萼有整齐5齿，非二唇形。
    3. 叶卵状披针形，基部近心形；萼齿宽卵形或三角状卵形 ························· **2. 来江藤 B. hancei**
    3. 叶窄卵圆形或椭圆状卵形，基部宽楔形至圆形，稀近心形；萼齿狭三角状卵形 ·· **3. 岭南来江藤 B. swinglei**
  2. 萼齿不整齐，开裂至萼筒1/3~1/2处而形成上下二唇 ··························· **4. 广西来江藤 B. kwangsiensis**

1. 茎花来江藤 图1479

Brandisia cauliflora P. C. Tsoong et L. T. Lu

藤状灌木。叶披针形，长5~10cm，宽1.0~2.5cm，先端尾状渐尖，基部楔形，两面无毛，全缘；叶柄长5~8mm，无毛。总状花序生于主茎上，长5~6cm，花序轴、苞片、花梗和花萼均无毛；花成对生于苞腋中，花梗长5~8mm，上端有1对具柄披针形小苞片；萼钟形，长5~6mm，5浅齿；花冠鲜红色。蒴果卵球形，外面无毛。花期6~7月；果期秋季。

广西特有种。产于靖西、那坡、龙州、大新、天等。生于低海拔山坡林中。

2. 来江藤 图1480

Brandisia hancei Hook. f.

灌木，高3m。全株密被锈黄色星状绒毛，枝及叶面逐渐变无毛。叶卵状披针形，长3~10cm，宽达3.5cm，先端锐尖头，基部近心形，全缘，稀有锯齿；叶柄长达5mm，被锈色绒毛。花单生于叶腋内，花梗长1cm，梗上有小苞片，均无毛；萼宽卵钟形，长宽均约1cm，外面被锈黄色星状绒毛，5裂至1/3处，萼齿宽卵形至三角状卵形；花冠橙红色，长约2cm，上唇2裂，裂片三角形，下唇3裂，裂片舌状。蒴果卵圆形，有短喙，被星状毛。花期11月至翌年2月；果期3~4月。

产于南丹、天峨、都安、那坡、凌云、乐业、隆林。生于海拔500m以上石山或土山灌丛中。全株入药，清热解毒，祛风利湿，治骨髓炎、骨膜炎、跌打损伤。

3. 岭南来江藤 广东来江藤

Brandisia swinglei Merr.

直立灌木或略蔓性，高2m。全株被褐灰色星状绒毛，枝及叶面渐变无毛。叶窄卵圆形或椭圆状卵形，长3~11cm，

图1479 茎花来江藤 Brandisia cauliflora P. C. Tsoong et L. T. Lu 1. 果枝；2. 果实和宿萼。(仿《中国植物志》)

图 1480 来江藤 **Brandisia hancei** Hook. f. 1. 花枝；2. 花；3. 花冠纵切面；4. 果。(仿《中国植物志》)

图 1481 广西来江藤 **Brandisia kwangsiensis** H. L. Li 1. 花枝；2. 花；3. 果及宿萼。(仿《中国植物志》)

宽 1.0～5.5cm，先端尾状渐尖，基部宽楔形至近心形，全缘或有疏锯齿；叶柄长达 8mm，被毛。花单生于叶腋内，有时 2 枚同生，花梗、小苞片和花萼均被褐灰色星状绒毛；花梗长达 8mm，梗上有小苞片；萼钟形，长达 1.5cm，5 裂至 1/2 处，萼齿狭三角状卵形；花冠黄色，长约 2.5cm，上唇 2 裂，下唇侧裂。蒴果扁圆形；种子长约 4.5mm，种皮种翅有网眼。花期 6～11 月；果期 12 月至翌年 1 月。

产于贺州、象州、金秀、隆林、那坡。生于海拔 500～1000m 的杂木林中。分布于广东。

4. 广西来江藤 图 1481

Brandisia kwangsiensis H. L. Li

攀援灌木，高 1m。全株被锈色星状绒毛，枝及叶面的毛渐脱落。叶长卵圆形或卵状矩圆形，长 3～11cm，宽 1～4cm，先端锐尖，基部宽楔形，全缘；叶柄长 3～9mm，被绒毛。花单生或 2 朵生于叶腋内，花梗、小苞片和花萼均被锈色星状绒毛；花梗长约 9mm，梗上有小苞片；萼钟形，长约 1cm，开裂至 1/3～1/2 处而成二唇形，上下两唇再浅裂而分别形成 2 或 3 短齿，稀不裂；花冠紫红色，长达 2.8cm，外面除管下部外均密被星状绒毛，上唇 2 深裂，下唇 3 裂。蒴果卵圆形，包于宿萼内，长约 1cm，密被星状绒毛。花期 7～11 月。

产于南丹、天峨、环江、那坡、隆林。生于海拔 900m 以上的灌丛或林中。

150 爵床科 Acanthaceae

草本、灌木或藤本，稀小乔木。小枝、叶和花萼常有针形钟乳体，稀非针形。叶对生，稀互生，无托叶。花两性，左右对称；总状、穗状、聚伞或头状花序，有时单生或簇生；苞片常大，有时有鲜艳色彩或具总苞；小苞片2枚或退化；花萼4~5裂，稀多裂或不裂；花冠合瓣，5裂，整齐或二唇形，上唇2裂，下唇3裂；发育雄蕊4枚或2枚，稀5枚；子房上位，2室，每室有2枚至多枚胚珠。蒴果室背开裂；每室有1枚至多枚种子。

约220属4000种。中国35属304种；广西30属123种，本志记载3属3种。

分种检索表

1. 花冠高脚碟形或漏斗形，裂片5枚，双盖覆瓦状排列 ………………………………… **1. 色萼花属 Chroesthes**
1. 花冠裂片覆瓦状排列。
    2. 花冠单唇形，上唇退化 ……………………………………………………………… **2. 老鼠簕属 Acanthus**
    2. 花冠裂片整齐5裂或多少二唇形 ……………………………………………… **3. 火焰花属 Phlogacanthus**

1. 色萼花属 Chroesthes R. Ben.

灌木。叶全缘，具柄，叶片椭圆状披针形至披针形。花序有间隔，具短分枝的聚伞圆锥花序；苞片和小苞片绿色，常带蓝色；花萼不等裂，基部联合，后方1枚最大，前方2枚次之，两侧的2枚最狭；花冠1/4~1/3处圆柱形，上部斜漏斗形，冠檐裂片覆瓦状排列，二唇形，上唇较下唇浅裂；雄蕊4枚，后方的较前方的稍短，彼此分离，着生于花冠管扩大处的基部，花药2室；子房具4枚胚珠，花柱下部被微毛。蒴果盒形，子房室直达基部不收缩处。

记录3种。分布于中国及东南亚各国。中国仅1种，广西也有分布。

色萼花 图1482

Chroesthes lanceolata（T. Anderson）B. Hansen

灌木。高0.5~3.0m，茎纤细，少分枝，圆柱形，无毛，节间延长。叶不等大，长10~16cm，宽3~4cm，倒披针形或披针形，顶端稍长渐尖，基狭楔形，全缘，稍波状，两面无毛，侧脉6~9对。聚伞圆锥呈穗状花序，有分枝，长约3cm，花对生或2~3朵聚成聚伞花序；苞片矩圆状披针形或宽披针形，长3~9mm，宽1~3mm；花梗长1~5mm；花萼长1.0~1.6cm；花冠二唇形，白色，带粉

图1482 色萼花 Chroesthes lanceolata（T. Anderson）B. Hansen
1. 花枝；2. 花冠剖面示雄蕊；3. 花药室；4. 花粉粒；5. 花萼裂片；6. 蒴果及种子。(仿《中国植物志》)

红色点到紫色的点，长约 2.5cm，外被长柔毛，冠管狭处柱形，长约 9mm，里面光滑，膨大处长约 1.5cm，后方 2 枚冠檐裂片在其一半处联合，前方 3 枚分离。蒴果 1.2 ~ 1.6cm，具圆形，顶端稍被微柔毛或光滑。种子 4 枚，压扁，圆形，具短毛。

产于百色、平果、德保、那坡、横县、邕宁、宾阳、扶绥。产于云南；越南、老挝、泰国、缅甸也有分布。

2. 老鼠簕属 Acanthus L.

灌木或草本，直立或攀援。叶对生或基生，羽状分裂或浅裂，有齿或刺，稀全缘。穗状花序，顶生，苞片大，常具刺；小苞片较小或无；花无梗；萼裂片 4 枚，外层 1 对较大，内层较小；花冠裂片单唇状，上唇常不明显，下唇大，3 浅裂，裂片覆瓦状排列，花冠管短；雄蕊 4 枚，近等长或 2 强，着生于喉部；子房 2 室，每室 2 枚胚珠。蒴果椭圆形，两侧压扁，有光泽，栗棕色，含 4 枚种子。

约 25 种。分布于亚洲、非洲和地中海热带亚热带地区。中国 3 种；广西 2 种，本志记载 1 种。

老鼠簕 图 1483

Acanthus ilicifolius L.

直立灌木，高 2m。茎粗壮，径达 9mm，无毛。叶革质，长圆形至长圆状披针形，长 6 ~ 14cm，宽 2 ~ 5cm，先端急尖，基部楔形，羽状分裂或波状浅裂，裂片具刺，两面无毛，主脉粗，侧脉 4 ~ 7 对，直达刺端；叶柄极短，基部常有 1 对托叶状硬刺。穗状花序顶生；苞片对生，长 7 ~ 8mm；小苞片长约 5mm；花萼裂片 4 枚，外层 1 对宽卵形，长 10 ~ 13mm，内层 1 对稍短；花冠白色，长 3 ~ 4cm，上唇退化，下唇宽大，长约 3cm；雄蕊 4 枚，近等长。蒴果椭圆形，长 2.5 ~ 3.0cm，有种子 4 枚；种子扁平，圆肾形，淡黄色。

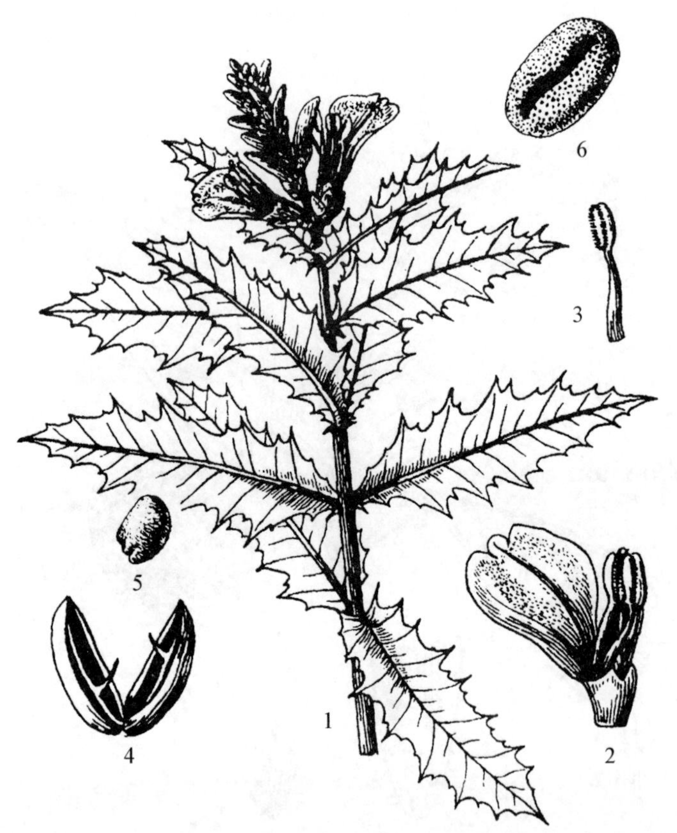

图 1483 老鼠簕 Acanthus ilicifolius L. 1. 植株一部分；2. 花冠及雄蕊；3. 花药及花丝；4. 开裂的蒴果；5. 种子；6. 花粉粒。(仿《中国植物志》)

产于广西南部沿海地区。生于海岸及潮汐能至的滨海地带，为红树林重要组成之一。分布于海南、广东、福建。非胎生的泌盐红树植物，适应性强，耐寒力强。播种或扦插繁殖。全株药用，用于治疗急慢性肝炎、哮喘、风湿、麻痹症、蛇伤等，有镇痛和抗炎作用，也有降血压、抗癌作用，具有较高的药用价值。

3. 火焰花属 Phlogacanthus Nees

灌木或高大草本。叶通常大而全缘，或具不明显的钝齿，上面稍有相当大的乳凸或凸起。花序顶生，通常由聚伞花序组成狭圆锥花序或腋生总状排列或聚伞花序，花橙红色或粉红色，具梗，苞片小，小苞片几缺；花萼 5 深裂，裂片狭窄；花冠美丽，金黄色或黄色，冠管圆筒状，喉部扩大，内弯，冠檐整齐 5 裂或多少呈二唇形，冠檐裂片近卵形或长圆形，覆瓦状排列；雄蕊 2 枚，着生在冠管的中部或中部以下，花药 2 室；子房无毛，每室有胚珠5~8枚。蒴果近四角形，每室有种子5~8枚；种子透镜状，阔卵状或近圆形，无毛或密被短柔毛。

约16种。分布于南亚、东南亚及中国。中国3种；广西3种全产，本志记载木本1种。

毛脉火焰花 图1484

Phlogacanthus pubinervius T. Anderson

灌木或小乔木，高达5m。枝皮淡红色，剥落。叶椭圆状矩圆形至矩圆形，长5~18cm，宽1~5cm，顶端渐尖至长渐尖，边缘多少具浅波，侧脉5~7对，草质，叶面粗糙，叶背沿脉被疏毛。聚伞花序腋生，具花1~4朵，总花梗短，四棱形，长8~16mm，被短柔毛；花梗纤细，圆柱形，伸长，下部具2枚钻形小苞片，苞片微小，早落；花萼5裂，裂至近基部，裂片不等大，线状披针形，长7~8mm；花冠橙黄色，长约18mm，外有微毛，略成二唇形，花冠管长约13mm，略弯，上唇2裂，下唇3深裂，外面密被微毛。蒴果圆柱形，近棒状，钝，长而光滑，长2.5~3.0cm，具8枚种子。

产于靖西、德保。生于海拔800~1400m阔叶林下或灌丛中。分布于云南、贵州；印度、缅甸也有分布。

图1484 毛脉火焰花 Phlogacanthus pubinervius T. Anderson 1. 植株一部分；2. 花；3. 蒴果。（仿《中国植物志》）

151 苦槛蓝科 Myoporaceae

乔木、灌木或亚灌木。单叶互生，稀对生，常有半透明腺点，无托叶。聚伞花序或单花腋生；花两性；花萼5裂，宿存；花冠合瓣，5裂，整齐或二唇形；雄蕊4~7枚，着生于冠筒，与花冠裂片互生；雌蕊由2个背腹向心皮合生而成，子房上位，子房2~10室，每室有1~8枚胚珠。核果。

7属约250种。中国1属1种，广西也有分布。

苦槛蓝属 Pentacoelium Sieb. et Zucc.

常绿灌木或小乔木。叶互生，稀对生，散生半透明腺点。聚伞花序或单花腋生；花萼5深裂或5浅裂，宿存；花冠近辐射对称，钟状或漏斗状；雄蕊4枚；子房2~10室，每室1~2枚胚珠。核果稍肉质。

仅1种。产于中国东南沿海、日本及越南。

苦槛蓝 图1485

Pentacoelium bontioides Sieb. et Zucc.

常绿灌木，高1~2m。叶互生，集生枝顶，革质，具半透明油点，倒披针状椭圆形或长椭圆形，长5~10cm，宽1.5~3.5cm，先端急尖或短渐尖，基部渐狭，全缘，两面无毛，侧脉3~4对，不明显；叶柄长1~2cm。聚伞花序具花1~4朵，腋生，无总梗；花梗长1~2cm，先端增粗；花萼5深裂，宿存；花冠漏斗状钟形，檐直径约3cm，5裂，白色，有紫色斑点；雄蕊4枚，着生于冠筒内面基部上方；子房5~8室。核果卵球形，长1.0~1.5cm，先端有小尖头，熟时紫红色，多汁，

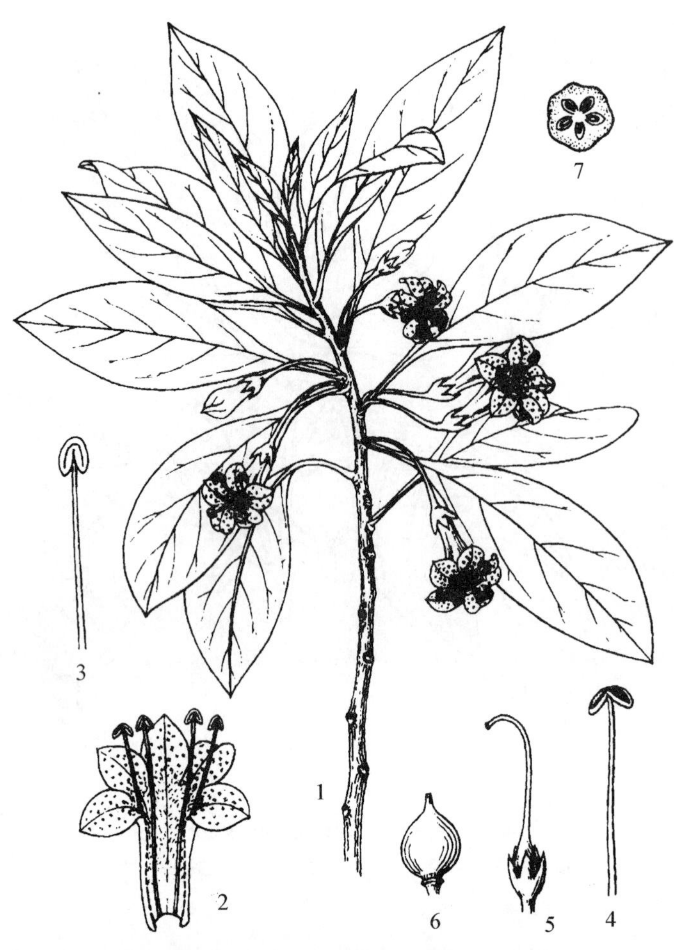

图 1485 苦槛蓝 Pentacoelium bontioides Siebold et Zucc.

1. 花枝；2. 花冠纵切剖；3. 雄蕊开裂前；4. 雄蕊开裂后；5. 雌蕊；6. 果；7. 果实横切面。（仿《中国植物志》）

无毛，内含种子 5～8 枚。花期 4～6 月；果期 5～7 月。

产于合浦、防城。生于海滨潮汐带以上沙地或多石地灌丛中。分布于浙江、福建、台湾、广东、香港、海南；日本、越南也有分布。适应含盐碱的沙滩和多石的环境，在河口地段和沿海非盐碱地段也能正常生长。通过薄壁细胞吸收和储藏大量水分，使小枝及叶片略呈肉质。其自然繁殖方式，主要以肉质核果吸引鸟类和其他动物传播，还可借水流散布。病虫害极少，适应性和抗逆性都很强，具有耐霜冻、抗风沙、耐旱、耐盐碱、耐瘠薄、耐火的特性。播种或扦插繁殖，亦可于春季用枝条扦插造林。根系发达，能改善土壤条件，生长迅速，可以迅速覆盖裸地露地形成较快绿化效果，可用于困难立地绿化。常绿灌木，树形优美、萌芽力强、耐修剪，叶面光亮，花淡紫红色，具有较高观赏价值，作为沿海地区园林绿化、美化具有推广应用价值。全株药用，根可治肺病及湿病，茎叶煎服，为解毒剂，有解毒之效。

152 唇形科 Lamiaceae

草本、灌木，稀乔木。常因含芳香油而有香气；茎与枝均四棱形。叶对生或轮生，少互生，无托叶。花序各式，常为轮伞花序或聚伞花序，再排成总状、穗状、圆锥状或头状，也有单花或 2 花并生；花两性，少单性，常两侧对称，少近辐射对称；花萼 5 或 4 裂，宿存；花冠合瓣，常二唇形，5 裂或 4 裂；雄蕊 4 枚，2 强，少为 2 枚；有花盘；心皮 2 枚，4 裂，子房上位，假 4 室，每室 1 枚胚珠，花柱顶部 2 裂。4 个小坚果。

约 220 属 3500 种。中国 96 属 807 种；广西 43 属 141 种，本志记载 3 属 3 种。

分属检索表

1. 小坚果核果状，有肉质多浆而肥厚的外果皮及壳状的内果皮 ………………………… **1. 锥花属 Gomphostemma**
1. 小坚果干燥，有干而薄的外果皮。
   2. 小坚果顶端钝；花冠上裂片顶端微凹，喉部及花丝基部有或无毛环；花序顶生，稀腋生，但不纤长下垂 …… …………………………………………………………………… **2. 香薷属 Elsholtzia**
   2. 小坚果顶端有钩状喙；花冠上裂片全缘，喉部及花丝基部有不规则毛环；花序顶生，纤长下垂 ……………… ………………………………………………………………… **3. 钩子木属 Rostrinucula**

1. 锥花属 **Gomphostemma** Wall. ex Benth.

多年生草本或灌木。茎直立或基部匍匐生根，四棱形，具槽，常被星状毛。叶具柄。聚伞花序组成圆锥花序，通常生于茎的基部，稀顶生；花大；花萼钟形或狭钟形、倒圆锥状钟形至管状，有不明显至极明显10脉，萼齿5枚；花冠冠管下部狭，中部以上突然扩大或渐扩大，冠檐二唇形，上唇直立，微作盔状，全缘或微凹，下唇平展，3裂，裂片不等长，中裂片较长；雄蕊4枚；花柱丝状，近相等2浅裂；花盘杯状。小坚果核果状，有肉质多浆而肥厚的外果皮及壳状的内果皮。

约36种。产于亚洲南部及东南部。中国15种；广西5种，本志记载1种。

宽叶锥花

Gomphostemma latifolium C. Y. Wu

灌木直立；茎高0.6~2.0m。上部钝四棱形，下部圆柱形，密被污黄色星状毡毛。叶草质，卵圆形或卵圆状椭圆形，长7~28cm，宽4.0~14.5cm，先端短尖，基部急尖或近圆形，近基部有不显著的浅齿，上部边缘为圆齿状牙齿，叶面被稀疏短柔毛，叶背密被星状绒毛；叶柄长1.5~5.0cm。聚伞花序几无梗，密集，多花；苞片长5~7mm，小苞片长6~9mm；花萼钟形，长约10mm，外面密被污黄色星状毡毛；花冠白或浅黄色，长达4.8cm，外面被星状微柔毛及单柔毛。小坚果长圆状三棱形，背腹压扁，长6.0~6.5mm，腹面具棱，背面圆形，被有污黄色星状毛，毛被早落。花期7~8月；果期9月至翌年4月。

产于防城、上思。生于林内或灌丛中湿润处。分布于云南、广东。

2. 香薷属 **Elsholtzia** Willd.

草本、半灌木或灌木。叶缘具齿。轮伞花序组成穗状花序，花序圆柱形或偏向一侧；花萼钟形或管形，萼齿5枚，近等长，喉部无毛，果时稍膨大；花冠小，近二唇形，上唇直立，下唇开展，3裂，中裂片常较大，侧裂片常较小，全缘，里面具或无毛环；雄蕊4枚，前对常较长，上升，花药球形，2室，顶端贯通；花柱先端2裂。小坚果卵圆形或矩圆形，无毛。种子直生。

约40种。主产亚洲东部。中国有33种；广西9种，本志记载1种。

鸡骨柴 图1486

Elsholtzia fruticosa (D. Don) Rehd.

直立灌木，高0.8~2.0m。多分枝，茎、枝钝四棱形，具浅槽，幼时被白色蜷曲疏柔毛，老时皮层剥落，变无毛。叶披针形或椭圆状披针形，长6~13cm，宽2.0~3.5cm，先端渐尖，基部狭楔形，边缘在基部以上具粗锯齿，近基部全缘，叶面被糙伏毛，叶背被弯曲短柔毛，两面密布黄色腺点，侧脉6~8对；叶柄极短或近无柄。穗状花序圆柱状，长6~20cm，花时径达1.3cm，顶生或腋生，由具短梗多花的轮伞花序所组成；花梗长0.5~2.0mm，与总梗、序轴密被短柔毛；花萼钟形，长约1.5mm；花冠白色至淡黄色，长约5mm；雄蕊4枚。小坚果长圆形，长约1.5mm，腹面具棱，顶端钝，褐色，无毛。花期7~9月；果期10~11月。

图1486 鸡骨柴 Elsholtzia fruticosa (D. Don) Rehd. 花枝。(仿《中国植物志》)

产于广西西北部。生于海拔1200m以上山坡、谷底、路旁或草地中。分布于甘肃、湖北、四川、西藏、云南、贵州；尼泊尔、印度也有分布。全株药用，具有温经通络，祛风除湿之功效；根入药可治疗风湿性关节疼痛，叶敷可治脚癣、疥疮。

3. 钩子木属 Rostrinucula Kudo

灌木。茎幼嫩部分密被星状绒毛，老时毛被脱落。穗状花序顶生，伸长，下垂或俯垂，圆柱形，被星状绒毛，由多数密集的轮伞花序组成，轮伞花序具6～10朵花，其下承以成对交互对生的苞片及小苞片，苞片及小苞片早落；花萼钟形，10条脉，5裂，裂片近等大；花冠粉红至紫红，冠檐二唇形，上唇直伸，全缘，下唇3裂；雄蕊4枚，着生于花冠喉部。小坚果三棱状椭圆形，褐色，被稀疏星状绒毛及腺点，先端具外弯或近直立的喙。

中国特有种，2种；广西产1种。

长叶钩子木 图1487

Rostrinucula sinensis (Hemsl.) C. Y. Wu

图1487 长叶钩子木 Rostrinucula sinensis (Hemsl.) C. Y. Wu 1. 花序；2. 花；3. 花萼裂片内面观；4. 花冠纵剖，兼示雌雄蕊；5. 雄蕊花丝基部毛盘状凸起的毛；6. 花萼、花冠外面、茎叶及子房的毛；7. 苞片外面观。(仿《中国植物志》)

灌木。枝圆柱形，初时密被粉末状绒毛，后变无毛。叶坚纸质，长圆形至长圆状披针形，长5.5～14.5cm，宽1.5～3.0cm，先端急尖，基部圆形或近圆形，除基部1/4～1/3全缘外具细圆齿状锯齿，叶面无毛，叶背密被白色星状绒毛；叶柄长0.3～0.5cm。穗状花序顶生，纤长下垂或俯垂，密被白色星状绒毛，圆柱形，长8～25cm，花时径达1.5cm，由轮伞花序密集组成，轮伞花序具6～10朵花，其下承以交互对生的成对苞片及小苞片；花萼钟形，具10条脉，萼齿5裂；花冠长5～6mm。小坚果三棱状长圆形，长2mm，先端具长0.5mm近于直立的喙，黄褐色，具腺点。花期10月。

产于兴安。生于海拔约1000m路旁、山坡及悬岩上。分布于湖北、贵州、湖南。

单子叶植物 Monocotyledoneae

153 菝葜科 Smilacaceae

攀援或直立灌木，稀草本。常具根状茎；茎、枝常有皮刺。单叶，互生或对生，全缘，基脉3～7出；叶柄常具叶鞘和卷须。花小，单性异株，稀两性；伞形花序腋生，或再排成圆锥花序或穗状花序；花被3～6枚，分离或合生；雄蕊6～12枚，稀3枚；花药基着，2室；子房3室，每室1～2枚胚珠，花柱短，柱头3裂。浆果球形；种子1～3枚。

3属375种。分布于热带、亚热带。中国2属70种；广西2属27种，本志记载2属20种2变种。广西所产2属其根状茎大部入材，商品名称“金刚滕”或“土茯苓”，功效大多为祛风湿、活血络、消炎镇痛，用于风湿骨痛、跌打损伤、淋浊、白带、梅毒、皮肤湿毒、痈肿疥癣等症。广西玉林制药有限责任公司的“湿毒清胶囊”，桂林三金集团股份有限公司的“三金片”，广西润达制药有限公司的“金刚藤颗粒”，广西柳州蟠龙生物技术有限公司的金刚藤流浸膏、干膏等都是以该科植物为主要生产原料。

分属检索表

1. 植物体无刺；花序梗压扁，着生点与叶腋有芽间隔，花被片合生成花被筒；叶柄具鞘部分很短 ………………………………………………………………………………………… **1. 肖菝葜属 Heterosmilax**
1. 植物体常有刺；花序梗圆柱形，花序单生叶腋，花被片离生或基部合生；叶柄上具鞘部分较长 ………………………………………………………………………………………… **2. 菝葜属 Smilax**

1. 肖菝葜属 Heterosmilax Kunth

攀援灌木，稀直立。茎、枝无皮刺。叶互生，全缘，基脉3~7条；叶柄两侧有短鞘，卷须有或无。花单性异株；伞形花序生于叶腋或鳞片腋内，总花梗扁平，着生点与叶柄之间常有腋生芽；花被片合生成筒状，筒口常有3枚小齿；雄花有雄蕊3~12枚；雌花子房3室，每室有2枚胚珠。浆果球形；种子1~3枚。

约12种。分布于亚洲东部热带和亚热带地区。中国9种；广西5种，本志记载3种。

分种检索表

1. 雄花中有雄蕊3枚；叶柄长0.5~3.0cm，鞘长占叶柄的1/4~1/3。
    2. 植株无毛；雄花花被片近倒卵形，先端有3钝齿 ……………………………… **1. 肖菝葜 H. japonica**
    2. 植株各部(除叶、花被、花梗外)幼时被毛；雄花花被片长圆形，先端有3尖齿 …… **2. 华肖菝葜 H. chinensis**
1. 雄花中有雄蕊8~10枚；叶柄长1.5~4.0cm，鞘长占叶柄的1/7~1/3 ………… **3. 短柱肖菝葜 H. septemnervia**

1. 肖菝葜

Heterosmilax japonica Kunth

攀援灌木。全株无毛。叶纸质，卵形、卵状披针形或近心形，长6~20cm，宽2.5~12.0cm，先端渐尖或短渐尖，有短尖头，基部近心形，基出脉5~7条，边缘2条到顶端与叶缘汇合；叶柄长1~3cm，在下部1/4~1/3处有卷须和狭鞘。伞形花序有花20~50朵，生于叶腋或褐色苞片内；总花梗扁，长1~3cm；花梗纤细，长2~7mm；雄花：花被片近倒卵形，长3.5~4.5mm，先端有3枚钝齿；雄蕊3枚；雌花：花被卵形，长2.5~3.0mm。浆果球形而稍扁，长5~10mm，熟时黑色。花期6~8月；果期7~11月。

产于广西各地。生于海拔500~1800m山坡密林中或路边杂木林下。分布于安徽、浙江、江西、福建、台湾、广东、海南、湖南、四川、云南、陕西、甘肃。根状茎药用，商品名称“土茯苓”。

2. 华肖菝葜 图1488

Heterosmilax chinensis F. T. Wang

攀援灌木。嫩枝有棱，被长硬毛。叶纸质，矩圆形至披针形，长3.5~16.0cm，宽1~6cm，先端渐尖，基部近圆形或宽楔形，边缘常微波状，基脉5条，边缘2条靠近叶缘，但不与之结合；叶柄长0.5~2.5cm，在下部1/3处有卷须和狭鞘。伞形花序生于叶腋或褐色苞片腋内；总花梗扁，有沟，长0.5~3.0cm；雄花：花被片长矩圆形，长5~6mm，顶端具3枚长而尖的齿；雄花具3枚雄蕊；雌花：花被筒卵形，长2.5~3.0mm，顶端3齿明显。浆果近球形，熟时绿色，直径4~5mm；种子1枚。花期5~6月；果期9~12月。

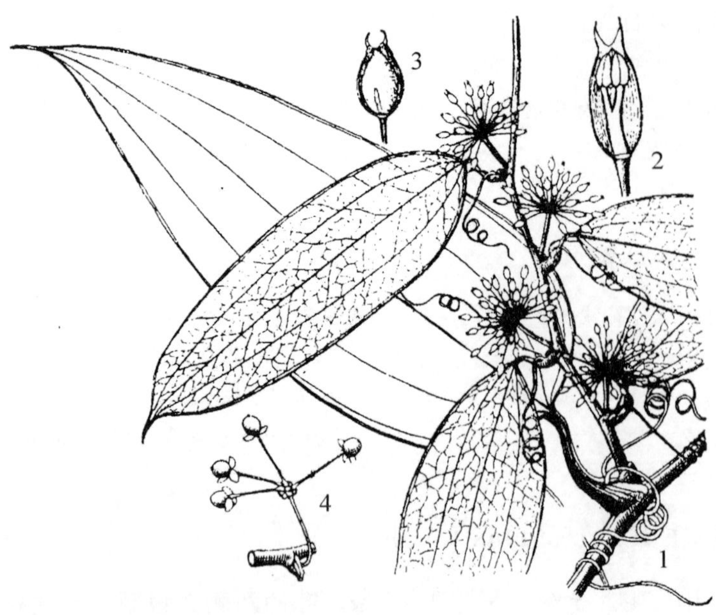

图 1488 华肖菝葜 Heterosmilax chinensis F. T. Wang 1. 雄株的花枝；2. 雄花，已切除部分花被；3. 雌花，已切除部分花被；4. 幼果序。（仿《中国植物志》）

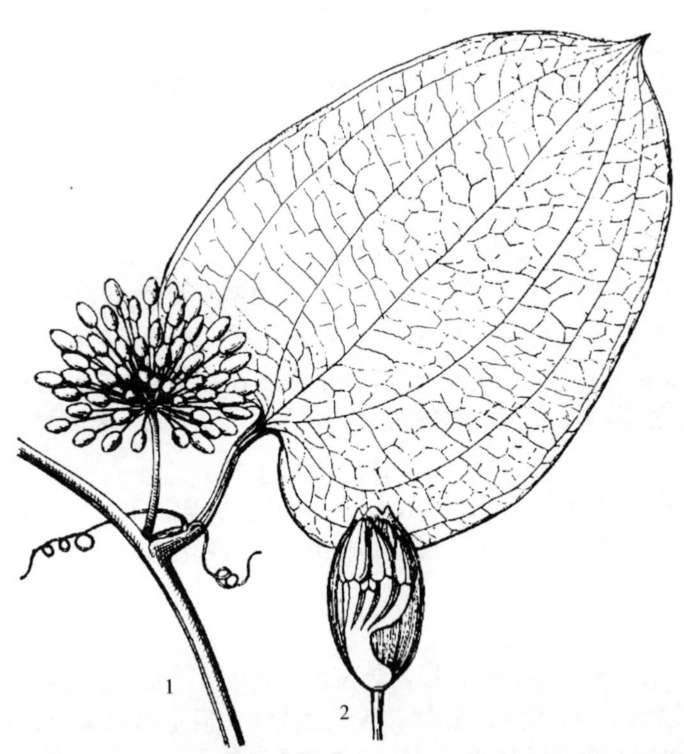

图 1489 短柱肖菝葜 Heterosmilax septemnervia F. T. Wang et Tang 1. 花枝；2. 雄花，已切除部分花被。（仿《中国植物志》）

产于罗城、那坡、龙州、大新。生于海拔 300m 以上密林或灌丛中。分布广东、云南、贵州、四川。

3. 短柱肖菝葜 图 1489

Heterosmilax septemnervia F. T. Wang et Tang

攀援灌木。全株无毛；小枝有明显棱。叶纸质至近革质，卵形、卵状心形或卵状披针形，长 6～16cm，宽 4.5～15.0cm，先端三角形短渐尖，基部心形或近圆形；主脉 5～7 条；叶柄长 1.5～4.0cm，在 1/7～1/3 处有卷须和狭鞘。伞形花序具花 60～70 朵；总花梗长 0.5～2.5cm；花梗长 1.5～2.5cm；雄花：花被片长 5～9mm，顶端有 3 枚钝齿；雄蕊 8～10 枚；雌花：花被筒卵圆形，长 3～5mm，顶端有 3 枚钝齿。果实近球形，长 5～10mm，紫色。花期 5～6 月；果期 9～11 月。

产于桂林、昭平、忻城、田阳、凌云、乐业、隆林、宁明、龙州、大新。生于海拔 700m 以上山坡密林中、沟边、路旁。分布于广东、云南、贵州、四川、湖北。根状茎药用，商品名称“土茯苓”。

2. 菝葜属 Smilax L.

攀援或直立灌木，稀草本，具根状茎。枝常有刺，稀有疣状凸起或刚毛。单叶，2 列互生，全缘，基脉3～7 条；叶柄两侧常具翅状鞘，鞘的上方常有 1 对卷须，向上至叶片基部的叶柄有一色泽较暗的脱落点。花小，单性异株，伞形花序单生叶腋，或数个至多个伞形花序排成圆锥状或穗状；花被片 6 枚，2 轮，离生，有时靠合；雄花 6 枚，稀 3 枚或多达 18 枚；雌花子房 3 室，每室胚珠 1～2 枚，柱头 3 裂。浆果；种子 1～3 枚。

约 300 种。主要分布于世界热带地区。中国 79 种；广西 27 种 3 变种，本志记载 17 种 2 变种。

分种检索表

1. 伞形花序(或稍总状)，花序梗常无关节。
  2. 叶脱落点位于叶柄中部至上部。
    3. 枝密生疣状或短刺状凸起 ………………………………………………………… **1. 粗糙菝葜 S. lebrunii**
    3. 枝无疣状凸起。
      4. 叶背被柔毛 ………………………………………………………………………… **2. 柔毛菝葜 S. chingii**
      4. 叶背无毛。
        5. 叶背粉白色。
          6. 叶草质，干后膜质或薄纸质；雄蕊长为花被片的1/2 ……………………… **3. 红果菝葜 S. polycolea**
          6. 叶革质或厚纸质。
            7. 落叶时卷须着生点上方残留2～3mm叶柄，鞘长占叶柄的1/2 … **4. 黑果菝葜 S. glaucochina**
            7. 落叶时卷须着生点上方无残留叶柄。
              8. 叶背淡绿色，稀苍白色，白粉易脱落，叶柄几全有卷须或脱落后有凸起；花序托近球形…
              …………………………………………………………………………………………… **5. 菝葜 S. china**
              8. 叶背苍白色，白粉不易脱落，少数叶柄有卷须；花序托长椭圆形 …… **6. 长托菝葜 S. ferox**
        5. 叶背淡绿色；叶薄革质或坚纸质 ……………………………………………………… **5. 菝葜 S. china**
  2. 叶脱落点位于叶柄顶端，叶柄宿存。
    9. 叶背无毛。
      10. 叶背粉白色。
        11. 叶柄无卷须，叶柄鞘上部无披针形耳 …………………………………………… **7. 鞘柄菝葜 S. stans**
        11. 叶柄有卷须或叶柄鞘上部有披针形耳。
          12. 叶柄鞘上部有披针形耳，无卷须或兼有卷须 ……………………………… **8. 筐条菝葜 S. corbularia**
          12. 叶柄鞘上部无披针形耳，常有卷须 ………………………………………………… **9. 土茯苓 S. glabra**
      10. 叶背绿色。
        13. 花序梗着生点有1枚鳞片与叶柄对生，花序托不膨大；叶柄长0.7～2.0cm，常扭曲，鞘长占叶柄的
        1/2 …………………………………………………………………………………… **10. 尖叶菝葜 S. arisanensis**
        13. 花序梗着生点无上述鳞片，花序托球形；叶柄不扭曲 ……………………………… **9. 土茯苓 S. glabra**
    9. 叶背被乳凸状柔毛，叶柄无毛 ………………………………………………………… **11. 弯梗菝葜 S. aberrans**
1. 伞形花序2至多个组成圆锥状或穗状，稀单生叶腋，花序梗有关节。
  14. 枝密生疣状凸起。
    15. 伞形花序，花序梗短于叶柄 …………………………………………………………… **12. 密疣菝葜 S. chapaensis**
    15. 圆锥花序，花序梗长于叶柄 …………………………………………………………… **13. 疣枝菝葜 S. aspericaulis**
  14. 枝无疣状凸起。
    16. 叶柄有耳形鞘；圆锥花序具2～7个伞形花序 ……………………………………… **14. 抱茎菝葜 S. ocreata**
    16. 叶柄鞘窄或无鞘。
      17. 叶面基脉凹下；伞形花序，花序梗有关节，花序梗短于叶柄 ……………… **15. 马甲菝葜 S. lanceifolia**
      17. 叶面中脉隆起；圆锥花序。
        18. 叶柄长1.5～5.0cm；圆锥花序有2～3个伞形花序 ……………………… **16. 大果菝葜 S. megacarpa**
        18. 叶柄长1.0～1.5cm；圆锥花序有3～7个伞形花序 ……………………… **17. 圆锥菝葜 S. bracteata**

1. 粗糙菝葜

Smilax lebrunii H. Lév.

攀援灌木，茎长1～2m。枝密生疣状凸起或短刺状凸起，疏生刺或近无刺。叶薄纸质，椭圆形、卵形至披针形，长3～7cm，宽2.0～4.5cm，先端微凸或短渐尖，基部楔形或圆形，叶背苍白色或淡绿色；叶柄长5～15mm，占全长的1/2～2/3，具鞘，有时有卷须，脱落点位于近卷须上方，鞘耳状，明显比叶柄宽。伞形花序生于幼嫩小枝上，具花几朵至十几朵，常呈半球状；总花梗长

5～14mm；花序托稍膨大，近球形，具宿存小苞片。浆果熟时暗红色，直径5～7mm。花期3～4月；果期10～11月。

产于临桂、灵川、全州、灌阳、龙胜、荔浦、恭城、贺州、昭平、金秀、象州、融水、南丹、德保、凌云、田林、蒙山。生于海拔800m以下的林下、灌木丛中或山坡、路旁。分布于广东、福建、江苏、浙江、安徽；越南、老挝、泰国也有分布。

2. 柔毛菝葜 桂西北菝葜

Smilax chingii F. T. Wang et Tang

攀援灌木。枝条具不明显纵棱，疏生刺。叶革质或厚纸质，卵状椭圆形至矩圆状披针形，长5～18cm，宽1.5～7.0cm，先端渐尖，基部近圆形或钝，叶背苍白色，被棕色或白色短柔毛；叶柄长5～20mm，约占全长的1/2具鞘，少数有卷须，脱落点位于近中部。伞形花序生于叶尚幼嫩的小枝上，具花数朵；总花梗长5～30mm，偶有关节；花序托延长，使花序多少呈总状，具宿存小苞片。浆果直径10～14mm，熟时红色。花期3～4月；果期11～12月。

产于临桂、龙胜、恭城、贺州、金秀、融水、天峨、罗城、德保、那坡、隆林、武鸣、容县。生于海拔700～1600m林下、灌丛中或山坡、河谷。分布于广东、福建、湖南、湖北、四川、江西、云南、贵州。

3. 红果菝葜 图1490：1

Smilax polycolea Warb.

落叶攀援灌木，茎长6～7m。枝多少具纵条纹，疏生刺或近无刺。叶草质，干后膜质或薄纸质，椭圆形、矩圆形至卵形，长4～12cm，宽2.5～6.0cm，先端渐尖，基部楔形或近截形，叶背苍白色；叶柄长5～20mm，占全长的1/2，具鞘，鞘宽1～2mm，部分有卷须，脱落点位于近中部。伞形花序生于叶尚幼嫩的小枝上，具花几朵至十几朵；总花梗长5～30mm；花序托常稍膨大，有时延长，有多枚宿存小苞片；花黄绿色。浆果熟时红色，直径8～15mm。花期4～5月；果期9～10月。

产于龙胜、融水、天峨、田林、乐业、武鸣、藤县。生于海拔900m以上林下、灌丛中或山坡、路旁。分布于贵州、湖北、四川。

4. 黑果菝葜 白金刚藤头、粉菝葜 图1490：2～4

Smilax glaucochina Warb. ex Diels

攀援灌木，茎长0.5～4.0m。具粗壮的根状茎，茎疏生刺。叶厚纸质，椭圆形，长5～8cm，宽2.5～5.0cm，先端微凸，基部圆形或楔形，叶背苍白色，多少可以抹掉；叶柄长7～

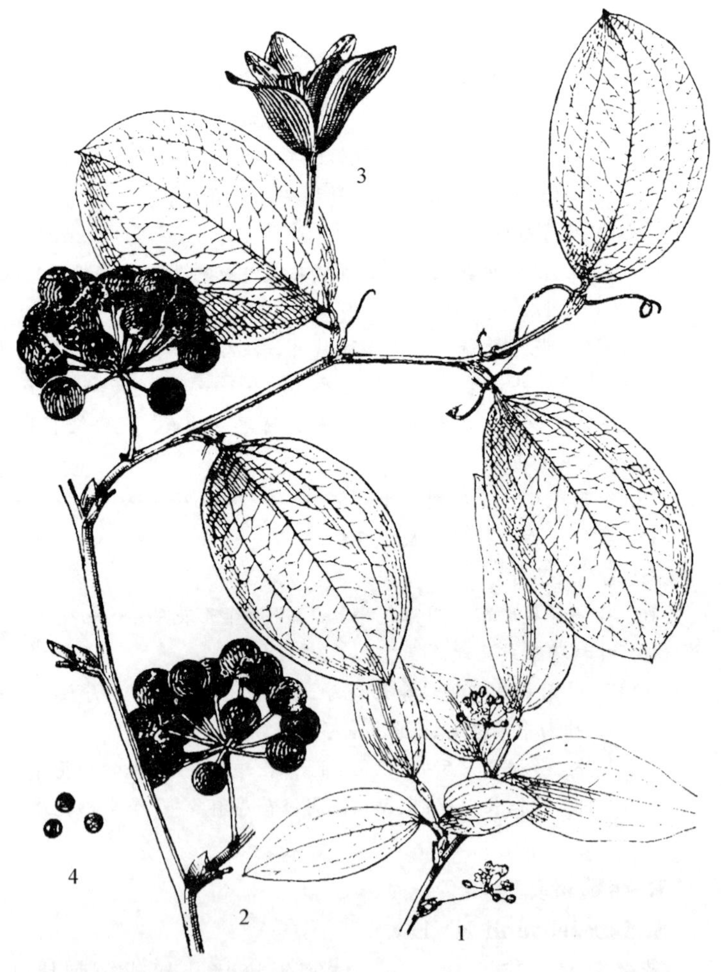

图1490 1. 红果菝葜 Smilax polycolea Warb. 雄株的花枝。**2～4. 黑果菝葜 Smilax glaucochina** Warb. ex Diels 2. 果枝；3. 雄花；4. 种子。（仿《中国植物志》）

15mm，约占全长的1/2，具鞘，有卷须，落叶时卷须着生点上方残留2～3mm叶柄。伞形花序生于叶尚幼嫩的小枝上，具花几朵至十几朵；总花梗长1～3cm；花序托稍膨大，具小苞片；花绿黄色。浆果熟时黑色，直径7～8mm，具粉霜。花期3～5月；果期10～11月。

产于桂林、阳朔、临桂、全州、资源、柳州、南丹、苍梧。于海拔1600m以下的林下灌丛或山坡上。分布于广东、湖南、湖北、贵州、四川、浙江、江西、江苏、安徽、河南、山西、陕西、甘肃。根状茎富含淀粉，可以制糕点或加工食用。

5. 菝葜　金刚兜　图1491：1～3

Smilax china L.

攀援灌木，茎长1～3m。根状茎粗壮，坚硬，呈不规则块状，粗2～3cm；茎疏生刺。叶薄革质或坚纸质，圆形或卵形，长3～10cm，宽1.5～6.0cm，叶背淡绿色，稀苍白色，白粉易脱落；叶柄长5～15mm，约占全长的1/2～2/3具鞘，鞘每侧宽0.5～1.0mm，几乎都有卷须，少有例外，脱落点位于靠近卷须处。伞形花序生于叶尚幼嫩的小枝上，具花十几朵花或更多，常呈球状；总花梗长1～2cm；花序托稍膨大，近球形，具小苞片，较少稍延长；花绿黄色。浆果熟时红色，直径6～15mm，有粉霜。花期2～5月；果期9～11月。

图1491　1～3. 菝葜 Smilax china L.　1. 根状茎；2. 雄株的花枝；3. 叶柄。**4. 长托菝葜 Smilax ferox** Wall. ex Kunth　雄株的花枝。（仿《中国植物志》）

产于广西各地。生于林下、灌丛、路旁、河谷或山坡上。分布于广东、湖南、湖北、云南、贵州、四川、福建、浙江、江苏、安徽、河南、山东；缅甸、越南、泰国、菲律宾也有分布。根状茎可提取淀粉，可酿酒。

6. 长托菝葜　白金刚　图1491：4

Smilax ferox Wall. ex Kunth

攀援灌木。茎枝上多少具纵条纹，疏生刺。叶厚革质至坚纸质，椭圆形、卵状椭圆形至矩圆形，长3～16cm，宽1.5～9.0cm，叶背苍白色，罕近绿色，白粉不易脱落；主脉一般3条，少有5条的；叶柄长5～25mm，占全长的1/2～3/4具鞘，通常仅少数叶柄具有卷须，少有例外，脱落点位于鞘的上方。伞形花序生于叶尚幼嫩的小枝上，具花几朵至十几朵；总花梗长1.0～2.5cm，偶有关节；花序托呈椭圆形，具多枚宿存小苞片；花黄绿色或白色。浆果熟时红色，直径8～15mm。花期3～4月；果期10～11月。

产于灵川、全州、兴安、资源、龙胜、融水、天峨、田林、乐业、隆林、武鸣。生于海拔900m以上林下、灌丛。分布于广东、云南、贵州、湖北、四川；尼泊尔、不丹、印度、缅甸、越南也有分布。

7. 鞘柄菝葜

Smilax stans Maxim.

落叶灌木或半灌木，直立或披散，高 0.3～3.0m。茎、枝稍具棱，无刺。叶纸质，卵形、卵状披针形或近圆形，长 1.5～6.0cm，宽 1.2～5.0cm，叶背稍苍白色或有时有粉尘状物；叶柄长 5～12mm，向基部渐宽成鞘状，背面有多条纵槽，无卷须，脱落点位于近顶端。花序具 1～3 朵或更多花；总花梗纤细，比叶柄长 3～5 倍；花序托不膨大；花绿黄色，有时淡红色。浆果直径 6～10mm，熟时黑色，具粉霜。花期 5～6 月；果期 10 月。

产于兴安、龙胜、融水。分布于河北、山西、陕西、甘肃、四川、湖北、河南、安徽、浙江、台湾。

8. 筐条菝葜 粉叶菝葜

Smilax corbularia Kunth

攀援灌木，茎长 3～9m。枝稍四棱形，无刺。叶革质，卵状矩圆形、卵形至狭椭圆形，长 5～14cm，宽 2～7cm，先端短渐尖，基部近圆形，叶背苍白色；主脉 5 条；叶柄长 8～14mm，脱落点位于近顶端，枝条基部的叶常有卷须，鞘占叶柄全长的一半以上，鞘上部延伸成 1 对耳，耳长 2～6mm，披针形。伞形花序腋生，具 10～20 朵花；总花梗长 4～15mm，约为叶柄长的 2/3 或近等长，稍扁；花序托膨大，有多枚宿存小苞片；花绿黄色。浆果熟时暗红色，直径 6～7mm。花期 5～7 月；果期 12 月。

产于昭平、金秀、天峨、靖西、那坡、凌云、乐业、西林、苍梧、邕宁、武鸣、平南、博白、扶绥、宁明、凭祥、龙州、上思。生于海拔 1500m 以下林下或灌木丛中。分布于广东、海南、云南；越南、缅甸也有分布。块茎含淀粉和单宁，可酿酒、制糖。

9. 土茯苓 光叶菝葜 图 1492

Smilax glabra Roxb.

攀援灌木，茎长 1～4m。枝条平滑、无刺；根状茎粗厚，块状，常有匍匐茎连接，粗 2～5cm。叶薄革质，狭椭圆状披针形至狭卵状披针形，长 6～15cm，宽 1～7cm，先端渐尖，叶背绿色或苍白色；叶柄长 5～20mm，1/4～3/5 具狭鞘，有卷须，脱落点位于顶端。伞形花序具花 10 余朵；总花梗长 1～8mm，明显短于叶柄；在总花梗与叶柄之间有一芽；花序托膨大，与多数宿存苞片一起多少呈莲座状，宽 2～5mm；花绿白色。浆果，直径 7～10mm，熟时紫黑色，具粉霜。花期 7～11 月；果期 11 月至翌年 4 月。

图 1492 土茯苓 Smilax glabra Roxb. 1. 果枝；2. 根状茎。（仿《中国植物志》）

产于广西各地。生于海拔 1800m 以下林下、灌丛、河岸或山谷中。分布于长江以南各地，至台湾、海南、云南；越南、泰国、印度也有分布。根状茎入药，称“土茯苓”，性甘平，利湿、解热毒、健脾胃；富含淀粉，可制糕点或酿酒。

10. 尖叶菝葜 图 1493

Smilax arisanensis Hayata

攀援灌木，茎长 10m；茎无刺或具疏刺；根状茎粗短，块状。叶纸质，矩圆形、矩圆状披针形或卵状披针形，长 7～15cm，宽 1.5～5.0cm，先端渐尖或长渐尖，基部圆形，叶背粉白色；叶柄长 7～20mm，常扭曲，约 1/2 具狭鞘，常具卷须，脱落点位于顶端。伞形花序生于叶腋或生于披针形苞片的腋部，总花梗基部常有一枚与叶柄相对的鳞片，稀无鳞片；总花梗纤细，比叶柄长 3～5 倍；花序托几不膨大；花绿白色。浆果，直径约 8mm，熟时紫黑色。花期 4～5 月；果期 10～11 月。

产于灵川、兴安、龙胜、贺州、金秀、德保、那坡、凌云。生于海拔 1500m 以下的林中、灌丛中或山谷溪边荫蔽处。分布于江西、浙江、广东、云南、贵州、四川、台湾；越南也有分布。

图 1493 尖叶菝葜 **Smilax arisanensis** Hayata 雌株的花枝。(仿《中国植物志》)

11. 弯梗菝葜

Smilax aberrans Gagnep.

攀援灌木或半灌木，茎长 0.5～2.0m。茎枝平滑、无刺。叶薄纸质，椭圆形或卵状椭圆形，长 7～12cm，宽 2.5～6.5cm，先端渐尖，基部近楔形或圆形，叶背苍白色，具乳凸状短柔毛，脉上尤密；叶柄长 1.0～1.5cm，上部常具乳凸，基部较宽，具半圆形膜质鞘，无卷须，脱落点位于上部。伞形花序生于刚从叶腋抽出的幼嫩小枝上，具花几朵至 20 余朵；总花梗长 3～5cm；花序托几不膨大；花绿黄色或淡紫色。浆果，直径约 10mm，果梗下弯。花期 3～4 月；果期 12 月。

产于贺州、金秀、融水、天峨、南丹、东兰、罗城、德保、那坡、田林、乐业、宁明、龙州、大新、凭祥。生于海拔 1600m 以下的林下、灌丛或山谷、溪旁荫蔽处。分布于广东、云南、贵州、四川；越南也有分布。

12. 密疣菝葜

Smilax chapaensis Gagnep.

攀援灌木。枝条具 2～3 棱，无刺或少具疏刺，密生疣状凸起。叶纸质，卵状矩圆形、狭椭圆形至披针形，长 7～15cm，宽 3～8cm，先端渐尖或骤凸，基部圆形或宽楔形；叶柄长 1.5～3.0cm，基部多少有疣状凸起，约 2/3 具狭鞘，常有卷须，脱落点位于中部。伞形花序单生于叶腋；总花梗通常短于叶柄。花期 2～3 月；果期 10～11 月。

产于昭平、金秀、象州、南丹、武鸣、平南、龙州、凭祥。生于海拔 600～1500m 林下、灌丛或山坡阴湿处。分布于云南、贵州、四川、湖南、湖北；越南也有分布。

13. 疣枝菝葜

Smilax aspericaulis Wall. ex A. DC.

攀援灌木，茎长 8m。茎、枝无刺，密被疣状凸起。叶纸质，椭圆形或卵形，长 5～15cm，宽 3～9cm，先端微凸，基部圆形至浅心形；叶柄长 1.0～1.5m，具鞘和卷须，脱落点位于上部。由

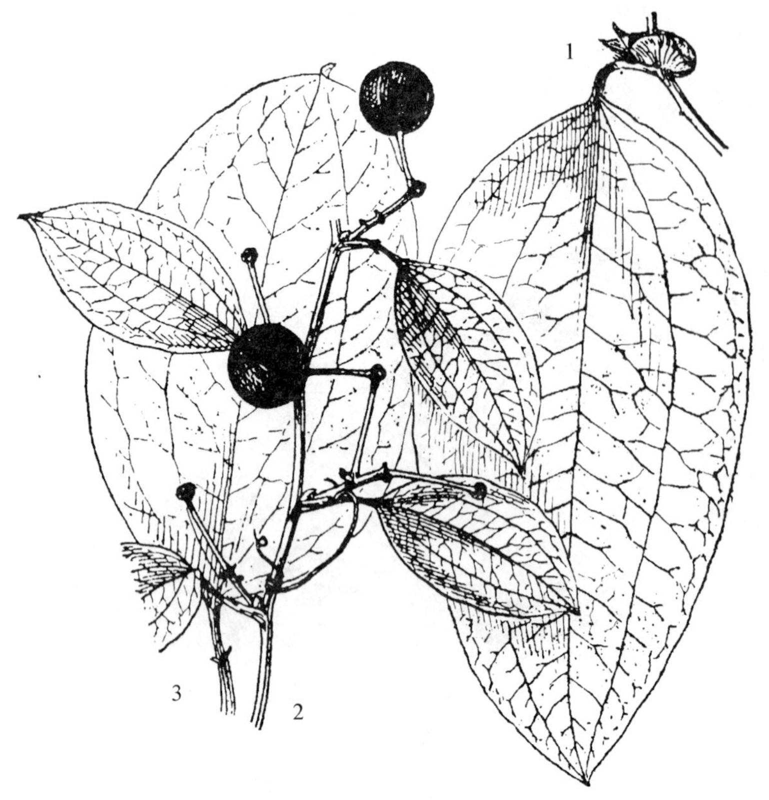

图 1494　1. 抱茎菝葜 Smilax ocreata A. DC.　叶。**2～3. 大果菝葜 Smilax megacarpa** A. DC.　2. 果枝；3. 叶。（仿《中国植物志》）

3～7 个伞形花序组成圆锥花序，腋生，伞形花序多花，总花梗基部有 1 枚卵形小苞片；花序托稍膨大，近球形。浆果梨形，顶端锐尖，熟时紫黑色，直径约 5mm。花期 12 月至翌年 2 月；果期 7～9 月。

产于金秀、凤山、那坡。分布于广东、海南、云南、贵州、台湾；越南、缅甸、印度也有分布。

14. 抱茎菝葜　图 1494：1

Smilax ocreata A. DC.

攀援灌木，茎长 7m。枝通常疏生刺。叶革质，卵形或椭圆形，长 9～20cm，宽 4.5～15.0cm，先端短渐尖，基部宽楔形至浅心形，叶背淡绿色；叶柄长 2.0～3.5cm，基部两侧具耳状鞘，有卷须，脱落点位于近中部，鞘外折或直立，长为叶柄的 1/3～1/2，每侧宽 5～20mm，作穿茎状抱茎。圆锥花序具 2～7 个伞形花序，基部着生点的上方有一枚与叶柄相对的鳞片；伞形花序单生，具 10～30 朵花；总花梗长 2～3cm，基部有一苞片；花序托膨大，近球形；花黄绿色，稍带淡红色。浆果，直径约 8mm，熟时暗红色，具粉霜。花期 3～6 月；果期 7～10 月。

产于广西各地。分布于广东、海南、云南、贵州、四川；越南、缅甸、印度也有分布。

15. 马甲菝葜　天丁

Smilax lanceifolia Roxb.

攀援灌木，茎长 1～2m。枝无刺或具疏刺。叶纸质，卵状矩圆形、狭椭圆形至披针形，长 6～17cm，宽 2～8cm，先端渐尖或骤凸，基部圆形或宽楔形，叶面无光泽或稍有光泽；除中脉在叶面稍凹陷外，其余主支脉浮凸；叶柄长 1.0～2.5cm，1/5～1/4 的柄上具狭鞘，常有卷须，脱落点位于近中部。伞形花序单个生于叶腋，具花几十朵，稀 2 个伞形花序生于一个共同的总梗上；总花梗通常短于叶柄，果期可与叶柄等长，近基部有一关节，在着生点上方有 1 枚鳞片；花序托稍膨大，果时近球形；花绿黄色。浆果，直径 6～7mm，有种子 1～2 枚。花期 10 月至翌年 3 月；果期 10 月。

产于广西各地。生于海拔 600m 以上林下、灌木丛中或山坡荫蔽处。分布于云南、贵州、四川、湖北；不丹、印度、缅甸、老挝、越南、泰国也有分布。

15a. 折枝菝葜

Smilax lanceifolia var. **elongata** (Warb.) F. T. Wang et Tang

与原种主要区别是：叶纸质或厚革质，长披针形或矩圆状披针形，小枝迴折状；总花梗比叶柄长；浆果熟时紫黑色。花期 3～4 月；果期 10～11 月。

产于临桂、龙胜、资源、金秀、融水。生于海拔 500m 以上林下或山坡。分布于广东、贵州、四川、江西、浙江。

15b. 凹脉菝葜

Smilax lanceifolia var. **impressinervia**（F. T. Wang et Tang）T. Koyama

与原种主要区别是：叶薄革质，长披针形或矩圆状披针形，主脉3条，在叶面凹陷；总花梗与叶柄近等长，中部常具1～2枚苞片；种子表面无沟。

产于全州、金秀、融水、蒙山、平南、容县。生于海拔1200m以上林下荫蔽处。分布于云南、贵州。

16. 大果菝葜 卵叶菝葜 图1494：2～3

Smilax megacarpa A. DC.

攀援灌木，茎长10m。枝常无刺。叶纸质，卵形或椭圆形，长5～20cm，宽3～12cm，先端近微凸，基部圆形至截形，叶面稍有光泽，叶背淡绿色；叶柄长1.5～5.0cm，1/3～1/2的柄上具狭鞘，常有卷须，脱落点位于上部。圆锥花序长3～10cm，着生点上方有1枚与叶柄相对的鳞片，具2～3个伞形花序；伞形花序总花梗长1.5～3.5cm；花序托稍膨大；花绿黄色。浆果大型，直径1.2～2.0cm，熟时深红色。花期10～12月；果期5～6月。

产于临桂、平乐、金秀、融水、靖西、隆林、上林、宾阳、蒙山、平南、容县、上思、龙州、天等。生于海拔1500m以下林下、灌丛中或山坡荫蔽处。分布于广东、云南；越南、老挝、马来西亚、印度尼西亚也有分布。

17. 圆锥菝葜 狭瓣菝葜 图1495

Smilax bracteata C. Presl

攀援灌木，茎长10m。枝疏生刺或无刺。叶纸质，椭圆形或近卵形，长5～17cm，宽3～11cm，先端微凸，基部圆形至浅心形，叶面无光泽，叶背淡绿色；叶柄长1.0～1.5cm，约2/5～1/2具狭鞘，常有卷须，脱落点位于上部。圆锥花序长3～7cm，着生点上方有1枚与叶柄相对的鳞片，具3～7个伞形花序；每个伞形花序具花多数，总花梗基部有1枚卵形小苞片；花序托稍膨大，近球形；花暗红色。浆果，直径约5mm，球形。花期11月至翌年2月；果期6～8月。

图1495 圆锥菝葜 Smilax bracteata C. Presl 1. 叶片；2. 幼嫩果枝；3. 雄株的花枝；4. 雄花；5. 雄花外花被片；6. 雄花内花被片；7. 雌花序；8. 雌花；9. 雌蕊；10. 子房纵切面；11. 雌花外花被片；12. 雌花内花被片；13. 退化雄蕊。（仿《中国植物志》）

产于金秀、天峨、都安、百色、田东、靖西、那坡、乐业、田林、隆安、上林、博白、浦北、扶绥、宁明、龙州、大新。分布于广东、海南、云南、贵州、福建、台湾；日本、菲律宾、越南、泰国也有分布。

154 龙舌兰科 Agavaceae

多年生草本，灌木状或乔木状。有根茎，地上茎短或发达，有时无地上茎。叶常聚生顶端或基生，窄长，厚或肉质，富含纤维，全缘或有刺状锯齿。花两性、杂性或单性异株，穗状、总状或圆锥花序，分枝，常具苞片；花被筒短或长，裂片不等或近相等；雄蕊6枚，着生花被筒上或花被裂片基部，花丝丝状或近基部肥厚，离生，花药线形，背部着生，2室，纵裂；子房3室，每室胚珠1枚至多数；花柱细长。蒴果室背开裂或浆果；种子具肉质胚乳。

20属670余种。主产于热带和亚热带地区。中国2属7种，引入4属10种；广西1属4种，引入2属4种，本志记载2属2种。

分属检索表

1. 叶窄长，剑形、长条形，具直出平行脉；子房每室1枚胚珠 ························ 1. 龙血树属 Dracaena
1. 叶长圆形或长圆状披针形，侧脉斜出；子房每室2枚至多枚胚珠 ························ 2. 朱蕉属 Cordyline

1. 龙血树属 Dracaena Vand. ex L.

乔木状或灌木状。茎木质，常具分枝。叶聚生茎顶，叶窄长，剑形、长条形，具直出平行脉，基部抱茎。花两性，圆锥花序、稠密穗状花序或头状花序顶生，每花具1枚苞片或兼有1枚小苞片；花梗有关节；花被圆筒状、钟状或漏斗状，裂片6枚；雄蕊6枚，着生于裂片基部；子房3室，每室1枚胚珠；柱头头状，3裂。浆果球形，种子1~3枚；种子球形或有钝棱，种皮肉质。

约50种。分布于东半球热带地区。中国6种；广西4种，本志记载1种。

剑叶龙血树 小花龙血树 图1496

Dracaena cochinchinensis (Lour.) S. C. Chen

常绿乔木状，高10m。树干粗短，树皮灰白色，纵裂；树冠稍伞形，幼枝有环状叶痕。叶聚生于茎、分枝或小枝顶部，互相套迭，剑形，薄革质，叶剑形或带形，基部稍窄，上部下垂，长30~50cm，宽1.2~1.5cm，具锐尖头，基部抱茎，无柄。圆锥花序长40cm以上，花序轴密生乳凸状短柔毛，幼嫩时更甚；花每2~5朵簇生，乳白色；花梗长3~6mm，关节位于近顶端；花被片长6~8mm，下部约1/5~1/4合生。浆果，直径8~12mm，橘黄色，具1~3枚种子。花期3月；果期7~8月。

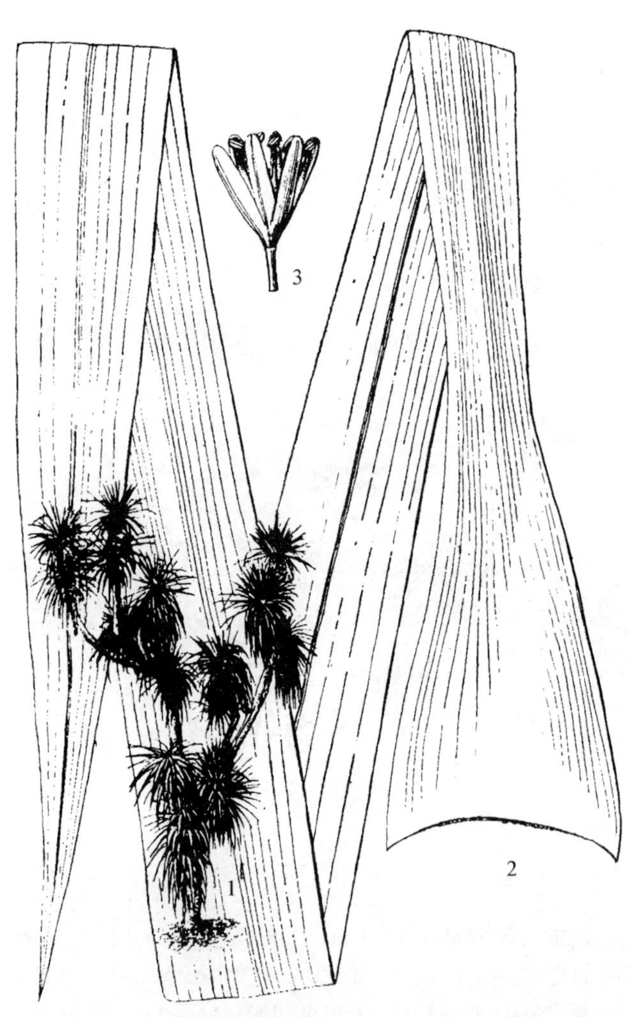

图1496 剑叶龙血树 Dracaena cochinchinensis (Lour.) S. C. Chen 1. 植株；2. 叶片；3. 花。(仿《中国植物志》)

产于靖西、崇左、大新、宁明、凭祥。专性钙土植物，广西西南部石灰岩山地山坡、石崖、山顶常见。分布于云南；越南、柬埔寨也有分布。适生于干热气候和石灰岩石隙生境，为强耐旱、强喜光、喜钙树种。分布区年平均气温 20～22℃，最热月平均气温 25～28℃，极端最高气温 41℃，最冷月平均气温 10～14℃，极端最低气温 -1℃，年降水量 1100～1500mm，冬春为旱季，长达 6～7 个月。所生长之处几乎全是裸露岩石，土壤散存于岩缝、石隙间，蓄水力弱，雨水绝大部分以地表径流或沿岩缝渗漏而消失。它能在恶劣的生境上生长，组成以其为标志种的藤刺灌丛，以伞状树形凸出于群落之上，主要伴生种有华南云实、南蛇筋藤、细叶楷木、雀梅藤等。播种繁殖。育苗及造林家选择钙质土，酸性土需经改造或穴底放石灰石，才能保持植物生长健壮。树干木质部受伤后分泌树脂，可制中药“血竭”，为伤科要药，可止血、活血、生肌，行气，治跌打损伤、出血、心腹痛。

2. 朱蕉属 **Cordyline** Comm. ex Juss.

灌木状或小乔木状，单干或少分枝。茎有环状叶痕。叶簇生茎顶，无柄或有柄，基部抱茎。花小，两性；圆锥花序生于上部叶腋，大型，多分枝；花梗短；花被圆筒状或狭钟状，花被片 6 枚，下部合生而形成短筒；雄蕊 6 枚，着生于花被上；花药背着，内向或侧向开裂；子房 3 室，每室具 2 枚至多枚胚珠；花柱丝状，柱头小。浆果球形；具 1 枚至数枚种子。

约 20 种，分布于大洋洲、亚洲和南美洲。中国引入 1 种，广西也有引入。

朱蕉 铁树 图 1497

Cordyline fruticosa (L.) A. Chev.

常绿灌木状，高 3m，茎粗 1～3cm；不分枝或少分枝。叶绿色或紫红色，聚生茎顶，2 列，披针状椭圆形或长圆形，长 30～60cm，宽 5～10cm，基部渐窄成柄；叶柄长 10～16cm，上面有槽，基部抱茎。圆锥花序生于茎上部叶腋，长20～60cm，多分枝；花序轴上的苞片条状披针形，下部的长达 10cm，分枝上的苞片卵形，长约 3mm；花淡红色、青紫色至黄色，长 0.8～1.0cm，花梗长 2～5mm；外轮花被片下半部紧贴内轮而形成花被筒，上半部在盛开时外弯或反折。浆果球形，具 1 枚种子。花期 11 月至翌年 3 月。

广西各地常见栽培作观赏植物，地栽或盆栽。福建、广东、台湾有栽培；越南、印度也有栽培。喜温暖、湿润气候，稍耐阴，要求排水良好的砂质土壤，不耐寒，热带、南亚热带地区可露地栽培。扦插繁殖，早春扦插，约1 个月即可生根。经长期栽培驯化，已形成许多栽培品种，叶宽窄不一，叶面颜色、条纹和斑点多有变化，为优良观赏植物。叶、根均药用，可凉血、止血、散瘀止通，治吐血、便血、跌打肿痛、痢疾等。

图 1497 朱蕉 Cordyline fruticosa (L.) A. Chev. 1. 植株；2. 花序。(仿《中国高等植物图鉴》)

155 棕榈科 Arecaceae

常绿乔木状、灌木状或藤本。通常单干直立，不分枝，有时茎丛生或攀援状，树干常具宿存叶基或环状叶痕。单叶，大型，羽状或掌状分裂，聚生茎端；叶柄基部常扩大成纤维质叶鞘。花小，整齐，两性、单性或杂性；圆锥状肉穗花序，具1枚至多枚大型的佛焰苞；花被6枚，2轮，分离或合生；雄蕊3~6枚，稀多数；子房上位，1~3室，稀4~7室，或3枚心皮，离生或仅基部合生，每室或每心皮1枚胚珠。浆果、核果或坚果，外果皮常纤维质。

约183属2450种。分布于热带、亚热带地区。中国18属约88种，此外，近年还引入多种，作园林栽培。为热带植被典型代表之一，提供观赏热带风光，为世界各地广泛引种，广西亦引入多种。包括原生种，本志记载21属44种。

分属检索表

1. 叶掌状分裂。
  2. 叶柄两侧具刺，或至少在近基部具刺。
    3. 叶深裂至近基部，裂片楔形，先端截平或偏斜并具啮蚀状小齿 ············ **1. 轴榈属 Licuala**
    3. 叶深裂至中部或中部稍下，但不至近基部，裂片线至披针形，先端渐尖至急尖，2裂。
      4. 叶裂片边缘及裂口处不具丝状纤维，叶柄基部不开裂 ············ **2. 蒲葵属 Livistona**
      4. 叶裂片边缘及裂口处具多数丝状纤维，叶柄基部常开裂包住茎秆 ············ **3. 丝葵属 Washingtonia**
  2. 叶柄两侧无刺，或仅具细锯齿。
    5. 叶柄粗壮，腹面具沟槽，顶端的戟凸极发达，在背面延伸长达15cm；花两性 ············ **4. 箬棕属 Sabal**
    5. 叶柄较细，腹面不具沟槽，顶端仅在腹面具戟凸；花单性。
      6. 叶裂片内向折叠，叶鞘纤维网格状；心皮2枚或1枚发育成果实。
        7. 乔木状，茎秆粗壮，粗糙，节不明显；叶裂片边缘全缘 ············ **5. 棕榈属 Trachycarpus**
        7. 灌木状，具鞭状根状茎，茎秆细，直径2~3cm，光滑并明显具节；叶裂片边缘有细齿 ············ **6. 棕竹属 Rhapis**
      6. 叶裂片外向折叠，叶鞘纤维针刺状或片状、鸭嘴状；心皮仅1枚发育成果实 ······ **7. 石山棕属 Guihaia**
1. 叶羽状分裂。
  8. 藤本灌木状或直立灌木状；叶鞘及叶轴顶端延伸部分有刺；果皮有倒向的覆瓦状排列鳞片。
    9. 初生佛焰苞舟状，脱落，花序分枝短而密集，无钩刺 ············ **8. 黄藤属 Daemonorops**
    9. 初生佛焰苞管状或鞘状，宿存，花序分枝长而松散，有刺或无刺。
      10. 植株多次开花结实；雄小穗花序伸出第三佛焰苞之外；果皮鳞片较少，不超过30纵列 ············ **9. 省藤属 Calamus**
      10. 植株开花结实1次后死亡；雄小穗花序为第三佛焰苞所包裹；果皮鳞片较多，可达40纵列 ············ **10. 钩叶藤属 Plectocomia**
  8. 直立灌木状或乔木状；植物体无刺或仅叶柄有刺；果皮不具鳞片。
    11. 叶裂片边缘或先端具不规则啮蚀状齿。
      12. 叶为二至三回羽状全裂，裂片菱形、楔形或披针形，基部无耳，先端偏斜并有不规则的鱼尾状缺刻 ············ **11. 鱼尾葵属 Caryota**
      12. 叶为一回羽状全裂，裂片线形，基部下延呈耳状，先端不为鱼尾状 ············ **12. 桄榔属 Arenga**
    11. 叶裂片边缘或先端不具不规则啮蚀状齿。
      13. 叶柄具刺；灌木状或小乔木状，茎上具叶痕 ············ **13. 刺葵属 Phoenix**
      13. 叶柄无刺。
        14. 小灌木状，茎秆具斑纹；叶裂片镰刀状披针形；花序生于无叶茎秆上 ········ **14. 山槟榔属 Pinanga**
        14. 灌木状至小乔木状，茎秆无斑纹。
          15. 叶鞘圆筒形，光滑，边缘无纤维；茎秆平滑或略粗糙；花序通常生于无叶的茎秆上。
            16. 叶裂片狭披针形或镰刀形，先端不规则齿裂；花序多分枝，生于无叶茎秆叶腋内 ············ **15. 槟榔属 Areca**
            16. 叶裂片更狭，线形或线状披针形，先端通常2裂或具2齿。
              17. 叶裂片多列，不规则排列；茎秆大小不均匀 ············ **16. 王棕属 Roystonea**

17. 叶裂片2列，排列整齐。

18. 乔木状；叶裂片背面密被贴伏的灰白色鳞秕 ················ **17. 假槟榔属 Archontophoenix**

18. 灌木状；叶裂片背面无贴伏鳞秕 ················ **18. 散尾葵属 Dypsis**

15. 叶鞘非圆筒形，粗糙，边缘多少具纤维；茎秆粗糙；花序生于具叶的茎秆上。

19. 叶裂片排列密集，较狭小，线形或线状披针形，宽不超过4cm，边缘非啮蚀状。

20. 叶裂片2列，整齐排列于一平面上；果大，直径达15cm或更大 ········ **19. 椰子属 Cocos**

20. 叶裂片多列，不规则排列；果小，直径约3cm ················ **20. 金山葵属 Syagrus**

19. 叶裂片排列稀疏，较宽阔，披针形或不规则菱形，宽可达10cm，上部边缘啮蚀状 ················ **21. 瓦理棕属 Wallichia**

1. 轴榈属 Licuala Thunb.

茎秆单生或丛生，灌木状，有环状叶痕。叶掌状，圆形或扇形，折叠状，深裂，很少全缘；裂片楔形，有直脉数条，顶端截平，直齿；叶柄两端常有刺；叶鞘纤维质。雌雄异株；花序腋生，分枝或不分枝，被绒毡或鳞片，有管状革质宿存佛焰包。果球形，小，萼宿存。外果皮稍肉质；种子球形，腹部常有凹穴。

约150种。分布于亚洲热带地区、澳大利亚和太平洋群岛。中国3种；广西1种。

毛花轴榈

Licuala dasyantha Burret

茎高1~2m。佛焰苞外面、花序轴及花均密被暗褐色鳞秕。叶近半圆形，掌状深裂至几全裂，裂片7~9枚，长楔形，先端截形，有波状齿，中央裂片长40~45cm，先端微缺，有多条纵向平行脉直达裂片顶端，横脉细；其余裂片较短、窄；叶柄两铡有稀疏短刺，背面被褐色鳞秕。花期4~5月。

产于龙州大青山。生于低海拔阔叶林下。分布于云南；东南亚至澳大利亚也有分布。耐荫蔽，在较湿润沟谷中生长良好。播种繁殖。叶形美观，适于庭院栽培或盆栽，供观赏。

2. 蒲葵属 Livistona R. Br.

乔木状。茎直立，有环状叶痕。叶近圆形，扇状折叠，掌状分裂至中部或中上部，顶端2裂；叶柄两侧具倒钩刺；叶鞘纤维棕色。花两性，肉穗花序自叶丛中抽出；佛焰苞管状，多数；花萼和花冠3裂几达基部；雄蕊6枚；心皮3枚，近分离，花柱短。核果，球形至卵状椭圆形。种子1枚，腹面有凹穴。

33种。分布于亚洲及大洋洲热带地区。中国3种；广西2种。

分种检索表

1. 叶裂片顶部裂成2片细长渐尖成丝状下垂的小裂片，叶柄下部两侧有下弯的黄绿色刺；果实较小，长1.8~2.2cm，直径1.0~1.2cm ················ **1. 蒲葵 L. chinensis**

1. 叶裂片顶部具浅2裂，不下垂，叶柄两侧具较密的强硬的黑褐色刺；果实较大，长3.0~3.5cm，直径2.0~2.5cm，黑褐色 ················ **2. 大叶蒲葵 L. saribus**

1. 蒲葵 图1498

Livistona chinensis (Jacq.) R. Br. ex Mart.

乔木状，高达20m，直径30cm。基部常膨大。叶阔肾状扇形，直径达1m余，掌状深裂至中部，裂片线状披针形，基部宽4.0~4.5cm，顶端长渐尖，2深裂成长达50cm的丝状下垂的小裂片，两面绿色；叶柄长1~2m，下部两侧有黄绿色下弯短刺。花序呈圆锥状，粗壮，长达1m，总花梗上有6~7个佛焰苞，有6个分枝花序，长达35cm，每分枝花序基部有1个佛焰苞，分枝花序具2次或3次分枝，小花枝长10~20cm。果实椭圆形，状如橄榄，长1.8~2.2cm，直径1.0~1.2cm，呈褐色；种子椭圆形，长约1.5cm，直径约0.9cm，胚位于种脊对面的中部稍偏下。花、果期4月。

图1498 蒲葵 **Livistona chinensis** (Jacq.) R. Br. ex Mart. 植株。(仿《中国高等植物图鉴》)

图1499 丝葵 **Washingtonia filifera** (Linden ex André) H. Wendl. 1. 植株；2. 叶片正面，示裂片及裂片间的丝状纤维；3. 果穗一部分；4. 果。(仿《中国植物志》)

产于广西各地，野生或栽培。分布于中国南方各地；中南半岛也有分布。喜温暖湿润环境。播种繁殖。嫩叶编制葵扇；老叶制蓑衣等，叶裂片的肋脉可制牙签；果实及根入药，能治癌肿、心血病、哮喘等病。叶常绿，耐寒力强，优良园林绿化植物。

2. 大叶蒲葵 高山蒲葵

Livistona saribus (Lour.) Merr. ex A. Chev.

乔木状，高达20m，直径40～50cm。叶大型，圆形或心状圆形，两面绿色，有一个大的圆形不分裂的中心部分，周围分裂成多数的向先端渐狭的裂片，每裂片先端具短2裂的小裂片，长约10cm，硬挺，不下垂，中央的裂片从叶柄顶部的戟凸至裂片先端长约1m，至裂片的下端长约52cm，中央的裂片长约50cm，基部宽达5.8cm，侧边的裂片较狭；叶柄长约1.3m或更长，粗壮，钝三棱形，两侧密被黑褐色的粗壮、压扁、下弯的刺。果序长0.8～1.1m，多分枝，在花的着生处具小瘤凸。果实椭圆形，长3.0～3.5cm，直径2.0～2.5cm，干后淡蓝色；种子椭圆形或卵球形，长约2.3cm，直径约1.6cm。果期10月。

产于龙州大青山。生长于海拔600～800m阔叶林中。分布于广东、海南及云南；越南也有分布。播种繁殖。叶片、树干较蒲葵大型，优良的观赏树种。

3. 丝葵属 Washingtonia H. Wendl.

茎单生，高大、粗壮。叶近圆形，掌状深裂，裂片多数，内向折叠，边缘有下垂的丝状纤维，中肋短，叶舌扁，边缘宽大；叶柄粗长，边缘有宽而扁的刺齿。花序腋生，大型，分枝多；花两性，单朵着生；雄蕊6枚；子房具离生心皮3枚，每心皮含1枚胚珠，开花后花柱伸长。果小，椭圆形、卵圆形或球形，熟时黑色。

约2种。分布于美国及墨西哥。中国有引种栽培；广西引种栽培1种。

丝葵 老人葵、华盛顿棕榈 图1499

Washingtonia filifera (Linden ex André) H. Wendl.

茎单生，高15～20m。基部稍膨大，灰色，有纵裂纹或皱纹。叶近圆形，直径2～

3m，掌状深裂，裂片50～100枚，线状披针形，长30～40cm，劲直，老叶先端稍下垂，边缘、先端及裂口有多数细长、下垂的丝状纤维；叶柄边缘有红棕色扁的刺齿。果椭圆形，长约1cm，熟时黑色。微有皱纹。

原产美国及墨西哥；广西各地有栽培；福建、台湾、广东、云南也有栽培。适应性强，生长快，喜温暖、湿润、向阳环境，较耐寒，耐短期－5℃低温，较耐旱和耐瘠薄土壤。播种繁殖。叶裂片间具有白色纤维丝，似老翁的白发，又名“老人葵”。宜栽植于庭园观赏，也可作行道树。

4. 箬棕属 Sabal Adans.

乔木状或灌木状。单生，全株无刺。叶常宽鸡冠状掌裂，顶部渐下弯；叶柄似延长而穿全叶，上面近下，下面圆凸，两侧几全缘，柄端具小戟凸。佛焰苞序圆锥状，分枝长；佛焰苞管状，多数；花两性，甚小；花萼杯状，3裂；花瓣3枚；雄蕊6枚。果序直上或斜出，疏散多分枝。核果球形或梨形，果肉薄；种子1枚。

约14种。主要分布于南美洲。中国引种栽培2种；广西常见栽培1种。

矮箬棕 小箬棕、矮菜棕

Sabal minor (Jacq.) Pers.

低矮灌木状，多无地上茎秆或低矮地上茎秆，高2～3m。叶簇生地面，近圆形，长70～80cm，中部深裂至2/3，革质而坚挺，淡绿或粉绿色，两面无毛，叶缘有时略具下垂丝状物，裂片16～40枚，条状披针形，直伸而先端不下垂，多中裂；叶柄两侧无刺，柄端小戟凸呈钝三角形，长约2cm，黄绿色，叶鞘三角状半圆形，鞘基宽。佛焰花序具5～8个侧生圆锥小花序，通常高出叶丛；花小，浅黄色。果序长1.2～1.7m，总梗被7～9枚扁筒状佛焰苞包被；核果略扁球形，熟时亮黑褐色，直径约1cm。

原产美国东南部，生于河谷沼泽地，为最耐寒棕榈植物之一，可耐－10℃短期低温。对土壤水分要求不高，喜湿润，亦耐干旱，在凭祥石灰岩高度风化的赤红壤地上生长良好并能结实。凭祥、南宁、桂林等多地栽培，生长良好。海南、广东、福建、云南也有引种。播种繁殖。

5. 棕榈属 Trachycarpus H. Wendl.

乔木状或灌木状。茎秆多直立，具环状叶痕，上部具黑褐色叶鞘。叶簇生于秆端，圆扇形，掌状深裂，裂片先端直伸，2裂；叶柄两侧具细齿。花序由叶丛中抽出，分枝密集，佛焰苞多数，革质，被茸毛；花单性或两性，同株或异株，黄色；花萼、花瓣各3枚；雄蕊6枚；子房3室，心皮基部合生。核果，种子腹面有凹槽。

约8种。分布于印度、中南半岛至中国和日本。中国3种；广西1种。

棕榈 图1500

Trachycarpus fortunei(Hook.)H. Wendl.

乔木状，高15m，径粗24cm，稀分枝，顶端有残存叶柄基部及残存叶鞘。

图1500 棕榈 Trachycarpus fortunei (Hook.) H. Wendl.
1. 植株；2. 叶片；3. 果序。(仿《中国高等植物图鉴》)

叶簇生干端，裂片30~60枚；叶长60~70cm，宽37~62cm，深裂达中下部，裂片软革质；叶柄长0.4~1.0m。花黄色。核果肾状球形，直径约1cm，蓝褐色，被白粉。花期3~4月；果期10~11月。

产于广西各地，以北部、西北部较为常见。分布于秦岭、长江流域以南，东自福建，西至四川、云南，北至陕西、甘肃，四川、云南、贵州、湖南、湖北盛产，广西为分布南缘，多在四旁栽培，稀疏林中野生。日本有分布。喜温暖气候，为最耐寒的棕榈植物之一，可耐-7℃短暂低温。要求排水良好、肥沃石灰质中性或微酸性土壤。喜光，幼苗稍耐阴，浅根性。播种繁殖。棕皮、棕丝为工业、农业、民用和国防工业重要原料，韧性和耐腐力极强。树体抗烟尘、氯气等有毒气体，树冠秀丽，优良的园林绿化及四旁绿化树种。

6. 棕竹属 Rhapis L. f.

从生灌木状，高1~4m，直立，上部有纤维状叶鞘，有茎节。叶扇状折叠，深裂几达基部，裂片多数，叶脉明显；叶柄纤细，上部无凹槽，顶部有小戟凸。雌雄异株；花序腋生，有分枝；雄蕊6枚；雌蕊3枚；心皮分离；胚珠1枚，基生。果球形或卵形，稍肉质；种子球形。

约12种。分布于亚洲东部及东南部。中国5种，分布于西南部至南部；广西全产。

分种检索表

1. 叶裂片较宽阔，大小基本一致，宽2~6cm，肋脉3~5条。
  2. 叶深裂或几全裂，裂片先端钝。
    3. 叶鞘纤维浅黑色，叶掌状深裂成5~10枚，裂片长20~32cm，宽2~6cm，叶柄横切面为椭圆形；植株高大，高2~3m，茎粗2~3cm ………………………… **1. 棕竹 R. excelsa**
    3. 叶鞘纤维褐色，叶掌状几全裂，裂片2~4枚，裂片长15~20cm，宽2.0~3.5cm，叶柄横切面为半圆形；植株矮小，高不及2m，茎粗约1cm ………………………… **2. 细棕竹 R. gracilis**
  2. 叶几全裂，裂片先端尖，裂片4~7枚，宽披针形，长25~30cm，宽2.5~3.5cm，叶柄横切面呈椭圆形 ………………………… **3. 龙州棕竹 R. robusta**
1. 叶裂片较窄，大小不等，宽1~3cm，肋脉1~3条。
  4. 叶裂片13~19枚，大的裂片多于小的裂片；果序长达50cm ………………………… **4. 矮棕竹 R. humilis**
  4. 叶裂片25~32枚，大的裂片少于小的裂片，只有两侧和中央裂片较大，其余均较小；果序长约35cm ………………………… **5. 多裂棕竹 R. multifida**

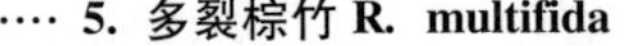

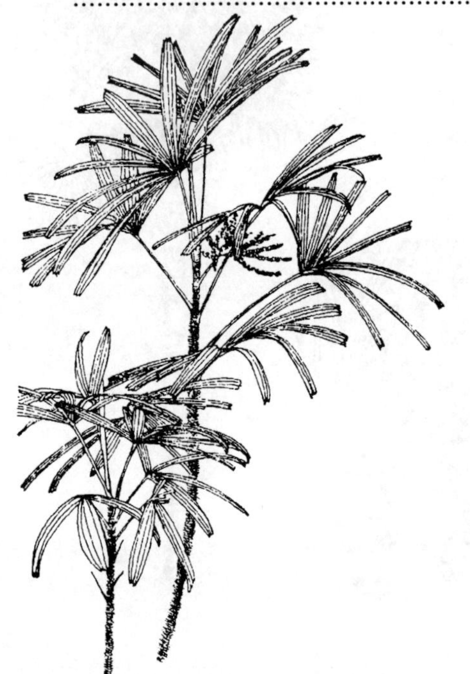

图1501 棕竹 Rhapis excelsa (Thunb.) Henry 植株。(仿《中国植物志》)

1. 棕竹 大叶棕竹(园艺上通称)、筋头竹 图1501

Rhapis excelsa (Thunb.) Henry

从生灌木状，高2~3m，直径2~3cm。茎圆柱形，有节，上部被叶鞘，分解成稍松散的马尾状淡黑色粗糙而硬的网状纤维。叶掌状深裂，裂片5~10枚，不均等，具2~3条肋脉，在基部1~4cm处连合，长20~32cm或更长，宽2~6cm，条状披针形或条状椭圆形，先端宽，截状而具多对稍深裂的小裂片，边缘及肋脉上具稍锐利的锯齿，横小脉多而明显；叶柄长8~20cm，宽约4mm，稍扁平，顶端的小戟凸略呈半圆形或钝三角形，被毛。花序长约30cm，多分枝花序及总花序梗各有1枚佛焰苞包着，密被褐色弯卷绒毛。果实球状倒卵形，直径8~10mm；种子球形，胚位于种脊对面近基部。花期6~7月；果期10~11月。

产于鹿寨、天峨、凌云、南宁、扶绥，广西各地有栽培。分布于中国南部至西南部；日本也有分布。喜温暖湿润，耐阴，不耐寒，野生于林下、林缘、溪边等阴湿处。宜湿润而排水良好的微酸性土壤。播种或分株繁殖。叶秀丽青翠，树形优美，传统庭园绿化及盆栽观赏植物。

2. 细棕竹 图1502：1~4

Rhapis gracilis Burret

丛生灌木状，高1.5m。茎圆柱形，有节，粗约1cm。叶掌状深裂，裂片2~4片，长圆状披针形，长15~20cm，宽2.0~3.5cm，具3~4条肋脉，先端渐尖，有不规则急尖的齿，边缘和肋脉上有粗糙的细锯齿；横小脉不多，明显波状；叶柄纤细，长8~11cm，上面扁平，背面稍圆，横切面呈半圆形，边缘具脱落性鳞秕状物，顶端有钝三角形或几圆形小戟凸；叶鞘被褐色、网状的细纤维。果实球形，蓝绿色，直径8~9mm；种子1枚，球形，直径6~7mm。花期5~6月；果期10月。

产于德保、博白、钦州，生于林下。分布于广东、海南。耐阴。植株矮小优雅，栽培供观赏。

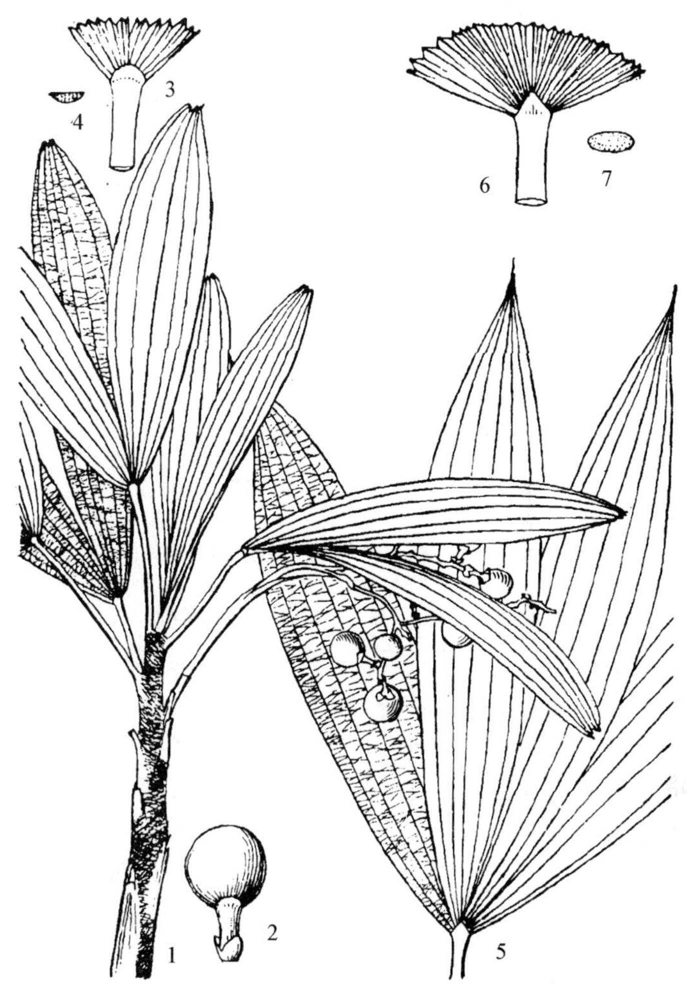

图1502 1~4. 细棕竹 Rhapis gracilis Burret 1. 植株上部；2. 果；3. 叶柄顶端，示小戟凸形状；4. 叶柄横断面。**5~7. 龙州棕竹 Rhapis robusta** Burret 5. 叶片；6. 叶柄顶端，示小戟凸形状；7. 叶柄切面。（仿《中国植物志》）

3. 龙州棕竹 粗棕竹 图1502：5~7

Rhapis robusta Burret

丛生灌木状，高约2m。茎圆柱形，有节，直径2cm以上。叶掌状深裂，裂片4~7枚，宽披针形或披针形，长25~30cm，宽2.5~3.5cm，具3~4条肋脉，先端短渐尖，有尖齿，仅边缘有细锯齿；叶柄长15~33cm，两面凸圆；顶端有三角形小戟凸；叶鞘纤维褐色、纤细、交织成整齐的网。花序腋生，长15~25cm，三回分枝，花序轴初时被淡褐色鳞秕；花序梗上佛焰苞3个，管状，质薄，长5~7cm，顶端狭三角形，一侧开裂。浆果近长圆形，宿存花管成实心柱状体。花期10月；果期6月。

广西特有种，产于田林、隆安、龙州。生长于石灰岩山地石缝。耐阴，可栽培供观赏。

4. 矮棕竹

Rhapis humilis Bl.

丛生灌木状，高达3m。茎圆柱形，有节，上部被网状纤维的叶鞘，纤维毛发状，淡褐色。裂片13~19枚，条形，长15~25cm，宽0.8~2.0cm，具1~2条肋脉，横小脉稀疏，边缘及肋脉上具细锯齿，先端短2~3裂，稍渐尖；叶柄与叶片等长，较细，宽2.0~2.5mm，两面凸起，边缘平滑，顶端小戟凸呈卵圆形，顶端被毛或无毛。花雌雄异株；雄花序长25~30cm，具3~4个分枝花序，花序梗及每分枝基部为一个佛焰苞包着，佛焰苞除顶尖被毛外，其余部分无毛，具条纹脉。花期5~6月；果期10~11月。

产于广西西南部、西部、北部及东北部。生于石山灌丛中，广西各地有栽培。分布于中国南部至西南部，为各地观赏棕竹的主流种类之一。树形优美，可作庭园绿化的观赏植物。

5. 多裂棕竹 细叶棕竹、金山棕

Rhapis multifida Burret

从生灌木状，高达3m或更高。带鞘茎直径1.5~2.5cm，无鞘茎直径约1cm；叶鞘纤维褐色，整齐排列，较粗壮。叶掌状深裂，扇形，长28~36cm，裂片裂至基部2.6~6.0cm处，侧边裂得较深，裂片25~32片，线状披针形，每裂片长28~36cm，宽1.5~1.8cm，具2条肋脉，先端变狭，有2~3短裂片，边缘及肋脉上具细锯齿，横小脉明显；叶柄较长，长20~40cm，两面凸圆，边缘几乎是锐尖的，顶端具小戟凸，卵圆形至半圆形，被淡黄褐色或深褐色的绵毛。花序二回分枝，长40~50cm，花序梗上的佛焰苞2个，长约13cm。果实球形，直径9~10mm，成熟时黄色至黄褐色，外果皮稍具小颗粒；种子略为半球形，直径约6mm，种脊面扁平，具凹穴，胚乳均匀，具深的凹穴；胚侧生于种脊对面的中部偏下。花期5~6月；果期11月。

产于环江、那坡、乐业。生于石灰岩山麓。分布于云南。播种或分株繁殖。裂片细且多，冠形清秀，优良绿化和盆栽植物，商品名“金山棕”。

7. 石山棕属 Guihaia J. Dransf., S. K. Lee et F. N. Wei

从生矮灌木状，高50~100cm。干较细，为筒状叶鞘所覆被。叶扇形，聚生干端，掌状深裂，裂片条形，挺直，外向折叠，多具单折，上面无毛，下面密被银灰色绒毛或无毛，具点状鳞秕；叶柄细长，两侧具微锯齿，柄端具小戟凸，叶鞘由针状粗硬网状纤维交织成革质筒状物而包被茎秆。雌雄异株，多次开花结实；圆锥状聚伞花序单生叶腋，分枝达4级，总轴外被佛焰苞；雌花小，花萼及花冠均3裂，心皮3枚，分离，有毛；雄花特小，雄蕊6枚。核果近球形或椭圆形，蓝黑色。种子1枚。

2种。分布于广东、云南；越南也产。广西2种全产。

分种检索表

1. 叶背面密被毡状银白色绒毡，叶鞘纤维先端分裂成针刺状，十分锋利；佛焰苞密被银白色片状毛；果近球形 ………………………………………………………………………… **1. 石山棕 G. argyrata**
1. 叶背面多少苍白色，仅散生鳞片而无长毛，叶鞘纤维先端分裂成片状或不分裂而呈鸭嘴状；佛焰苞无毛或被稀疏片状毛；果椭圆形 ……………………………………………… **2. 两广石山棕 G. grossifibrosa**

1. 石山棕 岩棕 图1503：1~6

Guihaia argyrata (S. K. Lee et F. N. Wei) S. K. Lee, F. N. Wei et J. Dransf.

从生灌木状，高1.2m，直径约4cm。茎外倾或直立，明显具叶痕。叶扇形或近圆形，直径40~50cm，掌状深裂，裂片披针形或条形，10~20枚，下面密被毡状银白绒毛；叶柄长达1m，叶鞘初管状，后渐成深褐色针刺状纤维质。花序长30~80cm，具2~5分枝花序，佛焰苞2枚，密被银白色片状毛；雌花黄褐色，退化雄蕊6枚；雄花无退化雌蕊。核果近球形，黑褐色，直径4~6mm，果皮薄，萼片、花瓣均宿存。种子腹面具浅槽。花期5~6月；果期9~11月。

产于广西各地。生于石灰岩石缝中。分布于湖南、广东及云南。

2. 两广石山棕 图1503：7~8

Guihaia grossifibrosa (Gagnep.) J. Dransf., S. K. Lee et F. N. Wei

茎丛生，茎倾斜，高0.5~1.4m，直径约2cm，叶鞘纤维先端合生成鸭嘴状成分裂成片状。叶直径40~80cm，掌状或指状深裂，裂片多为3枚，间有5~7枚，披针形，中间1枚稍宽，外向折叠，先端有短齿；叶柄长，边缘有微齿，顶端叶舌明显。果椭圆形，长6~8mm，蓝黑色。花期5~7月；果期8~9月。

产于广西西南部、西部及北部。生于石灰岩山地石缝中。分布于贵州；越南也有分布。

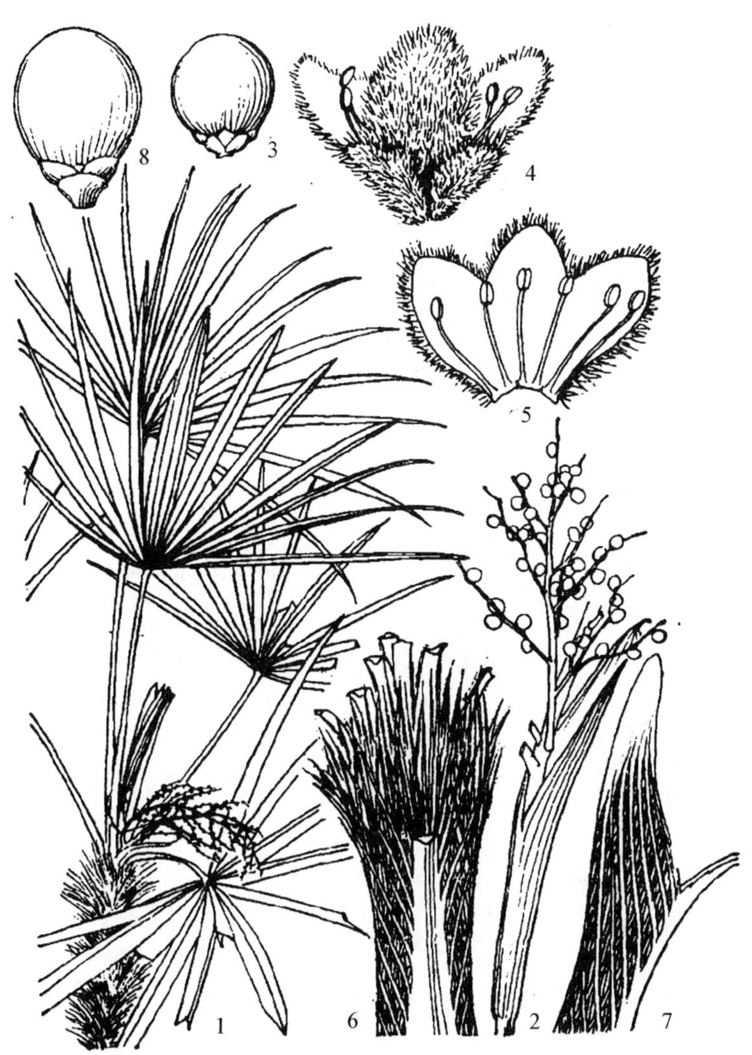

图 1503　1～6. 石山棕 Guihaia argyrata（S. K. Lee et F. N. Wei）S. K. Lee, F. N. Wei et J. Dransf.　1. 植株；2. 花序；3. 果；4. 雄花；5. 雄花冠展开；6. 叶鞘分解成针刺状纤维。**7～8. 两广石山棕 Guihaia grossifibrosa**（Gagnep.）J. Dransf., S. K. Lee et F. N. Wei　7. 叶鞘分解成筛网状的扁平纤维；8. 果。（仿《中国植物志》）

8. 黄藤属 Daemonorops Bl.

多刺藤本状灌木。叶羽状全裂而有许多狭裂片，叶轴顶端常延伸成具倒钩刺纤鞭；叶鞘圆柱状，无纤鞭，有散生或成横列的刺。肉穗花序通常单性，雌雄同株，稠密或疏散，多花，具总花梗，花序总轴上佛焰苞舟状，脱落；分枝上的佛焰苞管状；小穗状花序纤细；花萼筒状，3 齿裂；花冠较花萼长 2～3 倍；雄蕊 6 枚；雌花序较粗壮，轴成“之”字形曲折；子房卵形，柱头 3 枚。果球形，密覆黄色或褐色向下覆瓦状排列的鳞片；种子肾状球形，种皮骨质。

约 100 种。分布于亚洲热带地区。中国 1 种，广西也有分布。

黄藤　图 1504

Daemonorops jenkinsiana（Griff.）Mart.

有刺藤本，茎初时直立，后攀援状。茎粗约 4cm。叶羽状全裂，长 2～3m；叶轴顶端延伸成具爪状刺的纤鞭；裂片近对生，50～75 对，椭圆状披针形至条状披针形，长 25～42cm，宽 1～6cm，先端渐尖；叶轴有大小不等下弯或劲直的刺；叶柄横切面呈半圆形；叶鞘有扁平的直刺。肉穗花序稠密，花序总轴上的佛焰苞舟状，2 枚至数枚，长 30cm 或更长，顶端尾状渐尖，外面 1 枚密被褐

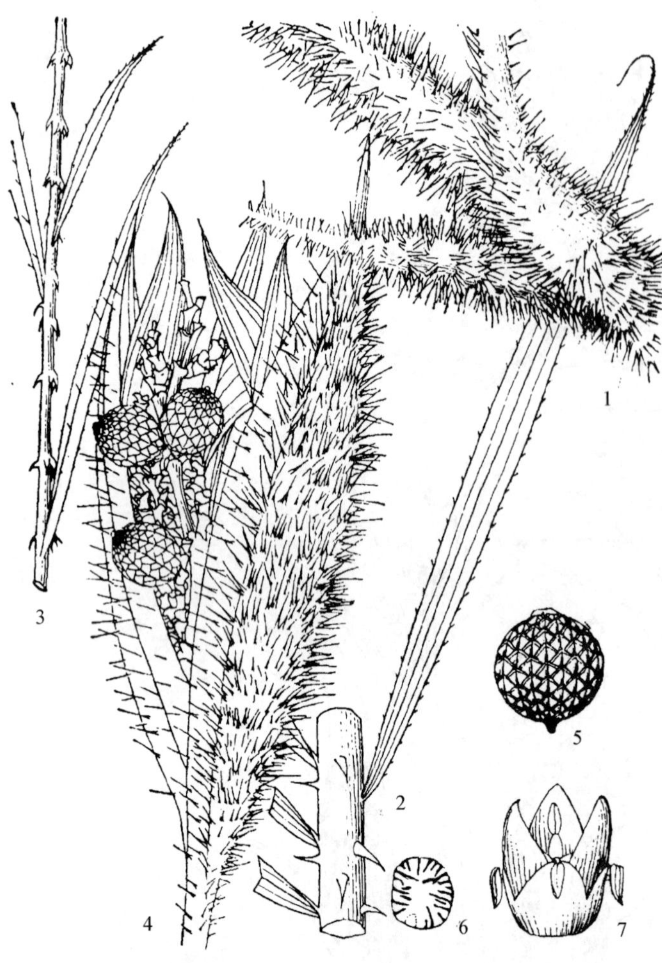

图1504 黄藤 **Daemonorops jenkinsiana** (Griff.) Mart.
1. 叶鞘、叶柄基部及未开放的花序；2. 叶中部背面，示羽片及刺；3. 叶顶端，示羽片和一段纤鞭；4. 雌花序，示舟状佛焰苞及果序；5. 果实；6. 种子纵切面；7. 雄花。(仿《中国植物志》)

色、扁平的直刺，里面的刺较少至无刺，初时包着花序，后脱落；雄花序分枝多，长1.5～2.0cm，小穗轴曲折，每侧有互生的花4～11朵；雌花序的分枝较粗壮而少。果球形，直径约2cm，密被黄色而光亮的鳞片；种子肾状球形。花期6～9月。

产于陆川、博白、钦州、东兴。生于山谷密林中。分布于云南、贵州、广东、海南、台湾。茎可编织藤器。

9. 省藤属 Calamus L.

攀援藤本或直立灌木，丛生或单生。叶片一回羽状全裂，裂片互生、近对生或成束聚生，线形至披针形或倒披针形，叶轴具刺或顶端延伸成具刺的纤鞭；叶鞘有刺或无刺。花单性，雌雄异株，排列成多分枝的肉穗花序，花序从叶鞘内抽出；佛焰苞管状；雄花萼片合生呈管状或杯状，花瓣镊合状排列，雄蕊6枚；雌花萼片与雄花的相似，退化雄蕊6枚，花丝下部合生成一杯状体，心皮3枚，合生，子房不完全3室。坚果球形、卵形或椭圆形，外覆以多数覆瓦状排列而有光泽的鳞片。

约385种。广泛分布于亚洲，少数分布于大洋洲和非洲。中国28种；广西10种。

分种检索表

1. 羽片单生或在羽轴两侧各2～3枚聚生或靠近着生，彼此间距约3mm。
  2. 羽片17～29对，单生或基部2～3片聚生，狭披针形或披针形，长35～40cm，宽2～5cm ………………………………………… **1. 单叶省藤 C. simplicifolius**
  2. 羽片少于17对，2～3片靠近着生，椭圆状披针形，长不足20cm。
    3. 叶轴顶端不具纤鞭；羽片2～3对，相距约3cm；果球形，直径8～10mm，鳞片21～23纵裂 ………………………………………… **2. 白藤 C. tetradactylus**
    3. 叶轴顶端具纤鞭；羽片2对，十分靠近而近于聚生；果卵形或椭圆形，长约1.8cm，直径约1.2cm，鳞片约15纵裂 ………………………………………… **3. 桂南省藤 C. austroguangxiensis**
1. 羽片均匀排列或若干片为一组疏离排列于羽轴两侧。
  4. 羽片背面密被灰白色或灰褐色鳞秕和刺；果的鳞片边缘被绒毛。
    5. 羽片成组排列，长25～40cm，宽3.5～4.0cm，主脉通常5条；雌花序仅具1小穗花序 ………………………………………… **4. 尖果省藤 C. oxycarpus**
    5. 羽片通常整齐排列，长20～36cm，宽约1.5cm，主脉通常3条；雌花序一回分枝 ………………………………………… **5. 大喙省藤 C. macrorhynchus**
  4. 羽片背面不被灰白色或灰褐色鳞秕和刺；果的鳞片边缘无毛或具鳞毛，不为绒毛。

6. 叶柄及叶鞘具长短不等并扁平的黑刺，叶片长达2m，顶端不具纤鞭 …………… **6. 杖藤 C. rhabdocladus**

6. 叶柄及叶鞘的刺不为黑色。

7. 叶轴顶端不具纤鞭。

8. 茎直立；花序轴顶端不延伸呈纤鞭或尾状附属物 ………………………… **7. 电白省藤 C. dianbaiensis**

8. 攀援；花序轴顶端延伸呈纤鞭或附属物 ………………………………… **8. 滇南省藤 C. henryanus**

7. 叶轴顶端延伸呈刺状纤鞭。

9. 胚乳均匀；羽片少数，7~8对，不等距排列，长圆形，长10~14cm，宽2.5~3.5cm，中部的羽片常成对着生；果椭圆形，鳞片约16纵列 ……………………………………… **9. 上思省藤 C. viridispinus**

9. 胚乳浅嚼烂状或嚼烂状；羽片多数，通常2~3枚成组，椭圆状披针形或披针形，长30~50cm，宽3~6cm；果卵状椭圆形或倒卵形，鳞片约18纵列 ………………………… **10. 泽生藤 C. palustris**

1. 单叶省藤 省藤

Calamus simplicifolius C. F. Wei

攀援藤本，带鞘茎粗3~6cm。叶羽状全裂，长2~3m，茎生叶无纤鞭，茎上部叶具粗长纤鞭，长1.0~1.5m，具3~7个基部合生、半轮生的爪状刺；羽片17~29对，单生或2~3枚成组聚生，狭披针形或披针形，长35~40cm，宽2~5cm，有3~5条叶脉，叶轴中下部具长短不等直刺，中上部背面具几个合生或半轮生爪；叶鞘被多数黄绿色、长2~4cm，基部宽5~8mm狭三角形扁刺及小刺；托叶鞘紫色，无毛。雄花序圆锥状，三回分枝；雌花序长45~60cm，二回分枝。果序长45~60cm，一回分枝；果球形或近球形，直径2.0~2.3cm，顶端具喙，喙长2~3mm，基部宿存花被片呈果梗状，鳞片约18纵列，黄白色，边缘褐色；种子球形或近球形，直径1.2~1.4cm，表面有多数小孔穴；胚乳嚼烂状。果期10~12月。

产于防城及广西西南部。分布于海南。藤茎可编织藤器；果肉酸甜，可食。

2. 白藤 鸡藤 图1505

Calamus tetradactylus Hance

攀援藤本，丛生，茎细长，带鞘粗0.6~1.0cm，裸茎粗0.5cm。叶羽状全裂，长45~50cm，顶端不具纤鞭；羽片7~11对，2~3枚成组排列，顶端的4~6枚聚生，披针状椭圆形或长圆状披针形，长10~20cm，宽2~3cm，先端凸渐尖，具刚毛，边缘具刚毛状微刺，叶两面无刺；叶脉3条，横脉细小；叶柄无刺或具少量皮刺；叶轴三棱形，两侧无刺，背面具爪刺；叶鞘无刺或少刺，幼时具丝状纤鞭。雌雄花序异型；雄花序部分三回分枝，长约50cm，具少数几个分枝花序；雌花序二回分枝，顶端延伸为具爪的纤鞭。果球形，直径8~10mm，顶端具小锥状喙，鳞片21~23纵列，中央有沟槽，淡黄色，具红褐色顶尖，边缘有不明显啮蚀状；种子球形，直径约6mm，胚乳近均匀或浅嚼烂状，胚基生。花期1~4月；果期6~7月。

产于苍梧、陆川、博白、合浦、上思、龙州。生于林中湿润处。分布于福建、广东、海南；越南也有分布。藤茎柔韧，剥去外皮后为白色，称为“白藤”，可供编织藤器。

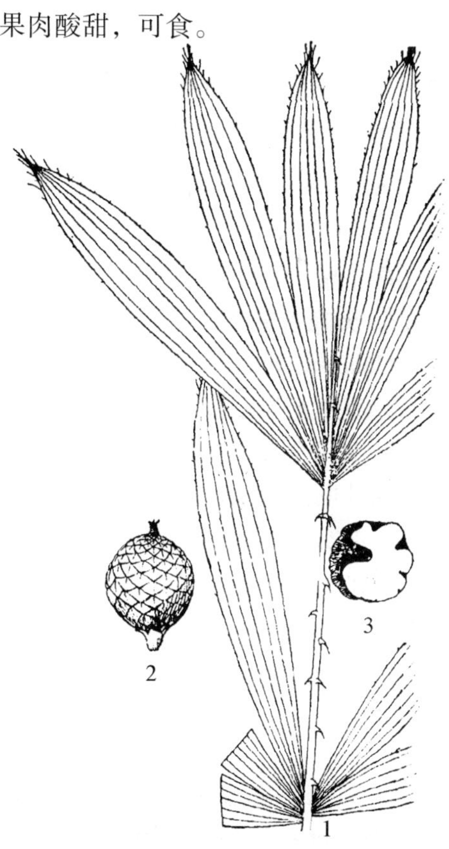

图1505 白藤 Calamus tetradactylus Hance 1. 叶上部；2. 果；3. 种子纵切面。（仿《中国植物志》）

3. 桂南省藤 图1506

Calamusaus austroguangxiensis S. J. Pei et S. Y. Chen

攀援藤本，茎细长。叶羽状全裂，叶轴背面具稍密的单生下弯的爪，两侧具短爪或直刺，顶部及纤鞭的背面具2~

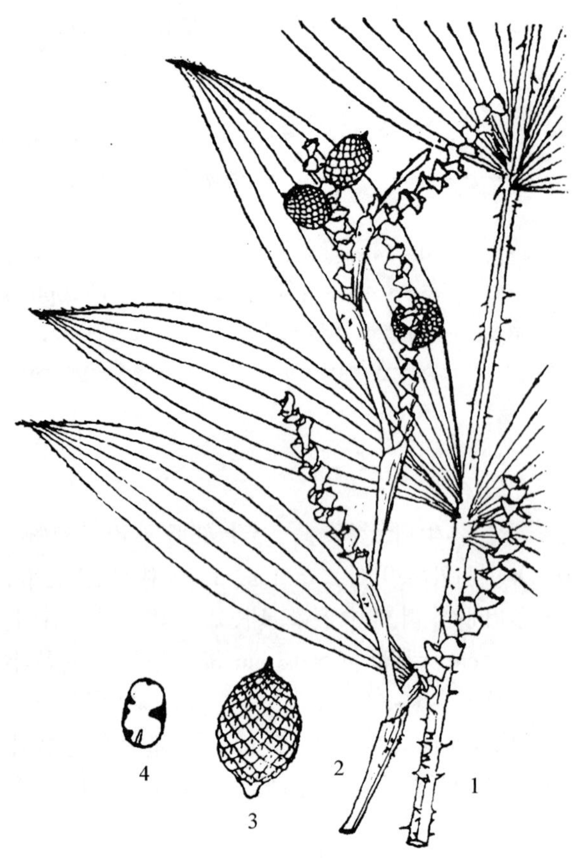

图 1506 桂南省藤 Calamus austroguangxiensis S. J. Pei et S. Y. Chen 1. 叶下部；2. 果序一部分；3. 果；4. 种子纵切面。(仿《中国植物志》)

3个合生或半轮生的爪；羽片常2对，每2枚成对着生，每对羽片约叉开45°角，下部偶有单枚羽片着生，椭圆状披针形，先端急尖，基部变狭，具刚毛，长14～15cm，宽3.5～4.0cm；叶脉5条，横脉明显，稍密。果卵球形或椭圆形，草黄色，长约1.8cm，宽约1.2cm，鳞片约15纵列，中央有浅沟槽，边缘具暗色线，啮蚀状，向顶端变宽；种子椭圆形，长约1.5cm，宽约1.1cm，表面具深的洼穴；胚乳稍嚼烂状。果期11月。

广西特有种。产于上思。

4. 尖果省藤

Calamus oxycarpus Becc.

丛生直立灌木，高2m。叶羽状全裂，长达2m，顶端不具纤鞭；羽片2～3(～4)枚成组着生，披针形或倒披针形，长25～40cm，宽3.5～4.0cm，从中部向先端渐尖至急尖，基部急尖，叶面暗绿色，无毛，背面被灰白色或褐色柔软绵毛和星散微刺状刚毛，边缘被微刺；主脉通常5条，横脉细而明显、弯曲而间断；叶轴背面被直刺。雌花序长达1m以上，基部为二回分枝，上部为一回分枝，着生少数疏离、不分枝的小穗状花序，顶端具丝状、无刺的尾状附属物。果长卵球形，长2.5～3.0cm，直径1.1～1.3cm，在其顶部1/4处骤缩成一个狭长圆锥状喙，鳞片23～24纵裂，黄色或淡红黄色并向顶尖渐变为亮黑色，边缘被锈色绒毛；种子长圆状，腹面稍扁平，两端变狭，长1.8～2.2cm，宽0.9～1.0cm；胚乳均匀。花期2月；果期8月。

产于融水、罗城、环江、武鸣。分布于贵州东部和南部。

5. 大喙省藤

Calamus macrorhynchus Burret

茎直立至半攀援状灌木，长2～4m或更长。幼时全株被卷曲淡褐色鳞秕状绒毛，老后渐变无毛。叶羽状全裂，长80～100cm，顶端无纤鞭；叶轴每侧有羽片10～15枚，通常整齐排列，叶轴中部的羽片间隔较大；羽片线状披针形，长20～36cm，宽约1.5cm，先端渐尖，下部楔形，上面绿色，背面被灰白色鳞毛和刚毛状刺，具3条叶脉，边缘及中脉被疏微刺，横脉不整齐、间断、稀疏；叶轴被淡褐色鳞秕；叶柄密被淡褐色鳞秕，下部边缘具稍扁平叉开的直刺，刺长1～2cm；叶鞘疏被1～3cm的扁刺。雌花序长45cm或更长，一回分枝。果卵形，长2.5～2.7cm，直径约1.5cm，顶端具长喙，鳞片22～24纵裂，栗褐色至褐色，边缘苍白色，具栗褐色绒毛；种子卵状半球形，长1.6～1.7cm，宽1.3～1.9cm；胚乳均匀。花期4～5月；果期11～12月。

产于融水、苍梧、容县。生于山林湿润处。分布于广东。

6. 杖藤 华南省藤、弓弦藤、黄藤 图1507

Calamus rhabdocladus Burret

攀援藤本，丛生。带叶鞘茎粗3～4cm，裸茎粗1.8～2.5cm。叶羽状全裂，长1.2～2.0m，顶端不具纤鞭；羽片整齐排列，等距或稍有间隔，线形，长45～50cm，宽1～2cm或更宽，先端渐尖，有明显3条叶脉，两面及边缘和先端均有刚毛状刺；叶轴具近成列的直刺或单生的爪；叶柄长

25～35cm，被黑褐色鳞秕，具整齐成列长短不等的黑色扁平直刺或单生爪；叶鞘口刺长达5～10cm或更长，叶鞘密被红褐色或黑褐色鳞秕和成列的与叶柄上相似的黑褐色刺，长刺之间混有较短的刚毛状黑刺。雌雄花序异型，雄花序长鞭状，三回分枝，长达8m；雌花序二回分枝，长7～8m，顶端具纤鞭。果椭圆形，长10～12mm，直径7～8mm，顶端具喙状尖头，鳞片约15纵裂，草黄色，顶端褐色，啮蚀状，边缘具稍宽的黄褐色流苏状鳞毛；种子椭圆形，长约8mm，表面有瘤凸；胚乳浅嚼烂状。花、果期4～6月。

产于金秀、昭平、临桂、平南。沟谷林中常见。分布于福建、广东、海南、贵州、云南。藤茎坚硬，适作藤器框架和手杖等。

7. 电白省藤 广西省藤

Calamus dianbaiensis C. F. Wei

直立丛生灌木，高3～4m，茎带叶鞘粗约7cm，裸茎粗4～5cm。叶羽状全裂，长2～3m，叶轴顶端不具带爪状刺的纤鞭；羽片约30对，整齐排列，线状剑形，中部羽片长50～60cm；宽2.8～4.0cm，往顶部的羽片逐渐变小，先端渐尖或钝，基部稍狭，边缘及近顶部的叶脉上疏被黑褐色刚毛；中脉粗壮，两面凸起，横脉波状，两面微凸；叶柄长60～90cm，具长直刺；叶鞘无囊状凸起，被褐色鳞秕，有暗绿褐色的近半轮生排列的基部肿胀的直刺；托叶鞘长达35cm，密被针刺。雌雄花序同型或趋向异型，长40～100cm，具二回分枝或雌花序大部分已减化为一回分枝。果实长圆形，长约3cm，直径1.7～2.0cm，两端圆，顶端具长约2mm的喙，基部果被平展；鳞片18纵裂，宽菱形，中央有沟槽，新鲜时深砖红色间绿，边缘暗褐色，光滑，无纤毛。种子倒卵形，长1.2～1.5cm，表面平滑，胚乳均匀。果期6～10月。

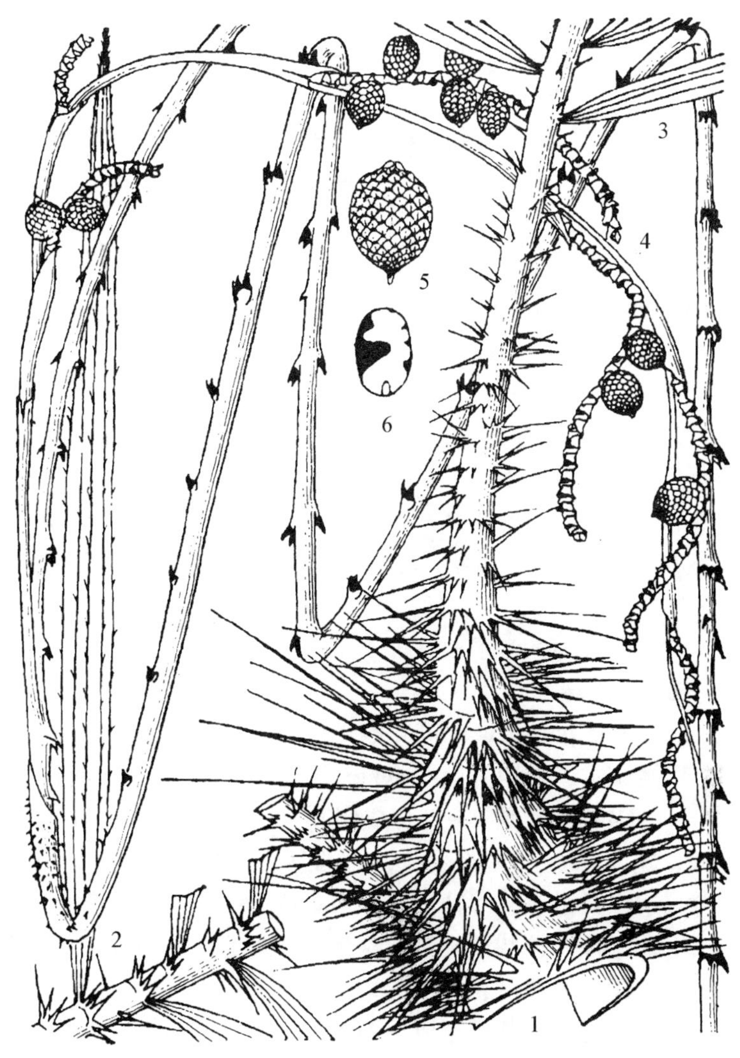

图1507 仗藤 Calamus rhabdocladus Burret 1. 部分叶鞘及叶柄；2. 叶轴中部一段，示羽片排列及刺；3～4. 雌花序一段及一分枝花序（带果穗）；5. 果；6. 种子纵切面。（仿《中国植物志》）

产于龙州大青山。生于山谷密林中。分布于广东。

8. 滇南省藤 小白藤、褐鳞省藤

Calamus henryanus Becc.

初时直立灌木，后匍匐或攀援状，茎纤细，带鞘茎粗约8mm。叶羽状全裂，长达85cm，顶端不具纤鞭，羽片25～28对，不整齐地每3～4枚或更多枚靠近成组排列；羽片线状披针形，长15～22cm，宽1.0～1.3cm，先端极渐尖，具细刚毛，基部急尖，上面及边缘被微刺，背面仅中脉疏被微刺或甚至无刺，具3条叶脉，横脉明显；叶轴背面有短的下弯的爪状针刺；叶柄边缘具5～10mm

长的针状直刺或钩状刺；叶鞘上具浅囊状凸起，有水平、散生的直刺(至多长 1cm)。雄花序一回分枝，长约 1m，顶端具细纤鞭，有 4 ~6 个分枝花序；雌花序细长，纤鞭状，顶端具纤细的纤鞭。果实球形，直径约 1cm，具短喙，鳞片 21 纵裂，草黄色，边缘有 1 条狭的暗色带，中央具狭沟槽；种子为不规则球形，直径约 7mm，稍扁，胚乳均匀。花期 5 ~6 月；果期 12 月。

产于永福、阳朔、恭城、金秀、融安、河池、都安、武鸣、龙州。为广西常见种，生于沟谷或山坡林下湿润处。分布于贵州；越南也有分布。藤茎可供编织。

9. 上思省藤

Calamus viridispinus Becc.

攀援状藤本，带鞘茎粗 1. 3 ~1. 5cm。叶羽状全裂，长 45 ~50cm，顶端延伸为带爪的纤鞭，羽片 7 ~8 对，通常基部和顶部的为单生，中部的成对着生于叶轴两侧；羽片长圆形，长 10 ~14cm，宽 2. 5 ~3. 5cm，两端几乎均匀地变狭，顶端突渐尖，有 5 条细叶脉，两面无刺，边缘被微刺；叶轴背面具少数单生的小爪刺；叶柄长 6 ~8cm，两侧边缘具少数的强壮的刺；叶鞘具囊状凸起，疏被长短不一的扁刺。雄花序二回分枝，长约 25cm，顶端具短的尾状附属物。果实椭圆形，长 13mm，直径 8mm，鳞片 16 纵裂，黄色、边缘淡红褐色；种子椭圆形；胚乳均匀，胚侧生。花期 5 月；果期 9 月。

广西特有种。产于上思。

10. 泽生藤

Calamus palustris Griff.

攀援藤本，带鞘茎粗约 4cm，裸茎粗 2 ~3cm。叶羽状全裂，羽片部分长 2 ~5m，顶端纤鞭长约 1. 2m；羽片多数，常 2 ~3 枚成组排列，顶端有单片着生其间，椭圆状披针形或披针形，长 30 ~50cm，宽 3 ~6cm，基部变狭，先端急尖具刚毛，两面绿色无小刺；叶脉 5 ~7 条，无刺，横脉稍密而细，边缘具微刺；叶轴基部上面两侧边缘有少数短直刺，中上部两侧边缘及背面有少数单生爪状刺或爪，上部至顶端纤鞭具半轮生的爪状刺；叶柄长 10 ~15cm，上面无刺或具少数短直刺，背面无刺；叶鞘具明显的囊状凸起，上面无刺，开口斜截，其余部分具少数宽片状、三角形渐尖、外折、单生或近合生甚至近成短列的刺，刺长 2 ~4cm；托叶鞘退化，舌状。雌雄花序异型，雄花序长 2m 以上，基部为三回分枝，上部为二回分枝；雌花序二回分枝，稍短，有多个分枝花序，顶端有一短的尾状附属物。果卵状椭圆形或倒卵形，长 1. 5 ~1. 8cm，直径 1. 0 ~1. 2cm，鳞片 18 纵裂，中央有浅沟槽，草黄色，边缘具细的啮蚀状齿；种子卵球形，长约 1cm，胚乳中央部分均匀，周围浅嚼烂状。花期 4 ~5 月。

产于广西西部。生于海拔 600 ~900m 山地林中。分布于云南；泰国、缅甸及印度也有分布。藤茎可供编织藤器。

10. 钩叶藤属 Plectocomia Mart. ex Bl.

有刺攀援藤本，一次开花结实后即死亡。叶羽状全裂，叶轴延伸成纤鞭；羽片线状披针形，无刺，边脉常强于中脉；叶柄及叶鞘上有许多螺旋状排列的长刺。雌雄异株；花序长，二次分枝，穗状下垂，密被覆瓦状二裂宿存革质小苞片，苞内藏小穗状花序；雄性小穗长而多花；雌性小穗短而花少。果球形，有喙，果皮薄，有倒生光亮的鳞片，内有种子 1 枚。

约 16 种。分布于亚洲热带地区及大洋洲。中国 3 种；广西 1 种。

小钩叶藤 钩叶藤

Plectocomia microstachys Burret

攀援藤本，茎伸长数米至数十米，带鞘茎粗 2cm。叶带鞭长达 3m，羽片部分长约 1m，顶端具纤鞭，叶轴下面具单生或 2 ~3 个合生的疏离的爪状刺，羽片排列不规则，几片成组着生，披针形或长圆状披针形，长 20 ~35cm，宽 3 ~6cm，渐尖或急尖，上面绿色，背面被白粉，边缘疏被微刺，边缘的肋脉几与中脉等粗；叶鞘具稍密的针状刺。雄花序长约70cm，上有多个穗状的分枝花序，长约50cm。花期9~10月。

国家Ⅱ级重点保护野生植物。产于防城、龙州。生于中海拔密林下或林缘。分布于海南、云南。

11. 鱼尾葵属 Caryota L.

常绿乔木状或灌木状；茎单生或丛生，具环状叶痕。叶二至三回羽状全裂，裂片半菱形，成鱼尾状，顶端极偏斜而有不规则啮齿状缺刻；叶鞘纤维质。肉穗花序腋生，下垂；单性同株，通常3朵聚生；雄花萼片3枚，花瓣3枚，雄蕊6枚至多数；雌花萼片圆形，花瓣卵状三角形，子房3室，柱头2~3裂。浆果状核果球形，有种子1~2枚。种子圆形或半圆形。

约13种。分布于亚洲南部至澳大利亚。中国4种，产于南部至西南部；广西4种全产。

分种检索表

1. 茎单生，乔木状；果熟时红色。
   2. 茎绿色，表面被白色毡状绒毛 ……………………………………………… **1. 鱼尾葵 C. maxima**
   2. 茎黑褐色，表面不被白色毡状绒毛 …………………………………………… **2. 董棕 C. obtusa**
1. 茎丛生，矮小；果熟时紫红色。
   3. 茎表面不被微白色毡状绒毛；花序常不分枝，偶从基部分出1短枝；果较大，球形，直径2.5~3.5cm …… ……………………………………………… **3. 单穗鱼尾葵 C. monostachya**
   3. 茎表面被微白色毡状绒毛；花序多分枝而密集；果较小，球形，直径1.2~1.5cm … **4. 短穗鱼尾葵 C. mitis**

1. 鱼尾葵 假桄榔、单秆鱼尾葵 图1508

Caryota maxima Bl. ex Mart.

茎单生，乔木状，高10~20m，直径35cm。茎绿色，被白色毡状绒毛，具环状叶痕。叶长3~4m，幼叶近革质，老叶厚革质；羽片长15~60cm，宽3~10cm，互生，最上部的一羽片大，楔形，先端2~3裂，侧边的羽片小，菱形，外缘笔直，内缘上半部或1/4以上弧曲成不规则齿缺，且延伸成短尖或尾尖。佛焰苞与花序无糠秕状鳞秕，花序长3~5m，具多数穗状分枝花序，长1.5~2.5m。果实球形，成熟时红色，直径1.5~2.0cm，有1枚种子；胚乳嚼烂状。花期5~7月；果期8~11月。

除广西东北部外，几乎遍布广西各地。常生于海拔700m以下石灰岩山坡或沟谷林中，桂林以南各地庭院常见栽培。分布于广东、福建、海南、云南；越南、马来西亚、印度也有分布。喜光，也较耐阴；稍耐寒，可耐长期4~5℃低温和短期-4℃低温及轻霜；喜湿润疏松钙质土，在酸性土上也能生长；根系浅，不耐旱，较耐水湿。

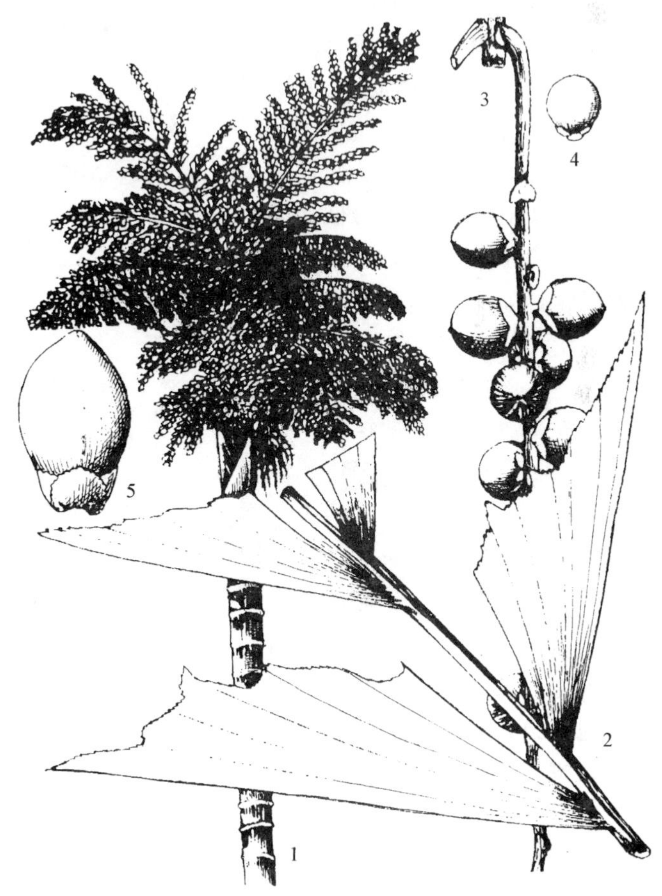

图1508 鱼尾葵 Caryota maxima Bl. ex Mart. 1. 植株；2. 部分叶裂片；3. 部分果穗；4. 果；5. 雄花。（仿《中国树木志》）

寿命较短，一般15年植株自然死亡。根系再生力强，易移植。播种繁殖，随采随播，播种后保持气温30℃左右，2~3个月即可发芽。树体高大，小叶形似鱼尾，奇特，花色鲜黄，果实如圆珠成串，优良庭院及道路绿化树种；羽叶亦为常用切花配叶。茎含丰富淀粉，可作桄榔粉代用品；边材坚硬，可作家具、手杖或筷子等工艺品。

2. 董棕 图1509

Caryota obtusa Griff.

茎单生，乔木状，高5~25m，直径25~45cm。茎黑褐色，表面不被白色的毡状绒毛，具明显环状叶痕。叶长5~7m，宽3~5m，弓状下弯；羽片宽楔形或狭斜楔形，长15~29cm，宽5~20cm，幼叶近革质，老叶厚革质，最下部羽片紧贴于分枝叶轴的基部，边缘具规则齿缺，基部以上羽片渐成狭楔形，外缘笔直，内缘斜伸或弧曲成齿缺，且延伸成尾状渐尖，最顶端的1枚羽片为宽楔形，先端2~3裂；叶柄长1.3~2.0m，背面凸圆，上面凹，基部直径约5cm，被脱落性棕黑色毡状绒毛；叶鞘边缘具网状的棕黑色纤维。佛焰苞长30~45cm；花序长1.5~2.5m，具多数而密集的穗状分枝花序，长1.0~1.8m；花序梗圆柱形，粗壮，直径5~75cm，密被覆瓦状排列的苞片。果实球形至扁球形，直径1.5~2.4cm，成熟时红色；有1~2枚种子，近球形或半球形；胚乳嚼烂状。花期6~10月；果期5~10月。

渐危种，国家Ⅱ级重点保护野生植物。产于靖西、那坡、龙州、大新、宁明。生于海拔500m以下石灰岩山区或沟谷林中。分布于云南；印度、斯里兰卡、缅甸至中南半岛也有分布。喜温暖湿润的气候，分布区夏季炎热，冬季温暖，年平均气温在20℃以上，1月平均气温在12℃以上，极端最低气温在0℃以上，7月平均气温28℃以上，基本无霜，能耐暑热及轻霜。桂林引种栽培，最低气温-7~-5℃，冬季有雪，露地栽培，无保护措施，能安全越冬并正常结实。分布区内干湿季节明显，能耐半年干旱，能生长在土层深厚的地方，亦可扎根于土壤较少的石崖，在土层深厚、肥沃、湿润、疏松、排水好的土壤生长良好，岩石裸露的石缝隙里也能生长。自然分布石山岩石裸露地，自山脚至半山腰都可见，并且因树体高大，位于林冠上层而十分显目。自然分布区为石灰土，但引种到pH4.2的酸性土亦能正常生长。苗期需要荫蔽，1~2年生苗适宜在60%~80%荫蔽度下生长，大树逐渐喜光。天然更新良好，老树附近多幼苗。约20年开花结实，

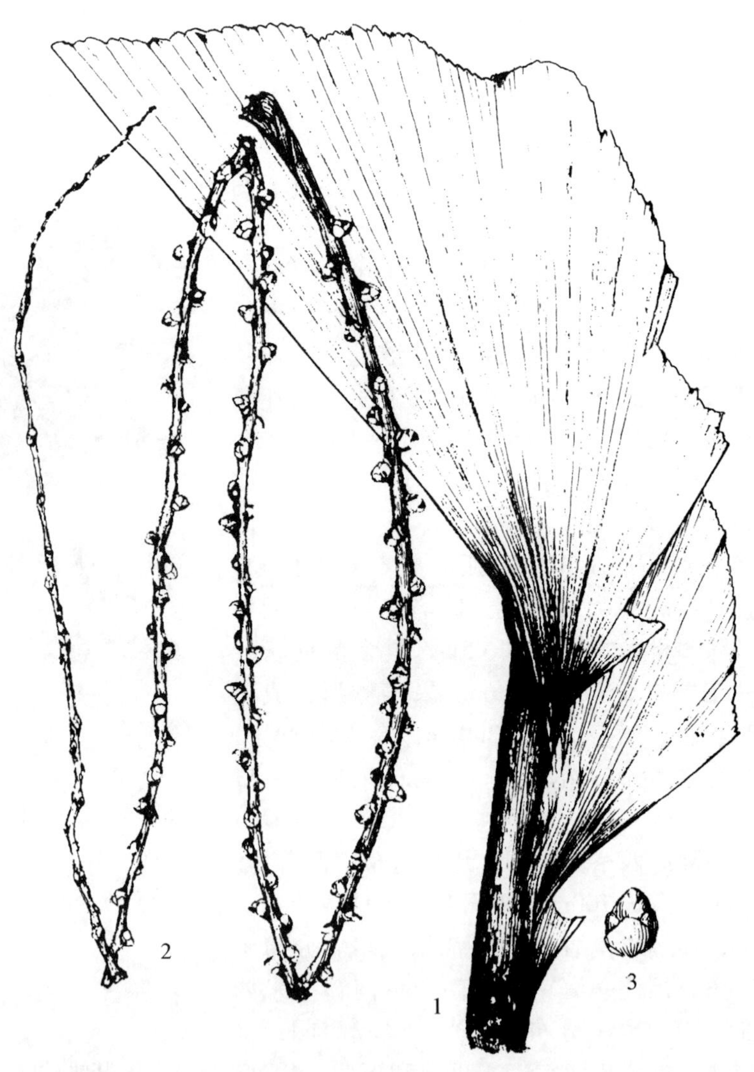

图1509 董棕 Caryota obtusa Griff. 1. 部分叶片；2. 花序；3. 雄花。（仿《中国树木志》）

图 1510 单穗鱼尾葵 **Caryota monostachya** Becc. 1. 佛焰苞及花序；2. 部分叶片；3. 果；4. 雄花。(仿《中国树木志》)

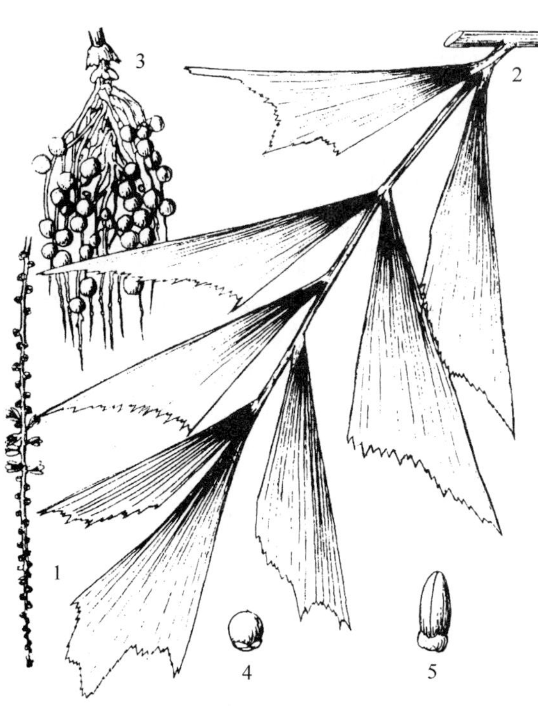

图 1511 短穗鱼尾葵 **Caryota mitis** Lour. 1. 部分花序；2. 部分叶裂片；3. 果序；4. 果；5. 雄花。(仿《中国树木志》)

开花结实后，全株死亡。播种繁殖。树体高大，枝叶青翠，优良园林绿化植物。

3. 单穗鱼尾葵 图 1510

Caryota monostachya Becc.

茎丛生，矮小，高 4m，直径 4cm，绿色，表面不被微白色的毡状绒毛。叶长 2.5～3.5m；羽片楔形或斜楔形，长 11～18cm，宽 4～8cm，基部两侧不对称，幼叶薄而脆，老叶近革质，外缘常为笔直，内缘弧曲或不规则齿缺，且延伸成尾尖；叶柄长 1.00～1.25m，近圆形，直径 1.5～2.5cm；叶鞘具细条纹，边缘具网状褐色纤维。佛焰苞管状，长 20～30cm，顶端斜截，套接，被毡状褐色绒毛；花序长 40～80cm，常不分枝，偶从基部分出一短枝，无毛。果实球形，直径 2.5～3.5cm，成熟时紫红色；有 2 枚种子，半球形；胚乳嚼烂状。花期 3～5 月；果期 7～10 月。

产于广西南部、西南部及西北部。生于石灰岩山坡或沟谷林中。分布于广东、贵州、云南；越南、老挝也有。

4. 短穗鱼尾葵 丛生鱼尾葵 图 1511

Caryota mitis Lour.

丛生，小乔木状，高达 8m，直径 8～15cm。茎绿色，表面被微白色毡状绒毛。叶长 3～4m，下部羽片小于上部羽片；羽片呈楔形或斜楔形，外缘笔直，内缘 1/2 以上弧曲成不规则齿缺，且延伸成尾尖或短尖，淡绿色，幼叶较薄，老叶近革质；叶柄被褐黑色毡状绒毛；叶鞘边缘具网状棕黑色纤维。佛焰苞与花序被糠秕状鳞秕，花序短，长 25～40cm，具密集穗状的分枝花序。果球形，直径 1.2～1.5cm，成熟时紫红色，有 1 枚种子。花期 4～6 月；果期 8～11 月。

产于广西东部、南部、西南部及西北部，南部各地庭院有栽培。分布于广东、海南、云南；越南、缅甸、印度、马来西亚、菲律宾、印度尼西亚(爪哇)也有分布。性喜光、高温、多湿、通风良好的环境，较耐阴。生长适温 20～30℃，低于 10℃即停止生长，长期处于 3℃以下易受冻害。可播种或分株繁殖。种子采收后应及时洗去果肉，并用湿沙层积催芽，待种芽萌动后再用袋播，也可直接播种于苗床中，保温保湿 2～3 个月后即可出苗。分株繁殖宜在春末夏初进行，用利刃将小植株与母株切开另植即可。茎丛生状，株型大，绿化效果好，优良园林植物。茎髓心含淀粉，可供食用；花序液汁含糖分，供制糖或酿酒。

12. 桄榔属 Arenga Labill.

乔木状或灌木状。单干或丛生。茎干覆被黑色、粗纤维状叶鞘残体。叶聚生干顶，羽状全裂，裂片顶端常具不整齐啮蚀状，基部一侧或两侧呈耳垂状。肉穗花序生于叶腋，总梗短，多分枝而下垂；花单性同株，异序，通常单生或3朵聚生，雌花居中；雄花萼片近圆形，花瓣长圆形，雄蕊多数，花丝短，花药条形；雌花萼片圆形，花后增大，花瓣三角状，花后亦增大，子房近球形。果多少核果状，倒卵形至球形，有种子1～3枚。种子阔椭圆形。

约21种。分布于亚洲至大洋洲。中国6种；广西1种。

图 1512 桄榔 Arenga westerhoutii Griff. 植株。(仿《中国植物志》)

桄榔 图 1512

Arenga westerhoutii Griff.

乔木状，茎较粗壮，高6～17m，直径5～30cm，有疏离的环状叶痕。叶聚生于干顶端，斜出，长4～9m，羽状全裂，羽片呈2列排列，线形或线状披针形，长80～150cm，宽2.5～6.5cm或更宽，顶端不整齐啮蚀状，缘疏生不整齐啮蚀状齿缺，基部两侧耳垂状，一大一小，叶表深绿，背面灰白；叶柄粗壮，直径5.1～8.6cm；叶鞘粗纤维质，黑色。肉穗花序腋生下弯，长约1.7m，小穗多达52条，长达1.2m，下垂；佛焰苞5～6枚，软革质。果倒卵状球形，长3.5～6.0cm，棕黑色。种子3枚，阔椭圆形。花期6月；果实约在开花后2～3年成熟。

产于巴马、田林、靖西、隆安、龙州、大新、宁明。生于密林、山谷中及石灰质石山谷地，广西南部各地常有栽培。分布于广东、海南、云南、西藏；印度、斯里兰卡、缅甸、印度尼西亚、马来西亚、菲律宾、澳大利亚也有分布。喜温暖环境，耐寒力强，引种到桂林雁山，生长良好。耐干旱，干旱石山谷地生长良好，但湿润环境下叶色浓绿，更具观赏性。播种繁殖。叶片巨大、挺直，树姿雄伟，优良园林树种。茎髓部含淀粉约44.5%，龙州特产桄榔粉为广西四大名粉，清肺解暑，止渴生津。

13. 刺葵属 Phoenix R. Br.

灌木状或乔木状。茎单生或丛生，直立或倾斜，常有叶柄(鞘)残基或环状叶柄(鞘)痕。叶羽状全裂成复叶状，羽片多数，细长，芽时内向折叠，先端尖，基部羽片退化成针刺状，中肋明显。花序腋生，具分枝；单性或杂性异株；花小，黄色；雄花花萼杯状，3齿裂，花瓣3枚，雄蕊3或6枚；雌花花瓣3枚，退化雄蕊6枚，离生心皮枚，每心皮具1枚胚珠，通常仅1枚心皮发育。果实椭圆形或近球形；种子1枚，腹面有纵沟。

约14种。分布于亚洲与非洲热带及亚热带地区。中国2种，引入栽培4种；广西1种，引入栽培4种。

分种检索表

1. 乔木状，茎高10m或更高，单生。
   2. 佛焰苞不开裂成2舟状瓣；果大，长达6.5cm，肉厚……………………………………………… **1. 海枣 P. dactylifera**
   2. 佛焰苞开裂成2舟状瓣；果小，不超过3cm，肉薄。
      3. 直径较细，直径粗不超过33cm ……………………………………………………………… **2. 银海枣 P. sylvestris**
      3. 直径粗壮，直径粗可达100cm ……………………………………………………… **3. 加拿利海枣 P. canariensis**
1. 灌木状或披散状灌木状，茎单生或丛生。
   4. 直立灌木，茎单生，其上覆以三角状老叶柄基部；叶羽片柔软，呈2列排列，背面沿中脉和叶轴上被灰白色粗糙鳞秕；果成熟时枣红色，具枣味 ……………………………………………… **4. 软叶刺葵 P. roebelenii**
   4. 丛生披散状灌木；叶羽片较硬，挺直，呈4列排列，两面光滑；果成熟时紫黑色，非枣味 ……… **5. 刺葵 P. loureiroi**

1. 海枣 伊拉克蜜枣 图1513：1

Phoenix dactylifera L.

乔木状，高35m。茎具宿存叶柄基部，上部叶斜升，下部叶下垂，形成一个较稀疏头状树冠。叶长达6m；叶柄长而纤细，多扁平；羽片线状披针形，长18～40cm，先端短渐尖，灰绿色，有明显龙骨凸起，2枚或3枚聚生，被毛，下部羽片变成长而硬的针刺状。佛焰苞长、大而肥厚，花序为密集的圆锥花序。果实长圆形或长圆状椭圆形，长3.5～6.5cm，成熟时深橙黄色，果肉肥厚；种子1枚。花期3～4月；果期9～10月。

原产西亚和北部非洲。南宁、凭祥有栽培，广东、云南、福建也有引种。喜高温低湿气候，耐寒力强，南宁栽培30年，未见寒害，生长健壮。果实可食用，花序汁液可制糖；树形美观，常作观赏植物。

2. 银海枣 中东海枣、林刺葵

Phoenix sylvestris（L.）Roxb.

乔木状，高达16m，直径达33cm；叶密聚成半球形树冠；茎具宿存的叶柄基部。叶长3～5m，无毛；叶柄短；叶鞘具纤维；羽片剑形，长15～45cm，宽1.7～2.5cm，先端尾状渐尖，互生或对生，呈2～4列排列，下部羽片较小，最后变为针刺。佛焰苞近革质，长30～40cm，开裂为2舟状瓣，表面被糠秕状褐色鳞秕；花序长60～100cm，直立，分枝花序纤细；花序梗长30～40cm，明显压扁。果序长达1m，有节，密集，橙黄色；果实长圆状椭圆形或卵球形，橙黄色，长2～3cm，顶端有短尖头；种子长圆形，长1.4～1.8cm。果期9～10月。

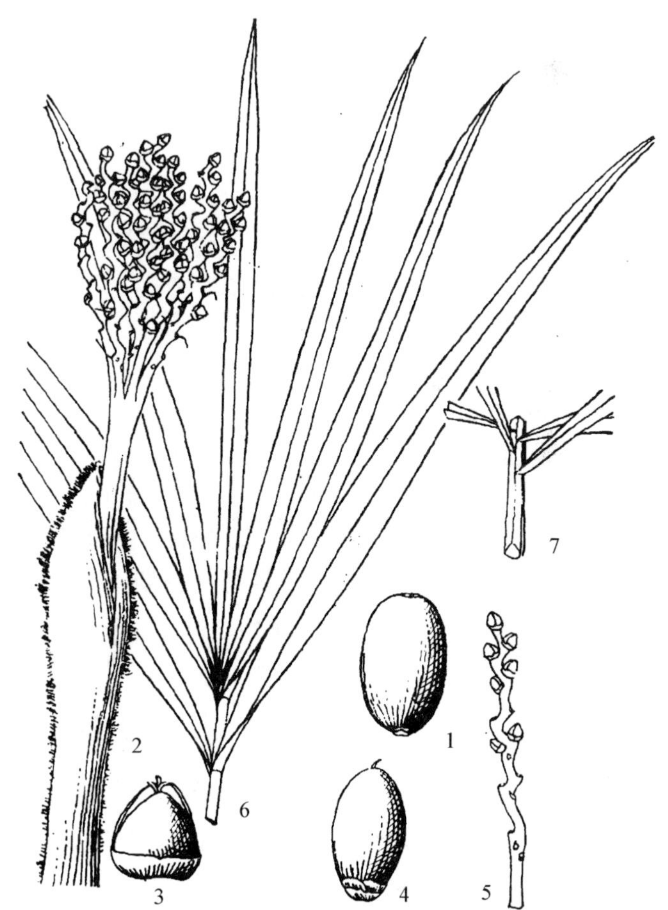

图1513 **1. 海枣 Phoenix dactylifera** L. 果。**2～7. 刺葵 Phoenix loureiroi** Kunth 2. 佛焰苞与花序；3. 雌花；4. 果实；5. 雌分枝花序；6. 叶顶部羽片；7. 叶中部，示羽片排列情况。（仿《中国植物志》）

原产印度、缅甸，广西南部各地常见

园林栽植，广东、云南、福建也有栽培。喜光照充足、温暖湿润环境，较耐寒，适生于年平均气温20℃以上，温度低于0℃易受害。播种繁殖，种子千粒重约1000g。树形优美，优良园林绿化树种。

3. 加拿利海枣 长叶刺葵

Phoenix canariensis Chabaud

乔木状，高达20m；茎干多单生，老树干径达1m，具紧密排列的扁菱形叶痕而较为平整。叶一回羽状全裂，长4～7m，裂片多达242片，条状披针形，2列排成平面，基部裂片成尖锐长刺，刺4列；叶柄长达1.2m，基部扁平。肉穗花序生于叶丛中；雌雄异株。果序长80～100m；浆果宽椭圆形或球状卵形，长1.8～2.5cm，熟时橙黄色。种子1枚，宽椭圆形，长约1.8cm，一侧有槽沟，两端钝圆；胚基生。花期3～4月；果期9～10月。

原产于非洲西北部加拿利群岛，广西南部各地有栽培，广东、海南、福建、云南及台湾有栽培。性喜温暖、湿润环境，抗寒、耐旱、耐盐碱，最低可忍受－12℃低温。播种繁殖。树冠球形绿色，金黄色的果穗及菱形叶痕所装扮的粗壮茎干成为最具观赏价值的棕榈植物。

4. 软叶刺葵 美丽针葵、江边刺葵

Phoenix roebelenii O'Brien

灌木状，高1～3m，直径达10cm。茎单生或丛生，有宿存的三角状的叶柄基部。叶长1.0～1.5m；羽片线形，长20～40cm，宽5～15mm，两面深绿色，背面沿叶脉被灰白色的糠秕状鳞秕，呈2列排列，下部羽片变成细长的软刺。佛焰苞长30～50cm，仅上部裂成2瓣；雄花与佛陷苞近等长，雌花序短于佛焰苞；分枝花序长而纤细，长达20cm；雄花花萼长1mm，顶端有三角状齿；花瓣3片，披针形，长9mm，顶端渐尖；雄蕊6枚；雌花近卵形，长6mm；花萼顶端有明显的短尖头。果实长圆形，长1.4～1.8cm，直径6～8mm，顶端有短尖头，成熟时枣红色，果肉薄而有枣味。花期4～5月；果期6～9月。

产于云南南部，常见于岩石缝中、江边沙地岩石、河边岩石上。广西各地有引种栽培；广东、海南、福建也有引种栽培。缅甸、越南、泰国、印度亦产。性喜高温高湿的热带气候，有较强耐寒性，冬季在－2℃可安全越冬，喜光也耐阴，较耐旱、耐涝、耐瘠薄。播种繁殖。优良的庭园绿化观赏植物。

5. 刺葵 硬叶针葵 图1513：2～7

Phoenix loureiroi Kunth

茎丛生或单生，高2～5m，直径达30cm。叶长达2m；羽片线形，挺直，两面光滑，较硬，长15～35cm，宽10～15mm，单生或2～3片聚生，呈4列排列。佛焰苞长15～20cm，褐色，不开裂为2舟状瓣；花序梗长达60cm；雌花序分枝短而粗壮，长7～15cm。果长圆形，长1.5～2.0cm，成熟时紫黑色，基部具宿存杯状花萼。花期4～5月；果期6～9月。

产于宁明、崇左、扶绥、隆林、邕宁。生长于丘陵山坡灌丛或草丛中。产于台湾、广东、海南、广西、云南。茎干斜歪，叶硬，刺长，观赏价值低，少利用。

14. 山槟榔属 Pinanga L.

茎直立，灌木状，有环状叶痕。叶羽状全裂，上部的羽片合生，或罕为单叶。花序生于叶丛之下，佛焰苞单生，花雌雄同序，每3朵(2朵雄花之间有1朵雌花)沿着花序轴上聚生，排成2～4或6纵列；雄花斜三棱形，雄蕊6枚或更多；雌花远比雄花小，卵形或球形，萼片和花瓣同形，子房1室，柱头3裂，胚珠1枚。果实卵形、椭圆形或近纺锤形，外果皮纤维质。

约137种。分布亚洲热带地区。中国5种；广西1种。

变色山槟榔 燕尾山槟榔、瑶山山槟榔、绿色山槟榔

Pinanga baviensis Becc.

从生灌木状，高约4m，直径1.5～2.0cm，有浅色斑纹，节间长4～15cm。叶羽状，长65～

100cm，裂片7~10对，顶端1对或2对羽片较宽，先端截形，具不等的锐齿裂，长30cm，宽5~7cm。肉穗花序生于叶鞘下，2~4个分枝，下弯，长约15~18cm，穗轴曲折，压扁，花2列。果实近纺锤形，长2.0~2.2cm，直径7~9mm，有纵条纹。果期10月。

产于临桂、金秀、融水、罗城、靖西、东兰、武鸣、上林、宁明、龙州、大新。分布于福建、广东及云南；越南也有分布。播种繁殖。耐阴，可栽培供观赏。

15. 槟榔属 Areca L.

乔木状或丛生灌木状，茎干细长而光滑，具环状叶痕，上部绿色。叶羽状全裂，条形或披针形；叶柄无刺。花单性，雌雄同序；花序生于叶鞘束之下，分枝多；佛焰苞早落；雄花生于花序上部，雄蕊3枚或6枚；雌花生于下部，子房1室，柱头3裂。核果卵形至长圆形，果皮纤维质，新鲜时稍带肉质，基部为花被所包围，有种子1枚。

约48种。产于亚洲南部。中国1种，引入栽培数种；广西引入栽培2种。

分种检索表

1. 乔木状，单干形；雄蕊6枚 ………………………………… **1. 槟榔 A. catechu**
1. 丛生灌木状至小乔木状；雄蕊3枚 ………………………… **2. 三药槟榔 A. triandra**

1. 槟榔 图1514：1~5

Areca catechu L.

直立乔木状，高10m，有明显的环状叶痕。叶簇生于茎顶，长1.3~2.0m，羽片多数，两面无毛，狭长披针形，长30~60cm，宽2.5~4.0cm，上部羽片合生，顶端有不规则齿裂。雌雄同株，花序多分枝，花序轴粗壮压扁，分枝曲折，长25~30cm，雄花生于上部，雌花生于基部；雄花小，无梗，萼片卵形，长不到1mm，花瓣长圆形，长4~6mm，雄蕊6枚；雌花较大，萼片卵形，花瓣近圆形，长1.2~1.5cm。果实长圆形或卵球形，长3~5cm，橙黄色，中果皮厚，纤维质。种子卵形，基部截平，胚乳嚼烂状，胚基生。花、果期3~4月。

原产热带美洲。云南、海南及台湾等热带地区广泛栽培。南宁、北海、钦州、防城有栽培。典型热带植物，不耐寒，-1℃幼株冻死，南宁露地栽培可安全越冬，但干型矮小。幼苗喜阴，成株能忍受直射光。播种繁殖。优良园林植物。果药用，有消积、杀虫、下气、下水功用，

2. 三药槟榔 图1514：6~8

Areca triandra Roxb. ex Buch. -Ham.

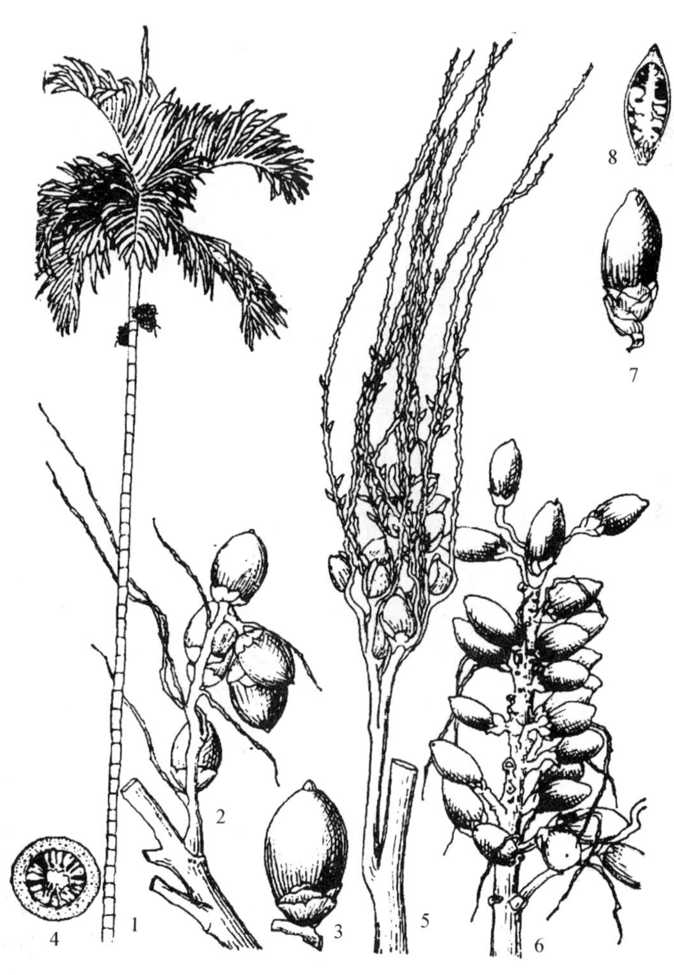

图1514 1~5. 槟榔 Areca catechu L. 1. 植株；2. 果序一部分，示果穗；3. 果；4. 果实横切面；5. 分枝花序。**6~8. 三药槟榔 Areca triandra** Roxb. ex Buch. -Ham. 6. 果序一部分；7. 果实；8. 种子纵切面。(仿《中国植物志》)

茎丛生，高3～4m或更高，直径2.5～4.0cm，具明显的环状叶痕。叶羽状全裂，长1m或更长，约17对羽片，顶端1对合生，羽片长35～60cm或更长，宽4.5～6.5cm，具2～6条肋脉，下部和中部的羽片披针形，上部及顶端羽片较短而稍钝，具齿裂；叶柄长10cm或更长。佛焰苞1个，革质，光滑，长30cm或更长，开花后脱落；花序和花与槟榔相似，但雄花更小，只有3枚雄蕊。果实卵状纺锤形，长约3.5cm，直径约1.5cm，具小乳头状凸起，果熟时由黄色变为深红色。种子椭圆形至倒卵球形，长1.5～1.8cm，直径1.0～1.2cm。果期8～9月。

产于印度及中南半岛、马来半岛等亚洲热带地区。广西南部、西南部有园林栽培，台湾、广东、海南、云南有栽培。喜高温，亦耐寒，耐-8℃低温；喜湿润和疏松肥沃的土壤，耐阴性很强。播种或分株繁殖。树形优美，由多条树干丛生形成，青翠浓绿，姿态优雅，果实鲜红，在翠绿的叶丛衬托下特别醒目，具浓厚的热带风光气息，是庭园、别墅绿化的良好植物。

16. 王棕属 Roystonea O. F. Cook

茎直立，乔木状，茎单生，圆柱状，近基部或中部膨大。叶极大，羽状全裂，裂片线状披针形；叶鞘长筒状，包茎。雌雄同株；花序着生于叶下冠茎叶鞘的基部，多分枝，花序梗短，具2个大的佛焰苞，外面1枚早落，里面1枚全包花序，于开花时纵裂；花3朵聚生(2雄1雌)，顶部则着生成对或单生的雄花；雄花萼片3枚，花瓣3枚，雄蕊6～12枚，退化雌蕊短，近球形或3裂；雌花近圆锥形至短卵形，萼片3枚，花瓣3枚，退化雄蕊6枚，子房近球形，1室，1枚胚珠。果实长圆状或近球形，长不过1.2cm；种子1枚。

约17种。原产热带美洲；中国引入栽培2种，广西常见栽培1种。

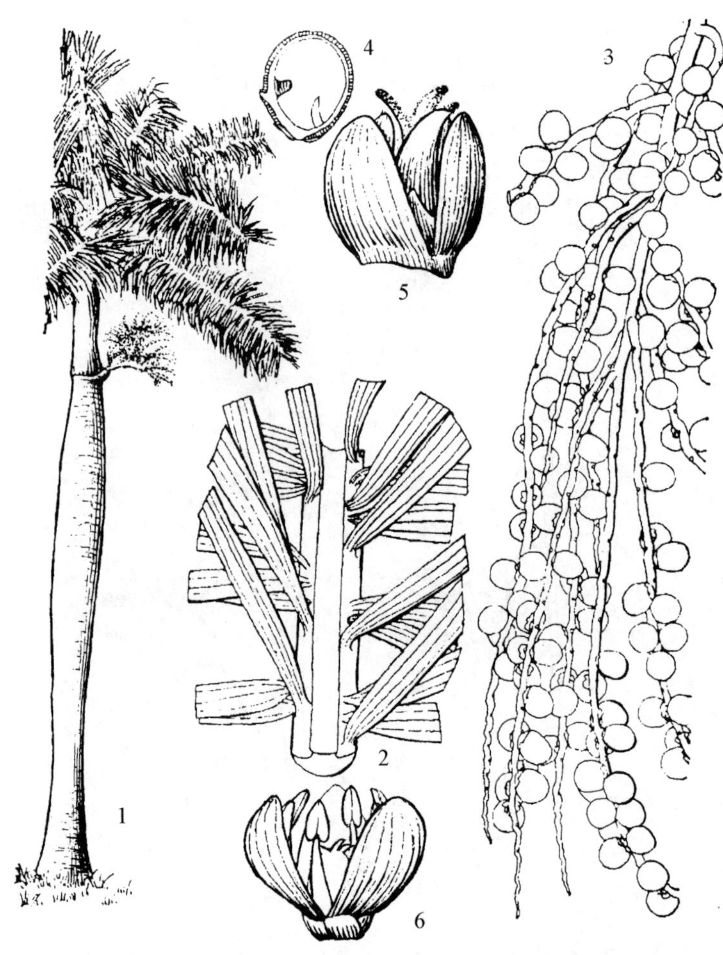

图1515　王棕 Roystonea regia（Kunth）O. F. Cook　1. 植株；2. 叶中部，示羽片排列；3. 果序一部分；4. 果的纵切面；5. 雌花；6. 雄花。（仿《中国植物志》）

王棕　大王椰子　图1515

Roystonea regia（Kunth）O. F. Cook

茎直立，乔木状，高20m。茎淡褐灰色，具整齐的环状叶鞘痕，幼时基部明显膨大，老时中部膨大。叶羽状全裂，长4～5m，叶轴每侧的羽片多达250枚，羽片呈4列排列，线状披针形，渐尖，顶端浅2裂，长90～100cm，宽3～5cm，顶部羽片较短而狭，在中脉的每侧具粗壮的叶脉。花序长达1.5m，多分枝，佛焰苞在开花前像1根垒球棒；花小，雌雄同株。果实近球形至倒卵形，长约1.3cm，直径约1cm，暗红色至淡紫色；种子歪卵形，一侧压扁。花期3～4月；果期8月。

原产古巴，现广植于世界各热带地区。广西南部各地广泛栽培，广东、台湾、云南及福建均有栽培。喜高温、多湿的热带气候，耐短暂 -1℃低温，南宁能安全露地栽培，但罕见结实，种子发育不良；凭祥栽培每年结实，种子发育正常。喜充足阳光和疏松肥沃土壤。播种繁殖。树干通直，高大，为世界著名热带观赏树种，广泛作行道树和庭园绿化树种。

17. 假槟榔属 Archontophoenix H. Wendl. et Drude

乔木状，干单生，有环纹，基部略膨大。叶羽状全裂，裂片在叶轴上排成 2 列。佛焰苞序生于叶鞘束之下，有多数倒垂的分枝，佛焰苞 2 枚；花无柄，单性同株，雄花花冠左右对称，萼片 3 枚，花瓣 3 枚，雄蕊 9～24 枚；雌花雌蕊近球形，较小，退化雄蕊 6 枚或缺。果小，球形或椭圆形。

约 14 种。分布于澳大利亚东部。中国常见栽培 1 种，广西也有栽培。

假槟榔 图 1516

Archontophoenix alexandrae（F. Muell.）H. Wendl. et Drude

乔木状，高达 25m，茎粗 15cm。圆柱状，基部略膨大。叶羽状全裂，生于茎顶，长 2～3m，羽片呈 2 列排列，线状披针形，长达 45cm，宽 1.2～2.5cm，先端渐尖，全缘或有缺刻，叶面绿色，背面被灰白色鳞秕状物，中脉明显；叶轴和叶柄厚而宽，无毛或稍被鳞秕；叶鞘绿色，膨大而包茎，形成明显的冠茎。花序生于叶鞘下，呈圆锥花序式，下垂，长 30～40cm，多分枝，花序轴略具棱和弯曲，具 2 个鞘状佛焰苞，长 45cm；花雌雄同株，白色。果实卵球形，红色，长 12～14mm。种子卵球形，长约 8mm，直径约 7mm，胚乳嚼烂状，胚基生。花期 4 月；果期 4～7 月。

原产澳大利亚东部。柳州以南广为栽培。福建、台湾、广东、海南、云南、重庆、四川有栽培。喜温暖，耐轻霜，不耐冰雪；喜湿润肥沃环境，干旱瘠薄地生长不良。播种繁殖。树干秀丽，叶翠绿，果红色亮丽，优良庭院绿化树种。

图 1516 假槟榔 Archontophoenix alexandrae（F. Muell.）H. Wendl. et Drude 1. 植株；2. 叶中部，示羽片；3. 叶顶部；4. 果序一部分；5. 果；6. 果实纵切面；7. 小穗状花序一段；8. 雄花。（仿《中国植物志》）

18. 散尾葵属 Dypsis Noronha ex Mart.

茎单生或丛生，纤细，棍棒状，无刺，通常有冠茎。叶羽状而形态多样，没有锯齿或二叉；叶鞘管状。雌雄同株；花序腋生，分枝。果小，成熟时呈红色光泽，内有种子 1 枚。

约有 21 种。原产于马达加斯

加低地到高山雨林；中国引入2种，广西也有引入，本志记载1种。

散尾葵 图1517

Dypsis lutescens（H. Wendl.）Beentje et J. Dransf.

丛生灌木状，高2～5m，茎粗4～5cm。基部略膨大，干光滑，黄绿色，幼时被蜡粉，节环明显。羽状复叶，全裂，长约1.5m，羽片40～60对，2列，披针形，长35～50cm，宽1.2～2.0cm，先端常2浅裂；叶柄及叶轴光滑，黄绿色，上面具沟槽，背面凸圆。花序生于叶鞘之下，呈圆锥花序式，多分枝，雌雄同株；花小；雄花萼片和花瓣各3枚，雄蕊6枚；雌花萼片和花瓣与雄花略同，子房3室，具短的花柱和粗的柱头。果长圆状椭圆形，长1.5～1.8cm，直径0.8～1.0cm，鲜时土黄色，干时紫黑色，外果皮光滑，中果皮具网状纤维。种子略为倒卵形，胚侧生。花期5月；果期8月。

图1517 散尾葵 Dypsis lutescens（H. Wendl.）Beentje et J. Dransf. 1. 植株；2. 叶一段，示羽片；3. 果穗一部分；4. 果实纵剖面；5. 分枝花序一部分；6. 雄花。（仿《中国植物志》）

原产马达加斯加，中国南方常见栽培，广西柳州以南各地有栽培。喜温暖湿润气候，不耐寒，能耐短期－1℃低温，稍耐旱，不耐积水，以疏松肥沃、排水良好的土壤为宜。幼株耐阴，成年植株喜半阴。根系发达，生长较快。播种繁殖。叶色翠绿，树形优美，大型盆栽植物，广泛用于室内公共空间或家居，亦常栽于庭院、公园。

19. 椰子属 Cocos L.

直立乔木。茎具环状叶痕。叶羽状全裂，簇生茎端，裂片多数，质硬，外向折叠。佛焰花序圆锥状，生于叶丛中，多分枝，初直立，后下垂；佛焰苞2～3枚，长而木质化；花单性，雌雄同株、同序；雄花小，多数，生于穗状分枝上部及中部；雌花大，少数，多生于分枝基部，有时雌雄花在下部混生，穗轴弯曲；雄花：萼片3枚，花瓣3枚，雄蕊6枚；雌花：萼片和花瓣均3枚，子房3室，每室1枚胚珠，通常1室发育，柱头3裂。果大，倒卵形或近球形，外果皮薄，光滑，中果皮厚，纤维质，内果皮骨质，近基部有萌发孔3个。种子1枚。

1种。广布于东南亚及太平洋诸岛热带海岸。中国有栽培，广西沿海台地也有栽培。

椰子 图1518

Cocos nucifera L.

乔木状，高15～35m，单干，茎干粗壮。叶长3～7m，羽状全裂；裂片外向折叠，叶柄粗壮，长约 1m，基部有网状褐色棕皮。肉穗花序腋生，长 1.5 ~ 2.0m，多分枝，总苞舟形，最下一枚长 60 ~ 100cm。坚果每 10 ~ 20 个聚为一束，极大，直径 15 ~ 20cm。几乎全年开花；果熟期主要为 7 ~ 9 月。

东南亚、太平洋诸岛及中国海南、台湾及广东、云南南部有广泛栽培，北海、合浦、钦州、防城、东兴有栽培。典型热带树种，最低温度不低于 10℃ 才能正常开花结实，北海栽培能结实，但果汁味酸，不能食用。椰子抗风能力强，可抗 8 ~ 9 级强风；树形苍翠挺拔，优良园林绿化树种，广西宜在沿海台地栽培。

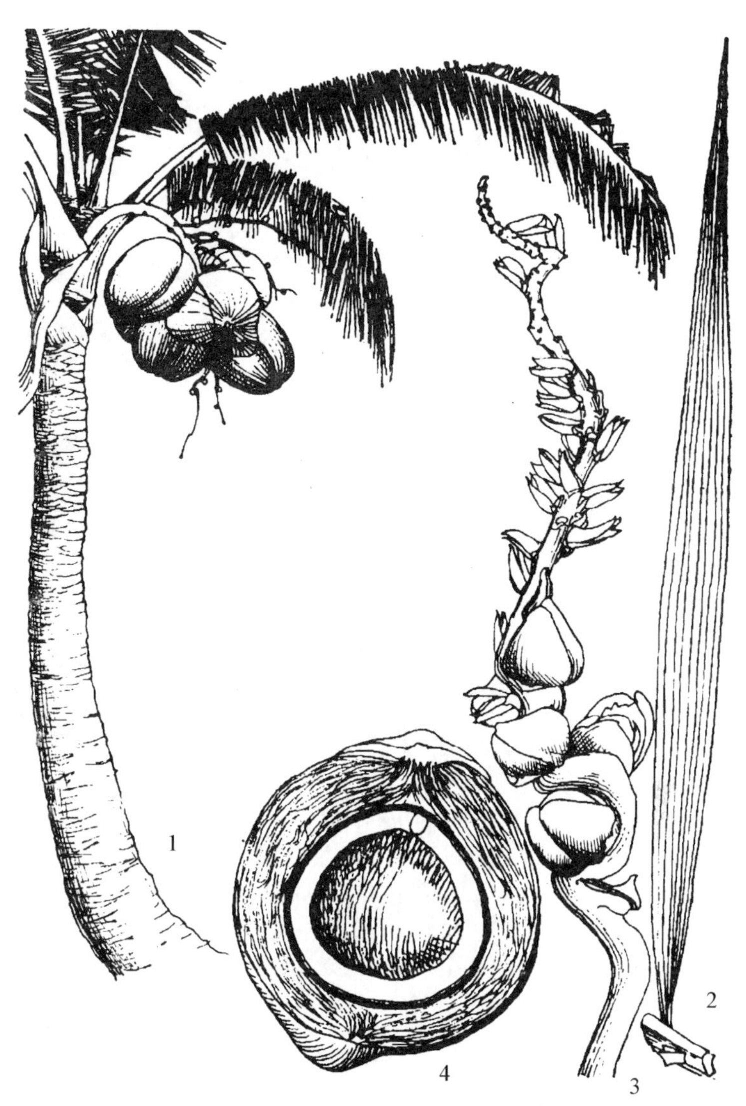

图 1518　椰子 Cocos nucifera L.　1. 植株；2. 叶一段，示羽片；3. 花序之一小穗状花序；4. 果实纵切面。（仿《中国植物志》）

20. 金山葵属 Syagrus Mart.

植株矮小或高大，单生或丛生，茎具叶痕。叶羽状，凋存或完全脱落；叶鞘分解成交织的纤维；羽片具单折，外向折叠，线形，顶端浅 2 裂。花序单生于叶腋；花序梗上的大佛焰苞宿存，管状，花蕾时包着整个花序，下垂圆锥花序；雌雄同穗。果小，球形、卵球形或椭圆形，绿色、褐色、黄色或淡红色或橙黄色，花被片宿存，外果皮光滑或具纵条纹，中果皮肉质或干燥，内果皮厚，木质。

约 32 种，主产于南美洲。中国栽培 1 种，广西也有栽培。

金山葵　皇后葵　图 1519

Syagrus romanzoffiana (Cham.) Glassman

常绿乔木状，高 15m。干直立，中上部稍膨大，有环状叶柄痕。叶羽状全裂，长可达 5m，裂片多，常 2 ~ 5 枚成组排为数列，裂片条状披针形，裂片长 40 ~ 70cm，宽 1.5 ~ 2.5cm。花单性，雌雄同株，花序生于下部叶腋间，雄花着生于花序上部，雌花着生于基部。果实卵圆形，橙黄色，有短尖。花期 4 ~ 5 月或 9 ~ 10 月；果实在当年或翌年成熟。

原产巴西，广西南部各地有栽培，广东、海南、福建、云南也有栽培，世界热带地区广泛栽培。喜温暖、湿润、向阳环境，能耐 -1℃ 短期低温，冬季少霜或无霜，要求肥沃、湿润土壤，抗风力强。播种繁殖。树干挺拔，簇生在顶上的叶片，如松散的羽毛，酷似皇后头上的冠饰，故又名“皇后葵”，优良园林观赏树种。

图 1519 金山葵 Syagrus romanzoffiana (Cham.) Glassman 1. 植株；2. 叶下部，示羽片排列；3. 叶顶部，示羽片排列；4. 一枚羽片；5. 部分果穗；6. 内果皮(种核)；7. 内果皮横切面，示胚乳。(仿《中国植物志》)

21. 瓦理棕属 Wallichia Roxb.

灌木状或小乔木状，丛生或单生。叶羽状全裂，螺旋状排列或 2 列，裂片内向折叠，条状披针形或不规则菱形，上部边缘啮蚀状或具不规则缺齿，基部楔形，上面无毛，下面常密被苍白色毛或星散褐色鳞片带；叶鞘边缘纤维质，抱茎。花序生于叶丛中，雌雄同株或杂性异株，一次开花结实；雄花序多分枝而密集，雌花序分枝稀疏；佛焰苞多数，基部管状，上部劈裂，包被花序梗；雄花花萼 3 深裂，雄蕊(3～)6(～15)枚；雌花花萼 3 枚，花瓣 3 枚，子房 2～3 室，胚珠 2～3 枚。果小，卵状长圆形；种子 1～3 枚。

约 8 种，分布于中国南部及中南半岛。中国 5 种；广西 1 种。

瓦理棕 小董棕 图 1520

Wallichia gracilis Becc.

丛生灌木状，高 2～3m。茎被密叶柄(鞘)残基及纤维所包裹。叶羽状全裂，羽片互生或近对生，长 20～35cm，最宽处达 10cm 甚至更宽，下部为宽楔形，中部及上部具深波状缺刻，先端略钝，具锐齿，顶端羽片常具波状 3 裂，边缘具不规则锐齿，上面绿色，背面稍苍白色；叶鞘边缘网状抱茎。花序生于叶间，雌雄同株，佛焰苞5枚或更多，包着花序梗，外面被污褐色鳞秕；小穗轴纤细，多而密集，长5～8cm，雄花长约6mm，花萼浅杯状，3浅裂，花瓣长圆形，雄蕊6(～9)枚；雌花近球形，长约2mm。果实卵状椭圆形，稍弯，长约1.4cm，直径0.7～1.0cm。种子1～2枚，长圆形，长约1.2cm。花期6月；果期8月。

产于靖西、龙州；越南也有分布。播种繁殖。优美耐阴的观赏树种。

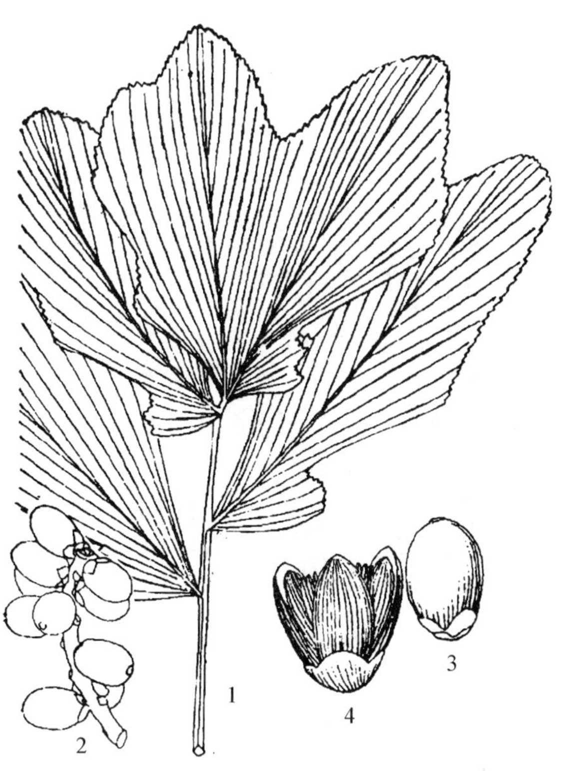

图1520 瓦理棕 Wallichia gracilis Becc. 1. 叶顶部羽片；2. 果序一段；3. 果实；4. 雄花。(仿《中国植物志》)

156 露兜树科 Pandanaceae

乔木状、灌本或草本。茎多呈假二叉式分枝，具气根或支柱根。叶狭长，硬革质，3～4列或螺旋状聚生枝顶；叶缘和叶背脊状凸起的中脉上有锐刺；叶基具开放的叶鞘，脱落后枝上留有密集环痕。花单性，雌雄异株；花序腋生或顶生，呈穗状、头状或圆锥状，常为数枚叶状佛焰苞所包围；花被缺或呈合生鳞片状；雄花具1枚至多枚雄蕊；雌花无退化雄蕊或有不定数的退化雄蕊包围雌蕊基部，子房上位，1室，每室胚珠1枚至多枚。聚花果头状或圆柱状，由多数核果组成。

3属约800种。中国2属7种；广西1属3种，本志记载1属2种。

露兜树属 Pandanus L. f.

乔木状、灌木状或短茎草本。叶窄长，常聚生枝顶，叶缘及背面沿中脉具锐刺，具鞘。花雌雄异株，无花被；穗状、头状或圆锥花序状，具佛焰苞；雄花具多数雄蕊，着生穗轴或簇生柱头体顶端；雌花无退化雄蕊，心皮1至多数，1至多室，每室胚珠1枚。聚花果圆球形或椭圆形，由多数木质、有棱角的小核果组成。

约600种。主要分布于东半球热带。中国6种；广西3种，本志记载2种。

分种检索表

1. 核果束1～2室，每一核果顶端的宿存柱头呈二歧刺状 ………………………………… **1. 分叉露兜 P. urophyllus**
1. 核果束5～12室，每一核果顶端的宿存柱头非二歧刺状 ………………………………… **2. 露兜树 P. tectorius**

1. 分叉露兜 图1521

Pandanus urophyllus Hance

常绿乔木状，高7～12m。茎端二歧分枝，具粗壮气根。叶聚生茎端，革质，带状，长1～4m，宽3～10cm，先端内凹变窄，具三棱形鞭状尾尖，边缘具较密的细锯齿状利刺，刺上弯，贴附叶缘，背面沿中脉具较稀疏而上弯的利刺，中脉两边各有一明显凸出的侧脉。雌雄异株；雄花序由若干穗状花序组成，穗状花序金黄色，圆柱状，长10～15cm，其下佛焰苞长达1m，宽约10cm；雌花序头状，具多数佛焰苞。聚花果椭圆形，红棕色；外果皮肉质而有香甜味；核果或核果束骨质，顶端凸出部分呈金字塔形，1～2室，宿存柱头呈二歧刺状。花期8月。

产于广西西北部。生于水边或林中沟边。分布于广东、云南、西藏；印度、越南也有分布。

图 1521 分叉露兜 **Pandanus urophyllus** Hance
1. 植株；2. 果序；3. 小核果。(仿《中国高等植物图鉴》)

2. 露兜树 露兜簕

Pandanus tectorius Parkinson ex Du Roi

常绿分枝灌木状或小乔木状，常左右扭曲。叶簇生枝顶，紧密螺旋状排列，条形，长达 80cm，宽 4cm，先端渐狭成一长尾尖，叶缘和背面中脉均有粗壮锐刺。雄花序由若干穗状花序组成，每一穗状花序长约 5cm；佛焰苞长披针形，长 10 ~ 26cm，近白色；雌花序头状，单生于枝顶，圆球形；佛焰苞多枚，乳白色，长 15 ~ 30cm。聚花果大，向下悬垂，由 40 ~ 80 个核果束组成，圆球形或长圆形，长达 17cm，直径约 15cm，幼果绿色，成熟时橘红色；核果束倒圆锥形，高约 5cm，直径约 3cm，宿存柱头稍凸起呈乳头状、耳状或马蹄状。花期 1 ~ 5 月。

产于广西南部。生于海边沙地。分布于福建、台湾、广东、海南、贵州、云南；亚洲热带及澳大利亚也有分布。喜光，喜高温湿润，惧霜冻。播种或分株繁殖。茎呈二叉式分枝，具气根或支柱根，株形美观，优良的庭院观赏植物。

157 禾本科 Poaceae

竹亚科 Bambusoideae

木本，乔木状或灌木状。地下茎合轴型、单轴型及复轴型，秆柄延伸或否，秆丛生或散生，直立、斜倚或攀援，节间通常中空，分枝 1 至多数。叶片通常具横脉，叶舌膜质。花多组成复花序；小穗两侧扁，稃具多脉，无芒，鳞被通常 2 ~ 3 枚，柱头 1 ~ 3 枚；胚占果实长度的 1/5 以内，种脐线形，中胚轴不延伸。秆箨(笋壳)与普通叶明显不同；箨叶通常缩小而无明显的中脉；普通叶片具短柄，且与叶鞘相连处成一关节，叶易自叶鞘脱落。

约 100 属 1000 种。主要分布在亚洲、非洲及拉丁美洲的热带及亚热带，以亚洲最多。中国 34 属约 450 种；广西 21 属 126 种 31 变种或栽培型，以簕竹属居多，本志记载 16 属 77 种 7 变种 9 品种。

分属检索表

1. 地下茎为合轴型，无地下横走的竹鞭，秆丛生或因秆柄延伸成假竹鞭而呈散生状。
  2. 地下茎的秆柄可延伸成假鞭；地面竹秆疏离呈散生状 ………………………… **1. 泡竹属 Pseudostachyum**
  2. 地下茎的秆柄不延伸；地面竹秆丛生。
    3. 秆具攀援习性，呈藤本状；秆节所生主枝粗壮，秆梢折断后可代替主秆继续生长 ………………………………………………… **2. 梨簕竹属 Melocalamus**
    3. 秆直立或近于直立，不为藤本状。
      4. 秆矮小，每节仅生一枝 ………………………… **3. 单枝竹属 Bonia**
      4. 秆中、大型，每节生多枝。
        5. 秆节间表面具硅质，手感粗糙 ………………………… **4. 篦簩竹属 Schizostachyum**
        5. 秆节间表面无硅质，手感不粗糙。
          6. 箨鞘口非广圆形，顶端宽，箨叶较大，叶片小型 ………………………… **5. 簕竹属 Bambusa**
          6. 箨鞘口广圆形，顶端甚窄，箨叶细小，叶片大型 ………………………… **6. 牡竹属 Dendrocalamus**

1. 地下茎为单轴型或复轴型，具地下横走的竹鞭，秆散生或丛状散生。
 7. 秆的分枝节间半圆形，于分枝一侧有纵沟或扁平，至少节间 1/2 以上具纵沟或扁平。
  8. 秆每节生 3 枝。
   9. 秆基部数节的秆环上不具一圈刺瘤状气根，秆髓呈屑状或海绵状；箨叶明显；春夏出笋。
    10. 秆环甚凸起，常高于箨环，相邻节间作“之”字形曲折，秆不甚通直，枝平展 ………………………… **7. 大节竹属 Indosasa**
    10. 秆环稍隆起，等于或稍高于箨环；相邻节间不作“之”字形曲折，秆通直，枝斜举 ………………………… **8. 唐竹属 Sinobambusa**
   9. 秆基部数节的秆环上具一圈刺瘤状气根；秆髓呈笛膜状；箨叶微小；秋冬出笋 ………………………… **9. 方竹属 Chimonobambusa**
  8. 秆每节生 2 枝 ………………………… **10. 刚竹属 Phyllostachys**
 7. 秆的分枝节间圆柱形，于分枝一侧无纵沟，或仅近于基部稍压扁。
  11. 枝条比秆细小，每节分枝 3 至多条。
   12. 枝长，可分生次生枝；春夏出笋。
    13. 秆箨早落性 ………………………… **11. 少穗竹属 Oligostachyum**
    13. 秆箨迟落或宿存。
     14. 秆环较隆起，箨环有一圈木栓质的箨鞘残留物；每节分枝 3～9 条或更多，无明显主枝，枝条展开 ………………………… **12. 苦竹属 Pleioblastus**
     14. 秆环较平，箨环无一圈木栓质的箨鞘残留物；每节分枝 1～3 条或多至 5 条，枝条上举而基部贴秆较紧 ………………………… **13. 矢竹属 Pseudosasa**
   12. 枝短，通常不再分生次生枝；秋冬出笋 ………………………… **14. 短枝竹属 Gelidocalamus**
  11. 枝条粗细与秆相近，每节单生 1 枝，叶片大型。
   15. 秆环常隆起；叶舌常明显伸出；生长在高海拔地区 ………………………… **15. 赤竹属 Sasa**
   15. 秆环平；叶舌通常极短；生长在低海拔地区 ………………………… **16. 箬竹属 Indocalamus**

1. 泡竹属 Pseudostachyum Munro

灌木状竹类。地下茎合轴型，秆柄在地下横走形成假鞭。秆散生，尾梢下垂或攀援，节间圆筒形，光滑无毛，秆壁极薄；秆每节分枝多数，粗细近相等。秆箨早落，通常长于其节间；箨鞘先端近截形或作浅弧形下凹；箨耳微小；箨舌低矮；箨叶直立，易脱落，其基部向外一面强烈鼓凸。叶片大型。花枝下部具叶或否，常多回复出而呈圆锥花序状，其分枝基部均托以苞片。假小穗单生或以数枚聚集成簇丛而生于花枝各节的狭窄苞片之腋内；小穗小，仅含孕性小花 1 朵；颖仅 1 片；外稃与颖相似；内稃质薄，具 2 脊；鳞被 3～5，宿存；雄蕊 6，花柱长，柱头 2 分。果实呈扁球形，先端具喙；果皮坚脆，且易与种子分离。

仅 1 种。分布于中国、印度、缅甸及越南北部；广西亦产。

泡竹 爆竹、捞篱竹 图 1522

Pseudostachyum polymorphum Munro

秆柄在地下延伸形成假鞭，同一竹丛中各秆彼此疏远而成散生状。秆近直立，尾梢拱形弯曲下垂或攀援状，高(长)5～10m，直径 1.0～3.5cm，竹壁极薄，厚 1～2mm；节间长 10～30cm，光滑无毛；节下初时有一圈白粉。箨鞘宽梯形，背面密被竖生或贴生的褐色刺毛；箨耳细微或缺，鞘口缝毛细弱；箨舌矮，被易落的纤毛；箨叶直立，三角形，基部呈带状强烈拱起，极易脱落。分枝数枝簇生于秆的各节上，主枝不明显。每小枝具叶 2～4 片；叶鞘背面被易脱落的细毛；叶耳细微，鞘口缝毛发达，长 5～15mm；叶舌矮；叶片椭圆状披针形，长 25～28cm，宽 5～7cm。笋期 6～9 月。

产于广西各地，以荔浦、平乐、阳朔、昭平、金秀、象州、鹿寨、蒙山较常见。常见于海拔 400m 以下土壤肥沃、湿润的山脚、山腹部，与杂木林或其他竹类混生。分布于云南、广西、广东。

图 1522　泡竹 Pseudostachyum polymorphum Munro
1. 秆柄的一部分；2. 秆的一部分，示其秆节和叶枝；3. 秆箨背面观；4. 秆箨腹面观。（仿《中国植物志》）

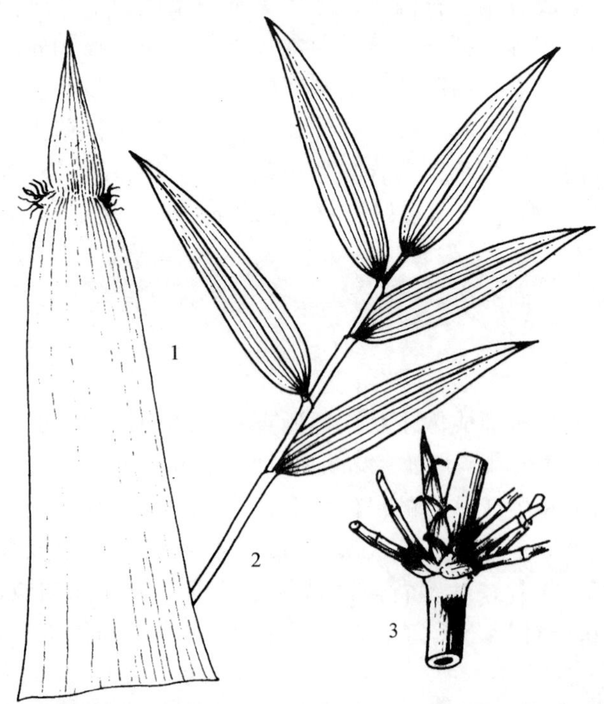

图 1523　澜沧梨籐竹 Melocalamus arrectus Yi
1. 箨鞘背面；2. 叶枝；3. 秆节。

分蔸繁殖。秆柄质地坚韧，耐水浸，遇干湿时，伸缩性小，可代替白藤用，编制藤器；竹秆梢部柔软下垂或攀援，叶片宽大，形态优美，优良园林观赏竹种。

2. 梨籐竹属 Melocalamus Benth.

地下茎合轴型。秆丛生，斜倚或攀援状；节膨大而偏斜；节间常呈"之"字形曲折；每节多枝。中央主枝发达并常代替主秆继续生长。秆箨宿存或迟落；箨叶常较宽大，直立或反折；箨耳明显或否。叶片较大。花枝无叶，小穗簇生在花枝各节上，成球状假花序。小穗无柄，微小，仅具 2 朵成熟小花之后，顶端尚具 1 至数朵退化的小花；颖片 2 枚；外稃与颖片相似；内稃具 2 脊；鳞被 3 枚；雄蕊 6 枚，花丝分离；子房无毛，柱头 2 ~ 3 裂，羽毛状。坚果球形，较大，直径常超过 1cm；种子无胚乳。

约 5 种，分布于亚洲热带。中国 4 种；广西 1 种。

澜沧梨籐竹　梨藤竹、麻藤竹、藤竹　图 1523

Melocalamus arrectus Yi

秆高（长）15 ~ 20m，直径 3 ~ 5cm，基部实心，竹壁厚约 1cm；常攀援在其他树冠或下垂；节间长 50 ~ 60cm，绿色，密被白色短绒毛；节肿胀，秆环和箨环均凸起，两环上下均被宽约 2cm 的绒毛环。箨鞘坚厚，初时密被银白色短绒毛，并贴生小刺毛；箨耳长卵形或长圆形，平卧，鞘口缝毛弯曲，灰色；箨舌矮，边缘齿状；箨叶直立，卵状三角形，基部明显收缩。分枝多数，主枝与主秆相等或粗于主秆，秆折断时主枝可取代秆；其余侧枝明显较细，长 20 ~ 40cm，直径 2 ~ 3mm，粗细近相等。每小枝具叶 5 ~ 7 片；叶鞘背面无毛；一叶耳弯月形，易落，一叶耳不明显或无，鞘口缝毛灰白色，长 6 ~ 7mm；叶舌矮，边缘具流苏状毛，毛长 5 ~ 7mm；叶片长 12 ~ 22cm，宽 2.5 ~ 4.5cm，侧脉 6 ~ 8 对。笋期 10 月。

产于南宁、上思、东兴、龙州。分布于云南。低山丘陵竹种，常见于山沟潮湿地，与杂木组成混交林，有时出现小片纯林。分蔸繁殖或用粗壮主枝扦插繁殖。林冠覆盖面积大，优良水土保持竹种；秆枝柔软，可塑性强，可作为园林观赏。

3. 单枝竹属 Bonia Balansa

灌木状竹类。地下茎合轴型。秆丛生，实心或近实心，直立尾梢悬垂或半攀援状；节稍隆起；分枝皆单一，约与主秆近等粗。秆箨宿存，革质；箨耳大，暗紫色，近镰刀形或宽镰刀形；箨舌较矮；箨叶直立或外展。叶片大型，近革质，宽披针形至披针形，基部近截形，脉间小横脉明显可见。假小穗数枚簇生，由鞘状苞片腋内抽出；先出叶具2脊；苞片数枚，腋内全具芽。小穗含花5~9朵，仅顶生1小花不育；小穗轴脱节于诸小花间；颖片2枚；外稃近革质；内稃膜质，远短于其外稃；鳞被3枚，无毛；雄蕊6枚，花丝分离；子房无毛，花柱极短，柱头3裂，羽毛状。果未见。

5种，分布于中国及越南。中国4种；广西2种1变种，本志记载2种。

分种检索表

1. 箨舌与叶舌的边缘无毛 ………………………………………… **1. 芸香竹 B. amplexicaulis**
1. 箨舌与叶舌的边缘有长纤毛 ………………………………………… **2. 单枝竹 B. saxatilis**

1. 芸香竹 图1524

Bonia amplexicaulis (L. C. Chia et al.) N. H. Xia

秆高2~5m，直径5~15mm；节间长30~50cm，幼时被白粉，并贴生棕色或淡棕色小刺毛。箨鞘背面被短绒毛，并杂有伸展或贴生的暗棕色小刺毛；箨耳宽镰刀形，常外弯，鞘口缝毛长1.5~2.0mm，其中1枚箨耳常为箨叶基部所掩盖；箨舌全缘；箨叶斜心形或狭斜心形，基部耳状抱茎。分枝长0.5~3.0m。叶鞘被微毛，并常贴生暗棕色小刺毛；叶耳宽卵形，斜举，常一面鼓出，鞘口缝毛长约6mm；叶舌全缘；叶片通常长25~40cm，宽4.5~8.0cm，下表面粉绿，并被短柔毛。

产于靖西、平果、马山、凭祥、龙州、天等。生于海拔300~800m石灰岩山地。分布于广东、海南。分蔸繁殖。耐旱耐瘠薄，在石灰岩悬崖上也能生长，是石山水土保持竹种；秆可作造纸原料；竹叶宽大，可作包粽粑或遮阳棚用。

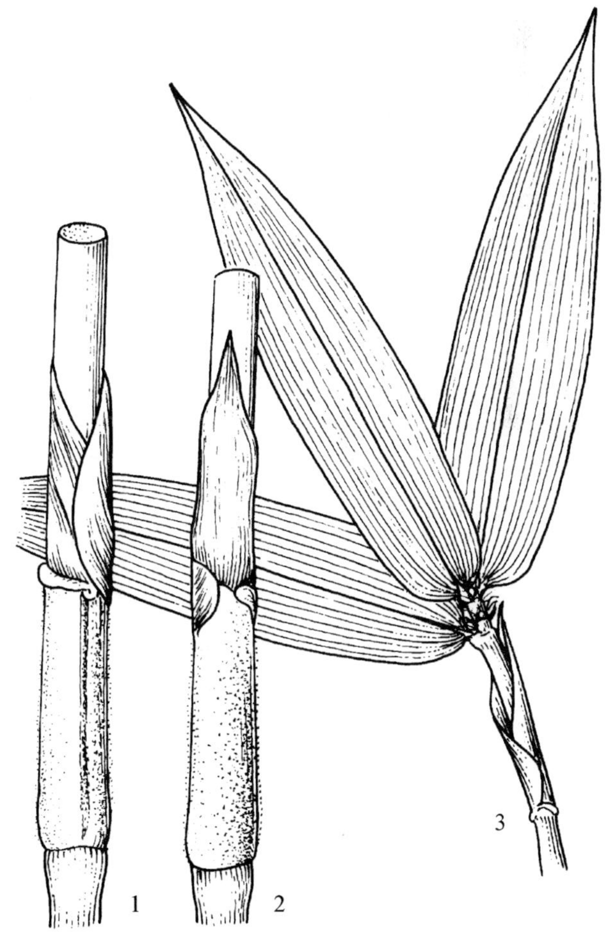

图1524 芸香竹 **Bonia amplexicaulis** (L. C. Chia et al.) N. H. Xia 1. 秆箨正面观；2. 秆箨背面观及部分放大，示被毛；3. 枝叶。(仿《中国植物志》)

2. 单枝竹 图1525

Bonia saxatilis (L. C. Chia et al.) N. H. Xia

秆高1~4m，直径4~8mm；节间长25~40cm，幼秆被白蜡粉而无毛。箨鞘背面被短绒毛，并贴生暗棕色小刺毛；箨耳近镰形，常外弯，抱茎，鞘口缝毛长约10mm；箨舌边缘被长5~10mm的纤毛；箨叶直立或外展，披针形，基部斜心形。叶片通常长20~35cm，

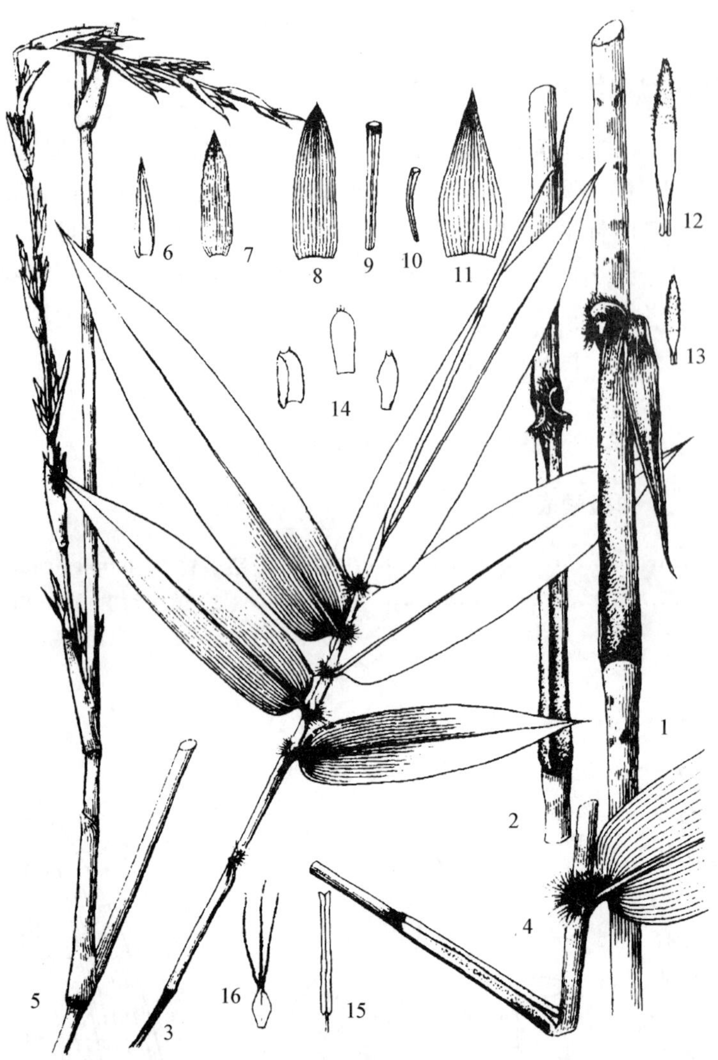

图 1525 单枝竹 **Bonia saxatilis** (L. C. Chia et al.) N. H. Xia

1. 秆箨侧面观；2. 秆箨腹面观；3. 叶枝；4. 叶的一部分，示其叶鞘及叶耳；5. 花枝；6. 先出叶；7. 第一颖；8. 第二颖；9. 小穗轴第一节间；10. 小穗轴第二节间；11. 第一小花的外稃；12. 第二小花的外稃；13. 第三小花的内稃；14. 鳞被；15. 雄蕊；16. 雌蕊。(仿《中国植物志》)

宽 3.5 ~ 6.0cm；叶耳近镰刀形，常外弯，鞘口缝毛长约 10mm；叶舌边缘被 5 ~ 10mm 的纤毛；叶片长 25 ~ 30cm，宽 3.5 ~ 5.0cm。

产于龙州、凭祥。生于海拔400 ~ 700m 石灰岩山地。分布于广东。耐旱耐瘠薄，在土层较薄的石灰岩山地石缝内也能生长，优良的水土保持竹种。分蔸繁殖。秆为上等造纸原料。

4. 箣竻竹属 Schizostachyum Nees

乔木状或灌木状竹类。地下茎合轴型。秆丛生，直立或斜立，也有蔓生；节间表面具硅质而粗糙；竹壁薄；节平。箨鞘背面具硅质而粗糙，同时常被微毛，质地硬脆；箨耳退化或甚微小；箨舌截平，边缘细齿状或具流苏状毛；箨叶强烈反折，线状披针形。枝多数簇生于秆的各节上，主枝不明显。假小穗紧密或成球状簇生于花枝各节上。小穗无柄，含花 3 ~ 4 朵，基部有具腋芽之鳞片；小穗轴易逐节折断；颖片 1 ~ 2 枚或无；成熟小花的外稃圆卷；内稃稍长于外稃；鳞被常缺；雄蕊 6 枚，花丝分离或部分联合；子房具柄，花柱单一，柱头 2 ~ 3 裂，羽毛状。颖果。

约 50 种，主要分布于亚洲。中国 9 种；广西 3 种，本志记载 2 种。

分种检索表

1. 秆顶端直或稍弯曲，不下垂成攀援状 ………………………… 1. 沙罗单竹 **S. funghomii**
1. 秆顶端下垂，甚或成攀援状 ………………………… 2. 箣竻竹 **S. pseudolima**

1. 沙罗单竹 沙罗竹、罗竹、沙捞竹、薄竹 图 1526：1 ~ 14

Schizostachyum funghomii McClure

秆直立，高 7 ~ 12m，直径 4 ~ 7cm，尾梢直或微弯曲，竹壁厚 4 ~ 5mm；节间长 40 ~ 70cm，表面具硅质而粗糙，初时遍生白色微毛；节平。箨鞘质坚脆，背面初时贴生白色细刺毛，边缘具白色细毛，顶端凹，宽约 5cm；箨耳极微小，鞘口缝毛黄褐色，长 10 ~ 15mm，多数曲折；箨舌凹而矮，边缘细齿状；箨叶强烈反折，线状披针形，易从箨鞘上脱落，背面无毛，腹面基部与箨舌间有一列整齐的流苏状毛，其余部分也有棕色小刺毛，尤以近基部中央的毛较密集而长。分枝习性高，枝条簇生，粗细近相等，长约 0.5m。每小枝具叶 7 ~ 9 片；叶鞘边缘具灰白色睫毛；叶耳退化，鞘口缝毛劲直，毛长 10 ~ 15mm；叶舌边缘具不整齐的流苏状毛；叶片长 30 ~ 40cm，宽 4 ~ 6cm，下表面密生细柔毛。

百色、那坡、北流、容县、博白、龙州等地常见栽培。分布于广东。在温暖、湿润、肥沃土地上生长高大，稍耐干旱，于丘陵地造林，生长尚正常。不耐寒，柳州以北不宜种植。分蔸繁殖。竹壁甚薄，不易霉变，常用于劈篾编船篷、凉席、蒸笼等竹器；竹材纤维性能极好，优良造纸原料；竹林景观效果好，可种植供观赏。

2. 篦笋竹 薄竹 图 1526

Schizostachyum pseudolima McClure

秆近直立，高 5 ~ 10m，直径 2 ~ 4cm，尾梢下垂或攀援状，竹壁厚 2 ~ 3mm；节间长 40 ~ 60cm，具硅质而粗糙，被白色小刺毛；节下具一圈厚白粉。箨鞘质硬脆，背面具硅质而粗糙，被易落的白色小刺毛，顶端宽 2.0 ~ 2.5cm；箨耳退化，鞘口缝毛平滑，长 10 ~ 12mm，灰白色或枯草色；箨舌矮，边缘密被柔弱白色纤毛；箨叶反折，线状披针形，基部宽占箨鞘口部的 1/3，腹面密被上向的小刺毛，尤以基部的毛较密而长。分枝习性高，枝条长 40 ~ 60cm，主枝不明显。每小枝具叶 4 ~ 6 片；叶鞘背面生易脱落的针状毛；叶耳通常退化，鞘口缝毛平滑，放射状，长 1 ~ 1.5cm，灰白色；叶舌边缘具流苏状毛；叶片矩状披针形，长 25 ~ 35cm，宽 3 ~ 4cm。

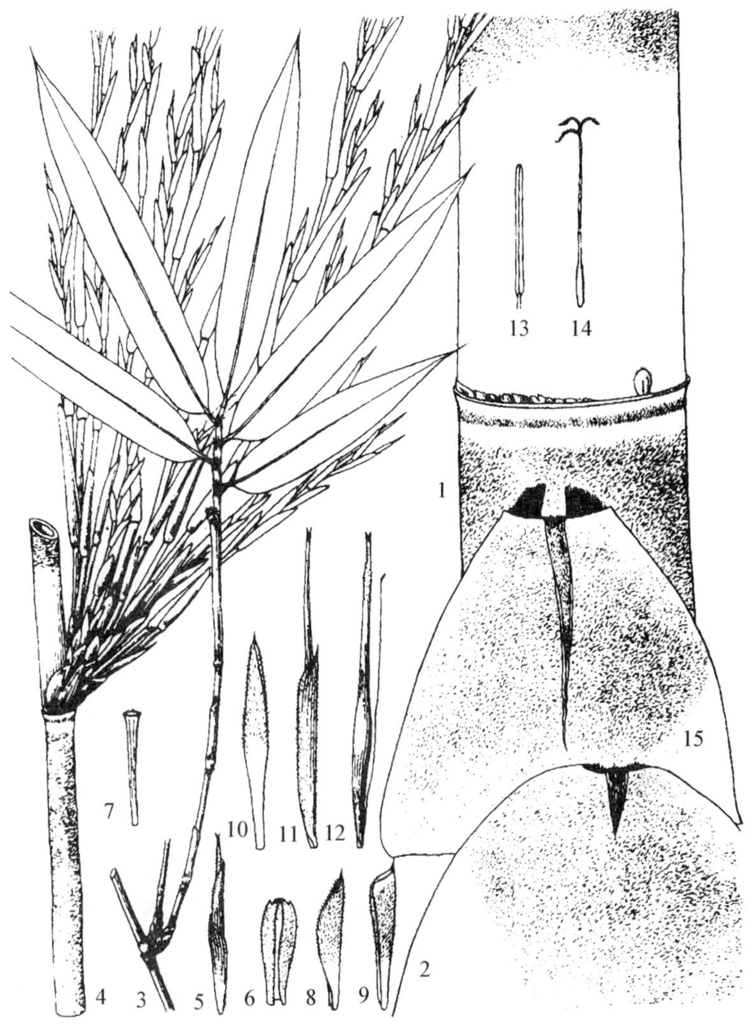

图 1526 1 ~ 14. 沙罗单竹 Schizostachyum funghomii McClure
1. 秆的一部分；2. 秆箨上部背面观；3. 叶枝；4. 花枝；5. 花枝分枝末端；6. 先出叶；7. 穗轴分枝的顶端节间；8 ~ 9. 苞片；10. 雄性小花；11. 完全小花；12. 内稃侧面观，示其小穗轴延伸部分和顶生不育小花；13. 雄蕊；14. 雌蕊。**15. 篦笋竹 Schizostachyum pseudolima** McClure 秆箨背面观。（仿《中国植物志》）

藤县、博白、钦州、东兴、龙州等地有野生或人工栽培。常见于村边或山脚、沟谷中。分布于海南、广东、云南。分蔸繁殖。秆可劈篾编织竹器，亦用作造纸原料；分枝高，丛态优美，优良的园林绿化竹种。

5. 簕竹属 Bambusa Schreb.

乔木状或灌木状竹类。地下茎合轴型。秆丛生，直立或近直立。秆每节分枝为数枝乃至多枝，簇生，主枝较为粗长（单竹亚属近相等），秆下部分枝上可短缩为硬刺或软刺。秆箨脱落性或较迟落，顶端宽，常隆起或弓形；箨耳通常发育，但稀有不明显或退化；箨叶较大，直立，稀开展或反折。叶片通常小型，或大小变异较大。花序续次发生。小穗含花 2 至多朵；小穗轴具关节，易逐节脱落；颖片 1 ~ 3 枚；外稃宽大；内稃等于或长于外稃，背具 2 脊；鳞被 3 枚，稀 2 枚；雄蕊 6 枚，花丝分离；子房通常具柄，花柱单一，柱头通常 3 裂，羽毛状。颖果圆柱形、卵形或长矩形，腹部具沟槽。

超过100种，分布于亚洲、非洲和大洋洲热带、亚热带地区。中国80种；广西34种8变种8栽培型，本志记载30种5变种8品种。

分种检索表

1. 箨叶的基部与箨鞘口部等宽或稍窄，宽度为鞘口基部的1/2～3/4，箨叶常直立，稀反折；箨耳明显；中央主枝或三主枝较明显。节间长常不足30cm，竹壁较厚，可达2cm。
  2. 箨耳较大，圆形或否，或缺失；秆节较平，节间圆满，叶片大小变异不大；成熟小穗松散，短小穗轴，各小花疏离。
    3. 枝具刺，箨鞘坚韧，厚革质。
      4. 枝具硬刺，刺短而锐利。
        5. 箨耳大，左右大小不等……………………………………………………………… **1. 鸡窦簕竹 B. funghomii**
        5. 箨耳小，左右近相等。
          6. 箨鞘背面密被刺毛 ……………………………………………………………… **2. 簕竹 B. blumeana**
          6. 箨鞘背面除基部有毛外余均无毛……………………………………………… **3. 车筒竹 B. sinospinosa**
      4. 枝具软刺，刺长而有弹性。
        7. 秆下部数节节间有紫色或淡绿色纵条纹 ………………………………………… **4. 油簕竹 B. lapidea**
        7. 秆节间全绿色，无其他纵条纹。
          8. 箨鞘顶端一侧常耸起成尖头 ……………………………………………………… **5. 坭竹 B. gibba**
          8. 箨鞘顶端两侧呈圆弧形。
            9. 箨耳较大，其中的大耳宽达1～2cm ………………………………………………… **6. 木竹 B. rutila**
            9. 箨耳较小，其大耳的宽度不及1cm。
              10. 箨鞘左右对称，先端近平截形，箨耳大小相等 ……………………… **7. 牛角竹 B. cornigera**
              10. 箨鞘左右不对称，先端斜截或圆弧状凸起，箨耳不等大 ………… **8. 佛肚竹 B. ventricosa**
    3. 枝无刺，箨鞘脆硬，纸质至厚纸质。
      11. 箨耳中较大的1枚宽1cm或更宽，如不及1cm时，则秆的分枝习性很低，或是叶片的下表面无毛；同时秆的节间较短(长20～30cm)。
        12. 箨叶基底约占箨鞘顶宽的一半或更窄。
          13. 箨耳彼此不等大；箨鞘先端两侧不对称而上拱的宽弧形，鞘在背面仅在近内侧的边缘处被小刺毛 ……………………………………………………………………… **9. 硬头黄竹 B. rigida**
          13. 箨耳彼此近等大；箨鞘先端拱凸并波曲，呈"山"字形，鞘的背部全面被毛…………………………………………………………………………………………… **10. 龙头竹 B. vulgaris**
        12. 箨叶基底占箨鞘顶端宽度的一半以上。
          14. 箨叶基部与箨耳相接连部分为10～13mm。
            15. 箨鞘先端为拱凸的广三角形，但在顶部仍为圆拱形；箨舌高1.5～2mm ………………………………………………………………………………… **11. 马甲竹 B. teres**
            15. 箨鞘先端为两侧不对称的拱形或近截形；箨舌高3～5mm ………… **12. 大眼竹 B. eutuldoides**
          14. 箨叶基部与箨耳相连接部分仅为3～7mm。
            16. 箨鞘背部多少有些被毛；大的箨耳沿着箨鞘顶端之一侧向下倾斜，其末端渐细窄……………………………………………………………………… **13. 撑篙竹 B. pervariabilis**
            16. 箨鞘背部无毛；大的箨耳沿着箨鞘顶端之一侧向下倾斜，其末端圆形异色纵条纹………………………………………………………………………… **14. 青秆竹 B. tuldoides**
      11. 箨耳中大的1枚宽不及1cm，如宽达1cm时，则箨叶底宽常不足箨鞘顶宽的1/3。
        17. 叶片下表面呈粉白色或粉绿色……………………………………………………… **15. 孝顺竹 B. muItiplex**
        17. 叶片下表面呈绿色或淡绿色
          18. 箨耳与箨叶连生，微小；节间无毛………………………………………… **16. 花竹 B. albo-lineata**
          18. 箨耳与箨叶分离，较明显；节间被上向的针状毛，脱落后留有凹痕 …… **17. 青皮竹 B. textilise**

2. 箨耳较小，圆形；秆节常隆起，节间稍向内收缩，叶片大小变异大；成熟小穗密集。
19. 秆节间全绿色，无其他颜色的纵条纹。
20. 箨叶三角形或三角状披针形，直立。
21. 秆节间无毛 ………………………………………………………………………… **18. 绿竹 B. oldhami**
21. 秆节间初时被刺毛。
22. 秆节间幼时被白粉；箨鞘背面基部中央处贴生棕褐色刺毛 …………… **19. 苦绿竹 B. basihirsuta**
22. 秆节间无白粉；箨鞘背面密被贴生棕色和黄棕色具光泽的刺毛…………… **20. 壮绿竹 B. validus**
20. 箨叶卵状披针形，开展或反折。
23. 秆节间初时被稀疏针状毛；箨舌两侧向上延伸呈狭楔形 ……………………… **21. 大绿竹 B. grandis**
23. 秆节间初时被绒毛；箨舌截形，两侧不向上延伸 …………………… **22. 吊丝球竹 B. beecheyana**
19. 秆节间或鲜竹箨背面具深绿色纵条纹 …………………………………………… **23. 黄麻竹 B. stenoaurita**
1. 箨叶基部窄，宽仅占鞘口基部的 1/4 ~ 1/3；秆节间长超过 30cm，竹壁较薄，厚度常不及 8mm；主枝不甚显著。
24. 秆节间无毛，密被白粉。
25. 幼秆箨环具倒生毛环，箨鞘背面的毛除近基部的宿存外，余均易脱落而常无毛 … **24. 粉单竹 B. chungii**
25. 幼秆箨环无毛环，箨鞘背面全部密生宿存刺毛 ……………………………………… **25. 单竹 B. cerosissima**
24. 秆节间被毛，无白粉或被薄白粉。
26. 幼秆的刺毛或柔毛于节间上排成纵列状，毛脱落后无乳凸状的小疣点；主枝较粗长。
27. 幼秆节间贴生褐色柔毛；箨叶反折 ……………………………………………… **26. 甲竹 B. remotiflora**
27. 幼秆节间被稀疏微细的针状毛；箨叶直立或开展 ……………………………… **27. 油竹 B. surrecta**
26. 幼秆的刺毛或柔毛于节间上不排成纵列状，毛脱落后有乳凸状的小疣点；枝条近相等。
28. 箨鞘顶端截形或微凹，箨叶反折 ……………………………………………… **28. 桂单竹 B. guangxiensis**
28. 箨鞘顶端极凹陷，箨叶直立或开展。
29. 箨耳边缘仅顶端具数条繸毛，箨舌边缘无毛 ……………………………… **29. 水单竹 B. papillata**
29. 箨耳边缘全部具繸毛，箨舌边缘具长约 5mm 的纤毛 …………………… **30. 细单竹 B. papillatoides**

1. 鸡窦簕竹

Bambusa funghomii McClure

秆直立或近直立，高达 15m，直径 4. 0 ~ 6. 5cm，竹壁厚 1. 0 ~ 1. 5cm；节间长 20 ~ 25cm，贴生纵向成行的黄棕色小刺毛，毛脱落后留有凹痕；节较平，秆下部各节呈屈膝状。分枝低，主枝粗壮，次生枝常变为硬刺。箨鞘坚韧，厚革质，先端为不对称的斜截形；箨耳大，极不相等，长圆卵形，腹面密生细刺毛，边缘繸毛长 7 ~ 10mm，灰白色，深波状；箨舌中部高 5 ~ 7mm，边缘齿状或常具流苏状毛；箨叶直立，上部者稍外翻，三角形或披针形，基部边缘有纤毛，腹面纵脉间有上向的黄色硬毛。每小枝具叶 3 ~ 6 片；叶耳仅秆下部的叶较发达，上部叶无叶耳；叶舌极矮；叶片长 5 ~ 15cm，宽 0. 5 ~ 2. 5cm。

产于龙州。多生长在村前屋后、水边沟边阴湿肥沃地。分布于广东。分蔸种植。竹材用于建筑、家具等；可用作营造围篱或防风林。

2. 簕竹 大簕竹、箣竹、鸡簕油竹

Bambusa blumeana J. H. Schult.

秆直立或稍倾斜，高 8 ~ 15m，直径 6 ~ 10cm，竹壁厚 2 ~ 3cm，基部节间近实心；节间长 20 ~ 40cm，初时疏生栗色刺毛；节稍隆起。分枝习性低，主枝比侧枝粗而长，秆中下部枝条，基部各节明显生钩刺 3 枚。箨鞘厚革质，韧性强，左右近对称，鞘口截平或中部微隆起，背面密生栗色刺毛；箨耳短宽，近相等，长卵形，鞘口繸毛长 8 ~ 12mm，灰褐色，波折；箨舌高 4 ~ 6mm；箨叶直立，卵状三角形，腹面有黑褐色细刺毛。每小枝具叶 6 ~ 10 片；叶耳微小或退化，鞘口繸毛灰白色；叶片长 10 ~ 16cm，宽 1. 0 ~ 2. 5cm。

广西南部丘陵地常见竹种，多种植在海拔 300m 以下的河流两岸和村落周围，但在凌云海拔 1100m 处仍有生长。福建、台湾、云南也有栽培。喜温暖水湿地。移母竹繁殖。竹材坚韧，不易受

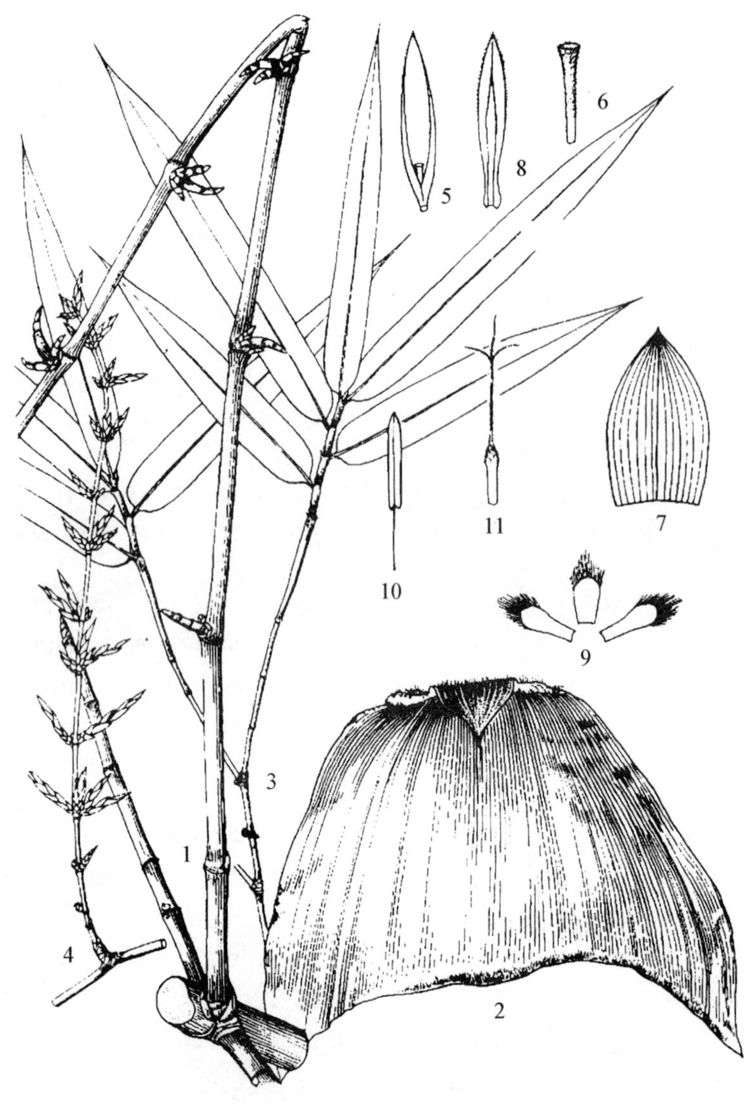

图 1527 车筒竹 **Bambusa sinospinosa** McClure 1. 枝刺；2. 秆箨背面观；3. 叶枝；4. 花枝；5. 小花；6. 小穗轴节间；7. 外稃；8. 内稃；9. 鳞被；10. 雄蕊；11. 雌蕊。

虫蛀，作建筑、家具、农具及扛挑工具等用；栽培作围篱或作防风林；笋可食。

3. 车筒竹 车角竹、水簕竹、刺楠竹 图 1527

Bambusa sinospinosa McClure

秆直立或稍斜立，高 8 ~ 20m，直径 7 ~ 14cm，竹壁厚约 1cm；节间饱满，长约 30cm，光滑无毛；节稍隆起。每节常有枝 3 至多条，主枝比侧枝粗而长，近基部各节上的次生枝常硬化成锐刺。箨鞘厚革质，鞘口截平或弓形，背面仅基部有一圈棕色刺毛外，余均光滑无毛；箨耳宽矮，卵状长圆形，大小近相等，腹面密被黑棕色细刺毛，鞘口繸毛浅棕色；箨舌截平形或中部稍隆起，边缘有长约 2mm 的睫毛；箨叶直立或反折，三角形，腹面密被黑棕色细刺毛。每小枝具叶 6 ~ 8 片；叶耳微小或退化，鞘口繸毛灰白色；叶片长 6 ~ 20cm，宽 6 ~ 20mm。

广西各地有栽培，多生于村边、河边以及海拔 600m 以下的山地。分布较广，产于中国华南和西南地区。喜温暖湿润土壤。移母竹种植。竹秆高大通直，竹材坚韧，不易受虫蛀，农村常用以作水车的盛水筒，故有“车筒竹”之称。秆可作建筑、竹排、水管、扛挑工具等用；基部形似密刺丛，常栽培作绿篱；竹秆密集，根系发达，常栽于河流两岸以作护堤防风之用；笋可腌制食用。

4. 油簕竹 马蹄竹、石竹、标竹、烂眼竹 图 1528：1

Bambusa lapidea McClure

秆直立，高 8 ~ 10m，直径 7 ~ 14cm，竹壁厚 1 ~ 2cm；节间长 20 ~ 30cm，光滑无毛，近基部数节间有淡绿色或紫色纵条纹；节上常有气根。分枝低，主枝比侧枝粗而长，基部各节侧枝和次生枝常退化为软刺。箨鞘呈对称的梯形，顶端截平或微拱，背面光滑无毛，鲜时绿色间有紫色或淡绿色条纹；箨耳极发育，矩形或卵形，有皱纹，腹面有栗色细刺毛，鞘口繸毛短小曲折；箨舌高 4 ~ 5mm，先端截平，边缘细齿状；箨叶直立，宽卵形，基部广圆，背面无毛，腹面有棕黑色细刺毛。每小枝具叶 5 ~ 8 片；叶耳退化；叶舌边缘全缘；叶片长 10 ~ 20cm，宽 1.0 ~ 1.5cm。

广西南部各地均有零星分布，尤以右江河谷沿岸栽培较多。分布于广东、四川、云南、香港。性喜阴湿，稍耐干旱，多零星栽植于溪边、村旁及石灰岩山脚处。移母竹种植或竹枝繁殖。竹材厚而特别坚硬，少受虫蛀，可作梁、柱、扛挑及竹钉等用，优良材用竹种，也可作造纸材；适生能力较强，为河溪沿岸、石山区水土保持竹种。

5. 坭竹 水黄竹

Bambusa gibba McClure

秆直立，高 4～10m，直径 3～6cm，竹壁厚 3～5mm，尾梢近直立；节间长 20～35cm，圆柱形，基部略肿胀，幼时被白粉，贴生向上的灰白色或棕黑色刺毛，毛脱落后留有凹痕；节稍隆起。每节有枝多数，主枝明显较侧枝粗长，秆中部以下节上的侧枝及主枝的次生枝部分变化为软刺。箨鞘黄绿色转褐黄色，初时贴生稀疏深褐色易脱落之刺毛；先端较宽而不对称，一侧耸起成三角形尖头，易破碎；箨耳极不相同，小耳圆形，大耳卵形，不明显延伸，鞘口缝毛灰白色，长 5～7mm；箨舌矮，边缘被细睫毛；箨叶直立，基部一侧常延伸。每小枝有叶 2～9 片；叶耳发达，边缘生灰色曲毛；叶舌明显，边缘具流苏状毛；叶片长 15～20cm，宽 2.0～3.5cm。

广西各地均有栽培，低山丘陵地区常见栽培竹种。分布于广东、香港。分蔸种植。种植作围篱；竹材宜作棚架、农具、家具；优良造纸原料。

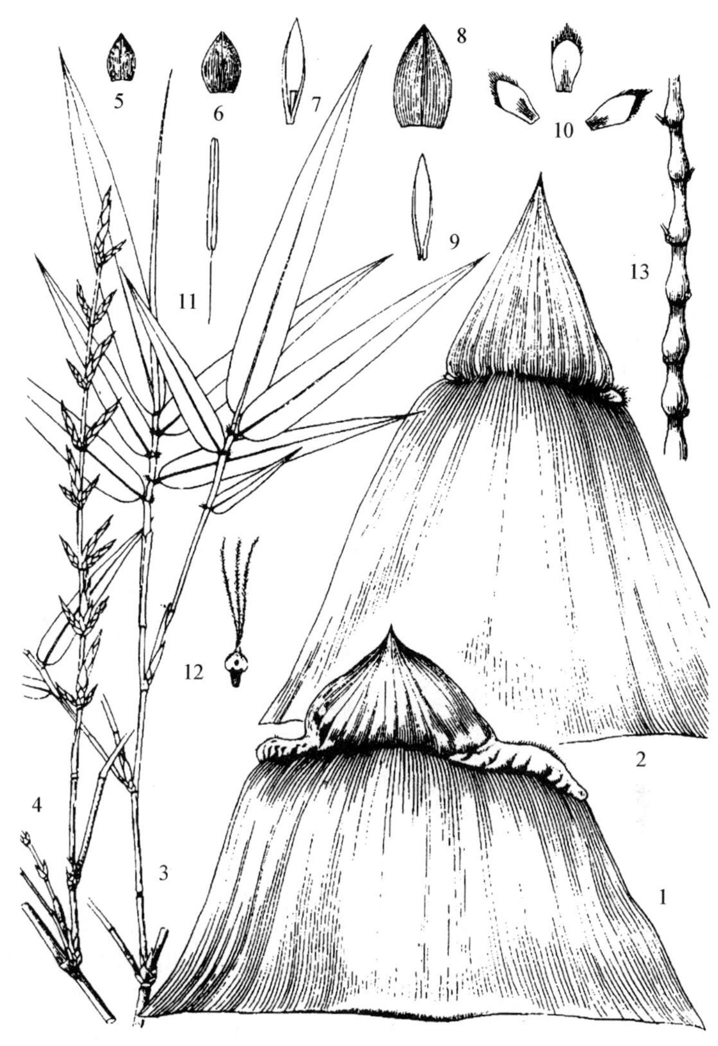

图 1528　1. 油簕竹 Bambusa lapidea McClure　秆箨背面观。**2～13. 佛肚竹 Bambusa ventricosa** McClure　2. 秆箨背面观；3. 叶枝；4. 花枝；5. 具芽苞片；6. 颖；7. 小花；8. 外稃；9. 内稃；10. 鳞被；11. 雄蕊；12. 雌蕊；13. 畸形秆的一段。（仿《中国植物志》）

6. 木竹 扁担竹　图 1529

Bambusa rutila McClure

秆直立或近直立，尾梢弯曲，高 8～12m，直径 4～9cm，竹壁厚 1.0～2.5cm；节间长 20～30cm，贴生黑色或黑褐色刺毛，尤以基部节间的毛密集，此毛纵列成线；节稍隆起，秆环及箨环下各具一圈灰白色毯毛环。分枝习性低，三主枝明显，主枝特别粗壮而下垂，下部分枝具少数软刺。箨鞘厚革质，顶端斜截，不对称，宽 5～7cm；箨耳发达，两耳不等大，大者长椭圆形，宽 1～2cm，比卵圆形的小耳约大 2 倍，皱折，鞘口缝毛灰白色，长 4～6mm；箨舌高 4～5mm，边缘齿裂并被流苏状毛；箨叶直立，近三角形或卵形，其基部宽度约为箨鞘口部的 2/5，腹面具棕褐色脉间刺毛。每小枝具叶 5～10 片；叶耳卵形，鞘口缝毛白色；叶片披针形，长 9～22cm，宽 1.5～3.0cm。

永福、恭城村边、路旁有栽培。分布于福建、广东、四川、江西。移母竹种植或枝条扦插。竹壁厚坚实，但稍弯曲，做农作物支架；笋肉厚，耐浸泡，味鲜美，优良笋用竹。

7. 牛角竹 图 1530

Bambusa cornigera McClure

秆近直立，尾梢弯曲，高 10～15m，直径 6～7cm；节间长 20～23cm，竹壁厚 8～10mm，幼时被厚白粉；节隆起。箨鞘淡绿色，具不规则紫条斑，秆基部箨鞘背面无毛，鞘口近截形；箨耳小，

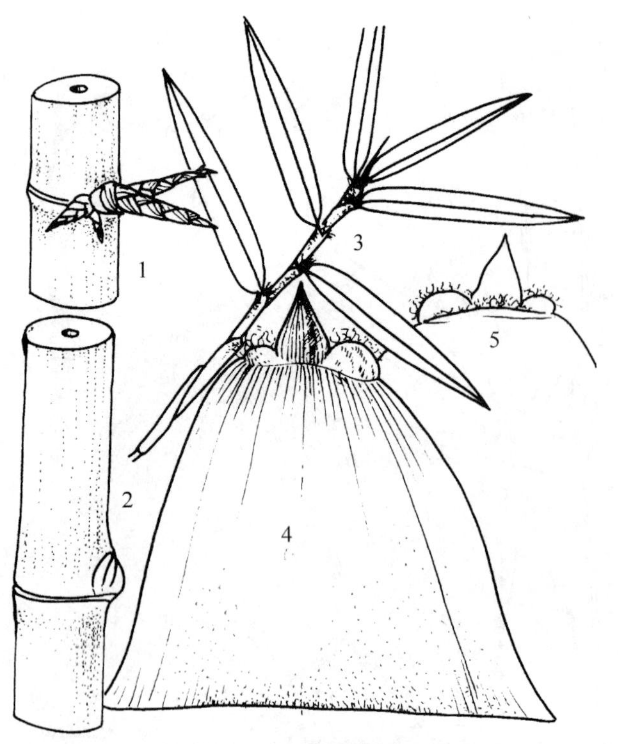

图 1529 木竹 **Bambusa rutila** McClure 1. 秆及分枝；2. 基部秆；3. 枝叶；4. 箨鞘背面；5. 箨鞘腹面顶端。

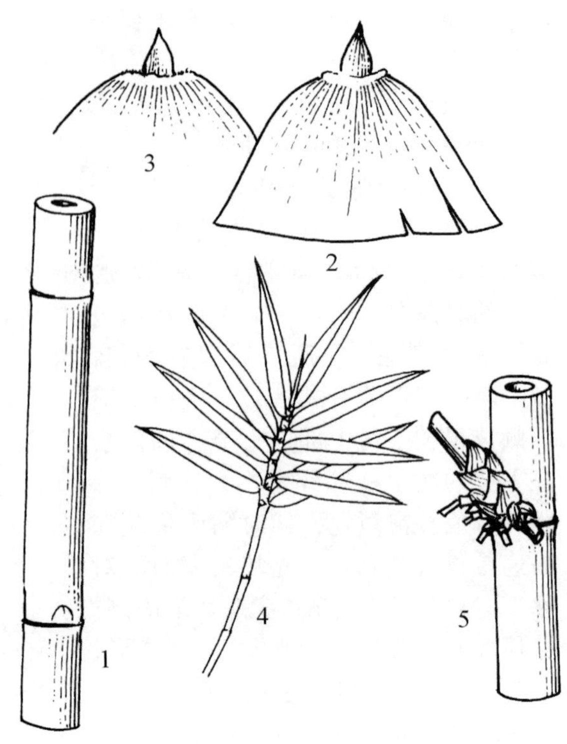

图 1530 牛角竹 **Bambusa cornigera** McClure 1. 秆；2. 箨鞘背面；3. 箨鞘腹面顶端；4. 小枝；5. 秆节。

长椭圆形，大小相等，边缘具苍白色短硬缝毛；箨舌高 2 ~ 3mm，边缘具细睫毛；箨叶长三角形或近披针形，直立。分枝多数，主枝明显，有的侧枝变为软刺，向秆的方向弯曲。每小枝具叶 6 ~ 12 片；叶片长 10 ~ 17cm，宽 2. 5 ~ 3. 5cm。

产于广西东南部。常见于村边、山谷。分布于广东。要求酸性砂壤土，南亚热带气候，－5℃低温易受冻害。母竹移植繁殖。2 ~ 4 月，选择 1 ~ 2 年生健壮竹株，挖掘后截秆栽植，踏实并保护好秆基芽目完整。竹材作建筑、扛挑工具；笋可食。

8. 佛肚竹 图 1528：2 ~ 13

Bambusa ventricosa McClure

正常秆高 3 ~ 7m，直径 2 ~ 4cm；节间长 20 ~ 30cm；畸形秆高 0. 3 ~ 0. 6m，直径 0. 5 ~ 1. 5cm，中下部节间肿胀呈花瓶状，长仅 2 ~ 5cm。节间绿色，光滑无毛；节平。分枝偏低，枝条常 1 ~ 3 枚，主枝比侧枝粗而长，畸形秆的枝条也畸形，有的侧枝变为软刺。箨鞘硬脆，顶端宽拱形，不对称；箨耳左右大小不一，均为椭圆形，边缘缝毛波折状，白色，长 3 ~ 5mm；箨舌隆起，中部高 2 ~ 3mm，边缘有灰色纤毛；箨叶直立，三角形或三角状披针形，顶端渐尖，基部收缩略呈心形。每小枝有叶 7 ~ 13 片；叶耳发达，肾形，红黄色，鞘口缝毛灰白色，纤细，长 5 ~ 10mm；叶片长 6 ~ 15cm，宽 1. 0 ~ 1. 5cm。

广西各地均有栽培。分布于广东、福建。性喜温暖湿润，喜光，不耐旱，也不耐寒，宜在肥沃疏松的砂壤土中生长。分蔸繁殖或枝条扦插繁殖。新老株成丛状生长，于 3 ~ 5 月间，新笋萌发前将 1 ~ 2 年生嫩秆，从基部带蔸砍下，剪去大部分叶片，种后即可成活，当年或翌年可供观赏并萌发出新笋。扦插繁殖，于春季 1 ~ 3 月，用 2 ~ 3 年生竹秆上取粗壮主侧枝或次生枝，每枝保留 3 个节，剪去叶片，带节插入土床或沙床内。经常喷雾保湿，约 1 个月可发根，2 个月左右可移入圃地培育，翌年供上盆或 3 ~ 4 年生出圃供露地栽植。1 次育苗，可以多年产苗，在每次起苗时留下少许根蔸，翌年即可萌发成新丛，又可分株出圃种植。枝、秆畸形，优良庭园、盆栽观赏竹。畸形秆可作烟嘴等工艺品；正常秆可作农具柄、家具等用材。

9. 硬头黄竹 图 1531

Bambusa rigida Keng et Keng f.

秆直立，高 8～12m，直径 4～6cm，竹壁厚 1.0～1.5cm；节间长 25～45cm，平滑无毛，被白色蜡粉，尤以秆箨包被处白粉很厚；节平。分枝低，主枝明显较侧枝粗长。箨鞘背面贴生易落黑色或栗色刺毛，顶端斜截形，鞘口宽 5～8cm，中部微隆起呈斜弧形；箨耳明显，左右形状不同，一耳为椭圆形，长约 3cm，另一耳为卵形，均皱折，边缘具波折状长缝毛；箨舌高 2～4mm，向两侧渐矮，边缘具流苏状毛；箨叶直立，三角形或卵状三角形，背面无毛，腹面具黑色细刺毛。每小枝具叶 4～12 片；叶耳淡黄色，卵形，鞘口缝毛白色，5～8 条，长 0.5～1.0cm；叶片长 7～25cm，宽 1～3cm，下表面有细柔毛，尤其在近叶柄处较明显。

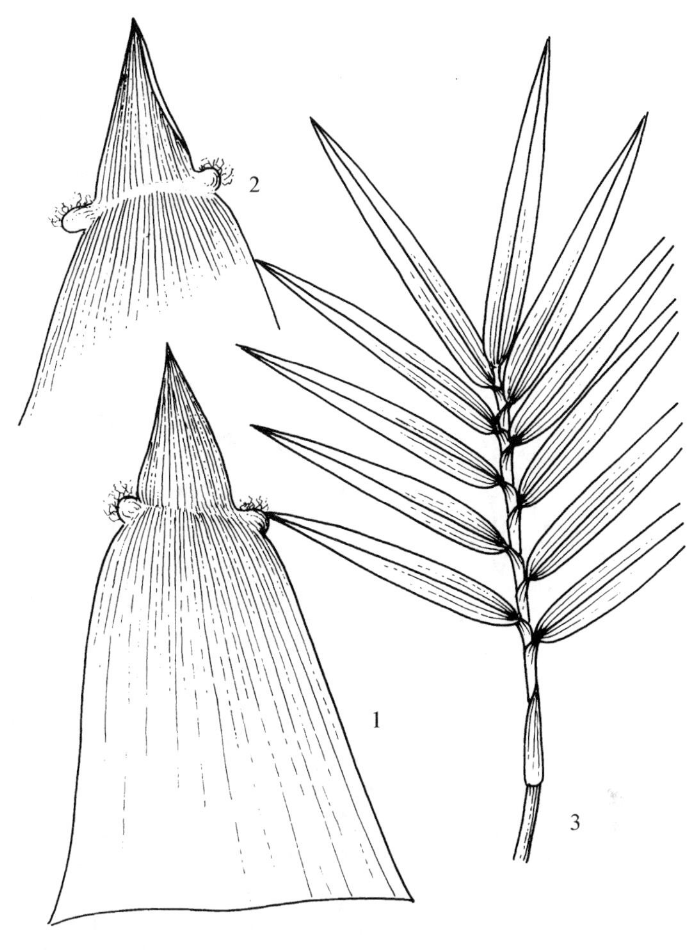

图 1531 硬头黄竹 Bambusa rigida Keng et Keng f. 1. 箨鞘背面；2. 箨鞘腹面；3. 叶枝。

产于广西南部丘陵地区，以钦州、防城、玉林等地较多。分布于广东、四川、福建、江西。常见于山脚、路旁及河岸边，对土壤要求不高，在丘陵、低山地都能正常生长，但以河岸冲积砂质土生长较好。移母竹种植。秆通直，竹材厚而坚硬，可供建筑棚架、船上撑篙、农具柄用以及加工制成各种竹器等，也是优良造纸原料。

10. 龙头竹 泰山竹 图 1532：1～3

Bambusa vulgaris Schrader exWendl.

秆直立或近直立，高 7～12m，直径 5～8cm，竹壁厚约 1cm；节间绿色，长 20～40cm，光滑无毛；基部节秆环上有根点，具淡棕色毯毛环。分枝高，主枝较侧枝粗而长。箨鞘硬脆，背面密被棕色刺毛，尤以上部的毛较密集，鞘口截平或中部略隆起呈弓形；箨耳明显，左右形状和大小近相同，均向上耸起，并向外侧偏斜，两面无毛，鞘口缝毛淡棕色，曲折；箨舌高 1～2mm，边缘锯齿状；箨叶直立，三角形，基部两边缘有灰白色曲折毛，腹面有灰色或黑色上向的短硬毛。每小枝具叶 8～10 叶；叶鞘背面竖生棕黑色细刺毛；无叶耳及鞘口缝毛；叶舌微小；叶片长 10～30cm，宽 1.5～2.5cm。

广西丘陵地栽培竹种。分布于广东、云南。性喜湿润肥沃土壤。竹枝扦插繁殖或移母竹种植。秆高大坚硬，可作扛挑工具或建筑用材，也可用于造纸。

10a. 挂绿竹 黄金间碧玉 图 1532：4

Bambusa vulgaris 'Vittata'

与龙头竹不同处在于秆及枝条的节间初时红黄色，以后渐变为金黄色，间有绿色纵条纹。

分布同龙头竹。喜光，适应性强，对土壤要求不严，喜酸性、肥沃和排水良好的砂壤土，不耐寒，柳州以北不宜栽植。分株或枝条扦插繁殖，繁殖宜在 2～3 月雨后进行。母竹移植要多带宿土，斩梢切口要平，栽时要浅。移植成活后，经常松土、施肥、除草、护笋。枝条扦插时选用枝径 1cm

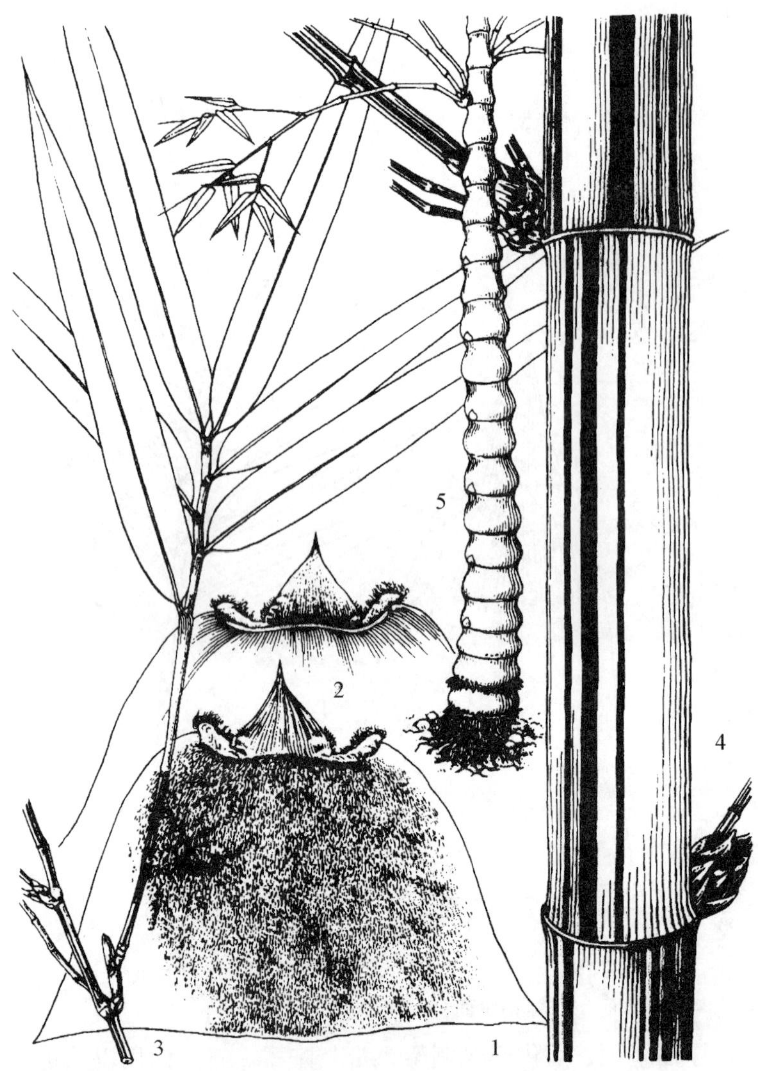

图 1532 1 ~ 3. **龙头竹 Bambusa vulgaris** Schrader ex Wendl. 1. 秆箨背面观；2. 秆箨腹面观；3. 叶枝。**4. 挂绿竹 Bambusa vulgaris‘Vittata’** 秆的一部分，示其黄色秆具绿色纵条纹。**5. 大佛肚竹 Bambusa vulgaris‘Wamin’** 植株一部分，示其畸形秆。(仿《中国植物志》)

以上的主枝和次生枝，留 2 ~ 3 节，将枝条平埋于苗床内，覆土 1 ~ 2cm，保湿。黄金间碧玉竹秆形高大，秆与主枝呈金黄色，常呈现交替出现不规则的绿色和浅黄色条纹，著名观赏树种，园林中可成片种植，也是四旁绿化优良树种；竹秆高大坚硬，可作扛挑工具及建筑用材。

10b. 大佛肚竹 图 1532：5

Bambusa vulgaris‘Wamin’

与龙头竹不同处在于秆较矮，高仅 2 ~ 5m，秆及大多数枝条的节间短缩肿胀。

分布同龙头竹。性喜温暖湿润，喜阳光，不耐旱，也不耐寒，柳州以北不宜栽植，宜选择疏松肥沃砂壤土栽植。分蔸繁殖或枝条扦插繁殖。选 1 ~ 2 年生母竹或次生枝，移植后注意保持土壤湿润。节间短缩肿胀呈花瓶状，形态各异，著名观赏竹种；秆可作台灯柱、笔筒等工艺美术品。

11. 马甲竹

Bambusa teres Buch. – Ham. ex Munro

秆高 10 ~ 15m，直径 4 ~ 8cm，竹壁厚 1.5 ~ 2.0cm；节间长 40 ~ 50cm，表面被白粉，以秆箨包被处显著；节稍隆起，近基部数节的秆环具毯毛状毛环。分枝习性低，主枝较侧枝粗而长，秆下部节的主枝水平展出，部分侧枝为软刺状，向秆后方向弯曲。箨鞘质脆，背面被白粉和黑色具光泽的粗硬毛，尤以两侧的毛较密集，鞘口三角状圆拱或屋脊形；箨耳甚发达，左右不相同，大耳长椭圆形，宽 1cm 以上，小耳卵形，均有明显皱纹，鞘口具棕色或苍白色长曲折縫毛；箨舌中部高约 2mm，中部边缘有黑色细毛；箨叶特大，不平展，基部占箨鞘顶端宽度的 1/2 以上，背面常隆起，腹面有黑色细刺毛，箨叶基部与箨耳相接连部分宽度为 1cm 以上。每小枝具叶 5 ~ 10 片；无叶耳和鞘口縫毛；叶片长 10 ~ 20cm，宽 1.5 ~ 2.0cm，下表面密被柔毛。

广西南部丘陵区栽培竹种，生长于丘陵旷地、溪河边或村落附近。分布于广东、西藏。耐瘠薄、耐干旱，是丘陵区较好的栽培竹种。移母竹种植或主枝扦插繁殖。秆通直，材质坚硬，可作建筑、扛挑工具、家具和农具等；亦是优质造纸原料。

12. 大眼竹 水竹 图 1533

Bambusa eutuldoides McClure

秆直立，高 8 ~ 12m，直径 4 ~ 6cm，竹壁厚 1.0 ~ 1.5cm；节间圆柱形，长 30 ~ 40cm；秆节平，

基部数节箨环上下各具一圈毯毛状毛环，毛环在笋期为红棕色，至幼竹时为灰白色。分枝习性低，主枝较粗长。箨鞘背面无毛或贴生易脱落的极稀疏的针状毛，鞘口为极不对称的弧形；箨耳褐色，极不等大，大耳呈线状长圆形，沿肩部极下延，边缘具细缝毛，小耳近圆形，与箨叶不易区分开，鞘口缝毛灰白色，细弱易断，长约10mm；箨舌中部高4~7mm，向两侧渐矮，边缘近条裂，具细睫毛；箨叶直立，近三角形，背面基部贴生方向不定的易落的棕色细针状毛，箨叶基部与箨耳相接连部分宽度为1.0~1.3cm。每小枝具叶4~8片；叶耳肾形，淡黄色，鞘口缝毛细弱，约10条，长7~10mm；叶片长12~18cm，宽1.2~2.0cm。

广西丘陵地区栽培竹种，常与撑篙竹混杂种植，生长于村前屋后，喜肥沃湿润立地。分布于广东。母竹造林。秆可作棚架、家具、农具或简易建筑用材。

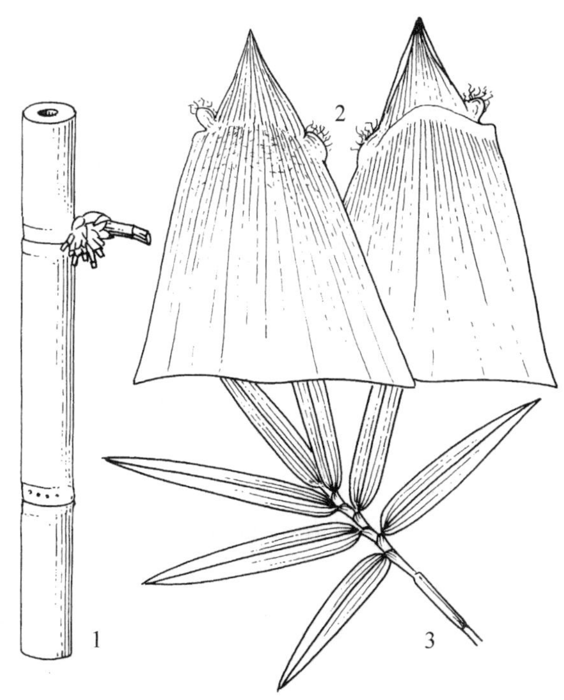

图1533 大眼竹 Bambusa eutuldoides McClure
1. 秆基部；2. 箨鞘背面和腹面；3. 叶枝。

12a. 青丝黄竹 惠阳花竹

Bambusa eutuldoides var. **viridi-vittata** (W. T. Lin) Chia

与原变种区别在于秆和枝条为淡黄色间有绿色纵条纹，箨鞘绿色，具有明显的黄色纵条纹。

原产于广东，广西引种多年。耐寒，在桂林能正常生长。移母竹种植。可栽植于庭园、风景区、植物园供观赏用，优良观赏竹种；秆作家具、农具和简易棚架用。

13. 撑篙竹 篙竹、泥竹、虾须竹 图1534

Bambusa pervariabilis McClure

秆直立，高10~15m，直径4~6cm，竹壁厚约8mm；节间长20~25cm，绿色，初时被白粉并生易落白色细刺毛，秆基部节间有黄白色或黄色条纹；秆基部的秆环上有灰白色毯毛状毛环。分枝习性低，每节有枝多数，主枝比侧枝粗而长。箨鞘顶端呈不对称的弧形，背面具不明显的细毛，笋箨背面绿色，间有黄白色或黄色纵条纹；箨耳不相等，大耳呈椭圆形，沿箨鞘顶端向下倾斜，其末端渐细窄，长3.5~4.0cm，宽1cm，小耳呈卵形，宽1.5cm，均有皱纹，两面均有棕褐色刺毛，鞘口缝毛波折状，白色，长1~2cm；箨舌高3~7mm，边缘粗齿状并有流苏状毛；箨叶直立，长三角形，背面无毛或具稀疏棕黑色刺毛，箨叶基部与箨耳相连接部分宽度仅为3~7mm。每小枝有叶4~6片；叶耳微小，鞘口缝毛灰白色；叶片长9~14cm，宽1.0~2.5cm，下表

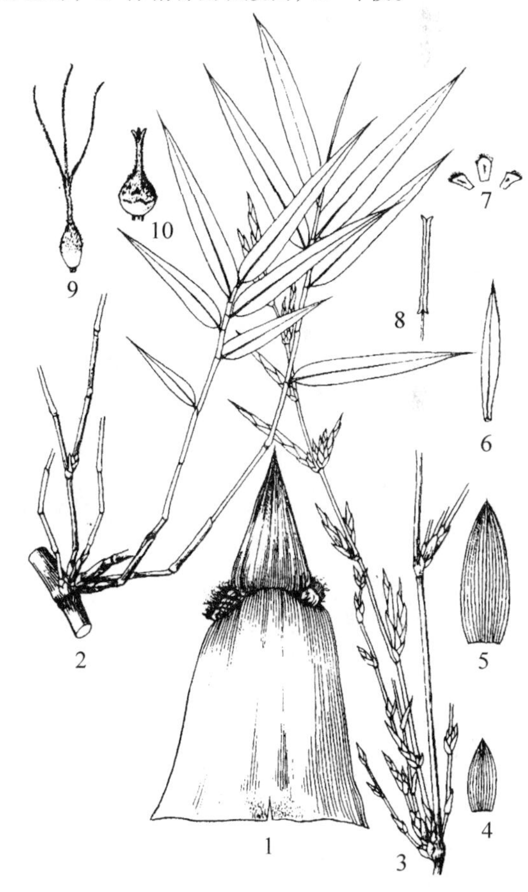

图1534 撑篙竹 Bambusa pervariabilis McClure 1. 秆箨背面观；2. 叶枝；3. 花枝；4. 颖；5. 外稃；6. 内稃；7. 鳞被；8. 雄蕊；9. 雌蕊；10. 幼果。（仿《中国植物志》）

面被细柔毛。

广西各地均有栽培，以融安、融水、苍梧、桂平、平南、岑溪较为常见。分布于广东、福建。喜疏松湿润土壤，在河溪两岸栽培的生长旺盛，在丘陵地生长亦正常。移母竹造林，也可用粗壮主枝和次生枝繁殖。竹材坚实挺直，可作建筑棚架、船上撑篙及各种家具用材，又可劈篾编制竹笼等粗竹器；节间去皮刮下中层为“竹茹”，入药，清热，治吐血和小儿惊病等。根系发达，秆劲直，叶茂密，常用作营造河流护岸林。

13a. 花撑篙竹

Bambusa pervariabilis var. **viridi-striata** Q. H. Dai et X. C. Liu

与原变种区别在于其秆和枝条表面呈黄色，间有绿色纵条纹。

发现于融水贝江河边的撑篙竹林中，南宁、梧州、桂林有引种栽培。秆可作船上撑篙、搭棚架、家具用材；秆形异，优良观赏竹种。

14. 青秆竹 图 1535

Bambusa tuldoides Munro

秆直立或近直立，高 8～10m，直径 3～6cm，竹壁厚 8～15mm；节间长 25～35cm，近无毛，近节处常具黄色环；节稍隆起。分枝习性低，三主枝明显。箨鞘近梯形，革质，背面无毛，常于靠近外侧的一边有 1～3 条黄白色纵条纹，顶端略为不对称的拱形；箨耳不相等，靠外侧的较大，卵形至卵状椭圆形，其末端圆形，长约 2.5cm，宽 1.0～1.5cm，略有皱褶，小耳圆形或卵形，两耳边缘具波曲状细弱缝毛；箨舌高 3～5mm，边缘细齿状，密生长 2mm 的短流苏状毛；箨叶直立，三角形或卵状三角形，基部斜心形，多少外延，箨叶基部与箨耳相连部分宽度仅为 3～7mm，背面疏生脱落性棕色贴生小刺毛。每小枝具 6～12 叶；叶耳肾形，红黄色，鞘口缝毛发育，6～10 条，长约 5mm；叶片长 12～25cm，宽 1.2～1.8cm，下表面密生白色柔毛。

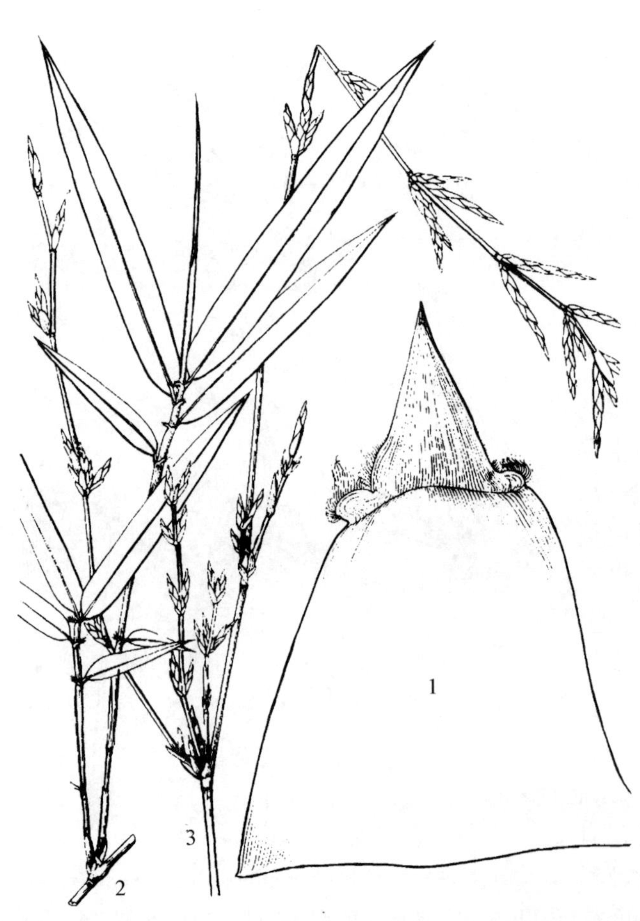

图 1535 青秆竹 Bambusa tuldoides Munro 1. 秆箨背面观；2. 叶枝；3. 花枝。(仿《中国植物志》)

产于苍梧、贵港、桂平、陆川、北海。生长于低山丘陵地或溪河两岸，也常栽培在村落附近。分布于广东。移母竹造林。材篾两用竹种，材质中等，可作撑秆、棚架和劈篾编制各种竹器；秆中间层(竹茹)入药，主治痰热咳嗽、胆火挟痰、烦热呕吐、中风等病。

14a. 鼓节竹

Bambusa tuldoides ‘Swolleninternoda’

该栽培型与青秆竹主要区别在于秆下部节间短缩而鼓大。

梧州、南宁、灵山有栽植。分布于广东、福建、云南。分蔸繁殖或用粗壮枝条扦插繁殖。栽培于庭园、公园及风景区，优良观赏竹种；秆可制作工艺品。

15. 孝顺竹 蓬莱竹、凤凰竹、观音竹 图 1536

Bambusa multiplex (Lour.) Raeusch. J. A. et J. H. Schult.

秆直立或近直立，高 3～8m，直径 1～

3cm，竹壁厚 3 ~ 5mm，绿色；节间长 30 ~ 40cm，幼时被白粉，尤以秆箨包被处白粉较厚，疏生灰白色或淡棕色小刺毛，以节间上部尤为密集，毛脱落后留有凹痕；节平。主枝略比侧枝粗长。箨鞘先端稍向外缘一侧倾斜，鞘口中部弧形隆起；箨耳微小，与箨叶连生，难于区分，边缘有少数繸毛，长 1 ~ 4mm；箨舌极矮；箨叶直立，三角形，易脱落，基部与鞘口等宽，背面着生暗棕色刺毛，腹面脉间有小刺毛。每小枝具 5 ~ 12 叶；叶耳卵形，鞘口繸毛黄白色，波状，长约 10mm；叶片长 4 ~ 14cm，宽 0.5 ~ 2.0cm，下表面灰白色，有短柔毛。

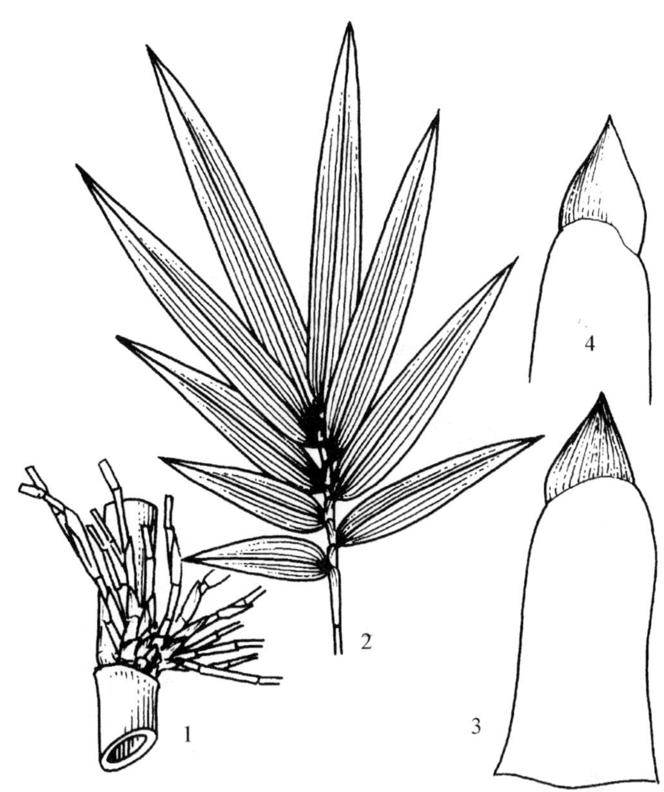

图 1536 孝顺竹 Bambusa multiplex (Lour.) Raeusch. J. A. et J. H. Schult. 1. 秆的一段，示竹枝；2. 叶枝；3 ~ 4. 秆箨的背腹面。

广西各地有栽培，以桂林较多。分布于广东、福建、云南、贵州、四川。喜光、耐旱、较耐寒，适应性强，长江流域及以南地区能正常生长。山东青岛也有栽培，是丛生竹中栽培最北缘的竹种。分兜繁殖。竹材细长坚韧，可劈篾编织竹器，又可编篱笆、作豆扦等用，亦是优良造纸原料；秆丛生，四季青翠，姿态秀美，宜于宅院、草坪角隅、建筑物前或河岸种植。若配置于假山旁侧，则竹石相映，更富情趣。

15a. 观音竹

Bambusa multiplex var. **riviereorum** Maire

与孝顺竹相比，秆丛更矮小，秆近实心。小枝柔软而下弯。每小枝具叶 13 ~ 23 片，叶于小枝上排成 2 列而形似羽状复叶。

分布范围同孝顺竹。竹丛矮小，丛态优美，多用于观赏，盆栽或庭园种植。

15b. 凤尾竹

Bambusa multiplex 'Fernleaf'

与孝顺竹相比，秆矮小，与观音竹相比，秆节间空心。秆高 2 ~ 3m，直径 0.5 ~ 1.0cm；叶片细小，长 3.3 ~ 6.5cm，宽 4 ~ 7mm。

广西各地有栽培。枝纤叶小，植株低矮，密生成丛，可栽植于庭园或作绿篱，亦可盆栽。

15c. 垂柳竹

Bambusa multiplex 'Willowy'

与孝顺竹的主要区别为分枝下垂，叶片细长，长 10 ~ 20cm，宽 0.8 ~ 1.6cm。

广西各地有栽培，常见于公园、风景区及庭园。枝形似垂柳，甚为美观，优良观赏竹种。

15d. 银丝竹 牛筋竹、银丝孝顺竹

Bambusa multiplex 'Silverstripe'

与孝顺竹不同之处在于秆下部节间和箨鞘绿色，间有黄白色纵条纹，有时叶片上也有黄白色纵条纹。

广西各地均有栽培。优良观赏竹种。

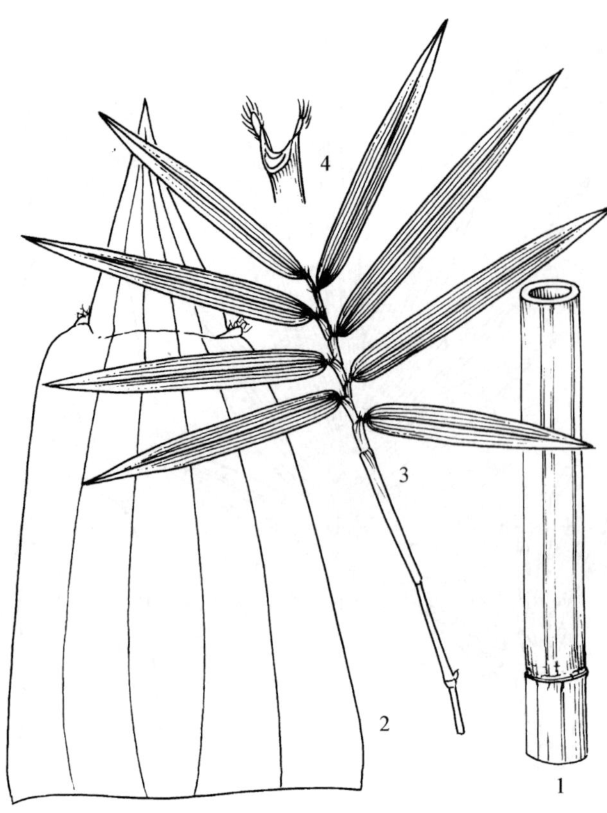

图 1537 花竹 Bambusa albo-lineata Chia 1. 秆；2. 箨鞘背面；3. 叶枝；4. 叶鞘顶部(放大)。

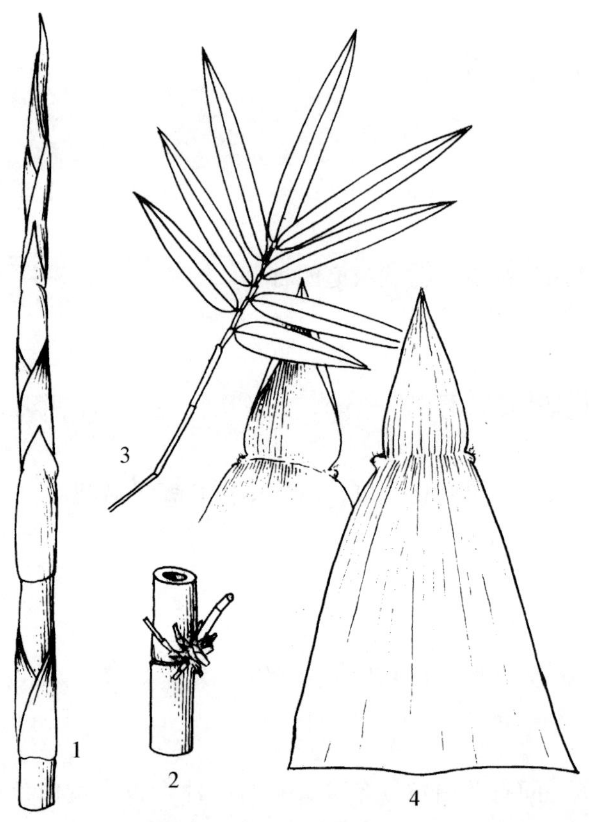

图 1538 青皮竹 Bambusa textilis McClure 1. 笋；2. 秆节；3. 叶枝；4. 箨鞘背腹面。

15e. 小琴丝竹 花孝顺竹

Bambusa multiplex 'Alphonse - Karri'

与孝顺竹区别在于秆和枝条节间初时呈红黄色，以后渐变为金黄色，间有宽窄不一的绿色条纹。

广西各地有栽培。丛态优美，秆色艳丽，著名园林观赏竹种。

16. 花竹 椽篱竹、火管竹 图 1537

Bambusa albo-lineata Chia

秆高 4 ~ 6m，直径 1 ~ 3cm；幼秆深绿色，基部数节间具有黄白色纵条纹；节间无毛，节下具厚白粉。主枝较明显，侧枝近等粗。箨鞘斜梯形，绿色，基部 2 ~ 3 节箨鞘背面具有黄白色纵条纹，两侧疏生暗棕色刺毛，顶端斜截，箨鞘顶端一侧稍隆起；箨耳显著，不对称，箨鞘顶端隆起一侧的箨耳小，卵形，长约 6mm，宽 2mm，常与箨叶基部相连，另一箨耳长圆形，长 10 ~ 12mm，宽 4 ~ 6mm，鞘口缝毛灰白色，曲折；箨舌边缘齿状；箨叶直立，三角形，基部收缩。每小枝具 5 ~ 10 叶；叶耳镰刀形，鞘口缝毛发达，基部粗大，故此毛折断后残留毛基；叶片长 15 ~ 20cm，宽 1 ~ 2cm，下表面绿色，具白色细柔毛。

产于兴安、象州。常见于村前屋后，在公园和竹种园亦见栽培。分布于广东、福建。分蔸繁殖。秆常用于劈篾编织竹器；小秆常用作豆扦材；丛态优美，可作园林观赏。

17. 青皮竹 黄竹 图 1538

Bambusa textilis McClure

秆高 6 ~ 10m，直径 3 ~ 6cm，竹壁厚 2 ~ 5mm；节间长 50 ~ 70cm，幼时表面被白粉，贴生上向的白色细刺毛，尤以节间上部为密集，毛脱落后在节间表面留有短小凹痕；节平，较大秆的基部数节无芽。主枝较粗长，其余侧枝粗细近相等。箨鞘顶端隆起呈不对称的圆弧形，背面通常无毛，或贴生各式易落的柔毛；箨耳小，长圆形，近相等，边缘缝毛灰白色，放射状，长 3 ~ 6mm；箨舌两边渐矮，顶端隆起，边缘呈不规则的齿状，被灰黄色睫毛；箨叶红黄色，直立，长三角形或卵状三角形，基部收缩，背面无毛或基部贴生稀疏易落的褐色针状毛。每小枝有叶 8~12 片；叶耳变化大，边缘缝毛放射状，长 8~15mm；叶片长 16~22cm，宽 1.5~2.2cm，下表面绿色，被细柔毛。

产于恭城、金秀、武宣、忻城、柳城、苍梧、岑溪、桂平、容县。分布于广东、福建、湖南、云南。对水肥要求不苛，石灰岩山地也能正常生长。移母竹造林。选择土壤湿润肥沃的河边冲积地、台地、丘陵下部坡地，2~3 月造林。选择秆粗 1.2~1.5cm 的 1~2 年生秆作母竹，连蔸挖出，斩去竹梢，留秆 0.6~2.0m。造林株行距为 3m×4m~4m×5m。栽植时削平竹蔸切口，挖一浅沟，母竹平放沟内，将蔸头压入实地，覆土全埋。移竹栽植成活率较高，发笋多而大，3~5 年即可成林。新造竹林郁闭前，每年除草松土 1~2 次，近竹蔸处松土深 15~20cm；较远处 20~30cm。竹成林后，护笋养竹，防止人畜危害竹笋。竹林施肥以有机肥为主，速效肥为辅，有机肥在冬季施，速效肥在春夏施用。采伐在冬季进行，竹材性质良好，不易虫蛀。造纸用竹林，砍 3 年生以上立竹，保留 1~2 年生嫩竹。秆通直，削度小，节平而疏，篾性强韧，耐水浸，适合劈篾编织精致竹器，优质篾用竹种；秆干后不易开裂，整秆可作蚊帐杆、扫把柄；优质造纸原料。用青皮竹破篾后剩下的竹黄加工的息竹制作高档香烛，燃完后其灰白色，高档香烛。秆密集，枝稠叶茂，绿阴成趣，庭院、公园、家前屋后均可成片栽植，优良绿化竹种。

17a. 光秆青皮竹 黄竹

Bambusa textilis var. **glabra** McClure

与青皮竹区别在于秆和箨鞘全部无毛或近无毛。

产于广西南部、东南部。栽培条件同青皮竹，但在同样条件下，秆生长较青皮竹矮小。用途同青皮竹。

17b. 崖州竹

Bambusa textilis var. **gracilis** McClure

本变种与青皮竹区别在于秆纤细；节间具极稀疏的针状毛或近无毛，用手触及有暗节；箨叶和箨舌均矮。

栽培范围及适应条件同青皮竹，秆比青皮竹纤细。用途同青皮竹，但质量较差。

17c. 紫斑竹 紫线青皮竹、斑青皮

Bambusa textilis 'Maculata'

与青皮竹的区别在于秆和笋箨基部具紫色条纹。

分布范围及用途同青皮竹，但因节间具紫色条纹而有一定观赏价值。

18. 绿竹 图 1539

Bambusa oldhamii Munro

秆直立，高 7~10m，直径 5~8cm，竹壁厚 8~10mm；节间长 20~30cm，初时被白色蜡粉，白粉脱落后则显出绿色或深绿色，光滑无毛；节平无毛。分枝习性高，主枝明显。箨鞘黄绿色，笋期背面贴生棕色细毛，以后则无毛而具光泽；箨耳微小，卵形，鞘口缝毛纤细，长 3~7mm；箨舌矮，高约 1mm；箨叶直立，三角形或长三角形，基部与箨鞘口部等宽。每小枝有叶 7~15 片；叶耳卵形，黄色，鞘口缝

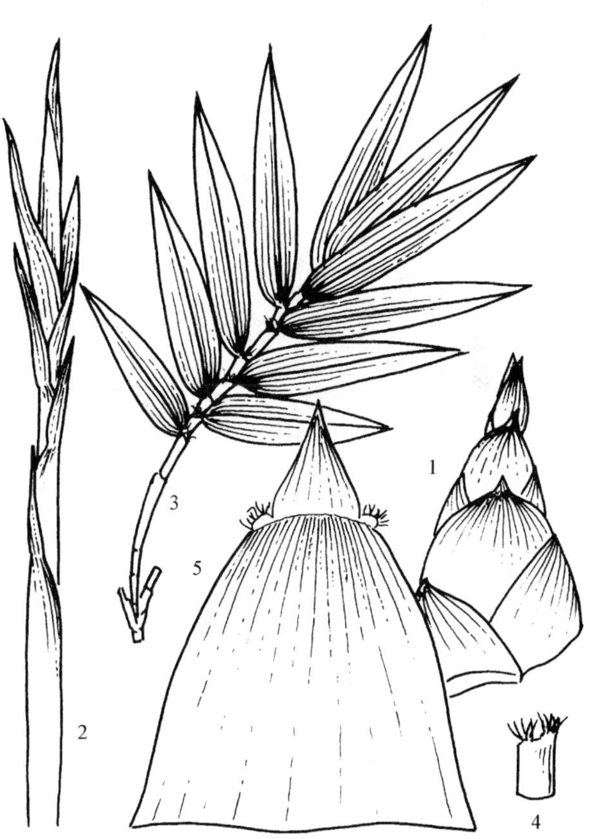

图 1539 绿竹 Bambusa oldhamii Munro 1. 笋；2. 幼秆；3. 枝叶；4. 叶鞘顶端和叶片连接处；5. 秆箨背面。

毛长7～9mm，灰白色；叶片矩状披针形，长12～30cm，宽2.5～6.5cm，深绿色。

产于兴安、临桂、阳朔、金秀、苍梧、容县。分布于浙江、福建、台湾、广东、海南。喜温暖湿润，不耐严寒，要求年平均气温≥17.5℃，极端低温>－6℃，年降水量在1400mm以上。在土层深厚、土壤呈微酸性或中性的溪河岸畔、河滩以及在海拔500m以下的丘陵山脚均可生长。母竹造林、主枝或次生枝扦插造林。造林地选择在海拔300m以下，土层深厚、疏松、肥沃、富含腐殖质的酸性至中性砂质土或壤土，以江河两岸的冲积土为佳，低丘、山麓、平原、田边沟旁都是种植绿竹的较好地点。株行距4m×4m或5m×5m，单行栽植，株距可按3～4m，种植坎面宽80cm×80cm，底宽60cm×60cm，深度40～50cm。栽植坎挖好后，以腐熟农家肥作基肥，造林时间2～4月，选择生长健壮的1～2年生母竹。栽植时将母竹斜放坎中，秆切口向上，分层覆土、踏实。幼林可套种黄豆、花生等，每年在3～4月除草松土1次。松土深度15～20cm，施肥以有机肥料为主。施速效肥可结合除草松土后施放。种植绿竹3年即可成林产笋，每公顷产量可达1.2～1.5t，绿竹笋除鲜食外还可加工成清水罐头，笋味鲜美，是上等产笋竹种；绿竹竹材可作建筑、竹编和造纸，并可加工成竹胶合板和美术工艺品。绿竹根系发达庞大，能固土护岸、保持水土。绿竹树冠翠绿喜人，可绿化庭院、调节气候、净化空气、美化环境。

19. 苦绿竹 扁竹 图1540

Bambusa basihirsuta McClure

秆直立，高7～12m，直径4～9cm，尾梢挺直，竹壁厚1～2cm；节间长20～35cm，绿色，偶有紫色条斑，薄被白粉及稀疏脱落性上向刺毛，尤以节间上部为密，毛脱落后留有凹痕；基部数节秆环具根点。分枝高，主枝明显，侧枝近等粗，枝条斜上举。箨鞘厚革质，绿色，被白粉及棕褐色刺毛，尤以基部中央的毛较密而长，先端近斜截形，宽5～6cm；箨耳长圆形，在秆下部箨者的较细小，上部秆箨者显著，不等大，向外翻，鞘口繸毛灰白色，曲折，长约3mm；箨舌截平形，中部高2～3mm，向两侧渐矮；箨叶三角形，直立，基部较箨鞘口部稍窄，向两侧延伸与箨耳相连。每小枝具叶5～9片；叶片大小变化大，小的长10～20cm，宽2～3cm，大的长30～40cm，宽4～6cm，下表面密生短柔毛。

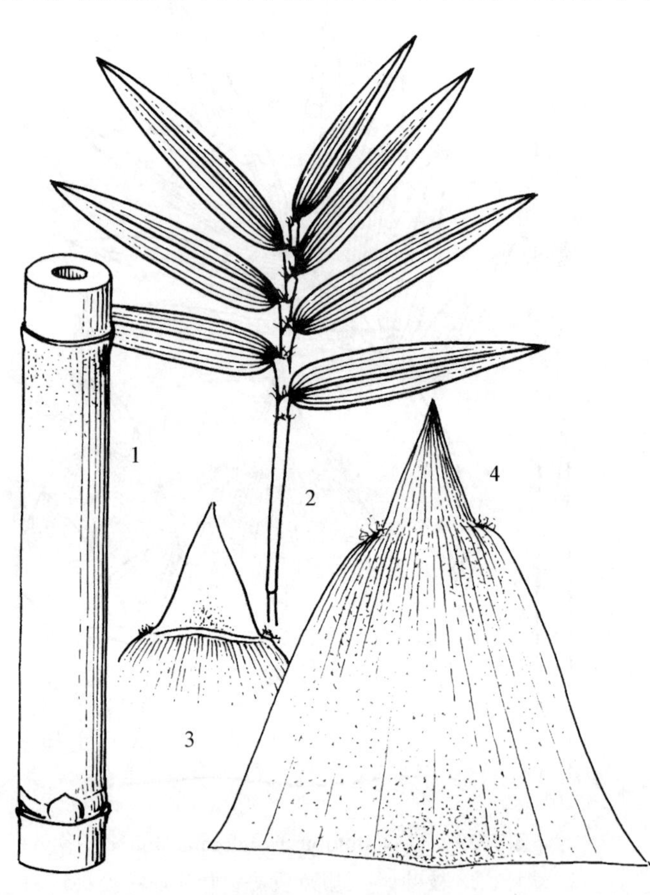

图1540 苦绿竹 Bambusa basihirsuta McClure 1. 秆；2. 枝叶；3. 箨鞘腹面顶端；4. 箨鞘背面。

产于永福、兴安、昭平、金秀、蒙山、苍梧。分布于浙江、广东、福建、香港。常见于河流两岸、村边路旁。喜温暖湿润，在土层深厚、土壤呈微酸性或中性的溪河岸畔、河滩以及在海拔500m以下的丘陵山脚均可生长。母竹造林、主枝和次生枝扦插造林。笋除鲜食外还可加工成清水罐头，笋味鲜美，是上等产笋竹种；竹材可用作建筑、竹编和造纸。根系发达庞大，能固土护岸、保持水土。树冠翠绿喜人，可绿化庭院。

20. 壮绿竹 牛角竹、毛竹 图1541

Bambusa valida (Q. H. Dai) W. T. Lin

秆直立或近直立，高12～16m，直径

8~12cm，尾梢下垂，竹壁厚2~3cm；节隆起，节间内向稍收缩，节全部具芽；秆环被一圈绒毛；箨环凸起，亦被一圈绒毛；节间绿色，长20~25cm，下部略作囊状隆起；幼秆节间密被灰色、棕色细毛，毛纵裂成线。分枝习性低，主枝明显。秆箨红褐色，上部广圆，背面密被贴生棕色和黄棕色具光泽的刺毛，箨鞘口部宽2~3cm；箨耳窄，线形，鞘口缝毛灰色或褐色，长1.0~1.5cm；箨舌截平，高5~7mm，先端不整齐，边缘有褐色缘毛；箨叶直立，三角形或三角状披针形，背面具细毛，腹面脉间具上向针状毛。每小枝具叶5~8片；叶鞘背面具灰黄色柔毛；叶耳和鞘口缝毛缺失；叶舌边缘被纤毛；叶片大小有显著差别，较小的长8~16cm，宽2~3cm，较大的长30~35cm，宽6~8cm。

产于苍梧、南宁、玉林、钦州、防城，南宁俗称“牛角竹”，钦州俗称“毛竹”，为广西特有种。喜温暖潮湿，多栽植于水边或低洼地。主枝或次生枝扦插繁殖或造林。竹材粗大、坚硬，竹壁厚，可作扛挑及建筑用材，秆可造纸；笋体大，味美可食，优良笋用竹种。

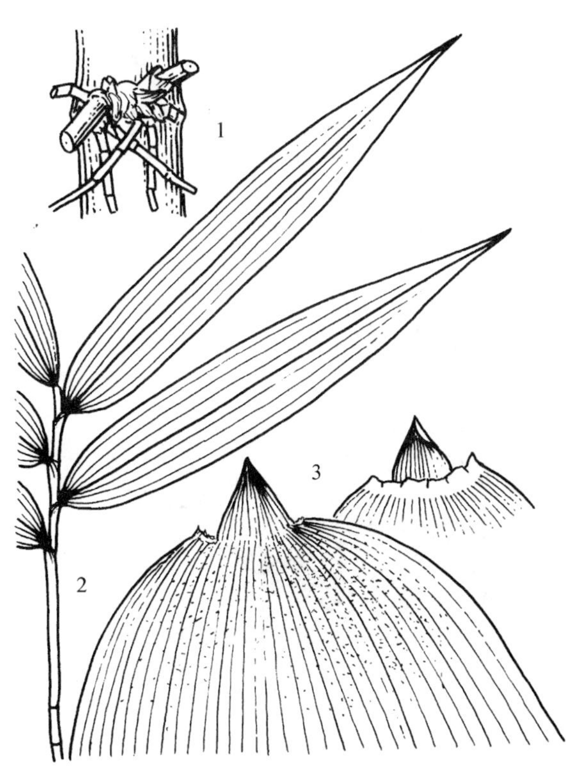

图1541　壮绿竹 Bambusa valida（Q. H. Dai）W. T. Lin　1. 秆节；2. 叶枝；3. 箨鞘背面和腹面。

21. 大绿竹　图1542

Bambusa grandis（Q. H. Dai et X. L. Tao）Ohrnb.

秆直立，高10~15m，直径8~10cm，尾梢呈弓形下垂，竹壁厚2.0~2.5cm；节间绿色，略收缩，长30~40cm，下部略作囊状凸起，幼时贴生稀疏的棕褐色刺毛；节隆起，秆基部两环间、箨环下各具一圈黄褐色毯毛环。分枝习性较高，主枝粗长。秆箨圆铲形，绿色，革质，背面初时被褐黑色刺毛，箨鞘口部窄，宽2.5cm；箨耳窄，线形，多少向外反折；箨舌高3~5mm，边缘细齿状，两侧常上向延伸呈狭楔形；箨叶反折，卵状披针形，腹面有向上的粗硬毛。每小枝有叶6~10片；叶耳和鞘口缝毛缺失；叶片大小变异大，较小的叶长6~9cm，宽2.0~2.5cm，较大的叶长30~35cm，宽6~9cm。

广西特有种，产于昭平、来宾、柳州、融水、融安、梧州、南宁、容县。常见于河流两岸、村边路旁。主枝或次生枝扦插繁殖或造林。竹材坚硬，可作梁柱等建筑用材，以及水管、竹排、扛挑等材料；笋味鲜美可食，广西主要笋用竹之一。

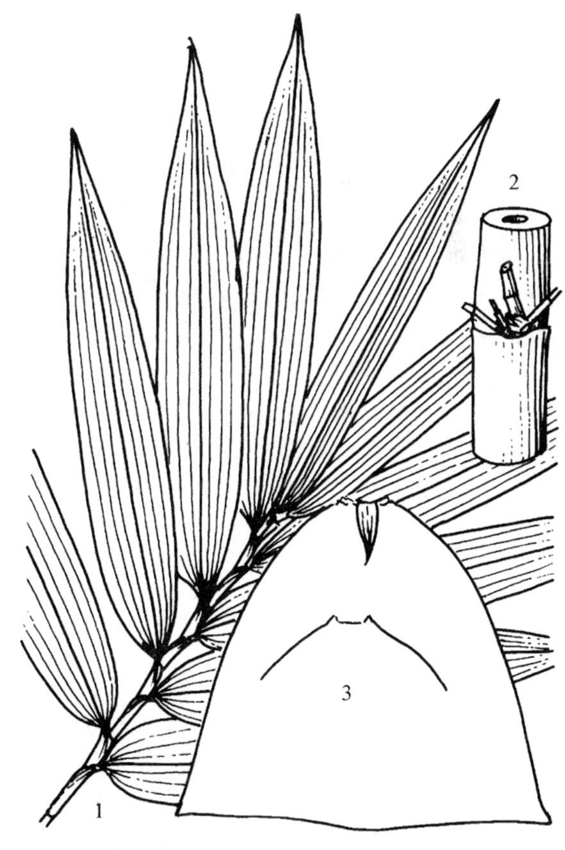

图1542　大绿竹 Bambusa grandis（Q. H. Dai et X. L. Tao）Ohrnb.　1. 叶枝；2. 秆；3. 箨鞘。

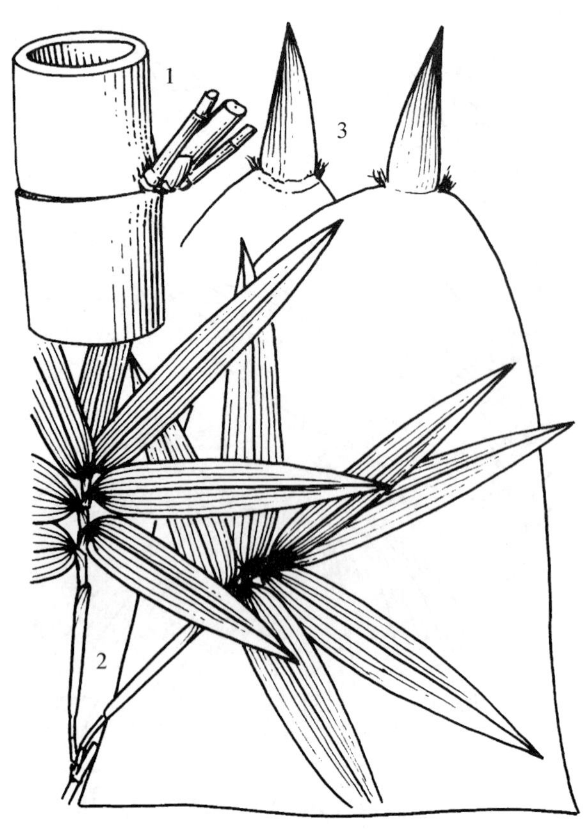

图 1543　吊丝球竹 Bambusa beecheyana Munro
1. 秆；2. 叶枝；3. 箨鞘的背面和腹面。

22. 吊丝球竹　甜竹、大头典竹　图 1543

Bambusa beecheyana Munro

秆近直立，高 8 ~ 12m，直径 6 ~ 10cm，顶端弯曲成弧形，以至下垂呈钓丝状，竹壁厚 2cm；节间长 30 ~ 35cm，绿色，略收缩，基部节间略囊状隆起，幼时被薄白粉和易脱落稀疏绒毛，毛纵列成线。秆基部数节的秆环上有根点及毯毛状毛环。分枝习性高，主枝明显比侧枝粗长。箨鞘长圆口铲形，背面贴生深棕色或黑色刺毛，分布不均匀，以箨鞘基部较密集，顶端平截，箨鞘口部宽 2 ~ 3cm；箨耳细小，反曲，鞘口繸毛灰白色，长1 ~ 2cm，曲折而细弱；箨舌显著伸出，高 4 ~ 5mm，顶端截平形；箨叶卵状披针形，略反折或直立，腹面被深棕色或灰白色细毛。每小枝有叶 6 ~ 12 片；叶耳极微小或无，鞘口繸毛稀少，易落；叶片矩状披针形，大小变化大，长 10 ~ 30cm，宽 1.5 ~ 7.0cm。

广西南部普遍栽培。分布于广东、海南、台湾。分布区年平均气温在 20℃ 以上，1 月平均气温 8℃ 以上，年降水量 1200mm 以上。喜温暖潮湿、土壤肥沃、排水良好的环境条件，宜选择海拔 400m 以下的丘陵缓坡地、溪流两岸冲积地带种植。次生枝和主枝扦插繁殖或直接造林。种植坎规格为 50cm × 50cm × 40cm，株行距 4m × 4m 或 4m × 3m。2 ~ 4 月，将竹苗或小母竹截去离蔸 60cm 以上的枝、秆，连蔸挖起，选择阴天或小雨天气种植。新造幼林每年除草松土 2 次，也可间种农作物或绿肥。成林松土每 1 ~ 2 年 1 次，在发笋期，施放速效性化肥，每年可施 2 ~ 3 次。每年 3 ~ 4 月，将堆拥在竹丛蘖部周围的泥土扒开，露出笋芽，任其暴晒增温，促进笋芽早萌动。4 ~ 5 月，将扒开的土重新培上。培土能保持竹笋幼嫩，延长竹笋细胞分蘖时期，竹笋个体增大，提高竹笋产量和质量。吊丝球竹主产品是竹笋，在出笋初期和盛期的竹笋要全部挖取，9 月，每丛选留粗壮新竹 4 ~ 5 株，新竹在竹丛中分布均匀。冬季，每丛留选 2 ~ 3 株枝叶茂盛的 2 年生竹株，其他弱小、病、老竹砍去，并清理出竹林外，保持竹林清洁。笋肉肥厚，可鲜食或浸酸笋、制笋干和罐头；秆可作竹筏、水管、建筑用材或扛挑工具及造纸。

23. 黄麻竹

Bambusa stenoaurita (W. T. Lin) T. H. Wen

秆直立或近直立，高 12 ~ 16m，直径 8 ~ 15cm，竹壁厚 8 ~ 12mm；节间长 25 ~ 40cm，绿色，基部数节间具深绿色纵条纹，光滑无毛，节下具白粉环；秆环平坦。箨鞘淡绿色具紫色纵条纹，先端为宽弧形而略微下凹，两肩微隆起，背面贴生棕色刺毛，尤以下部为密；箨耳窄长，线形或长卵形，波状皱褶，略向外折，鞘口繸毛灰白色，长约 2mm；箨舌高 1 ~ 3mm，边缘有细齿；箨叶卵状披针形，反转或外展，基部收缩，宽为箨鞘口部的 1/4 ~ 1/3，背面倒摸粗糙，腹面生黄白色刺毛，尤以基部的毛密而长。分枝习性高，三主枝明显。每小枝具叶 6 ~ 8 片；叶耳卵形，鞘口繸毛黄白色，长 3 ~ 5mm，扭曲；叶片长 20 ~ 30cm，宽 3 ~ 6cm。

产于梧州、藤县、容县。生于沟谷河边、村边路旁。分布于广东。母竹造林或枝条繁殖。笋味鲜美可食，具有软、滑、香脆等特点，被视为上等蔬菜；秆可编制各种用具，如箩筛、簸箕、扫帚、晒垫等。秆材为优良造纸材。

24. 粉单竹 白粉单竹、丹竹、单竹 图1544

Bambusa chungii McClure

秆直立，高8～12m，直径3～7cm，竹壁厚3～5mm；节间长40～120cm，无毛，幼时密被白粉；节平，秆环平滑，箨环初时具一圈棕色柔毛。分枝习性高，主枝与侧枝粗细近相等。箨鞘矩形，顶端截平或微凹陷，背面被白粉，近基部疏生易脱落的棕色长柔毛；箨耳矮而宽，长卵圆形，长1.0～1.5cm，缝毛枯草色而有光泽；箨舌极矮，高仅1～2mm，顶端截平形或中部凸起呈“山”字形，边缘齿状或具长流苏状毛；箨叶反折，淡黄绿色，卵状披针形，稍粗糙，腹面密生刺毛，近基部刺毛甚长。每小枝有叶9～11片；叶耳长椭圆形，淡黄色，鞘口缝毛放射状，黄白色，长1～2cm，易脆而早落；叶舌高不及1mm，边缘篦齿状；叶片长披针形，大小多变，通常长7～21cm，宽1～3cm。

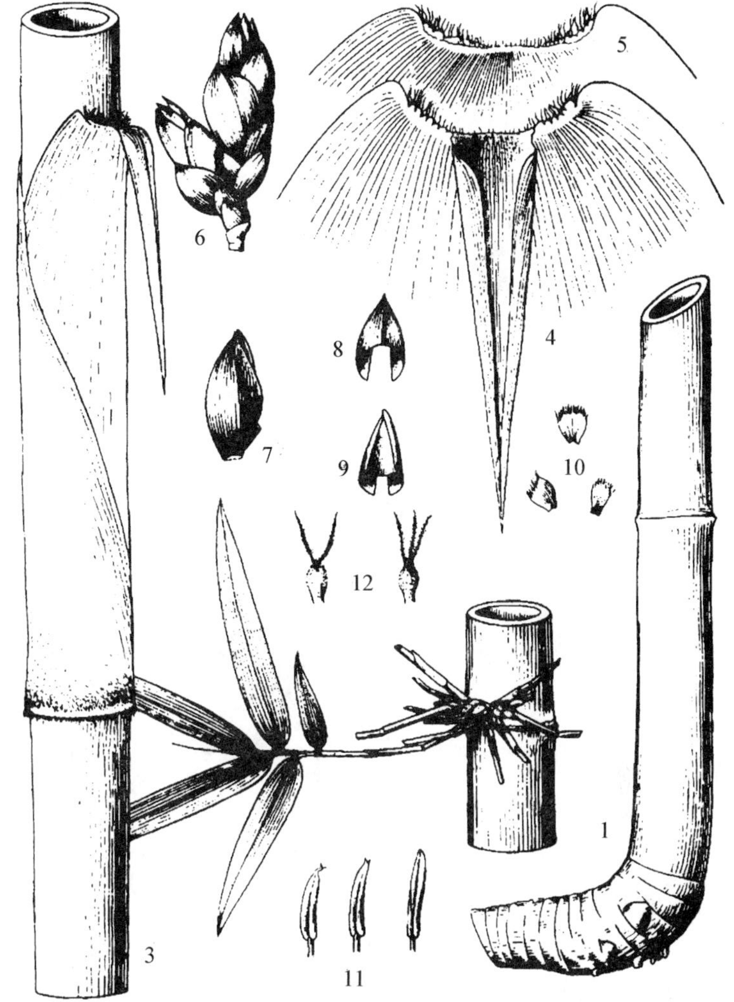

图1544 粉单竹 Bambusa chungii McClure 1. 秆基部合轴型地下茎；2. 秆节，示分枝；3. 幼秆一段，示秆箨；4. 秆箨顶端的背面观；5. 秆箨顶端腹面观；6. 花序之一部分；7. 小花；8. 外稃；9. 内稃；10. 鳞被；11. 雄蕊；12. 雌蕊。

广西各地均有栽培，以宾阳、玉林、梧州、钦州、防城人工林最多。分布于广东、湖南、福建，为中国南方广泛栽培的优良竹种。分布区年平均气温在20℃以上，1月平均气温8℃以上，能耐41℃高温和短期的－5～－3℃低温，年降水量1200mm以上。喜温暖湿润，梅雨期与秋雨期非常适合其生长发育，对土壤要求不严，酸性土或石灰质土上都能生长正常，疏松、肥沃、湿润的微酸性土壤生长更粗壮。移母竹造林。选择海拔500m以下的丘陵山脚或缓坡地、河流两岸、村前屋后、水塘和水库周围等作造林地，株行距3m×3m或2m×3m，造林坎100cm×50cm×40cm。造林前施足基肥。2～3月造林。幼林每年除草松土2次，也可在空地上套种绿豆、豇豆，成林7～8月除草松土1次。及时追肥，促进竹林发笋。竹材韧性强，节间长，节平，劈篾编织各式竹器的优质材料，亦为优良造纸材；竹丛疏密适中，挺秀洁净，姿态优美，可作庭园观赏；竹针(竹叶蕊)、竹髓药用，可清热，治眼疾；竹茹可制凉茶。

25. 单竹 火筒竹 图1545

Bambusa cerosissima McClure

秆直立或近直立，高3～7m，直径3～5cm，竹壁厚2～4mm。节间长30～60cm，密被白粉，无毛；节平，基部数秆环具灰白色毯毛环，箨环初时有一圈较宽的木栓质环，无毛。分枝习性高，枝

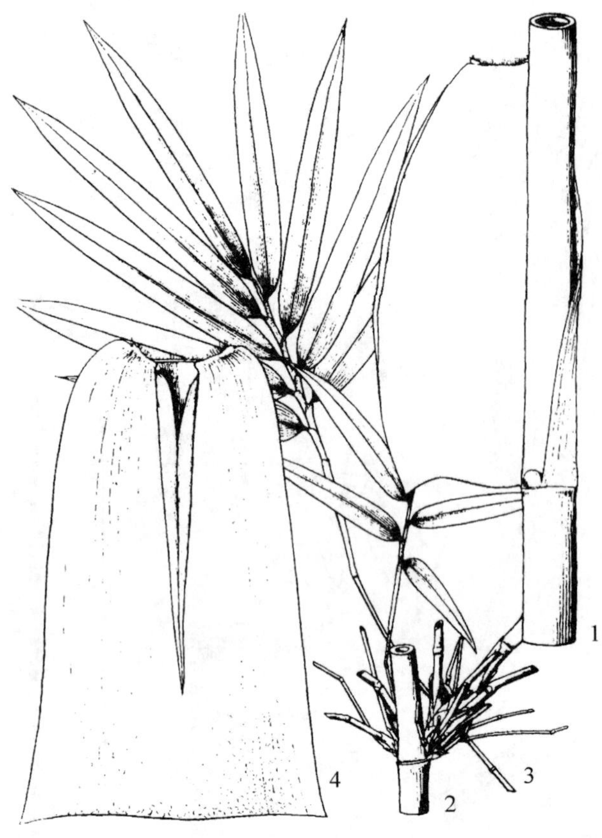

图 1545 单竹 **Bambusa cerosissima** McClure 1. 幼秆，示解箨情况；2. 秆节，示分枝；3. 叶枝；4. 秆箨

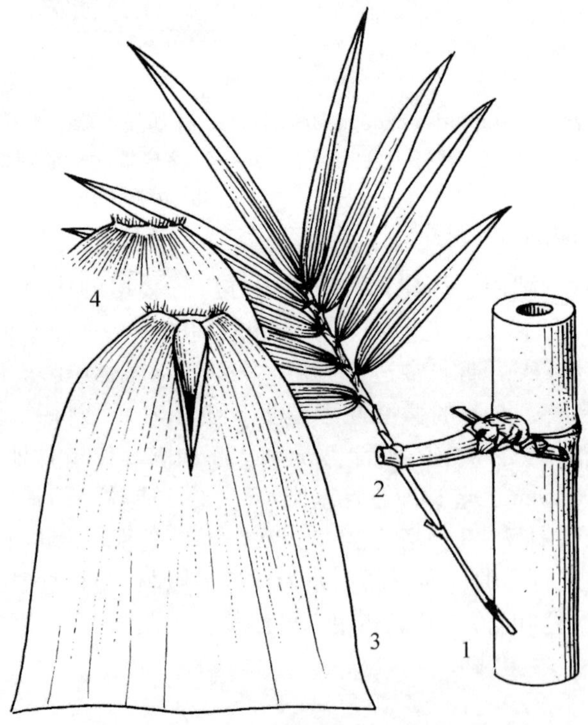

图 1546 甲竹 **Bambusa remotiflora**（Kuntze）L. C. Chia et H. L. Fung 1. 秆的一段，示被毛及分枝情况；2. 叶枝；3. 秆箨背面观；4. 秆箨顶端的腹面观。

多数，粗细相近。箨鞘坚硬，顶端截平或凹形，背面密被白粉及遍生近于宿存的短硬毛；箨耳短而宽，长椭圆形，长约 1cm，鞘口縫毛细长，枯草色；箨舌短，高 1 ~ 2mm，顶端截平，边缘具长流苏毛或篦齿状；箨叶反折，卵状披针形，基部收缩，宽占箨鞘口部的 1/3。每小枝具叶 5 ~ 7 片；叶耳发达，长椭圆形，扭曲，鞘口縫毛放射状，长 1.0 ~ 1.5cm，灰白色；叶舌高 1mm，边缘具银白色纤毛；叶片长 16 ~ 20cm，宽 1.5 ~ 2.0cm。

产于金秀、河池、苍梧、桂平、容县。生于村旁、路边，常与粉单竹混生。分布于福建、湖南、广东、海南。移母竹造林。秆材可劈篾，编织各式竹器。

26. 甲竹 油竹 图 1546

Bambusa remotiflora（Kuntze）L. C. Chia et H. L. Fung

秆高 6 ~ 12m，直径 3 ~ 7cm，竹壁厚 6 ~ 9mm；节间长 30 ~ 40cm，深绿色，幼时贴生褐色柔毛，组成条纹状，毛脱落后变光滑；秆环平，初时基部数节秆环及箨环下方各被一圈黄白色毯毛状毛环。分枝习性低，主枝比侧枝粗而长。箨鞘厚革质，顶端截平或微凹，背面贴生上向的黑色针状毛，尤以中下部两侧的毛密集；箨耳矮，窄长圆形或线形，鞘口縫毛淡黄色或苍白色，基部粗糙；箨舌高 2 ~ 3mm，中部拱曲呈“山”字形，边缘具 6 ~ 14mm 的粗糙流苏状毛；箨叶反折，卵状披针形或披针形，基部宽占箨鞘口部的 1/4 ~ 1/3，腹面被白色短刺毛。每小枝有叶 8 ~ 16 片；叶耳小，椭圆形，鞘口縫毛放射状，密集；叶舌高 1mm，边缘具白色的整齐的流苏状毛；叶片披针形，长 9 ~ 20cm，宽 1 ~ 3cm。

广西桂南丘陵区各地有栽培，常见于房前屋后的平地或沟谷边，与其他竹种混生，统称油竹。分布于广东、海南；越南也有分布。移母竹繁殖。秆可作棚架材料、农具柄，劈篾制竹筐、猪笼等粗大竹器，也可造纸。

27. 油竹 图 1547

Bambusa surrecta（Q. H. Dai）Q. H. Dai

秆高 7 ~ 10m，直径 3 ~ 6cm，竹壁厚 5 ~ 9mm；节间长 35 ~ 45cm；幼秆绿色，无白粉，被稀疏、微小、极苍白色的向上针状毛，于节间上排成纵列状，毛脱落后留有凹痕；节稍隆起，箨环初时密被向下的棕色毛，基部1~2节的节内及箨环下各具一圈毯毛状毛环。分枝习性低，主枝比侧枝粗而长。箨鞘矩状三角形，顶端凹陷，两肩向上隆起呈三角形，背面贴生黑褐色上向刺毛，中部稀疏，两侧较密集，基部竖生棕褐色刺毛；箨耳长卵形，鞘口繸毛白色，波折状，长5~10mm；箨舌高3~5mm，边缘有淡棕色不整齐的流苏状毛；箨叶直立，长卵形，基部收缩，宽度占箨鞘口部的1/4~1/3，边缘内卷，背面疏生极短白色刚毛，腹面有细刺毛。每小枝有叶8~10片；叶耳和鞘口繸毛缺失；叶舌矮，边缘具白色流苏状毛；叶片长12~26cm，宽1.5~2.3cm。

广西特有种。广西南部丘陵区各地常见栽培，以南宁、邕宁、武鸣、钦州、上思、龙州较多，常与甲竹混生。移母竹繁殖。秆主要用于劈篾编织禾夹、猪笼等粗大竹器，篾性强韧，颇耐干、湿，制成竹器比用撑篙竹、粉单竹编的竹器更经久耐用；可作建筑棚架、农具柄、造纸等材料；笋味苦，需经水焯后食用。

28. 桂单竹 吊竹、钓竹、单竹 图1548：1~5

Bambusa guangxiensis L. C. Chia et H. L. Fung

秆高4~6m，直径1.5~3.0cm，竹壁厚2~4mm；节间长40~60cm，幼时被薄白粉，密被基部膨大的脱落性针状毛，尤以节间上部的毛密集，此毛脱落后留有凹痕及乳凸状的小疣点；节平，箨环密被一圈黄棕色粗硬毛。分枝习性低，枝条粗细相近。箨鞘顶端截形或微凹，先端纸质不硬化，背面密被基部膨大的、方向不定的棕色针状毛，此毛脱落后留有凹痕或疣点；箨耳线形，边缘外侧具数条黄棕色细长繸毛；箨舌宽而矮，与鞘口等宽，先端具细纤毛；箨叶反折，披针形，基部强烈收缩，宽度占箨鞘口部的1/4~1/3，边缘内卷。每小枝具叶3~8片；叶鞘背面具白色刺毛，以中脉居多；叶耳弯月形或长圆形，

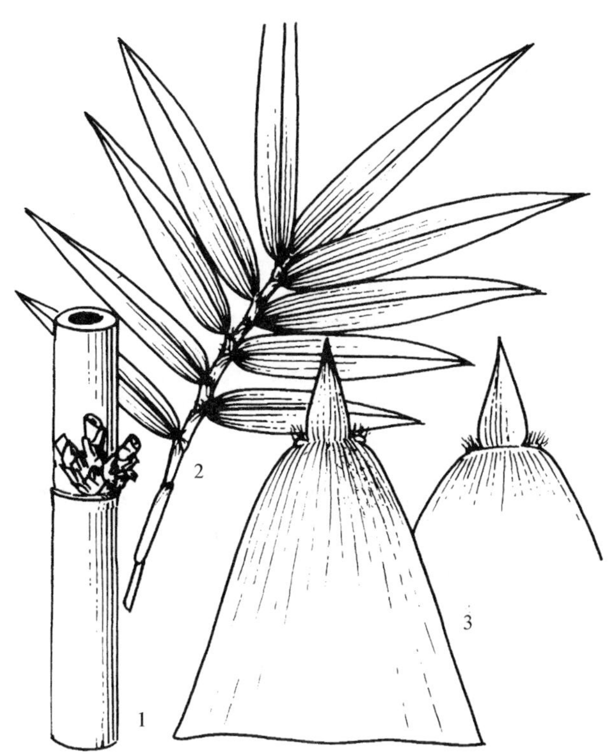

图1547 油竹 Bambusa surrecta (Q. H. Dai) Q. H. Dai
1. 秆节；2. 叶枝；3. 箨鞘背面和腹面。

图1548 1~5. 桂单竹 Bambusa guangxiensis L. C. Chia et H. L. Fung 1. 笋；2. 秆的一段，示秆箨；3. 秆箨的背面观；4. 秆箨上端之腹面观；5. 秆上部的一部分，示分枝及叶。**6~7. 水单竹 Bambusa papillata** (Q. H. Dai) K. M. Lan 6. 秆箨背面观；7. 秆箨腹面观。

鞘口缝毛放射状，长6~10mm，灰白色；叶片披针形，长8~16cm，宽1.0~1.5cm，下表面常具明显的小横脉。

广西特有种，产于兴安华江乡沿六洞河两岸，呈野生状分布。分蔸种植。当地用竹秆劈篾编织各式竹器、捆扎柴草和作豆扦材；竹丛紧凑，形态优美，可作园林观赏。

29. 水单竹 图1548：6~7

Bambusa papillata（Q. H. Dai）K. M. Lan

秆近直立，高3~6m，直径2~4cm，竹壁厚3~6mm；节间长30~60cm，密被上向的灰白色针状毛，毛脱落后留有凹痕和乳凸状的小疣点，幼秆节下有一圈白粉；箨环被一圈下向的棕色粗毛，基部数节箨环上下各被一圈灰白色毯毛环。分枝习性低，枝条粗细相近。箨鞘上部纸质，下部革质，顶端凹陷，两肩隆起，一高一低不对称，背面薄被白粉，并密被方向不定的棕色细刺毛，此毛脱落后留有凹痕和乳凸状的小疣点；箨耳窄长圆形至线形，高约2mm，不延伸，仅在边缘外侧近顶端着生数枚棕色缝毛，余均无毛；箨舌低矮，顶端平直或微呈“山”字形；箨叶卵状披针形，直立。每小枝具叶6~10片；叶耳微小，长圆形，鞘口缝毛放射状，长8~12mm，苍白色，细弱；叶片长8~19cm，宽1.0~1.5cm。

广西特有种，产于广西各地，低山、丘陵地有野生或栽培。分蔸种植。秆可劈篾编织竹器、捆扎柴草或造纸。

30. 细单竹 图1549

Bambusa papillatoides Q. H. Dai et D. Y. Huang

秆直立或近直立，通常高3~6m，直径1~3cm，尾梢弯曲，竹壁厚2~5mm；节间长30~50cm，圆柱形，密生上向的白色刺毛，毛脱落后留有疣点，节下具白粉，近秆基部1~3节的节内具灰白色绵毛，箨环密被下向的淡棕色毛环。分枝习性低，枝条簇生，主枝略比侧枝粗长。箨鞘脱落性，长圆形，新鲜时绿色，脆硬，边缘纸质，顶端极凹陷，左右不对称，背面密被方向不定的细刺毛，毛棕褐色、棕色或灰白色；箨耳长卵形或椭圆形，鞘口缝毛发达，长约5mm，白色，挺直，多数；箨舌高约1mm，边缘具长约5mm的白色纤毛；箨叶直立或开展，卵状披针形，基部收缩，边缘内卷，背面无毛，腹面脉间具刺毛。每小枝具7~10叶；叶鞘长3~4cm，背面具易脱落的刺毛，边缘具纤毛；叶耳镰刀形或缺失，鞘口缝毛3~5条，灰白色，长10~12mm，放射状，易落；叶舌高1mm，边缘具纤毛；叶片披针形，长10~15cm，宽1~2cm，下表面沿中脉处有白色细毛，侧脉4~6对。笋期6~9月。

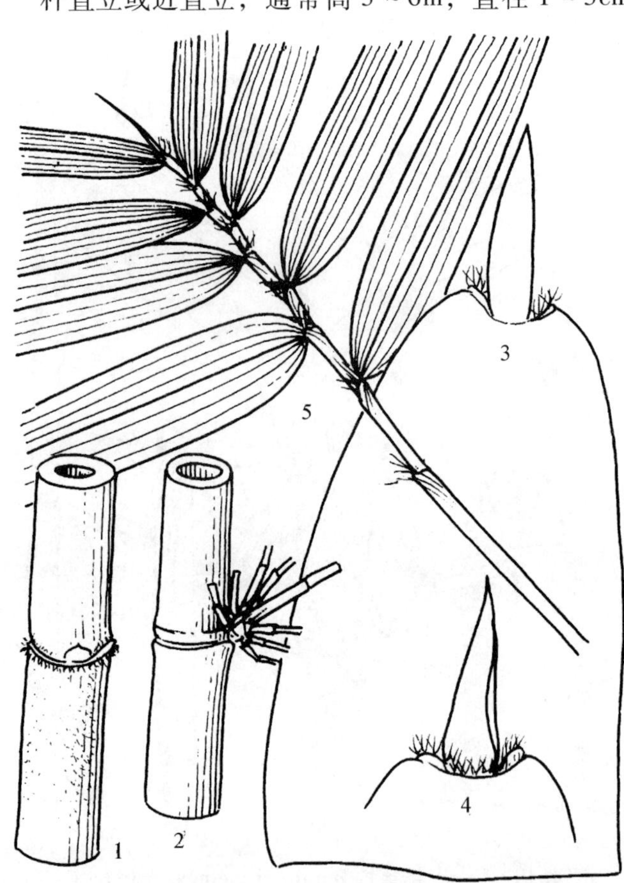

图1549 细单竹 Bambusa papillatoides Q. H. Dai et D. Y. Huang 1. 嫩秆；2. 秆节；3. 箨鞘背面；4. 箨鞘腹面顶端；5. 叶枝。

广西特有种，产于兴安、龙州，呈野生状分布。分蔸种植。秆可劈篾编织竹器或捶制成竹麻，捆扎柴草；笋苦，水焯后可食。

6. 牡竹属 Dendrocalamus Nees

乔木状竹类。地下茎合轴型；秆柄粗短。秆通常大型，丛生，直立，顶端劲直或略弯曲，或者下垂；竹壁甚厚以至实心；每节多分枝，主枝发达，其余侧枝较细短。秆箨顶端广圆，鞘口甚窄，箨耳小形或较显著；箨舌较明显；箨叶通常较小，通常反折，三角状披针形。叶片通常大型；无叶耳和鞘口缝毛；叶舌发达。花序由多数无柄小穗簇生在花枝各节上组成，通常密集成球形；苞片1~4枚。小穗呈卵形或矩形，无柄，具3至多朵花；小穗轴不具关节，不逐节折断；颖片1至数枚，卵形；外稃厚纸质或膜质，卵形，常于顶端具针状或刺状之尖端；内稃较外稃稍短或等长，但甚窄；鳞被缺失；雄蕊6枚，花丝分离；子房被毛，具短柄，花柱较显著，柱头单一，羽毛状。颖果小，卵形或矩形，一侧具沟；种子具胚乳；果皮易与种子分离。

约40种，主要分布于热带东南亚及南亚次大陆。中国32种2变种7变型2栽培型；广西9种1变种1个栽培型，本志记载5种1变种。

分种检索表

1. 秆高大，通常高8~15m，直径8~15cm。
   2. 秆节间无毛；箨叶不扭曲；叶片下表面无毛 ………… **1. 麻竹 D. latiflorus**
   2. 秆节间幼时被小刺毛状的白色毛茸；箨叶扭曲；叶片下表面具柔毛 ………… **2. 云南龙竹 D. yunnanicus**
1. 秆中型，通常高6~8m，直径3~7cm。
   3. 秆节间无毛，基部数节无芽。
      4. 秆箨在笋期棕红色，箨鞘近三角形；箨舌发达，全高10~13mm ………… **3. 梁山慈竹 D. farinosus**
      4. 箨鞘在笋期青绿色，箨鞘长圆口铲状；箨舌高3~6mm ………… **4. 吊丝竹 D. minor**
   3. 秆上部节间具刺毛，秆节全部具芽 ………… **5. 清甜竹 D. sapidus**

1. 麻竹 大头竹、甜竹 图1550

Dendrocalamus latiflorus Munro

秆直立或近直立，高10~15m，直径8~15cm，尾梢呈弓形下垂，竹壁厚1.5cm；节间长40~50cm，幼秆表面被白粉，无毛或仅基部数节间贴生稀疏的棕色刺毛；秆基部数节在秆环及箨环下方各具黄棕色毯毛状毛环。秆箨鲜时绿色，往箨鞘上部逐渐转为淡黄色，箨鞘呈圆口铲状，顶端两肩广圆，鞘口甚窄，背面鲜时被白粉，贴生棕黑色上向刺毛，以基部最为密集；箨耳细小，线状曲折，鞘口缝毛约10条，长约10mm；箨舌微凹，中部高2~4mm；箨叶反折，卵状披针形，腹面粗糙，具棕黑色刺毛，尤以基部的毛为密。分枝习性高，主枝粗壮，长可达3~5m，侧枝小而近相等。每小枝有叶6~10片；叶耳和鞘口缝毛缺；叶片大型，长圆形或披针形或矩状披针形，长30~40cm，宽8~10cm，两面无毛。

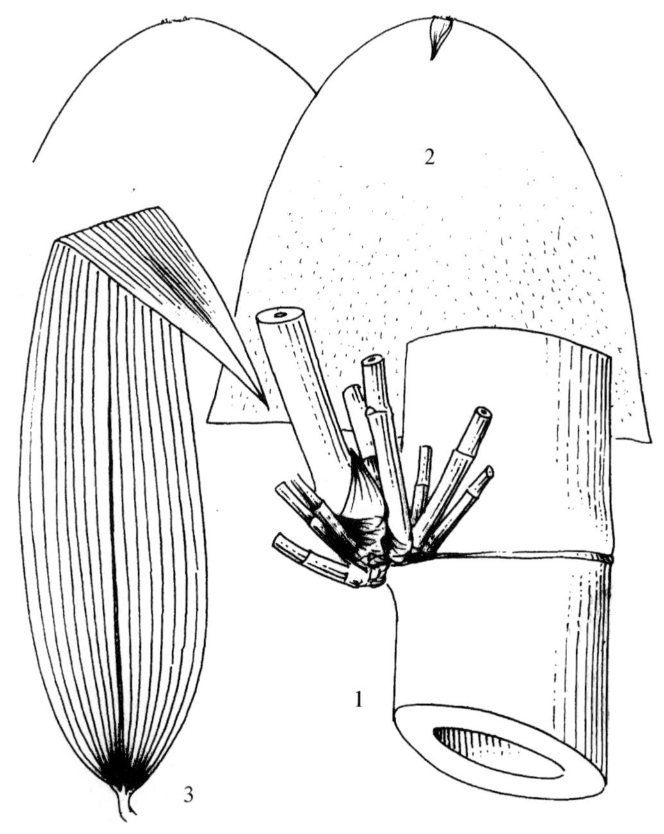

图1550 麻竹 Dendrocalamus latiflorus Munro 1. 秆；2. 箨鞘背面和腹面；3. 叶。

广西各地有栽培，以田林、藤县、

苍梧、桂平、容县、玉林、北流较多，常见生长于江河两岸、河滩、山林深处、丘陵荒坡、房前屋后。分布于广东、云南、贵州、福建、台湾。适应性广、抗逆性强，要求年平均气温18℃以上，1月平均气温6℃以上，年降水量1400mm以上，土层深度50cm以上。竹蔸、竹枝、笋蔸育苗和造林。插枝育苗，常选取芽饱满，直径1.5cm以上的1年生主枝和次生枝，用刀将枝条平竹秆削下，只留基部2~3节。1~3月将枝条斜插入育苗沟中，基部埋土6~10cm，踏实后盖草淋水。从竹枝蔸部追肥，化肥浓度0.3%~0.4%，农家肥要稀释施用。管理好的竹苗可分蘖2~3次。造林选择海拔400m以下丘陵山脚或缓坡地。种植坎50cm×50cm×40cm，株行距4.5m×4.5m或4m×4m，每公顷种植495~630株。新造幼林，每年除草松土2次；成林每年除草1次，松土每2年1次。松土深约20cm。笋用林每年3~4月将堆拥在竹丛蔸部周围的泥土扒开，露出笋芽，促进笋芽萌动。4~5月，将扒开的土壤重新培上，提高竹笋产量和质量。初期和盛期笋要全部挖取，留养母竹应在末期进行，每竹丛选留粗壮新竹5~6株，新竹在竹丛中分布均匀。每年冬季，每丛留中选2~3株枝叶茂盛的2年生竹株，砍去弱、小、病、老竹。各地栽培多为食笋；秆高大，可扎竹排或作水管、扛挑及建筑用材；竹材为优质造纸材。

2. 云南龙竹　越南巨竹、巨竹　图1551

Dendrocalamus yunnanicus Hsueh et D. Z. Li

秆直立，高达25m，直径11~18cm，尾梢下垂，竹壁厚2~3cm；节间长30~50cm，秆基部节间有时短缩至1cm，幼时秆下部数节间贴生褐色或灰褐色上向刺毛，其余节间被小刺毛状的白色毛茸；秆节稍隆起，节下方具一圈棕色绒毛环。分枝习性高，1~3主枝发达。箨鞘背面上部疏被紫褐色方向不定的脱落性刺毛，向下渐少至无毛，顶端广圆，鞘口窄，下凹，宽为3.5~7.0cm；箨耳线形，长5mm，波状，鞘口具少数长5~10mm灰白色縫毛；箨舌高5~8mm，宽1mm，平截；箨叶外翻，卵状披针形，笋期深绿色略带紫色，波折状扭曲，腹面具黄褐色小刺毛，以基部较密集。每小枝具7~9叶；叶耳和鞘口縫毛缺失；叶片大型，长25~40cm，宽7~10cm，下表面具白色细绒毛。

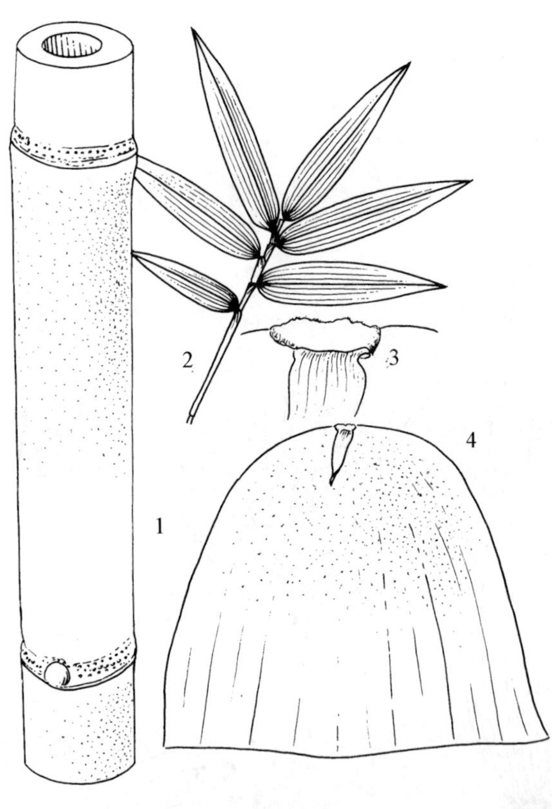

图1551　云南龙竹 Dendrocalamus yunnanicus Hsueh et D. Z. Li　1. 秆；2. 枝叶；3. 箨鞘顶端局部；4. 箨鞘背面。

产于靖西、那坡、龙州。广西各地有引种栽培，常见生长在沟谷溪边。分布于云南。形状与麻竹相似，繁殖方法与麻竹相同。竹秆高大通直，竹材坚硬，可作建筑、竹筏和水管；竹材纤维长度2750μm，纤维长宽比133，优良造纸材；笋体粗大，笋肉肥厚，笋味鲜美，优质笋材两用竹。

3. 梁山慈竹　大叶慈　图1552

Dendrocalamus farinosus (Keng et P. C. Keng) L. C. Chia et H. L. Fung

秆近直立，高8~12m，直径4~8cm，尾梢细长，作弧形弯曲下垂，竹壁厚4~5mm；节间长20~25cm，幼时被厚白粉，光滑无毛；节稍隆起，幼时于秆环及箨环下各具一圈毯毛状毛环。分枝习性高，主枝明显较侧枝粗长。箨鞘略呈矩状三角形，笋期棕红色，成竹后变为灰褐色以至黄褐色，背面具深棕色小刺毛，顶端截平形或微凹；箨耳退化；箨舌发达，全高10~13mm，顶端细裂为流苏状；箨叶反折，长披针形，基部收缩为圆形。每小枝有叶5~10片；叶耳退化，鞘口无縫毛；叶片披针形，大小有变化，长10~33cm，宽1.5~

6.0cm。

产于广西北部。生于村边宅旁、溪畔及石灰岩山脚，在土壤湿润肥沃处生长良好。分布于广东、云南、四川。移母竹繁殖。笋可食，竹秆可劈篾编织竹器，亦可作农具柄、搭棚架；竹丛秀丽洁净，可作庭园观赏。

4. 吊丝竹 乌药竹 图1553

Dendrocalamus minor (McClure) L. C. Chia et H. L. Fung

秆近直立，高6~8m，直径3~6cm，尾梢呈弓形弯曲下垂，竹壁厚5~6mm；节间长30~40cm，幼秆被白粉，尤其以箨鞘包裹处更显著，光滑无毛；节稍隆起，幼秆基部秆环及箨环下方各有一圈黄色毛毯状毛环。分枝习性高，主枝较侧枝粗而长。箨鞘笋期青绿色，成竹后亦为青绿色，呈长圆口铲状，革质，顶端两侧广圆，背面贴生棕色刺毛，以中下部较多，上部稀少或秃净；箨耳极微小，易脱落，鞘口缝毛细弱；箨舌高3~6mm，顶端截平形，边缘被流苏状毛长6~8mm，以两侧较长；箨叶卵状披针形或披针形，反折。每小枝有叶6~8片；叶耳退化，鞘口无缝毛；叶片矩状披针形，长10~25cm，宽1.5~3.0cm，较大的叶片长30~35cm，宽6~7cm。

广西各地有栽培。分布于广东、贵州。酸性土及石灰岩山上均能正常生长，是石山区主要经济竹种。喜温暖湿润环境，生长要求年平均气温16℃以上，1月平均气温在6℃以上，极端最低气温不低于-5℃，年平均降水量1200mm以上。较耐旱、喜钙、耐瘠薄，在石灰岩地区常单独栽培成纯林。母竹造林和育苗。选用1~2年生、直径2~4cm的健壮母竹育苗。2~3月在竹蔸秆柄处切断，将母竹挖起，砍去梢部，留3~5节。育苗时，将竹秆平放于育苗沟中，秆柄向下，盖土5~10cm，踩实后盖草淋水。每公顷可产苗3.0万~4.5万株，当年培育的竹苗可用于翌年春季造林。造林按每公顷种植825~900株，冬季挖好种植坎。2~3月选择雨天后，移母竹造林和竹苗造林。幼林每年锄草松土2次，平缓造林地实行林粮间种，成林每2年松土1次。造林后3年，竹林郁闭成林，每年冬季，将竹丛中生长衰老的小竹及时清除。竹壁厚，篾性好，劈篾编织

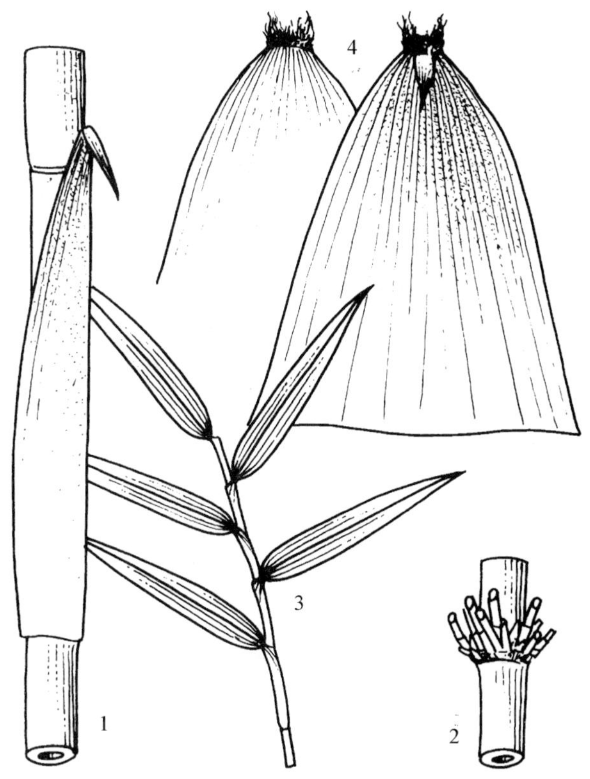

图1552 梁山慈竹 Dendrocalamus farinosus (Keng et P. C. Keng) L. C. Chia et H. L. Fung 1. 嫩秆；2. 秆节；3. 叶枝；4. 箨鞘背面和腹面。

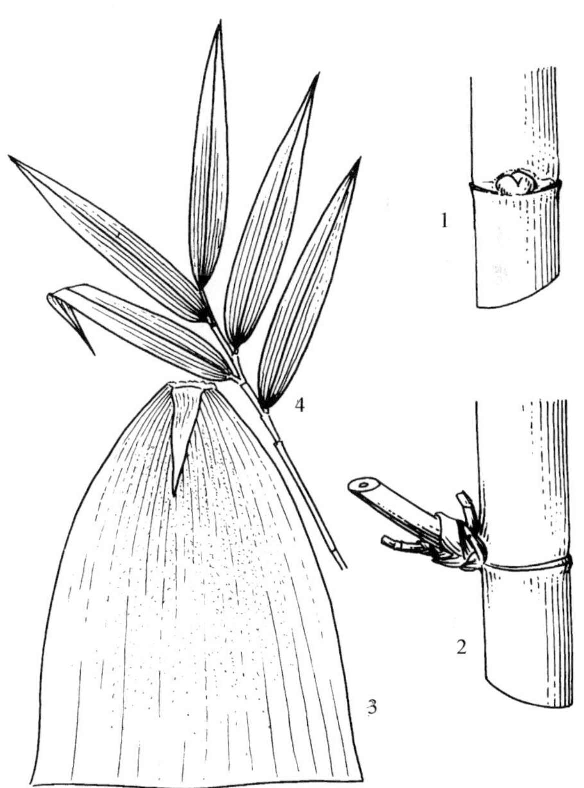

图1553 吊丝竹 Dendrocalamus minor (McClure) L. C. Chia et H. L. Fung 1. 秆基部；2. 秆；3. 箨鞘背面；4. 叶枝。

竹器，是广西石灰岩山区竹编织业主要原料；竹材纤维含量47.84%～49.00%，纤维长度2284～2920μm，纤维宽度10～17μm，长宽比为137～292，优良造纸原料；秆还可用作搭棚架及农具柄；笋味鲜美；竹丛翠绿清秀，可观赏。

4a. 花吊丝竹

Dendrocalamus minor var. **amoenus** (Q. H. Dai et C. F. Huang) Hsueh et D. Z. Li

与吊丝竹的主要区别在于秆节间浅黄色，间有5～8条深绿色纵条纹。

广西特有种，产于宜州、大化、田阳、上林、马山。广西南部丘陵地及石灰岩山地常见竹种，广西石灰岩地优良绿化竹种。种植方法与吊丝竹相同。劈篾编织竹席、箩筐等竹器；秆浅黄，间有深绿色条纹，甚为美丽，亦可作庭园观赏。

5. 清甜竹

Dendrocalamus sapidus Q. H. Dai et D. Y. Huang

秆直立，高6～10m，直径3～6cm，尾梢下垂，基部竹壁厚近5～10mm；节间长25～30cm，初被厚白粉及白色上向刺毛；秆每节具芽；秆环平，秆基部箨环上下均具黄棕色毯毛环。箨鞘半椭圆形，鲜时绿色，先端广圆，鞘口狭窄，宽约1cm，背面密被贴生上向的棕褐色刺毛，尤以基部较密，仅顶端少许无毛；箨耳微小，线形，鞘口缝毛3～5条，长约5mm；箨舌截形或微凹，高2～3mm，边缘流苏状毛长约2mm；箨叶反折，卵状披针形，易从箨鞘上脱落，腹面具黄褐色刺毛。分枝习性高，主枝较侧枝粗而长。每小枝具叶5～8片；叶耳和鞘口缝毛缺失；叶片长35～45cm，宽5～7cm，下表面被白色短柔毛。

产于昭平、来宾、柳州、梧州、蒙山、南宁、贵港。常见于山脚、水边。移母竹繁殖。秆可劈篾编织，也可造纸；竹笋无苦味，可烹调作蔬菜鲜食，味道清甜爽口，故而得名。

7. 大节竹属 Indosasa McClure

乔木状或灌木状竹类。地下茎单轴型。秆散生，直立，相邻节间作"之"字形曲折，秆不甚通直。节间圆筒形，但于分枝一侧具沟槽。髓心屑状或海绵状。秆环隆起成脊，常高于箨环；秆箨易脱落，箨鞘革质，背面常被刺毛，箨叶三角形或三角状披针形。枝条通常每节3枝，平展，主枝较侧枝粗长。叶片横脉明显。春夏出笋。假小穗粗大或细长，基部具芽。颖片2枚至数枚；小花多数；外稃宽大，多脉，先端钝圆而具微尖头；内稃较窄，与外稃等长或较短，先端钝，背具2脊；鳞被3枚，近于相等；雄蕊6枚，花丝互相分离；子房纺锤形或长椭圆形，花柱单一，柱头3裂。颖果卵状椭圆形，花柱宿存。

约15种，分布于亚洲东部和南部。中国13种1变种；广西8种1变种，本志记载7种。

分种检索表

1. 箨鞘无箨耳或不发育。
   2. 箨鞘背面近无毛，鞘口无缝毛 ………………………… **1. 算盘竹 I. glabrata**
   2. 箨鞘背面明显被毛，鞘口有缝毛 ………………………… **2. 甜大节竹 I. angustata**
1. 箨鞘有明显箨耳。
   3. 每小枝通常仅1叶，如具2叶时，下部叶鞘超过上部叶鞘而反居上 ………… **3. 摆竹 I. shibataeoides**
   3. 每小枝具2至多叶，如具2叶时，下部叶鞘不超过上部叶鞘。
      4. 箨环和枝环甚隆起，呈屈膝状；竹壁厚；箨鞘背面被簇状刺毛。
         5. 幼秆无白粉，密被白色短刺毛；箨耳较大，镰形或耳形 ………… **4. 小叶大节竹 I. parvifolia**
         5. 幼秆密被白粉，无毛或疏生刺毛；箨耳较小，近半圆形 ………… **5. 中华大节竹 I. sinica**
      4. 秆环和枝环略隆起，不呈屈膝状；竹壁较薄；箨鞘背面被散生状刺毛。
         6. 幼新秆密被白粉；箨舌中部甚隆起，呈屋脊状 ………………… **6. 棚竹 I. longispcata**
         6. 幼秆无白粉；鞘口截平或中部微隆起呈弧形 ………………… **7. 横枝竹 I. patens**

1. 算盘竹 图 1554

Indosasa glabrata C. D. Chu et C. S. Chao

秆高约 3m，直径约 2cm，初时绿色，无毛，除节下以外均无白粉，成熟后黄绿色；节间长 20～30cm，节甚隆起，呈屈膝状，秆髓圆环状。每节具 3 枝，枝节屈膝状。秆箨迟落，棕绿色，箨鞘背面无毛或极稀疏地散生着易落的白色粗毛；箨耳和鞘口缝毛不发育；箨舌弓形，高 1～2mm，近无毛；箨叶小，三角状披针形。每小枝具 2～4 叶，叶耳和鞘口缝毛发育，易落；叶舌短；叶片长圆状披针形或披针形，长 11～13cm，宽 2～5cm。4～5 月出笋。

广西特有种，产于上思、武鸣。移母竹繁殖或竹鞭繁殖。笋可食；秆可作围篱用。

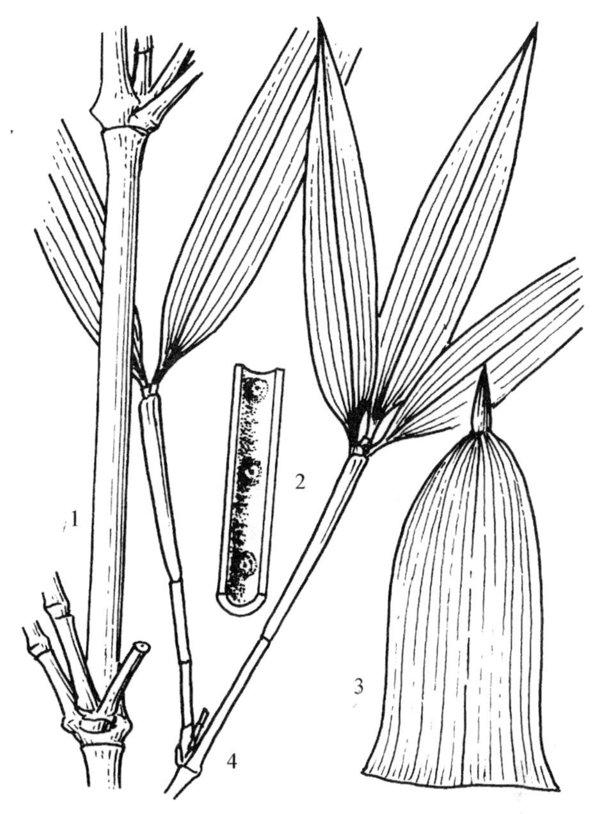

图 1554 算盘竹 Indosasa glabrata C. D. Chu et C. S. Chao 1. 秆；2. 秆内壁；3. 箨鞘背面；4. 枝叶。

2. 甜大节竹 甜竹 图 1555

Indosasa angustata McClure

秆高达 14m，直径约 10cm，幼秆淡绿色，疏生白色柔毛，老秆灰绿色；节间长 40～50cm；秆髓絮状增厚；秆环微凸起。中部每节分枝 3 枝，分枝角度小，斜展。箨鞘薄革质，窄长，向上渐窄，先端钝圆或近平截，新鲜时淡绿色，脉纹明显，脉间被褐色刺毛，边缘中部以上具褐色缘毛；箨耳不发育，鞘口缝毛少数，平直，长 1.0～1.5cm；箨舌隆起，背面密被短硬毛，先端屋脊状，边缘具流苏状纤毛；箨叶淡紫红色，中间绿色，披针形，开展，两面具短硬毛。每小枝具 3～5 叶，叶耳不发育，鞘口缝毛少数，平直；叶舌隆起；叶片带状披针形，长11～28cm，宽 1.5～2.0cm。笋期 4 月。

产于凭祥、龙州。生于海拔约 700m 阔叶林下，较耐阴，石灰岩山区土层较深处亦生长良好。越南有分布。带鞭移母竹繁殖或竹鞭繁殖。笋味鲜美，当地俗称“甜竹”。

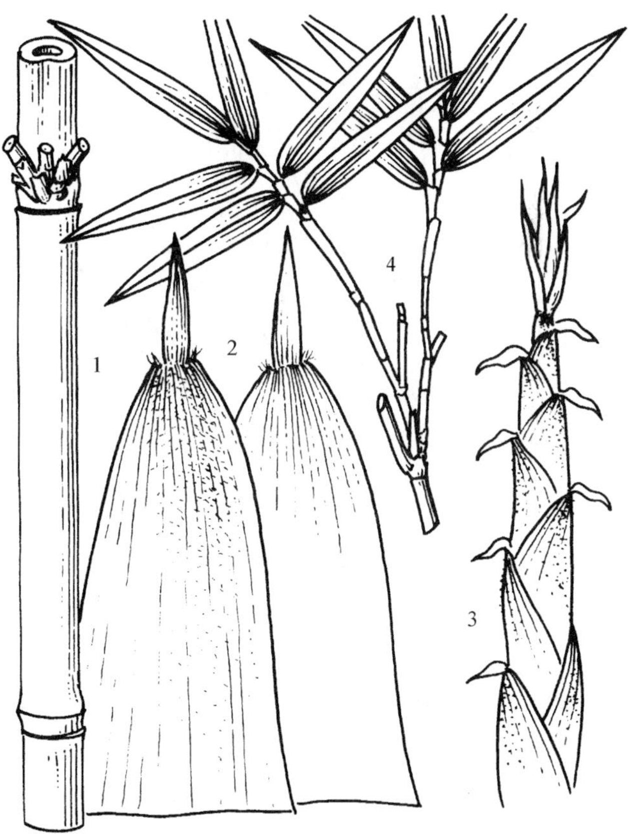

图 1555 甜大节竹 Indosasa angustata McClure 1. 秆；2. 箨鞘背面和腹面；3. 笋；4. 枝叶。

3. 摆竹 倭形竹、斑竹、花竹、泪竹(桂林)、甜竹(金秀) 图 1556

Indosasa shibataeoides McClure

秆高 10～15m，直径 5～10cm，幼秆深绿色，被薄白粉；节间长 25～35cm；秆环和箨环均微隆起。秆箨褐紫色或淡橘红色，上部秆箨转变为带绿色，背面具黑褐色条

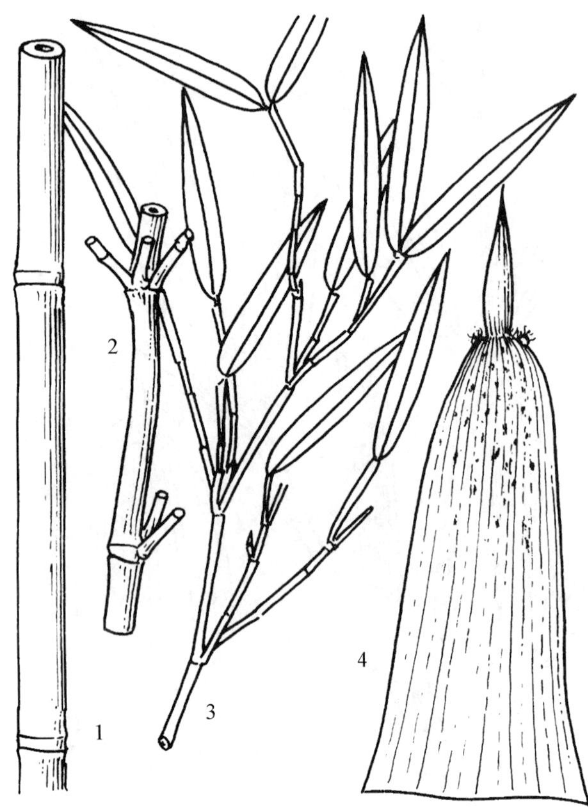

图 1556 摆竹 Indosasa shibataeoides McClure
1. 秆；2. 分枝情况；3. 叶枝；4. 箨鞘。

图 1557 小叶大节竹 Indosasa parvifolia C. S. Chao et Q. H. Dai 1. 秆；2. 枝叶；3. 箨鞘。

纹，微被白粉和易脱落的刺毛；箨耳小，鞘口缝毛长 2～3mm；箨舌平截或中部微隆起；箨叶三角形，绿色，具明显紫色脉纹。枝环不隆起。每小枝仅 1 叶；叶鞘紧包，无叶耳和缝毛，稀具 2 叶，如具 2 叶时，下方叶片因叶鞘较长而反居于上，叶片椭圆状披针形，长 5～16cm，宽 1～3cm。笋期 3～4 月

产于龙胜、全州、灵川、兴安、荔浦、贺州、昭平、金秀、蒙山。生于海拔 300～1200m 山区，常成片生长。分布于湖南、广东。秆表面易遭病菌侵染而形成或大或小的紫黑色斑点，故有泪竹、斑竹、自然花竹等俗称。耐阴性强，常见于阔叶林下，组成第二层林冠，面积大，产量高，是产地重要经济竹种。带鞭母竹繁殖或竹鞭繁殖。秆供棚架、建筑，亦可作手杖、伞柄；笋焯漂水后可食。

4. 小叶大节竹 苦竹 图 1557

Indosasa parvifolia C. S. Chao et Q. H. Dai

秆高约 6m，直径约 3.5cm，幼秆暗绿色，密被白色短刺毛，粗糙，仅节下具白粉环，其余无白粉；节间长 25～40cm，秆壁较厚，中空小，秆髓微呈屑状；秆环甚隆起，屈膝状。秆箨橘黄色，短于节间，先端较宽，脉纹明显，脉间密被棕色簇状刺毛，被白粉；箨耳发达，镰形或耳形，长 1cm，宽 5～6mm，鞘口缝毛多数，放射状，长 1.0～1.5cm；箨舌高约 1mm，先端微弧形或近平截，边缘具纤毛；箨叶绿色，三角形或三角状披针形，开展，两面被短硬毛。枝环甚隆起；每小枝 4～7 叶，叶耳和鞘口缝毛易脱落；叶片小，长 6～14cm，宽 1.5cm。笋期 4～5 月。

广西特有种，产于广西南部海拔约 600m 向阳山坡地。带鞭移母竹繁殖或竹鞭繁殖。秆可作围篱用；笋焯水后可食。

5. 中华大节竹 大眼竹 图 1558

Indosasa sinica C. D. Chu et C. S. Chao

秆高达 10m，直径 6～9cm，尾梢微弯或挺直；幼秆密被白粉，无毛或疏生硬毛；节间长 35～50cm，分枝一侧稍扁平，具 2 脊，竹壁甚厚；节凸起，屈膝状，箨环线状隆起，幼时具一圈紫红色或白色毛，秆环凸起，高于箨环。中部每节 3 枝，分枝近平展；枝环甚隆起。秆

箨背面密被棕色簇状刺毛，边缘具紫褐色或黄白色睫毛，顶端平截，宽 2～3cm；箨耳较小，近半圆形，鞘口縫毛弯曲，縫毛 10～20 条，长 1～2cm，此毛下半部紫色，上半部白色；箨舌高 2～3mm，先微弧形；箨叶紫绿色，三角状披针形，反折外卷，两面密被短硬毛，边缘中下部具紫色长硬毛。每小枝 3～9 叶；叶鞘背面具有黄白色、紫色的竖生刺毛；叶耳小，鞘口縫毛约 10 条，长约 8mm，基部紫色，上部白色；叶舌高 1mm；叶片长 12～22cm，宽 1.5～3.0cm，顶端之叶大型，长 15～29cm，宽 4～7cm。笋期 4 月。

产于凤山、融安、融水、三江、凌云、那坡、靖西、乐业、藤县、南宁、容县、龙州、凭祥。生于低海拔地区，但乐业县在海拔约 1300m 有大片生长良好的中华大节竹林。分布于贵州、云南。组成纯林或散生在阔叶林缘。移植母竹法种植，亦可埋鞭栽植。竹秆供搭棚架或小型建筑材料。枝叶繁茂，叶在小枝上两侧排列，叶形大，节间节环形状奇特，姿态甚为美观，小片栽植可作园林观赏。笋味鲜美，各地称为“甜笋”。

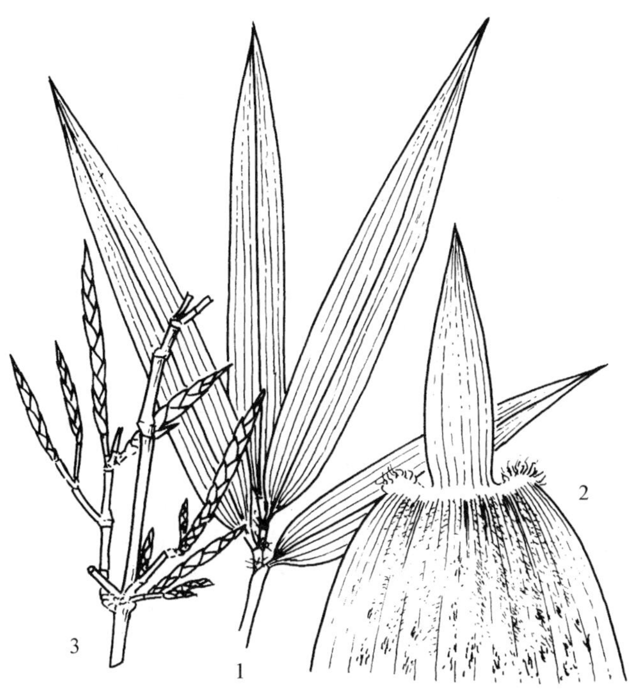

图 1558　中华大节竹 Indosasa sinica C. D. Chu et C. S. Chao　1. 叶枝；2. 箨鞘；3. 花枝。

6. 棚竹　图 1559

Indosasa longispcata W. Y. Hsiung et C. S. Chao

秆高 10～15m，直径 4～6cm，幼秆绿色，密被白色倒生短硬毛，粗糙，节间下半部密被白粉；中部节间长 40～50cm，中空较大，髓呈絮状增厚；秆环与箨环均中等隆起，不呈屈膝状。中部每节分枝 3 枝，枝斜展。箨鞘薄革质，淡红褐色或黄褐色，秆上部秆箨及小笋箨呈绿色，背面密被白粉，疏生直立褐色刺毛，边缘具褐色缘毛；箨耳小，鞘口縫毛短，放射状；箨舌极短，屋脊状，边缘具极短的纤毛；箨叶鲜绿色，三角状披针形或带状披针形，直立，贴秆，两面具极短的硬毛，稍粗糙。每小枝具 3～5 叶；叶耳小，鞘口縫毛放射状；叶舌不明显；叶片长 9～12cm，宽 1.2～2.6cm。笋期 3 月中旬。

广西特有种，产于金秀、融水、融安、三江，多生于阔叶林下。秆适合搭棚架，因

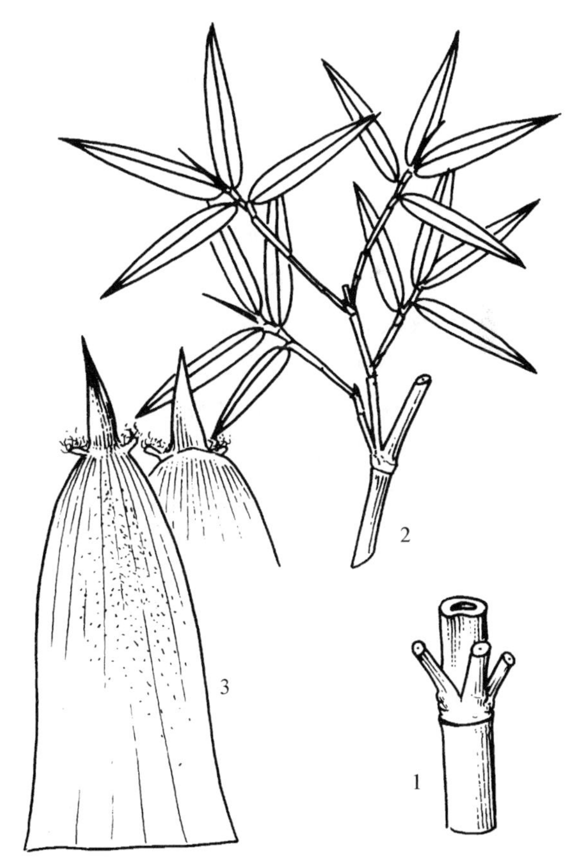

图 1559　棚竹 Indosasa longispcata W. Y. Hsiung et C. S. Chao　1. 秆节；2. 枝叶；3. 箨鞘。

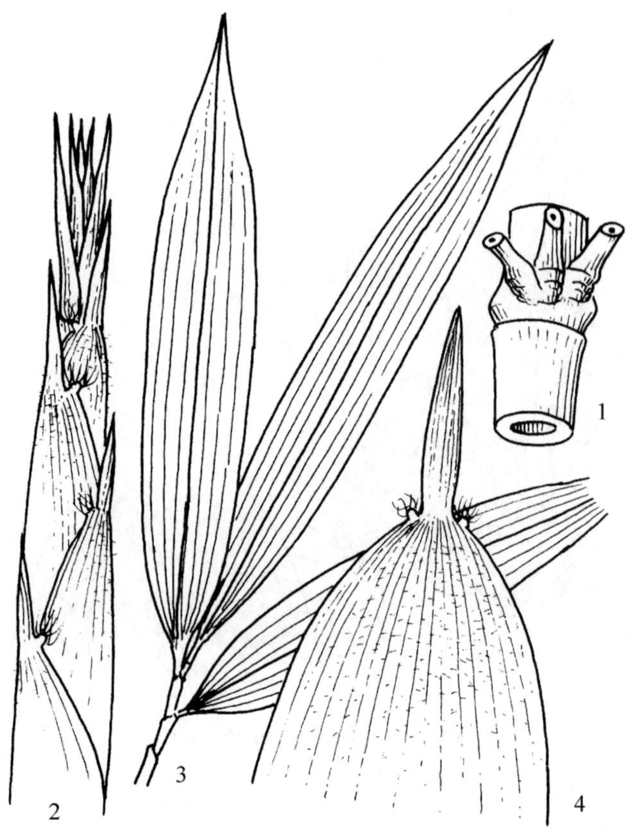

图 1560　横枝竹 Indosasa patens C. D. Chu et C. S. Chao　1. 秆；2. 笋；3. 枝叶；4. 箨鞘。

而得名。

7. 横枝竹　胖竹(兴安)　图 1560

Indosasa patens C. D. Chu et C. S. Chao

秆高 12m，直径 8～10cm，幼秆绿色，具紫色细条纹，密被白色倒毛，粗糙；节间长 40～60cm，竹壁较薄；髓具薄片状横隔；秆环稍隆起，比箨环略低。枝近平展。秆箨短于节间，淡紫红色或紫褐色，上部秆箨绿褐色，被白粉，脉间具棕色直立刺毛，边缘具淡褐色缘毛；箨耳较小，皱缩，鞘口缝毛粗而密，长 1.0～1.5cm；箨舌平截或微隆起，高 2～3mm；箨叶三角形或三角状披针形，较宽，背面被倒生短毛。每小枝 2～5 叶；叶耳小，鞘口缝毛少数，长 5～10mm，直立；叶片宽带状披针形，长 13～25cm，宽 2～4cm。

广西特有种，产于灵川、兴安。多生于低山丘陵地，较耐阴，连片生长成林或见于阔叶林内，立竹密集，笋材产量高，生长无大小年，是广西北部优良笋材两用竹。秆可作搭棚架、建筑用；笋可食。

8. 唐竹属 Sinobambusa Makino ex Nakai

乔木状或灌木状竹类。地下茎单轴型。秆散生，直立；节间圆筒形，但分枝节间于分枝一侧扁平，相邻节间不作“之”字形曲折，秆通直；节稍隆起，秆基部数节常具根点。枝条在每节上通常 3 枝，上举或开展。箨鞘厚纸质，脱落性，比节间短，背面常被毛，特别在基部的毛甚密集；箨耳及鞘口缝毛发达或缺失；箨舌较显著；箨叶披针形或长三角形。叶片小横脉清晰，叶耳及叶舌较发达。春夏出笋。小穗细长，簇生或近总状排列，含多数小花；小穗轴细长，节间扁平；颖片 2～3 枚，卵状，具多脉及小横脉；外稃卵形，具尾状尖头，具多脉及小横脉；内稃稍短于外稃，矩形，背面具 2 脊；鳞被 3 枚，菱形至长圆状卵形；雄蕊 3 枚，花药淡黄色，顶端浅 2 裂，基部呈二耳状；子房无毛，花柱单一，基部膨大，柱头深 3 裂，羽毛状。

12 种 3 变种，主要分布于中国南部、印度、越南、日本。中国广西 9 种 1 变种，本志记载 4 种。

分种检索表

1. 箨鞘近长圆形，先端较宽或略收窄，背部无毛或具不蜇人的针状毛；秆、枝在节下方无猪皮状小凹纹。
  2. 箨耳呈肾脏形乃至椭圆形 …………………… **1. 肾耳唐竹 S. nephroaurita**
  2. 箨耳非肾脏形或不显著。
    3. 幼秆被细柔毛；箨鞘背面基部生有细长的针状毛 …………………… **2. 晾衫竹 S. intermedia**
    3. 幼秆无毛；箨鞘背面基部生有短刺毛 …………………… **3. 唐竹 S. tootsik**
1. 箨鞘近三角形，先端狭窄，背部通常被有蜇人的刺毛；秆节间在节下方通常具猪皮状小凹纹 …………………… **4. 扛竹 S. henryi**

1. 肾耳唐竹 图 1561

Sinobambusa nephroaurita C. D. Chu et C. S. Chao

秆直立，高 4～7m，直径 2～4cm，竹壁厚约 3mm；节间长 25～30cm，不分枝节间圆筒形，稍粗糙或光滑，略被白粉及倒生粗毛；秆环隆起成脊，与箨环等高，箨环初时有一圈棕色柔毛，初时有白粉，以后变为黑垢。枝条每节 3 枝，上举或稍开展。箨鞘短于节间，矩形或三角状长圆形，向上渐窄，箨鞘口部宽仅 2.5cm，初时黄绿色，背面疏生易落针状毛，基部密被褐色粗毛，两侧边缘被淡黄褐色缘毛；箨耳肾形，高 3～5mm，宽 6～8mm，鞘口繸毛长 4～10mm，褐色、弯曲；箨舌矮，高 1～2mm，顶端呈微凸弧形，边缘密被纤毛；箨叶直立或开展，三角状披针形。每小枝有叶 4～6 片；叶鞘边缘密被灰白色纤毛；叶耳肾形，鞘口繸毛长达 1.5cm；叶舌截平形；叶片小横脉均明显，与细纵脉组成小方格状。笋期 4～5 月。

产于桂林、融水、三江。分布于广东、四川。带鞭移母竹繁殖或竹鞭繁殖。秆可作围篱、豆扦用；笋味苦，经水焯后可食用。

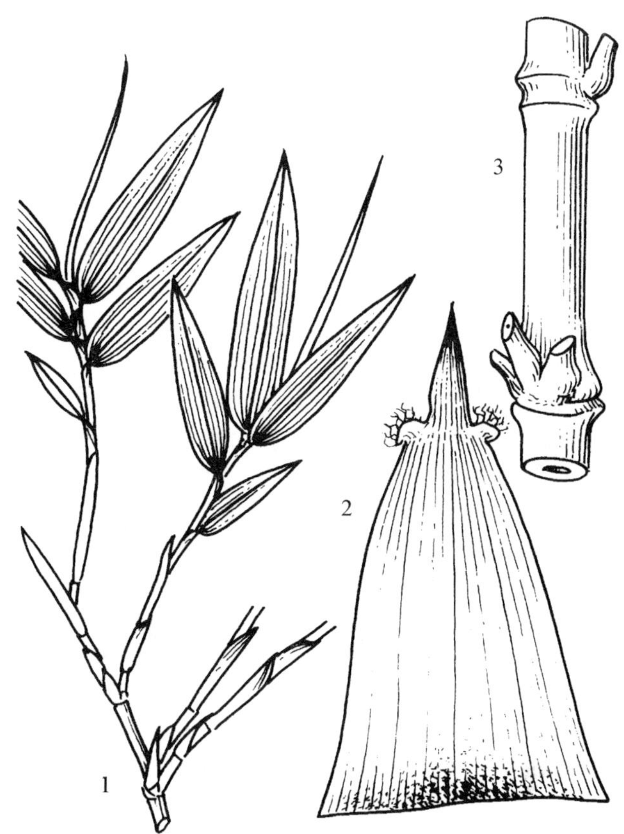

图 1561 肾耳唐竹 Sinobambusa nephroaurita C. D. Chu et C. S. Chao 1. 枝叶；2. 箨鞘；3. 秆。

2. 晾衫竹 朱林赤竹 图 1562

Sinobambusa intermedia McClure

秆直立，高 3～5m，直径 1～2cm，竹壁厚约 3mm；节间长 30～40cm，初时散生白色纤毛；秆环凸起成脊，与箨环等高，箨环初时密被粗硬毛，节下有白粉环。枝条在秆中部每节 3 条，直立或开展，中间一枝比其余两枝长约 1 倍。箨鞘矩圆状披针形，新鲜时除顶端为紫蓝色外，余均为绿色，干后腹面为紫蓝色，背面为禾草色，背面被基部粗糙的细长针状毛，毛脱落后留有瘤状小疣点；箨耳镰刀状，褐色，质脆易碎，鞘口繸毛长达 1～2cm，草黄色；箨舌中部高约 2mm，向两侧渐矮；箨叶窄披针形，直立或开展，顶端染紫蓝色，其余为绿色。每小枝具叶 4～8 片；叶耳通常较小，鞘口繸毛稀少或无；叶舌极短；叶片长 12～22cm，宽 1.5～3.0cm，纸质，顶端长渐尖，具纤细而近光滑的钻形尖头，小横脉明显，与细纵脉组成长方格状。笋期 4 月。

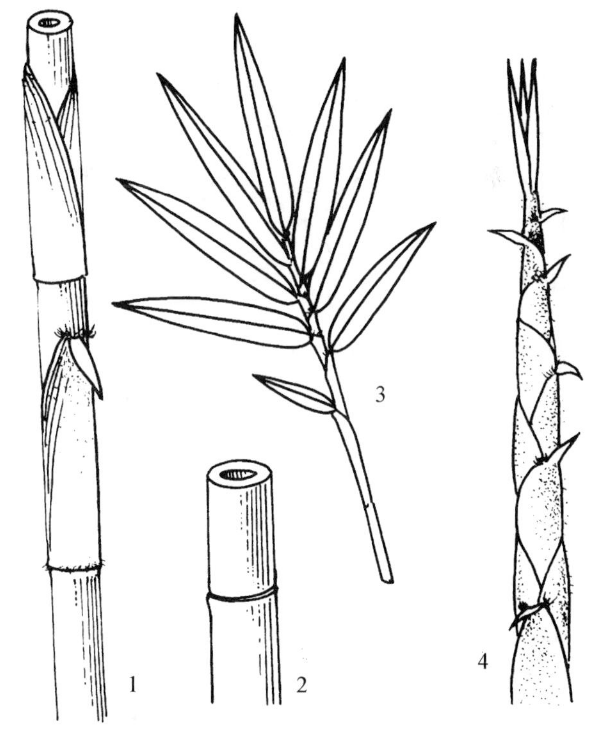

图 1562 晾衫竹 Sinobambusa intermedia McClure 1. 幼秆；2. 基部秆节；3. 叶枝；4. 笋

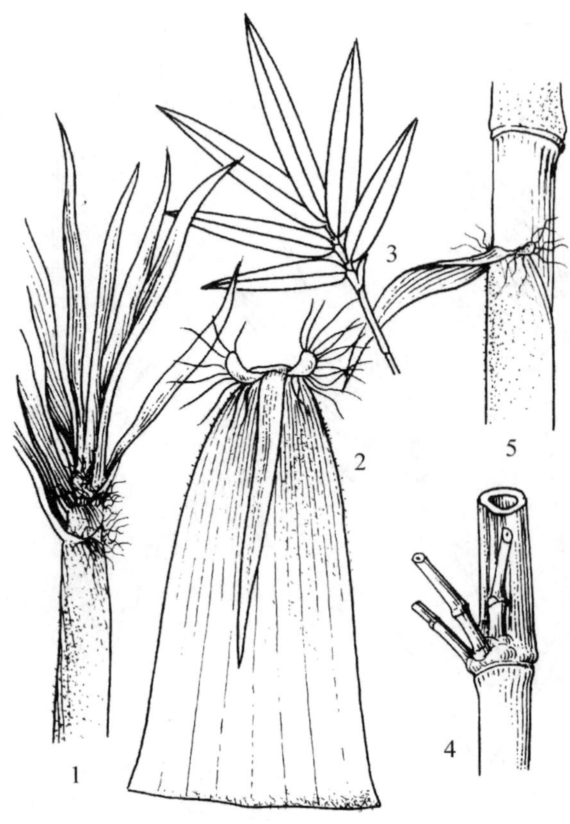

图 1563 唐竹 Sinobambusa tootsik (Makino) Makino 1. 笋；2. 箨鞘背面；3. 枝叶；4. 秆；5. 嫩秆。

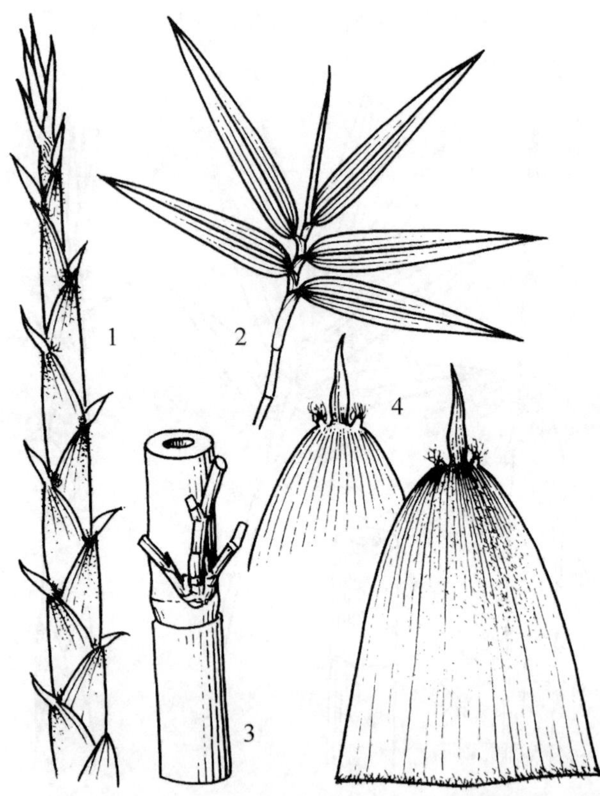

图 1564 扛竹 Sinobambusa henryi (McClure) C. D. Chu et C. S. Chao 1. 笋；2. 叶枝；3. 秆节；4. 箨鞘背面和腹面。

产于桂林、容县。分布于福建、广东、四川、云南。秆可作围篱用；亦作绿化观赏。

3. 唐竹 图 1563

Sinobambusa tootsik (Makino) Makino

秆直立，高 5 ~ 12m，直径 2 ~ 6cm，幼秆无毛，被白粉，尤以节下方明显；节间长 30 ~ 40cm；箨环木栓质隆起，初时具紫褐色刺毛，秆环隆起，与箨环近等高。秆中部每节通常分 3 枝，主枝稍粗，与秆有较大角度的开展，其枝环甚为隆起，高度近于箨环的一倍。箨鞘近长方形，先端钝圆，背面初为淡红棕色，并被薄白粉和贴生棕褐色短刺毛，尤以基部刺毛最密，边缘纤毛淡黄色而基部紫红色；箨耳自基部箨向上渐增大，卵形至镰刀形，棕褐色，鞘口缝毛波曲状，长达 2cm；箨舌高 4mm，呈拱形；箨叶外翻，具纵脉与小横脉，基部略向内收缩而后外延。每小枝具叶 3 ~ 6 片；叶耳不明显，鞘口缝毛波曲长达 15mm，略呈放射状；叶舌短，先端截形；叶片披针形或狭披针形，小横脉明显，呈宽长方形。笋期 4 ~ 5 月。

产于广西各地，以北部山区较为常见，常成片生长于海拔 1500m 以下山坡、林下或山谷中。分布于福建、广东、浙江；越南也有分布。带鞭母竹造林。选择背风向阳、光照充足、坡度平缓、土层深厚肥沃、排水良好的砂土和砂质壤土造林。按 1200 ~ 1500 株/hm^2 株行距挖种植坎，种植穴规格为 60cm × 60cm × 50cm。选取 1 ~ 2 年生、分枝低、直径 1.0 ~ 1.5cm 的竹株为母竹，在距母竹竹根 30cm 处挖开土层，连同来鞭长 20cm，去鞭 30cm 切断，留枝 4 ~ 5 盘。将母竹连同竹鞭一起掘起。若几株母竹靠近，挖取母竹时难以分开，可将 2 株或 3 株一同挖起。造林时，回土后将母竹放入穴内，覆土踏实。新栽母竹，适量浇水灌溉。新造竹林每年除草 1 ~ 3 次，及时施肥。成林立竹保持 12000 ~ 15000 株/hm^2。竹材较脆，节间较长，常用作搭棚架、筑篱笆等用，也可造纸；笋味苦，经水焯后可食用；生长茂盛，枝叶浓密，秆形挺拔，姿态潇洒，优良庭园观赏竹种。

4. 扛竹 图 1564

Sinobambusa henryi (McClure) C. D. Chu et C. S. Chao

秆挺直，秆高10~16m，直径6~10cm，尾梢亦不弯曲，竹壁厚5~6mm；节间长50~65cm，密被竖生白色刺毛，薄被白粉，手触甚粗糙；秆环微隆起，箨环线状凸起，初时有褐色细刺毛，节下白粉与猪皮状微小凹纹斑。分枝高，秆基部约10节无芽，每节常3枝，开展。箨鞘脱落性，矩形兼三角形，顶端狭窄，宽2~3cm，背面密被褐色竖生刺毛，基部边缘密被纤毛；箨耳矮，矩形或长卵形，高1~2mm，宽4~5mm，鞘口繸毛褐色，多数，长6~10mm，波折状；箨舌中部高8mm，向两侧渐矮，呈山峰形，边缘密被流苏状灰白色细毛；箨叶披针形，直立或开展，近基部两边缘有灰白色长曲毛。每小枝有叶3~4片；叶耳缺，鞘口繸毛灰白色，弯曲，长2~5mm；叶舌高1mm，顶端平截；叶片长14~18cm，宽1.5~2.2cm，小横脉均明显，与细纵脉组成方格状。笋期4~5月。

产于广西南部和西南部低山丘陵地，野生或栽培。分布于广东。喜肥沃、湿润、疏松土壤。带鞭母竹造林。竹材坚硬，可作建筑、撑篙、扛挑、家具、农具、工具、篾条等用材；秆高大，适应性强，产量大，适宜广西南部丘陵地区发展为材用竹；秆分枝高，秆形挺拔，可用于庭园绿化。

9. 方竹属 Chimonobambusa Makino

常呈灌木状。地下茎单轴型或复轴型。秆散生或混生，秆直立，高常在6m以下，直径常在3cm之内；节间长约20cm，圆筒形或略呈四棱柱形，分枝一侧扁平或具2脊3沟槽；节隆起，在基部数节上具一圈刺瘤状气根。分枝通常3枝。箨鞘迟落或宿存，背面通常具斑点；无箨耳，鞘口繸毛缺或微小；箨舌膜质；箨叶微小，直立，三角形或锥形。叶片质薄，小横脉明显。秋季出笋。小穗无柄，在花枝各节上通常单生，紫色，含花数朵至多数；外稃顶端锐尖；内稃顶端不分叉，背面具2脊；鳞被3枚，膜质；雄蕊3枚，花丝各分离，花药黄色，细长形；子房椭圆形，无毛，花柱单一，通常极短，柱头2裂，羽毛状。颖果，果皮多少有些肉质增厚，致使果实在干后呈坚果状，果皮坚韧而具光泽。

约37种，分布于中国、日本、印度和马来西亚。中国34种；广西5种，本志记载4种。

分种检索表

1. 箨鞘宿存或迟落，长于节间；秆节间无疣基小刺毛 ………………………………… **1. 寒竹 Ch. marmorea**
1. 箨鞘易脱落，短于节间；秆节间被有疣基小刺毛。
  2. 箨鞘背面被稀疏褐色针状毛；叶片下表面密被白色短柔毛 ………………………… **2. 小方竹 Ch. convoluta**
  2. 箨鞘背面无毛或被易脱落微毛，或仅基部具毛；叶片下表面无毛或被稀疏微毛。
    3. 箨鞘背面灰白色或淡黄色圆斑；每小枝具叶1~2片，叶片极窄，线状披针形或线形 ……………………………………………………………………………… **3. 狭叶方竹 Ch. angustifolia**
    3. 秆箨背面有褐色或紫色斑点；每小枝具叶2~4片，叶片窄披针形或带状披针形 ……………………………………………………………………………… **4. 方竹 Ch. quadrangularis**

1. 寒竹 刺竹 图1565

Chimonobambusa marmorea (Mitford) Makino

秆直立，高2~3m，直径0.5~2.0cm，竹壁厚约2mm；节间圆筒形，长10~15cm，平滑无毛，绿色；节隆起，下部节有刺状气根，秆环和箨环均隆起，无毛。枝条在秆的各节上生3枝，枝近平展。箨鞘质薄，宿存或迟落，长于节间，背面有灰白色斑点，基部密被刺毛，两边缘有褐色细毛；箨耳缺；箨舌低矮，截形；箨叶微小，长1~3mm。每小枝具叶3~4片；无叶耳，鞘口繸毛柔软，波折状；叶舌顶端截平形；叶片质薄，窄披针形或带状披针形，长5~19cm，宽5~16mm，小横脉清晰。笋期9~10月。

产于广西北部山区。分布于浙江、福建。笋可食，味鲜美；秆可作柄材、搭棚架或豆扦用。

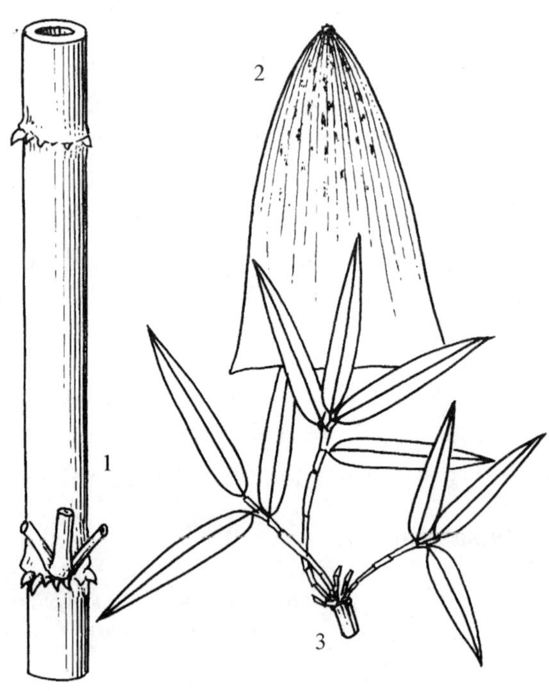

图 1565 寒竹 **Chimonobambusa marmorea** (Mitford) Makino 1. 秆; 2. 箨鞘背面; 3. 叶枝。

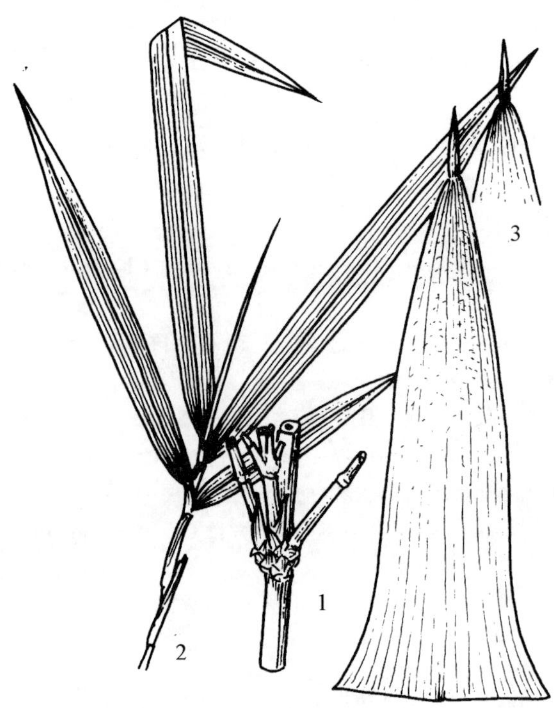

图 1566 小方竹 **Chimonobambusa convoluta** Q. H. Dai et X. L. Tao 1. 秆; 2. 叶枝; 3. 箨鞘背面和腹面。

2. 小方竹 刺竹(田林) 图 1566

Chimonobambusa convoluta Q. H. Dai et X. L. Tao

秆直立，高 2～3m，直径 1～2cm，竹壁厚 3～5mm；节间长 12～16cm，近圆筒形，绿色，初时被排列成纵条纹状的黄棕色细柔毛；节隆起，下部的节具刺状气根 5～7 枚，箨环密被下向的黄棕色细柔毛。秆箨脱落性，短于节间，长 11～13cm，箨鞘背面具紫色斑点，被稀疏褐色针状毛，但基部甚密集，边缘具睫毛；无箨耳，鞘口缝毛缺或仅 1～2 条；箨舌高在 1mm 之内；箨叶线状披针形，长 1.0～1.5cm，宽 2～3mm。秆中部每节分枝 3 枚，枝节隆起。每小枝具叶 3～4 片；叶鞘背面及边缘被棕色柔毛；无叶耳，缝毛劲直，密集，长 8～10mm；叶舌高 1mm；叶片线状披针形，长 16～20cm，宽 1.0～1.2cm，下表面密被白色短柔毛，小横脉清晰。笋期 9～11 月。

广西特有种，仅见于田林岑王老山自然保护区和那坡县，成片生长在海拔 800～1600m 阔叶林下，当地俗称“刺竹”。秆作围篱用；笋味美，可食。

3. 狭叶方竹 冬竹(融水) 图 1567

Chimonobambusa angustifolia C. D. Chu et C. S. Chao

秆高 2～5m，直径 1.0～1.5cm，略呈方柱形，竹壁厚约 5mm；幼秆无毛，秆基部每节有刺状气根 8～10 枚；节间长 8～15cm，密生白色柔毛和稀疏刺毛，后变无毛而具细疣点及印痕；节紫色，稍隆起，箨环留有箨鞘基部的残余物，并生淡褐色纤毛。秆箨脱落，纸质，短于节间，背面上部有大小不等的灰白色或淡黄色圆斑，下部则疏生淡黄色柔毛及小刺毛，两边缘密被黄褐色纤毛，明显具方格斑纹；箨耳不发达；箨舌截形或拱形；箨叶钻状，极小，长 1～2mm。每节具 3 枝，枝节明显肿胀，屈膝状。每小枝具叶 1～2 片；叶片极窄，线状或线状披针形，长 8～17cm，宽 7～12mm，两面无毛。笋期 8～9 月。

产于隆林、融水、凌云。生于海拔 1100～1200m 阔叶林下，当地俗称为“冬竹”。分布于陕西、湖北、贵州。带鞭母竹繁殖。秆少利用，笋可食；秆形优美，叶片狭长，可园林观赏。

4. 方竹 四方竹 图 1568

Chimonobambusa quadrangularis (Franceschi) Makino

秆直立，高 2～8m，直径 0.5～4.0cm，竹壁厚约 3mm；节间长 10～22cm，略呈方柱形，幼时

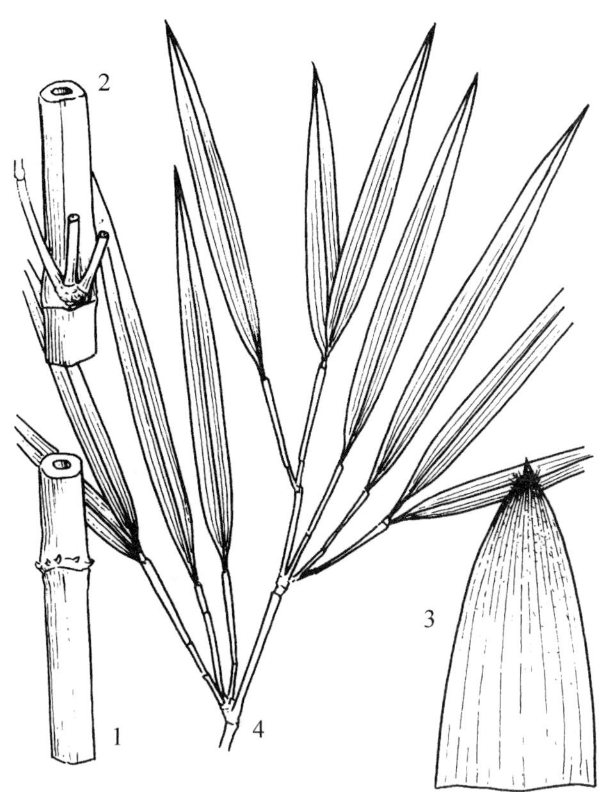

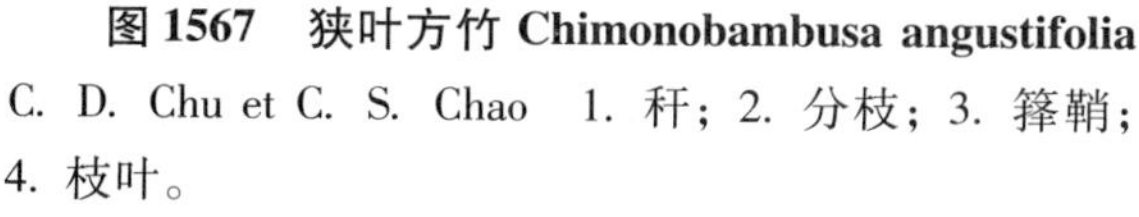
图 1567　狭叶方竹 Chimonobambusa angustifolia C. D. Chu et C. S. Chao　1. 秆；2. 分枝；3. 箨鞘；4. 枝叶。

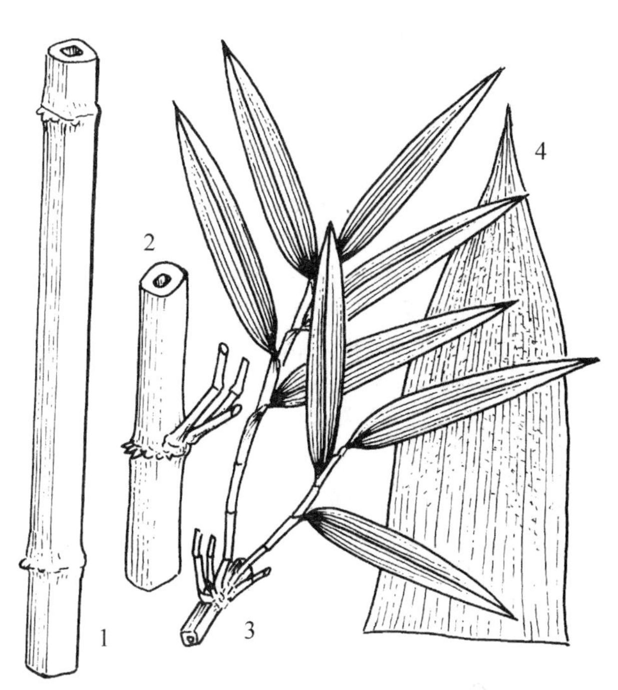

图 1568　方竹 Chimonobambusa quadrangularis (Franceschi) Makino　1. 秆；2. 分枝；3. 叶枝；4. 箨鞘。

密被紧贴的灰褐色或黄褐色绒毛，并被倒生的黄褐色小刺毛，脱落后留有疣瘤，使表面粗糙；秆环在分枝节上则甚隆起；箨环隆起，全秆超过半数的节均有一圈刺状气根。枝条开始在分枝各节上 3 枝，枝较贴秆而上举。箨鞘厚纸质兼革质，长三角形，背面黄褐色，有褐色或紫色斑点，无毛或疏生黄棕色小刺毛，上部边缘被纤毛；无箨耳和鞘口缝毛；箨舌高仅 1mm，顶端拱形；箨叶三角形或锥形，长 2.5 ~ 3.5mm，较小的竹箨无箨叶。每小枝具叶 2 ~ 4 片；无叶耳，鞘口有极易脱落的縫毛；叶舌高约 1mm；叶片薄纸质，窄长披针形，长 8 ~ 20cm，宽 1 ~ 3cm，基部收缩为一长约 2mm 的叶柄，下表面灰绿色，被脱落性柔毛。笋期 9 ~ 10 月。

产于灵川、兴安、资源、隆林。多见于沟谷两侧阴湿地。分布于贵州、江苏、安徽、浙江、江西、福建、台湾、湖南；日本也有分布。移母竹或埋鞭繁殖。选择植株健壮而较低矮母竹，移植时留竹鞭长 50cm 以上，带宿土，竹秆截去枝梢，留枝 3 ~ 4 盘。栽后沟穴埋土踏实，浇透水，保湿。早春移植为宜。世界著名珍贵竹种之一，具极高观赏价值，栽培于庭园、公园、风景区和名胜古迹处；秆可作手杖等工艺品；笋味鲜美。

10. 刚竹属 Phyllostachys Sieb. et Zucc.

乔木状或灌木状竹类。地下茎单轴型，顶芽通常不出土，在土壤中延伸成竹鞭。秆散生，直立；节间圆筒形，或具分枝的节间于分枝一侧具沟槽；节凸起。枝条在各节上通常 2 枝。箨鞘革质，脱落性；箨耳和鞘口縫毛通常发达；箨舌显著；箨叶常反折，带状披针形至三角形。每小枝有叶 1 至数片，叶耳及鞘口縫毛宿存或易脱落；叶片带状披针形或披针形，脉间具小横脉，组成方格状脉序。早春至初夏出笋。花序圆锥状、复穗状或头状，由多数小穗组成，小穗外被叶状或苞片状佛焰苞。小穗含花 2 ~ 6 朵；小穗轴于小花间具节；颖通常 1 ~ 3 枚；外稃顶端尖锐；内稃背面具 2 脊，顶端 2 裂，裂片顶端尖锐；鳞被 3 枚，不等大；雄蕊 3 枚，花丝细长；子房具柄，无毛，花柱细长，柱头 3 裂，羽毛状。颖果。

50 种 6 变种 25 变型 10 个栽培型，主产亚洲东部。中国黄河流域以南及南岭以北为分布中心；广西 11 种 1 变种 2 变型和 1 个栽培型，本志记载 8 种 1 变种 1 品种。

分种检索表

1. 箨鞘背面有色斑。
  2. 箨鞘具箨耳及鞘口繸毛。
    3. 秆在分枝以下各节秆环隆起，高于箨环或与箨环近等高；幼秆节间无毛 …………… **1. 桂竹 Ph. reticulata**
    3. 秆在分枝以下各节秆环平，仅箨环隆起，幼秆节间被毛。
      4. 箨鞘背面被稀疏易落毛；箨叶长披针形或带状 ………………………… **2. 假毛竹 Ph. kwangsiensis**
      4. 箨鞘背面密被毛；箨叶长三角形至披针形 …………………………………………… **3. 毛竹 Ph. edulis**
  2. 箨鞘无箨耳亦无鞘口繸毛。
    5. 箨鞘基部和幼秆箨环均无毛…………………………………………………… **4. 早园竹 Ph. propinqua**
    5. 箨鞘基部和幼秆箨环均被毛。
      6. 秆中、下部节间常短缩、畸形；箨鞘背面斑点较小而稀疏 ………………………… **5. 人面竹 Ph. aurea**
      6. 秆中、下部节间正常；箨鞘背面斑点较大而密 ……………………………………… **6. 毛环竹 Ph. meyeri**
1. 箨鞘背面无色斑。
  7. 幼秆节间密被细柔毛。 ………………………………………………………………… **7. 紫竹 Ph. nigra**
  7. 幼秆节间无毛或微有毛 ……………………………………………………………… **8. 篌竹 Ph. nidularia**

1. 桂竹 大金竹、刚竹、斑竹、五月竹 图 1569

Phyllostachys reticulate (Ruprecht) K. Koch

秆直立，高 6 ~ 12m，直径 6 ~ 12cm，竹壁厚约 5mm；节间长 30 ~ 40cm，深绿色，光滑无毛，无白粉；分枝与不分枝节秆上环均隆起，与箨环近等高。枝条在每节上 2 枝，基部横切面呈三角形或四方形，实心或近实心。箨鞘黄褐色，背面密被淡墨色斑点，疏生直立硬毛或无毛；箨耳矩圆形或弯月形，边缘具长繸毛，极易脱落，常仅有一箨耳或无箨耳；箨舌高2 ~ 3mm，顶端截平形；箨叶绿色或边缘带橘黄色，长三角形或带状，基部微向两侧延伸。每小枝具叶 3 ~ 6 片；叶耳微小，边缘繸毛放射状，长 4 ~ 6mm，易脱落；叶舌高约 3mm，顶端隆起；叶片长 7 ~ 15cm，宽 1. 0 ~ 2. 5cm，下表面被白粉。笋期 3 ~ 4 月。

广西各地均有栽培。分布较广，分布于黄河流域以南各地。耐寒性较强，在山区土层深厚、肥沃地生长正常，在广西南部土壤黏重的丘陵地生长较差，秆高仅 3. 5 ~ 5. 0m，直径 1. 5 ~ 3. 0cm。带鞭母竹繁殖。材质坚韧，广西优良用材竹种，可作建筑、家具用材以及造纸；篾性好，大小竹秆均可劈篾编织各式竹器；笋

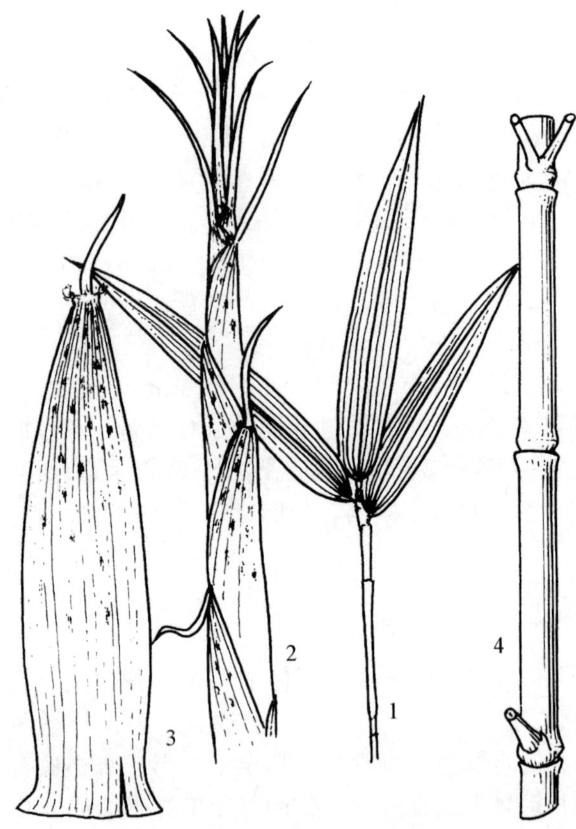

图 1569 桂竹 Phyllostachys reticulate (Ruprecht) K. Koch 1. 叶枝；2. 笋；3. 箨鞘背面；4. 秆。

可食，笋味鲜美。

2. 假毛竹 楠竹(金秀)、假楠竹(融水) 图1570

Phyllostachys kwangsiensis W. Y. Hsiung, Q. H. Dai et J. K. Liu

秆挺直，仅尾梢微弯曲，秆高 8～16m，直径 4～10cm，竹壁厚 5～8mm；节间长 25～35cm，幼时被灰白色绒毛，1 年生以上者绒毛渐脱落，秆颜色由绿变绿黄色，甚光滑；不分枝节上的秆环平，箨环微凸起，分枝节上的秆环隆起，略高于箨环，箨环上下初时具白粉环，以后渐变为黑垢。枝条在各分枝节生 2 枝，一枝特粗壮，一枝特细小。箨鞘厚纸质或革质，长于节间，紫褐色，上部边缘被毛，背面密被易落的刺毛和稀疏的深紫褐色斑点；箨耳不明显，鞘口縫毛发达，紫色；箨舌短，边缘密被紫色长纤毛；箨叶反折，紫绿色，在竹秆下部的为长披针形，皱折不平，秆中、上部的为带状，长可达 30cm。每小枝有叶 1～4 片；叶耳不发育，鞘口縫毛发达；叶片长 10～15cm，宽 0. 8～1. 5cm。

产于永福、昭平、金秀、融安、融水。人工林栽培，是广西中部、北部广泛栽培的竹种，常与毛竹林毗邻，广西主要用材竹种之一。分布于湖南。带鞭母竹造林或埋鞭繁殖。材质坚韧，纹理细密，篾性好，不易受虫蛀。秆可作建筑、家具、农具、工具用材，又可劈篾编制各种精制竹器，也是优质造纸材；笋味鲜美可食。

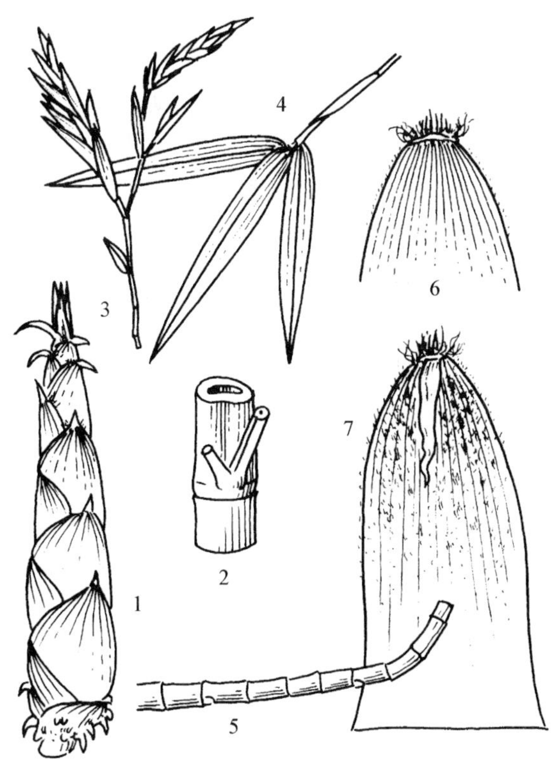

图 1570 假毛竹 Phyllostachys kwangsiensis W. Y. Hsiung, Q. H. Dai et J. K. Liu 1. 笋；2. 秆节；3. 花枝；4. 叶枝；5. 地下茎；6. 箨鞘背面；7. 箨鞘腹面顶端。

3. 毛竹 楠竹、江南竹、猫头竹、桂林竹 图1571

Phyllostachys edulis (Carrière) J. Houzeau

秆直立，尾梢稍弯曲，秆高 10～17m，直径 7～16cm，竹壁厚 5～10mm；节间长 30～40cm，初时密被细柔毛，有白粉，毛脱落后则光滑；节下开始有一圈白粉，以后渐变为黑垢，秆环在分枝以下各节上均不隆起，仅箨环凸起，初时被棕色柔毛。箨鞘厚革质，比节间长，背面密被棕色柔毛和深褐色晕斑；箨耳小，鞘口縫毛长而曲折；箨舌中部隆起，呈屋脊状或弓形；箨叶长三角形至披针形，初时直立，以后逐渐开展、反折。每小枝通常有叶 2～3 片；叶耳微小，鞘口縫毛稀疏、细弱，易脱落；叶舌隆起；叶片披针形，长 4～11cm，宽 0. 5～1. 2cm。1 或 2 年生实生苗丛生，每小枝有叶 7～14 片；叶片大，披针形或卵

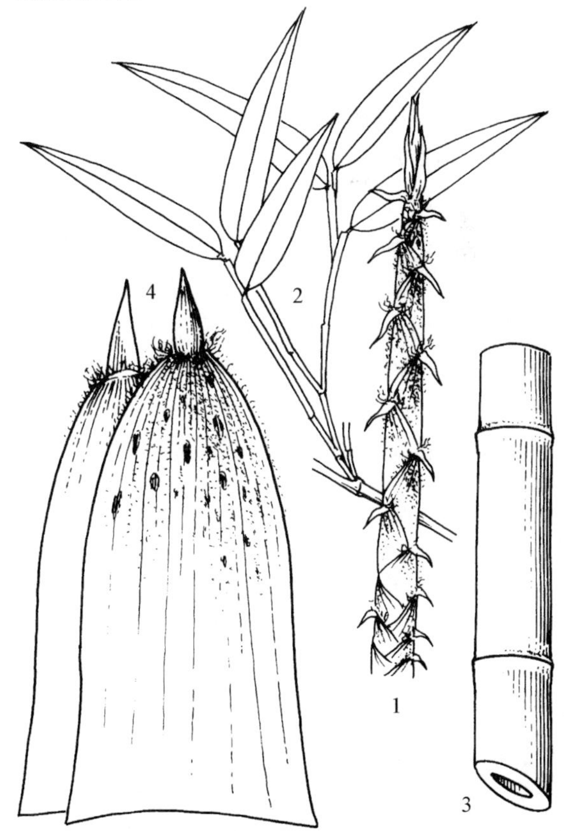

图 1571 毛竹 Phyllostachys edulis (Carrière) J. Houzeau 1. 笋；2. 枝叶；3. 秆；4. 箨鞘背面及腹面。

状披针形，长10～20cm，宽2～4cm，下表面密被柔毛。笋期4月。

产于桂林市及柳州、贺州、河池市北部，往南到广西中部、南部则生长矮小，经济价值低。自然分布秦岭汉水流域以南各地，浙江、江西、湖南是毛竹分布中心，约占中国全国毛竹林面积的60%。在毛竹自然分布区内，年平均气温12.6～21.0℃，1月平均气温1～8℃，极端最低气温-16.7℃，年降水量800～2000mm，年平均相对湿度不低于70%。分布中心区1月平均气温3～10℃，7月平均气温25～30℃，降水量1200mm以上，相对湿度约80%。毛竹种实8～9月成熟脱落，及时连枝采下，经过干燥、脱粒、扬净、拌药。成熟毛竹种子无休眠期，贮藏时间不宜超过半年，0～5℃低温冷藏，发芽力可保存1年以上。新鲜种子圃地发芽率20%～40%。选择砂壤土或壤土，近水源、缓坡、排水良好、交通便利处作苗圃。精耕细作，翻土深20～30cm，苗床，苗床宽1.0～1.2m，高20～30cm。放足基肥，2～3月播种，或9～10月随采随播，发芽率高，霜冻前已全部成苗。播种前用清水洗去拌种药粉，用0.3%高锰酸钾浸种消毒6～12h，即可播种。点播或穴播，苗床上开播种沟，沟距20～25cm，深10cm，宽15cm。每行播5穴，每穴10～15粒，盖草淋水。播种后1～3周，种子开始发芽出土，1～2个月开始分蘖，1～2年后可移植造林。也可分株移植育苗，即将1年生的实生竹苗，分成每1～2株一丛，移植到苗床上，株行距25cm×25cm。移植小苗分蘖能力强，成活率高。

造林选择广西北部地区海拔800m以下，土层深厚、肥沃、湿润、排水良好，土壤pH值4.5～7.0的山腰、山谷地带。整地后，沿等高线挖种植坎，母竹造林坎100～150cm×50～60cm，竹苗造林坎50cm×50cm，坎深40～50cm。栽植前施足基肥。12月至翌年3月，雨天过后造林。移母竹造林，每公顷种植450～600株；实生小母竹造林，每公顷种植600～750株。新造竹林1～2年内可套种生姜、玉米、黄豆、花生等农作物，饭豆、无刺含羞草等固氮绿肥，未间种作物的新造竹林每年锄草松土2次。成林劈杂每年1次，全面垦复深翻2～3年1次。材用高产林不宜挖鞭笋，适当挖浅鞭冬笋，保护春笋以培养大笋成大竹，及时挖除谷雨后出土的弱笋小笋和退笋。笋用竹林，每公顷留养新竹450～600株。每年施肥2～3次，3月施长笋肥，5～6月施发鞭肥，9月施孕笋肥，每公顷施复混肥300～450kg/次。材用林每公顷保持在3750～4500株，笋用林3000株，笋材两用林和纸浆林每公顷保持3000～3750株。立竹胸径8～10cm。立竹年龄组成：1～2年生占30%～35%，3～4年生占30%，5～6年生占25%～30%，7～8年生占10%。

秆高大通直，可作建筑、水管、浮筒、竹筏、家具、农具用材。竹纤维含量45.94%，纤维长度1300～2300μm，纤维长宽比130，是一级造纸材，可制造胶版纸、描图纸、邮封纸、打字纸及特种工业纸。劈篾编织竹席及各式竹器；竹枝可扎扫把；笋可收冬笋和春笋，笋味鲜美，鲜食或加工成笋干、笋罐头。毛竹青翠秀美，集清幽、坚贞、挺拔、刚毅于一身，具有极高审美价值，在园林绿化上有着特殊魅力。

3a. 龟甲竹

Phyllostachys edulis 'Heterocycla'

与毛竹区别在于秆中部以下的一些节间极为缩短而于一侧肿胀，相邻的节交互倾斜而于一侧彼此上下相接或近于相接。

各地毛竹林中零星出现，少有成小片生长，分布同毛竹。秆型奇特，为珍贵观赏竹种。奇异的竹秆可制作精美工艺美术品。

4. 早园竹 沙竹

Phyllostachys propinqua McClure

秆直立，高10m，直径5cm，竹壁厚4～6mm；节间长25～40cm，幼时绿色，被白粉，无毛；秆环较箨环隆起，箨环无毛环。箨鞘背面无毛，淡红褐色或黄褐色，上部边缘时常微枯焦，被白粉，有紫棕色斑点，仅秆下部箨鞘斑点较密集，上部箨鞘斑点稀疏或无斑点；无箨耳及鞘口缝毛；箨舌高约4mm，淡褐色；箨叶反折，平直，绿色或紫褐色，通常有极狭的黄白边。每小枝有叶2～

3片；无叶耳及鞘口繸毛；叶舌极明显凸起，顶端凸弧形；叶片长7～16cm，宽1.3～2.0cm。笋期4～5月。

产于广西大部地区。分布于河南、江苏、安徽、浙江、贵州、湖北。耐寒性，对土壤适应性强，山区、丘陵均可生长，但以土壤肥沃、疏松、湿润地生长好。带鞭母竹造林或埋鞭繁殖。竹材劲直，可作撑篙、农具柄及搭棚架；可劈篾编制竹器；笋味颇佳。

5. 人面竹 罗汉竹、观音竹 图1572

Phyllostachys aurea Carrière ex Rivière et C. Rivière

秆劲直，高3～8m，直径1.5～3.0cm，竹壁厚约2mm，有正常秆和畸形秆两种，畸形秆在秆的中、下部节间缩短，肿胀或缢缩，节有时歪斜；正常节间14～20cm，畸形节间长1～6cm，幼时被白粉，无毛；分枝与不分枝节秆环和箨环均隆起，箨环初时具一圈易脱落的细毛。枝条2条，一粗一细，无畸形者，颜色同秆。箨鞘背面淡紫色或淡褐黄色，两边缘枯焦色，有稀疏的褐色斑块和斑点，无毛或沿底部生白色短毛，可见横脉；无箨耳，鞘口繸毛稀疏；箨舌黄绿色，顶端截平形；箨叶反折，长披针形，背面淡紫褐色，两边有黄色条纹。每小枝有叶2～3片；叶耳及鞘口繸毛易脱落；叶舌顶端截平形；叶片长6～12cm，宽1～2cm，小横脉明显。笋期4～5月。

产于广西各地。分布于黄河流域以南各地。适应性强，高山、低丘都可栽培，特别耐寒，可耐-18℃低温。带鞭母竹繁殖。正常秆可劈篾编织各种竹器；畸形秆可制作手杖、伞柄、烟杆、钓鱼杆以及其他工艺美术品；秆奇异，各地多栽培供观赏。

6. 毛环竹 小金竹、淡竹 图1573

Phyllostachys meyeri McClure

秆劲直，高可达10m以上，直径3～7cm，竹壁厚2～3mm；节间长25～35cm，幼时被白粉而呈蓝绿色，光滑无毛；秆环微隆起，箨环初时被稀疏细毛，节下具白粉环。箨鞘背面淡褐色，被白粉，仅基部有灰褐色细毛，余均无毛，有紫黑色斑点，尤以上部的斑点较密而大；无箨耳及鞘口繸毛；箨舌淡黄褐色，顶端微隆起；箨叶带状，反折，背面褐紫色，边缘黄色。

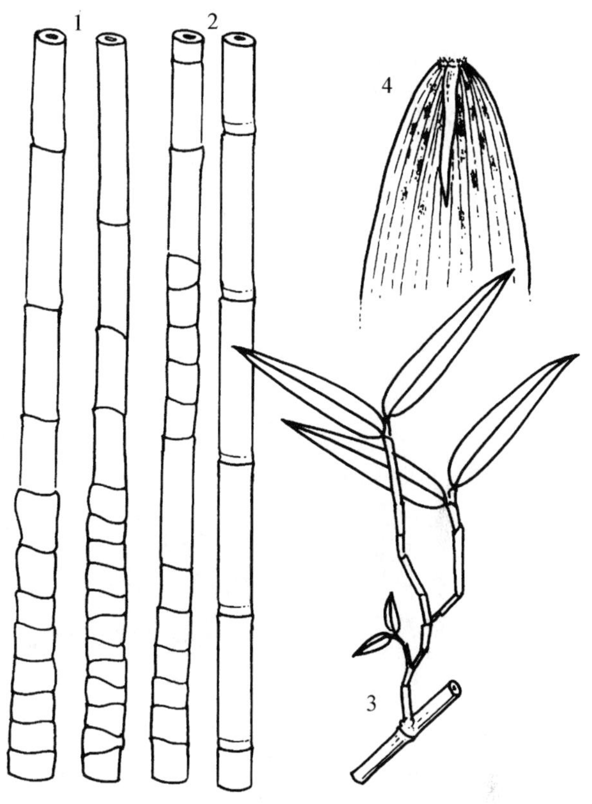

图1572 人面竹 Phyllostachys aurea Carrière ex Rivière et C. Rivière 1. 秆畸形情况；2. 正常秆；3. 叶枝；4. 秆箨背面。

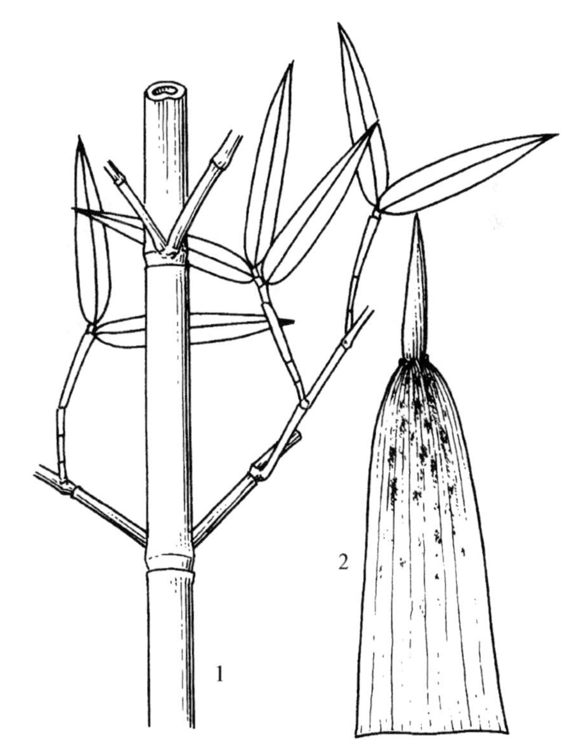

图1573 毛环竹 Phyllostachys meyeri McClure 1. 秆与枝叶；2. 箨鞘背面。

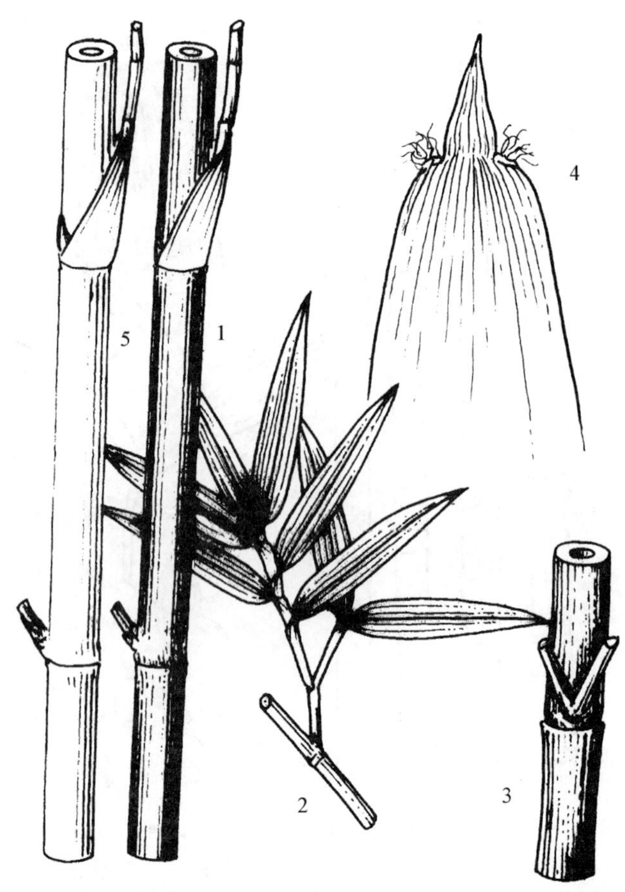

图 1574 1 ~ 4. 紫竹 **Phyllostachys nigra** (Lodd. ex Lindl.) Munro 1. 秆；2. 叶枝；3. 秆节；4. 箨鞘背面及腹面顶端。5. 毛金竹 **Phyllostachys nigra** var. **henonis** (Mitford) Stapf ex Rendle 秆。

每小枝具叶 2 ~ 3 片；无叶耳及鞘口缝毛；叶舌凸出，截平形；叶片长 6.5 ~ 15.0cm，宽 1.0 ~ 1.5cm，下表面粉绿色，基部疏生白色纤毛。笋期 4 月下旬。

产于广西北部山区；广西南部丘陵地秆变矮小，一般秆高 3 ~ 5m，直径 1 ~ 2cm。分布于河南、陕西、长江流域及以南各地。竹材坚韧，可作建筑、家具、农具等用材；篾性好，劈篾编织各式竹器；笋味鲜美可食。

7. 紫竹 黑竹 图 1574：1 ~ 4

Phyllostachys nigra (Lodd. ex Lindl.) Munro

秆近直立，尾梢弯曲，秆高 3 ~ 9m，直径 2 ~ 4cm；节间长 20 ~ 30cm，幼时淡绿色，密被细柔毛，薄被白粉，以后柔毛及白粉渐脱落则甚光滑，颜色则由淡绿渐变为紫色，最后成黑色；秆环及箨环均隆起，箨环下有一圈白粉。各节生 2 枝，颜色变化同秆，有极少的枝条保持绿色，仅有紫色或黑色斑点。箨鞘短于节间，背面绿红褐色或绿褐色，被易脱落的淡褐色毛，无斑点或具紫色细斑，边缘有整齐的黄褐色缘毛；箨耳矩圆形至镰刀形，紫黑色，边缘缝毛紫黑色，长而弯曲；箨舌紫色，顶端凸弧形；箨叶直立，三角形或三角状披针形，背面绿色，密被紫色脉纹，稍皱折不平。每小枝有叶 2 ~ 3 片；叶耳不明显或无，鞘口缝毛灰褐色，辐射状波状曲折，长 3 ~ 7mm；叶舌高 1 ~ 2mm；叶片长 4 ~ 10cm，宽 1.0 ~ 1.5cm。笋期 4 月下旬。

广西西部及北部土山和石灰岩山地常有野生或栽培。分布广泛，东起台湾，西至云南东北部，南至广东和广西，北至安徽北部、河南南部均产。喜光，喜凉爽，要求温暖湿润气候，年平均气温不低于 15℃、年降水量不少于 800mm 的地区都能生长。广西垂直分布在海拔 800m 以下。对土壤要求不严，但以土层深厚、肥沃、湿润而排水良好的酸性土壤最宜，过于干燥的沙荒石砾地、盐碱土或积水的洼地生长不良。移竹造林。选择秆形较小、分枝低、竹鞭粗壮的 2 年生竹作竹种，挖掘时留来鞭长 20 ~ 30cm，去鞭长 40 ~ 50cm，带宿土，留枝 3 ~ 5 盘，削去顶梢。栽竹时深挖穴，浅栽植，下部垫土密接，分次回土踏实，浇足定根水。初期抚育着重除草松土、施肥、灌溉，成林后进行护笋养竹、间伐及病虫害防治。秆的颜色别致，优良观赏竹种；竹秆可作书架、家具、烟杆、箫笛、手杖、伞柄、钓鱼杆以及其他工艺美术品。

7a. 毛金竹 淡竹 图 1574：5

Phyllostachys nigra var. **henonis** (Mitford) Stapf ex Rendle

与紫竹区别在于秆不变为紫黑色，幼秆绿色，老秆灰绿色；在相同栽培条件下常较紫竹高大。

分布同紫竹，隆林县有连片生长。秆可作棚架、家具、撑篙、造纸用；劈篾编制竹器；笋美味可食。

8. 篌竹 花竹、大眼竹、百竹(河池)

Phyllostachys nidularia Munro

秆劲直，高3~10m，直径1~4cm，竹壁厚约3mm，秆略呈“之”字形，尾梢弯曲但不下垂；节间长30~40cm，幼时绿色，有时有紫色条纹，被白粉，秆环隆起，与箨环等高或高于箨环，箨环具一圈具有金属光泽的淡黄色外向毛环。分枝高，通常第9~10节开始分枝，出枝2枝，枝条斜上伸展。箨鞘短于节间，背面灰绿色，被白粉，无斑点，基部密生淡褐色下向刺毛，愈向上刺毛渐稀疏，边缘具紫红色或淡褐色纤毛，笋期箨背可见黄白色纵条纹，条纹以箨鞘上部较明显；箨耳由箨叶基部两侧延伸而成，长矩圆形至镰刀形，紫褐色，抱秆，长1.5~2.0cm，宽6mm，边缘疏生淡紫色繸毛；箨舌矮，高1~2mm，顶端截平形或中部略凸起呈屋脊状；箨叶直立，背面黄绿色，有紫红色脉纹，三角形。每小枝具叶1片，罕见2片；无叶耳，鞘口繸毛黑色；叶舌高仅0.5~1.0mm；叶柄长3~4mm，因其微向下弯，使叶片略下垂；叶片长6~10cm，宽1.0~1.5cm，横脉清晰。笋期3~4月。

广西东北部及桂西北酸性土山地常见竹种，田阳县海拔约900m石灰岩山地上生长良好。分布于河南、山东、陕西及长江流域以南。带鞭母竹造林或埋鞭繁殖。劈篾编织各式竹器；笋味鲜美可食。因用途广泛，河池市俗称“百竹”，指此竹有百样用途之意。

11. 少穗竹属 Oligostachyum Z. P. Wang et G. H. Ye

地下茎为单轴型或复轴型。秆散生，直立；节间圆柱形，仅在分枝一侧的基部稍扁平；秆节在较细的秆中明显隆起，在粗秆中则较平坦。秆每节常分3枝，上部各节分枝可较多，枝通常开展。秆箨早落；箨鞘革质或纸质；箨耳及鞘口繸毛均缺；箨叶三角形或三角状披针形，开展或外翻。每小枝具叶为2片至多片；叶耳及鞘口繸毛常缺；叶片多为线形至线状披针形，小横脉明显。总状花序仅具小穗2~3枚。小穗含花数朵；小穗轴易于可孕小花下脱节；颖片1~3枚；孕性外稃具不明显的纵脉7条至多条，顶端渐尖而成短芒状尖头；内稃远小于外稃，背部具2脊，顶端钝圆或微凹；鳞被3枚，具5~7条脉，两侧的2枚常不对称；雄蕊3枚或4枚；子房无毛，花柱1枚或3枚，柱头3裂，羽毛状。春夏出笋。

约15种。分布于中南、华南和东南沿海。广西4种，本志记载2种。

分种检索表

1. 秆下部的箨鞘背面具纵长而大小不等的褐色斑点 ………………………………… **1. 糙花少穗竹 O. scabriflorum**
1. 箨鞘红褐色，背面无褐色斑点 ……………………………………………………… **2. 斗竹 O. spongiosum**

1. 糙花少穗竹 蚊帐竹、上思竹、白眼竹

Oligostachyum scabriflorum (McClure) Z. P. Wang et G. H. Ye

秆高达5~7m，直径2~4cm；节间长25cm，幼秆暗绿色具细小紫点，近无毛，节下具一圈明显白粉环；秆环与箨环同高。箨鞘淡绿色转枯草色，在中部、上部被白粉，上部两侧具有较宽的焦边，秆下部的箨鞘背面具刺毛及褐色斑点或斑块，上部箨鞘刺毛及斑点渐无；箨耳及鞘口繸毛缺失；箨舌紫色，高2mm；箨叶绿色，下部直立，上部者开展或反折。每节分3枝，枝短并开展。在高大的植株上每小枝具叶1~3片，在细小的植株上则每小枝为3~5片；叶耳及繸毛俱缺；叶舌发达明显伸出，高1~2mm，斜拱形或一侧显著高于另一侧；叶片长6~14cm，宽6~8mm。笋期4月下旬至5月上旬。

产于金秀、上思、龙州、凭祥，凭祥大青山、上思十万大山海拔800~1000m处有成片生长。生于山坡林下。分布于江西、湖南、福建、广东，为本属分布最广的一种。移母竹繁殖。秆通直，可作蚊帐杆、豆扦、围篱用。

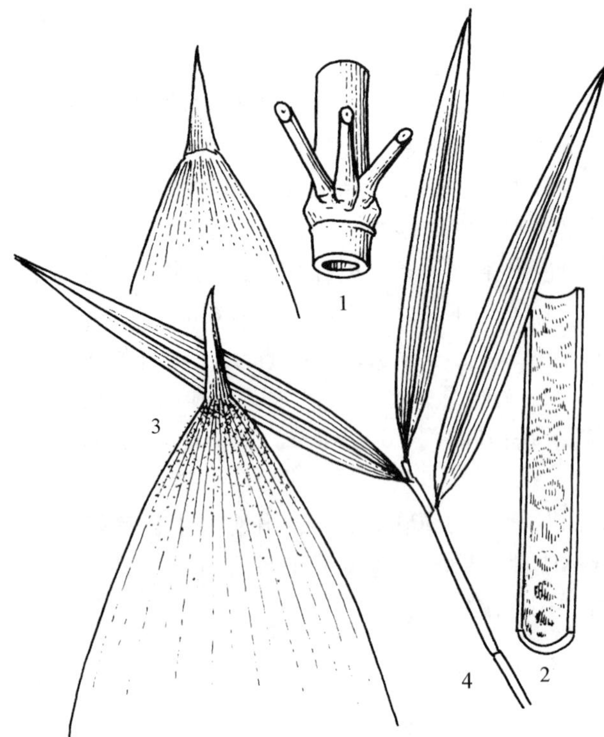

图 1575　斗竹 Oligostachyum spongiosum（C. D. Chu et C. S. Chao）G. H. Ye et Z. P. Wang　1. 秆及分枝；2. 秆的髓部；3. 箨鞘背面和腹面；4. 枝叶。

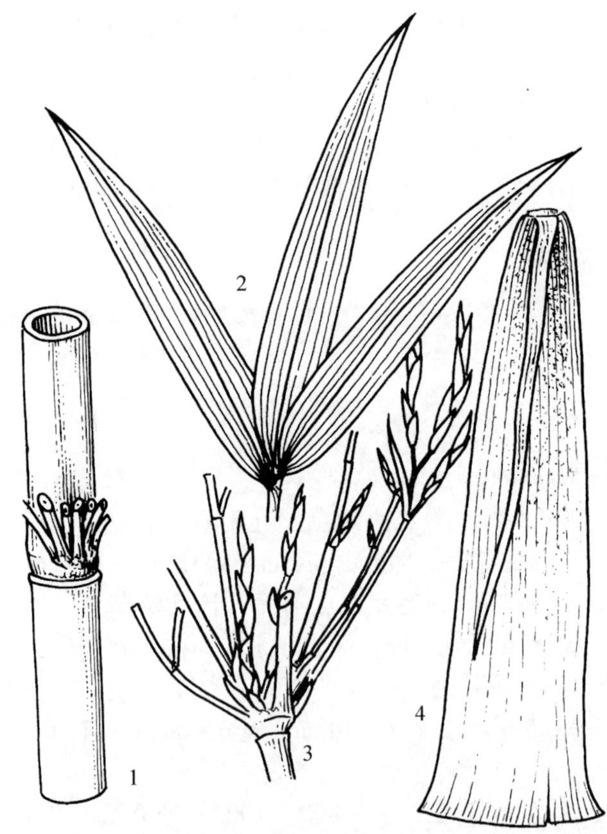

图 1576　斑苦竹 Pleioblastus maculatus（McClure）C. D. Chu et C. S. Chao　1. 秆，示秆环及分枝；2. 小枝顶部，示叶片；3. 部分花序；4. 秆箨。

2. 斗竹　苦竹　图 1575

Oligostachyum spongiosum（C. D. Chu et C. S. Chao）G. H. Ye et Z. P. Wang

秆直立，高达 10m，直径 4～6cm；节间长 20～40cm，初时绿色，无毛，幼秆被白粉，节下甚明显，髓海绵状充实。节稍凸出，每节分 3 枝。秆箨红褐色，往顶端渐窄，背面密被上向的紫褐色糙硬毛；箨耳和缝毛不发育或仅有数枚缝毛；箨舌高约 1mm；箨叶窄三角形或三角状披针形，直立，微皱，基部与箨鞘口部等宽或稍窄。每小枝具叶 3～5 片；叶耳和鞘口缝毛不发育；叶舌明显，高 2. 0～2. 5mm；叶片长 9～17cm，宽 1～2cm。笋期 5 月。

广西特有种，产于融水、融安、三江，为融水较为常见竹种。垂直分布可达海拔 800m，多生长在山区阔叶林下或林缘。秆形直，宜作搭棚架等材料，亦可造纸。

12. 苦竹属 Pleioblastus Nakai

灌木状或小乔木状竹类。地下茎单轴型或部分短缩呈复轴型。秆小型至大型，散生或混生，直立或近直立；节间圆筒形或在其分枝之节间下部一侧微扁平，节下方的白粉环明显，中空或少数种类近实心，髓作笛膜状或棉絮状；秆环隆起，高于箨环；箨环木栓质发达并常具一圈箨鞘基部残留物，幼秆的箨环还常具一圈棕褐色小刺毛。秆每节分 1～3 枝，以后增至 4～7 枝，无明显主枝，枝条展开。箨鞘宿存，革质或厚纸质；多数种类无箨耳及鞘口缝毛；箨舌截形至弧形；箨叶锥形至披针形，常外翻。每小枝通常具叶 3～5 片；叶片长圆状披针形，小横脉明显。笋期 5～6 月。圆锥花序侧生于叶枝下部各节上；小穗绿色，细长形或窄披针形，含花数朵；小穗轴波状曲折，节间被微毛；颖片 2～5 枚，先端锐尖，边缘具纤毛；外稃近革质，披针形，边缘粗糙；内稃背部于 2 脊间具沟槽，先端钝，边缘密生纤毛；鳞被 3 枚，不等大；雄蕊 3 枚，花丝分离，花药锥形，基部为箭镞状，黄色；花柱单一，柱头 3 裂，羽毛状。颖果长圆形。

约 40 种，分布于东亚地区。中国 17 种；广西 1 种。

斑苦竹　油苦竹、光竹　图 1576

Pleioblastus maculatus（McClure）C. D. Chu et C. S. Chao

秆直立，高3～4m，直径1.5～2.0cm，竹壁厚2～3mm。幼秆绿色，被脱落性厚白粉；节间初时被疏白色柔毛；秆环甚隆起，高于箨环，箨环具圆环状木栓质残留物并倒生一圈棕色毛，节下方具直立近于向下的白色短纤毛，其余部分光滑无毛。每节分3～7枝，贴秆上举或略开展。箨鞘窄长，迟落，淡棕色，顶端截平形，宽1.5cm，被紫棕褐色斑点或具紫红色条纹，具油脂光泽，基部具棕色长绒毛；箨耳小，高2mm，宽3mm，半圆形，紫色，鞘口具数条紫红色脱落性繸毛；箨舌紫红色，高约3mm；箨叶线状披针形，外翻，背面具小横脉。每小枝具叶2～4片；叶耳和鞘口繸毛缺；叶舌高1～2mm；叶片长13～18cm。笋期5月至6月初。

产于全州、兴安、资源、苍梧。生于阔叶林下。分布于江苏、江西、福建、广东、四川、贵州、云南。竹壁厚硬，可作制家具、篱笆及搭棚架。

13. 矢竹属 **Pseudosasa** Makino ex Nakai

灌木状或小乔木状竹类。地下茎复轴型。秆混生，直立；节间圆筒形，仅在分枝节间一侧基部有短距离的纵沟槽，中空；髓常作海绵状，呈圆柱体填充于节间的空腔；节不隆起。秆的每节1～3枝，至秆上部则每节分枝可更多，枝上举而基部贴秆较紧。秆箨宿存或迟落；箨鞘质常较厚；箨叶直立或开展，早落。叶鞘通常宿存；叶舌矮或较高；叶片长披针形，小横脉显著。春夏出笋。花序呈总状或圆锥状。小穗具柄，线形，含小花2～10朵；小穗轴节间可逐节折断；基部有颖片2枚；外稃作镰状弯曲，具多条纵脉和小横脉，先端尖；内稃背部有2脊和沟槽，及数条纵脉，先端尖；鳞被3枚；雄蕊3枚，花丝分离；子房无毛，花柱单一，柱头3裂，呈羽毛状而有波曲。颖果无毛，具纵长腹沟；种子可越年萌发。

约90种，分布于东亚地区。中国23种5变种；广西4种1变种，本志记载4种。

分种检索表

1. 箨鞘背面无斑点。
   2. 秆高大，高达10m，直径4～6cm；箨鞘背面密被刺毛 ………… **1. 茶秆竹 P. amabilis**
   2. 秆矮小，高1.2～5.0m，直径0.5～2.0cm；箨鞘背面疏生脱落性细刺毛 ………… **2. 扫把竹 P. nanningensis**
1. 箨鞘背面多少斑点。
   3. 秆高达8m，直径约5cm；箨叶阔披针形至狭披针形，基部稍向内收缩 ………… **3. 广竹 P. longiligula**
   3. 秆较矮小，高2.5～4.0m，直径约1cm；箨叶三角状披针形，基部向内收窄 ………… **4. 篲竹 P. hindsii**

1. 茶秆竹　青篱竹、沙白竹、亚白竹、篱竹　图1577

Pseudosasa amabilis (McClure) P. C. Keng ex S. L. Chen et al.

秆劲直，高7～13m，直径4～6cm；节间长30～50cm，初时被一层灰白色蜡粉，后渐变为灰黑垢；节平，秆环平滑而微隆起，箨环线状凸起，幼时被一圈栗色刺毛。分枝习性高，每节分枝3条，贴秆上举，枝条短小。箨鞘新鲜时棕绿色，密被栗色刺毛，顶端窄，截平形；无箨耳，鞘口繸毛长达15mm，坚硬而弯曲；箨舌高5mm，边缘具流苏状细软毛；箨叶直立，窄长三角形，顶端尖锐呈锥形。每小枝具叶4～7片；叶鞘宿存；无叶耳，鞘口繸毛扭曲；叶舌高1～2mm，边缘密生流苏状短纤毛；叶片厚而坚韧，窄长披针形，长18～35cm，宽2～4cm。笋期3月至5月下旬。

广西东北部低山常见竹种，以平乐、荔浦、阳朔、贺州、昭平、梧州最为常见。分布于广东、湖南。秆高大通直、饱满，节平、坚韧，用砂擦去黑垢后，洁白光滑，可制作高级滑雪杆、钓鱼杆、雕刻、装饰、家具及运动器材，为中国传统出口商品，远销欧美、东南亚及非洲各国。

2. 扫把竹

Pseudosasa nanningensis Q. H. Dai

秆直立，高2～3m，直径1～2cm，幼秆无毛，除节下有白粉环外，余均无粉，髓海绵状；节间长20～25cm。节稍隆起，秆箨厚纸质兼薄革质，绿色，迟落，背面散生长粗毛，基部较密；箨耳镰

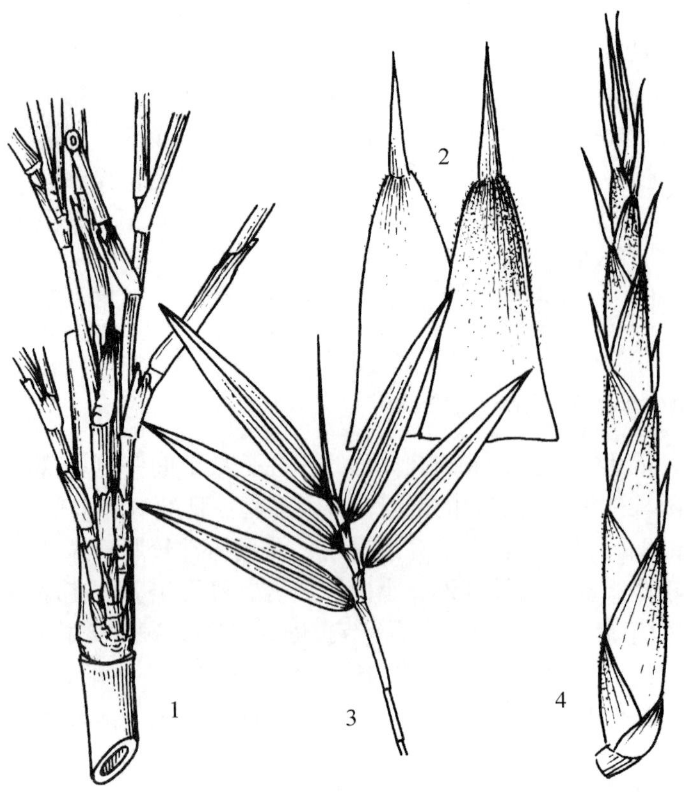

图 1577 茶秆竹 **Pseudosasa amabilis**（McClure）P. C. Keng ex S. L. Chen et al. 1. 秆节；2. 箨鞘背面和腹面；3. 枝叶；4. 笋。

图 1578 广竹 **Pseudosasa longiligula** T. H. Wen 1. 枝叶；2. 叶鞘顶端（放大）；3. 箨鞘腹面；4. 箨鞘背面。

刀状，长 6mm，宽 2mm，两面密被细毛，鞘口縫毛辐射状，长达 8～10mm；箨舌高 3mm，顶端弓形具纤毛；箨叶绿色，带状披针形或披针形，反折或极开展，背面具上向的白色长粗毛。每节具 3 分枝，上举或基部贴秆。每小枝具叶 3～5 片；叶耳镰形，长 2mm，宽 1mm，鞘口縫毛辐射状，毛长 4～6mm，易落；叶舌高约 1mm；叶片长 13～16cm，宽 1.5～2.0cm。4 月初出笋。

产于南宁、贵港、龙州。生于山脚和丘陵坡地。产区常用作扫把、豆扦、围篱用。

3. 广竹 图 1578

Pseudosasa longiligula T. H. Wen

秆高达 8m，直径约 5cm；节间长 40～56cm，节下有白粉；秆环不隆起，箨环有领圈状残箨。秆每节分枝 1～3 条，枝条贴秆上举。箨鞘初时绿色，背部具褐色刺毛和褐色斑点，有时无斑，两边缘有褐色纤毛，箨鞘先端宽而凹陷；箨耳椭圆状，横卧，边缘有縫毛；箨舌呈弓状凸起；箨叶狭披针形至带状披针形，直立，无毛，具纵脉，基部略收缩，宽度为箨鞘先端之 1/4。每小枝具叶 4～6 片；叶鞘密生细毛，边缘密生纤毛；叶耳椭圆状，横卧，边缘具数条直或弯的粗壮縫毛，易脱落；叶舌发达，呈山峰状凸起，高达 8mm；叶片长 15～22cm，宽 1.3～1.4cm，叶片下表面具细柔毛。笋期 3～4 月。

广西特有种，产于广西北部各地，尤全州最常见，生于山坡林边。秆形高大、饱满、节平，可制作书架、椅子、帐杆等家具；笋味佳可食，是广西北部主要经济竹种之一。

4. 篲竹 托竹、厘竹、篱竹、笔竹 图 1579

Pseudosasa hindsii（Munro）S. L. Chen et G. Y. Sheng ex T. G. Liang

秆直立，高 2.5～4.0m，直径约 1cm，竹壁厚 2～4mm；节间长 13～15cm；节不隆起，初时在节上及其上方、下方被白粉，后白粉残留变为黑垢，节下疏被脱落性小刺毛，秆环平滑，箨环线状凸起。分枝习性高，各节生 3 枝，主枝比侧枝粗而长，枝条贴秆直立或上举。秆箨淡绿色，多少有黄褐色细点，背面疏被黄褐色刺毛和白色柔毛，顶端截平形；箨耳小，棕色，椭圆形，鞘口缝毛少数，曲折；箨舌弧形或屋脊形，高1.5mm；箨叶直立，三角状披针形，绿色，边缘杂紫色，基部近圆形向内收窄。每小枝具叶4~5片；叶鞘密生细刚毛，边缘具长缝毛；无叶耳，鞘口缝毛流苏状，少数；叶舌截形；叶片长约30cm，宽2.0~3.3cm。笋期5月中旬至6月初。

产于广西各地。生于低山丘陵。分布于香港、福建、台湾、广东。竹秆通直、节平、坚韧，用砂擦去黑垢后，洁白光滑，可制作高级滑雪杆、钓鱼杆、雕刻、装饰、家具及运动器材。当地收购茶秆竹、篲竹，统称篱竹，依竹秆大小分级定价，为中国传统出口商品。

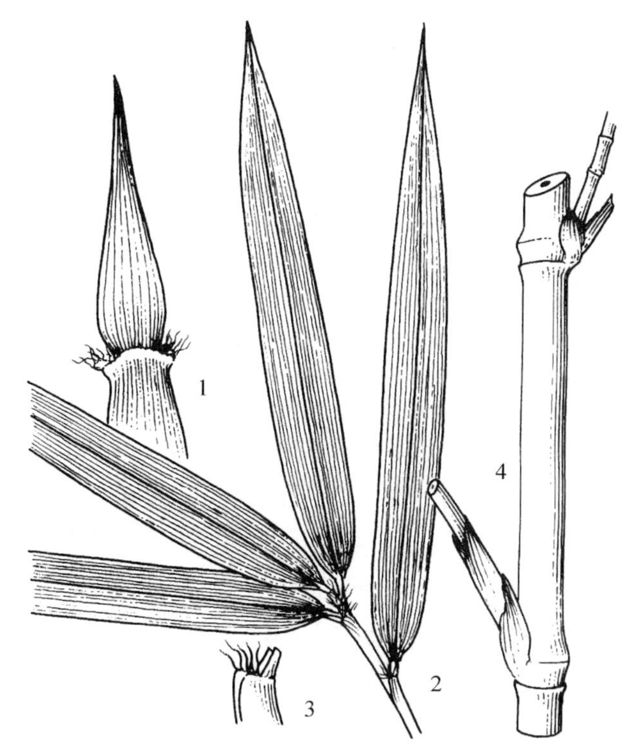

图 1579 篲竹 Pseudosasa hindsii (Munro) S. L. Chen et G. Y. Sheng ex T. G. Liang 1. 箨鞘背面；2. 叶枝；3. 叶鞘顶端和叶柄基部；4. 秆及分枝情况。

14. 短枝竹属 Gelidocalamus T. H. Wen

灌木状竹类。地下茎复轴型。秆直立；节间圆筒形，无纵沟槽；秆环在分枝一侧的另一面较隆起，箨环稍隆起。秆每节具7~12枝，枝纤细，彼此近同粗而长短不等，均较短，每条分枝仅具2~5节，通常不再分枝。箨鞘宿存性，远较其节间短；箨耳常微小或不存在；箨舌低矮，拱形或近截形；箨叶短锥状或狭披针形，直立或外翻。小枝的顶端通常仅具1叶，稀可2叶或较多，当具1叶时，其叶鞘与小枝愈合，形似无叶鞘；叶片较宽短，披针形至广披针形或椭圆形，先端急尖呈尾状延伸，叶片两面小横脉均明显。出笋期多在秋冬两季。真花序，圆锥花序大型。小穗轴扁平，逐节折断；小穗甚小，具3~5朵小花；颖片2枚；外稃两侧扁，背部具脊，先端渐尖；内稃背部有2脊，先端截形，较外稃为长或等长；鳞被3枚，卵状，无脉纹；雄蕊3枚，花丝分离，花药饱满而较短；柱头2裂，羽毛状，或仅1柱头，扁而细长。颖果呈球形，先端具喙状尖头。

9种，中国特有。广西3种，本志记载2种。

分种检索表

1. 秆箨背面无紫褐色斑；秆初时密被糙毛；叶片宽4.5~6.0cm ………………………………… **1. 掌秆竹 G. latifolius**
1. 秆箨背面具紫褐色方形块斑；秆初时仅节下被绒毛；叶片宽2.4~3.2cm ……………… **2. 抽筒竹 G. tessellatus**

1. 掌秆竹 图1580

Gelidocalamus latifolius Q. H. Dai et T. Chen

地下茎复轴型，直径3~3.5mm，节间长2~5cm，每节具根3~4条。秆高1~3m，直径0.8~1.5cm；节间长30~35cm，圆柱形，全部无沟槽；幼秆密被脱落性细刺毛，甚粗糙；秆环稍隆起，箨环具箨鞘残留物。每节分枝3~8条，粗细相近，具2~3节，不再分枝。箨鞘鲜时淡绿色，背面被脱落性刺毛，边缘具缘毛；无箨耳及鞘口缝毛；箨舌短；箨叶线状披针形，皱折不平。每小枝仅具叶1枚；无叶鞘；叶片卵状披针形，长14~22cm，宽4.5~6.0cm，基部钝圆，先端急尖，延伸，顶端密被细毛。冬春季出笋。

广西特有种。产于融水海拔200m低山、贵港平天山海拔900m以上、武鸣大明山海拔1200m

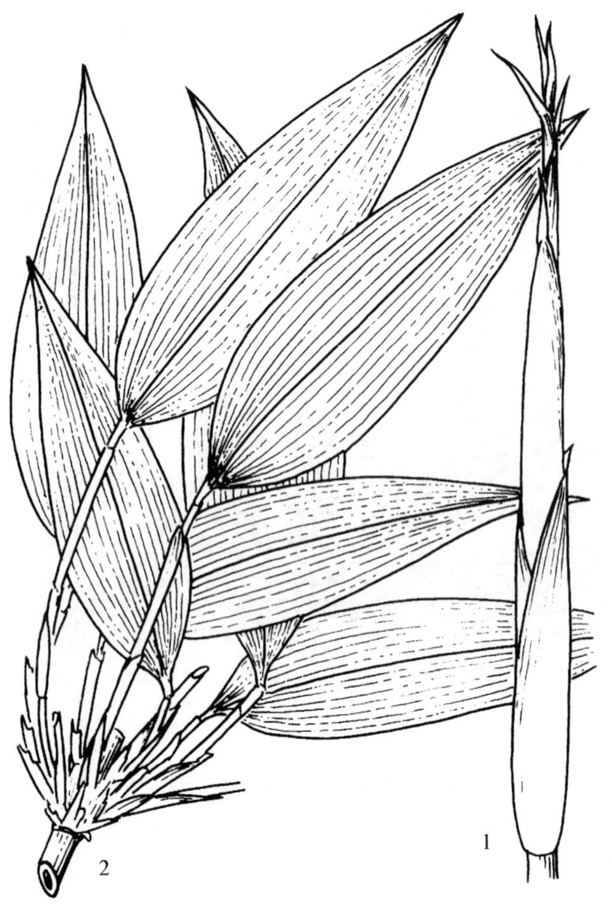

图 1580 掌秆竹 Gelidocalamus latifolius Q. H. Dai et T. Chen 1. 笋；2. 秆节与分枝情况。

图 1581 抽筒竹 Gelidocalamus tessellatus Wen et C. C. Chang 1. 幼秆；2. 秆及枝叶。（仿《中国植物志》）

以上、容县大容山海拔 1000m 以上等地，生长在林下低湿地。秆劲直，当地过去作箭杆射猎，因此又称其为“箭秆竹”。

2. 抽筒竹 图 1581

Gelidocalamus tessellatus Wen et C. C. Chang

秆高约 3m，直径约 1cm；节间长 30cm，幼秆节下密被白色绒毛；秆环稍隆起。箨环秃净。每节分枝多达 12 枚，长短不等但粗细相近，具 2～3 节，不再分枝。箨鞘革质，背面具疏生硬毛，近基部被细绒毛，有紫褐色方形块斑，边缘具纤毛，先端有白色细绒毛；无箨耳，偶见少数繸毛直立；箨舌短，背面密被细柔毛；箨叶锥状，长 1.3cm。每枝均具宿存性的枝箨，枝箨长于节间。每小枝仅 1 叶，叶片长 19～23cm，宽 2.4～3.2cm。冬春季出笋。

产于融水九万大山、金秀大瑶山、容县天堂山、贵港平天山。分布于贵州。秆劲直，过去用作箭杆射猎，现在用作围篱或瓜菜架。

15. 赤竹属 Sasa Makino et Shibata

灌木状或亚灌木状竹类。地下茎复轴型。秆丛状散生，节间圆筒形，细长。通常每节 1 分枝，枝条粗细与秆相近，秆环常隆起。叶舌常明显伸出；叶片较宽，通常宽达 2cm 以上，椭圆状披针形或披针形，小横脉清晰，与纵脉组成明显的方格网状。真花序，由具柄的小穗组成一稀疏开展的圆锥花序或总状花序。小穗含数小花，狭窄，两侧微压扁；颖片膜质，不等长；外稃厚纸质兼膜质，具多脉，先端尖锐或具小尖头；内稃顶端常 2 裂，背具 2 脊，脊上有纤毛；鳞被 3 枚，边缘具流苏状毛，顶端钝圆；雄蕊6枚，花丝分离，花药细长，先端钝圆；子房无毛，花柱3枚，简短，基部连合，柱头羽毛状。颖果呈矩形，通常具腹沟，容易与内、外稃分离，成熟时稍外露。

约50种。分布于亚洲东部。中国18种1变种；广西3种，本志记载1种。

广西赤竹 蚂拐竹(融水) 图1582

Sasa guangxiensis C. D. Chu et C. S. Chao

灌木状竹类。地下茎复轴型。秆丛状散生，直立，高约1m，直径约5mm，幼秆绿色，节下明显有一圈淡黄色毛环；节间长8~10cm，圆柱形；节强度隆起呈屈膝状。秆箨早落，淡红色，背面密被灰色短柔毛，并具脱落性疣基毛；箨耳新月形，鞘口縫毛放射状，长5~10mm；箨舌明显，高约5mm；箨叶披针形，直立。枝条每节单生。每枝具叶3~8片；叶鞘初时密被柔毛；叶耳明显，新月形，鞘口縫毛辐射状，长6~10mm；叶舌发育，膜质，高15mm，具多脉；叶片椭圆状披针形至披针形，长13~26cm，宽2.0~4.5cm。

广西特有种，产于临桂、兴安、融水，生长于海拔550~800m山沟水旁。性喜潮湿，多生长在山区沟边溪水旁或悬生于湿度较大的岩壁上。

图1582 广西赤竹 Sasa guangxiensis C. D. Chu et C. S. Chao 1. 地下茎；2. 枝叶；3. 叶鞘口(放大)。

16. 箬竹属 Indocalamus Nakai

灌木状或小灌木状竹类。地下茎复轴型。秆混生，直立或近直立，高通常在3m以下，直径5mm左右，竹壁厚；节间细长，圆筒形，中空小；节稍隆起，秆环平。秆的各节通常生1枝，稀有3枝，直立，粗细与主秆相近。秆箨宿存。叶舌通常极短；叶片大型，小横脉清晰。花序呈总状或圆锥状。小穗含小花数至多朵；颖片卵形或披针形，顶端渐尖或钻状，通常在尖上有小刺毛；外稃长圆形至披针形，仅于基盘上有茸毛；内稃背具2脊，顶端2裂；鳞被3枚，近等长；雄蕊3枚，花药大多紫色；子房无毛，花柱2枚，相互分离或基部稍联合，柱头羽毛状。

约23种。中国20种6变种，主要分布于长江以南各地；广西4种2变种，本志记载3种。

分种检索表

1. 幼秆节间密被白粉；箨鞘背面密被白粉 ……………… **1. 美丽箬竹 I. decorus**
1. 幼秆节间无粉；箨鞘背面无白粉。
   2. 幼秆节间密被刺毛；叶鞘及叶片下表面密被毛 ……………… **2. 髯毛箬竹 I. barbatus**
   2. 幼秆除节下具毛环外，余均无毛或被疏小刺毛；叶鞘及叶片下表面无毛或具微毛 … **3. 箬叶竹 I. longiauritus**

1. 美丽箬竹 图1583

Indocalamus decorus Q. H. Dai

地下茎复轴型，直径4~10mm，节间长3.5cm，每节有根1~2条。秆高40~80cm，直径3~5mm；节间长13~22cm，幼秆绿色，密被白粉，尤以节下被一圈褐色厚粉。秆箨宿存，箨鞘短于节间，长7~8cm，宽1.5~2.5cm，新鲜时黄绿色，密被白粉，基部具一圈深棕色刺毛，边缘具褐色缘毛；箨耳小，椭圆形或镰刀形，鞘口縫毛长4~5mm；箨舌极短，高约1mm，边缘具纤毛；箨叶

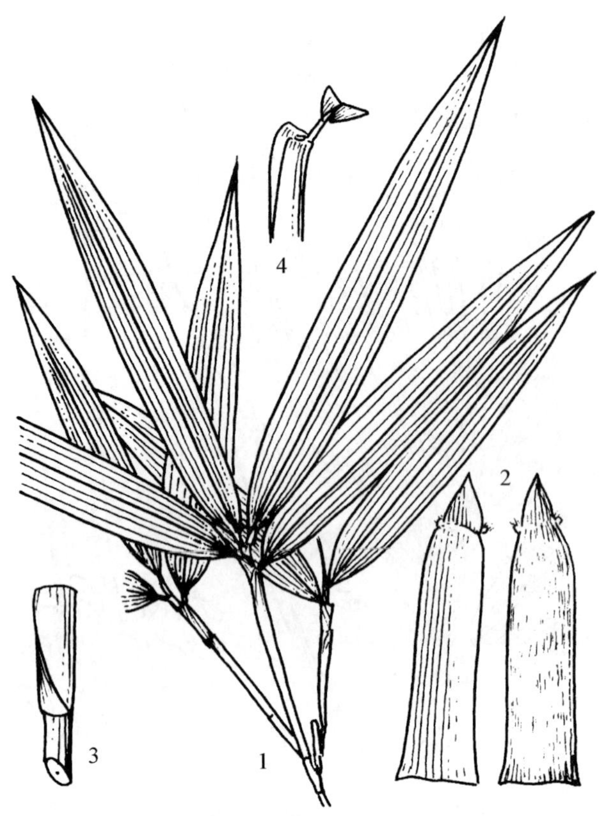

图 1583 美丽箬竹 Indocalamus decorus Q. H. Dai
1. 枝叶；2. 箨鞘背面和腹面；3. 新秆(放大)；4. 叶鞘口(放大)。

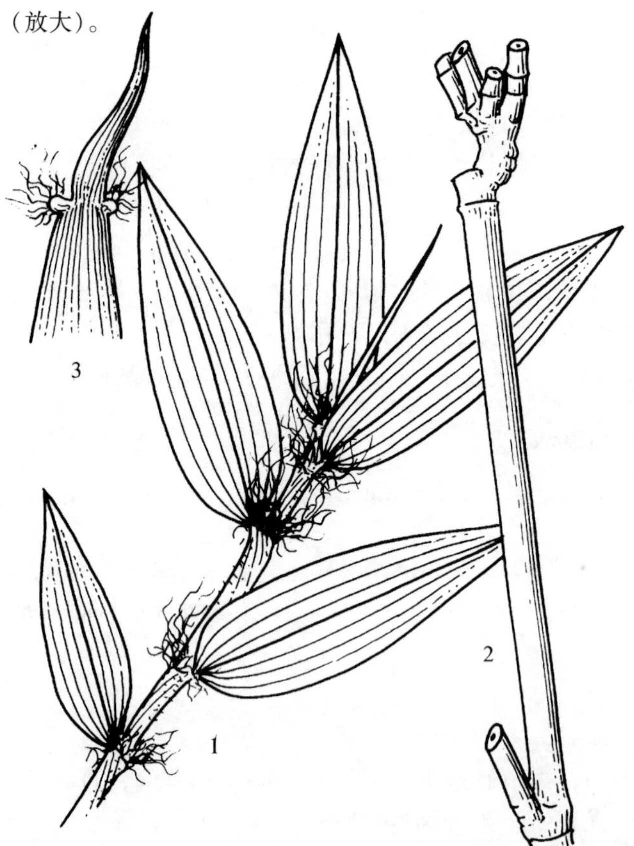

图 1584 髯毛箬竹 Indocalamus barbatus McClure
1. 小枝；2. 秆；3. 箨鞘背面顶端。

卵状披针形或卵形，直立，腹面脉间具短粗毛，边缘具褐色缘毛。每小枝具2～4叶；叶鞘背面被白粉；叶耳不发育，鞘口繸毛长3mm；叶舌高1～2mm，边缘具褐色或灰白色毛；叶片带状披针形，长25～35cm，宽5.0～5.5cm。笋期4月。

广西特有种。产于广西北部毛竹林下、阔叶林下或林缘。分蔸繁殖。

2. 髯毛箬竹 篷叶竹 图1584

Indocalamus barbatus McClure

秆直立，高约1.5m，直径0.5～1.0cm，竹壁厚；节间长30～40cm，实心或近实心；幼时密被粗毛；箨环线状凸起，密被一圈上向的淡褐色粗长毛。枝条在秆的各节上生1枝，上举，粗细与秆相近。箨鞘宿存，短于节间，长10～15cm，背面密被淡褐色长粗毛，一边缘密被灰黑色缘毛，另一边(被包着的一边)则无毛；箨耳极发达，镰刀形，长1.5～2.0cm，宽约0.5cm，鞘口繸毛发达，长20～30mm，淡褐色，放射状；箨舌矮，边缘密被流苏状纤毛，毛长20～30mm；箨叶椭圆状披针形，开展或反折，易脱落。每小枝具叶5～8片；叶鞘背面密被淡褐色细长毛，边缘密被灰黑色缘毛；叶耳镰刀形，向两侧延伸，长8～10mm，宽约3mm，鞘口繸毛放射状，浅棕色，长2cm，基部较粗，顶端纤细而卷曲；叶舌高1～2mm，边缘密被流苏状毛，毛长2.0～2.5cm；叶片长卵形或卵状披针形，长20～40cm，宽6～12cm，下表面浅绿色，密被灰白色细毛。春夏出笋。

广西特有种。产于金秀、蒙山、桂平。生于海拔约500m山地。分蔸繁殖。秆作筷条、毛笔杆用材。

3. 箬叶竹 箬竹、粽粑竹 图1585

Indocalamus longiauritus Handel-Mazzetti

秆近直立，高1～3m，直径0.5～1.0cm，竹壁厚约2mm；节间长10～15cm，无毛或被小刺毛，节下被淡褐色毯毛状毛环；箨环线状凸起。枝条在秆的各节上生1～3枝，主枝与秆粗细相近，直立或上举。箨鞘鲜时褐绿色，背面中下部贴生棕色刺毛；箨耳发达，向两侧延伸，镰刀形，鞘口缝毛长 5 ~ 8mm，多数褐色，波曲状；箨舌截平形，边缘具流苏状褐色毛；箨叶直立，长三角形或长圆形，背面小横脉清晰，顶端渐尖，基部圆形。每小枝具叶 1 ~ 3 片；叶鞘背面无毛，或幼时被易脱落的棕色小刺毛；叶耳明显，镰刀形，鞘口缝毛长 1.0 ~ 1.5cm；叶舌截平，边缘具流苏状毛，此毛长 1 ~ 5mm；叶片大型，长 10 ~ 35cm，宽 2 ~ 5cm，下表面具微毛。笋期 4 ~ 5 月。

产于广西各地，生于海拔 500m 以下山地，呈野生状，稀有人工栽培。分布于河南、湖南、江西、四川、贵州、云南、广东、福建、浙江。分蘖繁殖。秆可作竹筷或毛笔杆；竹叶作粽叶、斗笠和船篷衬垫。

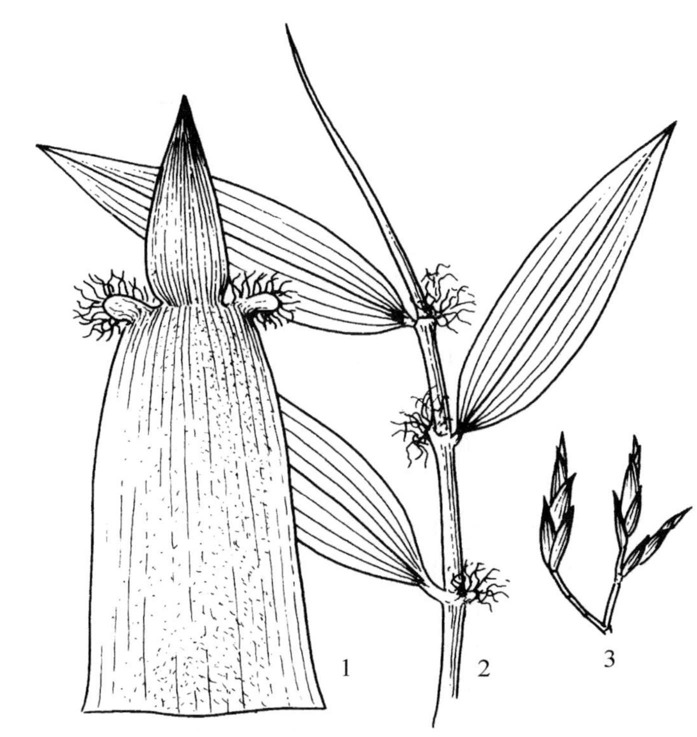

图 1585 箬叶竹 Indocalamus longiauritus Handel-Mazzetti 1. 秆箨；2. 叶枝；3. 花穗。

主要参考文献

陈嵘. 1959. 中国树木分类学. 上海：上海科学技术出版社.
黄大勇，戴启惠. 2009. 广西竹类植物. 南宁：广西科学技术出版社.
梁建平. 2001. 广西珍稀濒危树种. 南宁：广西科学技术出版社.
梁瑞龙，黄开勇. 2010. 广西热带岩溶区林业可持续发展技术. 北京：中国林业出版社.
钱崇澍等. 1959 ~2004. 中国植物志. 各卷. 北京：科学出版社.
覃海宁，刘演. 2010. 广西植物名录. 北京：科学出版社.
王宏志. 1988. 热带亚热带主要树种物候图谱. 南宁：广西人民出版社.
袁铁象，黄应钦，梁瑞龙. 2011. 广西主要乡土树种. 南宁：广西科学技术出版社.
郑万钧. 1997. 中国树木志(第三卷). 北京：中国林业出版社.
郑万钧. 2004. 中国树木志(第四卷). 北京：中国林业出版社.
中国科学院广西植物研究所. 2011. 广西植物志(第三卷). 南宁：广西科学技术出版社.
中国科学院植物研究所. 1975 ~1983. 中国高等植物图鉴. 各卷. 北京：科学出版社.
中国树木志编委会. 1978. 中国主要树种造林技术. 北京：农业出版社.
朱积余，廖培来. 2006. 广西名优经济树种. 北京：中国林业出版社.

中文名称索引

一画

二画

三画

四画

五画

六画

七画

八画

九画

十画

十一画

十二画

十三画

十四画

十五画

十六画

十七画

十八画

十九画

二十画以上

拉丁学名索引

A

D

E

F

M

R

S

T

U

V

W

X

Y

Z